이공학도를 위한

미분방정식

McGraw-Hill Education Korea

Differential Equations for Engineers and Scientists, 1st Edition.

1 2 3 4 5 6 7 8 9 10 Haksan 20 13

Original: Differential Equations for Engineers and Scientists, 1st Edition. © 2013
By Yunus Cengel, William Palm III.
ISBN 978-0-07-338590-7

This book is exclusively distributed by Haksan Media.

When ordering this title, please use ISBN 978-89-9662-115-7

Printed in Korea

DIFFERENTIAL EQUATIONS FOR ENGINEERS AND SCIENTISTS

이공학도를 위한

미분방정식

Y. A. CENGEL
W. J. PALM III

이광수, 강계명, 강대성
김인찬, 김태균, 김효섭
배수현, 성인하, 염금수
제갈장 공역

McGraw Hill Education

學山 도서출판 학산미디어

역자 소개

대표역자

이광수 숙명여자대학교 컴퓨터과학부

강계명 국립 서울과학기술대학교 신소재공학과

강대성 동아대학교 전자공학과

김인찬 국립 군산대학교 기계자동차공학부

김태균 광운대학교 수학과

김효섭 국민대학교 토목공학과

배수현 국립 한밭대학교 교양학부

성인하 한남대학교 기계공학과

염금수 국립 군산대학교 기계자동차공학부

제갈장 국립 인천대학교 전자공학과

이공학도를 위한 **미분방정식**

발행일 | 2013년 02월 20일
저 자 | Cengel, Palm lll
역 자 | 이광수 외 9명
발행인 | 문정임
발행처 | 학산미디어
기 획 | 이덕선
편 집 | 디자인드림
주 소 | 서울시 노원구 상계동 1256 은빛아파트 202-401
전 화 | 02-935-0670 010-3223-7340
팩 스 | 02-932-0670
이메일 | sorgento2000@hanmail.net
등록번호 | 제 25100-2011-000001호
ISBN 978-89-966211-57 93410

정가 30,000원

서문

미분방정식은 오랜 세월 동안 전 세계에 걸쳐 물리학이나 공학 관련 대부분의 학과에서 핵심 교과과정의 필수 교과로 자리 잡아 왔다. 과학도들이나 공학도들은 변화를 수반하는 시스템들을 연구하는 일이 종종 있으며, 시스템의 주요 변수들의 변화를 조사하거나 물리적 현상을 깊이 이해하고자 할 때 미분방정식이 도움이 될 수 있다. 이 책은 주로 이공계 대학생들이 미분방정식 입문 교과목 교재로 사용할 수 있도록 작성되었다. 이 책은 제1저자가 리노 소재 네바다 주립대학에서 공대생들에게 미분방정식을 다년간 강의하면서 개발한 강의록과 제2저자가 로드아일랜드대학에서 강의하면서 개발한 컴퓨터 과제와 공학 예제들에 기초하고 있다. 이 교재는 미분방정식의 일반적인 주제들과 함께 공학 및 자연과학 분야의 다양한 응용 예제들을 다루고 있다.

교수법적 배경 이 책은 공학 및 자연과학의 맥락에서 미분방정식을 친근하게 소개하는 것을 목표로 삼고 있다. 엄밀성보다는 *직관*을 중요시하며, 미분방정식에 관한 직관적 이해를 도모하기 위해 개념을 강조한다. *단순하고 이해하기 쉬우면서도* 창의적 사고를 고취시킬 수 있도록 작성하기 위해 노력하였다. 저자들은 일반인들이 사용하는 월세계약서와 같은 법률문서들은 대부분의 사람들이 이해하기 어려워 변호사가 해석해주어야 할 엄격한 법률용어로 작성하기보다는 평이한 일상 언어로 작성해야한다고 믿는 사람들이다. 마찬가지로 미분방정식 교재도 *학생*들이 읽고 이해할 수 있게끔 작성되어야 하는데, 이는 교재를 필요로 하는 것은 강사가 아니라 학생이기 때문이다. 학생들이 과제로 제시된 문제와 비슷한 예제를 찾을 때나 수학책을 훑어보는 것은 흔한 일이다. 수학적 개념을 오래도록 기억시키기 위해서는 평이한 언어로 설명해야 한다는 말이 있다. 정확성과 엄밀성에 빠져 추상적인 표현을 사용하는 대신, 미분방정식 풀이는 기본적으로 적분이며 적분이란 합을 구하는 일이라고 학생들에게 말할 수 있어야 한다.

이 책의 내용들은 학생들이 편하게 따라갈 수 있는 수준으로 소개되고 있으며, 이 책은 학생들 위에서가 아니라 학생들과 같은 눈높이에서 쓰여 있다. 이 책은 스스로 읽고 이해할 수 있을 것이며, 이러한 점으로 인해 강사들이 수업시간을 보다 생산적으로 활용할 수 있을 것이다. 이 책의 주제들은 논리적 순서에 맞게 배열되어 있으며, 각 주제는 그 다음 주제와 연결되어 있다. 이 책을 "읽기 쉬운" 수학교재로 만들고 학습과 이해를 강화하기 위한 만전의 노력을 기울였다. 이 책의 집필 목표는 문제풀이에 사용할 참고서가 아니라 학생들이 읽을 미분방정식 입문 교재를 만드는 것이다.

구성

각 장의 내용

- 1장에서는 미분방정식을 소개하고 미분방정식의 종류를 제시하고 있다. 그런 다음 자연과학에서 미분방정식이 어떻게 발생하고 자연과학 및 공학 문제들이 어떻게 모델링되는지 예들을 보여준다. 그리고 적분의 단순 적용으로 미분방정식을 어떻게 푸는지 설명하는 것으로 1장을 끝맺고 있다.
- 2장에서는 1계 미분방정식 및 관련 풀이 기법들을 논의한다. 2장의 끝에서는 주어진 1계 미분방정식을 풀기 위한 단계적 방법을 제시한다.
- 3장에서는 주로 상수계수 2계 선형 미분방정식을 다루고 있는데, 이는 자연과학 및 공학에서 자주 나타나는 유형이다. 3장에서는 또한 오일러 방정식을 다루는데, 이는 오일러 방정식이 상수계수 미분방정식으로 변환될 수 있기 때문이다. 그리고 비동차방정식을 풀기 위한 미정계수법을 직관적 방법으로 설명한다.
- 3장의 논의는 4장에서 고계 선형방정식으로 확장된다.
- 5장에서는 변수계수 2계 선형 미분방정식과 이들에 대한 급수해를 살펴본다. 5장에서 특정 미분방정식에 관한 해법으로서 르장드르 다항식 및 베셀 함수를 개발하고 이들의 특성을 살펴본다.
- 6장에서는 스칼라 방식을 사용하는 선형 연립미분방정식 풀이 방법을 살펴본다.
- 7장에서는 연립미분방정식을 풀기 위한 행렬 해법을 소개한다.
- 8장에서는 라플라스 변환을 사용하여 미분방정식과 연립미분방정식을 푸는 방법을 소개한다.
- 마지막으로 9장에서는 다양한 기법을 사용하여 미분방정식에 대한 수치적 해를 구하는 방법을 제시한다.

이 책의 특징

컴퓨터의 사용 오늘날 상미분방정식을 해결하기 위해 사용하는 주요 소프트웨어 패키지에는 MATLAB(MuPAD를 포함하는 Symbolic Math Toolbox* 사용), Maple, Mathematica** 등이 있다. 학생들은 이러한 패키지들 중 하나를 사용하여 지정된 초기조건이나 경계조건을 갖는 미분방정식이 (표준 형식에 따라) 주어지면 기호 형태로 풀 수도 있고 수치적 해를 구하여 표 형식이나 그래프 형식으로 표시할 수도 있다. 학생들은 대화 형식으로 실험하고 "what if" 형태의 질문을 던질 수 있으며, 이 경우 프로그래밍 작업은 필요 없거나 최소한에 그치는 경우가 많다. 각 장의 끝에는 해당 장에서 다루는 유형의 문제들을 해결하기 위해 이러한 패키지들을 어떻게 사용하는지 보여주는 절을 둔다.

도해 그림은 학생들이 "감을 잡도록" 도움을 주는 중요한 학습도구이다. 이 책에서는 곳곳에서 그림들을 효과적으로 이용하고 있다. 이 책에서 사용되는 대부분의 도해는 전통적인 의미의 그림은 아니며, 지나치기 쉬운 핵심 개념을 강조하거나 핵심 개념을 요약하기 위한 수단으로 사용된다.

자연과학 및 공학 예제 각 장에는 내용을 명확히 하고 원리들이 어떻게 사용되는지 설명하기 위한 다양한 풀이 예제들이 포함되어 있다. 모든 예제 문제들의 풀이에는 일관성 있고 체계적인 방법이 사용되고 있으며, 각 방법의 한계와 일반화에 대해 강조하고 있다.

자연과학의 다양한 응용 분야로부터의 많은 예제들이 포함되어 있지만, 공학 분야 예제의 수효야말로 이 책의 고유한 특징이라 할 수 있다. 예제들은 뉴턴 동역학, 열전달, 전기회로, 전기 모터, 기계적 진동, 자동차 현가장치, 수력학 등 다양한 공학 분야의 응용들을 보여준다.

각 장의 요약 각 장 끝에는 기본 개념들과 중요한 관계식 등을 살펴볼 수 있도록 상세한 개조식 요약이 포함되어 있다.

절 복습문제 각 절의 끝에는 복습문제가 있는데, 여기에는 해당 절에서 다룬 주제들에 관련된 비교적 간단한 문제들이 주어져 있다. 학생들이 자신의 풀이를 바로 검사할 수 있도록 해답이 주어져 있다.

장 끝의 연습문제 각 장 끝의 연습문제들은 강사나 학생들이 문제 선택을 쉽게 할 수 있도록 절 별로 그룹으로 묶어 나열하고 있다. 각 그룹의 앞부분에는 개념문제들이 배치되어 있는데 문항 번호 끝에 "C"로 표시되어 있으며, 기본 개념에

---

* Symbolic Math Toolbox는 MathWorks, Inc.의 등록상표이다.

** 이 책에서 사용되는 소프트웨어 예제들은 MATLAB(버전 7.13), Symbolic Math Toolbox(버전 5.7), MuPAD(버전 5.7), Maple(버전 15), Mathematica(버전 8) 등의 소프트웨어 버전들과 호환성을 갖는다.

대한 학생들의 이해도를 검사하기 위한 것이다. 복습문제 제하의 문제들은 성격상 보다 포괄적인 문제들이며 직접적으로 특정 절에 종속되어 있지 않다. 해답집은 강사들에게만 제공되며 모든 연습문제들에 대한 완전하고 상세한 풀이를 담고 있다.

온라인 자료

Cengel 시리즈의 모든 교재, 그리고 이 책을 사용하는 학생들과 강사들을 위한 귀중한 자료가 www.mhhe.com/cengel에서 제공된다. MATLAB 관련 교재 2종을 비롯하여 Palm 시리즈의 모든 교재 관련 자료는 www.mhhe.com/palm에서 제공된다.

감사의 글

이 책의 집필과 해답집 작성에 많은 도움을 준 사카리아대학 Tahsin Engin에게 깊은 감사를 표한다. 저자들은 여러 해 동안 편집자로 일하며 도움과 격려를 준 맥그로힐출판사의 Bill Stenquist에게도 감사를 표한다.

저자들은 또한 크게 도움이 되는 논평과 제안을 해준 다음 감수자들에게도 감사를 표한다.

Antonio Campo
University of Texas at San Antonio

Dr. Harry Hardee
New Mexico State University

Eleanor Jenkins
Clemson University

Allen Plotkin
San Diego State University

David Rubenstein
Oklahoma State University

Scott Strong
Colorado School of Mines

Aleksandra Vinogradov
Montana State University

Ridvan Oz
Fatih University

Y. A. Cengel
W. J. Palm III

전자교재

이 책은 CourseSmart를 통해 강사들이나 학생들에게 제공된다. CourseSmart는 일반 책의 거의 절반 가격으로 완전한 교재를 온라인으로 구입할 수 있는 온라인 사이트이다. 학생들은 전자교재를 구입함으로써 학습에 CourseSmart의 웹 도구들을 이용할 수 있으며, 여기에는 텍스트 검색, 주석 및 강조 표시, 급우 사이의 노트 공유를 위한 이메일 도구 등이 포함되어 있다. CourseSmart에 관한 추가적인 정보에 관해서는 영업점에 연락하거나 www.CourseSmart.com을 방문하면 된다.

차례

CHAPTER 4

고계 선형 미분방정식 211

HIGHER-ORDER LINEAR DIFFERENTIAL EQUATIONS

CHAPTER 5

선형 미분방정식: 변수계수 249

LINEAR DIFFERENTIAL EQUATIONS: VARIABLE COEFFICENTS

CHAPTER 6

선형 연립미분방정식: 스칼라 방식 337

SYSTEMS OF LINEAR DIFFERENTIAL EQUATIONS: SCALAR APPROACH

CHAPTER 7

선형 연립미분방정식: 행렬 방식 377

SYSTEMS OF LINEAR DIFFERENTIAL EQUATIONS: MATRIX APPROACH

CHAPTER 8

라플라스 변환 493

LAPLACE TRANSFORMS

CHAPTER 1

미분방정식 개요

미분방정식은 함수들에 대한 도함수들이 관련되어 있다는 점에서 대수방정식과는 다르다. 미분방정식에 관한 학습을 위해서는 미적분학에 관한 깊은 이해가 필요하며, 따라서 학생들은 (종속변수와 독립변수, 연속함수와 불연속함수, 상미분과 편미분, 미분과 증분, 적분 등과 같은) 몇 가지 중요한 관련 주제들에 관해 복습할 것을 권한다. 이 장에서는 먼저 자연과학 및 공학에서 미분방정식이 얼마나 중요한지 알아보고 실세계 문제의 해결에서 수학적 모델링이 갖는 가치를 살펴본다. 그런 다음 실제 문제에서 미분방정식이 어떻게 발생하는지를 보여주는 예제들을 살펴보고 이들의 해에 관해 논의한다. 미적분학의 몇 가지 개념을 간략히 살펴본 다음 미분방정식의 분류를 제시하고 선형방정식과 비선형방정식, 상수계수 방정식과 변수계수 방정식 등을 논의한다. 그런 다음 직접적분법으로 몇 가지 간단한 미분방정식을 푸는 방법을 보인다. 마지막으로 간단한 미분방정식을 풀기 위해 널리 사용되는 컴퓨터 패키지를 사용하고 해를 그래프로 표시하는 방법을 선보인다.

학습목표

이 장을 마친 후에는 다음과 같은 능력을 갖출 수 있을 것이다.

1. 미분방정식의 가치를 인식하고 자연과학 및 공학에서 미분방정식이 어떻게 발생하는지 이해한다.
2. 연속함수와 불연속함수를 식별한다.
3. 미분이나 적분과 같은 기본 연산을 수행한다.
4. 계수, 선형 대 비선형, 변수계수 대 상수계수, 동차형 대 비동차형 등에 따라 미분방정식을 분류한다.
5. 일반해, 특수해, 특이해, 양함수해, 음함수해 등에 따라 미분방정식의 해를 분류한다.
6. 직접적분법으로 간단한 미분방정식을 푼다.
7. 간단한 1계 미분방정식을 풀기 위해 컴퓨터 패키지를 사용하고 해를 그래프로 표시한다.

1-1 ■ 자연과학 및 공학에서의 미분방정식

등호를 사용한 수식을 **방정식(equation)**이라고 한다. 한 개 이상의 함수들에 대한 도함수들을 포함하는 방정식은 **미분방정식(differential equation)**이라고 한다. 즉, 미분방정식은 함수들과 이들에 대한 도함수들 사이의 관계를 표현한다. “미분방정식”이라는 용어는 1676년 라이프니츠가 처음 사용하였으며, 과학자들과 공학자들이 다양한 실제 문제들을 모델링하고 풀기 위해 미분방정식을 광범위하게 사용하고 있다.

학생들은 어쩌면 왜 미분방정식을 학습하는지 의문을 품을 수 있을 것이다. 대수방정식만으로 거의 모든 문제를 해결할 수 있을 것처럼 보일지도 모른다. 학생들은 이 시점까지 거의 대부분 대수방정식만을 파생시키는 문제들만 다루어왔을 것이다. 이제 학생들은 수식화 과정에서 미분방정식들이 생성되고 해를 구하기 위해 이러한 미분방정식들을 풀어야 하는 새로운 문제들을 자연과학 및 공학의 다양한 분야들에서 접하게 될 것이다.

대부분의 자연과학 문제들에 관한 서술은 어떤 핵심 변수들의 변화를 서로 연결시키는 관계식들을 포함한다. 변수를 변화시킬 때 선택되는 증분의 값이 작을수록 서술의 일반성과 정확성은 증대된다. 변수의 변화가 *무한소*인 경우, 즉, *미분*을 사용하는 극한의 경우 변화율을 도함수로 표현함으로써 물리적 원리와 법칙들을 위한 정확한 수식화를 제공하는 미분방정식을 얻게 된다. 따라서 자연과학 및 공학에서 다양한 종류의 문제들을 조사하기 위해 미분방정식이 사용되며, 미분방정식에 관한 연구는 오래 동안 자연과학 및 공학 교육에서 핵심적 부분으로 자리 잡고 있다.

물리적 현상에 관한 연구에는 두 가지 중요한 단계가 포함된다. 첫 번째 단계에서는 현상에 영향을 미치는 모든 변수들을 식별하고, 합리적 가정과 근사를 적용하며, 이러한 변수들 사이의 상호종속성을 조사한다. 관련된 물리적 법칙들과 원리들을 찾은 다음 문제를 수식으로 표현하는데, 이때 대개 미분방정식 형식이 사용된다. 미분방정식은 아주 유용한데, 이는 미분방정식이 변수들 사이의 종속 정도나 다양한 항들의 상대적 중요성 등을 나타낼 수 있기 때문이다. 두 번째 단계에서는 적절한 방법을 사용하여 미분방정식을 풀어 독립적인 변수들과 미지의 함수에 관한 관계식을 구한다(그림 1-1).

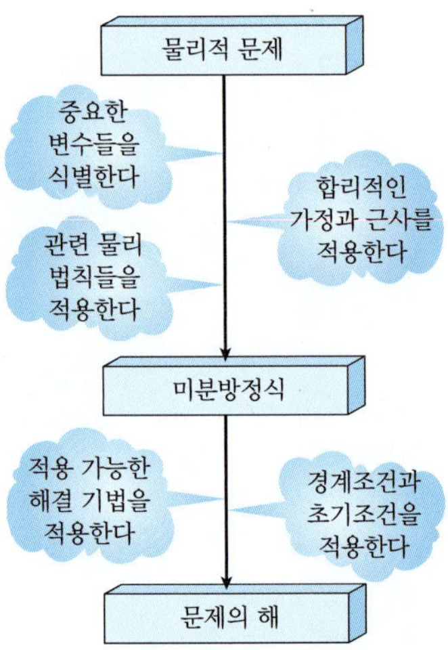

그림 1-1
물리적 문제에 관한 수학적 모델링

특성 상 아무 순서 없이 무작위하게 발생하는 것처럼 보이는 프로세스들이 사실 어떤 가시적인 또는 비가시적인 물리적인 법칙들에 의해 결정되는 경우가 많다. 우리의 인식 여부에 상관없이 그와 같은 법칙들은 존재하며, 일상적인 것처럼 보이는 사건들을 일관성 있고 예측 가능한 방식으로 결정한다. 이러한 법칙들의 대부분은 과학자들에 의해 잘 정의되어 있으며 또 잘 파악되어 있다. 이를 통해 사건이 실제로 발생하기 전에 사건의 진행 과정을 예측할 수 있고, 또 많은 시간을 요하는 광범위한 실험을 실제로 수행하지 않고도 사건의 다양한 측면을 수학적으로 조사할 수 있다.

예를 들어 그림 1-2에서 보여주듯이 절벽에서 자유낙하 하는 돌이 있고, 돌이 지면에 닿는 데 소요되는 시간을 알고 싶다고 하자. 그와 같은 시간을 구하는 한 가지 방법은 돌의 투하 시점과 충돌 시점을 기록하고 그 차이를 계산하는 것이다. 또 다른 방법은 관련된 모든 물리적 법칙들을 사용하여 자유낙하 과정에 관한 수학적 모델을 만들고 수식화한 다음 문제의 값을 구하기 위해 수식 문제를 푸는데, 이 문제에서 찾는 값은 낙하시간이다. 수학적 모델이 현실적일수록 구한 결과가 보다 정확할 것이다. 물리학에서 배웠겠지만 물체의 자유낙하는 중력법칙에 의해 결정되며, 낙하시간은 $\Delta t = \sqrt{2h/g}$로 쉽게 계산되는데, 이때 h는 수직거리이며 g는 해당 지역의 중력가속도이다.

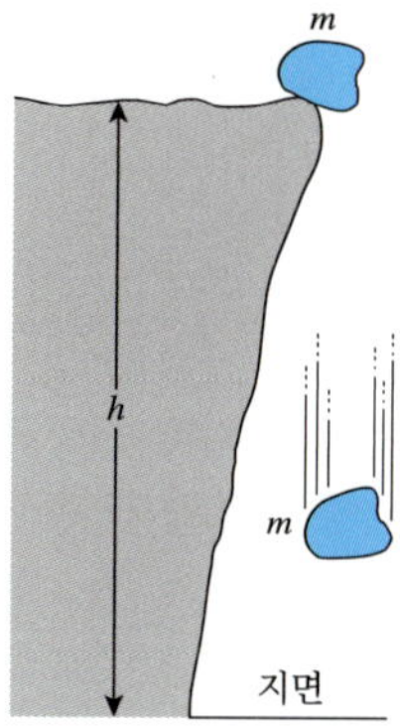

그림 1-2
절벽에서 돌의 자유낙하

적절하고 현실적인 수학적 모델을 사용함으로써 유용한 실제 문제에 대해 아주 정확한 결과를 얻을 수 있다. 예를 들어 감자가 물의 온도 특성을 갖는 것으로 취급하면서 오븐 안에서 감자의 온도 반응을 분석해보자(그림 1-3). 이러한 모델의 구성에는 연관된 자연 현상에 관한 충분한 지식, 관련 법칙들, 건전한 판단 등이 요구된다. 비현실적인 모델을 사용할 경우 당연히 부정확하여 인정할 수 없는 결과를 도출하게 될 것이다.

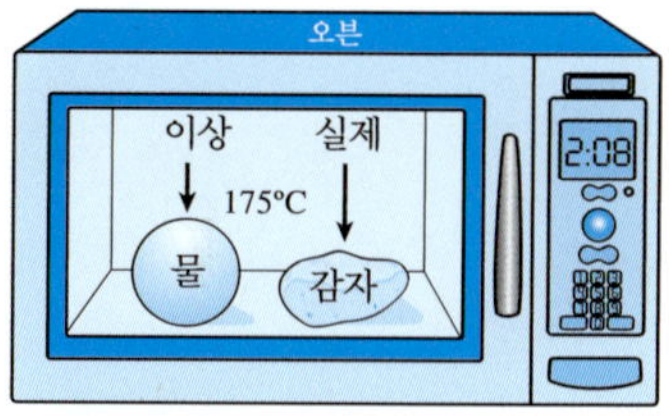

그림 1-3
모델링은 통찰과 단순성을 제공하는 강력한 도구이지만 정확성은 다소 희생될 수 있다.

분석가는 종종 대단히 정확한 (그렇지만 복잡한) 모델과 단순한 (그렇지만 아주 정확하지는 않은) 모델 사이에서 선택해야 할 경우가 있다. 어떤 것이 올바른 선택일지는 당면한 상황에 따라 달라진다. 대개 충분한 결과를 산출하는 모델들 중 가장 단순한 모델이 올바른 선택이라고 할 수 있다. 아주 정확하지만 복잡한 모델을 구성하는 것이 그렇게 어렵지 않은 경우가 종종 있다. 그러나 그와 같은 모델들이 풀기가 대단히 어렵다면 분석가에게 별 도움이 되지 않을 것이다. 최소한 수학적 모델은 표현하고자 하는 물리적 문제의 핵심적 특성을 반영해야 한다.

여기에서 논의되는 자유낙하 프로세스는 공기저항이나 높이에 따른 중력가속도 g의 변화는 무시하고 중력의 효과만을 고려하고 있다. 이러한 단순화는 대부분의 낙하 물체에 대해 상당히 합리적이며, 이 문제에 대해 매우 단순한 해를 도출할 수 있게 해준다. 그러나 (낙하산의 경우와 같이) 공기저항이 큰 낙하 물체의 경우 이러한 단순화는 분명 부적합할 것이다.

중요한 실세계 문제들 중에는 단순한 수학적 모델로 분석할 수 있는 것들이 많이 있다. 그렇지만 수학적 모델을 사용할 경우 문제의 단순화에 사용된 가정이 부정확하다면 그 결과 또한 그 이상으로 부정확해질 수 있다는 것을 유념할 필요가 있다. 따라서 그와 같은 해는 원래의 가정이 성립하지 않는 상황에 적용되어서는 안 된다.

문제에 대해 관찰된 특성과 잘 맞지 않는 해는 사용된 수학적 모델이 충분히 정교하지 않음을 나타낸다. 이 경우 한 개 이상의 의심스러운 가정들을 제거함으로써 보다 현실적인 모델을 구성해야 한다. 이로 인해 풀기가 더욱 어려운 복잡한 미분방정식이 만들어질 것이다. 따라서 미분방정식의 해는 미분방정식이 발생한 맥락의 범위 안에서 해석되어야 한다.

절 복습문제

C로 표시된 문제는 토론을 위한 개념적 문제이다.

1-1C 중요한 실세계 문제들의 모델에서 대수방정식 대신 미분방정식이 종종 사용되는 이유는 무엇인가?

1-2C 실세계 문제를 위한 실용적인 수학적 모델을 구성할 때 어떤 작업들이 포함되는지 기술하라.

1-2 ▪ 미분방정식의 발생

앞에서 언급했듯이 관심 대상 변수들에서 무한소의 변화를 고려함으로써 관련 물리 법칙들과 원리들을 문제에 적용할 때 미분방정식이 발생한다. 따라서 특정 문제를 지배하는 미분방정식을 얻기 위해서는 문제의 특성에 관한 충분한 지식, 관련 변수, 적절한 단순화 가정, 적용 가능한 물리 법칙들과 원리, 세심한 분석 등이 요구된다. 이제 몇 가지 영역에서 미분방정식을 얻는 절차를 예제와 함께 소개한다.

예제 1-1 뉴턴의 운동 제2법칙

뉴턴의 운동 제2법칙을 사용하여 운동 방향으로 작용하는 힘 F의 영향 하에서 직선을 따라 움직이는 질량이 m인 물체의 위치 s를 나타내는 미분방정식을 구하라.

풀이 뉴턴의 제2법칙은 *크기*와 *방향*을 갖는 양들 사이의 관계를 나타내며, 따라서 벡터 형식을 사용하여 정확히 표현할 수 있다. 그러나 그림 1-4에서 보여주듯이 힘 방향의 직선상에서의 운동을 다룰 때, 방향은 이미 정해져 있으므로 크기만을 사용하여 *스칼라* 형식으로 표현할 수도 있다. 이 경우 반대 방향의 양은 반대의 부호를 사용하여 표시한다.

속도 V와 가속도 a는 다음과 같이 정의된다.

$$V = \frac{ds}{dt}$$

그리고

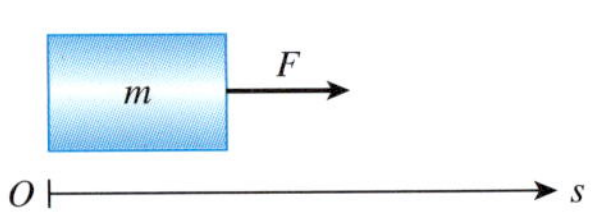

그림 1-4
예제 1-1에 관한 개념도

$$a = \frac{dV}{dt} = \frac{d}{dt}\left(\frac{ds}{dt}\right) = \frac{d^2 s}{dt^2}$$

이제 여행 거리 s를 위한 미분방정식은 아래의 식과 같이 표현되는 뉴턴의 제2법칙 "힘 = 질량 × 가속도"를 사용하여 구할 수 있다.

$$F(t) = ma(t) = m\frac{d^2 s}{dt^2} \tag{1-1}$$

이를 다시 정리하면

$$\frac{d^2 s}{dt^2} = \frac{F(t)}{m} \tag{1-2}$$

와 같이 필요한 미분방정식을 얻을 수 있다. 때로 간략한 표현을 위해 함수의 독립변수를 생략하기도 하는데, 예를 들면 $F(t)$ 대신 F라고만 쓴다.

여기에서 $F(t)$는 시간에 따른 힘의 변화를 나타내는 함수이다.

중력의 영향 하에 있는 물체의 자유낙하를 생각해보자. 공기저항을 무시할 경우 물체에 작용하는 유일한 힘은 중력이다. 위로 향하는 수직 방향을 양의 z 방향이라고 하면 중력은 $F = -mg$와 같이 표현할 수 있는데, 이때 g는 아래쪽 방향으로(음의 z 방향으로) 작용하는 지역 중력가속도이다. 식 1-2에서 s를 z로, $F(t)$를 $-mg$로 치환하고 정리하면

$$\frac{d^2 z}{dt^2} = -g \tag{1-3}$$

을 얻게 되는데, 여기에서 z는 지면과 같은 기준 높이로부터의 수직거리를 나타낸다. 공기저항이 있는 상황의 자유낙하는 2장에서 다룬다.

예제 1-2 뉴턴의 냉각법칙

질량이 m이고 반지름이 R인 작은 고체 구리 공이 있는데, 초기 온도는 $T_i = 20$℃라고 하자. 이 공을 그림 1-5에서 보여주듯이 온도가 $T_0 = 70$℃인 뜨거운 물로 가득 찬 용기 안에 빠뜨린다.

예상하듯이 물에서 공으로 열이 전달되며, 공의 온도는 상승하기 시작한다. 상온에서 구리의 비열은 $c = 0.39$kJ/kg℃이다. 즉, 1kg의 구리 온도를 1℃만큼 상승시키기 위해서는 0.39kJ만큼의 에너지가 소요된다. 또한 이 과정에서 *열전달계수*는 $h = 0.02$kW/℃ · m^{2}로 주어져 있다. 즉, 단위 시간 당, 공의 단위 표면 면적 당, 물과 공 사이의 단위 온도 차 당 0.02kJ의 열이 구리로 전달된다. 시간 t에 따른 공의 온도 변화를 결정하는 미분방정식을 구하라.

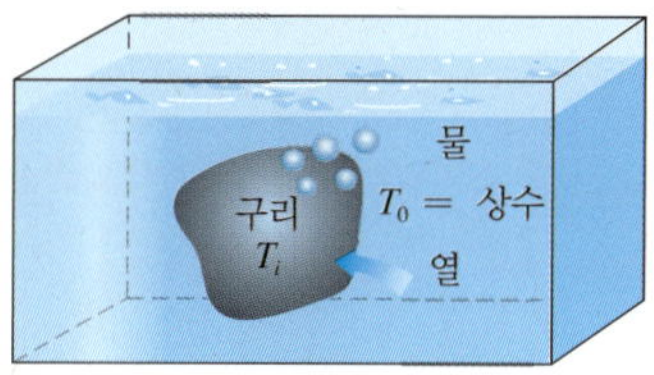

그림 1-5
예제 1-2를 위한 개념도

풀이 일반적으로 물체의 온도는 시간과 함께 물체 안에서의 위치에 따라서도 변할 수 있다. 그러나 이 예제에서와 같이 작은 금속 물체의 경우 위치에 따른 온도 변화는 매우 작으며 따라서 무시될 수 있다. 즉, 특정 시점에서 물체의 온도는 모든

위치에서 동일하다고 가정할 수 있다. 따라서 문제의 공의 온도는 시간만의 함수로 간주될 수 있다. 이러한 가정은 큰 물체의 경우, 특히 열전도율이 낮은 물질의 경우라면 비현실적일 것이다.

우리는 경험으로부터 따뜻한 환경에 있는 차가운 물체는 점차 따뜻해져 주변 환경의 온도에 도달하게 된다는 것을 알고 있다. 따라서 임의의 시점 t에 공의 온도는 20℃와 70℃ 사이에 위치하겠지만, 정확한 값은 모른다. 예를 들어 $t = 30$초일 때 공의 온도에 대한 정확한 예측을 위해서는 문제에 관한 정확한 모델 구성이 필요하며, 이는 뉴턴의 냉각법칙과 에너지 보존법칙을 적용함으로써 구할 수 있다.

뉴턴의 냉각법칙은

$$Q = hA(T_0 - T) \tag{1-4}$$

와 같이 표현될 수 있으며, 여기에서 사용되는 기호들의 의미는 다음과 같다.

Q = 시점 t에서 공의 열전도율
A = 공의 표면적, $A = 4\pi R^2$
h = 공과 주변 환경 사이의 열전달계수
T = 시점 t에서 공의 온도
T_0 = 주변 환경의 온도

에너지 보존법칙은 에너지는 생성되거나 소멸될 수 없다고 밝히고 있다. 따라서 공의 에너지 함량 증가분은 공으로 전달되는 전체 열량과 동일하다. 시간 Δt 동안 공의 온도는 ΔT 만큼 상승할 텐데, m은 공의 질량이며 c는 공의 비열이라고 하자. Δt 동안 공에 전달되는 전체 열은 $Q\Delta t$이며, Q는 열전도율(즉, 단위 시간 당 열전달 양)이다. 따라서

(Δt 동안 공의 에너지 함량 증가분) = (Δt 동안 공에 전달되는 전체 열)

즉, $mc\Delta T = hA(T_0 - T)\Delta t$가 된다. 양변을 Δt로 나누면 다음과 같다.

$$\frac{\Delta T}{\Delta t} = \frac{hA}{mc}(T_0 - T)$$

여기에 극한 $\Delta t \to 0$을 취하면 다음 식을 얻는다.

$$\frac{dT}{dt} = \frac{hA}{mc}(T_0 - T) \tag{1-5}$$

위의 식이 구하고자 하는 미분방정식이며, 시간에 따른 온도 변화를 표현한다. 이 미분방정식의 해는 시간에 따른 공의 온도를 나타내는 함수가 될 것이며, 풀이 방법은 2장에서 다룰 것이다.

미분방정식은 독립변수들에 관해 지정된 구간 내에서 물리적 현상을 서술한다는 것을 유념할 필요가 있다. 따라서 미분방정식의 해는 해당 구간 내에서만 적용될 수 있다. 예를 들면 식 1-5는 구리 공 내부에 한하여 시간에 따른 온도 변화를 표현한다. 따라서 $T(t)$에 대해 구한 해는 구리 공 내부 영역으로 제한되며 공 외부의 위치에서의 온도를 결정하는 데 사용될 수 없다. 또한 이 미분방정식은 공을 물에 빠

뜨리는 순간인 ($t = 0$)부터 시작되는 과정을 표현하며, 따라서 이 해가 적용되는 시간 구간은 $0 \le t < \infty$이다. 이 해는 공을 물에 빠뜨리기 전의 시간에 대해 온도를 예측하는 데 사용될 수 없다.

예제 1-3 순간복리

어떤 사람이 연이율 r의 이율로 은행에 금액 A를 저축한다. 순간복리를 적용할 경우, 시점 t에서 금액 A에 관한 변화를 결정하는 미분방정식을 구하라.

풀이 | 미분방정식의 유도를 위한 기초 작업으로 은행에 연이율 4%로 금액 $A_0 = \$100$을 저금하는 경우를 생각해보자. 이때 $r = 0.04$가 된다. 연 단위 복리를 가정하면 1년 동안 금액은 \$4만큼 증가할 것이다. 저축된 금액이 \$200일 경우 금액 증가는 \$8이 될 것이다. 매 2년마다 복리가 계산될 경우, 2년 후의 금액 증가는 2배가 될 것이다.

따라서 복리 기간이 끝난 시점의 금액 증가는 금액 A와 연 단위의 복리 기간에 비례하게 될 것이다. 비례상수는 연이율 r이다. 따라서 $\Delta A = rA\,\Delta t$, 즉

$$\frac{\Delta A}{\Delta t} = rA$$

가 된다. 여기에 극한 $\Delta A \to 0$을 취하면, 순간복리의 결과로 시간에 따른 예금액의 변화를 표현하는 다음과 같은 미분방정식을 구할 수 있다.

$$\frac{dA}{dt} = rA \tag{1-6}$$

여기에서 r은 소수로 표현된 연이율이며, t는 연 단위의 시간을 나타낸다. 2장에서 보게 되겠지만, 이 미분방정식에 관한 해는

$$A = A_0 e^{rt} \tag{1-7}$$

가 되는데, 여기에서 A_0은 시점 $t = 0$에서 저축 금액을 나타낸다.

예제 1-4 램버트의 흡수법칙

빛이나 다른 방사에너지가 어떤 매질을 통과할 때 그 일부는 매질에 흡수된다는 사실은 잘 알려져 있다. 매질 안에서 빛의 여행거리가 길수록 흡수되는 빛의 양이 증가한다. 광선의 방사에너지를 E라고 하고, 여행거리 s에 따른 광선의 약화 정도를 표현하는 미분방정식을 구하라.

풀이 | 빛이나 다른 방사에너지가 균일한 매질을 통과할 때, 호수 속을 관통하는 빛을 나타내는 그림 1-6에서 보여주듯이 전파하는 방향으로 단위 거리 당 일정 비율의 방사에너지가 흡수된다는 사실이 관찰되어 있다. 즉, 단위 길이 당 방사에너지 흡수량은 방사에너지 크기에 비례한다. 따라서 예제 1-3에서의 논지에 따라 흡수

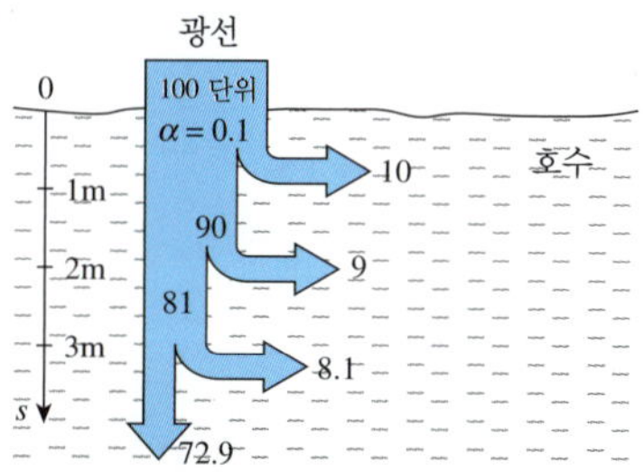

그림 1-6
호수 속으로 전파되는 빛의 흡수

과정을 결정하는 미분방정식은

$$\frac{dE}{ds} = -\alpha E \tag{1-8}$$

와 같이 표현될 수 있다. 여기에서 α는 단위 길이 당 흡수되는 방사에너지 비율을 나타내며 **흡수계수**라고 부르는데, 이를 위한 단위는 미터$^{-1}$이다. 독립변수 s는 전파 방향의 거리, E는 광선의 방사에너지를 나타낸다. 예제 1-3과 유사한 원리에 따라 이 미분방정식의 해는

$$E = E_0 e^{-\alpha s} \tag{1-9}$$

가 되며, 여기에서 E_0은 $s = 0$일 때 광선의 방사에너지이다. 자세한 풀이 과정은 2장에서 살펴볼 것이다.

예제 1-5 화학 반응

화학자들이나 엔지니어들은 어떤 반응에서 화학물질의 농도 변화를 예측할 수 있어야 한다. 단일 물질 반응에서 많이 사용되는 모델의 하나는

$$\text{화학물질 농도의 변화율} = \frac{dC}{dt} = -kC^n$$

이다. 여기에서 C는 화학물질의 농도, k는 비례상수이다. 지수 n의 값은 반응의 계수에 해당한다. 아래의 반응식은 3-부틸 브로마이드와 물을 결합하여 3-부틸 알코올과 브로민화수소를 생성하는 1계 반응을 나타낸다.

$$(CH_3)_3CBr + H_2O \rightarrow (CH_3)_3COH + HBr$$

실험 데이터로부터 k의 값은 시간 당 $k = 0.0537$로 추정되었다. $C(0) = 0.1\text{mol/L}$일 때 2시간이 지난 후의 농도를 구하라.

풀이 | 미분방정식에서 $n = 1$과 $k = 0.0537$을 사용하여 다음 식을 얻는다.

$$\frac{dC}{dt} = -0.0537C$$

이 방정식은 식 1-8과 동일한 형태를 가지며, 같은 방법을 적용하면 해는 $C(t) = C(0)e^{-kt}$, 즉, $C(t) = 0.1e^{-0.0537t}$가 된다.

이 식에서 $t = 2$시간을 대입하면 $C(2) = 0.1e^{-(0.0537)2} = 0.0892\text{mol/L}$을 얻는다.

예제 1-6 RC 회로

그림 1-7은 저항 한 개와 축전기 한 개를 포함하는 회로를 보여준다. 배터리 전압 V는 상수이며, 초기에 축전기는 충전되어 있지 않은 상태이다. 초기에 스위치는 B 지점에서 닫혀 있다. $t = 0$에서 스위치는 갑자기 B 지점에서 A 지점으로 이동한

다. 축전기 전압 v_1를 시간의 함수로 표현하기 위한 미분방정식 모델을 구하라.

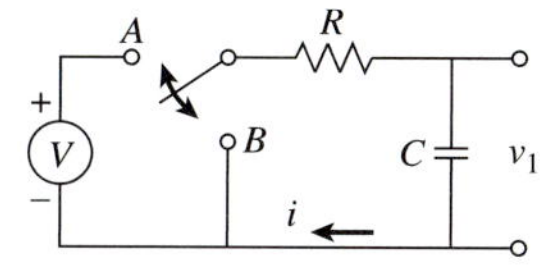

그림 1-7
배터리 전압을 포함하는 RC 회로

풀이 축전기를 위한 전압-전류 관계에 따르면 전압 $v_1(t)$는 시간에 대한 전류 $i(t)$의 적분을 축전기 용량 C로 나눈 값에 초기 전압을 더한 것인데, 이때 초기 전압은 0이다. 따라서 다음 식을 얻는다.

$$v_1(t) = \frac{1}{C}\int_0^t i(t)\,dt$$

양변에 미분을 취하면 다음 식을 얻는다.

$$\frac{dv_1}{dt} = \frac{1}{C}i$$

저항에 대한 전압-전류 관계로부터 다음 식을 얻는다.

$$i = \frac{V - v_1}{R}$$

첫 번째 방정식에 이를 대입하고 정리한 결과는 다음과 같다.

$$RC\frac{dv_1}{dt} + v_1 = V \tag{1-10}$$

이것은 1계 선형 상미분방정식이며, 2장에서 소개하는 방법을 사용하여 그 해를 구할 수 있다.

예제 1-7 구멍을 통한 유출량

그림 1-8은 밑면적이 A이고 수직 옆면들을 갖는 액체 용기를 보여주고 있다. 부피 유입속도 q_{vi}로 액체를 용기 상단으로 주입하는데, 사고로 용기의 옆면에 구멍이 생겨 그 구멍을 통해 액체가 흘러나오고 있다. 액체의 높이 h에 관한 미분방정식 모델을 구하라.

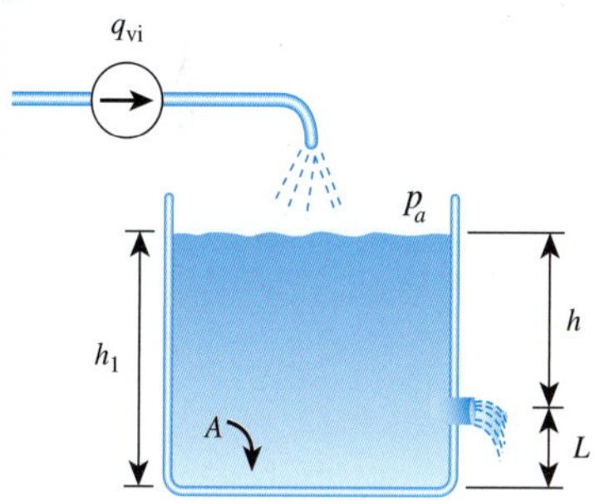

그림 1-8
구멍 뚫린 액체 용기

풀이 1640년 토리첼리는 구멍을 통한 유출량은 압력 차이의 제곱근에 비례한다는 사실을 발견하였다. 에너지 보존법칙을 적용하면, 액체의 질량 밀도가 ρ라고 할 때 용기 안의 액체 질량 변화율 ρAh_1은 질량 유입량 q_{mi}와 질량 유출량 q_{mo} 사이의 차와 같다는 것을 알 수 있다. 따라서 다음 식을 얻는다.

$$\frac{d(\rho A h_1)}{dt} = q_{mi} - q_{mo}$$

$q_{mi} = \rho q_{vi}$이고 $h_1 = h + L$이며, 따라서 $dh_1/dt = dh/dt$가 된다. 이제 다음 식을 얻는다.

$$\rho A\frac{dh}{dt} = \rho q_{vi} - q_{mo}$$

대기압력 p_a가 용기를 둘러싸고 있으므로 구멍에 작용하는 수압은 ρgh가 된다. 따

라서 토리첼리의 법칙으로부터

$$q_{\text{mo}} = k\sqrt{\rho g h}$$

와 같은 식을 얻게 되는데, 여기에서 k는 비례상수이다. 따라서 구하고자 하는 모델은 다음과 같다.

$$\rho A\frac{dh}{dt} = \rho q_{\text{vi}} - k\sqrt{\rho g h} \tag{1-11}$$

이 장의 뒤에서 다시 살펴보겠지만, 이러한 방정식에서는 독립변수 h가 제곱근 안에 나타나기 때문에 비선형방정식이라고 한다. 이 미분방정식의 해에 관해서는 1-6절에서 논의한다.

절 복습문제

1-3C 주어진 문제를 위한 정확한 미분방정식을 얻기 위해 알아야 할 필요가 있는 것은 무엇인가?

1-4C 미분방정식을 유도할 때 종종 단순화 가정들을 이용하는 이유는 무엇인가?

1-5 일정한 속도 V_0로 공중에서 낙하하는 낙하산이 있다고 하자. 뉴턴의 운동 제2법칙을 사용하여 지면으로부터의 상대적 위치 z를 시간의 함수로 나타내는 미분방정식을 구하라. 위로 향하는 방향을 양의 방향으로 간주한다.

(답: $\frac{d^2Z}{dt^2} = z'' = 0$, 초기조건 $z'(0) = V(0) = -V_0$)

1-6 어떤 사람이 은행에 연속 복리 연이율 r로 금액 A를 저축하며, 동시에 일정한 비율 a로 같은 계좌에서 돈을 인출한다고 하자. 예금액을 시간의 함수 $A(t)$로 나타내는 미분방정식을 구하라.

(답: $\frac{dA}{dt} = iA - a$)

1-3 ■ 기본 개념의 복습*

미분방정식에 관한 학습을 위해서는 미적분학의 기본 개념들에 관한 충분한 이해가 필요하며, 이 절에서는 이러한 개념들 중 필요한 내용을 정리하고 있다. 더 자세한 내용에 관해서는 미적분학 책을 찾아보기 바란다.

종속변수와 독립변수

일반적으로 방정식에는 한 개 이상의 변수들이 포함된다. **변수(variable)**는 그 이

---

* 이 절은 학생들의 기억을 되새기기 위해 포함되었으며, 건너뛰더라도 학습의 연속성에 지장을 주지 않을 것이다.

름이 의미하듯이 조사가 진행되는 동안 다양한 값들을 취할 수 있는 반면, 값이 고정된 것은 **상수(constant)**라고 한다. 상수들은 대개 a, b, c, d 등과 같이 알파벳 앞쪽에 나타나는 문자들로 표시되는 반면, 변수들은 대개 t, x, y, z 등과 같이 알파벳 뒤쪽에 나타나는 문자들로 표시된다. 자유롭게 값이 변할 수 있는 변수는 **독립변수(independent variable)** 또는 **변수(argument)**라고 한다. 값이 다른 변수들의 값에 종속되어 독립적으로 변할 수 없는 변수는 **종속변수(dependent variable)** 또는 **함수(function)**라고 한다(그림 1-9).

함수 $y(x) = x^2 + 1$	
독립변수 x	종속변수 y
1	2
2	2
2.5	7.25
8	65

그림 1-9
종속변수의 값은 독립변수의 값에 따라 변한다.

변수 x에 종속되는 종속변수 y는 대개 명확한 표현을 위해 $y(x)$와 같이 표시된다. 그러나 이러한 표기법은 하나의 식에서 y가 여러 번 반복될 경우 불편하고 번거로울 것이다. 이러한 경우 y가 x의 함수라는 점이 명백하다면 $y(x)$라고 쓰는 대신 y라고만 표시하는 것이 바람직할 수 있다. 이러한 간이 표기법을 사용함으로써 방정식의 모양이 간결해지고 읽기 쉽게 된다. 어떤 고정된 값 a에서의 y의 값은 $y(a)$로 표시된다.

조사 과정에서 대개 개별 변수의 값은 두 개의 정해진 값 사이에 있는 값들만을 취하도록 제한하는 경우가 많다. 하나의 변수가 두 개의 정해진 값들 사이에서 취할 수 있는 값의 범위는 해당 변수를 위한 구간을 구성한다. **구간**은 정해진 어떤 수보다 크고 또 다른 어떤 정해진 수보다 작은 수들의 집합으로 구성된다. 구간이 양끝의 수를 포함할 경우 닫혀있다고 표현되며, 그렇지 않을 경우 열려있다고 표현된다. 예를 들어 방정식 $P = 2\pi r$에서 반지름 r이 $r_1 = 3$과 $r_2 = 7.5$를 포함하여 이들 사이의 값을 취하도록 제한할 경우, r의 구간은 3에서 7.5까지이며 $3 \le r \le 7.5$와 같이 표시한다. 이것은 양끝의 수들을 포함하므로 닫힌구간이다.

연속함수와 불연속함수

함수에 관한 학습과 성격 규정에서 대단히 주요한 개념 중 하나는 연속성에 관한 것이다. 어떤 값 a에서 함수 y가 **연속**이 되기 위해서는 (1) a에서 이 함수가 정의되며(즉, $y(a)$가 유한한 값을 가짐), (2) 극한 $\lim_{x\to a} y(x)$가 존재하고, (3) 이 극한은 a에서의 함수 값과 같아야 한다. 즉, 함수 y가 a에서 연속이기 위한 조건은 다음과 같다.

$$\lim_{x\to a} y(x) = y(a) \tag{1-12}$$

어떤 함수가 a에서 연속이 아닐 경우, 이 함수는 a에서 **불연속**이라고 또는 a에서 **불연속점**을 갖는다고 말한다. 어떤 닫힌구간 안의 모든 수에 대해 연속인 함수는 그 구간에서 연속이라고 말한다. 그 구간 안의 어느 한 수에서 불연속인 함수는 그 구간에서 불연속이라고 말한다.

연속함수는 종이에서 펜을 떼지 않고 그릴 수 있는 함수라고 할 수 있다. 불연

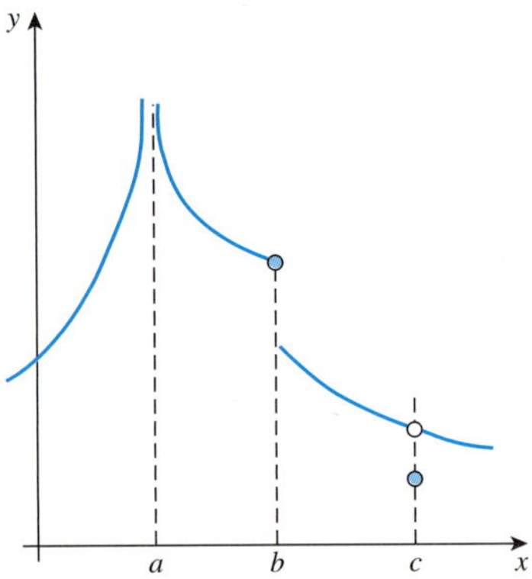

그림 1-10
a, b, c에서 불연속인 함수

속함수는 대개 갑작스런 도약들을 포함하거나 구간 안의 어떤 수에서 무한대가 된다. 3개의 수 a, b, c에서 불연속인 함수의 그래프가 그림 1-10에 주어져 있다. 이 함수는 이 3개의 숫자를 포함하지 않는 모든 구간에서 연속이라는 점을 주목하기 바란다.

도함수와 미분

미분방정식의 핵심요소인 도함수와 미분에 대해 간략히 살펴보기로 하자. 어떤 점에서의 함수 $y(x)$에 대한 **도함수(derivative)**는 그 점에서의 함수 그래프에 대한 접선의 기울기와 같으며 다음과 같이 정의된다(그림 1-11).

$$y'(x) = \lim_{\Delta x \to 0} \frac{y(x + \Delta x) - y(x)}{\Delta x} \tag{1-13}$$

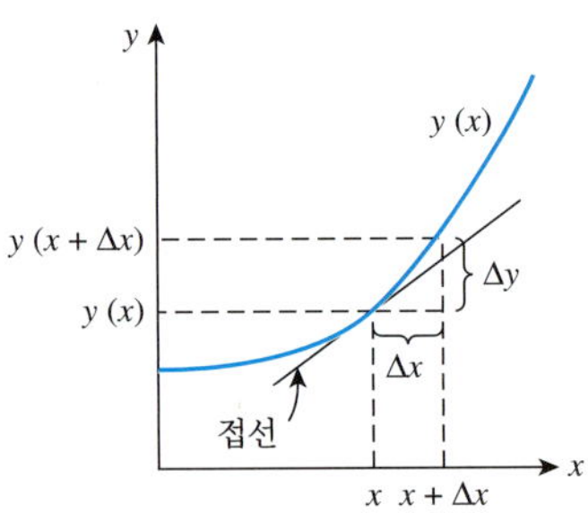

그림 1-11
특정 점에서 함수의 도함수는 그 점에서 함수의 기울기를 나타낸다.

이 극한이 존재할 경우 이 함수는 x에서 **미분가능(differentiable)**하다고 말한다. 어떤 닫힌구간 안의 모든 수에서 미분가능할 경우 이 함수는 그 구간에서 미분가능하다고 말한다. 연속인 것만으로 미분가능성이 보장되지는 않는다. 함수는 기울기가 갑자기 변하는 점(모퉁이)에서 미분가능하지 않다. 예를 들면, 그림 1-12에 그려져 있는 함수는 a에서 미분가능하지 않은데, 이는 왼쪽에서 접근할 때 a에서의 기울기와 오른쪽에서 접근할 때 a에서의 기울기가 다르기 때문이다.

위의 정의에서 Δx는 독립변수 x의 (작은) 변화를 나타내며 이를 x의 **증분(increment)**이라고 한다. 함수 y에서 이에 대응되는 변화는 y의 증분이라고 하며 Δy로 표시하고, 다음과 같이 표현된다.

$$\Delta y = y(x + \Delta x) - y(x) \tag{1-14}$$

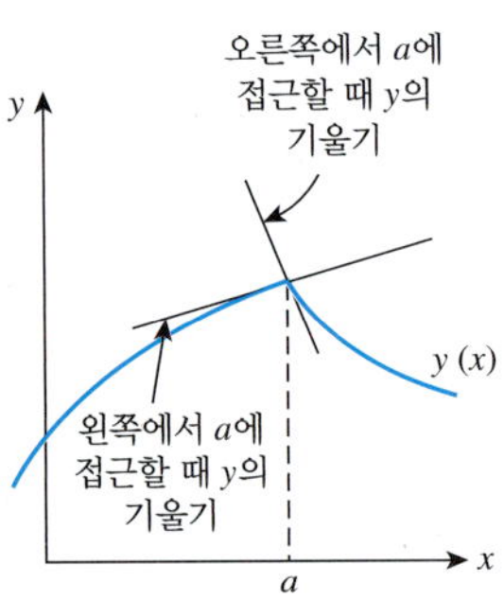

그림 1-12
한 점에서 두 개의 기울기를 갖는 함수는 그 점에서 미분가능하지 않다(즉, 도함수를 갖지 않는다).

증분 표시를 사용하여 함수에 대한 도함수를 다음과 같이 표현할 수 있다.

$$y'(x) = \lim_{\Delta x \to 0} \frac{y(x + \Delta x) - y(x)}{\Delta x} = \lim_{\Delta x \to 0} \frac{\Delta y}{\Delta x} \tag{1-15}$$

따라서 함수의 도함수는 매우 작은 Δx에 대해 함수의 증분 Δy와 독립변수 Δx의 비라고 할 수 있다. x가 변할 때 함수 y가 함께 변하지 않을 경우 Δy는 (따라서 $y'(x)$도) 0이 될 것이다.

독립변수 x의 증분 Δx는 dx로 표현되기도 하는데, 이를 독립변수의 **미분(differential)**이라고 한다. 종속변수 y의 미분 dy는 다음과 같이 정의된다.

$$dy = y'(x)\Delta x = y'(x)dx \tag{1-16}$$

독립변수 x의 증분 Δx와 미분 dx는 동일하지만, 이것은 종속변수 y의 경우 x에 관한 선형함수가 (즉, 직선이) 아니라면 성립하지 않는다. 증분 Δy는 x가 Δx만큼 변화할 때 이에 대응되어 함수 y에서 일어나는 변화를 나타낸다. 반면에 미분 dy는 그림 1-13에서 보여주듯이 x가 x에서 $x + \Delta x$로 변화할 때 접선이 올라가는(혹은 dy가 음일 경우 떨어지는) 양을 나타낸다. 또한 Δx가 작을 경우 $\Delta y \approx dy$가 되며, dy는 정확한 변화량 Δy에 대한 근삿값으로 사용될 수 있다. 이러한 관찰은 *유한차분법(finite difference method)*이라는 미분방정식에 대한 유명한 수치해법의 기초가 된다. 경험에 따르면 약간의 주의를 기울일 경우 이러한 방식으로 매우 정확한 결과를 얻을 수 있다.

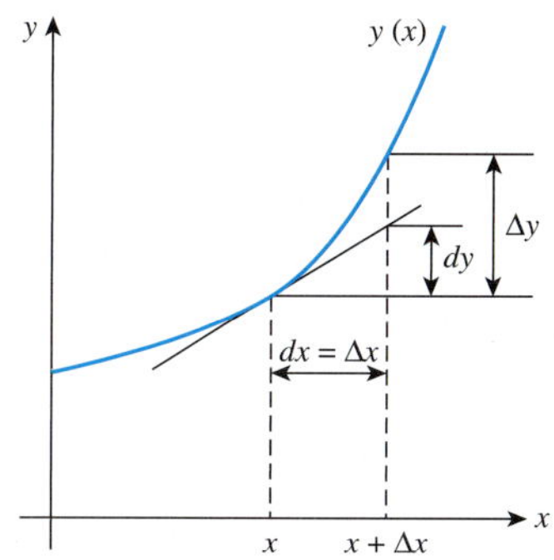

그림 1-13
함수 $y(x)$에 관한 증분 Δy와 미분 dy에 관한 도식 표현

$dx \neq 0$일 경우 식 1-16은

$$y'(x) = \frac{dy}{dx} \qquad (1\text{–}17)$$

와 같이 정리될 수 있으며, 이는 미분들을 사용하여 도함수를 나타낼 때 흔히 사용되는 표현이다. 이러한 표현은 17세기 후반 라이프니츠가 자신의 저술에 사용하였다.

$$y(x) = (2x^2 - 3x)^3 + 5 \qquad (1\text{–}18)$$

와 같은 복잡한 함수를 미분할 때 새로운 변수 $u = 2x^2 - 3x$를 정의하여 $y = y(u)$, 즉, $y = y[u(x)]$로 두는 것이 편리하다. 이와 같은 중첩함수에 대한 도함수는 **연쇄법(chain rule)**을 사용하여 쉽게 구할 수 있는데, 연쇄법의 원리는 다음과 같다. $y = y(u)$이고 $u = u(x)$이며 dy/du와 du/dx 모두 존재할 경우, x에 관한 중첩함수 y의 도함수는 다음과 같이 주어진다.

$$\frac{dy}{dx} = \frac{dy}{du}\frac{du}{dx} \qquad (1\text{–}19)$$

앞의 문제에서 $y = u^3 + 5$이고 $u = 2x^2 - 3x$이므로 연쇄법을 적용한 결과는 다음과 같다(그림 1-14).

$$\frac{dy}{dx} = \frac{dy}{du}\frac{du}{dx} = (3u^2)(4x - 3) = 3(2x^2 - 3x)^2(4x - 3) \qquad (1\text{–}20)$$

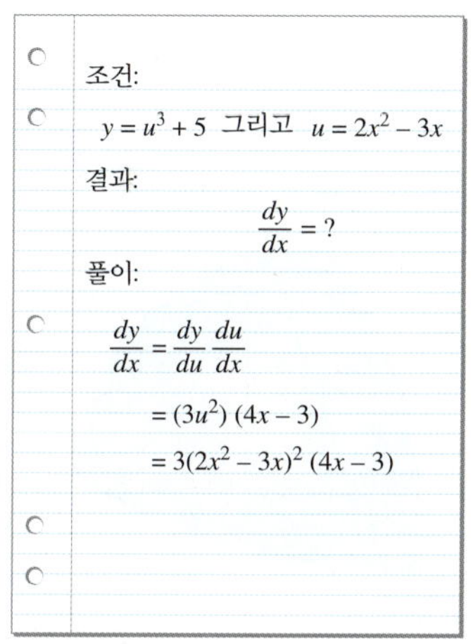

그림 1-14
연쇄법을 적용하여 x에 종속된 u에 종속된 함수 y의 도함수 구하기

현실에서 접하는 많은 문제들은 시간 t와 함께 변화하는 양을 포함하며, 시간에 관한 이들의 **1계 도함수**는 그러한 양의 **변화율**을 나타낸다. 예를 들어 $N(t)$가 특정 시점의 박테리아 군체 안의 개체 수를 나타낼 경우 그 1계 도함수 $N' = dN/dt$는 개체 수의 변화율을 나타내며, 이는 단위 시간 당 개체 수가 증가 또는 감소하는 양에 해당한다.

함수 y의 1계 도함수에 대한 도함수를 y의 **2계 도함수**라고 하며 y''로 표시한다. 마찬가지로 y의 2계 도함수에 대한 도함수를 y의 **3계 도함수**라고 하며 y'''로 표시한다. 일반적으로 y의 $(n-1)$계 도함수에 대한 도함수를 y의 **n계 도함수**라고 하며 $y^{(n)}$로 표시한다. 고계 도함수들은 다음과 같은 미분 표현으로 표시하기도 한다.

$$y'' = \frac{d^2y}{dx^2}, y''' = \frac{d^3y}{dx^3}, \cdots, y^{(n)} = \frac{d^ny}{dx^n} \tag{1-21}$$

여기에서 n은 양의 정수이며 도함수의 **계수(order)**라고 한다. 계수 n을 도함수의 **차수(degree)**와 혼동해서는 안 된다. 예를 들면, y'''는 y의 3계 도함수이며, $(y')^3$는 y의 1계 도함수에 관한 3차식이다. 도함수의 계수는 y^{IV}와 같이 로마 숫자로 표시하기도 하고 $y', y'', y^{(n-2)}, y^{(n)}$ 등과 같이 위첨자로 표시하기도 한다. 함수에 관한 1계 도함수는 독립변수에 관한 함수의 *변화율* 또는 *기울기*를 나타내며, 2계 도함수는 독립변수에 관한 함수의 *기울기의 변화율*을 나타낸다.

함수 y가 (x와 t 같은) 둘 이상의 독립변수에 종속될 경우, 때로 종속변수들 중의 하나에 관한 함수의 종속성을 조사하는 것이 필요할 수도 있다. 이를 위해 다른 변수들은 상수로 간주하고 해당 변수에 관해서만 도함수를 취한다. 이러한 도함수를 **편도함수(partial derivative)**라고 한다. x, t 각각에 관한 함수 $y(x, t)$의 1계 편도함수를 y_x, y_t로 두면 이들은

$$y_x(x, t) = \lim_{\Delta x \to 0} \frac{y(x + \Delta x, t) - y(x, t)}{\Delta x} = \frac{\partial y}{\partial x} \tag{1-22}$$

그리고

$$y_t(x, t) = \lim_{\Delta t \to 0} \frac{y(x, t + \Delta t) - y(x, t)}{\Delta t} = \frac{\partial y}{\partial t} \tag{1-23}$$

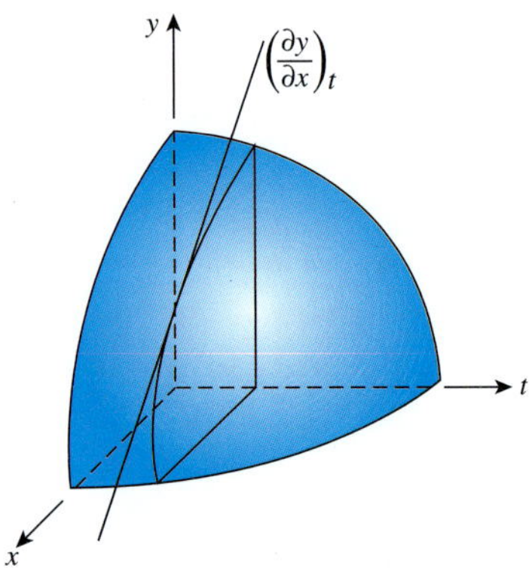

그림 1-15
편도함수($\partial y/\partial x$)에 관한 그래프 표현

와 같이 정의되는데, 이때 해당 극한들이 존재한다고 가정한다. y_x를 구할 때 t는 상수로 취급하며 x에 관해 y를 미분한다. 마찬가지로 y_t를 구할 때 x는 상수로 취급하며 t에 관해 y를 미분한다. 이 경우 종속변수 $y(x, t)$의 미분 dy는

$$dy = y_x dx + y_t dt = \frac{\partial y}{\partial x}dx + \frac{\partial y}{\partial t}dt \tag{1-24}$$

와 같이 정의되며, 여기에서 dx와 dt는 각기 독립변수 x와 t의 미분들이다(그림 1-15). 이 책에서는 주로 한 개의 변수에만 종속되는 함수들을 다루며, 따라서 **상도함수(ordinary derivative)**를 주로 다룰 것이다.

적분

적분은 미분의 역 과정으로 볼 수 있다(그림 1-16). 미분방정식을 풀 때 적분이 흔히 사용되는데, 이는 미분방정식을 푸는 것은 도함수 $y'(x)$가 주어져 있을 때 $\int y'$

$(x)dx$를 구하는 과정과 다르지 않기 때문이다. 이 도함수에 관한 적분은

$$\int y'(x)\,dx = \int dy = y(x) + C \tag{1–25}$$

와 같이 표현될 수 있는데, 이는 $y'(x)dx = dy$(식 1-16)이고 함수의 미분의 적분은 함수 자체(물론 상수가 더해짐)이기 때문이다. 식 1-25에서 x는 **적분변수**이며, C는 **적분상수**라고 불리는 임의의 상수이다.

$y(x) + C$에 대한 도함수는 상수 C의 값에 상관없이 $y'(x)$이다. 따라서 상수만큼만 다른 두 함수는 동일한 도함수를 가지며, 미분 과정에서 잃게 된 상수를 되찾기 위해 적분 과정에서 언제나 상수 C를 더할 수 있다. 식 1-25의 적분은 **부정적분**이라고 부르는데, 이는 임의의 상수 C의 값이 확정되어 있지 않기 때문이다.

식 1-25 안의 적분은 고계 도함수들로 확장될 수 있다(그림 1-17). 예를 들면, 다음과 같다.

$$\int y''(x)\,dx = y'(x) + C \tag{1–26}$$

이는 새로운 변수 $u(x) = y'(x)$를 정의하고 이를 미분하여 $u'(x) = y''(x)$을 얻은 다음 식 1-25를 적용함으로써 증명할 수 있다. 이를 일반화하면

$$\int y^{(n)}(x)\,dx = y^{(n-1)}(x) + C \tag{1–27}$$

와 같다. 따라서 도함수의 계수는 적분될 때마다 1씩 감소한다.

이 절에서 미분방정식에 관한 기초를 구축하기 위해 미적분학의 몇 가지 중요한 개념들을 간략하게 살펴보았다. 이러한 개념들에 관한 이해를 높이고 잘 활용할 수 있기 위해서는 다른 책들을 이용해 공부할 것을 권한다. 저자의 경험으로는 학생들이 미분방정식을 공부할 때 어려움을 겪는 주된 원인은 미적분학에 관한 기초가 충실하지 않기 때문이다. 예를 들어 다음 식

$$\int x\,dx = \frac{x^2}{2} + C \tag{1–28}$$

은 옳으며, 또한 함수 $y(x)$에 관한 식

$$\int y\,dy = \frac{y^2}{2} + C \tag{1–29}$$

도 옳다. 그러나 식

주어진 함수:

$$y = 6x + 2$$

함수에 관한 적분:

$$I = \int y\,dx = 3x^2 + 2x + C$$

적분에 대한 도함수:

$$\frac{dI}{dx} = 6x + 2 = y$$

그림 1–16
미분과 적분은 서로 역인 과정들이며, 적분을 다시 미분함으로써 적분을 검산할 수 있다.

$$\int dy = y + C$$
$$\int y'dx = y + C$$
$$\int y''dx = y' + C$$
$$\int y'''dx = y'' + C$$
$$\int y^{(n)}dx = y^{(n-1)} + C$$

그림 1–17
미분과 도함수를 포함하는 부정적분

$$\int y\,dx = \frac{y^2}{2} + C \tag{1–30}$$

은 옳지 *않다*. 이 식이 옳다면 어떤 적분표도 필요하지 않을 것이며, 주어진 함수의 제곱을 취한 후에 2로 나눈 다음 임의의 상수만 더하면 적분을 구할 수 있을 것이다. 그런데 이를 깨닫지 못하고 심각한 실수를 범하는 학생들도 많다.

절 복습문제

1-7C 변수란 무엇인가? 한 문제에서 종속변수와 독립변수를 어떻게 구분하는가?

1-8C 불연속함수는 어떻게 식별하는가?

1-9C 편도함수와 상도함수 사이의 차이는 무엇인가?

1-10C 도함수의 차수와 계수 사이의 차이는 무엇인가?

1-11C 어떤 함수 $f(x)$와 그 도함수 df/dx가 있다고 하자. dx/df를 계산한 다음 그 역을 취함으로써 이 도함수를 구할 수 있는가?

1-12 다음 함수가 연속인 구간을 구하라.

(a) $x + 2$ (b) $(x - 1)\ \ln x$

(c) $\dfrac{1}{x}$ (d) $\dfrac{e^x}{x^2 - 1}$

(답: (a) 모든 x에 대해 연속임. (b) 모든 양의 x에 대해 연속임. (c) $x = 0$을 제외한 모든 x에 대해 연속임. (d) $x = \pm 1$을 제외한 모든 x에 대해 연속임.)

1-13 다음 각 함수에 대한 도함수를 구하라.

(a) $x \ln 2x$ (b) $e^{-3x} \sin x$

(c) $(x^2 - 1)^3 e^{\ln x}$ (d) $\sin^2(x\sqrt{x})$

(답: (a) $\ln(2x) + 1$ (b) $-e^{-3x}(3 \sin x - \cos x)$ (c) $(x^2 - 1)^2(7x^2 - 1)$

(d) $\dfrac{3\sqrt{x}}{2} \sin(2x\sqrt{x})$)

1-14 다음 적분을 계산하라.

(a) $\displaystyle\int [x^2 + e^{-3x} + \sin 5x]dx$

(b) $\displaystyle\int_1^5 \left[\ln 3x + \frac{5}{x}\right]dx$

(답: (a) $\dfrac{x^3}{3} - \dfrac{e^{-3x}}{3} - \dfrac{\cos 5x}{5} + C$ (b) $4 \ln 3 - 4 + \ln 5$)

1-4 ▪ 미분방정식의 분류

한 개의 독립변수에 관한 한 개 이상의 종속변수들의 상도함수만을 포함하는 미분방정식을 **상미분방정식(ordinary differential equation)**이라고 하며, 두 개 이상의 독립변수에 관한 편도함수들을 포함하는 미분방정식을 **편미분방정식(partial differential equation)**이라고 한다(그림 1-18). 따라서 한 개의 독립변수만을 포함하는 문제에서는 상미분방정식이 생성될 것이며, 둘 이상의 독립변수들을 포함하는 문제에서는 편미분방정식이 생성될 것이다. 이 책에서의 논의는 상미분방정식에 한정될 것이므로, 우리가 풀고자 시도하는 문제도 자동적으로 한 개의 독립변수만을 포함하는

$$y''' + 3x^2y' - 4y = xe^x + 2 \tag{1-31}$$

와 같은 방정식으로 한정될 것이다. 여기에서 y는 종속변수(미지의 함수)이며, x는 독립변수이다.

(a) 상미분방정식:

$$\frac{d^2u}{dx^2} - 2\frac{du}{dx} = 2x^2 + 6$$

(b) 편미분방정식:

$$\frac{\partial^2 v}{\partial x^2} - 2\frac{\partial v}{\partial t} = 2x^2 + e^t$$

그림 1-18
상미분방정식과 편미분방정식

하나의 미분방정식에 미지의 함수에 대한 다양한 계수의 여러 도함수들이 포함될 수 있다. 주어진 미분방정식에서 가장 높은 계수의 도함수 계수가 그 **미분방정식의 계수**가 된다. 예를 들면, 미분방정식 $y''' + (y'')^6 = 4x^5$는 4 이상의 계수를 갖는 도함수를 포함하고 있지 않으므로 그 계수는 3이다.

미분방정식에서 가장 높은 계수의 도함수 항의 **계수(coefficient)***가 1일 경우 그 미분방정식은 표준형으로 되어 있다고 말한다. 예를 들면, 식 1-31의 미분방정식에서 (가장 계수가 높은) y''' 항의 계수가 1이므로 이 미분방정식은 표준형으로 되어 있다. 주어진 미분방정식을 표준형으로 만들기 위해서는 그 미분방정식을 가장 높은 계수의 도함수 항의 계수로 나누어주면 된다.

대수방정식 $3x - 5 = 0$은 대수방정식 $x^4 + 3x - 5 = 0$보다 훨씬 풀기 쉬운데, 이는 앞의 방정식은 선형인데 비해 뒤의 방정식은 비선형이기 때문이다. 이는 미분방정식에도 동일하게 적용된다. 따라서 미분방정식을 풀기 전에 먼저 선형성을 검사할 필요가 있다. 종속변수와 그 도함수들의 차수가 모두 1이고, 이 항들의 계수들이 모두 독립변수에만 종속될 경우 그와 같은 미분방정식은 **선형**이다. 즉, 미분방정식이 다음과 같은 항을 포함하지 않을 경우 선형이며, 이들 중 하나라도 포함하면 **비선형**이다.

* (역자 주) 도함수의 *계수(order)*는 해당 도함수를 얻기 위해 원래의 함수에 미분이 적용된 횟수를 나타내며, 항의 *계수(coefficient)*는 식 안에서 해당 항 앞에 오는 값을 말하며 상수계수가 올 수도 있고 변수계수가 올 수도 있다. 서로 다른 개념에 '계수'라는 동일한 한글 용어가 사용되므로 문맥을 고려하면서 적절한 주의를 기울여 구별해야 한다. 그리고 미분방정식에 대한 계수는 앞의 의미이다.

(1) 종속변수나 그 도함수들의 멱승 (예: y^3, $(y'')^2$)

(2) 종속변수나 그 도함수들의 곱 (예: yy', $y'y''$)

(3) 기타 종속변수의 비선형 함수 (예: $\sin y$, e^y)

선형 미분방정식은 다음과 같은 항들을 포함할 수 있다.

(1) 독립변수에 관한 멱승이나 기타 비선형 함수 (예: x^2, $\cos x$)

(2) 종속변수(또는 그 도함수)와 독립변수에 관한 함수들의 곱 (예: x^3y', x^4y, $e^{-2x}y''$) (그림 1-19 참고)

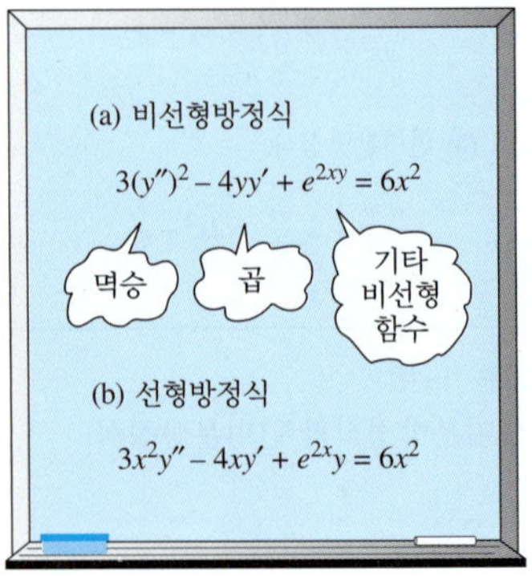

그림 1-19
비선형 미분방정식과 선형 미분방정식. 선형성 여부를 판정할 때 종속변수만을 검사한다.

따라서 식 1-10과 같은 RC 회로의 모델은 선형이다.

$$RC\frac{dv_1}{dt} + v_1 = V \tag{1-10}$$

구멍 뚫린 액체 용기 모델을 나타내는 식 1-11은 비선형인데, 이는 제곱근 안에 포함되어 있는 종속변수 h에는 1/2 멱승이 적용되어 있기 때문이다.

$$\rho A\frac{dh}{dt} = \rho q_{vi} - k\sqrt{\rho g h} \tag{1-11}$$

n계 선형 미분방정식에 대해 가장 일반적인 형식은 아래와 같으며, 이러한 형식으로 정리될 수 없는 미분방정식은 비선형이다.

$$y^{(n)} + f_1(x)y^{(n-1)} + \cdots + f_{n-1}(x)y' + f_n(x)y = R(x) \tag{1-32}$$

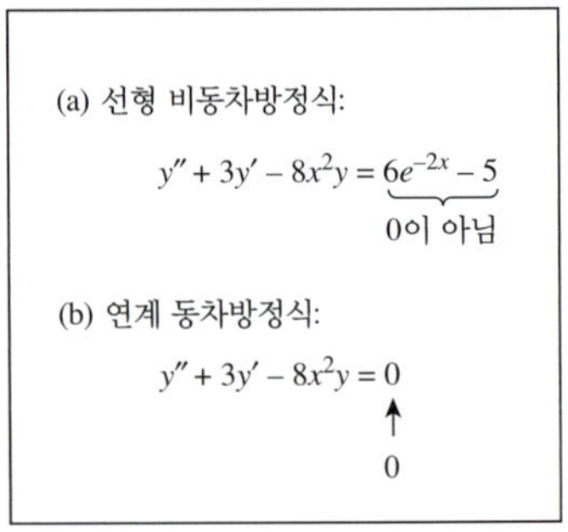

그림 1-20
비동차 미분방정식과 연계 동차 미분방정식

y에 관한 선형 미분방정식은 고려 대상인 모든 x에 대해 $R(x) = 0$일 경우 **동차방정식(homogeneous equation)**이라고 하며, 그렇지 않을 경우 **비동차방정식(nonhomogeneous equation)**이라고 한다(그림 1-20). 즉, 선형 동차방정식에서 공통 인수들을 제거한 후 그 안의 각 항은 종속변수나 그 도함수들만을 포함한다. 항 $R(x)$은 **비동차 항**이라고 한다.

n계 선형 동차방정식은 다음과 같은 일반형으로 표현될 수 있다.

$$y^{(n)} + f_1(x)y^{(n-1)} + \cdots + f_{n-1}(x)y' + f_n(x)y = 0 \tag{1-33}$$

동차라는 용어는 특별한 종류의 1계 미분방정식을 표현하기 위해 또 다른 의미로 사용되기도 하는데, 이에 대해서는 2장에서 논의할 것이다.

예제 1-8 미분방정식의 분류

아래에 주어진 7개의 미분방정식에 대해 계수를 밝히고, 선형인지 비선형인지 표시하라. 또 선형방정식에 대해서는 동차형 여부를 표시하라.

1. $y'' + 3y = 0$
2. $y'' + 3y = 2x + 5$
3. $y'' + 3yy' = 0$
4. $y''' + 2(y')^2 + 3y = 5$
5. $y'' + 3x^4y = 0$
6. $y'' + 3xy^4 = e^{-2x}$
7. $y''' + y' + \sin y = 0.2$

풀이 위의 방정식들을 자세히 살펴보면 다음과 같음을 알 수 있다.
1. 2계, 선형, 동차형
2. 2계, 선형, 비동차형
3. 2계, 비선형
4. 3계, 비선형
5. 2계, 선형, 동차형
6. 2계, 비선형
7. 3계, 비선형

미분방정식은 종속변수와 그 도함수들 앞에 오는 계수들의 특성에 의해서도 종류가 나뉜다. 종속변수와 그 도함수들을 포함하는 모든 항들의 계수가 상수인 미분방정식은 **상수계수**를 갖는다고 말한다. 모든 공통인수를 소거한 후에도 종속변수나 그 도함수들을 포함하는 항들 중에 독립변수를 계수로 갖는 것이 있을 경우, 그와 같은 미분방정식은 **변수계수**를 갖는다고 말한다(그림 1-21). 예제 1-8의 미분방정식들은 (5)와 (6)을 제외하면 모두 상수계수를 갖는다.

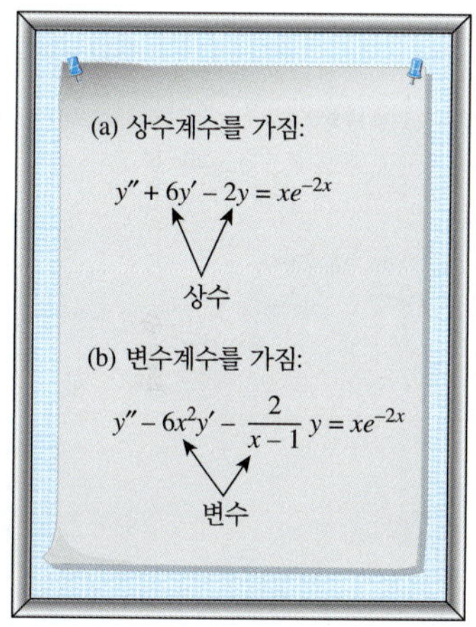

그림 1-21
상수계수 미분방정식과 변수계수 미분방정식

상미분방정식의 특징은 하나의 독립변수를 갖는다는 것이다. 이 책에서 다룰 대부분의 미분방정식들은 또한 하나의 종속변수, 즉, 미지의 함수를 갖는다. 그러나 때로 서로 연계된 둘 이상의 미분방정식에서 둘 이상의 미지의 함수를 만날 수도 있다. 이러한 방정식은 **연립미분방정식**이라고 하며, 대개 선형대수를 사용하여 풀게 된다. 예를 들면,

$$y'' + 3y' - 5z = 0$$
$$z'' - 2y - 2z - \sin x = 0$$

은 두 개의 미분방정식으로 이루어진 연립방정식이다. 여기에서 z, y는 미지의 함수들이며 x는 독립변수이다.

절 복습문제

1-15C 대수방정식과 미분방정식의 차이는 무엇인가?

1-16C 상미분방정식과 편미분방정식의 차이는 무엇인가?

1-17C 미분방정식의 계수는 어떻게 정해지는가?

1-18C 선형 미분방정식과 비선형 미분방정식은 어떻게 구분되는가?

1-19 아래의 각 미분방정식에 대해 계수, 선형인지 비선형인지, 그리고 상수계수를 갖는지 변수계수를 갖는지 등을 결정하라.

(a) $y''' + 3y = 8x$ (b) $y'' + 3xyy' = 0$

(c) $y'' + x^4y' + y = 0$ (d) $y'' + 2e^xy = 0$

(e) $xy''' + 2xyy'' + 3xy = 5x^3$

(답: (a) 3계, 선형, 상수계수 (b) 2계, 비선형, 변수계수 (c) 2계, 선형, 변수계수 (d) 2계, 선형, 변수계수 (e) 3계, 비선형, 상수계수)

1-5 ■ 미분방정식의 해

미분방정식을 푸는 것은 한 번 이상의 적분을 취하는 것만큼 쉬울 수도 있지만, 그와 같이 단순한 미분방정식은 예외적이다. 모든 미분방정식에 적용될 수 있는 하나의 일반적인 해법은 존재하지 않는다. 여러 다른 풀이 기법들이 존재하며, 이들은 각기 다른 유형의 미분방정식에 적용된다. 때로 하나의 미분방정식을 풀기 위해 둘 이상이 기법이 동원되어야 하고 각 기법들에 대한 능숙한 활용 능력이 요구되기도 한다. 어떤 미분방정식들을 풀기 위해서는 특별한 기교가 필요할 수도 있으며, 어떤 미분방정식은 해석적인 해를 갖지 않을 수도 있다.

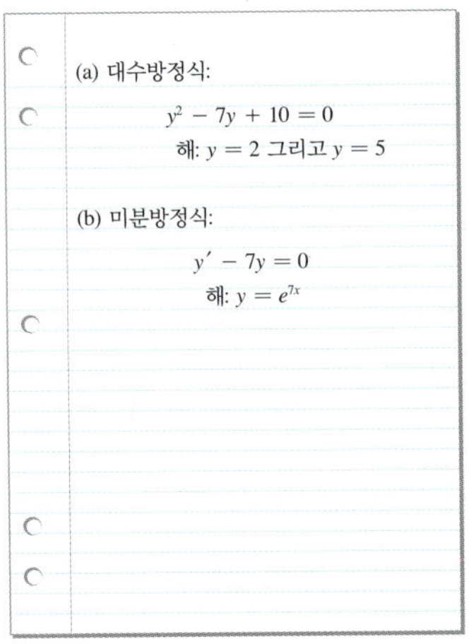

그림 1-22
대수방정식의 경우와 달리 미분방정식의 해들은 대개 개별 값들이 아니라 함수들이다.

대수학에서는 대개 ($x^2 - 7x + 10 = 0$과 같은) 대수방정식에 대해 이를 만족하는 개별 *값*들을 찾는다. 그러나 미분방정식의 경우에는 지정된 구간에서 방정식을 만족하는 *함수*를 찾는다. 예를 들면, 대수방정식 $x^2 - 7x + 10 = 0$을 만족하는 것은 단지 두 개의 숫자 2와 5뿐이다. 그러나 미분방정식 $y' - 7y = 0$을 만족하는 것은 임의의 x값에 대한 함수 e^{7x}이다(그림 1-22).

대수방정식 $x^3 - 6x^2 + 11x - 6 = 0$에 대해 생각해보자. 명백히 $x = 1$은 이 방정식을 만족하며 따라서 하나의 해가 된다. 그러나 $x = 1$이 이 방정식의 유일한 해는 아니다. 직접대입법에 의해 $x = 2$와 $x = 3$도 이 방정식을 만족시킨다는 것을 쉽게 보일 수 있으며, 따라서 이들도 이 방정식의 해가 된다. 이 방정식에 대해 이들 외의 해는 없으며, 따라서 1, 2, 3 등으로 이루어진 집합이 이 대수방정식에 대한 완전한 해를 형성한다.

동일한 논리가 미분방정식에도 적용된다. 대개 미분방정식은 한 개 이상의 임의의 상수를 포함하는 여러 개의 *해*를 갖는다. 어떤 구간에서 주어진 미분방정식을 만족하는 모든 함수는 그 미분방정식의 해이다. 한 개 이상의 임의상수를 포함하는 해는 주어진 미분방정식을 만족하는 함수 패밀리를 나타내며, 해당 미분방정식의 **일반해(general solution)**라고 한다. 하나의 미분방정식이 둘 이상의 일반해를 가질 수도 있다. 미분방정식의 모든 해가 일반해의 특수한 사례로 일반해로부터 도출될 수 있을 경우 이러한 일반해를 **완전해(complete solution)***라고 부르는데, 때로 완전해를 일반해(general solution)라고 부르기도 한다. 일반해에서 임의상수들에 특정 값들을 지정하여 구할 수 있는 해를 **특수해(particular solution)**라고 한다. 일반해의 임의상수들에 특정 값을 지정하여 구할 수 없는 해를 **특이해(singular solution)**라고 한다.

대수학에서 어떤 숫자가 대수방정식을 만족하면 그 방정식의 해이다. 예를 들면, 방정식 $x^3 - 8 = 0$에 2를 대입하면 양변 모두 0이 되므로 $x_1 = 2$는 그 방정식의 해이다. 마찬가지로 어떤 함수가 미분방정식을 만족하면 그 미분방정식의 해이다. 즉, 해 함수를 미분방정식에 대입하면 방정식을 만족하게 된다.

예제 1-9 미분방정식의 해

$y_1 = 3e^{-2x}$가 미분방정식 $y'' - 4y = 0$의 해임을 보여라.

풀이 | 주어진 함수는 위의 미분방정식의 해인데, 이는 주어진 함수의 4배를 그 함수의 2계 도함수에서 빼면 0이 되기 때문이다. $y_1 = 3e^{-2x}$의 1계 도함수와 2계 도함수는 각기 $y'_1 = -6e^{-2x}$, $y''_1 = 12e^{-2x}$이다.

이제 $y'' - 4y = 12e^{-2x} - 4(3e^{-2x}) = 0$이 되며, 따라서 y_1이 주어진 미분방정식의 해임을 알 수 있다.

예제 1-10 미분방정식의 일반해

$y_1 = Cxe^{2x} + 2x - 3$이 임의상수 C의 값과 상관없이 미분방정식 $y'' - 4y' + 4y = 8x - 20$의 해가 된다는 것을 보여라.

풀이 | $y_1 = Cxe^{2x} + 2x - 3$의 1계 도함수와 2계 도함수는 각기

$$y_1' = C(e^{2x} + 2xe^{2x}) + 2 = Ce^{2x} + 2Cxe^{2x} + 2$$

그리고

$$y_1'' = 2Ce^{2x} + 2C(e^{2x} + 2xe^{2x}) = 4Ce^{2x} + 4Cxe^{2x}$$

이다. 이제

---

* (역자 주) 이 책에서는 임의상수를 포함하는 미분방정식의 해를 일반해(a general solution)라고 하고, 완전해도 일반해(the general solution)라고 부른다. 영문으로는 앞의 관사가 다르지만 한글로는 구분할 수가 없어 "the general solution"은 이후 구분이 꼭 필요한 경우 완전해로 번역한다. 그러나 완전해와 일반해(a general solution)의 구분이 중요하지 않은 경우도 많으며, 이 경우 완전해라는 표현은 보편적으로 사용되지 않으므로 가급적 사용을 지양하고 대신 일반해라는 표현을 사용할 것이다.

$$\begin{aligned} y'' - 4y' + 4y &= (4Ce^{2x} + 4Cxe^{2x}) - 4(Ce^{2x} + 2Cxe^{2x} + 2) + 4(Cxe^{2x} + 2x - 3) \\ &= 4Ce^{2x} + 4Cxe^{2x} - 4Ce^{2x} - 8Cxe^{2x} - 8 + 4Cxe^{2x} + 8x - 12 \\ &= 8x - 20 \end{aligned}$$

임을 알 수 있다. 따라서 y_1이 상수 C의 값과 상관없이 주어진 미분방정식의 해가 되며, 이는 임의상수를 포함하므로 일반해이다.

구리 공을 온도가 T_0인 뜨거운 물에 넣었을 때 공의 온도 상승을 표현하는 미분방정식을 다시 살펴보자(식 1-5). 2장에서 살펴보겠지만 이 미분방정식의 일반해는

$$T(t) = T_0 - (T_0 - C)e^{-hAt/mc} \tag{1–34}$$

인데, 여기에서 C는 임의상수이다. 이 해는 상수 C에 어떤 값을 지정하더라도 식 1-5를 만족한다는 것을 직접대입법으로 쉽게 증명할 수 있다. 즉, 다른 모든 미분방정식들과 마찬가지로 식 1-5는 무수히 많은 해를 갖는데, 이는 임의상수 C가 무수히 많은 값을 가질 수 있기 때문이다. 그러나 이것은 당연할 수도 있는데, 이는 미분방정식이나 일반해가 공의 초기 온도 T_i를 포함하지 않으며 특정 시점 t에서 공의 온도는 분명히 T_i의 영향을 받을 것이기 때문이다. $t = 0$에 대해 식 1-34의 결과는 $C = T(0) = T_i$가 되는데, 이는 $T(0)$이 $t = 0$일 때의 공의 온도, 즉, 공의 초기 온도를 가리키기 때문이다. 대입을 통해 이 해는 다음과 같이 정리된다.

$$T(t) = T_0 - (T_0 - T_i)e^{-hAt/mc} \tag{1–35}$$

그림 1-23에서는 hA/mc를 상수로 두고 T_i에 여러 다른 값을 적용하여 해곡선들을 그리고 있는데, 이 곡선들은 서로 교차하지 않는다. 각 곡선은 특정 T_i값에 대응되는데, 이는 온도 축(즉, 직선 $t = 0$)에 해당된다. 따라서 일단 초기 온도 T_i가 정해지면, 이 미분방정식에 대한 해도 정해진다. 우리가 관심을 갖는 해는 지정된 T_i 값에서 T축을 만나는 해이다.

이 예제는 비록 적절한 조건을 갖춘 문제는 대개 유일한 해를 갖지만 그와 같은 문제를 표현하는 미분방정식은 무수히 많은 해를 가질 수도 있음을 보여준다. 이는 미분방정식은 종속변수의 *변화*와 독립변수의 *변화* 사이의 관계를 규정하지만 어떤 고정된 독립변수 값들에서 함수나 그 도함수의 *값*을 다루는 정보를 반영하고 있지 않기 때문이다.

따라서 동일한 물리적 현상에 관련된 서로 다른 여러 문제들이 동일한 미분방정식을 가질 수도 있다. 예를 들면, 식 1-35는 고체 공의 초기 온도에는 상관없이 고체 공을 온도 T_0의 주변 환경에서 가열시키는 (또는 냉각시키는) 과정을 위한 미분방정식이다.

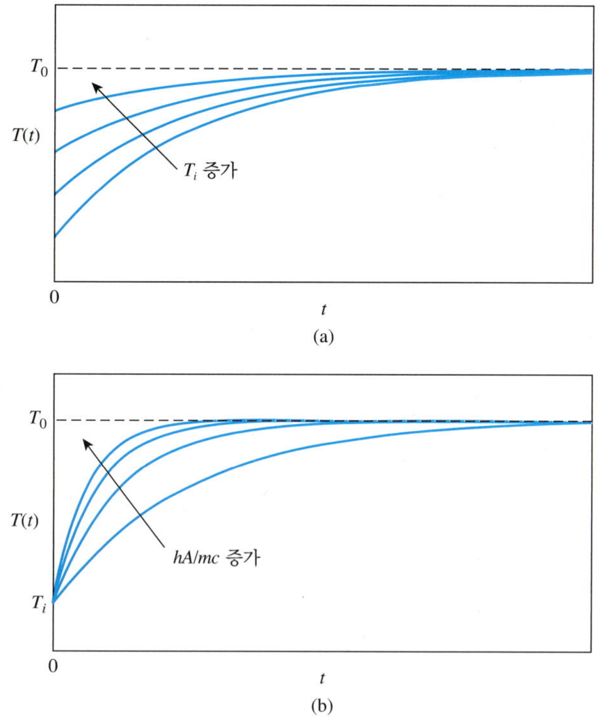

그림 1-23
식 1-35에 기초하여 온도를 시간의 함수로 표현한 해곡선 (a) hA/mc는 고정시키고 초기 온도 T_i에 4개의 서로 다른 값을 적용한 해곡선 (b) 초기 온도 T_i는 고정시키고 hA/mc에 4개의 서로 다른 값을 적용한 해곡선

따라서 주어진 문제에 대한 유일한 해를 얻기 위해서는 미분방정식만으로는 충분하지 않음을 알 수 있다. (특정 독립변수 값에서 함수나 그 도함수의 값과 같은) 어떤 조건들을 지정함으로써 그와 같은 조건을 만족하는 해가 유일하게 결정될 수 있도록 해주어야 한다. 그러나 미분방정식에는 필요한 정보나 조건들을 표시할 곳이 없으므로 이들은 별도로 지정되어야 한다. 이러한 조건들이 모두 동일한 독립변수 값에 대해 지정될 경우 **초기조건(initial condition)**이라 하며, 두 개 이상의 독립변수 값들에 대해 지정될 경우 **경계조건(boundary condition)**이라 한다. 초기조건들을 수반하는 미분방정식은 **초깃값 문제**라고 하며, 경계조건들을 수반하는 미분방정식은 **경곗값 문제**라고 한다(그림 1-24).

(a) 초깃값 문제:

$$y'' - 3y' + y = 2xe^{-4x}$$
$$y(2) = 5$$
$$y'(2) = -3$$

((b) 경곗값 문제:

$$y'' - 3y' + y = 2xe^{-4x}$$
$$y(2) = 5$$
$$y'(8) = -3$$

그림 1-24
초깃값 문제와 경곗값 문제

예제 1-11 물체의 자유낙하

공기 저항을 무시할 수 있을 경우, 물체의 자유낙하는 중력법칙에 지배된다. 그림 1-25에서 보여주듯이 물체의 처음 높이는 $z = h$이고 시점 0에서 자유낙하를 시작한다고 하자. 이 문제를 위한 수식을 구성하고 이 수식이 초깃값 문제인지 경곗값 문제인지 결정하라.

풀이 문제에 대한 수식 구성은 미분방정식의 작성, 그리고 적절한 경계조건 또는 초기조건들의 지정 등을 포함한다. 이 문제를 위한 미분방정식은 예제 1-1에서

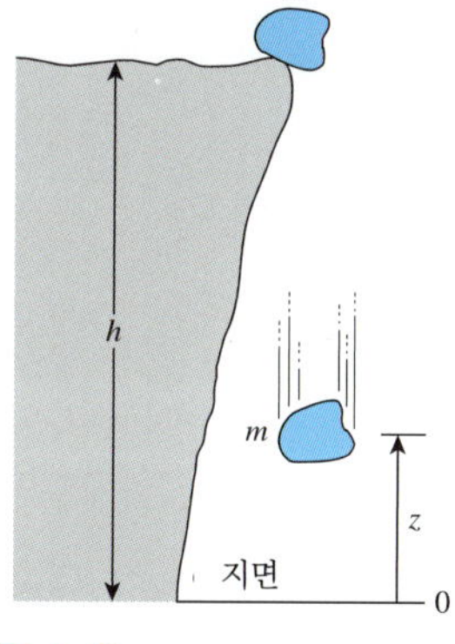

그림 1-25
예제 1-11을 위한 도해

$$\frac{d^2z}{dt^2} = -g$$

와 같은 식으로 구한 바 있다(식 1-3). 여기에서 z는 지면과 같은 기준 높이로부터의 수직거리이며 g는 중력가속도이다. 시점 $t = 0$에서 물체는 높이 h에 정지되어 있다(속도 $V(0) = 0$). 따라서 이 문제를 위한 초기조건은 다음과 같이 표현될 수 있다.

$$V(0) = \left.\frac{dz}{dt}\right|_{t=0} = 0 \tag{1–36}$$

$$z(0) = h$$

이제 문제에 대한 완전한 수식이 구성되었으며, 다음 절에서 살펴보겠지만 이 수식을 풀면 미지의 함수 z에 대한 유일한 해를 얻게 된다.

이 문제는 초깃값 문제임을 쉽게 판단할 수 있는데, 이는 두 개의 조건 모두 동일한 독립변수 값 $t = 0$에 대해 지정되어 있기 때문이다.

그러나 $t = 0$에 대해 위치가 지정되어 있으면서 속도가 (또는 위치가) ($t = 15$s와 같이) 또 다른 시점에 대해 지정된다면 경곗값 문제가 될 것이다.

미분방정식을 풀 때 ($y = y(x)$와 같이) 독립변수를 사용하여 미지의 함수를 표현하는 해석적 식(analytical expression)인 **닫힌 형식의 해(closed-form solution)**를 구할 수 있다면 좋을 것이다. 이후의 장들에서 살펴보겠지만 실제에서 이용되는 수많은 미분방정식들에 대해 닫힌 형식의 해를 쉽게 구할 수 있다. 그러나 대부분의 미분방정식은 어떤 방법을 사용해서도 풀 수 없으며, 따라서 근사 처리가 필요하게 된다. 이러한 문제들에 대해서는 9장에서 다루게 될 수치해법을 사용하여 상당한 정확도로 풀 수 있다. 수치해법을 사용할 경우, 전체 구간에 대한 연속 함수로서가 아니라 이산 점들에 대해 해를 계산한다.

미분방정식을 만족하며 (도함수들은 포함하지 않고) 미지의 함수와 독립변수만을 포함하는 관계식이라면 그 방정식의 해가 된다. 미지의 함수를 독립변수들만으로 표현할 수 있다면 이러한 해를 **양함수해**라고 하며, 그렇지 않을 경우 **음함수해**라고 한다. 관계식 $g(x, y) = 0$은 y를 x의 음함수로 정의한다. 예를 들면, $y = 3x^2 + \cos x + 5$와 같은 해는 양함수해이지만, 해 $y = e^{2xy} + 3xy^2 + 5$에서는 y를 x만으로 표현할 수 없기 때문에 이 해는 음함수해이다.

절 복습문제

1-20C 경계조건이란 무엇인가? 미분방정식의 해에서 경계조건의 역할은 무엇인가?

1-21C 어떨 때 문제가 초깃값 문제이며, 어떨 때 경곗값 문제인가?

다음의 각 문제에서 주어진 함수가 주어진 미분방정식의 해임을 보여라.

1-22 $y'' = 0$, $y_1 = 5x$ 그리고 $y_2 = 2x + 1$

1-23 $y' + 3y = 0$, $y_1 = e^{-3x}$ 그리고 $y_2 = 5e^{-3x}$

1-24 $y'' - 4y = 0, y_1 = e^{2x}$ 그리고 $y_2 = -3e^{-2x}$

1-25 $x^2y'' + 5xy' + 3y = 0, y_1 = 1/x^3$ 그리고 $y_2 = 2/x$

1-6 ■ 직접적분법에 의한 미분방정식 풀이

미분방정식은 도함수를 포함하며 적분을 한 번 적용하면 도함수의 계수가 1씩 감소하므로, 미분방정식을 풀기 위한 유망한 방법으로 직접적분법을 고려하는 것은 자연스럽다. 그렇지만 직접적분법에 의한 미분방정식 풀이는 다소 예외적인 경우인데, 이는 현실에서 접하는 대부분의 미분방정식들은 이렇게 쉽게 풀 수 없기 때문이다.

어떤 중요한 미분방정식은 선형이며, 도함수를 포함하는 항이 하나뿐이고, 미지의 함수를 인수로 갖는 항을 갖지 않을 수도 있다. 그와 같은 미분방정식들은 (물론 적분이 가능하다고 가정하고) 직접적분법으로 풀 수 있다. 다른 미분방정식들도 이러한 형태로 변화시킬 수 있는 경우가 있는데 이들 역시 직접적분법으로 풀 수 있으며, 여기에는 일부 비선형 미분방정식들도 포함된다. 예를 들면,

$$y''' - x^2e^{-6x} = 0 \tag{1-37}$$

와 같은 미분방정식은 직접적분법으로 풀 수 있는데, 이는 y의 도함수를 포함하는 항이 하나이고 y를 포함하는 항은 갖지 않는 미분방정식이기 때문이다. 그러나 미분방정식

$$y''' + 3xy - x^2e^{-6x} = 0 \tag{1-38}$$

은 직접적분법으로 풀 수 없는데, 이 미분방정식은 미지의 함수 y를 포함하는 항을 갖기 때문이다.

직접적분법으로 미분방정식을 풀 때, 방정식 안의 모든 항들은 적분 법칙들을 사용하여 하나씩 적분되고 여기에 적분상수를 더한다. 매번 방정식을 적분할 때마다 도함수의 계수는 1씩 감소되며 새로운 적분상수가 추가된다. 따라서 n계 미분방정식은 n번의 연속적인 적분으로 풀 수 있으며, 이렇게 얻은 해에는 n개의 적분상수가 포함된다.

예제 1-12 직접적분법에 의한 풀이

아래의 미분방정식들을 직접적분법으로 풀 수 있는지 결정하고, 가능한 것들에 대해서는 그 해를 구하라.

(a) $y' - 5y + 3 = 0$

(b) $y'' - 6x^2 = 0$

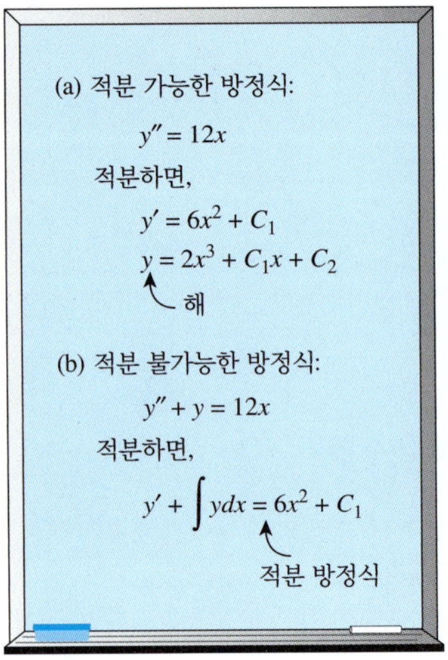

그림 1-26
어떤 미분방정식들은 더 이상의 도함수를 포함하지 않을 때까지 각 항을 적분하는 일을 반복하는 방법으로 풀 수 있다.

(c) $2yy' - 4 = 0$

풀이 (a) 이 미분방정식은 직접적분법으로 풀 수 없는데, 이는 두 번째 항이 미지의 함수 y를 포함하고 있기 때문이다. 이 미분방정식을 직접적분법으로 풀려고 시도할 경우

$$y - 5\int y dx + 3x = C_1$$

을 얻게 될 텐데, 여기에는 어떤 도함수도 포함되어 있지 않다. 이 결과는 해의 모습을 갖고 있기는 하지만, 대신에 미지 함수에 대한 적분을 포함하고 있으며 이 역시 알려져 있지 않다. 따라서 이것도 진정한 의미에서의 해는 아니다. 적분의 결과로 미분방정식이 적분방정식으로 바뀌었을 뿐이다(그림 1-26).

(b) 이 방정식은 선형이며 도함수 항은 하나뿐이고 미지의 함수 y를 인수로 포함하는 항은 없다. 따라서 이 방정식은 직접적분법으로 풀 수 있다. 한 번 적분한 결과는 $y' - 2x^3 = C_1$이다. 이를 한 번 더 적분한 결과는 $y - 0.5x^4 = C_1x + C_2$, 즉, $y = 0.5x^4 + C_1x + C_2$인데, 이는 주어진 미분방정식의 적절한 해이다.

(c) 이 미분방정식은 비선형이며 직접적분법으로 풀릴 것처럼 보이지 않는다. 그러나 이 방정식을 자세히 살펴보면 항 $2yy'$는 y^2의 도함수임을 알 수 있다. 따라서 첫 번째 항의 적분은 y^2이 되는데, 이는 적분이 미분의 역이기 때문이다. 따라서 이 방정식 안의 각 항은 적분될 수 있으며, 적분의 결과는 $y^2 - 4x = C_1$, 즉, $y = \pm\sqrt{4x + C_1}$ 이며, 바로 구하고자 하는 해이다.

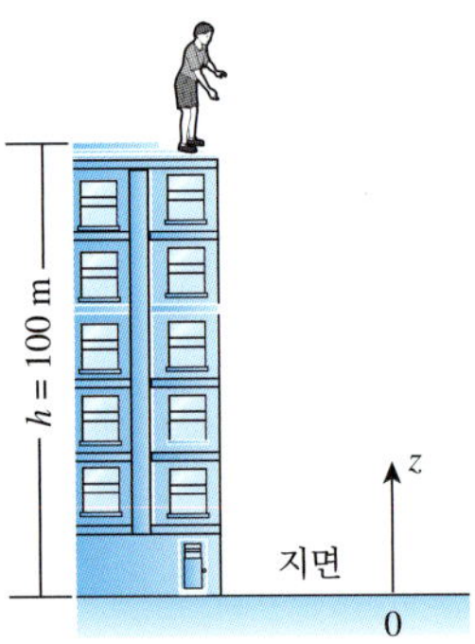

그림 1-27
예제 1-13을 위한 도해

예제 1-13 물체의 자유낙하

낙하산을 장착한 과감한 낙하산 요원이 100m 높이의 고층빌딩 꼭대기에서 뛰어내리는데, 그 위치에서의 중력가속도는 $g = 9.8 \text{ m/s}^2$이다. 뛰어내린 지 3초 후에 낙하산이 펴진다. 공기저항을 무시하고 낙하산이 펼쳐질 때 낙하산 요원의 높이를 구하라.

풀이 이것은 중력의 영향에 따른 자유낙하 과정이며, 이 문제는 물리학의 관련 공식을 사용하여 쉽게 해결할 수 있다. 그러나 미분방정식의 해와 경계조건 또는 초기조건의 적용을 보여주기 위해 이 간단한 문제를 미분방정식을 사용하여 풀어본다. 이를 통해 관련 물리학 공식들에 대해 보다 깊이 이해할 수 있을 것이다.

이 문제에서 구하고자 하는 함수는 독립변수 t(시간)의 함수로 표현된 수직거리 z이다. 여기에서는 그림 1-27에서 보여주듯이 지면을 기준 높이로 두고 지면으로부터의 거리 z를 측정한다. 이 문제를 위한 미분방정식은 예제 1-1에서 구한 바 있으며, 이는

$$\frac{d^2z}{dt^2} = -g$$

와 같은데(식 1-3), 이 방정식은 2계 선형 비동차 미분방정식이다. 이 미분방정식을

살펴보면 도함수를 포함하는 항은 한 개이며 미지의 함수 z를 인수로 포함하는 항은 존재하지 않는다. 따라서 직접적분법으로 풀 수 있다. 이 미분방정식은 2계 방정식이므로 2번의 연속적인 적분으로 해를 구할 수 있으며, 이 해에는 두 개의 적분상수가 포함된다.

주어진 미분방정식의 각 항을 적분한 결과는

$$\frac{dz}{dt} = -gt + C_1 \tag{1-39}$$

이며, 여기에서 C_1은 첫 번째 적분상수이다. 이 결과에서 도함수의 계수는 1만큼 줄었음을 볼 수 있으며, 여기에 도함수를 취하면 원래의 미분방정식으로 돌아간다는 것을 알 수 있다. 이 식에는 도함수가 포함되어 있어 아직 해는 아니다.
한 번 더 적분하면

$$z(t) = -\frac{1}{2}gt^2 + C_1t + C_2 \tag{1-40}$$

을 얻게 되며, 이는 주어진 미분방정식의 일반해이다(그림 1-28).

이 해는 주어진 미분방정식의 모든 해를 포함하고 있음을 증명할 수 있다. 미분방정식의 해란 미지의 함수와 독립변수 사이의 관계식이며 어떤 도함수도 포함하지 않는 것이다.

z를 위한 일반해는 두 개의 임의상수를 포함하며, 따라서 이 관계식만으로는 낙하산이 펼쳐질 때 지면으로부터 낙하산 요원의 거리를 결정할 수 없다. 이는 당연한데, 이 거리 계산에 영향을 미치는 요소에는 건물의 높이뿐만 아니라 낙하산 요원의 초기 속도도 포함되며, 일반해에는 그와 같은 정보가 포함되어 있지 않기 때문이다. 미분방정식은 종속변수 상의 변화와 독립변수 상의 변화 사이의 관계식이며, 어떤 독립변수 값들에서 종속변수 값에 부과되는 제약이나 조건들에 영향 받지 않는다. 예를 들어 건물의 높이가 100m 대신 200m일 때에도 미분방정식과 일반해는 동일할 것이다. 그러나 특정 시점에서 지면으로부터 낙하산 요원의 높이는 분명히 다를 것이다. 따라서 일반해 안의 두 개의 임의상수는 서로 다른 상황들에 적응시키기 위한 유연성을 제공한다.

일반해가 두 개의 미지 상수를 포함하므로 이들을 유일하게 결정하여 주어진 문제에 대한 특수해를 얻기 위해서는 두 개의 방정식이 필요하다. 일반해가 지정된 초기조건과 경계조건을 만족하도록 요구함으로써 이러한 방정식들을 얻을 수 있다. 각 조건의 적용을 통해 한 개씩의 방정식이 만들어지므로 상수 C_1, C_2를 결정하기 위해 두 개의 조건이 필요하다. 이 문제의 경우 초기에 (즉, $t = 0$일 때) 낙하산 요원의 높이가 100m이며 그 속도가 0이라는 사실이 주어져 있다. 예제 1-8에서 살펴본 바와 같이 이 두 개의 조건은 다음과 같이 표현될 수 있다.

$$V(0) = \left.\frac{dz}{dt}\right|_{t=0} = 0$$
$$z(0) = 100$$

방정식에 초기조건이나 경계조건이 적용될 때 종속변수와 독립변수들이 모두 지

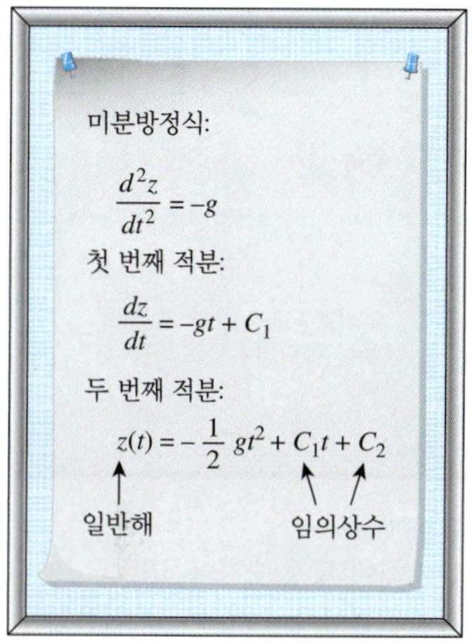

그림 1-28
적분법에 의한 간단한 2계 미분방정식의 일반해 구하기

정된 값들로 교체된다. 따라서 방정식에 남아있는 유일한 미지수들은 임의상수들이다.

첫 번째 조건은 *일반해에 도함수를 취하고 그 안의 모든 t들과 dz/dt들을 0으로 교체하라*는 의미로 해석될 수 있다. 즉, 다음과 같이 표현될 수 있다.

$$\frac{dz}{dt} = -gt + C_1$$

$$\left.\frac{dz}{dt}\right|_{t=0} = -g \times 0 + C_1$$

$$0 = 0 + C_1 \rightarrow C_1 = 0$$

두 번째 조건은 *일반해에서 모든 t들은 0으로 z(t)들은 100으로 교체하라*는 의미로 해석될 수 있다. 즉, 다음과 같이 표현될 수 있다(그림 1-29).

$$z(t) = -\frac{1}{2}gt^2 + C_1t + C_2$$

$$z(0) = -\frac{1}{2}g \times 0^2 + C_1 \times 0 + C_2$$

$$100 = 0 + 0 + C_2 \rightarrow C_2 = 100$$

C_1, C_2에 대해 계산된 값들을 일반해에 대입하면,

$$z(t) = -\frac{1}{2}gt^2 + 100$$

을 얻게 되며, 이는 미분방정식뿐만 아니라 시점 0에서 지정된 두 개의 조건들도 만족하므로 구하고자 하는 특수해이다. 이제 낙하산이 펼쳐질 때 지면으로부터 낙하산 요원의 거리는 아래와 같이 특수해에 $g = 9.8\text{m/s}^2$와 $t = 3\text{s}$를 대입함으로써 결정된다.

$$z(3\text{ s}) = -(1/2)(9.8\text{ m/s}^2)(3\text{ s})^2 + 100\text{ m} = 55.9\text{ m}$$

즉, 낙하산이 펼쳐질 때 낙하산 요원은 지면에서 55.9m의 높이에 있을 것이다.

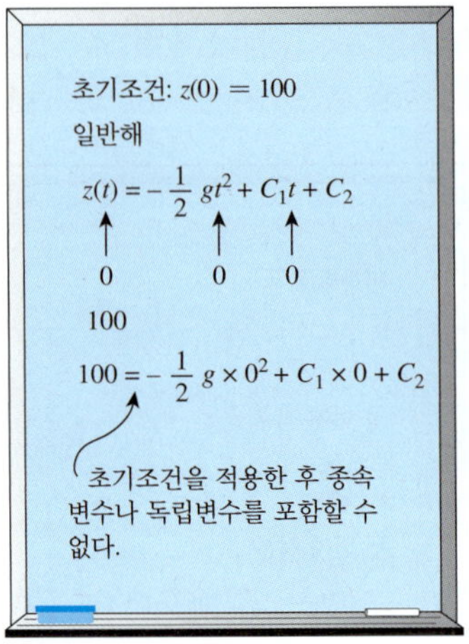

그림 1-29
일반해에 특정 숫자에서의 경계조건이나 초기조건을 적용할 때, 독립변수와 종속변수의 모든 출현을 해당 숫자에서 지정된 값들로 교체한다.

직접적분법으로 미분방정식을 풀 수 없을 경우에도 연속적인 적분에 의해 미분방정식의 계수를 줄일 수 있다. 계수의 감소는 미분방정식을 풀 때 중요한 도구로 인식되는데, 이는 대개 높은 계수의 방정식을 푸는 것보다 낮은 계수의 방정식을 푸는 것이 훨씬 쉽기 때문이다. 선형 미분방정식이 미지 함수에 대한 다양한 도함수들을 포함하고 있지만 미지 함수 자체는 포함하지 않을 때, 그 계수는 m만큼 감소될 수 있으며 이때 m은 방정식 안의 가장 낮은 계수의 도함수의 계수이다. 예를 들면, 3계 미분방정식

$$y''' - 3y'' - 12x = 0 \quad \text{(1–42)}$$

은 아래와 같이 2번의 연속적인 적분을 통해 1계 미분방정식으로 감소될 수 있다.

$$y'' - 3y' - 6x^2 = C_1$$

그리고

$$y' - 3y - 2x^3 = C_1x + C_2 \tag{1-43}$$

그러나 이 방정식은 직접적분법으로는 풀 수 없는데, 이는 두 번째 항에 미지의 함수 y가 포함되어 있기 때문이다.

예제 1-14 배출 탱크에서 액체의 높이

옆면에 구멍이 있는 탱크에서 액체 높이가 h인 모델을 생각해보자(식 1-11, 그림 1-8).

$$\rho A\frac{dh}{dt} = \rho q_{\text{vi}} - k\sqrt{\rho gh}$$

유입속도 q_{vi}가 0인 경우에 대해 $h(t)$에 관해 이 방정식을 풀어라.

풀이 | $q_{\text{vi}} = 0$일 때의 모델은 다음과 같다.

$$\rho A\frac{dh}{dt} = -k\sqrt{\rho gh}$$

상수들을 결합시킴으로써 위의 식을 다음과 같이 간소화할 수 있다.

$$\frac{dh}{dt} = -b\sqrt{h},\ b = \frac{k}{A}\sqrt{\frac{g}{\rho}} \quad \text{또는} \quad \frac{1}{\sqrt{h}}\frac{dh}{dt} = -b \tag{1-44}$$

이제

$$\frac{1}{\sqrt{h}}\frac{dh}{dt} = 2\frac{d(\sqrt{h})}{dt} = -b$$

이므로 이를 적분하면 다음 식을 얻는다.

$$\sqrt{h} = C - \frac{b}{2}t = \sqrt{h(0)} - \frac{b}{2}t$$

따라서 해는 다음과 같다.

$$h(t) = \left(\sqrt{h(0)} - \frac{b}{2}t\right)^2 \tag{1-45}$$

예제 1-15 커피포트의 설계

15-컵 커피포트를 수도꼭지 아래에 두고 15-컵 눈금까지 채운다(그림 1-30). 배출 밸브를 열어 둔 상태에서 물 높이가 15-컵 눈금으로 고정될 때까지 수도꼭지를 조정한 다음, 한 컵 분량의 물이 배출되는 시간을 측정한다. 이 실험은 12-컵, 9-컵, 6-

그림 1-30
커피포트

컵 등에 대해서도 반복된다. 이러한 데이터를 아래 표의 첫 두 열에 제시하고 있다. 세 번째 열에는 배출속도가 계산되어 있다.

액체의 부피 (컵)	한 컵을 채우는 시간 (초)	배출속도 $f = dV/dt$ (컵/초)	$c = f/\sqrt{V}$
15	6	1/6	0.043
12	7	1/7	0.041
9	8	1/8	0.042
6	9	1/9	0.045

(a) 표에서 액체의 부피가 늘어나면서 한 컵을 채우는 시간은 감소한다. 제조업체에서는 36컵 분량을 담을 수 있는 포트를 만들고자 하지만, 컵을 채우는 속도가 너무 빨라 넘치는 일이 생길까봐 염려하고 있다. 36-컵 분량의 액체가 포트에 담겨있을 때 한 컵을 채우는 데 소요되는 시간을 측정하라.

(b) 36-컵 분량의 액체가 포트에 담겨있을 때 밸브를 열면 포트를 비울 때까지 얼마의 시간이 소요되겠는가?

풀이 (a) 예제 1-14의 식 1-44로부터의 다음 식을 이용한다.

$$\frac{1}{\sqrt{h}}\frac{dh}{dt} = -b$$

포트 안의 액체 부피는 $V = \rho Ah$이다. 따라서 위의 식은 다음과 같이 V에 관해 표현될 수 있다.

$$\frac{1}{\sqrt{V}}\frac{dV}{dt} = -b\sqrt{\rho A} = -c \tag{1–46}$$

표의 첫 번째 열과 세 번째 열을 사용하여 각 데이터 점에 대해 c를 계산할 수 있다. 이들은 네 번째 열에 제시되어 있으며, 그 평균값은 $c = 0.043$이다. $V = 36$컵을 식 1-46에 대입하고 유입속도 dV/dt에 관하여 풀면, 다음과 같은 결과를 얻는다.

$$\frac{dV}{dt} = -0.043(6) = -0.258$$

따라서 하나의 컵을 채우는 데 소요되는 시간은 $1/0.258 = 3.88$초이다. 실제로 그 제조업체는 36-컵 포트를 제작하였으며, 하나의 컵을 채우는 데 소요되는 시간은 4초였다고 한다.

(b) 예제 1-14에서와 동일한 절차에 따라 식 1-46에 대한 다음 해를 얻을 수 있다.

$$V(t) = (\sqrt{V(0)} - 0.0215t)^2$$

$V(t) = 0$으로 두어 포트를 비우는 데 소요되는 시간을 구할 수 있으며, 그 결과는 t $\sqrt{V(0)}/0.0215 = \sqrt{36}/0.0215 = 279$초이다.

절 복습문제

1-26C 직접적분법으로 풀 수 있는 것은 어떤 종류의 미분방정식인가?

1-27C 직접적분법으로 풀 수 있는 3계 선형 동차 미분방정식이 있다고 하자. 그 해는 몇 개의 임의상수를 포함하겠는가?

1-28 다음 미분방정식 중 직접적분법으로 풀릴 수 있는 것은? 가능한 것들에 대해서는 그 일반해를 구하라.

(a) $y' = 0$ (b) $y' + x = 0$

(c) $y' + y = 0$ (d) $e^x y' + xe^{3x} = 0$

(e) $2yy'' + \sin 3x = 0$

(답: C는 임의상수. (a) $y = C$, (b) $y = \frac{x^2}{2} + C$, (c) $y(t) = e^{C-t}$,

(d) $y = \frac{e^{2x}}{4}(2x - 1) + C$, (e) $y = \pm\sqrt{C - (\cos 3x)/3}$.)

1-7 ■ 컴퓨터 패키지의 활용

공학 분야에서 가장 많이 사용되는 프로그램은 Maple, Mathematica, MATLAB, MATLAB Symbolic Math toolbox, MuPAD 등인데, MuPAD는 MATLAB Symbolic Math toolbox와 함께 제공되는 노트북 인터페이스이며 동일한 엔진을 사용한다. 이 절에서는 이러한 프로그램들을 사용하여 다음과 같은 종류의 작업을 수행하는 방법을 설명한다.

- 해에 대한 그래프 표현
- 직접적분법을 사용하여 방정식을 풀기 위해 요구되는 기호 형태의 적분 계산
- 특수함수들을 이용한 해의 해석
- 적분에 대한 수치적 계산

여기에서 학생들은 자신이 선택한 프로그램의 기본적인 조작에 익숙한 것으로 가정한다. 이러한 프로그램들을 사용할 때 먼저 모든 관련 변수들을 0으로 초기화시켜두어야 하는데, 이를 위한 조작은 따로 표시하지 않는다. Maple은 입력된 항목들을 수학적 표기법으로 변환시킨다는 점을 유의하기 바란다. Maple 프로그램 예들은 이러한 형식 변환이 일어나기 전의 입력 내용을 보여준다. 그리고 **엔터키**만 누르면 되는 다른 프로그램들과는 달리 Mathematica에서는 명령의 처리를 위해 **시프트키**와 **엔터키**를 함께 눌러야 한다는 점을 유념하기 바란다. 이러한 동작들에 대해서는 프로그램 예제들에서 명시적으로 표시하지 않는다.

해에 대한 그래프 표현

공학 응용에서 일단 미분방정식에 대해 닫힌 형식의 해를 구한 다음에는 이를 분석해야 할 경우가 종종 있으며, 이를 위해 때로 해에 대한 그래프를 표현할 필요가 있다. 여기에서는 이러한 그래프 표현을 수행하기 위해 주요 프로그램들을 어떻게 사용하는지 보여준다.

뜨거운 물에 구리 공을 떨어뜨린 후 공의 온도 $T(t)$를 나타내는 식 1-35를 살펴보자. 이 식은

$$T(t) = T_0 - (T_0 - T_i)e^{-rt} \tag{1-47}$$

와 같이 쓸 수 있는데, 여기에서 $r = hA/m$이다. $r = 2$, $T_0 = 50$℃, $T_i = 10$℃와 30℃ 등의 값들을 선택하고, 표 1-1의 프로그램을 사용하여 그림 1-31의 그래프를 얻을 수 있는데, 이 그래프는 MATLAB을 사용하여 만들어진 것이다.

표 1-1의 다른 프로그램에서도 이와 유사한 그래프를 생성할 수 있다.

표 1-1

식 1-47에 대해 컴퓨터로 생성한 그래프

MATLAB

```
t = linspace(0, 2, 300);
T1 = 50 -(50 - 10)*exp(-2*t);
T2 = 50 -(50 - 30)*exp(-2*t);
plot(t,T1,t,T2,'--'),xlabel('Time (s)'),...
   ylabel('Temperature (^oC)'),legend('T1','T2')
```

MuPAD

```
T1 := 50 - (50 - 10)*exp(-2*t):
T2 := 50 - (50 - 30)*exp(-2*t):
F1 := plot::Function2d(T1, t = 0 .. 2):F2 := plot::Function2d
   (T2, t = 0 .. 2):
plot(F1,F2, AxesTitles = ["Time (s)", "Temperature (C)"]):
```

Maple

```
T1 := t->50 - (50-10)*exp(-2*t):
T2 := t->50 - (50-30)*exp(-2*t):
plot({T1,T2},0..2)
```

Mathematica

```
T1 := 50 -(50-10)*Exp[-2*t]
T2 := 50-(50-30)*Exp[-2*t]
Plot[{T1,T2},{t,0,2}]
```

기호 형태의 적분

기호 처리는 컴퓨터 프로그램이 어떻게 기호 형태로 또는 닫힌 형식으로 (즉, 수학 공식 형태의) 문제의 해를 생성하는지를 기술한다. 그와 같은 프로그램은 대수적

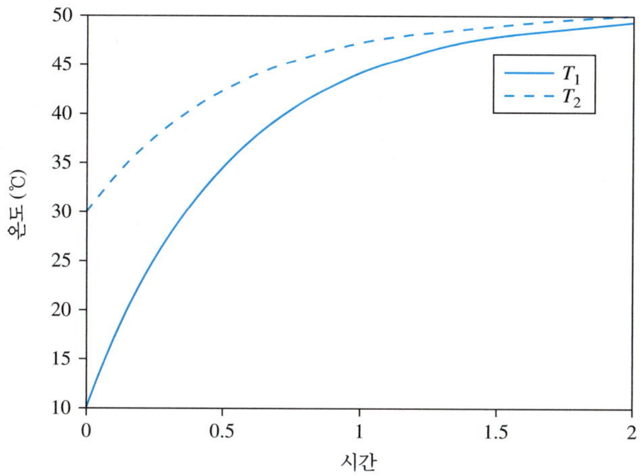

그림 1-31
뜨거운 물에 떨어뜨린 구리 공의 온도에 관한 그래프

조작 또는 삼각함수 조작, 대수방정식이나 미분방정식 풀이, 적분 계산 등을 수행할 수 있다. 가장 많이 사용되는 기호 처리 프로그램에는 Maple, Mathematica, MATLAB Symbolic Math toolbox, MuPAD 등이 포함된다.

기호 처리 소프트웨어는 직접적분법으로 해를 구할 때에도 사용될 수 있다. 예를 들어 다음 방정식을 생각해보자.

$$\frac{dy}{dx} = x^2e^{-2x} \tag{1-48}$$

직접적분법에 의한 해는 다음과 같다.

$$y(x) = \int_0^x u^2e^{-2u}du + y(0) = \frac{1}{4} - \frac{1}{4}e^{-2x}(1 + 2x + 2x^2) + y(0) \tag{1-49}$$

표 1-2는 여러 가지 프로그램에서 이러한 적분을 어떻게 구할 수 있는지 보여준다.

표 1-2

x^2e^{-2x}의 정적분에 대한 컴퓨터 계산

MATLAB Symbolic Math Toolbox
`syms x` `int('x^2*exp(-2*x)',x, 0, x)`
MuPAD
`int(x^2*exp(-2*x),x=0..x)`
Maple
`int(x^2*exp(-2*x),x=0..x)`
Mathematica
`Integrate[x^2*Exp[-2*x],{x, 0, x}]`

특수함수

간단해 보이는 몇몇 적분들이 닫힌 형식으로 해를 구할 수는 없지만 응용 분야들에서 자주 나타나므로, 이들에 대한 수치적 해를 계산하여 그 결과를 수학편람 등에 표로 싣고 있다. 이러한 적분에 대한 무한급수 근사식을 이용하여 많이 사용되는 컴퓨터 프로그램들에서 그 값을 계산할 수 있다. 이러한 함수들을 (지수함수, 로그함수, 삼각함수 등과 같은) 기초함수들과 구별하여 *특수함수*라고 한다. 컴퓨터 패키지를 사용할 때 이들을 만날 수 있으므로 이제 특수함수들을 소개한다.

특수함수의 한 예는 광학 분야의 응용에서 자주 나타나고 다음과 같이 정의되는 프레즈넬 코사인 적분이다.

$$C(z) = \int_0^z \cos\frac{\pi x^2}{2}\,dx \tag{1-50}$$

미분방정식 $dy/dx = \cos x^2$을 풀기 위해서는 이 적분이 계산되어야 한다. $y(0) = 0$일 경우, $C(z)$를 이용하여 표현된 해는 다음과 같다.

$$y(x) = \frac{1}{2}\sqrt{2\pi}\,C\left(\frac{\sqrt{2}x}{\sqrt{\pi}}\right) \tag{1-51}$$

식 1-51 안의 부정적분을 구하기 위해서는 표 1-3을 참고하기 바란다.

MATLAB과 Maple에서 프레즈넬 코사인 적분을 나타내는 함수는 fresnelC(x)이다. MuPAD와 Mathematica에서는 각기 C(x)와 FresnelC(x)라는 함수를 사용한다.

컴퓨터 패키지들에서는 특수함수들을 수치적으로 계산하기 위해 이들에 대한 급수 표현을 사용한다. 정적분 $y(\sqrt{2\pi})$를 계산하는 방법은 표 1-4에서 보이고 있다. 소수점 아래 6자리까지 계산한 결과는 $y(\sqrt{2\pi}) = 0.611935$이다.

수치적 적분

$dy/dx = f(x)$ 형식의 미분방정식을 풀기 위해 직접적분법을 적용하는 예를 몇 개 살펴본 바 있으며, 그 해는 다음과 같이 표현될 수 있다.

$$y(x) = \int_{x_0}^{x} f(u)\,du + y(x_0) \tag{1-52}$$

이 적분을 닫힌 형식이나 특수함수로 표현할 수 없는 경우도 많으며, 이 경우 적분에 대한 수치적 계산을 이용해야 한다. 이제 수치적 계산을 수행하는 몇 가지 방법을 제시한다. 미적분학에서는 적분을 곡선 아래의 영역을 나타내는 것으로 간주하며, 이러한 면적을 계산하기 위한 가장 단순한 방법은 해당 영역을 사각형들로 분할하고 사각형들의 개별 면적을 합하는 것이다(그림 1-32a). 사각형들의

표 1-3

프레즈넬 코사인 부정적분에 대한 컴퓨터 계산

MATLAB

```
syms x
int(cos(x^2),x)
```

결과

$$\frac{1}{2}\sqrt{2\pi}\,\text{fresnelC}\left(\frac{\sqrt{2}x}{\sqrt{\pi}}\right)$$

MuPAD

```
int(cos(x^2), x)
```

결과

$$\frac{1}{2}\sqrt{2\pi}\,\text{C}\left(\frac{\sqrt{2}x}{\sqrt{\pi}}\right)$$

Maple

```
int(cos(x^2), x)
```

결과

$$\frac{1}{2}\sqrt{2\pi}\,\text{fresnelC}\left(\frac{\sqrt{2}x}{\sqrt{\pi}}\right)$$

Mathematica

```
Integrate[Cos[x^2],x]
```

결과

$$\sqrt{\frac{\pi}{2}}\,\text{FresnelC}\left(\sqrt{\frac{2}{\pi}}x\right)$$

표 1-4

$x=\sqrt{2\pi}$ 에서 프레즈넬 코사인 부정적분에 대한 컴퓨터 계산

MATLAB

```
int(cos(x^2),x, 0, sqrt(2*pi));
double(ans)
```

MuPAD

```
int(cos(x^2), x):
subs(%, x = sqrt(2*PI)):
float(%)
```

Maple

```
evalf(int(cos(x^2),t=0..sqrt(2*pi))
```

Mathematica

```
Integrate[Cos[x^2],{x,0,Sqrt[2*Pi]}]//N
```

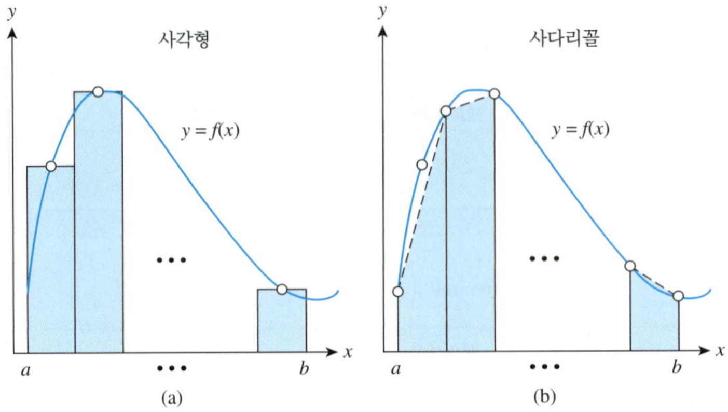

그림 1-32
(a) 사각형 적분법 (b) 사다리꼴 적분법

폭이 충분히 작을 경우 면적의 합은 적분에 대한 근삿값을 제공한다. 이러한 방법을 *사각형 적분법(rectangular integration)*이라고 한다.

좀 더 복잡한 방법은 사다리꼴 요소들을 사용하는 것이다(그림 1-32b). MATLAB에서는 `trapz` 함수를 사용하여 사다리꼴 적분을 구현하고 있는데, 그 구문 형식은 `trapz(x,y)`이다. 여기에서 배열 `y`는 배열 `x`에 포함된 점들에서의 함수 값들을 포함한다. `trapz` 함수로 어떤 함수를 직접 적분하라고 지시할 수는 없다. 먼저 함수 값들을 계산하여 배열에 저장해야 한다. MATLAB에는 또한 `quad` 함수가 있는데, 이 함수는 함수를 직접 받아들이지만 대신 값들의 배열을 처리하지는 못한다. 따라서 이 두 함수는 서로 보완관계에 있다.

표 1-5
*x tan x*를 위한 MATLAB 함수

```
function xt = xtan(x)
xt = x.*tan(x);
```

미적분학에서 수치적 적분을 위해 사용되는 또 다른 방법은 *심슨 법칙*인데, 여기에서는 적분 구간을 짝수 개의 소구간들로 나눈 다음 각 소구간에서 피적분함수를 나타내는 서로 다른 2차 함수들을 사용한다. 2차 함수는 3개의 매개변수를 갖는데, 심슨 법칙에서는 2차 함수들이 두 개의 인접한 소구간들에 대응되는 3개의 점을 통과하도록 요구함으로써 이러한 매개변수들을 계산할 수 있다. 정확도를 높이기 위해서는 더 높은 차수의 다항식들이 사용될 수도 있다. MATLAB 함수 `quad`는 소구간 폭을 변화시킴으로써 심슨 법칙의 적응형 버전을 구현한다. *quad*라는 용어는 *quadrature*(구적법)의 줄임말인데, 이는 면적을 측정하는 과정을 나타내는 용어이다.

MATLAB 함수 `quad(f,a,b)`는 함수 `f`에 대해 한계 값 a, b 사이의 적분을 계산한다. 피적분함수 $f(x)$를 나타내는 입력 f는 피적분함수에 대한 함수 핸들일 수도 있고 작은따옴표로 둘러싸인 문자열로 표현된 함수 이름일 수도 있는데, 앞의 방법이 선호되는 방법이다. 함수 $y = f(x)$는 벡터 인수 x를 받아들이고 벡터 결과 y를 돌려준다. quad 함수는 벡터 인수를 사용하여 피적분함수를 호출하므로 함수를 정의할 때 반드시 배열 연산을 사용해야 한다.

다음의 예는 이를 위한 방법을 보여준다.

예제 1-16 **적분에 대한 수치적 계산**

$y(0) = 0$일 경우 $x = 1$에서 식 1-53의 해를 구하라.

$$y' = x\tan(x) \tag{1-53}$$

풀이 | 이 방정식은 다음과 같이 직접적분법으로 풀 수 있다.

$$y(1) = \int_0^1 x\tan(x)dx \tag{1-54}$$

그렇지만 이 적분은 닫힌 형식의 해를 갖지 않는다(컴퓨터 패키지에서는 무한급수를 사용하여 답을 표현할 것이다). 따라서 수치해법이 필요하다. 여기에서는 quad 함수를 사용하는 두 가지 방법을 보인다.

1. 함수 파일을 사용하기 위해서는 표 1-5 안의 함수 파일에서 보여주듯이 사용자 정의함수를 이용하여 피적분함수를 정의한다.

   quad 함수는 `quad(@xtan,0,1)`과 같이 호출되며, 그 결과는 $y(1) = 0.4281$이 된다.
2. 익명 함수를 사용한 프로그램은 다음과 같다.

```
quad(@(x)x.*tan(x),0,1)
```

그 결과는 $y(1) = 0.4281$이다. 익명 함수를 사용하는 이점은 함수 파일을 생성하고 저장할 필요가 없다는 것이다. 그러나 복잡한 피적분함수의 경우에는 함수 파일을 사용하는 것이 바람직하다.

표 1-6에서는 이 적분을 계산하기 위한 다른 패키지들을 사용하는 방법을 보여준다. 수치적 계산에서의 반올림 오차로 인해 아주 작은 허수 부분을 갖는 결과를 얻을 수도 있는데, 이에 대해서는 무시할 수 있다.

미분방정식에 대한 컴퓨터 해를 구할 때의 고려사항

주어진 미분방정식을 풀 때 어떤 방법이 최선인지는 몇 가지 고려사항에 따라 달라진다.

1. 닫힌 형식의 (기호 형태의) 해가 필요한가? 또는 한 점에서의 수치적 해를 구하는 것으로 충분한가? 또는 그래프가 필요한가? 닫힌 형식의 해를 구할 수 있는 경우 종종 과도한 노력이 필요한 경우가 있다. 만일 최종 결과를 단지 한 점에서의 해를 구하거나 해에 대한 그래프를 구하기 위해 사용하는 경우라면 컴퓨터 프로그램으로 이 방정식을 수치적으로 푸는 것이 훨씬 쉬울 수도 있다.

표 1-6

식 1-54로 정해지는 정적분에 대한 컴퓨터 계산

MATLAB Symbolic Math Toolbox

```
syms x
int(x*tan(x),x, 0, 1);
double(ans)
```

MuPAD

```
int(x*tan(x), x):
subs(%, x = 1):
float(%)
```

Maple

```
evalf(Int(x*tan(x),x=0..1))
```

Mathematica

```
Integrate[x*Tan[x],{x,0,1}]//N
```

모든 프로그램에서의 결과:
0.4281

2. 닫힌 형식의 해가 요구될 경우, 초기조건, 경계조건, 방정식 상수 등이 특정 수치 값으로 주어져 있는가? 또는 일반형으로 주어져 있는가? 어떤 방정식의 해는 초기조건, 경계조건, 기타 매개변수 값 등이 달라짐에 따라 다른 형태를 가질 수도 있다. 예를 들어 방정식 $dy/dt = c^2 - y^2(t)$을 생각해보자. 여기에서 c는 상수이다. $y^2(0) \neq c^2$이고 $c \neq 0$일 경우 해는 다음과 같다.

$$y(t) = c\frac{1 + Ae^{-2ct}}{1 - Ae^{-2ct}} \qquad A = \frac{y(0) - c}{y(0) + c} \tag{1-55}$$

그러나 $c = 0$일 경우 해는 다음과 같이 다른 형태를 갖는다.

$$y(t) = \frac{y(0)}{1 + y(0)t} \tag{1-56}$$

3. 닫힌 형식의 해가 필요한데 (많은 비선형방정식들의 경우와 같이) 주어진 방정식이 풀리지 않는 방정식일 경우, 비선형 항에 대한 적당한 근사식을 사용함으로써 비선형방정식을 선형방정식으로 변환시키는 방법을 고려한다. 예를 들어 방정식 $y' + y + 4\sin y = 0$을 생각해보자. y가 작을 경우 $\sin y$의 테일러급수 전개식 $y - y^3/6 + \cdots$에서 첫 번째 항인 y로 $\sin y$를 대체할 수 있다. 이 경우 미분방정식은 $y' + 5y = 0$이 되며, 그 해는 $y(x) = y(0)e^{-5x}$이며 작은 y 값들에 대해 유효하다.

4. 컴퓨터에 의한 기호 형태 해는 아직 완벽하지는 않으며, 따라서 해를 미분방정식에 대입하여 확인하고 초기조건이나 경계조건들이 만족되는지 검

사하는 과정이 필요하다.

절 복습문제

1-29C 모든 적분을 방대한 크기의 적분 표에 실을 수 있겠는가? 그 이유는 무엇인가?

1-30C 기호 처리를 정의하라.

1-31C 모든 1계 선형 상미분방정식에 대해 닫힌 형식의 해를 구할 수 있는가? 그 이유는 무엇인가?

1-8 ■ 요약

한 개 이상의 함수들에 대한 도함수나 미분을 포함하는 방정식을 *미분방정식*이라고 한다.

변수와 함수 조사가 진행되는 동안 다양한 값들을 취할 수 있는 양을 *변수*라고 한다. 자유롭게 값이 변할 수 있는 변수는 *독립변수* 또는 *변수*라고 한다. 값이 다른 변수들의 값에 종속되어 독립적으로 변할 수 없는 변수는 *종속변수* 또는 *함수*라고 한다. 두 개의 정해진 값들 사이에서 취할 수 있는 값의 범위는 해당 변수를 위한 *구간*을 구성한다.

미분방정식의 기원 대부분의 자연과학 문제들에 관한 서술은 어떤 핵심 변수들의 *변화*를 서로 연결시키는 관계식들을 포함한다. 독립변수를 변화시킬 때 선택되는 증분의 값이 작을수록 서술의 일반성과 정확성은 증대된다. 변수의 변화를 *무한소*로 두는 극한의 경우 변화율을 도함수로 표현함으로써 물리적 원리와 법칙들을 위한 정확한 수식화를 제공하는 미분방정식을 얻게 된다.

연속성 어떤 값 a에서 함수 y가 연속이 되기 위해서는 (1) a에서 이 함수가 정의되며(즉, $y(a)$가 유한한 값을 가짐), (2) 극한 $\lim_{x\to a} y(x)$가 존재하고, (3) 이 극한은 a에서의 함수 값과 같아야 한다. 어떤 함수가 a에서 연속이 아닐 경우, 이 함수는 a에서 불연속이라고 또는 a에서 *불연속점*을 갖는다고 말한다. 어떤 구간 안의 모든 수에 대해 연속인 함수는 그 구간에서 연속이라고 말한다.

도함수 어떤 점에서의 함수 y에 대한 **도함수**는 그 점에서의 함수 그래프에 대한 접선의 기울기와 같으며 다음과 같이 정의된다.

$$y'(x) = \lim_{\Delta x \to 0} \frac{y(x+\Delta x) - y(x)}{\Delta x} = \lim_{\Delta x \to 0} \frac{\Delta y}{\Delta x} = \frac{dy}{dx}$$

이 극한이 존재할 경우 이 함수는 x에서 *미분가능*하다고 말한다. 어떤 구간 안의 모든 수에서 미분가능할 경우 이 함수는 그 구간에서 미분가능하다고 말한다. 독립변수 x의 증분 Δx는 dx로 표현되기도 하는데, 이를 독립변수의 *미분*이라고 한다. 종속변수 y의 미분 dy는 $dy = y'(x)dx$와 같이 정의된다.

함수가 둘 이상의 독립변수에 종속될 경우, 다른 변수들은 상수로 간주하고 한 변수에 관해서만 도함수를 취할 수 있다. 이러한 도함수를 편도함수라고 하며, 기호 ∂를 사용하여 표시된다. 한 개의 변수에만 종속되는 함수들의 경우 편도함수와 상도함수는 동일하다. 미분의 역 과정이 적분이다. 도함수를 한 번 적분할 때마다 그 계수는 1씩 감소한다.

미분방정식 한 개의 독립변수에 관한 한 개 이상의 종속변수들의 상도함수만을 포함하는 미분방정식을 *상미분방정식*이라고 하며, 두 개 이상의 독립변수에 관한 편도함수들을 포함하는 미분방정식을 *편미분방정식*이라고 한다. 따라서 한 개의 독립변수만을 포함하는 문제에서는 상미분방정식이 생성될 것이며, 둘 이상의 독립변수들을 포함하는 문제에서는 편미분방정식이 생성될 것이다.

상미분방정식의 분류 주어진 미분방정식에서 가장 높은 *계수*의 도함수 계수가 그 미분방정식의 계수가 된다. 미분방정식에서 가장 높은 계수의 도함수 항의 계수가 1일 경우 그 미분방정식은 *표준형*으로 되어 있다고 말한다. 종속변수와 그 도함수들의 차수가 모두 1이고, 이 항들의 계수들이 모두 독립변수에만 종속될 경우 그와 같은 미분방정식은 *선형*이다. 즉, 미분방정식이 (1) 종속변수나 그 도함수들의 멱승, (2) 종속변수나 그 도함수들의 곱, (3) 기타 종속변수의 비선형 함수 등과 같은 항을 전혀 포함하지 않을 경우 선형이며, 그렇지 않으면 비선형이다. n계 선형 미분방정식에 대해 가장 일반적인 형식은 아래와 같으며, 이러한 형식으로 정리될 수 없는 미분방정식은 *비선형*이다.

$$y^{(n)} + f_1(x)y^{(n-1)} + \cdots + f_{n-1}(x)y + f_n(x)y = R(x)$$

y에 관한 선형 미분방정식은 $R(x) = 0$일 경우 *동차방정식*이라고 하며, 그렇지 않을 경우 *비동차방정식*이라고 한다. 종속변수와 그 도함수들을 포함하는 모든 항들의 계수가 상수인 미분방정식은 *상수계수*를 갖는다고 말한다. 모든 공통인수를 소거한 후에도 종속변수나 그 도함수들을 포함하는 항들 중에 독립변수를 계수로 갖는 것이 있을 경우, 그와 같은 미분방정식은 *변수계수*를 갖는다고 말한다.

서로 연계된 둘 이상의 미분방정식에서 둘 이상의 미지의 함수를 포함하는 미분방정식 모델을 *연립미분방정식*이라고 한다.

해의 분류 미분방정식은 여러 개의 해를 가질 수 있다. 어떤 구간에서 주어진 미분방정식을 만족하는 어떤 함수라도 그 미분방정식의 *해*가 된다. 한 개 이상의 임의상수를 포함하는 해는 주어진 미분방정식을 만족하는 함수 패밀리를 나타내며, 해당 미분방정식의 *일반해*라고 한다.

일반해의 임의상수들에 특정 값을 지정하여 해당 미분방정식의 모든 해를 도출할 수 있을 경우 그러한 일반해를 *완전해*라고 하며, 일반해로부터 도출되는 개별 해를 *특수해*라고 한다. 일반해의 임의상수들에 특정 값을 지정하여 구할 수 없는 해를 *특이해*라고 한다.

미분방정식을 풀 때 닫힌 형식의 해를 구할 수 있다면 좋을 것이다. 미지의 함수를 독립변수들만으로 표현할 수 있다면 이러한 해를 *양함수해*라고 하며, 그렇지 않을 경우 *음함수해*라고 한다.

초기조건과 경계조건 주어진 문제에 대한 유일한 해를 얻기 위해서는 미분방정식 외에도 어떤 조건들을 지정할 필요가 있다. 이러한 조건들이 모두 동일한 독립변수 값에 대해 지정될 경우 *초기조건*이라고 하며, 두 개 이상의 독립변수 값들에 대해 지정될 경우 *경계조건*이라 한다. 초기조건들을 수반하는 미분방정식을 *초깃값 문제*라고 하며, 경계조건들을 수반하는 미분방정식을 *경곗값 문제*라고 한다.

직접적분법 어떤 미분방정식은 어떤 함수에 대한 다양한 계수의 도함수들을 포함하며, 이 경우 미분방정식을 풀기 위해 적분이 이용되기도 한다. 도함수를 포함하는 항이 하나뿐이고 미지의 함수를 인수로 갖는 항을 갖지 않는 미분방정식들은 (물론 적분이 가능하다고 *가정하고*) *직접적분법*으로 풀 수 있다.

직접적분법으로 미분방정식을 풀 때, 방정식 안의 모든 항들은 적분 법칙들을 사용하여 하나씩 적분되고 여기에 적분상수를 더한다. 직접적분법으로 미분방정식을 풀 수 없을 경우에도 연속적인 적분에 의해 미분방정식의 계수를 줄일 수 있다.

컴퓨터 방법 이 장에서 나타나는 유형의 문제들의 해결에 컴퓨터 프로그램이 유용할 수 있다. 컴퓨터 프로그램이 수행하는 작업에는 해에 대한 그래프 표현, 직접적분법을 사용하여 방정식을 풀기 위해 요구되는 기호 형태의 적분 계산, 특수함수들을 이용한 해의 해석, 적분에 대한 수치적 계산 등이 포함된다. *기호 처리*는 컴퓨터 프로그램이 어떻게 기호 형태로 또는 닫힌 형식으로 (즉, 수학 공식 형태의) 문제의 해를 생성하는지를 기술한다. 그와 같은 프로그램은 대수적 조작 또는 삼각함수 조작, 대수방정식이나 미분방정식 풀이, 적분 계산 등을 수행할 수 있다.

어떤 적분들은 닫힌 형식으로 해를 구할 수는 없지만, 무한급수를 이용하여 근사식을 얻을 수 있다. 그 결과로 얻은 함수를 (지수함수, 로그함수, 삼각함수 등과 같은) 기초함수들과 구별하여 *특수함수*라고 한다. 많이 사용되는 컴퓨터 프로그램들에서 특수함수들을 계산할 수 있다. 그러나 적분을 닫힌 형식이나 특수함수로 표현할 수 없는 경우도 많으며, 이 경우 적분에 대한 수치적 계산을 이용해야 한다. 컴퓨터 패키지들은 이를 위한 몇 가지 방법을 제공한다.

풀이 방법의 선택 주어진 미분방정식을 풀 때 어떤 방법이 최선인지는 몇 가지 고려사항에 따라 달라진다. 닫힌 형식의 (기호 형태의) 해가 필요한가? 또는 한 점에서의 수치적 해를 구하는 것으로 충분한가? 또는 그래프가 필요한가? 닫힌 형식의 해가 요구될 경우, 초기조건, 경계조건, 방정식 상수 등이 특정 수치 값으로 주어져 있는가? 또는 일반형으로 주어져 있는가?

어떤 방정식의 해는 초기조건, 경계조건, 기타 매개변수 값 등이 달라짐에 따라 다른 형태를 가질 수도 있다. 닫힌 형식의 해가 필요한데 (많은 비선형방정식들의 경우와 같이) 주어진 방정식이 풀리지 않는 방정식일 경우, 비선형 항에 대한 적당한 근사식을 사용함으로써 비선형방정식을 선형방정식으로 변환시키는 방법을 고려하는데, 예를 들면 작은 θ에 대해 $\sin\theta \approx \theta$를 이용할 수 있다.

연습문제

1-1 자연과학 및 공학에서의 미분방정식

1-32C 보다 현실적이지만 대단히 복잡한 모델 대신 다소 단순한 모델을 사용하는 것이 적절한 것은 어떤 경우인지 논하라.

1-2 미분방정식의 발생

1-33 질량이 m인 돌을 지면에서 공중으로 던지는데, 시점 0에서의 초기 속도는 V_i라고 한다. 뉴턴의 운동 제2법칙을 사용하여 지면 높이를 기준한 공의 상대적 높이 z를 시간의 함수로 표현하는 미분방정식을 구하라. 위로 향하는 방향을 양의 방향으로 간주한다.

1-34 질량이 m인 무거운 물체가 탄성계수가 k인 선형 스프링을 통해 방 안에 매달려 있다. 처음에 스프링이 팽창이나 수축 없이 원래의 길이 상태에 있도록 물체에 받침대를 대고 있으며, 이때의 물체 위치를 $x = 0$이라 둔다. 시점 0에서 받침대를 제거하면, 물체는 중력과 스프링 탄력의 영향에 따라 상하운동을 시작한다. 뉴턴의 운동 제2법칙을 사용하여 물체의 초기 위치를 기준으로 물체의 상대적 위치 x를 시간의 함수로 표현하는 미분방정식을 구하라.

1-35 처음에($t = 0$) 온도가 $T_i = 200$℃인 작고 뜨거운 금속 물체가 있다고 하자. 이 물체는 온도가 $T_0 = 25$℃인 주변 환경에서 냉각이 시작된다. 물체의 비열은 $c =$ 0.45kJ/kg℃이며 이 과정에서 대류에 의한 열전달계수는 $h = 0.01$kW/m^2℃라고 한다. 물체의 온도를 시간의 함수 $T(t)$로 표현하는 미분방정식을 유도하라.

1-36 인간사회, 동물의 종, 곤충, 박테리아 군체 등에서 개체 수 변화율은 전체 개체 수에 비례한다는 사실이 관찰되어 있다. $N(t)$가 시점 t에서의 개체 수를 나타내고 k가 비례상수일 때, 시간에 따른 개체 수의 변화를 표현하는 미분방정식을 구하라.

1-37 (플루토늄, 라듐, 탄소 동위원소 C^{14} 등과 같은) 방사성 물질은 현재 남아있는 방사성 물질의 양에 비례하는 비율로 자연 붕괴되어 다른 원소나 동일한 원소의 다른 동위원소를 생성한다. $M(t)$를 시점 t에서의 방사성 물질의 양이라 두고 k를 단위 시간 당 물질의 붕괴 비율을 나타내는 양의 상수라 할 때, 시간에 따른 M의 변화를 표현하는 미분방정식을 구하라.

1-3 기본 개념의 복습

1-38C 하나의 방정식에 둘 이상의 독립변수가 포함될 수 있는가? 하나의 방정식에 둘 이상의 종속변수가 포함될 수 있는가? 예들을 들어보라.

1-39C 도함수에 대한 기하학적 의미는 무엇인가?

1-40C 접선이 $x = 5$에서 x-축에 평행하게 되는 함수 $f(x)$가 있다고 하자. 이 점에서 함수의 1계 도함수에 대해 알 수 있는 것은 무엇인가?

1-41C 접선이 $x = 0$에서 x-축과 45°의 각을 형성하는 함수 $f(x)$가 있다고 하자. 이 점에서 함수의 1계 도함수에 대해 알 수 있는 것은 무엇인가?

1-42C 접선이 $x = 2$에서 x-축에 수직인 함수 $f(x)$가 있다고 하자. 이 점에서 함수의 1계 도함수에 대해 알 수 있는 것은 무엇인가?

1-43C 함수 $f(x, y)$와 그 편도함수 $(\partial f/\partial y)$가 주어져 있다고 하자. 이러한 편도함수와 전도함수 df/dy가 동일하게 되기 위한 조건은 무엇인가?

1-44C 함수 $f(x)$와 그 도함수 df/dy가 주어져 있다고 하자. 이 도함수는 여전히 x의 함수일까?

1-45C 이상적인 기체란 관계식 $Pv = RT$를 따르는 기체인데, 여기에서 P는 절대압력, v는 비용적(밀도의 역), T는 절대온도, R은 기체상수이다. 이상적인 기체에 대해 (a) T-v 다이어그램 상에서 $P =$ 상수에 따른 선들은 직선들이며, (b) 고압 직선들은 저압 직선들에 비해 경사가 높다는 사실을 보여라.

1-46C 적분과 미분의 관계는 무엇인가?

다음 함수들이 연속인 구간을 결정하라.

1-47 (a) $x^2 - 1$ (b) $\sqrt{x}$

(c) $\dfrac{x}{\sin 2x}$ (d) $\dfrac{e^{2x}}{x(x-1)}$

1-48 (a) -2 (b) xe^{3x}

(c) $\dfrac{\cos x}{x^2}$ (d) $\dfrac{x^2}{e^x - 4}$

1-49 $(P + a/v^2)(v - b) = RT$로 주어지는 반데르발스 상태 방정식을 따르는 기체가 있다고 하자. 여기에서 P는 절대압력, v는 비용적(밀도의 역), T는 절대온도, R은 기체상수, a와 b는 두 개의 상수이다. 이 기체에 대해 T-P 다이어그램 상에서 v = 상수에 따른 선들의 기울기를 위한 관계식을 유도하라.

1-50 구간 $0 < x < 5$에서 (a) 1계 도함수는 항상 음, (b) 1계 도함수와 2계 도함수는 항상 양, (c) 1계 도함수와 2계 도함수는 항상 양(두 도함수 모두 0이 되는 $x = 3$은 예외임) 등의 조건을 각기 만족하는 함수 $f(x)$에 대한 그래프를 보여라.

1-51 구간 $0 < x < 5$에서 (a) 1계 도함수는 항상 양, (b) 1계 도함수와 2계 도함수는 항상 음, (c) 1계 도함수와 2계 도함수는 항상 음(두 도함수 모두 0이 되는 $x = 3$은 예외임) 등의 조건을 각기 만족하는 함수 $f(x)$에 대한 그래프들을 보여라.

1-52 함수 $f = 5x^2 \sin 2t + xe^{-2x} - 4t$의 x에 관한 상도함수와 편도함수를 구하라.

1-53 다음 함수들의 x에 관한 도함수를 구하라. (단, x와 t는 독립변수들이다.)

(a) $f_1 = 7x^4 - \sin 3x^3 + 2e^{-3x}$

(b) $f_2 = 7x^4 - t\sin 3x^3 + t^2e^{-3x}$

(c) $f_3 = 7x^4 - x\sin 3t^3 + t^2e^{-3t}$

1-54 문제 1-53의 함수들의 에 관한 도함수를 구하라.

다음 함수들의 도함수를 구하라.

1-55 (a) $\ln(x^2 + 1)$ (b) $x^4 \cos 2x$

(c) $\dfrac{5x}{2x^3 \sin x}$ (d) $\ln(e^{2x})$

1-56 (a) $e^{2x}(2x - 1)^2$ (b) $xe^{3x} \sin 2x$

(c) $\dfrac{x^2}{\ln x^2}$ (d) $\dfrac{x\cos 2x}{\sqrt{\ln x^2}}$

다음 적분들을 계산하라.

1-57 (a) $\displaystyle\int_1^3 [x^{2t} + \sin 2\omega t + 3t^2x]dx$

(b) $\displaystyle\int [y''(x) + 3e^{-2tx} + \cosh 2\omega x]dx$

1-58 (a) $\displaystyle\int \left[\frac{a}{x^3} - x\cos 3x + x^2e^{-2x}\right]dx$

(b) $\displaystyle\int_{-1}^1 [xe^{-3x} + \sinh 2x - 1]dx$

(c) $\displaystyle\int_3^x [y'(x) + t\ln 2x]dx$

(d) $\displaystyle\int [2y''(x)y'''(x) + \sin x \cosh \omega t]dx$

1-59 (a) $\displaystyle\int [3x^4 + xe^{2x} + \cosh 3x]dx$

(b) $\displaystyle\int_2^4 \left[\frac{a}{x} + 4\sin 3x \cos 3x - \sinh 2x\right]dx$

(c) $\displaystyle\int_x^8 [y''(x) + t^3 \sin 2\omega x + e^{-2tx}]dx$

(d) $\displaystyle\int \left[4y(x)y'(x) + xy''(x) + \frac{be^{-3t}}{x^2}\right]dx$

1-4 미분방정식의 분류

1-60C 선형 동차 미분방정식을 어떻게 식별할 수 있는가?

1-61C 상수계수 미분방정식은 변수계수 미분방정식과 어떻게 다른가?

1-62C 함수 $y(x)$가 주어져 있고 그 기울기는 $y' = 5$라고 한다. 이 관계식은 미분방정식이라고 할 수 있는가? 이유를 설명하라.

다음 각 미분방정식의 계수, 선형인지 비선형인지, 상수계수를 갖는지 변수계수를 갖는지 등을 결정하라.

1-63 (a) $y'' + 2y' = \sin x + 1$

(b) $y''' + y'e^{-2x} \sin x = 0$

(c) $y''' + y''\sin 2x + x^4y = 0$

(d) $xy'' + 3xy' - xy = \sin 3x$

(e) $y'' + e^{2x-y} = 0$

1-64 (a) $y' + 7y' = xe^{-2x}$

(b) $y' + x^3y = 0$

(c) $y'' + 3y' + e^{-3x}y = 0$

(d) $yy'' + 2xe^xy'y - 5y = 0$

(e) $y''' + 2y'' + e^x \sin y = 0$

1-5 미분방정식의 해

1-65C 대수방정식의 해와 미분방정식의 해는 어떻게 다른가?

1-66C 미분방정식의 해와 미분방정식의 완전해의 차이를 명확하게 설명하라.

1-67C 미분방정식의 음함수해와 양함수해 사이의 차이는 무엇인가?

아래의 각 문제에서 주어진 함수가 주어진 미분방정식의 해임을 보여라.

1-68 $x^2y'' - 2xy' - 4y = 0$, $y_1 = e^{-\ln x}$, 그리고 $y_2 = x^4$

1-69 $y'' + y = 0$, $y_1 = \sin x$, 그리고 $y_2 = \dfrac{\sin 2x}{\sin x}$

1-70 $x^2y'' + 5xy' + 4y = 0$, $y_1 = \dfrac{1}{x^2}$, 그리고 $y_2 = \dfrac{\ln x}{x^2}$

1-71 $y'' - y = 0$, $y_1 = e^x$, $y_2 = e^{-x}$, 그리고 $y_3 = \cosh x$

1-72 $x^2y'' + 3xy' + y = 0$, $y_1 = \dfrac{1}{x}$, $y_2 = \dfrac{\ln x}{x}$, 그리고 $y_3 = e^{-\ln x} \ln x$

1-73 $y'' - 4y' + 4y = 0$, $y_1 = e^{2x}$, $y_2 = xe^{2x}$, 그리고 $y_3 = 5xe^{-\ln x}e^{2x}$

1-74 $y'' - 2y' + 3y = 0$, $y_1 = e^x \sin \sqrt{2}x$, 그리고 $y_2 = 3e^x(\sin \sqrt{2}x + \cos \sqrt{2}x)$

1-75 $y'' - 9y = 0$, $y_1 = e^{3x}$, $y_2 = e^{-3x}$, 그리고 $y_3 = e^{5-3x}$

1-76 질량이 m인 돌을 지면에서 공중으로 던지는데, 시점 0에서의 초기 속도는 V_i라고 한다. 원점은 돌의 초기 위치로 두고 위로 향하는 수직 방향으로 z-축을 취할 때, 함수 $z(t)$에 관한 미분방정식의 초기조건으로 사용될 두 개의 수식을 구하라. 여기에서 t는 시간을 나타내는 독립변수이다.

1-77 시점 0에서 시작하여 일정한 속도 V_0으로 하강하는 낙하산이 있다고 하자. 낙하산의 운동은 $z(t)$에 관한 2계 선형 미분방정식으로 표현될 수 있는데, 여기에서 z는 지면으로부터 낙하산의 수직거리이고 t는 시간을 나타내는 독립변수이다. 낙하산이 지면에 도달하는 시점이 t_0이라는 사실이 알려져 있을 경우, 미분방정식의 경계조건으로 사용될 두 개의 수식을 구하라.

1-6 직접적분법에 의한 미분방정식 풀이

1-78C 직접적분법으로 풀 수 있는 5계 선형 비동차 미분방정식이 있다고 하자. 그 해에는 몇 개의 임의상수가 포함되겠는가?

다음의 각 미분방정식 중 직접적분법으로 풀 수 있는 것은? 풀 수 있는 것들에 대해서는 일반해를 구하라.

1-79 (a) $y'' = 0$ (b) $y'' + 4ye^{-3x} = 0$

(c) $y'' - 4xe^{-4x}y = 0$ (d) $y'' - xy = 0$

(e) $4y'y'' - 8x^3 = 0$

1-80 (a) $y''' = 0$ (b) $y''' - 5y = 0$

(c) $y''' - 5x = 0$ (d) $y''' - y'' = 0$

(e) $2y''y''' - 8e^{-2x} = 0$

1-81 (e) $2y''y''' - 8e^{-2x} = 0$

(a) $y'' - ax = 0$ (b) $y''' + 4y \sinh 2x = 0$

(c) $y'' - b \ln ax = 0$ (d) $y' - e^y \cos x = 0$

1-7 컴퓨터 패키지의 활용

1-82C 해의 그래프만으로 충분한 정보를 포함하므로 미분방정식에 대한 닫힌 형식의 해가 필요하지 않은 상황의 예를 들어보라.

1-83C 근사식 $\sin \theta \approx \theta$가 5% 이내의 정확도를 갖기 위해서는 (라디안으로) θ가 얼마나 작아야 하는가?

1-84 예제 1-15에서 개발된 해 $V(t) = (\sqrt{V(0)} - 0.0215t)^2$에 대한 그래프를 보여라. 여기에서 $V(t)$는 포트 안의 (컵 단위의) 액체 부피를 나타낸다. $V(0) = 36$컵으로 둔다. $V(t) = 0$이 될 때까지 해에 대한 그래프를 보여라.

1-85 함수 $y = -2xe^{2x} + 2x - 3$은 다음 미분방정식의 해이다.

$$y'' - 4y' + 4y = 8x - 20$$

초기조건으로 $y(0) = -3$, $y'(0) = -2$를 사용하라. $0 \le x \le 1$에 대해 해의 그래프를 보여라.

1-86 방정식

$$\frac{dy}{dx} = x^2e^{-2x}$$

은 다음과 같은 해를 갖는다.

$$y(x) = \frac{1}{4} - \frac{1}{4}e^{-2x}(1 + 2x + 2x^2) + y(0)$$

동일한 그래프 상에서 $y(0)$에 대한 값을 0, 5, 10으로 갖는 3개의 해곡선을 그려라. x에 대한 상한 값은 적절히 선택하여라.

1-87 $y(0) = 0$일 때 다음 방정식을 풀어 $y(\sqrt{2\pi})$의 값을 구하라.

$$y' = \sin x^2$$

1-88 컴퓨터 패키지를 사용하여 다음 적분을 수치적으로 계산하라.

$$\int_0^1 \sqrt{x^4 + 5}$$

1-89 컴퓨터 패키지를 사용하여 문제 1-57에 주어진 적분에 대한 닫힌 형식의 해를 구하여라.

1-90 컴퓨터 패키지를 사용하여 문제 1-58에 주어진 적분에 대한 닫힌 형식의 해를 구하여라.

1-91 컴퓨터 패키지를 사용하여 문제 1-59에 주어진 적분에 대한 닫힌 형식의 해를 구하여라.

1-92 컴퓨터 패키지를 사용하여 문제 1-79에 주어진 적분에 대한 닫힌 형식의 해를 구하여라.

1-93 컴퓨터 패키지를 사용하여 문제 1-80에 주어진 적분에 대한 닫힌 형식의 해를 구하여라.

1-94 컴퓨터 패키지를 사용하여 문제 1-81에 주어진 적분에 대한 닫힌 형식의 해를 구하여라.

복습문제

아래에 주어진 미분방정식이 e^{mx} 형태의 해를 갖는 m값을 결정하라.

1-95 (a) $y'' + y = 0$
(b) $y'' + 2y' + y = 0$
(c) $y'' - y = 0$

1-96 (a) $y'' + \lambda^2 y = 0$
(b) $y'' - 4y' + 4y = 0$
(c) $y'' - \lambda^2 y = 0$

1-97 (a) $y'' + 5y' + 4y = 0$
(b) $y'' + 6y' + 9y = 0$
(c) $y'' + y' + 3y = 0$

1-98 (a) $y'' - 6y' + 9y = 0$
(b) $y'' + 3y' + 4y = 0$
(c) $y'' - 6y' + 4y = 0$

1-99 (a) $y'' + 10y' + 25y = 0$
(b) $y'' + 5y' + 25y = 0$
(c) $y'' + 10y' - 25y = 0$

아래에 주어진 미분방정식이 x^r 형태의 해를 갖는 r값을 결정하라.

1-100 (a) $x^2y'' + y = 0$
(b) $x^2y'' + xy' = 0$

1-101 (a) $x^2y'' + 3xy' - 2y = 0$
(b) $x^2y'' + xy' - 2y = 0$

1-102 (a) $2x^2y'' + 6y' + 2y = 0$
(b) $x^2y'' - y = 0$

1-103 (a) $-2x^2y'' + 6xy' - 12y = 0$
(b) $x^2y'' + 5xy' + 4y = 0$

1-104 질량이 m인 돌을 지면에서 공중으로 던지는데, 시점 0에서의 초기 속도는 $V_i = 15$m/s라고 한다. 이 과정을 나타내는 미분방정식은

$$\frac{d^2z(t)}{dt^2} = -g$$

인데, 이때 원점은 돌의 초기 위치로 두고 위로 향하는 수직 방향으로 z-축을 취하며 g는 중력가속도이다. 미분방정식을 풀고 경계조건을 적용하여 $z(t)$를 위한 일반적인 관계식을 구하고, $g = 9.81$m/s2에 대해 3s 후에 돌의 위치를 계산하라.

1-105 시점 0에 지상 20m 높이에서 시작하여 일정한 속

도 V_0으로 하강하는 낙하산이 있다고 하자. 낙하산의 운동은 $z(t)$에 관한

$$\frac{dz(t)}{dt} = a$$

와 같은 미분방정식으로 표현될 수 있다. 여기에서 z는 지면으로부터 낙하산의 수직거리이고, t는 시간을 나타내는 독립변수이며, a는 상수이다. 낙하산이 지면에 도달하는 시점이 $t_0 = 8$s라는 사실이 알려져 있을 경우, a의 값을 결정하고 미분방정식을 풀어 함수 $z(t)$를 구하라.

1-106 반지름이 $R = 0.04$m인 균일한 구체 방사성 물체에서 $g_0 = 4 \times 10^7$W/m^{3}의 일정한 비율로 열을 생성한다고 하자. 생성된 열은 꾸준히 주변 환경으로 흩어진다. 구체의 외부 표면은 일정한 온도 80℃로 유지되며, 구체의 열전도율은 $k = 15$W/m℃이다. 구체의 온도는 축 방향으로만 변화하며, 따라서 $T = T(r)$과 같이 쓸 수 있다. 구체 내부의 온도 분포는 다음과 같은 미분방정식으로 표현될 수 있다.

$$\frac{1}{r^2}\frac{d}{dr}\left(r^2\frac{dT(r)}{dr}\right) + \frac{g_0}{k} = 0$$

이 미분방정식을 풀고 적절한 경계조건들을 적용하여 구체 내부의 온도 분포를 위한 함수 $T(r)$을 구하라. 또한 구체 중심에서의 온도를 구하라.

1-107 반지름이 $R = 5$mm인 길고 균일한 저항 코일에 전류를 흘려 실내 공기를 덥히는 데 사용하고 있다. 저항으로 인해 코일에서 균일하게 열이 $g_0 = 5 \times 10^7$W/m^{3}의 비율로 생성된다. 코일의 외부 표면 온도가 180℃로 유지될 경우, 안정 상태에 도달한 이후 $r = 2.5$mm에서의 온도를 구하라. 코일의 열전도율은 $k = 8$W/m℃이다. 코일 내부의 온도 분포는 다음 미분방정식에 의해 결정된다.

$$\frac{1}{r}\frac{d}{dr}\left(r\frac{dT(r)}{dr}\right) + \frac{g_0}{k} = 0$$

1-108 두께가 $L = 0.2$m인 대형 평면 벽이 있다고 하자. 벽의 표면 온도는 $x = 0$과 $x = L$에서 각각 $T_1 = 80$℃와 $T_2 = 10$℃로 유지된다. 벽 자체에서는 열이 생성되지 않는다. 벽 내부의 온도는 x 방향으로만 변화하며 다음 미분방정식에 의해 결정된다.

$$\frac{d^2T(x)}{dx^2} = 0$$

벽 내부의 안정 상태 온도 분포 함수 $T(x)$를 구하라.

1-109 두께가 $L = 0.5$m인 대형 평면 벽이 있다고 하자. $x = 0$에서 벽의 표면은 단열 처리되어 있는 반면, $x = L$에서 표면은 30℃로 유지된다. 벽의 열전도율은 $k = 30$W/m℃이며, 벽에서 $g(x) = g_0e^{0.02x}$의 비율로 열을 생성한다. 여기에서 $g_0 = 7 \times 10^4$이다. 벽 내부의 온도는 x 방향으로만 변화하며 다음 미분방정식에 의해 결정된다.

$$\frac{d^2T(x)}{dx^2} + \frac{g(x)}{k} = 0$$

벽 내부의 안정 상태 온도 분포 함수 $T(x)$를 구하고, 단열 처리된 표면의 온도를 계산하라. (유의사항: 단열 처리된 표면에서 온도 변화율 dT/dx는 0이다.)

1-110 화공 엔지니어들은 반응에서 화학물질의 농도 변화를 예측할 수 있어야 한다. 단일 반응물질 프로세스에서 많이 사용되는 모델은 다음과 같다.

$$\text{화학물질의 농도 변화율} = \frac{dC}{dt} = -kC^n$$

여기에서 C는 화학물질의 농도를 나타내며, k는 변화율 상수이다. 반응의 차수는 지수 n의 값에 해당한다.

(a) $n = 2$라고 가정한다. 이 경우 C에 관한 미분방정식은 비선형이다. 때로 변수에 대한 변환을 통해 더욱 쉽게 해를 구할 수 있는 경우가 있다. 위의 미분방정식을 선형방정식으로 변환시키기 위해 $y(t) = 1/C(t)$를 대입하고, y에 관해 방정식을 푼 다음 C를 사용하여 해를 표현한다.

(b) 다른 방법으로 해를 구해보라.

(c) 아래의 반응식은 이산화질소를 300℃에서 산화질소와 산소로 나누는 기체 상태 분해를 나타내며, 이는 2차 반응에 해당한다($n = 2$).

$$2NO_2 \rightarrow 2NO + O_2$$

실험 데이터로부터 k의 값은 초 당 $k = 0.5444$로 추정되어 있다. $C(0) = 0.01$mol/L일 때, 5초 후의 농도를 구하라.

1-111 3차 단일 반응물질 프로세스에서 많이 사용되는 모델은 다음과 같다.

$$\text{화학물질의 농도 변화율} = \frac{dC}{dt} = -kC^3$$

여기에서 C는 화학물질의 농도를 나타내며, k는 변화율 상

수이다. 이것은 비선형방정식이다.

(a) 위의 미분방정식을 선형방정식으로 변환시키기 위해 $y(t) = 1/C^2$를 대입하고, y에 관해 방정식을 푼 다음 C를 사용하여 해를 표현한다.

(b) 다른 방법으로 해를 구해보라.

CHAPTER 2

1계 미분방정식

많은 실제 문제들에서 어떤 양에 관한 변화율(1계 도함수)은 독립변수뿐만 아니라 그 양 자체에도 영향을 받는다. 그와 같은 문제들은 종종 $y' = f(x, y)$같은 형식의 미분방정식으로 표현될 수 있는데, 여기에서 y'는 1계 도함수이며 $f(x, y)$는 나머지 항들을 나타낸다.

1계 미분방정식의 단순한 외형으로 인해 사람들은 풀기 쉬울 것으로 잘못 알기 쉽다. 때로 쉽게 풀릴 수도 있지만, 1계 미분방정식이 고계 미분방정식을 푸는 것보다 쉽지 않은 경우도 종종 있다. 모든 1계 미분방정식을 정확하게 풀 수 있는 일반적인 방법은 존재하지 않는다. 기존의 해법들은 특정 유형들의 미분방정식에 적용되며, 따라서 이들을 별도의 그룹으로 분류하여 조사할 필요가 있다.

이 장에서는 1계 미분방정식의 유형들을 어떻게 구별하는지 또 각 유형의 미분방정식을 어떻게 푸는지를 학습할 것이다. 먼저 항상 체계적 방식으로 풀 수 있는 *선형* 1계 방정식부터 살펴볼 것이다. 그런 다음 이러한 방정식의 응용에 대해 논의한다. 그런 다음 *비선형*방정식을 살펴보고, 주어진 영역에서 해의 존재성에 대해 논의한다. 특히 *변수분리가능 방정식*, *동차방정식*, *완전방정식* 등을 조사할 텐데, 이들은 선형 여부에 상관없이 해석적으로 풀 수 있기 때문이다.

어떤 방정식들은 *적분인자*를 사용하여 완전방정식으로 만들 수 있다. 1계 도함수는 미지의 함수에 대한 기울기에 불과하다는 사실을 이용하여 해석적으로 풀 수 없는 미분방정식에 대해서는 *그래프 해법*을 사용하여 근사 해곡선을 구할 수 있다. 이 장의 끝에서는 1계 방정식을 풀기 위한 체계적인 방법을 제시할 것이다. 학생들은 곧 미분방정식을 풀기 위해서는 종종 기교, 조작, 정교한 발상 등이 요구된다는 것을 인식하게 될 것이다.

때로 사람을 대신하여 이러한 조작을 수행할 수 있는 컴퓨터 패키지들이 있다. 이 장의 끝에서는 이러한 패키지들을 사용하여 정확한 해를 구하는 방법, 이 장의 앞부분에서 소개한 그래프 해법을 구현하는 방법 등을 보일 것이다.

끝으로 다른 모든 방법들이 통하지 않을 때 미분방정식에 대한 수치적 해를 구하기 위해 컴퓨터를 사용할 수 있으며, 이에 대해서는 9장에서 다룰 것이다.

학습목표

이 장을 마친 후에는 다음과 같은 능력을 갖출 수 있을 것이다.

1. 1계 미분방정식을 변수분리가능, 동차형, 완전미분형 등으로 분류한다.
2. 적분인자를 사용하여 선형 1계 미분방정식을 푼다.
3. 직접적분법을 사용하여 변수분리형 미분방정식이나 완전 미분방정식을 푼다.
4. 컴퓨터 패키지를 사용하여 초기조건을 갖는 또는 갖지 않는 1계 미분방정식에 대해 닫힌 형식의 해를 구하고, 등고선 그래프나 방향장 그래프를 생성한다.

2-1 ■ 1계 미분방정식에 대한 개요

정의에 따라 1계 미분방정식은 1계 도함수들만을 포함한다. y가 종속변수(즉, 구하고자 하는 함수)이고 x가 독립변수이면, 1계 미분방정식의 가장 일반적인 형식은 다음과 같다.

$$f(x, y, y') = 0 \tag{2-1}$$

따라서 1계 미분방정식은 다음과 같이 *임의의* 형태로 변수 x, y, y' 등을 포함하는 방정식이다.

$$3y' + \sin(2xy') - 5x^2 y^2 + 3 = 0$$

이 장에서의 논의를 단순화시키기 위해 y'가 x와 y에 관한 양함수 형식으로 표현될 수 있는 방정식들로 한정하여 살펴본다. 즉,

$$y' = f(x, y) \tag{2-2}$$

와 같은 형식의 방정식만 살펴볼 텐데, 여기에서 $f(x, y)$는 지정된 함수이다. 식 2-2를 풀 때 처음 떠오르는 생각은 이를 *적분하여*

$$y = \int f(x, y)\,dx + C \tag{2-3}$$

을 얻는 것일 텐데, 여기에서 C는 적분상수이다. 함수 f가 x에만 종속될 경우가 아니라면 위의 식에서 우변에 대해 (일반적으로) 적분을 계산할 수 없다. 따라서 비록 미분방정식에 대한 적분이 도함수를 제거해주겠지만 우변이 미지의 함수 y에 대한 적분을 포함하고 있으므로 진정한 의미에서의 해를 구한 것은 아니다. 즉, 대부분의 경우 적분은 *미분방정식을 적분방정식*으로 바꾸어줄 뿐이다. f가 x만의 함수이거나 상수인 특별한 경우에는 $y' = f(x)$가 되며, 다음과 같이 적분을 수행하는 것만으로 미분방정식의 해를 구할 수 있다.

$$y(x) = \int f(x)\,dx + C$$

그림 2-1에서 구체적인 예를 제시한다.

미분방정식:

$$y' = 6x^2 - 5$$

해:

$$y = \int (6x^2 - 5)\,dx + C$$
$$= 2x^3 - 5x + C$$

그림 2-1
$y' = f(x)$ 형식의 1계 미분방정식은 직접적분법으로 풀 수 있다.

1계 미분방정식의 일반해는 임의상수 C를 포함한다. 초깃값 문제에 대한 특수해는

$$x = x_0\text{에서 } y = y_0$$

또는

$$y(x_0) = y_0 \tag{2-4}$$

와 같이 표현된 초기조건을 사용하여 결정할 수 있다. 초기조건을 갖는 1계 미분

방정식은 초깃값 문제에 해당한다.

다음 절에서 선형방정식의 해는 단순하다는 것을 알게 될 것이다. 그러나 (완전미분형, 변수분리가능, 동차형 등의 특정 형태를 갖는 경우가 아니라면) 비선형 방정식의 경우는 그렇지 못하다.

1계 미분방정식을 풀 때는 x를 종속변수로 선택할 수도 있고 y를 종속변수로 선택할 수도 있다. 때로 독립변수와 종속변수를 *맞바꾸*는 것이 해를 단순화시킬 수도 있다. 예를 들어 비선형방정식

$$\frac{dy}{dx} = y^2 \tag{2-5}$$

은 $y \neq 0$에 대해

$$\frac{dx}{dy} = \frac{1}{y^2}$$

와 같이 표현될 수도 있는데, 이 방정식은 x에 관해 선형이다. 그림 2-2에서 또 다른 예를 보여준다.

지금까지 논의된 1계 미분방정식을 위한 해법은 두 개의 연속적인 도함수들을 포함하고 미지의 함수를 인수로 포함하지 않는 고계 방정식들을 풀기 위해 사용될 수도 있다. 예를 들면, 3계 미분방정식

$$y''' + 3y'' = 5x^3 \tag{2-6}$$

은 $u = y''$라고 둠으로써 $u' + 3u = 5x^3$로 표현될 수 있는데, 이는 u에 관한 1계 방정식이다. 일단 u를 구한 후에는 두 번의 연속적인 적분에 의해 y를 결정할 수 있다.

y에 관하여 비선형:

$$\frac{dy}{dx} = \frac{e^{2y}}{(y^2+1)x + \sin 3y + 1}$$

x에 관하여 선형:

$$\frac{dx}{dy} = \frac{y^2+1}{e^{2y}}x + \frac{\sin 3y + 1}{e^{2y}}$$

그림 2-2
어떤 비선형방정식은 종속변수와 독립변수를 맞바꾸는 것만으로 선형으로 만들 수 있다.

절 복습문제

C로 표시된 문제는 토론을 위한 개념적 문제이다.

2-1C 어떤 종류의 미분방정식들이 1계 방정식으로 분류되는가?

2-2C 1계 미분방정식이 (a) y'', (b) y'^2, (c) $\sqrt{(y')}$ 등의 항을 포함할 수 있는가?

2-2 ■ 선형 1계 방정식

선형 1계 미분방정식은

$$y' + P(x)y = R(x) \tag{2-7}$$

와 같은 일반형으로 표현될 수 있는데, 여기에서 P와 R은 x의 함수들이며 관심 대상 구간에서 연속인 것으로 가정된다. 선형방정식은 $(y', yy', y^3, \sin(y')^2$ 등과

같은) 비선형 항들을 포함할 수 없다.

적분인자

식 2-7은 좌변을 어떤 단일 항에 대한 도함수로 표현할 수 있다면 간단하게 풀 수 있는데, 방정식의 양변에 적당한 인수를 곱함으로써 그와 같은 표현을 얻을 수 있다. 필요한 인수를 결정하기 위해 식 2-7에 함수 $\mu(x)$를 곱하면, 그 결과는 다음과 같다.

$$\mu(x)y' + \mu(x)P(x)y = \mu(x)R(x) \tag{2-8}$$

그런데

$$[\mu(x)y]' = \mu(x)y' + \mu'(x)y \tag{2-9}$$

이며, 이를 식 2-8과 비교해 보면 식 2-7의 좌변이 $[\mu(x)y]'$로 표현될 수 있기 위해서는 함수 $\mu(x)$가 $\mu'(x) = \mu(x)P(x)$라는 조건을 만족해야 한다는 것을 알 수 있다.

고려 대상 구간에서 $\mu(x) \neq 0$일 경우, 이 방정식은 다음과 같이 정리될 수 있다.

$$\frac{\mu'(x)}{\mu(x)} = P(x)$$

따라서

$$\int \frac{d\mu}{\mu} = \int P(x)dx$$

이제 함수 $\mu(x)$는 적분에 의해 다음과 같이 결정된다.

$$\ln|\mu(x)| = \int P(x)dx + C_1$$

이 방정식의 양변에 지수함수를 취하고 $\mu > 0$에 대해 $e^{\ln \mu} = \mu$라는 사실을 이용하면

$$\mu(x) = e^{\int P(x)dx} \tag{2-10}$$

을 얻는데, 이때 적분이 존재한다고 가정한다. 여기에서는 절댓값 표시를 생략했는데, 이는 식 2-10의 우변은 항상 양이며 따라서 $\mu(x)$가 항상 양이기 때문이다. 또한 적분상수 C도 생략되었는데, 이는 그림 2-3에서 보여주듯이 포함될 필요가 없기 때문이다.

식 2-10에 의해 정의되는 함수 $\mu(x)$를 **적분인자**라고 한다. 적분인자를 사용하여 식 2-7을 그림 2-4에서 보여주는 것처럼 표현할 수 있다. 따라서

$$[\mu(x)y]' = \mu(x)R(x) \tag{2-11}$$

을 얻는데, 이는 쉽게 적분할 수 있는 형태이다. 양변을 적분하면

$v(x)$는 적분상수 C_1을 포함하는 또 다른 적분인자라고 하자. 그러면

$$\ln|v(x)| = \int P(x)dx + C_1$$

이 된다. 양변에 지수함수를 취하면,

$$v(x) = e^{\int P(x)dx + C_1} = e^{C_1}e^{\int P(x)dx} = C_2\mu(x)$$

가 된다. 여기에서 $\mu(x)$는 식 2-10에 의해 주어지며 $C_2 = e^{C_1}$는 결코 0이 되지 않는 상수이다. 식 2-7에 $v(x)$를 곱하면 다음 식을 얻는다.

$$[C_2\mu(x)y]' = C_2\mu(x)R(x)$$

그러나 C_2는 상수이며 도함수에서는 들어낼 수 있다. 즉, 양변을 C_2로 나누면

$$[\mu(x)y]' = \mu(x)R(x)$$

을 얻게 되며, 이것은 식 2-11과 같다.

그림 2-3
적분인자에서 적분상수는 일반성을 잃지 않고 0으로 둘 수 있다.

선형 미분방정식:

$$y' + P(x)y = R(x)$$

양변에 $\mu(x)$를 곱하여 정리하면 다음 식을 얻는다.

$$[\mu(x)y]' = \mu(x)R(x)$$

그림 2-4
1계 선형방정식에 적분인자 $\mu(x)$를 곱함으로써 좌변을 단일 항에 대한 도함수로 표현할 수 있다.

$$\mu(x)y = \int \mu(x)R(x)dx + C$$

가 된다. 이를 y에 대해 풀면

$$y = \frac{1}{\mu(x)}\left[\int \mu(x)R(x)dx + C\right] \tag{2-12}$$

가 되는데, 여기에서 적분인자 $\mu(x)$는 식 2-10에 의해 주어지며 임의상수 C는 초기조건으로부터 결정된다. 식 2-12는 대단히 중요한데, 이는 1계 선형 미분방정식의 일반해를 구하는 데 이용될 수 있는 양함수이기 때문이다.

방정식 2-7은 *표준형*에 해당하는데, 이는 y' 항의 계수가 1이기 때문이다. 따라서 이러한 절차를 사용하여 미분방정식을 풀 때 $P(x)$를 식별하고 식 2-10으로부터 적분인자 $\mu(x)$를 결정하려고 시도하기 전에 식이 표준형으로 표현되어 있는지 확인해야 한다. 또한 $P(x)$는 방정식의 좌변에 나타날 때 y 항의 계수이며 그림 2-5에서 보여주듯이 적분인자를 결정할 때 그 부호가 포함되어야 한다는 점에 주목하기 바란다. 예를 들면, 방정식 $y' - 2xy = 3$에 대해 $P(x) = -2x$이다.

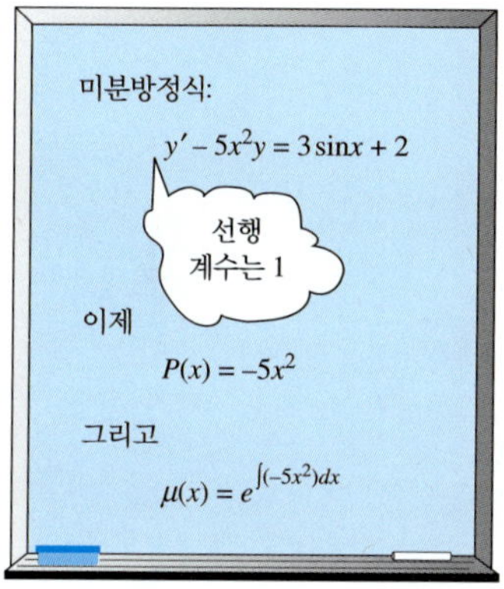

그림 2-5
적분인자를 결정할 때 $P(x)$의 식별

1계 선형 미분방정식의 풀이 단계는 다음과 같이 요약될 수 있다.

단계 1. y' 항의 계수가 1인지 확인한다. 1이 아닐 경우 그 계수로 미분방정식 안의 각 y' 항을 나누어 항의 계수가 1이 되도록 만든다.

단계 2. 식 2-10으로부터 적분인자 $\mu(x)$를 구하여 이를 미분방정식에 곱한다.

단계 3. 미분방정식의 좌변을 $[\mu(x)y]'$로 표현하고 양변을 적분한다.

단계 4. 결과로 얻은 식을 $\mu(x)$로 나누어 y에 대한 양함수 표현을 구한다.

단계 5. 초기조건을 적용하여 적분상수 C를 결정한다.

학생들은 문제를 풀 때 식 2-12를 사용함으로써 직접 대입에 의한 해를 구하는 대신 여기에 요약된 단계들을 실제로 수행함으로써 이 방법에 익숙해지도록 권고한다.

예제 2-1 적분인자의 사용

다음 선형 초깃값 문제를 풀어라.

$$y' - 3y = -9x$$
$$y(2) = 13$$

풀이 y'의 계수가 이미 1이므로 $P(x) = -3$을 얻는다. 이제 적분인자는 식 2-10으로부터 다음과 같이 결정된다.

$$\mu(x) = e^{\int P(x)dx} = e^{\int(-3)dx} = e^{-3x}$$

미분방정식에 e^{-3x}을 곱하면

$$e^{-3x}y' - 3e^{-3x}y = -9xe^{-3x}$$

즉,

$$[e^{-3x}y]' = -9xe^{-3x} \tag{2-13}$$

을 얻는다. 이를 적분한 결과는 다음과 같다.

$$e^{-3x}y = \int(-9xe^{-3x})dx = e^{-3x}(3x + 1) + C$$

이제 y에 대해 풀면 다음 식을 얻는다.

$$y = 3x + 1 + Ce^{3x}$$

초기조건 $y(2) = 13$을 적용하면 다음 식을 얻는다.

$$13 = 3 \times 2 + 1 + Ce^{3\times2} \rightarrow C = 6e^{-6}$$

이제 대입을 통해 구하고자 하는 다음과 같은 해를 얻는다.

$$y = 6e^{3x-6} + 3x + 1 \tag{2-14}$$

특별한 경우: 상수계수와 상수 우변을 갖는 방정식

현실에서 관심을 받는 문제들 중에는 상수계수들을 갖고 우변이 상수인 선형 1계 미분방정식이 만들어지는 경우도 많다. 선행 계수가 $a = 1$일 때, 그와 같은 방정식은

$$y' + by = c \tag{2-15}$$

와 같이 표현될 수 있는데, 여기에서 b, c는 상수이다. 초기조건이 $y(0) = y_0$이라면 이 미분방정식의 해는 일반적 절차에 의해 다음과 같이 구할 수 있다.

$$\mu(x) = e^{\int P(x)dx} = e^{\int bdx} = e^{bx}$$

$$e^{bx}\frac{dy}{dx} + e^{bx}by = ce^{bx}$$

$$\frac{d}{dx}[e^{bx}y] = ce^{bx}$$

$$e^{bx}y = \frac{c}{b}e^{bx} + C$$

$$y = \frac{c}{b} + Ce^{-bx} \tag{2-16}$$

초기조건 $y(0) = y_0$을 적용한 결과는 다음과 같다.

$$y_0 = \frac{c}{b} + C \rightarrow C = y_0 - \frac{c}{b}$$

대입을 통해 다음의 결과를 얻는다.

$$y = \frac{c}{b}(1 - e^{-bx}) + y_0 e^{-bx} \tag{2-17}$$

$c = 0$인 특별한 경우 위의 해는 다음과 같이 간단한 형태를 갖는다.

$$y = y_0 e^{-bx} \tag{2-18}$$

b의 값이 양일 경우 위의 식은 초깃값 y_0에서 시작하여 x에 관한 지수함수 꼴 감소를 나타낸다. b의 값이 음일 경우 위의 식은 x에 관한 지수함수 꼴 증가를 나타낸다. 이 결과는 그림 2-6에 요약되어 있다.

초깃값 문제:

$$y(0) = y_0$$

해:

$$y = \frac{c}{b}(1 - e^{-bx}) + y_0 e^{-bx}$$

특별한 경우: $c = 0$일 때,

$$y = y_0 e^{-bx}$$

그림 2-6
상수계수 선형 1계 미분방정식의 해

해의 존재성 및 유일성

선형 1계 미분방정식에 관한 논의를 완결 짓기 위해 이제 식 2-12에 의해 주어지는 해의 일반성을 살펴보기로 하자. 이 해를 구하는 과정은 일반적 형식의 방정식, 그리고 연속성만 요구된 일반적 함수인 $P(x)$, $R(x)$ 등에서 출발하였으므로 이 해는 상당히 일반적이며 완전해이다. 따라서 선형 1계 미분방정식은 항상 해를 가지며 모든 해는 식 2-12에 포함된다고 말할 수 있다.

앞의 설명과 주장들을 선형 1계 미분방정식에 관한 해의 *존재성* 및 *유일성*에 관한 다음 정리로 요약할 수 있다.

정리 2-1 선형 1계 미분방정식에 관한 해의 존재성 및 유일성

함수, $P(x)$, $R(x)$가 점 x_0을 포함하는 열린구간 I에서 연속일 경우,

$$y' + P(x)y = R(x)$$

와

$$y(x_0) = y_0$$

로 주어지는 선형 1계 미분방정식은 상에서

$$y = \frac{1}{\mu(x)}\left[\int \mu(x)R(x)\,dx + C\right] \tag{2-12}$$

로 주어지는 유일한 해를 갖는데, 여기에서 $\mu(x) = e^{\int P(x)dx}$이며 임의상수 C는 초기조건 $y(x_0) = y_0$에서 결정되며, 이때 위의 식 안의 적분은 수행될 수 있다고 가정한다.

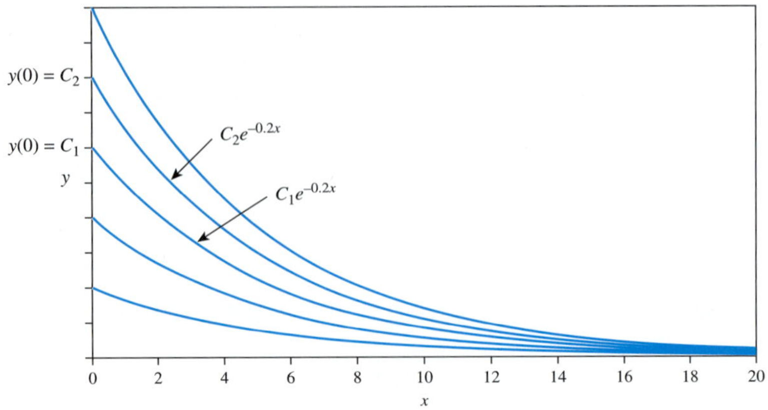

그림 2-7
미분방정식 $y' + 0.2y = 0$의 해곡선

정리 2-1은 특정 조건 하에서 선형 1계 미분방정식은 해를 *가지며*, 그 해는 *유일한 해*임을 명백히 밝히고 있다.

미분방정식 2-7이 적어도 한 개의 해를 갖는다는 사실은 식 2-12를 미분방정식에 대입함으로써 쉽게 증명할 수 있다. 초기조건으로부터 결정되는 상수 C를 사용하는 식 2-12는 또한 유일한 함수(열린구간 I상에서 (x_0, y_0)을 통과하는 연속함수)이다. 더욱이 주어진 미분방정식에 대해 가능한 모든 해는 식 2-12에 포함되어 있다. 따라서 식 2-12는 $P(x)$, $R(x)$가 연속이라는 조건 하에서 선형 1계 미분방정식의 *완전해*를 나타낸다. 즉, 미분방정식 2-7은 특이해를 갖지 *않는다*.

구간 $0 < x < \infty$에서의 미분방정식 $y' + 0.2y = 0$을 예로 들어보자. 식 2-18로부터 그 일반해는 $y(x) = y_0e^{-0.2x}$이며, 그림 2-7에 여러 다른 y_0 값에 대하여 해곡선을 보여주고 있다. $P(x) = 0.2$이고 $R(x) = 0$이며, 이들은 구간 $0 < x < \infty$에서 연속이다. 따라서 주어진 초기조건 $y(x_0) = y_0$에 대해 이 미분방정식은 유일한 해를 가지며, 그 해는 점 (x_0, y_0)을 통과하는 곡선이다. 즉, 다른 어떤 해곡선도 점 (x_0, y_0)을 통과하지 않는다. 또한 일반해 $y(x) = Ce^{-0.2x}$는 이 미분방정식에 대한 모든 해를 포함하며, 따라서 어떠한 특이해도 존재하지 않는다.

불연속함수 어쩌면 학생들은 $P(x)$나 $R(x)$가 연속함수가 아니라면 어떻게 될까 궁금하게 여길 것이다. 우선 함수 $P(x)$, $R(x)$가 연속인 임의의 구간에서는 정리 2-1이 적용된다. 문제는 불연속점들에서만 발생할 수 있다. 관심 대상 구간이 $P(x)$와 $R(x)$ 모두 연속인 구간에 포함될 경우라면 함수들의 불연속점들은 무시하면 되는데, 이는 관심 대상 구간에서 $P(x)$와 $R(x)$는 연속이기 때문이다. 그 외의 경우에는 불연속점을 고려해야 하며, 이에 대한 예를 아래에 보인다.

예제 2-2 **유일한 해 구하기**

다음 초깃값 문제를 풀어라.

$$(x+1)y' + y = 5x^2(x+1)$$
$$y(2) = 3$$

풀이 | 현재의 형식에서 y' 항의 계수는 1이 아니다. 따라서 먼저 방정식의 양변을 y'항의 계수인 $x+1$로 나눌 필요가 있으며, 그 결과는 다음과 같다.

$$y' + \frac{1}{x+1}y = 5x^2$$

물론 이 나눗셈은 유효한데, 이는 $x+1 \neq 0$, 즉, $x \neq -1$이기 때문이다.

이제 $P(x) = 1/(x+1)$가 되는데, 이 함수는 $x = -1$을 제외하고는 모든 곳에서 연속이다. 그리고 $R(x) = 5x^2$는 전체 실수 구간에서 연속이다. 따라서 $x = -1$에서 $P(x)$는 조심스럽게 취급되어야 한다. 구간을 $-\infty < x < -1$ 또는 $-1 < x < \infty$로 선택함으로써 불연속점을 피할 수 있다. 정리 2-1에 의하면 위의 미분방정식을 포함하는 초깃값 문제는 이들 중 어느 구간에서나 유일한 해를 가질 것이다(그림 2-8). $x_0 = 2$는 구간 안에 위치하므로 위의 초깃값 문제는 그 구간에서 고유한 해를 가질 것이다.

이 선형 1계 초깃값 문제의 해는 아래와 같은 일상적인 절차에 따라 결정될 것이다.

$$\mu(x) = e^{\int P(x)dx} = e^{\int \frac{dx}{x+1}} = e^{\ln|x+1|} = |x+1|$$

$$[|x+1|y]' = |x+1|5x^2dx$$

$$|x+1|y = 5\int |x+1|x^2dx + C$$

$x > -1$에 대해 $|x+1| = x+1$이다. 따라서 구간 $-1 < x < \infty$에서의 해는

$$(x+1)y = 5\int (x^3 + x^2)dx + C = 5\left(\frac{x^4}{4} + \frac{x^3}{3}\right) + C$$

$$y = \frac{5x^3(3x+4)}{12(x+1)} + C$$

$$y(2) = 3 \rightarrow 3 = \frac{5 \times 8(6+4)}{12(2+1)} + \frac{C}{3} \rightarrow C = -\frac{73}{3}$$

가 된다. 이제 대입을 통해 구하고자 하는 다음과 같은 해를 얻는다.

$$y = \frac{5x^3(3x+4)}{12(x+1)} - \frac{73}{3(x+1)}$$

토론 해에 대한 이해도를 높이기 위해 그림 2-9에서 구간 $-\infty < x < -1$과 구간 $-1 < x < \infty$ 모두에 대해 해곡선을 보여준다. 각 해곡선은 각기 다른 C값에 대한 해의 그래프이며, C의 값은 특정 x 값에서 y에 주어진 값에 따라 정해진다. 어느 구간에서든 지정된 x 값을 통과하는 곡선은 하나뿐이며, 이는 $P(x)$와 $R(x)$ 모두 연속

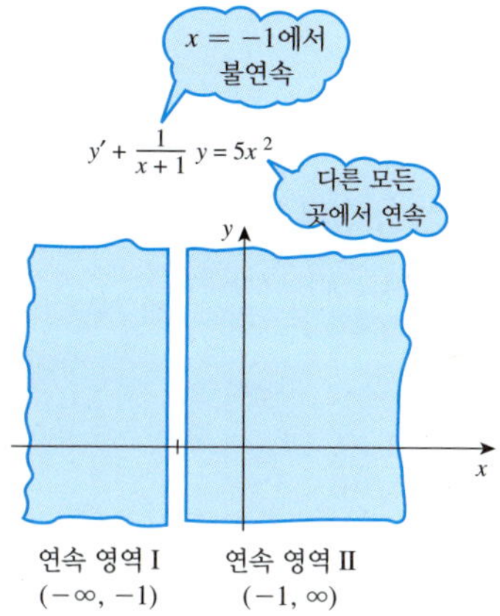

그림 2-8
미분방정식의 계수 $P(x)$, $Q(x)$는 불연속점을 포함하지 않는 영역에서는 연속함수로 간주될 수 있다.

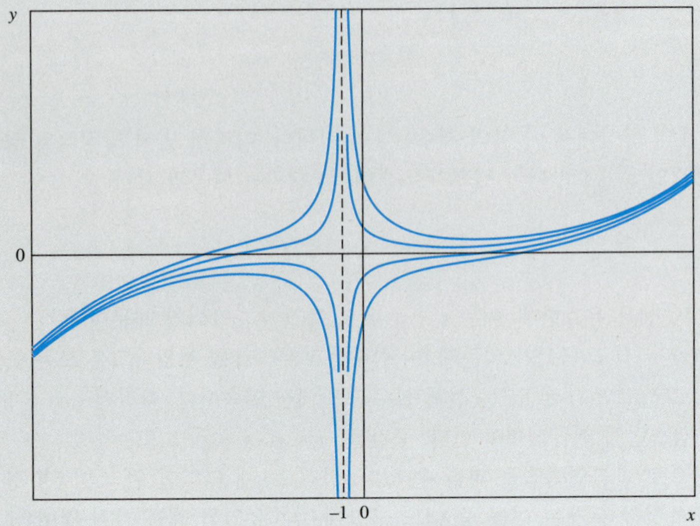

그림 2-9
예제 2-2에서 논의된 선형 미분방정식의 해곡선

인 구간에서 주어진 초깃값 문제에 대한 해의 유일성을 의미한다. 또한 어느 방향으로든 $x \to -1$로 접근함에 따라 해곡선은 발산한다는 사실을 주목하기 바란다.

절 복습문제

2-3C 직접적분법으로 선형 1계 미분방정식을 풀 수 있기 위한 조건은 무엇인가?

2-4C 선형 1계 미분방정식의 풀이에서 적분인자의 역할은 무엇인가?

2-5C 선형 1계 초깃값 문제가 해를 갖기 위한 조건은 무엇인가? 이 해가 유일한 해가 되기 위한 조건은 무엇인가?

2-6C 다음 미분방정식은 선형인가?

(a) $y' + xe^{y} = 2$ (b) $y' - x^2y + xy^2 = 5$

2-7 다음 미분방정식을 풀어라.

(a) $y' - 3xy = 2x$ (b) $(1 - x^2)y' - 2y = 0$

(답: (a) $y = -\frac{2}{3} + Ce^{\frac{3}{2}x^2}$ (b) $= C\frac{x+1}{x-1}$)

2-8 다음 초깃값 문제를 풀어라.

(a) $y' + y = 0 \quad y(0) = 1$ (b) $y' + 3(y - 1) = 2x \quad y(0) = 4$

(답: (a) $y = e^{-x}$ (b) $y = \frac{7}{9} + \frac{2}{3}x + \frac{29}{9}e^{-3x}$)

2-3 ■ 1계 미분방정식의 응용

물리학, 생명과학, 사회과학 등에서 발생하는 많은 문제들에서 어떤 양에 대한 변화율이 그 양 자체에 비례하는 것으로 관찰된 바 있다(그림 2-10).

즉, y가 관심 대상인 양을 나타내고 t가 시간을 나타낼 경우,

$$\frac{dy}{dt} \propto y$$

즉,

$$\frac{dy}{dt} = ky \tag{2-19}$$

가 되는데, 여기에서 k는 실험이나 관찰을 통해 결정되는 비례상수이다. 따라서 그와 같은 문제들은 선형 1계 미분방정식으로 표현될 수 있다. 1차 도함수 dy/dt는 t에 따른 y의 변화율을 나타낸다.

식 2-19는 상수계수 1계 미분방정식이며, 그 해는 앞의 절에서 설명한 것처럼 다음과 같이 주어진다(식 2-18 참고).

$$y = y_0 e^{kt} \tag{2-20}$$

여기에서 y_0은 $t = 0$에서의 함수 값이다. 따라서 프로세스가 진행되는 동안 미분방정식 2-19에 따라 변화하는 양은 지수함수에 따라 증가할 (k가 음일 경우 감소할) 것이다.

물리학에서 만나는 문제들은 대개 연속적으로 변화하는 양들을 포함한다. 그러나 생명과학에서 만나는 문제들 중에는 이산적으로 또는 불연속적으로 변화하는 양들을 포함하는 경우도 많다. 예를 들면, 어떤 동물의 종이나 박테리아 군체의 개체 수는 정수 단위로 변화한다. 그러나 개체 수가 아주 많을 경우 어떤 종의 개체 수를 시간에 따른 함수로 간주해도 무방할 것이다. 이 경우 변화율을 도함수로 표현할 수 있으며, 따라서 개체 수의 변화를 미분방정식으로 표현할 수 있다.

이제 다양한 분야에서 발생하는 여러 가지 문제들을 살펴보기로 하자.

$\frac{\Delta y}{\Delta t} = ky$				
y	Δt	Δy	$\Delta y/\Delta t$	k
100	1	10	10	0.1
200	1	20	20	0.1
300	1	30	30	0.1

그림 2-10
물리 문제에서 어떤 양에 대한 변화율이 그 양 자체에 비례하는 경우가 많다.

예제 2-3 개체 수의 증가: 맬서스의 법칙

일정 기간 동안 인간사회, 동물의 종, 곤충, 박테리아 군체 등에서 개체 수 변화율은 전체 개체 수에 비례한다는 사실이 관찰되어 있다. $N(t)$가 시점 t에서의 개체 수를 나타낸다고 할 때, 시간에 따른 개체 수의 변화를 표현하는 미분방정식을 구하고 그 해에 관하여 논하라. 시점 $t = 0$에서의 초기 개체 수는 N_0이라고 가정한다.

풀이 | 개체 수 변화율은 개체 수 자체에 비례하므로 시간에 따른 개체 수 변화를 표현하는 미분방정식은

$$\frac{dN}{dt} = kN \tag{2-21}$$

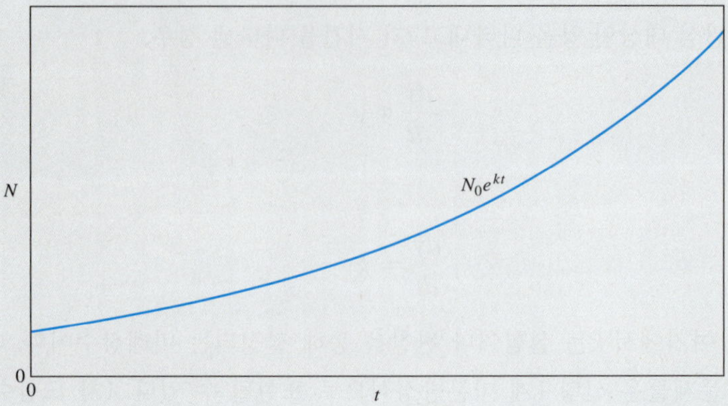

그림 2-11
개체 수 증가에 관한 맬서스 법칙

와 같이 표현될 수 있는데, 여기에서 k는 개체 수의 순 증가율, 즉, 출생률에서 사망률을 뺀 것이다. 나라들마다 연 단위, 10년 단위, 또는 100년 단위 등으로 인구 성장을 위한 비교 수단으로 상수 k의 값을 계산하고 있다. 예를 들어 0.015/년이라는 k값은 1년에 1000명의 인구에서 15명이 늘어난다는 것을 나타낸다.

식 2-21은 상수계수 1계 미분방정식이며, 초기조건은 $N(0) = N_0$으로 주어져 있다. 식 2-20으로부터 이 초깃값 문제의 해를 다음과 같이 구할 수 있다.

$$N = N_0 e^{kt} \tag{2-22}$$

따라서 개체 수는 개체 수 자체에 비례하는 비율로 증가한다는 가정의 결과는 인구가 시간이 경과함에 따라 지수함수에 비례하는 비율로 증가한다는 것이다. 이러한 개체 수 변화 모델은 **기하급수적 증가** 모델이라고 하며, 이러한 현상을 처음 관찰하였던 영국의 경제학자 **토마스 맬서스**(1766-1834)의 이름을 따서 맬서스 법칙이라고 한다. 맬서스 법칙은 단순하지만 인간사회, 몇 가지 동물의 종, 박테리아 군체 등에서 최소한 한정된 기간 동안 개체 수 증가를 예측할 때 상당한 정확성을 제공한다. 그러나 이 모델은 t의 값이 아주 클 경우 특정 종의 개체 수가 무한대에 접근할 것으로 예측한다(그림 2-11). 이러한 예측은 생활공간, 식량 공급, 기타 자원 등의 제약 때문에 상당히 비현실적이라는 점이 명백하다. 개체 수 증가에 관한 보다 현실적인 모델은 *로지스틱 함수에 따른 성장 법칙*이며, 이에 대해서는 이 장의 뒷부분에서 다룬다.

시간상수를 사용한 반응시간의 추정

아래의 예들이 보여주겠지만 미분방정식 $y' + by = c$(상수 b는 양이며, 독립변수는 시간을 나타내는 t)는 다양한 응용에서 사용된다. 이 경우 식 2-17에 의해 주어지는 해는 다음과 같이 해석될 수 있다. t를 사용하여 표현된 해는 다음과 같다.

$$y(t) = \frac{c}{b}(1 - e^{-bt}) + y_0 e^{-bt}$$

$b > 0$이므로 지수함수 항 e^{-bt}은 $t \to \infty$에 따라 사라질 것이다. 따라서 y의 최종적인 값, 즉, *안정 상태의 해*는 초깃값 y_0에는 상관없이 c/b가 된다. 그런데 y가 안정 상태의 해에 도달하기 위해 소요되는 시간을 추정하려 한다고 하자. $t = \infty$라는 답은 별 도움이 되지 않을 것이다. 실용적인 답을 얻기 위해 먼저 지수함수 항들을 모아 해를 다시 표현해보면

$$y(t) = \frac{c}{b} + \left(y_0 - \frac{c}{b}\right)e^{-bt} = y_{ss} + \Delta e^{-bt}$$

와 같다. 여기에서 $y_{ss} = c/b$(안정 상태의 해), $\Delta = y_0 - y_{ss}$ 등을 정의하였는데, Δ는 y의 초깃값과 최종 값 사이의 차에 해당한다. 소수점 아래 두 자리까지 표현하면 $e^{-4} \approx 0.02$이고 $t = 4/b$일 때 $e^{-bt} \approx e^{-4}$이므로, $t = 4/b$일 때 다음 식을 얻는다.

$$y(4/b) - y_{ss} = 0.02\Delta$$

즉, $t = 4/b$일 때 초깃값 y_0과 최종 값 $y_{ss} = c/b$ 사이의 차의 2%만이 남게 된다. 따라서 값 $4/b$를 해가 안정 상태 값에 도달하는 데 소요되는 시간에 대한 추정치로 사용할 수 있다.

위에서 고려하고 있는 경우에서 $b > 0$이며, 종종 새로운 항 τ를 다음과 같이 정의한다.

$$\tau = \frac{1}{b} \tag{2-23}$$

항 τ는 **시간상수**라고 한다. 따라서 항 4τ를 해가 안정 상태 값에 도달하는 데 소요되는 시간에 대한 추정치로 사용할 수 있다.

그림 2-12는 $y_0 = 0$인 경우 τ를 사용하여 표현된 해를 보여준다. 소수점 아래 두 자리까지 표현하면 $e^{-1} = 0.37$이며 따라서 $1 - e^{-1} = 0.63$이므로 해는 $t = \tau$에서 최종 값의 63%에 도달한다. 또한

$$\frac{dy}{dt} = -b\Delta e^{-bt} = -\frac{\Delta}{\tau}e^{-t/\tau}$$

이며, 따라서 $y_0 = 0$일 경우 $y'(0) = -\Delta/\tau = y_{ss}/\tau$이다. 이 관계식은 실험 데이터가 짧은 시간 구간에서 얻었을 경우 τ를 추정할 때 유용하다.

해가 안정 상태 값에 얼마나 가까운지에 대한 측정 기준으로 2%를 사용하는 이유는 무엇일까? 2% 기준은 많이 선택되는 기준이지만 어떤 사람들은 1% 기준을 사용하기도 한다. 소수점 아래 두 자리까지 표현하면 $e^{-5} \approx 0.01$이므로 이런 사람들은 항 5τ를 해가 안정 상태 값에 도달하는 데 소요되는 시간에 대한 추정

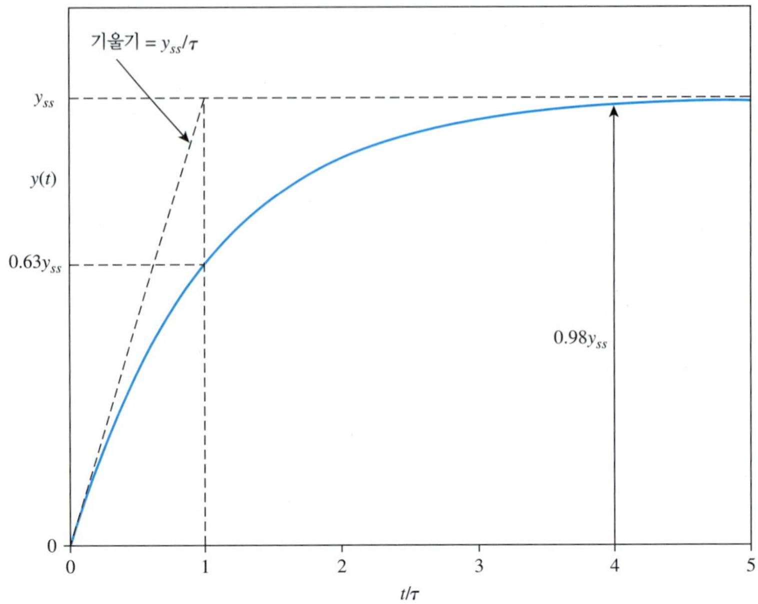

그림 2-12
초기조건이 $y_0 = 0$일 때 선형 1계 미분방정식의 반응

치로 사용할 수 있다.

$c = 0$일 경우는 어떻게 처리될 수 있겠는가? 이 경우의 해는 다음과 같다.

$$y(t) = y_0 e^{-bt} = y_0 e^{-t/\tau}$$

$e^{-t/\tau} \approx e^{-4} \approx 0.02$이므로 이 해는 $t = 4\tau$일 때 그 초깃값의 $20/c$로 감소하였다고 할 수 있다. 이는 해가 사라지는 데 소요되는 시간에 대한 추정치로 종종 사용된다. 1% 값이 사용되기도 하며, 이는 $t = 5\tau$에 해당한다. 그림 2-13은 그 해를 보여준다. 또한 $e^{-1} \approx 0.37$이므로 $t = \tau$에서 해는 초깃값의 37%에 해당한다.

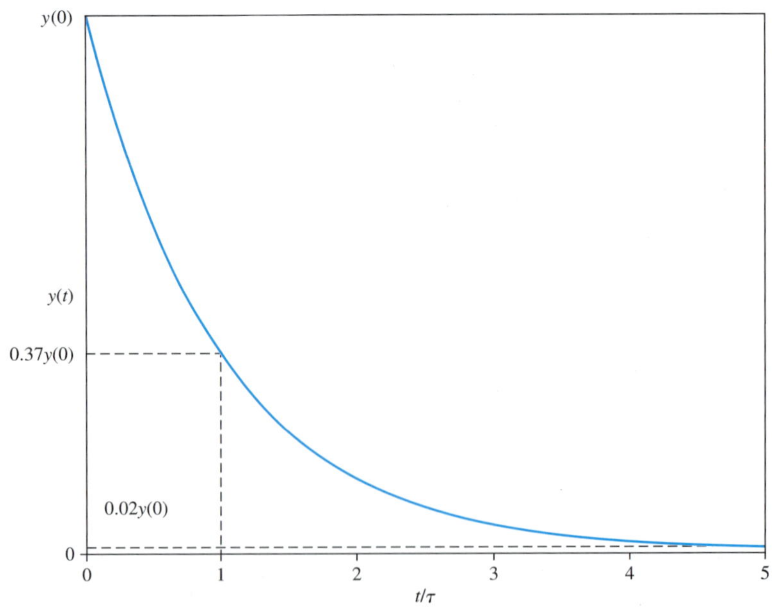

그림 2-13
선형 1계 방정식의 동차형 해

선형 1계 미분방정식은 항상 다음과 같은 형식으로 변환될 수 있다.

$$\tau \frac{dy}{dt} + y = R(t)$$

y항의 계수가 1인 이 형식에서 시간상수는 항상 도함수의 계수로 간주될 수 있다.

예제 2-4 방사능 붕괴와 방사성 탄소 연대 측정법

(플루토늄, 라듐, 탄소 동위원소 C^{14} 등과 같은) 방사성 물질은 현재 남아있는 방사성 물질의 양에 비례하는 비율로 자연 붕괴되어 다른 원소나 동일한 원소의 다른 동위원소를 생성한다는 사실이 관찰되어 있다. 따라서 방사능 붕괴 과정은

$$\frac{dM}{dt} = -kM \tag{2-24}$$

와 같은 선형 1계 미분방정식으로 표현될 수 있다. 여기에서 $M(t)$는 시점 t에서의 방사성 물질의 양이며, k는 단위 시간 당 물질의 붕괴 비율을 나타내는 양의 상수로 해당 물질의 붕괴상수라고 한다. 음의 부호가 포함되어 있는 것은 시간의 경과와 함께 $M(t)$가 감소한다는 사실에 따른 것이다. 따라서 dM/dt는 음의 값을 갖는다.

어떤 고고학자가 발견한 뼈에서 C^{14} 함량이 살아있는 동물들에서의 함량의 8%로 측정되었다고 한다. C^{14}의 붕괴상수가 년 당 $k = 1.24 \times 10^{-4}$이라 할 때 이 뼈들의 연대를 추정하라.

풀이 식 2-24는 상수계수 선형 1계 미분방정식이다. 시점 $t = 0$에서의 방사성 물질의 양을 M_0이라 두면, 식 2-20으로부터 이 초깃값 문제의 해를 다음과 같이 구할 수 있다.

$$M(t) = M_0 e^{-kt} \tag{2-25}$$

따라서 방사성 물질의 초기 질량 M_0과 붕괴상수 k가 알려져 있을 경우, 임의의 시점 t에서 남아있는 방사성 물질의 질량은 식 2-25로부터 결정될 수 있다. 지수 kt는 단위를 갖지 않는 양임을 유의하기 바란다. 따라서 k가 년 당으로 주어질 경우, t는 년 단위로 표현되어야 한다.

위의 해는 다음과 같이 시간에 대해서도 양함수로 표현될 수 있다.

$$t = -\frac{1}{k}\ln\frac{M(t)}{M_0} \tag{2-26}$$

방사성 물질의 붕괴율 dM/dt는 그 질량인 $M(t)$에 비례하는데, 이 질량은 시간이 지남에 따라 감소한다. 따라서 붕괴 과정은 처음에는 빠르게 진행되지만 시간이 지남에 따라 점차 느려진다. 물리학자들은 붕괴율을 추정하기 위해 시간상수 $\tau = 1/k$를 사용하는 대신 해당 물질의 반감기로 방사성 물질의 붕괴율을 측정하는데, **반감기**는 *방사성 물질이 붕괴되어 질량이 절반으로 감소하는 데 소요되는 시간*으로 정의된다(그림 2-14).

반감기를 위한 관계식은 식 2-25에 $M(t) = \frac{1}{2}M_0$을 대입한 다음 t에 대해 푸는 방

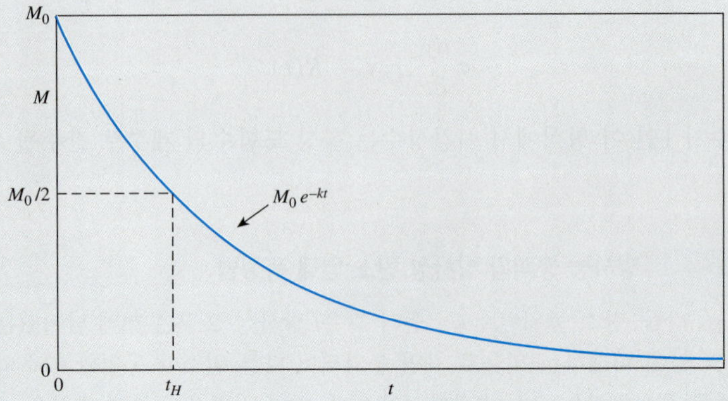

그림 2-14
시간에 따른 방사성 물질의 붕괴와 반감기 t_H

법으로 쉽게 구할 수 있으며, 그 결과는 다음과 같다.

$$t_H = \frac{\ln 2}{k} \tag{2-27}$$

많은 방사성 물질의 반감기는 실험실들에서 측정되어 왔으며, 여러 편람들에 표로 수록되어 있다. 반감기 t_H를 알면 붕괴상수 k는 식 2-27로부터 쉽게 계산될 수 있다.

방사능 붕괴를 응용하는 흥미로운 영역의 하나는 **방사성 탄소 연대 측정법**인데, 이는 탄소의 방사성 동위원소 C^{14}의 붕괴에 기초한다. 이 방법은 식물이나 동물의 화석, 또는 기타 고고학적 유물의 연대를 추정하기 위해 널리 사용된다. 이 방법은 살아있는 생물체 안의 탄소 원자들 중 적은 비율만이 C^{14}로 이루어져 있다는 관찰을 이용한다. 그 비율은 생물체가 살아있는 동안에는 식량이나 호흡 등을 통해 새로운 탄소를 계속 섭취하므로 어느 정도 일정하게 유지되며, 대기 중의 C^{14}의 비율도 거의 일정하게 유지된다.

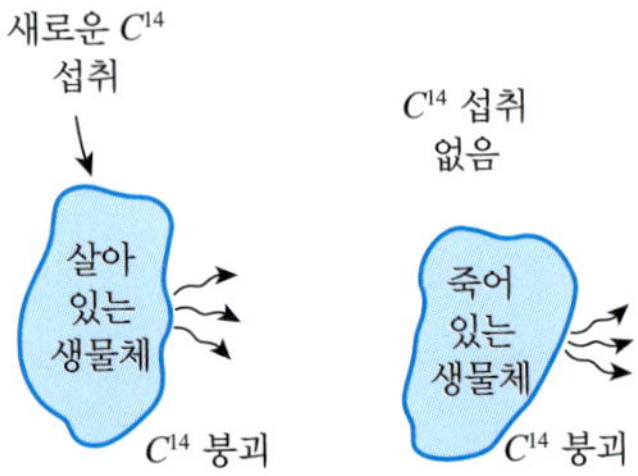

그림 2-15
살아있는 생물체가 죽으면 새로운 C^{14}의 섭취를 멈추며 C^{14} 함량은 방사능 붕괴에 의해 감소하기 시작한다.

살아있던 생물체가 죽을 때 C^{14}를 포함하는 새로운 탄소의 섭취를 멈추며 방사능 붕괴로 인해 생물체 안의 C^{14} 함량은 감소하기 시작한다(그림 2-15). C^{14}의 반감기는 대략 5568년인 것으로 알려져 있으며, 그 붕괴상수는 년 당 1.24×10^{-4}이다. 이제 생물체의 사망 이후 경과한 시간은 C^{14}의 잔류 비율을 측정함으로써 식 2-25로부터 계산될 수 있다.

우주 방사선에 의해 질소가 C^{14}로 변환되어 대기 중의 C^{14}의 양은 계속 채워진다. 따라서 대기 중에서 일반 탄소 대비 C^{14}의 비율은 거의 일정하게 유지된다. 여러 세기에 걸친 약간의 변이는 보정계수 표들을 통해 감안된다.

이러한 배경에 따라 고고학자가 발견한 뼈의 연대는 $M(t)/M_0 = 0.08$을 반영하여 식 2-26으로부터 다음과 같이 결정된다.

$$t = -\frac{1}{k}\ln\frac{M(t)}{M_0} = -\frac{1}{1.24 \times 10^{-4}/\text{년}}\ln 0.08 = 20{,}369\text{년}$$

따라서 위의 뼈를 갖고 있던 동물은 2만 년 전에 죽었을 것이다.

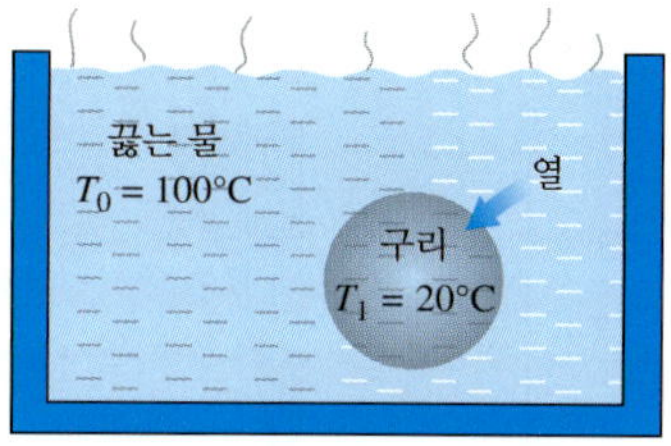

그림 2-16
뜨거운 물에 빠뜨린 구리 공
(예제 2-5)

예제 2-5 뉴턴의 냉각법칙

그림 2-16에서 보여주듯이 초기에($t = 0$) 온도가 $T_1 = 20℃$인 작은 고체 구리 공을 온도가 $T_0 = 100℃$인 끓는 물로 채워진 큰 용기 안에 빠뜨린다. 당연히 열은 물에서 공으로 전달되며 공의 온도는 상승하기 시작한다. 공의 질량 m, 표면적 A, 비열 c, 그리고 열전달계수 h 등은 관계식 $\lambda = hA/mc = 0.1\text{s}^{-1}$을 만족한다. 이러한 과정을 나타내는 미분방정식은 1장에서

$$\frac{dT}{dt} = \lambda(T_0 - T)$$

으로 결정된 바 있으며, 이를 표준형으로 표현하면 다음과 같다.

$$\frac{1}{\lambda}\frac{dT}{dt} + T = T_0$$

따라서 시간상수는 $\tau = 1/\lambda = ma/hA$가 되며, 이로부터 큰 질량을 갖거나 큰 비열 c를 갖는 공의 온도가 상승하는 속도가 더욱 느릴 것임을 알 수 있다. 이는 합리적인데, 그와 같은 공의 온도를 증가시키기 위해서는 더 많은 에너지가 필요할 것이기 때문이다. 마찬가지로 작은 표면적 A를 갖는 공의 경우도 작은 표면적을 통해 열이 전달되어야 하므로 온도가 상승하는 속도가 더욱 느릴 것이다.

이 문제에서 $T_0 = 100℃$이며 공의 초기 온도는 다음과 같다.

$$T(0) = T_1 = 20°\text{C}$$

이 초깃값 문제를 풀어 $t = 20\text{s}$일 때의 공의 온도를 구하라.

풀이 이것은 1계 선형 초깃값 문제이며 그 해는 다음과 같다.

$$T(t) = T_0 - (T_0 - T_1)e^{-\lambda t} \quad \textbf{(2-28)}$$

지정된 값들을 대입하면 공을 끓는 물에 빠뜨린 지 20초 후의 공의 온도는 다음과 같이 결정된다.

$$T(20) = 100 - (100 - 20)\text{e}^{-1\times 20} \cong 89.2°\text{C}$$

$t \to \infty$에 따라 공의 온도는 끓는 물의 온도인 100℃에 접근할 것이다.

예제 2-6 빛의 흡수

적색광에 대한 물의 흡수계수는 대략 0.5m^{-1}이다. 적색광의 90%가 흡수될 때까지 물속에서 여행하게 될 거리를 구하라.

풀이 방사 에너지의 흡수에 대해서는 1장에서 살펴보았으며, 이를 나타내는 미분방정식은

$$\frac{dE}{ds} = -\alpha E$$

와 같이 결정된 바 있다(식 1-8). 여기에서 α는 흡수계수, s는 광선 진행 방향으로 여행하는 거리, E는 적색광의 방사 에너지이다. 이것은 상수계수 선형 1계 미분방정식이며, 식 2-20으로부터 구한 그 해는 $E(s) = E_0 e^{-\alpha s}$, 즉,

$$\frac{E(s)}{E_0} = e^{-\alpha s}$$

이다. 여기에서 E_0은 $s = 0$에서 광선이 매질에 부딪칠 때의 방사 에너지이다. 90%의 방사 에너지가 흡수되었을 때의 위치 s에서의 비율 $E(s)/E_0$는 0.1이 될 것이다. 따라서 다음 식을 얻는다.

$$0.1 = e^{-0.5s} \rightarrow s \cong 4.64 \text{ m}$$

따라서 90%의 적색광이 물에 흡수될 때쯤이면 4.64m의 거리를 여행하였을 것이다(그림 2-17).

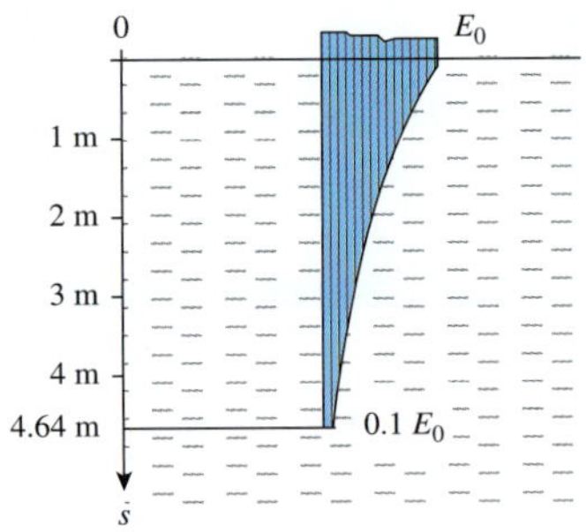

그림 2-17
물에서의 빛의 흡수 (예제 2-6)

예제 2-7 소금물의 혼합

1000리터(L)의 순수한 물을 담고 있는 탱크가 그림 2-18에서 보여주듯이 급수관과 배수관에 연결되어 있다. $t = 0$일 때 급수관과 배수관이 모두 열려 있으며, 리터 당 0.1kg의 소금을 포함하고 있는 소금물이 50L/min의 속도로 탱크 안으로 흘러들어간다. 소금물은 탱크 안의 물과 완벽하게 혼합된 다음 50L/min의 속도로 탱크로부터 흘러나간다. 이때 용해된 소금은 물의 부피에는 영향을 미치지 않는다고 가정한다. 예상할 수 있듯이 물의 높이는 변하지 않으며 탱크 안의 소금 함량은 시간이 지남에 따라 증가한다. 임의의 시점 t에서의 탱크 안의 소금 양을 위한 관계식을 구하고, 결국 탱크가 포함하게 될 최대 소금 양을 계산하라.

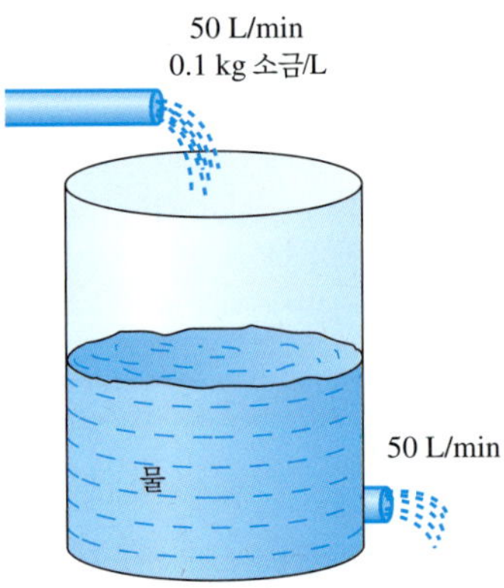

그림 2-18
예제 2-7을 위한 개념도

풀이 임의의 시점 t에서의 탱크 안의 소금 질량을 M이라고 하자. 탱크 안의 소금에 관한 질량 보존법칙은

$$\frac{dM}{dt} = (50 \text{ L/min})(0.1 \text{ kg/L}) - (50 \text{ L/min})\left(\frac{M}{1000}\text{ kg/L}\right)$$

와 같이 표현될 수 있으며, 이를 간단하게 정리하면 다음과 같다.

$$\frac{dM}{dt} + 0.05M = 5 \tag{2-29}$$

이 식은 시간에 따른 탱크 안의 소금 변화를 표현하는 미분방정식이다. 이 문제를 위한 초기조건은 $M(0) = 0$인데, 이는 초기에 탱크에는 전혀 소금이 포함되어 있지 않기 때문이다. 이것은 상수계수 1계 선형 초깃값 문제이며, 그 해는 식 2-17로부터 다음과 같이 도출된다.

$$M = 100(1 - e^{-0.05t}) \tag{2-30}$$

$t \rightarrow \infty$에 따라 항 $e^{-0.05t}$는 0이 되고 $M = 100$kg이 되며, 이것이 지정된 조건 하에

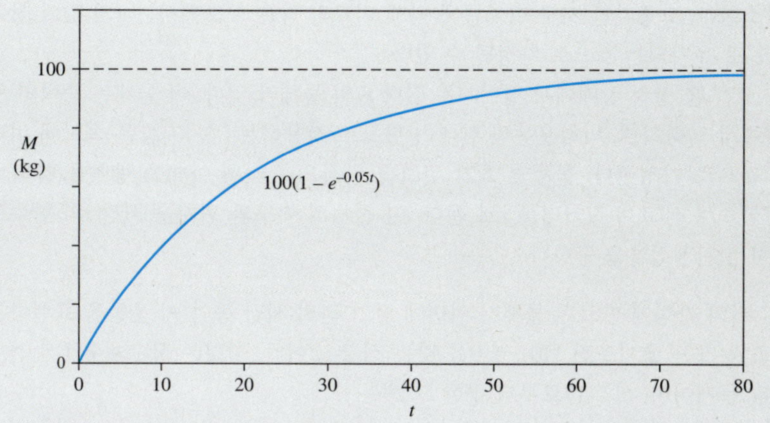

그림 2-19
시간에 따른 탱크 안의 소금 양의 증가 (예제 2-7)

서 탱크가 포함할 수 있는 최대 소금 양이다. 이 해를 그래프로 표현하면 그림 2-19와 같다. 시간상수는 1/0.05 = 20이므로 M이 100kg에 도달하기 위해서는 대략 80s가 소요된다.

예제 2-8 공기저항이 있을 때 물체의 자유 낙하

직선상의 고체 운동은 뉴턴의 운동 제2법칙으로 표현될 수 있는데, 이를 스칼라 형식으로 표현하면

$$F = ma \quad \text{또는} \quad F = m\frac{dV}{dt}$$

와 같다. 여기에서 F는 고체에 작용하는 알짜 힘이며, m, a, V 등은 각기 물체의 질량, 가속도, 속도이다.

대기 중에서 자유 낙하하는 물체에 작용하는 두 가지 힘은 *중력*, 즉, 무게 $W = mg$와 *공기저항*인데, 공기저항은 속도의 함수이다. 자유 낙하하는 물체의 경우 이 두 개의 힘은 서로 반대 방향으로 작용하며, 물체에 작용하는 알짜 힘은 이 둘의 차이다. 속도가 낮을 때 공기저항은 속도에 거의 비례하며, 이 경우 뉴턴의 제2법칙은

$$m\frac{dV}{dt} = mg - kV \tag{2-31}$$

즉,

$$\frac{dV}{dt} + \frac{k}{m}V = g \tag{2-32}$$

와 같이 표현될 수 있으며(그림 2-20), 여기에서 k는 실험적으로 결정되는 비례상수이다. 중력가속도는 해수면에서 $g = 9.8\text{m/s}^2$라는 값을 가지며, 높이가 올라감에 따

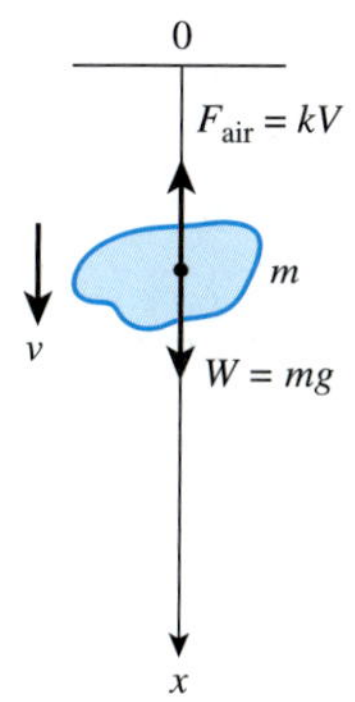

그림 2-20
자유낙하 물체에 작용하는 중력과 공기저항

라 감소한다. 그렇지만 지구 반지름에 비해 비교적 작은 고도에서는 g의 값이 상수 9.8m/s^2로 유지되는 것으로 가정될 수 있다.

$t = 0$일 때 정지 상태에서 떨어지는 질량 m의 물체가 있다. 이 물체는 중력의 영향 하에서 낙하하며, 낙하운동의 반대 방향으로 작용하는 공기저항은 속도에 비례하는 것으로 가정한다. 물체의 초기 위치를 원점으로 하며 아래쪽 방향을 양의 x-축 방향으로 삼고 수직거리를 x로 둔다. 이 물체의 속도와 위치를 시간 t의 함수로 표현하는 관계식들을 구하라.

풀이 | 위의 가정에 따르면 물체가 지면에 닿기 전의 시간 동안 이 운동을 표현하는 초깃값 문제는 초기조건 $V(0) = 0$을 갖는 식 2-32이다. 이것은 상수계수 1계 선형 초깃값 문제이며, 식 2-17로부터 구한 그 해는

$$V(t) = \frac{mg}{k}(1 - e^{-kt/m}) \tag{2-33}$$

이며, 이는 시간의 함수로 표현되는 속도를 위한 관계식이다. $t \to \infty$에 따라 속도는

$$V_\infty = \frac{mg}{k}$$

와 같은 상수 값에 접근하는데, 이를 **종단속도**라고 한다(그림 2-21). 공기저항이 물체의 무게와 같아질 때 자유 낙하 물체는 종단속도에 도달한다. 종단속도는 물체의 무게와 저항계수 k에만 영향을 받으며, 초기 속도 $V(0)$과는 무관하다.

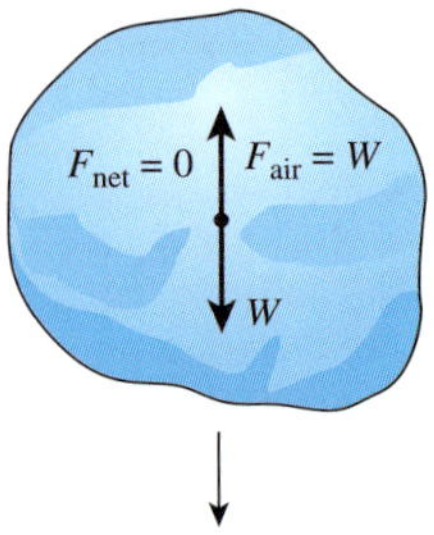

그림 2-21
공기저항이 물체의 무게와 같아질 때 자유 낙하 물체가 종단속도에 도달한다.

식 2-33은

$$\frac{m}{k}\frac{dV}{dt} + V = \frac{mg}{k}$$

와 같이 정리될 수 있으며, 시간상수는 $\tau = m/k$가 된다. 따라서 속도가 종단속도의 98%에 도달하기 위해 소요되는 시간은 대략 $t = 4\tau = 4m/k$이다.

물체의 낙하거리는 속도의 정의 $V = dx/dt$와 조건 $x(0) = 0$으로부터 구할 수 있다. 식 2-33에서 V 표현을 대체한 후 $dx = Vdt$를 적분한 다음 초기조건을 적용한 결과는

$$x(t) = \int_0^t \frac{mg}{k}(1 - e^{-kt/m})\,dt = \frac{mg}{k}\left[t - \frac{m}{k}(1 - e^{-kt/m})\right] \tag{2-34}$$

이며, 이는 시간의 함수로 표현되는 물체 위치를 위한 관계식이다. $e^{-4} \approx 0.02$이므로 공이 종단속도의 98%에 도달했을 때 낙하거리는 $x(4\tau) = x(4m/k)$, 즉,

$$x\left(\frac{4m}{k}\right) = 3.02g\,\frac{m^2}{k^2}$$

이 된다.

예제 2-9 시동장치 솔레노이드 모델

그림 2-22에 보이고 있는 회로는 자동차의 시동 모터 톱니바퀴를 엔진의 톱니바퀴에 물려주기 위해 사용되는 것과 같은 솔레노이드 모델이다. 솔레노이드는 전자석을 구성하기 위해 철심 주위에 코일을 감아 만든다. 저항 R은 코일의 저항이며, 인덕턴스 L은 전자석 효과로 인한 것이다. 공급 전압 v_s의 스위치를 켜면 자석이 작동하면서 시동 기어를 움직인다. $v_s = V$가 상수라고 가정하고, 전류 i를 위한 모델을 개발하고, 또 안정 상태의 전류 값을 구하라. 전류가 안정 상태 값에 도달하기 위해 소요되는 시간을 구하라.

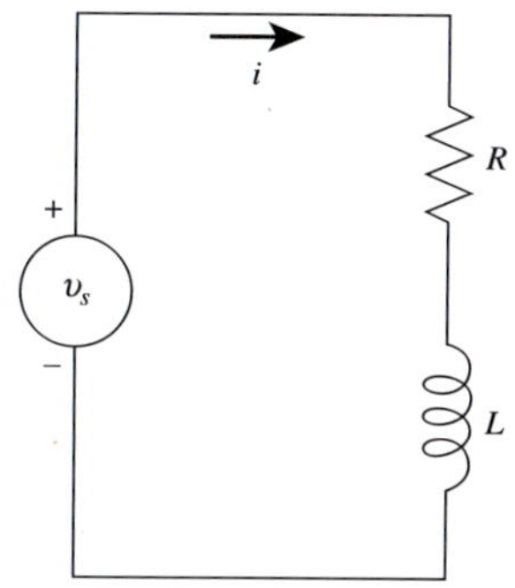

그림 2-22
솔레노이드 회로의 표현

풀이 | 폐회로에서 전압의 합은 에너지 보존법칙으로 인해 0이 된다는 키르히호프의 전압 법칙을 사용하면 전류 를 위한 다음과 같은 모델을 얻을 수 있다.

$$v_s - Ri - L\frac{di}{dt} = 0$$

$v_s = V$가 상수일 때, 위의 식은 다음과 같이 정리될 수 있다.

$$\frac{di}{dt} + \frac{R}{L}i = \frac{V}{L}$$

이것은 초깃값 문제이며, $i(0) = 0$일 때 식 2-17에서 도출한 그 해는 다음과 같다.

$$i(t) = i(0)e^{-Rt/L} + \frac{V}{R}(1 - e^{-Rt/L}) = \frac{V}{R}(1 - e^{-Rt/L})$$

안정 상태의 전류는 V/R이 된다. 이 모델을 위한 시간상수는 $\tau = L/R$이다. 따라서 $1 - e^{-4} \approx 0.98$이므로 솔레노이드 전류는 $t = 4\tau = 4L/R$에서 최종 값 V/R의 98%에 도달할 것이다.

절 복습문제

2-9C 인구 증가에 관한 맬서스 법칙은 무엇인가? 이 법칙의 비현실적인 점은 어떠한 부분인가?

2-10C 방사성 탄소 연대 측정법의 토대는 무엇인가? C^{14}가 이 용도로 적합한 이유는?

2-11C 다음 각 방정식에 대한 시간상수 τ를 결정하라.

(a) $6\frac{dy}{dt} + y = 10$ (b) $6\frac{dy}{dt} + 3y = 10$ (c) $10\frac{dy}{dt} + 2y = t^2$

(답: (a) 6 (b) 2 (c) 5)

2-12 죽은 지 2000년이 된 뼈와 살아있는 동물의 뼈의 C^{14} 함량의 비를 구하라.

(답: 78%)

2-4 ■ 비선형 1계 미분방정식

선형 1계 초깃값 문제는 그 일반해를 위한 수식 표현이 존재하므로 비교적 풀기가 용이하다. 또한 그와 같은 문제의 해는 계수 $P(x)$와 $R(x)$가 연속인 전체 구간에서 유일하게 정해진다. 비선형 초깃값 문제의 경우 이러한 특성이 발견되는 경우는 흔하지 않다. 따라서 비선형 문제를 다룰 경우에는 지정된 영역에서 해가 존재하는지, 또 존재할 경우 해는 유일한지 등을 결정하는 것은 매우 중요한 일이다. 해가 존재할 경우 해를 찾는 일은 또 다른 노력을 요하는 문제이다. 이 절에서는 비선형 초깃값 문제의 일반적인 특성을 살펴볼 것이며, 이후의 절들에서 특별한 형태를 갖는 비선형 초깃값 문제들을 풀 것이다.

현실에서 만나는 문제들 중에는 본질적으로 선형인 것들도 많으며, 이들은 풀기 쉬운 선형 미분방정식으로 표현된다. 그러나 실질적인 관심 대상이 되는 문제들 중에는 본질적으로 비선형이어서 비선형 미분방정식으로 표현되는 것들도 많다. 비선형방정식의 해를 구하기 위한 일반적 절차는 존재하지 않으며, 그와 같은 방정식의 일반적 특성에 대해서는 알려진 바가 많지 않다. 따라서 비선형방정식에 관한 해석적 조사는 정확한 해를 구할 수 있는 특정 유형들로 제한된다. 일부 비선형방정식들은 상당한 정확도를 제공하는 근사법을 사용하여 선형화시킬 수 있다. 비선형방정식을 정확하게 풀거나 선형화 방법으로 풀 수 없을 때는 9장에서 논의할 수치해법이 해를 구하기 위한 최선의 방법인 경우도 종종 있다.

비선형 초깃값 문제가 지정된 영역에서 해를 아예 갖지 않는 경우도 있으므로, 초깃값 문제를 풀려고 시도하기 전에 해당 영역에서 해가 존재하는지를 먼저 확인하는 것이 바람직하다. 또한 구한 해가 주어진 비선형 문제에 대한 유일한 해가 아닐 수도 있으므로 지정된 영역에서 해의 *유일성*을 확인하는 것이 필요할 수도 있다. 아래의 정리는 주어진 비선형 1계 초깃값 문제에 대한 해의 존재성 및 유일성을 확인하기 위해 필요한 도구를 제공한다(그림 2-23).

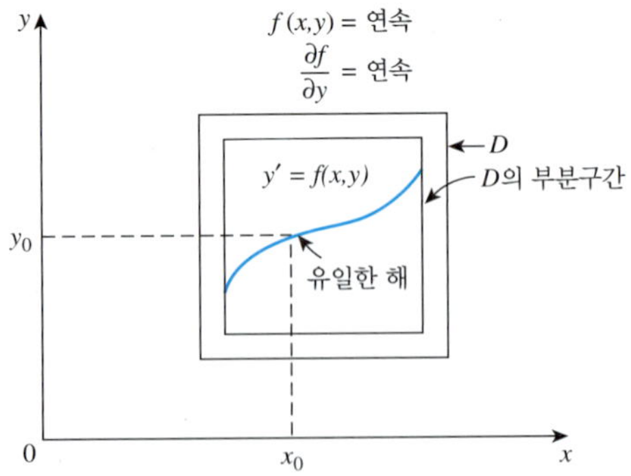

그림 2-23
비선형 초깃값 문제 $= y', = f(x, y), y(x_0) = y_0$에 대한 해의 존재성 및 유일성

정리 2-2 비선형 1계 방정식에 대한 해의 존재성 및 유일성

$f(x, y)$가 점 (x_0, y_0)을 포함하는 어떤 사각형 D에서 연속인 함수일 경우 1계 미분방정식

$$y' = f(x, y),\ y(x_0) = y_0$$

은 (x_0, y_0)을 포함하는 D의 부분구간 안에서 적어도 한 개의 해를 갖는다. 그리고 $\partial f/\partial y$도 D에서 연속일 경우 이 해는 유일성을 갖는다.

정리 2-2에 대한 증명은 대단히 길고 복잡하여 이 책에서는 생략하지만, 이론 교재들에서 증명을 찾을 수 있을 것이다. 정리 2-2는 비선형 1계 초깃값 문제가 어떤 구간에서 유일한 해를 갖기 위한 *충분조건*을 표현하고 있다. 따라서 이 정리의 조건을 만족하지 않는 문제라 하더라도 유일한 해를 가질 수도 있다.

정리 2-2의 조건들이 너무 많은 제약을 부여하는 것처럼 보이겠지만, 유일한 해를 갖는 물리 문제를 정확하게 표현하는 미분방정식이라면 모두 이러한 조건들을 만족한다.

정리 2-2는 1계 비선형 미분방정식이 유일한 해를 갖기 위한 조건들을 밝히고 있지만, 해를 구하는 방법이나 해가 존재하는 영역을 결정하는 방법 등에 대해서는 언급하고 있지 않다.

선형방정식에 대해서는 모든 해를 포함하는 일반해를 구할 수 있다. 그러나 비선형방정식에 대해서는 대개 그렇지 못하다. 또한 선형방정식과는 달리 비선형방정식의 해는 독립변수들에 관한 양함수해로 표현될 수 없는 형태를 가질 수도 있다. 즉, 해들은 종종 음함수해 형태를 갖는다.

이후의 절들에서는 선형방정식과 비선형방정식 모두에 적용될 수 있는 몇 가지 해법들을 살펴볼 것이다. 따라서 선형방정식의 경우 어떤 해법을 사용할 것인지 선택할 수 있다. 앞으로 살펴보겠지만 완전방정식이나 변수분리가능 방정식은 직접적분법으로 풀 수 있는 형태로 변환시킬 수 있다.

절 복습문제

2-13C 지정된 영역에서 비선형방정식 $y' = f(x, y)$가 해를 갖기 위한 조건은 무엇인가? 이 해가 유일하기 위한 조건은 무엇인가?

2-14C 1계 비선형 미분방정식을 풀기 위한 일반적 절차가 존재하는가?

2-15 아래의 방정식에 대해 임의의 지정된 점을 지나는 해의 존재성 및 유일성이 정리 2-2에 의해 보장되는 xy-평면상의 영역을 대략적으로 결정하라.

(a) $y' = \dfrac{1}{x + y}$ (b) $y' = \sqrt{x^2 - y^2}$

(답: (a) xy-평면에서 $x \neq -y$인 임의의 점 가까이에 유일한 해가 존재한다.

(b) xy-평면에서 $x > y$ 또는 $x > -y$인 임의의 점 가까이에 유일한 해가 존재한다.)

2-16 아래의 방정식에 대해 임의의 지정된 점을 지나는 해의 존재가 보장되는 xy-평면상의 영역을 대략적으로 결정하라. 또한 그 해가 유일한 해인 영역을 결정하라.

(a) $y' = y \quad y(1) = 2$ (b) $y' = \sqrt{x - y} \quad y(0) = 1$

(답: (a) $x = 1$ 부근에 유일한 해가 존재한다. (b) $x = 0$ 부근에 유일한 해가 존재한다는 보장이 없다.)

2-5 ■ 변수분리형 1계 방정식

(a) 변수분리형 방정식:

$$y' = \frac{f(x)}{g(y)}$$

(b) 변수분리 불가능 방정식:

$$y' = \frac{f(x)}{g(x, y)}$$

또는

$$y' = \frac{f(x, y)}{g(y)}$$

그림 2-24
우변을 x에 관한 함수와 y에 관한 함수의 비로 표현할 수 있는 미분방정식은 변수분리가능 방정식이다.

표준형으로 제시된 1계 미분방정식

$$y' = h(x, y)$$

는 $h(x, y)$를 x에 관한 함수와 y에 관한 함수의 비로 표현할 수 있을 경우 **변수분리가능 방정식**이라고 말한다(그림 2-24). 즉, 변수분리가능 방정식의 경우

$$h(x, y) = \frac{f(x)}{g(y)}$$

와 같이 표현할 수 있으며, 따라서

$$y' = \frac{f(x)}{g(y)} \tag{2-35}$$

즉,

$$g(y)y' = f(x) \tag{2-36}$$

이 된다. 예를 들면, 방정식

$$y' = \frac{x^2y^3}{(x - 2)e^{-2y}}$$

은 변수분리가능 방정식인데, 이는 $y \neq 0$이고 $x \neq 2$일 경우 위의 방정식을 정리하여 다음과 같이 표현할 수 있기 때문이다.

$$\frac{e^{-2y}}{y^3}y' = \frac{x^2}{x - 2}$$

따라서 변수분리가능 방정식의 변수 x, y는 대수적 조작을 통해 방정식의 한 변은 x만 포함하고 다른 변은 y만 포함하도록 분리될 수 있다.

식 2-36을 x에 관하여 적분한 결과는

$$\int g(y)y'dx = \int f(x)dx + C$$

즉,

$$\int g(y)dy = \int f(x)dx + C \tag{2-37}$$

이 되는데, 이는 $y'dx = dy$이기 때문이다. dx 항의 계수는 변수 x만을 포함하는 반면 dy 항의 계수는 변수 y만을 포함한다는 사실에 주목하기 바란다.

식 2-37은 두 개의 적분을 포함하므로 두 개의 적분상수 C_1, C_2가 필요한 것으로 생각할 수도 있다. 그러나 C_1, C_2는 두 개의 임의상수이므로 이들은 하나의 임의상수 C로 결합될 수 있으며, 그 값은 초기조건의 적용을 통해 결정될 수 있다(그림 2-25).

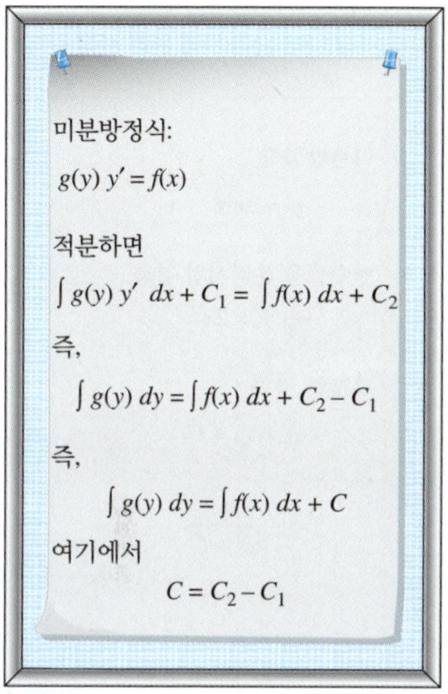

그림 2-25
부정적분을 포함하는 방정식에서 모든 적분상수는 하나로 결합될 수 있다.

식 2-37에 대해 세 가지 사실을 관찰할 수 있다. 첫째, 이 식에 나타나는 적분들은 해석적으로 수행하는 것이 불가능할 수도 있으며, 한 개의 적분을 또는 두 개의 적분 모두 수치적으로 수행해야 할 수도 있다. 둘째, 최종적인 해가 *음함수 해* 형식으로 주어질 가능성이 높으며, y를 x의 양함수로 표현하거나 x를 y의 양함수로 표현하는 것이 불가능할 수도 있다. 셋째, 주어진 1계 미분방정식을 변수분리형으로 만들기 위해서는 방정식의 양변을 $P(x)$나 $Q(y)$, 또는 $P(x)Q(y)$로 나누어야 할 경우도 종종 있다. 0에 의한 나눗셈은 허용되지 않으므로 이러한 나눗셈은 관심 대상 구간에서 $P(x)$나 $Q(y)$가 0이 되지 않는다는 가정 하에서 수행된다. 이러한 방식으로 구한 1-매개변수 해는 이러한 가정을 반영한다. 이러한 해들은 나눗셈의 분모로 사용된 함수 값을 0으로 만드는 x 값이나 y 값에 대응되는 미분방정식의 해는 포함하지 못할 수도 있으며, 이 경우 미분방정식의 형태와 해에 대한 조사가 필요할 수 있다. 이러한 해를 1-매개변수 일반해 패밀리에서 구할 수 없다면 그 해는 *특이해*이며, 의미 있는 경우 해에 포함되어야 한다. 변수분리가능 방정식에 대한 풀이 절차를 아래에서 예제들과 함께 보인다.

예제 2-10 변수분리가능 방정식

변수 분리를 이용하여 다음 초깃값 문제를 풀어라.

$$y' = 2xy^2, \quad y(2) = 1.$$

풀이 방정식의 양변을 y^2으로 나누면

$$\frac{1}{y^2}y' = 2x$$

즉,

$$\int \frac{dy}{y^2} = \int 2xdx + C$$

을 얻게 된다. 이제 방정식의 한 변은 x만 포함하고 다른 변은 y만 포함하므로 이 미분방정식은 변수분리형이 되었다. 적분을 사용하여 해를 구하면(그림 2-26),

$$-\frac{1}{y} = x^2 + C$$

즉,

$$y = \frac{-1}{x^2 + C}$$

을 얻는다. 상수 C는 초기조건 $y(2) = 1$을 적용하여 다음과 같이 결정할 수 있다.

$$1 = \frac{-1}{2^2 + C} \rightarrow C = -5$$

대입을 통해 다음과 같이 양함수해를 구할 수 있다.

$$y = \frac{-1}{x^2 - 5}$$

이 해를 얻기 위해 원래 미분방정식의 양변을 y^2으로 나누었는데, 이것은 $y = 0$일 때 0이 된다. 따라서 이러한 나눗셈의 결과로 해를 잃거나 추가로 얻었는지 여부를 조사할 필요가 있다. 직접 대입을 해보면 $y = 0$은 원래 미분방정식의 해이기는 하지만 초기조건은 만족하지 않는다는 것을 확인할 수 있다. 이 해는 위의 일반해에서는 얻을 수 없으므로 특이해에 해당한다.

미분방정식:

$$y' = 2xy^2$$

변수들을 분리시킨 결과::

$$\frac{1}{y^2}\, y' = 2x$$

적분한 결과:

$$-\frac{1}{y} = x^2 + C$$

즉,

$$y = -\frac{1}{x^2 + C}$$

그림 2-26
변수분리가능 방정식은 변수들을 분리한 후 직접적분법으로 풀 수 있다.

예제 2-11 개체 수 증가: 로지스틱 법칙

예제 2-3에서 시간 값이 클 경우 개체 수의 기하급수적 증가는 비현실적이며 아주 긴 시간 구간에 적용할 수 있기 위해서는 보다 현실적인 모델이 필요하다는 점에 대해 언급한 바 있다. 개체 수 N이 아주 커졌을 때 개체 수의 감소 가능성을 반영하는 가장 단순한 방법은 아래의 식에서와 같이 식 2-21 안의 인수 k를 개체 수 N에 선형 종속되도록 만드는 것인데, 여기에서 a, b는 양의 상수이다.

$$k(N) = a - bN$$

이 식은 N이 증가함에 따라 증가율은 감소하며 $N > a/b$일 때는 음의 값이 된다는 것을 알려준다. 이제 개체 수 증가율을 결정하는 미분방정식은 다음과 같게 된다(그림 2-27).

$$N' = (a - bN)N \tag{2-38}$$

(a) 맬서스 법칙에 따른 증가:

$N' = kN, \quad k = $ 상수

(b) 로지스틱 법칙에 따른 증가:

$N' = (a - bN)N, \quad a, b = $ 상수

그림 2-27
개체 수 증가에 관한 두 가지 모델과 관련 미분방정식

개체 수 증가에 관한 이 모델은 벨기에 수학자 펠허스트(1804-1849)가 제안한 것으로 **로지스틱 증가 법칙**이라고 한다. 상수 b의 값은 아주 작은데, 이는 N의 값이 작을 때 bN 항을 무시할 수 있도록 하기 위함이다. N이 커짐에 따라 항 bN도 큰 값을 갖게 되며 $k(N)$ 값을 감소시켜 증가율을 낮추게 만든다. N의 값이 더욱 커지면 항 bN은 더욱 커져 개체 수 증가율 $k(N)$은 음의 값을 갖게 된다.

식 2-38은 식 2-21보다 현실적이지만, 더욱 복잡하며 그 해를 구하는 일도 더 어렵다. 이 예는 현실세계의 상황을 더 잘 반영하는 수학적 모델을 얻기 위해서는 더 많은 노력이 요구된다는 점을 잘 보여주고 있다.

생명과학자들은 과실파리의 개체 수 증가가 식 2-38에서 표현하고 있는 로지스틱 증가 법칙을 잘 따르는 것으로 관찰하였으며, 이때 a, b는 실험적으로 결정되는 상수들이다. 시점 $t = 0$에서의 개체 수를 N_0이라 두고, 시간의 함수로서의 개체 수 $N(t)$를 구하고 그 그래프를 보여라.

풀이 | 이 문제에 대한 수식은 1계 비선형 초깃값 문제 $N' = (a - bN)N$, $N(0) = N_0$으로 표현될 수 있다. 이 미분방정식은 변수분리형으로 만들 수 있다.

변수들을 분리하여 문제를 해석적으로 풀기에 앞서 미분방정식의 우변이 0일 때 어떻게 될지 살펴보기로 하자. $N = 0$이거나 $N = a/b$일 때 우변은 0이 될 것이다. 어느 경우이든 미분방정식은 $N' = 0$이 될 것이며, 이는 시간에 따라 개체 수가 증가하거나 감소하지 않을 것임을 의미한다. 즉, 이 두 가지 경우 개체 수는 일정하게 유지되며, 해 $N = 0$과 해 $N = a/b$는 **평형 해**라고 한다. N-축 상에서 이러한 해에 대응되는 개체 수 값들은 **평형점** 또는 **임계점**이라고 한다. $N = 0$의 경우는 무의미한 것으로 무시할 수 있다. $N = a/b$는 이 미분방정식에 대해 의미 있는 유일한 평형 해가 된다. $N_0 = a/b$일 경우, $N = a/b$는 주어진 초깃값 문제의 해가 될 것이며, 개체 수는 N_0 값에서 일정하게 유지될 것이다.

N이 0도 아니고 a/b도 아닐 때 항 $(a - bN)N$은 0이 아니며, 이 경우 주어진 미분방정식은 다음과 같이 변수분리형으로 표현될 수 있다.

$$\frac{1}{(a - bN)N} N' = 1$$

$N'dt = dN$이라는 사실을 이용하여 양변을 적분하면

$$\int \frac{1}{(a - bN)N} N'dt = \int \frac{dN}{(a - bN)N} = \int dt + C$$

즉,

$$\frac{1}{a} \ln \left| \frac{N}{a - bN} \right| = t + C_1$$

을 얻는다. 이를 정리하면

$$\left| \frac{N}{a - bN} \right| = e^{at + aC_1}$$

즉,

$$\frac{N}{|a - bN|} = Ce^{at}$$

이 되는데, 이는 N이 양의 값이며 $C = e^{aC_1}$이기 때문이다. 상수 C는 초기조건을 적용하여 다음과 같이 결정될 수 있다.

$$\frac{N_0}{|a - bN_0|} = C$$

앞에서 얻은 결과에 위의 C를 대입하고 $a - bN$과 $a - bN_0$의 부호가 같다고 가정하면 구하고자 하는 다음의 해를 얻는다.

$$N = \frac{aN_0}{bN_0 + (a - bN_0)e^{-at}}$$

그림 2-28에서 여러 다른 N_0 값에 대해 해곡선을 보이고 있다. 이 그래프에서 $N_0 < a/b$일 경우 N은 항상 a/b보다 작을 것임을 알 수 있다. 또한 $N_0 > a/b$일 경우 N은 항상 a/b보다 클 것이다. 이것은 $a - bN$과 $a - bN_0$의 부호가 같다는 우리의 가정을 확인시켜준다.

$t \to \infty$에 따라 인수 e^{-at}는 0에 접근하게 되며 $N(t)$는 N_0의 값에 상관없이 점근적으로 a/b에 접근할 것임에 주목하기 바란다. 따라서 $N = a/b$를 포화 수준이라고 하며, 로지스틱 개체 수 증가 방정식의 점근적 안정 상태 해라고 한다.

이 해가 의미하는 것은 로직스틱 법칙이 적용되는 경우 어떤 곤충 군체의 개체 수는 초기 개체 수가 아주 적더라도(0은 아니라야 함) 충분한 시간이 지나면 평형 상태 수준인 a/b에 도달할 것이라는 점이다. 마찬가지로 어떤 지역에 많은 수의 곤

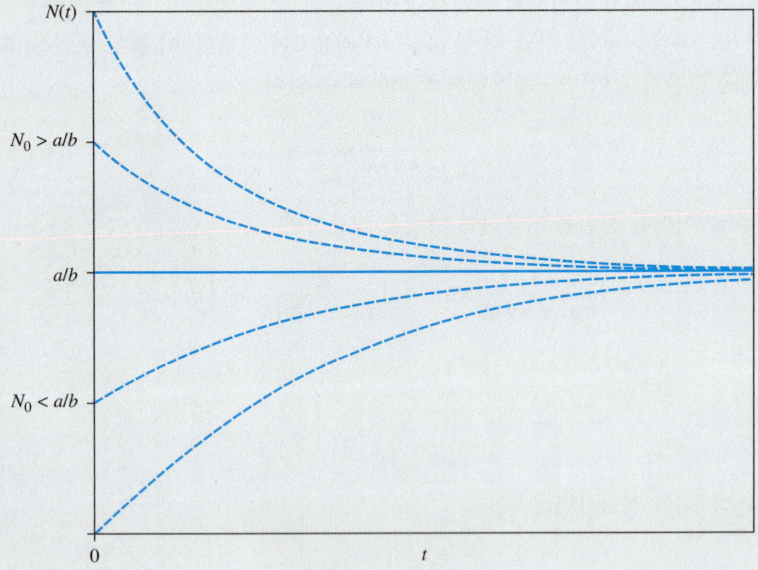

그림 2-28
서로 다른 N_0 값에 대한 개체 수 증가에 관한 로지스틱 법칙

충을 풀어놓더라도 장기적으로 그 지역의 곤충 개체 수에는 별 영향을 미치지 않을 것이다.

멸종 문제를 비롯하여 개체 수 관련 문제에 대해 더 정확한 해를 제공하는 (더욱 복잡하기는 하지만) 더욱 현실적인 모델들이 존재한다. 이들 중 일부는 연습문제들을 통해 제시된다.

예제 2-12 개체 수 증가: 정성적 연구

물고기 개체 수가 로직스틱 증가 법칙을 따르는 어장이 있다고 하자. 이 어장에서 물고기는 상수 비율 k로 꾸준하게 잡히고 있는데, 이 값은 물고기 개체 수와는 무관하다고 한다. 물고기 개체 수 N을 결정하는 미분방정식은

$$N' = (a - bN)N - k \tag{2-39}$$

와 같이 표현될 수 있는데, 여기에서 a, b, k 등은 양의 상수이다. 이 방정식에서 상수 k의 존재는 여러 가지 흥미로운 가능성을 제기하는데, 이에는 k가 클 경우의 멸종 가능성까지 포함된다. 이 방정식은 변수분리 방법을 사용하여 풀 수 있지만, 미분방정식 자체를 자세히 조사하는 것만으로도 문제의 여러 흥미로운 측면을 이해할 수 있다. 미분방정식을 풀지 않은 상태에서 다음 질문들에 답하라.

(a) $k < a^2/4b$일 경우, $N_1 < N_2$인 두 개의 평형점 N_1, N_2가 존재한다는 것을 보여라. 또한 N_1은 불안정하며 N_2는 안정적이라는 것을 보여라.

(b) $k = a^2/4b$일 경우, 한 개의 평형점만이 존재하며 이 평형점은 준안정적이라는 것을 보여라.

(c) $k > a^2/4b$일 경우, 평형점은 존재하지 않으며 이러한 비율로 물고기를 잡으면 물고기 개체 수의 초깃값에 상관없이 물고기는 멸종될 것임을 보여라.

풀이 (a) 평형점이란 개체 수 변화율이 0인 점을 말한다. 즉, $N' = 0$인 점이다. 이들은 식 2-39에서 N'을 0으로, 즉, $(a - bN)N - k = 0$으로 두어 구하는데, 이 식은 다음과 같이 정리할 수 있다.

$$N^2 - \frac{a}{b}N + \frac{k}{b} = 0$$

위의 방정식에 대한 근을 구하면 다음과 같다.

$$N_{1,2} = \frac{a \pm \sqrt{a^2 - 4kb}}{2b} \tag{2-40}$$

$a^2 > 4kb$(즉, $k < a^2/4b$)일 경우, 위의 2차방정식은 다음과 같이 두 개의 실근을 가지며, 이때 $N_1 < N_2$이다.

$$N_1 = \frac{a - \sqrt{a^2 - 4kb}}{2b} \quad \text{그리고} \quad N_2 = \frac{a + \sqrt{a^2 - 4kb}}{2b}$$

그림 2-29a에서는 N' 대 N의 관계를 그래프로 보여주고 있다. $N = 0$일 경우, 식 2-39로부터 $N' = -k$를 얻는다. 따라서 이 곡선은 $-k$에서 N'-축을 만난다. 또한 이 곡선은 두 개의 점에서 N-축을 만나는데, 이는 이 두 점에서 $N' = 0$임을 나타내며, 따라서 이 두 점이 평형점이다. 이는 방정식 $N' = 0$이 N에 관한 2차방정식이며, 주어진 조건에서 두 개의 실근을 갖기 때문에 당연히 예상할 수 있는 일이다. 따라서 $N' - N$ 평면상의 N'에 관한 그래프는 $-k$에서 N'-축을 만나고 N_1, N_2에서 N-축을 만나는 포물선이다.

평형점 N_1은 불안정한데, 이는 (1) $N < N_1$일 경우 N'은 음이며, 이는 N이 N_1보다 조금 적을 때 개체 수는 감소할 (즉, N_1에서 왼쪽으로 이동할) 것임을 의미하며, (2) $N > N_1$일 경우 N'은 양이며, 이는 N이 N_1보다 조금 많을 때 개체 수는 증가할 (즉, N_1에서 오른쪽으로 이동할) 것임을 의미하기 때문이다. 반면에 평형점 N_2는 안정적인데, 이는 (1) $N < N_2$일 경우 N'은 양이며, 이는 N이 N_2보다 조금 적을 때 개체 수는 증가할 (즉, N_2에서 오른쪽으로 이동할) 것임을 의미하며, (2) $N < N_2$일 경우 N'은 음이며, 이는 N이 N_2보다 조금 많을 때 개체 수는 감소할 (즉, N_1에서 왼쪽으로 이동할) 것임을 의미하기 때문이다.

초기 개체 수 $N_0 > N_1$일 경우, 개체 수는 결국 N_2에 이를 때까지 증가하여 그 지점에서 안정될 것이다. 그렇지만 $N_0 < N_1$일 경우 멸종이 불가피하다.

(b) $k = a^2/4b$일 경우, 방정식 $N' = 0$의 근들은 식 2-40으로부터 $N_1 = N_2 = a^2/4b = N^*$와 같이 구할 수 있다.

따라서 $N^* = a^2/2b$가 유일한 근이며 이 경우의 유일한 평형점을 나타낸다. 그러나 이것은 준안정 평형점인데, 이는 N'이 0이 되는 $N = N^*$을 제외한 모든 N값에

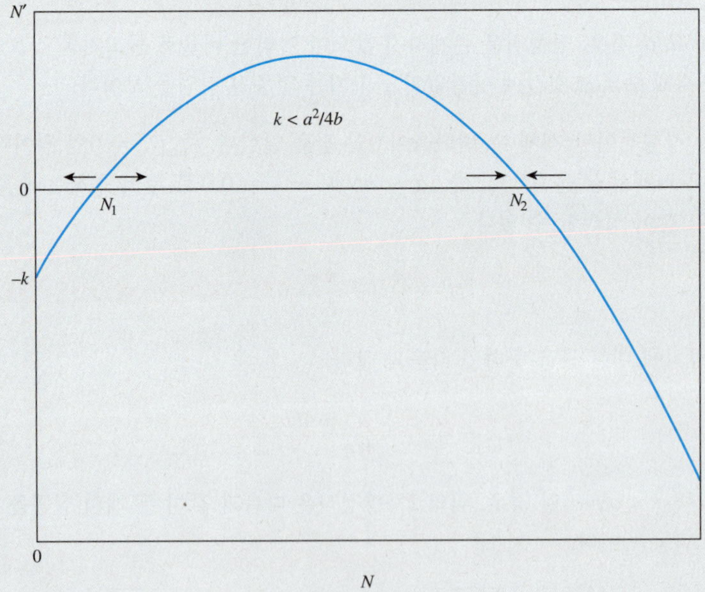

그림 2-29 (a) (계속)

(a) $k < a^2/4b$, (b) $k = a^2/4b$, (c) $k > a^2/4b$ 등의 경우에 N' 대 N의 관계에 관한 그래프

대해 N'이 음이기 때문이다. 이는 초기 개체 수 $N_0 > N^*$일 경우, 개체 수는 결국 N^*에 이를 때까지 감소하여 그 지점에서 안정될 것이다. 그렇지만 $N_0 < N^*$일 경우 개체 수는 계속 감소하여 결국 멸종될 것이다. 그림 2-29b에서 이를 보여주고 있다.

(c) $k > a^2/4b$일 경우 식 2-40으로부터 방정식 $N' = 0$의 근들은 모두 복소수가 될 것임을 알 수 있다. 즉, 이 경우 실근은 존재하지 않는다. 따라서 그림 2-29c에서 보여주듯이 $N' = N$ 평면상의 N'에 관한 그래프는 N-축을 만나지 않는다. 이는 N'은

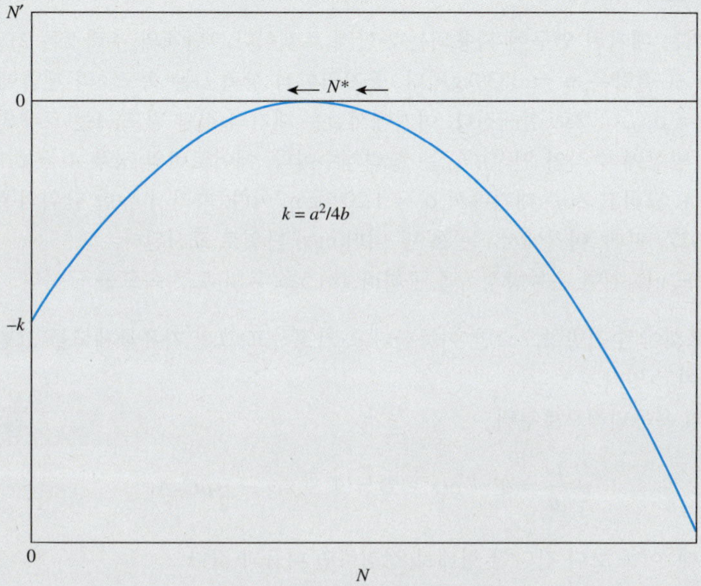

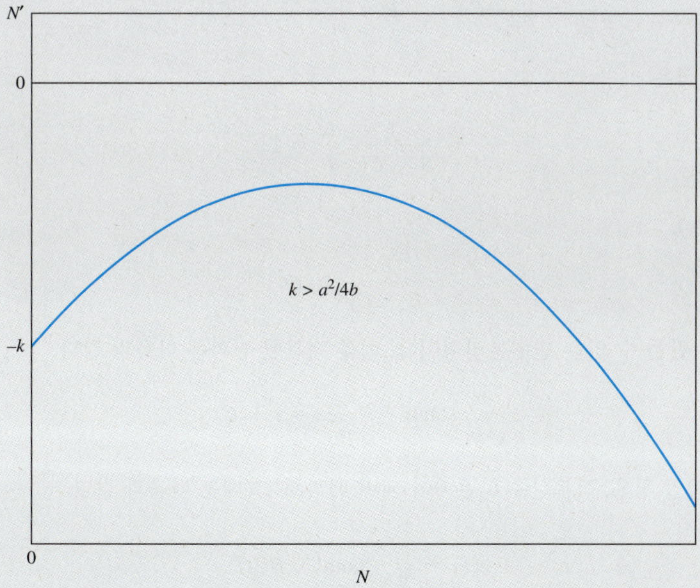

그림 2-29 (b), (c) (계속)

결코 0이나 양이 될 수 없음을 의미한다. 따라서 이 경우에 평형점은 존재하지 않으며, 초기 개체 수에 상관없이 개체 수는 계속 감소하여 결국 멸종될 것이다.

위의 분석은 지정된 조건 하에서 이 어장은 $k > a^2/4b$인 어획률을 감당할 수 없음을 나타낸다.

예제 2-13 로켓의 속도

에어로비는 대기권 연구에 사용되는 2-단계 로켓이다. 1단계의 추력 T는 217kN이며 이륙 시 질량은 $m = 3839$kg이다. 공기역학적 항력 D는 속도 v의 제곱에 비례하며 $D = \rho C_D A v^2/2$로 정해진다. 여기에서 ρ는 대기의 질량 밀도, A는 로켓의 단면적(진행 방향에 수직인 면적), C_D는 항력계수이다. 에어로비의 경우 $A = 0.114\text{m}^2$, $C_D = 0.4$, 그리고 저층 대기에서 $\rho = 1.204\text{kg/m}^3$이다. 따라서 뉴턴 단위의 항력은 $D = 0.027v^2$인데, 여기에서 v는 초 당 미터(m/s) 단위로 표시된다.

(a) 속도 v를 위한 운동방정식을 구하라. (b) 5초 후의 로켓 속도를 구하라.

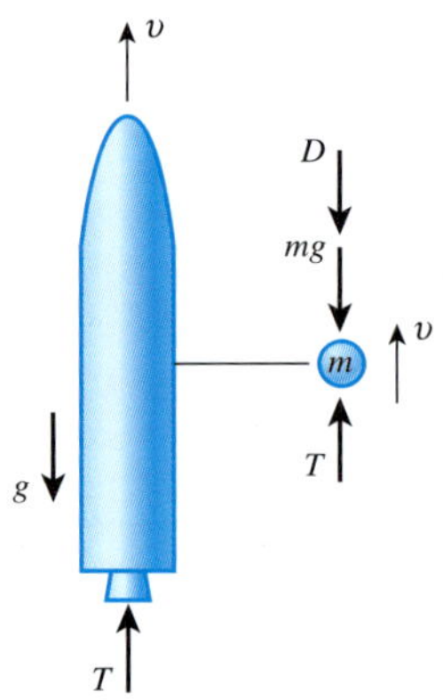

그림 2-30
상승하는 로켓과 자유물체도

풀이 로켓이 수직방향으로만 이동한다고 가정하고 그린 자유물체도를 그림 2-30에서 보이고 있다.

뉴턴의 운동법칙으로부터

$$m\frac{dv}{dt} = T - mg - D = T - mg - \frac{1}{2}\rho C_D A v^2$$

을 얻는데, 이를 보다 간단한 형태로 정리하면 다음과 같다.

$$\frac{dv}{dt} = B - Cv^2 \qquad B = \frac{T}{m} - g \qquad C = \frac{\rho C_D A}{2m}$$

이 방정식은

$$\frac{1}{B - Cv^2}\frac{dv}{dt} = 1$$

즉,

$$\frac{dv}{B - Cv^2} = dt$$

와 같이 만들 수 있는 변수분리형이다. 이를 적분한 결과는 다음과 같다.

$$\frac{1}{\sqrt{BC}}\tanh^{-1}\frac{v}{\sqrt{B/C}} = t + C_1$$

$v(0) = 0$일 경우, 적분상수 C_1은 0이 되며 따라서 그 해는 다음과 같다.

$$v(t) = \sqrt{\frac{B}{C}}\tanh\left(\sqrt{BC}t\right)$$

이 해는 로켓의 질량 m이 상수라고 가정한다. 물론 로켓의 연료가 연소되면서 그 질량은 감소된다. 따라서 이 해는 실제 속도를 과소평가한 것이며, 로켓이 원하는 속도에 도달할 수 있을 것인지를 추정하는 데 사용될 수 있다.

(b) 에어로비를 위한 매개변수 값들을 대입하면, $B = 46.715$, $C = 7 \times 10^{-6}$, $v(t) = 2583 \tanh(0.018t)$ 등을 얻게 된다. 따라서 $v(5) = 231$m/s이다.

직교 궤도와 미분방정식

직각으로 교차하는 두 개의 선은 교차점에서 **직교**한다고 말한다. 한 점에서 어떤 곡선의 기울기가 m일 경우, 그 점에서 그 곡선과 직교하는 곡선의 기울기는 그림 2-31에서 보여주듯이 $-1/m$이라는 것을 기하학에서 배웠을 것이다. 이 정의를 확장하면 $F(x, y) = C$로 표현되는 xy-평면상의 곡선 패밀리는 또 다른 곡선 패밀리 $G(x, y) = K$에 대해 한 패밀리의 각 곡선이 다른 패밀리의 대응 곡선과 직교할 경우 **직교 궤도**라고 한다. 즉, 임의의 점 (x, y)에서의 한 곡선의 기울기는 다른 패밀리에 속하는 또 다른 곡선의 기울기의 역수에 음의 부호를 적용한 값과 같다.

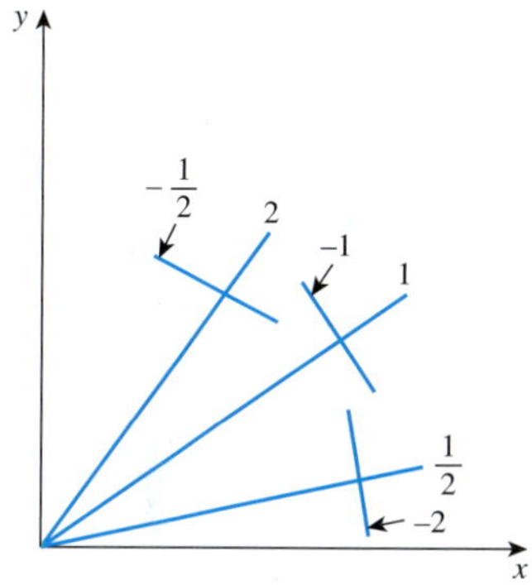

그림 2-31
직교하는 선들은 직각으로 만나며, 교차점에서 한 선의 기울기는 다른 선의 기울기의 역수에 음의 부호를 적용한 값과 같다.

dy/dx, 즉, y'가 곡선의 기울기를 나타내므로, 아래첨자 1과 2를 사용하여 두 곡선 패밀리를 표시하면 다음과 같은 식을 얻는다.

$$y_1' = -\frac{1}{y'_2} \tag{2-41}$$

비록 직교 궤도는 기하학에서만 중요할 것 같겠지만, 어떤 곡선 패밀리의 직교 궤도들을 구하는 문제는 많은 중요한 물리 문제들에서도 나타난다. 예를 들면, 2-D 전기장 안의 전기력선들은 정전압 특성곡선의 직교 궤도이며, 2-D 열전달 문제에서 열류곡선들은 항온곡선의 직교 궤도이다. 그리고 2-D 유체 흐름 문제에서 유선들은 등위곡선의 직교 궤도이다.

예제 2-14 직선 패밀리를 위한 직교 궤도

원점을 지나는 직선 패밀리를 위한 직교 궤도를 구하라.

풀이 원점을 지나는 직선 패밀리를 위한 직교 궤도를 나타내는 수식은 $y = kx$이다. x에 관하여 식의 양변을 미분하면 $y' = k$가 된다. $k = y/x$를 대입하여 상수 k를 제거하면 $y' = y/x$를 얻는다. 마지막 두 방정식은 모두 원점을 지나는 직선들에 대한 미분방정식이다. 따라서 임의의 점 (x, y)에서 직선의 기울기는 y/x이다. 이 기울기에 대한 역수에 음의 부호를 적용한 결과는 $-x/y$이며, 이는 원점을 지나는 직선 패밀리의 직교 궤도의 기울기이다. 따라서 이 직교 궤도에 대한 미분방정식은 $y' = -x/y$, 즉, $yy' = -x$인데, 이는 변수분리형 방정식이다. 이를 적분하면

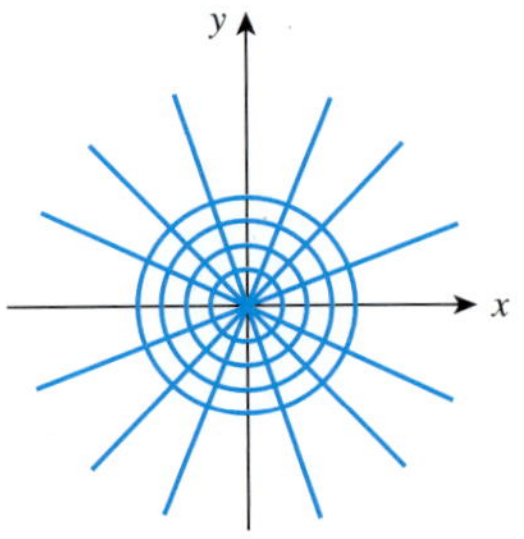

그림 2-32
원점을 지나는 직선들의 패밀리에 대한 직교 궤도는 원점에 중심을 둔 동심원들의 패밀리이다.

$$\frac{y^2}{2} = -\frac{x^2}{2} + C_1$$

즉,

$$x^2 + y^2 = C^2 \tag{2-42}$$

을 얻는데, 여기에서 $C^2 = 2C_1$이다. 이 방정식은 그림 2-32에서 나타내고 있듯이 원점에 중심을 두고 반지름이 C인 동심원들의 패밀리를 나타낸다. 따라서 원점을 지나는 임의의 직선은 원점에 중심을 둔 원과 직교한다.

변수분리 불가능 방정식을 변수분리형 방정식으로 변환

때로 변수분리 불가능 방정식을 변수 치환을 통해 변수분리형 방정식으로 변환시킬 수 있다. 새로운 변수를 선택하는 방법에 관한 일반적인 규칙은 없으며 이 방법이 통한다는 보장도 없다. 이 방법을 시도할 때 미분방정식의 일반적 외형이 유일한 실마리인 경우도 종종 있다. 방정식이 x, y의 특정 조합이 반복되는 형식을 취할 경우, 이러한 조합이 새로운 변수로 시도할 만한 우선적 선택이다.

특별한 경우로

$$y' = f(ax + by + c) \tag{2-43}$$

와 같은 형식의 미분방정식은 새로운 변수 v를 다음과 같이 정의함으로써 변수분리형으로 변환될 수 있다.

$$v = ax + by + c \tag{2-44}$$

이제 $y = (v - ax - c)/b$이며

$$y' = \frac{1}{b}(v' - a)$$

을 얻게 된다. y'에 $f(v)$를 대입하고 v'에 대해 풀면, $v' = a + bf(v)$, 즉,

$$\frac{v'}{a + bf(v)} = 1 \tag{2-45}$$

을 얻게 되며, 이는 변수 v, x에 관한 변수분리형 방정식이다(그림 2-33).

변수분리 불가능 방정식:

$$y' = \frac{(2x + y - 1)^2}{e^{4x + 2y - 2}} - 2x - y + 1$$

변수의 치환:

$$v = 2x + y - 1$$

변수분리형 방정식:

$$v' = 2 + \frac{v^2}{e^{2v}} - v$$

그림 2-33
변수분리가 불가능할 것처럼 보이는 미분방정식을 적절한 변수 치환을 통해 변수분리형 방정식으로 변환시킬 수 있다.

예제 2-15 방정식을 변수분리형 방정식으로 변환

미분방정식 $y' = (2x + 2y + 3)^2 + 4x + 4y + 6$을 풀어라.

풀이 | 이 미분방정식은 선형도 아니고 변수분리형도 아니지만, 변수 치환 $v = 2x + 2y + 3$에 의해 변수분리형으로 변환될 수 있다. 식 2-45로부터 얻게 되는 변환의 결과는 다음과 같다.

$$\frac{v'}{2 + 2(v^2 + 2v)} = 1$$

$v'dx = dv$이므로 x에 관한 적분을 통해

$$-\frac{1}{2(v + 1)} = x + C$$

즉,

$$v = -1 - \frac{1}{2(x + C)}$$

을 얻는다. 구하고자 하는 해는 역치환을 통해 다음과 같이 구한다.

$$2x + 2y + 3 = -1 - \frac{1}{2(x + C)}$$

즉,

$$y = -2 - x - \frac{1}{4(x + C)}$$

동차 미분방정식

변수분리형으로 변환될 수 있는 가장 잘 알려진 유형의 미분방정식은 **동차방정식**이다. 1계 미분방정식은 다음과 같이 표현될 수 있을 경우 동차형이라고 한다.

$$y' = f\left(\frac{y}{x}\right) \tag{2-46}$$

즉, 동차방정식의 함수 f는 $v = y/x$에 대해 $f(x)$로 표현될 수 있다. 예를 들면, 방정식

$$y' = \frac{x^3 - y^3}{x^2y} \tag{2-47}$$

은 우변이 v만의 함수로 표현될 수 있으므로 동차형이다(그림 2-34). 식 2-47의 우변을 다음과 같이 정리할 수 있다.

$$\frac{x^3 - y^3}{x^2y} = \frac{x^3}{x^2y} - \frac{y^3}{x^2y} = \frac{x}{y} - \left(\frac{y}{x}\right)^2 = \frac{1}{v} - v^2 \tag{2-48}$$

따라서 위의 방정식은 다음과 같게 된다.

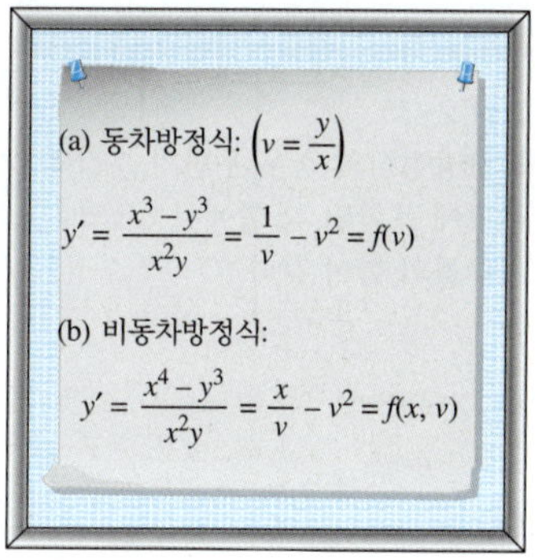

그림 2-34
1계 미분방정식은 $v = y/x$를 적용한 변환으로 우변이 v만의 함수로 축약될 경우 동차형이다.

$$y' = \frac{1}{v} - v^2$$

학생들은 동차(homogeneous)라는 용어가 1장에서 선형 동차방정식에서 사용되었던 것과는 다른 의미로 여기에서 사용되고 있음을 유의하기 바란다. 이렇게 이중적 의미로 사용하게 되어 유감스러우며, 때로 혼동을 줄 수도 있을 것이다. 그렇지만 문맥에 따라 이 용어가 어떤 의미로 사용되는지 대개의 경우 분명할 것이다.

간단한 방정식의 경우 동차성 여부는 살펴보는 것만으로 쉽게 결정될 수 있다. 그러나 복잡한 방정식의 경우 다음과 같은 동차성 시험을 적용해야 할 수도 있다. 미분방정식에서 모든 x를 λx로, 모든 y를 λy로 바꾼 다음 간소화한다. 간소화 후에 모든 λ가 상쇄되어 없어질 경우 원래의 방정식으로 돌아가며 이 미분방정식은 동차형이고, 그렇지 않을 경우 비동차형이다. 예를 들면, 방정식

$$\frac{dy}{dx} = \frac{x^3 - y^3}{x^2 y}$$

은 동차형이다. 이것은 치환 $x \to \lambda x,\ y \to \lambda y$의 결과가

$$\frac{d(\lambda y)}{d(\lambda x)} = \frac{(\lambda x)^3 - (\lambda y)^3}{(\lambda x)^2(\lambda y)} \to \frac{\lambda}{\lambda}\frac{dy}{dx} = \frac{\lambda^3 x^3 - \lambda^3 y^3}{\lambda^3 x^2 y} \to \frac{dy}{dx} = \frac{x^3 - y^3}{x^2 y}$$

인데, 이는 원래의 방정식이기 때문이다.

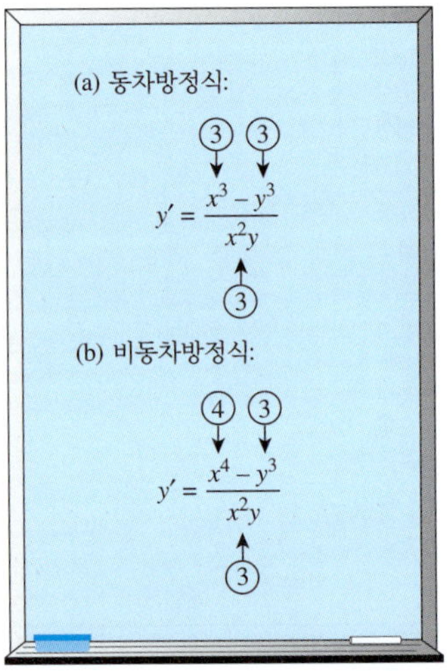

그림 2-35
동차방정식의 경우 우변의 분자와 분모에 포함된 각 항에서 x, y의 지수들의 합이 같다.

실용적 규칙으로서, 우변의 분자와 분모에 포함된 각 항에서 x, y의 지수들의 합이 같으면, x, y의 멱승들을 포함하는 방정식은 동차형이다(그림 2-35). 이 예에서는 분자와 분모에 포함된 모든 항에서 x, y의 지수들의 합은 3이다.

$y' = f(x, y)$ 형태를 갖는 방정식의 경우 동차성 시험을 위한 또 다른 방법은 다음 조건의 성립을 요구하는 것이다.

$$f(\lambda x, \lambda y) = f(x, y) \tag{2-49}$$

일단 어떤 방정식이 동차형인 것으로 결정되면, 변수분리형으로의 변환이나 그에 대한 풀이는 단순하다. 먼저 새로운 변수 $v = y/x$를 정의한다. 이제 $y = xv$이므로, x에 관한 그 도함수는 다음과 같다.

$$y' = xv' + v \tag{2-50}$$

식 2-46에 이를 대입한 결과는 다음과 같다.

$$xv' + v = f(v) \tag{2-51}$$

다시 정리하면

$$\frac{1}{x} = \frac{v'}{f(v) - v} \tag{2-52}$$

가 되는데, 이는 변수분리형 방정식이다. x에 관한 적분으로 구한 해는

$$\int \frac{dx}{x} = \int \frac{v'dx}{f(v) - v} + C \tag{2-53}$$

즉,

$$\ln|x| = \int \frac{dv}{f(v) - v} + C \tag{2-54}$$

가 되는데, 이는 $v'dx = dv$이기 때문이다. 여기에서 C는 적분상수이다. 해의 마지막 형식은 적분을 수행한 후 v를 y/x로 치환함으로써 구한 것이다.

식 2-54 안의 적분들을 해석적으로 수행하는 것이 불가능할 수도 있음을 다시 한 번 강조한다. 또한 적분을 계산할 수 있을 경우에도 x나 y에 관한 양함수 관계식을 구하지 못할 수도 있다. 한 가지 확실한 것은 동차방정식은 항상 변수분리형 방정식으로 변환될 수 있다는 것이다. $u = x/y$ 변환을 사용하여 동차방정식을 변수분리형 방정식으로 만들 수 있다.

때로 하나의 미분방정식에 두 가지 이상의 해법들을 적용할 수 있는 경우가 있다. 비록 모든 방법들이 동일한 결과를 생성하겠지만, 한 방법이 다른 방법들보다 적용하기 쉬울 수 있다.

예제 2-16 동차방정식

다음 미분방정식을 풀어라.

$$y' = \frac{y - x}{y + x}$$

풀이 위의 미분방정식을 살펴보면 동차형임을 알 수 있는데, 이는 우변에서 분자와 분모 안의 모든 항들의 차수가 1이기 때문이다(그림 2-36). 따라서 $v = t/x$, 즉, $y = xv$라고 두면, 이 방정식은 다음과 같이 정리될 수 있다.

$$(xv)' = \frac{x\left(\frac{y}{x} - 1\right)}{x\left(\frac{y}{x} + 1\right)} = \frac{\frac{y}{x} - 1}{\frac{y}{x} + 1}$$

즉,

$$xv' + v = \frac{v - 1}{v + 1}$$

변수분리를 통해

$$\frac{1}{x} = -\frac{v + 1}{v^2 + 1}v'$$

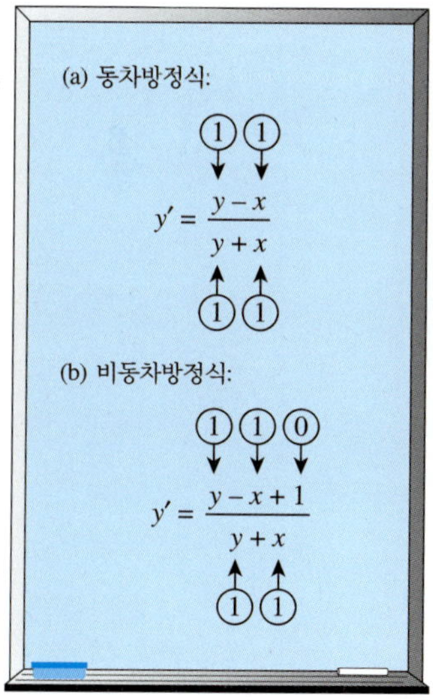

그림 2-36
예제 2-16에서 푼 미분방정식은 동차형인데, 이는 분자와 분모 안의 모든 항들의 차수가 1이기 때문이다.

x에 관한 적분을 통해

$$\ln|x| = -\frac{1}{2}\ln|v^2 + 1| - \tan^{-1}v + C$$

즉,

$$\ln\left|x\sqrt{v^2 + 1}\right| + \tan^{-1}v = C$$

여기에서 C는 임의의 적분상수이다. 역치환 $v = y/x$를 적용하여 다음 식을 얻는다.

$$\ln\left|\sqrt{y^2 + x^2}\right| + \tan^{-1}\frac{y}{x} = C$$

이 해는 음함수해인데, 이는 어느 변수도 다른 변수에 관한 양함수로 표현될 수 없기 때문이다.

위의 미분방정식은 현대식 컴퓨터 도구들의 존재에도 불구하고 학생들이 이 장에서 제시된 방법에 능숙할 필요가 있음을 보여주는 좋은 예이다. 몇 가지 기호 처리 프로그램들은 그 해를 구하는 데 실패하였다.

절 복습문제

2-17C 어떤 경우에 1계 미분방정식이 변수분리가능하며, 어떤 경우에 불가능한가?

2-18C 변수분리가능 1계 미분방정식을 풀기 위한 일반적 절차는 무엇인가?

2-19C 맬서스 증가 모델과 로지스틱 증가 모델은 어떻게 다른가?

2-20 변수분리를 사용하여 다음 방정식을 풀어라.

(a) $yy' = x^3 + 1$ (b) $(x + 2)y' = y^2 + 2$

(답: (a) $y(x) = \pm\sqrt{2x^4 + 8x + C}$ (b) $(x) = \sqrt{2}\tan[\sqrt{2}\ln(x + 2) + C]$)

2-21 다음 방정식을 먼저 변수분리가 가능한 형식으로 변환한 다음 변수분리를 적용하여 풀어라.

(a) $\dfrac{dy}{dx} = (x + y + 1)^2 - (x + y)$ (힌트: $u = x + y$라 둔다)

(b) $\dfrac{dy}{dx} = \dfrac{10}{(x + y)e^{x+y}} - 1$ (힌트: $u = x + y$라 둔다)

(답: (a) $y(x) = \dfrac{7}{2\sqrt{7}}\tan\left[\dfrac{7(x + C)}{2\sqrt{7}}\right] - x - \dfrac{1}{2}$)

(b) $(x + y - 1)e^{x+y} = 10x + C$)

2-22 변수분리 방법을 사용하여 다음 초깃값 문제를 풀어라.

(a) $y' + 2xy = 0,\ \ y(0) = 1$ (b) $y' = e^{2y}\cos 2x,\ \ y(\pi/2) = 0$

(답: (a) $|y| = Ce^{-x^2}$ (b) $y = \ln\dfrac{1}{\sqrt{1 - \sin 2x}}$)

2-6 ■ 완전 1계 미분방정식

1계 미분방정식 $y' = f(x, y)$는 다음과 같이 표현될 수 있다.

$$M(x, y) + N(x, y)y' = 0 \tag{2-55}$$

이 방정식에 대한 일반해는 변수 x와 y, 임의상수 C 등을 포함할 것이며, 다음과 같은 음함수해로 표현될 수 있다.

$$S(x, y) = C \tag{2-56}$$

이 방정식을 x에 관해 미분하면 다음과 같다.

$$\frac{dS(x, y)}{dx} = \frac{\partial S}{\partial x} + \frac{\partial S}{\partial y}y' = 0 \tag{2-57}$$

미분과 적분은 역 과정이므로 미분방정식인 식 2-57에 대한 적분은 식 2-56과 같다. 따라서 식 2-57은 직접적분하여 $S(x, y) = C$를 얻을 수 있는 형태이며, **완전 미분방정식(exact differential equation)**이라고 한다.

식 2-55와 식 2-57을 비교하면 다음과 같은 정의에 이른다.

완전 미분방정식의 정의

다음과 같은 형식으로 표현될 수 있는 1계 미분방정식은

$$M(x, y) + N(x, y)y' = 0 \tag{2-58}$$

어떤 영역 D 안의 모든 (x, y)에 대해 다음 식들을 만족하는 함수 $S(x, y)$가 존재할 경우 영역 D에서 완전 미분방정식이라고 한다.

$$\frac{\partial S(x, y)}{\partial x} = M(x, y) \tag{2-59}$$

그리고

$$\frac{\partial S(x, y)}{\partial y} = N(x, y) \tag{2-60}$$

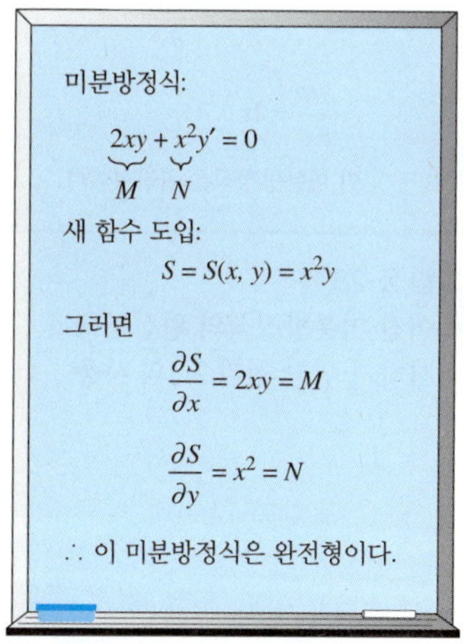

그림 2-37
예제 2-17에서 다루는 미분방정식이 완전형임을 보인다.

예제 2-17 완전 미분방정식

미분방정식 $2xy + x^2y' = 0$이 완전형임을 보이고 그 방정식을 풀어라.

풀이 주어진 방정식과 식 2-58을 비교하고 y' 항의 계수가 N이라는 사실을 이용하면, $M = 2xy$, $N = x^2$을 얻게 된다. 다소의 시행착오를 거쳐 $M = 2xy$는 x에 관한 함수 $x'y$의 편도함수이고 $N = x^2$는 y에 관한 동일한 함수의 편도함수임을 관찰할 수 있을 것이다. 따라서 주어진 미분방정식은 완전형(그림 2-37)이며, 다음과 같이

표현될 수 있다.

$$\frac{d(x^2y)}{dx} = 0$$

이 결과는 표시된 미분을 수행함으로써 쉽게 확인할 수 있다. 따라서 위의 간결한 미분방정식이 원래의 미분방정식과 동일하며, 직접적분을 통해 그 해인 $x^2y = C$를 구할 수 있는데 여기에서 C는 임의의 적분상수이다. $x \neq 0$에 대해 이 해는 $y = C/x^2$와 같이 표현될 수 있다. 변수분리와 같은 다른 방법을 사용하여 이 미분방정식을 풀 수도 있다.

예제 2-17의 미분방정식은 단순하므로 외형을 조사하는 것만으로 완전형임을 결정할 수 있었다. 예제에서는 사실상 주어진 방정식이 완전형이라고 가정하고, 해를 추측한 다음 방정식이 실제로 완전형임을 확인하는 방식을 취하였다. 이는 분명히 주어진 방정식의 완전성을 결정하기에는 상당히 번거로운 방법이다. 만일 그 방정식이 완전형이 아니었다면 그와 같은 결론을 내리기에 앞서 가능한 모든 함수들을 시도했어야 할 것이다. 미분방정식의 완전성을 결정하기 위해 보다 체계적인 기준이 필요하다는 것은 명백하며, 다음의 정리가 그와 같은 기준을 제공한다.

미분방정식:

$$\underbrace{2xy}_{M} + \underbrace{x^2}_{N}y' = 0$$

그러면

$$\frac{\partial M}{\partial y} = 2x$$

$$\frac{\partial M}{\partial y} = \frac{\partial N}{\partial x}$$

$$\frac{\partial N}{\partial x} = 2x$$

∴ 이 미분방정식은 완전형이다.

그림 2-28
주어진 미분방정식의 완전성을 검사하기 위한 정리 2-3의 사용

정리 2-3 미분방정식의 완전성

편도함수 $\partial M(x, y)/\partial y$, $\partial N(x, y)/\partial x$가 사각영역 D에서 연속일 경우, 미분방정식

$$M(x, y) + N(x, y)y' = 0$$

이 그 영역에서 완전형이기 위한 필요충분조건은 영역 D 안의 모든 점에서 다음 조건이 성립해야 한다는 것이다(그림 2-38).

$$\frac{\partial M(x, y)}{\partial y} = \frac{\partial N(x, y)}{\partial x} \qquad \textbf{(2–61)}$$

증명 이 정리는 두 부분으로 나누어 증명한다. 먼저 미분방정식이 완전형일 경우 식 2-61이 성립함을 보인다. 완전 미분방정식의 경우 정의에 따라 $M = \partial s/\partial x$, $N = \partial s/\partial y$이고

$$M(x, y) = \frac{\partial S(x, y)}{\partial x} \rightarrow \frac{\partial M(x, y)}{\partial y} = \frac{\partial^2 S(x, y)}{\partial x \partial y}$$

$$N(x, y) = \frac{\partial S(x, y)}{\partial y} \rightarrow \frac{\partial N(x, y)}{\partial x} = \frac{\partial^2 S(x, y)}{\partial y \partial x}$$

이므로,

$$\frac{\partial M(x, y)}{\partial y} = \frac{\partial N(x, y)}{\partial x}$$

을 얻을 수 있는데. 이는 $\partial M/\partial y$와 $\partial N/\partial x$이 연속임이 정리의 전제로 제시되어 있고 연속함수들에 대해 미분의 계수는 중요하지 않기 때문이다. 이로써 증명의 첫 번째 부분을 마친다.

이제 $\partial M/\partial y = \partial N/\partial x$이면 그 미분방정식은 완전형임을 보일 차례이다. 즉,

$$\frac{\partial S(x, y)}{\partial x} = M(x, y) \tag{2-62}$$

그리고

$$\frac{\partial S(x, y)}{\partial y} = N(x, y) \tag{2-63}$$

을 만족하는 함수 $S(x, y)$가 존재함을 보일 것이다.

y는 상수로 둔 채 x에 관하여 식 2-62를 적분한 결과는

$$S(x, y) = \int M(x, y)dx + g(y) \tag{2-64}$$

인데, 이때 $g(y)$는 y에 관한 임의의 함수로 나중에 결정된다. 변수들 중의 하나에 관하여 적분을 수행할 때는 일반성을 위해 적분상수를 적분 과정에서 상수로 둔 변수의 함수로 표현할 필요가 있다. 이러한 과정에 대한 정당성은 x에 관하여 식 2-64의 편도함수를 취하고 $dg(y)/dx = 0$이므로 그 결과가 원래의 미분방정식과 같다는 사실을 관찰하는 것으로 쉽게 증명될 수 있다.

y에 관하여 식 2-64의 편도함수를 취한 결과는

$$\frac{\partial S(x, y)}{\partial y} = \frac{\partial}{\partial y}\int M(x, y)dx + \frac{dg(y)}{dy} = \int \frac{\partial M(x, y)}{\partial y}dx + \frac{dg(y)}{dy}$$

인데, 이는 $\partial M/\partial y$가 연속함수이고 따라서 미분과 적분의 순서를 바꿀 수 있기 때문이다. 또한 함수 $g(y)$에 대한 상도함수를 사용하였는데, 이는 하나의 변수에만 종속되는 함수들의 경우 편도함수와 상도함수가 동일하기 때문이다. 치환 $\partial S(x, y)/\partial y = N(x, y)$을 적용한 다음 정리하면 다음과 같다.

$$\frac{dg(y)}{dy} = N(x, y) - \int \frac{\partial M(x, y)}{\partial y}dx \tag{2-65}$$

이 방정식의 좌변은 y에만 종속된다. 따라서 등호가 성립하기 위해서는 우변 또한 외형상 x가 나타날 것처럼 보이지만 y에만 종속되어야 한다. 이를 위해 다음과 같이 x에 관한 우변의 도함수가 0이 된다는 것을 보인다.

$$\frac{\partial N(x, y)}{\partial x} - \frac{\partial M(x, y)}{\partial y} = 0$$

위의 식이 성립하는 것은 증명의 두 번째 부분을 시작하면서 $\partial M/\partial y = \partial N/\partial x$를 가정하였기 때문이다. 따라서 식 2-65의 우변은 y에만 종속되며, $g(y)$는 이 방정식을 y에 관하여 적분함으로써 다음과 같이 구할 수 있다.

$$g(y) = \int \left[N(x, y) - \int \frac{\partial M(x, y)}{\partial y} dx \right] dy \tag{2-66}$$

이를 식 2-64에 대입한 결과는 다음과 같다.

$$S(x, y) = \int M(x, y)dx + \int \left[N(x, y) - \int \frac{\partial M(x, y)}{\partial y} dx \right] dy \tag{2-67}$$

이제 해는

$$S(x, y) = C \tag{2-68}$$

이 되는데, 여기에서 상수 C는 초기조건으로부터 결정된다. 식 2-66에서 $g(y)$를 결정할 때 적분상수를 무시하였음에도 일반성을 잃지 않는다. (식 2-66에서 적분상수를 포함시켰다면, 식 2-68의 적분상수가 이를 흡수하였을 것이다.) 이로써 증명의 두 번째 부분을 마친다.

이 증명의 두 번째 부분은 $S(x, y)$를 얻기 위한 체계적 방법을 제시하고 있으며, 따라서 완전 미분방정식을 위한 하나의 해법을 표현한다고 볼 수 있다. 비록 식 2-67과 식 2-68은 그와 같은 해를 위한 일반 공식으로 사용될 수 있지만, 위의 증명에서 기술된 풀이 단계들을 차례대로 따르는 것이 학습에 도움이 될 것이다.

예제 2-18 완전성 시험의 적용

미분방정식 $2x + 2yy' = 0$이 완전형임을 보이고 그 방정식을 풀어라.

풀이 | 이 경우 $M = 2x$이고 $N = 2y$이다. 완전성 시험(식 2-61)을 적용하면

$$\frac{\partial M(x, y)}{\partial y} = 0 = \frac{\partial N(x, y)}{\partial x}$$

이 된다. 따라서 주어진 미분방정식은 완전형이다. 또한 $\partial M/\partial y$와 $\partial N/\partial x$ 모두 전체 xy-평면상에서 연속이며 따라서 그 해는 임의의 영역에 적용될 수 있다. 정리 2-3의 증명에 기술된 절차에 따라 그 해는 다음과 같이 구할 수 있다. 식 2-62로부터

$$\frac{\partial S(x, y)}{\partial y} = M(x, y) = 2x$$

이다. 이를 x에 관하여 적분하면 $S(x, y) = x^2 + g(y)$를 얻는다. x를 상수로 둔 채 y에 관하여 미분한 결과는 다음과 같다.

$$\frac{\partial S(x, y)}{\partial y} = 0 + \frac{dg(y)}{dy}$$

또한 $\partial S(x, y)/\partial y = N = 2y$이다. 이 두 개의 식으로부터

$$\frac{dg(y)}{dy} = 2y$$

을 얻으며, 따라서 $g(y) = y^2$이다. 이를 $S(x, y)$ 관계식에 대입하면 $S(x, y) = x^2 + y^2$를 얻는다. 이제 주어진 미분방정식의 음함수해 $x^2 + y^2 = C$를 얻었는데, 임의의 적분상수 C는 초기조건으로부터 결정된다. 물론 그림 2-39에서 보여주듯이 $\partial S/\partial y = N$을 y에 관하여 적분하는 것으로 풀이를 시작할 수도 있었는데, 이 경우 적분은 미지의 함수 $h(x)$를 포함하게 되었을 것이며, 이 역시 $g(y)$의 경우와 동일한 방식으로 결정할 수 있다. 이 문제는 변수분리와 같은 다른 방법으로도 풀릴 수 있으며, 모든 방법은 동일한 결과를 생성하였을 것이다.

이 방정식의 해는 그림 2-40에서 보여주듯이 반지름이 $R = \sqrt{C}$ 인 원들을 나타낸다. 따라서 일단 초기조건 $y(x_0) = y_0$가 지정되면 구하고자 하는 해는 원점에 중심을 두고 점 (x_0, y_0)를 지나는 원으로 정해진다.

미분방정식:

$$\underbrace{2x}_{M} + \underbrace{2yy'}_{N} = 0$$

새 함수 도입:

$$\frac{\partial S}{\partial y} = N = 2y$$

y에 관하여 적분

$$S = y^2 + h(x)$$

x에 관하여 미분

$$\frac{\partial S}{\partial x} = \frac{\partial h}{\partial x}$$

또한

$$\frac{\partial S}{\partial x} = M = 2x$$

따라서

$$\frac{dh}{dx} = 2x$$

$$h = x^2$$

대입을 통해

$$S = x^2 + y^2$$

이제 해는 다음과 같다.

$$x^2 + y^2 = C$$

그림 2-39
예제 2-18을 위한 또 다른 풀이 절차

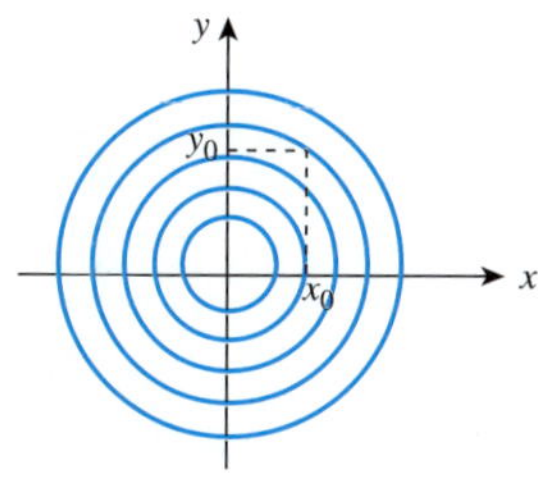

그림 2-40
예제 2-18에서 푼 미분방정식을 위한 해곡선

예제 2-19 또 다른 완전 미분방정식

다음 초깃값 문제를 풀어라.

$$y' = -\frac{2e^{2x}\sin y + 2xy}{e^{2x}\cos y + x^2}, \quad y(0) = \frac{\pi}{2}$$

풀이 | 주어진 미분방정식은 다음과 같이 정리될 수 있다.

$$(2e^{2x}\sin y + 2xy) + (e^{2x}\cos y + x^2)y' = 0$$

이번에는 $M = 2e^{2x}\sin y + 2xy$이고 $N = 2e^{2x}\cos y + x^2$와 같이 정해진다. 이 미분방정식은 완전형인데, 이는 식 2-61로부터

$$\frac{\partial M(x, y)}{\partial y} = 2e^{2x}\cos y + 2x = \frac{\partial N(x, y)}{\partial x}$$

이기 때문이다. 정리된 미분방정식의 해는 분모가 0이 되는 점들을 제외하고는 원래 방정식의 해와 동일하다. 이 문제의 해는 다음과 같이 구할 수 있다. 식 2-62로부터

$$\frac{\partial S(x, y)}{\partial x} = M(x, y) = 2e^{2x}\sin y + 2xy$$

이다. 이를 적분하면 다음과 같다.

$$S(x, y) = e^{2x}\sin y + x^2 y + g(y)$$

x를 상수로 둔 채 y에 관하여 미분한 결과는 다음과 같다.

$$\frac{\partial S(x, y)}{\partial y} = e^{2x}\cos y + x^2 + \frac{dg(y)}{dy}$$

또한

$$\frac{\partial S(x, y)}{\partial y} = N = e^{2x}\cos y + x^2$$

이 두 개의 식으로부터

$$\frac{dg(y)}{dy} = 0$$

을 얻으며, 따라서 $g(y) = C_1 = 0$이다. 이를 $S(x, y)$ 관계식에 대입하면 $S(x, y) = e^{2x}\sin y + x^2y$를 얻는다. 이제 주어진 미분방정식의 음함수해 $e^{2x}\sin y + x^2y = C$를 얻었는데, 임의의 적분상수 C는 초기조건으로부터 다음과 같이 결정된다.

$$e^0 \sin\frac{\pi}{2} + 0 = C \rightarrow C = 1$$

이를 대입하면 $e^{2x}\sin y + x^2y = 1$을 얻는다.

병합법

예제 2-19에서 제시된 풀이 절차는 상당히 체계적이며 임의의 완전 미분방정식에 적용될 수 있다. 그러나 그 절차는 꽤 길뿐더러 상당한 주의와 인내를 요한다. 우수한 직관력을 갖춘 조급한 이들에게 매력적인 또 다른 풀이 절차가 있다. 이 해법은 **병합법(method of grouping)**이라고 하며, 미분방정식을 항들에 대한 도함수들의 합으로 표현하는 기법에 기초하고 있다. 예를 들면, 예제 2-19의 미분방정식을 임의로

$$\frac{d}{dx}(e^{2x}\sin y) + \frac{d}{dx}(x^2y) = \frac{d}{dx}(C)$$

와 같이 정리할 수 있는데(그림 2-41), 이는 직접적분 가능한 형태이다. 위의 식에서 각 항을 적분하면 $e^{2x}\sin y + x^2y = C$를 얻게 되는데, 이는 앞에서 구한 해와 동일하다.

미분방정식:

$$(2e^{2x}\sin y + 2xy) + (e^{2x}\cos y + x^2)y' = 0$$

정리: $\frac{d}{dx}(e^{2x}\sin y)$

$$\overbrace{(2e^{2x}\sin y + e^{2x}\cos y\, y')} + \underbrace{(2xy + x^2y')}_{\frac{d}{dx}(x^2y)} = \underbrace{0}_{\frac{d}{dx}(C)}$$

따라서

$$\frac{d}{dx}(e^{2x}\sin y) + \frac{d}{dx}(x^2y) = \frac{d}{dx}(C)$$

적분:

$$e^{2x}\sin y + x^2y = C$$

가 구하고자 하는 해이다.

그림 2-41
예제 2-19를 위한 병합법의 세부사항

적분인자

미분방정식

$$y + 2xy' = 0 \tag{2-69}$$

은 완전형이 아니다. 이는 $\partial M/\partial y = 1$인데 $\partial M/\partial y \neq \partial N/\partial x$이기 때문이다. 따라서

이 방정식은 앞의 절에서 살펴본 절차를 사용하여 풀 수 없다.

이제 이 방정식의 각 항에 y를 곱해보자. 그 결과는 다음과 같다.

$$y^2 + 2xyy' = 0 \tag{2-70}$$

$\partial M/\partial y = 2y = \partial N/\partial x$이므로 이 방정식은 완전형이다(그림 2-42). 따라서 이 방정식은 앞에서 살펴본 절차를 사용하여 풀 수 있다.

방정식 2-69와 방정식 2-70은 기본적으로 동일하며, (인수가 0이 되는 점들을 제외하면) 동일한 해를 갖는다. 그렇지만 하나는 완전형인데 다른 하나는 완전형이 아니다. 이 예는 완전형이 아닌 방정식에 적당한 인수를 곱하여 완전방정식으로 변환시킬 수도 있음을 의미한다. 그와 같은 인수가 존재할 경우 **적분인자(integrating factor)**라고 하며, $\mu(x, y)$로 표시된다.

일반적으로 적분인자들은 x, y 모두에 종속될 수 있다. (2-2절에서 논의된 선형 방정식과 같은) 특별한 경우를 제외하고는 적분인자를 결정하기 위한 단순하면서도 일반적인 절차는 존재하지 않는다.

(a) 비완전방정식:

$$y + 2xy' = 0$$

(b) (y를 곱한 후의) 완전방정식

$$y^2 + 2xyy' = 0$$

그림 2-42
비완전 미분방정식은 적당한 적분인자를 곱하여 완전형으로 만들 수 있다.

절 복습문제

2-23C 1계 미분방정식은 어떤 경우에 동차형이 되는가? 또 어떤 경우에 비동차형이 되는가?

2-24C 1계 동차 미분방정식은 어떻게 풀 수 있는가?

2-25 다음 방정식이 동차형인지 결정하라.

(a) $\dfrac{dy}{dx} = \dfrac{x+y}{x-y}$ (b) $\dfrac{dy}{dx} = \dfrac{x+1}{x^2+y}$

(답: (a) 동차형 (b) 비동차형)

2-26 다음의 동차형 (또는 동차형으로 변환될 수 있는) 초깃값 문제를 풀어라.

(a) $\dfrac{dy}{dx} = \dfrac{y}{x} - 1,\quad y(1) = 0$ (b) $\dfrac{dy}{dx} = \dfrac{x^3 - xy^2}{x^2 y},\quad y(1) = 1$

(답: (a) $y(x) = -x \ln x$ (b) $y(x) = \pm\dfrac{\sqrt{2x^4 + 2}}{2x}$)

2-7 ■ 그래프 해법

비선형방정식의 경우 해석적 해를 얻는 것이 불가능한 경우도 종종 있다. 이러한 경우 해의 대략적인 모습을 이해하거나 근사 해를 구하는 것이 바람직할 수 있다. 이를 위한 하나의 방법으로 사용되는 그래프 해법(graphical method)은 비선형 초깃값 문제의 근사 해를 그래프 형태로 구할 수 있게 해준다.

이제 1계 미분방정식 $y' = f(x, y)$를 기하학적 관점에서 재조명해보자. y'는 임

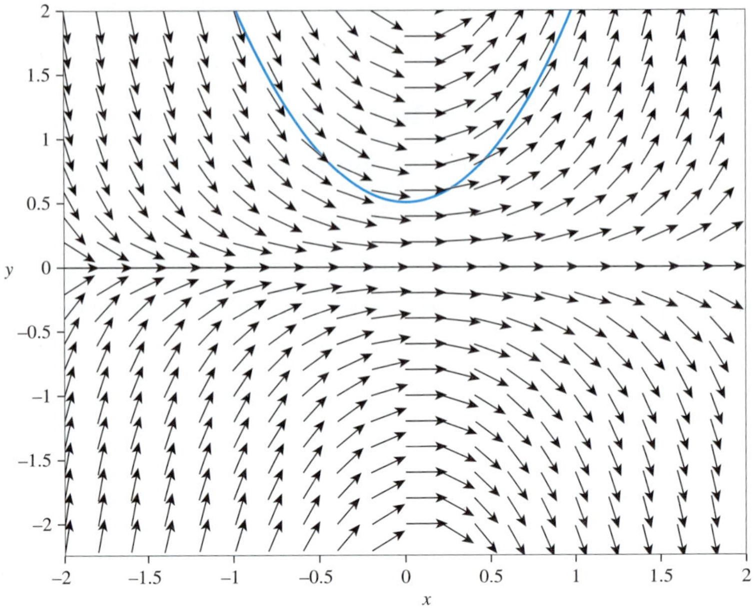

그림 2-43
미분방정식 $y' = 2xy$에 대한 방향장 그래프

의의 점 (x, y)에서 (아직은 미지의 해인) 함수 y의 접선의 기울기를 나타낸다는 점을 앞에서 언급한 바 있다. 임의의 점 (x, y)에서 함수 $f(x, y)$의 값은 그 점에서 y의 기울기를 나타낸다. 따라서 xy-평면상의 임의의 점에서 y'의 값들은 충분한 개수의 xy-평면상의 점들에서의 선분들로 표현될 수 있다. 그와 같은 그래프를 미분방정식의 **방향장(direction field)**이라고 한다. 예를 들면, 방정식 $y' = 2xy$의 방향장은 그림 2-43과 같다. 이 경우 $f(x, y) = 2xy$이며, 임의의 점 (x, y)에서 선분의 기울기는 $2xy$이다. 따라서 $(1, 3)$에서의 기울기는 6이며 $(-2, 4)$에서는 -16, $(-3, -2)$에서는 12이다. x-축이나 y-축($y = 0$ 또는 $x = 0$) 상에서는 그 기울기가 항상 0이다.

일단 방향장을 얻게 되면, 초기조건이 $y(x_0) = y_0$인 문제에 대해 점 (x_0, y_0)을 표시하고, 이 점을 지나고 선분들에 최대한 가까우면서도 평행하게 곡선을 그림으로써 해곡선을 얻을 수 있다. 그림 2-43에서는 $y(0) = 0.52$인 경우에 대한 예를 보여주고 있다. x에 관한 구간을 더 작게 만들어 선분들을 더욱 짧게 그림으로써 더욱 정확한 곡선을 구할 수 있다.

곡선 $f(x, y) = C$(C는 상수)는 상수 기울기를 갖는 곡선들을 나타내는데, 이러한 곡선을 **등경사선(isocline)**이라고 한다. 등경사선을 먼저 표시하여 방향장을 구성하는 방법이 있다. 미분방정식 $y' = 2xy$에 대한 등경사선들은 곡선 패밀리 $2xy = C$이며, 이들 중 일부를 그림 2-44에서 표시하고 있다.

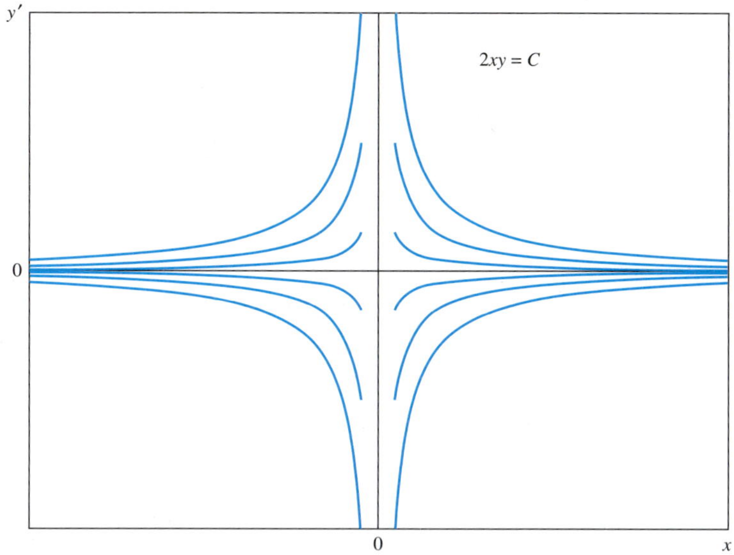

그림 2-44
미분방정식 $y' = 2xy$에 대한 등경사선(곡선 $2xy = C$)

예제 2-20 그래프 해법

초깃값 문제 $y' = 0.2y + 0.04$, $y(0) = 1$에 대한 해를 그래프 해법으로 구하고, 이를 정확한 해와 비교하라.

풀이 | 이 경우 $f(x, y) = 0.2y + 0.04$이며, 따라서 등경사선의 일반 방정식은 $0.2y + 0.04 = C$, 즉, $y = 5C - 0.2$인데, 이는 수평 직선들을 나타낸다. 따라서 선분들의 기울기는 x-축에 평행한 모든 직선상에서는 일정하게 유지된다. 다양한 점들에서 기울기를 계산하고 이들을 짧은 선분들로 표시하면 그림 2-45와 같은 방향장을

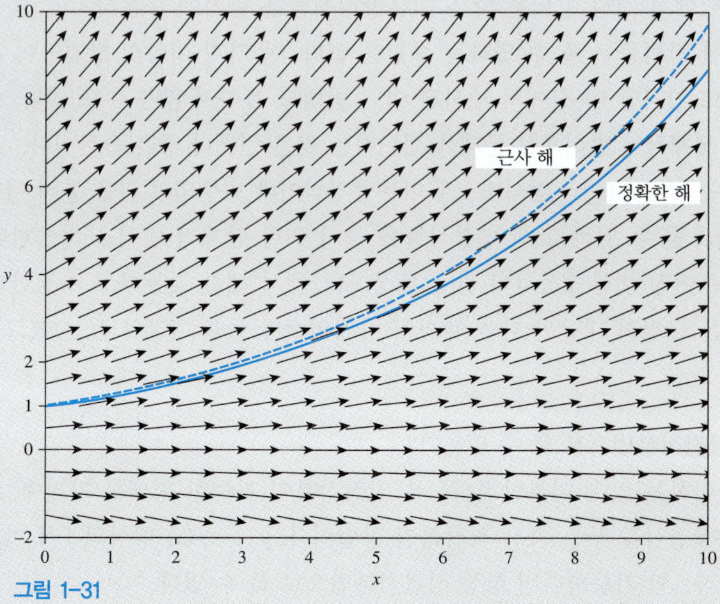

그림 1-31
문제 $y' = 0.2y + 0.04$, $y(0) = 1$에 대한 방향장, 그래프 해(파선), 정확한 해(실선)

얻는다. 이러한 선분들에 평행하며 $y(0) = 1$인 점, 즉, 점 (0, 1)을 지나는 곡선을 그림으로써 주어진 문제의 근사 그래프 해를 얻을 수 있다.

비교를 위해 이 문제의 정확한 해를 구할 필요가 있다. 주어진 방정식은 상수계수 1계 선형 미분방정식이며 초기조건은 $y(0) = 1$로 지정되어 있다. 식 2-17을 이용하여 구한 이 초깃값 문제의 해는 다음과 같다.

$$y = 1.2e^{0.2x} - 0.2$$

이 해도 그림 2-45에 표시되어 있다. 이 경우 근사 해와 정확한 해는 상당한 일치를 보인다. 방향장을 구성할 때 더 작은 눈금을 사용하면 일치 정도를 더욱 개선할 수 있다.

절 복습문제

2-27C 1계 미분방정식을 풀기 위해 그래프 해법을 사용하는 이유는 무엇인가?

2-28C 방향장을 정의하고, 1계 미분방정식에 대한 그래프 해법에서 어떻게 사용되는지 설명하라.

2-29C 등경사선을 정의하고, 1계 미분방정식에 대한 그래프 해법에서 어떻게 사용되는지 설명하라.

2-8 ■ 1계 방정식을 풀기 위한 체계적 방법

지금까지 1계 미분방정식을 풀기 위한 여러 가지 방법들을 살펴보았다. 이러한 방법들은 현실에서 접하게 되는 많은 미분방정식들을 풀기에 충분하지만, 특정 문제를 이러한 방법들로 풀 수 있다는 보장은 없다. 한 가지 이상의 방법들이 적용되는 경우도 있지만 이 장에서 제시된 어떤 방법도 통하지 않을 수도 있다. 어느 경우이든 체계적인 방식으로 문제에 접근하는 것은 언제나 좋은 습관이다.

이 절에서는 $y' = f(x, y)$ 형식의 1계 미분방정식이나 변수의 치환을 통해 이러한 형태로 축소될 수 있는 고계 방정식들을 풀기 위한 단계적 방식을 기술한다. 여기에서는 주어진 미분방정식이 관심 대상 구간에서 해를 갖는다고 가정한다. 제안된 방식은 긍정적 대답이 나올 때까지 아래의 질문들을 차례로 묻는다(그림 2-46).

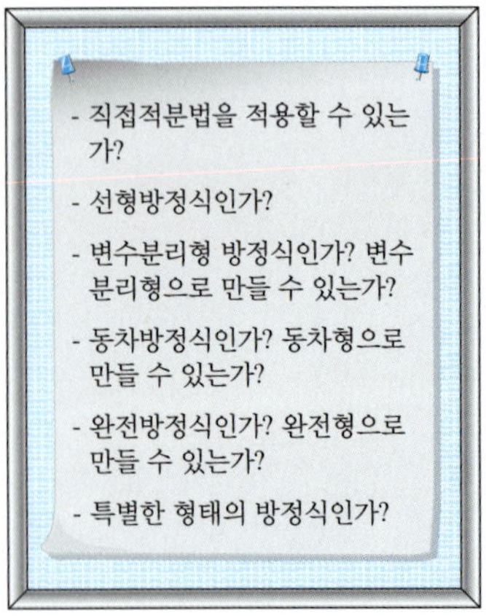

그림 2-46
1계 미분방정식을 풀기 위한 체계적 방법

단계 1. 직접적분법으로 풀 수 있는가?

현실에서 접하는 많은 미분방정식들은 직접적분이 가능한 형태를 가지며, 적분은 미분방정식을 푸는 가장 직접적인 방법이다. $y' = f(x)$ 형식의 1계 미분방정식은 적분만 가능하다면 항상 직접적분법으로 풀 수 있다.

단계 2. 선형방정식인가?

선형방정식은 필요한 적분만 수행할 수 있다면 항상 단순한 방법으로 풀 수 있다. 따라서 미분방정식을 풀 때 우선적으로 수행해야 할 일은 선형성을 검사하는 것이다.

단계 3. 변수분리형 방정식인가?

직접적분법에 가장 가까운 방법이 변수분리법이다. 방정식을 정리하여 한 변은 변수 x만 포함하고 다른 변은 변수 y만 포함하도록 만들 수 있다면 변수분리가능 방정식이다. 일단 변수들을 분리한 후에는 직접적분법으로 해를 구한다.

단계 4. 동차방정식인가? 아니면 동차형으로 만들 수 있는가?

변수분리형이 아닌 방정식도 동차형이기만 하면 항상 새로운 변수 $v = y/x$를 정의함으로써 변수분리형으로 만들 수 있다. 특정 형태를 갖는 일부 비동차방정식은 동차방정식으로 변환될 수 있다.

단계 5. 완전방정식인가? 아니면 완전형으로 만들 수 있는가?

주어진 방정식이 완전형인지 결정하기 위해 완전성 시험을 적용할 수 있다. 완전방정식은 간단한 방법으로 풀 수 있다. 완전방정식이 아닐 경우 적분인자를 찾아 완전형으로 만들 수 있는지 검사할 수 있다.

단계 6. 특별한 형태의 방정식인가?

위의 모든 시험에 실패한 방정식들 중에도 베르누이 방정식이나 리카티 방정식 등과 같이 유명한 방정식 유형 중의 하나일 경우 체계적 방식으로 풀 수 있다(문제 2-199에서 2-211 참고).

미분방정식의 형태를 보면 해석적 해를 얻을 수 있는 기교나 변환을 떠올릴 수도 있다. 어떤 방법도 통하지 않을 것 같으면, 근사 해를 구하기 위해 그래프 해법이나 수치해법을 동원할 수도 있다.

예제 2-21 미분방정식을 풀기 위한 체계적 방법

미분방정식 $y' = e^{x + \ln x - y}$의 해를 구하라.

풀이 | 우선적으로 할 일은 주어진 방정식의 계수를 결정하는 것인데, 이 방정식은 2계 이상의 도함수를 포함하고 있지 않으므로 1계 방정식이다. 다음은 직접적분법으로 풀 수 있는지를 검사한다. 이 방정식의 우변은 y에 관한 비선형함수인 지수함수를 포함하고 있으므로 이 가능성은 신속하게 접는다. 이 방정식의 현재 형태로는

변수분리형이 아니지만, 식을 간소화하면 변수분리형으로 만들 수 있을지 모른다. $e^{a+b} = e^a e^b$이고 $e^{\ln x} = x$이므로 주어진 방정식은

$$y' = e^{x+\ln x-y} = e^x e^{\ln x} e^{-y}$$

즉, $y' = xe^x e^{-y}$로 표현될 수 있다.

이제 이 방정식은 변수분리형인 $e^y y' = xe^x$로 정리될 수 있으며, 이를 x에 관하여 적분하면 $e^y = xe^x - e^x + C$가 된다. 이 식의 양변에 로그를 취하고 $\ln e^y = y$임을 이용하여 정리하면 구하고자 했던 해인 $y = \ln(xe^x - e^x + C)$를 얻는다.

이 방정식이 변수분리 불가능이었다면, 변수 치환을 통해 동차형으로 변환될 수 있는지 검사했을 것이다. 또 동차형도 완전형도 아니었다면, x나 y에만 종속되는 적분인자를 찾아 완전형으로 만들기 위한 시도를 했을 것이다. 이마저도 실패하고 주어진 미분방정식이 특별한 미분방정식들에 속하지도 않을 경우, 그래프 해법이나 수치해법을 사용하여 근사 해를 구하는 것으로 만족해야 할 것이다.

2-9 ■ 1계 방정식을 위한 컴퓨터 해법

이 절에서는 이 장에서 다룬 유형의 문제들을 풀기 위해 컴퓨터 패키지들을 사용하는 방법을 보인다. 수행되는 작업에는 다음의 내용들이 포함된다.

1. 닫힌 형식의 해 구하기
   (a) 초기조건 미정
   (b) 초기조건 지정
2. 윤곽선 그래프의 생성
3. 방향장 그래프의 생성

닫힌 형식의 해 구하기

기호 처리 프로그램들은 닫힌 형식의 해를 구하기 위해 이 장에서 제시된 절차들을 이용한다. 이러한 프로그램들은 완벽하지 않으며, 때로 해가 존재하는데도 찾지 못할 수도 있다. 때로 방정식을 다른 형식으로 표현해야만 해를 찾을 수 있는 경우도 있다. 예를 들면 분수를 피하는 것이 도움이 될 수 있는데, 방정식 $y'(x) = -B(x, y)/A(x, y)$의 해를 구하기 위해서는 $A(x, y)y'(x) + B(x, y) = 0$ 형식으로 표현하는 것이 필요할 수도 있다.

초기조건 미정의 문제 예제 2-15에서 주어진 방정식을 살펴보기로 하자.

$$y' = (2x + 2y + 3)^2 + 4x + 4y + 6 \qquad \textbf{(2–71)}$$

표 2-1에서 컴퓨터 해법을 보여주고 있는데, 구한 해는

표 2-1

방정식 2-71에 대한 컴퓨터 해

MATLAB Symbolic Math Toolbox
`dsolve('Dy=(2*x+2*y+3)^2+4*x+4*y+6','x')`
MuPAD
`eqn:= ode({y'(x)=(2*x+2*y(x)+3)^2+4*x+4*y(x)+6},y(x))` `solve(eqn)`
Maple
`ode:= diff(y(x),x) =(2*x+2*y(x)+3)^2 +4*x+4*y(x)+6` `dsolve(ode)`
Mathematica
`DSolve [y'[x]==(2*x+2*y[x]+3)^2+4*x+4*y[x]+6,y[x],x]`

$$y = -(2+x) - \frac{1}{4(x+C)} = -\frac{4x^2 + 4(2+C)x + 1 + 8C}{4(x+C)}$$

와 같으며, 여기에서 C는 적분상수이다. MuPAD, Maple, Mathematica 등에서는 x의 함수 y를 y(x) 또는 y[x]로 표현하도록 요구하는데 비해 MATLAB에서는 단순히 y라고만 표시하면 된다.

초기조건이 지정된 문제 초기조건이 주어진 경우의 해를 구할 수도 있다. 예제 2-2에서 주어진 방정식을 살펴보기로 하자.

$$(x+1)y' + y = 5x^2(x+1) \qquad y(2) = 3 \tag{2-72}$$

표 2-2에서 컴퓨터 해법을 보여주고 있는데, 구한 해는 다음과 같다.

표 2-2

방정식 2-72에 대한 컴퓨터 해

MATLAB Symbolic Math Toolbox
`dsolve('(1+x)*Dy+y=5*x^2*(x+1)','y(2)=3','x')`
MuPAD
`eqn := ode({(x+1)*y'(x)+y(x)=5*x^2*(x+1),y(2)=3},y(x))` `solve(eqn)`
Maple

`ode := (1+x)*diff(y(x),x)+y(x)= 5*x^2x(x+1)`
`ic: = y(2)=3`
`dsolve ({ode, ic})`

Mathematica
`DSolve[{(x+1)*y'[x]+ y[x] == 5*x^2*(x+1), y[2] == 3},y[x],x]`

$$y = -(2+x) - \frac{1}{4(x+C)} = -\frac{4x^2 + 4(2+C)x + 1 + 8C}{4(x+C)}$$

컴퓨터 패키지들마다 초기조건을 표시하는 방법이 다르다는 점을 유의하기 바란다. 일부 패키지에서는 방정식과 함께 초기조건을 표시한다.

윤곽선 그래프의 생성

윤곽선 그래프는 미분방정식의 해곡선들을 나타낸다. 컴퓨터 패키지로 이러한 그래프를 생성할 수 있다. 예제 2-19에서 다루었던 방정식을 살펴보기로 하자.

$$(e^{2x}\cos y + x^2)y'(x) + 2e^{2x}\sin y + 2xy = 0$$

그 해는

$$e^{2x}\sin y + x^2 y = C \tag{2-73}$$

와 같으며, 여기에서 C는 적분상수이다. 표 2-3에서는 $0 \le x \le 3$, $0 \le y \le 3$과 여러 다른 C 값들에 대해 해곡선을 구하는 방법을 보인다. 그림 2-47은 MATLAB으로 생성한 그래프를 보여준다.

방향장 그래프의 생성

2-7절에서 살펴본 바와 같이 때로 주어진 미분방정식에 대해 닫힌 형식의 해를

표 2-3

방정식 2-73에 대한 윤곽선 그래프를 생성하기 위한 컴퓨터 해법

MATLAB

```
% f is the solution for the integration constant C.
% Note: you must use array operations.
f = @(x,y)exp(2*x).*sin(y)+ x.^2.*y;
[X,Y] = meshgrid(0:0.1:3,0:0.1:3);
% Plot for C = 2 to 100 in steps of 10.
C = 2:10:100;
contour (X,Y,f(X,Y),L)
```

MuPAD

```
plot(plot::Implicit2d(exp(2*x)*sin(y)+x^2*y,x = 0..3,
 y = 0..3, Contours = [2,20,50,100]))
```

Maple

```
with(plots)
contourplot(exp(2*x)*sin(y)+x^2*y,x=0..3,y=0..3,
 Contours = [20,50,100])
```

Mathematica

```
ContourPlot[Exp[2*x]*Sin[y]+x^2*y,{x,0,3},{y,0,3},
 Contours->{20,50,100}]
```

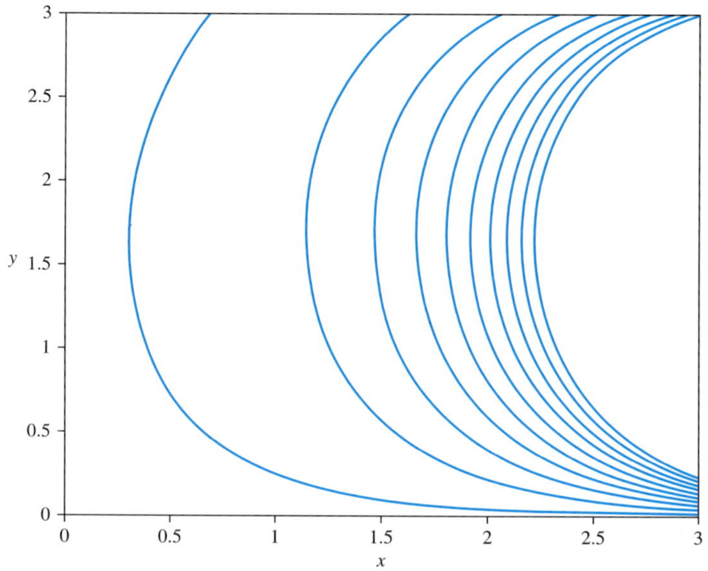

그림 2-47
방정식 2-73에 대한 윤곽선 그래프

구하는 것이 불가능할 수도 있으며, 그와 같은 경우 종종 방향장 그래프를 조사함으로써 해의 동작 특성을 파악할 수 있다. 해가 알려져 있는 경우에도 방향장 그래프가 유용할 수 있는데, 이는 방향장 그래프가 임의의 초기조건에 대한 해의 일반적 동작 특성을 보여주기 때문이다.

방정식 $y = -xy$가 주어져 있다고 하자. 표 2-4는 다양한 패키지에서 방향장 그래프를 구하는 방법을 보여준다. 그림 2-48은 MATLAB으로 생성한 그래프를 보여준다. 화살표는 해에서 x의 변화에 따라 y가 이동하는 방향을 보여준다. 예를

표 2-4

방정식 $y' = -xy$에 대한 방향장 그래프를 생성하기 위한 컴퓨터 해법

MATLAB

```
[X,Y]= meshgrid(-2:0.2:2,-2:0.2:2);
S=-X.*Y;
L=sqrt(1+S.^2);% L is used to scale the arrow lengths.
quiver(X,Y,1./L,S./L),axis tight, xlabel('x'),ylabel('y')
```

MuPAD

```
field:= plot::VectorField2d([1,-x*y],x = -2..2,y = -2..2,
 Mesh=[25,25]):
```

Maple

```
with(DEtools)
dfieldplot(y'(x)=-x*y(x),y(x),x = -2..2,y = -2..2,
 axes = boxed)
```

Mathematica

```
VectorFieldPlot [{1,-x*y},{x,-2,3},{y,-1,2},\[Continuation]
ScaleFunction-> (1&), Axes->True,Frame->True]
```

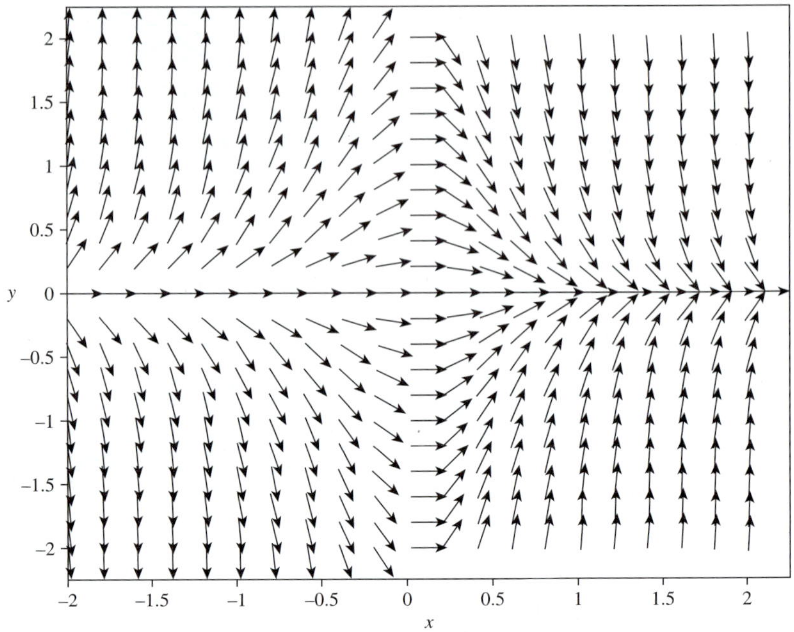

그림 2-48
$y' = -xy$에 대한 방향장 그래프

들면 점 $x = 1, y = 1$에서 기울기는 $y' = -(1)(1) = -1$이다. 따라서 x가 증가하면 y는 감소할 것이다.

2-10 ■ 요약

1계 미분방정식은 1계 도함수들만을 포함하며, $y' = f(x, y)$와 같이 표현될 수 있다. 1계 미분방정식의 일반해는 임의상수 C를 포함한다. 초깃값 문제에 대한 해는 $x = x_0$에서 $y = y_0$, 또는

$$y(x_0) = y_0 \quad \text{(2-4)}$$

와 같이 표현된 초기조건을 사용하여 결정할 수 있다.

선형성 1계 미분방정식이 y에 관하여 선형일 경우 선형성을 갖는다고 말한다. 선형방정식은 y나 y'의 멱승, 곱, 기타 비선형함수 등을 포함할 수 없으며,

$$y' + P(x)y = R(x) \quad \text{(2-7)}$$

와 같이 표현될 수 있다. 여기에서 P, R은 x의 함수들이며 관심 대상 구간에서 연속이다. 이러한 형식으로 표현될 수 없는 방정식은 비선형이다.

적분인자 선형 1계 미분방정식은 항상 다음과 같이 정의되는 적분인자를 사용하여 간단하게 풀 수 있다.

$$\mu(x) = e^{\int P(x)\,dx} \quad \text{(2-10)}$$

이 경우 선형 1계 방정식의 해는

$$y = \frac{1}{\mu(x)}\left[\int \mu(x)R(x)\,dx + C\right] \quad \text{(2-12)}$$

와 같이 표현될 수 있는데, 여기에서 임의상수 C는 초기조건으로부터 결정된다.

상수계수의 경우 현실적 관심을 받는 문제들 중에는 상수계수들을 갖고 우변이 상수인 선형 1계 미분방정식이 만들어지는 경우도 많으며, 그와 같은 방정식은 다음과 같이 표현될 수 있다.

$$y' + by = c \quad \text{(2-15)}$$

초기조건이 $y(0) = y_0$일 때 이 미분방정식의 해는 다음과

같다.

$$y = \frac{c}{b}(1 - e^{-bx}) + y_0 e^{-bx} \quad \textbf{(2–17)}$$

$c = 0$인 특별한 경우 위의 해는 다음과 같은 형태를 갖는다.

$$y = y_0 e^{-bx} \quad \textbf{(2–18)}$$

유일성 조건 정리 2-1에 따르면 함수 $P(x)$, $R(x)$가 점 x_0을 포함하는 열린구간 I에서 연속일 경우

$$y' + P(x)y = R(x),\ y(x_0) = y_0$$

로 주어지는 선형 1계 미분방정식은 I 상에서

$$y = \frac{1}{\mu(x)}\left[\int \mu(x)R(x)dx + C\right]$$

로 주어지는 유일한 해를 갖는데, 여기에서 $\mu(x) = e^{\int P(x)dx}$는 적분인자이다.

정리 2-2에 따르면 $f(x, y)$가 점 (x_0, y_0)을 포함하는 어떤 사각형 D에서 연속인 함수일 경우 1계 미분방정식 $y' = f(x, y)$, $y(x_0) = y_0$은 (x_0, y_0)을 포함하는 D의 부분구간 안에서 적어도 한 개의 해를 갖는다. 그리고 $\partial f/\partial y$도 D에서 연속일 경우 이 해는 유일성을 갖는다.

변수분리형 방정식 1계 미분방정식 $y' = h(x, y)$는 $h(x, y)$를 x에 관한 함수와 y에 관한 함수의 비, 즉, $y' = f(x)/g(y)$와 같이 표현할 수 있을 경우 변수분리가능 방정식이라고 말하며, 이는 다시 다음과 같이 표현될 수 있다.

$$g(y)y' = f(x) \quad \textbf{(2–36)}$$

$y'dx = dy$임을 이용하여 직접적분법으로 구한 그 해는 다음과 같다.

$$\int g(y)dy = \int f(x)dx + C \quad \textbf{(2–37)}$$

동차 변수분리형의 경우 변수분리형으로 변환될 수 있는 가장 잘 알려진 유형의 미분방정식은 동차방정식이다. 1계 미분방정식은 다음과 같이 표현될 수 있을 경우 동차형이라고 한다.

$$y' = f\left(\frac{y}{x}\right) \quad \textbf{(2–46)}$$

실용적 규칙으로서, 우변의 분자와 분모에 포함된 각 항에서 x, y의 지수들의 합이 같은 방정식은 동차형이다. 혹은 다음과 같은 동차성 시험을 적용할 수도 있다. 미분방정식에서 모든 x를 λx로, 모든 y를 λy로 바꾼 다음 간소화한다. 간소화 후에 모든 λ가 상쇄되어 없어질 경우 원래의 방정식으로 돌아가며 이 미분방정식은 동차형이고, 그렇지 않을 경우 비동차형이다.

완전 미분방정식 $M(x, y) + N(x, y)y' = 0$과 같은 형식으로 표현될 수 있는 1계 미분방정식은 어떤 영역 D 안의 모든 (x, y)에 대해 다음 식들을 만족하는 함수 $S(x, y)$가 존재할 경우 영역 D에서 완전 미분방정식이라고 한다.

$$\frac{\partial S(x, y)}{\partial x} = M(x, y) \quad \text{그리고} \quad \frac{\partial S(x, y)}{\partial y} = N(x, y)$$

정리 2-3에 따르면, 편도함수 $\partial M(x, y)/\partial y$와 $\partial N(x, y)/\partial x$가 사각영역 D에서 연속일 경우, $M(x, y) + N(x, y)y' = 0$이 그 영역에서 완전 미분방정식이기 위한 필요충분조건은 영역 D 안의 모든 점에서 다음 조건이 성립해야 한다는 것이다.

$$\frac{\partial M(x, y)}{\partial y} = \frac{\partial N(x, y)}{\partial x}$$

역사적 인물들

이 장에서 다룬 모든 기호 조작 기반 방법들은 오래 전에 개발되었는데, 당시에는 미분방정식을 풀기 위한 다른 방법은 생각할 수도 없었기 때문이다. 일부 수치해법들이 알려져 있기는 했지만, 디지털 컴퓨터가 도래하기 전에는 너무 많은 계산을 요하여 사용하기 어려웠다. 사실 오늘날의 기호 처리 프로그램들은 이 장과 이후의 장들에서 다루는 방법들에 기초한 몇 가지 규칙들을 사용한다.

여기에서는 이 장에서 언급된 방법들의 발견에 기여한 유명한 학자들을 소개한다.

베르누이(Jacob Bernoulli, 1654–1705) 스위스 수학자. 베르누이는 자신의 이름을 딴 미분방정식을 처음 분석하였으며, 또한 변수분리법을 개발하였다. 베르누이 집안에는 다른 유명한 수학자들도 많다(참고: 문제 2-199에서 2-205).

리카티(Jacopo Francesco Riccati, 1676–1754) 이탈리아 수학자. 리카티는 자신의 이름을 딴 미분방정식을 처음 연구하였다(참고: 문제 2-206에서 2-211).

라이프니츠(Gottfried Wilhelm Leibniz, 1646–1716) 독일 수학자. 라이프니츠는 뉴턴과 독립적으로 미적분학을 개발하였으며, 라이프니츠가 사용한 표기법들은 널리 사용되고 있다. 라이프니츠는 또한 몇 가지 기계식 계산기를 개발하였으며, 디지털 컴퓨터의 기초가 된 이진수 체계를 발전시켰다.

맬서스(Thomas Malthus, 1766–1834) 영국 경제학자. 맬서스는 인구의 증가와 감소에 관한 이론을 개발한 『인구론』을 저술하였다.

뉴턴(Issac Newton, 1643–1727) 영국 물리학자, 수학자, 천문학자. 뉴턴은 모든 시대를 망라하여 가장 유명한 과학자이다. 뉴턴은 라이프니츠와는 독립적으로 미적분학을 개발하였다. 뉴턴은 뉴턴의 중력법칙, 뉴턴의 운동법칙 등을 비롯하여 고전 역학의 기본적인 원리들을 개발하였다. 뉴턴은 광학실험들을 수행하였으며, 뉴턴의 냉각법칙과 함수의 근을 찾는 뉴턴의 방법 등을 개발하였다.

토리첼리(Evangelista Torricelli, 1608–1647) 이탈리아 물리학자이자 수학자. 토리첼리는 기압계를 발명하였으며, 구멍을 통한 액체의 유속과 액체의 높이 사이의 관계에 관한 토리첼리 법칙을 발견하였다.

펠허스트(Pierre Francois Velhulst, 1804–1849) 벨기에 수학자. 펠허스트는 인구증가에 관한 로지스틱 미분방정식 모델을 개발하였다.

연습문제

2-1 1계 미분방정식에 대한 개요

2-30C 1계 미분방정식은 다음과 같은 항을 포함할 수 있는가?

(a) $\sin y'$ (b) $e^{y'}$ (c) y

2-31C 일반적인 1계 미분방정식을 직접적분법으로 풀 수 있는가? 아니면 어떤 조건이 필요한가?

2-32C 미분방정식 $dy/dx = xy^2$는 $dx/dy = 1/xy^2$와 동일한가?

2-33C 상수계수 선형 1계 초깃값 문제가 해를 갖기 위한 조건은 무엇인가? 이 해가 유일한 해이기 위한 조건은 무엇인가?

2-34C 선형 1계 미분방정식은 몇 개의 적분상수를 포함하는가?

2-35C 선형 1계 초깃값 문제가 특이해를 갖기 위한 조건은 무엇인가?

다음의 1계 미분방정식이 선형인지 결정하라.

2-36 (a) $y' + 3x^2y = \sin x$ (b) $2y' + 3x\sqrt{y} = e^x$

2-37 (a) $y' + e^xy = 2\sqrt{x}$ (b) $y'y^2 + \cos y = x$

2-38 (a) $xy'^2 + x^2y = 1$ (b) $y' - 5x\sin y = 0$

2-39 (a) $yy' + xy = x$ (b) $y'^2 - y^2 = x^2$

2-40 (a) $y' - (y - x)^2 = 0$ (b) $y' - 3e^{xy} = x^3$

다음의 선형 1계 미분방정식을 풀되, 풀이 과정의 모든 단계들을 보여라.

2-41 (a) $2xy' - y = x^2$ (b) $y' + \frac{1}{x}y = e^x$

2-42 (a) $y' + 4xy = 2x$ (b) $y' - 4y = xe^{4x}$

2-43 (a) $y' + \left(3 - \frac{1}{x}\right)y = x^2 - x$

(b) $y' + (\tanh x)y = 2x$

2-44 (a) $(x^2 - 1)y' + 2xy = 4$ (b) $x^2y' + 2xy = 1$

2-45 (a) $y' + \frac{2}{x}y + x^2 = \sin 2x$ (b) $y' + \frac{2}{x}y = \frac{e^{2x}}{x}$

2-46 (a) $xy' + (1 + x)y = 2$ (b) $y' + \frac{1}{x}y = e^x$

다음의 선형 1계 초깃값 문제를 풀되, 풀이 과정의 모든 단계들을 보여라.

2-47 (a) $y' - 2y = e^x$, $y(1) = 2$ (b) $(x^2 - 1)y' - xy = 1$, $y(2) = 3$

2-48 (a) $\cos xy' - \sin xy = 4$, $y(\pi) = 1$ (b) $xy' + y = (x + 1)^2$, $y(1) = 2$

2-49 (a) $x^2y' + xy = 4$, $y(1) = 3$ (b) $y' + \dfrac{1}{x-4}y = x^4$, $y(2) = 8$

2-50 (a) $y' - \dfrac{2x}{2-x^2}y = e^x$ (b) $xy' + 4y = \cos x$

2-51 y 대신 x를 종속변수로 보고 다음의 초깃값 문제를 풀어라.

$$\frac{dy}{dx} = \frac{y^2}{1-x}, \qquad y(0) = 1$$

2-52 y 대신 x를 종속변수로 보고 다음의 초깃값 문제를 풀어라.

$$\frac{dy}{dx} = \frac{e^y}{e^{-y} + 2x}, \qquad y(0) = 0$$

2-53 $y_1(x)$가 선형 동차 1계 방정식 $y' + P(x)y = 0$의 해일 경우, 임의의 상수 C에 대해 $Cy_1(x)$ 또한 그 방정식의 해임을 보여라.

2-54 $y_1(x)$가 비선형 동차 1계 방정식 $y' + P(x)y^2 = 0$의 해일 경우, 임의의 상수 C에 대해 $Cy_1(x)$가 그 방정식의 해로 보장되지는 않는다는 것을 보여라.

2-55 $y_1(x)$가 선형 비동차 1계 방정식 $y' + P(x)y = Q(x)$의 해일 경우, 임의의 상수 C에 대해 $Cy_1(x)$가 그 방정식의 해로 보장되지는 않는다는 것을 보여라.

2-3 1계 미분방정식의 응용

2-56C 어떤 매질에서 흡수계수가 a인 광선의 절반이 흡수될 때까지 여행하는 거리를 위한 관계식을 구하라.

2-57C 빗방울을 위한 종단속도를 정의하라. 이 속도는 빗방울이 형성되는 위치에 종속되는가?

2-58 충분한 먹이가 제공되는 큰 어장에서 물고기를 잡지 않을 경우 물고기 개체 수는 매년 2배로 늘어난다는 것이 관찰되어 있다. 어장 안의 물고기 초기 개체 수를 N_0이라 하고 맬서스의 증가 법칙이 유효하다고 가정할 때, 매일 어획률이 $0.002N_0$일 경우 물고기 개체 수를 시간의 함수로 표현한 관계식을 구하라.

2-59 어떤 박테리아 군체의 개체 수는 3시간마다 2배로 증가한다는 것이 관찰되어 있다. 맬서스의 증가 법칙이 유효하다고 가정할 때, 원래 개체 수의 4배가 되기까지 소요되는 시간을 구하라.

2-60 매년 0.2%씩 인구가 증가하는 나라가 있다. 이러한 증가율이 일정하게 유지될 때, 이 나라의 인구가 2배가 되기까지 몇 년이 걸리겠는가?

2-61 다음 방정식 중 시간상수를 갖는 방정식들을 찾고 그들에 대해 시간상수를 구하라.

(a) $6\dfrac{dy}{dt} + y^2 = 10$ (b) $10\dfrac{dy}{dt} + 2y = \sin t$

(c) $10\left(\dfrac{dy}{dt}\right)^2 + 2y = t^2$

2-62 방정식

$$6\frac{dy}{dt} + 3y = 0$$

과 초기조건 $y(0) = 10$에 대해 방정식을 풀지 말고 $y(t)$가 대략 $y = 3.7$에 도달하기까지 소요되는 시간을 구하라. $y = 0.2$에 도달하기까지 소요되는 시간은?

2-63 방정식

$$15\frac{dy}{dt} + 3y = 24$$

과 초기조건 $y(0) = 0$에 대해 다음 질문들에 답하라.

(a) y에 대한 안정 상태 값은 얼마인가?

(b) 방정식을 풀지 말고 $y(t)$가 대략 $y = 5.04$에 도달하기까지 소요되는 시간을 구하라. $y = 7.84$에 도달하기까지 소요되는 시간은?

2-64 라듐 226의 반감기는 대략 1600년이다. 라듐 226의 붕괴상수를 결정하고, 또 100년이 지났을 때 라듐 226이 붕괴된 비율을 구하라.

2-65 초기 온도가 $T_1 = 30$℃인 작은 구리 공을 시점 $t = 0$에 얼음물에 빠뜨린다. $t = 1$분일 때 공의 온도는 20℃로 떨어진 것으로 관찰되었다. 뉴턴의 냉각법칙을 사용하여 $t = 2$분일 때 공의 온도를 구하라.

2-66 초기에 온도가 균일하게 20℃이고 반지름이 1cm인

포도를 $\lambda = hA/mc = 0.003\text{s}^{-1}$인 냉장고 안에 넣는다. 뉴턴의 냉각법칙을 사용하여 10분 후의 포도의 온도를 구하라.

2-67 초기에 온도가 균일하게 250℃인 뜨거운 알루미늄 판을 50℃의 흐르는 공기에 노출시켜 냉각시킨다. 이 과정에 관여하는 매개변수들이 $\lambda = hA/mc = 0.001\text{s}^{-1}$을 만족시킨다고 할 때, 뉴턴의 냉각법칙을 사용하여 알루미늄 판이 100℃가 되기까지 소요되는 시간을 구하라.

2-68 물에서 녹색광에 대한 흡수계수는 대략 0.03m^{-1}이다. 녹색광이 물속에서 30m를 여행하는 동안 흡수되는 비율을 구하라.

2-69 파장이 $1.22\mu\text{m}$인 적색광이 45° 각도로 2m 깊이의 연못 속으로 들어간다. 이 파장에서 물의 흡수계수는 0.5m^{-1}이다. 연못의 바닥에 도달하는 빛의 비율을 구하라.

2-70 어떤 탱크에 10kg의 소금을 포함하는 소금물 200L가 들어있다. 이제 순수한 물이 분 당 5L의 속도로 탱크 안으로 유입되며, 잘 섞인 소금물이 동일한 속도로 배출된다. 30분 후에 탱크 안에 남아있는 소금의 양을 구하라. 그리고 탱크 안에 남아있는 소금의 양이 1kg으로 줄어들 때까지 소요되는 시간을 구하라.

2-71 배수관이 잠겨있다고 가정하고 문제 2-70에 다시 답하라.

2-72 질량이 $m = 5\text{kg}$인 물체를 50m 높이의 고층건물에서 떨어뜨린다. 이 물체가 지면에 부딪칠 때 완전탄성 충돌이 발생하는데, 이는 속도의 변화는 없으면서 운동방향만 반대로 바꾸어주는 충돌을 말한다. 공기저항은 물체의 속도에 비례한다고 가정하고 비례상수는 $k = 2\text{N}\cdot\text{s/m}$이고 $g = 9.75\text{m/s}^2$일 때, 지면에 부딪친 후 물체는 얼마나 높이 튀어오를 지 계산하라.

2-73 질량이 m이고 밀도는 ρ_b인 공을 정지 상태에서 물속에 넣어 가라앉도록 놓아두었다. 중력은 이 물체를 아래로 당길 것이며, $\rho_w gv$으로 정의되는 부력은 물체를 위로 밀어 올릴 것이다. 여기에서 ρ_w는 물의 밀도(kg/m³), g는 중력상수(m/s²), v는 물속에 잠긴 물체 부분의 부피이다. 점성효과로 인한 물의 저항력은 물체의 속도에 비례하며 비례상수는 k라고 가정할 때, 주어진 매개변수들을 사용한 물체의 운동방정식을 유도하라. 또한 $t \to \infty$에 따른 물체의 종단 침몰속도를 구하라. 그리고 $m = 15\text{kg}$, $\rho_b = 2000\text{kg/m}^3$, $\rho_w = 1000\text{kg/m}^3$, $k = 15\text{N}\cdot\text{s/m}$, $g = 9.81\text{m/s}^2$일 때, 시간의 함수로 표현되는 물체 속도에 대한 그래프를 보여라.

2-74 그림 2-22의 RL 회로에서 $R = 10^4\Omega$, $L = 0.003\text{H}$, $v_s = 10\text{V}$라고 하자.

(a) 전압이 가해질 때 초기 전류 값이 0일 경우, 전류의 안정 상태 값을 구하라.
(b) 방정식을 풀지 말고 전류가 안정 상태 값에 도달하기까지 소요되는 대략적인 시간을 구하라.

2-75 \$10,000의 금액을 연속 복리 연이율 4%인 예금에 저축하였다고 하자. 8년 후에 예금액을 구하라. 예금에서 매일 \$1씩 인출하였다면 앞의 대답은 어떻게 달라지는가? 각 경우에 적절한 미분방정식을 세운 다음 방정식을 풀어라.

2-76 \$5,000의 금액을 연속 복리 연이율 10%인 예금에 저축하였으며, 이 예금에서 매일 \$2씩 인출한다고 하자. 미분방정식을 사용하여 예금 잔고가 0이 될 때까지 소요되는 시간을 구하라.

2-77 금액 A를 연속 복리 예금에 저축하였다고 하자. 5년이 지난 후 예금액이 2배가 되었을 경우 연이율을 구하라.

2-4 비선형 1계 미분방정식

주어진 1계 미분방정식에 대해 해의 존재성 및 유일성 정리에 의해 임의의 지정된 점을 지나는 해의 존재성 및 유일성이 보장되는 xy-평면상의 영역을 대략적으로 결정하라.

2-78 (a) $y' = \dfrac{x}{y}$ (b) $y' = y(1 - x^2)$

2-79 (a) $y' = xy$ (b) $y' = \dfrac{xy}{y^2 - 1}$

2-80 (a) $y' = \dfrac{1}{\sqrt{x^2 + y^2}}$ (b) $y' = 1 + xy$

주어진 1계 초깃값 문제에 대해 해의 존재성이 보장되는 xy-평면상의 영역을 대략적으로 결정하라. 또한 그 해가 유일한 해인 영역을 결정하라.

2-81 (a) $y' = \sqrt{x^2 - y^2}$, $y(0) = 1$ (b) $y' = \dfrac{x}{y}$, $y(1) = 3$

2-82 (a) $y' = \dfrac{2xy}{x^2 + y^2}$, $y(2) = 4$ (b) $y' = x^2y^3$, $y(0) = 0$

2-83 (a) $y' = \dfrac{1}{x^3 + y^3}$, $y(0) = 2$ (b) $y' = \dfrac{2xy}{1 - (x^2 + y^2)}$, $y(1) = 2$

2-5 변수분리형 1계 방정식

2-84C 서로 교차하는 두 개의 곡선에 대해 직교성을 정의하라. 또한 직교 궤도를 정의하라.

2-85C 변수분리 불가능 방정식을 변수분리형 방정식으로 변환하는 것이 가능한가? 그 방법은 무엇인가?

변수분리법을 사용하여 다음 1계 미분방정식을 풀어라.

2-86 (a) $y' + 2e^{x+y} = 0$ (b) $y' = \dfrac{\sin x}{\sin y}$

2-87 (a) $xy'^2 = 1 - y^2$ (b) $y' = ay - bxy$

2-88 (a) $(x^2 - 1)y' = 3y$ (b) $y' = x^3y^3$

2-89 (a) $y' = x \sin x \cos y$ (b) $yy' = e^{x+y+1}$

2-90 (a) $y' = e^{-y}(x + e^{-x})$ (b) $xyy' = \sqrt{1 - y^2}$

다음의 1계 미분방정식을 먼저 변수분리가능 방정식으로 변환한 다음 변수분리법을 적용하여 풀어라.

2-91 (a) $\dfrac{dy}{dx} = \dfrac{2 + (y - x)e^{3(y-x)}}{(y - x)e^{3(y-x)}} = \dfrac{2}{(y - x)e^{3(y-x)}} + 1$

(b) $\dfrac{dy}{dx} = \sqrt{x + 2y - 3}$

2-92 (a) $\dfrac{dy}{dx} = (x - y)^2$

(b) $\dfrac{dy}{dx} = \dfrac{4e^{y-2x}}{x^2 - 4xy + 4y^2} + \dfrac{1}{2} = \dfrac{4}{(x - 2y)^2e^{2x-y}} + \dfrac{1}{2}$

변수분리법을 사용하여 다음 1계 초깃값 문제를 풀어라.

2-93 (a) $y' - 4xy^2 = x$, $y(1) = 0$ (b) $x^2y' = 1 - y^2$, $y(1) = 0$

2-94 (a) $y' = 2(x - y)^2$, $y(0) = 0$ (b) $y' = x^2y^3$, $y(-2) = 1$

2-95 (a) $y' = 3x^2y$, $y(2) = 1$

(b) $y' = \dfrac{x}{y}\dfrac{\sin x}{\cos x}$, $y(\pi/2) = 0$

두 가지 서로 다른 방법을 사용하여 다음 1계 미분방정식을 풀어라.

2-96 (a) $y' + by = 0$ (b) $y' = \dfrac{y}{1 - x^2}$

2-97 (a) $y' = 6x^3y$ (b) $y' + by = c$

2-98 반지름이 R인 공 모양의 탱크가 초기에 물로 가득 채워져 있다. 이제 탱크 바닥에 반지름이 r인 구멍을 뚫어 물이 배출되도록 만든다. 토리첼리의 법칙에 따르면 구멍을 통해 배출되는 물의 속도는 $V = \sqrt{gy}$ 이다. 여기에서 y는 구멍 위치를 기준으로 한 당시의 물의 높이이며, g는 중력가속도이다. 물의 깊이를 시간 t의 함수로 표현한 관계식을 구하고, 물이 탱크에서 완전히 배출되기까지 소요되는 시간을 계산하라.

2-99 탱크가 역 원추 모양이고 바닥에 구멍을 뚫은 경우에 대해 문제 2-98에 다시 답하라.

2-100 임계값을 갖는 로지스틱 개체 수 증가는 다음 미분방정식으로 표현될 수 있다.

$$\frac{dN}{dt} = -(a - bN)N$$

이 방정식을 위한 일반해를 구하고, 여러 초기 개체 수 값 N_0에 대해 개체 수 증가 (또는 감소) 그래프를 보여라. 초기 개체 수가 N_0 아래일 때 개체 수 증가가 발생하지 않고 멸종이 발생하는 임계값 N_0을 구하라.

2-101 보다 현실적이지만 더욱 복잡한 개체 수 증가 모델은 무한정의 증가를 허용하지 않지만 멸종은 허용하는 모델이다. 위의 문제에 사용된 미분방정식에 아래와 같이 또 다른 인수를 추가하여 N이 커지면 증가율이 음의 값이 되도록 함으로써 그와 같은 모델을 만들 수 있다.

$$\frac{dN}{dt} = -(a - bN)(1 - cN)N$$

이 미분방정식을 위한 일반해를 구하고, 또 평형 해를 결정하라.

2-102 어떤 큰 어장에서 물고기를 잡지 않을 때 물고기 개체 수는 로지스틱 법칙에 따라 증가하는 것으로 관찰되었다. 일정한 어획률이 f일 경우 물고기 개체 수를 시간의 함수로 표현한 관계식을 구하라.

2-103 어떤 2-단계 로켓에서 1단계의 추력 T는 300kN이

며 이륙 시 질량은 $m = 5000\text{kg}$이다. 이 로켓에 대한 공기역학적 항력 D는 속도 v의 제곱에 비례하며 $D = 0.027v^2$로 정해지며, v는 초 당 미터(m/s) 단위로 표시된다.

(a) 속도 $v(t)$에 관한 운동방정식을 구하고 이 방정식을 풀어라.
(b) 4초 후의 로켓 속도를 구하라.

2-104 어떤 2-단계 로켓에서 1단계의 추력 T는 300kN이며 이륙 시 질량은 $m = 5000\text{kg}$이다. 공기역학적 항력 D는 속도 v의 제곱에 비례하며 $D = \rho C_D A v^2/2$로 정해진다. 여기에서 ρ는 대기의 질량 밀도, A는 로켓의 단면적(진행 방향에 수직인 면적), C_D는 항력계수이다. 에어로비의 경우 $A = 0.2\text{m}^2$, $C_D = 0.5$, 그리고 저층 대기에서 $\rho = 1.204\text{kg/m}^3$이다.

(a) 속도 $v(t)$에 관한 운동방정식을 구하고 이 방정식을 풀어라.
(b) 3초 후의 로켓 속도를 구하라.

2-105 다음 1-매개변수 곡선 패밀리에 대한 직교 궤도를 구하라.

(a) $x^2 - y^2 = C$ (b) $x^2 + y^2 - 2kx = 0$

2-106 다음 1-매개변수 곡선 패밀리에 대한 직교 궤도를 구하라.

(a) $y^2 = ky^2$ (b) $x^2 + 4xy - y^2 + 1 = C$

변수분리형 동차 1계 미분방정식

2-107C 1계 미분방정식에 대한 동차성 기준은 무엇인가?

2-108C 동차 1계 미분방정식은 항상 변수분리형 방정식으로 변환될 수 있는가? 그 방법은 무엇인가?

다음 1계 미분방정식이 동차형인지 결정하라.

2-109 (a) $\dfrac{dy}{dx} = \dfrac{x^2 - y^2}{xy}$ (b) $\dfrac{dy}{dx} = \dfrac{x^3 - 2xy^2}{x^2 + y}$

2-110 (a) $\dfrac{dy}{dx} = \dfrac{x^3 + x^2y}{2xy^2 - y^3}$ (b) $\dfrac{dy}{dx} = x^2 - \dfrac{y^3}{x}$

2-111 (a) $\dfrac{dy}{dx} = \dfrac{x^4 - 3x^2y^2 + y^4}{xy^3 - 4y^4}$ (b) $\dfrac{dy}{dx} = x^3 - y^3$

다음 1계 동차(또는 동차형으로 변환될 수 있는) 미분방정식을 풀어라.

2-112 (a) $\dfrac{dy}{dx} = \dfrac{x}{x + y}$ (b) $\dfrac{dy}{dx} = \dfrac{x^2y}{x^3 + 3y^3}$

2-113 (a) $\dfrac{dy}{dx} = \dfrac{2x^2 - y^2}{x^2}$ (b) $\dfrac{dy}{dx} = \dfrac{x + 2y}{2x - y}$

2-114 (a) $\dfrac{dy}{dx} = \dfrac{x^2 - 6y^2}{2xy}$ (b) $\dfrac{dy}{dx} = \dfrac{x^2 - 2xy}{x^2 + y^2}$

2-115 (a) $\dfrac{dy}{dx} = \dfrac{2x^2y}{x^3 - y^3}$ (b) $\dfrac{dy}{dx} = \dfrac{-2x + 3y}{x - 2y}$

2-116 (a) $xy\dfrac{dy}{dx} = y^2 + x\sqrt{x^2 + y^2}$ (b) $x\dfrac{dy}{dx} = y - 4xe^{2y/x}$

2-117 (a) $\dfrac{dy}{dx} = \dfrac{y - 10\sqrt{4x^2 - y^2}}{x}$ (b) $\dfrac{dy}{dx} = \dfrac{x - y}{x}$

다음 1계 동차(또는 동차형으로 변환될 수 있는) 초깃값 문제를 풀어라.

2-118 (a) $\dfrac{dy}{dx} = \dfrac{x^2 - y^2}{2xy},\ y(1) = 0$

(b) $\dfrac{dy}{dx} = \dfrac{x - y}{x + y},\ y(0) = 0$

2-119 (a) $\dfrac{dy}{dx} = \dfrac{y}{x + y},\ y(0) = 1$

(b) $\dfrac{dy}{dx} = \dfrac{2xy - y^2}{3x^2},\ y(8) = 1$

2-120 (a) $\dfrac{dy}{dx} = \dfrac{x + 2y}{2x - y},\ y(1) = 0$

(b) $\dfrac{dy}{dx} = \dfrac{y - \sqrt{x^2 + xy - y^2}}{x},\ y(1) = 0$

비동차 1계 방정식들 중에는 변수 치환을 통해 동차방정식으로 쉽게 변환될 수 있는 것들도 있다. 이러한 방정식의 한 유형은 다음과 같이 표현되는 ***선형 분수 방정식****이다.*

$$y' = \frac{ax + by + c}{Ax + By + C}$$

이러한 비동차방정식은 $x = X + x_0$, $y = Y + y_0$을 만족하는 두 개의 새로운 변수들을 정의함으로써

$$y' = \frac{aX + bY}{AX + BY}$$

와 같은 동차방정식으로 변환될 수 있는데, 여기에서

$$x_0 = \frac{Bc - bC}{Ab - aB} \quad \text{and} \quad y_0 = \frac{aC - Ac}{Ab - aB}$$

이며 $Ab - aB \neq 0$이라야 한다. 이 기법을 사용하여 다음 방정식을 풀어라.

2-121 (a) $\dfrac{dy}{dx} = \dfrac{-2x + 3y + 1}{x - 1}$ (b) $\dfrac{dy}{dx} = \dfrac{x + 2y - 3}{x - y}$

2-122 (a) $\dfrac{dy}{dx} = \dfrac{3x - 4y - 5}{x + 2y}$

2-123 (a) $\dfrac{dy}{dx} = \dfrac{x + y}{x - 4}$ (b) $\dfrac{dy}{dx} = \dfrac{x + 2y - 1}{y}$

2-6 완전 1계 미분방정식

2-124C 1계 미분방정식이 완전형이 되기 위한 조건은? 또 어떤 경우에 비완전형인가?

2-125C 식 2-58을 적분할 때 임의상수 C 대신 임의의 함수 $g(y)$를 사용하는 이유는 무엇인가?

2-126C 병합법이란 무엇인가? 비완전 1계 미분방정식을 풀기 위해 이 방법을 사용할 수 있는가?

다음 1계 미분방정식이 완전형인지 결정하라.

2-127 (a) $3x + 1 + (3y - 1)y' = 0$
(b) $3y - 1 - (3x + 1)y' = 0$

2-128 (a) $y^2 - 2x + (2xy - e^y)y' = 0$
(b) $y^2 - 2xyy' = 0$

2-129 (a) $e^y \sin x + 2 - (e^y \cos x)y' = 0$
(b) $e^x \sin y - (e^x \cos x)y' = 0$

2-130 (a) $2x + y + (x - 2y)y' = 0$
(b) $x + 2y + (x - 2y)y' = 0$

2-131 (a) $x^2 + \sin x - (y^2 - \cos y)y' = 0$
(b) $x^2 + \sin y - (y^2 - \cos x)y' = 0$

2-132 (a) $\dfrac{dy}{dx} = \dfrac{x - y - 1}{x + y + 1}$ (b) $\dfrac{dy}{dx} = \dfrac{x + y - 1}{x + y + 1}$

2-133 (a) $\dfrac{dy}{dx} = \dfrac{-2xe^y}{x^2e^y + 1}$ (b) $\dfrac{dy}{dx} = \dfrac{2xe^x}{x^2e^y + 1}$

2-134 (a) $\dfrac{dy}{dx} = -\dfrac{2x\sin 2y + xe^x}{e^{2y} - x^2\cos 2y}$
(b) $\dfrac{dy}{dx} = \dfrac{2x\sin 2y + xe^x}{x^2\cos 2y - e^{2y}}$

주어진 미분방정식이 완전형임을 보인 후에 초깃값 문제를 풀어라.

2-135 $(2x^2 + 1) + (4y^3 - 2y + 1)y' = 0, \quad y(0) = 1$

2-136 $(3x^2\sin y + xe^x) + (x^3 \cos y - y^2 + 1)y' = 0,$
$y(1) = -2$

2-137 $(2x + 3y - 1) + (3x - 2y + 3)y' = 0,$
$y(0) = 0$

2-138 $(3x^2y + e^x\sin y) + (x^3 + e^x\cos y)y' = 0,$
$y(0) = \pi/2$

2-139 $y' = \dfrac{x^2e^x + 1}{y^2e^y - 1}, \; y(0) = 4$

2-140 $y' = \dfrac{2x - 3y - 1}{3x - 2y + 1}, \; y(-2) = 3$

2-7 그래프 해법

다음 미분방정식에 대한 방향장을 그리고, 지정된 초기조건을 만족하는 해곡선을 보여라.

2-141 (a) $y' = x^2 + y^2, \; y(2) = 4$
(b) $y' = xy + 2, \; y(1) = 2$

2-142 (a) $y' = x^2 - y^2, \; y(1) = 1$ (b) $y' = xy, \; y(2) = 6$

2-143 (a) $y' = \sqrt{y}, \; y(3) = 2$ (b) $y' = \dfrac{x}{y}, \; y(1) = 1$

2-144 (a) $y' = y, \; y(0) = -1$
(b) $y' = \dfrac{1}{y}, \; y(2) = 1$

2-145 (a) $y' = x - y, \; y(2) = 3$
(b) $y' = 0.5y^{1/3}, \; y(1) = 0.5$

2-9 1계 방정식을 위한 컴퓨터 해법

다음 방정식에 컴퓨터 해법을 적용하라.

2-146 $(x^2 - 1)y' + 2xy = 4$

2-147 $y' = x\sin x\cos y$

2-148 $y' = \sqrt{x + 2y - 3}$

2-149 $y' = \dfrac{x^2y}{x^3 + 3y^3}$

다음 초깃값 문제에 컴퓨터 해법을 적용하라.

2-150 $x^2y' + xy = 4,\ y(0) = 3$

2-151 $y' = 2(x - y)^3,\ y(0) = 0$

2-152 $y' = \dfrac{x^3 - xy^2}{y^3},\ y(0) = -1$

컴퓨터를 사용하여 다음 문제를 위한 방향장 그래프를 구하라.

2-153 $y' = x^2 - y^2$

2-154 $y' = 0.5y^{1/3}$

2-155 $y' = \sqrt{y}$

컴퓨터를 사용하여 다음 문제를 위한 윤곽선 그래프를 구하라. 동일한 간격의 값들을 갖는 5개의 윤곽선을 사용하라.

2-156 $4yy' = x$의 해는 $4y^2 - x^2 = C$와 같은 형태를 갖는다.

2-157 $4yy' + x = 0$의 해는 $4y^2 + x^2 = C$와 같은 형태를 갖는다.

2-158 $yy = 2$의 해는 $y^2 = 4x + C$와 같은 형태를 갖는다.

복습문제

함수 $P(x)$나 $R(x)$에 불연속점을 포함하는 다음 선형 1계 미분방정식을 풀어라. (힌트: $x = a$이 불연속점이면, $x < a$인 경우와 $x > a$인 경우 각각에 대해 주어진 미분방정식을 푼 후에 그 해들을 결합하라.)

2-159 $y' - 4y = f(x)$, 단 $f(x) = \begin{cases} 0, x < 0 \\ 10, x \geq 0 \end{cases}$

2-160 $y' + f(x)y = 0$, 단 $f(x) = \begin{cases} 0, x < 1 \\ 2x, x \geq 1 \end{cases}$

2-161 $y' + y = f(x)$, 단 $f(x) = \begin{cases} -x, x < 0 \\ x, x \geq 0 \end{cases}$

2-162 $y' + f(x)y = 1$, 단 $f(x) = \begin{cases} -1, x < 0 \\ 1, x \geq 0 \end{cases}$

2-163 일반 온도계나 열전대 온도계와 같은 온도측정 장치의 센서와 온도측정 대상 매체 사이의 열전달에 기초하여 온도측정이 이루어진다. 일단 온도계 센서와 매체 사이에 접촉이 일어나면 센서는 신속하게 열을 받거나 잃게 되어 매체와의 열평형 상태에 도달한다. 이 시점에서 매체와 센서는 동일한 온도를 갖게 된다. 열평형 상태에 도달하기 위해 소요되는 시간은 몇 분의 1초에서 몇 분 정도에 이르기까지 다양할 수 있다. 대개 센서들은 크기가 작고 높은 열전도율을 갖기 때문에 균일한 온도를 가지며 뉴턴의 냉각법칙이 적용된다고 가정한다.

기체의 온도측정에 열전대 온도계가 많이 사용된다. 열전대 온도계와 기체 흐름의 특성이 $\lambda = hA/mc = 0.02\text{s}^{-1}$라고 한다. 온도계의 초기 온도는 T_i이고 기체의 초기 온도는 T_0이다. 온도계와 기체 사이의 초기 온도 차의 95%를 온도계가 감지하기 위해 소요되는 시간을 구하라.

2-164 100m 높이의 탑 꼭대기에서 질량 m의 물체를 위쪽 수직방향으로 던지는데, 초기 속도는 10m/s라고 한다. 물체에 작용하는 공기저항 F_D는 속도 V에 비례한다고, 즉, $F_D = kV$라고 가정한다. $g = 9.75\text{m/s}^2$이고 $k/m = 5\text{s}$라고 하고, (a) 물체가 탑에서 얼마나 높은 곳까지 도달할지, (b) 물체가 지면에 닿기까지 얼마의 시간이 걸릴지, (c) 물체가 지면에 닿을 때의 속도 등을 구하라.

2-165 물체를 수직으로 던지는 대신 수평선에서 30° 각도의 위쪽 방향으로 던진다고 가정하고, 문제 2-164에 다시 답하라.

2-166 $t = 0$일 때 정지 상태에서 떨어지는 질량 m의 물체가 있다. 이 물체는 중력의 영향 하에서 낙하하며, 낙하운동의 반대 방향으로 작용하는 공기저항은 속도의 제곱에 비례한다고, 즉, $F_D = kV^2$라고 가정한다. 물체의 초기 위치를 원점으로 하며 아래쪽 방향을 양의 x-축 방향으로 삼고 수직거리를 x로 둔다. 이 물체의 속도와 위치를 시간 t의 함수로 표현하는 관계식들을 구하라.

2-167 상품가격 P의 변화율은 임의의 시점 t에서 수요 D와 공급 S 사이의 차에 비례한다고 가정하면, 시간에 따른 가격 변동을 표현하는 미분방정식은

$$\frac{dP}{dt} = k(D - S)$$

와 같이 표현될 수 있는데, 여기에서 k는 비례상수이며 개별 상품에 따라 달라진다. 공급과 수요를 $S = aP - b$, $D = e - fP$와 같이 가격에 대한 선형함수로 두고 이 미분방정식을 풀어라.

2-168 두 종류의 물질 A, B가 상호작용하여 새 화합물 X를 만드는 화학반응을 2차 반응이라고 한다. 이 경우 (새

화합물이 생성되는) 반응속도는 원래의 두 종류 물질의 잔류 양의 곱에 비례하는 것으로 관찰되어 있다. A 분자 한 개와 B 분자 한 개가 결합되어 X 분자 한 개가 만들어진다면, 즉, 반응식이 $A + B \rightarrow X$일 경우, 이러한 반응을 표현하는 미분방정식은

$$\frac{dx}{dt} = k(a - x)(b - x)$$

와 같이 표현될 수 있다. 여기에서 k는 양의 상수, a와 b는 각각 반응물질 A와 B의 초기 농도, $x(t)$는 임의의 시점 t에서 새 화합물의 농도이다. 초기에 화합물 X는 전혀 존재하지 않는다고 가정하고 $x(t)$를 위한 관계식을 구하라. $t \rightarrow \infty$일 때 어떤 일이 일어나는가?

2-169 첫 번째 반응물질의 초기 농도가 두 번째 반응물질의 초기 농도의 2배, 즉, $a = 2b$라고 가정하고 문제 2-168에 다시 답하라.

2-170 변수분리형 1계 미분방정식은 모두 완전형임을 증명하라.

2-171 미분방정식

$$2x + ay - 2 + (3x - 4y - 3)y' = 0$$

이 완전형이 되는 상수 a를 구하고, 방정식을 풀어라.

2-172 미분방정식

$$4x^2 + by + (2x - 3y^2 + 1)y' = 0$$

이 완전형이 되는 상수 b를 구하고, 방정식을 풀어라.

2-173 미분방정식

$$e^x \sin x + f(x)y^2 - 3 + (2xy - y^2)y' = 0$$

이 완전형이 되는 함수 $f(x)$를 구하고, 방정식을 풀어라.

2-174 아래와 같이 정의되는 양 h가 xy에만 종속될 경우, 미분방정식 $M(x, y)dx + N(x, y)dy = 0$이 xy의 함수인 적분인자를 갖는다는 것을 증명하라.

$$h = \frac{1}{xM - yN}\left(\frac{\partial N}{\partial x} - \frac{\partial M}{\partial y}\right)$$

2-175 2m^3 크기의 탱크를 투과성 칸막이를 사용하여 같은 크기의 두 부분으로 분할한다고 하자. 처음에 각 부분은 각기 다른 농도 C_1, C_2를 갖는 용액을 포함한다. 제1 부분의 농도는 비례상수 k에 대해 미분방정식

$$\frac{d^2C_1}{dt^2} + 2k\frac{dC_1}{dt} = 0$$

을 따른다는 것을 보이고, 이 미분방정식을 1계 방정식으로 변환하여 풀어라.

적용 가능한 방법을 찾아 아래의 미분방정식을 풀어라. 그리고 초기조건이 주어진 경우 이를 이용하여 적분상수를 구하라.

2-176 $y' - 2y = y^3, \quad y(0) = 1$

2-177 $(e^x + 1)y' = e^y + 1, \quad y(1) = 0$

2-178 $y' = e^{\ln x - y + 2}$

2-179 $y' = \dfrac{y + \sqrt{x^2 - 8xy}}{x}$

2-180 $xy' + y = x - 1, \quad y(2) = 3$

2-181 $y' = \dfrac{x^2 + xy + y^2}{x^2}, \quad y(1) = 0$

2-182 $y' = \dfrac{1}{e^y - x}, \quad y(1) = 0$

2-183 $y' = \dfrac{2x^2y^3 - y^5}{x^5}$

2-184 $y'' - 2y' = x + 1$

2-185 $y'' + yy' = 0$

2-186 $4y'y'' = x - 1, \quad y(0) = 0, y'(0) = 1/4$

2-187 $y''' + y'' = e^x$

미지의 함수 y에 대한 두 개의 연속적인 도함수들만을 포함하되 y 자체는 포함하지 않는 임의의 3계 미분방정식은 변환 $v = y^{(n-1)}$을 통해 1계 미분방정식으로 축소될 수 있다. 예를 들면, 변환 $v = y''$는 3계 미분방정식 $y''' = f(x, y'')$를 1계 미분방정식 $v' = f(x, v)$로 축소시킨다. 또한 독립변수 x를 포함하지 않는 2계 미분방정식은 변환 $v = y'$를 통해 1계 방정식으로 축소될 수 있다. 이러한 변환은 2계 방정식

$$y'' = f(y, y')$$

을 y를 독립변수로 갖는 v에 관한 1계 미분방정식

$$v\frac{dv}{dy} = f(y, u)$$

으로 축소시킨다. 이 방정식에 대한 해가 존재할 경우 이 장에서 논의된 적용 가능한 방법들 중 어느 방법으로나 풀 수 있다. 미분방정식을 먼저 1계 방정식으로 축소시키는 방법을 사용하여 다음 초깃값 문제 또는 경계값 문제를 풀어라.

2-188 $y''' = 3y'' - 9x, \quad y(0) = 1, \quad y'(1) = 5,$
$y''(2) = 13$

2-189 $2y'' = \dfrac{y'^2 + 1}{y}, \quad y(0) = 1, \quad y'(0) = 0$

2-190 $y'' + y^2y' = 0, \quad y(0) = 1, \quad y'(0) = -1/3$

2-191 $y'' = x^2 + 1, \quad y(0) = 0, \quad y'(2) = 2$

2-192 $y'' + 4yy' = 0, \quad y(1) = 1, \quad y'(1) = 2$

2-193 $y''' + \dfrac{1}{x+1}y'' = -2, \quad y(0) = -1,$
$y'(0) = 1, \quad y''(0) = 0$

2-194 $y'' + y' = e^{3x}, \quad y(1) = -1, \quad y'(0) = 4$

2-195 $y'' + y' + y'^2 = 0, \quad y(0) = -1, \quad y'(1) = 1$

2-196 $y'' + (y' - 1)^2 - y'^2 = 2, \quad y(0) = 0, \quad y'(1) = 0$

2-197 $x^2y'' = y', \quad y(0) = 1, \quad y'(1) = 0$

2-198 $y'' + 3y'^2 = y', \quad y(1) = 1, \quad y'(0) = 1$

$y' + P(x)y = R(x)y^n$ 형식의 1계 방정식은 베르누이(1654-1705)의 이름을 따서 베르누이 방정식이라고 한다. n이 0이나 1일 때, **베르누이 방정식**은 간단한 방식으로 풀 수 있는 선형방정식이 된다. 그러나 이 0이나 1이 아닐 때, 베르누이 방정식은 비선형방정식이다. 비선형방정식은 일반적으로 풀기가 어렵다. 그러나 1696년 라이프니츠는 변환 $v = y^{(1-n)}$이 베르누이 방정식을 v에 관한 선형방정식으로 축소시킨다는 것을 증명하였다. 이 증명은 단순하며 학생들에게 연습문제로 남긴다.

이러한 변환을 사용하여 아래의 비선형 1계 미분방정식을 풀어라. 그리고 초기조건이 주어진 경우 이를 이용하여 적분상수를 구하라.

2-199 $y' - y = y^4, y(0) = 1$

2-200 $y' + 2y = -4y^3, y(0) = 1$

2-201 $y' - \dfrac{y}{x^2 - 1} = y^2$

2-202 $y' - (a - by)y = 0, y(0) = 100$

2-203 $y' - (a - by^2)y = 0$

2-204 $y' - \dfrac{1}{x}y = y^2, y(1) = 0$

2-205 변환 $v = y^{1-n}$이 베르누이 방정식을 v에 관한 선형방정식으로 축소시킨다는 것을 증명하라.

$y' + P(x)y^2 = Q(x)y = R(x)$ 형식의 1계 방정식은 이탈리아 수학자 리카티(1676-1754)의 이름을 따서 **리카티 방정식**이라고 한다. y_1이 이 방정식의 해일 때, 변환 $y = y_1 + 1/z$은 이 방정식을 다음과 같은 z에 관한 선형 1계 방정식으로 축소시킨다.

$$z' + [2y_1P(x) + Q(x)]z = -P(x)$$

이것은 y와 y' 식을 원래의 방정식에 대입하고 정리함으로써 쉽게 증명할 수 있다. 주어진 특수해와 변환 $y = y_1 + 1/z$을 사용하여 다음 비선형 1계 미분방정식을 풀어라.

2-206 $y' + y^2 + (2x - 4)y = 4(x - 1), \quad y_1 = -x$

2-207 $y' = 2y + y^2, \quad y_1 = 0$

2-208 $y' = 2(1 - y) - (1 - y)^2, \quad y_1 = 1$

2-209 $y' = 2e^{-2x}y^2 + y - e^{2x}, \quad y_1 = e^{2x}$

2-210 $y' = 3(x - y) - (x - y)^2 + 1, \quad y_1 + x$

2-211 y_1이 리카티 방정식의 해일 때, 변환 $y = y_1 + 1/z$은 이 방정식을 z에 관한 선형 1계 방정식으로 축소시킨다는 것을 증명하라.

CHAPTER 3

2계 선형 미분방정식

1계 선형 미분방정식은 2장에서 살펴본 바와 같이 항상 적분인자의 사용을 통해 체계적 방식으로 풀 수 있으며, 적분을 수행할 수만 있다면 계수들이 상수인지 변수인지는 문제가 되지 않는다. 그러나 *2계* 또는 *그 이상의 고계* 선형 미분방정식들은 그렇지 못한데, 이는 계수들이 상수이거나 특정 조건을 만족하지 않을 경우 이러한 방정식들을 풀기 위한 일반적 절차가 존재하지 않기 때문이다. 자연과학 및 공학에서 발생하는 많은 미분방정식들은 상수계수 2계 선형 방정식이며, 따라서 이러한 방정식들을 위한 풀이 절차를 숙지할 필요가 있으며, 이는 바로 이 장의 목표이기도 하다.

이 장에서 기술하는 대부분의 정의, 정리, 절차 등은 상당히 일반적이지만, 다음과 같은 두 가지 이유로 *상수계수 2계 선형 방정식*에 초점을 맞춘다. (1) 이러한 방정식들이 자연과학자나 공학자들이 현실에서 접할 가능성이 높다. (2) 방정식이 단순할수록 새로운 개념을 적용하여 학습하기가 쉽다. 이러한 분석은 4장에서 상수계수 고계 선형방정식으로 확장될 것이며, 5장에서는 급수해법의 도입을 통해 변수계수 선형방정식으로 확장될 것이다. 이 세 개의 장에 걸친 설명은 선형방정식에 대한 다양한 접근방법들을 충분히 다루게 될 것이다.

이 장에서는 먼저 (*선형방정식*, *동차방정식*, *1차 종속성 및 독립성*, *중첩 원리*, *계수축소법* 등과 같은) 선형 미분방정식에 관련된 기초적 정의들과 정리들을 살펴본다. 그런 다음 특성방정식을 소개하고 상수계수 2계 선형 동차방정식을 위한 풀이 절차를 논의한다. 이어서 비동차 항들에 대응되는 특수해들을 결정하기 위한 *미정계수법*과 *매개변수 변화법* 등을 소개한다. 또 특별한 형식의 변수계수 선형방정식으로 항상 상수계수 방정식으로 변환될 수 있는 *오일러 방정식*에 대해 살펴볼 것이다. 끝으로 현실에서 자주 발생하는 다양한 상수계수 2계 선형 미분방정식들에 풀이 절차를 적용해본다. 이러한 응용에는 기계적 진동과 전기회로상의 진동이 포함된다.

학습목표

이 장을 마친 후에는 다음과 같은 능력을 갖출 수 있을 것이다.

1. 론스키 행렬식을 사용하여 두 개의 해가 서로 독립인지 결정한다.
2. 2계 선형 동차방정식의 기본해집합을 식별한다.
3. 하나의 기본해가 알려져 있을 경우 계수축소법을 사용하여 두 번째 기본해를 구한다.
4. 상수계수 2계 선형 동차방정식의 일반해를 구한다.
5. 미정계수법과 매개변수 변화법을 사용하여 상수계수 2계 선형 비동차방정식의 특수해를 구한다.
6. 2계 오일러 방정식을 푼다.
7. 이 장의 결과들을 적용하여 기계적 진동이나 전기회로상의 진동 분야의 응용문제를 분석한다.
8. 컴퓨터 패키지를 사용하여 2계 방정식에 대한 닫힌 형식의 해를 구한다.

3-1 ■ 2계 선형방정식 개요

1장에서 미분방정식이 종속변수 y 또는 그 도함수들의 어떠한 멱승, 곱, 기타 비선형 함수도 포함하지 않을 경우 **선형**으로 분류된다는 점을 살펴본 바 있다. 2계 선형 미분방정식을 위한 가장 일반적인 형식은 다음과 같다.

$$y'' + P(x)y' + Q(x)y = R(x) \tag{3-1}$$

선형 비동차방정식:

$$y'' + \frac{x^2}{x-2}y' - 6e^{-x}y = \underbrace{x^3 - 2}_{\text{비동차 항, } R(x)}$$

연계 동차방정식:

$$y'' + \frac{x^2}{x-2}y' - 6e^{-x}y = 0$$

그림 3-1
선형 비동차방정식과 연계 동차방정식

여기에서 P, Q, R은 주어진 함수들이며 상수이거나 독립변수 x에만 종속된다. 선형방정식은 (yy', y'^2, e^y 등과 같은) 종속변수에 관한 어떠한 비선형 함수도 포함하지 않지만, (x^2, e^x, $x^2 \sin x$ 등과 같은) 독립변수에 관한 비선형 함수들은 포함할 수 있다.

함수 $R(x)$는 종속변수 y 또는 그 도함수들 중 어느 것도 포함하지 않는 항들을 나타내며 **비동차 항**이라고 한다. 선형 미분방정식은 $R(x) \neq 0$일 때 **비동차형**이라고 하며 $R(x) = 0$일 때 **동차형**이라고 한다. 따라서 2계 선형 동차방정식을 위한 가장 일반적인 형식은 다음과 같다.

$$y'' + P(x)y' + Q(x) = 0 \tag{3-2}$$

선형 비동차방정식을 풀 때 방정식의 동차 부분을 따로 분리하여 고려하는 것이 편리한 경우가 종종 있다. 이를 위해 $R(x)$를 0으로 두었을 때 만들어지는 방정식을 주어진 미분방정식의 **연계 동차방정식**이라고 한다(그림 3-1). 따라서 방정식 3-2는 방정식 3-1에 대한 연계 동차방정식에 해당한다.

선형 미분방정식들은 종속변수 y항과 그 도함수 항들의 계수를 기준으로 분류하기도 한다. 이러한 계수들이 상수인 경우 **상수계수** 방정식이라고 한다. 한 개 이상의 계수들이 독립변수 x에 종속될 경우 **변수계수** 방정식이라고 한다. 따라서 상수계수 2계 선형 미분방정식을 위한 가장 일반적인 형식은 다음과 같다.

$$y'' + by' + cy = R(x) \tag{3-3}$$

(a) 상수계수:

$$y'' + 6y' - 2y = xe^{-2x}$$

(b) 변수계수:

$$y'' - 6x^2y' - \frac{2}{x-1}y = xe^{-2x}$$

그림 3-2
상수계수나 변수계수를 갖는 선형 비동차방정식

여기에서 b, c는 (3, -4.2, 3/5, 0 등과 같은) 두 개의 실수 상수이다. 비동차 항은 여전히 x의 함수일 수 있다. 예를 들면,

$$y'' - 2y' + 6.8y = x^3 + e^{-2x} - 1 \tag{3-4}$$

은 *상수계수* 2계 선형방정식인 반면,

$$y'' - 2xy' + 6.8y = x^3 + e^{-2x} - 1 \tag{3-5}$$

은 *변수계수* 2계 선형방정식이다(그림 3-2).

선형방정식이 상수계수를 갖는지 변수계수를 갖는지는 대단히 중요한데, 이는 이 두 가지 유형의 선형방정식에 대한 풀이 절차가 아주 다르기 때문이다. 그렇지만 다음에 살펴볼 선형방정식에 연계된 기본 정리들은 두 가지 유형 모두에 적용

된다.

2장에서 지정된 초기조건을 갖는 1계 선형 미분방정식, 즉, 1계 선형 초깃값 문제는 계수들이 연속인 구간에서 유일한 해를 갖는다는 것을 보인 바 있다. 이는 고계 선형 초깃값 문제들에도 적용되는데, 다만 계수가 하나씩 올라갈 때마다 초기조건도 하나씩 추가로 지정되어야 한다. 예를 들면, 2계 방정식에는 두 개의 초기조건이 필요하고, 3계 방정식에는 3개의 초기조건이 필요하다. 2계 선형 초깃값 문제의 해에 관한 *존재성 및 유일성*은 아래 정리로 표현될 수 있다. 이에 대한 증명에 대해서는 전문 참고서적을 찾아보기 바란다.

정리 3-1 존재성 및 유일성

함수 $P(x)$, $Q(x)$, $R(x)$가 구간 $x_1 < x < x_2$에서 연속이고 x_0이 이 구간 안의 임의의 점이라고 할 때, 미분방정식

$$y'' + P(x)y' + Q(x)y = R(x)$$

은 이 구간에서 아래의 초기조건을 만족하는 (단 하나의) 유일한 해를 갖는다.

$$y(x_0) = y_0 \quad \text{그리고} \quad y'(x_0) = y'_0$$

따라서 2계 선형 미분방정식을 푸는 방법은 아직 모르지만, 계수들이 해당 구간에서 연속이고 그 구간 안의 한 점에서 두 개의 초기조건이 지정되어 있다면 그 구간에서 해가 존재하며 또 그 해는 유일하다는 것을 알 수 있다. 이 정리가 적용될 수 있기 위해서는 미분방정식이 *표준형*, 즉, 선행 계수가 1이어야 한다. 표준형이 아닐 경우에는 y'' 항의 계수로 식 안의 각 항을 나눔으로써 표준형으로 만들어 주어야 한다(그림 3-3). 일단 y'' 항의 계수가 1이 되면, y' 항의 계수가 $P(x)$, y 항의 계수가 $Q(x)$, 그리고 나머지 항들 모두가 $R(x)$가 된다.

정리 3-1은 일단 미분방정식과 초기조건 모두를 만족하는 함수가 발견되면 해에 대한 탐색이 끝났음을 보장해준다. 다음 예제에서 보여주듯이 주어진 미분방정식과 초기조건을 만족하는 다른 해는 존재하지 않는다.

주어진 미분방정식:

$$2xy'' - 8x^2y = 6$$

표준형으로 변환:

$$y'' - 4xy = \frac{3}{x}$$

↑
1

그림 3-3
2계 미분방정식은 y'' 항의 계수로 식 안의 각 항을 나눔으로써 표준형으로 만들 수 있다.

예제 3-1 해의 존재성

주어진 초깃값 문제가 유일한 해를 갖는다는 것을 보이고, 그 해를 위한 구간을 결정하라.

$$y'' + \frac{3x}{x-1}y' - 5y = \cos x - 2$$

$$y(5) = 3 \quad \text{그리고} \quad y'(5) = -1$$

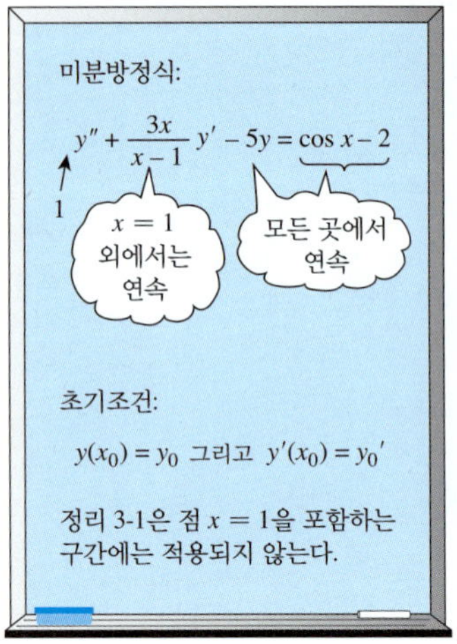

그림 3-4
초깃값 문제는 미분방정식이 불연속점을 갖지 않는 임의의 구간에서 유일한 해를 갖는다.

풀이 | 이 문제는 *초깃값 문제*인데, 이는 두 개의 조건 모두 동일한 x 값인 $x_0 = 5$에 대해 지정되어 있기 때문이다. 이 미분방정식은 가장 계수가 높은 도함수가 y''이므로 *2계* 방정식이며, y 또는 그 도함수들의 어떠한 멱승, 곱, 기타 비선형 함수도 포함하지 않으므로 *선형*방정식이고, 우변이 0이 아니면서 우변의 항들이 종속변수 y 또는 그 도함수들 중 어느 것도 포함하지 않으므로 *비동차*방정식이고, y'' 항의 계수가 1이므로 *표준형*이다. 이를 방정식 3-1과 비교하면 다음과 같음을 알 수 있다.

$$P(x) = \frac{3x}{x-1}, \quad Q(x) = -5, \qquad R(x) = \cos x - 2$$

함수 $Q(x)$와 $P(x)$는 연속이지만, 함수 $P(x)$는 $x = 1$에서 불연속이다. 따라서 $P(x)$는 점 $x = 1$을 포함하지 않는 임의의 구간에서 연속이다(그림 3-4). 특히, $P(x)$는 두 개의 구간 $-\infty < x < 1$, $1 < x < \infty$에서 연속이다.

초기조건들이 두 번째 구간 안에 포함되는 $x_0 = 5$에서 지정되어 있으므로, 정리 3-1은 구간 $1 < x < \infty$에서 위의 초깃값 문제가 유일한 해를 가질 것임을 보장한다.

예제 3-2 자명해

다음 초깃값 문제의 해를 구하라.

$$y'' + 3xy' - 5y = 0$$
$$y(2) = 0 \quad \text{그리고} \quad y'(2) = 0$$

풀이 | 이 문제는 *초깃값 문제*인데, 이는 두 개의 조건 모두 동일한 x 값에 대해 지정되어 있기 때문이다. 이 미분방정식은 가장 계수가 높은 도함수가 y''이므로 *2계* 방정식이며, y 또는 그 도함수들의 어떠한 멱승, 곱, 기타 비선형 함수도 포함하지 않으므로 *선형*방정식이고, 우변이 0이 아니면서 우변의 항들이 종속변수 y 또는 그 도함수들 중 어느 것도 포함하지 않으므로 *비동차*방정식이고, y'' 항의 계수가 1이므로 *표준형*이다. 또한 이 미분방정식의 계수들은 어떤 불연속점도 포함하지 않으며, 따라서 해 구간은 $-\infty < x < \infty$이다.

점 $x_0 = 2$는 (혹은 임의의 다른 점은) 이 구간에 포함된다. 따라서 정리 3-1에 따라 이 초깃값 문제는 단 하나의 해를 가지며, 함수 $y = 0$이 미분방정식과 초기조건 모두를 만족하므로 $y = 0$이 유일한 해로 결정된다.

미분방정식:

$$y'' + P(x)y' + Q(x)y = 0$$

초기조건:

$$y(x_0) = 0 \quad \text{그리고} \quad y'(x_0) = 0$$

해:

$$y = 0$$

그림 3-5
연속인 계수들을 갖고 초기조건들이 모두 0으로 지정되어 있는 이 선형 동차방정식의 유일한 해는 자명해 $y = 0$이다.

$y = 0$은 자명해이므로 예제 3-2의 초깃값 문제가 다른 해를 갖는지 알아보기 위해 다른 함수들을 시도해보고 싶을 수도 있을 것이다. 그러나 정리 3-1은 그러한 시도가 시간낭비에 불과할 것임을 밝히고 있는데, 이는 이 초깃값 문제는 단 하나의 해를 가질 것이며 이미 그 해인 $y = 0$을 발견하였기 때문이다.

이러한 사실을 다음과 같이 일반화시킬 수 있다(그림 3-5). 점 x_0을 포함하고 표준형 미분방정식의 계수들이 연속인 구간에서 자명해 $y = 0$은 초기조건이 $y(x) = 0$과 $y'(x) = 0$인 2계 선형 동차 초깃값 문제의 유일한 해이다.

상수계수 선형 동차방정식의 경우, $R(x) = 0$이며 계수들은 당연히 $-\infty < x < \infty$에서 연속이다. 따라서 그와 같은 방정식들의 해는 모든 x에 대해 유효하며, 이 경우 구간을 지정할 필요가 없다. 일반적으로 계수들과 비동차 항들이 전체 x-축 상에서 연속일 경우, x_0은 임의의 점일 수 있으며 해는 모든 x에 대해 유효하다.

*미분방정식의 해*와 *초깃값 문제*의 해는 구별될 필요가 있다. 2계 미분방정식은 y''를 포함하며, 따라서 해 y는 당연히 두 개의 적분과 두 개의 임의상수 C_1, C_2를 포함할 것으로 예상할 수 있다. 임의상수들이 취할 수 있는 값들은 무수히 많으며, 따라서 2계 선형 미분방정식은 무수히 많은 서로 다른 해를 가질 수 있다. 두 개의 임의상수 C_1, C_2의 값들을 결정하기 위해서는 (어떤 점(들)에서 미지의 함수 값과 그 1계 도함수 값 등과 같은) 두 개의 조건들을 지정할 필요가 있으며, 해가 이러한 조건들을 만족하도록 요구한다. 이러한 두 개의 조건들로부터 C_1, C_2를 결정하기 위한 두 개의 방정식을 얻을 수 있다.

한 가지 가능성은 두 개의 조건 모두를 동일한 점 x_0에서 지정하는 것이다. 이 경우는 *초깃값 문제*에 해당하며, 정리 3-1에 의해 지정된 조건 하에서 점 x_0을 포함하는 구간에서 유일한 해를 갖도록 보장된다. 따라서 무수히 많은 해곡선들 중 단 하나의 곡선만이 지정된 두 개의 초기조건들을 만족할 것이며 이것이 주어진 초깃값 문제의 유일한 해가 된다. 두 개의 초기조건 $y(x_0) = y_0$, $y'(x_0) = y'_0$은 x_0에서의 해곡선의 값과 그 기울기로 해석될 수 있으므로 어떤 두 해곡선도 교차점에서 동일한 기울기를 갖지 않는다고 결론지을 수 있다.

두 개의 조건이 각기 다른 점들 x_1, x_2에 대해 지정될 경우에는 어떻게 될 것인지 궁금할 것이다. 이 경우는 경곗값 문제에 해당하며, 정리 3-1은 이러한 *경곗값 문제*가 유일한 해를 가질지 또는 해가 존재하기나 하는지 등에 대해 아무런 보장도 제공하지 않는다(그림 3-6). 그렇지만 두 개의 경계조건이 임의상수 C_1, C_2에 대해 유일한 값들을 정해주는 경우에 한해 경곗값 문제도 유일한 해를 가질 것이다.

(a) 초깃값 문제:

$$y'' + 2y' - 3x^2y = x^3e^{-x}$$

$$y(0) = 2, \quad y'(0) = -5$$

$y(x)$가 존재하며 유일한 해이다.

(b) 경곗값 문제:

$$y'' + 2y' - 3x^2y = x^3e^{-x}$$

$$y(0) = 2, \quad y'(8) = 3$$

$y(x)$가 유일하지 않을 수도 있으며, 아예 존재하지 않을 수도 있다.

그림 3-6
함수 $P(x)$, $Q(x)$, $R(x)$가 연속일 경우, 정리 3-1은 초깃값 문제에 대해서는 해의 존재성 및 유일성을 보장하지만, 경곗값 문제에 대해서는 어떤 보장도 제공하지 않는다.

예제 3-3 평면 벽을 통한 안정 상태의 열전도

안정 상태에서 그림 3-7에서와 같이 두께가 L인 평면 벽 내부의 온도 분포는 2계 미분방정식 $y'' = 0$에 의해 결정되는데, 여기에서 y는 위치 x에서의 벽의 온도를 나타낸다. (벽 내부의 온도 분포를 나타내는) 일반해를 구하고, 아래 각 경우의 특수해를 결정하라.

(a) 초기조건: $y(0) = 10$, $y'(0) = -5$

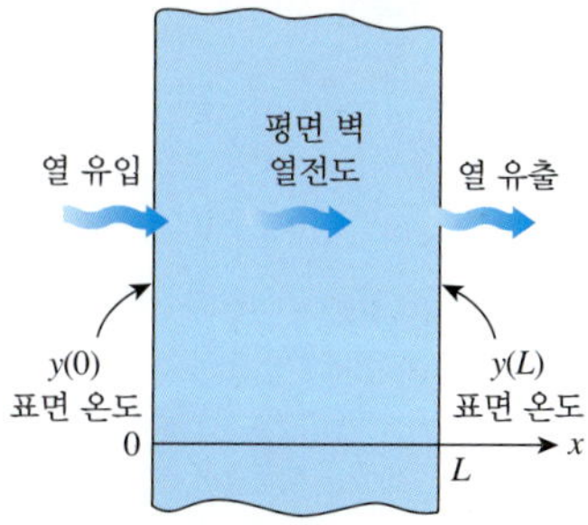

그림 3-7
예제 3-3의 평면 벽

(b) 경계조건: $y(0) = 10, y(L) = 0$

(c) 경계조건: $y'(0) = -5, y'(L) = 10$

(d) 경계조건: $y'(0) = -5, y'(L) = -5$

풀이 | 이것은 간단한 상수계수 2계 선형 동차 미분방정식이다. 이 경우 함수 $P(x) = Q(x) = R(x) = 0$이며 이들은 전체 x-축 상에서 연속이다. 따라서 적어도 수학적으로 이 해는 특정 유한 구간으로 한정되지 않는다. 그러나 주어진 미분방정식은 매체 $0 \leq x \leq L$ 내부의 온도 분포를 표현하며, 따라서 해는 이 구간으로 한정될 것이다.

이 미분방정식은 쉽게 적분할 수 있는 형태이다. 따라서 두 번의 간단한 적분으로 다음과 같이 해를 구할 수 있다.

$$y' = C_1 \tag{3-6}$$

그리고

$$y = C_1x + C_2 \tag{3-7}$$

여기에서 C_1, C_2는 임의상수이다. 이 2계 미분방정식의 일반해가 두 개의 임의상수를 갖는 것은 예상된 일이다.

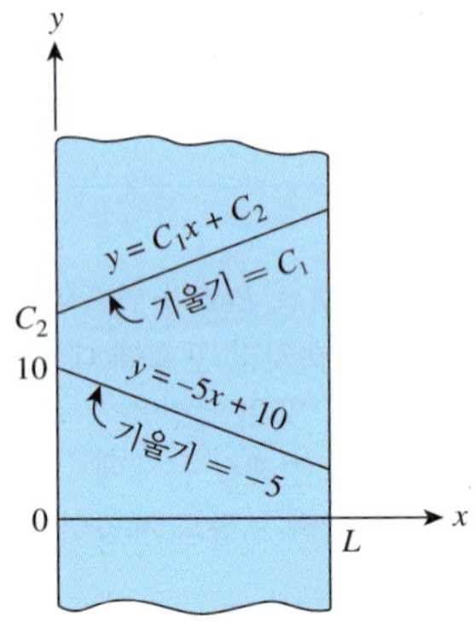

그림 3-8
어떤 직선이라도 미분방정식 $y'' = 0$의 해가 될 수 있지만, 이들 중 단 하나만이 초기조건 $y(0) = 10$, $y(0) = -5$를 만족할 것이다.

이 경우의 일반해는 기울기가 C_1이고 $x = 0$에서의 값이 C_2인 직선의 일반 공식에 해당한다. 따라서 임의의 직선은 미분방정식 $y'' = 0$의 해이다(그림 3-8). 이 직선들은 서로 교차할 수 있으며, 따라서 동일한 점에서 동일한 값을 가질 수 있다. 그러나 이들은 교차점에서 동일한 기울기를 가질 수는 없으며 따라서 서로 다른 해로 남는다.

(a) 지정된 초기조건들을 만족하는 해는 일반해에 두 개의 조건들을 적용하여 구할 수 있다. C_1, C_2는 다음과 같이 구한다.

$$y'(0) = -5 \rightarrow C_1 = -5$$
$$y(0) = 10 \rightarrow 10 = -5.0 + C_2 \rightarrow C_2 = 10$$

따라서 $y(x) = -5x + 10$이며 이는 특정 직선을 나타내는 방정식이다. 정리 3-1에 따르면 다른 어떤 해도 주어진 두 개의 초기조건을 만족하지 못한다. 따라서 이 해는 주어진 초깃값 문제의 유일한 해이다(그림 3-8).

(b) 지정된 경계조건들을 만족하는 해는 아래와 같이 C_1, C_2를 결정하기 위해 일반해에 지정된 조건들을 적용하여 구할 수 있다.

$$y(0) = 10 \rightarrow 10 = C_1 \cdot 0 + C_2 \rightarrow C_2 = 10$$
$$y(L) = 0 \rightarrow 0 = C_1 \cdot L + 10 \rightarrow C_1 = -\frac{10}{L}$$

따라서 $y(x) = -(10/L)x + 10$이며 이 또한 특정 직선을 나타내는 방정식이다. 이 경우의 경곗값 문제는 유일한 해를 갖는다. 물리학적으로 이 문제는 벽 양쪽 표면의 온도를 지정하는 것에 해당한다.

(c) 지정된 경계조건들을 만족하는 해는

$$y'(0) = -5 \rightarrow C_1 = -5$$
$$y'(L) = 10 \rightarrow C_1 = 10$$

와 같이 C_1, C_2를 결정하기 위해 일반해에 지정된 조건들을 적용하여 구해야 하겠지만, C_1이 동시에 -5와 10이 될 수는 없기 때문에 그와 같은 해를 구하는 것은 불가능하다. 따라서 이 경곗값 문제는 해를 갖지 않는다. 물리학적으로 이는 벽의 양쪽 표면에서 열을 공급하면서 벽의 온도가 일정하게 유지되기를 (즉, 시간에 따라 변하지 않기를) 기대하는 것과 같다. 이러한 일은 결코 일어나지 않을 것이다.

(d) 지정된 경계조건들을 만족하는 해는 아래와 같이 C_1, C_2를 결정하기 위해 일반해에 지정된 조건들을 적용하여 구할 수 있다.

$$y'(0) = -5 \rightarrow C_1 = -5$$
$$y'(L) = -5 \rightarrow C_1 = -5$$

따라서 $y(x) = -5x + C_2$가 되는데, C_2가 임의의 값을 가질 수 있으므로 이것은 유일한 해는 아니다. 이 해는 기울기가 -5인 직선 패밀리들을 나타낸다. 물리학적으로 이 문제는 $x = 0$인 벽 표면에서의 열 공급 속도와 $x = L$인 벽 표면에서의 열 손실 속도가 동일하도록 요구하는 것에 해당한다. 이것만으로 벽 내부의 온도 분포를 정하기에는 충분한 정보가 되지 못한다. 따라서 이 경곗값 문제의 해가 유일한 해가 되지 못하는 것은 당연한 일이다.

$$y'' = 0 \rightarrow y = C_1x + C_2$$

$$\left.\begin{array}{l} y(0) = 10 \\ y'(L) = 0 \end{array}\right\} \; y(x) = \text{유일함}$$

$$\left.\begin{array}{l} y'(0) = -5 \\ y'(L) = 10 \end{array}\right\} \; y(x) = \text{존재하지 않음}$$

$$\left.\begin{array}{l} y'(0) = -5 \\ y'(L) = -5 \end{array}\right\} \; y(x) = \text{유일하지 않음}$$

그림 3-9
경곗값 문제는 유일한 해를 가질 수도 있고, 무수히 많은 해를 가질 수도 있고, 아예 해를 갖지 않을 수도 있다.

앞의 예제를 통해 다음과 같은 사실들을 관찰할 수 있다.

1. 2계 선형 미분방정식의 일반해는 두 개의 임의상수를 포함한다.
2. 미분방정식이 선형 동차방정식이고 연속인 계수들을 가질 때, 초깃값 문제는 유일한 해를 갖는다.
3. 경곗값 문제는 지정된 경계조건들에 따라 유일한 해를 가질 수도 있고, 무수히 많은 해를 가질 수도 있고, 아예 해를 갖지 않을 수도 있다(그림 3-9). 이러한 결론들은 이후의 절들에서 다시 확인될 것이다.

절 복습문제

C로 표시된 문제는 토론을 위한 개념적 문제이다.

3-1C 미분방정식에서 비동차 항들을 어떻게 식별하는가?

3-2C 주어진 미분방정식의 연계 동차방정식을 어떻게 구하는가?

3-3C 비동차 항이 상수가 아닐 경우에도 미분방정식이 상수계수 방정식으로 분류될 수 있는가?

3-4C 미분방정식의 해와 초깃값 문제의 해 사이의 차이는 무엇인가?

3-5C 2계 선형 경곗값 문제가 유일한 해를 갖기 위한 조건은 무엇인가?

3-6 다음 2계 미분방정식이 (1) 선형인지 비선형인지, (2) 동차형인지 비동차형인지, (3) 상수계수를 갖는지 변수계수를 갖는지 결정하라.

(a) $y'' + 3yy' = 6x^2$ (b) $y'' - 3y = e^{2x}$
(c) $x^2y'' + xy' + y = 0$ (d) $y'' + xy' - 3y = \sin 2x$

(답: (a) $y'' + 3yy' = 6x^2$; 비선형, 비동차형, 상수계수
(b) $y'' - 3y = e^{2x}$; 선형, 비동차형, 상수계수
(c) $x^2y'' + xy' + y = 0$; 선형, 동차형, 변수계수
(d) $y'' + xy' - 3y = \sin 2x$; 선형, 비동차형, 변수계수)

3-7 주어진 초깃값 문제가 유일한 해를 갖도록 보장되는 구간을 결정하라.
(a) $y'' + 3y' = \cos x,\ y(\pi) = 0,\ y'(\pi) = -2$
(b) $x^2y'' + 2xy' - y = e^x,\ y(0) = 2,\ y'(0) = 5$

(답: (a) 구간 $-\infty < x < \infty$에서 유일한 해 (b) 정리 3-1은 아무 것도 보장하지 않음)

3-8 다음 함수를 두 번 미분함으로써 상수 C_1, C_2를 제거하여 그 함수 패밀리가 만족하는 2계 미분방정식을 구하라.
(a) $y = C_1e^{-2x} + C_2e^{2x}$
(b) $y = C_1x + C_2$

(답: (a) $y'' - 4y = 0$ (b) $y'' = 0$)

3-2 ■ 1차 독립과 함수에 대한 론스키 행렬식

C_1, C_2가 임의상수일 경우 식 $C_1y_1 + C_2y_2$는 두 함수 y_1, y_2에 대한 선형 결합이라고 한다. 따라서 식 $C_1x + C_2$는 함수 $y_1 = x$, $y_2 = 1$에 대한 선형 결합이다. 이제 함수들의 1차 종속성과 1차 독립성에 대해 살펴보기로 하자.

*두 함수는 구간 $x_1 < x < x_2$ 안의 모든 x 값에 대해 한 함수가 다른 함수의 상수 배일 경우 해당 구간에서 **1차 종속**이라고 한다. 그렇지 않을 경우 이들은 **1차 독립**이라고 한다.*

함수:
$y_1 = 3e^x$
$y_2 = 2e^x$

이들의 비:

$$\frac{y_1}{y_2} = \frac{3e^x}{2e^x} = \frac{3}{2} = \text{상수}$$

(1차 종속)

그림 3-10
두 함수의 비가 상수일 경우 이들은 1차 종속이다.

즉, 어떤 구간에서 두 함수의 비가 상수일 경우 두 함수는 해당 구간에서 1차 종속이다(그림 3-10). 그렇지 않을 경우 이들은 1차 독립이다. 예를 들면, 함수 $y_1 = x$와 $y_2 = 1$은 1차 독립인데, 이는 $y_1/y_2 = x/1 = x$이며 이는 변수이기 때문이다. 그렇지만 $5x$와 $-2x$는 어떤 구간에서나 1차 종속인데, 이는 $y_1/y_2 = 5x/(-2x) = -2.5$가 상수이기 때문이다. 그림 3-11에서는 임의의 구간에서 1차 독립인 함수 쌍들의 예를 보인다. 지정된 구간 I 안의 모든 x에 대해 두 함수의 비가 상수일 경우 두 함수는 그 구간에서 1차 종속이라는 점을 다시 한 번 강조한다.

(a) $y_1 = x$, $y_2 = 1$
(b) $y_1 = x^2$, $y_2 = x^3$
(c) $y_1 = x^3$, $y_2 = x^3 - 1$
(d) $y_1 = e^{2x}$, $y_2 = e^{-2x}$
(e) $y_1 = e^x$, $y_2 = e^{2x}$
(f) $y_1 = \sin x$, $y_2 = \sinh x$
(g) $y_1 = \sin x$, $y_2 = \sin 2x$
(h) $y_1 = \sin 3x$, $y_2 = \cos 3x$

그림 3-11
1차 독립인 함수 쌍들의 예

1차 독립성을 더욱 엄밀하게 표현하자면 다음과 같다.

$C_1 = C_2 = 0$일 경우에만 구간 $x_1 < x < x_2$ 안의 모든 x에 대해 방정식

$$C_1 y_1 + C_2 y_2 = 0$$

이 만족된다면, 두 함수 y_1, y_2는 해당 구간에서 1차 독립이다.

C_1, C_2 중 어느 하나 또는 둘 모두 0이 아닐 경우에 위의 방정식이 만족될 경우, 두 함수는 해당 구간에서 1차 종속이다.

예제 3-4 1차 독립인 함수들

다음 함수 쌍이 $-\infty < x < +\infty$에서 1차 종속인지 1차 독립인지 결정하라.

(a) $y_1 = 6x$ 그리고 $y_2 = 2$
(b) $y_1 = x^2$ 그리고 $y_2 = x^3$
(c) $y_1 = e^x$ 그리고 $y_2 = e^{-x}$
(d) $y_1 = e^x$ 그리고 $y_2 = e^{2x}$
(e) $y_1 = \sin x$ 그리고 $y_2 = \cos x$
(f) $y_1 = x$ 그리고 $y_2 = x + 1$

풀이 위의 모든 함수 쌍은 1차 독립인데, 이는 아래에 보이는 바와 같이 각 쌍 안의 두 함수의 비가 (상수가 아니라) x에 종속되기 때문이다.

(a) $\dfrac{y_1}{y_2} = \dfrac{6x}{2} = 3x$

(b) $\dfrac{y_1}{y_2} = \dfrac{x^2}{x^3} = \dfrac{1}{x}$

(c) $\dfrac{y_1}{y_2} = \dfrac{e^x}{e^{-x}} = e^{2x}$

(d) $\dfrac{y_1}{y_2} = \dfrac{e^x}{e^{2x}} = e^{-x}$

(e) $\dfrac{y_1}{y_2} = \dfrac{\sin x}{\cos x} = \tan x$

(f) $\dfrac{y_1}{y_2} = \dfrac{x}{x+1}$

두 함수에 대한 론스키 행렬식

두 함수가 1차 종속인지 1차 독립인지는 이들의 비를 취해보면 쉽게 판단할 수 있다. 그러나 3개 이상의 함수들에 대해서는 1차 독립성을 결정할 때 이렇게 간단한 방법이 적용되지 않는다. 따라서 함수들의 1차 독립성을 결정하기 위해서는 보다 체계적인 방법이 필요하다.

두 개의 미분 가능한 함수 y_1, y_2가 있다고 하자. 1차 독립성의 정의로부터 $C_1 = C_2 = 0$일 경우에만 지정된 구간 안의 모든 에 대해 식

$$C_1 y_1 + C_2 y_2 = 0 \tag{3-8}$$

이 만족된다면 함수 y_1, y_2는 해당 구간에서 1차 독립이다. 이제 이 방정식의 도함수를 취하면 다음과 같다.

$$C_1 y_1' + C_2 y_2' = 0 \tag{3-9}$$

이 두 식은 두 개의 미지수를 갖는 두 개의 방정식으로 이루어진 연립방정식을 구성하며, 이를 풀어 C_1, C_2를 구할 수 있다. C_2를 소거하기 위해 첫 번째 방정식에는 y_2'를 곱하고 두 번째 방정식에는 y_2를 곱한 다음 뺄셈을 하면, 다음 식을 얻는다.

$$C_1(y_1 y_2' - y_1' y_2) = 0 \tag{3-10}$$

마찬가지로 첫 번째 방정식에는 y_1'를 곱하고 두 번째 방정식에는 y_1를 곱한 다음 뺄셈을 하면, 다음 식을 얻는다.

$$C_2(y_1 y_2' - y_1' y_2) = 0 \tag{3-11}$$

두 식 모두에서 인수 $y_1 y_2' - y_1' y_2$가 공통으로 나타남을 유의하기 바란다. 이 인수가 0이 아닐 경우 이 두 식 모두를 만족시킬 수 있는 유일한 방법은 $C_1 = C_2 = 0$이 되는 것인데, 이는 어떤 곱이 0이 되기 위해서는 적어도 인수들 중의 하나가 0이 되어야 하기 때문이다. 함수의 개수에 상관없이 사용할 수 있도록 이 인수를 W로 표시하고 종종 다음과 같은 행렬식 형태로 표현한다.

$$W(y_1, y_2) = \begin{vmatrix} y_1 & y_2 \\ y_1' & y_2' \end{vmatrix} = y_1 y_2' - y_1' y_2 \tag{3-12}$$

$$W(y_1, y_2) = \begin{vmatrix} y_1 & y_2 \\ y_1' & y_2' \end{vmatrix} = y_1 y_2' - y_1' y_2 \neq 0$$

이면 1차 독립이다.

그림 3-12
두 함수는 그 론스키 행렬식이 항등적으로 0이 아닐 때 1차 독립이다.

함수 $W(y_1, y_2)$는 함수 y_1, y_2에 대한 **론스키 행렬식**이라 불리는데, 이는 폴란드 수학자 론스키(J.M. Wronski, 1776-1853)의 이름을 딴 것이다. 론스키 행렬식을 사용하여 두 함수에 대한 1차 종속성 및 1차 독립성을 다음과 같이 정의할 수 있다 (그림 3-12).

두 함수는 지정된 구간 안의 모든 x에 대해 이들의 론스키 행렬식이 0일 경우 해당 구간에서 1차 종속이다. 그렇지 않으면 1차 독립이다.

두 함수에 대한 론스키 행렬식이 지정된 구간 $x_1 < x < x_2$ 안의 일부 값들에 대해서는 0이고 다른 값들에 대해서는 0이 아닌 경우가 있을 수 있다. 1차 종속이 되기 위해서는 해당 구간 안의 모든 x에 대해 두 함수에 대한 론스키 행렬식이 0이 되어야 한다.

두 함수의 1차 독립성을 결정할 때 론스키 행렬식을 사용할 필요는 없는데, 이는 두 함수의 비를 취하는 방법이 훨씬 간단하기 때문이다. 론스키 행렬식의 진정

한 가치는 3개 이상의 함수들에 대한 1차 독립성을 논의할 때 분명해질 것이다. 론스키 행렬식은 선형 미분방정식 이론에서도 중요한 역할을 하는데, 이에 대해서는 이 장의 뒷부분에서 살펴볼 것이다.

예제 3-5 두 함수에 대한 론스키 행렬식

주어진 함수 쌍에 대한 론스키 행렬식을 계산하고, 전체 x-축 상에서 두 함수가 1차 종속인지 1차 독립인지 결정하라.

(a) $y_1 = x + 1, \quad y_2 = x^2$

(b) $y_1 = \sin x, \quad y_2 = \cos x$

(c) $y_1 = x^3, \quad y_2 = -2x^3$

풀이 각 함수 쌍에 대한 론스키 행렬식은 론스키 행렬식의 정의인 $W(y_1, y_2) = y_1y_2' = y_1'y_2$로부터 구할 수 있다.

$$\begin{aligned} W(y_1, y_2) &= (x+1)(x^2)' - (x+1)'x^2 \\ &= (x+1)(2x) - x^2 \\ &= x(x+2) \end{aligned}$$

이 론스키 행렬식은 두 개의 점 $x = 0$과 $x = -2$에서 0이 된다. 그렇지만 이 두 함수는 점 0과 -2의 포함 여부에 상관없이 어떤 구간에서나 1차 독립인데, 이는 어떤 구간에서 1차 종속이 되기 위해서는 해당 구간 안의 모든 x에 대해 론스키 행렬식이 0이 되어야 하기 때문이다.

$$\begin{aligned} W(y_1, y_2) &= \sin x(\cos x)' - (\sin x)' \cos x \\ &= \sin x(-\sin x) - \cos x \cos x \\ &= -(\sin^2 x + \cos^2 x) = -1 \neq 0 \end{aligned}$$

따라서 이 두 함수는 1차 독립이다.

$$\begin{aligned} W(y_1, y_2) &= x^3(-2x^3)' - (x^3)'(-2x^3) \\ &= x^3(-6x^2) - (3x^2)(-2x^3) \\ &= -6x^5 + 6x^5 = 0 \end{aligned}$$

이 두 함수에 대한 론스키 행렬식은 항등적으로 0이며, 따라서 이 함수들은 임의의 구간에서 1차 종속이다.

1차 독립성과 n개의 함수에 대한 론스키 행렬식

2계 및 그 이상의 고계 미분방정식에 대한 조사에서 3개 이상의 함수들에 대해 1차 독립성에 관한 결정이 필요한 경우가 종종 있다. 따라서 1차 독립성에 관한 논의를 n개의 함수 그룹에 대해 확장한다.

먼저 n개의 함수 $y_1, y_2, \cdots, y_n$에 대한 *선형 결합*을

$$C_1y_1 + C_2y_2 + \cdots + C_ny_n$$

와 같이 정의하는데, 여기에서 $C_1, C_2, \cdots, C_n$은 임의상수이다. n개의 함수에 대한 1차 독립성은 다음과 같이 정의된다.

$C_1 = C_2 = \cdots = C_n = 0$일 경우에만 구간 안의 모든 $x_1 < x < x_2$에 대해 식

$$C_1y_1 + C_2y_2 + \cdots + C_ny_n = 0$$

이 만족될 때 n개의 함수 $y_1, y_2, \cdots, y_n$은 1차 독립이다. 그렇지 않으면 이 n개의 함수는 해당 구간에서 1차 종속이라고 한다.

(1) $e^x, \cos 3x, x^2, 2x, 5x, \ldots$ ($5x$: $2x$의 상수 배)

$\therefore$ 1차 종속

(2) $e^x, \cos 3x, x^2, 2x, 3x^2-5x$ ($3x^2-5x$: x^2와 $2x$의 선형 결합)

$\therefore$ 1차 종속

그림 3-13
때로 n개의 함수에 대한 1차 종속성은 간단한 조사를 통해 결정할 수 있다.

따라서 계수 $C_1, C_2, \cdots, C_n$ 중에서 적어도 한 개가 0이 아닌데 지정된 구간 안의 모든 x에 대해 위의 식이 만족될 수 있을 경우, n개의 함수 $y_1, y_2, \cdots, y_n$은 1차 종속이다.

n개의 함수들이 1차 종속일 경우, 이 함수들 중에 적어도 한 개는 다른 함수들의 선형 결합으로 표현될 수 있는데, 이에 대한 증명은 학생들에게 연습문제로 남긴다. 역으로 n개의 함수들의 그룹에서 한 함수를 다른 함수들의 선형 결합으로 표현할 수 있다면, 이 함수들은 해당 구간에서 1차 종속이다. 특히 n개의 함수 중에 두 개가 1차 종속일 경우 그와 같은 n개의 함수들은 1차 종속이다. 예를 들면, 두 개의 함수 x와 $5x$는 어떤 구간에서나 1차 종속이다. 따라서 이 두 함수를 포함하는 임의의 n개의 함수 그룹은 어떤 구간에서나 1차 종속이다.

앞의 경우와 같이 간단한 조사로 주어진 n개의 함수들에 대한 1차 독립성을 결정할 수 있는 경우도 있지만(그림 3-13), 이는 예외적인 경우에 해당한다. 주어진 n개의 함수가 1차 독립인지 결정하기 위한 체계적 절차는 아래에서 표현하고 있는 바와 같이 론스키 행렬식의 계산을 포함한다.

구간 $x_1 < x < x_2$상에서 각기 $n-1$개의 도함수를 갖는 n개의 함수 $y_1, y_2, \ldots, y_n$은 이들에 대한 론스키 행렬식

$$W(y_1, y_2, \ldots, y_n) = \begin{vmatrix} y_1 & y_2 & \cdot & \cdot & \cdot & y_n \\ y_1' & y_2' & \cdot & \cdot & \cdot & y_n' \\ \cdot & \cdot & \cdot & \cdot & \cdot & \cdot \\ \cdot & \cdot & \cdot & \cdot & \cdot & \cdot \\ y_1^{(n-1)} & y_2^{(n-1)} & \cdot & \cdot & \cdot & y_n^{(n-1)} \end{vmatrix} \qquad \text{(3–13)}$$

이 해당 구간에서 항등적으로 0이 아닐 경우 1차 독립이다.

함수:

$$y_1 = x^2, \quad y_2 = e^{-2x}, \quad y_3 = x+1$$

론스키 행렬식:

$$W(y_1, y_2, y_3) = \begin{vmatrix} x^2 & e^{-2x} & x+1 \\ 2x & -2e^{-2x} & 1 \\ 2 & 4e^{-2x} & 0 \end{vmatrix} = 2e^{-2x}(2x^2+6x+3) \neq 0$$

$\therefore$ 1차 독립

그림 3-14
3개 이상의 함수들은 이들에 대한 론스키 행렬식이 항등적으로 0이 아니라면 1차 독립이다.

n개의 함수에 대한 론스키 행렬식 $W(y_1, y_2, \cdots, y_n)$은 일반적으로 x의 함수이다. 따라서 지정된 구간 $x_1 < x < x_2$ 안의 어떤 x에 대해서는 0이고 다른 값들에 대해서는 0이 아닐 수도 있다. 1차 종속이 되기 위해서는 주어진 함수들에 대한 론스키 행렬식이 모든 x에 대해 0이 되어야 한다(그림 3-14). 행렬식과 행렬에 대해서는

7-5절을 참고하기 바란다.

예제 3-6 1차 독립인 함수들

전체 x-축 상에서, 즉, $-\infty < x < +\infty$에 대해 함수 $1, 2x, \sin x$ 등이 1차 종속인지 1차 독립인지 결정하라.

풀이 | $y_1 = 1, y_2 = 2, y_3 = \sin x$라 두고, 이 세 함수들에 대한 론스키 행렬식을 식 3-13에서와 같이 3×3 행렬식을 구성하고 그 값을 계산함으로써 결정한다. 결과는

$$W(y_1, y_2, y_3) = \begin{vmatrix} y_1 & y_2 & y_3 \\ y_1' & y_2' & y_3' \\ y_1'' & y_2'' & y_3'' \end{vmatrix} = \begin{vmatrix} 1 & 2x & \sin x \\ 0 & 2 & \cos x \\ 0 & 0 & -\sin x \end{vmatrix} = -2\sin x$$

와 같으며, 이는 항등적으로 0은 아니다. 즉, 이 결과는 모든 x에 대해 0이 되는 것이 아니라, $x = 0$, $\pi, 2\pi, 3\pi, \cdots$ 등에 대해서만 0이 된다. 따라서 이 세 함수는 1차 독립이다.

절 복습문제

3-9C 함수 $y_1 = 0, y_2 = f(x)$는 1차 종속인가, 아니면 1차 독립인가? 함수 $y_1 = 1, y_2 = f(x)$에 대해 같은 질문에 답하라.

3-10C 론스키 행렬식이 어떤 x 값들에 대해서는 0이고 다른 x 값들에 대해서는 0이 아닌 두 함수 y_1, y_2가 있다. 이들은 1차 종속인가, 아니면 1차 독립인가?

3-11 다음 함수 쌍 y_1, y_2가 1차 종속인지 1차 독립인지 (1) 외형 조사에 의해, 그리고 (2) 론스키 행렬식 계산에 의해 결정하라.

(a) $y_1 = x + 1$ 그리고 $y_2 = x^2 - 1$

(b) $y_1 = \sin(\alpha + \beta)$ 그리고 $y_2 = \sin\alpha + \sin\beta$

(답: (a) $W = (x + 1)^2 \neq 0$이며, 따라서 함수 y_1, y_2는 1차 독립이다. (b) $W = 0$이며, 따라서 함수 y_1, y_2는 1차 종속이다.)

3-12 다음 함수들이 1차 종속인지 1차 독립인지 론스키 행렬식 계산에 의해 결정하라.

$$y_1 = x + 1,\ y_2 = x^3,\ \text{그리고}\ y_3 = x^2 - 1$$

(답: $W = -2x^3 - 6x^2 - 6x \neq 0$는 y_1, y_2, y_3이 1차 독립임을 나타낸다.)

3-3 ■ 동차방정식 이론

예제 3-3에서 살펴본 바 있는 2계 선형 동차 미분방정식 $y'' = 0$을 다시 한 번 조사해보자. 이 방정식의 일반해는

$y_1 = x, y_2 = 1$이 선형 동차방정식

$$y'' = 0,$$

의 두 해일 경우,

$$y_3 = 2x \quad (= 2y_1)$$
$$y_4 = 5 \quad (= 5y_2)$$
$$y_5 = x + 1 \quad (= y_1 + y_2)$$
$$y_6 = 3x - 4 \quad (= 3y_1 - 4y_2)$$

등도 해이며, 일반해는 다음과 같이 주어진다.

$$y = C_1 x + C_2$$

그림 3-15
중첩 원리

$$y = C_1 y_1 + C_2 y_2$$

와 같이 주어지는데, 여기에서 $y_1 = x$이고 $y_2 = 1$이다. 직접대입을 통해 y_1, y_2 모두 이 미분방정식을 만족한다는 것을 확인할 수 있다. 각 해의 상수 배나 이들의 합인 $y_1 + y_2$도 이 미분방정식을 만족한다. 일반적으로 선형 결합 $C_1y_1 + C_2y_2$가 상수 C_1, C_2의 임의의 값에 대해 이 미분방정식을 만족한다(그림 3-15). 그뿐만 아니라 선형 결합 $C_1y_1 + C_2y_2$는 이 미분방정식의 모든 해를 포함한다. 즉, 미분방정식 $y'' = 0$의 어떤 해라도 이 일반해에서 상수 C_1, C_2에 적당한 값을 지정함으로써 얻을 수 있다.

앞의 직관적인 논의는 아래의 중요한 정리로 이어진다.

정리 3-2 중첩 원리

y_1, y_2가 선형 동차방정식

$$y'' + P(x)y' + Q(x)y = 0$$

의 두 해일 경우, 선형 결합

$$y = C_1 y_1 + C_2 y_2$$

또한 이 방정식의 해이며, 여기에서 C_1, C_2는 임의상수이다.

증명 이 정리는 식

$$y = C_1 y_1 + C_2 y_2$$

을 다음과 같이 두 번 미분하고

$$y' = C_1 y_1' + C_2 y_2'$$
$$y'' = C_1 y_1'' + C_2 y_2''$$

그 결과를 원래의 미분방정식에 대입함으로써 쉽게 증명할 수 있다. 즉,

$$\begin{aligned} y'' + Py' + Qy &= (C_1y_1'' + C_2y_2'') + P(C_1y_1' + C_2y_2') + Q(C_1y_1 + C_2y_2) \\ &= C_1(y_1'' + Py_1' + Qy_1) + C_2(y_2'' + Py_2' + Qy_2) \\ &= C_1 \cdot 0 + C_2 \cdot 0 \\ &= 0 \end{aligned}$$

이 되는데, 이는 y_1, y_2가 해이기 때문이다. 따라서 이들은 주어진 미분방정식을 만족한다. 이로써 증명을 마친다. **중첩 원리(superposition principle)**는 다음과 같이 더 쉽게 표현할 수 있다.

어떤 함수가 선형 동차 미분방정식의 해일 경우, 그 상수 배 또한 해가 된다.
두 함수가 선형 동차 미분방정식의 해일 경우, 이들의 합 또한 그 미분방정식의 해가 된다.

중첩 원리는 선형 동차 미분방정식에만 적용된다는 점을 유의하기 바란다. 비선형방정식이나 비동차방정식은 비록 선형인 경우에도 중첩 원리가 적용되지 않으며, 아래의 예제들에서 그와 같은 예를 보인다.

예제 3-7 중첩 원리 (동차방정식)

e^{-2x}가 미분방정식 $y'' - 4y = 0$의 해임을 증명하고, $5e^{-2x}$도 이 방정식의 해임을 보여라.

풀이 먼저 위의 미분방정식은 선형이며 동차형임에 주목한다. 다음과 같이 직접대입을 통해 e^{-2x}가 주어진 방정식의 해임을 확인할 수 있다.

$$\begin{aligned} y'' - 4y &= (e^{-2x})'' - 4e^{-2x} \\ &= 4e^{-2x} - 4e^{-2x} \\ &= 0 \quad \text{(확인됨)} \end{aligned}$$

이제 $5e^{-2x}$를 미분방정식에 대입해본다.

$$\begin{aligned} y'' - 4y &= (5e^{-2x})'' - 4(5e^{-2x}) \\ &= 20e^{-2x} - 20e^{-2x} \\ &= 0 \quad \text{(확인됨)} \end{aligned}$$

따라서 (e^{-2x}의 상수 배인) $5e^{-2x}$ 또한 주어진 미분방정식의 해이다. 이것은 충분히 예상되는 바인데, (정리 3-2)에 따라 선형 동차 미분방정식의 해의 상수 배 또한 해이기 때문이다(그림 3-16).

함수 e^{-2x}가 선형 동차방정식 $y'' - 4y = 0$ 의 해이며, $5e^{-2x}$도 해이다.

그림 3-16
선형 동차 미분방정식의 해의 상수 배 또한 해이다.

예제 3-8 중첩 원리 (동차방정식)

e^{-2x}, e^{2x}가 미분방정식 $y'' - 4y = 0$의 해임을 증명하고, $e^{-2x} + e^{2x}$도 이 방정식의 해임을 보여라.

풀이 먼저 위의 미분방정식은 선형이며 동차형임에 주목한다. 다음과 같이 직접대입을 통해 e^{-2x}, e^{2x} 모두 주어진 방정식의 해임을 확인할 수 있다.

$$\begin{aligned} y'' - 4y &= (e^{-2x})'' - 4e^{-2x} \\ &= 4e^{-2x} - 4e^{-2x} \\ &= 0 \quad \text{(확인됨)} \end{aligned}$$

$$\begin{aligned} y'' - 4y &= (e^{2x})'' - 4e^{2x} \\ &= 4e^{2x} - 4e^{2x} \\ &= 0 \quad \text{(확인됨)} \end{aligned}$$

이제 $e^{-2x} + e^{2x}$를 미분방정식에 대입해본다.

$$\begin{aligned} y'' - 4y &= (e^{-2x} + e^{2x})'' - 4(e^{-2x} + e^{2x}) \\ &= 4e^{-2x} + 4e^{2x} - 4e^{-2x} - 4e^{2x} \\ &= 0 \qquad \text{(확인됨)} \end{aligned}$$

따라서 $e^{-2x} + e^{2x}$ 또한 주어진 미분방정식의 해이다. 이것은 충분히 예상되는 바인데, (정리 3-2)에 따라 선형 동차 미분방정식에 대한 두 해의 합 또한 해이기 때문이다(그림 3-17).

> 함수 e^{-2x}, e^{2x}가 선형 동차방정식
>
> $y'' - 4y = 0$
>
> 의 해이며, $e^{-2x} + e^{2x}$도 해이다.

그림 3-17
선형 동차 미분방정식에 대한 두 해의 합 또한 해이다.

예제 3-9 중첩 원리 (비동차방정식)

e^{-2x}가 미분방정식 $y'' - 3y - e^{-2x} = 0$의 해임을 증명하고, $5e^{-2x}$도 이 방정식의 해인지 조사하라.

풀이 | 먼저 위의 미분방정식은 선형이지만 비동차방정식임에 주목하는데, 이는 마지막 항이 y나 그 도함수 중 어느 것도 포함하지 않기 때문이다. 다음과 같이 직접 대입을 통해 e^{-2x}가 주어진 방정식의 해임을 확인할 수 있다.

$$\begin{aligned} y'' - 3y - e^{-2x} &= (e^{-2x})'' - 3e^{-2x} - e^{-2x} \\ &= 4e^{-2x} - 3e^{-2x} - e^{-2x} \\ &= 0 \qquad \text{(확인됨)} \end{aligned}$$

이제 $5e^{-2x}$를 미분방정식에 대입해본다.

$$\begin{aligned} y'' - 3y - e^{-2x} &= (5e^{-2x})'' - 3(5e^{-2x}) - e^{-2x} \\ &= 20e^{-2x} - 15e^{-2x} - e^{-2x} \\ &= 4e^{-2x} \\ &\neq 0 \qquad \text{(확인되지 않음)} \end{aligned}$$

따라서 $5e^{-2x}$는 주어진 미분방정식의 해가 아니다. 이것은 의외의 일은 아닌데, 주어진 미분방정식이 동차형이 아니며 중첩 원리는 선형이라 하더라도 비동차방정식에는 적용되지 않기 때문이다(그림 3-18).

> 함수 e^{-2x}는 선형 비동차방정식
>
> $y'' - 3y - e^{-2x} = 0$
>
> 의 해이지만, $5e^{-2x}$는 해가 아니다.

그림 3-18
중첩 원리는 비동차방정식에는 적용되지 않는다.

예제 3-10 중첩 원리와 비선형방정식

$y = x$가 미분방정식 $y'' + x^2y' - y^2 = 0$의 해임을 증명하고, $2x$도 이 방정식의 해인지 조사하라.

풀이 | 먼저 위의 방정식은 마지막 항에 y의 멱승이 포함되어 있으므로 비선형 미분방정식임에 주목한다. 다음과 같이 직접대입을 통해 x가 주어진 방정식의 해임을 확인할 수 있다.

$$\begin{aligned} y'' + x^2y' - y^2 &= (x)'' + x^2(x)' - (x)^2 \\ &= 0 + x^2 - x^2 \\ &= 0 \qquad \text{(확인됨)} \end{aligned}$$

이제 $2x$를 미분방정식에 대입해본다.

$$\begin{aligned} y'' + x^2y' - y^2 &= (2x)'' + x^2(2x)' - (2x)^2 \\ &= 0 + 2x^2 - 4x^2 \\ &\neq 0 \qquad \text{(확인되지 않음)} \end{aligned}$$

따라서 $2x$는 주어진 미분방정식의 해가 아니다. 이 역시 의외의 일은 아닌데, 주어진 미분방정식은 비선형이며 중첩 원리는 비선형방정식에는 적용되지 않기 때문이다(그림 3-19).

함수 x는 비선형방정식

$$y'' + x^2y' - y^2 = 0$$

의 해이지만, $2x$는 해가 아니다.

그림 3-19
중첩 원리는 비선형방정식에는 적용되지 않는다.

2계 선형 동차 미분방정식은 무수히 많은 해를 갖는 것처럼 보이지만, 이 해들의 대부분에서 상수 인수가 달라질 뿐이다. 이제 이러한 해들 중에서 몇 개가 중첩 원리에 의해 다른 해들을 구할 수 있는 **기본해(fundamental solution)**인지 궁금할 것이다. 즉, 주어진 선형 동차 미분방정식이 몇 개의 1차 독립인 해를 가질 것인지 파악하는 것이 중요하다. 주어진 선형 동차 미분방정식이 가질 수 있는 1차 독립인 해의 개수는 미분방정식의 계수와 같은 것으로 밝혀져 있다. 이를 증명하기에 앞서 먼저 중요한 관계식 하나를 도출한다.

정리 3-3 아벨 항등성

계수 $P(x)$, $Q(x)$가 구간 $x_1 < x < x_2$에서 연속인 2계 선형 동차 미분방정식

$$y'' + P(x)y' + Q(x)y = 0$$

이 있다고 하고, 이 구간에서 y_1, y_2가 이 미분방정식에 대한 두 개의 임의의 해라고 하자. 이 경우 y_1, y_2에 대한 론스키 행렬식은 항상 0이거나(이는 두 해가 1차 종속임을 나타냄) 혹은 결코 0이 아니게 된다(이는 두 해가 1차 독립임을 나타냄)(그림 3-20).

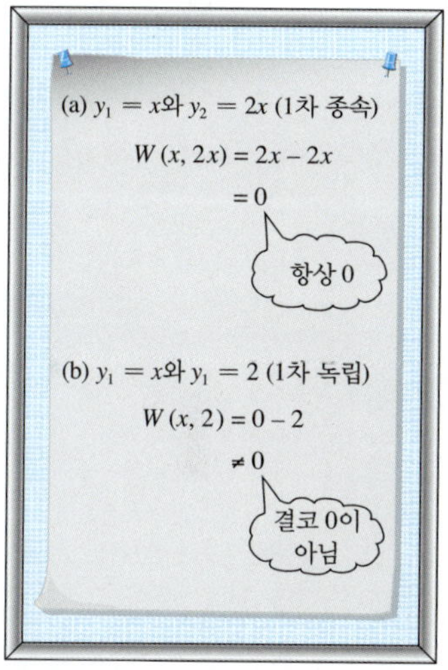

그림 3-20
기본해가 x와 1인 미분방정식 $y'' = 0$을 위한 아벨 항등성

증명 y_1, y_2는 해이므로 이들은 미분방정식을 만족한다.

$$y_1'' + P(x)y_1' + Q(x)y_1 = 0$$
$$y_2'' + P(x)y_2' + Q(x)y_2 = 0$$

첫 번째 방정식에 y_2를 곱하고, 두 번째 방정식에 y_1을 곱한 후에 두 번째 식에서 첫 번째 식을 빼면

$$(y_1y_2'' - y_1''y_2) + P(x)(y_1y_2' - y_1'y_2) = 0$$

즉,

$$W' + P(x)W = 0 \qquad \textbf{(3-14)}$$

을 얻는데, 이는 론스키 행렬식의 정의에 따라 $W = y_1y_2' - y_1'y_2$이고

$$W' = y_1'y_2' + y_1y_2'' - y_1''y_2 - y_1'y_2' = y_1y_2'' - y_1''y_2$$

이기 때문이다. 방정식 3-14는 1계 선형 미분방정식이며, 그 해는

$$W = Ke^{-\int P(x)dx} \tag{3-15}$$

인데, 여기에서 K는 상수이며 W는 론스키 행렬식 $W(y_1, y_2)$이다. 이 관계식 안의 지수함수는 0이 되는 일이 없는데, 이는 $P(x)$가 연속함수이며 따라서 적분 $\int P(x)dx$가 무한대가 될 수 없기 때문이다. 따라서 론스키 행렬식 W가 0이 될 수 있는 유일한 방법은 $K = 0$이 되는 것이며, 이 경우 W는 항등적으로 0이다. $K \neq 0$일 경우 W는 $P(x)$가 연속인 구간에서 결코 0이 되지 않는다. 이로써 증명을 마친다.

식 3-15는 노르웨이 수학자 아벨(N.H. Abel, 1802-1829)이 처음 도출하였으며 **아벨 공식**으로 알려져 있다. 아벨 공식을 사용하여 연속인 계수들을 갖는 2계 선형 동차방정식에 대한 두 개의 1차 독립인 해들의 론스키 행렬식을 상수 인수만 미정인 상태로 결정할 수 있다.

정리 3-3은 선형 동차 미분방정식의 계수 $P(x)$, $Q(x)$가 연속인 구간에서 $W(y_1, y_2)$가 어떤 x에 대해서는 0이고 다른 x에 대해서는 0이 아닐 수는 없음을 의미한다. 따라서 지정된 구간에서 두 해의 1차 독립성을 결정할 때 그 구간 안의 편리한 임의의 점 x_0에서 $W(y_1, y_2)$를 계산하는 것으로 충분한데, 이는 x_0에서 $W(y_1, y_2)$가 0이면 모든 x에 대해 0인 것이며 따라서 y_1, y_2는 1차 종속이기 때문이다. 마찬가지로 x_0에서 $W(y_1, y_2) \neq 0$이면 그 구간에서 y_1, y_2는 1차 독립이다.

예제 3-11 아벨 공식의 응용

구간 $0 < x < \infty$에서 미분방정식

$$x^2y'' + \frac{5}{3}xy' - \frac{1}{3}y = 0$$

의 해 $y_1 = x^{1/3}$, $y_2 = 1/x$에 대한 론스키 행렬식을 구하되, (a) 론스키 행렬식, 그리고 (b) 아벨 공식을 이용하라.

풀이 | 위의 방정식은 2계 선형 동차방정식이며, 각 항을 y'' 항의 계수인 x^2으로 나눔으로써 표준형으로 만들 수 있다.

$$y'' + \frac{5}{3x}y' - \frac{1}{3x^2}y = 0$$

따라서 $P(x) = 5/3x$ 그리고 $Q(x) = -1/3x^2$인데, 이들은 점 $x = 0$을 포함하지 않는 임의의 구간에서 연속이다. 따라서 론스키 행렬식 $W(y_1, y_2)$는 구간 $0 < x < \infty$에서 항등적으로 0이거나 결코 0이 되지 않거나 중의 하나일 것이다.

(a) 론스키 행렬식으로부터 다음 식을 얻는다.

$$W(y_1, y_2) = y_1y_2' - y_1'y_2 = x^{1/3}\left(-\frac{1}{x^2}\right) - \left(\frac{1}{3}x^{-2/3}\right)\frac{1}{x} = -\frac{4}{3}x^{-5/3} \neq 0$$

(b) 아벨 공식으로부터 다음 식을 얻는다.

$$W(y_1, y_2) = Ke^{-\int P(x)dx} = Ke^{-\int \frac{5}{3x}dx} = Ke^{-\frac{5}{3}\ln x} = Kx^{-5/3}$$

따라서 $K = -4/3$이다. $W(y_1, y_2)$는 $0 < x < \infty$에서 결코 0이 되지 않으며, 이는 위의 두 해가 1차 독립임을 나타낸다.

아벨 공식을 사용하여 다음과 같은 중요한 정리를 증명할 수 있다.

정리 3-4 동차방정식의 일반해

구간 $x_1 < x < x_2$에서 계수 $P(x)$, $Q(x)$가 연속인 2계 선형 동차 미분방정식

$$y'' + P(x)y' + Q(x)y = 0$$

은 항상 그 구간에서 1차 독립인 두 개의 해 y_1, y_2를 갖는다. 또한 그 구간에서 이 미분방정식의 어떤 해라도

$$y = C_1y_1 + C_2y_2 \tag{3-16}$$

와 같이 이 두 해의 선형 결합으로 유일하게 표현될 수 있으며, 이는 일반해이다.

증명 이 정리의 첫 번째 부분은 0이 아닌 론스키 행렬식을 갖는 두 해가 존재한다는 것을 보임으로써 쉽게 증명된다. 점 x_0과 구간 $x_1 < x < x_2$에서 주어진 미분방정식에 관한 다음 두 개의 초깃값 문제를 생각해보자.

1. $y'' + P(x)y' + Q(x)y = 0$ 그리고 $y(x_0) = 1, y'(x_0) = 0$
2. $y'' + P(x)y' + Q(x)y = 0$ 그리고 $y(x_0) = 0, y'(x_0) = 1$

정리 3-1에 따라 위의 초깃값 문제 각각은 유일한 해를 갖는다. 이제 y_1, y_2를 각각 첫 번째와 두 번째 초깃값 문제의 해라고 하자. 주어진 초기조건을 사용하여 x_0에서 이 두 해에 대한 론스키 행렬식을 구하면

$$W[y_1(x_0), y_2(x_0)] = y_1(x_0)y_2'(x_0) - y_1'(x_0)y_2(x_0) = 1 \times 1 - 0 \times 0 = 1$$

이 되는데, 이는 0이 아니다. 따라서 해 y_1, y_2가 존재하며, 이들의 론스키 행렬식이 항등적으로 0이 아니기 때문에 이들은 1차 독립이다. 이로써 첫 번째 부분에 대한 증명을 마친다.

두 번째 부분을 증명하기 위해 y_1, y_2를 두 개의 1차 독립인 해라고 하고, y_3은 임의의 다른 해라고 하자. 아벨 공식으로부터

$$W(y_1, y_2) = y_1y_2' - y_1'y_2 = K_1e^{-\int P(x)dx} \neq 0 \tag{3-17}$$

을 얻는데, 이때 $K \neq 0$이다. 같은 방법으로 다음 식들을 얻는다.

$$W(y_1, y_3) = y_1y_3' - y_1'y_3 = K_2e^{-\int P(x)dx} \tag{3-18}$$

$$W(y_2, y_3) = y_2y_3' - y_2'y_3 = K_3e^{-\int P(x)dx} \tag{3-19}$$

식 3-18에 y_2를 곱하고 식 3-19에 y_1을 곱한 후 뺄셈을 하여 다음 식을 얻는다.

$$(y_1y_2' - y_1'y_2)y_3 = K_3e^{-\int P(x)dx}y_1 - K_2e^{-\int P(x)dx}y_2$$

괄호 안의 항들에 식 3-17의 결과를 대입하여 다음 식을 얻는다.

$$K_1e^{-\int P(x)dx}y_3 = K_3e^{-\int P(x)dx}y_1 - K_2e^{-\int P(x)dx}y_2$$

지수 인수를 없애고 K_1로 나누면

$$y_3 = \frac{K_3}{K_1}y_1 - \frac{K_2}{K_1}y_2 \tag{3-20}$$

즉, $y_3 = C_1y_1 + C_2y_2$를 얻는데, 이때 $C_1 = K_3/K_1$, $C_2 = -K_2/K_1$과 같이 정의된다. 따라서 임의의 해인 y_3은 y_1, y_2의 선형 결합으로 표현될 수 있다. 이로써 증명을 마친다.

위의 정리에 비추어 $y = C_1y_1 + C_2y_2$는 **일반해**라고 결론지을 수 있는데, 이 해는 지정된 구간에서 주어진 미분방정식의 모든 해를 포함하기 때문이다. 주어진 방정식에 대한 임의의 해는 상수 C_1, C_2에 적당한 값들을 지정함으로써 일반해로부터 구할 수 있다.

따라서 해집합 y_1, y_2는 **기본해집합(fundamental set of solution)**이라 불리는데, 이는 해당 구간에서 2계 선형 동차방정식에 대한 1차 독립인 두 개의 해의 집합으로 정의된다. 미분방정식은 그림 3-21에서 보여주듯이 여러 개의 기본해집합을 가질 수 있으며, 이러한 집합들 중 어느 것이라도 일반해의 구성에 사용될 수 있다. 서로 다른 기본해집합을 사용하여 얻은 모든 일반해는 서로 동치임을 보일 수 있다.

미분방정식:

$$y'' - y = 0$$

기본해집합:

(1) e^x와 e^{-x}

(2) $2e^x$와 $5e^{-x}$

(3) $-e^x$와 $3e^x + 2e^{-x}$

(4) $\frac{e^x + e^{-x}}{2}$와 $\frac{e^x - e^{-x}}{2}$

(5) $\cosh x$와 $\sinh x$

(6) $\cosh x$와 e^x

(7) $3\sinh x$와 $e^x - 4e^{-x}$

그림 3-21
연속인 계수들을 갖는 2계 선형 동차방정식은 여러 개의 기본해집합을 가질 수 있으며, 이러한 집합들 중 어느 것이라도 주어진 미분방정식에 대한 일반해의 구성에 사용될 수 있다.

예제 3-12 기본해집합

직접대입을 통해 함수 e^x, e^{-x}, $2e^x$, $-3e^{-x}$, $\cosh x$, $\sinh x$ 등이 미분방정식 $y'' - y = 0$의 해임을 보일 수 있다. 또한 외형 조사를 통해 이 함수들 중 어느 두 개를 취하더라도 그 비는 상수가 아님을 확인할 수 있다. 따라서 이 함수들 중 어느 둘을 선택하더라도 1차 독립이며 기본해집합을 구성한다. 따라서 주어진 미분방정식에 대한 일반해는 $y = C_1y_1 + C_2y_2$와 같이 표현될 수 있으며, 여기에서 y_1, y_2는 위에 주어진 함수들 중에서 선택한 임의의 두 함수이다. 따라서 일반해는 $y = C_1e^x + C_1e^{-x}$ 또는 $y = K_1 \cosh x + K_2 \sinh x$이며, 여기에서 C_1, C_2, K_1, K_2 등은 임의상수이다. 이 두 일반해가 서로 동치임을 보여라.

풀이 | 쌍곡선함수 cosh x, sinh x의 정의를 사용하여 두 번째 해를

$$\begin{aligned} y &= K_1 \cosh x + K_2 \sinh x \\ &= K_1\left(\frac{e^x + e^{-x}}{2}\right) + K_2\left(\frac{e^x - e^{-x}}{2}\right) \\ &= \left(\frac{K_1}{2} + \frac{K_2}{2}\right)e^x + \left(\frac{K_1}{2} - \frac{K_2}{2}\right)e^{-x} \\ &= C_1 e^x + C_2 e^{-x} \end{aligned}$$

와 같이 표현할 수 있는데, 여기에서 $C_1 = (K_1 + K_2)/2$이고 $C_2 = (K_1 - K_2)/2$이다. 따라서 두 일반해는 서로 동치이며, 2계 선형 동차방정식에 대한 1차 독립인 임의의 두 해를 사용하여 일반해를 구성할 수 있다.

학생들은 주어진 해들 중 임의의 3개를 선택하여 론스키 행렬식을 계산하면 0이 된다는 것을 확인할 수 있을 것이다. 이는 2계 선형 동차방정식에 대해 두 개의 해만이 1차 독립일 수 있음을 의미한다. 정리 3-4는 벡터대수학에서 평면상의 임의의 벡터는 서로 평행하지 않은 (즉, 1차 독립인) 두 벡터의 선형 결합으로 표현될 수 있다는 정리와 유사하다(그림 3-22).

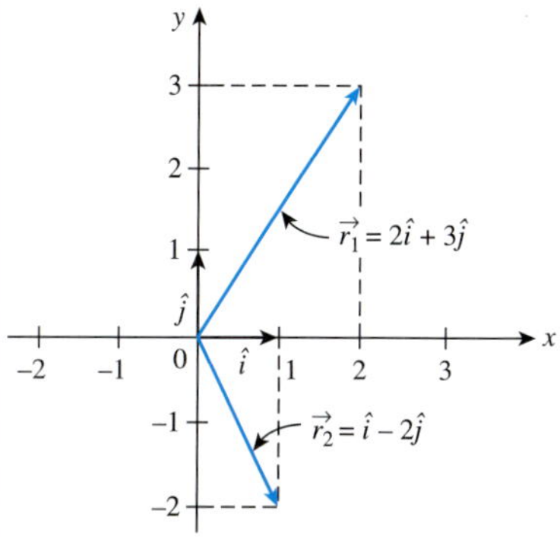

그림 3-22
벡터대수학에서 모든 벡터는 1차 독립인 두 단위벡터 $\hat{i}$ $\hat{j}$의 선형 결합으로 표현될 수 있다.

정리 3-4는 두 개의 1차 독립인 해의 존재성을 보장한다. 이 정리는 또한 임의의 개수의 해들로 이루어진 집합에서 단지 두 개만이 1차 독립일 수 있음을 확인한다. 예를 들면, 이 정리는 방정식 $y'' - 4y = 0$이 두 개의 1차 독립인 해를 가질 것임을 보장할 텐데, e^{-2x}, e^{2x}라고 하자. 또한 이 미분방정식에 대한 임의의 해를 이 해들로부터 구할 수 있음을 보장한다. 따라서 2계 선형 동차방정식을 푸는 것은 두 개의 1차 독립인 해를 구하는 것과 같다. 그런 다음 이 미분방정식의 일반해는 식 3-16으로부터 구할 수 있다.

절 복습문제

3-13C 중첩 원리를 적용할 수 있기 위해서는 미분방정식이 선형이고 동차형이어야 하는가?

3-14C 어떤 해의 상수 배도 해가 되는 것은 어떤 종류의 미분방정식에 대해서인가?

3-15C 두 해의 합도 해가 되는 것은 어떤 종류의 미분방정식에 대해서인가?

3-16C 연속인 계수들을 갖는 2계 선형 동차방정식의 두 해 y_1, y_2가 1차 독립이라고 한다. 이 미분방정식은 상수 C_1, C_2에 대해 $C_1y_1 + C_2y_2$로 표현될 수 없는 해를 가질 수 있는가?

3-17 다음 각 2계 미분방정식에 대해 y_1이 하나의 해라고 하자. 외형 조사를 통해 어떤 상수 k에 대해 ky_1도 이 방정식의 해인지 결정하라.

(a) $y'' + e^y y' - 2y = 6$　　(b) $y'' - 2y' + y = x^3 \cos 2x$

(c) $y'' - 5x^2 y' = 0$　　(d) $y'' - y = 0$

(답: (a)와 (b) 이 방정식은 비동차 미분방정식이며, 따라서 ky_1은 해가 아니다. (c)와 (d) 이 방정식은 선형 동차 미분방정식이며, 따라서 ky_1은 해이다.)

3-18 다음 2계 미분방정식에 대해 y_1, y_2가 해라고 하자. 외형 조사를 통해 $y_1 + y_2$도 이 방정식의 해인지 결정하라.

(a) $y'' + y'\cos y + 8xy = 0$ (b) $y'' + 6y' + 9\sqrt{y} = x^3$

(c) $x^3y'' - xy' = 0$ (d) $y'' + k^2y = 0$

(답: (a)와 (b) 이 방정식은 비선형 미분방정식이며, 따라서 $y_1 + y_2$는 해가 아니다. (c)와 (d) 이 방정식은 선형 동차 미분방정식이며, 따라서 $y_1 + y_2$도 해이다.)

3-19 아래의 2계 선형 동차방정식은 구간 $x > 0$에서 두 개의 해 y_1, y_2를 갖는다고 한다. 외형 조사를 통해 구간 $x > 0$에서 론스키 행렬식 $W(y_1, y_2)$가 결코 0이 되지 않는 해 쌍을 식별하라. 각 경우에 대해 실제로 $W(y_1, y_2)$를 계산하여 자신의 답을 확인하라.

(a) $y'' - 4y = 0,\ y_1 = e^{2x}$ 그리고 $y_2 = -3e^{2x}$

(b) $y'' - 4y = 0,\ y_1 = e^{2x}$ 그리고 $y_2 = e^{-2x}$

(c) $y'' - 4y = 0,\ y_1 = 3e^{-2x}$ 그리고 $y_2 = e^{3-2x}$

(답: (a) y_1, y_2는 1차 종속이며 $W = 0$. (b) y_1, y_2 1차 독립이며 $W = -4$. (c) y_1, y_2는 1차 종속이며 $W = 0$.)

3-20 아래의 2계 선형 동차방정식은 구간 $x > 0$에서 두 개의 해 y_1, y_2를 갖는다고 한다. y_1, y_2가 기본해집합을 구성하는지 결정하라. 기본해집합을 구성할 경우 주어진 미분방정식의 모든 해를 포함하는 $y(x)$를 위한 관계식을 구하라.

(a) $y'' - y = 0,\ y_1 = e^x$ 그리고 $y_2 = e^{-x}$

(b) $y'' - y = 0,\ y_1 = \sinh x$ 그리고 $y_2 = \cosh x$

(c) $y'' - y = 0,\ y_1 = e^x$ 그리고 $y_2 = \cosh x$

(답: (a) $W = -2 \neq 0,\ y(x) = C_1y_1 + C_2y_2 = C_1e^x + C_2e^{-x}$

(b) $W = -1 \neq 0,\ y(x) = C_1y_1 + C_2y_2 = C_1 \sinh x + C_2 \cosh x$

(c) $W = -1 \neq 0,\ y(x) = C_1e^x + C_2 \cosh x$)

3-4 ■ 계수축소법

미분방정식들을 실제로 풀기 시작하기에 앞서 살펴볼 항목이 하나 더 있는데, 해들 중의 하나가 알려져 있을 경우 2계 선형 동차방정식을 1계 선형 동차방정식으로 계수를 낮추는 것이다. 해들 중의 하나가 알려져 있을 경우 미분방정식의 계수를 하나 낮추는 이러한 방법을 **계수축소법(reduction of order)**이라고 한다. 이 방법은 프랑스 수학자 달랑베르(Jean d' Alembert, 1717-1783)에 의해 개발되었다.

y_1이 2계 선형 동차방정식

$$y'' + P(x)y' + Q(x)y = 0$$

의 자명하지 않은 해, 즉, $y_1 \neq 0$인 해라고 하자. 이 경우 상수 C에 대해 Cy_1도 이 방정식의 해라는 것을 알 수 있다. 이제 x의 함수인 v에 대해 vy_1도 이 미분방정식의 해가 될 수 있는지 알아보자. 만일 vy_1이 해가 된다면, vy_1은 y_1과는 1차 독립인 해일 텐데, 그 이유는 이 두 해의 비가 v이며 이는 상수가 아니기 때문이다. 따라서 이러한 함수 v를 찾는 것은 주어진 미분방정식에 대해 두 번째의 1차 독립인 해를 찾는 것과 같다.

이제 $y = vy_1$이 주어진 미분방정식의 해라고 가정하고 이러한 함수 v를 결정하고자 시도한다. $y = vy_1$에 대해 1계 도함수와 2계 도함수를 취하면 $y' = v'y_1 + vy_1'$, 그리고 $y'' = v''y_1 + v'y_1' + v'y_1' + vy_1''$이 된다. 이를 미분방정식에 대입하고 정리하면 다음 식을 얻는다.

$$y_1v'' + [2y_1' + P(x)y_1]v' + [y_1'' + P(x)y_1' + Q(x)y_1]v = 0$$

마지막 괄호 안의 양은 0인데, 이는 y_1이 해이기 때문이다. 남은 항들을 y_1으로 나누면

$$v'' + \left[P(x) + \frac{2y_1'}{y_1}\right]v' = 0$$

이 되는데, 여기에 $w = v'$라고 두어 얻은

$$w' + \left[P(x) + \frac{2y_1'}{y_1}\right]w = 0 \qquad \textbf{(3-21)}$$

은 w에 관한 1계 선형 동차방정식이다. 그 해는

$$w = Ce^{-\int (P(x)+2y_1'/y_1)\,dx} = Ce^{-2\int (y_1'/y_1)dx}e^{-\int P(x)\,dx}$$

와 같다.

$$e^{-2\int (y_1'/y_1)\,dx} = e^{-2\int (1/y_1)dy_1} = e^{-2\ln|y_1|} = \frac{1}{y_1^2}$$

이므로

$$w = \frac{C}{y_1^2}e^{-\int P(x)dx} \qquad \textbf{(3-22)}$$

을 얻는데, 이때 임의상수 C는 1로 둔다. 이제 식 3-22를 적분하여 v를 구하면 다음과 같다.

$$v = \int \frac{e^{-\int P(x)dx}}{y_1^2}dx \qquad \textbf{(3-23)}$$

따라서 위의 공식으로부터 함수 v를 결정할 수 있다(그림 3-23). 이 공식을 외울

미분방정식:

$y'' = 0$

하나의 해:

$y_1 = x$

식 3-23

$v = \int \frac{e^{-\int P(x)\,dx}}{y_1^2}\,dx = -\frac{1}{x}$

두 번째의 1차 독립인 해:

$y_2 = y_1v = -1 =$ 상수

일반해:

$y = C_1x + C_2$

그림 3-23
계수축소법을 사용하여 미분방정식의 두 번째의 1차 독립인 해 찾기

필요는 없는데, 이는 주어진 미분방정식에 vy_1을 대입하고 위의 단계들을 따라가는 것은 어렵지 않기 때문이다.

일단 v와 vy_1을 구하게 되면, 주어진 미분방정식에 대한 두 번째의 1차 독립인 해는 $y_2 = vy_1$로 주어진다. 이제 일반해는 다음과 같이 표현될 수 있다.

$$y = C_1y_1 + C_2vy_1 \tag{3-24}$$

식 3-22에서 적분상수 C를 남겨두었다면 일반해는 C_2 대신 C_2C를 포함하게 되었을 것이다. 그러나 여기에 별 의미는 없는데, 이는 C_2C를 임의의 다른 상수 C_3 등으로 바꿀 수 있기 때문이다. 따라서 v를 결정할 때 적분상수는 무시할 수 있다(또는 적분상수에 임의의 값을 지정할 수 있다). 또한 y_1, y_2는 1차 독립인데, 이들의 비인 $y_1/y_2 = v$가 상수가 아니기 때문이다. 이것은 식 3-23의 적분 대상 함수는 0이 되는 법이 없기 때문이다. 즉, v를 위한 식은 항상 독립변수 x를 포함하게 될 것이다.

계수축소법을 다음 정리로 요약한다.

정리 3-5 계수축소법

계수 $P(x)$, $Q(x)$가 구간 $x_1 < x < x_2$에서 연속인 2계 선형 동차 미분방정식

$$y'' + P(x)y' + Q(x)y = 0$$

에 대해 자명하지 않은 해 y_1이 알려져 있을 경우,

$$v = \int \frac{e^{-\int P(x)dx}}{y_1^2}\,dx$$

와 같이 주어지는 v에 대해 $y_2 = vy_1$ 또한 해이며, 해당 구간에서 y_1과는 1차 독립이다. 그리고 주어진 구간에서 이 미분방정식의 일반해는 다음과 같이 주어진다.

$$y = C_1y_1 + C_2vy_1$$

계수축소법은 미분방정식을 풀기 위한 완전한 방법은 아닌데, 이 방법을 적용할 수 있기 위해서는 해들 중의 하나가 알려져 있어야 하기 때문이다. 그러나 다른 방법이나 외형 조사 등으로 하나의 해를 결정할 수 있을 경우 계수축소법은 대단히 유용하다.

예제 3-13 계수축소법

미분방정식

$$x^2y'' - 4xy' + 4y = 0$$

의 해 $y_1 = x$가 주어져 있을 때, 구간 $x > 0$에서 계수축소법을 사용하여 두 번째 1차 독립인 해를 구하라.

풀이 | 주어진 방정식은 2계 선형 동차방정식이므로 $y_1 = vy_1 = vx$ 형태의 두 번째 1차 독립인 해를 찾는다. 이 식에 대해 1계 도함수와 2계 도함수를 취하면 다음과 같다.

$$y_2' = v'x + v$$
$$y_2'' = v''x + v' + v' = v''x + 2v'$$

이를 미분방정식에 대입하면

$$x^2(v''x + 2v') - 4x(v'x + v) + 4vx = 0$$

을 얻는다. 이는 $v'' - 2v'/x = 0$으로 간소화할 수 있으며, $w = v'$라고 두면 $w' - 2w/x = 0$이 된다. 이 방정식은 1계 선형 미분방정식이며, 그 해는 $w = x^2$이다. 이제 적분을 통해 $v - x^3/3$를 구할 수 있다. 적분상수는 중요하지 않아 생략하였다. 두 번째의 1차 독립인 해는 $y_2 = vy_1 = x^4/3$이 된다. 예상한 대로 함수 x와 x^4는 1차 독립이다. 끝으로 $x > 0$에서 이 미분방정식의 일반해는 $y = C_1x + C_2x^4$와 같이 표현할 수 있는데, 여기에서 C_1, C_2는 임의상수이다. 상수 인수 1/3은 임의상수 C_2에 흡수되었음을 유의하기 바란다.

절 복습문제

3-21C 계수축소법의 실용적 가치는 무엇인가? 이 방법의 사용을 고려하는 것은 어떤 경우인가?

3-22 주어진 해를 사용하여 주어진 2계 선형 동차방정식의 두 번째 1차 독립인 해를 계수축소법으로 결정하라.

$y'' - y = 0, \qquad y_1 = e^x$

(답: $y_2 = -\frac{1}{2}e^{-x}$. 일반해는 $y = C_1e^x + C_2e^{-x}$)

3-5 ■ 상수계수 동차방정식

지금까지 2계 선형 동차방정식에 관한 이론을 살펴보았으며, 그 해에 관한 성질에 대해 배웠다. 이제 이러한 방정식을 실제로 푸는 방법을 공부하게 될 것이다. 선형 동차방정식에서 계수들이 상수일 경우에는 체계적 방법으로 쉽게 풀 수 있다. 그러나 계수들이 변수일 때에는 특별한 경우를 제외하고는 이러한 방정식의 풀이를 위한 간단한 절차는 존재하지 않는다. 이 절에서는 상수계수 선형 동차방정식에 대해 살펴볼 것이다. 대개 무한급수를 사용하여 푸는 변수계수 방정식들에 대해서는 5장에서 다룰 것이다.

상수계수 2계 선형 동차방정식

$$ay'' + by' + cy = 0 \tag{3-25}$$

에서 계수 a, b, c는 실수인 상수라고 하자(각 항을 a로 나눔으로써 0이 아닌 선행 계수는 항상 1로 만들 수 있음). 상수계수는 구간 $-\infty < X < \infty$에서 연속인 함수로 간주할 수 있으므로 이러한 방정식의 해들은 임의의 구간에서 유효하며, 따라서 이 해를 위해 구간을 지정할 필요는 없다. 이 경우의 핵심 정리를 다음과 같이 요약할 수 있다.

> *상수계수 2계 선형 동차방정식은 항상 임의의 구간에 적용될 수 있는 두 개의 1차 독립인 해 y_1, y_2를 가지며, 일반해는 $y = C_1y_1 = C_2y_2$와 같이 표현될 수 있는데, 여기에서 C_1, C_2는 임의상수이다(그림 3-24).*

미분방정식:

$y'' = 0$

두 개의 1차 독립인 해:

$y_1 = x$ 그리고 $y_2 = 1$

일반해:

$y = C_1x + C_2 \cdot 1$

유효 구간:

$-\infty < x < \infty$

그림 3-24
상수계수 2계 선형 동차방정식은 선형 결합으로 모든 x에 대한 일반해를 얻을 수 있는 두 개의 1차 독립인 해들을 갖는다.

물론 문제는 두 개의 해 y_1, y_2를 어떻게 찾느냐이다. 식 3-25를 조심스럽게 살펴보면, 해 함수와 그 도함수들에 상수들을 곱한 후 합하면 모든 x에 대해 0이 된다는 것을 알 수 있다. 따라서 해 함수와 그 도함수들은 기껏해야 상수 배로 달라지는 정도의 차이밖에는 가질 수 없다는 결론을 내리게 된다. 도함수가 원래 함수의 상수 배가 되는 유일한 초등함수는 지수함수 e^{mx}이며, 이때 m은 상수이다. 이것은

$$y = e^{mx} \tag{3-26}$$

$$y' = me^{mx} \tag{3-27}$$

$$y'' = m^2e^{mx} \tag{3-28}$$

$y = e^{-3x}$

이면

$y' = -3e^{-3x} = -3y$

$y'' = 9e^{-3x} = 9y$

그림 3-25
지수함수 e^{mx}는 그 도함수와 상수 배만큼만 다르며, 따라서 상수계수 선형 동차 미분방정식의 해로 선택하기에 이상적이다.

등의 함수들이 서로 m 배, 또는 m^2 배 차이 난다는 것을 관찰함으로써 쉽게 확인할 수 있는데, m이나 m^2은 상수이다. 따라서 식 3-25의 해는 e^{mx} 형태를 갖는다(그림 3-25). 이 함수를 식 3-25에 대입하면

$$a(e^{mx})'' + b(e^{mx})' + c(e^{mx}) = 0$$

을 얻는데, 이는 다시 $e^{mx}(am^2 + bm + c) = 0$으로 간소화할 수 있다. 그렇지만 지수함수 e^{mx}가 해라고 하더라도 0이 될 수는 없다. 따라서 다음 방정식을 얻게 된다.

$$am^2 + bm + c = 0 \tag{3-29}$$

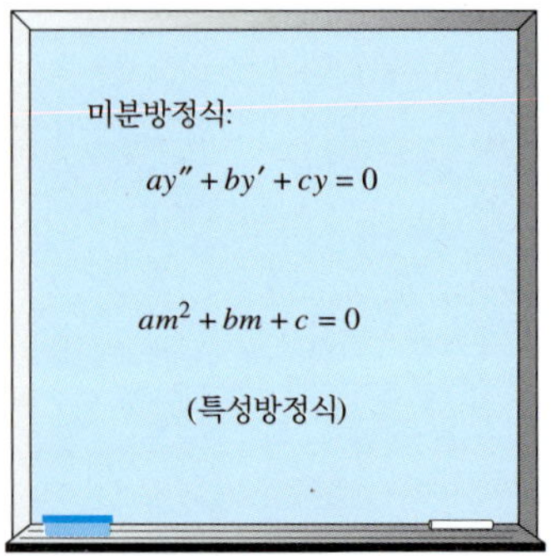

그림 3-26
y''는 m^2, y'는 m, y는 1로 치환함으로써 2계 방정식에 대한 특성방정식을 구할 수 있다.

이 2차 대수 방정식은 **특성방정식(characteristic equation)** 또는 보조방정식(auxiliary equation)이라고 불리는데, 이는 이 방정식이 주어진 미분방정식의 해를 규정짓는 값들을 근으로 갖기 때문이다. 특성방정식과 미분방정식을 비교해보면, 미분방정식에서 y''는 m^2, y'는 m, y는 1로 치환하는 간단한 방법으로 미분방정식을 특성방정식으로 변환할 수 있음을 알 수 있다(그림 3-26).

n차 다항방정식은 n개의 근을 갖는다는 것을 대수학에서 배웠을 것이다. 따라서 이 특성방정식은 두 개의 근 m_1, m_2를 갖는데, 이는 이 방정식이 m에 관한 2차 다항식이기 때문이다. 이 두 개의 근은 다음 공식을 사용하여 구할 수 있다.

$$m_1 = \frac{-b + \sqrt{b^2 - 4ac}}{2a} \quad \text{그리고} \quad m_2 = \frac{-b - \sqrt{b^2 - 4ac}}{2a} \tag{3–30}$$

따라서 m은 두 개까지의 값을 가질 수 있으며, 따라서 해들은 다음과 같다.

$$y_1 = e^{m_1 x} \quad \text{그리고} \quad y_2 = e^{m_2 x} \tag{3–31}$$

m_1, m_2가 실수이고 서로 다를 경우 위의 두 해는 1차 독립이며, 따라서 바로 일반해를 구성할 수 있다. 그렇지만 m_1, m_2가 동일한 값일 수도 있으며, $b - 4ac$가 음일 경우 복소수들일 수도 있다. 이 해의 특성은 경우마다 차이가 있으며, 각 경우를 하나씩 살펴볼 것이다(그림 3-27).

2차방정식:

$$am^2 + bm + c = 0$$

근:

$$m_{1,2} = \frac{-b \pm \sqrt{b^2 - 4ac}}{2a}$$

세 가지 경우:

(1) $b^2 - 4ac > 0 \rightarrow m_1 \neq m_2$ (실근)

(2) $b^2 - 4ac = 0 \rightarrow m_1 = m_2$ (실근)

(3) $b^2 - 4ac < 0 \rightarrow m_1 \neq m_2$ (복소수 근)

그림 3-27
2차방정식의 근

경우 1: 서로 다른 실근 ($m_1 \neq m_2$)

대수학에서 배웠겠지만, $b^2 - 4ac > 0$일 때 특성방정식 $am^2 + bm + c$의 근들은 서로 다른 실근이 될 것이다. 따라서 $m_1 \neq m_2$이며 두 개의 해 $e^{m_1 x}$, $e^{m_2 x}$는 1차 독립인데, 이는 이들의 비인 $e^{m_1 x}/e^{m_2 x} = e^{(m_1 - m_2)x}$가 상수가 아니기 때문이다. 이제 일반해는 다음과 같다.

$$y = C_1 e^{m_1 x} + C_2 e^{m_2 x} \tag{3–32}$$

예제 3–14 $m_1 \neq m_2$인 경우의 동차방정식

미분방정식 $y'' + y' - 2y = 0$의 일반해를 구하라.

풀이 위의 방정식은 상수계수 2계 선형 동차방정식이며, y''는 m^2, y'는 m, y는 1로 치환함으로써 구한 특성방정식은 $m^2 + m - 2 = 0$이며, 이를 인수분해하면 $(m - 1)(m + 2) = 0$을 얻는다.

이 방정식의 근은 $m_1 = 1, m_2 = -2$이며 이들은 서로 다른 실근이다. 따라서 주어진 미분방정식의 일반해를 식 3-32로부터 구하면 $y = C_1 e^x + C_2 e^{-2x}$이다. 직접 대입을 통해 개별 해인 e^x, e^{-2x}와 마찬가지로 이 일반해도 주어진 미분방정식을 만족함을 보일 수 있다.

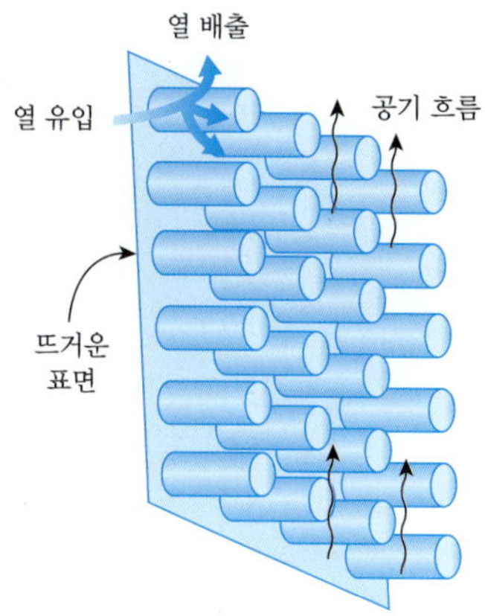

그림 3-28
뜨거운 표면으로부터 열전달 속도를 높이기 위해 핀 방열판이 널리 사용된다.

예제 3–15 방열판으로부터의 열전달 (1부)

그림 3-28에서 보이는 것과 같은 일정한 지름 D와 길이 L의 핀들을 갖는 알루미늄 방열판은 열전달을 위한 표면적을 증가시켜 뜨거운 표면에서 열전달을 향상시키는

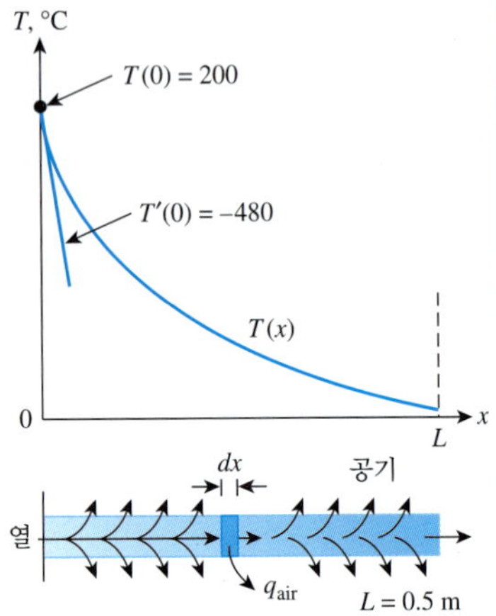

그림 3-29
예제 3-15에서 살펴본 단일 핀 방열판을 위한 미분 요소와 초기조건들

효과가 있어 현장에서 자주 사용된다. 방열판의 밑판은 뜨거운 표면과 완전접촉 상태를 유지하여 밑판의 온도와 뜨거운 표면의 온도는 같다. 열은 일단 뜨거운 표면으로부터 밑판을 거쳐 방열판에 전달된다. 열이 방열판의 핀 쪽으로 이동하면서 방열판의 외부 표면을 통해 주변 공기로 전달된다. 이러한 열 손실의 결과로 방열판의 온도는 밑판에서 멀어질수록 내려간다.

방열판의 미분 단면에 에너지 보존법칙을 적용하고(그림 3-29) 푸리에의 열전도법칙과 뉴턴의 냉각법칙을 이용하여 0℃의 매질에서 일정하게 운영되는 방열판상의 온도분포 $T(x)$를 지배하는 미분방정식은

$$T'' - \lambda T = 0 \tag{3-33}$$

와 같이 주어지는데, 이때 $\lambda = 4h/kD$이다. 여기에서 h는 방열판과 주변 매질 사이의 열전달계수이며, k는 방열판 재질의 열전도율이다. λ는 양의 값을 갖는다.

$L = 0.5\text{m}$, $\lambda = 4\text{m}^{-1}$, 방열판 밑판의 온도는 $T(0) = 200$℃, 밑판에서 온도분포의 기울기는 $T'(0) = -480$℃/m일 때, 방열판상의 온도분포를 구하라. 또한 방열판 끝 $x = L = 0.5\text{m}$에서의 온도 값을 결정하라.

풀이 | 두 개의 조건 모두 동일한 점에서 지정되어 있으므로 이것은 초깃값 문제이며, 다음과 같이 식을 세울 수 있다.

$$T'' - 4T = 0$$
$$T(0) = 200$$
$$T'(0) = -480$$

이 미분방정식은 상수계수 2계 선형 동차방정식이며, 그 특성방정식은 $m^2 - 4 = 0$이다. 특성방정식의 근은 $m_1 = -2$, $m_2 = 2$인데, 이들은 서로 다른 실근이다. 따라서 주어진 미분방정식의 일반해를 식 3-32로부터 구하면 다음과 같다.

$$T(x) = C_1e^{-2x} + C_2e^{2x} \tag{3-34}$$

x에 관한 그 도함수는 다음과 같다.

$$T'(x) = -2C_1e^{-2x} + 2C_2e^{2x} \tag{3-35}$$

임의상수들을 결정하기 위해 초기조건들을 적용하면

$$T(0) = 200 \rightarrow C_1 + C_2 = 200$$
$$T'(0) = -480 \rightarrow -2C_1 + 2C_2 = -480$$

을 얻는데, $e^0 = 1$이기 때문이다. 두 개의 미지수에 대한 이 연립방정식을 풀어 $C_1 = 220$과 $C_2 = -20$을 얻는다. 이 값들을 식 3-34에 대입하면 위의 초깃값 문제의 해를 구할 수 있다.

$$T(x) = 220e^{-2x} - 20e^{2x} \tag{3-36}$$

방열판상에서 임의의 위치 x에서의 온도 값은 x 값을 식 3-36에 대입하여 결정할 수 있다. 따라서 $x = L = 0.5\text{m}$에서의 방열판 온도는 다음과 같다.

$$T(0.5) = 220e^{-2\times0.5} - 20e^{2\times0.5} = 26.57°\text{C}$$

따라서 방열판 온도는 밑판의 200℃에서 끝으로 가면 26.57℃로 떨어지는데, 이는 방열판으로부터 주변 매질로 열전달이 발생한 결과이다(그림 3-30).

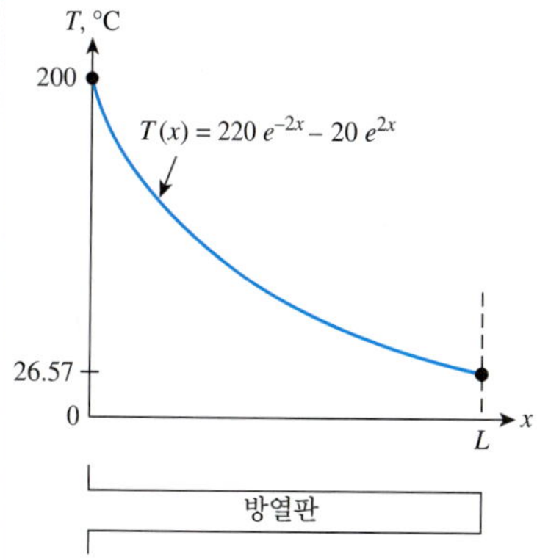

그림 3-30
예제 3-15에서 살펴본 핀 방열판 상의 온도 변화

제2의 풀이 일반해를 지수함수 e^{2x}, e^{-2x} 대신 쌍곡선함수 cosh $2x$, sinh $2x$로 표현할 경우 어떻게 되는지 알아보자. 어쨌든 이 두 함수 그룹은 다음과 같이 밀접하게 연관되어 있다.

$$\cosh mx = \frac{e^{mx} + e^{-mx}}{2} \quad \text{그리고} \quad \sinh mx = \frac{e^{mx} - e^{-mx}}{2} \tag{3–37}$$

직접대입을 통해 cosh $2x$, sinh $2x$ 모두 주어진 미분방정식을 만족한다는 것을 보일 수 있으며, 따라서 이들이 해임을 확인할 수 있다. 더욱이 이 두 개의 해는 1차 독립인데, 이는 그 비인 sinh $2x$/cosh $2x$ = tanh $2x$가 상수가 아니기 때문이다. 따라서 동일한 미분방정식의 일반해를

$$T(x) = D_1 \cosh 2x + D_2 \sinh 2x \tag{3–38}$$

와 같이 표현할 수 있는데, 여기에서 D_1, D_2는 임의상수이다. 그렇지만 상수계수 2계 선형 동차방정식은 두 개의 1차 독립인 해만 가질 수 있으며, 이 두 개의 해를 사용하여 구성된 일반해는 주어진 미분방정식에 대한 모든 해를 포함할 것이다. 즉, 두 개의 서로 다른 일반해들은 동치임에 틀림없다. 쌍곡선함수의 정의(식 3-37)를 사용하여 이들이 동치임을 보일 수 있으며, 이를 주어진 초깃값 문제에 적용해 볼 것이다.

x에 관한 식 3-38의 도함수는 다음과 같다.

$$T'(x) = 2D_1 \sinh 2x + 2D_2 \cosh 2x$$

임의상수들은 초기조건들을 적용하여 결정될 수 있다. cosh 0 = 1 그리고 sinh 0 = 0이므로 다음의 결과를 얻는다.

$$T(0) = 200 \rightarrow D_1 = 200$$
$$T'(0) = -480 \rightarrow 2D_2 = -480 \rightarrow D_2 = -240$$

이 값들을 식 3-38에 대입하면 다음과 같이 주어진 초깃값 문제에 대한 해를 얻는다.

$$T(x) = 200 \cosh 2x - 240 \sinh 2x \tag{3–39}$$

이 해가 앞에서 구한 해(식 3-36)와 동치임을 보이기 위해 위의 쌍곡선함수를 동치인 지수함수 표현으로 치환하면, 다음 식을 얻는다.

$$T(x) = 200\frac{e^{2x} + e^{-2x}}{2} - 240\frac{e^{2x} - e^{-2x}}{2} = 220e^{-2x} - 20e^{2x}$$

이 식은 앞에서 구한 첫 번째 해와 동일하다. 이는 일단 선형 동차 미분방정식의 일반해를 결정하게 되면, 그 방정식의 어떤 해라도 그 외형적인 형태의 차이에 관계없이 일반해로부터 하나의 특별한 경우로 구할 수 있다는 사실을 재확인시켜준다(그림 3-31).

미분방정식:

$$T'' - 4T = 0$$

특성방정식의 근:

$$m_1 = 2, \quad m_2 = -2$$

가능한 일반해 형태:

$$T = A_1 \sinh 2x + A_2 \cosh 2x$$
$$T = B_1 \sinh 2(L-x) + B_2 \cosh 2(L-x)$$
$$T = C_1 e^{-2x} + C_2 e^{2x}$$
$$T = D_1 e^{-2(L-x)} + D_2 e^{2(L-x)}$$

그림 3-31
상수계수 2계 선형 동차 미분방정식은 단 두 개의 1차 독립인 해를 가질 수 있지만, 이들은 다양한 형태로 표현될 수 있다. 이 모든 형태는 동치이지만, 어떤 형태는 특정 문제에 대해 다른 형태들보다 사용하기에 편리할 수 있다.

예제 3-16 방열판으로부터의 열전달 (2부)

초기조건을 경계조건 $T(0) = 200℃$, $T(0.5) = 26.57℃$로 바꾸고 앞의 예제에 기술된 문제를 풀어라.

풀이 이것은 두 개의 조건이 서로 다른 점에서 지정되므로 경곗값 문제이다. 이 문제는 다음과 같이 수식화될 수 있다.

$$T'' - 4T = 0$$
$$T(0) = 200$$
$$T(0.5) = 26.57$$

미분방정식의 일반해는 초기조건이나 경계조건과는 무관하며, 이 경우 $T(x) = C_1e^{-2x} + C_2e^{2x}$로 정해진다. 이 경우의 임의상수들은 다음과 같이 경계조건들을 적용하여 결정한다.

$$T(0) = 200 \rightarrow C_1 + C_2 = 200$$
$$T(0.5) = 26.57 \rightarrow C_1e^{-2\times0.5} + C_2e^{2\times0.5} = 26.57$$

두 개의 미지수에 대한 이 연립방정식을 풀어 $C_1 = 220$과 $C_2 = -20$을 얻는다. 이 값들을 일반해에 대입하면 위의 경곗값 문제의 해 $T(x) = 220e^{-2x} - 20e^{2x}$를 구할 수 있으며, 이 해는 초깃값 문제의 해와 동일하다(그림 3-30). 이는 당연하다고 볼 수 있는데, $x = L = 0.5$m에서의 경계조건을 앞의 해에서 구한 온도 값으로 선택하였기 때문이다. 따라서 2계 선형 미분방정식의 특정 해곡선을 동일한 점에서 해의 값과 기울기를 지정하여 정할 수도 있고(초깃값 문제) 두 점에서 온도 값을 지정하여 정할 수도 있다(경곗값 문제). 만일 $x = 0.5$m에서 다른 온도 값을 사용했다면 해가 달라졌을 것임을 유의하기 바란다.

경우 2: 실수 중근 ($m_1 = m_2$)

$b^2 - 4ac = 0$일 때, 특성방정식 $am^2 + bm + c = 0$의 근들은 실수이며 동일하게 된다. 식 3-30으로부터 이 근들은 $m_1 = m_2 = m = -b/2a$와 같이 정해진다. 각각의 근에 대응되는 두 개의 해는 동일하며 다음과 같이 주어진다.

$$y_1 = e^{m_1x} = e^{m_2x} = e^{mx} = e^{-(b/2a)x}$$

따라서 이 경우 특성방정식으로부터 한 개의 해만을 얻을 수 있다. 두 번째의 1차 독립인 해는 계수축소법을 적용하여 $y_2 = v(x)y_1$로 결정되는데, 이때 $v(x)$는 식 3-23으로부터 다음과 같이 주어진다.

$$v(x) = \int \frac{e^{-\int P(x)dx}}{y_1^2}dx = \int \frac{e^{-\int(b/a)dx}}{\left[e^{-\int(b/2a)x}\right]^2}dx = \int \frac{e^{-\int(b/a)x}}{e^{-\int(b/a)x}}dx = \int dx = x$$

이때 적분상수는 3-4절에서 설명한 바와 같이 중요하지 않으며 간소화를 위해 의도적으로 생략하였다. 따라서 두 번째의 해는 다음과 같이 주어진다.

$$y_2 = vy_1 = xy_1 = xe^{-mx} \tag{3-40}$$

직접대입을 통해 y_2가 주어진 미분방정식(식 3-33)을 만족하며, 따라서 하나의 해임을 확인할 수 있다. 또한 $y_2/y_1 = x$는 상수가 아니므로 y_1, y_2는 1차 독립이다. 따라서 실수 중근의 경우 일반해는 $y = C_1e^{mx} + C_2xe^{mx}$, 즉,

$$y = (C_1 + C_2x)e^{mx} \tag{3-41}$$

가 된다(그림 3-32). 이제 특성방정식이 실수인 중근을 가질 때, 첫 번째 해에 x를 곱하는 것으로 두 번째의 1차 독립인 해를 구할 수 있다고 결론짓는다.

중근

$m_1 = m_2 = m$

이면

$y_1 = e^{mx}$

$y_2 = xe^{mx}$

그리고

$y = (C_1 + C_2\,x)e^{mx}$

그림 3-32
특성방정식의 근들이 실수이고 동일할 경우, 첫 번째 해에 x를 곱하는 것으로 두 번째의 1차 독립인 해를 구할 수 있다.

예제 3-17 중근을 갖는 동차방정식 ($m_1 = m_2$)

미분방정식 $y'' + 6y' + 9y = 0$에 대한 일반해를 구하라.

풀이 이 미분방정식은 상수계수 2계 선형 동차방정식이며, 그 특성방정식은

$$m^2 + 6m + 9 = 0$$

이며, 이를 인수분해하면 다음과 같다.

$$(m + 3)^2 = 0$$

이 방정식의 근들은 $m_1 = m_2 = m = -3$이며, 이들은 실수이고 동일하다. 주어진 방정식의 한 해는 e^{-3x}이며, 두 번째의 1차 독립인 해는 xe^{-3x}이다. 이제 일반해는 식 3-41에 따라 $y = C_1e^{-3x} + C_2xe^{-3x}$가 된다. 직접대입을 통해 함수 e^{-3x}, xe^{-3x}뿐만 아니라 이들에 대한 임의의 선형 결합도 주어진 미분방정식을 만족함을 확인할 수 있다. 더욱이 주어진 미분방정식의 어떤 해라도 이 일반해에서 상수 C_1, C_2에 적당한 값을 지정함으로써 얻을 수 있다.

경우 3: 복소수 근 ($m_{1,2} = \alpha \pm i\beta$)

$b^2 - 4ac < 0$일 때 특성방정식 $am^2 + bm + c = 0$의 근들은 복소수가 될 텐데, 이는 식 3-30이 음수에 대한 제곱근을 포함할 것이기 때문이다. 이 식들로부터 두 개의 근은 켤레 복소수 쌍인 것이 명백하다. 즉, $m_1 = \alpha + i\beta$, $m_2 = \alpha - i\beta$가 되는데, 이때 $i = \sqrt{-1}$, $\alpha = -b/2a$, $\beta = \sqrt{4ac - b^2}/2a$이다. $e^{c+d} = e^ce^d$이므로, 특성방정식에 대응되는 두 개의 해는 $y_1 = e^{m_1x} = e^{(\alpha+i\beta)x} = e^{\alpha x}e^{i\beta x}$와 $y_2 = e^{m_2x} = e^{(\alpha-i\beta)x} = e^{\alpha x}e^{-i\beta x}$이다. 이 두 해는 1차 독립인데, 이들의 비인 $y_1/y_2 = e^{i\beta x}/e^{-i\beta x} = e^{2i\beta x}$가 상수가 아니기 때문이다. 이제 일반해는

$$\begin{aligned} y &= Ae^{\alpha x}e^{i\beta x} + Be^{\alpha x}e^{-i\beta x} \\ &= e^{\alpha x}(Ae^{i\beta x} + Be^{-i\beta x}) \end{aligned} \tag{3-42}$$

와 같이 주어지는데, 여기에서 A, B는 임의상수이다. 식 3-42의 일반해는 복소함

수들을 포함하는데, 이를 실함수로 표현하는 것이 필요하다. 이를 위해 함수 e^{ix}(x는 음의 값을 가질 수도 있고 양의 값을 가질 수도 있음)에 대한 조작이 필요하다.

지수함수에 대한 테일러급수 전개는 다음과 같이 주어진다는 것을 미적분학에서 배웠을 것이다.

$$e^x = \sum_{n=0}^{\infty} \frac{x^n}{n!} \tag{3-43}$$

여기에서 x를 ix로 치환하고 정리한 결과는

$$e^{ix} = \sum_{n=0}^{\infty} \frac{(ix)^n}{n!} = 1 + \frac{ix}{1!} - \frac{x^2}{2!} - \frac{ix^3}{3!} + \frac{x^4}{4!} - \cdots$$

$$= \sum_{n=0}^{\infty} \frac{(-1)^n x^{2n}}{(2n)!} + i\sum_{n=1}^{\infty} \frac{(-1)^{n-1} x^{2n-1}}{(2n-1)!} \tag{3-44}$$

$$= \cos x + i \sin x \tag{3-45}$$

가 되는데, 이는 식 3-44의 두 급수는 각기 $\cos x$, $\sin x$의 테일러급수이기 때문이다. 마찬가지로

$$e^{-ix} = \cos x - i \sin x \tag{3-46}$$

가 되는데, 이는 $\cos(-x) = \cos x$이고 $\sin(-x) = -\sin x$이기 때문이다. 식 3-45와 3-46은 *오일러 항등식*으로 알려져 있다.

이러한 관계식들을 이용하여 식 3-42의 괄호 안의 항들은

$$Ae^{i\beta x} + Be^{-i\beta x} = A(\cos \beta x + i \sin \beta x) + B(\cos \beta x - i \sin \beta x)$$

$$= (A + B)\cos \beta x + i(A - B)\sin \beta x$$

$$= C_1 \cos \beta x + C_2 \sin \beta x \tag{3-47}$$

와 같이 표현될 수 있는데, 여기에서 $C_1 = A + B$, $C_2 = i(A + B)$는 두 개의 임의상수이다. 이제 주어진 미분방정식의 일반해는

$$y = e^{\alpha x}(C_1 \cos \beta x + C_2 \sin \beta x) \tag{3-48}$$

와 같이 표현될 수 있으며(그림 3-33), 여기에는 실함수들만 나타난다.

복소수 근

$$m_{1,2} = -\frac{b}{2a} \pm i\frac{\sqrt{4ac - b^2}}{2a} = \alpha \pm i\beta$$

이면

$$y = e^{\alpha x}(C_1 \cos \beta x + C_2 \sin \beta x)$$

그림 3-33
특성방정식의 근들이 복소수일 경우, 일반해는 여전히 실함수이며 주기함수인 사인과 코사인을 포함한다.

예제 3-18 복소수 근을 갖는 동차방정식

다음 미분방정식의 일반해를 구하라.

$$y'' - 2y' + 3y = 0.$$

풀이 위의 방정식은 상수계수 2계 선형 동차방정식이며, 특성방정식 $m^2 - 2m + 3 = 0$의 근들은 다음과 같다.

$$m_{1,2} = \frac{-b \pm \sqrt{b^2 - 4ac}}{2a} = \frac{2 + \sqrt{4 - 12}}{2} = 1 \pm i\sqrt{2}$$

따라서 $\alpha = 1$, $\beta = \sqrt{2}$ 이며, 일반해를 식 3-48로부터 구하면 $y = e^x(C_1 \cos \sqrt{2x} + C_2 \sin \sqrt{2x})$이다. 여기에서 C_1, C_2는 임의상수이다.

특수한 경우: 순 허근

특성방정식 $am^2 + bm + c = 0$의 계수 b가 0일 때, 두 개의 근은 $m_{1,2} = \pm\sqrt{-c/a}$ 가 된다. 분수 c/a가 양일 경우, 두 개의 근은 순 허근이며 $m_{1,2} = \pm i\sqrt{c/a}$ 와 같이 표현될 수 있다. 이 경우 식 3-48로부터 구한 해의 형식은 $y = C_1 \cos \beta x + C_2 \sin \beta x$가 되는데, 이때 $\beta = \sqrt{c/a}$ 이다. 이 해는 각 진동수가 $\sqrt{c/a}$ 이고 상수 폭을 갖는 진동을 나타낸다.

순 허근을 갖는 경우는 진동 운동을 하는 기계적 물체의 분석에서 자주 나타난다. 다음의 두 예제는 진동이 나타나는 두 가지 응용을 보여준다.

예제 3-19 진자의 운동방정식

그림 3-34a에서 보이고 있는 진자는 점 O로부터 L_C의 거리에 질점을 갖고 질량이 m_C인 추를 갖는데, 이 추는 길이가 L_R이고 질량중심에 작용하는 관성이 I_{RG}인 막대에 부착되어 있다. 점 O에 작용하는 질점 m_C의 관성은 $m_C L^2_C$로 주어진다. (a) 운동방정식을 구하라. (b) 추의 질량에 비해 막대의 질량 m_R을 무시할 수 있는 경우를 논하라. (c) 각 θ가 충분히 작을 때의 운동방정식을 결정하라.

풀이 (a) 물리학에서 관성모멘트를 위한 평행축 정리를 배우는데, 이에 따르면 점 O에 작용하는 막대의 관성모멘트는 다음과 같이 주어진다.

$$I_{RO} = I_{RG} + m_R\left(\frac{L_R}{2}\right)^2$$

따라서 점 O에 작용하는 진자의 전체 관성모멘트는 다음과 같다.

$$I_O = I_{RO} + m_C L_C^2 = I_{RG} + m_R\left(\frac{L_R}{2}\right)^2 + m_C L_C^2$$

거리 L은 점 O와 전체 진자의 무게중심 G 사이의 거리이다. 점 O에 작용하는 모멘트 M_O는 질량 중심 G를 통해 작용하는 전체 무게 $(m_C + m_R)g$의 수직 요소에 의해 정해지며(그림 3-34b), 따라서 $-(m_C + m_R)gL \sin \theta$가 된다. 구하고자 하는 운동방정식은 고정점 O에 관한 회전을 위한 기본 운동법칙으로부터 다음과 같이 주어진다.

(고정점 O에 작용하는 질량관성모멘트) × (각 가속도)
　= 점 O에 작용하는 모멘트들의 합

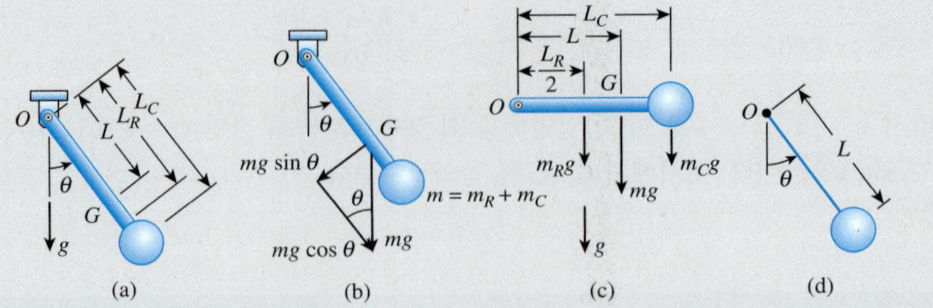

그림 3-34
막대-추 진자

위의 식에서 운동방정식

$$I_O\ddot{\theta} = M_O = -(m_C + m_R)gL\sin\theta = -mgL\sin\theta$$

을 얻는데, 여기에서 $m = m_C + m_R$이다. 점 O와 질량 중심 G 사이의 거리 L은 주어져 있지 않지만, 다음과 같이 계산될 수 있다(그림 3-34c). 전체 진자의 질점이 G에 위치한다면 그 무게는 실제 진자와 동일한 모멘트를 점 O에 작용하게 만들 것이다. 따라서 점 O에 작용하는 모멘트들을 위한 관계식을 다음과 같이 얻을 수 있다.

$$mgL = m_C g L_C + m_R g\left(\frac{L_R}{2}\right)$$

위의 식을 L에 대해 풀면 다음과 같다.

$$L = \frac{m_C L_C + m_R L_R/2}{m_C + m_R}$$

(b) 질점 m_C에 비해 막대의 질량 m_R을 무시하면 $m_R = I_{RG} = 0$, $m = m_C$, $L = L_C$, $I_O = mL^2$가 된다. 이 경우 운동방정식은 $mL^2\ddot{\theta} = -mgL\sin\theta$로 축약된다. 이 식에서 한 개의 L과 m을 소거하면 $L\theta = -g\sin\theta$가 되며, 이는 그림 3-34d에서 보이는 것과 같이 질점이 회전점으로부터 L의 거리에 있는 진자를 위한 모델이다. 이 운동방정식은 m의 값에는 영향을 받지 않음을 유의하기 바란다.

(c) 라디안으로 표시된 θ가 충분히 작을 경우 $\sin\theta \approx \theta$가 된다. 이 근사식을 운동방정식에 대입하면 $L\ddot{\theta} = -g\theta$를 얻는다. 이것은 상수계수 2계 선형방정식이며, 특성방정식은 $L\beta^2 = -g$이다. 근들은 허수인 $\beta = \pm i\sqrt{g/L}$로 주어진다. 해는

$$\theta(t) = C_1\sin\sqrt{\frac{g}{L}}\,t + C_2\cos\sqrt{\frac{g}{L}}\,t$$

와 같은 형태를 갖는다. 진동수는 $\sqrt{g/L}$ 라디안/시간이며, 주기는 $2\pi\sqrt{L/g}$이다. 따라서 긴 진자일수록 긴 주기를 갖는다.

예제 3-20 횡동요하는 배의 운동방정식

그림 3-35a는 횡동요가 일어나는 배의 단면을 보여준다. 아르키메데스의 법칙에 따르면, 부력 B는 물체가 밀어낸 액체의 무게와 같다. 배가 뜨기 위해서는 B가 배 무

게 $W = mg$와 같아야 한다. 따라서 $B = W = mg$이다. *경심* M은 부력의 작용선과 배의 중심선의 교차점이다. 질량 중심 G로부터 M의 거리 h를 경심 높이라고 한다. 배의 횡동요 운동을 θ를 사용하여 표현하는 방정식을 구하라.

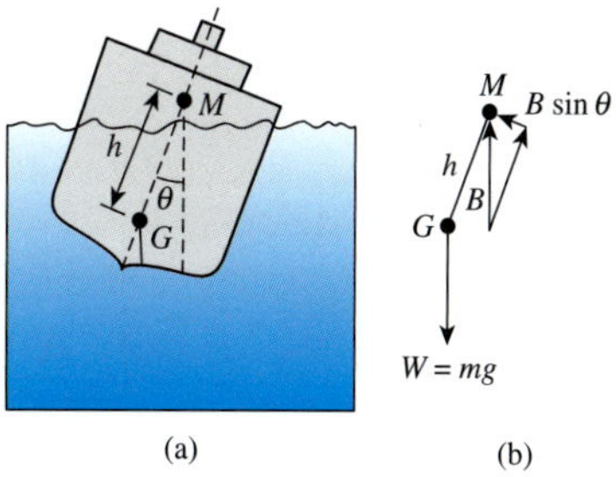

그림 3-35
배의 횡동요 운동

풀이 | 뉴턴의 운동법칙 중 다음 원리를 이용한다.

(질량 중심 G에 작용하는 질량관성모멘트) (각 가속도)
= 점 G에 작용하는 모멘트들의 합

그림 3-35b로부터 다음 식을 얻는다.

$$I_G\ddot{\theta} = M_G = -(B\sin\theta)h$$

여기에서 I_G는 점 G에 작용하는 배의 질량관성모멘트이다. $B = mg$이므로 $I_G\ddot{\theta} = -mgh\sin\theta$가 된다. 이는 예제 3-19의 진자 방정식과 동일한 형태이며, 동일한 근사식 $\sin\theta \approx \theta$를 사용하여 선형 모델 $I_G\ddot{\theta} = -mgh\,\theta$를 구할 수 있다. 이 모델은 횡동요가 일어남에 따른 선체에 대한 항력은 무시하지만, 이 방정식의 해를 이용하여 배의 횡동요 주기에 대한 예비적인 추정이 가능하다.

특성방정식은 $I_G p^2 = -mgh$이며, 근들은 허수인 $p = \pm i\sqrt{mgh/I_G}$로 주어진다. 해는

$$\theta(t) = C_1\sin\sqrt{\frac{mgh}{I_G}}\,t + C_2\cos\sqrt{\frac{mgh}{I_G}}\,t$$

와 같은 형태를 갖는다. 진동수는 $\sqrt{mgh/I_G}$ 라디안/시간이며, 주기는 $2\pi\sqrt{I_G/mgh}$이다.

학생들은 이 절에서 제시된 풀이 절차가 상수계수 2계 선형 동차방정식을 위한 것임을 유념해야 한다. 표 3-1은 이러한 방정식의 세 가지 경우에 대한 해들을 요약하고 있다.

표 3-1
상수계수 2계 선형 동차 미분방정식의 일반해

미분방정식: $ay'' + by' + cy = 0$
특성방정식: $am^2 + bm + c = 0$
특성근: $m_{1,2} = \dfrac{-b \pm \sqrt{b^2 - 4ac}}{2a}$

m_1, m_2의 성질	일반해
경우 1: 서로 다른 실근 ($m_1 \neq m_2$) $b^2 - 4ac > 0$	$y = C_1e^{m_1x} + C_2e^{m_2x}$
경우 2: 중복 실근 ($m_1 = m_2$) $b^2 - 4ac = 0$	$y = C_1e^{mx} + C_2xe^{mx}$
경우 3: 켤레 복소수 쌍 ($m_{1,2} = \alpha \pm i\beta$) $b^2 - 4ac < 0$	$y = e^{\alpha x}(C_1\cos\beta x + C_2\sin\beta x)$

절 복습문제

3-23C 상수계수 2계 선형 동차방정식이 주어져 있다고 하자. 함수 y_1, y_2, y_3 모두 이 방정식을 만족할 경우, 이 함수들 중 어느 것이나 나머지 두 함수의 선형 결합으로 표현할 수 있는가?

3-24C 함수 e^{2x}, e^{-2x}, e^{3x}를 동시에 만족시킬 수 있는 상수계수 2계 선형 동차방정식이 존재하는가?

3-25C 상수계수 2계 선형 동차방정식에 대한 특성방정식의 근들이 복소수일 경우, 이들은 반드시 서로 켤레 쌍 관계라야 하는가?

3-26 주어진 상수계수 2계 선형 동차방정식의 일반해를 구하라.

(a) $y'' + y = 0$ (b) $y'' + 2y' + y = 0$ (c) $y'' - y = 0$

(답: (a) $y = C_1\cos x + C_2\sin x$ (b) $y = (C_1 + C_2x)e^{-x}$

(c) $y = C_1e^x + C_2e^{-x}$)

3-27 다음 초깃값 문제의 특수해를 구하라.

$y'' + 4y = 0, y(\pi) = 0$ 그리고 $y'(\pi) = 1$

(답: $y = \dfrac{1}{2}\sin 2x$)

3-28 다음 경곗값 문제의 특수해를 구하라.

$y'' - y = 0,\ y(0) = 100$ 그리고 $y(5) = 0$

(답: $y = \dfrac{100}{\sinh 5}\sinh(5 - x)$)

3-6 ■ 선형 비동차방정식 이론

지금까지는 풀기 쉬운 선형 동차방정식으로 논의를 한정시켰지만, 이제 비동차방정식으로 논의를 확장시켜보자. 이 절에서는 비동차방정식의 기본 이론들을 살펴보고 다음 두 절에서 그러한 방정식을 풀기 위한 두 가지 방법을 제시할 것이다.

2계 선형 비동차방정식은

$$y'' + P(x)y' + Q(x)y = R(x) \quad \textbf{(3–49)}$$

와 같이 표현될 수 있는데, 여기에서 함수 $P(x)$, $Q(x)$, $R(x)$는 관심 대상 구간에서 연속인 것으로 가정된다. $R(x) = 0$으로 두어 다음과 같은 연계 동차방정식을 구할 수 있다.

$$y'' + P(x)y' + Q(x)y = 0 \quad \textbf{(3–50)}$$

비동차방정식의 해들은 연계 동차방정식과 긴밀하게 연계되어 있다. 비동차방정식을 풀 때의 첫 번째 단계는 연계 동차방정식의 해를 얻은 후 이 해를

$$y_h = C_1y_1 + C_2y_2 \quad \textbf{(3–51)}$$

와 같이 표현하는 것인데, 여기에서 y_1, y_2는 동차방정식의 기본해집합이다. 함수 y_h는 연계 동차방정식의 일반해를 나타내며 **동차해(homogeneous solution)** 또는 **보조해(complementary solution)**라고 한다. 반면에 어떠한 임의상수도 포함하지 않고 전체 비동차방정식을 만족하는 함수는 **특수해(particular solution)**라고 한다. 다음 단계는 주어진 비동차방정식을 만족할 수 있도록 동차해를 변형하는 것인데, 이는 다음 정리에 따라 수행된다.

정리 3-6 선형 비동차방정식의 일반해

구간 $x_1 < x < x_2$에서 $P(x)$, $Q(x)$, $R(x)$가 연속일 때 선형 비동차방정식

$$y'' + P(x)y' + Q(x)y = R(x)$$

의 특수해가 y_p이고 연계 동차방정식의 일반해가 y_h일 때, 그 구간에서 이 비동차방정식의 일반해는

$$y = y_h + y_p = C_1y_1 + C_2y_2 + y_p \qquad \textbf{(3–52)}$$

와 같이 주어지는데, 여기에서 y_1, y_2는 연계 동차방정식의 기본해집합이며, C_1, C_2는 임의상수이다.

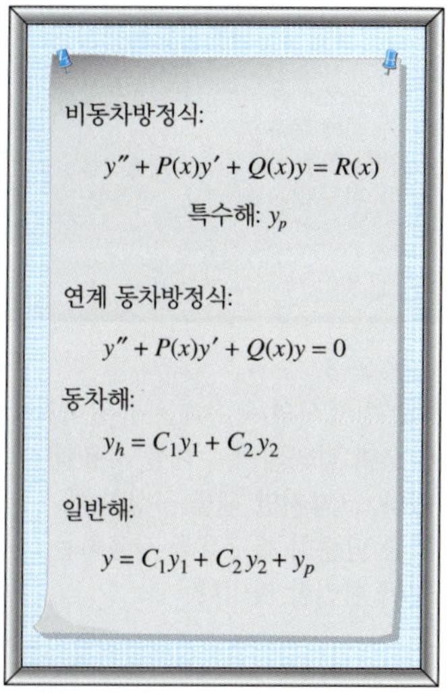

그림 3-36
선형 비동차방정식의 일반해는 동차해 y_h와 비동차방정식을 만족하는 함수인 특수해 y_p를 합하여 구한다.

증명 y_p가 주어진 비동차방정식의 특수해이고 y는 그 방정식에 대한 임의의 해라고 하자. 그러면 각 해는 주어진 미분방정식을 만족시킬 것이므로, $y_p'' + Py_p' + Qy_p = R$ 그리고 $y'' + Py' + Qy = R$이 된다. 이제 두 번째 방정식에서 첫 번째 방정식을 뺀다. 이 과정에서 비동차 항들은 소거되어 다음 식을 얻는다.

$$(y - y_p)'' + P(y - y_p)' + Q(y - y_p) = 0$$

따라서 함수 $y - y_p$는 연계 동차방정식을 만족하며 그 일반해 $y - y_p = y_h$가 되며, 이를 정리하면 $y - y_h = y_p$를 얻는다. 이로써 증명을 마친다(그림 3-36).

따라서 연계 동차방정식의 일반해를 구한 후에 할 일은 주어진 비동차방정식의 일반해를 구성하기 위해 비동차방정식을 만족하는 특수해 y_p를 결정하는 것뿐이다(그림 3-36).

예제 3-21 비동차방정식의 풀이

미분방정식 $y'' - 4y = 8$의 일반해를 구하라.

풀이 위의 방정식은 상수계수 2계 선형 비동차 미분방정식이다. 그 연계 동차방정식은 $y'' - 4y = 0$이며, 그 일반해는 예제 3-14에서 $y(x) = C_1e^{-2x} + C_2e^{2x}$로 결정된 바 있다. 이제 필요한 일은 원래의 비동차방정식을 만족하는 특수해를 하나 찾는 것이다. 주어진 방정식을 살펴보면 $y = -2$가 이를 만족시킨다는 것을 알 수 있다. 따라서 $y_p = -2$이다. 이제 주어진 비동차방정식의 일반해를 식 3-52로부터 구하면 $y(x) = C_1e^{-2x} + C_2e^{2x} - 2$가 되며, 여기에서 C_1, C_2는 임의상수이다.

직접대입을 통해 이 해가 주어진 미분방정식을 만족함을 보일 수 있다. 더욱이 주어진 미분방정식의 모든 해는 이 해에서 상수 C_1, C_2에 적당한 값을 지정함으로써 얻을 수 있다. 비동차방정식에 대한 임의의 해는 특수해를 포함하게 될 것임을 유의하기 바란다. 이는 이 해를 미분방정식에 대입할 때 특수해가 비동차 항을 소거시킬 수 있는 유일한 함수이기 때문이다.

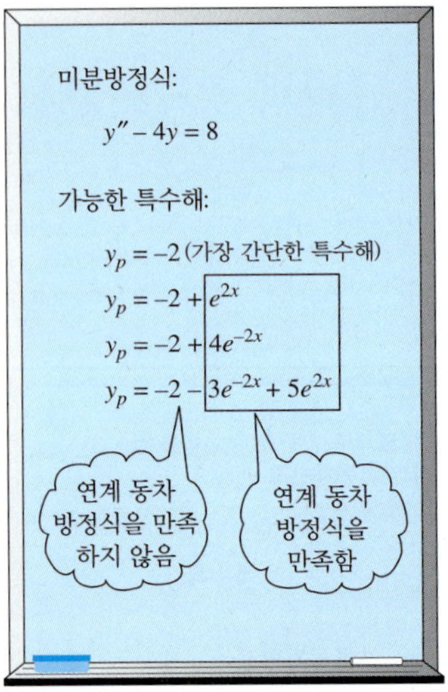

그림 3-37
미분방정식의 특수해는 유일하지 않으며 임의의 특수해를 사용할 수 있다. 그렇지만 해를 구성할 때 가장 단순한 특수해를 사용하는 것이 편리할 것이다.

혼란을 예방하기 위해 특수해는 유일하지 않음을 지적해둔다. 주어진 비동차방정식을 만족할 수 있는 해는 많으며, 이들 중 어떤 해라도 특수해로 사용될 수 있다. 예제 3-21에서 특수해로 $y_p = -2 + e^{2x}$를 선택할 수도 있었는데, 이는 두 해의 선형 결합도 해가 되기 때문이다. 이는 직접대입을 통해 쉽게 확인할 수 있다. 특수해로 어떤 함수를 선택하는지가 일반해에 영향을 미치지는 않는데, 이는 연계 동차방정식의 임의의 해를 포함하는 함수는 동차해 $y_h = C_1y_1 + C_2y_2$와 결합되어 가장 단순한 특수해를 y_h에서 떨어져 있도록 만들기 때문이다(그림 3-37).

비동차 항 $R(x)$는 종종 여러 개의 항을 포함하기도 하며, 이러한 경우 각각의 비동차 항에 대응되는 특수해를 찾아 이들을 합하는 것이 훨씬 쉬울 수도 있다. 즉, 중첩 원리를 이용하라는 것이다. 이를 다음과 같은 정리로 표현할 수 있다.

정리 3-7 특수해들을 위한 중첩 원리

y_{p1}이 다음 방정식의 특수해이고

$$y'' + P(x)y' + Q(x)y = R_1(x) \tag{3-53}$$

y_{p2}가 다음 방정식의 특수해일 때,

$$y'' + P(x)y' + Q(x)y = R_2(x) \tag{3-54}$$

$y_{p1} + y_{p2}$는 다음 방정식의 특수해가 된다.

$$y'' + P(x)y' + Q(x)y = R_1(x) + R_2(x) \tag{3-55}$$

증명 두 특수해의 합을 식 3-55에 대입한 결과는 다음과 같다.

$$(y''_{p1} + y''_{p2}) + P(y'_{p1} + y'_{p2}) + Q(y_{p1} + y_{p2}) = R_1(x) + R_2(x)$$

이를 정리하여 다음 식을 얻을 수 있다.

$$(y''_{p1} + Py'_{p1} + Qy_{p1}) + (y''_{p2} + Py'_{p2} + Qy_{p2}) = R_1(x) + R_2(x)$$

그런데 첫 번째 괄호 안의 항들은 $R_1(x)$와 같은데, 이는 y_{p1}이 방정식 3-53의 해이기 때문이며, 두 번째 괄호 안의 항들은 $R_2(x)$와 같은데, 이는 y_{p2}이 방정식 3-54의 해이기 때문이다. 따라서 바로 위의 식은 만족된다. 이로써 증명을 마친다.

이 정리는 미분방정식이 선형이기 때문에 성립하며, 비동차 항에 포함되는 항의 수에 관계없이 적용될 수 있다.

예제 3-22 특수해의 중첩

$y_{p1} = -2$가 $y'' - 4y = 8$의 한 특수해임이 알려져 있다. 또한 $y_{p2} = x/2$가 $y'' - 4y = -2x$의 한 특수해임이 알려져 있다. $y_p = -2 + x/2$가 $y'' - 4y = 8 - 2x$의 특수해임을 보여라.

풀이 이 결과는 특수해에 대한 중첩 원리에 따른 것이며, 다음과 같이 직접대입을 통해 증명될 수 있다(그림 3-38).

$$\begin{aligned} y''_p - 4y_p &= (-2 + x/2)'' - 4(-2 + x/2) \\ &= 0 + 8 - 2x \\ &= 8 - 2x \end{aligned}$$

따라서 y_p는 방정식을 만족한다.

$y'' - 4y = 8 \rightarrow y_{p1} = -2$

이고

$y'' - 4y = -2x \rightarrow y_{p2} = x/2$

이면

$y'' - 4y = 8 - 2x \rightarrow y_{p3} = -2 + x/2$

이다.

그림 3-38
특수해를 위한 중첩 원리

*특수해*라는 용어는 미분방정식을 만족하고 또 초기조건들이나 경계조건들을 만족하는 특정 해를 가리키는 의미로도 사용되지만, 어떤 의미로 사용되는지는 대개 문맥에 의해 분명해진다.

다음의 두 절에서는 비동차방정식의 특수해 y_p를 구하는 체계적인 방법인 *미정계수법*과 *매개변수 변화법*을 살펴볼 것이다.

절 복습문제

3-29C 주어진 비동차방정식을 만족하는 임의의 함수(상수일 수도 있음)가 일반해 관계식에서 사용될 특수해 y_p로 선택될 수 있는가?

3-30C 특수해로 $y_p = 0$을 갖는 선형 비동차 미분방정식이 존재할 수 있는가?

3-31C 특수해를 위한 중첩 원리의 실용적 가치는 무엇인가?

3-32 주어진 상수계수 2계 선형 비동차방정식의 일반해를 구하고 이를 가장 단순한 형태로 표현하라.

(a) $y'' - y = 2, y_p = -2$ (b) $y'' - y = 2, y_p = -2 + 3e^x$

(답: (a) $y = C_1e^x + C_2e^{-x} - 2$ (b) $y = C_1e^x + C_2e^{-x} - 2$)

3-7 ■ 비동차방정식: 미정계수법

어쩌면 상수계수 비동차 미분방정식 $y'' + by' + cy = R(x)$에 대한 특수해를 구하기 위한 가장 단순한 방법은 **미정계수법(method of undetermined coefficients)** 일 것이다. 이 방법은 미지의 상수계수들을 포함하는 특수해 y_p의 일반적 형태를 추측에 의해 정한 후 이 해가 비동차 미분방정식을 만족하도록 그 계수들을 결정하는 방식에 기초한다.

이 방법은 특수해에 대한 추측을 포함하고 있어 근거가 취약한 방법처럼 보이겠지만, 미분방정식이 상수계수를 갖고 비동차 항 $R(x)$가 적당한 형태를 가질 경우 미정계수법을 위한 훌륭한 절차가 존재한다. $R(x)$에 관한 기본적 요구사항은 유한한 개수의 1차 독립인 도함수들만을 가져야 한다는 것이다. 이러한 요구사항은 다음과 같은 함수들이나 이들에 대한 유한한 개수의 곱들로 이루어지는 비동차 항에 의해 만족된다.

1. 상수 k
2. 다항식 $P_n(x)$
3. 지수함수 e^{kx}
4. 함수 $\sin \alpha x$ 또는 $\cos \alpha x$

따라서 미정계수법에 알맞은 비동차 항의 일반형은 $e^{kx}P_n(x)\cos \alpha x$ 또는 $e^{kx}P_n(x)\sin \alpha x$이다. 이 경우 미정계수법은 간단한 방식으로 적용될 수 있다(그림 3-39). 여기에서 k, α 등은 실수 상수, n은 음이 아닌 정수, $P_n(x)$는 n차 다항식이다.

간단한 함수들:

k

e^{kx}

$\sin \alpha x$

$\cos \alpha x$

$P_n(x) = a_n x^n + a_{n-1}x^{n-1} + \ldots$

일반 형태:

$e^{kx} P_n(x) \sin \alpha x$

$e^{kx} P_n(x) \cos \alpha x$

(k, α, β, a 등은 실수 상수이며, n은 음이 아닌 정수임)

그림 3-39
미정계수법이 적용될 수 있는 비동차 항의 형태

비록 위에 나열된 함수들은 다소 제한적이지만, 현실에서 접하는 문제들 중에는 이렇게 간단한 함수들만 포함하는 유형도 많으며, 따라서 이러한 짧은 목록이 현실적 관심 대상인 수많은 문제들을 포괄하고 있다. 미분방정식이 변수계수를 가질 경우에는 이 방법이 통하리라는 보장은 없다. 즉, 비동차 항이 $1/x$, $\ln x$, $\tan x$ 등과 같이 무수히 많은 1차 독립인 도함수들을 갖는 함수들을 포함할 경우 미정계수법은 도움이 되지 않는데, 이 경우 특수해가 무수히 많은 미지의 상수들을 갖는 무한급수 형태를 가질 것이기 때문이다. 이러한 경우에는 다음 절에서 살펴볼 매개변수 변화법을 사용한다. 이제 예제를 통해 미정계수법의 다양한 측면을 살펴보기로 한다.

예제 3-23 **$R(x) = e^{kx}$인 경우의 특수해**

미분방정식 $y'' - 4y = 10e^{3x}$의 특수해를 구하라.

풀이 | 미분방정식의 특수해를 구하는 일은 주어진 미분방정식을 만족하는 함수를 구하는 일과 같다. 이 경우 함수의 4배를 그 함수의 2계 도함수에서 뺐을 때 $10e^{3x}$를 얻을 수 있는 함수 y_p를 선택해야 한다. 분명 이것이 성립하는 것은 함수 y_p와 그 도함수가 지수함수 e^{3x}의 상수 배를 포함할 때뿐이다. 따라서 이러한 특수해를 위한 현명한 선택은 $y_p = Ae^{3x}$일 것이다(그림 3-40). 여기에서 A는 결정을 요하는 상수계수이며, *미정계수법*이라는 이름은 이로 인해 비롯되었다. y_p에 대한 1계 도함수와 2계 도함수는 다음과 같다.

$$y_p' = 3Ae^{3x}$$

$$y_p'' = 9Ae^{3x}$$

y_p, y_p''를 미분방정식에 대입하면 $9Ae^{3x} - 4Ae^{3x} = 10e^{3x}$, 즉, $5Ae^{3x} = 10e^{3x}$가 된다. 이 식을 만족하는 유일한 방법은 $A = 2$가 되는 것이다. 따라서 주어진 미분방정식의 특수해는 $y_p = 2e^{3x}$이다. 풀이 과정에서 주어진 미분방정식을 만족시킬만한 함수의 일반형을 추측하였으며 여기에 상수를 곱하여 특수해로 선택하였음을 유의하기 바란다. 그런 다음 가정된 함수가 미분방정식을 만족하도록 요구함으로써 미지의 상수를 결정하고 그에 따라 특정 형태의 특수해를 구하였다. 이러한 과정이 미정계수법에 포함되는 일반적인 단계들이다.

또한 동차해와는 달리 특수해의 상수 배는 특수해가 아니라는 사실도 유의할 필요가 있다.

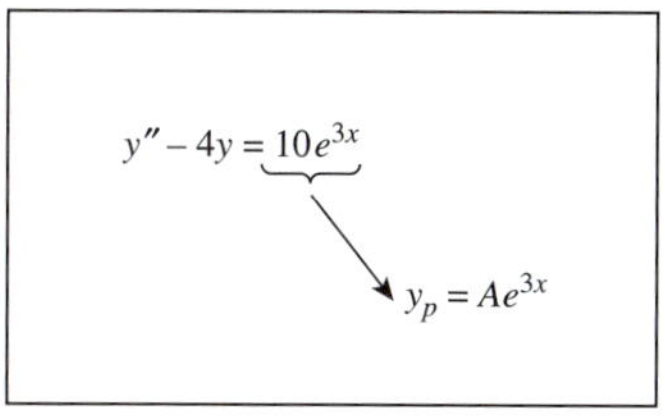

그림 3-40
지수함수에 대응되는 특수해의 일반형은 그 지수함수의 상수 배이다.

예제 3-24 $R(x) = \sin \alpha x$ 또는 $\cos \alpha x$인 경우의 특수해

미분방정식 $y'' + y' - 3y = 6 \sin 2x$의 특수해를 구하라.

풀이 | 이번에는 비동차 항이 $R(x) = 6 \sin 2x$이다. 앞의 예제에서는 특수해가 $R(x)$의 상수 배였으며, 따라서 여기에서 특수해로 $y_p = A \sin 2x$를 시도하고 싶을 것이다. 이 함수와 도함수들을 주어진 미분방정식에 대입하면

$$-4A \sin 2x + 2A \cos 2x - 3A \sin 2x = 6 \sin 2x$$

즉,

$$2A \cos 2x - 7A \sin 2x = 6 \sin 2x \tag{3-56}$$

을 얻는다. 이 식이 모든 x에 대해 만족되기 위한 필요충분조건은 (1) 양변에서 $\cos 2x$의 계수들이 동일하고 (2) 양변에서 $\sin 2x$의 계수들이 동일한 것이다. 첫 번째 요구사항에 따라 $A = 0$이 되어야 하지만, 두 번째 요구사항은 $A = -6/7$이 될 것을 요구한다. 이는 명백한 모순이며, 따라서 특수해는 $A \sin 2x$와 같은 형태를 가질 수 없음을 알 수 있는데, 이는 어떤 A값도 식 3-56을 만족하지 못할 것이기 때문이다.

무엇이 잘못된 것일까? 앞의 예제에서는 훌륭하게 성공했던 선택이 이 예제에서 실패한 이유는 무엇일까? 그에 대한 대답은 간단하다. 앞의 예제에서 가정된 형태의 y_p의 도함수들 중에는 y_p와 1차 독립인 함수가 없는데, 이 예제에서는 다르다. 구

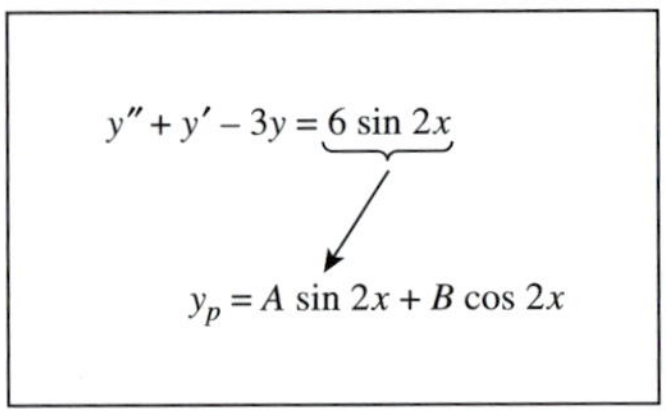

그림 3-41
사인 (또는 코사인) 함수에 대응되는 특수해의 일반형은 사인 함수와 코사인 함수 모두를 포함한다.

체적으로 말하자면, $y_p = Ae^{kx}$의 도함수들은 e^{kx}의 상수 배들을 포함할 뿐이다. 따라서 대입 후 미분방정식의 좌변은 함수 e^{kx}만을 포함하며 이는 우변의 함수이기도 하다. 그러나 $y_p = A\sin kx$의 도함수들은 $\sin kx$ 외에도 $\sin kx$와 1차 독립인 $\cos kx$를 포함한다. 따라서 이 경우의 특수해는 이 두 함수 모두를 포함할 수 있으며, 이를 위한 적절한 형태는 $y_p = A\sin 2x + B\cos 2x$이다(그림 3-41). y_p, y_p', y_p'' 등을 미분방정식에 대입하면

$$(-4A\sin 2x - 4B\cos 2x) + (2A\cos 2x - 2B\sin 2x)$$
$$-3(A\sin 2x + B\cos 2x) = 6\sin 2x$$

즉,

$$(-7A - 2B)\sin 2x + (2A - 7B)\cos 2x = 6\sin 2x$$

을 얻는다. 양변에서 $\sin 2x$와 $\cos 2x$의 계수들을 일치시키면 $-7A - 2B = 6$ 그리고 $2A - 7B = 0$이 되며, 그 해는 $A = -42/53$, $A = -12/53$이다. 따라서 주어진 미분방정식의 특수해는 다음과 같다.

$$y_p = -\frac{42}{53}\sin 2x - \frac{12}{53}\cos 2x$$

미정계수법의 결과로 특수해를 위한 의미 있는 답을 얻었다면, 그 답은 항상 올바른 답이다.

그림 3-42
염려를 불식시키는 간단한 규칙

y_p에 대한 두 번째 선택은 성공하였지만 이를 위해 다소 어려운 추측작업이 요구되었다. 우리가 구한 함수가 올바른 답이라는 것을 어떻게 확신할 수 있을까? 이에 대한 규칙은 매우 간단하면서도 확실하다. 우리가 답을 구했다면 그 답은 항상 올바른 답이다(대수학적인 실수는 없었다고 가정함)(그림 3-42).

이 예제는 선택된 형태의 특수해는 비동차 항 $R(x)$뿐만 아니라 그 도함수들로 인해 만들어지는 1차 독립인 다른 함수들도 포함해야 한다는 것을 보여준다.

예제 3-25 $R(x)$가 다항식인 경우의 특수해

미분방정식 $y'' + 2y' - 4y = 8x^2$의 특수해를 구하라.

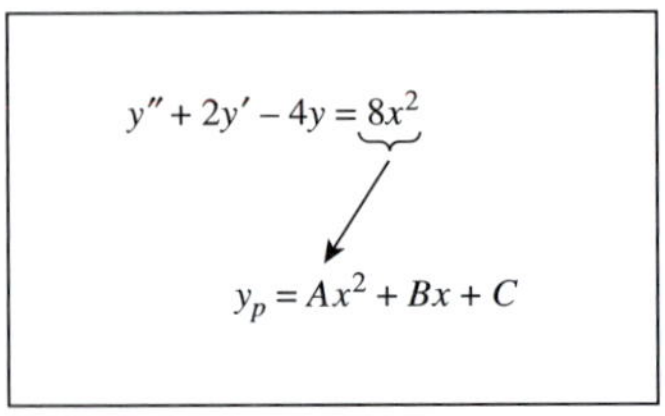

그림 3-43
x^n에 대응되는 특수해의 일반형은 n차 다항식이다.

풀이 이번에는 비동차 항이 $R(x) = 8x^2$이다. 이번에도 특수해의 일반형으로 처음 떠오르는 생각은 $R(x)$의 상수 배인 $y_p = Ax^2$이다. 그러나 이 해는 성공할 것 같지 않은 생각이 드는데, 이는 Ax^2의 1계 도함수와 2계 도함수가 $2Ax$와 $2A$이며 이들은 Ax^2의 상수 배가 아니기 때문이다. 즉, 함수 Ax^2, $2Ax$, $2A$ 등은 1차 독립이다. 따라서 적절한 형태의 특수해는 이 세 함수의 선형 결합인 $y_p = Ax^2 + Bx + C$이며(그림 3-43), 이때 A, B, C는 미지의 상수이다. 미지의 상수들을 결정하기 위해 y_p의 1계 도함수와 2계 도함수를 주어진 미분방정식에 대입하면

$$2A + 2(2Ax + B) - 4(Ax^2 + Bx + C) = 8x^2$$

즉,

$$-4Ax^2 + (4A - 4B)x + (2A + 2B - 4C) = 8x^2$$

을 얻는다. 이 식이 모든 x에 대해 만족되기 위한 필요충분조건은 양변에서 x의 각 멱승의 계수들이 일치하는 것이다. $8x^2$을 $8x^2 + 0x + 0$으로 간주하면, 이러한 요구사항은 다음 3개의 방정식으로 정리될 수 있다.

$$-4A = 8$$
$$4A - 4B = 0$$
$$2A + 2B - 4C = 0$$

위의 방정식을 풀면 $A = -2, B = -2, C = -2$를 얻는다. 따라서 주어진 미분방정식의 특수해는 $y_p = -2x^2 - 2x - 2$이다. 이 결과는 미분방정식에 직접대입 해봄으로써 쉽게 확인할 수 있다.

토론 1

y_p를 위한 항의 개수를 너무 적게 잡으면 모순이 발생하는 것을 보았다. 반대의 경우는 어떨까? 즉, y_p를 위한 항의 개수를 너무 많이 잡으면 어떤 일이 생길까? 예를 들어 이 예제에서 $y_p = Ax^3 + Bx^2 + Cx + D$라고 가정하면 어떤 일이 발생하겠는가? 이러한 형태의 y_p를 미분방정식에 대입해봄으로써 쉽게 확인할 수 있는데, 4개의 미지 계수들에 대한 연립방정식을 풀게 될 것이다. 당연하게도 x^3의 계수는 0이 되며, 앞에서 결정한 것과 동일한 특수해를 얻게 될 것이다.

따라서 y_p를 위한 항의 개수를 너무 많이 잡는 것은 해롭지는 않다고 결론지을 수 있다. 다만 너무 많은 수의 항을 가정하였다는 것을 발견하기 위한 수고가 따를 뿐이다(그림 3-44).

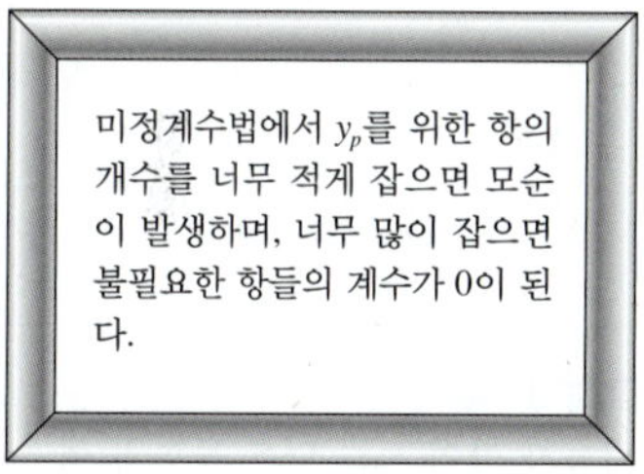

그림 3-44
마음의 평화를 위한 또 다른 간단한 규칙

토론 2

이제 비동차 항을 $y'' + 2y' - 4y = 8x^2 - 3x + 1$과 같이 변경된 미분방정식의 특수해를 구해보자. 이 문제는 전의 문제와 동일하지만, 비동차 항 $R(x)$에는 이제 두 개의 항이 추가되어 있다. 그렇지만 $R(x)$는 여전히 2차 다항식이며, 함수 x^2와 $8x^2 - 3x + 1$의 1계 및 2계 도함수들은 동일한 1차 독립인 함수들을 포함한다. 따라서 이 경우의 특수해의 일반형 또한 $y_p = Ax^2 + Bx + C$이다. 이번의 특수해가 다음과 같이 정해진다는 것을 보이는 것은 학생들에게 연습문제로 남긴다.

$$y_p = -2x^2 - \frac{5}{4}x - \frac{15}{8}$$

따라서 $R(x)$가 n차 다항식이거나 x의 n 제곱일 때 그에 대응되는 특수해의 일반형은 동일하게 계수들을 결정해야 할 n차 다항식이다(그림 3-45).

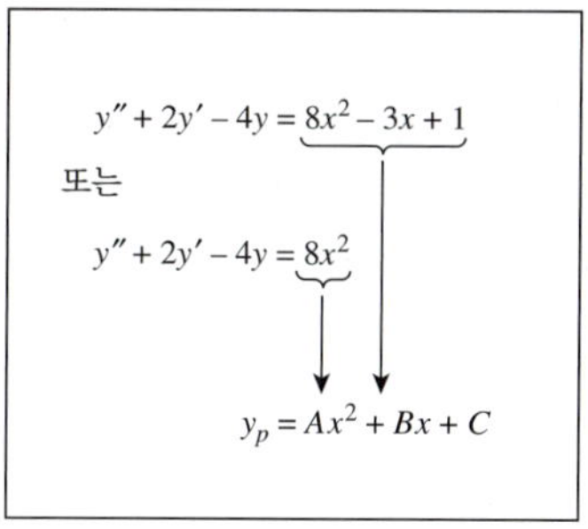

그림 3-45
x^n 또는 $P_n(x)$에 대응되는 특수해의 일반형은 n차 다항식이다.

예제 3-26 특수해의 중첩

다음 미분방정식의 특수해를 구하라.

$$y'' + 2y' - 4y = 8x^2 - 3x + 1 + 2\sin x + 4\cos x - 6e^{2x}$$

풀이 이 문제에서 비동차 항 $R(x)$가 많은 항들을 포함하고 있음을 놓치기는 어려울 것이며, 특수해의 일반형도 다소 복잡할 것으로 예상할 수 있다. 이러한 경우 가장 먼저 할 일은 특수해의 일반형에서 미지 계수의 수를 최소화하도록 우변의 항들을 그룹들로 정리하는 것이다.

예를 들어 첫 3개의 항을 하나의 그룹으로 묶어 2차 다항식으로 간주하면 이 3개의 항에 대응되는 특수해는 $Ax^2 + Bx + C$가 될 것이며, 여기에는 3개의 미지 계수만이 포함된다. 그렇지만 각각의 항을 개별적으로 취급할 경우 우변의 첫 3항을 고려하기 위해 6개의 미지 계수를 두어야 할 것이다. 또 $\sin x$와 $\cos x$를 하나의 그룹으로 묶음으로써 주어진 미분방정식을 다음과 같이 표현할 수 있다.

$$y'' + 2y' - 4y = (8x^2 - 3x + 1) + (2\sin x + 4\cos x) - (6e^{2x})$$

이 방정식의 특수해를 위한 적절한 형태는

$$y_p = (A_1x^2 + A_2x + A_3) + (B_1\sin x + B_2\cos x) + Ce^{2x}$$

와 같으며, 이때 A들과 B들, 그리고 C는 미지의 상수이다(그림 3-46).

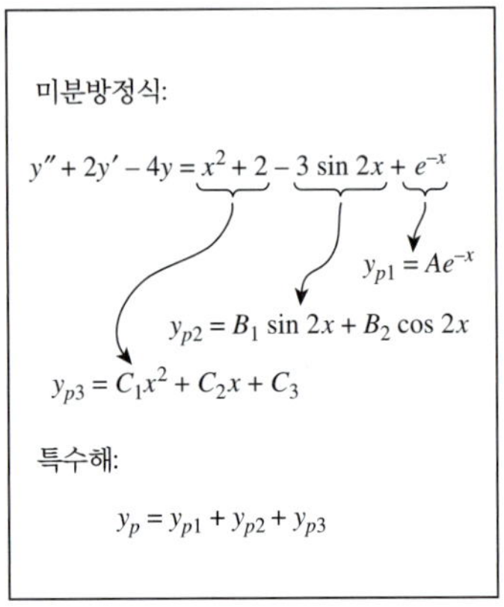

그림 3-46
비동차 항이 서로 다른 유형의 세 개의 항을 포함할 때 특수해의 중첩

이제 y_p와 그 도함수들을 주어진 미분방정식에 대입하여 미지의 계수들을 결정하려고 시도할 수 있다. 그렇지만 이를 위해서는 아주 긴 식들을 다루어야 하며 6개의 미지수가 포함된 6개의 방정식을 풀어야 한다. 보다 유용한 방법은 주어진 방정식을 각기 하나씩의 비동차 항 그룹을 포함하는 3개의 방정식으로 분할하고, 각 경우를 위한 특수해를 구한 다음 중첩 원리를 적용하여 이들을 결합하는 것이다. 3개의 방정식과 이들을 위해 가정된 해는 다음과 같다.

1. $y'' + 2y' - 4y = 8x^2 - 3x + 1,$ $\quad y_{p1} = A_1x^2 + A_2x + A_3$
2. $y'' + 2y' - 4y = 2\sin x + 4\cos x,$ $\quad y_{p2} = B_1\sin x + B_2\cos x$
3. $y'' + 2y' - 4y = -6e^{2x},$ $\quad y_{p3} = Ce^{2x}$

첫 번째 방정식은 다음의 특수해를 갖는다.

$$y_{p1} = -2x^2 - \frac{5}{4}x - \frac{15}{8}$$

동일한 절차에 따라 두 번째 방정식과 세 번째 방정식의 특수해를 다음과 같이 구할 수 있음을 쉽게 확인할 수 있을 것이다.

$$y_{p2} = -\frac{2}{29}\sin x - \frac{24}{29}\cos x$$

$$y_{p3} = \frac{3}{2}e^{2x}$$

이제 주어진 미분방정식의 특수해는 중첩 원리를 사용하여 다음과 같이 구성된다.

$$y_p = y_{p1} + y_{p2} + y_{p3}$$
$$= -2x^2 - \frac{5}{4}x - \frac{15}{8} - \frac{2}{29}\sin x - \frac{24}{29}\cos x + \frac{3}{2}e^{2x}$$

이 결과를 주어진 미분방정식에 대입해봄으로써 확인할 수 있다.

예제 3-27 함수들의 곱으로 주어지는 특수해

방정식 $y'' + 2y' - 4y = xe^{2x} + 5e^{2x}$의 특수해를 구하라.

풀이 | 이 방정식은 우변의 첫 번째 항이 두 함수의 곱을 포함한다는 점에서 앞의 방정식과는 다르다. 이 첫 번째 항에 대응되는 특수해의 적절한 형태에 대한 감을 잡기 위해 그 항에 대한 1계 도함수와 2계 도함수를 취하고 이들에 포함되는 1차 독립인 함수들을 식별한다.

$$R_1(x) = xe^{2x}$$
$$R_1'(x) = e^{2x} + 2xe^{2x}$$
$$R_1''(x) = 2e^{2x} + 2e^{2x} + 4xe^{2x}$$

위의 식들에 두 개의 1차 독립인 함수 e^{2x}, xe^{2x}가 나타나는 것을 볼 수 있다. 따라서 $R_1(x) = xe^{2x}$에 대응되는 특수해의 적절한 형태는 이 두 함수의 선형 결합으로 다음과 같이 표현할 수 있으며, 여기에서 A, B는 미지의 상수이다.

$$y_p = Axe^{2x} + Be^{2x} = (Ax + B)e^{2x} \tag{3-57}$$

우변의 두 번째 항인 $5e^{2x}$는 이미 특수해에도 포함되어 있는 e^{2x}의 상수 배이다. 따라서 식 3-57은 주어진 방정식에 대한 특수해의 일반형이 된다. 이제 y_p의 1계 도함수와 2계 도함수를 취하고 이들을 주어진 미분방정식에 대입한다.

$$[(4A + 4B)e^{2x} + 4Axe^{2x}] + 2[(A + 2B)e^{2x} + 2Axe^{2x}]$$
$$-4[Be^{2x} + Axe^{2x}] = xe^{2x} + 5e^{2x}$$

이 식의 양변에 있는 함수들의 계수를 일치시키면

$$e^{2x}\text{: } 6A + 4B = 5$$
$$xe^{2x}\text{: } 4A = 1$$

을 얻는데, 그 해는 $A = 1/4$, $B = 7/8$이다. 따라서 주어진 미분방정식의 특수해는 다음과 같다.

$$y_p = \left(\frac{1}{4}x + \frac{7}{8}\right)e^{2x}$$

이 결과는 주어진 미분방정식에 직접대입 해봄으로써 확인할 수 있으며, 이는 위의 결과가 정확함을 증명하기에 충분하다.

토론 곱 xe^x에 대응되는 특수해의 일반형을 결정하기 위해 각 인수에 대응되는 특수해의 형태를 결정한 다음 이들의 곱을 취하는 방법을 사용할 수도 있다. 이 경우의 해는 다음과 같을 것이다(그림 3-47).

$$\begin{aligned} y_p &= (A_1x + A_2)(B_1e^{2x}) \\ &= (A_1B_1x + A_2B_1)e^{2x} \\ &= (Ax + B)e^{2x} \end{aligned}$$

여기에서 $A = A_1B_1$, $B = A_2B_1$로 두었다. 따라서 이렇게 구한 특수해의 일반형도 앞에서 얻은 일반형과 동일하다.

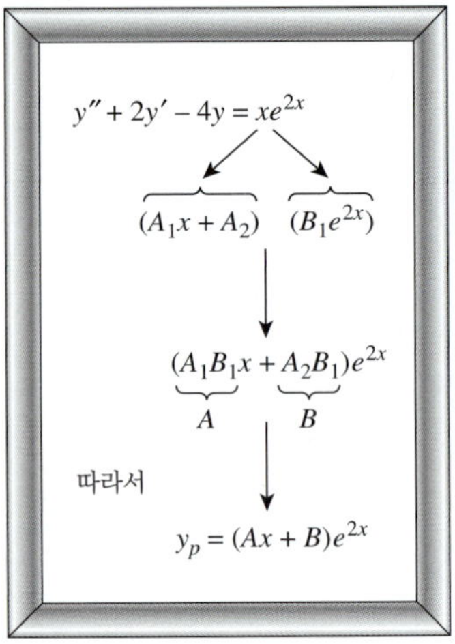

그림 3-47
곱에 대응되는 특수해의 형태는 개별 인수에 대응되는 특수해들의 곱을 취하고 비선형 대수방정식을 피하기 위해 간소화하여 구할 수도 있다.

위에 기술된 절차는 더욱 복잡한 곱에도 적용될 수 있으며, 최소한의 미지수만 포함하는 특수해의 간소화된 형태가 적절한 형태의 특수해를 구하기 위해 사용될 수 있다. 예를 들면, $R(x) = x^2e^{-3x}\sin 2x$에 대응되는 특수해의 일반형은 다음과 같다.

$$\begin{aligned} y_p &= (A_1x^2 + A_2x + A_3)(B_1\sin 2x + B_2\cos 2x)C_1e^{-3x} \\ &= (A_1B_1C_1x^2 + A_2B_1C_1x + A_3B_1C_1)e^{-3x}\sin 2x \\ &\quad + (A_1B_2C_1x^2 + A_2B_2C_1 + A_3B_2C_1)e^{-3x}\cos 2x \\ &= (D_1x^2 + D_2x + D_3)e^{-3x}\sin 2x + (E_1x^2 + E_2x + E_3)e^{-3x}\cos 2x \end{aligned}$$

미지 상수의 개수는 첫 번째 형태의 특수해와 최종 형태의 특수해에서 동일하다는 점을 유의하기 바란다. 그렇지만 최종 형태가 계산상으로 명백히 유리한데, 이는 미지수들을 결정하기 위한 6개의 풀기 쉬운 *선형* 대수방정식들을 만들어 줄 것이기 때문이다. 첫 번째 형태에서는 6개의 미지수들을 결정하기 위한 6개의 *비선형* 대수방정식들을 만들어 줄 텐데, 비선형 방정식은 훨씬 더 복잡하며 풀기도 어렵다.

미분방정식:

$$y'' - 4y = e^{2x}$$

$y_p = Ae^{2x}$라고 두면

$$0 = Ae^{2x}$$

따라서 e^{2x}는 동차해이다.

그림 3-48
가정된 형태의 특수해가 우연히 연계 동차방정식의 해일 경우 항상 미분방정식의 좌변을 0으로 만들 것이다.

예제 3-28 $R(x)$가 연계 동차방정식의 해일 때의 특수해

미분방정식 $y'' - 4y = e^{2x}$의 특수해를 구하라.

풀이 | 이 방정식은 비동차 항이 e^{3x}에서 e^{2x}로 달라진 것을 제외하고는 이 절의 첫 번째 예제와 동일하다. 따라서 동일한 절차를 따르며 특수해는 $y_p = Ae^{2x}$로 가정한다. y_p의 2계 도함수를 취하여 주어진 방정식에 대입하면 $4Ae^{2x} - 4Ae^{2x} = e^{2x}$, 즉, $0 = e^{2x}$가 되는데 이는 불가능하다(그림 3-48).

이번에는 무엇이 잘못된 것일까? 위의 특수해에 대한 가정은 좌변을 0으로 만들어 연계 동차방정식 $y'' - 4y = 0$의 해가 될 것임을 나타낸다. 실제로 연계 동차방정식의 일반해는 $y_p = C_1e^{2x} + C_2e^{-2x}$이다.

명백히 e^{-2x}는 동차방정식의 해이며, 이는 우리의 의심을 확인시켜준다. 동차방정식의 해는 항상 좌변을 0으로 만들며, 따라서 주어진 비동차방정식의 해가 될 수 없다.

이러한 상황은 다음 절에서 살펴볼 매개변수 변화법으로 해결될 수 있으며, 그 결과는 다음과 같은데, 이 해는 처음 가정된 해에 x가 곱해진 것이다.

$$y_p = Axe^{2x} \tag{3–58}$$

이제 이러한 형태의 특수해를 2계 도함수와 함께 주어진 미분방정식에 대입한 다음 A에 대해 풀면 $A = 0.25$를 얻는다. 따라서 구하고자 하는 특수해는 $y_p = 0.25xe^{2x}$이다.

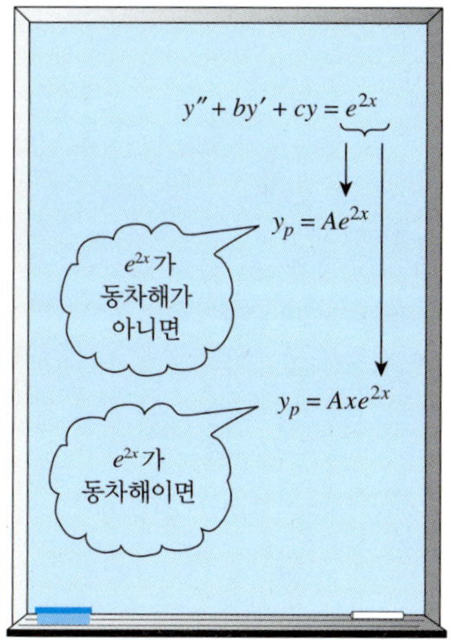

그림 3–49
가정된 형태의 특수해가 우연히 연계 동차방정식의 해일 경우 독립변수 x를 곱하여 변형해야 한다.

비동차 항이 연계 동차방정식의 해인 경우를 다루기 위한 절차로 처음 가정된 특수해의 형태에 독립변수 x를 곱하는 것은 상당히 일반적이다(그림 3-49).

예제 3–29 $R(x)$, $xR(x)$가 연계 동차방정식의 해인 경우의 특수해

미분방정식 $y'' - 4y' + 4y = e^{2x}$의 특수해를 구하라.

풀이 이번에도 일단 특수해가 $y_p = Ae^{2x}$ 형태를 갖는다고 가정한다. 그런데 이 함수와 그 도함수들을 미분방정식에 대입하면 $0 = e^{2x}$가 되는데, 이는 e^{2x}가 연계 동차방정식의 해임을 의미한다. 따라서 앞에 예제에 비추어 이 특수해에 x를 곱하여 $y_p = Axe^{2x}$를 얻는다. 그러나 이렇게 변경된 형태 또한 우리가 원하지 않는 $0 = e^{2x}$로 이어진다. 이는 다시 xe^{2x} 또한 연계 동차방정식의 해임을 의미한다. 이는 연계 동차방정식 $y'' - 4y' + 4y = 0$의 일반해를 구해봄으로써 확인할 수 있다. 실제로 특성방정식은 $m^2 - 4m + 4 = 0$이며 그 근은 $m_1 = m_2 = m = 2$이다. 따라서 $m = 2$는 중근이며, 연계 동차방정식의 일반해는 $y_p = C_1e^{2x} + C_2xe^{2x}$가 되는데, 이는 e^{2x}, xe^{2x}가 주어진 방정식에 대입되었을 때 좌변이 0이 된 이유를 설명한다. 따라서 가정된 형태의 특수해에 x를 곱하는 일을 연계 동차방정식의 해를 벗어날 때까지 반복한다. 따라서 다음 특수해를 시도한다.

$$y_p = Ax^2e^{2x} \tag{3–59}$$

이 형태의 특수해와 그 1계 및 2계 도함수를 주어진 미분방정식에 대입한 후 A에 대해 풀면 $A = 0.5$를 얻는다. 따라서 구하고자 하는 특수해는 $y_p = 0.5x^2e^{2x}$이다.

앞의 두 예제를 통해 얻은 교훈은 다음과 같이 요약될 수 있다. 비동차 항이 연계 동차방정식의 해일 경우, 처음 가정된 형태의 특수해에 x의 멱승을 곱하여 얻는 새로운 특수해의 어떤 항도 동차방정식의 해가 되지 않는 x의 가장 낮은 멱승을 곱한다(그림 3-50).

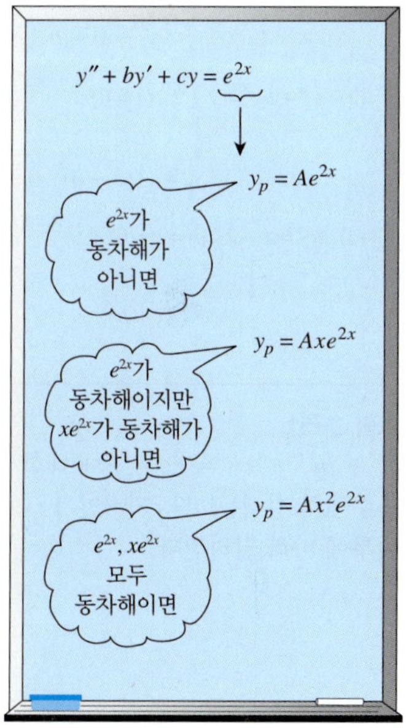

그림 3–50
가정된 형태의 특수해가 우연히 연계 동차방정식의 해일 경우 독립변수 x의 멱승 x^k를 곱하여 변형해야 하는데, k는 이러한 중복성이 제거되는 가장 작은 양의 정수이다.

예제 3-30 비동차방정식의 일반해

미분방정식 $y'' - y' = x + 2$의 일반해를 구하라.

풀이 먼저 연계 동차방정식 $y'' - y' = 0$의 일반해를 구한다. 특성방정식은 $m^2 - m = 0$이며 근은 $m_1 = 0, m_2 = 1$이다. 따라서 연계 동차방정식의 일반해는 다음과 같다.

$$y_h = C_1e^{0x} + C_2e^{1x} = C_1 + C_2e^x$$

특수해로는 보통 $y_p = Ax + B$를 시도하는 것이 맞겠지만, (C_1이나 B와 같은) 임의의 상수는 연계 동차방정식의 해이므로 x를 곱하여 특수해를 변형할 필요가 있다. 이제 적절한 형태의 특수해 $y_p = x(Ax + B)$를 얻었으며, 그 1계 및 2계 도함수는 $y_p' = 2Ax + B, y_p'' = 2A$이다. 이들을 미분방정식에 대입하면 $(2A) - (2Ax + B) = x + 2$, 즉, $-2Ax + (2A - B) = x + 2$가 된다. 양변에서 x의 각 멱승에 대해 계수들을 일치시키면

$$-2A = 1$$

$$2A - B = 2$$

와 같은 방정식을 얻게 되며, 이들로부터 구한 해는 $A = -0.5, B = -3$이다. 따라서 특수해는 $y_p = x(-0.5x - 3)$이다. 이제 일반해는 $y = y_h + y_p = C_1 + C_2e^x - 0.5x - 3x$이다.

(1) $y'' + by' + cy = x + 2$

↓

$y_p = Ax + B$

(2) $y'' + by' = x + 2 \quad (c = 0)$

↓

$y_p = x\,(Ax + B)$

(3) $y'' = x + 2 \quad (b = c = 0)$

↓

$y_p = x^2\,(Ax + B)$

그림 3-51
$y'' + by' + cy = E_x + F$에 대한 특수해의 형태는 b나 c가 0인지 여부에 따라 달라진다.

상수 A는 항상 미분방정식 $y'' + ay' = R(x)$의 연계 동차방정식의 해가 되는데, 이는 상수에 대한 도함수들은 0이어서 연계 동차방정식을 자동적으로 만족하기 때문이다. 또한 1차 다항식 $Ax + B$는 항상 미분방정식 $y'' = R(x)$의 연계 동차방정식의 해가 되는데, 이는 1차 다항식의 2계 도함수는 0이기 때문이다. 따라서 $R(x)$가 다항식일 때, 첫 번째의 경우에는 특수해의 가정된 형태에 x를 곱하여 변형하고, 두 번째 경우에는 x^2을 곱하여 변형할 필요가 있다(그림 3-51).

예제 3-31 초깃값 문제

온도가 T_{air}인 매질 안에서 방열판상의 온도 분포를 결정하는 미분방정식은 $T'' - \lambda(T - T_{air}) = 0$으로 주어지는데, 이는 비동차방정식이다. $\lambda = 4$, $T(0) = 200℃$, $T'(0) = -420℃/m$, $T_{air} = 20℃$일 때 방열판상의 온도 분포를 구하라.

풀이 두 개의 조건 모두 동일한 점에서 지정되어 있으므로 위의 문제는 초깃값 문제이며, 다음과 같은 식을 세울 수 있다.

$$T'' - 4T = -80$$

$$T(0) = 200$$
$$T'(0) = -420$$

이 미분방정식은 상수계수 2계 선형 비동차방정식이며, 특성방정식은 $m^2 - 4 = 0$이다. 이 방정식의 근은 $m_1 = -2$, $m_2 = 2$이며, 이는 서로 다른 실근의 경우에 해당한다. 따라서 식 3-32로부터 구한 연계 동차방정식의 일반해는 $T(x) = C_1e^{-2x} + C_2e^{2x}$이다. 미분방정식의 우변은 상수인데, 상수는 연계 동차방정식의 해가 아니다. 따라서 이 문제에서 적절한 형태의 특수해는 $y_p = A$이다. 이를 미분방정식에 대입하면 $0 - 4A = -80$이 되어 $y_p = A = 20$을 얻는다. 따라서 주어진 미분방정식의 일반해는 $T(x) = C_1e^{-2x} + C_2e^{2x} + 20$이 된다. 일반해의 도함수는 $T'(x) = -2C_1e^{-2x} + 2C_2e^{2x}$이다.

임의상수들을 결정하기 위해 다음과 같이 초기조건들을 적용하면,

$$T(0) = 200 \rightarrow C_1 + C_2 = 200$$
$$T'(0) = -420 \rightarrow -2C_1 + 2C_2 = -420$$

이 되는데, 이는 $e^0 = 1$이기 때문이다. 두 개의 미지수에 대해 이 연립방정식을 풀면 $C_1 = -195$, $C_2 = -15$를 얻는다. 이 값들을 일반해에 대입하여 주어진 초깃값 문제의 해를 구한다(그림 3-52).

$$T(x) = 195e^{-2x} - 15e^{2x} + 20$$

초기조건들은 이 초깃값 문제의 일반해에 적용된다는 것을 유의하기 바란다. 초기조건이나 경계조건은 동차해에만 적용되거나 특수해에만 적용되어서는 안 된다. 이는 초기조건이나 경계조건은 주어진 미분방정식의 일부에 대한 해가 아니라 전체 미분방정식에 대한 해가 만족하도록 되어있기 때문이다.

미분방정식:

$$y'' - 4y = -80$$

동차해:

$$y_h = C_1e^{-2x} + C_2e^{2x}$$

일반해:

$$y = C_1e^{-2x} + C_2e^{2x} + 20$$

이제 초기조건들을 적용할 수 있다.

그림 3-52
초기조건이나 경계조건은 미분방정식의 동차해가 아니라 일반해에 적용되어야 한다.

앞의 예제들을 통해 제시된 요점들은 다음과 같이 요약될 수 있다.

1. 미정계수법은 비동차방정식의 특수해를 구하기 위한 일반적 방법은 아니다. 미정계수법은 간단하지만, 비동차 항이 $e^{\alpha x}P_n(x)\sin\beta x$ 또는 $e^{\alpha x}P_n(x)\cos\beta x$ 형태이고 상수계수를 갖는 선형방정식으로 사용이 제한된다. 이때 α, β는 실수 상수며 $P_n(x)$는 n차 다항식이다.
2. 비동차함수 $R(x)$에 대응되며 연계 동차방정식의 해가 아닌 특수해 y_p의 일반형은 $R(x)$, 그리고 그 도함수들에 나타나는 1차 독립인 함수들의 선형 결합이다. 특수해 안의 함수들 중 연계 동차방정식의 해인 것이 있으면, 특수해 y_p에 대해 처음 가정된 형태에 해의 중복성이 제거될 수 있는 가장 낮은 차수의 x의 멱승을 곱한다. 몇 가지 함수들에 대응되는 특수해의 일반형을 표 3-2에서 보이고 있다.
3. 비동차 항 $R(x)$에 많은 수의 항들이 포함되어 있는 미분방정식은 각기 $R(x)$

표 3-2

비동차 항 안의 어떤 함수에 대응되는 특수해의 일반형*

지정된 함수, $R(x)$	대응되는 특수해, y_p
a(상수)	A(상수)
ax^n 또는 $P_n(x) = a_n x^n + a_{n-1}x^{n-1} + \cdots + a_0$	$A_n x^n + A_{n-1}x^{n-1} + \cdots + A_0$
$a\sin kx$ 또는 $a\cos kx$ 또는 $a\sin kx + b\cos kx$	$A\sin kx + B\cos kx$
$e^{cx}P_n(x)$	$e^{cx}(A_n x^n + A_{n-1}x^{n-1} + \cdots + A_0)$
$ae^{cx}\sin kx$ 또는 $ae^{cx}\cos kx$ 또는 $ae^{cx}\sin kx + be^{cx}\cos kx$	$e^{cx}(A\sin kx + B\cos kx)$
$e^{cx}P_n(x)\sin kx$ 또는 $e^{cx}Q_n(x)\cos kx$ 또는 $e^{cx}P_n(x)\sin kx + e^{cx}Q_n(x)\cos kx$	$e^{cx}(A_n x^n + A_{n-1}x^{n-1} + \cdots + A_0)\sin kx$ $+ e^{cx}(B_n x^n + B_{n-1}x^{n-1} + \cdots + B_0)\cos kx$

* y_p 또는 y_p 안의 임의의 항이 연계 동차방정식의 해일 경우, y_p에 이러한 중복성을 제거할 수 있는 가장 낮은 차수의 x의 멱승을 곱한다.

의 일부를 포함하는 여러 개의 방정식들로 분할될 수 있다. 이 경우의 특수해는 분할된 방정식들의 특수해를 합하여 구한다.

4. 비동차방정식은 여러 개의 특수해를 가질 수 있으며, 이들 중 어느 해를 선택하더라도 상관없다. 특수해와 연계 동차방정식의 해에 대한 임의의 조합 또한 특수해가 된다.
5. 미정계수법은 자체 교정 특성을 갖는다. 특수해에 너무 적은 수의 항이 가정될 경우 모순이 발생하며, 너무 많은 수의 항이 가정될 경우 불필요한 항들의 계수가 0이 된다. 미지의 계수들이 유일한 값들을 갖게 된다는 것은 가정된 특수해의 형태가 옳았음을 나타내는 확실한 표시이다.
6. 초기조건이나 경계조건은 동차해와 특수해의 합인 비동차방정식의 일반해에 적용되어야 한다. 이러한 조건들이 연계 동차방정식의 일반해에 적용되어서는 안 된다.

절 복습문제

3-33C 비동차 항 $R(x)$에 대응되는 특수해 y_p의 일반형이 $AR(x)$ 형태를 갖기 위한 조건은 무엇인가? 여기에서 A는 상수이다.

3-34C 비동차 항 x^3과 $x^3 - 4x + 2$에 대응되는 특수해 y_p의 일반형은 서로 다른가?

3-35C 비동차 항이 함수 $\ln x$를 포함할 때 미정계수법을 사용하기에 적절하지 않은 이유는 무엇인가?

3-36C 미정계수법에서 특수해의 일반형에 너무 많은 수의 항을 가정하면 어떤 일이 발생하는가? 너무 적은 수의 항을 가정하면 어떤 일이 발생하는가?

3-37 미정계수법을 사용하여 다음 2계 선형 비동차방정식의 일반해를 구하라.

(a) $y'' - 4y = 4e^{3x}$ (b) $y'' - 4y = -3x^2e^{3x}$

(c) $y'' - 4y = 2e^{2x}$ (d) $y'' - 4y = 5e^{-2x}\cos 3x$

(답: (a) $y = C_1e^{-2x} + C_2e^{2x} + \dfrac{4}{5}e^{3x}$

(b) $y = C_1e^{-2x} + C_2e^{2x} + \left(-\dfrac{3}{5}x^2 + \dfrac{36}{25}x - \dfrac{186}{125}\right)e^{3x}$

(c) $y = C_1e^{-2x} + C_2e^{2x} + \dfrac{1}{2}xe^{2x}$

(d) $y = C_1e^{-2x} + C_2e^{2x} - \dfrac{1}{15}(3\cos 3x + 4\sin 3x)e^{-2x}$)

3-38 다음 초깃값 문제의 해를 구하라. 특수해를 구할 때는 미정계수법을 사용하라.

$y'' + 16y = \sin 2x - 3\cos 2x,\ y(\pi/2) = 1$, 그리고 $y'(\pi/2) = 0$

(답: $y = \dfrac{3}{4}\cos 4x + \dfrac{1}{24}\sin 4x - \dfrac{1}{4}\cos 2x + \dfrac{1}{12}\sin 2x$)

3-8 ■ 비동차방정식: 매개변수 변화법

앞 절에서 살펴본 미정계수법은 비동차방정식의 특수해를 간단하고 단순한 방식으로 결정하지만, 주어진 미분방정식이 반드시 상수계수를 가져야 하고 또 비동차 항이 반드시 $e^{\alpha x}P_n(x)\sin\beta x$ 또는 $e^{\alpha x}P_n(x)\cos\beta x$ 형태(α, β는 실수인 상수, $P_n(x)$는 n차 다항식)를 가져야 한다는 두 가지의 심각한 제약으로 인해 일반적으로 사용할 수는 없다.

이 절에서는 주어진 비동차방정식의 특수해를 구하기 위한 일반적인 방법 하나를 기술할 것이다. 이 방법은 **매개변수 변화법(method of variation of parameters)**으로 불리는데, 방정식이 상수계수를 가질 수도 있고 변수계수를 가질 수도 있으며 비동차 항이 임의의 형태를 가질 수 있다. 그렇지만 이 방법을 사용하기 위해서는 연계 동차방정식의 일반해가 주어져 있어야 한다. 이 방법은 라그랑주

(J.L. Lagrange, 1736-1813)가 처음 개발하였으며, **라그랑주 해법**으로도 알려져 있다.

다음과 같은 2계 선형 비동차 미분방정식의 표준형(선행 계수가 1임)을 생각해 보자.

$$y'' + P(x)y' + Q(x)y = R(x) \tag{3-60}$$

여기에서 함수 P, Q, R은 관심 대상 구간에서 연속이다. 연계 동차방정식 $y'' + P(x)y' + Q(x)y = 0$은 이 구간에서 두 개의 1차 독립인 해 y_1, y_2를 가지며, 연계 동차방정식의 일반해는 다음과 같이 표현할 수 있다.

$$y_h = C_1y_1 + C_2y_2 \tag{3-61}$$

동차해:

$$y_h = C_1y_1 + C_2y_2$$

특수해의 형태:

$$y_p = u_1y_1 + u_2y_2$$

그림 3-53
매개변수 변화법은 동차해 안의 상수 매개변수 C_1, C_2를 변수 매개변수인 u_1, u_2로 대체하는 것을 기초로 한다.

매개변수 변화법의 배경이 되는 기본 아이디어는

$$y_p = u_1y_1 + u_2y_2 \tag{3-62}$$

와 같은 형태의 특수해를 찾자는 것인데, 동차해 안의 상수 매개변수 C_1, C_2를 함수 u_1, u_2로 대체하여 특수해를 구한 후 식 3-62가 주어진 비동차방정식을 만족할 수 있도록 u_1, u_2를 결정한다(그림 3-53).

두 개의 미지 함수를 결정하기 위해 두 개의 방정식이 필요하다. 방정식 하나는 y_p가 식 3-60을 만족하도록 강제함으로써 구할 수 있으며, 또 다른 방정식은 이 두 함수가 임의로 지정되는 조건을 만족하도록 강제함으로써 구할 수 있다. 이러한 조건의 선택은 u_1, u_2의 결정을 크게 단순화시킬 수 있도록 적절한 시점에서 이루어진다.

식 3-62를 x에 관하여 미분하면 다음 식을 얻는다.

$$y_p' = (u_1'y_1 + u_2'y_2) + (u_1y_1' + u_2y_2') \tag{3-63}$$

이제 첫 번째 괄호 안의 항들이 소거되도록 강제함으로써 두 번째 조건을 지정한다.

$$u_1'y_1 + u_2'y_2 = 0 \tag{3-64}$$

이 조건을 적용하여 식 3-63을 에 관하여 미분하면 다음 식을 얻는다.

$$y_p'' = u_1'y_1' + u_2'y_2' + u_1y_1'' + u_2y_2'' \tag{3-65}$$

지정된 두 번째 조건의 결과로 위의 y_p'' 표현식은 u_1, u_2에 대한 1계 도함수만을 포함하게 된다. 이제 y_p'', y_p', y_p 표현식을 미분방정식 3-60에 대입하여 정리하면 다음과 같다.

$$u_1(y_1'' + Py_1' + Qy_1) + u_2(y_2'' + Py_2' + Qy_2) + u_1'y_1' + u_2'y_2' = R(x)$$

그런데 두 개의 괄호 안에 있는 항들은 0이 되는데, 이는 y_1, y_2가 연계 동차방정식의 해이기 때문이다. 따라서 이 방정식은 다음과 같이 간소화된다.

$$u_1' y_1' + u_2' y_2' = R(x) \tag{3-66}$$

식 3-64와 3-66은 두 개의 미지 함수 u_1', u_2'를 위한 연립방정식을 구성하며, 이를 풀면 다음의 결과를 얻는다.

$$u_1' = -\frac{y_2 R(x)}{y_1 y_2' - y_1' y_2} \quad \text{그리고} \quad u_2' = \frac{y_1 R(x)}{y_1 y_2' - y_1' y_2} \tag{3-67}$$

여기에서 분모 $y_1 y_2' - y_1' y_2$는 론스키 행렬식 $W(y_1, y_2)$이며, 이 식은 지정된 구간에서 0이 되는 일이 없는데 이는 y_1, y_2가 연계 동차방정식에 대한 1차 독립인 해이기 때문이다. 따라서 함수 u_1, u_2는 적분을 통해 식 3-67로부터 유일하게 정해지며, 그 결과는 다음과 같다.

$$u_1 = -\int \frac{y_2 R(x)}{y_1 y_2' - y_1' y_2} dx \quad \text{그리고} \quad u_2 = \int \frac{y_1 R(x)}{y_1 y_2' - y_1' y_2} dx \tag{3-68}$$

그림 3-54의 적분상수 k_1, k_2는 무의미하며, 그림에서 보여주듯이 일반성을 잃지 않고 0으로 둘 수 있다.

매개변수 변화법을 다음 정리로 요약한다(그림 3-55).

동차해:
$y_h = C_1 y_1 + C_2 y_2$

특수해:
$y_p = (u_1 + k_1) y_1 + (u_2 + k_2) y_2$

일반해:
$$\begin{aligned} y &= y_h + y_p \\ &= C_1 y_1 + C_2 y_2 + (u_1 + k_1) y_1 + (u_2 + k_2) y_2 \\ &= (C_1 + k_1) y_1 + (C_2 + k_2) y_2 + u_1 y_1 + u_2 y_2 \\ &= D_1 y_1 + D_2 y_2 + u_1 y_1 + u_2 y_2 \end{aligned}$$

그림 3-54
식 3-68 안의 함수 u_1, u_2에서 적분상수 k_1, k_2를 생략할 수 있는데, 이는 이 상수들이 동차해의 상수배를 얻는데 기여할 뿐이며 동차해의 임의상수들에 흡수될 수 있기 때문이다.

정리 3-8 매개변수 변화법

함수 P, Q, R이 관심 대상 구간에서 연속일 때 함수 y_1, y_2가 방정식

$$y'' + P(x)y' + Q(x)y = R(x) \tag{3-61}$$

의 1차 독립인 동차해이면, 이 비동차 미분방정식의 특수해는

$$y_p = u_1 y_1 + u_2 y_2 \tag{3-63}$$

와 같이 주어지며, 이때 u_1, u_2는 다음과 같다.

$$u_1 = -\int \frac{y_2 R(x)}{y_1 y_2' - y_1' y_2} dx \quad \text{그리고} \quad u_2 = \int \frac{y_1 R(x)}{y_1 y_2' - y_1' y_2} dx \tag{3-68}$$

미분방정식:
$y'' + P(x)y' + Q(x)y = R(x)$

동차해:
$y_h = C_1 y_1 + C_2 y_2$

특수해:
$y_p = u_1 y_1 + u_2 y_2$

여기에서
$u_1 = -\int \frac{y_2 R(x)}{y_1 y_2' - y_1' y_2} dx$
$u_2 = \int \frac{y_1 R(x)}{y_1 y_2' - y_1' y_2} dx$

그림 3-55
매개변수 변화법을 사용하여 특수해를 구하는 과정의 단계들

일단 특수해를 구하면, 비동차방정식의 일반해는 다음과 같이 결정될 수 있다.

$$\begin{aligned} y &= C_1 y_1 + C_2 y_2 + y_p \\ &= C_1 y_1 + C_2 y_2 + u_1 y_1 + u_2 y_2 \end{aligned} \tag{3-69}$$

때로 이런 방법으로 구한 특수해가 동차해 y_1, y_2의 상수 배인 항들을 포함하는 경우가 있다. 그러한 항들은 해에서 소거할 수 있는데, 이는 동차해가 임의상수를 갖는 동일한 항을 포함하기 때문이다. 예를 들어 동차해와 특수해가 $y_h = C_1 e^{2x} + C_2 e^{-3x}$와 $y_p = 2x^2 + 1 + 5e^{-3x}$일 경우, 일반해는

$$\begin{aligned} y &= y_h + y_p \\ &= C_1e^{2x} + C_2e^{-3x} + 2x^2 + 1 + 5e^{-3x} \\ &= C_1e^{2x} + (C_2 + 5)e^{-3x} + 2x^2 + 1 \\ &= C_1e^{2x} + D_2e^{-3x} + 2x^2 + 1 \end{aligned}$$

와 같이 표현될 수 있다. 이는 임의상수에 어떤 숫자를 더해도 여전히 임의상수이기 때문이다.

3장의 주요 내용을 요약하자면,

1. 미정계수법이 사용하기가 더 쉬운데, 이는 적분보다는 미분이 쉽기 때문이다. 따라서 미분방정식의 계수들이 상수이고 비동차 항 $R(x)$가 적절한 형태를 가질 경우 미정계수법을 사용한다.
2. 미분방정식의 계수들은 상수이지만 $R(x)$가 적절한 형태가 아닐 경우, 연계 동차방정식을 푼 후에 매개변수 변화법을 사용하여 특수해를 결정할 수 있다.
3. 방정식의 계수들이 변수일 경우, 일반적인 해를 구하는 일은 어려우며 대개 무한급수가 이용된다.
4. 연계 동차방정식의 해들 중 한 개만이 주어질 경우, 특수해 한 개와 두 번째 동차해는 주어진 비동차방정식에 계수축소법을 적용하여 구할 수 있다.

예제 3-32 매개변수 변화법

$x > 0$에서 방정식 $y'' - 2y' + y = e^x/x$의 일반해를 구하라.

풀이 이 미분방정식의 선행 계수는 1이며, 따라서 비동차 항은 $R(x) = e^x/x$이다. 이 함수는 미정계수법을 사용하기에 적절한 형태는 아니므로 특수해를 구하기 위해 매개변수 변화법을 시도한다. 그러나 먼저 연계 동차방정식의 일반해를 찾을 필요가 있다. 연계 동차방정식의 특성방정식은 $m^2 - 2m + 1 = 0$이며, 이 방정식의 근은 $m_1 = m_2 = 1$이며 이는 실수 중근의 경우에 해당한다. 따라서 연계 동차방정식의 일반해는 $y_h = C_1e^x + C_2xe^x$이다. $y_1 = e^x$, $y_2 = xe^x$로 두면, (u_1, u_2를 위한 표현식에서 분모이기도 한) 이 두 함수의 론스키 행렬식은 다음과 같다.

$$W(y_1, y_2) = y_1y_2' - y_1'y_2 = e^x(e^x + xe^x) - xe^{2x} = e^{2x}$$

이를 식 3-68에 대입하면 함수 u_1, u_2는

$$u_1 = -\int \frac{y_2R(x)}{y_1y_2' - y_1'y_2}dx = -\int \frac{xe^xe^x}{e^{2x}x}dx = -\int dx = -x$$

그리고

$$u_2 = \int \frac{y_1 R(x)}{y_1 y_2' - y_1' y_2} dx = \int \frac{e^x}{e^{2x}} \frac{e^x}{x} dx = \int \frac{1}{x} dx = \ln x$$

와 같이 주어진다. 따라서 (식 3-62로부터 구한) 특수해는 다음과 같다.

$$\begin{aligned} y_p &= u_1 y_1 + u_2 y_2 \\ &= -xe^x + xe^x \ln x \end{aligned}$$

이 결과는 주어진 미분방정식에 대입함으로써 확인할 수 있다.

끝으로, (식 3-69에서와 같이) 동차해와 위의 특수해를 결합하여 구한 주어진 미분방정식의 일반해는

$$\begin{aligned} y &= C_1 y_1 + C_2 y_2 + y_p = C_1 e^x + C_2 xe^x - xe^x + xe^x \ln x \\ &= C_1 e^x + (C_2 - 1)xe^x + xe^x \ln x \end{aligned}$$

즉,

$$y = C_1 e^x + C_2 xe^x + xe^x \ln x$$

이며, 이때 $C_2 - 1$은 C_2로 치환하였다. 함수 u_1, u_2를 결정하기 위한 적분은 이 경우 아주 쉽다. 그러나 이는 예외적인 경우라 할 수 있다.

절 복습문제

3-39C 미정계수법의 한계는 무엇인가?

3-40C 매개변수 변화법이 기초로 삼고 있는 것은 무엇인가?

3-41 매개변수 변화법을 사용하여 아래에 주어진 2계 선형 비동차방정식의 특수해를 구하라. 문항 (a)의 결과를 미정계수법을 사용하여 확인하라.

(a) $y'' - y' - 2y = e^{3x}$　　　(b) $y'' - y' - 2y = 2^x$

(답: (a) $y = C_1 e^{-x} + C_2 e^{2x} + \frac{1}{4} e^{3x}$

(b) $y = C_1 e^{-x} + C_2 e^{2x} + \frac{2^x}{(\ln 2 - 2)(\ln 2 + 1)}$)

3-9 ■ 오일러 방정식

지금까지 이 장에서는 상수계수 선형방정식에 초점을 맞추었는데, 이는 이러한 방정식들을 풀기 위한 체계적 절차가 존재하기 때문이다. 그러나 일부 특정 유형의 경우를 제외하고는 변수계수 선형방정식을 풀기 위한 간단한 절차는 존재하지 않는다. (항상 상수계수 방정식으로 변환될 수 있으므로) 이 장에서 논의하기에 적합한 한 가지 유형의 변수계수 선형 미분방정식은 **오일러 방정식**인데, 때로 오일러-코시 방정식이라고 불리며

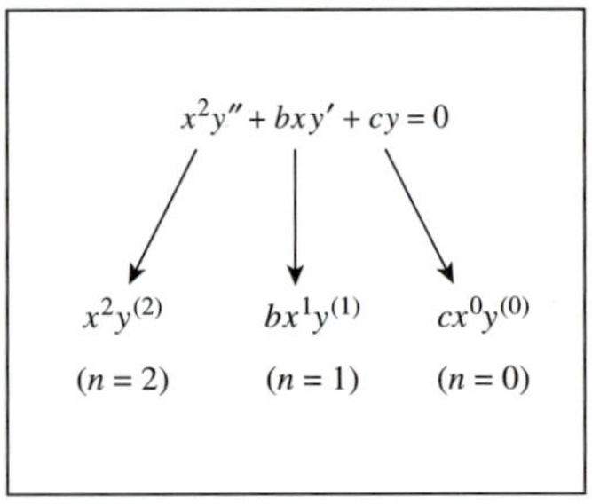

그림 3-56
동차 오일러 방정식의 각 항은 $kx^ny^{(n)}$ 형태를 갖는데, 이때 k는 상수이며 n은 음이 아닌 정수이다.

$$x^2y'' + bxy' + cy = r(x) \tag{3-70}$$

와 같이 표현된다. 여기에서 b, c는 상수이다.* 이 방정식의 특징은 y 항의 계수가 상수이고 y' 항의 계수가 상수와 x의 곱이며, 일반적으로 y의 n계 도함수 항의 계수는 상수와 x의 제곱의 곱이라는 점이다. 즉, 좌변의 각 항은 $kx^ny^{(n)}$ 형태이며, 이때 k는 상수이다(그림 3-56). 이 오일러 방정식은 각 항을 가장 높은 계수를 갖는 도함수 항의 계수로 나눔으로써 표준형으로 만들 수 있다.

$$y'' + \frac{b}{x}y' + \frac{c}{x^2}y = R(x), \qquad x \neq 0 \tag{3-71}$$

여기에서 $R(x) = r(x)/x^2$이다. 명백히 이 방정식의 계수들은 $x = 0$에서 연속이 아니며, 따라서 이 장의 앞부분에서 살펴본 기본 정리들이 적용될 수 있기 위해서는 적용 구간에서 이 점을 제외시켜야 한다. 또한 절댓값 부호로 인한 번거로움을 피하기 위해 별도의 표시가 없다면 구간 $x > 0$만 고려할 것이다.

오일러 방정식은 아래의 정리에서 밝히고 있는 바와 같이 변수 치환 $x = e^t$를 통해 항상 상수계수 방정식으로 바꿀 수 있다.

정리 3-9 오일러 방정식

변수 치환 $x = e^t$는 항상 오일러 방정식

$$x^2y'' + bxy' + cy = r(x)$$

을 다음과 같은 상수계수 방정식으로 바꾸어준다.

$$\ddot{y} + (b - 1)\dot{y} + cy = r(e^t)$$

여기에서 기호 위의 점은 t에 관한 미분을 나타낸다.

증명 $x > 0$일 때 $t = \ln x$이므로 연쇄법을 적용하면

$$\frac{dy}{dx} = \frac{dy}{dt}\frac{dt}{dx} = \frac{1}{x}\frac{dy}{dt}$$

와

$$\frac{d^2y}{dx^2} = \frac{d}{dx}\left(\frac{dy}{dx}\right) = \frac{d}{dx}\left(\frac{1}{x}\frac{dy}{dt}\right) = \frac{1}{x}\frac{d}{dx}\left(\frac{dy}{dt}\right) - \frac{1}{x^2}\frac{dy}{dt}$$
$$= \frac{1}{x}\frac{d}{dt}\left(\frac{dy}{dt}\right)\frac{dt}{dx} - \frac{1}{x^2}\frac{dy}{dt} = \frac{1}{x^2}\frac{d^2y}{dt^2} - \frac{1}{x^2}\frac{dy}{dt}$$

* 여기에 제시된 오일러 방정식은 *단일* 방정식이며, 유체 흐름을 표현하는 오일러 방정식이나 강체의 회전을 표현하는 오일러 방정식과는 다르다.

$$= \frac{1}{x^2}\left(\frac{d^2y}{dt^2} - \frac{dy}{dt}\right)$$

을 얻는다. 이 두 표현식을 위의 오일러 방정식에 대입하면

$$\frac{d^2y}{dt^2} - \frac{dy}{dt} + b\frac{dy}{dt} + cy = r(e^t)$$

즉,

$$\ddot{y} + (b-1)\dot{y} + cy = r(e^t) \tag{3-72}$$

을 얻는다. 이로써 증명을 마친다.

$x < 0$을 가정하고 변수 치환 $-x = e^t$를 사용하더라도 동일한 결과를 얻을 것이다. 식 3-72의 우변에 나타나는 모든 x를 e^t로 치환할 경우 우변은 t의 함수가 된다. 이 정리는 임의의 계수를 갖는 오일러 방정식으로 확장될 수 있다.

일단 오일러 방정식을 상수계수 방정식으로 바꾼 후에는

$$m^2 + (b-1)m + c = 0 \tag{3-73}$$

와 같이 연계 동차방정식의 특성방정식을 구성하고 근을 찾는 절차를 통한 일반적인 방법으로 풀 수 있다. 마지막에는 역 치환 $t = \ln x$를 적용함으로써 구하고자 하는 해를 얻는다. 예제를 통해 이러한 절차를 살펴보자.

예제 3-33 오일러 방정식

$x > 0$일 때, 변수 치환 $x = e^t$를 사용하여 미분방정식 $x^2y'' - 2xy' - 4y = 0$의 일반해를 구하라.

풀이 좌변의 각 항이 $n = 0, 1, 2$에 대해 $kx^ny^{(n)}$ 형식이므로 이 방정식이 오일러 방정식이라는 것을 알 수 있다. 변수 치환 $x = e^t$를 통해 이 오일러 방정식을 상수계수 2계 선형 동차방정식

$$\ddot{y} - 3\dot{y} - 4y = 0$$

로 바꿀 수 있다(식 3-72 참고). 이 방정식에 대한 특성방정식은 $m^2 - 3m - 4 = 0$이며 그 근은 $m_1 = -1, m_2 = 4$인데, 이는 서로 다른 실근의 경우에 해당한다. 따라서 변환된 방정식에 대한 일반해는 $y(t) = C_1e^{-t} + C_2e^{4t}$이다.

$e^{\ln z} = z$이므로 역 치환 $t = \ln x$를 적용하여

$$\begin{aligned} y(x) &= C_1e^{-\ln x} + C_2e^{4\ln x} \\ &= C_1e^{\ln\frac{1}{x}} + C_2e^{\ln x^4} \\ &= \frac{C_1}{x} + C_2x^4 \end{aligned}$$

을 얻는데(그림 3-57), 이것은 주어진 미분방정식의 일반해이다.

$a\ln x = \ln x^a$

$-\ln x = \ln\frac{1}{x}$

$2\ln x = \ln x^2$

$\ln 0 = -\infty$

$\ln 1 = 0$

$\ln e = 1$

$e^{\ln x} = x$

$e^{4\ln x} = x^4$

$e^{\ln 0} = e^{-\infty} = 0$

$e^0 = 1$

그림 3-57
로그함수와 지수함수에 관한 유용한 관계

또 다른 해법

이제 앞의 절차와는 또 다른 방법으로 해가 어떤 상수 r에 대해 x^r 형태를 갖는다고 가정하는 것으로 시작하는 방법을 살펴보기로 한다. 특정한 r 값들에 x^r 대해 이 해가 될 가능성을 생각해볼 수 있는데, 이는 도함수 $y' = rx^{r-1}$, $y'' = r(r-1)x^{r-2}$를 주어진 미분방정식에 대입할 때 x^2y'', xy', y 등의 항들이 모두 동일한 x의 멱승을 포함하게 되며, 이 멱승들은 소거될 수 있기 때문이다. 만일 두 개의 서로 다른 r 값을 얻을 수 있어서 두 개의 1차 독립인 해를 얻게 되면, 이 절차의 결과로 일반해를 얻게 될 것이다.

오일러 방정식:

$$x^2y'' + bxy' + cy = 0$$

$$y = x^r$$

을 대입하여

$$r^2 + (b-1)r + c = 0$$

을 얻는데, 그 근은 다음과 같다.

$$r_{1,2} = \frac{-(b-1) \pm \sqrt{(b-1)^2 - 4c}}{2}$$

그림 3-58
오일러 방정식을 풀기 위한 또 다른 방법

따라서 해가 $y = x^r$ 형태라고 가정하고 이 해와 그 도함수들을 오일러 방정식(식 3-70)의 연계 동차방정식에 대입하여

$$r(r-1)x^r + brx^r + cx^r = 0$$
$$[r^2 + (b-1)r + c]\,x^r = 0$$

즉,

$$r^2 + (b-1)r + c = 0 \tag{3-74}$$

을 얻는데, 이는 $x \neq 0$이며 따라서 x^r은 0이 될 수 없기 때문이다. 식 3-74는 변환된 상수계수 방정식의 특성방정식이며, 이 2차방정식의 두 근은 다음과 같다(그림 3-58).

$$r_{1,2} = \frac{-(b-1) \pm \sqrt{(b-1)^2 - 4c}}{2} \tag{3-75}$$

이 두 근은 $(b-1)^2 - 4c$가 양의 값을 갖는지, 0인지, 음의 값을 갖는지에 따라 각각 서로 다른 실근, 실수인 중근, 복소수 근을 가질 것이다. 이제 각 경우를 하나씩 살펴보자.

경우 1: 서로 다른 실근 ($r_1 \neq r_2$)

이 경우 두 개의 1차 독립인 해는 x^{r_1}, x^{r_2}이며, (2계) 오일러 방정식의 연계 동차방정식에 대한 일반해는 다음과 같다.

$$y = C_1x^{r_1} + C_2x^{r_2}, \quad x > 0 \tag{3-76}$$

경우 2: 실수인 중근 ($r_1 = r_2 = r$)

이 경우 앞에 기술된 절차에 따라 단 한 개의 해 x^r을 얻는다. 두 번째의 1차 독립인 해는 계수축소법을 사용하여 구할 수 있으며, 그 결과는 $x^r \ln x$이다. 이제 오일러 방정식의 연계 동차방정식에 대한 일반해는 다음과 같다.

$$y = C_1x^r + C_2x^r \ln x, \; x > 0 \tag{3-77}$$

경우 3: 복소수 근 $(r_{1,2} = \alpha \pm i\beta)$

이 경우 두 근은 켤레 복소수 쌍이며 $r_{1,2} = \alpha \pm i\beta$와 같이 표현될 수 있다. $x^r = e^{\ln x_r} = e^{r \ln x}$이므로 이 경우의 연계 동차방정식에 대한 일반해는 다음과 같이 구한다.

$$\begin{aligned} y &= Ax^{r_1} + Bx^{r_2} \\ &= Ae^{r_1 \ln x} + Be^{r_2 \ln x} \\ &= Ae^{(\alpha + i\beta)\ln x} + Be^{(\alpha - i\beta)\ln x} \\ &= e^{\alpha \ln x}\left[Ae^{i\beta \ln x} + Be^{-i\beta \ln x}\right] \end{aligned}$$

그런데 $e^{\alpha r \ln x} = x^{\alpha}$이므로 식 3-47로부터 다음의 결과를 얻는다.

$$Ae^{i\beta \ln x} + Be^{-i\beta \ln x} = C_1 \cos(\beta \ln x) + C_2 \sin(\beta \ln x)$$

따라서 오일러 방정식의 연계 동차방정식에 대한 일반해는

$$y = x^{\alpha}[C_1 \cos(\beta \ln x) + C_2 \sin(\beta \ln x)] \qquad \textbf{(3–78)}$$

와 같이 표현될 수 있으며, 여기에서 C_1, C_2는 상수이다(그림 3-59).

위의 경우들에 대해 주어진 해는 $x > 0$인 구간에서만 유효한데, 이는 $x \leq 0$일 때 (정수가 아닌 r의 경우) x^r이나 $\ln x$가 정의되지 않기 때문이다. 그러나 변수 치환 $t = -x$(단, $t > 0$)를 사용하여 주어진 동차 오일러 방정식을 원래의 동차 오일러 방정식과 동일한

$$t^2 \frac{d^2y}{dt^2} + bt\frac{dy}{dt} + cy = 0, \quad t > 0 \qquad \textbf{(3–79)}$$

로 바꿀 수 있음을 쉽게 보일 수 있다. 따라서 위의 해는 x만 $-x$로 바꾸어주면 $x < 0$인 경우에도 유효하다. 즉, $x > 0$일 때 $|x| = x$이며 $x < 0$일 때 $|x| = -x$이므로 x의 절댓값을 사용한다. 이러한 결과를 정리 3-10에 요약한다.

오일러 방정식:

$$x^2y'' + bxy' + cy = 0$$

$y = x^r$을 대입:

$$r^2 + (b-1)r + c = 0$$

일반해:

(1) $r_1 \neq r_2$, 실수
$y = C_1 x_{r_1} + C_2 x_{r_2}$

(2) $r_1 = r_2 = r$, 실수
$y = (C_1 + C_2 \ln x)\, x^r$

(3) $r_{1,2} = \alpha \pm i\beta$, 복소수
$y = x^{\alpha}[C_1 \cos(\beta \ln x) + C_2 \sin(\beta \ln x)]$

그림 3-59
$x > 0$일 때 각기 다른 경우에 대한 동차 오일러 방정식의 일반해

정리 3-10 오일러 방정식의 일반해

2계 동차 오일러 방정식

$$x^2y'' + bxy' + cy = 0$$

에 $y = x^r$을 대입하면 방정식

$$r^2 + (b-1)r + c = 0$$

이 만들어지며, 이 방정식의 근은 r_1, r_2이다. 원점을 포함하지 않는 임의의 구간에서 이 동차 오일러 방정식의 일반해는

$$y = C_1|x|^{r_1} + C_2|x|^{r_2} \qquad (r_1 \neq r_2,\ \text{실수}) \qquad \textbf{(3–80)}$$

$$y = (C_1 + C_2 \ln|x|)|x|^r \qquad (r_1 = r_2 = r, \text{ 실수}) \qquad \textbf{(3–81)}$$

$$y = |x|^\alpha[C_1 \sin(\beta \ln|x|) + C_2 \cos(\beta \ln|x|)] \quad (r_{1,2} = \alpha \pm i\beta, \text{ 복소수}) \qquad \textbf{(3–82)}$$

와 같이 주어지는데, 여기에서 C_1, C_2는 상수이다. $x > 0$일 경우, 절댓값 기호는 생략할 수 있다.

비동차 오일러 방정식의 경우, 앞에서 기술한 대로 먼저 동차해를 결정한 후 매개변수 변화법을 사용하여 특수해를 구한다. 이 방정식은 비동차 항 $R(x)$를 정확하게 식별할 수 있도록 y'' 항의 계수로 각 항을 나눔으로써 표준형으로 만들 수 있다. 일반적으로 미정계수법은 이 경우에 적용할 수 없는데, 이는 오일러 방정식은 변수 치환 $x = e^t$를 통해 전체 방정식을 상수계수 방정식으로 바꾸어주지 않는다면 변수계수를 갖기 때문이다.

끝으로

$$(x - x_0)^2 y'' + b(x - x_0)y' + cy = r(x) \qquad \textbf{(3–83)}$$

와 같은 형태의 오일러 방정식은 $y = x^r$ 대신 $y = (x - x_0)^r$을 대입하여 앞에서와 동일한 방법으로 풀 수 있다. 방정식에 나타나는 모든 x를 $x - x_0$으로 치환함으로써 정리 3-10에 따라 동차해를 구할 수 있다. 사용할 수 있는 또 다른 절차는 $t = x - x_0$에 의한 변수 치환인데, 이는 식 3-83을 표준형 오일러 방정식으로 변환시켜줄 것이다. 또 다른 방법으로 $x - x_0 = e^t$에 의한 변수 치환을 이용하면 식 3-83을 상수계수 선형방정식으로 만들어줄 텐데, 이 경우 일반적 방식으로 풀 수 있다(그림 3-60).

오일러 방정식의 변형:

$(x - x_0)^2 y'' + b(x - x_0)y' + cy = r(x)$

풀이 절차:

(1) $y = (x - x_0)^r$을 취한다.
(2) $t = x - x_0$과 $y = t^r$을 취한다.
(3) $x - x_0 = e^t$를 취한다.

그림 3-60
x 대신 $x - x_0$에 관한 오일러 방정식을 풀기 위한 세 가지 방법

예제 3-34 오일러 방정식: 해법들에 대한 비교

$x > 0$일 때, $y = x^r$을 취하여 오일러 방정식 $x^2y'' - 2xy' - 4y = 0$의 일반해를 구하라.

풀이 위의 방정식은 예제 3-33에서 먼저 상수계수 방정식으로 변환시키는 방법으로 풀어본 바 있는 오일러 방정식이다. 여기에서는 방법에 대한 비교를 위해 다른 방법을 사용하여 풀어볼 것이다.

$y = x^r$을 취하고 이 함수와 그 도함수들인 $y' = rx^{r-1}$, $y'' = r(r - 1)x^{r-2}$을 주어진 방정식에 대입하면

$$r(r - 1)x^2x^{r-2} + 3rxx^{r-1} + x^r = 0$$

$$[r(r - 1) + 3r + 1]x^r = 0$$

즉,

$$r^2 - 3r - 4 = 0$$

을 얻는데, 이는 $x \neq 0$이므로 x^r은 0이 될 수 없기 때문이다. 위의 방정식은 예제 3-33에서 구한 특성방정식과 동일하다. 앞에서 구한 식은 $(r + 1)(r - 4) = 0$과 같이 표현될 수 있으며, 그 근은 $r_1 = -1$, $r_2 = 4$이며 이는 서로 다른 실근의 경우에 해당한다. 따라서 주어진 오일러 방정식의 (식 3-80으로부터 구한) 일반해는 $y = C_1/x + C_2x^4$이며, 이는 예제 3-33에서 구한 해와 동일하다.

두 예제에서 사용된 방법들을 비교하면 이 예제의 방법이 훨씬 쉽고 단순한데, 이는 어떤 변환도 사용하지 않았으며 변환된 상수계수 방정식의 일반형을 기억할 필요도 없고 길고 복잡한 수식의 조작도 필요로 하지 않기 때문이다(그림 3-61).

$y = x^r$

을 대입하면 오일러 방정식

$x^2y'' + bxy' + cy = 0$

의 해를 쉽게 구할 수 있다.

그림 3-61
오일러 방정식에 대한 쉬운 해법

예제 3-35 오일러 방정식: 중근의 경우

$x > 0$일 때 $y = x^r$을 취하여 미분방정식 $x^2y'' + 3xy' + y = 0$의 일반해를 구하라.

풀이 | 좌변의 각 항이 $n = 0, 1, 2$에 대해 $kx^ny^{(n)}$ 형식이므로 이 방정식이 오일러 방정식이라는 것을 알 수 있다. $y = x^r$을 취하고 이 함수와 그 도함수들인 $y' = rx^{r-1}$, $y'' = r(r - 1)x^{r-2}$을 주어진 미분방정식에 대입하면

$$r(r - 1)x^2x^{r-2} + 3rxx^{r-1} + x^r = 0$$
$$[r(r - 1) + 3r + 1]x^r = 0$$

즉,

$$r^2 + 2r + 1 = 0$$

을 얻는데, 이는 $x \neq 0$이므로 x^r은 0이 될 수 없기 때문이다. 앞에서 구한 식은 $(r + 1)^2 = 0$과 같이 표현될 수 있으며, 그 근은 $r_1 = r_2 = -1$이며 이는 실수 중근의 경우에 해당한다. 따라서 주어진 오일러 방정식의 (식 3-81로부터 구한) 일반해는 $y = (C_1 + C_2 \ln x)$이다.

예제 3-36 오일러 방정식: 특수해

$x > 0$일 때, 다음 오일러 방정식의 일반해를 구하라.

$$x^2y'' - 2xy' - 4y = 10x$$

풀이 | 이 방정식의 연계 동차방정식에 대한 해는 예제 3-33에서 $y_h = C_1/x + C_2/x^4$로 결정한 바 있다. 이제 특수해를 구해야 한다. 처음 떠오르는 생각은 $y_p = Ax + B$를 취하고 미정계수법을 적용하는 것인데, 이는 방정식의 우변이 연계 동차방정식의 해가 아닌 다항식을 포함하고 있기 때문이다. 그러나 이 방법이 성공하리라는 보장은 없는데, 이는 주어진 미분방정식이 변수계수를 갖고 있고 표준형도 아니기 때문이다. 따라서 여기에서는 특수해를 구하기 위해 매개변수 변화법을 사용한다.

방정식의 양변을 x^2으로 나누면 다음 식을 얻는다.

$$y'' - \frac{2}{x}y' - \frac{4}{x^2}y = \frac{10}{x}$$

따라서 $R(x) = 10/x$이다. 또한 동차해로부터 $y_1 = 1/x$, $y_2 = x^4$를 얻는다. 따라서

$$W(y_1, y_2) = y_1y_2' - y_1'y_2 = \frac{1}{x}(4x^3) - \left(-\frac{1}{x^2}\right)x^4 = 5x^2$$

이 결과를 식 3-68에 대입하여 함수 u_1, u_2를

$$u_1 = -\int\frac{y_2R(x)}{y_1y_2' - y_1'y_2}dx = -\int\frac{x^4}{5x^2}\frac{10}{x}dx = -\int 2xdx = -x^2$$

그리고

$$u_2 = \int\frac{y_1R(x)}{y_1y_2' - y_1'y_2}dx = \int\frac{1}{x}\frac{1}{5x^2}\frac{10}{x}dx = \int\frac{2}{x^4}dx = -\frac{2}{3x^3}$$

와 같이 구한다. 따라서 (식 3-62로부터 구한) 특수해는 다음과 같다.

$$y_p = u_1y_1 + u_2y_2 = -x^2\frac{1}{x} - \frac{2}{3x^3}x^4 = -\frac{5}{3}x$$

끝으로 주어진 미분방정식의 일반해는 이 특수해와 동차해를 결합하여 $y = C_1/x + C_2/x^4 = 5x/3$와 같이 구한다. 이 결과는 주어진 미분방정식에 대입하여 확인할 수 있다.

절 복습문제

3-42C 어떤 경우에 미분방정식이 오일러 방정식이 되는가? 어떻게 오일러 방정식인지 알 수 있는가?

3-43C 오일러 방정식은 항상 상수계수 선형방정식으로 변환시킬 수 있는가?

3-44 $x > 0$일 때 다음 2계 오일러 방정식의 일반해를 구하고, 이 해가 유효한 구간을 제시하라.

(a) $x^2y'' + y = 0$ (b) $x^2y'' + y = x + 1$

(답: (a) $y = x^{1/2}\left[C_1\cos\left(\frac{\sqrt{3}}{2}\ln x\right) + C_2\sin\left(\frac{\sqrt{3}}{2}\ln x\right)\right]$

(b) $y = x^{1/2}\left[C_1 \cos\left(\frac{\sqrt{3}}{2}\ln x\right) + C_2 \sin\left(\frac{\sqrt{3}}{2}\ln x\right)\right] + x + 1)$

3-10 ■ 상수계수 2계 선형방정식의 응용

이 장에서는 a, b, c가 상수고 $r(x)$가 관심 대상 구간에서 연속함수일 때

$$ay'' + by' + cy = r(x) \tag{3-84}$$

와 같은 형태의 2계 선형방정식의 풀이에 초점을 맞추어왔다. 서로 관련이 없어 보이는 자연과학 및 공학 분야의 많은 중요한 문제들이 이러한 방정식으로 표현될 수 있으며, 단지 y, x, 계수들, 함수 $r(x)$ 등이 나타내는 양들의 성격만이 다를 뿐이다. 이러한 기호들이 나타내는 내용이 무엇이든 풀이 절차와 일반해의 형태는 동일하다. 따라서 여러 과학 분야의 사람들이 동일한 미분방정식 과목을 수강하여 배운 내용을 이용하여 각자의 분야에서 외형상 관련이 없어 보이는 문제들을 해결하는 것은 우연이 아니다. 이러한 사실은 모든 분야의 자연과학 및 공학에서 수학이 얼마나 강력하고 없어서는 안 될 훌륭한 도구인지를 보여준다.

이 절에서는 기계공학과 전기공학에서 방정식 3-84가 발생하는 두 가지 중요한 응용인 *기계적 진동*과 *전기회로* 문제를 자세히 학습할 것이다.

기계적 진동

구체적인 사례를 살펴보기에 앞서 진동 운동을 지배하는 미분방정식을 유도해보기로 하자. 운동을 다루는 임의의 방정식은 뉴턴의 운동 제2법칙을 사용하여 유도될 수 있다. 이러한 방정식은 힘과 방향 두 가지를 갖는 양을 포함하므로 대개 벡터 형식으로 표현되지만, 운동 방향이 고정되어 있을 경우 (즉, 정해진 직선상의 운동일 경우) 스칼라 형식으로 표현될 수도 있다.

임의의 시점 t에서 임의의 방향으로 물체의 운동량은 해당 시점에서 해당 방향으로 질량 m과 속도 v의 곱으로 주어진다. 뉴턴의 제2법칙은 다음과 같이 표현할 수 있다.

> *임의의 방향으로 시간에 따른 운동량의 변화율은 그 방향으로 그 물체에 작용하는 알짜 힘과 같다.*

운동 방향을 x-축으로 취하면 위의 법칙은 수학적으로 다음과 같이 표현될 수 있다.

$$\frac{d(mv)}{dt} = F_{\text{net}},\ v = \frac{dx}{dt}$$

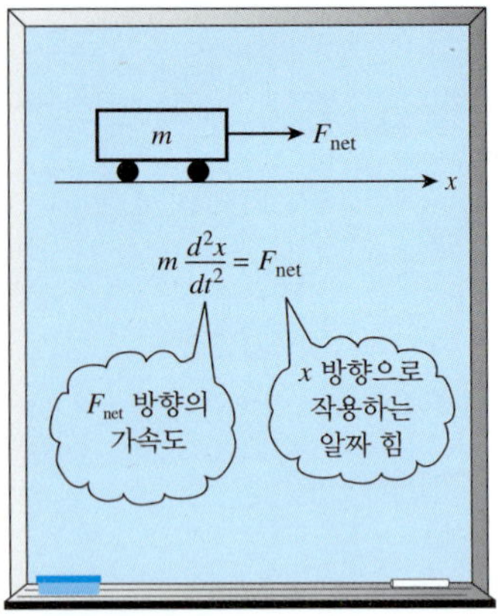

그림 3-62
x 방향의 운동에 관한 뉴턴의 제2법칙

여기에서 m은 물체의 질량이며 F_{net}은 x 방향의 알짜 힘이다.

질량 m이 상수일 경우, $d(mv)/dt = mdv/dt$이며

$$m\frac{d^2x}{dt^2} = F_{net} \tag{3-85}$$

인데, 이는 x 방향의 가속도 $dv/dt = d^2x/dt^2$이기 때문이다. 알짜 힘이 양의 x 방향으로 작용할 경우 양의 값을 가질 것이며, 음의 x 방향으로 작용할 경우 음의 값을 가질 것이다(그림 3-62).

이제 다양한 조건하에서 선형 스프링에 매달려 있는 질량체의 수직 운동을 분석할 것이다. 그러나 먼저 평형 위치에서 벗어난 이후의 선형 스프링에 매달려 있는 질량 m의 수직 운동을 지배하는 미분방정식을 유도해보자.

기계적 진동에 관한 미분방정식

(천장과 같은) 고정 지지대에 튼튼하게 부착된 스프링이 있다고 하자. 이 스프링에 어떤 무게도 가해져 있지 않을 때 스프링은 압축되지도 팽창되지도 않은 상태인데 이를 *자유 길이 상태*라고 하며, 자유롭게 움직일 수 있는 종단점은 *자연 상태*의 *팽창되지 않은* 위치에 있다. 스프링은 *선형 스프링*으로 가정되는데, 이는 스프링의 복원력 F가 자유 길이에서 팽창되거나 압축된 거리 s에 비례하여 $F = ks$가 될 것임을 의미한다. 비례상수 k는 **스프링 상수**라고 한다.

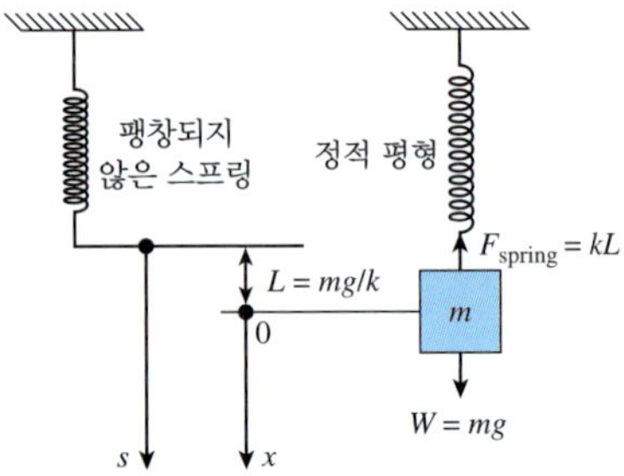

그림 3-63
선형 스프링에 매달린 질량체는 중력(무게)의 결과로 아래쪽으로 이동하여 스프링의 자유 길이에서 $L = mg/k$의 거리인 정적 위치에 도달한다.

질량 m의 물체가 스프링의 하단에 매달려 있을 때 스프링은 팽창될 것이며, 질량체에 작용하는 중력의 영향을 받아 스프링의 하단은 아래쪽으로 이동할 것이다. 그렇지만 스프링은 팽창에 저항할 것이며, 스프링의 복원력과 중력이 같아질 때까지 하단을 부드럽게 아래쪽으로 이동하게 하면, 질량체는 아래쪽으로 이동하기를 멈추고 스프링은 자유 길이로부터 L의 거리에서 정적 평형 위치에 놓이게 된다. 이 지점에서 무게 mg는 스프링의 복원력 kL과 같게 된다. 따라서 이 결과로 스프링의 길이는 $L = mg/k$만큼 늘어난다(그림 3-63).

이제 이렇게 정해지는 질량체의 정적 위치를 수직 방향으로 확장되고 아래쪽을 양의 방향으로 삼는 x-축의 원점으로 정한다. 어떤 외부의 힘에 의해 이 질량체를 건드리게 되면, 질량체는 $x = 0$의 평형 위치를 중심으로 진동할 것이다.

이제 이러한 진동 운동이 일어나는 동안 질량체에 어떤 힘들이 작용하는지 알아보자(그림 3-64).

1. 무게 질량체에 작용하는 중력은 무게 W와 같으며

$$W = mg \tag{3-86}$$

와 같이 표현되며, 여기에서 g는 지역 중력가속도이다. 해수면에서 그 값은 대략 $g = 9.8\text{m/s}^2$이다. 중력은 항상 (양의 x 방향인) 아래쪽으로 작용하

며, 따라서 양의 값을 갖는다.

2. 탄성력 우리는 경험을 통해 스프링을 많이 잡아당길수록 힘이 더 많이 든다는 것을 알고 있다. 즉, 스프링의 팽창 정도가 심할수록 더 큰 힘이 필요하게 된다. 비교적 작은 변위에 대해 스프링은 선형 스프링처럼 동작하며, 이러한 원리는 후크(Robert Hooke, 1635-1703)의 이름을 따서 **후크의 법칙**이라고 한다. 스프링 상수는 스프링의 강성에 대한 척도이며, 사용 단위는 N/m과 같이 단위 길이 당 힘이다. N = kg · m/s^{2}는 *뉴턴*이라고 불리는 힘의 단위이다. 예를 들면, 50N의 힘으로 0.01m 팽창되는 스프링의 스프링 상수는 k = 5000N/m이다. 탄성력은 스프링을 자유 길이로 복원시키려는 *복원력*으로 작용한다. 탄성력은 스프링이 팽창 상태일 때 위쪽으로 작용하여 질량체를 위로 잡아당기며 압축 상태일 때 아래쪽으로 작용하여 질량체를 아래로 잡아당긴다. 즉, s가 음일 때 탄성력은 양이 되며, s가 양일 때 탄성력은 음이 된다. 따라서 탄성력은

$$F_{\text{spring}} = -k(L + x) \tag{3–87}$$

와 같이 표현될 수 있는데, 이 경우 $s = L + x$이기 때문이다(그림 3-63). 이 관계식은 스프링이 팽창될 때도 적용될 수 있고 압축될 때도 적용될 수 있다. 음의 결과는 탄성력이 위쪽으로 (음의 x 방향으로) 작용하는 것을 나타내며, 양의 결과는 탄성력이 아래쪽으로 (양의 x 방향으로) 작용하는 것을 나타낸다. 스프링에 매달린 질량체가 평형 상태가 될 때, 탄성력의 크기와 질량체의 무게는 같게 되는데, 이는 질량체에 작용하는 알짜 힘이 평형 상태에서 0이기 때문이다. 따라서

$$kL = mg \tag{3–88}$$

이 되는데, 이는 $x = 0$은 탄성력이 무게와 균형을 이루는 위치로 잡았기 때문이다.

3. 감쇠력 물체가 유체를 포함하는 매질 안에서 운동할 때, 물체와 주변의 유체 사이에는 운동에 저항하는 *마찰력*이 발생하며, 마찰력은 질량체가 아래쪽으로 이동할 때 위쪽으로 작용하며 질량체가 위쪽으로 이동할 때 아래쪽으로 작용한다. 어떤 시스템에서는 (쇼크업소버나 대시포트 등과 같은) 장치가 불필요한 운동을 완충시키기 위해 시스템에 연결된다(그림 3-64). 이러한 저항력을 **감쇠력**이라고도 부르며, 속도의 어떤 멱승에 비례하는 것으로 관찰되어 있다. 저속에서 감쇠력은 속도에 비례하는 크기를 상당히 정확한 근삿값으로 사용할 수 있으며, 방향은 운동 방향의 반대이다. 이러한 경우 감쇠력은 수학적으로

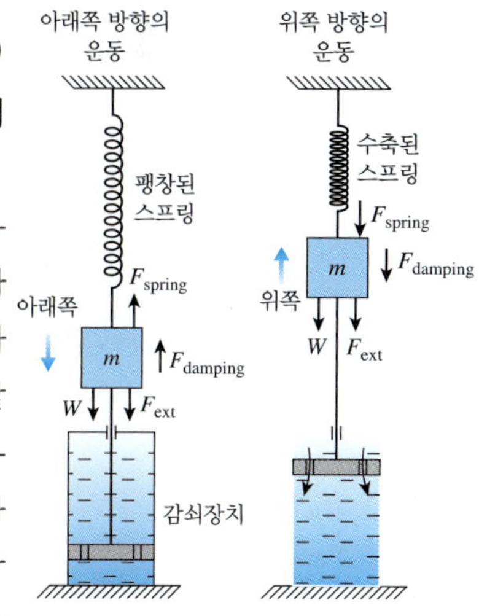

그림 3-64
선형 스프링에 매달린 질량체에 수직 방향으로 작용하는 힘

$$F_{\text{damping}} = -cv = -c\frac{dx}{dt} \tag{3-89}$$

와 같이 표현될 수 있으며, 여기에서 c는 **감쇠상수**라고 불리는 양의 상수이다. 감쇠력은 속도 당 힘(N · s/m)을 단위로 갖는다. 질량체가 아래쪽으로 (양의 x 방향으로) 운동할 때 dx/dt는 양이 되며(따라서 감쇠력은 음이 됨), 감쇠력은 위쪽으로 (음의 x 방향으로) 작용한다. 질량체가 위쪽으로 (음의 x 방향으로) 운동할 때 dx/dt는 음이 되며(따라서 감쇠력은 양이 됨), 감쇠력은 아래쪽으로 작용한다. 따라서 식 3-89는 감쇠력을 위해 항상 올바른 크기와 방향을 알려준다. 스프링에 매달려 있고 감쇠장치나 대시포트에 연결된 질량체로 구성된 시스템을 흔히 *스프링-질량체-감쇠장치* 시스템이라고 한다(그림 3-65).

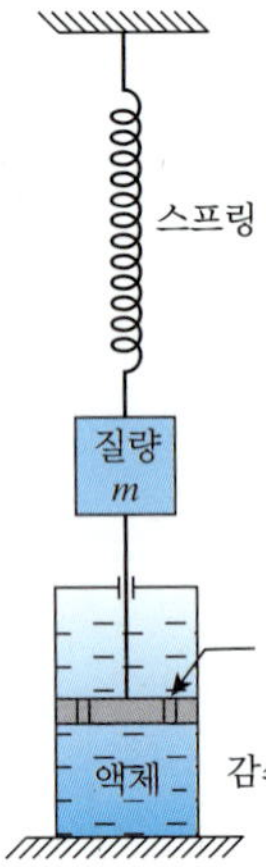

그림 3-65
스프링-질량체-감쇠장치 시스템의 예

4. 외력 (전기장이나 자기장, 망치에 의한 충격, 손으로 잡아당김 등과 같이) 탄성력이나 감쇠력 외의 다른 외부 근원에 의해 질량체에 가해지는 힘을 **외력**이라고 하며 F_{ext}로 표시한다. 외력은 상수일 수도 있고, 주기함수일 수도 있고, x, v, 또는 t에 관한 임의의 함수일 수도 있다. 외력은 양의 x 방향으로 작용할 때 양의 값을 가지며, 음의 x 방향으로 적용할 때 음의 값을 갖는다. 물체에 작용하는 모든 힘들에 대한 합력은 **알짜 힘**이며, 부호(방향)에 주의하며 각각의 힘을 모두 합하여

$$\begin{aligned} F_{\text{net}} &= W + F_{\text{spring}} + F_{\text{damping}} + F_{\text{ext}} \\ &= mg - k(L + x) - c\frac{dx}{dt} + F_{\text{ext}} \\ &= -kx - c\frac{dx}{dt} + F_{\text{ext}} \end{aligned} \tag{3-90}$$

와 같이 구하는데, 이때 식 3-88의 $kL = mg$가 사용되었다. 즉, 무게는 질량체를 정적 평형으로 유지하는 만큼의 탄성력과 상쇄된다. 따라서 스프링에 매달린 질량체를 포함하는 동역학 문제에 관한 식을 세울 때 스프링의 자유 길이 위치를 정적 평형을 유지하는 위치로 잡으면 물체의 무게를 무시할 수 있다. 이러한 결과를 뉴턴의 제2법칙 표현식(식 3-85)에 대입하면 선형 상수계수 방정식

$$m\frac{d^2x}{dt^2} + c\frac{dx}{dt} + kx = F_{\text{ext}}$$

즉,

$$m\ddot{x} + c\dot{x} + kx = F_{\text{ext}} \tag{3-91}$$

이 만들어지는데, 여기에서 기호 위의 점은 시간에 관한 도함수를 나타낸다. 이 방정식은 수직 스프링-질량체-감쇠장치 시스템을 사용하여 유도되었지만,

수평 방향을 비롯하여 임의의 방향을 갖는 시스템에도 적용될 수 있다(그림 3-66).

탄성력이 x에 대한 1이 아닌 어떤 멱승에 비례하는 것으로 가정하거나 감쇠력이 x에 대한 1이 아닌 어떤 멱승에 비례하는 것으로 가정할 경우, 비선형 미분방정식을 얻게 될 것이며 이 경우 해석적 풀이 자체가 불가능할 수도 있다. 단순화 가정을 세울 때 고려하는 목표 중의 하나는 문제를 수학적으로 처리할 수 있는 문제로 축소시키는 것이다.

$c = 0$일 때, 마찰력, 즉, 감쇠력이 발생하지 않으며, 이러한 운동을 **비감쇠운동**이라고 하며, 그렇지 않을 경우 **감쇠운동**이라고 한다. $F_{ext} = 0$일 때는 외력이 존재하지 않으며, 이러한 운동을 **자유운동** 또는 **비강제운동**이라고 하고, 그렇지 않을 경우 **강제운동**이라고 한다. 예상하였겠지만 방정식 3-91에 대한 일반해는 두 개의 임의상수를 포함한다. 따라서 유일한 해를 얻기 위해 초기 변위 x_0, 초기 속도 v_0과 같은 두 개의 초기조건을 지정할 수 있다.

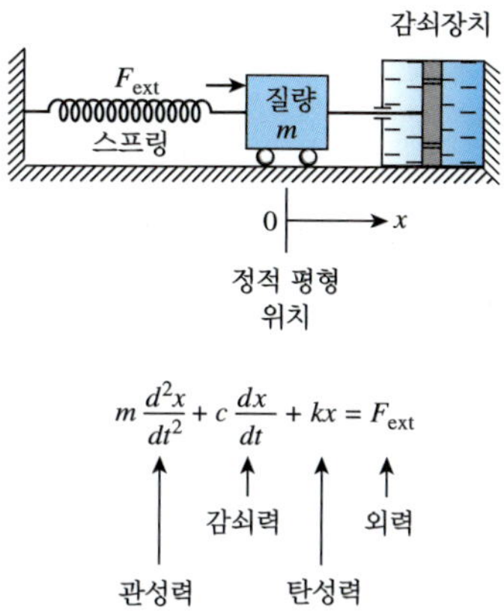

그림 3-66
스프링-질량체-감쇠장치 시스템 상의 운동을 지배하는 미분방정식 ($x = 0$은 질량체의 정적 평형 위치이며, $x(t)$는 시점 t에서 질량체의 위치)

예제 3-37 비감쇠 자유진동

마찰력이 없는 어떤 스프링-질량체 시스템이 정적 평형 상태에 있다고 하자. 그림 3-67에서 보여주듯이 시점 $t = 0$에 질량체를 위치 x_0까지 끌어내린 다음 v_0의 속도로 놓아준다.

이 결과로 질량체는 진동하기 시작한다. 질량체의 평형 위치를 $x = 0$으로 잡고 아래쪽 방향을 양의 방향이라고 하고 시간의 함수로서의 질량체의 위치를 나타내는 $x(t)$를 구하라. 또한 진폭과 진동 주기를 구하라.

풀이 이 운동에 저항하는 외력은 존재하지 않으며, 따라서 이 경우 식 3-91은 $m\ddot{x} + kx = 0$이 되며 초기조건은 $x(0) = x_0$, $\dot{x}(0) = v_0$이다. 이 방정식을 m으로 나누고 $\omega_0 = \sqrt{k/m}$으로 두면, 특성방정식은 $r^2 + \omega_0^2 = 0$이 되며 그 근은 $r = \pm i\omega_0$이다. 따라서 주어진 미분방정식의 일반해는

$$x(t) = C_1 \cos \omega_0 t + C_2 \sin \omega_0 t \tag{3-92}$$

와 같다. 여기에서 C_1, C_2는 임의상수이며, 초기조건들로부터 $C_1 = x_0$, $C_2 = v_0/\omega_0$으로 정해진다. 이들을 대입하여 구한 이 초깃값 문제의 해는 다음과 같다.

$$x(t) = x_0 \cos \omega_0 t + \frac{v_0}{\omega_0} \sin \omega_0 t \tag{3-93}$$

위의 함수는 명백히 주기적 운동을 나타내는데, 이는 사인 함수와 코사인 함수가 주기적 성질을 갖기 때문이다. 논의의 편의를 위해 이 해를 다음과 같이 하나의 삼각함수로 표현한다.

$$x(t) = A \cos(\omega_0 t - \phi) \tag{3-94}$$

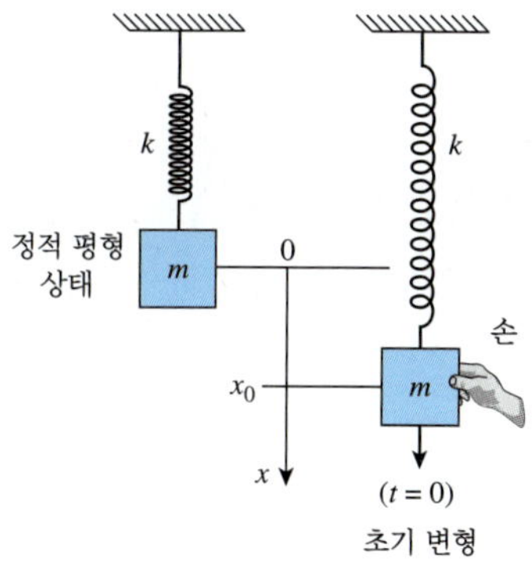

그림 3-67
비감쇠 자유진동을 하는 스프링-질량체-감쇠장치 시스템

A와 ϕ를 결정하기 위해 $\cos(\omega_0 t - \phi)$에 관한 삼각함수 공식을 이용한다.

$$x(t) = A\cos(\omega_0 t - \phi) = A\cos\omega_0 t\cos\phi + A\sin\omega_0 t\sin\phi \tag{3–95}$$

식 3-93과 3-95를 비교하면 다음의 결과를 얻는다.

$$A\cos\phi = x_0 \quad \text{그리고} \quad A\sin\phi = \frac{v_0}{\omega_0} \tag{3–96}$$

위의 식에 나타나는 각 변을 제곱하고 합하면,

$$\left(\frac{v_0}{\omega_0}\right)^2 + x_0^2 = A^2\sin^2\phi + A^2\cos^2\phi = A^2$$

을 얻는데, 이때 공식 $\sin^2\phi + \cos^2\phi = 1$이 사용된다. 이 결과에 양의 제곱근을 취하면 A를 위한 다음 식을 얻는다.

$$A = \sqrt{\left(\frac{v_0}{\omega_0}\right)^2 + x_0^2} \tag{3–97}$$

각 ϕ는 **위상각**이라고 하며, 식 3-96 안의 두 번째 식을 첫 번째 식으로 나누어

$$\frac{\sin\phi}{\cos\phi} = \tan\phi = \frac{v_0}{\omega_0 x_0}$$

을 얻고, 여기에서 다시

$$\phi = \tan^{-1}\frac{v_0}{\omega_0 x_0} \tag{3–98}$$

을 계산할 수 있는데, 이때 계산된 각은 올바른 사분면에 있다고 가정한다. 즉, 식 3-96을 만족한다고 가정한다. 식 3-98을 사용하여 구한 각은 식 3-96을 사용하여 구한 각과 π만큼 차이날 수 있는데, 이는 $\tan(\phi + \pi) = \tan\phi$이기 때문이다. 따라서 식 3-96에서 정하는 사분면 안의 각이 되도록 식 3-98에서 구한 각에 π를 더하거나 빼야 할 수도 있다. A가 양이 되는 경우로 선택하였기 때문에 정확한 ϕ는 식 3-96에 의해 주어지는 $\sin\phi$와 $\cos\phi$의 부호로부터 결정될 수 있다. 해는

$$x(t) = A\cos(\omega_0 t - \phi) = \sqrt{\left(\frac{v_0}{w_0}\right)^2 + x_0^2}\cos(\omega_0 t - \phi) \tag{3–99}$$

와 같이 주어지며, 그림 3-68에 그래프를 보이고 있다.

식 3-99를 두 번 미분하면 다음과 같이 가속도를 얻을 수 있다.

$$\ddot{x}(t) = -A\omega_0^2\cos(\omega_0 t - \phi) = -\omega_0^2 x(t)$$

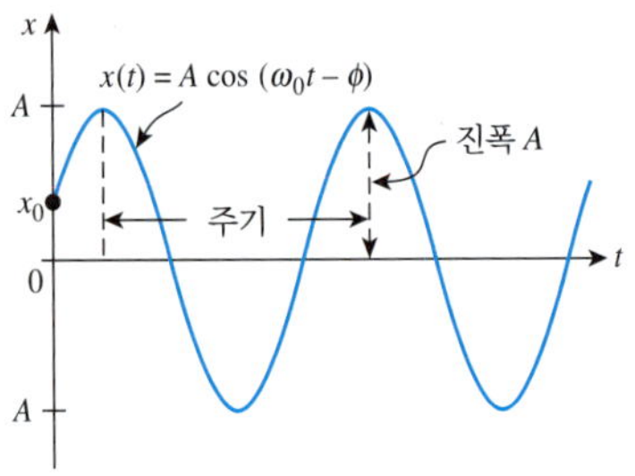

그림 3–68
비감쇠 자유진동 (단순조화 운동)

가속도가 변위의 반대 방향이고 진동수에 비례하는 이러한 진동 운동을 **단순조화 운동**이라고 한다. 어떤 각에 대한 코사인은 1보다 크지 않으므로 위의 식에서 A는 최대 변위에 대응되며, 진동의 **진폭**이라고 한다. 질량체는 $x = A$ 위치와 $x = -A$ 위치 사이에서 계속 진동한다. $\alpha = 2\pi$일 때만 (또는 보다 일반적으로 정수 n에 대해 $\alpha = 2n\pi$일 때) $\cos\alpha = 1$이므로, 질량체가 최고 높이에 위치하게 되는 t 값은 $\omega_0 t - \phi = 2\pi$로부터 다음과 같이 결정될 수 있다.

$$t = \frac{2n\pi + \phi}{\omega_0} \qquad n = 0,1,2,3,\ldots \tag{3–100}$$

한 번의 사이클이 완료되는 동안의 시간을 운동 **주기**라고 하며, 위의 식으로부터 계산되는 두 번의 연속적인 최대 높이가 발생하는 시점 사이의 차에 해당한다. 식 3-100에 1과 0을 대입하고 뺄셈을 하여 구한 진동 주기는 다음과 같다.

$$T = \frac{2\pi}{\omega_0} \ \text{s/cycle} \tag{3–101}$$

진동수는 단위 시간 당 진동의 수이며 주기의 역과 같다.

$$f = \frac{1}{T} = \frac{\omega_0}{2\pi} \ \text{cycle/s} \tag{3–102}$$

진동수의 단위는 초 당 사이클이며 헤르츠(Hz)라고 한다. 어떠한 외력도 존재하지 않을 때 진동수는 질량체와 스프링의 특성에만 종속되며, 초기조건이나 중력과는 무관하다. 이 진동수 ω_0은 초 당 라디안을 단위로 갖는 **원 진동수**의 한 예이다. $\omega_0 = \sqrt{k/m}$은 시스템의 **고유 원 진동수** 또는 간단히 **고유 진동수**라고 한다. 예를 들면, $m = 0.1\text{kg}$, $k = 1000\text{N/m}$, $x_0 = 0.02\text{m}$, $v_0 = 0$일 때, 앞의 관계식들로부터 $A = 0.02\text{m}$, $\sqrt{k/m} = 100\text{s}^{-1}$, $\phi = 0$, $T = 0.0628\text{s}$, $f = 15.9\text{Hz}$ 등을 얻는다. 시간의 함수로서의 변위를 위한 식은 $x(t) = 0.02 \cos(100t)$이며, 여기에서 t는 초 단위로 표시되며 x는 미터 단위로 표시된다.

예제 3-38 비감쇠 강제진동: 비트

때로 스프링-질량체-감쇠장치 시스템에 외력이 작용하는 경우가 있다. 실제 응용에서 이러한 외력은 주기적 성격을 갖는 경우가 많으며, $F_0 \cos \omega t$ 또는 $F_0 \sin \omega t$(또는 다른 주기함수) 등으로 표현될 수 있는데, 여기에서 ω는 작용하는 힘의 원 진동수이고 F_0은 진폭이다. 이러한 힘은 어떤 시스템이 약간의 불균형을 포함하는 회전체 등에 부착되었을 때 받을 수 있는 종류의 외력에 해당한다. 이 경우 그 시스템이 겪는 진동은 외력에 의해 발생하기 때문에 강제진동에 해당한다.

초기에 정적 평형 상태($x(0) = 0, \dot{x}(0) = 0$)에서 시작하는 스프링-질량체 시스템이 있다고 하자. 이제 이 시스템에 그림 3-69에서 보이는 것처럼 주기적 외력 $F_0 \cos \omega t$가 작용한다.

이 시스템에 마찰력, 즉, 감쇠력이 포함되지 않는다고 가정하고($c = 0$), $\omega \neq \omega_0$일 때 평형 위치를 기준한 질량체의 위치를 시간의 함수로 표현하는 관계식을 구하라.

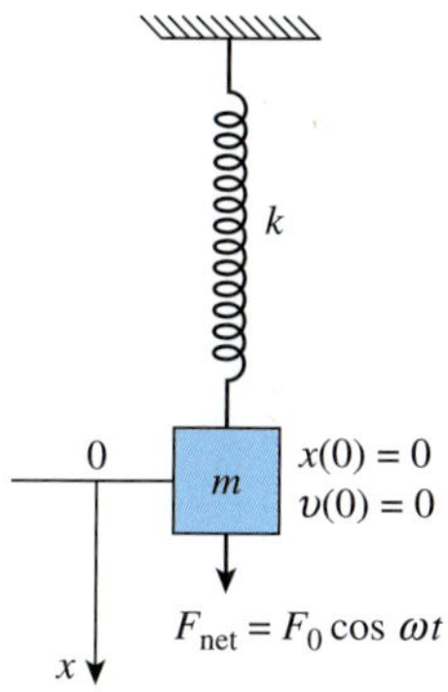

그림 3-69
비감쇠 강제 운동을 하는 스프링-질량체 시스템

풀이 운동에 저항하는 감쇠력은 없지만 외력은 존재하므로 식 3-91은 $m\ddot{x} + kx = F_0 \cos \omega t$가 된다. 이 식을 표준형으로 만들기 위해 m으로 나누고 $\omega_0 = \sqrt{k/m}$으로 두면 다음 식을 얻는다.

$$\ddot{x} + \omega_0^2 x = \frac{F_0}{m}\cos\,\omega t \tag{3-103}$$

이 방정식의 연계 동차방정식의 해는 예제 3-37에서 다음과 같이 결정된 바 있다 (식 3-92).

$$x_h = C_1\cos\,\omega_0 t + C_2\sin\,\omega_0 t \tag{3-104}$$

특수해는 $x_p = A\cos\,\omega t$로 취하며, $\omega \neq \omega_0$이므로 $\cos\,\omega t$는 이 방정식의 연계 동차방정식의 해가 아니다. 또한 특수해에 $\sin\,\omega t$는 포함시키지 않았는데, 이는 주어진 미분방정식은 홀수 계수의 도함수는 포함하고 있지 않으므로 도함수들이 좌변에 사인 함수를 생성하지는 않을 것이기 때문이다. 이 특수해를 주어진 미분방정식에 대입하여 A에 대해 풀고 역 치환을 적용하면 다음의 결과를 얻는다.

$$x_p = \frac{F_0/m}{\omega_0^2 - \omega^2}\cos\omega t \tag{3-105}$$

이제 동차해와 특수해를 합하여 일반해를 결정한다.

$$x(t) = C_1\cos\omega_0 t + C_2\sin\omega_0 t + \frac{F_0/m}{\omega_0^2 - \omega^2}\cos\omega t \tag{3-106}$$

초기조건 $x(0) = 0, \dot{x}(0) = 0$을 적용하여 임의상수들을 구하면 $C_1 = F_0/m(\omega_0^2 - \omega^2)$, $C_2 = 0$이다. 따라서 일반해는

$$x(t) = \frac{F_0/m}{\omega_0^2 - \omega^2}(\cos\omega t - \cos\omega_0 t) \tag{3-107}$$

와 같이 주어지며, 이는 주기는 다르지만 진폭은 같은 두 주기함수의 차에 해당한다.

이제 가해진 힘의 진동수가 시스템의 고유 진동수에 가까울 때, 즉, $\omega \approx \omega_0$일 때 어떤 일이 생길지 조사해보자. $\alpha = \frac{1}{2}(\omega + \omega_0)$, $\beta = \frac{1}{2}(\omega_0 - \omega)$라고 두고 삼각함수 공식

$$\cos(\alpha - \beta) - \cos(\alpha + \beta) = 2\sin\alpha\sin\beta \tag{3-108}$$

을 사용하면, 일반해를 다음과 같이 표현할 수 있다.

$$x(t) = \left[\frac{2F_0/m}{\omega_0^2 - \omega^2}\sin\frac{\omega_0 - \omega}{2}t\right]\sin\frac{\omega_0 + \omega}{2}t \tag{3-109}$$

$\omega \approx \omega_0$일 때 $\omega + \omega_0 \gg |\omega_0 - \omega|$이다. 그 결과로 함수 $\sin\frac{\omega_0 + \omega}{2}t$는 $(\omega_0 + \omega)/2$의 원 진동수를 가지며 빠르게 진동하는 반면, 함수 $\sin\frac{\omega_0 - \omega}{2}t$는 $(\omega_0 - \omega)/2$의 원 진동수를 가지며 느리게 진동하게 된다. 이제 식 3-109를

$$x(t) = A(t)\sin\frac{\omega_0 + \omega}{2}t \tag{3-110}$$

로 표현할 수 있는데, 여기에서 $\sin\frac{\omega_0 + \omega}{2}t$는 빠르게 진동하는 함수이며 그 진폭

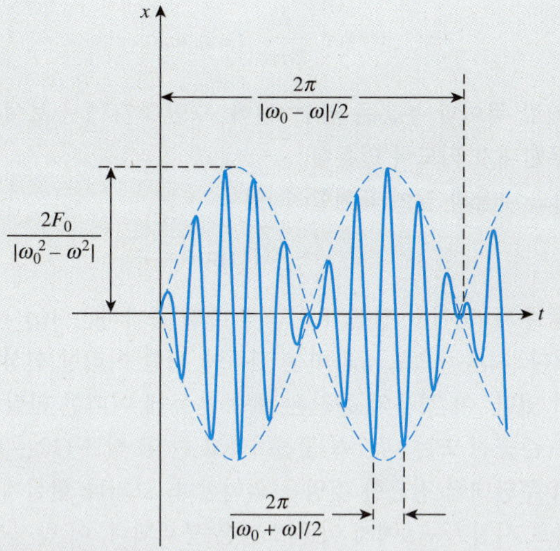

그림 3-70
주기적으로 변하는 진폭을 갖는 강제진동 (비트)

$A(t)$는 느리게 변하는 주기함수로 식 3-109의 대괄호 안의 항과 동일하다. 그림 3-70에서 보여주듯이 느리지만 주기적으로 변하는 진폭을 갖는 이와 같은 진동 운동을 **비트(beat)**라고 한다.

이러한 현상은 음향학에서 거의 같은 진동수를 갖는 두 개의 악기를 동시에 연주할 때 자주 발생한다. 이 경우 진폭이 주기적으로 변하는 음파(진동)가 만들어진다. 각 사이클은 사람의 귀로 인식할 수 있는 한 번의 비트에 대응된다. $\omega = \omega_0$의 경우는 다음 예제에서 다룬다.

예제 3-39 비감쇠 강제진동: 공진

$\omega = \omega_0$인 특별한 경우에 대해 예제 3-38을 풀어라.

풀이 | 이 경우 미분방정식, 초기조건, 동차해 등은 동일하지만 특수해로는 $x_p = A(\sin \omega_0 t + \cos \omega_0 t)$를 취해야 하는데, 이는 비동차 항 $F_0 \cos \omega_0 t$가 연계 동차방정식의 해이기 때문이다. 이 특수해를 주어진 미분방정식에 대입하고 미지수들에 대해 풀어 $A = F_0/2m\omega_0 t$, $B = 0$을 구한다. 따라서 특수해는 다음과 같다.

$$x_p = \frac{F_0}{2m\omega_0} t \sin \omega_0 t \tag{3-111}$$

이제 동차해와 특수해를 합하여 일반해를 결정한다.

$$x(t) = C_1 \cos \omega_0 t + C_2 \sin \omega_0 t + \frac{F_0}{2m\omega_0} t \sin \omega_0 t$$

초기조건 $x(0) = 0, \dot{x}(0) = 0$을 적용하여 임의상수들을 구하면 $C_1 = C_2 = 0$이다. 따라서 일반해는

$$x(t) = \frac{F_0}{2m\omega_0} t \sin \omega_0 t \qquad \textbf{(3–112)}$$

이 해에서 가장 특이한 부분은 인수 t인데, 그림 3-71에서 보여주듯이 $t \to \infty$에 따라 변위도 무한대가 되도록 만든다.

이 일반해도 다음과 같이 표현할 수 있다.

$$x(t) = A(t) \sin \omega_0 t \qquad \textbf{(3–113)}$$

이 해는 진동수가 ω_0이고 진폭이 시간에 따라 증가하는 $A(t) = (F_0/2m\omega_0)t$인 사인 곡선 함수이다. 지속적으로 증가하는 진폭에 관한 이러한 현상은 **공진(resonance)**으로 알려져 있다. 이 경우의 공진은 해당 운동에 어떠한 마찰이나 감쇠도 작용하지 않으므로 *순공진* 또는 *비감쇠 공진*이라고 한다. 식 3-112는 $t \to \infty$에 따라 이 운동의 진폭이 무한대에 접근할 것임을 의미한다. 그러나 현실에서는 이러한 과격한 진동의 결과로 시점 $t \to t_f$에서 이 시스템은 붕괴되며, 이 방정식은 $t > t_f$에 대해서는 적용되지 않는다. 또한 선형 탄성력 가정은 큰 진폭에 대해서는 유효하지 않다.

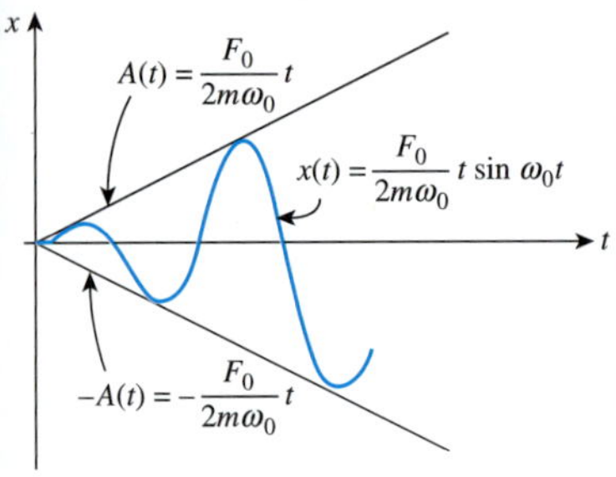

그림 3–71
계속 증가하는 진폭을 갖는 강제진동 (공진)

공진 현상은 특수해에서만 나타나며 초기조건들과는 상관없이 발생한다. 이는 동차해 안의 상수 C_1, C_2의 값에 관계없이 인수 t를 포함하는 특수해가 t 값이 클 경우 이 운동을 좌우하기 때문이다.

현실에서 공진은 감쇠가 공진을 상쇄할 정도로 크지 않은 시스템에서 어느 정도 수준 이내로 발생하지만, 구조물이 공진으로 인해 붕괴되는 몇 개의 대형사고도 있었다. 큰 구조물은 각기 다른 고유 진동수를 갖는 수많은 요소들로 이루어진다. 어떤 하나의 주기적 외력으로 인해 전체 구조물이 공진하게 될 가능성은 거의 없지만, 몇 개의 주요 요소들의 공진이 전체 구조물을 붕괴시키기에 충분할 수도 있다.

예를 들면, 영국 맨체스터 부근의 브로톤 다리는 병사들이 발을 맞추어 다리 위를 행군하면서 발생한 공진으로 인해 1831년에 붕괴되었다. 이로 인해 병사들이 다리를 건널 때는 발을 맞추지 않고 행군하는 것이 일반적 관행이 되었다. 또 다른 사례는 1940년 11월 7일 미국 워싱턴 주 타코마 협곡 다리의 붕괴인데, 당시 이 다리는 세계에서 3번째로 큰 현수교였다. 이 경우의 격렬한 공진은 바람이 원인이었다. 공진으로 인한 최근의 다른 몇 개의 재난으로 인해 기계장치, 비행기 날개, 건물, 공중 무도장, 교량 등의 설계에서 공진이 중요한 고려요소가 되고 있다.

다음의 설명은 공진 현상의 이해에 다소 도움이 될 수 있을 것이다. 시스템은 자신의 고유 진동수 ω_0에서 최소 저항을 갖는데, 이는 간섭이 없을 때 ω_0의 진동수로 진동하기 때문이다. 외적 간섭으로 인해 시스템이 다른 진동수로 진동할 경우, 시스템은 고유 진동수와 다른 진동수로 진동하는 것이 불편하여 저항하게 된다. 그러나 외적 간섭이 시스템이 고유 진동수에 맞추어 진동하게 한다면, 시스템은 본질적 특성에 완벽하게 일치하는 이러한 간섭에 기꺼이 협조할 것이다.

공진은 외력이 속도와 동일한 방향으로 작용하여 진폭을 증가시키기 때문에 발생한다. 공진의 결과가 항상 파괴의 형태로 나타나는 것은 아니며, 음향학, 지진관측, 전자공학 등에서 유용한 효과를 생성하기 위해 사용되기도 한다.

예제 3-40 감쇠 자유진동

운동 요소들을 갖는 시스템은 마찰을 포함하므로 현실에서 진동 시스템이라면 당연히 감쇠 현상이 나타난다. 감쇠상수 c의 수치 값을 보면 감쇠의 크기를 대략 파악할 수 있다. 어떤 스프링-질량체-감쇠장치 시스템이 정적 평형 상태에 있다고 하자. 그림 3-72에서 보여주듯이 시점 $t = 0$에 질량체를 위치 x_0까지 끌어내린 다음 v_0의 속도로 놓아준다. 질량체의 평형 위치를 $x = 0$으로 잡고 아래쪽 방향을 양의 방향이라고 하고 시간의 함수로서의 질량체의 위치를 나타내는 $x(t)$를 구하라. 또한 진폭과 진동 주기를 구하라.

풀이 이 운동에 저항하는 외력은 존재하지 않으며, 따라서 이 경우 식 3-91은 $m\ddot{x} + c\dot{x} + kx = 0$이 되며 초기조건은 $x(0) = x_0, \dot{x}(0) = v_0 = 0$이다. 이 미분방정식은 선형 동차방정식이며 상수계수를 갖는다. 특성방정식은 $mr^2 + cr + k = 0$이 되며 그 근은

$$r_1 = \frac{-c + \sqrt{c^2 - 4mk}}{2m} \quad \text{그리고} \quad r_2 = \frac{-c - \sqrt{c^2 - 4mk}}{2m}$$

와 같이 주어진다. 따라서 해의 성격은 $c^2 - 4mk$가 양인지, 0인지, 음인지에 따라 달라지는데, 각 경우에 대해 하나씩 살펴보기로 하자.

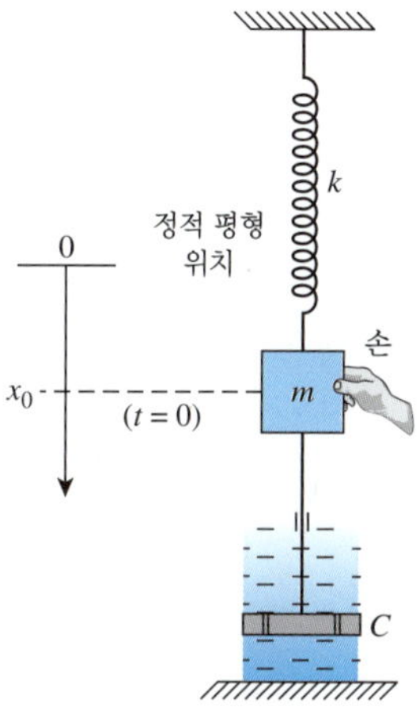

그림 3-72
감쇠 자유진동을 하는 스프링-질량체-감쇠장치 시스템

경우 1: $c^2 - 4mk > 0$ (과감쇠 운동)

이 경우 근들은 서로 다른 실근이며, 따라서 일반해는 다음과 같이 주어진다.

$$x(t) = C_1e^{r_1t} + C_2e^{r_2t} \tag{3-114}$$

$\sqrt{4mk} < c$이면 $\sqrt{c^2 - 4mk} < c$이며, 이 경우 초기조건들에 상관없이 두 지수 모두 음이 된다. t가 증가하면서 두 항 모두 음의 지수로 인해 감소하게 될 것이며, $t \to \infty$에 따라 $x(t)$는 0에 접근한다. 즉, 질량체는 진동 없이 정적 평형 위치를 향해 이동하게 된다. 이 경우의 질량체는 큰 감쇠상수를 갖고 큰 감쇠력이 작용하므로 **과감쇠** 운동을 한다. 변위 함수의 정확한 형태는 초기조건에 따라 달라진다.

고정된 초기 위치 x_0과 각기 다른 속도에 대해 세 가지 가능성을 그림 3-73에 그래프로 보이고 있다. v_0이 양의 x 방향으로 작용할 경우 (a)와 같은 곡선이 만들어질 것이다. 초기속도의 영향하에 이 질량체는 더욱 아래로 이동하겠지만, 스프

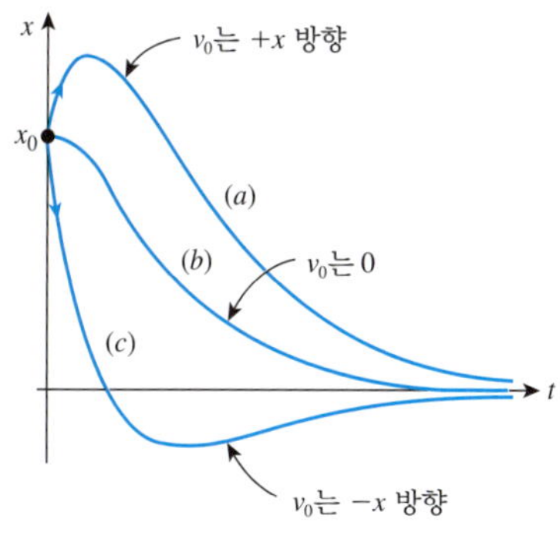

그림 3-73
초기속도 v_0의 방향에 따른 과감쇠 및 임계감쇠 운동에 대한 세 가지 가능성

링의 복원력에 의해 정적 평형 위치인 $x = 0$으로 돌아갈 것이다. 큰 감쇠력으로 인해 진동의 발생은 방지될 것이다. 초기속도가 0일 경우 (b)와 같은 곡선이 만들어질 것이다. 초기속도가 음의 x 방향으로 작용할 경우 (c)와 같은 곡선이 만들어질 것이며, 이 경우 질량체는 평형 위치를 지났다가 평형 위치로 되돌아갈 것이다.

경우 2: $c^2 - 4mk = 0$ (임계감쇠 운동)

이 경우 근들은 실수인 중근이며, 따라서 일반해는 다음과 같이 주어진다.

$$x(t) = (C_1 + C_2 t)e^{-ct/2m} \tag{3-115}$$

이 경우 감쇠력은 진동의 발생을 간신히 방지할 정도의 크기이며, 따라서 진동체는 **임계감쇠** 운동을 한다. 감쇠상수 c가 이보다 조금만 작다면 진동이 발생할 것이며, c가 조금만 크다면 과감쇠 운동을 하게 된다. 따라서 이것은 과감쇠 운동과 부족감쇠 운동의 경계인 경우에 해당한다. 이 경우에도 t가 증가하면 음의 지수로 인해 두 항 모두 감소하게 될 것이며, $t \to \infty$에 따라 $x(t)$는 0에 접근한다. 두 번째 항의 인수 t로 인해 t가 증가하면서 두 번째 항이 증가하도록 작용하겠지만 이러한 증가 속도보다 지수함수 인수가 더 빨리 감소하며, 그 결과로 질량은 정적 평형 위치 $x = 0$을 향해 이동한다. 이것은 e^{at}를 위한 무한급수 전개가

$$e^{at} = 1 + at + \frac{(at)^2}{2!} + \cdots + \frac{(at)^n}{n!} + \cdots$$

$$\lim_{t\to\infty} te^{-at} = \lim_{t\to\infty} \frac{t}{e^{at}} = \lim_{t\to\infty} \frac{t}{1 + at + \frac{(at)^2}{2!} + \cdots + \frac{(at)^n}{n!} + \cdots} = 0$$

이기 때문이다. 변위 함수의 정확한 형태는 초기조건에 따라 달라진다. 경우 1에서 논의되고 그림 3-73에 그래프로 표시된 세 가지 가능성은 이 경우에도 적용된다.

경우 3: $c^2 - 4mk < 0$ (부족감쇠 운동, 즉, 진동 운동)

이 경우 근들은

$$r_{1,2} = -\frac{c}{2m} \pm i\frac{\sqrt{4mk - c^2}}{2m} = -\frac{c}{2m} \pm i\sqrt{\frac{k}{m} - \frac{c^2}{4m^2}}$$

이며, 따라서 일반해는 다음과 같이 주어진다.

$$x(t) = e^{-ct/2m}\left(C_1 \cos\sqrt{\frac{k}{m} - \frac{c^2}{4m^2}}\,t + C_2 \sin\sqrt{\frac{k}{m} - \frac{c^2}{4m^2}}\,t\right) \tag{3-116}$$

이 경우 사인 함수와 코사인 함수로 인해 질량체는 진동하지만, t가 증가함에 따

라 지수 인수 $e^{-ct/2m}$으로 인해 진폭은 점차 작아진다. 이 운동은 진동이지만 주기적은 아니다. 즉, 최고점 사이의 시간은 일정하지 않다. 이 경우 질량체는 진동에 따른 **부족감쇠** 운동을 하게 되는데, 이는 비교적 작은 감쇠상수와 이로 인한 작은 감쇠력이 작용하기 때문이다. 식 3-116은 또한

$$x(t) = Ae^{-ct/2m}\cos\left(\sqrt{\frac{k}{m} - \frac{c^2}{4m^2}}\,t - \phi\right) \quad \textbf{(3–117)}$$

와 같이 표현될 수 있는데, 여기에서 $A = \sqrt{C_1^2 + C_1^2}$ 이며 ϕ는 $\sin\phi = C_1/A$와 $\cos\phi = C_2/A$를 만족하는 각이다. 식 3-117의 그래프를 그림 3-74에 보이고 있다.

어떤 각에 대한 코사인 값은 1보다 클 수는 없으므로 인수 $Ae^{-ct/2m}$가 최대 변위에 해당한다. 이 인수에 대한 그래프와 반대 부호의 함수에 대한 그래프는 그림 3-74에 보여주듯이 진동을 둘러싸는 봉투를 형성한다.

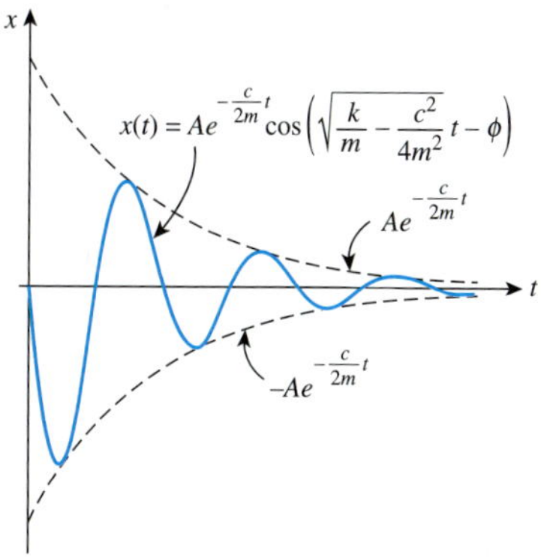

그림 3-74
감쇠력 영향 하의 자유진동 (부족감쇠 운동)

예제 3-41 감쇠 강제진동

어떤 스프링-질량체-감쇠장치 시스템이 초기에 정적 평형 상태($x(0) = x_0$, $\dot{x}(0) = v_0$)에 있다고 하자. 이제 이 시스템에 그림 3-75에서 보이는 것처럼 주기적 외력 $F_0 \cos \omega t$가 작용한다.

이 시스템에 감쇠력이 포함되어 있을 때($c \neq 0$), 평형 위치를 기준한 질량체의 위치를 시간의 함수로 표현하는 관계식을 구하라.

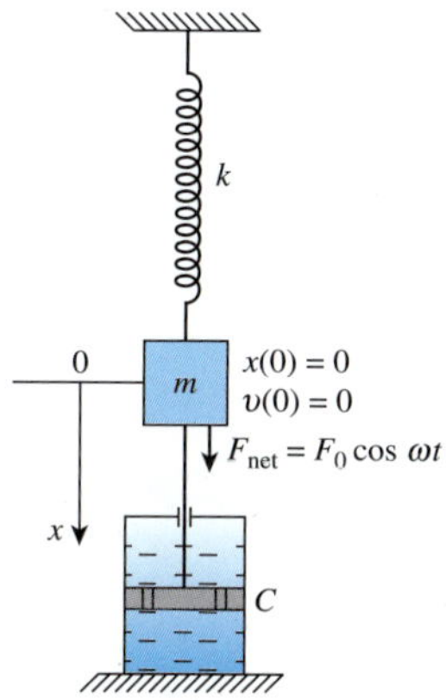

그림 3-75
감쇠 강제진동을 하는 스프링-질량체-감쇠장치 시스템

풀이 이 경우 감쇠력과 외력이 함께 작용하며, 따라서 식 3-91은 다음의 형태로 적용된다.

$$m\ddot{x} + c\dot{x} + kx = F_0 \cos\omega t$$

이 식을 표준형으로 만들기 위해 m으로 나누고 $\omega_0 = \sqrt{k/m}$ 으로 두면 다음 식을 얻는다.

$$\ddot{x} + \frac{c}{m}\dot{x} + \omega_0^2 x = \frac{F_0}{m}\cos\omega t \quad \textbf{(3–118)}$$

이 방정식의 연계 동차방정식의 해는 앞의 예제에서 다음과 같이 결정된 바 있다.

$$x_h = C_1 e^{r_1 t} + C_2 e^{r_2 t} \quad \textbf{(3–119)}$$

여기에서 r_1, r_2는

$$r_{1,2} = \frac{-c \pm \sqrt{c^2 - 4mk}}{2m}$$

로 주어지며, $c^2 - 4km$가 양의 값을 갖는지, 0인지, 음의 값을 갖는지에 따라 각각 서로 다른 실근, 실수인 중근, 복소수 근을 가질 것이다. 특수해는

$$x_p = A\cos\omega t + B\sin\omega t$$

로 정한다. 이 특수해를 주어진 미분방정식에 대입하고 A, B에 대해 푼 다음 이들을 다시 특수해에 대입하여 얻는 결과는 다음과 같다.

$$x_p = \frac{F_0}{m^2(\omega_0^2 - \omega^2)^2 + c^2\omega^2}[m(\omega_0^2 - \omega^2)\cos\omega t + c\omega\sin\omega t] \tag{3–120}$$

이 특수해는 보다 편리한 형태인

$$x_p = \frac{F_0\cos(\omega t - \phi)}{\sqrt{m^2(\omega_0^2 - \omega^2)^2 + c^2\omega^2}} \tag{3–121}$$

와 같이 표현될 수 있으며, 여기에서

$$\phi = \tan^{-1}\frac{c\omega}{m(\omega_0^2 - \omega^2)} \qquad 0 \le \phi \le \pi$$

이 특수해는 주기가 상수 $2\pi/\omega$이고 진폭이 상수 $F_0/\sqrt{m^2(\omega_0^2 - \omega^2)^2 + c^2\omega^2}$ 인 단순조화함수이다. 따라서 이 시스템은 강제함수와 동일한 진동수를 갖지만 위상각만큼 뒤처지는 파장을 갖는다. 이제 동차해와 특수해를 합하여 일반해를 결정한다.

$$x = x_h + x_p = (C_1e^{r_1t} + C_2e^{r_2t}) + \frac{F_0\cos(\omega t - \phi)}{\sqrt{m^2(\omega_0^2 - \omega^2)^2 + c^2\omega^2}} \tag{3–122}$$

이 해의 동차 부분은 초기 간섭으로 인한 것이며, 감쇠의 결과로 시간이 지남에 따라 빠르게 감소한다. $t \to \infty$에 따라 $x_h \to 0$이 되며, 따라서

$$x(t) = \frac{F_0\cos(\omega t - \phi)}{\sqrt{m^2(\omega_0^2 - \omega^2)^2 + c^2\omega^2}} \quad \text{as} \quad t \to \infty \tag{3–123}$$

이러한 이유로 동차해를 **과도 상태의 해**라고 부르고 특수해를 **안정 상태의 해**라고 부르는데, 이는 얼마의 시간이 지난 후 x_h는 소멸되지만 x_p는 계속 남기 때문이다(그림 3-76).

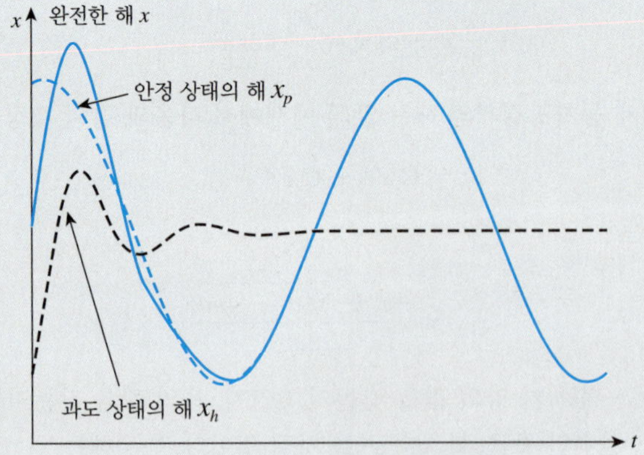

그림 3–76
감쇠 강제진동에서 동차해는 초기 간섭(초기조건)으로 인한 것이며, 감쇠로 인해 점차 소멸되어 비동차항이 나타내는 외력으로 인한 특수해만 방정식의 유일한 해로 남게 된다.

토론

감쇠력이 포함되어 있을 때($c \neq 0$), 공진이 발생할 수 있는지 생각해보자. 먼저 순공진이 발생하지는 않을 텐데, 이는 비동차 항 $F_0 \cos \omega t$가 연계 동차방정식의 해가 될 수 없기 때문이며, 비동차 항에 대응되는 특수해는 이 인수를 포함하지 않는다. 따라서 스프링-질량체-감쇠장치 시스템의 변위는 항상 유한한 경계를 갖는다. 그렇지만 조건에 따라서는 순공진만큼의 피해를 초래할 수 있을 정도로 진폭이 증가할 수 있다. 안정 상태의 해(식 3-123)는

$$x(t) = A\cos(\omega t - \phi) \tag{3-124}$$

와 같이 정리될 수 있으며, 이때

$$A = \frac{F_0}{\sqrt{m^2(\omega_0^2 - \omega^2)^2 + c^2\omega^2}} \tag{3-125}$$

는 진동의 진폭인데, 이는 임의의 각 α에 대해 $-1 \leq \cos\alpha \leq 1$이기 때문이다. 먼저 알고 싶은 것은 진폭 A가 무한히 커질 수 있는가에 대한 것이며, 이를 위해 식 3-125의 분모를 살펴보자. 이 분모는 $\omega = \omega_0$일 때에도 0이 될 수 없음이 명백하며, 따라서 진폭은 무한히 커질 수 없다. 이는 $c \neq 0$인 한 순공진이 발생할 가능성을 배제한다. $c = 0$인 경우는 현실적으로 불가능한데, 이는 모든 시스템은 본질적으로 어떤 형태이든 감쇠를 포함하기 때문이다. 다음으로 알고 싶은 것은 A가 얼마나 커질 수 있는가에 대한 것인데, 이는 안전 수준 이상의 진폭은 순공진만큼 파괴적일 수 있기 때문이다. 이를 위해 분모 $Z = m^2(\omega_0^2 - \omega^2)^2 + c^2\omega^2$를 최소화하는 ω 값을 결정할 필요가 있는데, 이는 분모가 최소일 때 진폭이 최대가 되기 때문이다. 분모 Z를 최소로 만드는 ω 값은 k, c, ω_0을 상수로 유지한 상태에서 ω에 관한 Z의 도함수를 취하여 0으로 둠으로써 결정할 수 있다. 그 결과로 얻은 식을 ω에 대해 풀면 $\omega = 0$과

$$\omega^2 = \omega_0^2 - \frac{c^2}{2m^2} = \frac{k}{m}\left(1 - \frac{c^2}{2k}\right) \tag{3-126}$$

을 얻는다. 이 ω 값에서 $2mk - c^2 > 0$일 때 Z의 2계 도함수는 양의 값을 가지며, 이는 이 ω값이 분모 Z를 최소로 만들며 따라서 진폭 A를 최대로 만들어줄 것임을 나타낸다(그림 3-77).

$$Z = m^2(\omega_0^2 - \omega^2)^2 + c^2\omega^2$$

$$\frac{\partial Z}{\partial \omega} = (4m^2\omega^2 + 2c^2 - 4m^2\omega_0^2)\omega$$

$$\frac{\partial Z}{\partial \omega} = 0 \;\rightarrow\; \omega = 0 \text{ 그리고 } \omega = \sqrt{\omega_0^2 - \frac{c^2}{2m^2}}$$

또한 $\omega = \sqrt{\omega_0^2 - \frac{c^2}{2m^2}}$ 에서

$$\left.\frac{\partial^2 Z}{\partial \omega^2}\right| = 4(2mk - c^2)$$

따라서 Z는 $2mk - c^2 > 0$일 때 $\omega = \sqrt{\omega_0^2 - c^2/2m^2}$ 에서 최소가 되며, 이때 진폭은 최대가 된다.

그림 3-77
$\omega = \sqrt{\omega_0^2 - c^2/2m^2}$ 에서 진폭이 최대가 됨을 증명

그렇지만 $c^2/2mk > 1$일 경우에는 $\omega = 0$일 때 진폭이 최대가 된다. 식 3-126의 ω 관계식을 식 3-125에 대입하면 최대 진폭을 위한 다음 관계식을 얻는다.

$$A_{\max} = \frac{F_0}{c\omega_0} = \frac{F_0}{c}\sqrt{\frac{m}{k}} \tag{3-127}$$

감쇠상수가 작을수록 진폭이 커진다는 것을 유의하기 바란다. 또 큰 고유 진동수

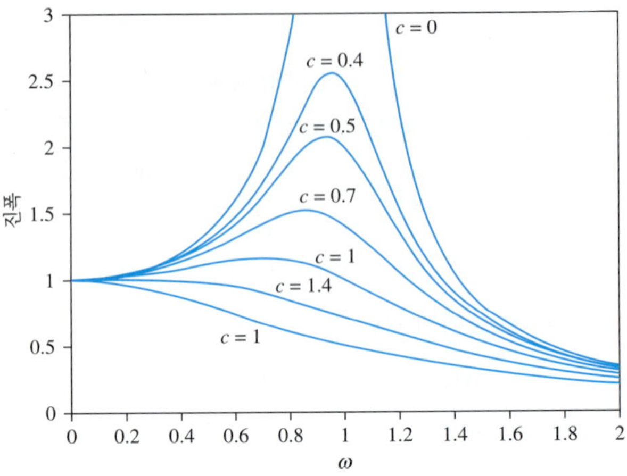

그림 3-78
$m = k = F_0 = 1$일 때 다양한 감쇠상수에 대한 외력의 진동수에 따른 진폭 A의 변화

를 갖는 시스템에서 작은 진폭이 발생하는 경향이 있다. 그림 3-78에서 $m = k = F_0 = 1$일 때 다양한 감쇠상수에 대한 외력의 진동수에 따른 진폭의 변화를 나타내는 그래프를 보이고 있다. $c > \sqrt{2km}$일 때 ω가 증가하면 진폭은 항상 감소한다는 것을 유의하기 바란다.

전기회로

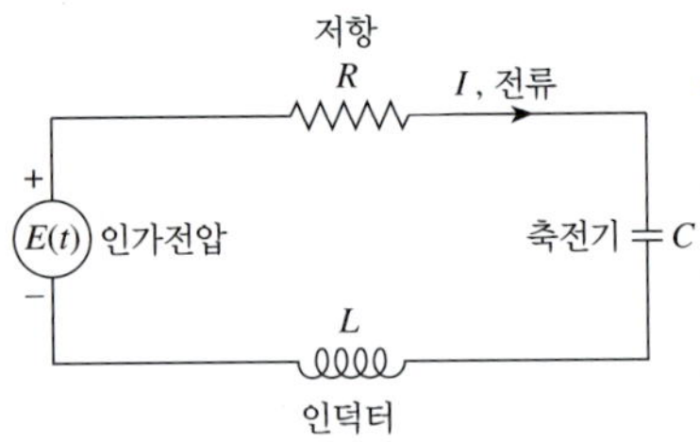

그림 3-79
RLC (저항-인덕터-축전기) 회로

상수계수 2계 선형 미분방정식의 중요한 또 다른 응용 영역은 *RLC 회로*라고도 불리는 간단한 직렬 전기 회로인데, 전기공학에서 자주 나타난다. 이러한 회로는 그림 3-79에서 보여주듯이 대개 저항 값이 R 옴(Ω)인 *저항* 한 개, 커패시턴스가 C 패럿(F)인 *축전기* 한 개, 인덕턴스가 L 헨리(H)인 *인덕터* 한 개로 이루어진다.

배터리, 발전기, 라디오, TV 신호, 가정용 전기 등에 의해 전압 $E(t)$가 회로에 공급된다. 배터리는 일정한 크기 E_0의 전압을 공급하는 반면, 발전기는 $E_0 \cos \omega t$ 또는 $E_0 \sin \omega t$로 표현될 수 있는 주기적 전압을 공급하는데, 이때 상수 E_0은 볼트(V) 단위로 표시되는 전압의 진폭이며 ω는 전압의 (원) 진동수이다. 이러한 전기 회로에서 주요 관심 대상이 되는 양은 단위 시간 당 회로에 흐르는 전하량 Q이다.

$$I = \frac{dQ}{dt} \tag{3-128}$$

회로를 통해 흐르는 전류 I는 폐회로에서 전압 강하의 합은 공급 전압과 같다는 **키르히호프의 법칙**을 이용하여 결정된다. 저항을 통한 전압 강하는 전류에 비례하며 다음과 같이 표현될 수 있다.

$$E_{\text{drop,resistor}} = IR \quad (\text{볼트} = \text{암페어} \times \text{옴}) \tag{3-129}$$

여기에서 비례상수 R은 **저항 값**이라고 하며, 단위로는 옴이 사용된다. 인덕터는 (구리와 같이) 전도율이 높은 재질을 사용하여 만든 코일이며, 전기모터나 변압기 등에 많이 사용된다. 인덕터는 전류가 일정할 때는 저항이 거의 없지만, 전류의 변화에는 저항하며 인덕터를 통한 전압 강하는 전류 변화율에 비례한다. 따라서 다음의 결과를 얻는다.

$$E_{\text{drop,inductor}} = L\frac{dI}{dt} \quad (\text{볼트} = \text{헨리} \times \text{암페어/초}) \tag{3-130}$$

여기에서 비례상수 L은 **인덕턴스**라고 하며, 단위로는 *헨리*가 사용된다. 축전기는 전하량 Q를 저장하거나 방출함으로써 전기 흐름을 조절할 수 있는 저장장치로 간주할 수 있다. 임의의 시점에 축전기에 저장되는 전하량은 축전기를 통한 전압 강하에 비례하며 다음과 같이 표현될 수 있다.

$$Q = CE_{\text{drop,capacitor}}$$

즉,

$$E_{\text{drop,capacitor}} = \frac{Q}{C} \quad (\text{볼트} = \text{쿨롱 / 패럿}) \tag{3-131}$$

여기에서 상수 C는 **커패시턴스**라고 하며, 단위로는 *패럿*이 사용된다. 이제 키르히호프의 법칙을 적용하면, 시간에 따른 폐회로 상의 전류 변화를 지배하는 미분방정식은 다음과 같이 주어진다.

$$L\frac{dI}{dt} + RI + \frac{1}{C}Q = E(t) \tag{3-132}$$

이 미분방정식은 그다지 유용한 형태는 아닌데, 이는 두 개의 종속변수 I, Q를 포함하기 때문이다. 그렇지만 관계식 $I = dQ/dt$를 사용하여 I를 제거함으로써 종속변수의 수를 하나로 줄일 수 있다.

$$L\frac{d^2Q}{dt^2} + R\frac{dQ}{dt} + \frac{1}{C}Q = E(t) \tag{3-133}$$

종속변수 I에 관한 미분방정식을 얻으려면 식 3-132를 t에 관하여 미분한 다음 다시 관계식 $I = dQ/dt$를 사용하면 된다(그림 3-80).

$$L\frac{d^2I}{dt^2} + R\frac{dI}{dt} + \frac{1}{C}I = \frac{dE(t)}{dt} \tag{3-134}$$

전기적 성질 R, L, C 등은 일반적으로 전류에 종속될 수 있다. 따라서 식 3-133과 3-134는 비선형일 수도 있다. 그러나 전류의 이러한 성질은 아주 미세하여 대개의 실제 문제에서 이들은 상수로 취급될 수 있다. 따라서 위의 두 방정식은 상수계수 2계 선형 미분방정식이다. 방정식 3-133과 기계적 진동을 지배하는 방정식 3-91 사이의 유사성은 놀라울 정도이다. 물리학적으로 이들은 아주 다른 현상이지만 수학적으로는 동일하며, 따라서 동일한 형태의 해를 갖는다. 비트, 공진, 고유 진동수, 감쇠 진동, 임계감쇠, 안정 상태의 해 등의 개념들과 기계적 진동에 대

$I(t)$와 $Q(t)$ 포함:

$$L\frac{dI}{dt} + RI + \frac{1}{C}Q = E(t)$$

$Q(t)$만 포함:

$$L\frac{d^2Q}{dt^2} + R\frac{dQ}{dt} + \frac{1}{C}Q = E(t)$$

$I(t)$만 포함:

$$L\frac{d^2I}{dt^2} + R\frac{dI}{dt} + \frac{1}{C}I = \frac{dE(t)}{dt}$$

그림 3-80
RLC 회로를 표현하는 다양한 형태의 미분방정식

표 3-3

전기-기계 유사성

기계 시스템	전기 시스템
$m\ddot{x} + c\dot{x} + kx = F(t)$	$L\ddot{Q} + R\dot{Q} + \frac{1}{C}Q = E(t)$
질량, m(kg)	인덕턴스, L(H)
감쇠상수, c(N · s/m)	저항, R(Ω)
스프링 상수, k(N/m)	커패시턴스의 역수, $1/C$(1/F)
가해진 힘, F(N)	인가전압, E(V)
변위, x(m)	전하량, Q(C)
속도, $v = \dot{x}$(m/s)	전류, $I = \dot{Q}$(A)

해 앞에서 구한 해들은 적절한 해석 하에서 전기 시스템에도 적용될 수 있다. 기계적 양과 전기적 양 사이의 일대일 대응관계를 **전기-기계 유사성**이라고 하며 표 3-3에 정리되어 있다.

주어진 미분방정식의 일반해는 두 개의 임의상수를 포함하는데, 이들은 두 개의 초기조건으로부터 결정될 수 있다. 방정식 3-133의 경우 다음과 같이 축전기의 초기 전하량과 회로를 흐르는 초기 전류를 지정할 필요가 있다.

$$Q(0) = Q_0 \quad \text{그리고} \quad I(0) = I_0$$

방정식 3-134의 경우 $t = 0$에서의 전류에 대한 도함수도 지정할 필요가 있는데, 이것은 식 3-132로부터 다음과 같이 결정된다.

$$\dot{I}(0) = \frac{1}{L}\left[E(0) - RI_0 - \frac{1}{C}Q_0\right] \tag{3-135}$$

또한 Q에 관한 미분방정식을 풀면 $I = dQ/dt$로부터 I를 결정할 수 있다. 마찬가지로 I가 알려져 있으면 적분을 통해 Q를 결정할 수 있다.

예제 3-42 RLC 회로의 반응

$E(t) = E_0 \sin \omega t$ 형태의 주기적 전압이 인가될 경우 RLC 회로에서 안정 상태의 전류를 구하라.

풀이 | $E(t) = E_0 \sin \omega t$이므로 식 3-134로부터 회로상의 전류 흐름을 지배하는 미분방정식을

$$L\ddot{I} + R\dot{I} + \frac{1}{C}I = \omega E_0 \cos \omega t$$

와 같이 세울 수 있는데, 이 방정식은 예제 3-41에서 푼 바 있는 다음 미분방정식과 비슷하다.

$$m\ddot{x} + c\dot{x} + kx = F_0 \cos \omega t$$

따라서 이 방정식의 일반해는 예제 3-41의 해(식 3-121)와 동일한데, 다만 m은 L, c는 R, k는 $1/C$, ω_0^2은 $1/LC$, F_0은 E_0 등으로 변경한다. 약간의 간소화를 거쳐 정리된 결과는 다음과 같다.

$$I(t) = \frac{E_0 \cos(\omega t - \phi)}{\sqrt{R^2 + \left(\omega L - \dfrac{1}{\omega C}\right)^2}} \quad \text{(3–136)}$$

여기에서

$$\phi = \tan^{-1} \frac{\omega RC}{1 - LC\omega^2}$$

분모의 $Z = \sqrt{R^2 + (\omega L - 1/\omega C)^2}$ 는 회로의 유효 저항 값을 옴 단위로 나타낸 것으로 회로의 **임피던스**라고 한다.

기계 시스템과의 유사성을 통해 임피던스는 $\omega = \omega_r = 1/\sqrt{LC}$ 일 때 최소가 될 것임을 알 수 있다. 이는 ω에 관한 Z의 도함수를 취하여 0으로 둔 다음 ω에 관하여 푸는 방법으로 쉽게 증명할 수 있다. 이러한 인가전압 진동수 값은 전류를 최대로 만들어 주며 이 때문에 **공진 진동수**라고 부른다(그림 3-81).

공진은 많은 기계 시스템에서 대단히 파괴적이며 따라서 피해야 할 현상이다. 그렇지만 전기 시스템에서 많은 장치의 동작은 공진 현상에 기초하고 있으며, 따라서 이용해야 할 현상이다. 예를 들면, 간단한 라디오에서 다이얼을 맞추는 것은 R, L의 변경 없이 회로의 커패시턴스 C를 변화시킨다. 따라서 다이얼의 조정은 전류를 최대로 만들어주는 진동수 ω_1을 갖는 주기적 신호를 지정하는 것과 같다. 진동수가 ω_1인 라디오 신호를 방송하고 $E_0 \sin \omega_1 t$ 형태의 주기적 입력 전압 신호를 내보내는 방송국에 다이얼을 맞추려면 커패시턴스 값을 $C_1 = 1/L\omega_1^2$로 설정하여 방송 신호가 회로에 최소의 임피던스를 (따라서 최대의 전류를) 발생시키도록 해주어야 한다. (인접한 진동수를 사용하는 방송의 *기생 효과*(*parasitic effect*)를 억제하는 것은 다른 회로를 통해 이루어진다.) 방송 신호는 증폭된 후 이를 음성파로 바꾸어주는 스피커로 전달되며, 이때 음성파의 진폭은 전기신호의 진폭에 비례한다.

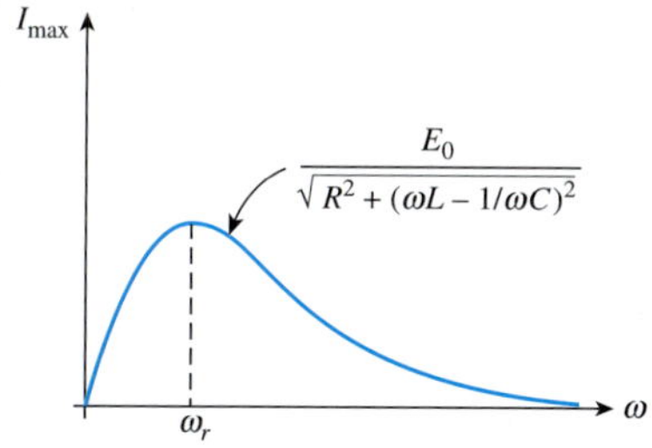

그림 3-81
E_0, R, L 등이 고정될 경우 인가전압의 진동수에 따른 최대 전류의 변화

절 복습문제

3-45C 진동의 진폭, 진동수, 주기 등을 정의하라. 어떤 경우에 진동이 단순조화 운동이 되는가?

3-46C 진동수, 원 진동수, 고유 진동수 등을 설명하라. 이들 사이의 차이점과 유사점을 나열하라.

3-47C 실제 시스템에 순공진이 나타날 수 있는가? 이유를 설명하라.

3-48 스프링 상수가 $k = 500\text{N/m}$인 스프링에 매달린 질량이 $m = 0.2\text{kg}$인 물체가 있다. 이 질량체를 1cm만큼 끌어내린 다음 초기속도가 0인 상태로 놓아준다. 이 결과로 발생하는 운동에 대해 마찰력은 무시하고 고유 진동수, 주기, 진폭 등을 구하라.

(답: $\omega_0 = 31.62\ \text{s}^{-1}$, $T = \dfrac{2\pi}{31.62\ \text{s}^{-1}} \approx 0.20\ \text{s}$, $A = 1\ \text{cm}$)

3-49 라디오 다이얼을 맞추는 기능을 전기 용어를 사용하여 기술하라.

3-50 RLC 회로에서 시간에 따른 전류의 변화 $I(t)$가 알려져 있을 경우, 시간에 따른 축전기의 전하량 변화 $Q(t)$를 어떻게 결정할 수 있는지 설명하라.

3-11 ■ 2계 선형방정식을 위한 컴퓨터 해법

2계 선형 미분방정식을 풀기 위해 이 장에서 소개한 체계적 방법들은 기호 처리 프로그램들에 반영되어 있다. 그렇지만 이 장에서 소개된 방법들을 사용하여 풀 수 없는 방정식이라면 기호 처리 프로그램도 풀지 못할 수도 있음을 유의하기 바란다. 기호 처리 프로그램을 사용함에 따른 이점은 프로그램들은 해를 훨씬 빨리 구할 수 있으며 지루한 적분이나 대수적 조작의 부담을 덜어주는 것이다. 그렇지만 이러한 프로그램들은 완벽하지 않으며 때로 해결 가능한 방정식을 풀지 못할 수도 있다. 이러한 이유로 학생들은 이 장에서 다룬 방법들에 능숙해질 필요가 있다.

2계 방정식의 풀이 방법을 소개하기 위해 예제 3-36에서 풀어본 바 있는 다음 오일러 방정식을 예로 들어보자.

$$x^2y'' - 2xy' - 4y = 10x \tag{3–137}$$

이 방정식에 대한 일반해는 다음과 같다.

$$y = \frac{C_1}{x} + C_2x^4 - \frac{5}{3}x$$

표 3-4는 임의의 초기조건에 대해 이 방정식의 컴퓨터 해법을 보여준다.

도함수 입력이 주어지는 감쇠 강제진동

3-10절에서

$$m\ddot{x} + c\dot{x} + kx = F_{\text{ext}}$$

와 같은 감쇠 진동 방정식의 풀이를 다룬 바 있는데, 여기에서 외력 F_{ext}는 사인파나 코사인파와 같은 조화함수로 주어진다. 그렇지만 외력이 $F_{\text{ext}} = ay(t) + b\dot{y}(t)$ 형태를 갖는 응용들이 존재한다. 이러한 방정식의 풀이를 설명하기 위한 간단한 예를 들기 위해 $m = 1$, $c = 3$, $k = 2$, $a = 1$, $b = 1$, $y(t) = te^{-5t}$라고 가정하면,

표 3-4

식 3-137에 대한 컴퓨터 해법

MATLAB Symbolic Math Toolbox

```
dsolve('x^2*D2y-2*x*Dy-4*y=10*x','x')
```

MuPAD

```
eqn := ode({x^2*y''(x) -2*x*y'(x)-4*y(x)=10*x},y(x)):
solve(eqn)
```

Maple

```
ode := x^2*y''(x)-2*x*y'(x)-4*y(x)=10*x
dsolve(ode)
```

Mathematica

```
DSolve[x^2*y''[x] -2*x*y'[x]-4*y[x]==10*x,y[x],x]
```

방정식은 다음과 같이 주어진다.

$$\ddot{x} + 3\dot{x} + 2x = y + \dot{y} = te^{-5t} + e^{-5t} - 5te^{-5t} = (1 - 4t)e^{-5t}$$

따라서 0 값을 갖는 초기조건들이 주어질 경우 풀어야 할 문제는 다음과 같다.

$$\ddot{x} + 3\dot{x} + 2x = (1 - 4t)e^{-5t}, x(0) = \dot{x}(0) = 0 \qquad \textbf{(3-138)}$$

이 문제의 해는 다음과 같이 주어진다.

$$x = \frac{1}{9}e^{-2t} - \frac{1}{3}te^{-5t} - \frac{1}{9}e^{-5t}$$

표 3-5의 컴퓨터 코드를 사용하여 이러한 해를 찾을 수 있다. 이 해법은 3-8절에서 소개하고 정리 3-8에 요약되어 있는 매개변수 변화법에 기초하고 있다.

표 3-5

식 3-138에 대한 컴퓨터 해법

MATLAB Symbolic Math Toolbox

```
dsolve('D2x+3*Dx+2*x=(1-4*t)
 *exp(-5*t)','x(0)=0','Dx(0)=0','t')
```

MuPAD

```
eqn:=ode({x''(t)+3*x'(t)+2*x(t)=(1-4*t)*exp(-4*t),x(0)=0,
 x'(0)=0},x(t))
solve(eqn)
```

Maple

```
ode := x''(t)+3*x'(t)+2*x(t)=(1-4*t)*exp(-5*t)
ics := x(0)=0,x'(0)=0
dsolve({ode,ics})
```

Mathematica

```
ode = x''[t]+3*x'[t]+2*x[t]==(1-4*t)*Exp[-5*t]
DSolve[{ode,x[0]==0,x'[0]==0},x[t],t]
```

예제 3-43 차량 현가장치 모델

외력이 $ay(t) + b\dot{y}(t)$ 형태를 갖는 한 가지 응용은 그림 3-82에서 보이고 있는 차량 현가장치를 위한 1/4차량 모델이다. 단순화된 이 모델에서 차륜, 타이어, 차축 등의 질량은 무시되며, 질량 m이 나타내는 것은 전체 차량의 질량의 1/4에 해당한다. 스프링 상수 k는 타이어와 현가 스프링을 결합한 강성도를 모델링한다. 감쇠상수 c는 쇼크업소버를 모델링한다. $y = 0$일 때의 m의 평형 위치는 $x = 0$이다. 도로 표면 변위 $y(t)$는 도로 표면의 측면도와 차량 속도로부터 유도될 수 있다. 이 경우의 운동방정식을 구하라.

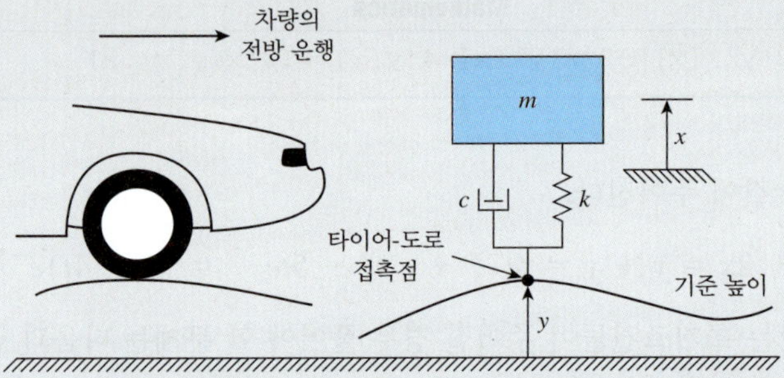

그림 3-82
차량 현가장치에 관한 1/4차량 모델

풀이 | 그림 3-83은 $\dot{y} > \dot{x}$와 $y > x$를 가정한 상태에서 그린 자유물체도이다. 정적 탄성력은 중력 mg와 상쇄되므로 동적 탄성력만 그림에 표시하고 있다. 이 자유물체도로부터 다음의 운동방정식을 얻는다.

$$m\ddot{x} = c(\dot{y} - \dot{x}) + k(y - x)$$

위의 방정식을 표준형으로 만들면 다음과 같다.

$$m\ddot{x} + c\dot{x} + kx = ky + c\dot{y} \tag{3-139}$$

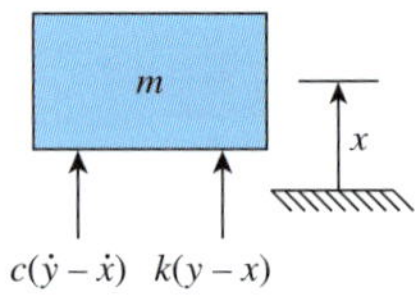

그림 3-83
1/4차량 현가 모델에 관한 자유물체도

예제 3-44 과속방지턱에 대한 차량의 반응

그림 3-82의 차량이 (대략 40mph에 해당하는) 18m/s의 속도로 운행하던 중에 0.5m 높이에 길이가 1m인 과속방지턱을 만났다고 하자. 과속방지턱의 측면 형태는

$$y(z) = 5.437ze^{-4z}$$

으로 주어지는데, 여기에서 z는 차량이 과속방지턱 상에서 운행한 수평거리를 나타낸다. 현가장치가 감지하는 변위 $y(t)$는 차량 속도를 이용한 관계식 $z = vt$를 이용하여 $y(z)$로부터 구할 수 있는데, 이때 $v = 18$m/s이다. 따라서

$$y(t) = 97.858te^{-72t}$$

차량 질량의 1/4인 $m = 240$kg, 그리고 $c = 5000$N · s/m, $k = 16000$N/m 등의 값은 실제 사례에서 빌려온 값들이다. 이 값들에 대해 식 3-139의 우변은

$$ky + c\dot{y} = (489\,290 - 33\,663\,152t)e^{-72t}$$

이 된다. 따라서 운동방정식은 다음과 같이 주어진다.

$$240\ddot{x} + 5000\dot{x} + 16\,000x = (489\,290 - 33\,663\,152t)e^{-72t}$$

이 방정식은 방정식 3-138과 동일한 형태를 가지며, 따라서 표 3-5에서와 동일한 컴퓨터 해법을 사용하여 풀 수 있다. 수치 값들의 표시가 번거로워 이 해를 찾는 코드는 보이지 않으며, 그림 3-84에서는 과속방지턱 측면 형태와 함께 해곡선을 보인다. 이 그래프로부터 과속방지턱의 높이는 0.5m이지만 섀시의 최대 변위는 0.22m에 그치는 것을 볼 수 있다. 따라서 이 현가장치는 과속방지턱으로 인한 차내 충격을 상당히 줄여준다.

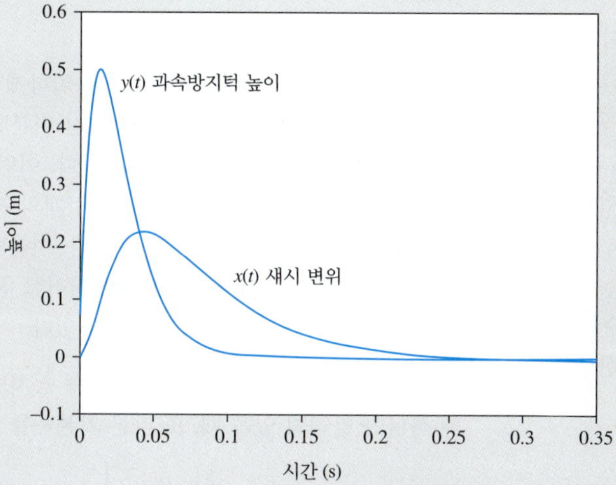

그림 3-84
과속방지턱에 대한 차량 현가장치의 반응

3-12 ■ 요약

2계 방정식 관련 용어 미분방정식이 종속변수 y 또는 그 도함수들의 어떠한 멱승, 곱, 기타 비선형 함수도 포함하지 않을 경우 *선형*으로 분류된다. 2계 선형 미분방정식은 다음과 같이 표현될 수 있다.

$$y'' + P(x)y' + Q(x)y = R(x) \qquad \textbf{(3-1)}$$

함수 $R(x)$는 종속변수 또는 그 도함수들 중 어느 것도 포함하지 않는 항들을 나타내며 *비동차 항*이라고 한다. 선형 미분방정식은 $R(x) \neq 0$일 때 *비동차형*이라고 하며 $R(x) = 0$일 때 *동차형*이라고 한다. $R(x)$를 0으로 두었을 때 만들어지는 방정식을 주어진 미분방정식의 *연계 동차방정식*이라고 한다. 종속변수 항과 그 도함수 항들의 계수들이 상수인 경우 *상수계수* 방정식이라고 한다. 한 개 이상의 계수들이 독립변수 x에 종속될 경우 *변수계수* 방정식이라고 한다.

존재성 및 유일성 *존재성 및 유일성 정리*에 따르면, 함수 $P(x)$, $Q(x)$, $R(x)$가 어떤 구간에서 연속이고 x_0이 이 구간 안에 있을 때, 식 3-1의 2계 선형 미분방정식은 이 구간에서 x_0에서 지정된 두 개의 초기조건을 만족하는 유일한 해를 갖는다.

1차 독립 C_1, C_2가 임의상수일 경우 식 $C_1y_1 + C_2y_2$는 두 함수 y_1, y_2에 대한 *선형 결합*이라고 한다. 두 함수는 구간 $x_1 < x < x_2$ 안의 모든 x 값에 대해 한 함수가 다른 함수의 상수 배일 경우 해당 구간에서 *1차 종속*이라고 한다. 그렇

지 않을 경우 이들은 *1차 독립*이라고 한다. 달리 표현하자면, 두 함수는 $C_1 = C_2 = 0$일 경우에만 지정된 구간 안의 모든 x에 대해 방정식

$$C_1 y_1 + C_2 y_2 = 0 \quad \textbf{(3–8)}$$

이 만족될 때 해당 구간에서 1차 독립이라고 말할 수 있다.

론스키 행렬식을 사용한 독립성 시험 두 함수에 대한 1차 독립성은 다음과 같이 정의되는 *론스키 행렬식*을 사용하여 표현될 수도 있다.

$$W(y_1, y_2) = \begin{vmatrix} y_1 & y_2 \\ y_1' & y_2' \end{vmatrix} = y_1 y_2' - y_1' y_2 \quad \textbf{(3–12)}$$

두 함수는 지정된 구간 안의 모든 에 대해 이들의 론스키 행렬식이 0일 경우 해당 구간에서 1차 종속이다. 그렇지 않으면 1차 독립이다.

$C_1, C_2, \cdots, C_n$이 임의상수일 때 식 $C_1 y_1 + C_2 y_2 + \cdots + C_n y_n$을 n개의 함수 $y_1, y_2, \cdots, y_n$에 대한 *선형 결합*이라고 한다. $C_1 = C_2 = \cdots = C_n = 0$일 경우에만 구간 $x_1 < x < x_2$ 안의 모든 x에 대해 식이 만족될 때 n개의 함수 $y_1, y_2, \cdots, y_n$은 *1차 독립*이다. 그렇지 않으면 이 n개의 함수는 해당 구간에서 *1차 종속*이라고 한다. n개의 함수에 대한 1차 독립성은

$$C_1 y_1 + C_2 y_2 + \cdots + C_n y_n = 0$$

와 같이 정의되는 *론스키 행렬식*을 사용하여 표현될 수도 있다. n개의 함수 $y_1, y_2, \cdots, y_n$에 대한 선형 결합이라고 한다. $C_1 = C_2 = \cdots = C_n = 0$일 경우에만 구간 $x_1 < x < x_2$ 안의 모든 x에 대해 식

$$W(y_1, y_2 \ldots, y_n) = \begin{vmatrix} y_1 & y_2 & \cdots & y_n \\ y_1' & y_2' & \cdots & y_n' \\ \vdots & \vdots & \vdots & \vdots \\ y_1^{(n-1)} & y_2^{(n-1)} & \cdots & y_n^{(n-1)} \end{vmatrix} \quad \textbf{(3–13)}$$

이 만족될 때 n개의 함수는 해당 구간에서 모든 x에 대해 론스키 행렬식이 0일 경우 1차 종속이다. 그렇지 않으면 1차 독립이다.

중첩 원리 어떤 함수가 선형 동차 미분방정식의 해일 경우, 그 상수 배 또한 해가 된다. 두 함수가 선형 동차 미분방정식의 해일 경우, 이들의 합 또한 그 미분방정식의 해가 된다. 이것은 중첩 원리라는 이름으로 알려져 있다. *중첩 원리*는 선형 동차 미분방정식에만 적용된다. 비선형방정식이나 비동차방정식은 비록 선형인 경우에도 중첩 원리가 적용되지 않는다.

기본해집합 2계 선형 동차 미분방정식이 있다고 하고, 이 구간에서 y_1, y_2가 이 미분방정식에 대한 임의의 두 해라고 하자. 이 경우 y_1, y_2에 대한 론스키 행렬식은 항상 0이거나 (이는 두 해가 1차 종속임을 나타냄) 혹은 결코 0이 아니게 되는데, 이는 *아벨 항등성*으로 알려져 있다. 어떤 구간에서 계수들이 연속인 2계 선형 동차방정식은 항상 1차 독립인 두 개의 해 y_1, y_2를 갖는다. 또한 그 구간에서 이 미분방정식의 어떤 해라도

$$y = C_1 y_1 + C_2 y_2 \quad \textbf{(3–16)}$$

와 같이 이 두 해의 선형 결합으로 유일하게 표현될 수 있으며, 이 해는 지정된 구간에서 주어진 미분방정식의 모든 해를 포함하며 따라서 *일반해*라고 한다. 어떤 구간에서 선형 동차방정식에 대한 1차 독립인 두 개의 해로 이루어진 임의의 집합을 *기본해집합*이라고 한다. 미분방정식은 여러 개의 기본해집합을 가질 수 있으며, 이러한 집합들 중 어느 것이라도 일반해의 구성에 사용될 수 있다.

계수축소법 계수들이 연속인 2계 선형 동차방정식의 기본해 하나가 알려져 있을 때, 또 다른 기본해를

$$v = \int \left[\frac{e^{\int P(x)dx}}{y_1^2} \right] dx$$

로부터 *계수축소법*을 사용하여 결정할 수 있다. 알려져 있는 자명하지 않은 해를 y_1이라고 하면 두 번째의 해는 $y_2 = vy_1$으로 주어진다.

2계 선형 동차방정식의 일반해 상수계수 2계 선형 동차방정식은 항상 임의의 구간에서 유효한 두 개의 1차 독립인 해 y_1, y_2를 가지며, 일반해는 $y = C_1 y_1 + C_2 y_2$와 같이 표현될 수 있는데, 여기에서 C_1, C_2는 임의상수이다. 각기 다른 경우에 대한 2계 선형 동차방정식의 일반해가 표 3-6에 요약되어 있다.

2계 선형 비동차방정식의 일반해 선형 비동차방정식의 일반해는 다음과 같이 연계 동차방정식의 일반해인 *동차해* y_h와 주어진 비동차방정식을 만족하는 함수인 *특수해* y_p를 결합하여 구한다.

표 3-6

미분방정식: $ay'' + by' + cy = 0$
특성방정식: $am^2 + bm + c = 0$
특성근: $m_{1,2} = \dfrac{-b \pm \sqrt{b^2 - 4ac}}{2a}$

m_1, m_2의 성질	일반해
경우 1: 서로 다른 실근 ($m_1 \neq m_2$) $b^2 - 4ac > 0$	$y = C_1e^{m_1x} + C_2e^{m_2x}$
경우 2: 중복 실근 ($m_1 = m_2$) $b^2 - 4ac = 0$	$y = C_1e^{mx} + C_2xe^{mx}$
경우 3: 켤레 복소수 쌍 ($m_{1,2} = \alpha + i\beta$) $b^2 - 4ac < 0$	$y = e^{\alpha x}(C_1 \cos \beta x + C_2 \sin \beta x)$

$$y = y_h + y_p = C_1y_1 + C_2y_2 + y_p \tag{3-52}$$

여기에서 y_1, y_2는 연계 동차방정식의 기본해집합이며, C_1, C_2는 임의상수이다.

비동차 항 $R(x)$는 종종 여러 개의 항을 포함하기도 하며, 이러한 경우 각각의 비동차 항에 대응되는 특수해를 찾고 *중첩 원리*에 따라 이들을 합하는 것이 훨씬 쉬울 수도 있다.

비동차방정식의 특수해를 구하는 방법에는 미정계수법과 매개변수 변화법의 두 가지가 있다.

미정계수법 *미정계수법*은 미지의 상수계수들을 포함하는 특수해 y_p의 일반적 형태를 추측에 의해 정한 후 이 해가 비동차 미분방정식을 만족하도록 그 계수들을 결정하는 방식에 기초한다. 비동차 항 $R(x)$에 관한 기본적 요구사항은 유한한 개수의 1차 독립인 도함수들만을 가져야 한다는 것이다. 따라서 미정계수법에 알맞은 비동차 항의 일반형은 $e^{kx}P_n(x) \cos \alpha x$ 또는 $e^{kx}P_n(x) \sin \alpha x$이다. 여기에서 k, α 등은 실수 상수, n은 음이 아닌 정수, $P_n(x)$는 n차 다항식이다.

특수해가 동차해이기도 할 경우, 특수해에 이러한 중복성이 제거되는 x의 가장 낮은 멱승을 곱하여 변형한다. 미정계수법은 자체 교정 특성을 갖는다. 특수해에 너무 적은 수의 항이 가정될 경우 모순이 발생하며, 너무 많은 수의 항이 가정될 경우 불필요한 항들의 계수가 0이 된다. 미지의 계수들이 유일한 값들을 갖게 된다는 것은 가정된 특수해의 형태가 옳았음을 나타내는 확실한 표시이다. 초기조건이나 경계조건은 동차해와 특수해의 합인 비동차방정식의 일반해에 적용되어야 한다.

매개변수 변화법 *매개변수 변화법*은 계수가 상수일 수도 있고 변수일 수도 있으며 비동차 항이 임의의 형태를 가질 수도 있는 방정식에 적용될 수 있다. 그렇지만 이 방법을 사용하기 위해서는 연계 동차방정식의 일반해가 주어져 있어야 한다. 2계 선형방정식의 경우 특수해는 다음과 같이 결정된다.

$$y_p = u_1y_1 + u_2y_2 \tag{3-62}$$

여기에서

$$u_1 = -\int \frac{y_2R(x)}{y_1y_2' - y_1'y_2}dx \text{ 그리고 } u_2 = \int \frac{y_1R(x)}{y_1y_2' - y_1'y_2}dx \tag{3-68}$$

오일러 방정식의 해 일부 특정 유형의 경우를 제외하고는 변수계수 선형방정식을 풀기 위한 일반적 절차는 존재하지 않는다. 이러한 특정 유형 중의 하나가 항상 상수계수 방정식으로 바꿀 수 있는 *오일러 방정식*이다. 오일러 방정식에 나타나는 항의 일반적인 형태는 $kx^my^{(m)}$ 형태이며, 이때 k는 상수이며 m은 정수이다. 2계 오일러 방정식은

$$x^2y'' + bxy' + cy = r(x) \tag{3-70}$$

와 같이 표현되며, 여기에서 b, c는 상수이다. 오일러 방정식은 변수 치환 $x = e^t$를 통해 항상 상수계수 방정식으로 바꿀 수 있다.

종종 해가 $y = x^r$ 형태라고 가정하고 오일러 방정식을 푸는 것이 훨씬 쉬울 수 있다. 치환 $y = x^r$을 적용하여 얻은 특성방정식은 $r^2 + (b - 1)r + c = 0$이며, 이 방정식의 근은 r_1, r_2이다. 원점을 포함하지 않는 임의의 구간에서

2계 동차 오일러 방정식의 일반해는

$$y = C_1|x|^{r_1} + C_2|x|^{r_2}, (r_1 \neq r_2, \text{실수}) \quad \textbf{(3–80)}$$

$$y = (C_1 + C_2 \ln|x|)|x|^r, (r_1 = r_2 = r, \text{실수}) \quad \textbf{(3–81)}$$

$$y = |x|^\alpha[C_1 \cos(\beta \ln|x|) + C_2 \sin(\beta \ln|x|)],$$

$$(r_{1,2} = \alpha \pm i\beta, \text{복소수}) \quad \textbf{(3–82)}$$

와 같이 주어지는데, 여기에서 C_1, C_2는 상수이다. $x > 0$일 경우, 절댓값 기호는 생략할 수 있다. $x > 0$일 경우 2계 동차 오일러 방정식의 일반해를 구하기 위한 또 다른 방법은 동일한 특성방정식을 갖는 상수계수 2계 선형 동차방정식의 일반해에 나타나는 모든 x를 $\ln x$로 변경하는 것이다.

상수계수 2계 선형방정식의 두 가지 중요한 응용은 기계적 진동과 전기회로이다.

역사적 인물들

다음은 이 장에서 언급된 유명한 수학자 및 과학자에 대한 요약이다.

아벨(Niels Henrik Abel, 1802–1829) 노르웨이 수학자. 아벨 항등성(정리 3-3) 외에도 모든 숫자에 대한 이항 정리를 증명하였으며, 19세 때는 5차 이상의 다항식에 일반적인 대수적 해가 존재하지 않음을 증명하기 위해 군론을 창안하였다.

코시(Augustin-Louis Cauchy, 1789–1857) 수많은 업적을 남긴 프랑스 수학자. 미적분학의 정리에 관한 엄격한 수식화와 증명을 선도하였다. 코시 확률분포, 코시 수열, 기타 여러 수학적 개념들이 코시의 이름을 따서 명명되었다.

달랑베르(Jean-Baptiste le Rond d'Alembert, 1717–1783) 프랑스의 수학자이자 물리학자. 스프링이나 기타 물체에서의 진동을 표현하는 편미분방정식인 파동 방정식에 대한 해법을 개발하였으며, 또한 전통적인 운동법칙의 다른 표현인 달랑베르 법칙을 발견하였다.

후크(Robert Hooke, 1635–1703) 영국의 과학자이자 건축가. 탄성에 관한 후크의 법칙이 가장 유명하지만, 30세에 현미경으로 자신이 관찰한 내용을 기술한 *Micrographia*라는 최초의 과학 부문 베스트셀러를 저술하여 당시로서는 첨단과학인 현미경에 대한 대중적 관심을 확산시켰다. 후크는 세포(cell)라는 생물학 용어를 제안한 것으로도 유명하다.

키르히호프(Gustav Robert Kirchhoff, 1824–1887) 독일의 물리학자. 전압과 전류에 관한 법칙들을 창안하여 전기회로의 기본적 이해에 공헌하였다. 또한 분광학에도 기여하였으며 흑체 복사라는 용어를 제안하였다.

라그랑주(Joseph-Louis Lagrange, 1736–1813) 이태리의 토리노에서 태어났으나 그의 업적들은 프러시아와 프랑스에서 이루어졌다. 라그랑주는 미분방정식을 풀기 위한 매개변수 변화법을 개발하였다. 분석 역학에 관한 1788년의 논문은 19세기 수리물리학의 발전에 크게 기여하였다. 다른 여러 가지 업적들이 많지만, 변분학에서 사용되는 라그랑주 승수법, 그리고 운동방정식의 수식화를 위한 뉴턴의 법칙에 대한 대안으로 제안된 라그랑주 방정식이 특히 유명하다.

론스키(Józef Maria Hoene-Wroński, 1776–1853) 폴란드의 수학자이자 철학자. 론스키의 사후에야 론스키 행렬식의 중요성이 인식되었다.

연습문제

3–1 2계 선형방정식 개요

3-51C 주어진 미분방정식이 선형인지 비선형인지 어떻게 판단하는가?

3-52C 2계 또는 그 이상의 고계 선형방정식을 풀 때 상수계수를 갖는지 변수계수를 갖는지 구분하는 이유는 무엇인가?

3-53C 주어진 방정식이 표준형인지 판단할 때 무엇을 보는가?

3-54C 어떤 조건에서 선형 초깃값 문제가 지정된 구간에서 유일한 해를 갖도록 보장되는가?

3-55C 어떤 종류의 초깃값 문제에서 해 $y = 0$이 유일한 해가 되는가?

다음 2계 미분방정식이 (1) 선형인지 비선형인지, (2) 동차형인지 비동차형인지, 그리고 (3) 상수계수를 갖는지 변수계수를 갖는지 결정하라.

3-56 (a) $y'' + 2y^2y' + 2y = xe^{-3x}$
(b) $y'' + 5y' - ky = 0$
(c) $y'' - 3y' + xy = 0$
(d) $y'' + y' = x^2 \cos x$
(a) $y'' - 5y' + \cos y = x + 1$ (b) $y'' = 0$

3-57 (a) $y'' - 5y' + \cos y = x + 1$ (b) $y'' = 0$
(c) $y'' + 2x^2y' + 5y = 0$ (d) $y'' + e^xy = \dfrac{1}{x}$

3-58 (a) $y'' + e^yy' - 2y = 6$
(b) $y'' - 2y' + y = x^3 \cos 2x$
(c) $y'' - 5x^2y' = 0$
(d) $y'' - y = 0$

3-59 (a) $y'' + \dfrac{1}{y} = 1$
(b) $y'' + 8y' - e^{\ln y} = 0$
(c) $y'' - \sin 2xy' + y = 0$
(d) $y'' + y = 7$

다음 초깃값 문제가 유일한 해를 갖도록 보장되는 구간을 결정하라.

3-60 (a) $y'' = 0$, $y(0) = 0$, 그리고 $y'(0) = -4$
(b) $(x-1)^2y'' + 2xy' - y = e^{-x}$, $y(-2) = 3$, 그리고 $y'(-2) = -7$

3-61 (a) $y'' + xy' - 3y = x^2e^{3x}$, $y(-1) = 1$, 그리고 $y'(-1) = 4$
(b) $(x-2)y'' + 6xy = 2$, $y(0) = -2$, 그리고 $y'(0) = 0$

3-62 (a) $x(x-3)y'' + xy' - 2(x-3)y = -3x^2$, $y(1) = 2$, 그리고 $y'(1) = -5$
(b) $y'' - 5y = \ln x$, $y(5) = 3$, 그리고 $y'(5) = 1$

3-63 (a) $y'' + 4y = e^{2x} \cos x$, $y(0) = 0$, 그리고 $y'(0) = -1$
(b) $(x^2-4)y'' - 3xy' - 2y = 0$, $y(1) = 0$, 그리고 $y'(1) = 7$

2계 선형 동차방정식의 일반해는 두 개의 임의상수 C_1, C_2를 갖는 함수 패밀리를 포함한다. 미분방정식을 푼다는 것은 이러한 함수 패밀리를 찾는 것과 같으며, 이는 쉽지 않을 수도 있다. 해가 주어져 있을 때 미분방정식이 이를 만족하는지 확인하는 것은 훨씬 쉬운데, 이때는 적분 대신 미분을 수행하는 작업이기 때문이다.

다음 함수들을 두 번 미분하고 상수 C_1, C_2를 소거함으로써 주어진 함수 패밀리가 주어진 2계 미분방정식을 만족하는지 결정하라.

3-64 (a) $y = C_1 \sinh 2x + C_2 \cosh 2x$
(b) $y = C_1e^{2x} + C_2xe^{2x}$

3-65 (a) $y = C_1e^{-x} \sin 3x + C_2e^{-x} \cos 3x$
(b) $y = C_1\dfrac{\sin x}{\sqrt{x}} + C_2\dfrac{\cos x}{\sqrt{x}}$

3-66
(a) $y = \dfrac{C_1}{x} + C_2\dfrac{\ln x}{x}$
(b) $y = C_1x^2 + C_2x$

3-67 (a) $y = \dfrac{C_1}{x} + C_2x^4$
(b) $y = C_1 \sin 2x + C_2 \cos 2x$

3-2 1차 독립과 함수에 대한 론스키 행렬식

3-68C 어떤 구간에서 두 개의 함수 y_1, y_2가 1차 종속일 때 해당 구간 안의 모든 x에 대해 y_1은 y_2의 상수 배라야 하는가?

3-69C $y = 3x$는 $y_1 = x$, $y_2 = x^2$의 선형 결합인가?

3-70C 어떤 구간에서 3개의 함수가 1차 종속일 경우, 해당 구간에서 이 함수들 중 하나가 다른 두 함수 중 하나의 상수 배라야 하는가?

3-71C 어떤 x 값들에 대해서는 론스키 행렬식이 0이고 다른 x 값들에 대해서는 론스키 행렬식이 0이 아닌 5개의 함수가 있다고 하자. 이러한 5개의 함수는 1차 종속인가? 아니면 1차 독립인가?

다음 함수 쌍 x_1, x_2가 1차 종속인지 또는 1차 독립인지 (1) 외형 조사에 의해 결정하고, 그리고 (2) 이들에 대한 론스키 행렬식을 구하여 결정하라.

3-72 (a) $y_1 = x + 1$ 그리고 $y_2 = x^2 - 1$
(b) $y_1 = \sin\alpha + \cos\beta$ 그리고 $y_2 = \sin\alpha + \sin\beta$

3-73 (a) $y_1 = e^x + e^{-x}$ 그리고 $y_2 = \cosh x$
(b) $y_1 = x^3$ 그리고 $y_2 = -x^3$

3-74 (a) $y_1 = x^2$ 그리고 $y_2 = 2$
(b) $y_1 = xe^x$ 그리고 $y_2 = e^x$

3-75 (a) $y_1 = e^x - e^{-x}$ 그리고 $y_2 = \cosh x$
(b) $y_1 = x$ 그리고 $y_2 = 1/x$

3-76 (a) $y_1 = |x|$ 그리고 $y_2 = x$
(b) $y_1 = e^{-2x}$ 그리고 $y_2 = e^{2x}$

3-77 (a) $y_1 = e^x \sin 2x$ 그리고 $y_2 = e^x \cos 2x$
(b) $y_1 = x^3$ 그리고 $y_2 = x^3 - 1$

3-78 (a) $y_1 = |x| + 2$ 그리고 $y_2 = x + 2$
(b) $y_1 = \sin^2 x + \cos^2 x$ 그리고 $y_2 = -5$

3-79 (a) $y_1 = e^{-2\ln x}$ 그리고 $y_2 = 5/x^2$
(b) $y_1 = \sin(\alpha + \beta)$ 그리고 $y_2 = \sin\alpha + \sin\beta$

3-80 3개의 함수 y_1, y_2, y_3이 주어져 있다고 하자. 함수 쌍 y_1, y_2가 1차 종속이고 함수 쌍 y_2, y_3도 1차 종속일 경우, 함수 쌍 y_1, y_3도 1차 종속임을 증명하라.

론스키 행렬식을 이용하여 다음 함수들이 1차 종속인지 1차 독립인지 결정하라.

3-81 $y_1 = e^x + e^{-x},\ y_2 = 5,\ y_3 = \cosh x$

3-82 $y_1 = x^2,\ y_2 = 5,\ y_3 = x^2 - 1$

3-83 $y_1 = e^x - e^{-x},\ y_2 = e^{2x},\ y_3 = \cosh x$

3-84 $y_1 = |x|,\ y_2 = x,\ y_3 = 1$

3-85 $y_1 = e^x \sin 2x,\ y_2 = e^x \cos 2x,\ y_3 = e^x$

3-86 $y_1 = x^3,\ y_2 = x^3 - 2,\ y_3 = 1$

3-87 $y_1 = e^{-2\ln x},\ y_2 = x^2,\ y_3 = 5/x^2$

3-88 $y_1 = e^x,\ y_2 = xe^x,\ y_3 = x^2e^x$

3-89 $y_1 = 2x,\ y_2 = e^{2x},\ y_3 = e^{-2x}$

3-3 동차방정식 이론

3-90C 함수 y_1, y_2가 연속인 계수들을 갖는 어떤 2계 선형 동차방정식의 두 해라고 할 때, y_1, y_2에 대한 론스키 행렬식이 어떤 x 값들에 대해서는 0이고 다른 x 값들에 대해서는 0이 아닐 수 있는가?

3-91C 연속인 계수들을 갖는 2계 선형 동차방정식은 얼마나 많은 서로 다른 해를 가질 수 있는가? 이러한 해들 중 몇 개가 1차 독립일 수 있는가?

3-92C 2계 선형 동차방정식의 기본해집합이란 무엇인가? 또 기본해집합은 일반해의 구성에 어떻게 사용되는가?

다음 각 2계 미분방정식에 대해 y_1, y_2이 하나의 해라고 하자. 외형 조사를 통해 k가 상수일 때 ky_1도 그 방정식의 해인지 결정하라.

3-93C (a) $y'' - 2y' - 3y = 0$
(b) $y'' = e^{2x}$
(c) $y'' - y^2 = 0$
(d) $x^2y'' + (x - 1)y = 1$

3-94 (a) $y'' + x^2y = x + 1$
(b) $y'' + 3(x^2 + 1)y' - 7y = 0$
(c) $y'' - 2yy' - 3y = 0$
(d) $x^2y'' - 5y = 0$

3-95 (a) $y'' + 3xy' - 2y^2 = 0$
(b) $y'' - (2x + 1)y = x + 1$
(c) $x^2y'' + xy' + 3y = 0$
(d) $y'' - 2y' + 5y = 0$

3-96 (a) $y'' + x^2y = x - 2$
(b) $y'' + y' + y = 0$
(c) $y'' + \dfrac{1}{x - 1}y' - 8y = 0$
(d) $y'' - y^3 = 0$

다음 각 2계 미분방정식에 대해 y_1, y_2가 해라고 하자. 외형 조사를 통해 $y_1 + y_2$도 그 방정식의 해인지 결정하라.

3-97 (a) $y'' + 3y' - y = 0$
(b) $y'' - y' = e^{2x}$
(c) $y'' + 5y^2 = 0$
(d) $x^2y'' + xy = -3$

3-98 (a) $y'' - x(x + 1)y = e^x$
(b) $y'' - 2y' + 3e^xy = 0$
(c) $y'' - 3y^2y' = 0$
(d) $x^2y'' + 2y' = 0$

3-99 (a) $y'' - 2y' + 3x^x y^2 = 0$
(b) $y'' - x(x^2 - 1)y' - 2y = 0$
(c) $x^2 y'' - 4y = 0$
(d) $y'' + y' - e^y = 0$

3-100 (a) $y'' + y = x$
(b) $y'' - (\sin x)y' = x^2 e^{-2x}$
(c) $x^2 y'' + xy' - 2y = 0$
(d) $y'' + \sin y = 0$

아래와 같이 2계 선형 동차방정식과 $x > 0$인 구간에서 한 쌍의 해 y_1, y_2가 주어져 있다고 하자. 외형 조사를 통해 론스키 행렬식이 구간 $x > 0$에서 결코 0이 되지 않을 쌍을 식별하라. 또 각 경우에 대해 실제로 $W(y_1, y_2)$를 계산하여 이를 확인하라.

3-101 (a) $x^2 y'' + 5xy' - 3y = 0,\ y_1 = x^{1/3},\ y_2 = 2/x$
(b) $x^2 y'' + 5xy' - 3y = 0,\ y_1 = 1/x,\ y_2 = -1/x$
(c) $x^2 y'' + 5xy' - 3y = 0,\ y_1 = 3x^{1/3},$
$y_2 = 1/x^{-1/3}$

3-102 (a) $x^2 y'' - 2xy' - 4y = 0,\ y_1 = -1/x,\ y_2 = x^4$
(b) $x^2 y'' - 2xy' - 4y = 0,\ y_1 = e^{-\ln x},\ y_2 = 3/x$
(c) $x^2 y'' - 2xy' - 4y = 0,\ y_1 = 2x^4,$
$y_2 = -4e^{4\ln x}$

3-103 (a) $y'' + y = 0,\ y_1 = \sin x,\ y_2 = \cos x$
(b) $y'' + y = 0,\ y_1 = -3\sin x,\ y_2 = \dfrac{\sin 2x}{\cos x}$
(c) $y'' + y = 0,\ y_1 = \dfrac{\sin x}{\tan x},\ y_2 = 2\cos x$

3-104 (a) $x^2 y'' + 5xy' + 4y = 0,\ y_1 = \dfrac{1}{x^2},\ y_2 = \dfrac{\ln x}{x^2}$
(b) $x^2 y'' + 5xy' + 4y = 0,\ y_1 = \dfrac{1}{x^2},\ y_2 = -2x^{-2}$
(c) $x^2 y'' + 5xy' + 4y = 0,\ y_1 = \dfrac{5\ln x}{x^2},\ y_2 = \dfrac{\ln x^3}{x^2}$

아래에 2계 선형 동차방정식과 $x > 0$에서의 두 개의 해 y_1, y_2가 주어져 있다. y_1, y_2가 기본해집합을 형성하는지 결정하고, 그 경우 주어진 미분방정식의 모든 해를 포함하도록 $y(x)$를 위한 관계식을 구하라.

3-105 (a) $x^2 y'' + 3xy' + y = 0,\ y_2 = \dfrac{1}{x},\ y_2 = \dfrac{\ln x}{x}$
(b) $x^2 y'' + 3xy' + y = 0,\ y_1 = \dfrac{2}{x},\ y_2 = \ln xe^{-\ln x}$
(c) $x^2 y'' + 3xy' + y = 0,\ y_1 = -\dfrac{1}{x},\ y_2 = \dfrac{3}{x}$

3-106 (a) $y'' - 4y' + 4y = 0,\ y_1 = e^{2x},\ y_2 = xe^{2x}$
(b) $y'' - 4y' + 4y = 0,\ y_1 = 3e^{2x},\ y_2 = xe^{-\ln x}e^{2x}$
(c) $y'' - 4y' + 4y = 0,\ y_1 = 2xe^{2x},\ y_2 = 3xe^{2x}$

3-107 (a) $y'' - 2y' + 3y = 0,\ y_1 = e^x \sin\sqrt{2}x,$
$y_2 = e^x \cos\sqrt{2}x$
(b) $y'' - 2y' + 3y = 0,\ y_1 = e^x \sin\sqrt{2}x,$
$y_2 = e^{x-1}\cos\sqrt{2}x$
(c) $y'' - 2y' + 3y = 0,\ y_1 = e^x \cos\sqrt{2}x,$
$y_2 = 3e^x(\sin\sqrt{2}x + \cos\sqrt{2}x)$

3-108 (a) $y'' - 9y = 0,\ y_1 = e^{3x},\ y_2 = e^{-3x}$
(b) $y'' - 9y = 0,\ y_1 = e^{-3x},\ y_2 = e^{5-3x}$
(c) $y'' - 9y = 0,\ y_1 = \sinh 3x,$
$y_2 = \sinh 3x + e^{-3x}$

3-4 계수축소법

3-109C 계수축소법을 선형 비동차방정식에 적용할 수 있는가?

다음 2계 선형 동차방정식에 대해 주어진 한 개의 해를 사용하여 계수축소법으로 1차 독립인 두 번째 해를 구하라.

3-110 $y'' + 4y = 0,\ y_1 = \cos 2x$

3-111 $y'' + 2y' + y = 0,\ y_1 = e^{-x}$

3-112 $y'' - 4y' + 4y = 0,\ y_1 = e^{2x}$

3-113 $y'' - 4y = 0,\ y_1 = e^{2x}$

3-114 $y'' + y = 0,\ y_1 = \cos x$

3-115 $y'' + 9y = 0,\ y_1 = \sin 3x$

3-116 $x^2 y'' + xy' + \left(x^2 - \dfrac{1}{4}\right)y = 0,\ y_1 = \dfrac{\cos x}{\sqrt{x}}$

3-117 $x^2 y'' + 3xy' + y = 0,\ y_1 = \dfrac{1}{x}$

3-118 $x^2 y'' + xy' = 0,\ y_1 = 1$

3-119 $y'' - \dfrac{2x}{x-1}y' - 4y = 0,\ y_1 = x$

3-120 $x^2 y'' + 5xy' + 4y = 0,\ y_1 = \dfrac{1}{x^2}$

3-121 $x^2 y'' + 5xy' - 3y = 0,\ y_1 = x^{1/3}$

3-5 상수계수 동차방정식

3-122C $e^{2x}, e^{-3x}, 5e^{2x} - 8e^{-3x}$ 등의 함수 모두가 만족하는 상수계수 2계 선형 동차방정식이 존재할 수 있는가?

3-123C $x, x+1, x^2$ 등의 함수 모두가 만족하는 상수계수 2계 선형 동차방정식이 존재할 수 있는가?

3-124C $\sin x, \cos x, \tan x$ 등의 함수 모두가 만족하는 상수계수 2계 선형 동차방정식이 존재할 수 있는가?

3-125C 상수계수 2계 선형 동차방정식의 해들이 상수 m에 대해 e^{mx} 형태의 해를 가질 것이라고 가정할 수 있는 이유는 무엇인가?

3-126C 상수계수 2계 선형 동차방정식을 위한 특성방정식과 근들의 실질적 의미를 설명하라.

3-127C 상수계수 2계 선형 동차방정식에 대응되는 특성방정식이 중복 실근을 가질 때, 1차 독립인 두 번째의 해를 xe^{mx}로 선택한 것이 성공적이었다. x^2e^{mx}나 xe^{mx}/x와 같은 다른 형태의 함수를 두 번째의 1차 독립인 해로 선택했어도 성공할 수 있었다고 생각하는가?

3-128C C_1, C_2가 임의상수이고 y_1, y_2가 어떤 상수계수 2계 선형 동차방정식의 기본해집합일 때, 곡선들의 패밀리 $f(x) = C_1y_1 + C_2y_2$가 주어져 있다고 하자. 이 곡선들 중 어느 두 곡선이 교차점에서 동일한 기울기를 가질 수 있을까?

다음 상수계수 2계 선형 동차방정식의 일반해를 구하라.

3-129 (a) $y'' + \lambda^2 y = 0$
(b) $y'' - 4y' + 4y = 0$
(c) $y'' - \lambda^2 y = 0$

3-130 (a) $y'' + 5y' + 4y = 0$
(b) $y'' + 6y' + 9y = 0$
(c) $y'' + y' + 3y = 0$

3-131 (a) $y'' - 6y' + 9y = 0$
(b) $y'' + 3y' + 4y = 0$
(c) $y'' - 6y' - 4y = 0$

3-132 (a) $y'' + 10y' + 25y = 0$
(b) $y'' + 5y' + 25y = 0$
(c) $y'' + 10y' - 25y = 0$

다음 초깃값 문제의 특수해를 구하라.

3-133 $y'' - 4y = 0,\ y(0) = 0,\ y'(0) = 1$

3-134 $y'' + 3y' - 4y = 0,\ y(1) = 2,\ y'(1) = -3$

3-135 $2y'' + y' - y = 0,\ y(0) = -5,\ y'(0) = 6$

3-136 $y'' - 6y' + 9y = 0,\ y(-2) = 1,\ y'(-2) = 0$

3-137 $y'' + 4y' + 20y = 0,\ y(\pi/2) = 0,\ y'(\pi/2) = 2$

다음 경곗값 문제의 특수해를 구하라.

3-138 $y'' + 2y' + y = 0,\ y(0) = 0,\ y(2) = 6$

3-139 $y'' - 3y' - 4y = 0,\ y(1) = 1,\ y'(4) = 0$

3-140 $y'' - 9y = 0,\ y(0) = 6,\ y(10) = 0$

3-141 지름이 $D = 3\text{cm}$, 길이가 $L = 15\text{cm}$, 열전도율이 $k = 237\text{W/m}\cdot℃$인 핀 방열판이 있다고 하자. 이 방열판의 밑판은 100℃로 유지되며, 전체 방열판이 주변 공기 쪽으로 340W의 속도로 열을 방출하고 있다. 방열판과 0℃의 공기 사이의 열전달계수는 $h = 25\text{W/m}^2\cdot℃$이다. 방열판 밑판에서의 열전도에 관한 푸리에 법칙이

$$Q_{\text{base}} = -k\left(\frac{\pi D^2}{4}\right)T'(L)$$

와 같이 표현될 수 있을 때, 방열판상의 온도 분포를 구하라.

3-142 문제 3-141의 방열판 중앙에서의 온도와 방열판 끝에서의 온도 변화의 기울기를 구하라.

3-143 지름이 $D = 0.4\text{cm}$, 길이가 $k = 40\text{cm}$, 열전도율이 $= 220\text{W/m}\cdot℃$인 핀 방열판이 있다고 하자. 이 방열판의 밑판은 200℃로 유지되며, 방열판 끝에서의 열 손실은 무시할 수 있다고 가정한다. 방열판과 공기 사이의 열전달계수는 $h = 35\text{W/m}^2\cdot℃$이다.

방열판 끝에서의 열전도에 관한 푸리에 법칙이

$$Q_{\text{base}} = -k\left(\frac{\pi D^2}{4}\right)T'(L)$$

와 같이 표현될 수 있을 때, 방열판상의 온도 분포를 구하라.

3-6 선형 비동차방정식 이론

3-144C 동차해에 나타나는 함수가 특수해가 될 수 있을까? 이유를 설명하라.

3-145C 비동차방정식이 둘 이상의 특수해를 가질 수 있을까? 이 질문에 대한 답이 예일 경우, 이는 비동차방정식의 일반해가 유일하지 않음을 의미하는가?

3-146C 어떤 특수해가 가장 단순한 형태의 해인지 여부를 어떻게 판단할 수 있는가?

주어진 특수해를 사용하여 다음 상수계수 2계 선형 비동차 방정식의 일반해를 구하여 가장 단순한 형태로 표현하라.

3-147 (a) $y'' + y = 2e^x,\ y_p = e^x$
(b) $y'' + y = 2e^x,\ y_p = e^x - 5\sin x$

3-148 (a) $y'' - y' = x - 3,\ y_p = -\frac{1}{2}x^2 + 2x$
(b) $y'' - y' = x - 3,\ y_p = -\frac{1}{2}x^2 + 2x - 34$

3-149 (a) $y'' + 4y' + 4y = 2e^{-2x},\ y_p = x^2e^{-2x}$
(b) $y'' + 4y' + 4y = 2e^{-2x},\ y_p = x(1 + x)e^{-2x}$

3-150 (a) $y'' + 2y' + 3y = 6,\ y_p = 2$
(b) $y'' + 2y' + 3y = 6,\ y_p = 2 + e^{-x}\sin\sqrt{2}x$

3-151 (a) $y'' = x^2 - 1,\ y_p = \frac{1}{12}x^4 - \frac{1}{2}x^2$
(b) $y'' = x^2 - 1,\ y_p = \frac{1}{12}x^4 - \frac{1}{2}x^2 + 3x - 5$

3-152 $y_{p1} = -1/3$이 $y'' - 9y = 3$의 특수해이고 $y_{p2} = -x/9$가 $y'' - 9y = x$의 특수해일 때, $y'' - 9y = 3 + x$의 일반해를 구하라.

3-153 $y_{p1} = 2x^{2+x}$가 $y'' + 8x^2 + 4x$의 특수해이고 $y_{p2} = 2x^2$가 $y'' + 4y = 10e^x$의 특수해일 때, $y'' + 4y = 8x^2 + 4x + 10e^x$의 일반해를 구하라.

3-154 $y_{p1} = -1/3x + 1$이 $y'' + 6y' + 9y = 7 - 3x$의 특수해이고 $y_{p2} = -2e^{-2x}$가 $y'' + 6y' + 9y = -2e^{-2x}$의 특수해일 때, $y'' + 6y' + 9y = 3x + 11 - 2e^{-x}$의 일반해를 구하라.

3-155 $y_{p1} = -2\sin 2x$가 $y'' + y' + 6\sin 2x$의 특수해이고 $y_{p2} = 2$가 $y'' + y = 2$의 특수해일 때, $y'' + y = 6\sin 2x + 2$의 일반해를 구하라.

3-7 비동차방정식: 미정계수법

3-156C 비동차 항 $R(x)$에 대응되는 특수해의 일반형 y_p가 어떤 상수 A에 대해 $AxR(x)$가 되기 위한 조건은 무엇인가?

3-157C 비동차 항 $R(x)$에 대응되는 특수해의 일반형 y_p가 어떤 상수 A에 대해 $Ax^2R(x)$가 되기 위한 조건은 무엇인가?

3-158C 비동차 항 $R(x) = \sin x$에 대응되는 특수해의 일반형 y_p가 어떤 상수 A에 대해 $A\sin x$가 되기 위한 조건은 무엇인가?

3-159C 비동차 항 x^5에 대응되는 특수해의 일반형 y_p가 어떤 상수 A에 대해 Ax^5가 아니라 5차 다항식 형태를 갖는 이유는 무엇인가?

미정계수법을 사용하여 다음 2계 선형 비동차방정식의 일반해를 구하라.

3-160 (a) $y'' + 9y = 2\sin x$
(b) $y'' + 9y = 2x\cos x$
(c) $y'' + 9y = -3x\cos 3x$
(d) $y'' + 9y = xe^x\sin 2x - 5\sin 2x + 3\cos 2x$

3-161 (a) $y'' - 4y' + 4y = -2e^{3x}$
(b) $y'' - 4y' + 4y = 2e^{2x+3}$
(c) $y'' - 4y' + 4y = 5xe^{2x}$
(d) $y'' - 4y' + 4y = e^x\cos 2x$

3-162 (a) $y'' - 2y' + 2y = x^2 + 1$
(b) $y'' - 2y' + 2y = \sin x + \cos 2x$
(c) $y'' - 2y' + 2y = e^x\sin x$
(d) $y'' - 2y' + 2y = x^3e^x$

3-163 (a) $y'' - 3y' = x - 2$
(b) $y'' - 3y' = (x - 1)e^x$
(c) $y'' - 3y' = x^2 - 1$
(d) $y'' - 3y' = xe^x\sin 2x$

3-164 (a) $y'' - 6y' + 10y = 20$
(b) $y'' - 6y' + 10y = x^2e^x$
(c) $y'' - 6y' + 10y = e^{3x}\cos x$
(d) $y'' - 6y' + 10y = x^2\sin 2x + \cos 2x$

3-165 (a) $y'' + y = 2\sin x - 3\cos x$
(b) $y'' + y = x^2 + 5 - e^x$
(c) $y'' + y = (x^2 - 1)e^x$
(d) $y'' + y = e^{2x}\sin 3x$

3-166 (a) $y'' = 5$ (b) $y'' = -3x^2e^x$
(c) $y'' = 2x^2 - 3$ (d) $y'' = 8\cos 2x$

다음 초깃값 문제의 해를 구하라. 특수해를 구하는 과정에서는 미정계수법을 사용하라.

3-167 $y'' - 2y' + 2y = x^3 - 5,\ y(0) = 6,\ y'(0) = 0$

3-168 $y'' - 3y' = x + 3 - 2e^{2x},\ y(0) = 0,\ y'(0) = 0$

3-169 $y'' - y = 4e^x + x\cos x,\ y(0) = 1,\ y'(0) = -2$

3-8 비동차방정식: 매개변수 변화법

3-170 두 개의 기본해를 사용하는 대신 식 3-62에서 임의의 동차해 두 개를 사용하여 매개변수 변화법을 적용할 수 있는가?

매개변수 변화법을 사용하여 다음 2계 선형 비동차방정식의 특수해를 구하라. 문항 (a)의 결과에 대해서는 미정계수법을 사용하여 다시 확인하라.

3-171 (a) $y'' - 4y = xe^{2x}$ (b) $y'' - 4y = x - x^2$

3-172 (a) $y'' + 9y = \cos 2x$ (b) $y'' + 9y = \dfrac{1}{\cos 3x}$

3-173 (a) $y'' - 4y' + 5y = e^{2x}\cos 3x$
(b) $y'' - 4y' + 5y = e^{2x}\tan x$

3-174 (a) $y'' + y' = x^3 - 1$ (b) $y'' + y' = \dfrac{2}{x} - \dfrac{2}{x^a}$

3-175 (a) $y'' - 4y' = x + 5$
(b) $y'' - 4y' = \dfrac{2x - 3}{(x-2)^a}$

3-176 (a) $y'' = x^2e^x$ (b) $y'' = \dfrac{1}{x^a}$

3-177 (a) $y'' - 2y' + y = e^{2x} + 8$
(b) $y'' - 2y' + y = \dfrac{6e^x}{x^a}$

3-9 오일러 방정식

3-178C 오일러 방정식의 해가 $x = 0$에서는 유효하지 않은 이유는 무엇인가?

3-179C 오일러 방정식을 풀기 위한 두 가지 체계적인 방법을 기술하라. 어느 방법이 보다 실용적인가?

2계 오일러 방정식의 일반해를 구하고, 그 해가 유효한 구간을 지정하라.

3-180 (a) $x^2y'' + xy' = 0$ (b) $x^2y'' + xy' = \ln x$

3-181 (a) $x^2y'' + 3xy' - 2y = 0$
(b) $(x-1)^2y'' + 3(x-1)y' - 2y = 6$

3-182 (a) $x^2y'' + xy' - 2y = 0$
(b) $(x+2)^2y'' + (x+2)y' - 2y = x - 2$

3-183 (a) $2x^2y'' + 6xy' + 2y = 0$
(b) $2x^2y'' + 6xy' + 2y = 4x^2$

3-184 (a) $x^2y'' - y = 0$ (b) $x^2y'' - y = (x^2+1)\sin x$

3-185 (a) $-2x^2y'' + 6xy' - 12y = 0$
(b) $-2x^2y'' + 6xy' - 12y = x - 1$

3-186 (a) $x^2y'' + 5xy' + 4y = 0$
(b) $x^2y'' + 5xy' + 4y = xe^x$

3-10 상수계수 2계 선형방정식의 응용

3-10-1 기계적 진동

3-187C 수평 스프링-질량체-감쇠장치 시스템의 운동을 지배하는 미분방정식을 구하고, 각 항이 갖는 물리학적 의미를 설명하라. 그리고 어떤 경우에 이 방정식에서 각 항을 생략할 수 있는지 설명하라. 이 경우 위치 $x = 0$을 어떻게 선정할 것인가?

3-188C 비감쇠 운동은 감쇠 운동과 어떻게 다른가? 자유진동은 강제진동과 어떻게 다른가?

3-189C 감쇠 없는 강제진동이 비트가 되는 것은 어떤 경우인가? 어떤 경우에 공진이 되는가?

3-190C 과감쇠 운동, 임계감쇠 운동, 부족감쇠 운동 등을 기술하라.

3-191C 부족감쇠 운동은 단순조화 운동과 어떻게 다른가?

3-192C 고정 감쇠의 경우, 작은 고유 진동수를 갖는 시스템과 큰 고유 진동수를 갖는 시스템 중 어느 시스템이 큰 진폭을 갖는 진동에 보다 민감한가?

3-193 질량이 $m = 0.5$kg인 물체가 물체의 무게로 인해 0.2cm 늘어난 스프링에 매달려 있다. 이제 이 질량체를 끌어내렸다가 놓아준다. 시점 $t = 0$에서 이 질량체는 10m/s의 속도로 정적 평형 위치를 통과하는 것으로 관찰되었다. 마찰은 무시하고 이 결과로 일어나는 운동에 대해 고유 진동수, 주기, 진폭 등을 구하라.

3-194 등식 $A\cos(\omega t - \phi_1) = B\sin(\omega t - \phi_2)$가 성립하기 위한 B와 ϕ_2의 값을 A와 ϕ_1을 사용하여 표현하라.

3-195 질량이 $m = 1$kg인 물체가 물체의 무게로 인해 1cm 늘어난 스프링에 매달려 있다. 이제 주기적 외력 $F(t) = 200\cos\omega t$가 초기에 정적 평형 상태에 있던 이 질량체에 작용한다. 마찰은 무시하고 질량체의 변위를 시간에 따

른 함수로 나타내는 $x(t)$를 위한 관계식을 구하라. 또한 공진을 일으킬 ω 값을 결정하라.

3-196 스프링 상수가 k인 스프링에 질량이 m인 물체가 매달려 있다. 이제 주기적 외력 $F(x) = F_0 \cos \omega t + F_1$이 초기에 정적 평형 상태에 있던 이 질량체에 작용한다. 마찰은 무시하고 질량체의 변위를 시간에 따른 함수로 나타내는 $x(t)$를 위한 관계식을 구하라. 또한 공진을 일으킬 ω 값을 결정하라.

3-197 스프링 상수가 k인 스프링에 질량이 m인 물체가 매달려 있다. 이제 주기적 외력 $F(x) = F_0 \sin \omega t$가 초기에 정적 평형 상태에 있던 이 질량체에 작용한다. $\omega = 20$, $\omega_0 = 30$, $m = 1$, $F_0 = 100$ 등의 값을 사용한다. 마찰은 무시하고 질량체의 속도를 시간에 따른 함수로 나타내는 $v(t)$를 위한 관계식을 구하라. 또한 최고 속도 값 v_{max}와 두 번의 최고 속도가 발생하는 사이의 시간차를 구하라.

3-198 질량이 $m = 5$kg인 물체가 물체의 무게로 인해 2cm 늘어난 스프링에 매달려 있다. 이 질량체는 감쇠상수가 $c = 200$N · s/m인 감쇠장치에 연결되어 있다. 이제 이 질량체를 1cm 끌어내렸다가 초기속도 0으로 놓아준다. 이 질량체가 시점 $t = 0.05$s에 정적 평형 위치로부터 얼마나 멀리 이동할지 결정하라.

3-199 질량이 $m = 0.5$kg인 물체가 물체의 무게로 인해 0.2cm 늘어난 스프링에 매달려 있다. 이 질량체는 감쇠상수가 $c = 2000$N · s/m인 감쇠장치에 연결되어 있다. 이제 이 질량체를 2cm 끌어내렸다가 초기속도 20m/s로 놓아준다. 이 질량체가 정적 평형 위치를 통과할지 결정하라. 통과할 경우 그 순간의 시간과 질량체의 속도를 구하라.

3-200 질량이 $m = 4$kg인 물체가 물체의 무게로 인해 3cm 늘어난 스프링에 매달려 있다. 이 질량체는 감쇠상수가 $c = 5000$N · s/m인 감쇠장치에 연결되어 있다. 이제 이 질량체를 5cm 끌어내렸다가 초기속도 30m/s로 놓아준다. 이 질량체가 운동을 계속하는 동안 정적 평형 위치로부터의 최대 변위를 결정하라.

3-201 질량이 $m = 5$kg인 물체가 물체의 무게로 인해 2cm 늘어난 스프링에 매달려 있다. 이 질량체는 감쇠상수가 $c = 200$N · s/m인 감쇠장치에 연결되어 있다. 이제 주기적 외력 $F(t) = 200 \cos \omega t$가 초기에 정적 평형 상태에 있던 이 질량체에 작용한다. 질량체의 변위를 시간에 따른 함수로 나타내는 $x(t)$를 위한 관계식을 구하라. 또한 이 운동의 진폭이 최대가 되는 ω 값을 결정하라.

3-202 그림 P3-202에서 질량 m은 점 $E(x = 0$인 위치)에서 평형 상태에 있다. 경사면의 마찰은 무시하고 이 운동을 표현하는 미분방정식을 유도하라.

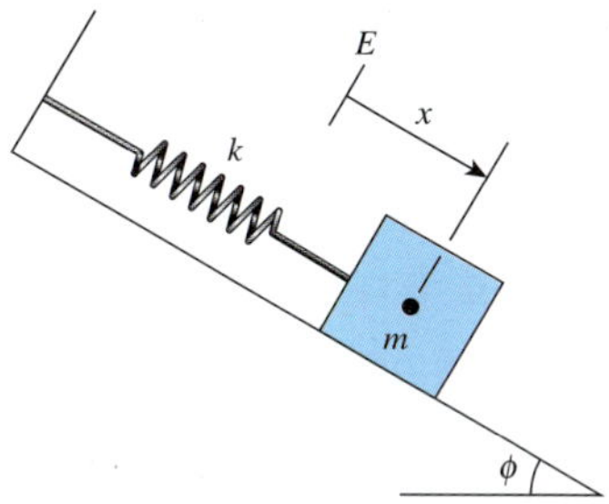

그림 P3-202

3-203 그림 P3-203에서 변위가 y인 스프링 k_1의 좌측 종단은 회전식 카메라에 의해 이동된다. 변위 $y(t)$는 시간의 함수이다. $x = y = 0$일 때 두 스프링 모두 자유 길이 상태에 있다. 표면의 마찰은 무시하고 이 운동을 표현하는 x에 관한 미분방정식을 유도하라.

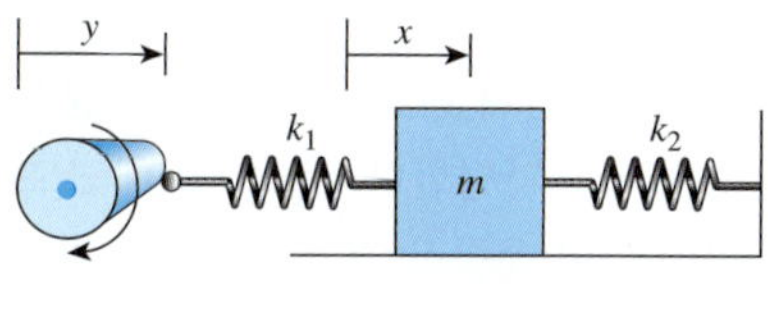

그림 P3-203

3-204 질량이 m이고 무게가 W인 물체가 그림 P3-204에서 보여주듯이 h의 높이에서 스프링이 받치고 있는 상판 위로 떨어진다.

(a) 이 질량체가 상판에 부딪칠 때의 속도 v를 위한 표현식

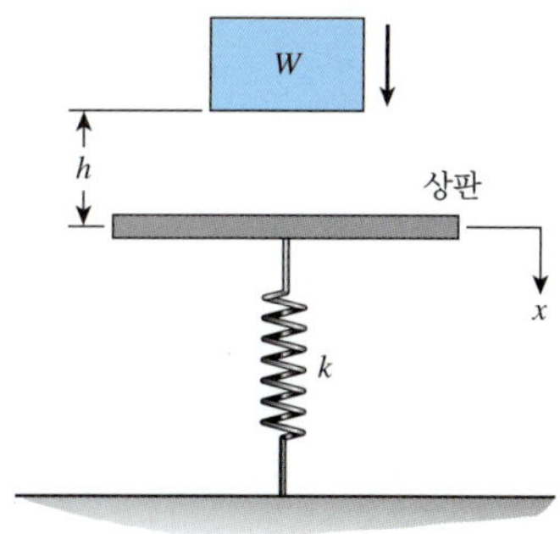

그림 P3-204

을 구하라.

(b) 이 질량체는 상판으로부터 다시 튀어 오르지 않으며 스프링은 $x = 0$일 때 자유 길이 상태에 있다고 가정하고, 스프링의 최대 압축 변위를 m, g, k, h 등의 매개변수를 사용하여 표현하라.

3-205 그림 P3-205에서 보여주듯이 질량이 18000kg인 화차가 1.3m/s의 속도로 움직이면서 선로 끝의 충격흡수기에 부딪친다. 충격흡수기의 강성은 $k = 73000\text{N/m}$이며 감쇠 상수는 $c = 88000\text{N}\cdot\text{s/m}$이다. 화차가 충격흡수기에 닿은 후 화차의 변위를 x로 둔다(오른쪽이 양의 방향임). $x = 0$은 스프링의 자유 길이 상태를 나타낸다. 화차가 충격흡수기로부터 튀어 나오지 않는다고 가정한다. 스프링의 최대 압축 변위를 구하라.

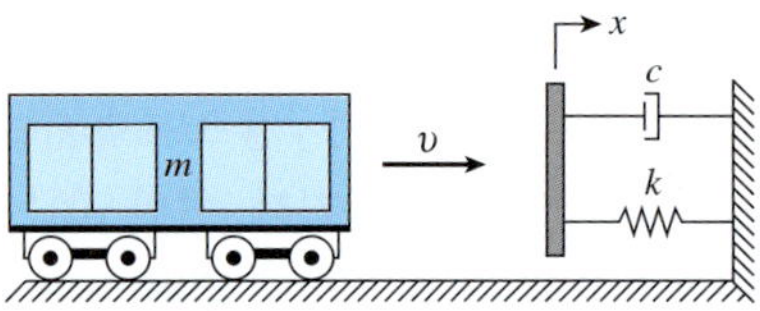

그림 P3-205

3-206 그림 P3-206의 막대는 점 O에 관한 질량관성모멘트 I_O를 갖는다. 힘 f가 가해져 막대 끝을 오른쪽으로 민다. 이 결과로 발생하는 변위 x는 너무 작아 이 운동은 기본적으로 수평운동이라고 가정한다. $x = 0$일 때 스프링은 자유 길이 상태에 있다. 이 운동을 표현하는 x에 관한 미분방정식을 유도하라.

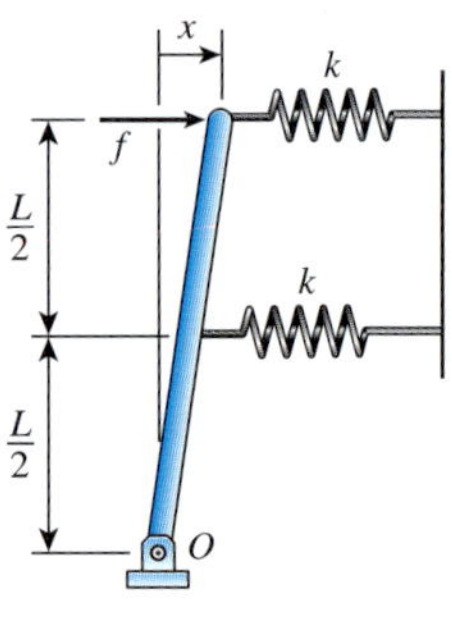

그림 P3-206

3-207 그림 P3-207에서 작은 ϕ 값들에 대해서는 스프링 연결점과 감쇠장치의 운동이 거의 수평에 가까우며 변위는 $L_1\phi$이고 속도는 $L_1\dot{\phi}$이다. 점 O에 관한 모멘트들을 합하여 이 운동을 표현하는 ϕ에 관한 미분방정식을 유도하라.

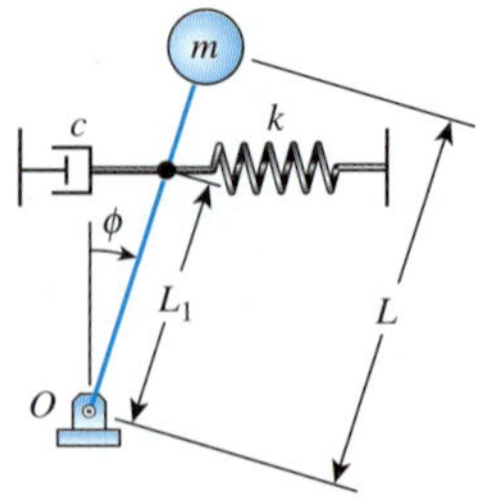

그림 P3-207

3-208 그림 P3-208의 (a) 부분에서 보여주듯이 길이 L의 외팔보가 모터를 받치고 있다. 재료역학에 의하면 힘 f가 보의 끝에 가해질 때 보의 끝은 식

$$x = \frac{4L^3}{Ewh^3}f$$

에 따라 수직거리 x만큼 휘게 되는데, 여기에서 E는 보 재질의 강성에 대한 척도인 길이탄성률, w는 보의 폭, h는 보의 두께이다. 따라서 보는

$$k = \frac{f}{x} = \frac{Ewh^3}{4L^3}$$

에 따라 스프링 상수가 k인 스프링의 역할을 하며, 보-모터 시스템은 그림의 (b) 부분에서 표현하고 있는 시스템과 동등하다고 볼 수 있다. 단, 이때 보의 질량은 모터의 질량에 비해 아주 작다고 가정한다. 보의 길이 L을 두 배로 늘릴 경우 시스템의 고유 진동수 ω_0은 얼마나 감소하겠는가?

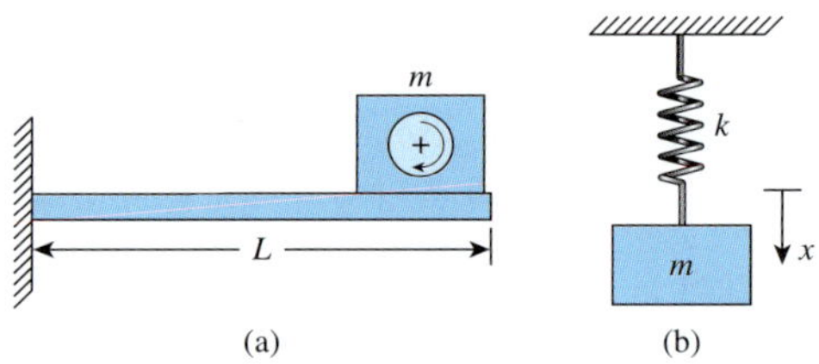

그림 P3-208

3-209 그림 P3-209의 (a) 부분에서 보여주듯이 길이 L의 외팔보가 모터를 받치고 있다. 보는 모터의 수직 운동에 저항하는 강성도가 k인 스프링의 역할을 한다. 보-모터 시스템은 그림의 (b) 부분에서 표현하고 있는 시스템과 동등하다고 볼 수 있다. 단, 이때 보의 질량은 모터의 질량에 비해 아주 작다고 가정한다. 또 모터는 보 끝에 위치한 점질량으로 간주될 수 있다고 가정한다. 모터가 균형을 잃으면 보의 끝에 $f(t) = b\omega^2 \sin \omega t$와 같은 형태를 갖는 수직 방향의 힘

f를 가하게 된다. 여기에서 ω는 회전수로 표현된 모터 속도이며 b는 불균형 정도에 따라 정해지는 상수이다. 따라서 운동방정식은 $m\ddot{x} + kx = b\omega^2 \sin \omega t$이다. 초기조건들이 0 값을 갖는다고 가정하고 해 $x(t)$를 위한 표현식을 유도하라.

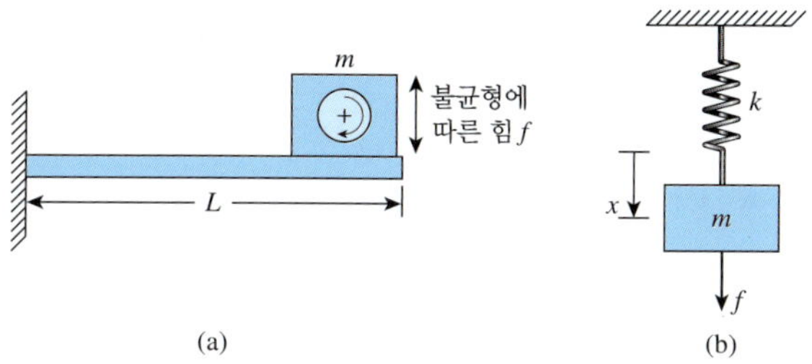

그림 P3-209

3-210 감쇠율이라고 불리는 단위가 없는 비율이 2계 선형 미분방정식의 분석에서 종종 사용된다. 방정식 $m\ddot{x} + c\dot{x} + kx = F_{ext}$의 감쇠율은

$$\zeta = \frac{c}{2\sqrt{mk}}$$

와 같이 정의되는데, ζ는 그리스 문자 제타이다.

(a) 위의 미분방정식에 대해 특성방정식과 특성근을 두 개의 매개변수 ζ와 고유 진동수 $\omega_0 = \sqrt{k/m}$만 사용하여 표현한다. 단, 특성근들은 복소수라고 가정한다.

(b) 특성근들은 $\zeta < 1$이면 복소수 근, $\zeta = 1$이면 실수 중근, $\zeta > 1$이면 서로 다른 실근임을 보여라.

3-210 미분방정식 $m\ddot{x} + c\dot{x} + kx = F_{ext}$의 동차해를 감쇠율 $\zeta = c/2\sqrt{mk}$와 고유 진동수 $\omega_0 = \sqrt{k/m}$ 등 두 개의 매개변수와 두 개의 초기조건 x_0, v_0을 이용하여 표현하라.

3-211 방정식 $m\ddot{x} + c\dot{x} + kx = b$의 우변은 상수 b이다. 초기조건들이 0 값을 가질 경우, 이 미분방정식의 해를 b와 감쇠율 ζ, 고유 진동수 $\omega_0 = \sqrt{k/m}$ 등을 사용하여 표현하라.

3-212 미분방정식 $m\ddot{x} + c\dot{x} + kx = A \sin \omega t$에서 우변은 진폭이 A이고 원 진동수가 ω인 사인파 함수로 주어진다.

초기조건들이 0 값을 가질 경우, 이 미분방정식에 대한 안정 상태의 해를 A, 비율 $\Delta = A/k$, 감쇠율 $\zeta = c/2\sqrt{mk}$, 진동수 비 $r = \omega/\omega_0$(단, $\omega_0 = \sqrt{k/m}$) 등을 사용하여 표현하라.

3-10-2 전기회로

3-213C 직렬 RLC 회로의 공진 진동수는 어떻게 계산되는가?

3-214 무시해도 좋을 저항을 갖고($R = 0$) 인가전압은 0인 직렬 RLC 회로가 있다. 축전기의 초기 전하는 Q_0이며 초기 전류는 0이다. 이 회로에 관한 미분방정식을 풀고 $\omega_0^2 = 1/LC$으로 두어 축전기의 전하 $Q(t)$와 회로상의 전류 $I(t)$를 시간의 함수들로 표현하는 관계식들을 구하라.

3-215 무시해도 좋을 저항을 갖고($R = 0$) 주기적으로 변하는 $E(t) = E_0 \cos \omega t$ 형태의 인가전압을 갖는 직렬 RLC 회로가 있다고 하자. 축전기의 초기 전하는 Q_0이며 초기 전류는 0이다. 이 회로에 관한 미분방정식을 풀고 $\omega_0^2 = 1/LC$로 두어 축전기의 전하 $Q(t)$를 시간의 함수로 표현하는 관계식을 구하라. $\omega = \omega_0$인 특별한 경우에 대해 $t \to \infty$일 때 축전기 전하에 어떤 일이 발생할지 조사하라.

3-216 인가전압이 없는 직렬 RLC 회로가 있다. $R^2 - 4L/C$가 양인 경우, 음인 경우, 0인 경우 각각에 대해 이 회로에 관한 미분방정식을 풀어 축전기의 전하 $Q(t)$를 시간의 함수로 표현하는 관계식을 구하라.

3-217 문제 3-216을 확장하여 회로 안의 전류 $I(t)$에 대해 풀어라.

3-11 컴퓨터 문제

컴퓨터를 사용하여 다음 상수계수 2계 선형 동차방정식의 일반해를 구하라.

3-218 $y'' + 5y' + 4y = 0$

3-219 $y'' + 6y' + 9y = 0$

3-220 $y'' + 6y' + 13y = 0$

3-221 $y'' + 4y = 0$

컴퓨터를 사용하여 다음 초깃값 문제의 특수해를 구하라.

3-222 $y'' + 4y = 0,\ y(\pi) = 0,\ y'(\pi) = 1$

3-223 $2y'' + y' - y = 0,\ y(0) = -5,\ y'(0) = 6$

3-224 $y'' - 6y' + 9y = 0,\ y(-2) = 1,\ y'(-2) = 0$

3-225 $y'' + 4y' + 20y = 0,\ y(\pi/2) = 0,\ y'(\pi/2) = 2$

컴퓨터를 사용하여 다음 경곗값 문제의 특수해를 구하라.

3-226 $y'' - y = 0,\ y(0) = 100,\ y(5) = 0$

3-227 $y'' + 2y' + y = 0,\ y(0) = 0,\ y(2) = 6$

컴퓨터를 사용하여 다음 상수계수 2계 선형 비동차방정식의 일반해를 구하라.

3-228 $y'' - 4y = 4e^{3x}$

3-229 $y'' - 4y = -3x^2e^{3x}$

3-230 $y'' + 9y = 2\sin x$

3-231 $y'' + 9y = 2x\cos x$

3-232 $y'' - 4y' + 4y = 5xe^{2x}$

3-233 $y'' - 3y' = xe^x \sin 2x$

3-234 $y'' - 2y' + 2y = \sin x + \cos 2x$

컴퓨터를 사용하여 다음 초깃값 문제의 특수해를 구하라.

3-235 $y'' + 16y = \sin 2x - 3\cos 2x,\ y(\pi/2) = 1,\ y'(\pi/2) = 0$

3-236 $y'' - 2y' + 2y = x^3 - 5,\ y(0) = 6,\ y'(0) = 0$

컴퓨터를 사용하여 다음 2계 오일러 방정식의 일반해를 구하라.

3-237 $y'' + y = 0$

3-238 $x^2y'' + 3xy' - 2y = 0$

복습문제

3-239 어떤 구간에서 n개의 함수가 1차 종속일 경우 해당 구간에서 적어도 이 함수들 중 하나는 나머지 함수들의 선형 결합으로 표현될 수 있음을 보여라.

3-240 어떤 구간에서 n개의 함수 중 하나를 나머지 함수들의 선형 결합으로 표현할 수 있는 경우 이러한 n개의 함수는 해당 구간에서 1차 종속임을 보여라.

$x > 0$일 때 다음 선형방정식의 일반해를 구하라. 그리고 초기조건들이 지정되어 있을 경우 일반해 안의 임의상수들을 결정하라.

3-241 $y'' - 16y = 0$

3-242 $y'' - y' = xe^{2x}\cos x$

3-243 $y'' + y' = 0$

3-244 $y'' = \dfrac{1}{x} + x\sin x$

3-245 $2x^2y'' + 5xy' = x^2 - 1$

3-246 $y'' + y' + y = x^3 - 2$

3-247 $y'' + 2y' = 0$

3-248 $x^2y'' + xy' = \dfrac{1}{x} - 2$

3-249 $y'' - 6y' + 9y = 0$

3-250 $y'' - 3y' + 3y = 0$

3-251 $y'' + y' = 0,\ y(0) = 0,\ y'(0) = 1$

3-252 $y'' + y = 4e^{3x} - x$

3-253 $y'' - 4y' = x + 1$

3-254 $y'' - 4y' + 3y = -e^{2x} - 1$

3-255 $y'' - y' = x^2 + 1 - e^x\sin x$

3-256 $y'' + y = x\sin x$

3-257 $y'' - 9y' + 8y = x^2e^{3x}$

3-258 $y'' + 16y = xe^{2x} - 1$

3-259 $y'' - y = 0,\ y(0) = 1,\ y'(0) = 0$

3-260 $y'' + 9y' = x^2\cos 2x$

3-261 $x^2y'' - 3xy' + y = 0$

3-262 $y' + y = 1,\ y(\pi) = y'(\pi) = 0$

3-263 $x^2y'' + 4y = 0$

3-264 $x^2y'' + y = 0$

3-265 $y'' + 4y' + 1 = x^2 - 1,\ y(0) = 0,\ y'(0) = 1$

3-266 $k = 2000\text{N/m}$인 스프링에 매달린 질량 m인 물체가 초기에 정적 평형 상태에 있다고 하자. 주기적 외력 $F(t) = 500\cos 10t$를 가했을 때 질량체는 외력으로 인해 공진하는 것이 관찰되었다. 질량 m의 값을 구하라.

3-267 질량이 $m = 2\text{kg}$인 물체가 물체의 무게로 인해 0.2cm 늘어난 스프링에 매달려 있다. 이 질량체는 감쇠상

수가 $c = 500\text{N} \cdot \text{s/m}$인 감쇠장치에 연결되어 있다. 이제 주기적 외력 $F(t) = 50 \sin 10t$가 초기에 정적 평형 상태에 있던 이 질량체에 작용한다. 질량체의 속도를 시간에 따른 함수로 나타내는 $v(t)$를 위한 관계식을 구하라. 또한 최고 속도 값 v_{max}와 두 번의 최고 속도가 발생하는 사이의 시간 차를 구하라.

3-268 길이가 L이고 수직 균형을 이룬 질량이 m이며 초기에 수직 정적 평형 위치로부터 각 θ_0 만큼의 변위를 갖는 진자가 있다. 저항은 무시하고 작은 각에 대해 $\sin \theta \approx \theta$임을 이용하여 진자의 운동을 나타내는 미분방정식을 유도하라. 그리고 진자를 0의 속도로 놓아주었다고 가정하고 각 변위 θ에 대해 미분방정식을 풀어라.

3-269 저항이 $R = 2 \times 10^3\Omega$, 인덕턴스가 $L = 0.1\text{H}$, 커패시턴스가 $C = 5 \times 10^{-5}\text{F}$, 인가전압이 $E(t) = 5 \cos 60t$인 직렬 RLC 회로가 있다. 회로상의 안정 상태 전류 $I(t)$를 구하라. 또한 R, L을 상수로 유지하면서 이 전류를 최대로 만드는 커패시턴스 C를 구하라.

3-270 저항이 $R = 10^3\Omega$, 인덕턴스가 $L = 0.5\text{H}$, 커패시턴스가 $C = 5 \times 10^{-6}\text{F}$이고 인가전압은 없는 직렬 RLC 회로가 있다. 축전기의 초기 전하는 $Q_0 = 8 \times 10^{-4}\text{C}$이다. 시점 $t = 0$일 때 점멸 스위치를 켜며, 이때 전류가 회로에 흐르기 시작한다. 회로상의 최대 전류가 절반으로 감소하기까지 소요되는 시간을 구하라.

CHAPTER 4

고계 선형 미분방정식

1계 선형 미분방정식과 2계 선형 미분방정식의 특성은 상당히 다르며, 따라서 풀이 과정에 공통점이 별로 없다. 예를 들면, 1계 선형방정식의 경우 관련 적분만 수행될 수 있다면 항상 단순한 방식으로 풀 수 있다. 그러나 2계 선형방정식의 경우에는 상수계수를 갖는 경우에만 쉽게 풀 수 있으며, 이 경우에도 방정식이 비동차형일 경우 풀이가 다소 복잡해진다.

다행스럽게도 2계 선형방정식과 고계 선형방정식 사이에는 밀접한 대응관계가 존재하며, 고계 선형방정식 이론은 2계 선형방정식 이론과 비슷하다. 이 장에서는 기본적으로 2계 선형방정식 관련 이론을 고계 선형방정식으로 확장한다. 3장에서 제시된 2계 선형방정식을 위한 증명들은 증명 절차의 일반화를 통해 고계 선형방정식으로 확장될 수 있다. 따라서 고계 선형방정식들을 위한 증명을 여기서 반복하지는 않는다.

2계 선형방정식과 고계 선형방정식은 층별 평면 배치가 동일한 고층빌딩과 같다. 이 경우 2층의 평면 배치에 익숙한 사람이라면 그 위의 다른 층들도 자유롭게 돌아다닐 수 있을 것이다.

이 장의 각 절 제목은 앞 장의 절 제목들과 거의 같다. 이 장의 각 절은 앞 장의 각 절을 확장시킨 것이며, 필요할 경우 이 두 장을 해당 절 별로 묶어서 학습할 수도 있을 것이다. 이 장의 절을 공부하기 전에 먼저 앞 장의 해당 절을 복습할 것을 권고한다.

학습목표

이 장을 마친 후에는 다음과 같은 능력을 갖출 수 있을 것이다.

1. 2계 방정식을 위한 3장의 해법들을 3계 이상의 고계 방정식들로 확장한다.
2. 해들이 1차 독립인지 판단하기 위해 론스키 행렬식을 이용한다.
3. 선형 동차 고계 방정식의 기본해집합을 식별한다.
4. 기본해 중의 하나가 알려져 있을 때 방정식의 계수를 줄이기 위해 계수축소법을 사용한다.
5. 상수계수 고계 선형 동차방정식의 일반해를 구한다.
6. 미정계수법과 매개변수 변화법을 사용하여 상수계수 고계 선형 동차방정식의 특수해를 구한다.
7. n계 오일러 방정식을 푼다.
8. 컴퓨터 패키지를 사용하여 고계 방정식에 대한 닫힌 형식의 해를 구한다.

4-1 ■ 고계 선형방정식 개요

고계 방정식에서 사용되는 용어들은 2계 방정식의 용어들과 같다. 예를 들면, 미분방정식이 종속변수 y 또는 그 도함수들의 어떠한 멱승, 곱, 기타 비선형 함수도 포함하지 않을 경우 **선형**으로 분류된다는 점을 여러 번 언급한 바 있다. n계 선형 미분방정식의 가장 일반적인 형식은

$$y^{(n)} + P_1(x)y^{(n-1)} + \cdots + P_{n-1}(x)y' + P_n(x)y = R(x) \tag{4-1}$$

와 같이 표현할 수 있으며, 이때 $P_1, P_2, ..., P_n$은 독립변수 x에만 종속될 수 있다. 선형방정식은 yy', y'^2, e^y 등과 같은 종속변수에 관한 어떠한 비선형 함수도 포함하지 않지만, x^2, e^x, $x^2 \sin x$ 등과 같은 독립변수에 관한 비선형 함수들은 포함할 수 있다.

함수 $R(x)$는 종속변수 y 또는 그 도함수들 중 어느 것도 포함하지 않는 항들을 나타내며 **비동차 항**이라고 한다. 선형 미분방정식은 $R(x) \neq 0$일 때 **비동차형**이라고 하며 $R(x) = 0$일 때 **동차형**이라고 한다. 따라서 n계 선형 동차방정식을 위한 가장 일반적인 형식은 다음과 같다.

$$y^{(n)} + P_1(x)y^{(n-1)} + \cdots + P_{n-1}(x)y' + P_n(x)y = 0 \tag{4-2}$$

선형 비동차방정식을 풀 때 방정식의 동차 부분을 따로 분리하여 고려하는 것이 편리한 경우가 종종 있다. 이를 위해 $R(x)$를 0으로 두었을 때 만들어지는 방정식을 주어진 미분방정식의 **연계 동차방정식**이라고 한다. 따라서 방정식 4-2는 방정식 4-1에 대한 연계 동차방정식에 해당한다.

선형 미분방정식들은 종속변수 y 항과 그 도함수 항들의 계수를 기준으로 분류하기도 한다. 이러한 계수들이 상수인 경우 **상수계수** *방정식*이라고 한다. 한 개 이상의 계수들이 독립변수 x에 종속될 경우 **변수계수** *방정식*이라고 한다. 따라서 상수계수 n계 선형 미분방정식을 위한 가장 일반적인 형식은 다음과 같다.

$$y^{(n)} + a_1 y^{(n-1)} + \cdots + a_{n-1} y' + a_n y = R(x) \tag{4-3}$$

여기에서 $a_1, a_2, ..., a_n$은 (3, -4.2, 3/5, 0 등과 같은) 실수 상수이다. 비동차 항 $R(x)$는 여전히 x의 함수일 수 있다.

방정식의 계수들이 구간 $x_1 < x < x_2$에서 연속이고 두 개의 초기조건이 구간 안의 임의의 점 x_0에서 지정될 경우, 2계 선형 미분방정식은 유일한 해를 갖는다고 3장에서 밝힌 바 있다. n계 선형 초깃값 문제에 대한 해의 *존재성 및 유일성*도 이와 비슷한 방식으로 정리 4-1에서처럼 표현될 수 있다.

정리 4-1 존재성 및 유일성

함수 $P_1(x)$, $P_2(x)$, ..., $P_n(x)$ 그리고 $R(x)$가 구간 $x_1 < x < x_2$에서 연속이고 x_0이 이 구간 안의 임의의 점이라고 할 때, 미분방정식

$$y^{(n)} + P_1(x)y^{(n-1)} + \cdots + P_{n-1}(x)y' + P_n(x)y = R(x)$$

은 이 구간에서 다음 n 개의 초기조건을 만족하는 (단 하나의) 유일한 해를 갖는다.

$$y(x_0) = y_0, y'(x_0) = y_0, \ldots, y^{(n-1)}(x_0) = y_0^{(n-1)}$$

여기에서 y_0, y'_0, ..., $y_0^{(n-1)}$ 등은 실수 상수이다.

이 정리는 n계 선형 미분방정식에 대해 계수들이 어떤 구간에서 연속이고 그 구간 안의 한 점에서 n 개의 초기조건이 지정되어 있다면 주어진 미분방정식이 그 구간에서 유일한 해를 갖는다는 것을 보장한다(그림 4-1). 이 정리가 적용될 수 있기 위해서는 미분방정식이 *표준형*, 즉, 선행 계수가 1이어야 한다. 정리 4-1은 일단 미분방정식과 초기조건 모두를 만족하는 함수가 발견되면 해에 대한 탐색이 끝났음을 보장해준다. 주어진 미분방정식과 지정된 초기조건들을 만족하는 다른 해는 존재하지 않는다.

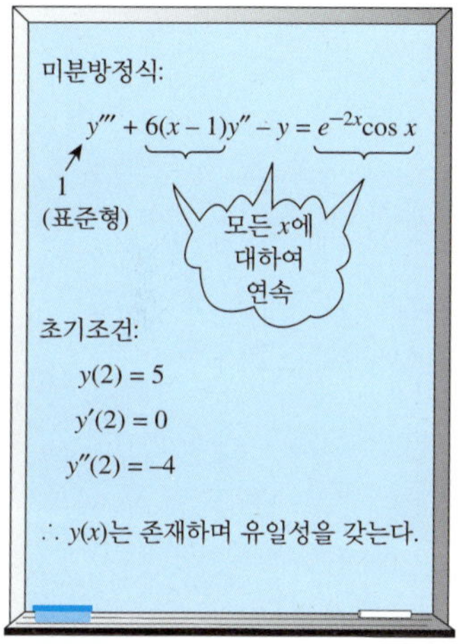

그림 4-1
구간 $-\infty < x < \infty$에서 정리 4-1의 조건들을 만족하며 따라서 이 구간에서 유일한 해를 갖는 3계 선형 초깃값 문제

예제 4-1 해의 존재성

주어진 초깃값 문제가 유일한 해를 갖는다는 것을 보이고, 그 해를 위한 구간을 구하라.

$$y''' - \frac{2x}{x^2 - 4}y'' + 3y = \frac{x+1}{x^2} + e^x$$

$$y(1) = 0, y'(1) = -3, \quad y''(1) = 5$$

풀이 이 문제는 *초깃값 문제*인데, 이는 두 개의 조건 모두 동일한 x 값인 $x_0 = 1$에 대해 지정되어 있기 때문이다. 이 미분방정식은 가장 계수가 높은 도함수가 y'''이므로 *3계* 방정식이며, y 또는 그 도함수들의 어떠한 멱승, 곱, 기타 비선형 함수도 포함하지 않으므로 선형방정식이고, 우변의 항들이 종속변수 또는 그 도함수들 중 어느 것도 포함하지 않으므로 *비동차*방정식이고, y''' 항의 계수가 1이므로 *표준형*이다. 이를 방정식 4-1과 비교하면 다음과 같음을 알 수 있다.

$$P_1(x) = -\frac{2x}{x^2 - 4}, P_2(x) = 0, P_3(x) = 3, \quad R(x) = \frac{x+1}{x^2} + e^x$$

함수 $P_2(x)$와 $P_3(x)$는 연속이지만, 함수 $P_1(x)$는 $x = 2$와 $x = -2$에서 무한대가 되므로 이 점들에서는 불연속이다. 함수 $R(x)$는 $x = 0$에서 불연속이다. 따라서 유일성 및 존재성 정리는 $x = -2, 0, 2$ 등의 점들을 포함하지 않는 임의의 구간에서 위의 방정식에 적용된다. 계수함수들과 $R(x)$는 $-\infty < x < -2$, $-2 < x < 0$, $0 < x < 2$, $2 < x < \infty$ 등의 구간들에서 연속이다.

초기조건들이 $x_0 = 1$에서 지정되어 있으므로, 정리 4-1은 구간 $0 < x < 2$에서 위의 초깃값 문제가 유일한 해를 가질 것임을 보장한다.

이 정리의 직접적 결과로서 자명해 $y = 0$이 연속인 계수들을 갖고 초기조건들이 모두 0으로 지정되어 있는 n계 선형 동차 미분방정식의 유일한 해임을 알 수 있다.

임의의 n에 대해 상수계수 n계 선형 동차방정식의 경우, $R(x) = 0$이며 계수들은 당연히 $-\infty < x < \infty$에서 연속이다. 따라서 그와 같은 방정식들의 해는 모든 x에 대해 유효하며, 이 경우 구간을 지정할 필요가 없다. 일반적으로 계수들과 비동차 항들이 전체 x-축 상에서 연속일 경우, x_0은 임의의 점일 수 있으며 해는 모든 x에 대해 유효하다.

정리 4-1은 지정된 조건 하에서 n계 초깃값 문제의 해에 대한 존재성 및 유일성을 보장한다. 경곗값 문제에 대해 그와 같은 보장은 제공되지 않는다. 그렇지만 지정된 경계조건들이 일반해 안의 임의상수들에 대해 유일한 값들을 정해주는 경우에 한해 경곗값 문제도 유일한 해를 가질 것이다.

예제 4-2 자체 무게로 인한 보의 처짐

일정한 단면을 갖고 길이가 L인 균일 재질의 수평 보의 처짐은 4계 미분방정식

$$y^{(iv)} = \frac{\rho g}{EI} \tag{4-4}$$

에 의해 결정되는데, 여기에서 ρ는 보의 질량 밀도, g는 중력가속도, E는 보 재질의 강성에 대한 척도인 길이탄성률, I는 보의 중심을 통과하는 수평선에 관한 보 단면의 2차모멘트이다 (반지름이 r인 원형 단면의 경우 $I = \pi r^4/4$).

그림 4-2에서 보여주듯이 함수 y는 임의의 위치 x에서 보의 처짐을 나타낸다. 보의 양단 모두 확실하게 고정되어 있는 양단 고정보의 경우에 대해 (a) 일반해를 구하고, (b) 주어진 조건들을 만족하는 특수해를 결정하라.

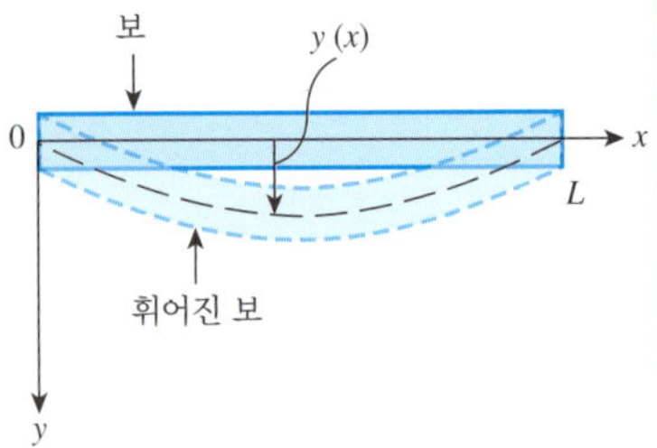

그림 4-2
자체 무게의 영향에 따른 보의 처짐 (예제 4-2)

풀이 | 위의 방정식은 상수계수 4계 선형 비동차 미분방정식이다. 계수들과 비동차 항은 전체 x-축 상에서 연속이다. 따라서 적어도 수학적으로는 이 방정식의 해가 어떠한 유한 구간으로도 한정되지 않는다. 그러나 이 미분방정식은 $0 \le x \le L$에서 빔의 처짐을 표현하고 있다. 이러한 현실적 이유로 해를 이 구간으로 한정한다.

(a) 위의 미분방정식은 쉽게 적분할 수 있는 형태이다. 따라서

$$y''' = \frac{\rho g}{EI}x + C_1$$

$$y'' = \frac{\rho g}{2EI}x^2 + C_1 x + C_2$$
$$y' = \frac{\rho g}{6EI}x^3 + \frac{1}{2}C_1 x^2 + C_2 x + C_3$$
$$y = \frac{\rho g}{24EI}x^4 + \frac{1}{6}C_1 x^3 + \frac{1}{2}C_2 x^2 + C_3 x + C_4 \quad \textbf{(4-5)}$$

와 같이 네 번의 연속적인 적분으로 일반해를 구하는데, 여기에서 C_1, C_2, C_3, C_4는 임의상수이다. 주어진 미분방정식이 4계이므로 그 일반해가 4개의 임의상수를 갖는 것은 당연한 일이다.

(b) 확실하게 지탱되는 보는 지탱점에서는 처지지 않는다. 따라서 양 종단에서 처짐은 0이어야 하므로 $y(0) = y(L) = 0$이다. 더욱이 단단하게 연결된 보는 틀어지지 않으므로 그림 4-3에서 보여주듯이 처짐 곡선은 양 종단에서 수평, 즉, 기울기가 0이어야 한다. 따라서 나머지 두 경계조건은 $y'(0) = y'(L) = 0$으로 주어진다. 이상 4개의 경계조건을 적용하면 4개의 임의상수 C_1, C_2, C_3, C_4를 결정하기 위한 4개의 방정식이 만들어진다. 이 방정식들을 풀어서 구한 임의상수 값들을 일반해에 대입하면 이 경곗값 문제에 대한 특수해가 다음과 같이 결정된다.

$$y = \frac{\rho g L^4}{24EI}\left[\left(\frac{x}{L}\right)^4 - 2\left(\frac{x}{L}\right)^3 + \left(\frac{x}{L}\right)^2\right] \quad \textbf{(4-6)}$$

이 해는 더 이상 임의상수를 포함하지 않으며, 따라서 주어진 경곗값 문제에 대한 유일한 해이다.

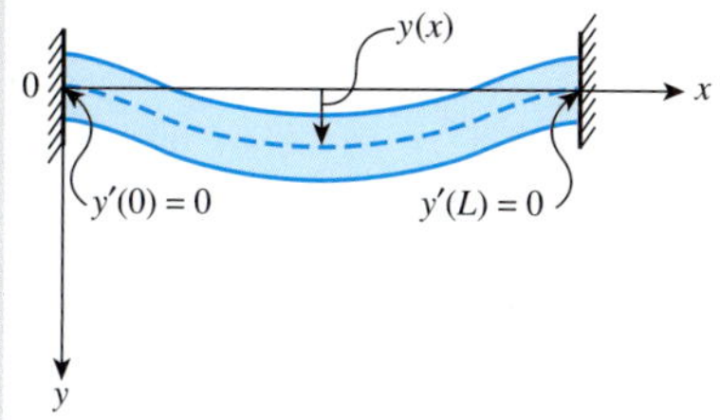

그림 4-3
예제 4-2의 보의 양 종단이 단단하게 연결되었을 때, 처짐 곡선은 양 종단에서 수평이 될 것이다.

절 복습문제

C로 표시된 문제는 토론을 위한 개념적 문제이다.

4-1C n계 선형 미분방정식의 해는 최소한 몇 개의 임의상수를 갖는가?

4-2C 지정된 구간에서 n계 선형 미분방정식에 대해 유일한 해의 존재를 보장하기 위해 몇 개의 초기조건이 지정되어야 하는가?

4-3 다음 미분방정식이 (1) 선형인지 비선형인지, (2) 동차형인지 비동차형인지, (3) 상수계수를 갖는지 변수계수를 갖는지 결정하라.

(a) $y''' + 3yy' = 6x^2$ (b) $y''' - 3y = e^{2x}$

(c) $x^3 y''' + xy' + y = 0$ (d) $y''' + xy' - 3y = \sin 2x$

(답: (a) 비선형, 비동차형, 상수계수 (b) 선형, 비동차형, 상수계수 (c) 선형, 동차형, 변수계수 (d) 선형, 비동차형, 변수계수)

4-4 주어진 초깃값 문제가 유일한 해를 갖도록 보장되는 구간을 결정하라.

(a) $y''' + 3y' = \cos x, y(\pi) = 0, y'(\pi) = -2$

(b) $x^3y''' + 2xy' - y = e^x, y(0) = 2, y'(0) = 5$

(답: (a) $-\infty < x < +\infty$ (b) 초기조건들이 $x = 0$에서 지정되어 있으므로 정리 4-1은 아무 것도 보장하지 않음)

4-2 ■ 동차방정식 이론

3장에서 2계 선형 동차방정식과 연관되어 논의된 중첩 원리는 정리 4-2에서 표현하고 있듯이 임의의 계수의 선형 동차방정식에 적용될 수 있다.

정리 4-2 중첩 원리

$y_1, y_2, \ldots, y_n$이 n계 선형 동차방정식

$$y^{(n)} + P_1(x)y^{(n-1)} + \cdots + P_{n-1}(x)y' + P_n(x)y = 0$$

의 n개의 해일 경우, 선형 결합

$$y = C_1 y_1 + C_2 y_2 + \cdots + C_n y_n \tag{4-7}$$

또한 이 방정식의 해이며, 여기에서 $C_1, C_2, \ldots, C_n$은 임의상수이다.

따라서 어떤 함수가 선형 동차 미분방정식의 해일 경우, 그 상수 배 또한 해가 된다. n개의 함수가 선형 동차 미분방정식의 해일 경우, 이들의 합 또한 그 미분방정식의 해가 된다.

중첩 원리는 선형 동차 미분방정식에만 적용된다는 점을 유의하기 바란다. 비선형방정식이나 비동차방정식은 비록 선형인 경우에도 중첩 원리가 적용되지 않는다.

아벨 항등성 또한 고계 선형 동차방정식에도 적용될 수 있으며, 정리 4-3에서와 같이 일반화될 수 있다.

정리 4-3 아벨 항등성

계수 $P_1, P_2, \ldots, P_n$이 구간 $x_1 < x < x_2$에서 연속인 n계 선형 동차 미분방정식

$$y^{(n)} - P_1(x)y^{(n-1)} + \cdots + P_{n-1}(x)y' + P_n(x)y = 0,$$

이 있다고 하고, 이 구간에서 $y_1, y_2, \ldots, y_n$이 이 미분방정식에 대한 n개의 임의의 해라고 하자. 이 경우 $y_1, y_2, \ldots, y_n$에 대한 론스키 행렬식은 항상 0이거나(이는 n개의 해가 1차 종속임을 나타냄) 혹은 결코 0이 아니게 된다(이는 n개의 해가 1차 독립임을 나타냄).

다음과 같이 표현되는 *아벨 공식*을 사용하여 연속인 계수들을 갖는 n계 선형 동차방정식에 대한 n개의 1차 독립인 해들의 론스키 행렬식을 상수 인수 K만 미정인 상태로 결정할 수 있다.

$$W(y_1, y_2, \ldots, y_n) = Ke^{-\int P_1(x)dx} \tag{4-8}$$

정리 4-3은 선형 동차 미분방정식의 계수 $P_1, P_2, \ldots, P_n$이 연속인 구간에서 $W(y_1, y_2, \ldots, y_n)$이 어떤 x에 대해서는 0이고 다른 x에 대해서는 0이 아닐 수는 없음을 의미한다. 따라서 지정된 구간에서 n개의 해의 1차 독립성을 결정할 때 그 구간 안의 편리한 임의의 점 x_0에서 $W(y_1, y_2, \ldots, y_n)$을 계산하는 것으로 충분한데, 이는 x_0에서 $W(y_1, y_2, \ldots, y_n)$이 0이면 모든 x에 대해 0인 것이며 따라서 $y_1, y_2, \ldots, y_n$은 1차 종속이기 때문이다. 마찬가지로 x_0에서 $W(y_1, y_2, \ldots, y_n) \neq 0$이면 그 구간에서 $y_1, y_2, \ldots, y_n$은 1차 독립이다.

선형 동차방정식의 일반해에 관한 중요한 정리는 정리 4-4에서처럼 표현될 수 있다.

정리 4-4 동차방정식의 일반해

계수 $P_1, P_2, \ldots, P_n$이 구간 $x_1 < x < x_2$에서 연속인 n계 선형 동차 미분방정식

$$y^{(n)} + P_1(x)y^{(n-1)} + \cdots + P_{n-1}(x)y' + P_n(x)y = 0$$

은 항상 그 구간에서 1차 독립인 n개의 해 $y_1, y_2, \ldots, y_n$을 갖는다. 또한 그 구간에서 이 미분방정식의 어떤 해라도

$$y = C_1y_1 + C_2y_2 + \cdots + C_ny_n \tag{4-9}$$

*와 같이 이러한 n개의 해의 선형 결합으로 유일하게 표현될 수 있으며, 이는 위의 방정식에 대한 **일반해**이다.*

따라서 $y = C_1y_1 + C_2y_2 + \cdots + C_ny_n$은 지정된 구간에서 주어진 미분방정식의 모든 해를 포함한다. 주어진 방정식에 대한 임의의 해는 상수 $C_1, C_2, \ldots, C_n$에 적당한 값들을 지정함으로써 일반해로부터 구할 수 있다. 따라서 해집합 $y_1, y_2, \ldots, y_n$은 해당 구간에서 주어진 미분방정식의 **기본해집합**이라 한다(그림 4-4).

정리 4-4는 n개의 1차 독립인 해의 존재성을 보장한다. 이 정리는 또한 단지 n개의 해만이 1차 독립일 수 있음을 확인한다. 따라서 n계 선형 동차방정식을 푸는 것은 n개의 1차 독립인 해를 구하는 것과 같다. 그런 다음 이 미분방정식의 일반해는 식 4-9로부터 구할 수 있다.

미분방정식:

$$y''' + 2y'' - y' - 2y = 0$$

기본해집합: (1차 독립)

$$y_1 = e^x,\ y_2 = e^{-x},\ y_3 = e^{-2x}$$

일반해:

$$y = C_1e^x + C_2e^{-x} + C_3e^{-2x}$$

그림 4-4
연속인 계수들을 갖는 3계 선형 동차방정식은 3개의 1차 독립인 해를 갖는다. 이들의 선형 결합으로 일반해를 얻을 수 있다.

절 복습문제

4-5C 해들의 합도 해가 되는 것은 어떤 종류의 미분방정식에 대해서인가?

4-6C 연속인 계수들을 갖는 3계 선형 동차방정식의 1차 독립인 3개의 해에 대한 론스키 행렬식이 어떤 x 값들에 대해서는 0이고 다른 x 값들에 대해서는 0이 아닐 수 있는가?

4-7 아래의 선형 동차방정식은 구간 $x > 0$에서 주어진 해들을 갖는다고 한다. 외형 조사를 통해 구간 $x > 0$에서 론스키 행렬식이 결코 0이 되지 않는 해들을 식별하라. 각 경우에 대해 실제로 론스키 행렬식을 계산하여 자신의 답을 확인하라.

(a) $y''' - 3y'' + 3y' = 0$, 해집합: e^x, xe^x, x^2e^x

(b) $y''' - 3y'' + 3y' = 0$, 해집합: $e^x, 2e^x, -3x^2e^x$

(답: (a) $W = 2e^{3x}$는 $x > 0$에서 결코 0이 되지 않는다. (b) 해 $e^x, 2e^{3x}, -3x^2e^x$는 1차 종속인데, 이는 $2e^x$가 e^x의 상수 배이며 따라서 $W = 0$이 되기 때문이다)

4-8 아래의 선형 동차방정식은 구간 $x > 0$에서 주어진 해들을 갖는다고 한다. 외형 조사를 통해 구간 $x > 0$에서 론스키 행렬식이 결코 0이 되지 않는 해들을 식별하라. 각 경우에 대해 실제로 론스키 행렬식을 계산하여 자신의 답을 확인하라.

(a) $x^3y''' + 2x^2y'' - 2xy' = 0$, 해집합: $\dfrac{1}{x}, x^2, 1$

(b) $x^3y''' + 2x^2y'' - 2xy' = 0$, 해집합: $e^{-\ln x}, x^2, 5$

(답: (a) $W = -6/x^2$은 $x > 0$에서 결코 0이 되지 않는다. (b) $W = -30/x^2 \neq 0$이므로 이 해들은 1차 독립이다.)

4-9 아래의 선형 동차방정식은 구간 $x > 0$에서 주어진 해들을 갖는다고 한다. 주어진 해들이 기본해집합을 구성하는지 결정하라. 기본해집합을 구성할 경우 주어진 미분방정식의 모든 해를 포함하는 y를 위한 관계식을 구하라.

(a) $x^3y''' + 3x^2y'' - 6xy' - 6y = 0$, 해집합: $\dfrac{1}{x}, \dfrac{1}{x^2}, x^3$

(b) $x^3y''' + 3x^2y'' - 6xy' - 6y = 0$, 해집합: $\dfrac{2}{x}, x^4e^{-\ln x}, x^3$

(답: (a) $W = -\dfrac{20}{x^3}$은 $x > 0$에서 결코 0이 되지 않으며, $y = \dfrac{C_1}{x} + \dfrac{C_2}{x^2} + C_3x^3$. (b) $W = 0$, 따라서 이 해들은 $x > 0$에 대해 기본해집합을 형성하지 못한다.)

4-3 ■ 계수축소법

계수축소법은 임의 계수의 선형 미분방정식에 적용될 수 있다. y_1이 n계 선형 동차방정식의 자명하지 않은 해, 즉, $y_1 \neq 0$인 해일 경우, 독립변수 x의 어떤 함수인 v에 대해 치환 $y = vy_1$은 주어진 방정식을 v'에 관한 $(n-1)$계 방정식으로 축소시킨다. 따라서 계수축소법은 y에 관한 n계 선형 동차방정식을 $w = v'$에 관한 $(n-1)$계 방정식으로 축소시킨다. 이러한 결과를 정리 4-5에 제시한다.

정리 4-5 계수축소법

y_1이 n계 선형 동차 미분방정식

$$y^{(n)} + P_1(x)y^{(n-1)} + \cdots + P_{n-1}(x)y' + P_n(x)y = 0$$

의 자명하지 않은 해일 경우, 치환 $y = vy_1$는 이 방정식을 v'에 관한 $(n-1)$계 선형 동차방정식으로 축소시킨다.

w에 관한 $(n-1)$계 방정식의 해를 외형 조사나 다른 방법으로 구할 수 있을 경우, 다시 계수축소법을 적용하여 $(n-2)$계 선형 동차방정식을 얻을 수 있다. 계수를 낮춘 그 다음 방정식의 해를 구할 수 있는 동안은 이러한 방식의 진행을 계속할 수 있다. 계수축소법은 비동차방정식에도 적용할 수 있다.

원리상으로는 계수축소법을 반복하여 n계 방정식을 1계 방정식으로까지 축소시킬 수 있지만, 실제로 가능한 경우는 드물다. 3계 이상의 방정식의 경우, 계수를 낮추어보았자 대개 최소한 2계 방정식이며, 이 경우 원래의 방정식에 비해 풀기가 그리 쉽지도 않다.

상수계수 방정식들은 계수축소법을 사용하지 않고도 체계적으로 풀 수 있다. 그러나 변수계수 방정식들은 특별한 형태가 아니라면 보통 무한급수나 수치해법을 사용하여 푼다. 이러한 방정식의 계수를 하나 낮추는 것은 대개 의미 있는 단순화에 해당되지 않는다.

절 복습문제

4-10 주어진 해를 사용하여 주어진 선형 동차방정식의 나머지 1차 독립인 해들을 계수축소법으로 결정하라.

$$y''' - y' = 0, \ y_1 = e^x$$

(답: $1, e^x, e^{-x}$)

4-4 ■ 상수계수 동차방정식

상수계수 n계 선형 동차방정식

$$a_0 y^{(n)} + a_1 y^{(n-1)} + \cdots + a_{n-1} y' + a_n y = 0 \tag{4-10}$$

에서 계수 $a_1, a_2, ..., a_n$은 실수인 상수라고 하자(각 항을 a_0으로 나눔으로써 0이 아닌 선행 계수는 항상 1로 만들 수 있음).

상수계수는 구간 $-\infty < x < \infty$에서 연속인 함수로 간주할 수 있으므로 이러한 방정식의 해들은 임의의 구간에서 유효하다. 따라서 이 해를 위해 구간을 지정할 필요는 없다. 이 경우의 핵심 정리를 다음과 같이 요약할 수 있다.

상수계수 n계 선형 동차방정식은 항상 임의의 구간에 적용될 수 있는 n개의 1차 독립인 해 $y_1, y_2, \ldots, y_n$을 가지며, 일반해는 임의상수 $C_1, C_2, \ldots, C_n$에 대해

$$y = C_1 y_1 + C_2 y_2 + \cdots + C_n y_n \tag{4–11}$$

와 같이 표현될 수 있다(그림 4-5).

3계 미분방정식:
$y''' + 2y'' - y' - 2y = 0$

1차 독립인 해:
$y_1 = e^x, y_2 = e^{-x}, y_3 = e^{-2x}$

일반해:
$y = C_1 e^x + C_2 e^{-x} + C_3 e^{-2x}$

유효 구간:
$-\infty < x < \infty$

그림 4–5
상수계수 n계 선형 동차방정식은 선형 결합으로 모든 x에 대한 일반해를 얻을 수 있는 n개의 1차 독립인 해들을 갖는다.

이번에도 해 함수와 그 도함수들은 기껏해야 상수 배로 달라지는 정도의 차이밖에는 가질 수 없다. 따라서 해가 어떤 상수 m에 대해 e^{mx} 형태를 갖는다고 가정한다. 이 함수를 식 4-10에 대입하면 다음의 결과를 얻는다.

$$e^{mx}(a_0 m^n + a_1 m^{n-1} + \cdots + a_{n-1} m + a_n) = 0 \tag{4–12}$$

그러나 지수함수 e^{mx}는 0이 될 수 없다. 따라서 다음 방정식을 얻게 된다.

$$a_0 m^n + a_1 m^{n-1} + \cdots + a_{n-1} m + a_n = 0 \tag{4–13}$$

이 n차 방정식은 **특성방정식(characteristic equation)** 또는 *보조방정식(auxiliary equation)*이라고 불리는데, 이는 이 방정식이 주어진 미분방정식의 해를 규정짓는 m 값들을 근으로 갖기 때문이다. 특성방정식과 미분방정식을 비교해보면, 미분방정식에서 $y^{(n)}$은 m^n, $y^{(n-1)}$은 m^{n-1} 등으로 치환을 반복하는 간단한 방법으로 미분방정식을 특성방정식으로 변환할 수 있음을 알 수 있다(그림 4-6).

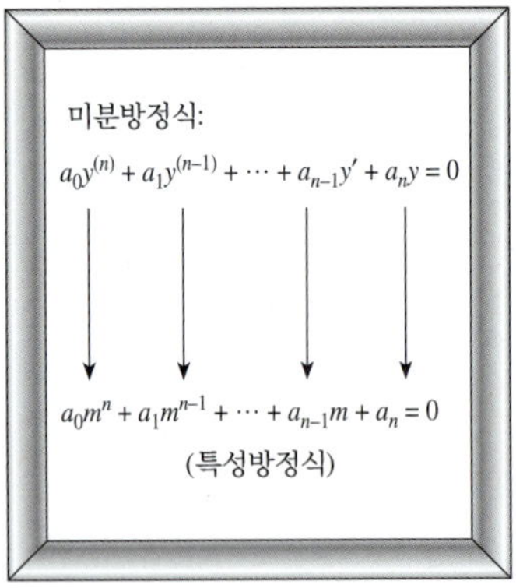

그림 4–6
$k = n, n-1, \ldots, 2, 1, 0$에 대해 $y^{(k)}$를 m^k로 치환함으로써 n계 방정식에 대한 특성방정식을 구할 수 있다.

n차 다항방정식은 n개의 근을 갖는다는 것을 대수학에서 배웠을 것이다. 따라서 n계 선형 동차방정식의 특성방정식은 n개의 근 $m_1, m_2, \ldots, m_n$을 갖는다. 이러한 n개의 근에 대응되는 n개의 해는 다음과 같이 주어진다.

$$y_1 = e^{m_1 x}, y_2 = e^{m_2 x}, \ldots, y_n = e^{m_n x}$$

n개의 근이 실수이고 서로 다를 경우, n개의 해는 1차 독립이며, 따라서 바로 일반해를 구성할 수 있다. 그렇지만 근들 중의 일부는 중복될 수도 있고, 일부는 복소수일 수도 있다. 각 경우에 대한 풀이 절차는 3장에서 살펴본 2계 방정식의 경우와 밀접하게 대응된다. 각 경우를 별도로 살펴보겠지만, 고계 미분방정식에 대한 특성방정식의 근을 찾는 방법에 대해 먼저 논의한다.

다항방정식의 근

상수계수 고계 선형 미분방정식을 풀기 위해서는 특성방정식의 근들을 구할 필요가 있다. 일단 근들을 구한 다음에는 3-5절에 기술된 상수계수 2계 미분방정식을 위한 절차에 따른 체계적 방식으로 일반해를 구성할 수 있다. n계 미분방정식의 특성방정식은 **특성다항식**이라고 불리는 n차 다항식을 포함한다.

$n = 2$의 경우, 다항방정식들의 두 근 모두 2차방정식을 위한 근의 공식으로부터 쉽게 구할 수 있다. $n = 3$과 $n = 4$의 경우에도 비슷한 공식들이 있지만 사용하기가 쉽지는 않다. 따라서 $n \geq 3$의 경우 가장 실용적인 방법은 계산기나 컴퓨터 프로그램을 사용하여 근들을 계산하는 것이다. 대부분의 공학용 계산기는 이러한 기능을 갖추고 있으며, 4-9절에서는 컴퓨터 패키지를 사용하여 근들을 구하는 방법을 보여줄 것이다.

특수한 경우: 정수 근

특성방정식의 모든 근이 정수일 때, 특성방정식은

$$(r - r_1)(r - r_2) \cdots (r - r_n) = r^n + a_1 r^{n-1} + \cdots + a_n \tag{4-14}$$

와 같은 형태를 가질 것이며, 여기에서 계수 $a_1, a_2, ..., a_n$은 모두 정수이다. 더욱이 상수항 a_n은 근들의 곱이다(그림 4-7). 따라서 근들은 a_n의 인수들일 것이다. 이것은 특성방정식이 정수 계수들을 갖고 선행 계수가 1일 때, 계산기나 컴퓨터를 갖고 있지 않다면 상수항의 인수들을 근들의 후보로 시도할 수 있음을 의미한다.

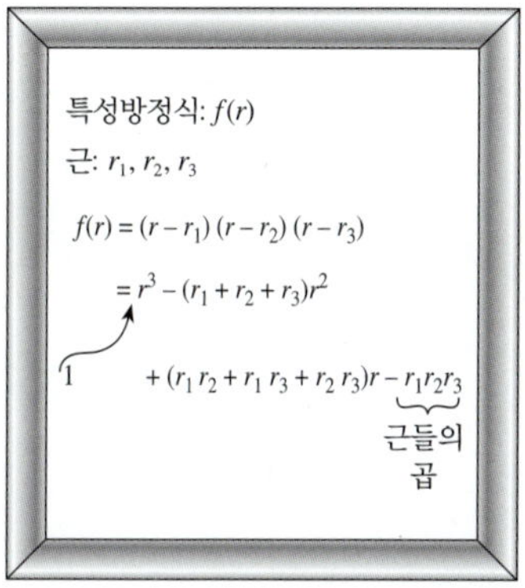

그림 4-7
선행 계수가 1일 때, 특성방정식의 상수항은 근들의 곱이 된다.

다음 3차 방정식을 예로 들어보자.

$$r^3 - 5r^2 - 8r + 12 = 0 \tag{4-15}$$

이 방정식은 정수 계수들을 가지며 선행 계수는 1이다. 상수항 12의 인수들은 ± 1, ± 2, ± 3, ± 4, ± 6, ± 12 등이다. 따라서 이 인수들을 근을 위한 후보로 시도할 수 있다. 몇 번의 시행착오 후에 이 방정식의 세 근은 정수인 1, -2, 6임을 발견하게 될 것이다.

때로 방정식에서 어떤 항들이 빠져 있을 경우 낮은 차수의 방정식으로 변환될 수 있는 경우가 있다. 예를 들면, 방정식 $r^4 + 7r^2 + 10 = 0$에는 r^3 항과 r 항이 빠져 있다. 이 경우 다음과 같이 2차방정식을 위한 근의 공식을 사용하여 r^2에 대해 풀 수 있다.

$$r^2 = \frac{-7 \pm \sqrt{49 - 40}}{2} = -2, -5$$

따라서 근은 $\pm i\sqrt{2}$, $\pm i\sqrt{5}$ 이다.

일반해의 구성

다음으로 특성방정식의 근들을 모두 찾았다고 가정하고 상수계수 고계 선형 동차방정식의 일반해를 구성하는 방법을 살펴보기로 하자. 이번에도 서로 다른 실근, 중복 실근, 복소수 근 등 세 가지 경우를 고려할 것이다.

경우 1: 서로 다른 실근

특성방정식의 n개의 근 $m_1, m_2, ..., m_n$이 실수이고 서로 다를 경우, 주어진 n계 미분방정식의 n개의 해는 다음과 같이 주어진다.

$$e^{m_1 x}, e^{m_2 x}, \dots, e^{m_n x}$$

어느 두 근도 같지 않으므로 직관적으로 위의 해들 중에서 어느 두 해도 다른 해의 상수배가 될 수 없으며 어느 해도 다른 해들의 선형 결합으로 표현될 수 없다는 것을 알 수 있을 것이다. 따라서 이러한 n개의 해는 1차 독립이며, 일반해는 다음과 같이 주어진다.

$$y = C_1 e^{m_1 x} + C_2 e^{m_2 x}, \dots, C_n e^{m_n x} \tag{4-16}$$

이러한 n개의 해가 실제로 1차 독립이라는 것은 이들에 대한 론스키 행렬식을 계산함으로써 확인할 수 있다.

예제 4-3 동차방정식: 서로 다른 실근

미분방정식 $y''' + 6y'' + 8y' - 3y = 0$의 일반해를 구하라.

풀이 위의 방정식은 상수계수 3계 선형 동차방정식이며, 특성방정식은 $m^3 + 6m^2 + 8m - 3 = 0$이다. 이 특성방정식에서 선행 계수는 1이고 모든 계수들은 정수이다. 따라서 계산기나 컴퓨터를 가까이 두고 있지 않다면, 상수항의 인수들인 ± 1과 ± 3을 근을 위한 후보로 시도할 수 있다. 특성방정식을 $m + 3$으로 나누면 2차방정식 $m^2 + 3m - 1 = 0$을 얻을 수 있으며, 그 근은 다음과 같이 주어진다.

$$m_{2,3} = \frac{-3 \pm \sqrt{13}}{2} = -1.5 \pm \sqrt{3.25}$$

세 근은 모두 실수이며 서로 다르다. 따라서 주어진 방정식의 일반해는

$$y = C_1 e^{-3x} + C_2 e^{-(1.5+\sqrt{3.25})x} + C_3 e^{-(1.5-\sqrt{3.25})x}$$

이며, 여기에서 C_1, C_2, C_3은 임의상수이다. 상수계수 3계 선형 동차방정식은 3개의 1차 독립인 해들을 가지며, 그 일반해는 이들의 선형 결합으로 주어진다는 점을 기억하자.

경우 2: 중근

특성방정식의 근들 중에서 한 개 이상이 두 번 이상 중복될 경우, 식 4-16은 일반해가 될 수 없는데 이는 식 4-16에 포함되는 1차 독립인 해의 수가 n보다 적을 것이기 때문이다. 3장에서 m_1이 2계 미분방정식의 특성방정식의 중근일 경우 $e^{m_1 x}$

외에 xe^{m_1x}도 주어진 미분방정식의 해가 되는 것을 살펴본 바 있다. 계수축소법을 사용하여 m_1이 3중근일 경우, $x^2e^{m_1x}$ 또한 해가 될 수 있음을 보일 수 있다. 이를 다음과 같이 일반화할 수 있다.

m_1이 특성방정식의 k중근일 경우,

$$e^{m_1x},\ xe^{m_1x},\ x^2e^{m_1x},\ \ldots,\ x^{k-1}e^{m_1x} \tag{4–17}$$

가 이 근에 대응되는 k개의 1차 독립인 해이다(그림 4-8).

예를 들면, 상수계수 6계 선형 동차방정식의 특성방정식의 3중근 m_1, 중근 m_2, 그리고 또 다른 근 m_3을 가질 경우 이 미분방정식의 일반해는 다음과 같이 주어진다.

$$\begin{aligned} y &= (C_1e^{m_1x} + C_2xe^{m_1x} + C_3x^2e^{m_1x}) + (C_4e^{m_2x} + C_5xe^{m_2x}) + C_6e^{m_3x} \\ &= (C_1 + C_2x + C_3x^2)e^{m_1x} + (C_4 + C_5x)e^{m_2x} + C_6e^{m_3x} \end{aligned} \tag{4–18}$$

k중근 m에 대응되는 일반해 부분은 e^{mx}에 임의상수들을 계수로 갖는 $(k-1)$차 다항식을 곱하여 얻는다는 점을 유의하기 바란다.

중근

$m_1 = m_2 = \cdots = m_k$

일 경우

$y_1 = e^{m_1x}$

$y_2 = xe^{m_1x}$

$y_3 = x^2e^{m_1x}$

⋮

$y_k = x^{k-1}e^{m_1x}$

그리고

$y = (C_1 + C_2x + \cdots + C_kx^{k-1})e^{m_1x}$

그림 4–8
특성방정식의 실수인 k중근에 대응되는 k개의 1차 독립인 해

예제 4–4 동차방정식: 중근

미분방정식 $y^{(iv)} + 8y''' + 18y'' + 16y' + 5y = 0$에 대한 일반해를 구하라.

풀이 이 미분방정식은 상수계수 2계 선형 동차방정식이며, 그 특성방정식은 $m^4 + 8m^3 + 18m^2 + 16m + 5 = 0$이다. 이것은 4차방정식이며, 따라서 4개의 근을 갖는다. 근들을 구해보면 $-1, -1, -1, 5$인데, 이때 -1은 3중근이며 5는 단일 근이다. 모든 근은 실수이며, 따라서 주어진 방정식의 일반해는 $y = (C_1 + C_2x + C_3x^2)e^{-x} + C_4e^{5x}$인데, 여기에서 C_1, C_2, C_3, C_4는 임의상수이다. 상수계수 4계 선형 동차방정식은 4개의 1차 독립인 해들을 가지며, 그 일반해는 이들의 선형 결합으로 주어진다는 점을 기억하자.

경우 3: 복소수 근

대수학에서 다항방정식이 실수 계수들을 가질 경우 복소수 근들은 반드시 켤레 쌍으로 나타난다는 것을 배웠을 것이다. 즉, $\alpha + i\beta$가 근일 경우 $\alpha - i\beta$도 근이 된다. 2계 방정식을 다루는 3장에서 특성방정식에 대한 한 쌍의 복소수 근에 대응되는 일반해가 다음과 같이 주어짐을 살펴본 바 있다.

$$y = e^{\alpha x}(C_1\cos\beta x + C_2\sin\beta x) \tag{4–19}$$

따라서 한 쌍의 켤레 복소수 근에 대응되는 두 개의 1차 독립인 해는 다음과 같다.

$$e^{\alpha x}\cos\beta x \quad \text{그리고} \quad e^{\alpha x}\sin\beta x$$

이것은 미분방정식의 계수가 몇이든 상관없이 성립한다. 다른 켤레 복소수 근들이 있다면 이들에 대응되는 1차 독립인 해들도 같은 방식으로 정해진다.

특성방정식의 계수들이 실수일 경우, 복소수 근 $\alpha + i\beta$가 k중근일 경우 그 켤레인 $\alpha - i\beta$도 반드시 k중근이 된다. 앞에서 살펴본 중근을 위한 절차는 복소수 근들에도 적용된다. 따라서 일반해에서 k중근 켤레 복소수 쌍 $\alpha + i\beta$에 대응되는 부분은

$$y = e^{\alpha x}(C_1\cos\beta x + C_2\sin\beta x) + xe^{\alpha x}(C_3\cos\beta x + C_4\sin\beta x) + \cdots + x^{k-1}e^{\alpha x}(C_{2k-1}\cos\beta x + C_{2k}\sin\beta x) \tag{4-20}$$

와 같이 주어지며, $C_1, C_2, ..., C_n$는 임의상수이다(그림 4-9).

복소수 중근

$m_{1,2} = m_{3,4} = \alpha \pm i\beta$

일 경우

$y_1 = e^{\alpha x}\cos\beta x$

$y_2 = e^{\alpha x}\sin\beta x$

$y_3 = xe^{\alpha x}\cos\beta x$

$y_4 = xe^{\alpha x}\sin\beta x$

그리고

$y = e^{\alpha x}(C_1\cos\beta x + C_2\sin\beta x) + xe^{\alpha x}(C_3\cos\beta x + C_4\sin\beta x)$

그림 4-9
특성방정식의 근이 한 쌍의 켤레 복소수 2중근일 때 이들에 대응되는 4개의 1차 독립인 해

예제 4-5 동차방정식: 복소수 중근

미분방정식 $y^{(iv)} + 18y'' + 81y = 0$의 일반해를 구하라.

풀이 위의 방정식은 상수계수 4계 선형 동차방정식이며, 특성방정식 $m^4 + 18m^2 + 81 = (m^2 + 9)^2 = 0$의 근들은 $-3i, -3i, 3i, 3i$이다. 그런데 켤레 복소수 쌍 $\pm 3i$는 특성방정식의 2중근들이다. 따라서 주어진 미분방정식의 일반해는 $y = (C_1\cos 3x + C_2\sin 3x) + x(C_3\cos 3x + C_4\sin 3x)$인데, 여기에서 C_1, C_2, C_3, C_4는 임의상수이다. 상수계수 4계 선형 동차방정식은 4개의 1차 독립인 해들을 가지며, 그 일반해는 이들의 선형 결합으로 주어진다는 점을 기억하자.

물리 법칙들 중에는 서로 연계된 여러 개의 1계 또는 2계 미분방정식들을 갖는 것들이 종종 있다. 이러한 경우 해를 구하기 위해서는 전체 방정식들을 하나의 고계 방정식으로 축소시키는 것이 간편할 수도 있다. 예제 4-6에서 그와 같은 방법을 보인다.

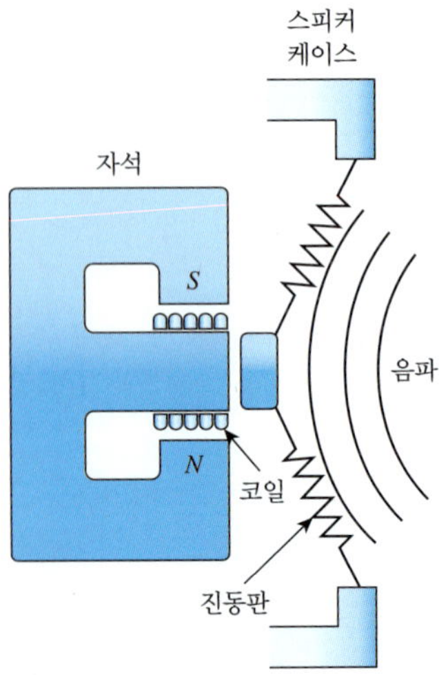

그림 4-10
스피커의 구조

예제 4-6 스피커 모델

스피커는 전기에너지를 기계에너지(음파)로 변환시키기 위해 자석, 코일, 진동판 등을 이용하는데, 코일에 발생하는 자장이 진동판을 움직인다. 스피커의 동작 원리를 그림 4-10에서 보이고 있다. 스테레오나 라디오의 증폭기는 진동판에 연결된 코일에 전류를 흐르게 하는데, 이로 인해 코일과 진동판이 영구자석을 기준으로 운동을 하게 된다. 진동판의 운동은 공기압 파동을 발생시키는데, 이것이 바로 소리이다.

(a) 스피커 시스템을 위한 모델을 개발하라.

(b) 다음 매개변수 값들을 사용하여 특성근들을 찾고 동차해의 형태를 결정하라.

$m = 0.002\text{kg}$ $\quad k = 4 \times 10^5\text{N/m}$

$K_f = 16\text{N/A}$ $\quad K_b = 13\text{V} \cdot \text{s/m}$

$R = 120\Omega$ $\quad L = 10^{-3}\text{H}$

풀이 (a) 그림 4-11은 기계적 요소의 단순화된 모델을 보여준다. 질량 m은 진동판과 코일의 질량을 합한 값을 나타낸다. 스프링 상수는 진동판의 재질 특성에 따라 달라진다. 힘 f는 자력이며 $f = nBLi = K_f i$에 의해 코일 전류 i와의 관계가 정해진다. 여기에서 n은 코일의 감김 횟수, B는 자장 강도를 나타내며, $K_f = nBL = 16\text{N/A}$로 주어져 있다. 뉴턴의 법칙으로부터 다음 식을 얻는다.

$$m\frac{d^2x}{dt^2} = -kx + K_f i \tag{4-21}$$

그림 4-11b는 전기적 요소를 보여준다. 코일의 인덕턴스와 저항은 L과 R이다. 코일에는 역기전력 전압 v_b가 발생하는데, 이는 코일이 자장 속에서 움직이는 전도체이기 때문이다. 역기전력 전압은 $v_b = K_b dx/dt$로 주어진다. 전압 v는 증폭기로부터의 신호 세기에 해당한다. 키르히호프의 전압 법칙으로부터 다음 식을 얻는다.

$$v = L\frac{di}{dt} + Ri + K_b\frac{dx}{dt} \tag{4-22}$$

스피커 모델은 방정식 4-21 및 4-22로 이루어진다.

(b) 위의 방정식들은 특성근들을 계산할 수 있는 형태로 되어 있지 않다. 특성근들을 구하기 위해 이 방정식들을 단일 방정식으로 축소시킬 필요가 있다. 방정식 4-21을 i에 대해 풀면 다음 식을 얻는다.

$$i = \frac{1}{K_f}\left(m\frac{d^2x}{dt^2} + kx\right) \tag{4-23}$$

이제 식 4-23을 다음과 같이 미분한다.

$$\frac{di}{dt} = \frac{1}{K_f}\left(m\frac{d^3x}{dt^3} + k\frac{dx}{dt}\right) \tag{4-24}$$

이 식들을 방정식 4-22에 대입하여

$$v = L\left[\frac{1}{K_f}\left(m\frac{d^3x}{dt^3} + k\frac{dx}{dt}\right)\right] + R\left[\frac{1}{K_f}\left(m\frac{d^2x}{dt^2} + kx\right)\right] + K_b\frac{dx}{dt} \tag{4-25}$$

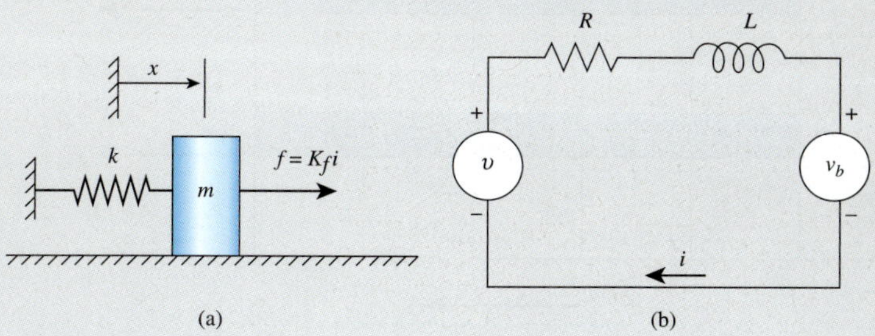

그림 4-11
스피커의 기계적 요소와 전기적 요소에 관한 모델

을 얻고, 항들을 정리한 결과는 다음과 같다.

$$mL\frac{d^3x}{dt^3} + mR\frac{d^2x}{dt^2} + (kL + K_b K_f)\frac{dx}{dt} + kRx = K_f v \quad \text{(4–26)}$$

이제 하나의 3계 방정식을 얻었으며, 이로부터 구한 특성방정식은 다음과 같다.

$$mL\beta^3 + mR\beta^2 + (kL + K_bK_f)\beta + kR = 0$$

이 모델은 3개의 근을 갖지만, 이 근들을 위한 간단한 닫힌 형식의 표현식을 구하는 것은 불가능하다. 따라서 앞에 주어진 매개변수 값들을 사용해야 하며, 그 결과로 다음과 같은 방정식을 얻는다.

$$2\beta^3 + 0.024\beta^2 + 608\beta + 4.8 \times 10^6 = 0$$

이 방정식의 근들은 $\beta = -8715$와 $\beta = -1643 \pm 16513i$이다. 이 근들로부터 구한 동차해의 형태는 다음과 같다.

$$x(t) = C_1e^{-8715t} + C_2e^{-1643t} \sin 16\,513t + C_3e^{-1643t} \cos 16\,513t$$

항 C_1e^{-8715t}가 가장 먼저 소멸될 것이다(대략 $t = 4(1/8715) = 4.6 \times 10^{-4}$초가 지난 후). 이 해는 16513라디안/초의 진동수로 진동할 텐데, 대략 $t = 4(1/1643) = 0.024$초가 지나면 진동이 소멸될 것이다.

예제 4-7 2층 건물에 대한 지반운동의 효과

그림 4-12는 2층 건물을 표현하고 있다. 개별 층의 질량은 각기 m_1, m_2이며, 개별 층마다 6개씩의 기둥들이 받치고 있다. 지진으로 인해 지반이 수평으로 움직이면 개별 층들도 수평으로 움직이며, 기둥들은 스프링처럼 작용하여 이러한 움직임에 저항한다. 6개씩의 기둥들이 형성하는 총 수평 강성은 각기 k_1, k_2이고, 수평 지반운동은 y로 나타낸다.

(a) 운동 y에 대한 건물의 반응을 위한 모델을 구성하라.

(b) 층 별 질량과 강성 값들이 동일할 경우($m_1 = m_2 = m$ 그리고 $k_1 = k_2 = k$), 이 건물에 대한 단일 방정식 모델을 구하고 그 동차해를 결정하라.

풀이 (a) 개별 층의 운동은 그림 4-13에서 보여주듯이 마찰이 없는 표면상에서 미

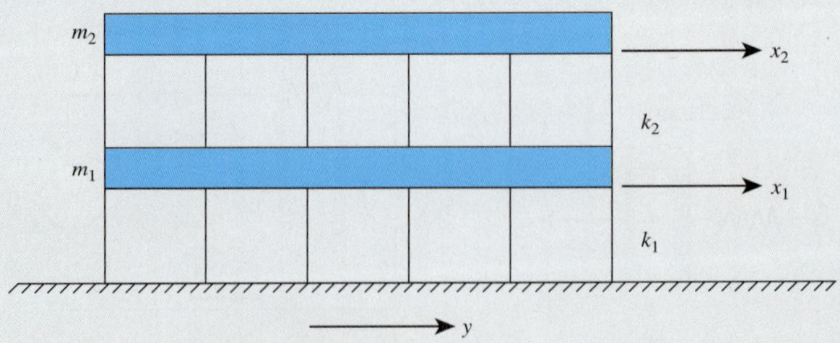

그림 4-12
2층 건물. 개별 층의 질량은 각기 m_1, m_2. 수평 지반운동은 y. 6개씩의 기둥들의 총 수평 강성은 각기 k_1, k_2.

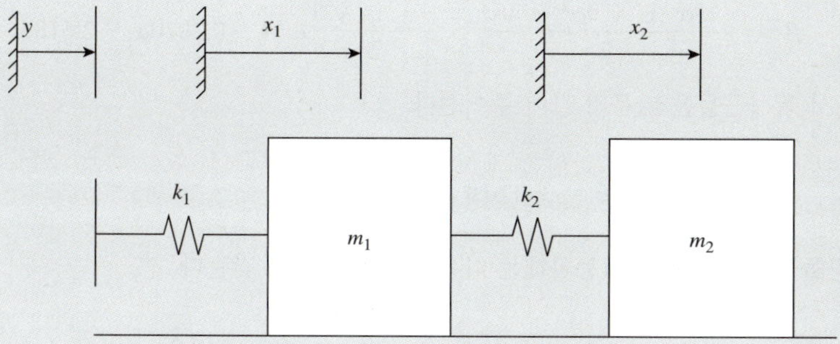

그림 4-13
지반운동의 효과와 기둥 강성을 분석하기 위한 2층 건물 모델

끄러지며 운동 $y(t)$에 의해 이동하는 두 개의 블록으로 표현하면 더 쉽게 생각할 수 있다. 이에 대한 자유물체도를 $y > x_1 > x_2$인 경우로 가정하고 그림 4-14에 보인다. 그림들과 뉴턴의 운동법칙들로부터 다음 운동방정식들을 얻는다.

$$m_1\ddot{x}_1 = -k_2(x_1 - x_2) + k_1(y - x_1)$$

$$m_2\ddot{x}_2 = k_2(x_1 - x_2)$$

(b) 질량과 강성이 동일할 경우, 위의 방정식들은 다음과 같이 표현될 수 있다.

$$m\ddot{x}_1 + 2kx_1 - kx_2 = ky$$

$$m\ddot{x}_2 - kx_1 + kx_2 = 0$$

각 방정식을 m으로 나누고 $\alpha = k/m$으로 두면, 다음 방정식들을 얻는다.

$$\ddot{x}_1 + 2\alpha x_1 - \alpha x_2 = \alpha y \tag{4-27}$$

$$\ddot{x}_2 - \alpha x_1 + \alpha x_2 = 0 \tag{4-28}$$

x_1에 관한 단일 방정식을 얻기 위해 방정식 4-27을 미분한다.

$$\frac{d^4x_1}{dt^4} + 2\alpha\frac{d^2x_1}{dt^2} - \alpha\frac{d^2x_2}{dt^2} = \alpha\frac{d^2y}{dt^2}$$

이 식에 식 4-28로부터의 $\ddot{x}_2$를 대입하고 다시 식 4-27로부터의 x_2를 대입하여 얻은 결과

$$\frac{d^4x_1}{dt^4} + 3\alpha\frac{d^2x_1}{dt^2} + \alpha^2x_1 = \alpha^2y + \alpha\frac{d^2y}{dt^2} \tag{4-29}$$

은 바로 구하고자 하던 방정식이다. 이 방정식의 특성방정식은 $\beta^4 + 3\alpha\beta^2 + \alpha^2 = 0$이다. β^3이나 β 항이 없으므로 이 방정식은 β^2에 관한 2차방정식에 해당하며, 근의 공식을 사용하여 풀 수 있다.

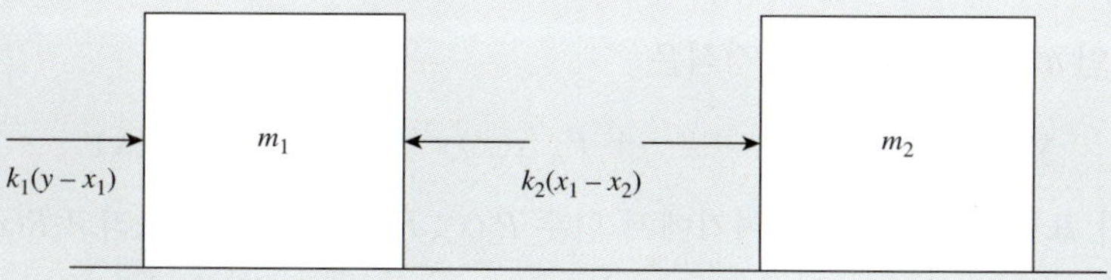

그림 4-14
두 개의 층들에 대한 자유물체도

$$\beta^2 = \frac{-3\alpha \pm \sqrt{9\alpha^2 - 4\alpha^2}}{2} = \frac{-3 \pm \sqrt{5}}{2}\alpha = -0.3820\alpha, -2.618\alpha$$

따라서 특성근들은 다음과 같이 주어진다.

$$\beta = \pm i0.618\sqrt{\frac{k}{m}}, \ \pm i1.618\sqrt{\frac{k}{m}}$$

이 근들은 허근들이므로 동차해는 다음과 같은 형태를 갖는다.

$$x_1(t) = C_1 \sin 0.618\sqrt{\frac{k}{m}}t + C_2 \cos 0.618\sqrt{\frac{k}{m}}t + C_3 \sin 1.618\sqrt{\frac{k}{m}}t + C_4 \cos 1.618\sqrt{\frac{k}{m}}t$$

이 해는 각 진동수가 $0.618\sqrt{k/m}$과 $1.618\sqrt{k/m}$인 진동들을 포함한다. 이 해를 계산하려면 4개의 초기조건들이 지정되어야 한다.

절 복습문제

4-11C 상수계수 3계 선형 동차방정식이 주어져 있다고 하자. 함수 y_1, y_2, y_3 모두 이 방정식을 만족할 경우, 이 함수들 중 어느 것이나 나머지 두 함수의 선형 결합으로 표현할 수 있는가?

4-12C 함수 $e^{2x}, e^{-2x}, e^{-3x}, e^{3x}$를 동시에 만족시킬 수 있는 상수계수 3계 선형 동차방정식이 존재하는가?

4-13 주어진 상수계수 선형 동차방정식의 일반해를 구하라.

(a) $y^{(iv)} - y = 0$ (b) $y''' + 3y'' + 4y' + 12y = 0$

(답: (a) $y = C_1 \sin x + C_2 \cos x + C_3 e^{-x} + C_4 e^{x}$ (b) $y = C_1 e^{-3x} + C_2 \sin 2x + C_3 \cos 2x$)

4-14 다음 초깃값 문제의 특수해를 구하라.

$$y^{(iv)} - 81y = 0, \ y(\pi) = y'(\pi) = y''(\pi) = 0, \ y'''(\pi) = 1$$

(답: $y(x) = \dfrac{1}{54}\{\sinh[3(x - \pi)] + \sin 3x\}$)

4-5 ■ 비동차방정식 이론

일반적인 n계 선형 비동차방정식은

$$y^{(n)} + P_1(x)y^{(n-1)} + \cdots + P_{n-1}(x)y' + P_n(x)y = R(x)$$

와 같이 표현될 수 있는데, 여기에서 함수 $P_1(x), P_2(x), \ldots, P_n(x)$ 그리고 $R(x)$는 관심 대상 구간에서 연속인 것으로 가정된다. $R(x) = 0$으로 두어 다음과 같은 연계 동차방정식을 구할 수 있다.

$$y^n + P_1(x)y^{(n-1)} + \cdots + P_{n-1}(x)y' + P_n(x)y = 0$$

비동차방정식의 해들은 연계 동차방정식과 긴밀하게 연계되어 있다. 비동차방정식을 풀 때의 첫 번째 단계는 연계 동차방정식의 해를 얻은 후 이 해를

$$y_h = C_1y_1 + C_2y_2 + \cdots + C_ny_n$$

와 같이 표현하는 것인데, 여기에서 $y_1, y_2, ..., y_n$은 동차방정식의 기본해집합이다. 함수 y_h는 연계 동차방정식의 일반해를 나타내며 **동차해(homogeneous solution)** 또는 **보조해(complementary solution)**라고 한다. 반면에 어떠한 임의상수도 포함하지 않고 전체 비동차방정식을 만족하는 함수는 **특수해(particular solution)**라고 한다. 다음 단계는 주어진 비동차방정식을 만족할 수 있도록 동차해를 변형하는 것인데, 이는 정리 4-6에 따라 수행된다.

정리 4-6 선형 비동차방정식의 일반해

구간 $x_1 < x < x_2$에서 $P_1(x), P_2(x), ..., P_n(x)$그리고 $R(x)$가 연속일 때 선형 비동차방정식

$$y^{(n)} + P_1(x)y^{(n-1)} + \cdots + P_{n-1}(x)y' + P_ny = R(x)$$

의 특수해가 y_p이고 연계 동차방정식의 일반해가 y_h일 때, 그 구간에서 이 비동차방정식의 일반해는

$$\begin{aligned} y &= y_h + y_p \\ &= C_1y_1 + C_2y_2 + \cdots + C_ny_n + y_p \end{aligned} \tag{4-30}$$

와 같이 주어지는데, 여기에서 $y_1, y_2, ..., y_n$은 연계 동차방정식의 기본해집합이며 $C_1, C_2, ..., C_n$은 임의상수이다.

비동차방정식:

$y^{(n)} + P_1(x)y^{(n-1)} + \cdots + P_n(x)y = R(x)$

특수해: y_p

연계 동차방정식:

$y^{(n)} + P_1(x)y^{(n-1)} + \cdots + P_n(x)y = 0$

동차해:

$y_h = C_1y_1 + C_2y_2 + \cdots + C_ny_n$

일반해:

$y = C_1y_1 + C_2y_2 + \cdots + C_ny_n + y_p$

그림 4-15
비동차방정식의 일반해는 동차해 y_p와 비동차방정식을 만족하는 함수인 특수해 y_p를 합하여 구한다.

따라서 연계 동차방정식의 일반해를 구한 후에 할 일은 주어진 비동차방정식의 일반해를 구성하기 위해 비동차방정식을 만족하는 특수해 y_p를 결정하는 것뿐이다(그림 4-15).

비동차 항 $R(x)$는 종종 여러 개의 항을 포함하기도 하며, 이러한 경우 각각의 비동차 항에 대응되는 특수해를 찾아 이들을 합하는 것이 훨씬 쉬울 수도 있다. 즉, 중첩 원리를 이용하라는 것이다. 이를 다음과 같은 정리로 표현할 수 있다(그림 4-16).

$y''' - 4y = 8 \rightarrow y_{p1} = -2$

이고

$y''' - 4y = -2x \rightarrow y_{p2} = x/2$

이면

$y''' - 4y = 8 - 2x \rightarrow y_p = -2 + x/2$

이다.

그림 4-16
특수해를 위한 중첩 원리의 예

정리 4-7 특수해들을 위한 중첩 원리

y_{p1}이 다음 방정식의 특수해이고

$$y^{(n)} + P_1(x)y^{(n-1)} + \cdots + P_{n-1}(x)y' + P_n(x)y = R_1(x) \quad \textbf{(4–31)}$$

y_{p2}가 다음 방정식의 특수해일 때,

$$y^{(n)} + P_1(x)y^{(n-1)} + \cdots + P_{n-1}(x)y' + P_n(x)y = R_2(x) \quad \textbf{(4–32)}$$

$y_{p1} + y_{p2}$는 다음 방정식의 특수해가 된다.

$$y^{(n)} + P_1(x)y^{(n-1)} + \cdots + P_{n-1}(x)y' + P_n(x)y = R_1(x) + R_2(x) \quad \textbf{(4–33)}$$

이제 비동차방정식의 특수해를 구하는 체계적인 방법인 미정계수법과 매개변수 변화법을 살펴보기로 하자.

4-6 ▪ 비동차방정식: 미정계수법

3장에 기술되어 있는 2계 선형 미분방정식을 위한 미정계수법은 고계 방정식에도 수정 없이 적용될 수 있다. 비동차 항에 대응되는 특수해의 일반형을 결정할 때, 방정식이 2계인지 고계인지에 따라 발생하는 차이는 전혀 없다. 따라서 미분방정식의 계수에 무관하게 특수해의 적당한 형태로 표 3-2를 사용할 수 있다(그림 4-17).

(1) 2계 방정식:

$y'' - 4y = 10e^{3x}$

특수해의 형태:

$y_p = Ae^{3x} \quad (A = 2)$

(2) 3계 방정식:

$y''' + y'' - 4y = 10e^{3x}$

특수해의 형태:

$y_p = Ae^{3x} \quad (A = 10/32)$

그림 4–17
특수해의 일반형은 미분방정식의 계수에 따라 달라지지 않는다.

물론 이 방법의 모든 제한점들은 여전히 적용된다. 예를 들면, 이 방법은 쉽고 단순하지만, 비동차 항이 다음과 같은 함수들인 상수계수 선형방정식에만 적용된다.

1. 상수 k
2. 지수함수 e^{kx}
3. 다항식 $P_n(x)$
4. 함수 $\sin \beta x$ 또는 $\cos \beta x$
5. 위의 함수들에 대한 유한한 개수의 곱

가정된 형태의 특수해 y_p 안의 어떤 항이 연계 동차방정식의 해일 경우, y_p 안의 모든 항이 동차해 안의 모든 항과 달라지도록 만드는 x의 가장 낮은 멱승을 가정된 형태의 y_p에 곱한다. 미분방정식이 변수계수를 포함하거나 미정계수법을 사용하기에 적합하지 않은 비동차 항을 포함할 경우에는 다음 절에서 살펴볼 매개변수 변화법을 사용한다.

예제 4-8 **특수해: e^{kx}**

미분방정식 $y''' + y'' - 4y = 10e^{3x}$의 특수해를 구하라.

풀이 | 이 예제는 2계 미분방정식이 아니라 3계 미분방정식이라는 점을 제외하면 예제 3-23과 비슷하다. 이번에도 지수함수인 비동차 항 $10e^{3x}$에 대응되는 특수해가 어떤 상수 A에 대해 $y_p = Ae^{3x}$ 형태를 갖는다고 가정한다. y_p의 2계 및 3계 도함수를 취하고 이들을 주어진 미분방정식에 대입하면,

$$27Ae^{3x} + 9Ae^{3x} - 4Ae^{3x} = 10e^{3x}$$

즉, $32Ae^{3x} = 10e^{3x}$가 된다. 이 식을 만족하는 유일한 A 값은 10/32이다. 따라서 주어진 미분방정식의 특수해는 $y_p = (10/32)e^{3x}$이다. 미분방정식의 계수는 특수해의 일반형을 선택할 때 전혀 고려되지 않았음을 유의하기 바란다.

예제 4-9 **비동차방정식의 일반해**

다음 미분방정식의 일반해를 구하라.

$$y^{(iv)} = x + 2$$

풀이 | 이 예제는 예제 3-30과 비슷하다. 이번에도 먼저 연계 동차방정식 $y^{(iv)} = 0$의 일반해를 구한다. 특성방정식은 $m^4 = 0$이며 근은 $m_1 = m_2 = m_3 = m_4 = 0$이다. 따라서 $m = 0$은 4중근이며, $e^0 = 1$이므로 연계 동차방정식의 일반해는 $y_p = c_1 + c_2x + c_3x^2 + c_4x^3$이다. 사실 이러한 결과는 직접적분법으로 얻을 수 있다. 특수해로는 보통 $y_p = Ax + B$를 시도해야 맞겠지만, 임의의 상수나 x의 1차 함수는 연계 동차방정식의 해이다. 따라서 y_p 안의 모든 항이 동차해 안의 모든 항과 달라지도록 만드는 x의 가장 낮은 멱승을 곱하여 특수해를 변형할 필요가 있다. 이러한 요구사항을 만족하기 위해서는 특수해가 x^4보다 낮은 차수의 x에 대한 멱승을 포함해서는 안 된다. 따라서 동차방정식과의 중복성을 방지하기 위해 가정된 형태의 특수해에 x^4를 곱해야 한다. 따라서 이 경우의 적절한 형태의 특수해는 $y_p = x^4(Ax + B)$이며, 이 해에 대한 4계 도함수는 $y_p^{(iv)} = 120Ax + 24B$이다. 이 결과를 주어진 미분방정식에 대입하면 $120Ax + 24B = x + 2$를 얻는다.

양변의 x의 각 멱승의 계수들을 일치시키면 $A = 1/120$, $B = 1/12$를 얻는다. 따라서 특수해는 다음과 같다.

$$y_p = \frac{x^4}{120}(x + 10)$$

이제 일반해는 다음과 같이 주어진다.

$$\begin{aligned} y &= y_h + y_p \\ &= c_1 + c_2x + c_3x^2 + c_4x^3 + \frac{x^4}{120}(x + 10) \end{aligned}$$

위의 동차해와 특수해는 전혀 공통항을 갖지 않는다는 점을 주목하기 바란다.

절 복습문제

4-15C 3계 이상의 고계 선형방정식을 다룰 때 미정계수법을 수정할 필요가 있는가?

4-16 미정계수법을 사용하여 다음 선형 비동차방정식의 일반해를 구하라.

(a) $y''' - y = 4e^{3x}$ (b) $y''' - y = -3x^2e^{3x}$

(답: (a) $y(x) = C_1e^x + e^{-x/2}\left(C_2\cos\frac{\sqrt{3}}{2}x + C_3\sin\frac{\sqrt{3}}{2}x\right) + \frac{2}{13}e^{3x}$

(b) $y(x) = C_1e^x + e^{-x/2}\left(C_2\cos\frac{\sqrt{3}}{2}x + C_3\sin\frac{\sqrt{3}}{2}x\right) + \left(-\frac{3}{26}x^2 + \frac{81}{338}x - \frac{1485}{8788}\right)e^{3x}$)

4-7 ■ 비동차방정식: 매개변수 변화법

미정계수법은 간단하고 단순하지만, 주어진 미분방정식이 상수계수를 가져야 하고 또 비동차 항이 $e^{\alpha x} P_n(x) \sin \beta x$ 또는 $e^{\alpha x} P_n(x) \cos \beta x$ 형태(α, β는 실수인 상수, $P_n(x)$는 n차 다항식)를 가져야 한다는 두 가지의 심각한 제약으로 인해 일반적으로 사용할 수는 없다. 3장에서 2계 선형방정식과 관련하여 논의한 매개변수 변화법 또한 고계 방정식에 적용될 수 있으며, 이 경우에도 방정식이 상수계수를 가질 수도 있고 변수계수를 가질 수도 있으며 비동차 항이 임의의 형태를 가질 수 있다. 그렇지만 이 방법을 사용하기 위해서는 연계 동차방정식의 일반해가 주어져 있어야 한다. 또한 미분방정식의 계수가 증가함에 따라 이 방법의 복잡성도 크게 증가하므로 높은 계수의 방정식들에 사용하기는 어렵다. 이제 3장에서 기술된 2계 방정식을 위한 매개변수 변화법을 확장하여 일반화시켜 보자.

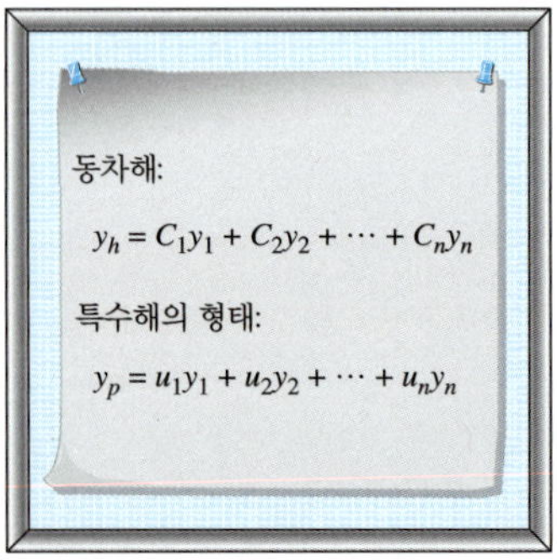

그림 4-18
매개변수 변화법은 동차해 안의 상수 매개변수들을 변수 매개변수들로 대체하는 것을 기초로 한다.

다음과 같은 n계 선형 비동차 미분방정식의 표준형(선행 계수가 1임)을 생각해 보자.

$$y^{(n)} + P_1(x)y^{(n-1)} + \cdots + P_n(x)y = R(x) \tag{4-34}$$

여기에서 함수 $P_1(x), P_2(x), ..., P_n(x)$ 그리고 $R(x)$는 관심 대상 구간에서 연속이다. 방정식 4-34의 연계 동차방정식은 이 구간에서 n개의 1차 독립인 해 $y_1, y_2, ..., y_n$을 가지며, 연계 동차방정식의 일반해는 다음과 같이 표현할 수 있다.

$$y_h = C_1y_1 + C_2y_2 + \cdots + C_ny_n \tag{4-35}$$

동차해를 구한 다음 특수해의 형태를

$$y_p = u_1y_1 + u_2y_2 + \cdots + u_ny_n \tag{4-36}$$

로 가정하는데, 이러한 형태는 동차해 안의 상수 매개변수 $C_1, C_2, ..., C_n$을 x에 종속되는 함수 $u_1, u_2, ..., u_n$으로 대체하여 구한 것이다. 이러한 n개의 함수는 식 4-36이 주어진 비동차방정식을 만족할 수 있도록 선택되어야 한다.

n개의 미지 함수를 결정하기 위해 n개의 방정식이 필요하다. 방정식 하나는 y_p가 미분방정식 4-34를 만족하도록 강제함으로써 구할 수 있으며, 다른 방정식들은 n개의 함수가 임의로 지정되는 조건을 만족하도록 강제함으로써 구할 수 있다. 이러한 조건의 선택은 $u_1, u_2, ..., u_n$의 결정을 크게 단순화시킬 수 있도록 적절한 시점에서 이루어진다. 이러한 선택의 배경이 되는 기본 아이디어는 $u_1, u_2, ..., u_n$의 2계 도함수 또는 고계 도함수들을 생성하게 될 항들을 가급적 피하자는 것이다. 식 4-36을 미분하면 다음 식을 얻는다.

$$y_p' = (u_1y_1' + u_2y_2' + \cdots + u_ny_n') + (u_1y_1' + u_2y_2' + \cdots + u_ny_n') \quad \textbf{(4–37)}$$

나중의 단계들에서 2계 도함수가 나타나는 것을 피하기 위해 ($u_1, u_2, ..., u_n$의 1계 도함수들을 포함하는) 첫 번째 괄호 안의 항들이 소거되도록 강제하여 다음 식을 얻는다.

$$u_1'y_1 + u_2'y_2 + \cdots + u_n'y_n = 0 \quad \textbf{(4–38)}$$

이러한 방식으로 미분을 계속하여 $y_p'', y_p''', ..., y_p^{(n-1)}$을 얻으며, 매번 $u_1', u_2', ..., u_n'$을 포함하는 항들이 소거되도록 강제한다. y_p의 도함수들에 부과된 이러한 조건들에 의해 다음과 같은 $n-1$ 개의 방정식이 만들어진다.

$$u_1'y_1^{(m)} + u_2'y_2^{(m)} + \cdots + u_n'y_n^{(m)} = 0, m = 0, 1, 2, \ldots, n-2 \quad \textbf{(4–39)}$$

n번째 조건은 (따라서 n번째 방정식은) y_p가 주어진 미분방정식을 만족시켜야 한다는 요구사항으로부터 나온다. $y_1, y_2, ..., y_n$이 연계 동차방정식의 해라는 사실과 앞에서 형성된 조건들을 사용하여 n번째 조건을 표현하면 다음과 같다.

$$u_1'y_1^{(n-1)} + u_2'y_2^{(n-1)} + \cdots + u_n'y_n^{(n-1)} = R(x) \quad \textbf{(4–40)}$$

식 4-39와 4-40은 n 개의 미지수 $u_1', u_2', ..., u_n'$을 구하기 위한 n원 1차 연립방정식을 구성한다. 간소화를 위해 $i = 1, 2, 3, ..., n$에 대해 u_i'를 w_i로 표시하면 위의 연립방정식은 다음과 같이 표현될 수 있다.

$$\begin{aligned} y_1w_1 + y_2w_2 + \cdots + y_nw_n &= 0 \\ y_1'w_1 + y_2'w_2 + \cdots + y_n'w_n &= 0 \\ &\vdots \\ y_1^{(n-1)}w_1 + y_2^{(n-1)}w_2 + \cdots + y_n^{(n-1)}w_n &= R(x) \end{aligned} \quad \textbf{(4–41)}$$

대수학에서는 n 개의 미지수를 갖는 n원 1차 연립방정식이 해를 갖도록 보장하기 위해서는 관심 대상 구간 안의 어디에서도 계수 행렬식이 0이 아니어야 함을 밝히고 있다. 위의 방정식에서는 이러한 조건이 자동적으로 만족되는데, 이는 $y_1, y_2, ..., y_n$이 연계 동차방정식의 1차 독립인 n개의 해이며 계수 행렬식은 다음과 같이 표현되며 결코 0이 되지 않는 론스키 행렬식 $W(y_1, y_2, ..., y_n)$이기 때문이다.

$$W(y_1, y_2, \ldots, y_n) = \begin{vmatrix} y_1 & y_2 & \cdot & \cdot & \cdot & y_n \\ y_1' & y_2' & \cdot & \cdot & \cdot & y_n' \\ \cdot & \cdot & \cdot & \cdot & \cdot & \cdot \\ \cdot & \cdot & \cdot & \cdot & \cdot & \cdot \\ y_1^{(n-1)} & y_1^{(n-1)} & \cdot & \cdot & \cdot & y_n^{(n-1)} \end{vmatrix} \quad \text{(4-42)}$$

이제 n 개의 미지 함수 $w_1, w_2, ..., w_n$을 크래머 공식을 이용하여 구하면 다음과 같다.

$$w_k = \frac{R(x)\,W_k(x)}{W(y_1, y_2, \ldots, y_n)}, \quad k = 1, 2, \ldots, n \quad \text{(4-43)}$$

여기에서 $W_k(x)$는 $W(y_1, y_2, ..., y_n)$에서 k번째 열과 마지막 행을 삭제하여 얻은 행렬식에 $(-1)^{n-k}$을 곱한 것이다. 따라서 $W(y_1, y_2, ..., y_n)$이 4 × 4 행렬식이면 $W_1(x)$, $W_2(x)$, $W_3(x)$은 3 × 3 행렬식이다. 또한 간소화를 위해 론스키 행렬식 $W(y_1, y_2, ..., y_n)$은 아벨 공식

$$W(y_1, y_2, \ldots, y_n) = Ke^{-\int P_1(x)dx} \quad \text{(4-44)}$$

을 이용하여 결정될 수 있으며, 여기에서 $P_1(x)$는 표준형 미분방정식의 $y^{(n-1)}$ 항의 계수인 함수이다. 상수 K는 관심 대상 구간 안의 ($x = 0$과 같은) 편리한 임의의 점에서 론스키 행렬식을 계산하여 식 4-44로부터 구할 수 있다.

일단 $w_1, w_2, ..., w_n$을 구한 후에는 다음과 같이 적분을 통해 함수 $u_1, u_2, ..., u_n$을 결정할 수 있다.

$$u_k(x) = \int w_k(x)\,dx = \int \frac{R(x)\,W_k(x)}{W(y_1, y_2, \ldots, y_n)}dx, \quad k = 1, 2, \ldots, n \quad \text{(4-45)}$$

적분상수들은 무의미하며, 일반성을 잃지 않고 0으로 둘 수 있다. 이렇게 구한 함수들을 식 4-36에 대입하여 특수해를 구한다. 식 4-45 안의 n개의 적분 중에는 해석적으로 수행이 불가능한 것들도 있을 수 있으며, 이 경우 수치적 적분을 이용해야 할 수도 있다.

매개변수 변화법을 정리 4-8에 요약한다.

정리 4-8 매개변수 변화법

함수 $P_1, P_2, ..., P_n$ 그리고 R이 관심 대상 구간에서 연속일 때 함수 $y_1, y_2, ..., y_n$이 방정식

$$y^{(n)} + P_1(x)y^{(n-1)} + \cdots + P_n(x)y = R(x) \quad \text{(4-46)}$$

의 기본해집합이면, 이 비동차 미분방정식의 특수해는

$$y_p = u_1 y_1 + u_2 y_2 + \cdots + u_n y_n \tag{4-47}$$

와 같이 주어지며, 이때

$$u_k = \int \frac{R(x) W_k(x)}{W(y_1, y_2, \ldots, y_n)} dx, \ k = 1, 2, \ldots, n \tag{4-48}$$

여기에서 $W(y_1, y_2, ..., y_n)$은 기본해집합에 대한 론스키 행렬식이며, $W_k(x)$는 $W(y_1, y_2, ..., y_n)$에서 k번째 열과 마지막 행을 삭제하여 얻은 행렬식에 $(-1)^{n-k}$을 곱한 것이다.

일단 특수해를 구하면, 비동차방정식의 일반해는 다음과 같이 결정될 수 있다.

$$y = C_1 y_1 + C_2 y_2 + \cdots + C_n y_n + y_p \tag{4-49}$$

위의 관계식들에 나타나는 함수 $R(x)$는 표준형으로 표현된 미분방정식의 비동차 항을 나타내고 있음을 유의하기 바란다. 또한 미정계수법이 훨씬 사용하기 쉬우므로 적용 가능한 경우에는 항상 미정계수법의 사용을 우선적으로 고려해야 할 것이다.

예제 4-10 매개변수 변화법

특수해를 찾기 위해 (a) 미정계수법 (b) 매개변수 변화법을 사용하여 미분방정식 $y''' + 2y'' = e^x$의 일반해를 구하라.

풀이 이 미분방정식의 선행 계수는 1이며, 따라서 비동차 항은 $R(x) = e^x$이다. 먼저 동차해를 구해보자. 연계 동차방정식의 특성방정식은 $m^3 + 2m^2 = 0$, 즉, $m^2(m + 2) = 0$이다. 이 방정식의 근은 $0, 0, -2$이다. $m = 0$은 2중근이며, 따라서 $y_1 = e^0 = 1$, $y_2 = xe^0 = x$, $y_3 = e^{-2x}$가 된다. 따라서 연계 동차방정식의 일반해는 $y_h = C_1 + C_2 x + C_3 e^{-2x}$이다.

(a) 비동차 항 $R(x) = e^x$에 대응되는 특수해의 적절한 형태는 $y_p = Ae^x$이다. 가정된 형태의 특수해는 동차해 안의 어떤 함수와도 중복되지 않음을 유의하기 바란다. 이 특수해를 주어진 미분방정식에 대입하고 미지의 계수에 대해 풀면 $A = 1/3$을 얻는다. 따라서 특수해는 $y_p = e^x/3$가 된다. 주어진 미분방정식의 일반해는 동차해와 특수해의 합인 $y(x) = C_1 + C_2 x + C_3 x^{-2x} + e^x/3$이다.

(b) 매개변수 변화법을 적용하기에 앞서 론스키 행렬식 $W(y_1, y_2, y_3)$과 함수 W_1, W_2, W_3을 다음과 같이 계산한다.

$$W(y_1, y_2, y_3) = \begin{vmatrix} 1 & x & e^{-2x} \\ 0 & 1 & -2e^{-2x} \\ 0 & 0 & 4e^{-2x} \end{vmatrix} = 4e^{-2x}$$

$$W_1(x) = (-1)^{3-1} \begin{vmatrix} x & e^{-2x} \\ 1 & -2e^{-2x} \end{vmatrix} = -2xe^{-2x} - e^{-2x}$$

$$W_2(x) = (-1)^{3-2} \begin{vmatrix} 1 & e^{-2x} \\ 0 & -2e^{-2x} \end{vmatrix} = 2e^{-2x}$$

$$W_3(x) = (-1)^{3-3} \begin{vmatrix} 1 & x \\ 0 & 1 \end{vmatrix} = 1$$

다음과 같이 이 결과를 식 4-45에 대입하여 함수 u_1, u_2, u_3을 결정한다.

$$u_1 = \int \frac{R(x)W_1(x)}{W(y_1, y_2, y_3)}dx = \int \frac{e^x(-2xe^{-2x} - e^{-2x})}{4e^{-2x}}dx = -\frac{1}{2}xe^x + \frac{1}{4}e^x$$

$$u_2 = \int \frac{R(x)W_2(x)}{W(y_1, y_2, y_3)}dx = \int \frac{e^x(2e^{-2x})}{4e^{-2x}}dx = \frac{1}{2}e^x$$

$$u_3 = \int \frac{R(x)W_3(x)}{W(y_1, y_2, y_3)}dx = \int \frac{e^x(1)}{4e^{-2x}}dx = \frac{1}{12}e^{3x}$$

이제 식 4-38로부터 특수해를

$$\begin{aligned} y_p &= u_1y_1 + u_2y_2 + u_3y_3 \\ &= \left(-\frac{1}{2}xe^x + \frac{1}{4}e^x\right) + \frac{1}{2}e^x x + \frac{1}{12}e^{3x}e^{-2x} \\ &= \frac{1}{3}e^x \end{aligned}$$

와 같이 구하면, 미정계수법으로 구한 결과와 동일함을 알 수 있다(그러나 훨씬 많은 노력이 소요되었음). 일반해도 (a)에서 구한 일반해와 동일하다.

절 복습문제

4-17C 3계 이상의 고계 선형방정식을 다룰 때 매개변수 변화법을 수정할 필요가 있는가? 필요하다면 어떻게 수정해야 하는가?

4-18 매개변수 변화법을 사용하여 다음 선형 비동차방정식의 특수해를 구하라. 문항 (a)의 결과에 대해서는 미정계수법을 사용하여 다시 확인하라. 문항 (b)의 적분들은 계산하지 않은 채로 남겨두어도 좋다.

(a) $y''' - y = e^{3x}$　　　(b) $y''' - y = \dfrac{1}{\sin x}$

(답: (a) $y_p = \dfrac{1}{26}e^{3x}$

(b) $y_p = u_1y_1 + u_2y_2 + u_3y_3$

$$= \left(\frac{1}{3}\int \frac{e^{-x}}{\sin x}dx\right)(e^x) + \left[-\frac{\sqrt{3}}{9}\int \frac{e^{x/2}}{\sin x}\left(3\cos\frac{\sqrt{3}}{2}x + \sqrt{3}\sin\frac{\sqrt{3}}{2}x\right)dx\right]$$
$$\left(e^{-x/2}\sin\frac{\sqrt{3}}{2}x\right) + \left[-\frac{\sqrt{3}}{9}\int \frac{e^{x/2}}{\sin x}\left(-3\sin\frac{\sqrt{3}}{2}x + \sqrt{3}\cos\frac{\sqrt{3}}{2}x\right)dx\right]$$
$$\left(e^{-x/2}\cos\frac{\sqrt{3}}{2}x\right))$$

4-8 ▪ 오일러 방정식

변수계수 선형 미분방정식 중에서 항상 상수계수 방정식으로 변환될 수 있는 유형 중 하나가 **오일러 방정식**이며, 그 일반형은

$$x^n y^{(n)} + a_1 x^{n-1} y^{(n-1)} + \cdots + a_{n-1}xy' + a_n y = R(x) \quad \text{(4–50)}$$

와 같이 표현될 수 있는데, 여기에서 $a_1, a_2, ..., a_n$은 상수이다. 이 방정식의 특징은 y 항의 계수가 상수이고 y' 항의 계수가 상수와 x의 곱이며, 일반적으로 y의 n계 도함수 항의 계수는 상수와 x의 n 제곱의 곱이라는 점이다. 즉, 좌변의 각 항은 $kx^m y^{(m)}$ 형태인데, 이때 k는 상수이고 m은 음이 아닌 정수이다(그림 4-19). 선행 계수인 x^n으로 각 항을 나누어 오일러 방정식을 표준형으로 표현할 경우, 선행 계수를 제외한 나머지 계수들은 분모에 x의 멱승을 포함하게 될 것이다. 이러한 계수들은 명백히 $x = 0$에서 불연속이 될 것이다.

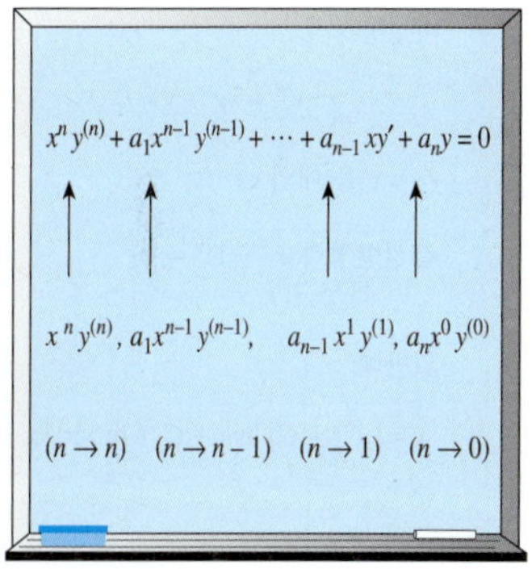

그림 4-19
동차 오일러 방정식의 각 항은 $kx^m y^{(m)}$ 형태를 갖는데, 이때 k는 상수이며 m은 음이 아닌 정수이다.

정리 4-9 오일러 방정식

변수 치환 $x = e^t$는 항상 n계 오일러 방정식

$$x^n y^{(n)} + a_1 x^{n-1} y^{(n-1)} + \cdots + a_{n-1}xy' + a_n y = R(x)$$

을 다음과 같은 상수계수 n계 선형방정식으로 바꾸어준다.

3장에서 $n = 2$인 경우에 대해 정리 4-9를 증명한 바 있으며, 이 증명은 고계 방정식으로 확장될 수 있다. 일단 오일러 방정식을 상수계수 방정식으로 변환한 다음에는 연계 동차방정식의 특성방정식을 구성하고 근을 찾는 절차를 통한 일반적인 방법으로 풀 수 있다. 마지막에는 역 치환 $t = \ln x$를 적용함으로써 구하고자 하는 해를 얻는다.

고계 방정식의 경우 정리 4-9의 변환을 사용하여 상수계수 방정식을 얻는 과정은 상당히 길고 시간이 많이 걸린다. 이러한 노력을 단축시키기 위한 한 가지 방

$y = x^r$을 대입

오일러 방정식

$$x^n y^{(n)} + a_1 x^{n-1} y^{(n-1)} + \cdots + a_n y = 0$$

에 $y = x^r$을 대입하여 얻은 특성방정식:

$$r^n + b_1 r^{n-1} + \cdots + b_{n-1} r + b_n = 0$$

그림 4-20
오일러 방정식을 변환하여 상수계수 특성방정식을 구하기 위한 간편한 방법

미분방정식:

$$x^3 y''' + xy' - y = 0$$

$y = x^r$을 대입

특성방정식: $(r-1)^3 = 0$
특성근: $r_1 = r_2 = r_3 = 1$

일반해:

$$y = \left[C_1 + C_2 \ln x + C_3 (\ln x)^2\right] x$$

그림 4-21
r이 3중근일 때 3계 동차 오일러 방정식의 일반해

법은 변수 치환 $y = x^r$을 사용하는 것이다. 이 변환의 결과로 r에 관한 n차 다항식이 만들어지는데, 이 다항식은 변환된 상수계수 방정식의 특성방정식이다(그림 4-20). 일단 n 개의 근 $r_1, r_2, ..., r_n$을 구한 다음에는 앞의 절들에서 설명한 대로 변환된 상수계수 오일러 방정식의 일반해를 구하는 절차로 진행한다. 비동차방정식의 특수해를 결정하기 위해 미정계수법이나 매개변수 변화법을 적용할 수도 있다. 마지막에는 역 치환 $t = \ln x$를 적용하여 주어진 오일러 방정식의 일반해를 얻는다.

n개의 근 $r_1, r_2, ..., r_n$이 모두 실수이고 서로 다를 경우, n개의 1차 독립인 해는 다음과 같이 주어진다.

$$x^{r_1}, x^{r_2}, \ldots, x^{r_n} \tag{4–51}$$

r_1이 k중근일 경우, 이 근에 대응되는 k개의 1차 독립인 해는 다음과 같이 주어진다(그림 4-21).

$$x^{r_1}, (\ln x)x^{r_1}, (\ln x)^2 x^{r_1}, \ldots, (\ln x)^{k-1} x^{r_1} \tag{4–52}$$

켤레 복소수 쌍 $r_{1,2} = \alpha \pm i\beta$가 k중근일 경우, 이 쌍에 대응되는 $2k$ 개의 1차 독립인 해는 다음과 같이 주어진다.

$$\begin{aligned} &x^\alpha \cos(\beta \ln x), x^\alpha \sin(\beta \ln x), \\ &(\ln x)\, x^\alpha \cos(\beta \ln x), (\ln x)\, x^\alpha \sin(\beta \ln x), \\ &\qquad \vdots \qquad\qquad\qquad \vdots \\ &(\ln x)^{k-1} x^\alpha \cos(\beta \ln x), (\ln x)^{k-1} x^\alpha \sin(\beta \ln x) \end{aligned} \tag{4–53}$$

여기에서 $\ln x$는 상수계수 방정식에서 독립변수 x의 역할을 하고 있음을 유의하기 바란다. 따라서 변수 치환 $t = \ln x$가 오일러 방정식을 상수계수 방정식으로 만들어주는 것은 당연하다고 할 수 있다. 식 4-53에 주어진 해들은 관계식 안의 x를 모두 $|x|$로 바꿈으로써 $x < 0$에 대해서도 적용될 수 있다.

$x > 0$일 때 동차 오일러 방정식의 일반해는 동일한 특성방정식을 갖는 상수계수 선형 동차방정식의 일반해 안의 모든 x를 $\ln x$로 바꿈으로써 구할 수도 있다.

비동차 오일러 방정식의 경우 앞에서 기술한 대로 동차해를 결정하고 매개변수 변화법을 사용하여 특수해를 구하는데, 이는 오일러 방정식이 변수계수를 갖기 때문이다. 이때 비동차 항 $R(x)$를 정확하게 식별할 수 있도록 먼저 각 항을 선행 계수로 나누어 방정식을 표준형으로 만드는 것을 잊지 말아야 한다.

예제 4-11 3계 오일러 방정식

$x > 0$일 때, $y = x^r$을 취하여 미분방정식 $x^3y''' - 2xy' + 4y = 0$의 일반해를 구하라.

풀이 | 좌변의 각 항이 $m = 0, 1, 3$에 대해 $kx^m y^{(m)}$ 형식이므로 이 방정식이 오일러 방정식이라는 것을 알 수 있다. $y = x^r$을 취하고 이 함수와 그 도함수들인 $y' = rx^{r-1}$, $y''' = r(r-1)(r-2)x^{r-3}$을 주어진 미분방정식에 대입하면

$$r(r-1)(r-2)x^3x^{r-3} - 2rxx^{r-1} + 4x^r = 0$$

즉, $[r(r-1)(r-2) - 2r + 4]x^r = 0$을 얻는데, x^r은 0이 될 수 없으므로 $r^3 - 3r^2 + 4 = 0$이 된다. 이 방정식의 근은 $2, 2, -1$이다. 2가 2중근이므로 이 오일러 방정식의 일반해는 다음과 같이 주어진다.

$$y = (C_1 + C_2 \ln x)x^2 + \frac{C_3}{x}$$

절 복습문제

4-19C n계 미분방정식이 오일러 방정식이라는 것을 어떻게 알 수 있는가?

4-20C 오일러 방정식은 그 계수에 상관없이 항상 상수계수 선형방정식으로 축소될 수 있는가?

4-21 $x > 0$일 때 다음 오일러 방정식의 일반해를 구하라.

$$x^3y''' + x^2y'' + 4y = 0$$

(답: $y(x) = \dfrac{C_1}{x} + x^{3/2}\left[C_1 \cos\left(\dfrac{\sqrt{7}}{2}\ln x\right) + C_2 \sin\left(\dfrac{\sqrt{7}}{2}\ln x\right)\right]$)

4-9 ■ 고계 선형방정식을 위한 컴퓨터 해법

고계 방정식에 관한 이론은 2계 방정식에 관한 이론과 비슷하지만, 해법들을 적용할 때 이들 사이에 큰 차이가 있는데, 이는 방정식의 계수가 증가하면서 소요되는 대수적 연산이 훨씬 더 복잡하기 때문이다. 그렇지만 이러한 대수적 작업을 지원하는 강력한 컴퓨터 해법들이 존재한다.

예를 들면, 고계 방정식의 경우 특성근을 구하는 계산은 더욱 어렵다. 3차방정식이나 4차방정식의 근을 구하기 위한 공식들이 존재하기는 하지만 사용하기가 복잡하다. 또 5차 및 그 이상의 방정식의 경우에는 아예 공식조차 존재하지 않는다. 따라서 이러한 경우에 수치적 절차를 사용하여 근을 구해야 한다.

n계 방정식의 해는 n개의 적분상수를 포함할 것이며, 이들을 결정하기 위해서는 n개의 초기조건이나 경계조건이 필요하다. 이러한 적분상수들을 구하기 위해서는 n개의 방정식으로 이루어진 연립방정식을 풀어야 한다. 연관된 문제 중에 론스키 행렬식의 계산이 포함된다.

이 절에서는 고계 방정식 풀이에 유용한 컴퓨터 해법의 예들을 살펴본다.

예제 4-12 방정식의 근

함수 $y(x)$를 위한 미분방정식 $y''' + 10y'' + 29y' + 20y = 0$이 주어져 있으며, 초기조건은 $y(0) = 1, y'(0) = 0, y''(0) = 0$이다. 해를 구하라.

풀이 | 특성방정식은 다음과 같다.

$$m^3 + 10m^2 + 29m + 20 = 0$$

근을 구하기 위한 컴퓨터 해법은 표 4-1에서 보이고 있으며, 근은 $m = -1, -4, -5$이다. 따라서 해의 형태는 다음과 같다.

$$y(x) = C_1e^{-x} + C_2e^{-4x} + C_3e^{-5x} \tag{4–54}$$

3개의 계수를 계산하기 위해 주어진 초기조건들을 사용하여 다음 식들을 얻는다.

$$y(0) = C_1 + C_2 + C_3 = 1$$

$$y'(0) = -C_1 - 4C_2 - 5C_3 = 0$$

$$y''(0) = C_1 + 16C_2 + 25C_3 = 0$$

이들은 3개의 미지수에 관한 3개의 대수방정식이며, 이들은 여러 가지 방법으로 풀 수 있다. 한 가지 방법은 3개의 방정식 각각을 작성한 다음 이들을 하나의 연립방정식으로 푸는 것인데, 이 방법을 표 4-2에서 보이고 있다. 또 다른 방법은 3개의 방정식을 하나의 행렬 방정식 $\mathbf{AC} = \mathbf{b}$로 표현하는 것이며, 여기에서

$$\mathbf{A} = \begin{bmatrix} 1 & 1 & 1 \\ -1 & -4 & -5 \\ 1 & 16 & 25 \end{bmatrix}$$

$$\mathbf{C} = \begin{bmatrix} C_1 \\ C_2 \\ C_3 \end{bmatrix} \quad \mathbf{b} = \begin{bmatrix} 1 \\ 0 \\ 0 \end{bmatrix}$$

이 방법을 사용한 해법을 표 4-2에서 4개의 패키지 모두에 대해 보여주고 있다. 결과는 $C_1 = 1.667, C_2 = -1.667, C_3 = 1$이다.

표 4-1

$m^3 + 10m^2 + 29m + 20 = 0$의 근을 구하기 위한 컴퓨터 해법

MATLAB

```
roots([1,10,29,20])
```

MuPAD

```
numeric::polyroots(m^3 +10*m^2+29*m+20)
```

Maple

```
solve(m^3 + 10*m^2 + 29*m + 20)
```

Mathematica

```
Roots[m^3+10*m^2+29*m+20==0,m]
```

표 4-2

식 4-54의 계수들을 구하기 위한 컴퓨터 해법

MATLAB

```
A = [1,1,1;-1,-4,-5;1,16,25];
B = [1;0;0];
C = A\b
```

MuPAD

```
eqn1 := C1+C2+C3=1:
eqn2 := -C1-4*C2-5*C3=0:
eqn3 := C1+16*C2+25*C3=0:
numeric::linsolve([eqn1,eqn2,eqn3],[C1,C2,C3])
```

or

```
A := matrix([[1,1,1],[-1,-4,-5],[1,16,25]]):
B := matrix([[1],[0],[0]]):
linalg::matlinsolve(A, b)
```

Maple

```
eqn1 := C1+C2+C3=1:
eqn2 := -C1-4*C2-5*C3=0:
eqn3 := C1+16*C2+25*C3=0:
solve({eqn1, eqn2, eqn3},[C1, C2, C3])
```

or

```
A := Matrix([[1,1,1],[-1,-4,-5],[1,16,25]]):
b := Matrix([[1],[0],[0]]):
LinearAlgebra[LinearSolve](A,b)
```

Mathematica

```
A={{1,1,1},{-1,-4,-5},{1,16,25}};
LinearSolve[N[A],N[b]]
```

론스키 행렬식의 계산도 컴퓨터로 처리할 수 있다. 예를 들면, 다음 방정식을 예제 4-10에서 풀어본 바 있다.

$$y''' + 2y'' = e^x$$

그 해는 다음과 같다.

$$C_1 + C_2x + C_3e^{-2x} + \frac{1}{3}e^x$$

이 해를 구하기 위한 컴퓨터 해법은 표 4-3에서 보이고 있다.

론스키 행렬식은

$$W(y_1, y_2, y_3) = \begin{vmatrix} 1 & x & e^{-2x} \\ 0 & 1 & -2e^{-2x} \\ 0 & 0 & 4e^{-2x} \end{vmatrix} = 4e^{-2x} \qquad (4\text{–}55)$$

인데, 이러한 계산을 위한 컴퓨터 해법은 표 4-4에서 보이고 있다.

표 4-3

$y''' + 2y'' = e^x$를 위한 컴퓨터 해법

MATLAB Symbolic Math Toolbox

```
dsolve('D3y+2*D2y=exp(x)','x')
```

MuPAD

```
eqn:=ode(y'"(x)+2*y"(x)=exp(x),y(x)):
solve (eqn)
```

Maple

```
eqn := y'"(x)+2*y"(x)=exp(x)
dsolve(eqn)
```

Mathematica

```
DSolve[y'"[x]+2*y"[x]==Exp[x],y[x],x]
```

표 4-4

론스키 행렬식(식 4-55)을 계산하기 위한 컴퓨터 해법

MATLAB Symbolic Math Toolbox

```
syms W x
W = [1,x,exp(-2*x);0,1,-2*exp(-2*x);0,0,4*exp(-2*x)];
det(W)
```

MuPAD

```
W := matrix([[1,x,exp(-2*x)],[0,1,-2*exp(-2*x)],
 [0,0,4*exp(-2*x)]])
linalg::det(W)
```

Maple

```
W := Matrix([[1,x,exp(-2*x)],[0,1,-2*exp(-2*x)],[0,0,
 exp(-2*x)]])
with(LinearAlgebra);Determinant(W)
```

Mathematica

```
W = {{1,x,Exp[-2*x]},{0,1,-2*Exp[-2*x]},{0,0,Exp[-2*x]}};
Det[W]
```

4-10 ■ 요약

선형방정식 관련 용어 미분방정식이 종속변수 y 또는 그 도함수들의 어떠한 멱승, 곱, 기타 비선형 함수도 포함하지 않을 경우 *선형*으로 분류된다. n계 선형 미분방정식의 가장 일반적인 형식은

$$y^{(n)} + P_1(x)y^{(n-1)} + \cdots + P_{n-1}(x)y' + P_n(x)y = R(x) \qquad (4\text{-}1)$$

와 같이 표현할 수 있으며, 이때 계수 $P_1, P_2, \ldots, P_n$은 x에만 종속될 수 있다. 함수 $R(x)$는 종속변수 y 또는 그 도함수들 중 어느 것도 포함하지 않는 항들을 나타내며 *비동차* 항이라고 한다. 선형 미분방정식은 $R(x) \neq 0$일 때 *비동차형*이라고 하며 $R(x) = 0$일 때 *동차형*이라고 한다. $R(x)$를 0으로 두었을 때 만들어지는 방정식을 주어진 미분방정식의 *연계 동차방정식*이라고 한다. 종속변수 y 항과 그 도함수 항들의 계수들이 상수인 경우 *상수계수* 방정식이라고 한다. 한 개

이상의 계수들이 독립변수 x에 종속될 경우 *변수계수* 방정식이라고 한다.

해의 존재성 및 유일성 n계 선형 초깃값 문제에서 해의 존재성 및 유일성은 정리 4-1과 같이 표현된다.

> 함수 $P_1(x), P_2(x), ..., P_n(x)$ 그리고 $R(x)$가 구간 $x_1 < x < x_2$에서 연속이고 x_0이 이 구간 안의 임의의 점이라고 할 때, n계 선형방정식 4-1은 이 구간에서 다음 n 개의 초기조건을 만족하는 유일한 해를 갖는다.
>
> $$y(x_0) = y_0', \ldots, y^{(n-1)}(x_0) = y_0^{(n-1)}$$
>
> 여기에서 $y_0, y_0', ..., y_0^{(n-1)}$ 등은 실수 상수이다.

선형 동차방정식을 위한 중첩 원리 어떤 함수가 선형 동차 미분방정식의 해일 경우, 그 상수 배 또한 해가 된다. n개의 함수가 선형 동차 미분방정식의 해일 경우, 이들의 합 또한 그 미분방정식의 해가 된다. 이것은 *중첩 원리*로 알려져 있으며 정리 4-2와 같이 표현된다.

> $y_1, y_2, ..., y_n$이 어떤 n계 선형 동차방정식의 n개의 해일 경우, 선형 결합
>
> $$y = C_1y_1 + C_2y_2 + \cdots + C_ny_n \tag{4–7}$$
>
> 또한 이 방정식의 해이며, 여기에서 $C_1, C_2, ..., C_n$은 임의상수이다.

아벨 항등성 관심 대상 구간에서 연속인 계수들을 갖는 n계 선형 동차방정식에 대해 *아벨 항등성*은 정리 4-3과 같이 표현된다.

> 어떤 n계 선형 동차방정식에 대한 임의의 n개의 해 $y_1, y_2, ..., y_n$의 론스키 행렬식은 항상 0이거나(이는 n개의 해가 1차 종속임을 나타냄) 혹은 결코 0이 아니게 된다(이는 n개의 해가 1차 독립임을 나타냄).

기본해집합 n계 선형 동차방정식은 정리 4-4에서 표현하고 있듯이 *기본해집합*을 구성하는 n개의 1차 독립인 해들을 갖는다.

> 구간 $x_1 < x < x_2$에서 연속인 계수들을 갖는 n계 선형 동차 미분방정식은 항상 그 구간에서 1차 독립인 n개의 해 $y_1, y_2, ..., y_n$을 갖는다. 또한 그 구간에서 이 미분방정식의 어떤 해라도
>
> $$y = C_1y_1 + C_2y_2 + \cdots + C_ny_n \tag{4–9}$$
>
> 와 같이 이러한 n개의 해의 선형 결합으로 유일하게 표현될 수 있으며, 이는 위의 방정식에 대한 일반해라고 한다.

계수축소법 선형 동차방정식의 자명하지 않은 해 중의 하나가 알려져 있을 경우, 정리 4-5에서 표현하고 있듯이 *계수축소법*으로 방정식의 계수를 하나 줄일 수 있다.

> y_1이 어떤 n계 선형 동차 미분방정식의 자명하지 않은 해일 경우, 치환 $y = vy_1$는 이 방정식을 v'에 관한 $(n-1)$계 선형 동차방정식으로 축소시킨다.

서로 다른 실근의 경우 해의 형태 상수계수 n계 선형 동차방정식은 항상 임의의 구간에 적용될 수 있는 n개의 1차 독립인 해 $y_1, y_2, ..., y_n$을 가지며, 일반해는 임의상수 $C_1, C_2, ..., C_n$에 대해 $y = C_1y_1 + C_2y_2 + \cdots + C_ny_n$과 같이 표현될 수 있다. 특성방정식의 n개의 근 $m_1, m_2, ..., m_n$이 실수이고 서로 다를 경우, 주어진 n계 미분방정식의 n개의 기본해는 $e^{m_1x}, e^{m_2x}, ..., e^{m_nx}$이다.

중복 실근의 경우 해의 형태 m_1이 특성방정식의 k중근일 경우, 이 근에 대응되는 k개의 1차 독립인 해는 다음과 같다.

$$e^{m_1x}, xe^{m_1x}, x^2e^{m_1x}, \ldots, x^{k-1}e^{m_1x} \tag{4–17}$$

k중근 m에 대응되는 일반해 부분은 e^{mx}에 임의상수들을 계수로 갖는 $(k-1)$차 다항식을 곱하여 얻는다.

복소수 근의 경우 해의 형태 다항방정식이 실수 계수들을 가질 경우 복소수 근들은 반드시 켤레 쌍으로 나타난다. 특성방정식에 대한 한 쌍의 복소수 근 $\alpha \pm i\beta$에 대응되는 일반해는 다음과 같이 주어진다.

$$y = e^{\alpha x}(C_1 \cos \beta x + C_2 \sin \beta x) \tag{4–19}$$

일반해에서 k중근 켤레 복소수 쌍 $\alpha \pm i\beta$에 대응되는 부분은

$$\begin{aligned} y = {} & e^{\alpha x}(C_1 \cos \beta x + C_2 \sin \beta x) \\ & + xe^{\alpha x}(C_3 \cos \beta x + C_4 \sin \beta x) + \cdots \\ & + x^{k-1}e^{\alpha x}(C_{2k-1} \cos \beta x + C_{2k} \sin \beta x) \end{aligned} \tag{4–20}$$

와 같이 주어지며, $C_1, C_2, ..., C_n$는 임의상수이다.

동차해와 특수해 선형 비동차방정식의 일반해는 정리 4-6에 따라 *동차해* 또는 *보조해*라고 불리는 연계 동차방정식의 일반해와 주어진 비동차방정식을 만족하는 함수인 *특수해*를 결합하여 구한다.

> 구간 $x_1 < x < x_2$에서 계수들과 비동차 항 $R(x)$가 연속인 n계 선형 비동차방정식의 특수해가 y_p이고 연계 동

차방정식의 일반해가 y_h일 때, 그 구간에서 이 비동차 방정식의 일반해는

$$y = y_h + y_p = C_1y_1 + C_2y_2, \dots, C_ny_n + y_p \quad \textbf{(4–30)}$$

와 같이 주어진다. 여기에서 $y_1, y_2, \dots, y_n$은 연계 동차방정식의 기본해집합이며 $C_1, C_2, \dots, C_n$은 임의상수이다.

선형 비동차방정식을 위한 중첩 원리 비동차 항 $R(x)$는 종종 여러 개의 항을 포함하기도 하며, 이러한 경우 정리 4-7이 표현하고 있는 *중첩 원리*에 따라 각각의 비동차 항에 대응되는 특수해를 찾아 이들을 합하는 것이 훨씬 쉬울 수도 있다.

y_{p1}이 다음 방정식의 특수해이고

$$y^{(n)} + P_1(x)y^{(n-1)} + \cdots + P_{n-1}(x)y' + P_n(x)y = R_1(x) \quad \textbf{(4–31)}$$

y_{p2}가 다음 방정식의 특수해일 때,

$$y^{(n)} + P_1(x)y^{(n-1)} + \cdots + P_{n-1}(x)y' + P_n(x)y = R_2(x) \quad \textbf{(4–32)}$$

$y_{p1} + y_{p2}$ 는 다음 방정식의 특수해가 된다.

$$y^{(n)} + P_1(x)y^{(n-1)} + \cdots + P_{n-1}(x)y' + P_n(x)y = R_1(x) + R_2(x) \quad \textbf{(4–33)}$$

미정계수법 비동차방정식의 특수해 y_p를 구하는 방법에는 미정계수법과 매개변수 변화법 두 가지가 있다. 3장에 기술되어 있는 2계 선형 미분방정식을 위한 미정계수법은 계수에 상관없이 고계 방정식들에도 적용될 수 있다.

매개변수 변화법 *매개변수 변화법*이 적용되는 방정식은 상수계수를 가질 수도 있고 변수계수를 가질 수도 있으며 비동차 항이 임의의 형태를 가질 수 있지만, 이 방법을 사용하기 위해서는 연계 동차방정식의 일반해가 주어져 있어야 한다. n계 선형방정식을 위한 매개변수 변화법은 정리 4-8에 요약되어 있다.

$y_1, y_2, \dots, y_n$이 구간 $x_1 < x < x_2$에서 계수들과 비동차 항 $R(x)$가 연속인 어떤 n계 선형 비동차방정식의 기본해집합이면, 이 비동차 미분방정식의 특수해는

$$y_p = u_1y_1 + u_2y_2 + \cdots + u_ny_n \quad \textbf{(4–47)}$$

와 같이 주어지며, 이때

$$u_k = \int \frac{R(x)W_k(x)}{W(y_1, y_2, \dots, y_n)}dx \quad k = 1, 2, \dots n \quad \textbf{(4–48)}$$

여기에서 $W(y_1, y_2, \dots, y_n)$은 기본해집합에 대한 론스키 행렬식이며, $W_k(x)$는 $W(y_1, y_2, \dots, y_n)$에서 k번째 열과 마지막 행을 삭제하여 얻은 행렬식에 $(-1)^{n-k}$을 곱한 것이다.

오일러 방정식 일부 특정 유형의 경우를 제외하고는 변수계수 선형방정식을 풀기 위한 일반적 절차는 존재하지 않는다. 이러한 특정 유형 중의 하나가 항상 상수계수 방정식으로 바꿀 수 있는 *오일러 방정식*이다. 오일러 방정식에 나타나는 항의 일반적인 형태는 $kx^my^{(m)}$ 형태이며, 이때 k는 상수이며 m은 음이 아닌 정수이다. n계 오일러 방정식은

$$x^ny^{(n)} + a_1x^{n-1}y^{(n-1)} + \cdots + a_{n-1}xy' + a_ny = R(x) \quad \textbf{(4–50)}$$

와 같이 표현될 수 있는데, 여기에서 $a_1, a_2, \dots, a_n$은 상수이다. 오일러 방정식은 정리 4-9에서 표현하고 있듯이 항상 변수 치환 $x = e^t$를 통해 상수계수 방정식으로 바꿀 수 있다.

종종 해가 $y = x^r$ 형태라고 가정하고 오일러 방정식을 푸는 것이 훨씬 쉬울 수 있다. 이 변환의 결과로 r에 관한 n차 다항식이 만들어진다. n개의 근 $r_1, r_2, \dots, r_n$이 모두 실수이고 서로 다를 경우, n개의 해

$$x^{r_1}, x^{r_2}, \dots, x^{r_n} \quad \textbf{(4–51)}$$

는 기본해집합을 형성한다. r_1이 실수 k중근일 경우, 이 근에 대응되는 k개의 1차 독립인 해는 다음과 같이 주어진다.

$$x^{r_1}, (\ln x)x^{r_1}, (\ln x)^2x^{r_1}, \dots, (\ln x)^{k-1}x^{r_1} \quad \textbf{(4–52)}$$

켤레 복소수 쌍 $r_{1,2} = \alpha \pm i\beta$가 k중근일 경우, 이 쌍에 대응되는 $2k$개의 1차 독립인 해는 다음과 같이 주어진다.

$$\begin{aligned} &x^\alpha\cos(\beta\ln x), && x^\alpha\sin(\beta\ln x), \\ &(\ln x)x^\alpha\cos(\beta\ln x), && (\ln x)x^\alpha\sin(\beta\ln x), \\ &\cdots && \cdots \\ &(\ln x)^{k-1}x^\alpha\cos(\beta\ln x), && (\ln x)^{k-1}x^\alpha\sin(\beta\ln x) \end{aligned} \quad \textbf{(4–53)}$$

$x > 0$일 때 동차 오일러 방정식의 일반해는 동일한 특성방정식을 갖는 상수계수 선형 동차방정식의 일반해 안의 모든 x를 $\ln x$로 바꿈으로써 구할 수도 있다.

연습문제

4-1 고계 선형방정식 개요

4-22C 어떤 조건에서 n계 선형 초깃값 문제가 지정된 구간에서 유일한 해를 갖도록 보장되는가?

4-23C 유일한 해가 자명해 $y = 0$인 3계 초깃값 문제를 찾아라.

다음 2계 미분방정식이 (1) 선형인지 비선형인지, (2) 동차형인지 비동차형인지, 그리고 (3) 상수계수를 갖는지 변수계수를 갖는지 결정하라.

4-24 (a) $y''' + 2y^2y' + 2y = xe^{-3x}$
(b) $y''' + 5y' - ky = 0$
(c) $y''' - 3y' + xy = 0$
(d) $y''' + y' = x^2\cos x$

4-25 (a) $y^{(iv)} - 5y' + \cos y = x + 1$
(b) $y^{(iv)} = 0$
(c) $y^{(iv)} + 2x^2y' + 5y = 0$
(d) $y^{(iv)} + e^xy = \dfrac{1}{x}$

4-26 (a) $y''' + e^yy' - 2y = 6$
(b) $y''' - 2y' + y = x^3\cos 2x$
(c) $y''' - 5x^2y' = 0$
(d) $y''' - y = 0$

4-27 (a) $y^{(v)} + \dfrac{1}{y} = 1$
(b) $y^{(v)} - 8y' - e^{\ln y} = 0$
(c) $y^{(v)} - (\sin 2x)y' + y = 0$
(d) $y^{(v)} + y = 7$

다음 초깃값 문제가 유일한 해를 갖도록 보장되는 구간을 결정하라.

4-28 (a) $y''' = 0, y(0) = 0, y'(0) = -4, y''(0) = 0$
(b) $(x-1)^3y''' + 2xy' - y = e^{-x}$,
$y(-2) = 3, y'(-2) = -7, y''(-2) = 0$

4-29 (a) $y''' + xy' - 3y = x^2e^{3x}$,
$y(-1) = 1, y'(-1) = 4, y''(-1) = 0$
(b) $(x-2)y''' + 6xy = 2$,
$y(0) = -2, y'(0) = 0, y''(0) = 0$

4-30 (a) $x(x-3)y''' + xy' - 2(x-3) = -3x^2$,
$y(1) = 2, y'(1) = -5, \quad y''(1) = 0$
(b) $y''' - 5y = \ln x, y(5) = 3, y'(5) = 1, y''(5) = 0$

4-31 (a) $y''' + 4y = e^{2x}\cos x, y(0) = 0, y'(5) = 1, y''(5) = 0$
(b) $(x^2-4)y''' - 3xy' - 2y = 0$,
$y(1) = 0, y'(1) = 7, y''(1) = 0$

4-2 동차방정식 이론

4-32C 연속인 계수들을 갖는 n계 선형 동차방정식은 얼마나 많은 서로 다른 해를 가질 수 있는가? 이러한 해들 중 몇 개가 1차 독립일 수 있는가?

4-33C 연속인 계수들을 갖는 어떤 3계 선형 동차방정식의 1차 독립인 3개의 해 y_1, y_2, y_3이 주어져 있다고 하자. 이 미분방정식은 상수 C_1, C_2, C_3에 대해 $y = C_1y_1 + C_2y_2 + C_3y_3$으로 표현될 수 없는 해를 가질 수 있는가?

아래와 같이 선형 동차방정식과 $x > 0$인 구간에서 해들이 주어져 있다고 하자. 외형 조사를 통해 론스키 행렬식이 구간 $x > 0$에서 결코 0이 되지 않을 해들을 식별하라. 또 각 경우에 대해 실제로 론스키 행렬식을 계산하여 이를 확인하라.

4-34 (a) $x^3y''' - 3x^2y'' + 6xy' - 6y = 0; x, x^2, x^3$
(b) $x^3y''' - 3x^2y'' + 6xy' - 6y = 0; x, -x, x^3$

4-35 (a) $y''' - y' = 0; e^x, e^{-x}, 1$
(b) $y''' - y' = 0; e^x, 2e^{2+x}, -5$

4-36 (a) $x^3y''' + 3x^2y'' - 2xy = 0; \dfrac{1}{x}, \dfrac{\ln x}{x}, x^2$
(b) $x^3y''' + 3x^2y'' - 2xy = 0; \dfrac{1}{x}, \dfrac{\ln x^2}{x}, \dfrac{\ln x^3}{x}$

아래와 같이 선형 동차방정식과 $x > 0$인 구간에서 해들이 주어져 있다고 하자. 주어진 해들이 기본해집합을 형성하는지 결정하고, 그 경우 주어진 미분방정식의 모든 해를 포함하도록 $y(x)$를 위한 관계식을 구하라.

4-37 (a) $y^{(iv)} - y = 0; 1, e^x, e^{-x}$
(b) $y^{(iv)} - y = 0; 1, \sinh x, \cosh x$

4-38 (a) $y''' - y'' + y' - y = 0; e^x, \sin x, \cos x$
(b) $y''' - y'' + y' - y = 0; e^x, \dfrac{\sin x}{\tan x}, \cos x$

4-39 (a) $y''' - y'' + y' - y = 0; e^x, xe^x, e^{-x}$
(b) $y''' - y'' + y' - y = 0; xe^x, e^{x+\ln x}, 3e^{-x}$

4-40 (a) $y''' - 4y'' + 4y' = 0; 1, e^{2x}, xe^{2x}$
(b) $y''' - 4y'' + 4y' = 0; -5, e^{2x+1}, e^{2x} + 15$

4-3 계수축소법

4-41C 계수축소법이 3계 선형방정식이나 4계 선형방정식에 실용적인 해법인가? 이유를 설명하라.

다음 선형 동차방정식에 대해 주어진 한 개의 해를 사용하여 계수축소법으로 1차 독립인 나머지 해들을 구하라.

4-42 $y^{(iv)} - 16y = 0, y_1 = e^{2x}$

4-43 $y''' + 9y' = 0, y_1 = 1$

4-44 $y^{(iv)} + 8y''' + 18y'' + 16y' + 5y = 0, y_1 = e^{-x}$

4-45 $x^3y''' - 2xy' + 4y = 0, y_1 = x^2$

4-46 $x^2y''' + 3xy'' + y' = 0, y_1 = 4$

4-4 상수계수 동차방정식

4-47C $e^{2x}, e^{-3x}, 5e^{2x} - 5e^{-3x}$ 등의 함수 모두가 만족하는 상수계수 4계 선형 동차방정식이 존재할 수 있는가?

4-48C $x, x + 1, x^2, x^2 + 5$ 등의 함수 모두가 만족하는 상수계수 3계 선형 동차방정식이 존재할 수 있는가?

4-49C $x, \cos x, \tan x, \cot a n x$ 등의 함수 모두가 만족하는 상수계수 3계 선형 동차방정식이 존재할 수 있는가?

4-50C 상수계수 4계 선형 동차방정식에 대응되는 특성방정식이 중근을 가질 경우, 일반해를 어떻게 구성할지 설명하라.

4-51C 상수계수 6계 선형 동차방정식에 대응되는 특성방정식의 근들이 복소수일 때, 이들은 반드시 켤레 쌍 형태를 갖는가?

다음 상수계수 선형 동차방정식의 일반해를 구하라.

4-52 (a) $y''' - y' = 0$ (b) $y''' - 5y'' + 4y = 0$

4-53 (a) $y''' + 3y'' + 3y' + y = 0$
(b) $y''' + 6y'' + 9y' = 0$

4-54 (a) $y''' - y'' - y' + y = 0$
(b) $y''' + 3y'' + 4y = 0$

4-55 (a) $y''' - 2y''' + y' + 4y = 0$
(b) $y^{(iv)} + 4y''' + 12y'' + 16y' + 16y = 0$

다음 초깃값 문제의 특수해를 구하라.

4-56 $y''' - 4y'' + 4y' = 0, y(0) = 0, y'(0) = 1, y''(0) = 0$

4-57 $y''' - y = 0, y(0) = 1, y'(0) = y''(0) = 0$

4-58 $y''' + 2y'' + y' - y = 0, y(4) = y'(4) = y''(4) = 0$

4-59 $y''' - 3y'' + 3y' - y = 0, y(0) = 1, y'(0) = y''(0) = 0$

4-60 예제 4-6에서 만들어진 스피커 모델에 대해 전류 $i(t)$를 위한 미분방정식을 구하라.

4-61 예제 4-6에서 만들어진 스피커 모델에 대해 다음 매개변수 값들을 사용하여 동차해의 형태를 결정하라.

$m = 0.003\text{kg}$ $\quad k = 5 \times 10^5\text{N/m}$
$K_f = 20\text{N/A}$ $\quad K_b = 20\text{V} \cdot \text{s/m}$
$R = 10\Omega$ $\quad L = 10^{-3}\text{H}$

4-62 예제 4-7에서 논의된 2층 건물에 대해 2층의 변위 x_2를 위한 4계 미분방정식을 구하라. 그리고 그 특성근들을 구하라.

4-63 예제 4-7에서 논의된 2층 건물에 대해 $m_1 = 2m, m_2 = m, k_1 = 2k, k_2 = k$일 경우의 특성근들을 구하라.

4-5 비동차방정식 이론

4-64C 3계 이상의 고계 선형방정식을 다룰 때 특수해를 위한 중첩 원리를 수정할 필요가 있는가?

4-6 비동차방정식: 미정계수법

4-65C 동일한 비동차 항에 대응되는 특수해의 일반 형태가 2계 선형 동차방정식의 경우와 3계 선형 동차방정식의 경우에 동일한가? 만일 동일하지 않다면 어떻게 다른가?

미정계수법을 사용하여 다음 2계 선형 비동차방정식의 일반해를 구하라.

4-66 (a) $y''' + y' = 2\sin x$
(b) $y''' + y' = 2x\cos 3x$
(c) $y''' + y' = -3\cos 3x$
(d) $y''' + y' = xe^x \sin 2x - 5\sin 2x + 3\cos 2x$

4-67 (a) $y''' - 3y' + 2y = -2e^{3x}$
(b) $y''' - 3y' + 2y = 2e^{3-2x}$
(c) $y''' - 3y' + 2y = 5xe^{-2x}$
(d) $y''' - 3y' + 2y = e^x \cos 2x$

4-68 (a) $y''' - 2y'' = x^2 + 1$
(b) $y''' - 2y'' = \sin x + \cos 2x$
(c) $y''' - 2y' = e^x \sin x$
(d) $y''' - 2y'' = x^3 e^x$

4-69 (a) $y^{(iv)} - y = x - 2$
(b) $y^{(iv)} - y = (x-1)e^x$
(c) $y^{(iv)} - y = x^2 - 1$
(d) $y^{(iv)} - y = xe^x \sin 2x$

4-70 (a) $4y''' - 3y' - y = 20$
(b) $4y''' - 3y' - y = x^2 e^x$
(c) $4y''' - 3y' - y = e^{3x} \cos x$
(d) $4y''' - 3y' - y = x^2 \sin 2x$

4-71 (a) $y''' + 8y = 2\sin x - 3\cos x$
(b) $y''' + 8y = x^2 - e^x$
(c) $y''' + 8y = (x^2 - 1)e^x$
(d) $y''' + 8y = e^{2x} \sin 3x$

4-72 (a) $y''' = 5$ (b) $y''' = -3x^2 e^x$
(c) $y''' = 2x^2 - 3$ (b) $y''' = 8\cos 2x$

4-73 예제 4-7에서 논의된 2층 건물에 대해 $y = 1$, $m_1 = m_2 = m$, $k_1 = k_2 = k$인 경우 특수해의 형태를 구하라.

4-74 예제 4-7에서 논의된 2층 건물에 대해 $y = \sin\left(\sqrt{\frac{k}{m}}t\right)$, $m_1 = m_2 = m$, $k_1 = k_2 = k$인 경우 특수해의 형태를 구하라.

4-7 비동차방정식: 매개변수 변화법

4-75C 매개변수 변화법이 3계 이상의 고계 방정식에서 다소 복잡해지는 이유는 무엇인가?

매개변수 변화법을 사용하여 다음 선형 비동차방정식의 특수해를 구하라. 문항 (a)의 결과에 대해서는 미정계수법을 사용하여 다시 확인하라. 문항 (b)의 적분들은 계산하지 않은 채로 남겨두어도 좋다.

4-76 (a) $y^{(iv)} - 16y = xe^{2x}$ (b) $y^{(iv)} - 16y = \dfrac{e^{2x}}{x}$

4-77 (a) $y''' + 9y' = \cos 2x$ (b) $y''' + 9y' = \dfrac{1}{\cos 2x}$

4-78 (a) $y''' - 2y'' = e^{2x} \cos x$ (b) $y''' - 2y'' = \tan x$

4-79 (a) $y''' + y' = x^3 - 1$ (b) $y''' + y' = \dfrac{1}{x}$

4-80 (a) $y''' - y'' - 4y' - 6y = x + 5$
(b) $y''' - y'' - 4y' - 6y = \ln x$

4-81 (a) $y''' = x^2 e^x$ (b) $y''' = \dfrac{1}{x^2}$

4-82 (a) $y''' - 2y' - 4y = e^{2x} + 8$
(b) $y''' - 2y' - 4y = \dfrac{e^{2x}}{x}$

4-8 오일러 방정식

4-83C 주어진 오일러 방정식에 대응되는 변환된 상수계수 방정식의 특성방정식을 구하기 위한 두 가지 체계적인 방법을 기술하라. 어느 방법이 보다 실용적인가?

4-84C 변수 치환 $y = x^r$을 사용하여 3계 이상의 고계 오일러 방정식을 풀 때 실수인 3중근을 어떻게 처리하겠는가?

4-85C 변수 치환 $y = x^r$을 사용하여 실수 상수를 갖는 6계 오일러 방정식을 풀 때, $\alpha \pm i\beta$가 3중근일 경우 일반해를 어떻게 구성하겠는가?

$x > 0$에 대해 다음 오일러 방정식의 일반해를 구하라.

4-86 $x^3y''' - 3x^2y'' + 6xy' - 6y = 0$

4-87 $x^3y''' + 3x^2y'' - 6xy' - 6y = 0$

4-88 $x^3y''' + x^2y'' = 0$

4-89 $2x^3y''' + 6xy' - 6y = 0$

4-90 $x^3y''' - 6y = 0$

4-91 $x^3y''' + 4x^2y'' - 6xy' - 12y = 0$

4-92 $x^3y''' + 3x^2y'' - 6y = 0$

컴퓨터 문제

4-93 컴퓨터나 계산기를 사용하여 다음 방정식의 근을 구하라.

(a) $r^3 + 16r^2 + 76r + 96 = 0$
(b) $r^3 + 9r^2 + 24r + 20 = 0$
(c) $5r^3 + 30r^2 + 60r + 40 = 0$
(d) $r^3 + 13r^2 + 119r + 267 = 0$

(e) $r^4 + 16r^3 + 194r^2 + 984r + 4005 = 0$

(f) $r^4 + 16r^3 + 158r^2 + 624r + 801 = 0$

(g) $r^4 + 12r^3 + 104r^2 + 408r + 1156 = 0$

컴퓨터를 사용하여 다음 방정식의 일반해를 구하라.

4-94 (a) $y^{(iv)} - y = 0$ (b) $y''' + 3y'' + 4y' + 12y$

4-95 (a) $y''' - y'' - 4y' - 6y = x + 5$
(b) $y''' - y = e^{3x}$

4-96 (a) $x^3y''' + x^2y'' + 4y = 0$
(b) $x^3y''' + 4x^2y'' - 6xy' - 12y = 0$

다음 초깃값 문제의 특수해를 구하되, 미지의 계수들을 구하기 위해 컴퓨터를 사용하라.

4-97 $y''' - 4y'' + 4y' = 0, y(0) = 0, y'(0) = 1, y''(0) = 0$

4-98 $y''' - 3y'' + 3y' - y = 0, y(0) = 1, y'(0) = y''(0) = 0$

컴퓨터를 사용하여 다음 각 문제를 위한 론스키 행렬식을 구하라.

4-99 (a) $y''' - 3y'' + 3y' = 0; e^x, xe^x, x^2e^x$
(b) $y''' - 3y'' + 3y' = 0; e^x, 2e^x, -3x^2e^x$

4-100 (a) $x^3y''' + 2x^2y'' - 2xy' = 0; \dfrac{1}{x}, x^2, 1$
(b) $x^3y''' + 2x^2y'' - 2xy' = 0; e^{-\ln x}, x^2, 5$

복습문제

4-101 y_1이

$$y''' + P_1(x)y'' + P_2(x)y' + P_3(x)y = 0$$

의 해일 경우, 변수 치환 $y = u(x)y_1$으로

$y_1u''' + (3y_1' + P_1y_1)u'' + (3y_1'' + 2P_1y_1' + P_2y_1)u' = 0.$

와 같은 u'에 관한 2계 선형 동차방정식이 만들어진다는 것을 증명하라.

$x > 0$에서 다음 선형 동차방정식의 일반해를 구하라. 그리고 초기조건들이 지정되어 있을 경우 일반해 안의 임의상수들을 결정하라.

4-102 $y^{(iv)} - 16y = 0$

4-103 $y''' - y' = xe^{2x}\cos x$

4-104 $y''' + 2y'' + y' = 0$

4-105 $y''' = \dfrac{1}{x} + x\sin x$

4-106 $2x^3y''' + 5x^2y'' = x^2 - 1$

4-107 $y''' + 2y'' + 6y' + 4y = x^3 - 2$

4-108 $y^{(iv)} + 2y'' + y = 0$

4-109 $x^3y''' + x^2y'' = \dfrac{1}{x} - 2$

4-110 $y''' - 6y'' + 9y' = 0$

4-111 $y''' - 3y'' + 3y' - y = 0$

4-112 $y''' + y' = 0, y(0) = 0, y'(0) = y''(0) = 1$

4-113 $y''' + y = 4e^{3x} - x$

4-114 $y''' - 4y'' = x + 1$

4-115 $y''' - 4y'' + 3y = -e^{2x} - 1$

4-116 $y^{(iv)} - y'' = x^2 + 1 - e^x\sin x$

4-117 $y^{(iv)} + y = x\sin x$

4-118 $y''' - 9y' + 8y = x^2e^{3x}$

4-119 $y^{(iv)} + 16y = xe^{2x} - 1$

4-120 $y^{(iv)} - y = 0, y(0) = 1, y'(0) = y''(0) = 0, y'''(0) = 1$

4-121 $y''' + 9y' = x^2\cos 2x$

4-122 $x^3y''' + 3x^2y'' - 3xy' + 3y = 0$

4-123 $y^{(iv)} + 64y = 1, y(0) = y'(0) = y''(0) = y'''(0) = 0$

4-124 $x^4y^{(iv)} - 4x^2y'' - 6y = 0$

4-125 $x^3y''' + 6y = 0$

4-126 $y''' + 4y'' + 4y' = x^2 - 1, y(0) = 0, y'(0) = 1, y''(0) = 2$

CHAPTER 5

선형 미분방정식: 변수계수

지금까지는 *상수계수* 선형 미분방정식에 대해 살펴보았는데, 이러한 방정식들은 (지수함수, 삼각함수, 로그함수 등과 같은) 초등함수들을 사용하여 체계적 방식으로 풀 수 있는 경우가 많기 때문이다. 또한 특별한 변수계수 방정식으로 오일러 방정식에 대해서도 살펴보았다.

이제 *변수계수* 선형 미분방정식을 다룰 차례이다. 이러한 방정식들 중 초등함수들을 사용하여 풀 수 있는 것은 많지 않으며, 따라서 다른 해법들을 탐색할 필요가 있다. 변수계수 미분방정식의 풀이에 성공적으로 사용되는 한 가지 방법은 *급수해법*이다. 이 방법은 상수계수나 변수계수를 갖는 선형 및 비선형 방정식에 대한 정확한 해나 근사 해를 찾는 데 사용된다.

이 장에서는 다음과 같이 표현될 수 있는 변수계수 2계 선형 미분방정식에 급수해법을 적용할 것이다.

$$y'' + P(x)y' + Q(x)y = 0$$

이러한 방정식은 물리학이나 공학에서 자주 나타나며, 이러한 방정식을 위한 급수해법은 잘 개발되어 있다. 이 장에서 논의되는 절차들은 고계 선형방정식에도 확장될 수 있다.

급수해법에서 미분방정식의 해는 조정 가능한 계수들을 갖는 무한급수로 표현된다. 지정된 점에서 무한급수를 계산하는 것은 무수히 많은 항들의 계산과 이들에 대한 덧셈을 요하는 끝없는 작업처럼 보일 것이다. 그러나 실제로는 유한한 개수의 항들을 계산하는 것으로 충분한데, 이는 급수해에서 사용되는 급수는 수렴하며 항의 수가 늘어남에 따라 항들은 0에 접근한다.

변수계수 2계 선형 미분방정식에 급수해법을 적용하기 위한 표준적인 절차는 존재하지 않으며, 이러한 방정식들을 모두 급수해법으로 쉽게 풀 수 있는 것도 아니다. 따라서 방정식들의 유형을 분류하고 각 유형마다 적용 가능한 절차를 개발할 필요가 있다. 연속인 계수 $P(x)$, $Q(x)$를 갖는 방정식은 비교적 쉽고 단순하게 풀 수 있다. 풀이 절차를 복잡하게 하는 것은 $P(x)$, $Q(x)$에 불연속점이 있거나 특이점이 있을 경우이다.

이 장은 먼저 급수해법의 중심축에 해당되는 멱급수를 간략히 소개하는 것으

학습목표

이 장을 마친 후에는 다음과 같은 능력을 갖출 수 있을 것이다.

1. 멱급수를 조작하고, 수렴 여부를 판정하며, 수렴 구간을 계산한다.
2. 변수계수 2계 방정식의 보통점과 특이점을 식별하며, 수렴 반경을 계산한다.
3. 보통점에 대한 2계 방정식의 멱급수해를 구한다.
4. 르장드르 방정식을 식별하고 푼다.
5. 프로베니우스 해법을 사용하여 정칙특이점에 대한 급수해를 구한다.
6. 베셀 방정식을 식별하고 푼다.
7. 컴퓨터 패키지를 사용하여 멱급수 형태의 해나 특수함수를 사용하는 해를 구한다.

로 시작한다. 급수해법을 소개한 후에 계수 $P(x)$, $Q(x)$가 관심 대상 영역에서 특이점을 갖지 않는 방정식에 적용해 보인다. 그런 다음 계수들이 관심 대상 영역에서 특정 형태의 특이점을 갖는 방정식들로 분석 대상을 확장한다. 마지막에는 르장드르 방정식이나 베셀 방정식과 같은 몇 가지 유명한 2계 미분방정식들에 급수해법을 적용한다.

5-1 ■ 멱급수

멱급수는 급수해법의 토대를 형성하며, 따라서 멱급수와 그 성질, 멱급수 관련 용어 등을 잘 이해하는 것은 급수해법의 학습에 필수적이다. 이 절에서는 급수해법의 이해와 활용에 필요한 범위 내에서 멱급수에 대해 살펴볼 것이다.

여러 항들의 합으로 표현되는 수학적 함수를 **급수**라고 하며 무수히 많은 항들의 합으로 표현되는 수학적 함수를 **무한급수**라고 한다. 음이 아닌 정수 n에 대해 x^n 또는 $(x - x_0)^n$ 형태를 갖는 변수 멱승들을 포함하는 항들로 이루어진 무한급수를 **멱급수**라고 하며

$$f(x) = \sum_{n=0}^{\infty} C_n x^n = C_0 + C_1 x + C_2 x^2 + C_3 x^3 + \cdots \tag{5-1}$$

또는

$$f(x - x_0) = \sum_{n=0}^{\infty} C_n (x - x_0)^n = C_0 + C_1(x - x_0) + C_2(x - x_0)^2 + \cdots \tag{5-2}$$

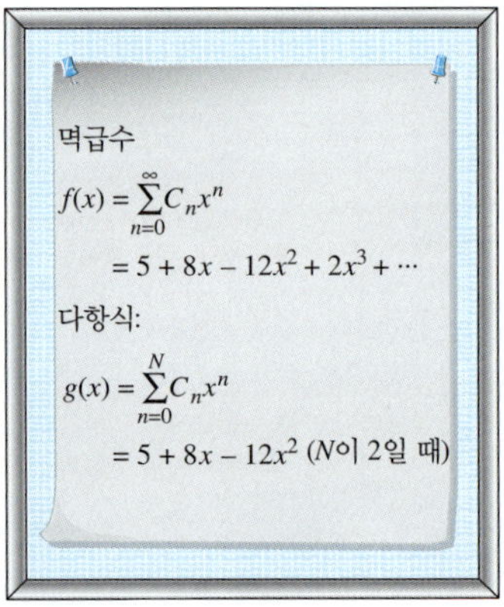

그림 5-1
멱급수란 정수 n에 대해 $C_n x^n$ 형태의 항들을 갖는 무한급수이다. 다항식은 유한한 개수의 항을 갖는 멱급수이다.

와 같이 표현한다(그림 5-1). 여기에서 x_0은 어떤 고정된 x 값이다. 상수 C_n들은 이 멱급수의 **계수(coefficient)**라고 하며, 점 $x = x_0$은 **중심**이라고 한다.

식 5-1은 흔히 *점 $x = 0$에 대한 멱급수*라고 하며, 식 5-2는 *점 $x = x_0$에 대한 멱급수*라고 한다. 식 5-2의 급수는 식 5-1에서 x를 $(x - x_0)$으로 치환하여 구할 수 있다. 따라서 x에 대한 급수는 간단한 변수 치환을 통해 $(x - x_0)$에 대한 급수로 쉽게 변환할 수 있다는 점을 유념하면서 표기의 간소화를 위해 주로 x에 관한 급수를 고려한다.

많이 사용되는 초등함수들 중에는 다음과 같이 멱급수 표현이 널리 알려진 것들이 많다.

$$e^x = \sum_{n=0}^{\infty} \frac{x^n}{n!} = 1 + x + \frac{x^2}{2!} + \frac{x^3}{3!} + \cdots \tag{5-3}$$

$$\sin x = \sum_{n=0}^{\infty} (-1)^n \frac{x^{2n+1}}{(2n+1)!} = x - \frac{x^3}{3!} + \frac{x^5}{5!} - \cdots \tag{5-4}$$

$$\sinh x = \sum_{n=0}^{\infty} \frac{x^{2n+1}}{(2n+1)!} = x + \frac{x^3}{3!} + \frac{x^5}{5!} + \cdots \tag{5-5}$$

$$\cos x = \sum_{n=0}^{\infty} (-1)^n \frac{x^{2n}}{(2n)!} = 1 - \frac{x^2}{2!} + \frac{x^4}{4!} - \cdots \tag{5-6}$$

$$\cosh x = \sum_{n=0}^{\infty} \frac{x^{2n}}{(2n)!} = 1 + \frac{x^2}{2!} + \frac{x^4}{4!} + \cdots \tag{5-7}$$

$$\tan^{-1} x = \sum_{n=0}^{\infty} (-1)^n \frac{x^{2n+1}}{2n+1} = x - \frac{x^3}{3} + \frac{x^5}{5} - \cdots \tag{5-8}$$

양의 정수 n에 대한 계승은 곱 $n! = 1 \cdot 2 \cdot 3, \ldots, n$이며, $0! = 1$로 정의된다(그림 5-2). 그리고 $x = 0$을 비롯하여 모든 x에 대해 $x^0 = 1$이다. 급수에 항의 개수가 늘어날수록 특정 x값에 대한 급수의 값이 함수 값에 접근할 경우, 급수 표현은 함수에 **수렴한다**고 한다. 식 5-3에서 5-8까지의 급수들은 x의 실수 값들에 대해 해당 함수들에 수렴한다.

$0! = 1$
$1! = 1$
$2! = 1 \cdot 2 = 2$
$3! = 1 \cdot 2 \cdot 3 = 6$
$4! = 1 \cdot 2 \cdot 3 \cdot 4 = 24$
⋮
$n! = 1 \cdot 2 \cdot 3 \cdots n$

그림 5-2
계승 함수

식 5-3에서 5-8까지의 멱급수들이나 다른 함수들에 대한 멱급수들은 점 $x = 0$에 대한 테일러급수 전개식으로부터 구할 수 있다. 점 x_0에 대한 임의의 함수 $f(x)$의 **테일러급수**는

$$f(x - x_0) = \sum_{n=0}^{\infty} \frac{f^{(n)}(x_0)}{n!}(x - x_0)^n$$
$$= f(x_0) + f'(x_0)(x - x_0) + \frac{f''(x_0)}{2!}(x - x_0)^2 + \cdots \tag{5-9}$$

와 같은 멱급수로 표현되는데, 이때 도함수 $f', f'', \ldots, f^{(n)}$이 존재한다고 가정한다(즉, 이 함수는 무한 번 미분할 수 있다고 가정함). 초등함수의 급수 전개식은 식 5-9에서 $x_0 = 0$에 대해 표시된 미분들을 수행함으로써 구할 수 있다(그림 5-3).

다항식:
$f(x) = x^2 - 1$
이면
$f'(x) = 2x$
$f''(x) = 2$
$f^{(n)}(x) = 0, \quad n = 3, 4, 5, \ldots$
$x = 0$이면
$f(0) = -1$
$f'(0) = 0$
$f''(0) = 2$
$f^{(n)}(0) = 0, \quad n = 3, 4, 5, \ldots$
테일러급수:
$$f(x-0) = \sum_{n=0}^{\infty} \frac{f^{(n)}(0)}{n!}(x-0)^n = -1 + 0 + \frac{2}{2!}x^2 = x^2 - 1 = f(x)$$

그림 5-3
원점에 대한 다항식의 테일러급수 전개식은 원래의 다항식과 동일하다.

멱급수 표현

$$\sum_{n=0}^{\infty} C_n x^n$$

안의 그리스 문자 Σ는 *합산*을 나타내며 n은 카운터 역할을 하는 *합산 지수*를 나타낸다. (정적분에서 적분변수와 마찬가지로) 합산에서 사용하는 지수 기호는 중요하지 않으며, n, m, i, j, k 등 어느 기호를 사용하더라도 아무 차이가 없다. 예를 들면,

$$\sum_{n=2}^{4} n^2 x^n = 4x^2 + 9x^3 + 16x^4 = \sum_{i=2}^{4} i^2 x^i \tag{5-10}$$

두 개의 멱급수가 동일한 함수를 나타내면 *동일한* 급수로 취급된다. 따라서 어떤

구간 안의 모든 x에 대해

$$\sum_{n=0}^{\infty} C_n x^n = \sum_{n=0}^{\infty} D_n x^n \tag{5-11}$$

이면, 모든 $n = 0, 1, 2, 3, \ldots$에 대해 $C_n = D_n$이다. 특별한 경우로 어떤 구간 안의 모든 x에 대해 멱급수가 0이라면, 모든 $n = 0, 1, 2, 3, \ldots$에 대해 $C_n = 0$이 된다.

급수 표현식은 정적분처럼 조작될 수 있다. 예를 들면,

$$\sum_{n=3}^{8} C_n x^n = \sum_{n=3}^{5} C_n x^n + \sum_{n=6}^{8} C_n x_n \tag{5-12}$$

$$\sum_{n=3}^{8} C_n x^n = \sum_{n=0}^{8} C_n x^n - \sum_{n=0}^{2} C_n x^n \tag{5-13}$$

$$\sum_{n=0}^{10} 2C_n x^n = 2\sum_{n=0}^{10} C_n x^n \tag{5-14}$$

$$x^2 \sum_{n=1}^{7} C_n x^n = \sum_{n=1}^{7} C_n x^{n+2} \tag{5-15}$$

$$f(x) = \sum_{n=0}^{\infty} 2\sqrt{x}(n-1)x^n$$
$$= 2\sqrt{x}\sum_{n=0}^{\infty}(n-1)x^n$$
$$\neq (n-1)\sum_{n=0}^{\infty} 2\sqrt{x}x^n$$

그림 5-4
합산 지수에 종속되지 않는 양은 합산 기호 안이나 밖으로 자유롭게 이동할 수 있다.

합산 지수에 종속되지 않는 양은 합산 기호 안이나 밖으로 자유롭게 이동할 수 있으며, 이는 적분변수에 종속되지 않는 양이 적분기호 안이나 밖으로 자유롭게 이동할 수 있는 것과 같다(그림 5-4).

때로 합산 안의 일부 항들을 따로 표시하고 나머지 항들은 합산 기호 안에 두는 것이 편리한 경우가 있다. 예를 들면,

$$\sum_{n=0}^{\infty} C_n x^{2n} = C_0 + C_1 x^2 + C_2 x^4 + \sum_{n=3}^{\infty} C_n x^{2n}$$

합산 지수의 이동

때로 합산 지수를 이동시키는 것이 필요한 경우가 있는데, 특히 일반항의 차수가 다른 두 급수를 결합할 때 지수 이동이 필요하다. 지수는 급수의 동일성만 유지된다면 임의의 값만큼 앞이나 뒤로 이동할 수 있다. 즉, 이동 전후의 급수를 전개하였을 때 같기만 하면 된다. 예를 들어 아래의 다항식 표현 세 개를 살펴보자. 이들은 외형상의 차이이도 불구하고 동일하다.

$$f(x) = \sum_{n=2}^{4} (n+1)x^n = 3x^2 + 4x^3 + 5x^4 \tag{5-16}$$

$$f(x) = \sum_{i=0}^{2} (i+3)x^{i+2} = 3x^2 + 4x^3 + 5x^4 \tag{5-17}$$

$$f(x) = \sum_{j=5}^{7}(j-2)x^{j-3} = 3x^2 + 4x^3 + 5x^4 \tag{5-18}$$

이 세 표현 중 어느 둘이라도 나머지 한 표현에서 지수를 이동시켜 구할 수 있다. 이 예에서 식 5-17은 식 5-16에서 n을 $i + 2$로 치환함으로써 구할 수 있고, 식 5-18은 식 5-16에서 n을 $j - 3$으로 치환함으로써 구할 수 있다.

식 5-16에서 x의 멱을 n에서 $i + 2$로 변경하여 다시 표현하고 싶다고 하자. 이를 위한 가장 쉬운 방법은 합산 기호 아래 위의 지수 범위를 포함하여 급수 안에 나타나는 모든 n을 $i + 2$로 치환하는 것이다. 그 결과로

$$f(x) = \sum_{i+2=2}^{i+2=4}(i+2+1)x^{i+2} = \sum_{i=0}^{2}(i+3)x^{i+2}$$

을 얻게 되며, 이는 바로 식 5-17이다. 원한다면 다음과 같이 지수 i를 다시 n으로 고쳐 쓸 수도 있다.

$$f(x) = \sum_{n=0}^{2}(n+3)x^{n+2}$$

물론 처음부터 $i + 2$ 대신 $n + 2$를 사용함으로써 이 단계를 피할 수도 있다.

지수 이동을 위한 실용적 규칙은 합산 표현식 안의 지수를 어떤 수만큼 증가시킬 (또는 감소시킬) 때 합산 지수 범위는 하한과 상한 모두 같은 수만큼 감소시키는 (또는 증가시키는) 것이다(그림 5-5). 앞의 예에서 합산 안의 지수를 2 증가시킬 때 합산 지수의 하한과 상한 모두 2만큼 감소시켰다. 무한급수의 경우에는 상한은 무한대이며 지수 이동의 영향을 받지 않고 그대로 무한대로 남는데, 이는 무한대에 유한한 수를 더하거나 빼더라도 여전히 무한대이기 때문이다.

$$\begin{aligned} f(x) &= \sum_{n=0}^{\infty} nx^{2n} \\ &= \sum_{n=1}^{\infty}(n-1)x^{2(n-1)} \\ &= \sum_{n=2}^{\infty}(n-2)x^{2(n-2)} \\ &= \sum_{n=i}^{\infty}(n-i)x^{2(n-i)} \end{aligned}$$

그림 5-5
합산 지수 n은 합산 안에 나타나는 n을 $n - i$로 치환함으로써 i만큼 이동시킬 수 있다.

예제 5-1 합산 지수의 이동

급수

$$f(x) = \sum_{n=1}^{\infty} n^2 \frac{(x-x_0)^{n+3}}{2^{n+1}}$$

에서 $(x - x_0)$의 멱이 n이 되도록 합산 지수를 이동시켜라.

풀이 외형 조사를 통해 n을 모두 $n - 3$으로 치환함으로써 원하는 이동을 얻을 수 있음을 알 수 있다. 따라서

$$f(x) = \sum_{n-3=1}^{\infty}(n-3)^2\frac{(x-x_0)^{n-3+3}}{2^{n-3+1}} = \sum_{n=4}^{\infty}(n-3)^2\frac{(x-x_0)^n}{2^{n-2}}$$

가 원하는 결과이다(그림 5-6). 두 급수의 동일성은 다음과 같이 두 급수의 개별 항들을 나열하여 대응되는 항들끼리 정확히 같다는 것을 관찰함으로써 확인할 수 있다.

$$\begin{aligned} f(x) &= \sum_{n=1}^{\infty} n^2 \frac{(x-x_0)^{n+3}}{2^{n+1}} \\ &= \sum_{n=4}^{\infty}(n-3)^2\frac{(x-x_0)^n}{2^{n-2}} \end{aligned}$$

그림 5-6
예제 5-1에서 합산 지수를 3만큼 이동시키기

$$\sum_{n=1}^{\infty} n^2 \frac{(x-x_0)^{n+3}}{2^{n+1}} = \frac{(x-x_0)^4}{2^2} + 2^2\frac{(x-x_0)^5}{2^3} + 3^2\frac{(x-x_0)^6}{2^4} + \cdots$$

그리고

$$\sum_{n=4}^{\infty} (n-3)^2 \frac{(x-x_0)^n}{2^{n-2}} = \frac{(x-x_0)^4}{2^2} + 2^2\frac{(x-x_0)^5}{2^3} + 3^2\frac{(x-x_0)^6}{2^4} + \cdots$$

따라서 두 멱급수는 동일하다.

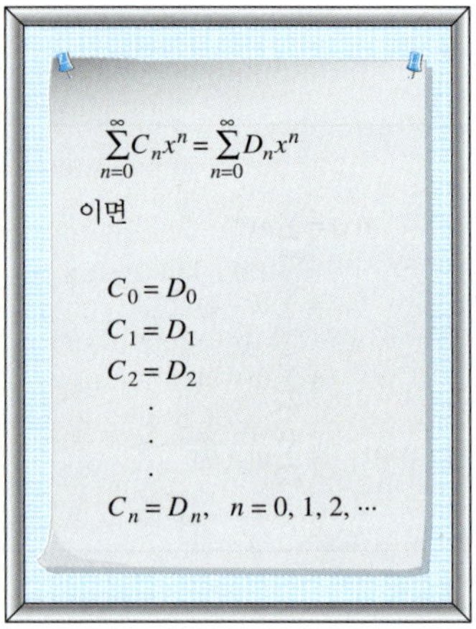

그림 5-7
두 멱급수가 동일할 경우, x의 각 멱에 대해 이들의 대응되는 계수들이 동일해야 한다.

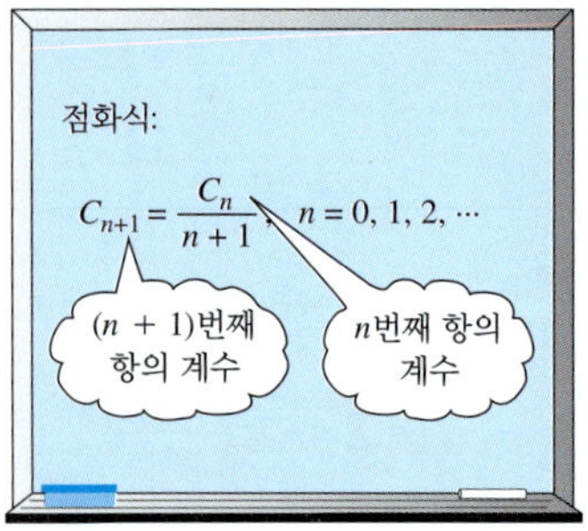

그림 5-8
급수의 둘 이상의 계수들을 서로 연관시키는 관계식을 점화식이라고 한다.

예제 5-2 멱급수의 조작

급수의 동일성을 이용하여 지수함수 e^x에 대한 멱급수 전개식의 계수들인 C_n을 결정하라.

$$e^x = \sum_{n=0}^{\infty} C_n x^n = C_0 + C_1 x + C_2 x^2 + C_3 x^3 + \cdots$$

풀이 | 첫 번째 계수 C_0은 $x = 0$에서 식의 양변을 모두 계산함으로써 쉽게 결정할 수 있으며, 결과는 다음과 같다.

$$e^0 = C_0 + 0 + 0 + 0 + \cdots \rightarrow C_0 = 1$$

이제 양변에 1계 도함수들을 취한다.

$$\frac{de^x}{dx} = 0 + C_1 + 2C_2 x + 3C_3 x^2 + \cdots + nC_n x^{n-1} + \cdots = \sum_{n-1}^{\infty} nC_n x^{n-1}$$

e^x의 1계 도함수는 e^x 자체이므로, 이들의 급수 전개식도 동일해야 하며, 따라서

$$\sum_{n=1}^{\infty} nC_n x^{n-1} = \sum_{n=0}^{\infty} C_n x^n$$

양변의 x의 멱들을 일치시키기 위해 다음과 같이 모든 n을 $n+1$로 치환함으로써 첫 번째 합산 지수를 1만큼 이동시킨다.

$$\sum_{n=0}^{\infty} (n+1) C_{n+1} x^n = \sum_{n=0}^{\infty} C_n x^n$$

모든 x에 대해 위의 등식이 성립하기 위해서는 두 급수의 대응되는 항들의 계수가 동일해야 한다(그림 5-7). 이 조건에 의해 우리가 찾던 관계식을 얻을 수 있다.

$$(n+1)C_{n+1} = C_n \quad 즉, \quad C_{n+1} = \frac{C_n}{n+1} \qquad \textbf{(5-19)}$$

멱급수의 둘 이상의 계수들을 서로 연관시키는 식 5-19와 같은 관계식을 **점화식**이라고 한다(그림 5-8). 이 경우 점화식은 각 계수를 바로 앞의 계수와 연관시킨다. 따라서 첫 번째 계수는 주어져 있으므로($C_0 = 1$), 나머지 계수들(C_1, C_2, C_3, C_4, ...)은 다음과 같이 이 점화식으로부터 결정될 수 있다.

$$n = 0: \quad C_1 = \frac{C_0}{1} = \frac{1}{1!}$$

$$n = 1: \quad C_2 = \frac{C_1}{2} = \frac{1}{2!}$$

$$n = 2: \quad C_3 = \frac{C_2}{3} = \frac{1}{3!}$$

$$n = 3: \quad C_4 = \frac{C_3}{4} = \frac{1}{4!}$$

이를 일반화하면 다음의 결과를 얻는다.

$$C_n = \frac{C_0}{n!} = \frac{1}{n!}, \quad n = 1,2,3,4,\ldots \tag{5-20}$$

이렇게 해서 모든 계수들을 결정한다. 이 계수들을 주어진 멱급수에 대입하면

$$e^x = \sum_{n=0}^{\infty} \frac{x^n}{n!}$$

을 얻는데, 이것이 $x = 0$에 대한 지수함수의 테일러급수 전개식이다.

멱급수의 수렴

급수를 다룰 때 대단히 중요한 문제 중의 하나는 **수렴**에 관한 것이다. 어떤 함수의 급수 표현은 급수가 함수에 수렴하지 않는다면 쓸모가 없다. 예를 들면, 식 5-3에서 5-8까지 주어진 초등함수들에 대한 급수 표현은 모든 x 값에 대해 각 급수가 표현하는 함수에 수렴한다. 그러나 멱급수 전개식

$$\frac{1}{1-x} = \sum_{n=0}^{\infty} x^n = 1 + x + x^2 + x^3 + \cdots \tag{5-21}$$

는 $|x| < 1$인 값들에 대해서만 $1/(1-x)$에 수렴한다. 예를 들어 $x = 3$일 때 이 급수는 정확한 값인 -0.5에 수렴하지 않고 발산한다(즉, 무한대가 됨). 따라서 ($-\infty$에서 $+\infty$까지에 해당하는) 전체 x-축 대신 어떤 x 값 구간이나 영역에서 수렴을 논할 필요가 있다.

멱급수의 수렴은 다음과 같이 정의될 수 있다.

어떤 구간 I 안의 모든 x에 대하여 극한 $\lim_{n\to\infty} \Sigma_{k=0}^{n} C_k x^k$가 존재할 경우 $\Sigma_{n=0}^{\infty} C_n x^n$ 형태의 멱급수가 수렴한다고 한다.

즉, 멱급수는 주어진 x에서 모든 항의 합이 유한한 x 값을 가질 경우 그 값에서 수렴한다(그림 5-9).

멱급수의 수렴 여부를 확인하기 위한 가장 쉬운 방법은 **비 판정법(ratio test)**을 적용하는 것인데, 이 판정법에서는 급수의 n번째 항과 $(n+1)$ 번째 항의 비를 취해 $n \to \infty$에 따른 극한을 계산한다(그림 5-10).

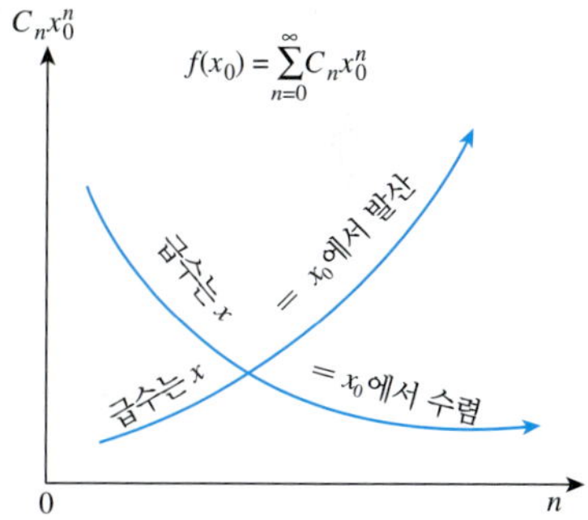

그림 5-9
주어진 x 값에 대해 지수 n이 증가함에 따라 항들의 절댓값이 감소하면 그 급수는 수렴한다.

멱급수:

$$f(x) = \sum_{n=0}^{\infty} C_n x^n = C_0 + C_1 x + \cdots + C_n x^n + C_{n+1} x^{n+1} + \cdots$$

수렴에 관한 비 판정법

$$L = \lim_{n\to\infty} \left| \frac{C_{n+1} x^{n+1}}{C_n x^n} \right| < 1$$

그림 5-10
수렴에 관한 비 판정법에서는 $n \to \infty$에 따라 급수의 n번째 항과 $(n+1)$ 번째 항의 절댓값을 비교한다.

$$L = \lim_{n\to\infty}\left|\frac{C_{n+1}x^{n+1}}{C_n x^n}\right| = |x|\lim_{n\to\infty}\left|\frac{C_{n+1}}{C_n}\right| \tag{5-22}$$

멱급수는 주어진 x 값에 대해 $L < 1$이면 수렴하고, $L > 1$이면 발산한다. $L = 1$이면 비 판정법으로 수렴 여부를 결정할 수 없다. 즉, 주어진 x 값에 대해 n이 증가함에 따라 항들의 절댓값이 감소하면 그 급수는 수렴한다. 즉, 주어진 x 값에 대해 $n \to \infty$에 따라 n번째 항이 0에 접근하면 그 급수는 수렴한다.

예제 5-3 멱급수의 수렴

다음 멱급수가 $x = 0.4$와 $x = -2$에서 수렴하는지 결정하라.

$$\frac{1}{(1+x)^2} = \sum_{n=0}^{\infty}(-1)^n(n+1)x^n = 1 - 2x + 3x^2 - 4x^3 + \cdots \tag{5-23}$$

풀이 | 비 판정법을 적용하면, 다음의 결과를 얻는다.

$$L = \lim_{n\to\infty}\left|\frac{(-1)^{n+1}(n+2)x^{n+1}}{(-1)^n(n+1)x^n}\right| = |x|\lim_{n\to\infty}\left|\frac{n+2}{n+1}\right| = |x|$$

즉, $L = |x|$이며, 따라서 이 멱급수는 $|x| < 1$일 때 수렴한다. 따라서 주어진 멱급수는 $x = 0.4$에서는 수렴하지만, $x = -2$에서는 발산한다.

예제 5-4 멱급수의 수렴 구간

다음 멱급수가 수렴하는 x 값의 범위를 구하라.

$$f(x) = \sum_{n=1}^{\infty}(n+2)(x+3)^n$$

풀이 | 비 판정법을 적용하면, 다음의 결과를 얻는다.

$$L = \lim_{n\to\infty}\left|\frac{(n+3)(x+3)^{n+1}}{(n+2)(x+3)^n}\right| = |x+3|\lim_{n\to\infty}\left|\frac{n+3}{n+2}\right| = |x+3|$$

즉, $L = |x+3|$이며, 따라서 이 멱급수는 $|x+3| < 1$, 즉, $-4 < x < -2$일 때 수렴한다. 그 외의 모든 x 값들에 대해서는 이 멱급수가 발산한다. 예를 들면, $x < -4$일 때나 $x = -4$일 때 $n \to \infty$에 따라 이 급수의 n번째 항이 0이 아니라 무한대에 접근하기 때문이다.

x-축 상에서 멱급수 $\Sigma_{n=0}^{\infty}C_n(x - x_0)^n$이 수렴하는 열린구간을 **수렴 구간**이라고 하며, 이 구간은 비 판정법으로 결정할 수 있다. 수렴 구간을 수렴 반경 ρ를 이용

하여 표현하는 경우도 있는데, **수렴 반경**은 급수 중심 x_0과 급수가 발산하는 가장 가까운 점 사이의 거리로 볼 수 있다(그림 5-11). 그림 5-11에서 보여주듯이 수렴 반경을 사용하여 중심이 x_0인 멱급수의 수렴 구간을 표현하면 $|x - x_0| < \rho$와 같다. $\rho = 0$일 경우, 멱급수는 $x = x_0$일 때 외에는 발산한다. $\rho = \infty$일 때, 멱급수는 모든 x에 대해 수렴하며 이 경우의 수렴 구간은 전체 x-축이다. 일반적으로 ρ는 유한한 어떤 수이며, 급수는 $|x - x_0| < \rho$일 때 수렴하며 $|x - x_0| > \rho$일 때 발산한다. 끝 점인 $x = x_0 = -\rho$와 $x = x_0 + \rho$에서 급수는 수렴할 수도 있고 발산할 수도 있다. 이러한 점들에서는 급수에 해당 값을 대입하고 극한을 취하여 수렴 여부를 조사할 수 있다.

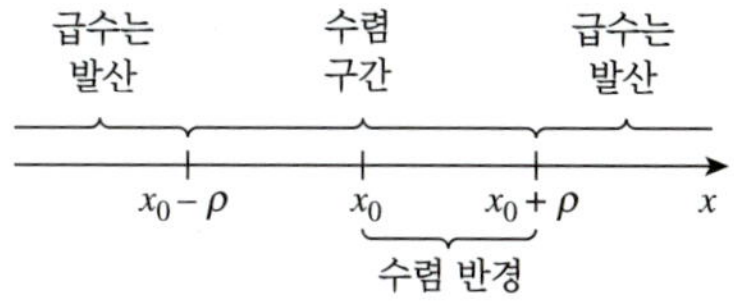

그림 5-11
수렴 구간과 수렴 반경의 기하학적 표현

$\Sigma_{k=0}^{\infty} C_n(x - x_0)^n$ 형태의 멱급수의 수렴 반경은 다음 식을 이용하여 결정할 수 있다.

$$\rho = \lim_{n\to\infty}\left|\frac{C_n}{C_{n+1}}\right| \tag{5–24}$$

그러나 이 관계식은 $\Sigma C_n(x - x_0)^{2n}$이나 $\Sigma C_n(x - x_0)^{n^3}$과 같이 n이 아닌 멱을 갖는 급수에는 적용되지 않는다.

예제 5–5 멱급수의 수렴 반경

(a) 비 판정법 그리고 (b) 식 5-24를 사용하여 멱급수

$$f(x) = \sum_{n=1}^{\infty}\frac{(x-3)^n}{2^n}$$

의 수렴 반경과 수렴 구간을 결정하라.

풀이 (a) 비 판정법을 적용하면, 다음의 결과를 얻는다.

$$L = \lim_{n\to\infty}\left|\frac{(n+1)\text{번째 항}}{n\text{번째 항}}\right| = \lim_{n\to\infty}\left|\frac{(x-3)^{n+1}/2^{n+1}}{(x-3)^n/2^n}\right| = |x-3|\lim_{n\to\infty}\frac{1}{2} = \frac{|x+3|}{2}$$

이 급수는 $\frac{|x-3|}{2} < 1$, 즉, $|x - 3| < 2$일 때 수렴한다. 따라서 수렴 구간은 $1 < x < 5$이며, 수렴 반경은 수렴 구간 길이의 절반인 $\rho = 2$이다.
(b) 식 5-24를 사용하여 수렴 반경을 다음과 같이 결정한다.

$$\rho = \lim_{n\to\infty}\left|\frac{C_n}{C_{n+1}}\right| = \lim_{n\to\infty}\frac{1/2^n}{1/2^{n+1}} = 2$$

멱급수의 중심은 $x_0 = 3$이며, 따라서 수렴 구간은 $x_0 - \rho < x < x_0 + \rho$, 즉, $1 < x < 5$이다(그림 5-12).

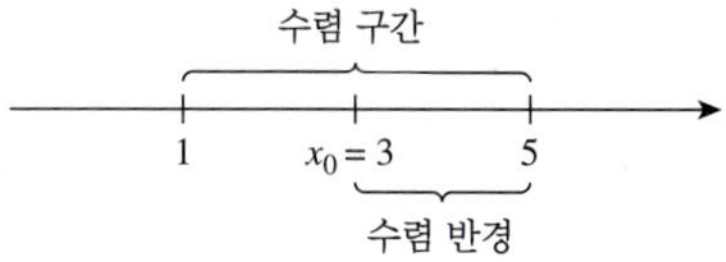

그림 5-12
예제 5-5의 멱급수에 대한 수렴 구간과 수렴 반경

멱급수 $f(x) = \Sigma_{n=0}^{\infty} a_n(x - x_0)^n$, $g(x) = \Sigma_{n=1}^{\infty} b_n(x - x_0)^n$ 모두 구간 I에서 수렴할

두 개의 멱급수가 어떤 구간에서 수렴할 경우,

- 이들의 합
- 이들의 차
- 이들의 곱

또한 이 구간에서 수렴한다.

그림 5-13
멱급수의 수렴에 대한 확장

경우, 이들의 합, 차, 곱 또한 이 구간에서 수렴한다(그림 5-13).

1. $$f(x) + g(x) = \sum_{n=0} (a_n + b_n)(x - x_0)^n \quad \textbf{(5–25)}$$

2. $$f(x) - g(x) = \sum_{n=0}^{\infty} (a_n - b_n)(x - x_0)^n \quad \textbf{(5–26)}$$

3. $$f(x)g(x) = \sum_{n=0}^{\infty} (a_0 b_n + a_1 b_{n-1} + a_2 b_{n-2} + \cdots + a_n b_0)(x - x_0)^n \quad \textbf{(5–27)}$$

또한 $g(x) \neq 0$일 때, 두 급수에 대해

$$\frac{f(x)}{g(x)} = \frac{\sum_{n=0} a_n(x - x_0)^n}{\sum_{n=0}^{\infty} b_n(x - x_0)^n} = \sum_{n=0}^{\infty} C_n(x - x_0)^n \quad \textbf{(5–28)}$$

와 같이 나눗셈을 할 수 있는데, 새로운 계수들인 C_n은 두 급수의 전개식에 대한 나눗셈을 통해 결정될 수 있지만, 이러한 계산은 시간이 많이 걸리고 번거로운 과정이다. 또한 결과로 얻은 급수의 수렴 반경은 원래의 급수들보다 작을 수도 있는데, 이는 $f(x)/g(x)$가 $g(x)$가 0이 되는 점들에서 발산할 수도 있기 때문이다.

멱급수의 도함수

멱급수는 기본적으로 무수히 많은 항을 갖는 다항식이며, 따라서 수렴 구간에서 무한 번 미분 가능하다. 도함수 $f', f'', \ldots, f^{(n)}$은 개별 항들을 미분하여 결정할 수 있다. $f(x)$의 도함수들도 멱급수이며, $f(x)$의 수렴 구간에서 수렴한다. ($n = 0$에 대응되는) 멱급수의 첫 번째 항은 상수 C_0인데 미분 과정에서 없어진다. 따라서 1계 도함수의 합산은 $n = 0$ 대신 $n = 1$에서 시작한다. 매번 미분할 때마다 n 값은 1씩 증가한다. 만일

$$\begin{aligned} f(x) &= C_0 + C_1(x - x_0) + C_2(x - x_0)^2 + C_3(x - x_0)^3 + \cdots \\ &= \sum_{n=0}^{\infty} C_n(x - x_0)^n \end{aligned}$$

이면

$$\begin{aligned} f'(x) &= C_1 + 2C_2(x - x_0) + 3C_3(x - x_0)^2 + \cdots \\ &= \sum_{n=1}^{\infty} C_n n(x - x_0)^{n-1} \end{aligned} \quad \textbf{(5–29)}$$

$$\begin{aligned} f''(x) &= 2C_2 + 2 \cdot 3C_3(x - x_0) + \cdots \\ &= \sum_{n=2}^{\infty} C_n(n - 1)n(x - x_0)^{n-2} \end{aligned} \quad \textbf{(5–30)}$$

등등으로 계속된다. $x = x_0$일 때 $f(x_0) = C_0, f'(x_0) = C_1, f''(x_0) = 2C_2$, 그리고 (일반적으로) $f^{(n)}(x_0) = n!C_n$이 된다. C_n에 대해 풀면 다음의 결과를 얻는다.

$$C_n = \frac{f^{(n)}(x_0)}{n!} \tag{5–31}$$

이 결과를 멱급수에 대입하면

$$f(x) = \sum_{n=0}^{\infty} \frac{f^{(n)}(x_0)}{n!}(x - x_0)^n \tag{5–32}$$

와 같은 함수 $f(x)$의 테일러급수 전개식을 위한 공식을 얻는다.

따라서 어떤 함수가 점 x_0에서 무한 번 미분가능할 경우 그 점에서 테일러급수가 존재한다. 또한 어떤 점 x_0과 그 인접 구간에서 어떤 함수 $f(x)$의 테일러급수가 존재할 경우, 이 함수는 그 점에서 **해석적(analytic)**이라고 한다. 따라서 *점 x_0에서 해석적인 임의의 함수는 중심이 x_0이고 0이 아닌 수렴 반경을 갖는 멱급수로 표현될 수 있다.*

이러한 논의에 비추어 함수 $f(x)$, $g(x)$가 x_0에서 해석적일 경우, 함수 $f(x) + g(x)$, $f(x) - g(x)$, $f(x) \cdot g(x)$도 해석적이며, 또 $g(x_0) = 0$일 때를 제외하고는 $f(x)/g(x)$도 해석적이라고 할 수 있다. 예를 들면, 함수 e^x, $\sin x$, $\cos x$, $\sinh x$, $\cosh x$ 등은 모든 점에서 해석적이다. 또한 모든 다항식도 모든 점에서 해석적이다. 다항식들의 합, 차, 곱, 비(분모가 0일 때는 제외) 또한 해석적이다(그림 5-14).

$f(x) = 3x^2 + 5$
$g(x) = x - 1$
이 주어지면

$f(x) + g(x) = 3x^2 + x + 4$
$f(x) - g(x) = 3x^2 - x + 6$
$f(x) \cdot g(x) = 3x^3 - 3x^2 + 5x - 5$
$f(x)/g(x) = 3x + 3 + \dfrac{8}{x-1}, x \neq 1$

그림 5–14
모든 다항식, 이들의 합, 차, 곱, 비(분모가 0인 점은 제외) 등은 모든 점에서 해석적이다.

절 복습문제

C로 표시된 문제는 토론을 위한 개념적 문제이다.

5-1C 멱급수란 무엇인가? 다항식과는 어떻게 다른가?

5-2C 합산 지수와 정적분변수의 유사점은 무엇인가?

5-3C 합산 지수가 n인 멱급수가 있다고 하자. 합산 안의 인수를 합산 기호 밖으로 꺼낼 수 있기 위한 조건은 무엇인가?

5-4C 두 개의 멱급수가 동일하기 위한 조건은 무엇인가?

5-5 다음 급수에서 나머지 항들은 합산 안에 그대로 두고 첫 세 항만 별도로 표시하라.

(a) $2\sum_{n=0}^{\infty} nx^n$ (b) $-3x\sum_{n=0}^{\infty} nC_n x^{2n}$

(답: (a) $2x + 4x^2 + 6x^3 + 2\Sigma_{n=4}^{\infty} nx^n$ (b) $-3C_1x^3 - 6C_2x^5 - 9C_3x^7 - 3x\,\Sigma_{n=4}^{\infty} nC_n x^{2n}$)

5-6 다음 각 합산에서 x의 멱이 n이 되도록 지수를 이동시켜라.

(a) $\sum_{n=0}^{\infty} \frac{x^{n+2}}{n!}$ (b) $\sum_{n=4}^{\infty} nC_n x^{n-3}$

(답: (a) $\Sigma_{n=2}^{\infty} \frac{x^n}{(n-2)!}$ (b) $\Sigma_{n=1}^{\infty} (n+3)C_{n+3}x^n$)

5-7 다음 등식이 성립함을 증명하여라.

$$\sum_{n=0}^{\infty}(n+2)x^n + 2\sum_{n=1}^{\infty}nx^n = 2 + \sum_{n=1}^{\infty}(3n+2)x^n$$

5-8 다음 각 멱급수의 수렴 구간과 수렴 반경을 결정하라.

(a) $\sum_{n=0}^{\infty} nx^n$ (b) $\sum_{n=2}^{\infty}\frac{n+1}{2^n}x^{n-1}$

(답: 수렴 구간은 [−1, 1)이다. (b) 수렴 구간은 [−2, 2)이다.)

5-2 ■ 멱급수해법

멱급수해법은 주어진 미분방정식이

$$\sum_{n=0}^{\infty} C_n x^n \quad \text{또는} \quad \sum_{n=0}^{\infty} C_n(x-x_0)^n$$

형태의 급수해를 갖는 것으로 가정하고, 가정된 해를 주어진 미분방정식에 대입하고, 표시된 미분을 수행하고, 마지막으로 미지의 계수 C_n들을 결정하는 과정에 기초한다. 멱급수해법에 관한 이론을 소개하기에 앞서 이 해법에 대한 이해를 높이고 가치를 인식할 수 있도록 몇 개의 간단한 예를 살펴볼 것이다. 먼저 상수계수 방정식들을 살펴보고 다음에 변수계수 방정식으로 진행한다.

예제 5-6 멱급수해법

멱급수해를 가정하여 다음 초깃값 문제를 풀어라.

$$y' - y = 0 \qquad y(0) = 1$$

풀이 | 이 문제는 상수계수 1계 선형 동차 미분방정식이며, 변수 분리를 이용하거나 선형방정식을 위한 풀이 절차를 사용하여 해 $y = e^x$를 쉽게 구할 수 있다. 지금은 이 해는 무시하고(지수함수 e^x가 존재한다는 사실도 무시함),

$$y = \sum_{n=0}^{\infty} C_n x^n$$

형태의 멱급수해를 가정하여 위의 방정식에 대한 풀이를 시도한다. 개별 항들을 미분하면

$$y' = \sum_{n=1}^{\infty} nC_n x^{n-1}$$

이 된다. 이 결과를 주어진 미분방정식에 대입하면

$$\sum_{n=1}^{\infty} nC_n x^{n-1} - \sum_{n=0}^{\infty} C_n x^n = 0$$

이 된다. 두 합산에서 x의 멱들을 일치시키기 위해 첫 번째 합산의 지수를 1만큼 이동시키고 n은 $n - 1$로 치환한다. 그 결과는

$$\sum_{n=0}^{\infty} (n+1)C_{n+1}x^n - \sum_{n=0}^{\infty} C_n x^n = 0$$

즉,

$$\sum_{n=0}^{\infty} [(n+1)C_{n+1} - C_n]x^n = 0$$

이다. 이 방정식이 모든 x에 대해 만족되기 위한 필요충분조건은 x의 각 멱승에 대한 계수들이 모두 0이 되는 것이다(그림 5-15). 이 조건으로 전개식의 계수 C_n들을 결정하기 위한 무수히 많은 방정식 $(n+1)C_{n+1} - C_n = 0$, 즉,

$$C_{n+1} = \frac{C_n}{(n+1)}, \qquad n = 0, 1, 2, 3, \ldots \tag{5–33}$$

이 만들어진다. 이 경우 식 5-33은 점화식이며 각 계수를 바로 앞의 계수와 연관시킨다. 따라서 첫 번째 계수 C_0이 주어져 있을 경우, 나머지 계수들(C_1, C_2, C_3, C_4, ...)은 다음과 같이 이 점화식 5-33으로부터 결정될 수 있다.

$$n = 0: \qquad C_1 = \frac{C_0}{1} = \frac{C_0}{1!}$$

$$n = 1: \qquad C_2 = \frac{C_1}{2} = \frac{C_0}{2!}$$

$$n = 2: \qquad C_3 = \frac{C_2}{3} = \frac{C_0}{3!}$$

$$n = 3: \qquad C_4 = \frac{C_3}{4} = \frac{C_0}{4!}$$

이를 일반화하여 다음의 결과를 얻는다.

$$C_n = \frac{C_0}{n!}, \qquad n = 1, 2, 3, 4, \ldots$$

이제 가정된 멱급수해에서 C_0을 제외한 모든 계수들이 결정되었다. 이 계수들을 해에 대입하고 C_0을 합산 기호 밖으로 꺼내어 다음 식을 얻는다.

$$Y = C_0\left[1 + \frac{x}{1!} + \frac{x^2}{2!} + \frac{x^3}{3!} + \cdots + \frac{x^n}{n!} + \cdots\right] = C_0 \sum_{n=0}^{\infty} \frac{x^n}{n!}$$

초기조건 $y(0) = 1$을 적용하면 $x = 0$에서 첫 번째 항을 제외한 모든 항이 0이 되어 없어지므로 $C_0 = 1$이 된다. 이 결과를 급수해에 대입하면

$$y = \sum_{n=0}^{\infty} \frac{x^n}{n!} = e^x$$

$$\sum_{n=0}^{\infty} D_n x^n = 0$$

이면

$$D_0 = 0$$
$$D_1 = 0$$
$$\vdots$$
$$D_n = 0, \quad n = 0, 1, 2, 3, \ldots$$

그림 5-15
멱급수가 모든 x에서 0이 되기 위한 필요충분조건은 x의 각 멱승에 대한 계수들이 모두 0이 되는 것이다.

이 되는데, 이는 위의 급수가 지수함수 e^x의 테일러급수 전개식과 정확히 같기 때문이다. 이제 멱급수해법으로 동일한 결과를 얻을 수 있음이 확인되었다.

물론 이러한 절차는 다른 해법들에 비해 훨씬 복잡하지만, 이 예제의 목적은 새로운 방법을 소개하고 다른 해석적 방법으로 풀 수 없는 문제들에 멱급수해법이 실제로 통할 수 있다는 사실에 대한 신뢰를 구축하는 것이다.

예제 5-7 멱급수해법

멱급수해를 가정하여 미분방정식 $y'' + y = 0$을 풀어라.

풀이 | 이 문제는 상수계수 2계 선형 동차 미분방정식이며, 그 일반해

$$y = C_0 \sin x + C_1 \cos x$$

는 3장에서 구한 바 있다. 지금은 이 해는 무시하고(사인 함수나 코사인 함수가 존재한다는 사실도 무시함),

$$y = \sum_{n=0}^{\infty} C_n x^n$$

형태의 멱급수해를 가정하여 위의 방정식에 대한 풀이를 시도한다. 개별 항들에 대한 미분을 두 번 반복하면(그림 5-16)

$$y' = \sum_{n=1}^{\infty} nC_n x^{n-1}$$

$$y'' = \sum_{n=2}^{\infty} n(n-1)C_n x^{n-2}$$

이 된다. 이 결과를 주어진 미분방정식에 대입하면

$$\sum_{n=2}^{\infty} n(n-1)C_n x^{n-2} + \sum_{n=0}^{\infty} C_n x^n = 0$$

이 된다. 두 합산에서 x의 멱들을 일치시키기 위해 첫 번째 합산의 지수를 2만큼 이동시키고 n은 $x - 2$로 치환한다. 그 결과는

$$\sum_{n=0}^{\infty} (n+2)(n+1)C_{n+2} x^n + \sum_{n=0}^{\infty} C_n x^n = 0$$

즉,

$$\sum_{n=0}^{\infty} [(n+2)(n+1)C_{n+2} + C_n] x^n = 0$$

이다. 이 방정식이 모든 x에 대해 만족되기 위한 필요충분조건은 x의 각 멱승에 대한 계수들이 모두 0이 되는 것이다. 이 조건으로 전개식의 계수 C_n들을 결정하기 위한 무수히 많은 방정식 $(n+1)C_{n+1} - C_n = 0$, 즉,

$$y = \sum_{n=0}^{\infty} C_n x^n = 0$$
$$= C_0 + C_1 x + C_2 x^2 + \cdots$$
이면
$$y' = \sum_{n=0}^{\infty} nC_n x^{n-1}$$
$$= 0 + C_1 + 2C_2 x + 3C_3 x^2 + \cdots$$
$$= \sum_{n=1}^{\infty} nC_n x^{n-1}$$

그림 5-16
상수항에 대한 도함수는 0이므로 멱급수에서 지수 범위의 하한은 미분 과정에서 올라갈 수 있다.

$$C_{n+2} = \frac{C_n}{(n+2)(n+1)}, \qquad n = 0, 1, 2, 3, \ldots \tag{5-34}$$

이 만들어진다. 이 경우 식 5-34는 점화식이며 각 계수를 두 항 앞의 계수와 연관시킨다. 따라서 처음 두 개의 계수 C_0, C_1이 주어져 있을 경우, 나머지 계수들(C_2, C_3, C_4, C_5, ...)은 위의 점화식으로부터 결정될 수 있다.

n이 짝수일 때($n = 2k = 2, 4, 6, \ldots$), 점화식을 적용한 결과는 다음과 같다.

$$C_2 = -\frac{C_0}{2\cdot 1} = -\frac{C_0}{2!}$$
$$C_4 = -\frac{C_2}{4\cdot 3} = \frac{C_0}{4!}$$
$$C_6 = -\frac{C_4}{6\cdot 5} = -\frac{C_0}{6!}$$

이를 일반화하여 다음의 결과를 얻는다.

$$C_{n,\,짝수} = C_{2k} = (-1)^k \frac{C_0}{(2k)!}, \qquad k = 1, 2, 3, \ldots$$

n이 홀수일 때($n = 2k + 1 = 3, 5, 7, \ldots$), 점화식을 적용한 결과는 다음과 같다.

$$C_3 = -\frac{C_1}{3\cdot 2} = -\frac{C_1}{3!}$$
$$C_5 = -\frac{C_3}{5\cdot 4} = \frac{C_1}{5!}$$
$$C_7 = -\frac{C_5}{7\cdot 6} = -\frac{C_1}{7!}$$

이를 일반화하여 다음의 결과를 얻는다.

$$C_{n,\,홀수} = C_{2k+1} = (-1)^k \frac{C_1}{(2k+1)!}, \qquad k = 1, 2, 3, \ldots$$

이제 가정된 멱급수해에서 C_0, C_1을 제외한 모든 계수들이 결정되었다. 이 계수들을 해에 대입하고 C_0, C_1을 합산 기호 밖으로 꺼내면

$$\begin{aligned} y &= C_0\left[1 - \frac{x^2}{2!} + \frac{x^4}{4!} - \cdots + (-1)^n \frac{x^{2n}}{(2n)!} + \cdots\right] \\ &\quad + C_1\left[x - \frac{x^3}{3!} + \frac{x^5}{5!} - \cdots + (-1)^n \frac{x^{2n+1}}{(2n+1)!} + \cdots\right] \\ &= C_0 \sum_{n=0}^{\infty} (-1)^n \frac{x^{2n}}{(2n)!} + C_1 \sum_{n=0}^{\infty} (-1)^n \frac{x^{2n+1}}{(2n+1)!} \\ &= C_0 \cos x + C_1 \sin x \end{aligned} \tag{5-35}$$

이 되는데, 이는 식 5-35 안의 두 급수는 각기 $\cos x$와 $\sin x$의 테일러급수 전개식과 정확히 같기 때문이다($0! = 1$이므로 코사인에 대한 급수 전개식의 $n = 0$ 항에서 0에 의한 나눗셈은 발생하지 않음). 따라서 이제 멱급수해법으로 동일한 결과를 얻을 수 있음이 확인되었다. 계수 C_0, C_1은 임의상수이며 초기조건 $y(0)$, $y'(0)$으로부

모든 멱승:

$$\sum_{n=0}^{\infty} C_n x^n = C_0 + C_1 x + C_2 x^2 + C_3 x^3 + C_4 x^4 + \cdots$$

짝수 멱승:

$$\sum_{n=0}^{\infty} C_{2n} x^{2n} = C_0 + C_2 x^2 + C_4 x^4 + \cdots$$

홀수 멱승:

$$\sum_{n=0}^{\infty} C_{2n+1} x^{2n+1} = C_1 x + C_3 x^3 + \cdots$$

그림 5–17

x의 모든 짝수 멱승은 x^{2n}으로 표현할 수 있으며, x의 모든 홀수 멱승은 x^{2n-1}으로 표현할 수 있다(단, $n = 0, 1, 2, \ldots$).

터 구할 수 있다. 이는 의외의 일은 아닌데, 2계 선형 미분방정식은 두 개의 임의상수를 포함하기 때문이다.

함수 $\cos x$, $\sin x$의 여러 가지 성질을 이들의 멱급수 표현을 이용하여 유도할 수 있다. 우선 $\cos 0 = 1$과 $\sin 0 = 0$이 되는 것을 알 수 있다. 또한 개별 항들에 대한 미분을 통해 $(\cos x)' = -\sin x$, $(\sin x)' = \cos x$가 되는 것을 보일 수 있다.

일반적으로 함수 $\cos x$, $\sin x$는 삼각법에서 직각삼각형을 이용하여 정의된다. 이 예는 기본적인 함수를 정의할 때 미분방정식의 멱급수해를 사용할 수도 있음을 보여준다. 예를 들면 $\cos x$는 다음 초깃값 문제의 해로 정의할 수 있으며,

$$y'' + y = 0, \text{ 단 } y(0) = 1, y'(0) = 0$$

$\sin x$는 다음 초깃값 문제의 해로 정의할 수 있다.

$$y'' + y = 0, \text{ 단 } y(0) = 0, y'(0) = 1$$

실제로 베셀 함수나 르장드르 다항식과 같은 많은 함수들이 이러한 방식으로 정의된다.

예제 5-8 멱급수해법

멱급수해를 가정하여 미분방정식 $(x-1)y' + 2y = 0$을 풀어라.

풀이 | 이 문제는 변수계수 1계 선형 동차 미분방정식이며, 변수 분리를 이용하거나 선형방정식을 위한 풀이 절차를 사용하여 해

$$y = \frac{C_0}{(x-1)^2}$$

을 쉽게 구할 수 있다. 지금은 이 해는 무시하고

$$y = \sum_{n=0}^{\infty} C_n x^n$$

형태의 멱급수해를 가정하여 위의 방정식에 대한 풀이를 시도한다. 개별 항들을 미분하면

$$y' = \sum_{n=1}^{\infty} nC_n x^{n-1}$$

이 된다. 이 결과를 주어진 미분방정식에 대입하면

$$(x-1)\sum_{n=1}^{\infty} nC_n x^{n-1} + 2\sum_{n=0}^{\infty} C_n x^n = 0$$

즉,

$$\sum_{n=1}^{\infty} nC_n x^n - \sum_{n=1}^{\infty} nC_n x^{n-1} + 2\sum_{n=0}^{\infty} C_n x^n = 0$$

이 된다. 모든 합산에서 x의 멱들을 일치시키기 위해 가운데 합산의 지수를 1만큼 이동시키고 n은 $n-1$로 치환한다. 첫 번째 합산에서 $n=1$은 $n=0$으로 바꾸어 주는데, 이는 0을 합산에 더하는 것과 같아 합에는 아무 영향을 미치지 않는다. 이러한 절차를 적용한 결과는

$$\sum_{n=0}^{\infty} nC_n x^n - \sum_{n=0}^{\infty}(n+1)C_{n+1}x^n + 2\sum_{n=0}^{\infty} C_n x^n = 0$$

즉,

$$\sum_{n=0}^{\infty}[nC_n - (n+1)C_{n+1} + 2C_n]x^n = 0$$

이다. 이 방정식이 모든 x에 대해 만족되기 위한 필요충분조건은 x의 각 멱승에 대한 계수들이 모두 0이 되는 것이다. 이 조건으로 전개식의 계수 C_n들을 결정하기 위한 무수히 많은 방정식

$$(n+2)C_n - (n+1)C_{n+1} = 0$$

즉,

$$C_{n+1} = \frac{n+2}{n+1}C_n, \qquad n = 0, 1, 2, 3, \ldots \tag{5-36}$$

이 만들어진다. 이 경우 식 5-36은 점화식이며 각 계수를 바로 앞의 계수와 연관시킨다. 따라서 첫 번째 계수 C_0이 주어져 있을 경우, 나머지 계수들($C_1, C_2, C_3, C_4, \ldots$)은 다음과 같이 위의 점화식으로부터 결정될 수 있다.

$$n=0: \qquad C_1 = \frac{2}{1}C_0 = 2C_0$$

$$n=1: \qquad C_2 = \frac{3}{2}C_1 = 3C_0$$

$$n=2: \qquad C_3 = \frac{4}{3}C_2 = 4C_0$$

$$n=3: \qquad C_4 = \frac{5}{4}C_3 = 5C_0$$

위의 식에서 나타나는 패턴은 명백하며, 이를 일반화하여 다음의 결과를 얻는다.

$$C_n = (n+1)C_0, \qquad n = 0, 1, 2, 3, 4, \ldots$$

이제 가정된 멱급수해에서 C_0을 제외한 모든 계수들이 결정되었다. 이 계수들을 해에 대입하고 C_0을 합산 기호 밖으로 꺼내면 다음의 결과를 얻는다.

$$\begin{aligned} y &= C_0[1 + 2x + 3x^2 + 4x^3 + \cdots + (n+1)x^n + \cdots] \\ &= C_0\sum_{n=0}^{\infty}(n+1)x^n = \frac{C_0}{(x-1)^2} \end{aligned}$$

이 관계식의 급수는 $1/(x-1)^2$의 이항급수 전개식과 정확히 같다. 따라서 이제 멱급수해법으로 동일한 결과를 얻을 수 있음이 확인되었다.

그러나 이 해에는 문제가 있는데, 이는 $|x| > 1$일 때 이 멱급수해는 $1/(x-1)^2$로

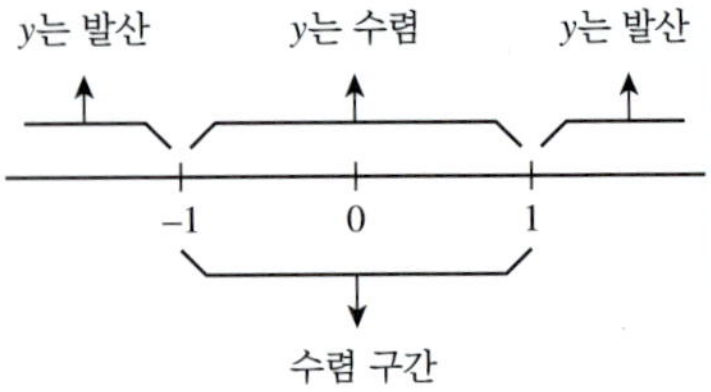

그림 5-18
일반적으로 변수계수 미분방정식의 급수해는 모든 x값에 대해 수렴하지는 않는다(예제 5-8).

부터 계산된 값에 수렴하지 않고 발산할 것이기 때문이다. 따라서 이 멱급수해는 $|x| < 1$일 때만 유효하다(그림 5-18). 그러나 풀이 절차는 이러한 효과에 대해 아무런 경고도 제시하지 않는다. 이것은 급수해법에는 여기에 드러난 이상의 복잡성이 내재되어 있으며 급수해법을 신뢰를 갖고 효과적으로 사용하기 위해서는 배경 이론을 이해할 필요가 있음을 보여준다.

이후의 절들에서는 멱급수해법의 기본 이론들을 살펴보고 다른 해법이 없는 선형 미분방정식들에 멱급수해법을 적용해 볼 것이다. 이러한 방정식들 중에는 현실에서 자주 나타나며 이름도 정해진 것들이 있다. 몇 개의 유명한 방정식들은 다음과 같다.

베셀 방정식: $$x^2y'' + xy' + (x^2 - \nu^2)y = 0 \quad \text{(5–37)}$$

이 방정식의 열전달 응용은 5-7절에서 다룬다.

르장드르 방정식: $$(1 - x^2)y'' - 2xy' + \alpha(\alpha + 1)y = 0 \quad \text{(5–38)}$$

구면좌표계에서 중력 위치에너지 함수를 풀 때 이 방정식이 발생한다.

오일러 방정식: $$x^2y'' + axy' + by = 0 \quad \text{(5–39)}$$

오일러-코시 방정식으로도 알려져 있는 이 방정식은 정칙 특이점을 갖는 2계 방정식 중 가장 단순한 경우에 해당하며, 따라서 일반적인 경우에 대한 소개에 이용된다. 이 방정식은 구면좌표계에서 중력 위치에너지 함수나 정전위 함수를 포함하는 응용에서 나타난다.

에어리 방정식: $$y'' - xy = 0 \quad \text{(5–40)}$$

이 방정식은 광학에서 발생한다.

에르미트 방정식: $$y'' - 2xy' + 2\lambda y = 0 \quad \text{(5–41)}$$

이 방정식은 양자역학의 파동 방정식에서 발생한다.

체비셰프 방정식: $$(1 - x^2)y'' - xy' + \lambda^2 y = 0 \quad \text{(5–42)}$$

이 방정식은 다항식을 이용한 곡선 근사법 응용에서 나타난다.

라게르 방정식: $$xy'' + (1 - x)y' + \lambda y = 0 \quad \text{(5–43)}$$

이 방정식은 λ가 음이 아닌 정수일 때만 비특이 해를 갖는다.

가우스 초기하방정식:

$$x(1-x)y'' + [c-(a+b+1)x]y' - aby = 0 \qquad \textbf{(5-44)}$$

3개의 정칙 특이점을 갖는 2계 선형 상미분방정식은 변수 치환을 통해 이 방정식으로 변환될 수 있다. 5-3절을 참고하라.

위의 방정식들 중 일부는 간략히, 일부는 자세히 다룰 것이다.

절 복습문제

5-9C 급수해법은 변수계수 미분방정식으로 한정되는가? 아니면 상수계수 미분방정식에도 적용될 수 있는가?

5-10 멱급수해법을 포함하여 두 가지 서로 다른 해법을 사용하여 미분방정식 $y'' + 4y = 0$을 풀어라. 또한 두 개의 해가 동일함을 보여라.

(답: $y(x) = C_0\left(1 - 2x^2 + \frac{2}{3}x^4 - \frac{4}{45}x^6 + \cdots\right) + C_1\left(x - \frac{2}{3}x^3 + \frac{2}{15}x^5 - \frac{4}{315}x^7 + \cdots\right)$)

5-3 ▪ 보통점과 특이점

앞의 장들에서

$$ay'' + by' + cy = 0 \qquad \textbf{(5-45)}$$

형태의 상수계수 선형방정식을 풀 때 어떤 점이나 구간을 지정하지 않고 방정식의 *해*에 대해 언급하였다. 이것은 ($a = 2$와 같은) 상수계수는 x-축에 평행하며 $-\infty$에서 $+\infty$에 이르는 연속인 직선을 나타내며 어떤 x 값도 이러한 계수를 0으로 만들 수 없기 때문이다. 따라서 구한 해는 모든 x 값에 대해 유효하다. ($b = 0$의 경우와 같이) 어떤 상수계수가 0일 경우, 해당 항은 방정식에서 사라지며, 연속인 계수들을 갖는 좀 더 간단한 방정식이 된다. 그러나

$$a(x)y'' + b(x)y' + c(x)y = 0 \qquad \textbf{(5-46)}$$

와 같이 변수계수 선형 미분방정식을 풀 때는 *어떤 점에 대한 해*(또는 *어떤 점 부근의 해*)에 관하여 생각해야 한다. 어떤 점에 대한 해라는 것은 그 점을 포함하는 구간에서의 해를 말하는 것이다(그림 5-19). 이러한 해가 적용되는 구간이 전체 x-축인 경우는 드물다. 따라서 변수계수 선형 미분방정식이 여러 다른 점 부근에서 서로 다른 해를 가질 수도 있으며, 어떤 점들 부근에서는 아예 해를 갖지 않을 수도 있다. 따라서 변수계수 방정식에 대해 풀고자 하는 구간이나 점을 지정할 필요가 있다.

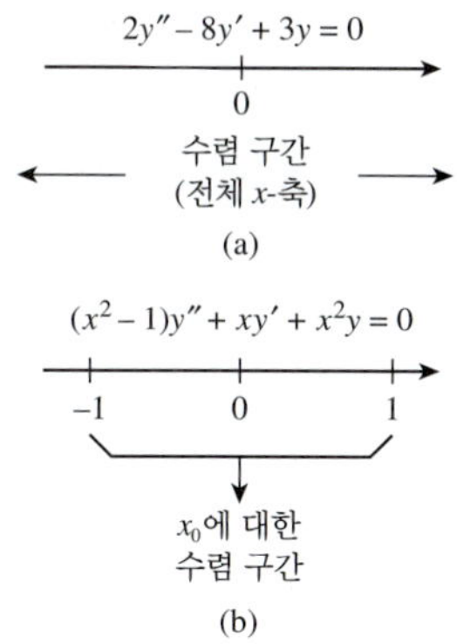

그림 5-19
상수계수 선형 미분방정식의 해들은 모든 x에 대해 수렴하지만, 변수계수 선형 미분방정식의 해들은 (일반적으로) 특정 구간에서만 수렴한다.

이후의 절들에서 점 x_0 부근에서 변수계수 미분방정식의 해를 찾을 때 $(x - x_0)^n$ 형태의 항들을 사용할 것이다. 어떤 점 부근의 해는 그 점 자체에도 종속되지만, 주어진 미분방정식에 대해 그 점이 갖는 특성에도 영향을 받는다. 점의 특성에 따라 해법이나 해의 형태도 달라진다. 따라서 어떤 점 부근에서 주어진 방정식을 풀려고 시도하기 전에 먼저 그 점의 특성을 식별할 필요가 있다.

변수계수 2계 미분방정식은 각 항을 y''의 계수인 $a(x)$로 나눔으로써 (선행 계수가 1인) 표준형으로 만들 수 있다. 공통인 인수들을 소거하면

$$y'' + P(x)y' + Q(x)y = 0 \tag{5-47}$$

을 얻게 될 텐데, 여기에서 $P(x) = b(x)/a(x)$이고 $Q(x) = c(x)/a(x)$이다. 이 절과 이후의 절들에서 논의 대상은 간소화를 위해 2계 미분방정식으로 한정한다. 그러나 정의나 정리들은 고계 방정식으로 쉽게 확장될 수 있다. 어떤 점 x_0은 그 점에서 계수 $P(x)$, $Q(x)$의 동작 특성에 따라 보통점이 될 수도 있고 특이점이 될 수도 있다(그림 5-20).

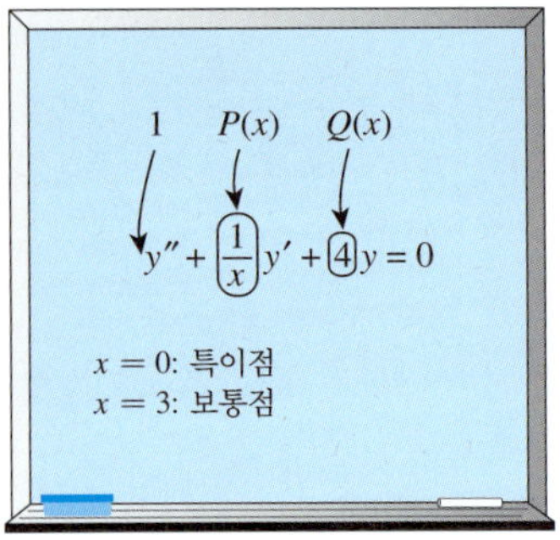

그림 5-20
어떤 점은 그 점에서 $P(x)$, $Q(x)$ 모두 해석적일 경우 미분방정식의 보통점이며, 그렇지 않을 경우 특이점이다.

어떤 점 x_0은 그 점에서 함수 $P(x)$, $Q(x)$ 모두 해석적일 경우 그 미분방정식의 ***보통점****이라고 한다. 어떤 점 x_0은 그 점에서 함수 $P(x)$, $Q(x)$ 중 한 개 이상이 해석적이 아닐 경우 그 미분방정식의* ***특이점****이라고 한다.*

미분방정식의 특이점은 다음과 같이 세분될 수 있다. 특이점 x_0은 그 점에서 함수

$$(x - x_0)P(x) \text{와 } (x - x_0)^2 Q(x) \tag{5-48}$$

모두 해석적이면 그 미분방정식의 ***정칙 특이점****이라고 하며, 그렇지 않을 경우* ***비정칙 특이점****이라고 한다.*

즉, 특이점 x_0은 다음 극한들이 존재할 경우 정칙 특이점이다(그림 5-21).

$$\lim_{x\to x_0}(x - x_0)P(x) \text{와 } \lim_{x\to x_0}(x - x_0)^2 Q(x) \tag{5-49}$$

(a) $x = 0$은

$$y'' + \frac{1}{x}y' + \frac{3}{x^2}y = 0$$

의 정칙 특이점인데, 그 이유는 다음과 같다.

$$xP(x) = 1,\ x^2Q(x) = 3$$

(b) $x = 0$은

$$y'' + \frac{1}{x^2}y' + \frac{3}{x^2}y = 0$$

의 비정칙 특이점인데, 그 이유는 다음과 같다.

$$xP(x) = \frac{1}{x} \quad x^2Q(x) = 3$$

그림 5-21
점 $x = 0$은 미분방정식 (a)의 정칙 특이점이지만, 방정식 (b)의 비정칙 특이점이다.

따라서 미분방정식에 대해 주어진 점을 적절히 분류하기 위해서는 둘 이상의 함수가 해석적인지 결정해야 하며, 이는 다시 이 함수들에 대한 테일러급수가 지정된 점에서 수렴 판정을 요하는 일이므로 많은 노력이 필요하며 번거롭기까지 하다. 이러한 문제를 해결할 방법이 필요한 것은 확실하다.

현실에서 나타나는 대부분의 함수 $a(x)$, $b(x)$, $c(x)$는 다항식이며, 모든 다항식은 (이들의 합, 차, 곱 등을 포함하여) 해석적 함수이다. 함수 $P(x)$, $Q(x)$는 두 다항식의 비이며, 분모가 0이 되는 점을 제외하고는 여전히 해석적이다. 이 경우 보통점과 특이점은 다음과 같이 정의될 수 있다.

$P(x)$와 $Q(x)$가 다항식의 비일 경우, 미분방정식의 $P(x)$나 $Q(x)$의 분모가 0이

되는 점들은 특이점이며, 다른 모든 점들은 그 미분방정식의 보통점이다.

미분방정식의 $P(x)$나 $Q(x)$가 다항식인 특별한 경우에는 모든 x가 보통점이다(그림 5-22).

정칙 특이점과 비정칙 특이점을 구별하는 이유가 궁금할 것이다. 결국 함수 $P(x)$, $Q(x)$는 종류에 관계없이 특이점에서 무한대가 된다. 그런데 정칙 특이성은 상대적으로 온건한 특성을 가지며 다루기가 비교적 용이한 반면, 비정칙 특이성은 다소 과격한 특성을 가지며 다루기가 어렵다. 정칙 특이점에 대한 정의는 점 x_0에서의 $P(x)$의 특이성은 $(x - x_0)^{-1}$의 특이성보다 심각하지 않으며, $Q(x)$의 특이성은 $(x - x_0)^{-2}$의 특이성보다 심각하지 않다는 것을 의미한다.

방정식

$$y'' + P(x)y' + Q(x)y = 0$$

에 대해

$$P(x) = a_0 + a_1x + a_2x^2 + \cdots$$
$$Q(x) = b_0 + bx_1 + b_2x^2 + \cdots$$

이면 모든 점은 이 미분방정식의 보통점이다.

그림 5-22
함수 $P(x)$, $Q(x)$가 다항식일 경우 모든 점은 주어진 유형의 미분방정식의 보통점이다.

예제 5-9 보통점

다음 미분방정식의 보통점과 특이점을 결정하라.

$$y'' - (x - 2)y' + (3x^2 - 2x + 5)y = 0$$

풀이 위의 미분방정식은 이미 (y'' 항의 계수가 1이므로) 표준형이며, 따라서

$$P(x) = -(x - 2) \quad \text{그리고} \quad Q(x) = 3x^2 - 2x + 5$$

인데 두 함수 모두 다항식이다. 다항식은 모든 점에서 해석적이므로 모든 점은 이 미분방정식의 보통점이다.

예제 5-10 정칙 특이점과 비정칙 특이점

다음 미분방정식의 보통점과 특이점을 결정하라.

$$xy'' + \frac{2}{x-1}y' + \frac{1}{x^2}y = 0$$

풀이 위의 미분방정식을 표준형으로 만들기 위해 각 항을 (y'' 항의 계수인) x로 나눈다.

$$y'' + \frac{2}{x(x-1)}y' + \frac{1}{x^3}y = 0$$

따라서

$$P(x) = \frac{2}{x(x-1)} \quad \text{그리고} \quad Q(x) = \frac{1}{x^3}$$

인데 두 함수 모두 다항식의 비로 표현된다. 외형 조사를 통해 $P(x)$는 $x = 0$과 $x = 1$에서 0이 되며, $Q(x)$는 $x = 0$에서 0이 된다는 것을 알 수 있다. 따라서 $x = 0$과 $x = 1$이 이 미분방정식의 특이점이며, 다른 모든 점들은 보통점이다(그림 5-23).

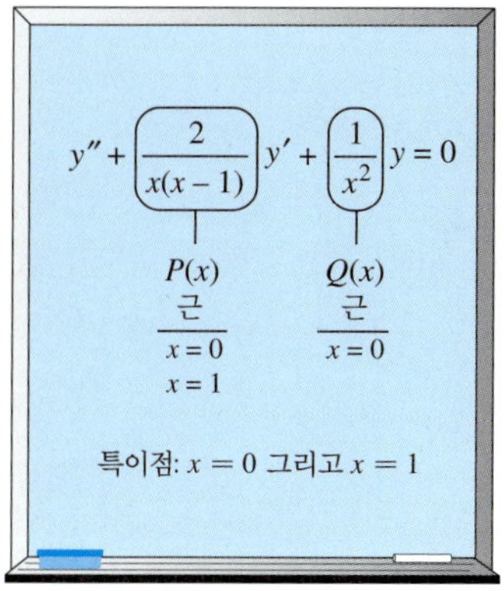

그림 5-23
$P(x)$와 $Q(x)$가 다항식의 비일 때, 이 미분방정식의 유일한 특이점은 $P(x)$와 $Q(x)$의 분모가 0이 되는 점들이다.

그리고 점 $x = 1$은 정칙 특이점인데, 그 이유는 다음과 같다.

$$(x-1)P(x) = \frac{2}{x} \qquad (x = 1\text{에서 해석적임})$$

$$(x-1)^2Q(x) = \frac{(x-1)^2}{x^3} \qquad (x = 1\text{에서 해석적임})$$

그러나 점 $x = 0$은 비정칙 특이점인데, 그 이유는 다음과 같다.

$$xP(x) = \frac{2}{x-1} \qquad (x = 0\text{에서 해석적임})$$

$$x^2Q(x) = \frac{1}{x} \qquad (x = 0\text{에서 해석적이 아님})$$

미분방정식의 급수해를 결정하는 일은 급수의 수렴 구간을 결정하지 않았다면 아직 끝난 것이 아니다. 해 안의 무한급수의 수렴 반경을 결정하는 한 가지 방법은 급수에 수렴 판정법을 직접 적용하는 것이다. 보다 실용적인 방법은 함수 $P(x)$, $Q(x)$의 수렴 반경을 구하고 다음 정리를 이용하는 것이다.

정리 5-1 급수해의 수렴 반경

x_0이 미분방정식

$$y'' + P(x)y' + Q(x)y = 0$$

의 보통점일 경우, 이 미분방정식의 일반해 안의 무한급수의 수렴 반경은 함수 $P(x)$, $Q(x)$의 수렴 반경들 중 작은 값 이상이 된다.

함수 $P(x)$, $Q(x)$의 수렴 반경들은 (일반적으로) 수렴 판정법을 적용하여 결정될 수 있다. 그러나 $P(x)$, $Q(x)$의 분자와 분모 모두 다항식일 경우(이 함수들이 다항식의 비로 표현되어 있을 경우), 이 두 함수의 특이점들은 (복소수일 경우를 비롯하여) 쉽게 결정될 수 있다. 급수해의 최소 수렴 반경은 지정된 점과 $P(x)$와 $Q(x)$의 가장 가까운 특이점 사이의 거리가 된다. 이 거리를 결정할 때 실수 특이점뿐만 아니라 복소수 특이점도 고려할 필요가 있으며, 다음 예제를 통해 이를 보인다.

예제 5-11 수렴 반경: 실수 특이점

다음 미분방정식의 $x = 5$에 대한 급수해의 수렴 반경을 결정하라.

$$(x^2 - 9)y'' - xy' + \frac{1}{x}y = 0$$

풀이 위의 미분방정식을 표준형으로 만들기 위해 각 항을 (y'' 항의 계수인) $x^2 - 9$로 나눈다.

$$y'' - \frac{x}{x^2-9}y' + \frac{1}{x(x^2-9)}y = 0$$

따라서

$$P(x) = -\frac{x}{x^2-9} \quad \text{그리고} \quad Q(x) = \frac{1}{x(x^2-9)}$$

인데 두 함수 모두 다항식의 비로 표현된다. 외형 조사를 통해 $P(x)$는 $x = 3$, $x = -3$에서 0이 되며, $Q(x)$는 $x = 0$, $x = 3$, $x = -3$에서 0이 된다는 것을 알 수 있다. 따라서 $x = 0$, $x = 3$, $x = -3$이 이 미분방정식의 특이점이다. (복소수 특이점은 존재하지 않는다.) 다른 모든 점들은 보통점이다.

지정된 점($x = 5$)과 가장 가까운 특이점($x = 3$) 사이의 거리는 2이다. 따라서 이 미분방정식은 그림 5-24에서 보여주듯이 점 $x = 5$ 부근에서 급수해를 가지며 수렴 반경은 $\rho = 2$이다.

동일한 미분방정식의 급수해라도 다른 점에 대해서는 다른 수렴 반경을 가질 수도 있다. 예를 들면, $x_0 = 10$에 대해서는 $\rho = 7$, $x_0 = 2$에 대해서는 $\rho = 1$, $x_0 = 3$에 대해서는 $\rho = 0$이다.

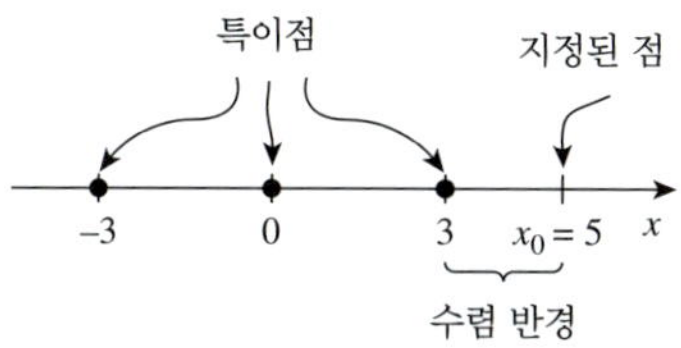

그림 5-24
예제 5-11의 미분방정식의 $x_0 = 5$에 대한 급수해의 수렴 반경

예제 5-12 수렴 반경: 복소수 특이점

다음 미분방정식의 $x = 0$에 대한 급수해의 수렴 반경을 결정하라.

$$(x^2 - 4x + 8)y'' - 3x^2y' + 4y = 0$$

풀이 위의 미분방정식을 표준형으로 만들기 위해 각 항을 (y'' 항의 계수인) $x^2 - 4x + 8$로 나눈다.

$$y'' - \frac{3x^2}{x^2-4x+8}y' + \frac{4}{x^2-4x+8}y = 0$$

따라서

$$P(x) = -\frac{3x^2}{x^2-4x+8} \quad \text{그리고} \quad Q(x) = \frac{4}{x^2-4x+8}$$

인데 두 함수 모두 다항식의 비로 표현된다. 분모의 근들을 구해보면 $P(x)$, $Q(x)$ 모두 $x = 2 + 2i$와 $x = 2 - 2i$에서 0이 된다(그림 5-25). 따라서 이 미분방정식은 두 개의 특이점을 갖는데, 둘 다 복소수이다. 다른 모든 점들은 (실수이든 복소수이든) 보통점이다.

지정된 점($x_0 = 0$)과 두 특이점 중의 임의의 한 점 사이의 거리는 두 점을 연결하는 선분의 길이가 되며, 그림 5-25로부터 $\sqrt{18}$로 쉽게 결정된다. 따라서 이 미분방정식은 점 $x = 0$ 부근에서 급수해를 가지며 수렴 반경은 $\rho = \sqrt{18}$이다.

동일한 미분방정식의 급수해라도 다른 점에 대해서는 다른 수렴 반경을 가질 수도

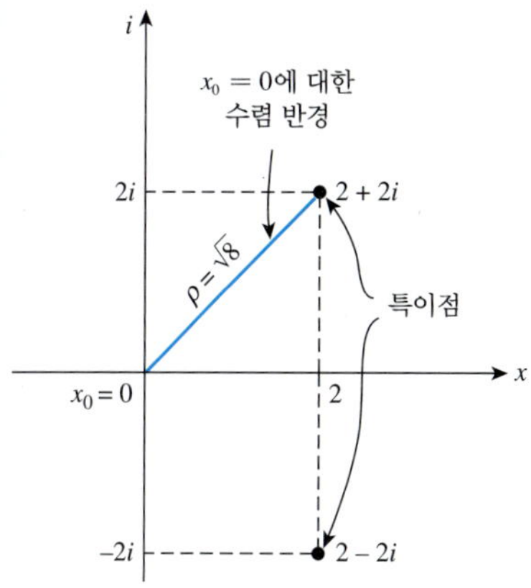

그림 5-25
예제 5-12의 미분방정식의 급수해의 $x_0 = 0$에 대한 수렴 반경

있다. 예를 들면, $x_0 = 2$에 대해서는 $\rho = 2$, $x_0 = -2$에 대해서는 $\rho = \sqrt{20}$, $x_0 = 5$에 대해서는 $\rho = \sqrt{13}$이다.

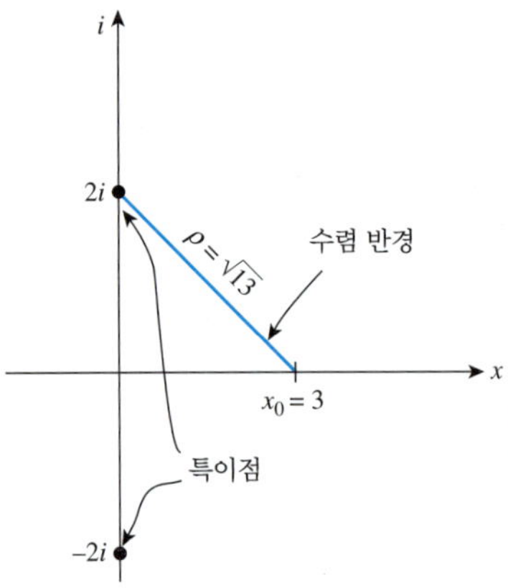

그림 5-26
예제 5-13의 미분방정식의 급수해의 $x_0 = 3$에 대한 수렴 반경

예제 5-13 수렴 반경: 복소수 특이점

가정된 급수해 (a) $\Sigma_{n=0}^{\infty} C_n x^n$ 그리고 (b) $\Sigma_{n=0}^{\infty} C_n(x - 3)^n$에 대해 미분방정식

$$(x^2 + 4)y'' - 3y' + 4(x + 4)y = 0$$

의 급수해의 수렴 반경을 결정하라.

풀이 (a) 위의 미분방정식을 표준형으로 만들기 위해 각 항을 (y'' 항의 계수인) $x^2 + 4$로 나눈다.

$$y'' - \frac{3}{x^2 + 4}y' + \frac{4(x + 4)}{x^2 + 4}y = 0$$

따라서

$$P(x) = -\frac{3}{x^2 + 4} \quad \text{그리고} \quad Q(x) = \frac{4(x + 4)}{x^2 + 4}$$

인데 두 함수 모두 다항식의 비로 표현된다. 분모의 근들을 구해보면 $P(x)$, $Q(x)$ 모두 $x = 2i$와 $x = -2i$에서 0이 된다(그림 5-26). 따라서 이 미분방정식은 두 개의 특이점을 갖는데, 둘 다 복소수이다. 다른 모든 점들은 (실수이든 복소수이든) 보통점이다.

$\Sigma_{n=0}^{\infty} C_n x^n$ 형태의 급수해는 점 $x_0 = 0$을 중심으로 가지며, 수렴 반경은 이 점과 두 특이점 중의 임의의 한 점 사이의 거리이다. 이 거리는 그림 5-26으로부터 2로 쉽게 결정된다. 따라서 이 형태의 급수해는 $|x| < 2$일 때 수렴한다.

(b) $\Sigma_{n=0}^{\infty} C_n(x - 3)^n$ 형태의 급수해는 점 $x_0 = 3$을 중심으로 가지며, 이번에 수렴 반경은 $\sqrt{13}$이다. 따라서 이 형태의 급수해는 $|x - 3| < \sqrt{13}$일 때 수렴한다.

이후의 절들에서 주어진 미분방정식의 보통점과 정칙 특이점 부근에서의 풀이 절차를 살펴볼 것이다. 어떤 유형의 점 x_0 부근에서 해를 찾는지는 해를 찾는 과정에서 대단히 중요하다. 앞으로 살펴보겠지만 2계 미분방정식은 보통점 부근에서 두 개의 1차 독립인 멱급수해를 갖도록 보장된다. 또한 변형된 형태의 멱급수해를 가정함으로써 정칙 특이점 부근에서도 미분방정식을 풀 수 있다. 그러나 비정칙 특이점 부근에서의 풀이 절차는 다소 복잡하여 이 책의 범위를 벗어난다.

여기에서는 동차방정식에 집중할 텐데, 이는 현실에서 만나는 대부분의 변수계수 2계 선형 미분방정식은 동차형이기 때문이다. 그러나 기술되는 풀이 절차는 비동차방정식에도 똑같이 적용될 수 있다. (이 경우의) 해는 해법을 비동차방정식에 직접 적용하여 구할 수도 있고, 비동차 항에 대응되는 특수해를 따로 구한 후 주어진 미분방정식의 연계 동차방정식의 해에 더하는 방법으로 구할 수도 있다.

절 복습문제

5-11 변수계수 선형 미분방정식을 풀 때, 모든 점에서 적용 가능한 해를 찾는 대신 특정 점 부근에서 해를 찾는 이유는 무엇인가?

5-12 2계 선형 미분방정식의 특이점은 보통점과 어떻게 다른가?

5-13 다음 각 미분방정식의 보통점과 특이점을 식별하라. 또한 그 특이점들이 정칙인지 비정칙인지 결정하라.

(a) $y'' - 4y' + 5y = 0$ (b) $xy'' + \frac{x}{x+1}y' - \frac{1}{x^2}y = 0$

(답: (a) 구간 $(-\infty, \infty)$ 안의 모든 점은 보통점이며, 특이점은 존재하지 않는다. (b) $x = -1$은 정칙 특이점이며, $x = 0$은 비정칙 특이점이다.)

5-14 지정된 보통점에 대해 다음 미분방정식의 급수해의 수렴 반경을 구하라.

$$y'' + 3y' - 4y = 0, \qquad x_0 = 0$$

(답: 이 급수해의 수렴 반경은 무한대이다.)

5-4 ■ 보통점에 대한 멱급수해

무한급수해법으로 지정된 점 부근에서 미분방정식을 풀려고 시도하기에 앞서 이 영역에서 해가 존재하는지 파악할 필요가 있고, 해가 존재할 경우 유일한 해인지 파악할 필요가 있다. 다음 정리는 이러한 문제를 다룬다.

정리 5-2 보통점에 대한 급수해

x_0이 미분방정식

$$y'' + P(x)y' + Q(x)y = 0$$

의 보통점일 경우, 이 미분방정식은 두 개의 1차 독립인 해 y_1, y_2를 가지며 이들 각각의 형태는 $\Sigma_{n=0}^{\infty}C_n(x - x_0)^n$이다. 이 미분방정식의 일반해는

$$y = \sum_{n=0}^{\infty} C_n(x - x_0)^n$$
$$= C_0y_1(x) + C_1y_2(x) \qquad \textbf{(5-50)}$$

인데, 여기에서 C_0, C_1은 초기조건으로부터 결정되는 두 개의 임의상수이다. 이 급수해의 나머지 계수들은 급수해를 미분방정식에 대입하여 결정한다. 더욱이 급수해의 수렴 반경은 최소한 x_0에서 가장 가까운 실수 또는 복소수 특이점과의 거리 이상이 된다(그림 5-27).

미분방정식:

$$y'' + P(x)y' + Q(x)y = 0$$

해:

$$y = C_0y_1(x) + C_1y_2(x)$$

여기에서

- $y_1(x)$, $y_2(x)$는 멱급수이다
- C_0, C_1은 임의상수이다.

그림 5-27
보통점에 대한 해

이 정리에 대한 증명은 미분방정식에 관한 고급 교재들에서 찾아볼 수 있다. 이제 예제들을 통해 풀이 절차와 이 정리의 용법을 보인다.

예제 5-14 에르미트 방정식

양자역학에서 조파발진기를 위한 슈뢰딩거 방정식에 관한 학습에서 나타나는 미분방정식이

$$y'' - 2xy' + 2\lambda y = 0 \tag{5-51}$$

와 같은 에르미트 방정식인데, 여기에서 λ는 상수이다. x_0에 대한 이 미분방정식의 멱급수해를 구하라.

풀이 | 위의 방정식은 변수계수 2계 선형 동차 미분방정식이며, 선행 계수가 1이므로 이미 표준형이다. 따라서 $P(x) = -2x$이고 $Q(x) = 2\lambda$인데, 이들은 다항식이다. 다항식은 전체 x-축 상에서 해석적 함수이므로 $x_0 = 0$을 비롯하여 모든 점은 이 미분방정식의 보통점이다. 이제 정리 5-1 및 5-2로부터 이 미분방정식은 어떤 점에 대해서나 멱급수해를 가지며, 또 어떤 점에 대해서나 멱급수해의 수렴 반경은 무한대임을 알 수 있다(즉, 그 해는 모든 x 값에 대해 수렴함).

이제

$$y = \sum_{n=0}^{\infty} C_n x^n$$

형태의 멱급수해를 가정하고, 이를 두 번 미분하고 주어진 미분방정식에 대입한 결과는 다음과 같다.

$$\sum_{n=2}^{\infty} n(n-1)C_n x^{n-2} - 2x\sum_{n=1}^{\infty} nC_n x^{n-1} + 2\lambda\sum_{n=0}^{\infty} C_n x^n = 0$$

첫 번째 합산에서 n을 $n-2$로 치환하여 지수를 2만큼 이동시키고 두 번째 항을 정리하면 다음 식을 얻는다.

$$\sum_{n=0}^{\infty} (n+2)(n+1)C_{n+2} x^n - 2\sum_{n=1}^{\infty} nC_n x^n + 2\lambda\sum_{n=0}^{\infty} C_n x^n = 0$$

이제 세 개의 급수 모두 n 번째 항에 동일한 x의 멱승을 포함한다. 그러나 두 번째 합산의 지수가 0이 아니라 $n = 1$에서 시작하므로 하나의 합산으로 결합할 수 없다. 이 문제는 두 번째 합산을 $n = 0$에서 시작하는 것으로 바꾸어줌으로써 쉽게 해결할 수 있는데, 이는 합산 안에 n이 인수로 포함되어 있고 $n = 0$일 때 해당 항이 0이 되기 때문이다. 따라서 다음 식을 얻는다.

$$\sum_{n=0}^{\infty} [(n+2)(n+1)C_{n+2} - 2nC_n + 2\lambda C_n]x^n = 0$$

이 방정식이 모든 x에 대해 성립하기 위한 필요충분조건은 x의 각 멱승에 대한 계수들이 모두 0이 되는 것이다. 이 조건으로 전개식의 계수 C_n들을 결정하기 위한

무수히 많은 방정식

$$(n+2)(n+1)C_{n+2} - 2nC_n + 2\lambda C_n = 0$$

즉,

$$C_{n+2} = \frac{2(\lambda - n)C_n}{(n+1)(n+2)}, \qquad n = 0, 1, 2, 3, \ldots$$

이 만들어진다. 이 식은 점화식이며 각 계수를 두 항 앞의 계수와 연관시킨다. 따라서 처음 두 개의 계수 C_0, C_1이 주어져 있을 경우, 나머지 계수들(C_2, C_3, C_4, C_5, ...)은 위의 점화식으로부터 결정될 수 있다. 처음 몇 개의 항을 구해보면 다음과 같다.

$$C_2 = -\frac{2\lambda}{1\cdot 2}C_0 = -\frac{2\lambda}{2!}C_0$$
$$C_3 = -\frac{2(\lambda-1)}{2\cdot 3}C_1 = -\frac{2(\lambda-1)}{3!}C_1$$
$$C_4 = -\frac{2(\lambda-2)}{3\cdot 4}C_2 = \frac{2^2\lambda(\lambda-2)}{4!}C_0$$
$$C_5 = -\frac{2(\lambda-3)}{4\cdot 5}C_3 = \frac{2^2(\lambda-1)(\lambda-3)}{5!}C_1$$
$$C_6 = -\frac{2(\lambda-4)}{5\cdot 6}C_4 = -\frac{2^3\lambda(\lambda-2)(\lambda-4)}{6!}C_0$$
$$C_7 = -\frac{2(\lambda-5)}{6\cdot 7}C_5 = -\frac{2^3(\lambda-1)(\lambda-3)(\lambda-5)}{7!}C_1$$

이 계수들을 해에 대입하고 C_0, C_1을 합산 기호 밖으로 꺼내면 다음의 결과를 얻는다.

$$\begin{aligned} y &= C_0\left[1 - \frac{2\lambda}{2!}x^2 + 2^2\lambda\frac{(\lambda-2)}{4!}x^4 - \frac{2^3\lambda(\lambda-2)(\lambda-4)}{6!}x^6 + \cdots\right] \\ &\quad + C_1\left[x - \frac{2(\lambda-1)}{3!}x^3 + \frac{2(\lambda-1)(\lambda-3)}{5!}x^5 - \frac{2^3(\lambda-1)(\lambda-3)(\lambda-5)}{7!}x^7 + \cdots\right] \\ &= C_0y_1(x) + C_1y_2(x) \end{aligned}$$

짝수 번째의 항의 계수와 홀수 번째의 항의 계수를 일반화시키면, 두 개의 1차 독립인 해 y_1, y_2는 다음과 같은 일반형으로 표현될 수 있다.

$$\begin{aligned} y &= C_0\left[1 + \sum_{n=1}^{\infty}(-1)^n\frac{2^n\lambda(\lambda-2)\cdots(\lambda-2n+2)}{(2n)!}x^{2n}\right] \\ &\quad + C_1\left[x + \sum_{n=1}^{\infty}(-1)^n\frac{2^n\lambda(\lambda-1)(\lambda-3)\cdots(\lambda-2n+1)}{(2n+1)!}x^{2n+1}\right] \end{aligned} \qquad \textbf{(5–52)}$$

대괄호 안의 항들이 에르미트 방정식의 두 개의 1차 독립인 해이다. 에르미트 방정식은 특이점을 갖지 않으므로 이 해는 모든 x에 대해 유효하다.

λ가 음이 아닌 정수일 때, $n > \lambda$이면 해 안의 첫 번째 급수 또는 두 번째 급수의 항들이 소거되어 무한급수가 아니라 n차 다항식이 만들어진다. 이러한 결과로 만들어지는 n차 다항식(에르미트 방정식의 해)의 상수 배를 에르미트 다항식이라고 하며 $H_n(x)$로 표시한다. 상수 배수는 x^n 항의 계수가 2^n이 되도록 선택된다. 처음 4 개의 **에르미트 다항식**을 그림 5-28에 보인다.

$\lambda = n$	C_0	C_1	$H_n(x)$
0	1	0	1
1	0	2	$2x$
2	–2	0	$4x^2 - 2$
3	0	–2	$8x^3 - 12x$

그림 5–28
λ에 양의 정수를 지정하고 x^n 항의 계수가 2^n이 되도록 C_0, C_1 값을 적절히 정하여 식 5-52로부터 구한 에르미트 다항식

예제 5-15 에어리 방정식

광학에서 빛의 세기에 관한 학습에서 나타나는 미분방정식이 $y'' - xy = 0$과 같은 에어리 방정식이다. x_0에 대한 이 미분방정식의 멱급수해를 구하라.

풀이 | 위의 방정식은 변수계수 2계 선형 동차 미분방정식이며, 선행 계수가 1이므로 이미 표준형이다. 따라서 $P(x) = 0$이고 $Q(x) = -x$인데, 이들은 다항식이다. 다항식은 전체 x-축 상에서 해석적 함수이므로 $x_0 = 0$을 비롯하여 모든 점은 이 미분방정식의 보통점이다. 이제 정리 5-1 및 5-2로부터 이 미분방정식은 어떤 점에 대해서나 멱급수해를 가지며, 또 어떤 점에 대해서나 멱급수해의 수렴 반경은 무한대임을 알 수 있다(즉, 그 해는 모든 x 값에 대해 수렴함).

이제

$$y = \sum_{n=0}^{\infty} C_n x^n$$

형태의 멱급수해를 가정하고, 이를 두 번 미분하고 주어진 미분방정식에 대입한 결과는 다음과 같다.

$$\sum_{n=2}^{\infty} n(n-1)\, C_n x^{n-2} - x\sum_{n=0}^{\infty} C_n x^n = 0$$

즉,

$$\sum_{n=2}^{\infty} n(n-1)\, C_n x^{n-2} - \sum_{n=0}^{\infty} C_n x^{n+1} = 0$$

두 합산에서 x의 멱들을 일치시키기 위해, 첫 번째 합산에서 n을 $n - 2$로 치환하여 지수를 2만큼 이동시키고 두 번째 합산에서 n을 $n - 1$로 치환하여 지수를 1만큼 이동시킨다.

$$\sum_{n=0}^{\infty} (n+2)(n+1)\, C_{n+2} x^n - \sum_{n=1}^{\infty} n C_{n-1} x^n = 0$$

즉,

$$2(1)\, C_2 + \sum_{n=1}^{\infty} \left[(n+2)(n+1)\, C_{n+2} - C_{n-1} \right] x^n = 0$$

모든 x 값에 대해 위의 등식이 성립하기 위해서는 x^0을 비롯하여 x의 각 멱승의 계수들이 0이 되어야 한다. 이러한 조건의 결과로 $C_2 = 0$이 되며, 점화식은 $(n + 2)(n + 1)C_{n+2} - C_{n-1} = 0$, 즉,

$$C_{n+2} = \frac{1}{(n+1)(n+2)} C_{n-1}, \quad n = 0, 1, 2, 3, \ldots \tag{5-53}$$

이 된다. 이 식은 점화식이며 각 계수를 세 항 앞의 계수와 연관시킨다. 따라서 계수 $C_3, C_6, C_9, \ldots$ 등은 C_0에 따라 결정되며, 계수 $C_4, C_7, C_{10}, \ldots$ 등은 C_1에 따라 결정되고, 계수 $C_5, C_8, C_{11}, \ldots$ 등은 이미 0으로 결정된 C_2에 따라 결정된다. 따라서 $C_2 = C_5 = C_8 = C_{11} = \ldots = 0$이다. 위의 점화식을 이용하여 구한 처음 몇 개의 항은

다음과 같다.

$$C_3 = \frac{1}{2 \cdot 3} C_0 = \frac{1}{3!} C_0$$

$$C_4 = \frac{1}{3 \cdot 4} C_1 = \frac{2}{4!} C_1$$

$$C_6 = \frac{1}{5 \cdot 6} C_1 = \frac{4}{6!} C_0$$

$$C_7 = \frac{1}{6 \cdot 7} C_4 = \frac{10}{7!} C_1$$

이 계수들을 해에 대입하고 C_0, C_1을 합산 기호 밖으로 꺼내면 다음의 결과를 얻는다.

$$\begin{aligned} y &= C_0\left[1 + \frac{1}{3!}x^3 + \frac{1 \cdot 4}{6!}x^6 + \cdots + \frac{1 \cdot 4 \cdots (3n-2)}{(3n)!}x^{3n} + \cdots\right] \\ &\quad + C_1\left[x + \frac{2}{4!}x^2 + \frac{2 \cdot 5}{7!}x^5 + \cdots + \frac{2 \cdot 5 \cdots (3n-1)}{(3n+1)!}x^{3n+1} + \cdots\right] \\ &= C_0 y_1(x) + C_1 y_2(x) \end{aligned}$$

이를 일반화하면 다음과 같다.

$$\begin{aligned} y &= C_0\left[1 + \sum_{n=1}^{\infty} \frac{1 \cdot 4 \cdots (3n-2)}{(3n)!}x^{3n}\right] \\ &\quad + C_1\left[x + \sum_{n=1}^{\infty} \frac{2 \cdot 5 \cdots (3n-1)}{(3n+1)!}x^{3n+1}\right] \end{aligned} \tag{5-54}$$

위의 식은 에어리 방정식의 일반해이며, $y_1(x)$, $y_2(x)$는 두 개의 1차 독립인 해이다. 에어리 방정식은 특이점을 갖지 않으므로 이 해는 모든 x에 대해 유효하다.

토론 위에서 보통점 $x_0 = 0$에 대해 에어리 방정식을 풀어

$$y = \sum_{n=0}^{\infty} C_n x^n = C_0 y_1(x) + C_1 y_2(x)$$

형태의 해를 구하였으며, 두 개의 1차 독립인 해 $y_1(x)$, $y_2(x)$는 식 5-54로부터 구할 수 있다. 에어리 방정식은 특이점을 갖지 않으므로 이 해는 모든 x에 대해 수렴하며, 따라서 수렴 반경은 무한대이다.

$x_0 = 0$을 선택하는 것은 단순한 표현식을 갖는다는 이점을 갖는다. 이제 x_0을 다른 보통점으로 선택할 경우 어떤 일이 생길지 조사해보자. 이번에는 해의 형태가

$$y = \sum_{n=0}^{\infty} C_n (x - x_0)^n = C_0 y_3(x) + C_1 y_4(x)$$

이 될 텐데, 이 역시 임의의 x 값에 대해 수렴한다. 함수 $y_3(x)$, $y_4(x)$는 $y_1(x)$, $y_2(x)$의 선형 결합으로 표현될 수 있는데, 이는 정리 5-3에 따르면 2계 미분방정식은 지정된 수렴 구간에서 단 두 개의 1차 독립인 해만 갖기 때문이다(그림 5-29). 필요하다면 $x - x_0$에 관한 해는 에어리 방정식에서 계수 x를 (점 x_0에 대한 함수 x의 테일러

미분방정식:
$y'' + P(x)y' + Q(x)y = 0$

(1) $x_0 = 0$을 취하면,
$y = C_0 y_1(x) + C_1 y_2(x)$

(2) $x_0 = 5$를 취하면,
$y = C_2 y_3(x) + C_2 y_4(x)$

그러나
$y_3(x) = a_0 y_1(x) + a_1 y_2(x)$
$y_4(x) = b_0 y_1(x) + b_1 y_2(x)$

그림 5-29
2계 선형 동차방정식은 수렴 구간에서 다른 보통점에 대한 1차 독립인 해들을 가질 수 있지만, 모든 해는 처음 두 개의 1차 독립인 해의 선형 결합으로 표현될 수 있다.

급수 전개식에 해당하는) $x_0 + (x - x_0)$으로 표현함으로써 구할 수도 있으며, 이때 에어리 방정식은 $y'' - (x - x_0)y + x_0 y = 0$으로 표현될 수 있다. 혹은 새로운 변수를 $t = x - x_0$과 같이 정의하고 $y = \Sigma_{n=0}^{\infty} C_n t^n$ 형태의 해를 가정할 수도 있다.

예제 5-16 체비셰프 방정식

구간 $-1 \leq x \leq 1$에서 0으로부터의 편차를 최소화하는 다항식에 대한 탐색의 결과로 발견된 미분방정식이

$$(1 - x^2)y'' - xy' + \lambda^2 y = 0 \tag{5–55}$$

와 같은 체비셰프 방정식인데, 여기에서 λ는 상수이다. (이러한 다항식은 그 특성으로 인해 수치해석에서 대단히 중요하다.) $x_0 = 0$에 대한 이 미분방정식의 멱급수해를 구하라.

풀이 | 위의 방정식은 변수계수 2계 선형 동차 미분방정식이며, 각 항을 $1 - x^2$로 나누어 표준형으로 만들 수 있다.

$$y'' - \frac{x}{1 - x^2}y' + \frac{\lambda^2}{1 - x^2}y = 0$$

따라서 $P(x) = -x/(1 - x^2)$이고 $Q(x) = \lambda^2/(1 - x^2)$인데, 이들은 다항식의 비이다. 외형 조사를 통해 $P(x)$, $Q(x)$ 모두 $x = \pm 1$에서 분모가 0이 되는 것을 알 수 있다. 따라서 점 $x = -1$과 $x = 1$은 이 미분방정식의 특이점들이며, 따라서 점 $x_0 = 0$에 대해 구한 급수해는 구간 $-1 < x < 1$에서 수렴한다.

이제

$$y = \sum_{n=0}^{\infty} C_n x^n$$

형태의 멱급수해를 가정하고, 이를 두 번 미분하고 주어진 미분방정식에 대입한 결과는 다음과 같다.

$$(1 - x^2)\sum_{n=2}^{\infty} n(n-1)C_n x^{n-2} - x\sum_{n=1}^{\infty} nC_n x^{n-1} + \lambda^2 \sum_{n=0}^{\infty} C_n x^n = 0$$

즉,

$$\sum_{n=2}^{\infty} n(n-1)C_n x^{n-2} - \sum_{n=2}^{\infty} n(n-1)C_n x^n - \sum_{n=1}^{\infty} nC_n x^n + \lambda^2 \sum_{n=0}^{\infty} C_n x^n = 0$$

첫 번째 합산에서 n을 $n - 2$로 치환하여 지수를 2만큼 이동시키고, ($n = 0$ 또는 1에 대응되는 추가 항들은 합산 안의 인수 n이나 $n - 1$로 인해 0이 되기 때문에) 가운데 두 개의 합산은 1이나 2 대신 $n = 0$에서 시작하게 하면, 다음 식을 얻는다.

$$\sum_{n=0}^{\infty} (n+2)(n+1)C_{n+2}x^n - \sum_{n=0}^{\infty} n(n-1)C_n x^n - \sum_{n=0}^{\infty} nC_n x^n + \lambda^2 \sum_{n=0}^{\infty} C_n x^n = 0$$

즉,

$$\sum_{n=0}^{\infty}\{(n+2)(n+1)C_{n+2}+[\lambda^2-n(n-1)-n]C_n\}x^n=0$$

이 방정식이 모든 x에 대해 성립하기 위한 필요충분조건은 x의 각 멱승에 대한 계수들이 모두 0이 되는 것이다. 이 조건으로 전개식의 계수 C_n들을 결정하기 위한 무수히 많은 방정식

$$(n+2)(n+1)C_{n+2}+[\lambda^2-n(n-1)-n]C_n=0$$

즉,

$$C_{n+2}=-\frac{\lambda^2-n^2}{(n+1)(n+2)}C_n, \qquad n=0,1,2,3,\dots.$$

이 만들어진다. 이 식은 점화식이며 각 계수를 두 항 앞의 계수와 연관시킨다. 따라서 처음 두 개의 계수 C_0, C_1이 주어져 있을 경우, 나머지 계수들(C_2, C_3, C_4, C_5, ...)은 위의 점화식으로부터 결정될 수 있다. 처음 몇 개의 항을 구해보면 다음과 같다.

$$\begin{aligned}
C_2 &= -\frac{\lambda^2}{1\cdot 2}C_0=-\frac{\lambda^2}{2!}C_0\\
C_3 &= -\frac{\lambda^2-1^2}{2\cdot 3}C_1=-\frac{\lambda^2-1}{3!}C_1\\
C_4 &= -\frac{\lambda^2-2^2}{3\cdot 4}C_2=\frac{\lambda^2(\lambda^2-2^2)}{4!}C_0\\
C_5 &= -\frac{\lambda^2-3^2}{4\cdot 5}C_3=\frac{(\lambda^2-1^2)(\lambda^2-3^2)}{5!}C_1\\
C_6 &= -\frac{\lambda^2-4^2}{5\cdot 6}C_4=-\frac{\lambda^2(\lambda^2-2^2)(\lambda^2-4^2)}{6!}C_0\\
C_7 &= -\frac{\lambda^2-5^2}{6\cdot 7}C_5=-\frac{(\lambda^2-1^2)(\lambda^2-3^2)(\lambda^2-5^2)}{7!}C_1
\end{aligned}$$

이 계수들을 해에 대입하고 C_0, C_1을 합산 기호 밖으로 꺼내면 다음의 결과를 얻는다.

$$\begin{aligned}
y &= C_0\left[1-\frac{\lambda^2}{2!}x^2+\frac{\lambda^2(\lambda^2-2^2)}{4!}x^4-\frac{\lambda^2(\lambda^2-2^2)(\lambda^2-4^2)}{6!}x^6+\cdots\right]\\
&\quad + C_1\left[x-\frac{\lambda^2-1}{3!}x^3+\frac{(\lambda^2-1)(\lambda^2-3^2)}{5!}x^5-\frac{(\lambda^2-1)(\lambda^2-3^2)(\lambda^2-5^2)}{7!}x^7+\cdots\right]\\
&= C_0y_1(x)+C_1y_2(x)
\end{aligned}$$

짝수 번째의 항의 계수와 홀수 번째의 항의 계수를 일반화시키면, 이 해는 다음과 같은 일반형으로 표현될 수 있다.

$$\begin{aligned}
y &= C_0\left[1+\sum_{n-1}^{\infty}(-1)^n\frac{(\lambda^2-0^2)(\lambda^2-2^2)\cdots[\lambda^2-(2n-2)^2]}{(2n)!}x^{2n}\right]\\
&\quad + C_1\left[x+\sum_{n-1}^{\infty}(-1)^n\frac{(\lambda^2-1^2)(\lambda^2-3^2)\cdots[\lambda^2-(2n-1)^2]}{(2n+1)}x^{2n+1}\right]
\end{aligned} \tag{5–56}$$

$\lambda = n$	$T_n(x)$
0	1
1	x
2	$2x^2 - 1$
3	$4x^3 - 3x$

그림 5-30
처음 4개의 체비셰프 다항식

대괄호 안의 항들이 체비셰프 방정식의 두 개의 1차 독립인 해 y_1, y_2이다. 이 해는 구간 $-1 < x < 1$ 안의 모든 x에 대해 유효하다.

λ가 음이 아닌 정수일 때, $y_1(x)$, $y_2(x)$ 중의 하나는 무한급수가 아니라 n차 다항식이 된다. 적당한 상수를 곱하여 만들어지는 n차 다항식(체비셰프 방정식의 해)을 **체비셰프 다항식**이라고 하며 $T_n(x)$으로 표시한다. 처음 4개의 체비셰프 다항식을 그림 5-30에 보인다.

절 복습문제

5-15C 변수계수 3계 선형 동차 미분방정식이 있다고 하자. 보통점에 대한 일반해는 몇 개의 임의상수를 포함하겠는가? 이 해의 수렴 반경은 어떻게 될까?

5-16 지정된 보통점에 대해 멱급수해법을 사용하여 다음 2계 선형 미분방정식을 풀어라. 또한 해의 수렴 구간을 결정하라.

$$y'' - 4xy' + 4y = 0,\ x_0 = 0$$

(답: $y(x) = C_0\left(1 - 2x^2 - \dfrac{2}{3}x^4 - \dfrac{4}{15}x^6 - \dfrac{2}{21}x^8 - \cdots\right) + C_1x$

수렴 구간은 $(-\infty, \infty)$이다.)

5-17 보통점 $x_0 = 0$에 대해 멱급수해법을 사용하여 다음 2계 초깃값 문제를 풀어라.

$$y'' + xy' + y = 0, \qquad y(0) = 0, \qquad y'(0) = 1$$

(답: $y(x) = x - \dfrac{1}{3}x^3 + \dfrac{1}{15}x^5 - \dfrac{1}{105}x^7 + \dfrac{1}{945}x^9 + \cdots$)

5-5 ■ 르장드르 방정식과 르장드르 다항식

구면 모양 외피에서의 온도 분포와 같이 물리학이나 공학에서 현실적 관심의 대상이 되는 수많은 문제들은 구면기하학을 포함하며, 그 결과로 **르장드르 미분방정식**이 만들어지는데, 이 이름은 프랑스 수학자 르장드르(Adrien Marie Legendre, 1752-1833)의 이름을 따서 지은 것이다. 이 방정식은

$$(1 - x^2)y'' - 2xy' + \alpha(\alpha + 1)y = 0 \tag{5-57}$$

와 같은데, 여기에서 α는 상수이다. 르장드르 방정식의 급수해는 (차수가 α인) **르장드르 함수**라고 한다. α가 음이 아닌 정수일 때, 일부 르장드르 함수는 다항식이 되며, 이들을 **르장드르 다항식**이라고 한다. 이러한 특별한 함수는 구간 $-1 \le x \le 1$에서 갖는 바람직한 특성 때문에 가우스 구적법에서 함수들에 대한 다항식 표현과 수치적 적분에서 널리 이용된다. 다음 예제에서 르장드르 방정식의 해에 대해 살펴보기로 하자.

예제 5-17 르장드르 방정식

원점 $x_0 = 0$에 대한 르장드르 미분방정식의 멱급수해를 구하라.

풀이 위의 방정식은 변수계수 2계 선형 동차 미분방정식이며, 각 항을 $1 - x^2$으로 나누어 표준형으로 만들 수 있다.

$$y'' - \frac{2x}{1-x^2}y' + \frac{\alpha(\alpha+1)}{1-x^2}y = 0$$

따라서 $P(x) = -2x/(1-x^2)$이고 $Q(x) = \alpha(\alpha+1)/(1-x^2)$인데, 이들 모두 다항식의 비이다. 외형 조사를 통해 $P(x)$, $Q(x)$ 모두 $x = \pm 1$에서 분모가 0이 되는 것을 알 수 있다. 따라서 점 $x = -1$과 $x = 1$은 이 미분방정식의 특이점들이며, 따라서 점 $x_0 = 0$에 대해 구한 급수해는 구간 $-1 \leq x \leq 1$에서 수렴한다. 이 급수해의 수렴 반경은 최소한 1 이상일 것이다.

이제

$$y = \sum_{n=0}^{\infty} C_n x^n$$

형태의 멱급수해를 가정하고, 이를 두 번 미분하고 주어진 미분방정식에 대입한 결과는 다음과 같다.

$$(1-x^2)\sum_{n=2}^{\infty} n(n-1)C_n x^{n-2} - 2x\sum_{n=1}^{\infty} nC_n x^{n-1} + \alpha(\alpha+1)\sum_{n=0}^{\infty} C_n x^n = 0$$

즉,

$$\sum_{n=2}^{n} n(n-1)C_n x^{n-2} - \sum_{n=2}^{n} n(n-1)C_n x^n - 2\sum_{n=1}^{n} nC_n x^n + \alpha(\alpha+1)\sum_{n=0}^{n} C_n x^n = 0$$

첫 번째 합산에서 n을 $n-2$로 치환하여 지수를 2만큼 이동시키고, ($n = 0$ 또는 1에 대응되는 추가 항들은 합산 안의 인수 n이나 $n-1$로 인해 0이 되기 때문에) 가운데 두 개의 합산은 1이나 2 대신 $n = 0$에서 시작하게 하면, 다음 식을 얻는다.

$$\sum_{n=0}^{\infty}(n+2)(n+1)C_{n+2}x^n - \sum_{n=0}^{\infty} n(n-1)C_n x^n - 2\sum_{n=0}^{\infty} nC_n x^n + \alpha(\alpha+1)\sum_{n=0}^{\infty} C_n x^n = 0$$

즉,

$$\sum_{n=0}^{\infty}\{(n+2)(n+1)C_{n+2} + [\alpha(\alpha+1) - n(n-1) - 2n]C_n\}x^n = 0$$

이 방정식이 모든 x에 대해 성립하기 위한 필요충분조건은 x의 각 멱승에 대한 계수들이 모두 0이 되는 것이다. 이 조건으로 전개식의 계수 C_n들을 결정하기 위한 무수히 많은 방정식

$$(n+2)(n+1)C_{n+2} + [\alpha(\alpha+1) - n(n-1) - 2n]C_n = 0$$

즉,

$$C_{n+2} = \frac{n(n+1) - \alpha(\alpha+1)}{(n+1)(n+2)}C_n \qquad n = 0, 1, 3, \ldots \tag{5-58}$$

이 만들어진다. 식 5-58은 점화식이며 각 계수를 두 항 앞의 계수와 연관시킨다. 따라서 처음 두 개의 계수 C_0, C_1이 주어져 있을 경우, 나머지 계수들($C_2, C_3, C_4, C_5, \ldots$)은 위의 점화식으로부터 결정될 수 있다. 처음 몇 개의 항을 구해보면 다음과 같다.

$$C_2 = \frac{0\cdot 1 - \alpha(\alpha+1)}{1\cdot 2}C_0 = -\frac{\alpha(\alpha+1)}{2!}C_0$$

$$C_3 = \frac{1\cdot 2 - \alpha(\alpha+1)}{2\cdot 3}C_1 = -\frac{(\alpha-1)(\alpha+2)}{3!}C_1$$

$$C_4 = \frac{2\cdot 3 - \alpha(\alpha+1)}{3\cdot 4}C_2 = \frac{\alpha(\alpha-2)(\alpha+1)(\alpha+3)}{4!}C_0$$

$$C_5 = \frac{3\cdot 4 - \alpha(\alpha+1)}{4\cdot 5}C_3 = (\alpha-1)(\alpha-3)(\alpha+2)\frac{(\alpha+4)}{5!}C_1$$

이 계수들을 해에 대입하고 C_0, C_1을 합산 기호 밖으로 꺼내면 다음의 결과를 얻는다.

$$\begin{aligned} y &= C_0\left[1 - \frac{\alpha(\alpha+1)}{2!}x^2 + \frac{\alpha(\alpha-2)(\alpha+1)(\alpha+3)}{4!}x^4 - \cdots\right] \\ &\quad + C_1\left[x - \frac{(\alpha-1)(\alpha+2)}{3!}x^3 + \frac{(\alpha-1)(\alpha-3)(\alpha+2)(\alpha+4)}{5!}x^5 - \cdots\right] \\ &= C_0 y_1(x) + C_1 y_2(x) \end{aligned}$$

짝수 번째의 항의 계수와 홀수 번째의 항의 계수를 일반화시키면, 이 해는 다음과 같은 일반형으로 표현될 수 있다.

$$\begin{aligned} y &= C_0\left[1 + \sum_{m=1}^{\infty}(-1)^m \frac{\alpha(\alpha-2)(\alpha-4)\cdots(\alpha-2m+2)(\alpha+1)(\alpha+3)\cdots(\alpha+2m-1)}{(2m)!}x^{2m}\right] \\ &\quad + C_1\left[x + \sum_{m=1}^{\infty}(-1)^m \frac{(\alpha-1)(\alpha-3)\cdots(\alpha-2m+1)(\alpha+2)(\alpha+4)\cdots(\alpha+2m)}{(2m+1)!}x^{2m+1}\right] \end{aligned}$$

대괄호 안의 항들이 르장드르 방정식의 두 개의 1차 독립인 해 y_1, y_2이다. 이 해는 구간 $-1 < x < 1$ 안의 모든 x에 대해 유효하다. 두 급수 모두 이 구간의 양 끝점에서 발산함을 증명할 수 있다.

르장드르 다항식

α가 음이 아닌 정수 n과 같을 때, 르장드르 방정식의 두 개의 해 $y_1(x)$, $y_2(x)$는 다음과 같이 표현될 수 있다.

$$y_1(x) = 1 + \sum_{m=1}^{\infty}(-1)^m \frac{n(n-2)(n-4)\cdots(n-2m+2)(n+1)(n+3)\cdots(n+2m-1)}{(2m)!}x^{2m}$$

그리고

$$y_2(x) = x + \sum_{m=1}^{\infty}(-1)^m \frac{(n-1)(n-3)\cdots(n-2m+1)(n+2)(n+4)\cdots(n+2m)}{(2m+1)!}x^{2m+1}$$

n이 짝수일 때 분명히 $y_1(x)$는 n차 다항식으로 축소될 텐데, 이는 $m = n/2 + 1$일 때 인수 $n - 2m + 2$이 0이 되며 m보다 큰 지수 값에 대응되는 모든 항들은 이 인수를 포함하기 때문이다. 예를 들면, n이 0, 2, 4일 때의 $y_1(x)$는 각각 다음과 같다.

$$1, \quad 1 - 3x^2, \qquad 1 - 10x^2 + \frac{35}{3}x^4$$

마찬가지로 n이 홀수일 때 $y_2(x)$는 n차 다항식으로 축소될 텐데, 이는 $m = (n + 1)/2$일 때 인수 $n - 2m + 1$이 0이 되며 m보다 큰 지수 값에 대응되는 모든 항들은 이 인수를 포함하기 때문이다. 예를 들면, n이 1, 3, 5일 때의 $y_2(x)$는 각각 다음과 같다.

$$x, \quad x - \frac{5}{3}x^3, \qquad x - \frac{14}{3}x^3 + \frac{21}{5}x^5$$

따라서 α가 음이 아닌 정수 n과 같을 때, 르장드르 방정식의 해들 중의 하나는 n차 다항식이 된다. 적당한 상수를 곱하여 만들어지는 n차 다항식(르장드르 방정식의 해)을 ***n*차 르장드르 다항식**이라고 하며 $P_n(x)$로 표시한다. 이 상수는 $P_n(x)$에서 가장 높은 차수의 x의 멱승의 계수가

$$C_n = \frac{(2n)!}{2^n(n!)^2} \tag{5–59}$$

과 같아져서 $x = 1$일 때 다항식의 값이 1이 되도록 선택된다. 즉, 모든 n 값에 대해 $P_n(1) = 1$이다. x의 다른 멱승들의 계수는 n을 m으로 α는 n으로 치환함으로써 식 5-58의 점화식을 사용하여 결정된다.

$$C_{m-2} = -\frac{m(m+1)}{(n-m+2)(n+m-1)}C_m \tag{5–60}$$

m은 합산에서 사용되는 의미 없는 지수인 반면 n은 르장드르 다항식의 차수이다. $m = n$일 때, 식 5-59를 식 5-60에 대입한 결과는 다음과 같다.

$$C_{n-2} = -\frac{n(n-1)}{2(2n-1)}C_n = -\frac{n(n-1)}{2(2n-1)}\frac{(2n)!}{2^n(n!)^2} = -\frac{(2n-2)!}{2^n(n-2)!(n-1)!}$$

$m = n - 2$일 때의 결과는 다음과 같다.

$$\begin{aligned} C_{n-4} &= -\frac{(n-2)(n-3)}{4(2n-3)}C_{n-2} = -\frac{(n-2)(n-3)}{4(2n-3)}\frac{(2n-2)!}{2^n(n-2)!(n-1)!} \\ &= \frac{(2n-4)!}{2^n 2!(n-4)!(n-2)!} \end{aligned}$$

$m = n - 2k$일 경우로 일반화한 결과는 다음과 같다.

$$C_{n-2k} = \frac{(-1)^k(2n-2k)!}{2^n k!(n-k)!(n-2k)!} \tag{5–61}$$

n차 르장드르 다항식은

$$P_n(x) = \sum_{k=0}^{N} \frac{(-1)^k(2n-2k)!}{2^n k!(n-k)!(n-2k)!} x^{n-2k}, \qquad n = 0, 1, 2, \ldots \tag{5-62}$$

와 같이 표현될 수 있으며, 여기에서 N은 $n/2$을 넘지 않는 가장 큰 정수이다. 즉, n이 짝수일 때 $N = n/2$이며, n이 홀수일 때 $N = (n-1)/2$이다. ($P_2, P_4, \ldots$ 등과 같은) 짝수 차수의 르장드르 다항식은 x의 짝수 멱승만을 포함하는 반면, ($P_3, P_5, \ldots$ 등과 같은) 홀수 차수의 르장드르 다항식은 x의 홀수 멱승만을 포함한다. 처음 6개의 르장드르 다항식을 구해보면 다음과 같다.

$$P_0(x) = 1 \qquad P_1(x) = x$$
$$P_2(x) = \frac{1}{2}(3x^2 - 1) \qquad P_3(x) = \frac{1}{2}(5x^3 - 3x)$$
$$P_4(x) = \frac{1}{8}(35x^4 - 30x^2 + 3) \qquad P_5(x) = \frac{1}{8}(63x^5 - 70x^3 + 15x)$$

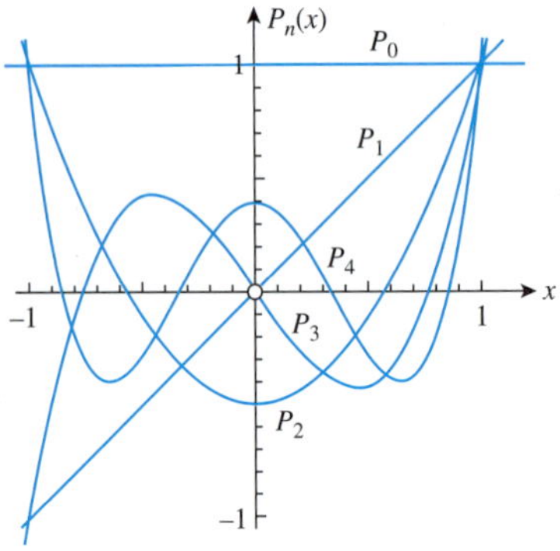

그림 5-31
처음 몇 개의 르장드르 다항식에 대한 그래프

그림 5-31에 처음 몇 개의 르장드르 다항식에 대한 그래프를 보인다.

르장드르 함수와는 달리 르장드르 다항식은 구간 $-1 < x < 1$ 뿐만 아니라 양 끝점인 $x = \pm 1$에서도 수렴한다. 임의의 n 값에 대해 $P_n(1) = 1$이고 $P_n(-1) = (-1)^n$임을 보일 수 있다. 따라서 $P_n(x)$는 닫힌구간 $-1 \le x \le 1$에서 유한한 값을 갖는 르장드르 방정식의 유일한 해이다.

예제 5-18 로드리게스 공식

르장드르 다항식은 관계식

$$P_n(x) = \frac{1}{2^n n!} \frac{d^n}{dx^n}[(x^2 - 1)^n], \qquad n = 0, 1, 2, 3, \ldots \tag{5-63}$$

을 이용하여 체계적 방식으로 생성될 수 있는데, 이 관계식은 프랑스 수학자 로드리게스(Olinde Rodrigues, 1794-1851)의 이름을 따서 **로드리게스 공식**이라고 한다.

풀이 이항정리 공식을 사용하여 $(x^2 - 1)^n$은 다음과 같이 표현될 수 있다.

$$(x^2 - 1)^n = \sum_{k=0}^{n} \frac{(-1)^k n!}{k!(n-k)!} x^{2n-2k} \tag{5-64}$$

위의 식을 식 5-63에 대입하고 합의 도함수는 도함수들의 합과 같다는 사실을 이용하여 다음의 식을 얻는다.

$$P_n(x) = \frac{1}{2^n n!} \sum_{k=0}^{n} \frac{(-1)^k n!}{k!(n-k)!} \frac{d^n}{dx^n}(x^{2n-2k}) \tag{5-65}$$

이제 미분을 수행한 결과는 다음과 같다.

$$\frac{d^n}{dx^n}(x^{2n-2k}) = (2n-2k)\frac{d^{n-1}}{dx^{n-1}}(x^{2n-2k-1})$$
$$= (2n-2k)(2n-2k-1)\frac{d^{n-2}}{dx^{n-2}}(x^{2n-2k-2})$$
$$= (2n-2k)(2n-2k-1)\cdots(n-2k-1)x^{n-2k}$$
$$= \frac{(2n-2k)!}{(n-2k)!}x^{n-2k} \quad \textbf{(5–66)}$$

또한 $k > n/2$일 때 합산 안의 도함수는 0이 되는데, 이 경우 x의 멱이 n보다 작게 되며 차수가 n보다 낮은 다항식의 n계 도함수는 0이기 때문이다. 따라서 합산 지수의 상한을 N으로 변경하는데, 이 값은 $n/2$을 넘지 않는 가장 큰 정수이다. 식 5-66을 식 5-65에 대입하고 소거를 거친 후 정리한 결과는

$$P_n(x) = \sum_{k=0}^{N}\frac{(-1)^k(2n-2k)!}{2^n k!(n-k)!(n-2k)!}x^{n-2k}, \qquad n = 0, 1, 2, 3, \ldots$$

이며, 바로 얻고자 했던 결과이다.

로드리게스 공식을 사용하고 복잡한 조작을 거쳐 르장드르 다항식을 위한 다음 점화식을 얻는다.

$$P_n(x) = \frac{(2n-1)xP_{n-1} - (n-1)P_{n-2}}{n} \quad \textbf{(5–67)}$$

따라서 $P_0(x) = 1$과 $P_1(x) = x$를 알면, 이 점화식을 사용하여 모든 르장드르 다항식을 결정할 수 있다(그림 5-32).

(a) $P_n(x) = \sum_{k=0}^{N}\frac{(-1)^k(2n-2k)!x^{n-2k}}{2^n k!(n-k)!(n-2k)!}$

(b) $P_n(x) = \frac{1}{2^n n!}\frac{d^n}{dx^n}(x^2-1)^n$

(c) $P_n(x) = \frac{(2n-1)xP_{n-1} - (n-1)P_{n-2}}{n}$

단, $P_0 = 1$ 그리고 $P_1 = x$

그림 5-32
르장드르 다항식을 구하기 위한 세 가지 방법: (a) 급수 전개, (b) 로드리게스 공식, (c) 점화식

예제 5-19 르장드르 다항식

(a) 로드리게스 공식, 그리고 (b) 점화식을 사용하여 르장드르 다항식 P_2를 구하라.

풀이 (a) $n = 2$로 두고 로드리게스 공식(식 5-63)을 적용한 결과는 다음과 같다.

$$P_2(x) = \frac{1}{2^2 2!}\frac{d^2}{dx^2}[(x^2-1)^2] = \frac{1}{8}\frac{d}{dx}[4x(x^2-1)] = \frac{1}{2}(3x^2-1)$$

(b) $P_0(x) = 1$ 그리고 $P_1(x) = x$이므로 $n = 2$에 대해 점화식(식 5-67)을 적용한 결과는 다음과 같다.

$$P_2 = \frac{3xP_1 - P_0}{2} = \frac{1}{2}(3x^2-1)$$

예상한 대로 두 방법을 사용한 결과는 동일하다.

절 복습문제

5-18C 르장드르 다항식과 르장드르 함수 사이의 관계는 무엇인가?

5-19C 예제 5-17에서 구한 르장드르 방정식의 일반해는 $x = 2$에서 유효한가? 그 이유는?

5-20 (a) 급수 전개, (b) 로드리게스 공식, (c) 점화식을 사용하여 르장드르 다항식 $P_3(x)$를 구하라.

(답: $P_3(x) = \dfrac{1}{2}(5x^3 - 3x)$)

5-6 ▪ 정칙 특이점에 대한 급수해

이제 정칙 특이점 x_0 부근에서 일반적인 변수계수 2계 선형 미분방정식

$$y'' + P(x)y' + Q(x)y = 0 \tag{5-68}$$

의 해를 살펴본다. 편의를 위해 정칙 특이점은 원점 $x_0 = 0$에 위치한다고 가정한다. 이러한 가정으로 문제는 단순해지지만 일반성에 영향을 미치지는 않는데, 이는 미분방정식의 임의의 특이점 x_0은 변수 치환 $t = x - x_0$을 통해 원점으로 이동될 수 있기 때문이다. 또 절댓값 기호의 사용을 피하기 위해 구간 $x > 0$만 고려한다. 이 역시 심각한 제약은 아닌데, 이는 변수 치환 $t = -x$를 적용하고 $t > 0$에 대해 분석을 수행함으로써 구간 $x < 0$을 처리할 수 있기 때문이다.

정칙 특이점의 정의에 따라 $x_0 = 0$이 정칙 특이점이면 함수 $xP(x)$, $x^2Q(x)$는 해석적이며 이 점에서 이 함수들은 테일러급수 전개식을 갖는다. 따라서 이 두 함수는 다음과 같이 표현될 수 있다.

$$p(x) = xP(x) = p_0 + p_1x + p_2x^2 + \cdots = \sum_{n=0}^{\infty} p_n x^n \tag{5-69}$$

그리고

$$q(x) = x^2Q(x) = q_0 + q_1x + q_2x^2 + \cdots = \sum_{n=0}^{\infty} q_n x^n \tag{5-70}$$

함수 $p(x)$, $q(x)$는 무수히 많은 항을 가질 필요는 없다. 사실 이 두 함수는 흔히 나타나는 대부분의 미분방정식에서 두세 개 이내의 항을 갖는 다항식이다. 예를 들면, 차수가 0인 베셀 방정식은 다음과 같다.

$$y'' + \frac{1}{x}y' + y = 0$$

외형 조사를 통해 $p(x) = 1$이고 $q(x) = x^3$임을 알 수 있으며, 이들은 간단한 다항식이다.

식 5-68에 x^2을 곱한 결과는 다음과 같다.

$$x^2y'' + x^2P(x)y' + x^2Q(x)y = 0$$

이 방정식은 다음과 같이 정리될 수 있다.

$$x^2y'' + x[xP(x)]y' + [x^2Q(x)]y = 0$$

즉,

$$x^2y'' + xp(x)y' + q(x)y = 0 \tag{5–71}$$

이 식은 3장에서 논의된 오일러 방정식과 아주 비슷하다. $p(x)$, $q(x)$가 상수인 특별한 경우, 식 5-71은 실제로 오일러 방정식이 된다(그림 5-33).

$$x^2y'' + p_0xy' + q_0y = 0 \tag{5–72}$$

이 방정식의 해는 x^r 형태를 갖는데, 이때 r이 꼭 정수인 것은 아니다.

식 5-71을 자세히 살펴보면 주어진 미분방정식의 계수들이 오일러 방정식의 계수들과 멱급수해를 갖는 방정식의 계수들의 곱 형태를 갖는 것을 볼 수 있다. 이러한 관찰을 통해 식 5-71에 대해

$$y = x^r\sum_{n=0}^{\infty} C_nx^n = \sum_{n=0}^{\infty} C_nx^{n+r} \tag{5–73}$$

형태, 즉, 오일러 해와 멱급수해의 곱 형태를 갖는 해를 찾는다(그림 5-34). x에 대한 미지의 멱승과 x에 관한 멱급수의 곱 형태를 갖는 미분방정식 해를 찾는 절차는 독일 수학자 프로베니우스(George F. Frobenius, 1849-1917)의 이름을 따서 **프로베니우스 해법**이라고 한다. 정칙 특이점 부근에서 미분방정식 5-68은 적어도 식 5-73 형태의 해를 하나 가지며, 또 값에 따라 동일한 형태 또는 변형된 형태의 또 다른 해를 갖는 것을 보게 될 것이다.

r의 값을 결정하기 위해 일반형의 미분방정식(식 5-71)을 고려하며, 식 5-69와 5-70의 $p(x)$, $q(x)$를 위한 전개식을 이 방정식에 대입한다. 그 결과는 다음과 같다.

$$x^2y'' + x\sum_{n=0}^{\infty} p_nx^ny' + \sum_{n=0}^{\infty} q_nx^n = 0 \tag{5–74}$$

이제 $C_0 \neq 0$으로 두고 식 5-73 형태의 해를 가정하며, 이 해에 대한 미분을 통해 다음과 같은 결과를 얻는다.

$$y' = \sum_{n=0}^{\infty} (n + r)C_nx^{n+r-1}$$

그리고

$$y'' = \sum_{n=0}^{\infty} (n + r - 1)(n + r)C_nx^{n+r-2}$$

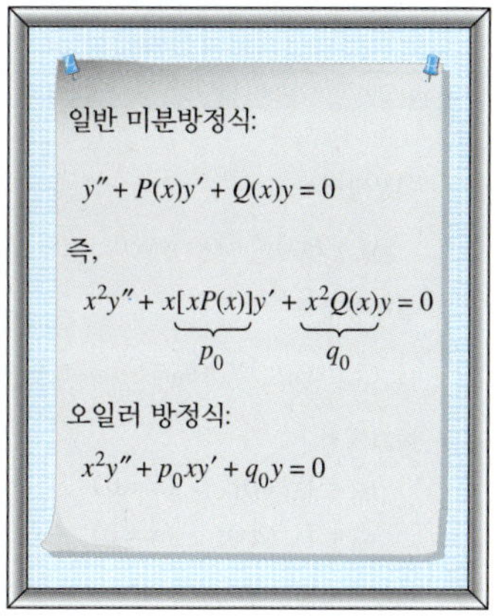

그림 5-33
함수 $xP(x)$, $x^2Q(x)$가 상수일 때, 주어진 2계 선형 동차 미분방정식은 오일러 방정식으로 축소된다.

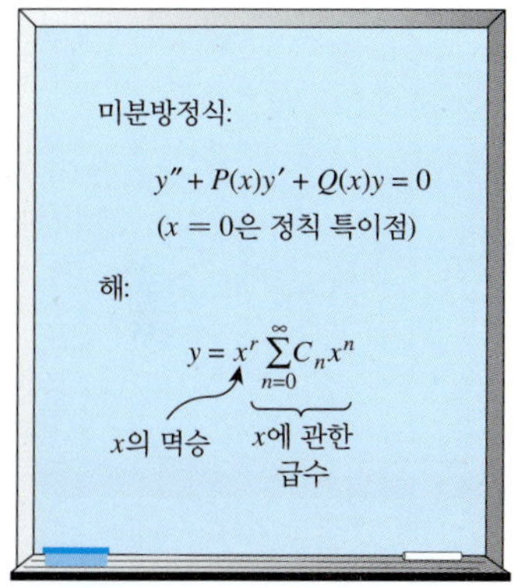

그림 5-34
정칙 특이점 $x = 0$에 대한 미분방정식의 해는 x의 멱승과 x에 관한 급수의 곱 형태를 갖는다.

미분방정식:

$$y'' + P(x)y' + Q(x)y = 0$$

결정방정식:

$$r^2 + (p_0 - 1)r + q_0 = 0$$

여기에서

$$p_0 = [xP(x)] \qquad (x = 0)$$

$$q_0 = [x^2Q(x)] \qquad (x = 0)$$

결정방정식의 근: r_1, r_2

그림 5-35
미분방정식에 대한 결정방정식은 r에 관한 2차방정식이며, $x = 0$에서 함수 $xP(x)$, $x^2Q(x)$의 값을 포함한다.

y, y', y''를 위한 표현식들을 식 5-74에 대입하고 가장 낮은 차수의 x의 멱승인 x^r 항의 계수를 0으로 두어 얻은 결과는 다음과 같다.

$$[r^2 + (p_0 - 1)r + q_0]C_0 = 0$$

그런데 $C_0 \neq 0$이므로,

$$r^2 + (p_0 - 1)r + q_0 = 0 \tag{5-75}$$

이 결과는 r에 관한 2차방정식이며 주어진 미분방정식에 대한 **결정방정식(indicial equation)**이라고 한다(그림 5-35). 이 방정식은 두 개의 실근이거나 두 개의 복소수 근인 r_1, r_2를 갖는데, 이 근들은 정칙 특이점의 *지수(exponent)*라고 한다.

근들이 복소수일 경우 반드시 켤레 쌍 관계를 갖는다. 이 경우 해들은 복소수 지수 r_1, r_2를 포함하므로 복소함수가 될 것이다. 그러나 해의 실수 부분과 복소수 부분을 분리하여 실수 값을 갖는 함수들을 얻을 수 있다. 근 r_1, r_2가 서로 다른 실근일 때 항상 r_1이 그 중 큰 근을 나타내도록 한다.

$p(x) = xP(x)$, $q(x) = x^2Q(x)$가 다항식들일 경우, 상수 p_0, q_0은 이 다항식들에서 (x^0 항의 계수인) 상수항이다. 이들이 다항식이 아닐 경우 상수 p_0, q_0은 다음 극한들로부터 결정될 수 있다.

$$p_0 = \lim_{x \to 0} xP(x) \quad \text{그리고} \quad q_0 = \lim_{x \to 0} x^2Q(x) \tag{5-76}$$

이제 예제를 통해 r_1, r_2가 어떻게 결정되는지 보인다.

예제 5-20 결정방정식과 근

점 $x = 0$이 미분방정식

$$x^2y'' - 2x(x - 1)y' + x^2y = 0$$

의 정칙 특이점임을 보이고, 결정방정식의 근 r_1, r_2를 결정하라.

풀이 위의 방정식은 변수계수 2계 선형 동차 미분방정식이며, 각 항을 x^2으로 나누어 표준형으로 만들 수 있다.

$$y'' - \frac{2(x - 1)}{x}y' + y = 0$$

따라서 $P(x) = -2(x - 1)/x$는 두 다항식의 비이며, $Q(x) = 1$은 다항식이다. 외형 조사를 통해 $Q(x)$는 모든 곳에서 해석적이지만 $P(x)$의 분모는 $x = 0$에서 0이 되는 것을 볼 수 있다. 따라서 점 $x = 0$은 특이점이다. 그런데 이 점은 정칙 특이점인데, 이는 $p(x) = xP(x) = -2(x - 1) = 2 - 2x$, $q(x) = x^2Q(x) = x^2$ 모두 다항식이며 따라서 해석적 함수이기 때문이다.

위의 두 관계식으로부터 $p_0 = 2$, $q_0 = 0$임을 관찰할 수 있다. 이 값들을 결정방정식 $r^2 + (p_0 - 1)r + q_0 = 0$에 대입하면 $r^2 + r = 0$, 즉, $r(r + 1) = 0$이 된다. 이 결정방정식의 근은 $r_1 = 0$, $r_2 = -1$이다. 큰 근을 r_1로 표시하기로 하였음을 기억하기 바란다.

예제 5-21 특이점을 원점으로 이동시키기

점 $x = 1$이 르장드르 방정식

$$(1 - x^2)y'' - 2xy' + \alpha(\alpha + 1)y = 0$$

의 정칙 특이점임을 보여라(단, α는 상수). 변수 치환 $t = x - 1$을 통해 이 특이점을 원점으로 이동시키고 변환된 방정식에 속하는 결정방정식의 근들을 결정하라.

풀이 위의 방정식은 변수계수 2계 선형 동차 미분방정식이며, 각 항을 $1 - x^2$으로 나누어 표준형으로 만들 수 있다.

$$y'' - \frac{2x}{1 - x^2}y' + \frac{\alpha(\alpha + 1)}{1 - x^2}y = 0 \tag{5-77}$$

따라서 $P(x) = -2x/(1 - x^2)$, $Q(x) = \alpha(\alpha + 1)/(1 - x^2)$인데, 이들 모두 다항식의 비이다. 외형 조사를 통해 $P(x)$, $Q(x)$ 모두 $x = \pm1$에서 분모가 0이 되는 것을 알 수 있다. 따라서 점 $x = -1$과 $x = 1$은 이 미분방정식의 특이점들이다. 그런데 이 점들은 정칙 특이점인데, 이는 $x_0 = 1$의 경우

$$(x - x_0)P(x) = (x - 1)\frac{-2x}{1 - x^2} = \frac{2x}{x + 1}$$

그리고

$$(x - x_0)^2Q(x) = (x - 1)^2\frac{\alpha(\alpha + 1)}{1 - x^2} = -\frac{(x - 1)\alpha(\alpha + 1)}{1 + x}$$

이며, 이들은 $x = 1$에서 해석적이다. 점 $x_0 = -1$도 정칙 특이점임을 비슷한 방법으로 보일 수 있다.

특이점 $x_0 = 1$을 원점으로 이동시키기 위해 변수 치환 $t = x - 1$을 적용한다. 이를 식 5-77에 대입하고 정리한 결과는

$$y'' - \frac{2(t + 1)}{t(t + 2)}y' - \frac{\alpha(\alpha + 1)}{t(t + 2)}y = 0$$

인데, 이 경우의 미분은 t에 관한 미분을 나타낸다. 점 $t = 0$은 명백히 특이점 중의 하나이다. 따라서 정칙 특이점 $x_0 = 1$을 원점으로 이동시키고자 하는 목표가 달성되었다.

결정방정식의 근들을 계산할 수 있기 위해서는 상수 p_0, q_0을 결정할 필요가 있다. 이 경우 $p(t)$, $q(t)$는 다항식이 아니므로 식 5-65와 5-66을 이용하여 다음 극한을 계산함으로써 이 상수들을 결정할 수 있다.

$$p_0 = \lim_{t\to 0} tP(t) = \lim_{t\to 0}\frac{2t(t+1)}{t(t+2)} = 1$$

그리고

$$q_0 = \lim_{t\to 0} t^2Q(t) = \lim_{t\to 0}\frac{-t^2\alpha(\alpha+1)}{t(t+2)} = 0$$

이 값들을 결정방정식 $r^2 + (p_0 - 1)r + q_0 = 0$에 대입하면 $r^2 + (1-1)r + 0 = 0$, 즉, $r^2 = 0$이 된다. 이 결정방정식의 근은 $r_1 = r_2 = 0$이다. 이 경우 근들은 실수 중근이다.

첨언하자면, 방정식

$$t(t+2)y'' + 2(t+1)y' - \alpha(\alpha+1)y = 0 \tag{5–78}$$

을 푸는 것이 동치인 방정식

$$ty'' + \frac{2(t+1)}{t+2}y' - \frac{\alpha(\alpha+1)}{t+2}y = 0 \tag{5–79}$$

을 푸는 것보다 편리한데, 이는 후자의 경우 다음과 같이 이항전개를 이용하여 분모의 항들을 전개할 필요가 있기 때문이다.

$$\frac{1}{1+x} = \sum_{n=0}^{\infty}(-1)^n x^n = 1 - x + x^2 - x^3 + \cdots$$

따라서

$$\frac{1}{2+t} = \frac{1}{2\left(1+\frac{t}{2}\right)} = \frac{1}{2}\sum_{n=0}^{\infty}(-1)^n\left(\frac{t}{2}\right)^n = \sum_{n=0}^{\infty}\frac{(-1)^n}{2^{n+1}}t^n$$

이 결과를 식 5-79에 대입하면

$$ty'' + (t+1)\sum_{n=0}^{\infty}\frac{(-1)^n}{2^n}t^n y' - \alpha(\alpha+1)\sum_{n=0}^{\infty}\frac{(-1)^n}{2^{n+1}}t^n y = 0 \tag{5–80}$$

을 얻게 되는데, 이는 미분방정식 5-78보다 훨씬 복잡하다.

프로베니우스 해법에 관한 이론은 다소 복잡하며 미분방정식에 대한 개론서의 범위를 벗어난다. 다음의 정리에서 그 결과만을 요약한다.

정리 5–3 정칙 특이점에 대한 급수해

점 $x = 0$이 미분방정식

$$y'' + P(x)y' + Q(x)y = 0$$

의 정칙 특이점이고 ρ는 두 함수 $p(x) = xP(x)$, $q(x) = x^2Q(x)$의 수렴 반경 중 작은

값이라고 하자. r_1, r_2가 결정방정식

$$r^2 + (p_0 - 1)r + q_0 = 0$$

의 근이면 이 미분방정식의 두 개의 1차 독립인 해 $y_1(x)$, $y_2(x)$가 존재하며 이들의 수렴 반경은 ρ이다. 여기에서

$$p_0 = \lim_{x\to 0} xP(x) \quad \text{그리고} \quad q_0 = \lim_{x\to 0} x^2Q(x)$$

이며, 근들이 서로 다른 실근일 경우 $r_1 > r_2$이다. $x > 0$에 대해 해들은 다음과 같은 형태를 갖는다(그림 5-36).

경우 1: *$r_1 = r_2 + \lambda$(단, λ는 정수가 아닌 양의 값)*

$$y_1 = x^{r_1}\sum_{n=0}^{\infty} a_n x^n \qquad (a_0 \neq 0) \tag{5-81a}$$

$$y_2 = x^{r_2}\sum_{n=0}^{\infty} b_n x^n \qquad (b_0 \neq 0) \tag{5-81b}$$

경우 2: *$r_1 = r_2 = r$*

$$y_1 = x^{r}\sum_{n=0}^{\infty} a_n x^n \qquad (a_0 \neq 0) \tag{5-82a}$$

$$y_2 = y_1 \ln x + x^{r}\sum_{n=1}^{\infty} b_n x^n \tag{5-82b}$$

경우 3: *$r_1 = r_2 + N$(단, N은 양의 정수)*

$$y_1 = x^{r_1}\sum_{n=0}^{\infty} a_n x^n \qquad (a_0 \neq 0) \tag{5-83a}$$

$$y_2 = Cy_1 \ln x + x^{r_2}\sum_{n=0}^{\infty} b_n x^n \qquad (b_0 \neq 0) \tag{5-83b}$$

여기에서 상수 C는 0일 수도 있다(그림 5-37). 주어진 미분방정식의 일반해를 세 가지 경우 모두에 대해

$$y = C_1y_1(x) + C_2y_2(x) \tag{5-84}$$

와 같이 표현할 수 있는데, 여기에서 임의상수 C_1, C_2는 초기조건이나 경계조건으로부터 결정된다.

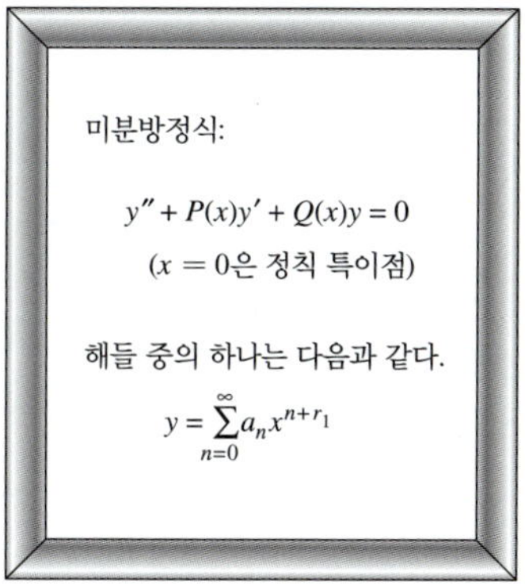

그림 5-36
$x = 0$이 정칙 특이점일 때, 2계 선형방정식은 최소한 $\Sigma_{n=0}^{\infty} a_n x^{n+r_1}$ 형태의 해를 하나 갖도록 보장되는데, 여기에서 r_1은 결정방정식의 근들 중 큰 값을 나타낸다.

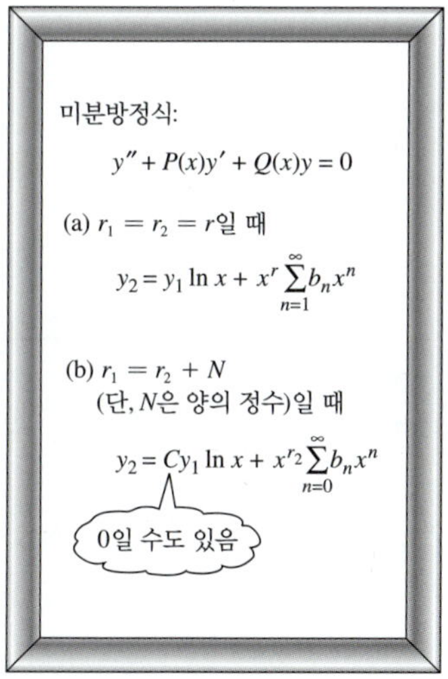

그림 5-37
$r_1 = r_2 = r$일 때. 두 번째의 1차 독립인 해는 항상 로그 항을 포함한다. $r_1 = r_2 + N$(단, N은 양의 정수)일 때, 두 번째의 1차 독립인 해는 $C \neq 0$일 때만 로그 항을 포함한다.

이 정리에 대한 증명은 미분방정식에 대한 고급 교재들에서 찾아볼 수 있다. 예제를 이용하여 풀이 절차와 정리 5-3의 용법을 보이기에 앞서 변수계수 2계 미분방정식의 정칙 특이점에 대한 해에 관한 몇 가지 사항을 정리해둔다.

1. 모든 경우에서 첫 번째 해의 형태는 동일하다. 두 번째 해의 형태에 있어

서만 세 가지 경우에 따라 달라진다. 모든 경우에서 두 해 모두 각기 다른 계수 a_n, b_n들을 갖는 무한급수를 포함한다.

2. 계수 a_0, b_0은 0이 아닌 임의의 상수이며, 임의의 적당한 값을 지정할 수 있다. 간소화를 위해 일반성을 잃지 않고 $a_0 = 1$과 $b_0 = 1$을 취하는 것이 일반적 관행이다.

3. 주어진 해의 적용 구간은 절댓값 기호의 사용을 피하기 위해 $x > 0$으로 제한된다. 이러한 제한은 해 안의 x^{r_1}과 x^{r_2}를 각각 $|x|^{r_1}$과 $|x|^{r_2}$로 변경함으로써 해제될 수 있다. 보다 실용적인 방법은 미분방정식에서 변수 치환 $t = -x$를 적용하여 만들어진 방정식을 $t > 0$에 대해 푸는 것이다.

4. 해는 대개 $x = 0$은 제외하고 $xP(x)$, $x^2Q(x)$ 둘 다 해석적인 모든 점에서 수렴한다. 해가 $\ln x$를 포함하거나 $r < 0$일 때 x^r을 포함할 경우 $x = 0$에서 발산한다. 점 $x = 0$이 주어진 미분방정식의 유일한 특이점일 경우 해는 대개 원점을 제외한 모든 점에서 수렴한다. 즉, 이러한 경우의 해의 수렴 반경은 무한대가 된다. 미분방정식이 더 많은 특이점을 가질 경우, 해의 수렴 반경은 계수 함수 $p(x)$, $q(x)$의 수렴 반경들 중 작은 값 이상이 된다.

5. 정리 5-3에서 주어지는 해는 정칙 특이점 $x = 0$에 적용 가능하다. 정칙 특이점 $x_0 \neq 0$ 부근의 해는 독립변수에 대한 치환 $t = x - x_0$을 적용하여 만들어진 방정식을 점 $t = 0$에 대해 품으로써 쉽게 구할 수 있다(그림 5-38).

6. 첫 번째의 1차 독립인 해 y_1을 구하는 것은 해가 x^n 대신 x^{n+r_1}을 포함한다는 것을 제외하고는 보통점에 대한 해를 구하는 것과 비슷하다. 이번에도 y_1', y_1''은 개별 항에 대한 미분을 통해 구할 수 있으며, 이를 원래의 미분방정식에 대입하고, 계수들 a_n은 x의 각 멱승의 계수들이 0이어야 한다는 요구사항에 따라 결정된다. $n = 0$에 대응되는 항은 항상 $f(r)a_0x^r$ 형태를 갖는데, 여기에서 $f(r)$은 결정방정식 $f(r) = 0$을 구성하는 2차식이며 따라서 항상 $f(r_1) = 0$이 될 것이다. 이는 주어진 미분방정식에 대한 결정방정식을 구하기 위한 직접적인 방법이다.

   $r = 0$이 아니라면, y_1', y_1'' 안의 합산들은 $n = 1$ 또는 $n = 2$가 아니라 $n = 0$에서 시작하며, 이는 멱급수에서 처음 한 두 개의 항의 계수가 더 이상 0이 아니기 때문이다.

7. 경우 1($r_1 = r_2 + \lambda$, λ는 정수가 아님)을 위한 두 번째 해는 r_1 대신 r_2를 사용하여 $x = 0$에 대해 앞의 풀이 절차를 반복하고 새로운 상수들 b_n을 결정함으로써 쉽게 구할 수 있다. 이러한 방법은 경우 2에서는 성공적이지 않을 텐데, 이는 $r_1 = r_2$이어서 동일한 해를 얻게 될 것이기 때문이다. 오일러 방정식의 경우와 같이 이 경우의 두 번째 1차 독립인 해는 로그 항 y_1

주어진 미분방정식:

$$y'' + \frac{5x}{x-2}y' + \frac{x+3}{(x-2)^2}y = 0$$

($x = 2$는 특이점)

변수 치환:

$$t = x - 2$$

변환된 방정식:

$$y'' + \frac{5(t+2)}{t}y' + \frac{t+5}{t^2}y = 0$$

(이제 $t = 0$이 특이점)

그림 5-38
특이점을 원점으로 이동시키기

ln x를 포함한다. 이는 계수축소법을 적용하여 확인할 수 있다. 끝으로 r_1, r_2의 차가 정수인 경우 3에서 해의 형태는

$$y_2 = x^{r_2}\sum_{n=0}^{\infty} b_n x^n \tag{5–85}$$

일 가능성이 높은데, 이러한 해는 y_1과는 1차 독립이다. 이러한 경우가 많기는 하지만 항상 그렇게 되는 것은 아니다. 이러한 경우에 해당되지 않을 때는 y_1과 1차 독립이 될 수 있도록 로그 항을 포함시켜줄 필요가 있다. 상수 C의 값은 상수 b_n들과 함께 풀이 과정에서 결정된다. $C = 0$이 될 경우 이는 y_2가 로그 항을 포함하지 않으며 식 5-85 형태를 가질 것임을 나타낸다.

y_2의 일반적 형태를 알고 있을 경우 y_2를 결정하기 위한 몇 가지 방법이 존재한다. 가장 명백한 방법은 표시된 미분들을 수행하고 그 결과를 주어진 미분방정식에 대입하여 미지의 계수들 b_n에 대해 푸는 것이다. 때로 이 절차는 많은 시간을 요할 수도 있지만 확실한 방법이며 항상 성공할 것이다. 로그 항들의 존재는 문제가 되지 않는데, 이들은 소거될 것이기 때문이다. 또 다른 방법은 y_1이 주어질 경우 지정된 y_2 관계식을 무시하고 계수축소법을 적용하는 것이다. 또 다른 방법은 r_1, r_2의 차가 정수일 때 성공적이길 희망하며 (근거는 없지만) y_2가 식 5-85 형태를 갖는 것으로 가정하고 b_n들을 결정하려고 시도하는 것이다. b_n들이 모두 0이 될 경우 위의 가정이 틀렸으며 y_2가 로그 항을 포함할 것임을 나타낸다. b_n들이 0이 아닌 값들을 가질 경우 위의 가정이 옳음을 나타낸다. 뿐만 아니라 이러한 해는 대개 두 개의 임의상수 b_0, b_1을 포함하며 더 큰 근인 r_1을 사용할 필요 없이 한 번에 두 개의 1차 독립인 해를 모두 구하게 된다(그림 5-39).

8. 일단 두 개의 1차 독립인 해 y_1, y_2를 구하게 되면, 주어진 미분방정식의 임의의 다른 해는 이 두 해의 선형 결합으로 표현될 수 있다.

미분방정식:

$$y'' + P(x)y' + Q(x)y = 0$$

($x = 0$은 정칙 특이점)
$r_1 = r_2 + N$(단, N은 양의 정수)

$C = 0$으로 두면,

$$y_2 = x^{r_2}\sum_{n=0}^{\infty} b_n x^n$$

이제

$y_2 = b_0 y_1(x) + b_1 y_2(x)$ 이고
$b_0 \neq 0$ 그리고 $b_1 \neq 0$

이면 y_2는 일반해이다.

그림 5-39
$r_1 = r_2 + N$(단, N은 양의 정수)일 때, $C = 0$으로 두고 y_2를 먼저 결정하는 것이 좋다. 이 해가 두 개의 임의상수를 포함할 경우, 이 해는 대개 일반해이다.

예제 5-22 오일러 방정식

(a) 일반적 절차, 그리고 (b) 급수해법을 사용하여 원점 $x_0 = 0$에 대한 2계 오일러 방정식 $4x^2y'' + 11xy' - 2y = 0$을 풀어라.

풀이 | (a) 3장에서 살펴본 오일러 방정식을 위한 풀이 절차를 사용하자면 먼저 해의 형태를 $y = x^r$로 가정한다. 1계 및 2계 도함수를 취하면 다음 식들을 얻는다.

$$y' = rx^{r-1}$$
$$y'' = r(r-1)x^{r-2}$$

이들을 주어진 미분방정식에 대입하고 $y = x^r$로 나누면 다음 식을 얻는다.

$$r^2 + \frac{7}{4}r - \frac{1}{2} = 0 \quad \textbf{(5-86)}$$

위의 2차방정식의 근은 $r_1 = 1/4$과 $r_2 = -2$인데, 이들은 서로 다른 실근이다. 따라서 3장의 절차에 따라 구한 이 오일러 방정식의 일반해는 다음과 같다.

$$y = C_1x^{r_1} + C_2x^{r_2} = C_1x^{1/4} + C_2x^{-2} \quad \textbf{(5-87)}$$

이 해는 $x = 0$ 이외의 모든 점에서 적용 가능한데, 이는 $y = x^r$에 의한 나눗셈은 $x \neq 0$에 대해서만 유효하기 때문이다.

(b) 이번에는 오일러 방정식을 위한 위의 훌륭한 절차를 전혀 모르는 것으로 가정하고, 주어진 미분방정식을 훨씬 복잡하고 많은 노력을 요하는 급수해법을 사용하여 풀어볼 텐데, 동일한 결과를 얻을 수 있기를 희망한다.

이 방정식은 변수계수 2계 선형 동차 미분방정식이며, 각 항을 $4x^2$으로 나누어 표준형으로 만들 수 있다.

$$y'' + \frac{11}{4x}y' - \frac{1}{2x^2}y = 0$$

명백히 점 $x = 0$은 특이점이다. 그런데 이 점은 정칙 특이점인데, 이는 $p(x) = xP(x) = 11/4$, $q(x) = x^2Q(x) = -1/2$ 모두 (0차) 다항식이며 따라서 해석적 함수이기 때문이다.

위의 두 관계식으로부터 $p_0 = 11/4$, $q_0 = -1/2$임을 관찰할 수 있다. 이 값들을 결정방정식 $r^2 + (p_0 - 1)r + q_0 = 0$에 대입하면

$$r^2 + \frac{7}{4}r - \frac{1}{2} = 0$$

을 얻게 되는데, 이는 위에서 주어진 미분방정식의 y에 x^r을 대입하여 얻은 방정식과 동일하다(그림 5-40). 이러한 동일성은 항상 이루어지는 것으로 결정방정식을 구하는 대안으로 이용될 수 있다. 이 결정방정식의 근은 $r_1 = 1/4$, $r_2 = -1/2$이다. 이번에도 큰 근을 r_1로 표시한다.

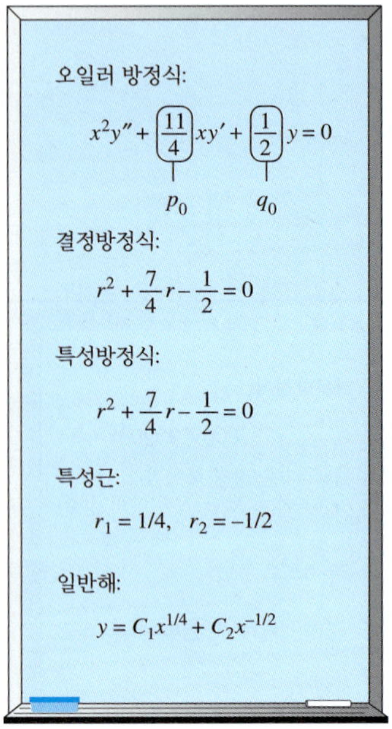

그림 5-40
오일러 방정식에 대한 결정방정식은 특성방정식과 같다.

근들은 서로 다르며 그 차이는 정수가 아니므로, 정리 5-3에 따라 주어진 미분방정식은 모두

$$y = x^r\sum_{n=0}^{\infty} a_nx^n = \sum_{n=0}^{\infty} a_nx^{n+r}$$

형태인 두 개의 1차 독립인 해를 갖는다. 이들을 두 번 미분하여 다음 식들을 얻는다.

$$y' = \sum_{n=0}^{\infty}(n + r)a_nx^{n+r-1}$$

$$y'' = \sum_{n=0}^{\infty}(n + r)(n + r - 1)a_nx^{n+r-2}$$

이들을 주어진 미분방정식에 대입한 결과는 다음과 같다.

$$4x^2\sum_{n=0}^{\infty}(n + r)(n + r - 1)a_nx^{n+r-2} + 11x\sum_{n=0}^{\infty}(n + r)a_nx^{n+r-1} - 2\sum_{n=0}^{\infty}a_nx^{n+r} = 0$$

즉,

$$\sum_{n=0}^{\infty}[4(n+r)(n+r-1)+11(n+r)-2]a_n x^{n+r}=0$$

이 방정식이 모든 x에 대해 성립하기 위한 필요충분조건은 x의 각 멱승에 대한 계수들이 모두 0이 되는 것이다. 이 조건으로 전개식의 계수 a_n들을 결정하기 위한 무수히 많은 방정식이 만들어진다.

$$[4(n+r)(n+r-1)+11(n+r)-2]a_n=0 \quad n=0,1,2,3,\ldots \tag{5-88}$$

$n=0$에 대해 이 점화식은 $[4r(r-1)+11r-2]a_0=0$이 되는데, $a_0 \neq 0$이므로 $4r(r-1)+11r-2=0$이 되어야 한다. 이 방정식은

$$r^2+\frac{7}{4}r-\frac{1}{2}=0$$

와 같이 정리될 수 있는데, 이는 식 5-86의 결정방정식과 동일하다. 따라서 $n=0$에 대해 *위의 점화식은 항상 결정방정식으로 축소된다*고 결론짓는다.

$r=r_1=1/4$에 대해 점화식(식 5-88)은

$$\left[\left(n+\frac{1}{4}\right)\left(n+\frac{1}{4}-1\right)+\frac{11}{4}\left(n+\frac{1}{4}\right)-\frac{1}{2}\right]a_n=0$$

즉,

$$\left[n\left(n+\frac{9}{4}\right)\right]a_n=0, \qquad n=1,2,3,\ldots \tag{5-89}$$

이 된다. $n \geq 1$인 어떤 정수도 식 5-89의 대괄호 안의 항들을 0으로 만들 수 없으므로

$$a_n=0, \qquad n=1,2,3,4,\ldots$$

이 된다. 관행에 따라 $a_0=1$로 두어 구한 첫 번째 해는 다음과 같다.

$$y_1=x^{r_1}\sum_{n=0}^{\infty}a_n x^{1/4}=a_0x^{1/4}=x^{1/4} \tag{5-90}$$

두 번째의 1차 독립인 해는 $r=r_1=-2$에 대해 위의 절차를 반복하여 구할 수 있다. 이 경우 점화식(식 5-88)은

$$\left[(n-2)(n-2-1)+\frac{11}{4}(n-2)-\frac{1}{2}\right]b_n=0$$

즉,

$$\left[n\left(n-\frac{9}{20}\right)\right]b_n=0, \qquad n=1,2,3,4,\ldots \tag{5-91}$$

이 된다. $n \geq 1$인 어떤 정수도 식 5-91의 대괄호 안의 항들을 0으로 만들 수 없으므로

$$b_n = 0, \qquad n = 1, 2, 3, 4, \ldots$$

이 된다. 관행에 따라 $b_0 = 1$로 두어 구한 두 번째 해는 다음과 같다.

$$y_2 = x^{r_2}\sum_{n=0}^{\infty} b_n x^n = b_0 x^{-2} = x^{-2} \tag{5-92}$$

따라서 일반해는

$$y = C_1 y_1 + C_2 y_2 = C_1 x^{1/4} + C_2 x^{-2} \tag{5-93}$$

인데, 이는 (a) 부분에서 구한 결과와 동일하다.

예제 5-23 정리 5-3: 경우 1 (r_1, r_2의 차가 정수가 아님)

프로베니우스 해법을 사용하여 $x > 0$에서 미분방정식 $(x-2)2y'' + (x-2)y' + (x-4)y = 0$을 점 $x_0 = 2$에 대해 풀어라.

풀이 | 위의 방정식은 변수계수 2계 선형 동차 미분방정식이며, $x = 2$가 정칙 특이점임을 보일 수 있다. 정리 5-3의 해의 형태를 사용하기 위해 먼저 새로운 변수 $t = x - 2$를 정의하여 특이점을 원점으로 이동시킬 필요가 있다. 이제 미분방정식은

$$t^2\ddot{y} + t\dot{y} + (t-2)y = 0$$

여기에서 기호 위의 점은 t에 관한 미분을 나타낸다. 이 방정식은 각 항을 t^2으로 나누어 표준형으로 만들 수 있다.

$$\ddot{y} + \frac{1}{t}\dot{y} + \frac{(t-2)}{t^2}y = 0$$

명백히 점 $t = 0$은 특이점이다. 그런데 이 점은 정칙 특이점인데, 이는 $p(t) = tP(t) = 1$, $q(t) = t^2Q(t) = t - 2$ 모두 다항식이며 따라서 해석적 함수이기 때문이다.

위의 두 관계식으로부터 $p_0 = 1$, $q_0 = -2$임을 관찰할 수 있다. 이 값들을 결정방정식 $r^2 + (p_0 - 1)r + q_0 = 0$에 대입하면 결정방정식 $r^2 - 2 = 0$이 만들어진다.

이 결정방정식의 근은 $r_1 = \sqrt{2}$, $r_2 = -\sqrt{2}$인데, 이들의 차는 정수가 아니다. 따라서 정리 5-3에 따라 주어진 미분방정식은 모두

$$y = t^r\sum_{n=0}^{\infty} a_n t^n = \sum_{n=0}^{\infty} a_n t^{n+r}$$

형태인 두 개의 1차 독립인 해를 갖는다. 이들을 t에 관하여 두 번 미분하여 다음 식들을 얻는다.

$$\dot{y} = \sum_{n=0}^{\infty}(n+r)a_n t^{n+r-1}$$

그리고

$$\ddot{y} = \sum_{n=0}^{\infty}(n+r)(n+r-1)a_n t^{n+r-2}$$

이들을 주어진 미분방정식에 대입한 결과는 다음과 같다.

$$\sum_{n=0}^{\infty}(n+r)(n+r-1)a_n t^{n+r} + \sum_{n=0}^{\infty}(n+r)a_n t^{n+r} + \sum_{n=0}^{\infty}a_n t^{n+r+1} - 2\sum_{n=0}^{\infty}a_n t^{n+r} = 0$$

모든 합산 안의 t의 멱들을 일치시키기 위해 n을 $n-1$로 치환하여 세 번째 합산의 지수를 1만큼 이동시킨다. 그 결과는 다음과 같다.

$$\sum_{n=0}^{\infty}(n+r)(n+r-1)a_n t^{n+r} + \sum_{n=0}^{\infty}(n+r)a_n t^{n+r} + \sum_{n=1}^{\infty}a_{n-1} t^{n+r} - 2\sum_{n=0}^{\infty}a_n t^{n+r} = 0$$

이제 모든 합산 안의 t의 멱들은 동일하지만, 세 번째 합산은 $n=1$에서 시작하고 있다. 모든 합산의 시작을 $n=1$로 만들기 위해 $n=0$에 대응되는 항들을 따로 표시하고 합산들을 결합하면 다음 식을 얻는다.

$$[r(r-1)+r-2]a_0 t^r + \sum_{n=1}^{\infty}\{[(n+r)(n+r-1)+(n+r)-2]a_n + a_{n-1}\}t^{n+r} = 0$$

이 방정식이 모든 t에 대해 성립하기 위한 필요충분조건은 t의 각 멱승에 대한 계수들이 모두 0이 되는 것이다. 가장 낮은 차수의 t의 멱승인 t^r에 관한 조건과 $a_0 \neq 0$이라는 요건으로 결정방정식(그림 5-41) $r(r-1)+r-2=0$이 만들어지며, 이 식은 위에서 결정된 두 개의 r 값에 대해서만 만족된다. (위의 방법이 결정방정식을 얻는 직접적인 방법이다.) 나머지 모든 t의 멱승들이 사라져야 한다는 요구사항으로 인해

$$[(n+r)(n+r-1)+(n+r)-2]a_n + a_{n-1} = 0$$

$$[(n+r)^2-2]a_n + a_{n-1} = 0$$

즉,

$$a_n = -\frac{a_{n-1}}{(n+r)^2-2}, \qquad n = 1, 2, 3, \ldots \tag{5–94}$$

이 만들어지는데, 이는 미지의 계수들인 a_n을 위한 점화식이다.

$r = r_1 = \sqrt{2}$에 대해 위의 점화식은

$$a_n = -\frac{a_{n-1}}{(n+\sqrt{2})^2-2} = -\frac{a_{n-1}}{n^2+2n\sqrt{2}+2-2} = -\frac{a_{n-1}}{n(n+2\sqrt{2})}$$

이 된다. 따라서

$$a_1 = -\frac{a_0}{1(1+2\sqrt{2})}$$

$$a_2 = -\frac{a_1}{2(2+2\sqrt{2})} = \frac{a_0}{1\cdot 2(1+2\sqrt{2})(2+2\sqrt{2})}$$

그리고

$$a_3 = -\frac{a_2}{3(3+2\sqrt{2})} = -\frac{a_0}{1\cdot 2\cdot 3(1+2\sqrt{2})(2+2\sqrt{2})(3+2\sqrt{2})}$$

이를 일반화하면

미분방정식:

$$x^2y'' + xp(x)y' + q(x)y = 0$$

해:

$$y = \sum_{n=0}^{\infty}a_n x^{n+r}$$

y, y', y''를 대입하면,

$$\underbrace{[r^2 + (p_0-1)r + q_0]}a_0 x^r + \cdots$$

결정방정식이 만들어진다.

그림 5-41
프로베니우스 해법에서 a_0의 계수는 항상 결정방정식과 비슷한 형태를 갖게 되며, 이 식은 $r=r_1$ 또는 $r=r_2$일 때 0이 된다.

$$a_n = \frac{(-1)^n a_0}{n!(1+2\sqrt{2})(2+2\sqrt{2})\cdots(n+2\sqrt{2})}$$

이 된다. 관행에 따라 $a_0 = 1$로 두어 구한 첫 번째 해는 다음과 같다.

$$y_1 = \sum_{n=0}^{\infty} \frac{(-1)^n t^{n+\sqrt{2}}}{n!(1+2\sqrt{2})(2+2\sqrt{2})\cdots(n+2\sqrt{2})} \tag{5-95}$$

두 번째의 1차 독립인 해는 $r = r_2 = -\sqrt{2}$에 대해 위의 절차를 반복하여 구할 수 있다. 계수들을 b_n으로 표시하면, 이 경우의 점화식(식 5-94)은

$$b_n = -\frac{b_{n-1}}{(n-\sqrt{2})^2 - 2} = \frac{b_{n-1}}{n^2 - 2n\sqrt{2} + 2 - 2} = \frac{b_{n-1}}{n(n-2\sqrt{2})}$$

이 된다. 이 관계식이 위의 a_n을 위한 관계식과 다른 점은 $2\sqrt{2}$ 앞의 뺄셈 기호뿐이다. 따라서 계수 b_n은 $2\sqrt{2}$ 앞의 부호가 다른 것을 제외하면 계수 a_n과 동일하다.

$$b_n = \frac{(-1)^n b_0}{n!(1-2\sqrt{2})(2-2\sqrt{2})\cdots(n-2\sqrt{2})}$$

관행에 따라 $b_0 = 1$로 두어 구한 두 번째 해는 다음과 같다.

$$y_2 = \sum_{n=0}^{\infty} \frac{(-1)^n t^{n-\sqrt{2}}}{n!(1-2\sqrt{2})(2-2\sqrt{2})\cdots(n-2\sqrt{2})} \tag{5-96}$$

따라서 일반해는 $y = C_1y_1 + C_2y_2$이다. t를 $x - 2$로 치환하고 y_1, y_2에 대입하면 일반해는 다음과 같이 표현될 수도 있다.

$$y(x) = C_1\sum_{n=0}^{\infty} \frac{(-1)^n (x-2)^{n+\sqrt{2}}}{n!(1+2\sqrt{2})(2+2\sqrt{2})\cdots(n+2\sqrt{2})}$$

$$+ C_2\sum_{n=0}^{\infty} \frac{(-1)^n (x-2)^{n-\sqrt{2}}}{n!(1-2\sqrt{2})(2-2\sqrt{2})\cdots(n-2\sqrt{2})} \tag{5-97}$$

이 해는 $x = 2$를 제외한 모든 양의 x 값에 대해 수렴한다.

예제 5-24 정리 5-3: 경우 2 ($r_1 = r_2$)

프로베니우스 해법을 사용하여 $x > 0$에서 미분방정식 $x^2y'' + x(x^2 - 3)y' + 4y = 0$을 점 $x_0 = 0$에 대해 풀어라.

풀이 | 위의 방정식은 변수계수 2계 선형 동차 미분방정식이며, 각 항을 x^2으로 나누어 표준형으로 만들 수 있다.

$$y'' + \frac{x^2 - 3}{x}y' + \frac{4}{x^2}y = 0$$

명백히 점 $x = 0$은 특이점인데, 이는 적어도 한 개의 계수 함수가 이 점에서 발산

하기 때문이다. 그런데 이 점은 정칙 특이점인데, 이는 $p(x) = xP(x) = x^2 - 3$, $q(x) = x^2Q(x) = 4$ 모두 (0차) 다항식이며 따라서 해석적 함수이기 때문이다.

위의 두 관계식으로부터 $p_0 = -3$, $q_0 = 4$임을 관찰할 수 있다. 이 값들을 결정방정식 $r^2 + (p_0 - 1)r + q_0 = 0$에 대입하면 결정방정식 $r^2 - 4r + 4 = 0$, 즉, $(r - 2)^2 = 0$이 만들어진다. 이 결정방정식의 근은 $r_1 = r_2 = 2$이며, 이들은 동일하다. 따라서 정리 5-3에 따라 주어진 미분방정식은 두 개의 1차 독립인 해를 갖는다. 첫 번째 해는

$$y = x^r \sum_{n=0}^{\infty} a_n x^n = \sum_{n=0}^{\infty} a_n x^{n+r}$$

형태를 가지며, 두 번째 해는 로그 함수 항을 포함한다. 이들을 x에 관하여 두 번 미분하여 다음 식들을 얻는다.

$$y' = \sum_{n=0}^{\infty} (n + r) a_n x^{n+r-1}$$

그리고

$$y'' = \sum_{n=0}^{\infty} (n + r)(n + r - 1) a_n x^{n+r-2}$$

이들을 주어진 미분방정식에 대입한 결과는 다음과 같다.

$$\sum_{n=0}^{\infty} (n + r)(n + r - 1) a_n x^{n+r} + \sum_{n=0}^{\infty} (n + r) a_n x^{n+r+2} - 3\sum_{n=0}^{\infty} (n + r) a_n x^{n+r} + 4\sum_{n=0}^{\infty} a_n x^{n+r} = 0$$

모든 합산 안의 x의 멱들을 일치시키기 위해 n을 $n - 2$로 치환하여 두 번째 합산의 지수를 2만큼 이동시킨다. 그 결과는 다음과 같다.

$$\sum_{n=0}^{\infty} (n + r)(n + r - 1) a_n x^{n+r} + \sum_{n=2}^{\infty} (n + r - 2) a_{n-2} x^{n+r}$$
$$- 3\sum_{n=0}^{\infty} (n + r) a_n x^{n+r} + 4\sum_{n=0}^{\infty} a_n x^{n+r} = 0$$

이제 모든 합산 안의 x의 멱들은 동일하지만, 두 번째 합산은 $n = 2$에서 시작하고 있다. 모든 합산의 시작을 $n = 2$로 만들기 위해 $n = 0$과 $n = 1$에 대응되는 항들을 따로 표시하고 합산들을 결합하면 다음 식을 얻는다.

$$[r(r - 1) - 3r + 4] a_0 x^r + [r(1 + r) - 3(1 + r) + 4] a_1 x^{r+1}$$
$$+ \sum_{n=2}^{\infty} \{[(n + r)(n + r + 1) - 3(n + r) + 4] a_n + a_{n-2}\} x^{n+r} = 0$$

이 방정식이 모든 x에 대해 성립하기 위한 필요충분조건은 x의 각 멱승에 대한 계수들이 모두 0이 되는 것이다. 가장 낮은 차수의 x의 멱승인 x^r에 관한 조건과 $a \neq 0$이라는 요건으로 결정방정식 $r^2 - 4r + 4 = 0$이 만들어지며, 이 식은 위에서 결정된 두 개의 r 값에 대해서만 만족된다. 나머지 모든 x의 멱승들이 사라져야 한다는 요구사항으로 인해 $[r(1 + r) - 3(1 + r) + 4]a_1 = 0$, 그리고

$$[(n+r)(n+r-1)-3(n+r)+4]a_n+(n+r-2)a_{n-2}=0 \qquad n=2,3,4,\ldots$$

이 만들어진다. $r=2$에 대해 첫 번째 관계식의 결과가 $a_1=0$이 되며, 두 번째의 관계식으로 점화식

$$a_n=\frac{a_{n-2}}{n}, \qquad n=2,3,4,\ldots \tag{5-98}$$

이 만들어지는데, 이는 각 계수를 두 항 앞의 계수로 표현한다. 따라서 짝수 지수를 갖는 모든 계수는 a_0을 이용하여 표현되며, 홀수 지수를 갖는 모든 계수는 이미 0으로 결정되어 있는 a_1을 이용하여 표현된다. 따라서 $a_1=a_3=a_5=\cdots=0$이다. 짝수 지수를 갖는 계수들은 다음과 같이 표현될 수 있다.

$$a_2=-\frac{a_0}{2}=-\frac{a_0}{2^1 1!}$$
$$a_4=-\frac{a_2}{4}=\frac{a_0}{2^2 2!}$$
$$a_6=-\frac{a_4}{6}=-\frac{a_0}{2^3 3!}$$

이를 일반화하면

$$a_{2n}=\frac{(-1)^n a_0}{2^n n!}$$

이 된다. 관행에 따라 $a_0=1$로 두어 구한 첫 번째 해는 다음과 같다.

$$y_1=\sum_{n=0}^{\infty}\frac{(-1)^n x^{2n+2}}{2^n n!} \tag{5-99}$$

두 번째의 1차 독립인 해도 비슷한 방법으로 정리 5-3에 따라 y_2를 다음과 같이 취함으로써 결정된다.

$$y_2=y_1\ln x+\sum_{n-1}^{\infty}b_n x^{n+r}$$

이들을 x에 관하여 두 번 미분하여 다음 식들을 얻는다.

$$y_2'=y_1'\ln x+\frac{1}{x}(\ln x)y_1+\sum_{n=1}^{\infty}(n+r)b_n x^{n+r-1}$$
$$y_2''=y_1''\ln x+\frac{1}{x}y_1'+\frac{1}{x}y_1'-\frac{1}{x^2}y_1+\sum_{n=1}^{\infty}(n+r)(n+r-1)a_n x^{n+r-2}$$

이들을 주어진 미분방정식에 대입하고 로그 항들을 결합한 결과는 다음과 같다.

$$[x^2y_1''+x(x^2-3)y_1'+4y_1]\ln x+2xy_1'+(x^2-4)y_1$$
$$+\sum_{n=1}^{\infty}(n+r)(n+r-1)b_n x^{n+r}+\sum_{n=1}^{\infty}(n+r)b_n x^{n+r+2}-3\sum_{n=1}^{\infty}(n+r)b_n x^{n+r}$$
$$+4\sum_{n=1}^{\infty}b_n x^{n+r}=0$$

로그 항은 없어지는데, 이는 그 계수가 주어진 미분방정식의 좌변과 같고 y_1이 해이기 때문이다. 이는 항상 성립한다(그림 5-42). 또한 식 5-99의 y_1 표현식을 사용하

미분방정식:

$$y''+P(x)y'+Q(x)y=0$$
$$r_1=r_2=r$$

두 번째 해:

$$y_2=y_1\ln x+x^r\sum_{n=1}^{\infty}b_n x^n$$

y, y', y''을 대입하면,

$$\underbrace{[y_1''+P(x)y_1'+Q(x)y_1]}_{=0}$$

그림 5-42
$r=r_1=r_2$일 때 두 번째의 1차 독립인 해는 항상 로그 항을 포함한다. 그러나 y_2와 그 도함수들을 주어진 미분방정식에 대입하면 모든 로그 항들이 소거된다.

여 y_1을 포함하는 항들을 약간의 조작 후에

$$2xy_1' + (x^2 - 4)y_1 = 2x\sum_{n=0}^{\infty}\frac{(-1)^n(2n+2)x^{2n+1}}{2^n n!} + x^2\sum_{n=0}^{\infty}\frac{(-1)^n x^{2n+2}}{2^n n!} - 4\sum_{n=0}^{\infty}\frac{(-1)^n x^{2n+2}}{2^n n!} = \sum_{n=1}^{\infty}\frac{(-1)^n 2nx^{2n+2}}{2^n n!}$$

와 같이 표현할 수 있다. y_1을 포함하는 항들은 x의 짝수 멱승만 갖는다는 사실을 기억하기 바란다. $r = 2$를 대입하고 일반항에 동일한 x의 멱승들을 갖는 세 개의 합산을 결합한 결과는 다음과 같다.

$$\sum_{n=1}^{\infty}\frac{(-1)^n 2nx^{2n+2}}{2^n n!} + \sum_{n=1}^{\infty} n^2 b_n x^{n+2} + \sum_{n=1}^{\infty}(n+2)b_n x^{n+4} = 0$$

모든 합산 안의 x의 멱들을 일치시키기 위해 n을 $n - 2$로 치환하여 마지막 합산의 지수를 2만큼 이동시킨다. 이로 인해 마지막 합산은 $n = 3$에서 시작하게 된다. 두 번째 합산도 $n = 3$에서 시작하도록 만들기 위해 $n = 1$과 $n = 2$에 대응되는 항들을 따로 표시하고 합산들을 결합한다. 또 첫 번째 합산이 x^4 이하의 차수를 갖는 항을 포함하지 않도록 첫 번째 항을 따라 표시한다. 이제 위의 식은 다음과 같이 정리된다.

$$-x^4 + \sum_{n=2}^{\infty}\frac{(-1)^n 2nx^{2n+2}}{2^n n!} + b_1x^3 + 4b_2x^4 + \sum_{n=3}^{\infty} n^2 b_n x^{n+2} + \sum_{n=3}^{\infty} nb_{n-2}x^{n+2} = 0$$

즉,

$$b_1x^3 + (4b_2 - 1)x^4 + \sum_{n=2}^{\infty}\frac{(-1)^n 2nx^{2n+2}}{2^n n!} + \sum_{n=3}^{\infty}[n^2 b_n + nb_{n-2}]x^{n+2} = 0$$

이 방정식이 모든 x에 대해 성립하기 위한 필요충분조건은 x의 각 멱승에 대한 계수들이 모두 0이 되는 것이다. 이 조건을 첫 두 개의 항에 적용하여 $b_1 = 0$, $b_2 = 1/4$을 얻는다. x의 홀수 멱승들은 모두 두 번째 합산으로부터 오며, 이들은 홀수인 n 값에 대응되므로 모든 홀수 n에 대해 $n^2b_n + nb_{n-2} = 0$이 되어야 하지만, $b_1 = 0$이어서 모든 홀수 n에 대해 $b_n = 0$이 된다. 즉, $b_1 = b_3 = b_5 = \cdots = 0$이다. 이제 두 번째 합산은 x의 홀수 멱승들을 갖는 항들을 제외시키기 위해 모든 n을 $2n$으로 바꾸어줌으로써 다음과 같이 변형될 수 있다.

$$\sum_{n=2}^{\infty}\frac{(-1)^n 2nx^{2n+2}}{2^n n!} + \sum_{n=2}^{\infty}[(2n)^2 b_{2n} + 2nb_{2n-2}]x^{2n+2} = 0$$

즉,

$$\sum_{n=2}^{\infty}\left[\frac{(-1)^n 2n}{2^n n!} + 4n^2 b_{2n} + 2nb_{2n-2}\right]x^{2n+2} = 0$$

$n \geq 2$에 대한 대괄호 안의 항들이 사라져야 한다는 요구사항으로 인해 다음 점화식이 만들어진다.

$$b_{2n} = -\frac{b_{2n-2}}{2n} - \frac{(-1)^n}{2^n n!} = 0, \qquad n = 2, 3, 4, \ldots \tag{5-100}$$

$b_2 = 1/4$이므로 다음의 결과들을 얻는다.

$$b_2 = \frac{1}{4} = \frac{1}{2^2 1!}$$
$$b_4 = -\frac{b_2}{4} - \frac{1}{2^2 2!} = -\frac{3}{2^3 3!}$$
$$b_6 = -\frac{b_4}{6} + \frac{1}{2^3 3!} = \frac{7}{2^4 3!}$$

이를 일반화하면

$$b_{2n} = \frac{(-1)^{n+1}(2n-1)}{2^{n+1} n!}, \qquad n = 1, 2, 3, 4, \ldots$$

따라서

$$y_2 = y_1 \ln x + \sum_{n=1}^{\infty} \frac{(-1)^{n+1}(2n-1)x^{2n+2}}{2^{n+1} n!} \tag{5-101}$$

이제 일반해는 $y = C_1 y_1 + C_2 y_2$와 같이 표현될 수 있다. 이 해는 $x = 0$을 제외한 모든 양의 x 값에 대해 수렴한다.

예제 5-25 **정리 5-3: 경우 3 (r_1, r_2의 차가 정수임)**

프로베니우스 해법을 사용하여 $x > 0$에서 미분방정식 $x^2y'' + 2xy' - x^2y = 0$을 점 $x_0 = 0$에 대해 풀어라.

풀이 | 위의 방정식은 변수계수 2계 선형 동차 미분방정식이며, 각 항을 x^2으로 나누어 표준형으로 만들 수 있다.

$$y'' + \frac{2}{x}y' - y = 0$$

명백히 점 $x = 0$은 특이점인데, 이는 적어도 한 개의 계수 함수가 이 점에서 발산하기 때문이다. 그런데 이 점은 정칙 특이점인데, 이는 $p(x) = xP(x) = 3$, $q(x) = x^2Q(x) = -x^2$ 모두 다항식이며 따라서 해석적 함수이기 때문이다.

위의 두 관계식으로부터 $p_0 = 2$, $q_0 = 0$임을 관찰할 수 있다. 이 값들을 결정방정식 $r^2 + (p_0 - 1)r + q_0 = 0$에 대입하면 결정방정식 $r^2 + r = 0$, 즉, $r(r+1) = 0$이 만들어진다. 이 결정방정식의 근은 $r_1 = 0$, $r_2 = -1$이며, 이들의 차는 정수 1이다. 따라서 정리 5-3에 따라 주어진 미분방정식은 두 개의 1차 독립인 해를 가지며, 두 번째 해는 로그 항을 포함할 수도 있다. $C = 0$일 가능성이 높으며 이 경우 두 번째 해는 로그 항을 포함하지 않게 되므로, 이 문제에 접근하기 위한 최선의 방법은 이러한 경우를 가정하고 작은 r 값인 $r = r_2 = -1$에 대응되는 급수해를 구하려 시도하는 것이다. 이때 계수들은 0이 되며, 이는 우리의 가정이 틀렸음을 나타낸다. 두 개의 임의상수를 갖는 해를 얻었다는 것은 두 개의 1차 독립인 해 모두를 얻었으며 따라서 구한 해가 일반해임을 나타낸다(그림 5-43). 이제 다음과 같은 형태의 급수해를 가정한다.

$$y = x^r \sum_{n=0}^{\infty} b_n x^n = \sum_{n=0}^{\infty} b_n x^{n+r}$$

이를 x에 관하여 두 번 미분하여 다음 식들을 얻는다.

$$y' = \sum_{n=0}^{\infty} (n + r) b_n x^{n+r-1}$$

그리고

$$y'' = \sum_{n=0}^{\infty} (n + r)(n + r - 1) b_n x^{n+r-2}$$

이들을 주어진 미분방정식에 대입한 결과는 다음과 같다.

$$\sum_{n=0}^{\infty} (n + r)(n + r - 1) b_n x^{n+r} + 2\sum_{n=0}^{\infty} (n + r) b_n x^{n+r} - \sum_{n=0}^{\infty} b_n x^{n+r+2} = 0$$

모든 합산 안의 x의 멱들을 일치시키기 위해 n을 $n - 2$로 치환하여 마지막 합산의 지수를 2만큼 이동시킨다. 그 결과는 다음과 같다.

$$\sum_{n=0}^{\infty} (n + r)(n + r - 1) b_a x^{n+r} + 2\sum_{n=2}^{\infty} (n + r) b_a x^{n+r} - \sum_{n=2}^{\infty} b_{n-2} x^{n+r} = 0$$

이제 모든 합산 안의 x의 멱들은 동일하지만, 두 번째 합산은 $n = 2$에서 시작하고 있다. 다른 합산들도 $n = 2$에서 시작하도록 만들기 위해 $n = 0$과 $n = 1$에 대응되는 항들을 따로 표시하고 합산들을 결합하면 다음 식을 얻는다.

$$[r(r - 1) + 2r] b_0 x^r + [r(1 + r) + 2(1 + r)] b_1 x^{r+1}$$
$$+ \sum_{n=2}^{\infty} \{[(n + r)(n + r - 1) + 2(n + r)] b_n - b_{n-2}\} x^{n+r} = 0$$

이 방정식이 모든 x에 대해 성립하기 위한 필요충분조건은 x의 각 멱승에 대한 계수들이 모두 0이 되는 것이다. 가장 낮은 차수의 x의 멱승인 x^r에 관한 조건과 $b \neq 0$이라는 요건으로 결정방정식 $r^2 + r = 0$이 만들어지며, 이 식은 위에서 결정된 두 개의 r 값에 대해서만 만족된다. 나머지 모든 x의 멱승들이 사라져야 한다는 요구사항으로 인해

$$[r(1 + r) + 2(1 + r)] b_1 = 0$$
$$[(n + r)(n + r - 1) + 2(n + r)] b_n - b_{n-2} = 0 \qquad n = 2, 3, 4, \ldots$$

이 만들어진다. $r = r_2 = -1$에 대해 첫 번째 관계식의 결과로 $0 \cdot b_1 = 0$을 얻는데, 이는 b_1이 b_0과 마찬가지로 임의상수임을 나타낸다. 두 번째의 관계식으로부터 점화식

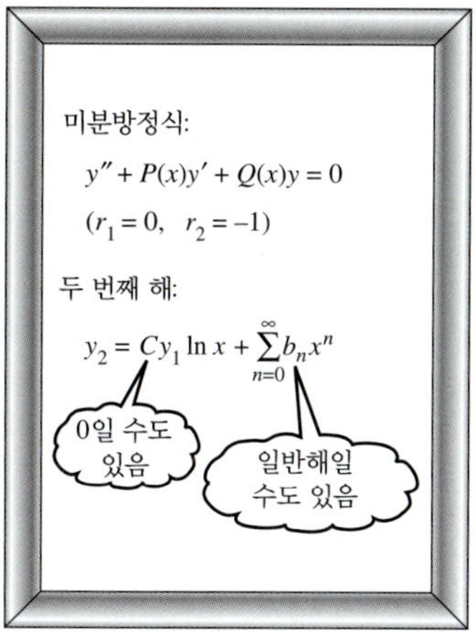

그림 5-43
결정방정식의 근들이 정수만큼의 차를 가질 때 두 번째 해가 로그항을 포함할 수도 있다. 그러나 그렇지 않을 경우($C = 0$), 두 번째 해가 바로 일반해가 될 수도 있다.

$$b_n = \frac{b_{n-2}}{(n-1)n}, \qquad n = 2, 3, 4, \ldots \tag{5–102}$$

이 만들어지는데, 이는 각 계수를 두 항 앞의 계수로 표현한다. 따라서 짝수 지수를 갖는 모든 계수는 b_0을 이용하여 표현되며, 홀수 지수를 갖는 모든 계수는 b_1을 이용하여 표현된다. 짝수 값의 n에 대응되는 계수들은 다음과 같다.

$$b_2 = \frac{b_0}{1 \cdot 2} = \frac{b_0}{2!}$$
$$b_4 = \frac{b_2}{3 \cdot 4} = \frac{b_0}{4!}$$
$$b_6 = \frac{b_4}{5 \cdot 6} = \frac{b_0}{6!}$$

이를 일반화하면

$$b_{2n} = \frac{b_0}{(2n)!}, \qquad n = 1, 2, 3, \ldots$$

홀수 값의 n에 대응되는 계수들은 다음과 같다.

$$b_3 = \frac{b_1}{2 \cdot 3} = \frac{b_1}{3!}$$
$$b_5 = \frac{b_3}{4 \cdot 5} = \frac{b_1}{5!}$$
$$b_7 = \frac{b_5}{6 \cdot 7} = \frac{b_1}{7!}$$

이를 일반화하면

$$b_{2n+1} = \frac{b_1}{(2n+1)!}, \qquad n = 1, 2, 3, \ldots$$

이들을 대입하여 얻은 결과는 다음과 같다.

$$\begin{aligned} y &= x^{r_2}\sum_{n=0}^{\infty} b_n x^n = \frac{1}{x}\sum_{n=0}^{\infty} b_n x^n \\ &= \frac{b_0}{x}\left(1 + \frac{x^2}{2!} + \frac{x^4}{4!} + \cdots\right) + \frac{b_1}{x}\left(x + \frac{x^3}{3!} + \frac{x^5}{5!} \cdots\right) \\ &= b_0\sum_{n=0}^{\infty}\frac{x^{2n-1}}{(2n)!} + b_1\sum_{n=0}^{\infty}\frac{x^{2n}}{(2n+1)!} \end{aligned} \tag{5–103}$$

이 식의 두 해는 (상수 비를 갖지 않으므로) 1차 독립임을 쉽게 알 수 있다. 따라서 이 해는 로그 항을 포함하지 않을 뿐만 아니라 임의상수 b_0, b_1을 갖는 1차 독립인 두 개의 해 모두를 포함한다. 따라서 이 해는 주어진 미분방정식의 일반해라고 결론짓는다.

위의 분석을 $r = r_1 = 0$에 대해 반복하면 첫 번째의 1차 독립인 해

$$y_1 = \sum_{n=0}^{\infty}\frac{x^{2n}}{(2n+1)!}$$

를 얻을 텐데, 이는 식 5-103에 포함된 해들 중의 하나이다. $r = r_1 = 0$에 대해 식 5-83b를 로그 항을 포함하는 두 번째의 해로 취할 경우 $C = 0$이 되는 것을 볼 수 있다. 따라서 두 번째의 해는 로그 항을 포함하지 않게 되고 식 5-103이 두 번째의 1차 독립인 해가 된다.

이 해는 $x = 0$을 제외한 모든 양의 x 값에 대해 수렴한다.

절 복습문제

5-21C 변수계수 선형 동차방정식을 풀 때 프로베니우스 해법은 급수해법과 어떻게 다른가?

5-22C 결정방정식이란 무엇인가? 주어진 미분방정식에 대한 결정방정식의 근의 용도는 무엇인가?

5-23 점 $x = 0$은 다음 각 미분방정식의 정칙 특이점임을 보이고, 결정방정식의 근 r_1, r_2를 구하라.

(a) $x^2y'' - xy' + 3y = 0$ (b) $xy'' - \dfrac{2}{x(x+1)}y = 0$

(답: (a) 근은 $r_1 = 1 + \sqrt{2}\,i$, $r_2 = 1 - \sqrt{2}\,i$이다. (b) 근은 $r_1 = 2$, $r_2 = -1$이다.)

5-24 정칙 특이점 $x_0 = 0$에 대해 다음 각 2계 선형 미분방정식의 두 개의 1차 독립인 해의 형태를 방정식을 풀지 말고 결정하라. 또한 이러한 해가 수렴하게 되는 x 값의 범위를 결정하라.

(a) $x^2y'' - xy' - 3y = 0$ (b) $xy'' - \dfrac{2}{x(x+1)}y = 0$

(답: (a) $(x) = x^{r_1}\sum_{n=0}^{\infty} a_n x^n$ 그리고 $y_2(x) = Cy_1(x)\ln x + x^{r_2}\sum_{n=0}^{\infty} b_n x^n$, 이때 $a_0 \neq 0$이고 $b_0 \neq 0$이지만 상수 C는 0일 수도 있다. 이 급수해는 모든 $x > 0$에 대해 수렴한다. (b) $y_1(x) = x^{r_1}\sum_{n=0}^{\infty} a_n x^n$ 그리고 $y_2(x) = Cy_1(x)\ln x + x^{r_2}\sum_{n=0}^{\infty} b_n x^n$, 이때 $a_0 \neq 0$이고 $b_0 \neq 0$이지만 상수 C는 0일 수도 있다. 이 급수해는 모든 $x > 0$에 대해 수렴한다.)

5-25 다음 각 2계 선형 미분방정식의 정칙 특이점 $x_0 = 0$에 대한 일반해를 구하라.

(a) $x^2y'' - xy' - 3y = 0$ (b) $xy'' - \dfrac{2}{x(x+1)}y = 0$

(답: (a) $y(x) = C_1x^3 + C_2x^{-1}$ 그리고

(b) $y(x) = C_1\left(x^2 - \dfrac{1}{2}x^3 + \dfrac{3}{10}x^4 - \dfrac{1}{5}x^5 + \dfrac{1}{7}x^6 - \dfrac{3}{28}x^7 + \cdots\right) + C_2\left(\dfrac{x+1}{x}\right)$)

5-26 (a) 일반적인 해법, 그리고 (b) 프로베니우스 해법을 사용하여 다음 각 2계 오일러 방정식의 정칙 특이점 $= 0$에 대한 일반해를 구하라.

(a) $x^2y'' + xy' - y = 0$ (b) $2x^2y'' - xy' - 9y = 0$

(답: (a) $y(x) = C_1x + C_2x^{-1}$ (b) $y(x) = C_1x^3 + Cx^{-3/2}$)

5-7 ■ 베셀 방정식과 베셀 함수

변수계수 2계 미분방정식들 중 가장 중요한 방정식 중 하나는 차수가 ν인 베셀 방정식

$$x^2y'' + xy' + (x^2 - \nu^2)y = 0 \tag{5–104}$$

이다. 베셀 방정식이라는 이름은 이를 체계적으로 연구하였던 독일의 수학자이자 천문학자인 베셀(Friedrich W. Bessel, 1784-1846)의 이름을 따서 지은 것이다. 베셀 방정식은 물리학이나 공학 분야의 다양한 문제들에서 발생되며 그 해는 베셀 함수로 표현된다. 베셀 함수는 아마 초등함수 이후 가장 많이 알려진 함수일 것이다. 베셀 방정식의 해를 살펴보기에 앞서 예제를 통해 베셀 방정식의 기원을 설명할 것이다.

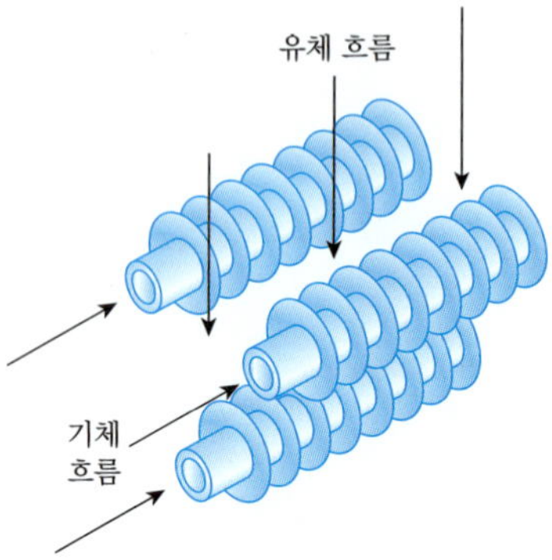

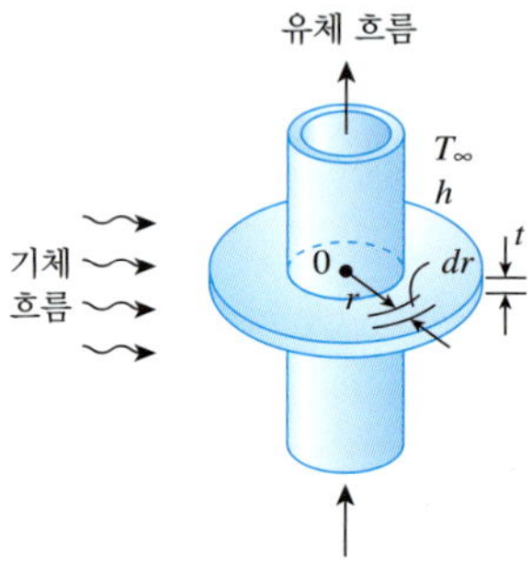

그림 5–44
열전달을 향상시키기 위해 파이프 주위에 배치된 균일한 두께 t의 원형 방열판

예제 5–26 베셀 방정식의 기원

열전달 표면적을 넓혀 열전달 효율을 향상시키기 위해 방열판이라 불리는 확장표면이 소형 열교환기에서 많이 사용된다. 파이프 주위에 많이 사용되는 한 가지 방열판 유형은 그림 5-44에 보이고 있는 균일한 두께 t를 갖는 원형 방열판이다. 원형 대칭성과 방열판 소재의 높은 열전도율 k로 인해 원형 방열판 내부의 온도 T는 지름방향으로만 변한다. 열은 뉴턴의 냉각법칙에 따라 방열판의 양면으로부터 주위의 공기로 전달된다(1장 참고).

주위 공기 온도를 0으로 두고 안정 상태에서 위치 r에서의 방열판 온도 변화를 표현하는 미분방정식을 유도하라. 방열판과 주위 공기 사이의 열전달상수 h는 일정하게 유지된다고 가정한다. 에너지 보존법칙과 푸리에의 열전도법칙을 이용하라.

풀이 미분방정식을 유도하기 위해 방열판에서 적절한 부피 미분소 요소를 선택하여 에너지 보존법칙을 적용할 필요가 있다. 이 경우 그림 5-45에서 보여주듯이 방열판 내부의 위치 r에서 두께가 dr인 원형 요소가 적절한 선택인데, 이는 온도가 r 방향으로만 변하며 원형 요소는 이러한 방향의 변화를 반영할 수 있기 때문이다. 안정 상태에서 원형 요소의 에너지 함량은 일정하게 유지될 것이다. 이 경우 에너지 보존법칙에 따라 위치 r의 요소로 전도되어 들어오는 열은 위치 $r + dr$에서 전도되어 나가는 열에 측면에서 공기로 전달되는 열을 더한 것과 같아야 한다. 즉,

$$\begin{pmatrix} \text{위치 } r\text{의} \\ \text{요소로 전도되어} \\ \text{들어오는 열} \end{pmatrix} = \begin{pmatrix} \text{위치 } r + dr\text{의} \\ \text{요소에서 전도되어} \\ \text{나가는 열} \end{pmatrix} + \begin{pmatrix} \text{공기로} \\ \text{전달되는} \\ \text{열} \end{pmatrix}$$

즉,

$$Q_r = Q_{r+dr} + Q_{\text{air}}$$

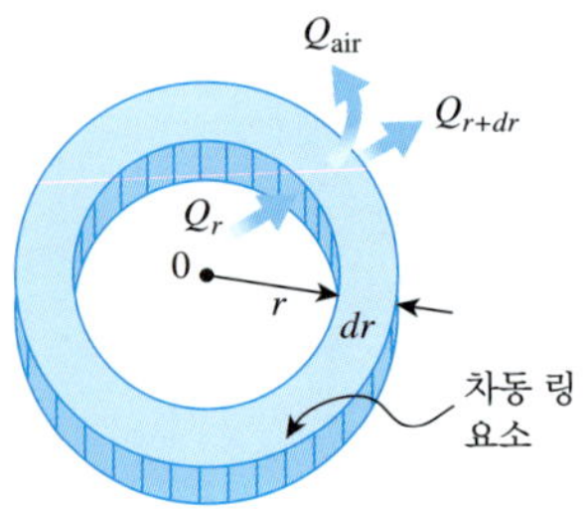

그림 5–45
원형 방열판의 원형 미분소 요소와 에너지 상호작용

와 같은 식을 얻는다. 여기에서 뉴턴의 냉각법칙에 따라

$$Q_{air} = hS(T - T_{air}) = 4\pi r\, dr\, hT$$

인데, 이는 $T_{air} = 0$이고 미분소 요소의 양면 표면적이 $S = 2 \times 2\pi rdr = 4\pi rdr$이기 때문이다.

위의 결과를 정리하고 dr로 나누면

$$\frac{Q_{r+dr} - Q_r}{dr} + 4\pi hrT = 0$$

즉,

$$\frac{dQ}{dr} + 4\pi hrT = 0$$

여기에서 $dr \to 0$에 따라 미분의 정의를 사용하였다. 푸리에의 열전도법칙으로부터(1장 참고), 다음 식을 얻는다.

$$Q = -kA\frac{dT}{dr} = -k(2\pi rt)\frac{dT}{dr} = -2\pi ktr\frac{dT}{dr}$$

이를 대입하고 상수 $2\pi kt$로 나누면 다음 식을 얻는다.

$$\frac{d}{dr}\left(-r\frac{dT}{dr}\right) + \frac{2h}{kt}rT = 0$$

미분을 수행하고 $\lambda^2 = 2h/kt$를 취한 후 r을 곱하면 다음 식을 얻는다.

$$r^2\frac{d^2T}{dr^2} + r\frac{dT}{dr} - \lambda^2 r^2 T = 0$$

새로운 변수 x를 $x = \lambda r$와 같이 정의함으로써 매개변수 λ^2을 제거할 수 있다. $dx = \lambda dr$이므로 미분방정식은

$$x^2\frac{d^2T}{dx^2} + x\frac{dT}{dx} - x^2T = 0 \quad \textbf{(5-105)}$$

이 되는데, 바로 구하려던 방정식이다(그림 5-46). 이 미분방정식과 식 5-104를 비교하면, 두 미분방정식은 마지막 항의 부호와 $\nu = 0$이라는 점을 제외하고는 동일하다. 식 5-105는 **차수 0의 변형 베셀 방정식**이라 불리며, 그 해는 변형 베셀 함수를 생성한다. 변형 베셀 함수의 일반형은 다음과 같이 주어진다.

$$x^2y'' + xy' - (x^2 - \nu^2)y = 0 \quad \textbf{(5-106)}$$

주어진 미분방정식:

$$x^2\frac{d^2y}{dx^2} + x\frac{dy}{dx} + (\lambda^2x^2 - \nu^2)y = 0$$

변수 치환:

$$t = \lambda x$$

대입:

$$\left(\frac{t}{\lambda}\right)^2\frac{d^2y}{d\left(\frac{1}{\lambda}\right)^2} + \frac{t}{\lambda}\frac{dy}{d\left(\frac{1}{\lambda}\right)}$$

$$+(t^2 - \nu^2)\,y = 0$$

간소화하여 구한 식:

$$t^2\frac{d^2y}{dt^2} + t\frac{dy}{dt} + (t^2 - \nu^2)y = 0$$

그림 5-46
베셀 방정식이나 변형 베셀 방정식의 매개변수 λ^2은 변수 치환 $t = \lambda x$에 의해 소거될 수 있다.

이제 베셀 방정식을 더 자세히 조사해보자. 선행 계수를 1로 만들기 위해 베셀 방정식을 x^2으로 나누면

$$P(x) = \frac{1}{x} \quad \text{그리고} \quad Q(x) = \frac{x^2 - \nu^2}{x^2}$$

베셀 방정식:

$$y'' + \left(\frac{1}{x}\right)y' + \left(\frac{(x^2 - \nu^2)}{x^2}\right)y = 0$$

$P(x)$ $Q(x)$

유의사항:

$p(x) = xP(x) = 1$

$q(x) = x^2Q(x) = x^2 - \nu^2$

결정방정식:

$r^2 - \nu^2 = 0$

근:

$r_1 = \nu, \quad r_2 = -\nu$

그림 5-47
베셀 방정식에 대한 결정방정식의 근들은 항상 크기는 같고 부호는 반대이다.

임을 관찰할 수 있다. 따라서 원점(점 $x = 0$)은 베셀 방정식의 유일한 특이점이다. 원점은 정칙 특이점인데, 이는

$$p(x) = xP(x) = 1 \quad \text{그리고} \quad q(x) = x^2Q(x) = x^2 - \nu^2$$

이 다항식이며 따라서 $x = 0$에서 해석적이기 때문이다. 위의 두 관계식으로부터 $p_0 = 1$, $q_0 = -\nu^2$임을 관찰할 수 있다. 이 값들을 결정방정식 $r^2 + (p_0 - 1)r + q_0 = 0$에 대입하면

$$r^2 - \nu^2 = 0 \tag{5-107}$$

이 되며, 그 근은 $r_1 = \nu$, $r_2 = -\nu$이다(그림 5-47). 따라서 베셀 방정식의 두 개의 1차 독립인 해는 ν의 값에 따라 정리 5-3에 기술되어 있는 세 가지 경우 어느 것에라도 해당될 수 있다. 이제 이러한 경우들을 하나씩 살펴보자.

예제 5-27 차수 0의 베셀 방정식 ($r_1 = r_2 = 0$)

프로베니우스 해법을 사용하여 $x > 0$에서 차수 0의 베셀 방정식

$$x^2y'' + xy' + x^2y = 0 \tag{5-108}$$

의 $x_0 = 0$에 대한 일반해를 구하라.

풀이 이 경우 $\nu = 0$이며 결정방정식의 근은 (식 5-107로부터) $r_1 = r_2 = r = 0$, 즉, 중근을 갖는다. 정리 5-3에 따라 주어진 미분방정식은 두 개의 1차 독립인 해를 가지며 두 번째 해는 로그 항을 포함하며 첫 번째 해는

$$y = x^r\sum_{n=0}^{\infty} a_nx^n = \sum_{n=0}^{\infty} a_nx^n$$

형태를 갖는데 이는 $r = 0$이기 때문이다. 이를 두 번 미분하고 주어진 미분방정식에 대입한 결과는 다음과 같다.

$$\sum_{n=2}^{\infty} n(n-1)a_nx^n + \sum_{n=1}^{\infty} na_nx^n + \sum_{n=0}^{\infty} a_nx^{n+2} = 0$$

이제 마지막 합산에서 n을 $n - 2$로 치환하여 지수를 2만큼 이동시키고, 모든 합산이 동일한 지수에서 시작하고 x의 멱들이 동일하도록 $n = 1$에 대응되는 두 번째 합산의 첫 번째 항을 따로 표시한다. 그런 다음 합산들을 하나로 결합하면 다음 식을 얻는다.

$$a_1x - \sum_{n=2}^{\infty}\{[n(n-1) + n]a_n + a_{n-2}\}x^n = 0$$

이 방정식이 모든 x에 대해 성립하기 위한 필요충분조건은 x의 각 멱승에 대한 계수들이 모두 0이 되는 것이다. 따라서 $a_1 = 0$ 그리고 $[n(n-1) + n]a_n + a_{n-2} = 0$이다. 이렇게 구한 점화식

$$a_n = -\frac{a_{n-2}}{n^2}, \quad n = 2, 3, 4, \ldots \tag{5-109}$$

은 각 계수를 두 항 앞의 계수와 연관시킨다. 따라서 짝수 지수를 갖는 모든 계수는 a_0을 이용하여 표현되며, 홀수 지수를 갖는 모든 계수는 이미 0으로 결정되어 있는 a_1을 이용하여 표현된다. 따라서 $a_1 = a_3 = a_5 = \cdots = 0$이다. 짝수 지수를 갖는 계수들은 다음과 같이 표현될 수 있다.

$$a_2 = -\frac{a_0}{2^2} = -\frac{a_0}{2^2(1!)^2}$$
$$a_4 = -\frac{a_2}{4^2} = \frac{a_0}{2^4(2!)^2}$$
$$a_6 = -\frac{a_4}{6^2} = -\frac{a_0}{2^6(3!)^2}$$

이를 일반화하면

$$a_{2n} = \frac{(-1)^n a_0}{2^{2n}(n!)^2}, \qquad n = 0, 1, 2, 3, 4, \ldots$$

이 된다. $a_0 = 1$로 두고 대입하여 구한 첫 번째 해는 다음과 같다.

$$y_1 = \sum^{\infty} \frac{(-1)^n x^{2n}}{2^{2n}(n!)^2}$$

이 해는 **차수 0의 제1종 베셀 함수**로 알려져 있으며, $J_0(x)$로 표시된다. 따라서

$$J_0(x) = \sum_{n=0}^{\infty} \frac{(-1)^n x^{2n}}{2^{2n}(n!)^2} \tag{5-110}$$

원점에 대한 베셀 방정식의 수렴 반경이 무한대임을 고려하면, $J_0(x)$가 나타내는 급수는 (이 경우 원점을 포함하여) 모든 x에 대해 수렴하는데, 이는 $J_0(x)$가 $x = 0$에서 해석적이기 때문이다. 실제로 직접대입을 통해 $x = 0$에서 $J_0(x) = 1$임을 보일 수 있다.

$J_0(x)$에 대한 그래프가 그림 5-48에 주어져 있다. $J_0(x)$는 x가 증가함에 따라 감소하는 진폭을 갖는 진동함수이며, 초등함수 $\sin x$나 $\cos x$와 외형상 비슷한 점이 있다. 이 세 함수는 무수히 많은 점에서 0이 되지만, $J_0(x)$가 0이 되는 점들을 찾는 것은 쉽지 않다. $J_0(x)$가 0이 되는 처음 5개의 점과 이들 사이의 간격을 그림 5-49에서 보이고 있다.

두 번째의 1차 독립인 해도 정리 5-3에 따라 y_2를

$$y_2 = y_1 \ln x + \sum_{n=1}^{\infty} b_n x^{n+r} = y_1 \ln x + \sum_{n=1}^{\infty} b_n x^n$$

와 같이 취함으로써 비슷한 방법으로 구할 수 있다. 이를 두 번 미분하고 주어진 미분방정식에 대입한 다음 로그 항들을 결합한 결과는 다음과 같다.

$$[x^2 y_1'' + x y_1' + x^2 y_1] \ln x + 2x y_1' + \sum_{n=2}^{\infty} n(n-1) b_n x^n + \sum_{n=1}^{\infty} n b_n x^n + \sum_{n=1}^{\infty} b_n x^{n+2} = 0$$

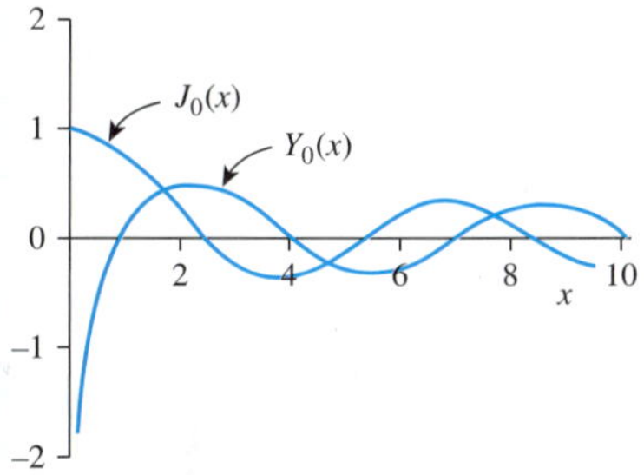

그림 5-48
차수 0의 제1종 및 제2종 베셀 함수

$J_0(x)$가 0이 되는 점	0이 되는 점 사이의 간격
2.4048	
5.5201	3.1153
8.6537	3.1336
11.7915	3.1378
14.9309	3.1394
—	—
—	—
—	—
—	π

그림 5-49
$J_0(x)$가 0이 되는 처음 5개의 점과 이들 사이의 거리

이번에도 y_1이 해이기 때문에 예상대로 로그 항은 없어진다. 또한 식 5-110의 y_1 표현식을 사용하여 항 $2xy_1'$은 다음과 같이 표현할 수 있다.

$$2xy_1' = 2x\sum_{n=1}^{\infty}\frac{(-1)^n(2n)x^{2n-1}}{2^{2n}(n!)^2} = -x^2 + \sum_{n=2}^{\infty}(-1)^n(4n)\frac{x^{2n}}{2^{2n}(n!)^2}$$

이제 이 풀이의 앞부분에서 했던 것과 동일한 방식으로 합산들을 조작하고, 처음 몇 개의 항을 따로 표시하고, 대입을 적용하면 다음 식을 얻는다.

$$-x^2 + \sum_{n=2}^{\infty}(-1)^n(4n)\frac{x^{2n}}{2^{2n}(n!)^2} + b_1x + 4b_2x^2 + \sum_{n=3}^{\infty}(n^2b_n + b_{n-2})x^n = 0$$

이 방정식이 모든 x에 대해 성립하기 위한 필요충분조건은 x의 각 멱승에 대한 계수들이 모두 0이 되는 것이다. 이 조건을 첫 두 개의 항에 적용하여 $b_1 = 0$, $b_2 = 1/4$을 얻는다. x의 홀수 멱승들은 모두 두 번째 합산으로부터 오며, 이들은 홀수인 n 값에 대응되므로 모든 홀수 n에 대해 $n^2b_n + nb_{n-2} = 0$이 되어야 하지만, $b_1 = 0$이어서 모든 홀수 n에 대해 $b_n = 0$이 된다. 즉, $b_1 = b_3 = b_5 = \cdots = 0$이다. 이제 두 번째 합산은 x의 홀수 멱승들을 갖는 항들을 제외시키기 위해 모든 n을 $2n$으로 바꾸어줌으로써 다음과 같이 변형될 수 있다.

$$\sum_{n=2}^{\infty}(-1)^n(4n)\frac{x^{2n}}{2^{2n}(n!)^2} + \sum_{n=2}^{\infty}[(2n)^2b_{2n} + b_{2n-2}]x^{2n} = 0$$

즉,

$$\sum_{n=2}^{\infty}\left[(-1)^n(4n)\frac{x^{2n}}{2^{2n}(n!)^2} + 4n^2b_{2n} + b_{2n-2}\right]x^{2n} = 0$$

$n \geq 2$에 대한 대괄호 안의 항들이 사라져야 한다는 요구사항으로 인해 다음 점화식이 만들어진다.

$$b_{2n} = -\frac{b_{2n-2}}{4n^2} - \frac{(-1)^n}{2^{2n}(n!)^2n}, \qquad n = 2, 3, 4, \ldots \qquad \textbf{(5–111)}$$

$b_2 = 1/4$이므로 다음의 결과들을 얻는다.

$$b_4 = -\frac{b_2}{4\cdot 2^2} - \frac{1}{2^4(2!)^2 2} = -\frac{1}{2^4(2!)^2}\left(1 + \frac{1}{2}\right)$$

$$b_6 = -\frac{b_4}{4\cdot 3^2} + \frac{1}{2^6(3!)^2 3} = \frac{1}{2^6(3!)^2}\left(1 + \frac{1}{2} + \frac{1}{3}\right)$$

이를 일반화하면

$$b_{2n} = \frac{(-1)^{n+1}S_n}{2^{2n}(n!)^2}, \qquad n = 1, 2, 3, 4, \ldots$$

여기에서 새로운 함수 S_n은 다음과 같이 정의된다.

$$S_n = 1 + \frac{1}{2} + \frac{1}{3} + \cdots + \frac{1}{n} = \sum_{j=1}^{n}\frac{1}{j} \qquad \textbf{(5–112)}$$

따라서

$$y_2 = y_1 \ln x + \sum_{n=1}^{\infty} \frac{(-1)^{n+1} S_n x^{2n}}{2^{2n}(n!)^2}$$

이렇게 구한 두 개의 1차 독립인 해는 로그 항 때문에 $x = 0$을 제외한 모든 양의 x 값에 대해 수렴한다.

y_1, y_2를 알면 차수 0의 베셀 방정식의 일반해를 이 두 해의 선형 결합으로 표현할 수 있다. 그렇지만 두 번째의 해를

$$Y_0 = \frac{2}{\pi}\left[\left(\gamma - \ln\frac{x}{2}\right)J_0 + y_2\right]$$

$$Y_0 = \frac{2}{\pi}\left[\left(\gamma + \ln\frac{x}{2}\right)J_0(x) + \sum_{n=1}^{\infty} \frac{(-1)^{n+1} S_n x^{2n}}{2^{2n}(n!)^2}\right] \quad \text{(5–113)}$$

와 같이 표현하는 것이 일반적인데, 이는 $x \to \infty$에 따라 $Y_0(x)$가 갖는 바람직한 특성 때문이다. 여기에서 상수 γ는 다음 식을 이용하여 값이 결정되는 오일러 상수이다.

$$\gamma = \lim_{n\to\infty}\left(1 + \frac{1}{2} + \frac{1}{3} + \cdots + \frac{1}{n} - \ln n\right) \cong 0.577215665 \quad \text{(5–114)}$$

함수 $Y_0(x)$는 **차수 0의 제2종 베셀 함수**로 알려져 있다. 이제 $x > 0$에서 차수 0의 베셀 방정식의 일반해는

$$y(x) = C_1 J_0(x) + C_2 Y_0(x) \quad \text{(5–115)}$$

와 같이 표현될 수 있으며, 여기에서 상수 C_1, C_2는 초기조건이나 경계조건으로부터 결정된다.

$Y_0(x)$에 대한 그래프 또한 그림 5-48에 주어져 있다. $Y_0(x)$는 x가 증가함에 따라 감소하는 진폭을 갖고 진동하며 무수히 많은 점에서 0이 된다. 그렇지만 $J_0(x)$와는 달리 $x \to \infty$에 따라 함수 $Y_0(x)$는 ∞로 발산한다. 따라서 이 해가 $x = 0$에서 유한한 값으로 유지되기 위해서는 해에서 $Y_0(x)$가 제거될 수 있도록 $C_2 = 0$으로 선택해야 한다. 예를 들면, 속이 빈 실린더상의 온도분포를 결정할 때 실린더가 점 $x = 0$을 포함하지 않으므로 해가 $Y_0(x)$를 포함할 수도 있다. 그러나 속이 찬 실린더는 점 $x = 0$을 포함하는데 이 점에서의 온도가 무한대가 될 수는 없으므로, 해는 $Y_0(x)$를 포함하지 말아야 한다. 이러한 사실은 흔히 경계조건으로 사용되며 $C_2 = 0$으로 표현된다.

예제 5-28 차수 1/2의 베셀 방정식 ($r_1 = 1/2, r_2 = -1/2$)

프로베니우스 해법을 사용하여 $x > 0$에서 차수 1/2의 베셀 방정식

$$x^2y'' + xy' + \left(x^2 - \frac{1}{4}\right)y = 0 \quad \text{(5–116)}$$

의 $x_0 = 0$에 대한 일반해를 구하라.

풀이 | 이 경우 $v = 1/2$이며 결정방정식의 근은 (식 5-107로부터) $r_1 = 1/2$, $r_2 = -1/2$이며 이들의 차는 정수이다. 정리 5-3에 따라 주어진 미분방정식은 두 개의 1차 독립인 해를 가지며 두 번째 해는 로그 항을 포함할 수도 있다. $C = 0$일 가능성이 높으며 이 경우 두 번째 해는 로그 항을 포함하지 않게 되므로, 이 문제에 접근하기 위한 최선의 방법은 이러한 경우를 가정하고 작은 r 값인 $r = r_2 = -1/2$에 대응되는 급수해를 구하려 시도하는 것이다. 이때 계수들은 0이 되며, 이는 우리의 가정이 틀렸음을 나타낸다. 두 개의 임의상수를 갖는 해를 얻었다는 것은 두 개의 1차 독립인 해 모두를 얻었으며 따라서 구한 해가 일반해임을 나타낸다. 이제 다음과 같은 형태의 급수해를 가정한다.

$$y = x^r \sum_{n=0}^{\infty} b_n x^n = \sum_{n=0}^{\infty} b_n x^{n+r}$$

이를 x에 관하여 두 번 미분하고 주어진 미분방정식에 대입한 결과는 다음과 같다.

$$\sum_{n=0}^{\infty}(n+r)(n+r-1)b_n x^{n+r} + \sum_{n=0}^{\infty}(n+r)b_n x^{n+r} + \sum_{n=0}^{\infty}(n+r)b_n x^{n+r+2} - \frac{1}{4}\sum_{n=0}^{\infty} b_n x^{n+r} = 0$$

모든 합산 안의 x의 멱들을 일치시키기 위해 n을 $n-2$로 치환하여 세 번째 합산의 지수를 2만큼 이동시킨다. 이제 모든 합산 안의 x의 멱들은 동일하지만, 세 번째 합산은 $n = 2$에서 시작하고 있다. 다른 합산들도 $n = 2$에서 시작하도록 만들기 위해 $n = 0$과 $n = 1$에 대응되는 항들을 따로 표시하고 합산들을 결합하면 다음 식을 얻는다.

$$\left[r(r-1) + r - \frac{1}{4}\right]b_0 x^r + \left[r(r+1) + (1+r) - \frac{1}{4}\right]b_1 x^{r+1} + \sum_{n=2}^{\infty}\left\{\left[(n+r)(n+r-1) + (n+r) - \frac{1}{4}\right]b_n + b_{n-2}\right\}x^{n+r} = 0$$

이 방정식이 모든 x에 대해 성립하기 위한 필요충분조건은 x의 각 멱승에 대한 계수들이 모두 0이 되는 것이다. $r = r_2 = -1/2$를 대입하고 간소화하면 다음 식들을 얻는다.

$$0 \cdot b_0 = 0$$

$$0 \cdot b_1 = 0$$

$$n(n-1)b_n + b_{n-2} = 0, \quad n = 2, 3, 4, \dots$$

처음 두 개의 관계식은 처음 두 개의 계수 b_0, b_1이 임의로 정해질 수 있음을 나타낸다. 마지막 관계식으로 점화식

$$b_n = -\frac{b_{b-2}}{(n-1)n}, \quad n = 2, 3, 4, \dots \tag{5–117}$$

이 만들어지는데, 이는 각 계수를 두 항 앞의 계수로 표현한다. 따라서 짝수 지수를 갖는 모든 계수는 b_0을 이용하여 표현되며, 홀수 지수를 갖는 모든 계수는 b_1을 이용하여 표현된다. 짝수 값의 n에 대응되는 계수들은 다음과 같다.

$$b_2 = -\frac{b_0}{1 \cdot 2} = -\frac{b_0}{2!}$$
$$b_4 = -\frac{b_2}{3 \cdot 4} = \frac{b_0}{4!}$$
$$b_6 = -\frac{b_4}{5 \cdot 6} = -\frac{b_0}{6!}$$

이를 일반화하면

$$b_{2n} = \frac{(-1)^n b_0}{(2n)!}, \qquad n = 0, 1, 2, 3, \ldots$$

홀수 값의 n에 대응되는 계수들은 다음과 같다.

$$b_3 = -\frac{b_1}{2 \cdot 3} = -\frac{b_1}{3!}$$
$$b_5 = -\frac{b_3}{4 \cdot 5} = \frac{b_1}{5!}$$
$$b_7 = -\frac{b_5}{6 \cdot 7} = -\frac{b_1}{7!}$$

이를 일반화하면

$$b_{2n+1} = \frac{(-1)^n b_1}{(2n+1)!}, \quad n = 1, 2, 3, \ldots$$

이들을 대입하여 얻은 결과는 다음과 같다.

$$\begin{aligned} y &= x^{r_2}\sum_{n=0}^{\infty} b_n x^n = \frac{1}{\sqrt{x}}\sum_{n=0}^{\infty} b_n x^n \\ &= \frac{1}{\sqrt{x}}\left[b_0\left(1 - \frac{x^2}{2!} + \frac{x^4}{4!} + \cdots\right) + b_1\left(x - \frac{x^3}{3!} + \frac{x^5}{5!} + \cdots\right)\right] \\ &= \frac{1}{\sqrt{x}}\left[b_0\sum_{n=0}^{\infty}\frac{(-1)^n x^{2n}}{(2n)!} + b_1\sum_{n=0}^{\infty}\frac{(-1)^n x^{2n+1}}{(2n+1)!}\right] \\ &= \frac{1}{\sqrt{x}}(b_0 \cos x + b_1 \sin x) \end{aligned} \qquad \textbf{(5–118)}$$

이 식의 두 해는 ($\sin x$, $\cos x$의 비는 상수가 아닌 $\tan x$이므로) 1차 독립임을 쉽게 알 수 있다. 따라서 이 해는 로그 항을 포함하지 않을 뿐만 아니라 임의상수 b_0, b_1을 갖는 1차 독립인 두 개의 해 모두를 포함한다. 따라서 이 해는 차수 1/2의 베셀 방정식의 일반해라고 결론짓는다.

위의 분석을 $r = r_1 = 1/2$에 대해 반복하면 첫 번째의 1차 독립인 해

$$y_1 = \frac{a_0}{\sqrt{x}}\sin x$$

를 얻을 텐데, 이는 식 5-118에 포함된 해들 중의 하나와 상수만큼 차이가 날 뿐이

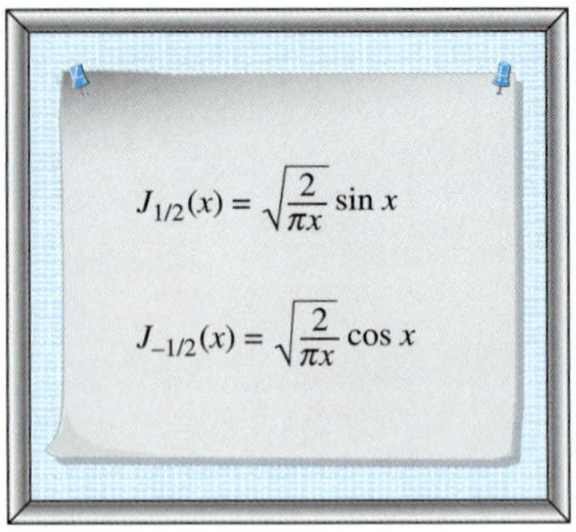

그림 5-50
차수 1/2의 베셀 함수는 삼각함수 $\sin x$, $\cos x$와 관련이 있다.

다. $r = r_1 = 1/2$에 대해 식 5-83b를 로그 항을 포함하는 두 번째의 해로 취할 경우 $C = 0$이 되는 것을 볼 수 있다. 따라서 두 번째의 해는 로그 항을 포함하지 않게 되고 식 5-118이 두 번째의 1차 독립인 해가 된다.

관행에 따라 이 해를 **차수 1/2의 베셀 함수**로 표현하면

$$y = C_1 J_{1/2}(x) + C_2 J_{-1/2}(x) \tag{5-119}$$

와 같은데(그림 5-50), 여기에서

$$J_{1/2}(x) = \sqrt{\frac{2}{\pi x}}\sin x \quad \text{그리고} \quad J_{-1/2}(x) = \sqrt{\frac{2}{\pi x}}\cos x \tag{5-120}$$

이번에도 임의상수 C_1, C_2는 초기조건이나 경계조건으로부터 결정된다. 차수 1/2의 베셀 함수도 삼각함수 $\sin x$나 $\cos x$처럼 진동하며, 분모의 $\sqrt{x}$로 인해 x가 증가함에 따라 감소하는 진폭을 갖는다.

예제 5-29 차수 ν의 베셀 방정식 (단, ν는 양의 정수)

프로베니우스 해법을 사용하여 $x > 0$에서 차수 ν의 베셀 방정식

$$x^2y'' + xy' + (x^2 - \nu^2)y = 0 \tag{5-121}$$

의 $x_0 = 0$에 대한 일반해를 구하라.

풀이 이 경우 결정방정식의 근은 (식 5-107로부터) $r_1 = \nu$, $r_2 = -\nu$이며 이들의 차는 정수이다. 정리 5-3에 따라 주어진 미분방정식은 두 개의 1차 독립인 해를 갖는다. 두 번째 해는 로그 항을 포함할 수도 있으며, 첫 번째 해는 다음과 같은 형태를 갖는다.

$$y_1 = x^{r_1}\sum_{n=0}^{\infty} a_n x^n = \sum_{n=0}^{\infty} a_n x^{n+\nu}$$

이를 두 번 미분하고 주어진 미분방정식에 대입한 결과는 다음과 같다.

$$\sum_{n=0}^{\infty}(n+\nu)(n+\nu-1)a_n x^{n+\nu} + \sum_{n=0}^{\infty}(n+\nu)a_n x^{n+\nu} + \sum_{n=0}^{\infty} a_n x^{n+\nu+2} - \nu^2\sum_{n=0}^{\infty} a_n x^{n+\nu} = 0$$

모든 합산 안의 x의 멱들을 일치시키고 모든 합산들이 동일한 지수에서 시작하도록 하기 위해, n을 $n-2$로 치환하여 세 번째 합산의 지수를 2만큼 이동시키고 다른 합산들에서 $n = 0$과 $n = 1$에 대응되는 첫 두 항들을 따로 표시한다. 이제 합산들을 하나로 결합하면 다음 식을 얻는다.

$$[\nu(\nu-1) + \nu - \nu^2]a_0x^{\nu} + [\nu(\nu+1) + (\nu+1) - \nu^2]a_1x^{\nu+1}$$
$$+ \sum_{n=2}^{\infty}\{[(n+\nu)(n+\nu-1) + (n+\nu) - \nu^2]a_n + a_{n-2}\}x^{n+\nu} = 0$$

즉,

$$(2\nu+1)a_1x^{\nu+1}+\sum_{n=2}^{\infty}\{n(n+2\nu)a_n+a_{n-2}\}x^{n+\nu}=0$$

이 방정식이 모든 x에 대해 성립하기 위한 필요충분조건은 x의 각 멱승에 대한 계수들이 모두 0이 되는 것이다. 따라서

$$a_1=0$$
$$n(n+2\nu)a_n+a_{n-2}=0$$

이렇게 구한 점화식

$$a_n=-\frac{a_{n-2}}{n(n+2\nu)}\qquad n=2,3,4,\ldots \tag{5–122}$$

은 각 계수를 두 항 앞의 계수와 연관시킨다. 따라서 짝수 지수를 갖는 모든 계수는 a_0을 이용하여 표현되며, 홀수 지수를 갖는 모든 계수는 a_1을 이용하여 표현된다. 그런데 ν가 양의 정수일 때 $2\nu+1$은 0이 될 수 없으므로 a_1이 0이 되어야 한다. 따라서 $a_1=a_3=a_5=\cdots=0$이다. 짝수 지수를 갖는 계수들은 다음과 같이 표현될 수 있다.

$$a_2=-\frac{a_0}{2(2+2\nu)}=-\frac{a_0}{2^2(1+\nu)}$$
$$a_4=-\frac{a_2}{4(4+2\nu)}=\frac{a_0}{2^4 2!(1+\nu)(2+\nu)}$$
$$a_6=-\frac{a_4}{6(6+2\nu)}=-\frac{a_0}{2^6 3!(1+\nu)(2+\nu)(3+\nu)}$$

이를 일반화하면

$$a_{2n}=\frac{(-1)^n a_0}{2^{2n}n!(1+\nu)(2+\nu)\cdots(n+\nu)} \tag{5–123}$$

이다. 그런데 ν는 양의 정수이므로 다음과 같이 표현할 수 있다.

$$a_{2n}=\frac{(-1)^n a_0 \nu!}{2^{2n}n!(n+\nu)!},\qquad n=1,2,3,4,\ldots \tag{5–124}$$

이를 대입하여 구한 첫 번째 해는 다음과 같다.

$$y_1=\sum_{n=0}^{\infty}\frac{(-1)^n a_0\nu!x^{2n+\nu}}{2^{2n}n!(n+\nu)!}$$

상수 a_n은 0 이외의 임의의 값으로 선택될 수 있다. 이 경우 관행에 따라 $a_0=1/(\nu!2^\nu)$로 선택한다. 이를 대입하여 얻은 결과는 다음과 같다.

$$J_\nu(x)=\sum_{n=0}^{\infty}\frac{(-1)^n x^{2n+\nu}}{2^{2n+\nu}n!(n+\nu)!} \tag{5–125}$$

이 함수는 **차수 ν의 제1종 베셀 함수**로 알려져 있으며, 차수 ν의 베셀 방정식의 해로 사용된다(단, ν는 양의 정수). $\nu=0$일 때, $J_\nu(x)$ 표현식은 예상대로 $J_0(x)$ 표현식(식

5-110)으로 축소된다.

차수 ν의 베셀 방정식의 두 번째 1차 독립인 해는 $Y_0(x)$를 결정할 때 사용되었던 절차에 따라 구한다.

$$Y_\nu(x) = \frac{2}{\pi}\left[\left(\gamma + \ln\frac{x}{2}\right)J_\nu(x) - \frac{1}{2}\sum_{n=0}^{\nu-1}\frac{(\nu-n-1)!x^{2n-\nu}}{2^{2n-\nu}n!} + \frac{1}{2}\sum_{n=0}^{\infty}\frac{(-1)^{n+1}(S_n + S_{n+\nu})x^{2n+\nu}}{2^{2n+\nu}n!(n+\nu)!}\right] \tag{5–126}$$

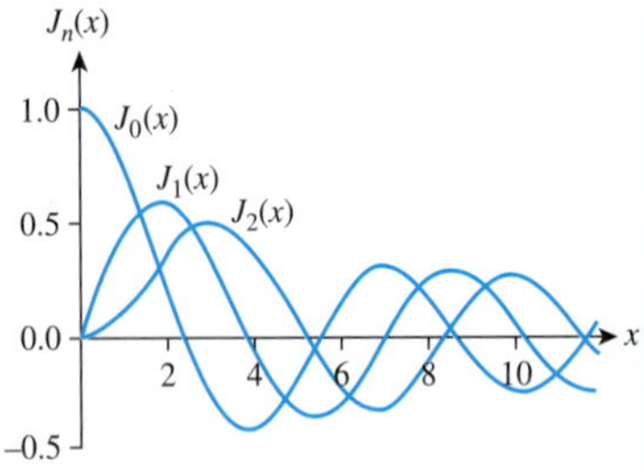

그림 5–51
제1종 베셀 함수

함수 $Y_\nu(x)$는 **차수 ν의 제2종 베셀 함수**로 알려져 있다. 처음 몇 개의 $J_\nu(x)$, $Y_\nu(x)$에 대한 그래프를 그림 5-51과 5-52에서 보이고 있다. 함수 $J_\nu(x)$는 $J_0(x)$와 비슷한 동작을 보이며, 마찬가지로 함수 $Y_\nu(x)$는 $Y_0(x)$와 비슷한 동작을 보인다.

$x > 0$일 때 차수 ν의 베셀 방정식의 일반해는

$$y(x) = C_1J_\nu(x) + C_2Y_\nu(x) \tag{5–127}$$

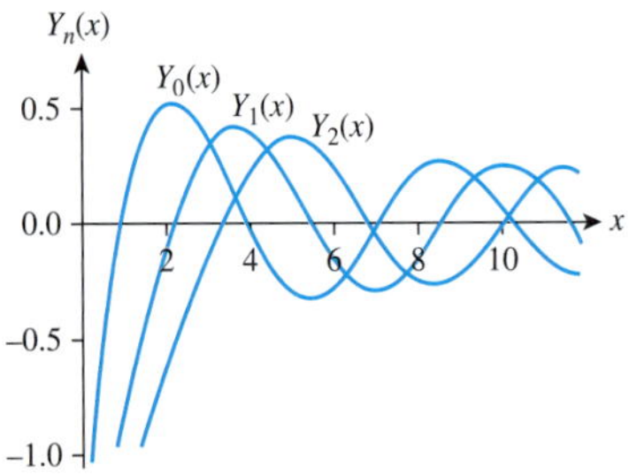

그림 5–52
제2종 베셀 함수

와 같이 표현될 수 있는데, 상수 C_1, C_2는 초기조건이나 경계조건으로부터 결정된다.

함수 $J_\nu(x)$, $Y_\nu(x)$는 x가 증가함에 따라 감소하는 진폭을 갖고 진동하며 무수히 많은 점에서 0이 된다. 그렇지만 $J_\nu(x)$와는 달리 $x \to 0$에 따라 함수 $Y_\nu(x)$는 ∞로 발산한다. 따라서 이 해가 $x = 0$에서 유한한 값으로 유지되기 위해서는 해에서 $Y_\nu(x)$가 제거될 수 있도록 $C_2 = 0$으로 선택해야 한다.

감마 함수

ν가 정수가 아닐 때 차수 ν의 베셀 방정식의 해는 정수가 아닌 값에 대한 계승을 포함하는데, 이를 나타내는 함수는 감마 함수이다. 감마 함수 $\Gamma(\nu)$는 모든 $\nu > 0$에 대해 다음과 같이 이상적분으로 정의된다.

$$\Gamma(\nu) = \int_0^\infty t^{\nu-1}e^{-t}dt \tag{5–128}$$

ν를 $\nu + 1$로 치환하고 부분적분을 수행하면 다음과 같은 결과를 얻을 수 있다.

$$\Gamma(\nu + 1) = \nu\Gamma(\nu) \tag{5–129}$$

또한 $\nu = 1$일 때 다음의 결과를 얻는다.

$$\Gamma(1) = \int_0^\infty -e^{-t}dt = e^{-t}\Big|_0^\infty = 1 \tag{5–130}$$

따라서 ν의 정수 값들에 대해

$$\Gamma(2) = 1\Gamma(1) = 1$$
$$\Gamma(3) = 2\Gamma(2) = 2(1) = 2!$$
$$\Gamma(4) = 3\Gamma(3) = 3(2!) = 3!$$

그리고

$$\Gamma(n) = (n-1)! \qquad n = 1, 2, 3, \ldots \tag{5-131}$$

정의에 따라 $0! = 1$이다. 따라서 계승함수는 정수인 변수를 갖는 감마 함수의 특별한 경우로 볼 수 있다. v가 정수가 아닐 경우 $\Gamma(n + v + 1)$에 식 5-129를 여러 번 적용하면 다음의 결과를 얻는다.

$$(1+v)(2+v)\cdots(n+v) = \frac{\Gamma(n+v+1)}{\Gamma(v+1)} \tag{5-132}$$

v가 (1/2, 3/2, 5/2 등과 같이) 1/2의 홀수 배일 때, 다음과 같은 결과를 증명할 수 있다(그림 5-53).

$$\Gamma\left(\frac{1}{2}\right) = \sqrt{\pi} \tag{5-133}$$

그리고

$$\Gamma\left(n + \frac{1}{2}\right) = \frac{(2n-1)!\sqrt{\pi}}{2^{2n-1}(n-1)!} \tag{5-134}$$

$$\Gamma(n+1) = n!$$
$$\Gamma\left(\frac{1}{2}\right) = \sqrt{\pi}$$
$$\Gamma\left(n+\frac{1}{2}\right) = \frac{(2n-1)!\sqrt{\pi}}{2^{2n+1}(n-1)!}$$
$$\Gamma(n+v+1) = (1+v)(2+v)\cdots(n+v)\Gamma(v+1)$$

그림 5-53
몇 개의 특별한 감마 함수 값(n = 0, 1, 2, 3 ...)

예제 5-30 차수 v의 베셀 방정식 (단, v는 정수가 아닌 양의 값)

프로베니우스 해법을 사용하여 $x > 0$에서 차수 v의 베셀 방정식

$$x^2y'' + xy' + (x^2 - v^2)y = 0$$

의 $x_0 = 0$에 대한 일반해를 구하라. 단, v는 정수가 아닌 양의 값이다.

풀이 | 이 경우에도 결정방정식의 근은 (식 5-107로부터) $r_1 = v$, $r_2 = -v$이지만, 이들의 차는 정수가 아니다. 정리 5-3에 따라 주어진 미분방정식은 두 개의 1차 독립인 해를 가지며, 둘 모두 다음과 같은 형태를 갖는다.

$$y_1 = x^r\sum_{n=0}^{\infty} a_n x^n = \sum_{n=0}^{\infty} a_n x^{n+r}$$

$r_1 = v$에 대해 첫 번째 해 y_1을 구하기 위한 풀이 절차는 이번의 경우 인수 $[(1 + v)(2 + v)\cdots(n + v)]$가 계승이 아니라 감마 함수(식 5-131)로 표현될 필요가 있다는 점 외에는 앞의 예제에서와 동일하다. 이 경우의 베셀 방정식의 첫 번째 1차 독립인 해는 다음과 같이 식 5-125에서 $(n + v)!$를 그에 해당하는 감마 함수 $\Gamma(n + v + 1)!$로 치환함으로써 쉽게 구할 수 있다.

$$J_\nu(x) = \sum_{n=0}^{\infty} \frac{(-1)^n x^{2n+\nu}}{2^{2n+\nu} n! \Gamma(n+\nu+1)} \tag{5-135}$$

이 함수도 차수 ν의 제1종 베셀 함수이며, ν가 정수일 때 식 5-125로 축소된다.

두 번째의 1차 독립인 해 y_2는 첫 번째 해(식 5-132)의 모든 ν를 $-\nu$로 치환함으로써 얻을 수 있다. 이 결과로 얻은 함수는 차수 $-\nu$의 제1종 베셀 함수이며 다음과 같이 주어진다.

$$J_{-\nu}(x) = \sum_{n=0}^{\infty} \frac{(-1)^n x^{2n-\nu}}{2^{2n-\nu} n! \Gamma(n-\nu+1)} \tag{5-136}$$

이제 $x > 0$에서 정수가 아닌 ν에 대해 차수 ν의 베셀 방정식의 일반해는

$$y(x) = C_1 J_\nu(x) + C_2 J_{-\nu}(x), \quad \nu\text{는 정수가 아님} \tag{5-137}$$

와 같이 표현될 수 있는데, 상수 C_1, C_2는 초기조건이나 경계조건으로부터 결정된다.

함수 $J_\nu(x)$는 모든 x에 대해 해석적이지만, 함수 $J_{-\nu}(x)$는 $x = 0$에서 발산한다. 또한 $J_{-\nu}(x)$ 안의 감마 함수의 변수는 음의 값을 가질 수 있다. 이러한 경우의 감마 함수는 그림 5-54에서 보여주듯이 변수가 음의 정수인 경우 외에는 여전히 정의된다.

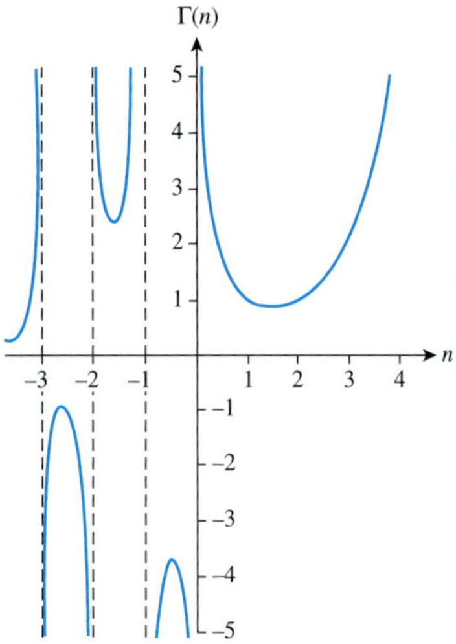

그림 5-54
감마 함수에 대한 그래프

특수한 경우: $\nu = \frac{1}{2}, \frac{3}{2}, \frac{5}{2}, \cdots, n + \frac{1}{2}, \quad n = 0, 1, 2, 3, 4 \ldots$

ν가 1/2의 홀수 배일 때, 결정방정식의 근들의 차는 $\nu - (-\nu) = 2\nu$이며 이는 정수이다. 따라서 일반적인 경우라면 두 번째의 1차 독립인 해가 로그 항 $C \ln x\, J_\nu(x)$를 포함할 것으로 기대할 것이다. 그러나 함수 $J_\nu(x)$, $J_{-\nu}(x)$는 이 경우 1차 독립이며, 따라서 상수 C는 0이다. 따라서 정수가 아닌 ν에 대해 위에서 구한 해는 이 경우에도 적용 가능하다. 그리고 분모의 감마 함수는 이 경우 식 5-133과 5-134를 사용하여 쉽게 결정될 수 있다.

베셀 함수의 성질

$J_\nu(x)$, $J_{-\nu}(x)$, $Y_\nu(x)$ 등의 급수 전개식을 이용하여 베셀 함수와 그 도함수들을 포함하는 아래의 관계식들이 성립함을 보이는 것은 학생들에게 연습문제로 남긴다.

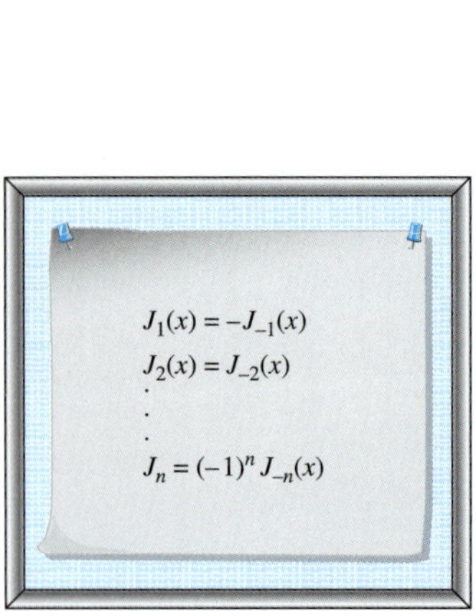

그림 5-55
ν가 정수일 때 함수 $J_\nu(x)$, $J_{-\nu}(x)$는 상호종속 관계에 있다.

1. ν가 정수일 때 함수 $J_\nu(x)$, $J_{-\nu}(x)$는 다음과 같이 정해지는 상호종속 관계에 있다(그림 5-55).

$$J_\nu(x) = (-1)^n J_{-\nu}(x), \quad n = 0, 1, 2, 3, 4, \ldots \tag{5-138}$$

2. 점화식:

$$J_{\nu+1}(x) = \frac{2\nu}{x} J_\nu(x) - J_{\nu-1}(x) \tag{5-139}$$

그리고

$$J_{\nu+1}(x) = -2\frac{dJ_\nu(x)}{dx} + J_{\nu-1}(x) \tag{5-140}$$

3. 도함수:

$$\frac{d}{dx}[x^\nu J_\nu(x)] = x^\nu J_{\nu-1}(x) \tag{5-141}$$

$$\frac{d}{dx}[x^{-\nu} J_\nu(x)] = -x^{-\nu} J_{\nu+1}(x) \tag{5-142}$$

$$\frac{d}{dx}[x^\nu J_\nu(kx)] = kx^\nu J_{\nu-1}(kx) \tag{5-143}$$

$$\frac{d}{dx}[x^{-\nu} J_\nu(kx)] = -kx^{-\nu} J_{\nu+1}(kx) \tag{5-144}$$

제2종 베셀 함수를 포함하는 도함수들은 위의 관계식에서 J_ν를 Y_ν로 치환함으로써 얻는다.

4. 적분:

$$\int x^\nu J_{\nu-1}(x)dx = x^\nu J_\nu(x) + C \tag{5-145}$$

$$\int x^{-\nu} J_{\nu+1}(x)dx = -x^{-\nu} J_\nu(x) + C \tag{5-146}$$

$$\int [J_{\nu-1}^2(x) - J_{\nu+1}^2(x)]\, x\, dx = 2\nu J_\nu^2(x) + C \tag{5-147}$$

$$\int J_{\nu+1}(x)dx = \int J_{\nu-1}(x)dx - 2J_\nu(x) \tag{5-148}$$

예제 5-31 베셀 함수에 대한 적분

적분 관계식(식 5-145와 5-146)을 사용하여 다음 각 식이 성립함을 보여라.

(a) $\int xJ_0(x)dx = xJ_1(x) + C$

(b) $\int J_1(x)dx = -J_0(x) + C$

(c) $\int J_3(x)dx = -J_2(x) - \frac{2}{x}J_1(x) + C$

풀이 (a) 이 적분은 식 5-145에 $\nu = 1$을 대입하여 직접 구할 수 있다.

(b) 이 적분은 식 5-146에 $v = 0$을 대입하여 직접 구할 수 있다.

(c) 이 적분은 주어진 적분 형태들과는 다르지만, 다음과 같이 피적분함수를 x^2으로 나누었다가 다시 곱함으로써 식 5-146 형태로 만들 수 있다.

$$I = \int J_3(x)dx = \int x^2[x^{-2}J_3(x)]\,dx$$

$u = x^2, dv = x^{-2}J_3(x)dx$를 취하여 부분적분을 수행한 결과는 다음과 같다.

$$I = -J_2(x) + 2\int x^{-1}J_2(x)dx$$

이 적분은 식 5-146을 이용하여 결정될 수 있으며, 그 결과는 구하고자 했던 대로이다.

$$I = -J_2v(x) - \frac{2}{x}J_1(x) + C$$

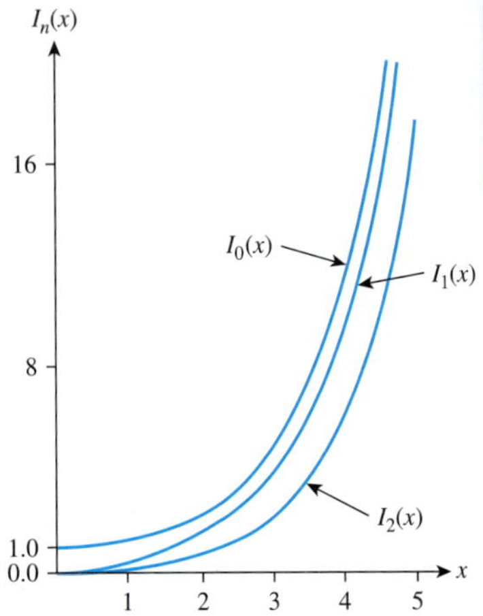

그림 5-56
제1종 변형 베셀 함수

변형 베셀 함수

마지막 항이 음일 때 베셀 방정식은 **변형 베셀 방정식**이라 불리며, 다음과 같이 표현된다.

$$x^2y'' + xy' - (x^2 + v^2)y = 0 \quad \textbf{(5–149)}$$

이러한 방정식에 대한 해는 변형 베셀 함수 I_v, K_v를 이용하여 표현될 수 있는데, 이 함수들은 $v \geq 0$에서 기본 베셀 함수들과 다음의 관계를 갖는다.

$$I_v(x) = (i)^{-v}J_v(ix) \quad \textbf{(5–150)}$$

$$I_{-v}(x) = (i)^{v}J_{-v}(ix) \quad \textbf{(5–151)}$$

$$K_v(x) = (-1)^{v+1}\left[\gamma + \ln\frac{x}{2}\right]I_v(x) + \frac{1}{2}\sum_{n=0}^{v-1}\frac{(-1)^n(v-n-1)!x^{2n-v}}{2^{2n-v}} + \frac{1}{2}(-1)^v\sum_{n=0}^{\infty}\frac{(S_n + S_{n+v})x^{2n+v}}{2^{2n+v}n!(n+v)!} \quad \textbf{(5–152)}$$

여기에서 $i = \sqrt{-1}$이며, 마지막 관계식에서 v는 정수이다. 이제 변형 베셀 방정식의 일반해는 다음과 같이 표현된다.

$$y = C_1I_v(x) + C_2I_{-v}(x), (v\text{는 정수가 아님}) \quad \textbf{(5–153)}$$

또는

$$y = C_1I_v(x) + C_2K_v(x), (v\text{는 정수}) \quad \textbf{(5–154)}$$

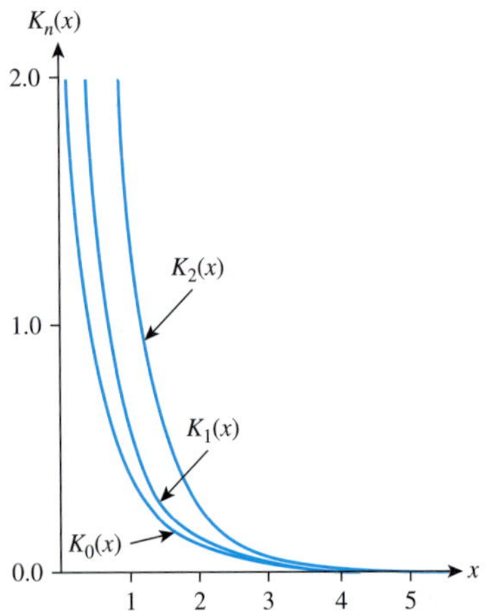

그림 5-57
제2종 변형 베셀 함수

처음 몇 개의 제1종 및 제2종 변형 베셀 함수에 대한 그래프를 그림 5-56과 5-57에서 보이고 있다. 함수 $I_v(x)$는 $x = 0$에서는 유한하지만 x가 증가함에 따라 빠르게 증가한다는 점에 유의하기 바란다. 반면에 함수 $K_\nu(x)$는 $x=0$에서 무한하지만 x가 증가함에 따라 빠르게 0에 접근한다. 큰 x 값들에 대해 이 두 함수는 ν에 종속되지 않으며 다음과 같은 근사식을 갖는다.

$$I_\nu(x) \cong \frac{e^x}{\sqrt{2x\pi}} \quad \text{그리고} \quad K_\nu(x) \cong \sqrt{\frac{\pi}{2x}}e^{-x} \tag{5–155}$$

절 복습문제

5-27C 차수 ν의 변형 베셀 방정식은 베셀 방정식과 어떻게 다른가?

5-28C ν가 어떤 값일 때 차수 ν의 베셀 방정식에 대한 결정방정식의 근들의 차가 정수가 되는가?

5-29C 함수 $J_0(x)$와 $\cos x$의 유사점과 차이점은 무엇인가?

5-3 프로베니우스 해법을 사용하여 차수 1의 베셀 방정식의 첫 번째 1차 독립인 해를 구하라. 이 해를 $J_1(x)$와 비교하라.

(답: $y_1(x) = \frac{1}{2}x - \frac{1}{16}x^3 + \frac{1}{384}x^5 - \frac{1}{18\,432}x^7 + \cdots$

반면에 $J_1(x) = \sum_{n=0}^{\infty} \frac{(-1)^n}{2^{2n+1}n!(n+1)!}x^{2n+1}$

이며 첫 4개의 항은 $y_1(x)$와 일치한다.)

5-31 베셀 함수를 포함하는 다음 각 적분을 구하라.

(a) $\int x^2 J_1(x)\,dx$ (b) $\int \frac{1}{x^2}J_3(x)\,dx$

(답: (a) $x^2J_2(x) + C$ 그리고 (b) $-\frac{J_2(x)}{x^2} + C$)

5-8 ■ 컴퓨터 해법

때로 소프트웨어 패키지는 **특수함수**들을 이용하여 미분방정식의 해를 제공한다. 르장드르 다항식, 에르미트 다항식, 베셀 함수 등은 이미 앞에서 살펴본 바 있는 특수함수들의 예이다. 또 다른 예로 에어리 함수 $Ai(x)$, $Bi(x)$가 있는데, 이들은 에어리 방정식 $y'' - xy = 0$에 대한 두 개의 1차 독립인 해이다. 패키지마다 특수함수들의 이름을 달리 할 수도 있다. 예를 들면, MuPAD에서 에어리 함수는 두 개의 변수를 갖는 함수이며 `airyAi(x,n)`, `airyBi(x,n)` 등의 이름을 사용하는데, 여기에서 n은 에어리 함수의 n계 도함수를 가리킨다. 따라서 `airyAi(x,0)`과 `airyBi(x,0)`은 5-4절에서 소개된 에어리 함수에 해당한다. Maple과 Mathematica에서 이들은 x만을 변수로 갖는 함수이며, 첫 글자로 대문자를 사용

표 5-1

언어 별로 정리한 특수함수

이름과 기호	MuPAD	Maple	Mathematica
Airy, $Ai(x)$	airyAi(x)	AiryAi(x)	AiryAi[x]
Airy, $Bi(x)$	airyBi(x)	AiryBi(x)	AiryBi[x]
Chebyshev 1st Kind, $T(n, x)$	chebyshev1(n,x)	ChebyshevT(n,x)	ChebyshevT[n,x]
Gamma, $\Gamma(x)$	gamma(x)	GAMMA(x)	Gamma[x]
Hermite, $H_n(x)$	hermite(n,x)	HermiteH(n,x)	HermiteH[n,x]
Bessel I, $I_n(x)$	besselI(n,x)	BesselI(n,x)	BesselI[n,x]
Bessel J, $J_n(x)$	besselJ(n,x)	BesselJ(n,x)	BesselJ[n,x]
Bessel K, $K_n(x)$	besselK(n,x)	BesselK(n,x)	BesselK[n,x]
Laguerre, $L(n, a, x)$	laguerreL(n,a,x)	L(n,ax)	LaguerreL[n,a,x]
Legendre, $P_n(x)$	legendre(n,x)	LegendreP(n,x)	LegendreP[n,x]
Bessel Y, $Y_n(x)$	besselY(n,x)	BesselY(n,x)	BesselY[n,x]

하여 AiryAi, AiryBi와 같이 표시한다. 표 5-1에서 다양한 소프트웨어 패키지에서 사용하는 특수함수들 중 일부에 대한 목록을 싣고 있다.

MuPAD를 사용한 풀이

차수 $\alpha = 2$의 르장드르 방정식 $(1 - x^2)y'' - 2xy' + 6y = 0$과 초기조건 $y(0) = 1, y'(0) = 0$이 주어져 있다. 이 방정식은 한 개의 정칙 특이점을 가지며, MuPAD에서 다음 세션으로 풀 수 있다.

```
[eqn1:=ode({(1-x^2)*y"(x)-2*x*y'(x)+6*y(x)=0,
  y(0)=1,y'(0)=0},y(x)):
[solve(eqn1)
```

$$\{1 - 3x^2\}$$

이 결과는 2차 다항식이다.

동일한 초기조건을 갖는 에어리 방정식 $y'' - xy = 0$은 다음 세션으로 풀 수 있다.

```
[eqn2:=ode({y"(x)-x*y(x)=0,y(0)=1,y'(0)=0},y(x)):
[solve(eqn2)
```

$$\left\{\frac{3^{2/3}\Gamma\left(\frac{2}{3}\right)\text{airyAi}(x, 0)}{2} + \frac{3^{1/6}\Gamma\left(\frac{2}{3}\right)\text{airyBi}(x, 0)}{2}\right\}$$

여기에서 $\Gamma(x)$는 *감마 함수*라고 불리는 또 다른 특수함수이다. 표 5-1은 MuPAD에서 사용하는 특수함수들 중 일부에 대한 목록을 싣고 있다. 그리스 문자표에서 해당 문자를 선택하거나 gamma(x)를 입력함으로써 감마 함수를 계산할 수 있다. 표 5-2는 특수함수를 수치적으로 계산하기 위해 float 함수가 사용된다는 것을

표 5-2

언어 별로 정리한 특수함수의 계산

결과	MuPAD	Maple	Mathematica
기호식 유한급수	orthpoly::	simplify	Series
기호식 유한급수	series	series	Series
수치적 결과	float	evalf	//N

보여준다. 예를 들면 다음과 같다.

```
[float(gamma(2/3))
```

$$1.354117939$$

```
[float(airyAi(2,0))
```

$$0.03492413042$$

양함수 급수해가 필요할 경우 다음과 같이 **series** 옵션을 사용할 수 있다. 차수 $\alpha = 3$의 르장드르 방정식을 예로 들어 **solve** 함수를 사용하여 풀어보면 ($y(0) = 1, y'(0) = 0$과 같은 간단한 초기조건을 적용할 경우에도) 여기에 표시하기에는 너무 세부적이고 복잡한 표현식이 만들어진다(직접 시도해보기 바람). 그러나 임의의 초기조건을 적용할 경우에도 급수해 자체가 원래 아주 복잡한 것은 아니다. 해당 세션은 다음과 같다.

```
[eqn3:=(1-x^2)*y"(x)-2*x*y'(x)+12*y(x)=0:
[ode::series({y(0)=a,y'(0)=b,eqn3},y(x),x=0)
```

$$\left\{a + bx - 6ax^2 - \frac{5b}{3}x^3 + 3ax^4 + O(x^6)\right\}$$

특수함수를 *유한*급수, 즉, 다항식 형태로 계산하기 위해서는 orthpoly:: 옵션을 사용하거나 series 함수를 사용한다. orthpoly 패키지는 표준 직교 다항식들을 제공한다. 패키지 이름 orthpoly와 함수 이름을 사용하여 패키지 함수를 호출한다. 예를 들면, 5차 르장드르 다항식은 다음과 같이 구한다.

```
[orthpoly::legendre(5,x)
```

$$\left\{\mathrm{poly}\left(\frac{63x^5}{8} - \frac{35x^3}{4} + \frac{15x}{8},[x]\right)\right\}$$

```
[orthpoly::legendre(5,2)
```

$$\frac{743}{4}$$

```
[float(orthpoly::legendre(5,2))
```

$$185.75$$

무한급수로 구성되는 특수함수를 기호 형태로 계산하기 위해서는 series 함수를 사용한다. 예를 들면,

```
[series(besselJ(0,x),x)
```

$$1 - \frac{x^2}{4} + \frac{x^4}{64} + O(x^6)$$

특수함수들에 대한 그래프도 다른 함수들처럼 구할 수 있다. 예를 들면,

```
[plot(airyAi(x),x=0..5)
```

에어리 방정식에 관한 다음 코드를 통해 미분방정식에 대한 해의 그래프를 구할 수 있다.

```
[eqn4:=ode({y"(x)=x*y(x),y(0)=1,y'(0)=-0.1},y(x)):
[solve(eqn4)
[Y4:=op(%)
[plotfunc2d(Y4,x=0..1)
```

op 함수는 solve 함수로 구한 해를 둘러싼 중괄호를 제거한다.

Maple을 사용한 풀이

Maple에서 미분방정식을 풀 때 그래프를 구하고자 한다면, DEtools 패키지와 plots 패키지를 함께 로드하는 것이 좋은 방법이다. 급수해를 얻고자 할 경우에는 powseries 패키지도 로드한다.

차수 $\alpha = 2$의 르장드르 방정식 $(1 - x^2)y'' - 2xy' + 6y = 0$이 주어져 있다. 이 방정식은 한 개의 정칙 특이점을 가지며, Maple에서 다음 세션으로 풀 수 있다.

```
> eqn1:=(1-x^2)*y"(x)-2*x*y'(x)+6*y(x)=0:
> dsolve({eqn1,y(0)=1,y'(0)=0},y(x))
```

$$y(x) = 1 - 3x^2$$

이 결과는 2차 다항식이다.

표 5-1은 Maple에서 사용하는 특수함수들 중 일부에 대한 목록을 싣고 있다. 표 5-2는 특수함수들을 어떻게 계산하는지 보여준다. 르장드르 다항식은 simplify(LegendreP(n,x))를 입력하여 구할 수 있다. 예를 들면,

```
> simplify(LegendreP(5,x))
```

$$\frac{63x^5}{8} - \frac{35x^3}{4} + \frac{15x}{8}$$

수치적 계산을 위해서는 evalf 함수를 사용한다. 예를 들면,

```
> evalf(LegendreP(5,2))
```

$$185.7500000$$

에어리 방정식은 다음 세션으로 풀 수 있다.

```
> eqn2:=y"(x)-x*y(x)=0:
> dsolve({eqn2,y(0)=1,  y'(0)=0},y(x))
```

$$y(x) = \frac{1}{2}3^{2/3}\Gamma\left(\frac{2}{3}\right)\text{AiryAi}(x) + \frac{1}{2}3^{1/6}\Gamma\left(\frac{2}{3}\right)\text{AiryBi}(x)$$

여기에서 $\Gamma(x)$는 *감마 함수*라고 불리는 특수함수이다. 그리스 문자표에서 해당 문자를 선택하거나 GAMMA(x)를 입력함으로써 감마 함수를 계산할 수 있다.

양함수 급수해가 필요할 경우 다음과 같이 series 옵션을 사용할 수 있다. (임의의 초기조건과 함께) 에어리 방정식 eqn2를 예로 사용한 세션은 다음과 같다.

```
> dsolve({eqn2,y(0)=a,y'(0)=b},y(x),series)
```

$$y(x) = a + bx + \frac{1}{6}ax^3 + \frac{1}{12}bx^4 + 0(x^6)$$

series 함수는 특수함수에 대한 급수 표현을 얻기 위해 사용할 수도 있다. 예를 들면,

```
> series(BesselJ(0,x),x)
```

$$1 - \frac{1}{4}x^2 + \frac{1}{64}x^4 + 0(x^6)$$

Maple에서는 dsolve가 해를 편리한 형태로 제공하지 못할 때 점화식을 구할 수도 있다. 예를 들면, dsolve에 의해 주어지는 방정식 $y'' + 2xy' + 5y = 0$의 해는 여러 개의 베셀 함수로 구성되는 복잡한 식이며 여기에 보이기에는 너무 길다(학생들은 직접 시도해보기 바란다.) 이러한 경우 powseries 패키지, powsolve 함수, tpsform 함수 등을 사용하여 점화식을 구할 수 있다. 아래의 Maple 세션은 초기조건 $y(0) = 1, y'(0) = 0$을 사용하며 8차까지의 결과를 출력한다. Order의 기본 값은 6이지만 여기에서는 절삭 멱급수 형태의 답을 제공하는 tpsform 함수에 의해 변경된다. powseries 패키지 안의 powsolve 함수는 선형 미분방정식에 대해 멱급수 형태의 해를 구한다.

```
> eqn3  := y"(x)+2*x*y'(x)+5*y(x)  = 0
```

$$eqn3 := \frac{d^2}{dx^2}y(x) + 2x\frac{d}{dx}y(x) + 5y(x) = 0$$

```
> initial:=y(0)=1,y'(0)=0:
> IVP:={eqn3,initial}:
> sol:=powsolve(IVP):
> Sol:=tpsform(sol,x,8)
```

$$Sol:=1-\frac{5}{2}x^2+\frac{15}{8}x^4-\frac{13}{16}x^6+0(x^8)$$

```
> RecursionRelation:=a(\_n)=subs(\_k=n,sol(\_k))
```

$$Recursion\ relation:=a(\_n)=-\frac{(1+2n)a(n-2)}{n(n-1)}$$

밑줄을 입력하기 전에 백슬래시를 입력해야 한다. 초기조건들로부터 $a_0 = 1$, $a_1 = 0$임을 알 수 있으며, 따라서 홀수 n에 대해서는 $a_n = 0$이며, $a_2 = -(5/2)a_0 = -5/2$, $a_4 = -(9/12)a_2 = (15/8)a_0 = 15/8$, $a_6 = -(13/30)a_4 = -13/16$이다. 이들은 *Sol*에 대해 출력되는 급수와 일치한다.

에어리 방정식에 관한 아래 코드를 통해 미분방정식에 대한 해의 그래프를 구할 수 있다. unapply 함수는 식에 포함된 연산자를 반환한다. rhs 함수는 식의 우변을 선택한다.

```
> with(plots),with(DEtools):
> eqn:=y"(x)-x*y(x)=0:
> sol1:=dsolve({eqn, y(0)=1,y'(0)=0},y(x)):
> y1:=unapply(rhs(sol1),x):
> plot(y1(x),x=0..2)
```

Mathematica를 사용한 풀이

차수 $\alpha = 2$의 르장드르 방정식 $(1-x^2)y'' - 2xy' + 6y = 0$이 주어져 있다. 이 방정식은 한 개의 정칙 특이점을 가지며, Mathematica에서 다음 세션으로 풀 수 있다.

```
> eqn1=(1-x^2)*y"[x]-2*x*y'[x]+6*y[x]==0;
> DSolve[{eqn1,y[0]==1,y'[0]==0},y[x],x]
```

$$\{\{y[x]\rightarrow 1-3x^2\}\}$$

이 결과는 2차 다항식이다.

표 5-1은 Maple에서 사용하는 특수함수들 중 일부에 대한 목록을 싣고 있다. 표 5-2는 특수함수들을 어떻게 계산하는지 보여준다. 르장드르 다항식은

LegendreP[n,x]를 입력하여 구할 수 있다. 예를 들면,

```
> LegendreP[5,x]
```

$$\frac{1}{8}(15x - 70x^3 + 63x^5)$$

수치적 계산을 위해서는 //N 함수를 사용한다. 예를 들면,

```
> LegendreP(5,2)//N
```

$$185.75$$

초기조건 $y(0) = 1, y'(0) = 0$과 함께 주어진 에어리 방정식 $y'' - xy = 0$은 다음 세션으로 풀 수 있다.

```
> eqn2=y"[x]-x*y[x]==0;
> DSolve[{eqn2,y[0]==1,y'[0]==0},y[x],x]
```

$$\{\{y[x] \to 1/2(3^{(2/3)}\text{AiryAi}[x]\text{Gamma}[2/3] + 3^{(1/6)}\text{AiryBi}[x]\text{Gamma}[2/3])\}\}$$

여기에서 $\Gamma(x)$는 *감마 함수*라고 불리는 특수함수이다. 그리스 문자표에서 해당 문자를 선택하거나 Gamma[x]//N을 입력함으로써 감마 함수를 계산할 수 있다. 예를 들면,

```
> Gamma[2/3]//N
```

$$1.35412$$

```
> AiryAi[2]//N
```

$$0.0349241$$

양함수 급수해가 필요할 경우 다음과 같이 series 옵션을 사용할 수 있다. 초기조건 $y(0) = 1, y'(0) = 0$과 함께 주어진 에어리 방정식을 예로 사용한 세션은 다음과 같다.

```
> odeseries=Series[y"[x]-x*y[x],{x,0,6}];
> coeffs=Solve[{odeseries==0,y[0]==1,y'[0]==0}]
> seriessol=Series[y[x],{x,0,6}]/.First[coeffs]
```

$$1 + \frac{x^3}{6} + \frac{x^6}{180} + 0[x^7]$$

$n = 4$인 베셀 방정식을 위한 풀이는 아래와 같다. 이 해는 제1종 베셀 함수 BesselJ 그리고 제2종 베셀 함수 BesselY를 이용하여 주어진다.

```
> DSolve[x^2*y"[x]+x*y'[x]+(x^2-16)*y[x]==0,y[x],x]
```

$$\{\{y[x] \to BesselJ[4, x]C[1] + BesselY[4, x]C[2]\}\}$$

특수함수들에 대한 그래프도 다른 함수들처럼 구할 수 있다. 예를 들면, $n = 1, 3$ 그리고 $0 \le x \le 20$에 대해 `BesselJ(n,x)` 함수의 그래프를 구하기 위해서는 다음과 같이 입력한다.

```
> Plot[{BesselJ[1,x],BesselJ[3,x]},{x,0,20}]
```

이 예를 다음과 같이 변형하여 미분방정식에 대한 해의 그래프를 구할 수 있다.

```
> DSolve[{x^2*y''[x]+x*y'[x]+(x^2-16)*y[x]==0,
  y[0]==0,y[10]==1},y[x],x]
```

$$\left\{\left\{y[x] \to \frac{BesselJ[4, x]}{BesselJ[4, 10]}\right\}\right\}$$

```
> Plot[y[x]/.%,{x,0,10}]
```

$y[x]$를 위한 해를 대입하기 위해 `Plot` 명령에서 ReplaceAll 명령(`/.`)이 사용된다.

5-9 ■ 요약

변수계수 선형 미분방정식은 무한급수를 이용하여 풀어야 한다.

멱급수 x^n 형태로 변수 x의 멱승들을 포함하는 항들로 이루어진 무한급수를 *멱급수*라고 하며 다음과 같이 표현된다.

$$f(x) = \sum_{n=0}^{\infty} C_n x^n = C_0 + C_1 x + C_2 x^2 + C_3 x^3 + \cdots \qquad (5\text{–}1)$$

두 개의 멱급수가 동일한 함수를 나타내면 동일한 급수로 취급된다. 따라서 어떤 구간 안의 모든 x에 대해 $\Sigma_{n=0}^{\infty} C_n x^n = 0$이라면, 모든 $n = 0, 1, 2, 3, \ldots$에 대해 $C_n = 0$이 된다.

멱급수의 조작 급수 표현식은 정적분처럼 조작될 수 있다. 합산 지수에 종속되지 않는 양은 합산 기호 안이나 밖으로 자유롭게 이동할 수 있으며, 이는 적분변수에 종속되지 않는 양이 적분기호 안이나 밖으로 자유롭게 이동할 수 있는 것과 같다. 때로 합산 지수를 이동시키는 것이 필요한 경우가 있는데, 특히 일반항의 차수가 다른 두 급수를 결합할 때 지수 이동이 필요하다. 이를 위해 합산 안에 나타나는 모든 n을 $n + k$로 치환해준다(단, k는 임의의 정수). 멱급수의 둘 이상의 계수들을 서로 연관시키는 관계식을 *점화식*이라고 한다.

급수에 대한 수렴판정법 어떤 구간 I 안의 모든 x에 대하여 극한 $\lim_{n\to\infty} \Sigma_{k=0}^{n} C_k x^k$가 존재할 경우 $\Sigma_{n=0}^{\infty} C_n x^n$ 형태의 멱급수가 수렴한다고 한다. 수렴 여부는 *비 판정법*을 적용하여 확인할 수도 있다.

$$L = \lim_{n\to\infty}\left|\frac{(n+1)\text{번째 항}}{n\text{번째 항}}\right| = \lim_{n\to\infty}\left|\frac{C_{n+1}x^{n+1}}{C_n x^n}\right| = |x|\lim_{n\to\infty}\left|\frac{C_{n+1}}{C_n}\right| \qquad (5\text{–}22)$$

멱급수는 주어진 x 값에 대해 $L < 1$이면 수렴하고, $L > 1$이면 발산한다.

수렴 구간 x-축 상에서 멱급수가 수렴하는 열린구간을 *수렴 구간*이라고 하며, 이 구간은 비 판정법으로 결정할 수 있다. 수렴 구간을 *수렴 반경* ρ를 이용하여 표현하는 경우도 있는데, 수렴 반경은 급수 중심과 가장 가까운 특이점 사이의 거리에 해당한다. 수렴 반경을 사용하여 중심이 x_0인 멱급수의 수렴 구간을 표현하면 $|x - x_0| < \rho$와 같으며, 수렴 반경 ρ는 다음과 같이 주어진다.

$$\rho = \lim_{n\to\infty}\left|\frac{C_n}{C_{n+1}}\right| \qquad (5\text{–}24)$$

두 개의 멱급수가 구간 I에서 수렴할 경우, 이들의 합, 차, 곱 또한 이 구간에서 수렴한다. 그러나 이러한 두 급수에 대한 비의 수렴 반경은 (일반적으로) 원래의 급수들보다 작을 수도 있는데, 이는 분모가 0이 되는 점들에서 비가 발산할 수도 있기 때문이다.

테일러급수 점 x_0에 대한 함수 $f(x)$의 테일러급수 전개식은 다음과 같이 주어진다.

$$f(x) = \sum_{n=0}^{\infty} \frac{f^{(n)}(x_0)}{n!}(x - x_0)^n$$

따라서 어떤 함수가 점 x_0에서 무한 번 미분가능할 경우 그 점에서 테일러급수가 존재한다. 또한 어떤 점 x_0과 그 인접 구간에서 어떤 함수 $f(x)$의 테일러급수가 존재할 경우, 이 함수는 그 점에서 **해석적(analytic)**이라고 한다. 따라서 점 x_0에서 해석적인 임의의 함수는 중심이 x_0이고 0이 아닌 수렴 반경을 갖는 멱급수로 표현될 수 있다. 모든 다항식, 이들의 합, 차, 곱, 비(분모가 0인 점은 제외) 등은 모든 점에서 해석적이다.

어떤 점에 대한 해 변수계수 선형 미분방정식을 풀 때는 어떤 점에 대한 해에 관하여 생각해야 한다. 어떤 점에 대한 해라는 것은 그 점을 포함하는 구간에서의 해를 말하는 것인데, 이는 특이점들로 인해 이러한 해가 적용되는 구간이 전체 x-축인 경우는 드물기 때문이다. 어떤 점 부근의 해는 그 점 자체에도 종속되지만, 주어진 미분방정식에 대해 그 점이 갖는 특성에도 영향을 받는다.

보통점과 특이점 미분방정식

$$y'' + P(x)y' + Q(x)y = 0 \qquad \textbf{(5–47)}$$

에서 어떤 점 x_0은 그 점에서 함수 $P(x)$, $Q(x)$ 모두 해석적일 경우 보통점이라고 한다. 점 x_0은 그 점에서 함수 $P(x)$, $Q(x)$ 중 한 개 이상이 해석적이 아닐 경우 그 미분방정식의 특이점이라고 한다. 미분방정식의 특이점은 다음과 같이 세분될 수 있다. 특이점 x_0은 그 점에서 함수

$$(x - x_0)P(x), \quad (x - x_0)^2Q(x) \qquad \textbf{(5–48)}$$

모두 해석적이면 그 미분방정식의 정칙 특이점이라고 하며, 그렇지 않을 경우 비정칙 특이점이라고 한다.

함수 $P(x)$, $Q(x)$가 다항식일 경우 모든 점은 주어진 유형의 미분방정식의 보통점이다. 함수 $P(x)$, $Q(x)$가 다항식의 비일 경우, 미분방정식의 $P(x)$나 $Q(x)$의 분모가 0이 되는 점들은 특이점이며, 다른 모든 점들은 그 미분방정식의 보통점이다.

수렴 반경 미분방정식의 급수해의 수렴 반경과 함수 $P(x)$, $Q(x)$의 수렴 반경의 관계는 다음 정리에서 표현하고 있는 바와 같다.

정리 5–1

x_0이 미분방정식

$$y'' + P(x)y' + Q(x)y = 0$$

의 보통점일 경우, 이 미분방정식의 일반해 안의 무한급수의 수렴 반경은 함수 $P(x)$, $Q(x)$의 수렴 반경들 중 작은 값 이상이 된다.

해의 존재성 및 유일성 다음 정리는 보통점에 대한 해의 존재성 및 유일성을 다룬다.

정리 5–2

x_0이 미분방정식

$$y'' + P(x)y' + Q(x)y = 0$$

의 보통점일 경우, 이 미분방정식은 두 개의 1차 독립인 해 y_1, y_2를 가지며 이들 각각의 형태는 $\Sigma_{n=0}^{\infty} C_n(x - x_0)^n$ 이다. 이 미분방정식의 일반해는

$$y = \sum_{n=0}^{\infty} C_n(x - x_0)^n = C_0y_1(x) + C_1y_2(x) \qquad \textbf{(5–50)}$$

인데, 여기에서 C_0, C_1은 초기조건으로부터 결정되는 두 개의 임의상수이다. 이 급수해의 나머지 계수들은 급수해를 미분방정식에 대입하여 결정한다. 더욱이 급수해의 수렴 반경은 최소한 x_0에서 가장 가까운 실수 또는 복소수 특이점과의 거리 이상이 된다.

르장드르 방정식 미분방정식

$$(1 - x^2)y'' - 2xy' + \alpha(\alpha + 1)y = 0 \qquad \textbf{(5–57)}$$

은 차수 α의 르장드르 미분방정식으로 알려져 있다(단, α는 상수). α가 음이 아닌 정수일 때, 일부 르장드르 함수는 다항식이 되며, 이들을 르장드르 다항식이라고 한다. n차 르장드르 다항식은

$$P_n(x) = \sum_{k=0}^{N} \frac{(-1)^k(2n - 2k)!}{2^n k!(n - k)!(n - 2k!)} x^{n-2k}, \quad n = 0, 1, 2, 3, \ldots \qquad \textbf{(5–62)}$$

와 같이 표현될 수 있으며, 여기에서 N은 $n/2$을 넘지 않는 가장 큰 정수이다. 르장드르 함수와는 달리 르장드르 다항식은 구간 $-1 < x < 1$뿐만 아니라 양 끝점인 $x = \pm 1$에서도 수렴한다. 르장드르 다항식은 관계식

$$P_n(x) = \frac{1}{2^n n!}\frac{d^n}{dx^n}(x^2-1)^n, \quad n = 0, 1, 2, 3, \ldots \tag{5-63}$$

을 이용하여 체계적 방식으로 생성될 수 있는데, 이 관계식을 로드리게스 공식이라고 한다. $P_0(x) = 1$과 $P_1(x) = x$를 알면, 다음 점화식을 사용하여 모든 르장드르 다항식을 결정할 수 있다.

$$P_n = \frac{(2n-1)xP_{n-1} - (n-1)P_{n-2}}{n} \tag{5-67}$$

프로베니우스 해법 원점에 위치한다고 가정된 정칙 특이점 부근에서 변수계수 2계 선형 미분방정식의 해를 다음 정리에서 기술하고 있는 프로베니우스 해법으로 구할 수 있다.

정리 5-3

점 $x = 0$이 미분방정식

$$y'' + P(x)y' + Q(x)y = 0$$

의 정칙 특이점이고 ρ는 두 함수 $p(x) = xP(x)$, $q(x) = x^2Q(x)$의 수렴 반경 중 작은 값이라고 하자. r_1, r_2가 결정방정식

$$r^2 + (p_0 - 1)r + q_0 = 0 \tag{5-75}$$

의 근이면 이 미분방정식의 두 개의 1차 독립인 해 $y_1(x)$, $y_2(x)$가 존재하며 이들의 수렴 반경은 ρ이다. 여기에서

$$p_0 = \lim_{x\to 0} xP(x) \quad \text{그리고} \quad q_0 = \lim_{x\to 0} x^2Q(x)$$

이며, 근들이 서로 다른 실근일 경우 $r_1 > r_2$이다. $x > 0$에 대해 해들은 다음과 같은 형태를 갖는다.

경우 1: *$r_1 = r_2 = \lambda$ (단, λ는 정수가 아닌 양의 값)*

$$y_1 = x^{r_1}\sum_{n=0}^{\infty} a_n x^n \qquad (a_0 \neq 0) \tag{5-81a}$$

$$y_2 = x^{r_2}\sum_{n=0}^{\infty} b_n x^n \qquad (b_0 \neq 0) \tag{5-81b}$$

경우 2: *$r_1 = r_2 = r$*

$$y_1 = x^{r}\sum_{n=0}^{\infty} a_n x^n \ (a_0 \neq 0) \tag{5-82a}$$

$$y_2 = y_1 \ln x + x^{r}\sum_{n=1}^{\infty} b_n x^n \tag{5-82b}$$

경우 3: *$r_1 = r_2 = N$ (단, 은 양의 정수)*

$$y_1 = x^{r_1}\sum_{n=0}^{\infty} a_n x^n \qquad (a_0 \neq 0) \tag{5-83a}$$

$$y_2 = Cy_1 \ln x + x^{r_2}\sum_{n=o}^{\infty} b_n x^n \ (b_0 \neq 0) \tag{5-83b}$$

여기에서 상수 C는 0일 수도 있다.

주어진 미분방정식의 일반해를 세 가지 경우 모두에 대해

$$y = C_1y_1(x) + C_2y_2(x) \tag{5-84}$$

와 같이 표현할 수 있는데, 여기에서 임의상수 C_1, C_2는 초기조건이나 경계조건으로부터 결정된다.

모든 경우에서 첫 번째 해의 형태는 동일하다. 두 번째 해의 형태에 있어서만 세 가지 경우에 따라 달라진다. 계수 a_0, b_0은 0이 아닌 임의의 상수이며, 임의의 적당한 값을 지정할 수 있다. 간소화를 위해 일반성을 잃지 않고 $a_0 = 1$, $b_0 = 1$을 취하는 것이 일반적 관행이다. $x > 0$이라는 제한은 해 안의 x^{r_1}과 x^{r_2}를 각각 $|x^{r_1}|$과 $|x^{r_2}|$로 변경함으로써 해제될 수 있다. 보다 실용적인 방법은 미분방정식에서 변수치환 $t = -x$를 적용하여 만들어진 방정식을 $t > 0$에 대해 푸는 것이다. 첫 번째의 1차 독립인 해 y_1을 구하는 것은 해가 x^r 대신 x^{n+r_1}을 포함한다는 것을 제외하고는 보통점에 대한 해를 구하는 것과 비슷하다. 경우 2에서 두 번째 1차 독립인 해는 항상 로그 항을 포함한다. 그렇지만 경우 3에서는 로그 항이 0이 될 수도 있다. 일단 두 개의 1차 독립인 해 y_1, y_2를 구하게 되면, 주어진 미분방정식의 임의의 다른 해는 이 두 해의 선형 결합으로 표현될 수 있다.

베셀 방정식 변수계수 2계 미분방정식들 중 가장 중요한 방정식 중 하나는 다음과 같이 표현되는 *차수가 ν인 베셀 방정식*이다.

$$x^2y'' + xy' + (x^2 - \nu^2)y = 0 \tag{5-104}$$

베셀 방정식의 해는 *베셀 함수*로 표현된다. 원점(점 $x = 0$)은 베셀 방정식의 유일한 특이점이며, 특히 정칙 특이점이다. 결정방정식은 $r^2 - v^2 = 0$이며, 그 근은 $r_1 = v$ 그리고 $r_2 = -v$이다. 차수 0의 베셀 방정식의 두 개의 1차 독립인 해는

$$J_0(x) = \sum_{n=0}^{\infty} \frac{(-1)^n x^{2n}}{2^{2n}(n!)^2} \quad \text{(5–110)}$$

그리고

$$Y_0 = \frac{2}{\pi}\left[\left(\gamma + \ln\frac{x}{2}\right)J_0(x) + \sum_{n=1}^{\infty}\frac{(-1)^{n+1}S_n x^{2n}}{2^{2n}(n!)^2}\right] \quad \text{(5–113)}$$

이며, 이들을 각기 *차수 0의 제1종 및 제2종 베셀 함수*라고 한다. 여기에서

$$S_n = 1 + \frac{1}{2} + \frac{1}{3} + \cdots + \frac{1}{n} = \sum_{j=1}^{n}\frac{1}{j} \quad \text{(5–112)}$$

차수 1/2의 베셀 방정식의 두 개의 1차 독립인 해는 삼각함수 $\sin x$, $\cos x$와 관련이 있으며, 다음과 같이 표현될 수 있다.

$$J_{1/2}(x) = \sqrt{\frac{2}{\pi x}}\sin x \text{ 그리고 } J_{-1/2}(x) = \sqrt{\frac{2}{\pi x}}\cos x \quad \text{(5–120)}$$

v가 양의 정수일 때, 차수 v의 베셀 방정식에 대한 두 개의 1차 독립인 해는 다음과 같이 표현될 수 있다.

$$J_v(x) = \sum_{n=0}^{\infty}\frac{(-1)^n x^{2n+v}}{2^{2n+v}n!(n+v)!} \quad \text{(5–125)}$$

그리고

$$Y_v(x) = \frac{2}{\pi}\left[\left(\gamma + \ln\frac{x}{2}\right)J_v(x) - \frac{1}{2}\sum_{n=0}^{v-1}\frac{(v-n-1)!x^{2n-v}}{2^{2n-v}n!} + \frac{1}{2}\sum_{n=0}^{\infty}\frac{(-1)^{n+1}(S_n + S_{n+v})x^{2n+v}}{2^{2n+v}n!(n+v)!}\right] \quad \text{(5–126)}$$

v가 정수가 아닐 때, 차수 v의 베셀 방정식에 대한 두 개의 1차 독립인 해는 $J_v(x)$, $J_{-v}(x)$이며, 다음과 같이 표현될 수 있다.

$$J_v(x) = \sum_{n=0}^{\infty}\frac{(-1)^n x^{2n+v}}{2^{2n+v}n!\Gamma(n+v+1)!} \quad \text{(5–135)}$$

그리고

$$J_{-v}(x) = \sum_{n=0}^{\infty}\frac{(-1)^n x^{2n-v}}{2^{2n-v}n!\Gamma(n-v+1)!} \quad \text{(5–136)}$$

여기에서 감마 함수는 다음과 같이 정의된다.

$$\Gamma(v) = \int_0^{\infty} t^{v-1}e^{-t}dt \quad \text{(5–128)}$$

베셀 함수의 몇 가지 성질은 다음과 같이 요약될 수 있다.

$$J_v(x) = (-1)^n J_{-v}(x) \qquad n = 0, 1, 2, 3, 4, \ldots \quad \text{(5–138)}$$

$$J_{v+1}(x) = \frac{2v}{x}J_v(x) - J_{v-1}(x) \quad \text{(5–139)}$$

$$J_{v+1}(x) = -2\frac{dJ_v(x)}{dx} + J_{v-1}(x) \quad \text{(5–140)}$$

$$\frac{d}{dx}[x^v J_v(kx)] = kx^v J_{v-1}(kx) \quad \text{(5–143)}$$

$$\frac{d}{dx}[x^{-v}J_v(kx)] = -kx^{-v}J_{v+1}(kx) \quad \text{(5–144)}$$

$$\int x^v J_{v-1}(x)dx = x^v J_v(x) + C \quad \text{(5–145)}$$

$$\int x^{-v}J_{v+1}(x)dx = -x^{-v}J_v(x) + C \quad \text{(5–146)}$$

다음과 같이 표현되는 변형 베셀 방정식의 해는 *변형 베셀 함수* I_v, K_v를 이용하여 표현된다.

$$x^2y'' + xy' - (x^2 + v^2) = 0 \quad \text{(5–149)}$$

역사적 인물들

에어리(George Biddell Airy, 1801–1892) 영국의 천문학자. 에어리 방정식, 그리고 그 해인 에어리 함수는 에어리의 이름을 딴 것이다. 에어리는 곡면에서 반사되거나 굴절되는 광선에 대한 연구를 하는 동안 에어리 방정식을 개발하였다.

베셀(Friedrich Wilhelm Bessel, 1784–1846) 독일의 수학자이자 천문학자. 베셀은 베르누이(Daniel Bernoulli)가 먼저 개발한 방정식을 다물체 중력계의 동역학을 연구하는 과정에서 일반화하여 베셀 방정식을 개발하였다. 베셀은 또한 최초로 렌즈 시차를 이용하여 별과의 거리를 계산하는 방법을 개발하였다.

체비셰프(Pafnuty Lvovich Chebyshev, 1821–1894) 러시아의 수학자. 러시아 수학의 아버지로 인정받는 체비셰프는 확률론, 통계학, 정수론 등에 수많은 업적을 남겼다. 에르미트(Charles Hermite)의 이름을 딴 에르미트 방정식도

사실은 체비셰프가 개발한 것이다.

프로베니우스(Ferdinand Georg Frobenius, 1849–1917) 독일의 수학자. 미분방정식과 군론에서의 업적과 행렬 분석에 관한 케일리-해밀턴 정리에 대한 최초의 완전한 증명 등으로 유명하다.

가우스(Johann Carl Friedrich Gauss, 1777–1855) 독일의 수학자이자 과학자. 정수론, 기하학, 지구물리학, 자기학, 천문학, 광학 등등에 중요한 업적을 남겼다. 소수에 관한 정리를 개발하였으며 대수학의 기본 정리들을 증명하였다. 가우스는 최초로 초기하방정식에 대한 체계를 확립하였다.

에르미트(Charles Hermite, 1822–1901) 프랑스의 수학자. 에르미트는 정수론, 직교다항식, 타원곡선 함수, 대수학 등을 연구하였으며, (자연로그의 밑인) e가 초월수임을 최초로 증명하였다.

라게르(Edmond Nicolas Laguerre, 1834–1886) 프랑스의 수학자. 라게르의 주요 업적은 기하학과 복소함수론 분야에서 이루어졌다. 다항식의 근을 구하기 위한 라게르 해법을 개발하였다. 라게르는 자신의 이름을 딴 미분방정식을 풀기 위하여 라게르 다항식을 개발하였다. 라게르 다항식은 가우스 구적법에서 $f(x)e^{-x}$ 형태의 피적분함수를 갖는 적분을 수치적으로 계산하기 위해 사용된다.

르장드르(Adrien-Marie Legendre, 1752–1833) 프랑스의 수학자. 통계학, 정수론, 대수학 등에 중요한 업적을 남겼다. 르장드르의 연구 결과 중에는 다른 사람들이 완성하거나 일반화시킨 것들이 많다. 르장드르 다항식은 르장드르 방정식의 해인데, 르장드르 방정식은 구면좌표계에서 중력 위치에너지 함수를 위한 라플라스 편미분방정식을 풀 때 나타난다.

로드리게스(Olinde Rodrigues, 1795–1851) 프랑스의 수학자. 로드리게스는 벡터해석학, 직교다항식, 3차원 공간상의 회전에 관한 수학적 표현 등을 연구하였다. 로드리게스는 르장드르 다항식을 생성하기 위한 공식을 개발하였다.

연습문제

5-1 멱급수

5-32C 때로 합산 지수를 이동시키는 이유는 무엇인가?

5-33C 합산 지수를 k만큼 이동시키는 방법을 설명하라.

5-34C 점화식이란 무엇인가?

5-35C 멱급수가 항등적으로 0이 되기 위한 조건은 무엇인가?

5-36C 미분방정식에 급수해법을 적용할 때 급수의 수렴에 관심을 갖는 이유는 무엇인가?

5-37C 멱급수의 수렴을 비 판정법으로 어떻게 확인하는가? 비 판정법이 기초로 하고 있는 것은 무엇인가?

5-38C 멱급수에 대한 수렴 구간과 수렴 반경을 정의하라.

5-39C 두 개의 멱급수가 어떤 구간에서 수렴할 경우, 동일 구간에서 이들의 합, 차, 곱, 비 등의 수렴에 관하여 말할 수 있는 것은 무엇인가?

5-40C 어떤 함수가 특정 점 부근에서 해석적이기 위한 조건은 무엇인가? 모든 점에서 해석적인 함수의 예를 들어보라.

다음 각 급수에 대해 나머지 항들은 합산 안에 남겨 두고 첫 세 항은 별도로 표시하여라.

5-41 (a) $5x\sum_{n=1}^{\infty}(n+1)^2x^{n+3}$ (b) $\sum_{n=2}^{\infty}\frac{n+5}{n+3}C_{2n+1}x^{2n+1}$

5-42 (a) $x^2\sum_{n=0}^{\infty}(-1)^n2^nx^{n-1}$ (b) $\sum_{n=1}^{\infty}(n+1)^2C_{2n}x^{2n}$

다음 각 합산에서 x의 멱이 n이 되도록 합산 지수를 이동시켜라.

5-43 (a) $\sum_{n=1}^{\infty}(n-1)^22^nx^{n+3}$ (b) $\sum_{n=3}^{\infty}C_nx^{n+1}$

다음 각 합산에서 x의 멱이 $n-1$이 되도록 합산 지수를 이동시켜라.

5-44 (a) $\sum_{n=0}^{\infty}(n+4)x^n$ (b) $\sum_{n=2}^{\infty}(n+1)^32^nx^{n+3}$

5-45 (a) $\sum_{n=0}^{\infty}(n+3)x^n$ (b) $\sum_{n=4}^{\infty}C_n x^{n-2}$

다음 각 합산에서 x의 멱이 n + 1이 되도록 합산 지수를 이동시켜라.

5-46 (a) $\sum_{n=2}^{\infty}(n-1)3^n x^n$ (b) $\sum_{n=2}^{\infty}(n-5)^2 x^n$

5-47 (a) $\sum_{n=4}^{\infty}C_n x^{n+2}$ (b) $\sum_{n=3}^{\infty}(n+1)^2 2^{n-1}x^{n-1}$

다음 각 문제에서 필요할 경우 합산 지수를 이동시키고 표시된 덧셈이나 뺄셈을 수행하여 x^n에 관한 하나의 합산으로 결합하라. (합산 안에 결합될 수 없는 항들은 개별적으로 표시하라.)

5-48 $\sum_{n=0}^{\infty}nC_n x^n - 2\sum_{n=0}^{\infty}(n+1)C_n x^{n+2} + x\sum_{n=0}^{\infty}n2^n x^{n+1} = 0$

5-49 $\sum_{n=1}^{\infty}n^2 x^{n-1} - 5x\sum_{n=0}^{\infty}(n-3)C_n x^{n-2} + x^2\sum_{n=0}^{\infty}\frac{n-1}{n+1}x^{n-4} = 0$

5-50 $\sum_{n=0}^{\infty}(-1)^n(n+2)C_n x^{n+1} + 2\sum_{n=1}^{\infty}n^3 x^{n+2} - 3x^2\sum_{n=0}^{\infty}nx^n = 0$

다음 등식이 성립하는지 결정하라.

5-51 $3\sum_{n=0}^{\infty}nx^n = \sum_{n=2}^{\infty}3(n-2)x^{n-2}$

5-52 $\sum_{n=1}^{\infty}n^2 C_n x^n = C_1 x + \sum_{j=2}^{\infty}j^2 C_j x^j$

5-53 $3x^2\sum_{n=1}^{\infty}(n+2)^2 x^{n-1} = \sum_{n=1}^{\infty}3(n+2)^2 x^{n+1}$

5-54 $\sum_{n=0}^{\infty}(n+5)C_n x^{n+1} = \sum_{n=1}^{\infty}(n+4)C_{n-1}x^n$

5-55 $\sum_{n=0}^{\infty}2n^2 x^n = 2\sum_{n=2}^{\infty}(n^2-2)x^{n-2}$

다음 각 멱급수의 수렴 구간과 수렴 반경을 구하라.

5-56 (a) $\sum_{n=0}^{\infty}\frac{n-1}{n!}(x-1)^n$ (b) $\sum_{n=1}^{\infty}\frac{(-1)^n}{n+5}x^{n+2}$

5-57 (a) $\sum_{n=0}^{\infty}3^{n+1}x^n$ (b) $\sum_{n=2}^{\infty}\frac{2^n}{n}(x-1)^n$

5-58 (a) $\sum_{n=0}^{\infty}\frac{1}{(2n)!}x^{2n}$ (b) $\sum_{n=1}^{\infty}n!x^n$

$y = \Sigma_{n=0}^{\infty}C_n x^n$ 으로 두고 y', y''을 구하여 다음 각 미분방정식에 대입하라. 그런 다음 각 경우에 대해 미지의 계수 C_n을 위한 점화식을 구하라.

5-59 (a) $y'' - 3y = 0$
(b) $(x+2)y'' - xy' + 2y = 0$

5-60 (a) $y'' - 2xy' + 3y = 0$
(b) $y'' + x^2 y' - 4y = 0$

5-61 (a) $y'' + y' - 2y = 0$
(b) $(x^2-1)y'' + 3xy' = 0$

5-2 멱급수해법

5-62C 멱급수해법을 이용하여 2계 선형 미분방정식을 풀 때 미지의 계수 C_n 모두를 결정하는 것이 가능한가? 이유를 설명하라.

멱급수해법을 포함하여 두 가지 서로 다른 방법으로 다음 각 미분방정식을 풀어라. 그리고 두 개의 해가 같다는 것을 보여라.

5-63 (a) $y'' - y = 0$ (b) $y' - 4y = 0$

5-64 (a) $y'' + 2y' = 0$ (b) $y' - 2xy = 0$

5-65 $y'' + 4y' - 12y = 0$

5-3 보통점과 특이점

5-66C 정칙 특이점과 비정칙 특이점을 구분하는 이유는 무엇인가?

5-67C 선행 계수는 1이고 다른 두 계수는 다항식인 2계 선형 미분방정식이 있다고 하자. 이 미분방정식의 보통점과 특이점에 대해 말할 수 있는 것은 무엇인가?

5-68C 보통점에 대한 2계 선형 미분방정식의 멱급수해의 수렴 반경을 구하기 위한 두 가지 방법을 기술하라.

다음 각 미분방정식에 대해 보통점과 특이점을 식별하라. 또한 특이점들이 정칙인지 비정칙인지 결정하라.

5-69 (a) $y'' + 2x^2 y' - 5xy = 0$
(b) $(x^2-4)y'' + (x-1)y' + xy = 0$

5-70 (a) $y'' + \frac{1}{x}y' + 3y = 0$

(b) $x^2y'' - y' + 3y = 0$

5-71 (a) $(x^2 - 1)y'' - xy' + 2y = 0$

(b) $y'' - (x + 2)y' + (2x^2 - 1)y = 0$

5-72 (a) $y'' + y = 0$

(b) $xy'' + \frac{1}{(x+1)^2}y' + \frac{1}{x}y = 0$

지정된 보통점에 대해 다음 각 미분방정식의 급수해의 수렴 반경을 구하라.

5-73 $(x^2 - 4)y'' - x^2y' + y = 0, x_0 = 1$

5-74 $(x^2 + 4)y'' + \frac{1}{x-2}y' + xy = 0, x_0 = 0$

5-75 $x^3y'' + \frac{1}{x^2+1}y' - 2xy = 0, x_0 = 4$

5-76 $(x^2 - 2x + 4)y'' - x^2y = 0, x_0 = 0$

5-77 $(x^2 + 1)y'' + \frac{1}{x}y' - \frac{1}{x-2}y = 0, x_0 = 3$

5-4 보통점에 대한 멱급수해

5-78C 보통점에 대해 변수계수를 갖는 2계 선형 동차방정식의 일반해를 위한 존재성 및 유일성 정리를 기술하라.

멱급수해법을 이용하여 지정된 보통점에 대해 다음 각 2계 선형 미분방정식을 풀어라. 또한 해의 수렴 구간을 구하라.

5-79 $(x^2 - 1)y'' - y = 0, x_0 = 0$

5-80 $(x^2 + 1)y'' + 2xy' - xy = 0, x_0 = 0$

5-81 $y'' - 6xy = 0, x_0 = 1$

5-82 $(1 - x^2)y'' + 4y = 0, x_0 = 0$

5-83 $y'' - \frac{1}{(x-1)^2}y = 0, x_0 = 0$

5-84 $xy'' + 2y = 0, x_0 = 2$

5-85 $xy'' + (1 - x)y' + y = 0, x_0 = 1$

5-86 $y'' - 4xy = 0, x_0 = 0$

5-87 $(x - 1)^2y'' + (x - 1)y' + y = 0, x_0 = 0$

5-88 $y'' + \frac{4x}{x+2}y = 0, x_0 = 0$

5-89 $y'' + y' - 2xy = 0, x_0 = 0$

멱급수해법을 이용하여 보통점 $x_0 = 0$에 대해 다음 각 2계 초깃값 문제를 풀어라.

5-90 $y'' - \frac{1}{x^2-1}y = 0, y(0) = 0, y'(0) = 0$

5-91 $y'' - 4xy = 0, y(0) = 1, y'(0) = 0$

5-92 $(x^2 - 1)y'' + xy' - 2y = 0, y(0) = 2, y'(0) = 2$

5-5 르장드르 방정식과 르장드르 다항식

5-93C 연속적 미분을 통해 르장드르 다항식을 구할 수 있게 해주는 관계식은 무엇인가?

5-94C 처음 두 개의 르장드르 다항식 $P_0(x) = 1$과 $P_1(x) = x$를 알고 있을 때 나머지 르장드르 다항식을 어떻게 구할 수 있는가?

5-95 $P_n(1) = 1$ 그리고 $P_n(-1) = (-1)^n$임을 보여라.

5-96 $m \neq n$일 때,

$$\int_{-1}^{1} P_m(x)P_n(x)dx = 0$$

임을 보여라. 이 관계식은 르장드르 다항식의 직교특성으로 알려져 있다.

5-97 $\alpha = 2$일 때의 르장드르 방정식을 풀고, 이 해에 대한 수렴 구간을 구하라.

5-98 (a) 급수 전개식, (b) 로드리게스 공식, (c) 점화식 등을 이용하여 르장드르 다항식 $P_4(x)$를 구하라.

5-99 (a) 급수 전개식, (b) 로드리게스 공식, (c) 점화식 등을 이용하여 르장드르 다항식 $P_5(x)$를 구하라.

5-6 정칙 특이점에 대한 급수해

5-100C 어떤 경우에 보통점에 대한 2계 선형 동차방정식의 두 번째 1차 독립인 해가 로그 항을 포함하는가?

5-101C 변수계수를 갖는 2계 선형 동차 미분방정식에 대한 결정방정식의 근들의 차가 정수일 때, 작은 근에 대응되는 해가 로그 항을 포함하지 않는다면(즉, $C = 0$인 경우)

무슨 일이 생길까?

5-102C 2계 선형 미분방정식에 대한 결정방정식을 구하는 두 가지 방법을 기술하라.

5-103C 미분방정식의 특이점 x_0을 어떻게 원점으로 이동시킬 수 있는지 설명하라.

점 $x_0 = 0$이 다음 미분방정식의 정칙 특이점임을 보이고, 결정방정식의 근 r_1, r_2를 결정하라.

5-104 (a) $y'' - \frac{4}{x}y' + \frac{1}{x^2}y = 0$

(b) $x(1 - x)y'' + (1 + x)y' - 3xy = 0$

5-105 (a) $xy'' + (x^2 - 1)y' - \frac{2}{x}y = 0$

(b) $x(x^2 - 1)y'' + y' + \frac{2}{x}y = 0$

5-106 (a) $x^2y'' + y = 0$

(b) $y'' + \frac{x-1}{x}y' - y = 0$

5-107 (a) $xy'' - 3xy' + \frac{4}{x}y = 0$

(b) $x^2y'' + 2xy' + y = 0$

5-108 (a) $2x^2y'' - 3xy' - y = 0$

(b) $(x^2 - 1)y'' - 4y' + \frac{1}{x^2}y = 0$

정칙 특이점 $x_0 = 0$에 대해 다음 각 2계 선형 미분방정식의 두 개의 1차 독립인 해의 형태를 방정식을 풀지 말고 결정하라. 또한 이러한 해가 수렴하게 되는 x 값의 범위를 결정하라.

5-109 (a) $y'' - \frac{3}{x}y' + \frac{1}{x^2}y = 0$

(b) $x(1 - x)y'' + (1 + x)y' - 3xy = 0$

5-110 (a) $xy'' - (x^2 - 1)y' - \frac{2}{x}y = 0$

(b) $x(x^2 - 1)y'' + y' - \frac{1}{x}y = 0$

5-111 (a) $x^2y'' - 6y = 0$

(b) $y'' + \frac{x-1}{x}y' - y = 0$

5-112 (a) $xy'' - 3xy' - \frac{4}{x}y = 0$

(b) $x^2y'' - 2xy' + 2y = 0$

5-113 (a) $2x^2y'' - 3xy' - y = 0$

(b) $(x^2 - 4)y'' - 4y' + \frac{3}{x^2}y = 0$

다음 각 2계 선형 미분방정식의 정칙 특이점 $x_0 = 0$에 대한 일반해를 구하라.

5-114 (a) $y'' - \frac{3}{x}y' + \frac{1}{x^2}y = 0$

(b) $x(1 - x)y'' + (1 + x)y' - 3xy = 0$

5-115 (a) $xy'' + (x^2 - 1)y' - \frac{2}{x}y = 0$

(b) $x(x^2 - 1)y'' + y' - \frac{1}{x}y = 0$

5-116 (a) $xy'' - 3xy' - \frac{4}{x}y = 0$

(b) $x^2y'' - 2xy' + 2y = 0$

5-117 (a) $2x^2y'' - 3xy' - y = 0$

(b) $(x^2 - 4)y'' - 4y' + \frac{3}{x^2}y = 0$

(a) 일반적인 해법, 그리고 (b) 프로베니우스 해법을 사용하여 다음 각 2계 오일러 방정식의 정칙 특이점 $x_0 = 0$에 대한 일반해를 구하라.

5-118 (a) $2x^2y'' + 6xy' - y = 0$

(b) $y'' - \frac{12}{x^2}y = 0$

5-119 (a) $x^2y'' + 5xy' + 4y = 0$

(b) $3x^2y'' + 2xy' - 4y = 0$

5-120 (a) $x^2y'' - 2xy' - 10y = 0$

(b) $x^2y'' - \frac{3}{4}y = 0$

5-7 베셀 방정식과 베셀 함수

5-121C 제1종 베셀 함수와 제2종 베셀 함수의 차이는 무엇인가?

5-122C 차수 1/2의 베셀 함수는 sin x와 어떤 관계인가? 이들은 어떻게 다른가?

5-123C 감마 함수는 어떻게 정의되는가? 계승 함수와 감마 함수의 관계는 무엇인가?

5-124C 변형 베셀 함수와 동일한 차수와 종류의 일반 베셀 함수의 일반적 동작상의 차이는 무엇인가?

5-125 프로베니우스 해법을 사용하여 차수 2의 베셀 방정식의 첫 번째 1차 독립인 해를 구하라. 이 해를 $J_2(x)$와 비교하라.

5-126 프로베니우스 해법을 사용하여 차수 3/2의 베셀 방정식의 일반해를 구하라.

5-127 양의 정수 값 v에 대해 $J_v(x) = (-1)^n J_{-v}(x)$임을 보여라.

5-128 프로베니우스 해법을 사용하여 차수 0의 변형 베셀 방정식의 일반해를 구하라.

베셀 함수를 포함하는 다음 각 적분을 구하라.

5-129 (a) $\int xJ_1(x)\,dx$ (b) $\int \frac{1}{x^3} J_4(x)\,dx$

5-130 (a) $\int xJ_4(x)\,dx$ (b) $\int J_1^2(x)\,dx$

5-8 컴퓨터 해법

각자 선택한 소프트웨어를 사용하여 다음 문제를 풀어라.

5-131 문제 5-63

5-132 문제 5-64

5-133 문제 5-65

5-134 문제 5-79

5-135 문제 5-80

5-136 문제 5-81

5-137 문제 5-82

5-138 문제 5-83

5-139 문제 5-84

5-140 문제 5-85

5-141 문제 5-86

5-142 문제 5-87

5-143 문제 5-88

5-144 문제 5-89

5-145 문제 5-90

5-146 문제 5-91

5-147 문제 5-92

5-148 문제 5-114

5-149 문제 5-115

5-150 문제 5-116

5-151 문제 5-117

5-152 문제 5-118

5-153 문제 5-119

5-154 문제 5-120

CHAPTER 6

선형 연립미분방정식: 스칼라 방식

지금까지는 *단일* 종속변수에 관한 *단일* 미분방정식들을 살펴보았다. 비록 자연과학 및 공학 분야에서 접하는 많은 문제들이 하나의 종속변수만 포함하지만, 각기 단일 독립변수의 함수인 둘 이상의 종속변수를 포함하는 문제들도 많이 있다. 이러한 문제들에서는 *연립* 상미분방정식이 만들어진다. 여기에서 **연립**이 의미하는 것은 둘 이상의 미분방정식이 서로 *결합*되어 있음을 의미하여, 여기에서 *결합*되어 있다는 것은 방정식들을 개별적으로 풀 수 없으며 한꺼번에 풀어야 한다는 것을 의미한다. 독립변수는 시간인 경우가 많으며 이 경우 t로 표시된다. 종속변수는 관행에 따라 $x, y, z, \ldots$ 또는 $x_1, x_2, x_3, \ldots, x_n$ 등으로 표시된다. 프라임 기호($'$)나 기호 위의 점($\dot{}$)은 t에 관한 미분을 표시하기 위해 사용된다.

이 장에서는 *상수계수* 연립 *선형* 미분방정식에 집중하는데, 이러한 연립방정식의 해는 항상 초등함수들을 이용하여 구할 수 있기 때문이다. 또한 논의의 복잡성을 최소로 하기 위해 대개의 경우 두 개의 종속변수에 관한 두 개의 1계 미분방정식으로 이루어진 연립방정식으로 논의를 한정할 것이다. 그러나 제시된 해법들은 임의의 계수를 갖는 임의의 개수의 방정식들로 이루어진 연립방정식으로 확장될 수 있다. 이는 동일한 원칙이 더 많은 수의 방정식으로 구성된 연립방정식에도 적용되며, 임의의 n에 대해 n계 미분방정식은 n개의 1계 미분방정식으로 구성된 연립방정식으로 표현될 수 있기 때문이다.

이 장에서는 먼저 연립미분방정식에 대한 개요를 제시하고 현실에서 이러한 연립방정식이 어떻게 발생하는지를 보여준다. 그런 다음 *소거법*을 소개할 텐데, 소거법은 n개의 1계 미분방정식으로 구성된 연립방정식을 앞의 장들에서 살펴본 기법들을 사용하여 풀 수 있는 하나의 n계 방정식으로 변환하는 방법이다. 그 다음에 상수계수 선형 연립미분방정식을 풀기 위한 체계적 방법인 *고윳값 방법*을 제시한다. 이 방법은 특성방정식과 특성근에 기초한 상수계수 미분방정식에 대한 해법과 흡사하며, 고윳값들이 특성근과 동일하다는 것을 확인하게 될 것이다.

학습목표

이 장을 마친 후에는 다음과 같은 능력을 갖출 수 있을 것이다.

1. 하나의 n계 미분방정식을 n 개의 1계 미분방정식들로 변환한다.
2. 소거법을 사용하여 n계 상수계수 동차방정식을 푼다.
3. 고윳값 방법을 사용하여 n계 상수계수 동차방정식을 푼다.
4. n계 상수계수 방정식의 모드를 구하고 해석한다.
5. 컴퓨터 패키지를 사용하여 n계 상수계수 방정식에 대한 닫힌 형식의 해를 구한다.

6-1 ■ 연립미분방정식 개요

t를 독립변수로 갖는 3개의 미지 함수에 관한 3개의 미분방정식으로 구성된 연립방정식:

$$x' = 2x - 3y + z + t^3$$
$$y' = x + tz + 1$$
$$z' = 4x - 3xy - t^3 z$$

그림 6-1
연립미분방정식은 둘 이상의 종속변수들에 대한 도함수를 포함한다.

학생들은 아마 대수학에서 연립방정식을 배웠을 것이다. 그러나 대수학의 연립방정식은 미분이나 도함수를 포함하지는 않으며, 다음과 같은 연립 *대수방정식*이었을 것이다.

$$\begin{aligned} x + y &= 5 \\ 3x - 5y &= -7 \end{aligned} \tag{6–1}$$

반면에 연립*미분방정식*은 단일 독립변수에 관한 둘 이상의 종속변수의 도함수들로 구성되는데, 대개의 경우 독립변수는 시간 t이다(그림 6-1).

예제 6-1 혼합공정을 표현하는 연립방정식

그림 6-2에서 보여주듯이 각각 1000L(리터)의 소금물을 담고 있고 서로 연결되어 있는 두 개의 소금물 탱크가 있다고 하자. 임의의 시점 t에 첫 번째와 두 번째의 탱크는 각각 $x_1(t)$, $x_2(t)$ kg의 소금을 포함한다. 각 탱크에서 계속 저어주어 소금물 농도는 균일하게 유지된다. 첫 번째 탱크에는 리터 당 0.1kg의 소금을 포함하는 소금물을 15L/min의 속도로 넣어주며, 두 번째 탱크에는 순수한 물을 5L/min의 속도로 넣어준다. 펌프를 사용하여 첫 번째 탱크에서 두 번째 탱크로 50L/min의 속도로 소금물을 이동시키며, 두 번째 탱크에서 첫 번째 탱크로 35L/min의 속도로 소금물을 이동시킨다. 두 번째 탱크에서 소금물은 20L/min의 속도로 흘러나온다. 각 탱크 안의 소금 함량을 시간에 대한 함수로 표현하는 x_1, x_2에 관한 미분방정식을 구하라.

풀이 | 소금이 녹아들어가더라도 용액의 부피에는 변화가 없다고 가정한다. 또한 각 탱크로 들어오는 유량과 나가는 유량이 동일하므로 각 탱크 안의 소금물 부피는 1000L에서 일정하게 유지된다는 사실을 알 수 있다. 따라서 첫 번째 탱크에서 소금물 1리터는 $x_1/1000$kg의 소금을 포함하며, 첫 번째 탱크에서 $50(x_1/1000)$kg/min의 속도로 소금이 빠져나간다.

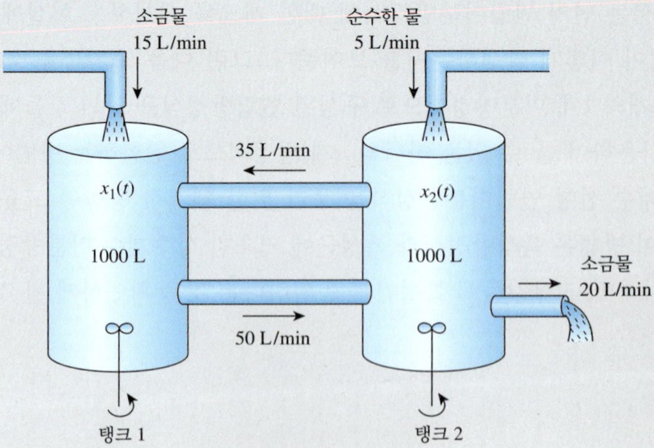

그림 6-2
두 개의 소금물 탱크에서의 혼합

두 번째 탱크에서 소금물 1리터는 $x_2/1000$kg의 소금을 포함하며, 소금이 두 번째 탱크를 떠나 첫 번째 탱크로 들어가는 속도는 $35(x_2/1000)$kg/min이다. 그리고 새로운 소금물이 첫 번째 탱크로 들어가는 속도는 1.5kg/min인데, 이는 새로운 소금물은 리터 당 0.1kg의 소금을 포함하기 때문이다. 이제 각 탱크에서 소금 함량 변화율은 (kg/min 단위로) 다음과 같이 표현될 수 있다.

$$\frac{dx_1}{dt} = 1.5 - 50\frac{x_1}{1000} + 35\frac{x_2}{1000} \tag{6-2a}$$

$$\frac{dx_2}{dt} = 0 - 50\frac{x_1}{1000} - 55\frac{x_2}{1000} \tag{6-2b}$$

이것은 두 개의 미지 함수 $x_1(t)$, $x_2(t)$에 관한 두 개의 1계 미분방정식으로 구성된 연립방정식이다. 각 방정식이 두 개의 미지 함수 모두를 포함하고 있으므로 이들은 결합되어 있으며, 따라서 한꺼번에 풀어야 한다.

고계 도함수들을 포함하는 연립방정식

예제 6-1에서 질량보존에 관한 물리 법칙의 응용으로 1계 연립방정식이 만들어졌다. 그렇지만 다른 물리 법칙의 응용에서는 고계 연립방정식이 만들어질 수도 있다. 예를 들면, 뉴턴의 운동법칙은 2계 도함수들을 포함하는 연립방정식을 만들어낼 수 있다. 예를 들면, 방정식

$$\begin{aligned} x'' &= 2y' - 3x - 2x' + y + 5e^t \\ y'' &= 3x' + x - y' + 6y + 2 \end{aligned} \tag{6-3}$$

은 두 개의 미지 함수 $x(t)$, $y(t)$에 관한 두 개의 2계 미분방정식으로 구성된 연립방정식이다. 각 방정식이 두 개의 미지 함수 모두를 포함하고 있으므로 한꺼번에 풀어야 하는데, 이는 식 6-1의 대수방정식을 한꺼번에 풀어야 하는 것과 같다. 이렇게 구한 해는 t에 대해 지정된 구간에서 두 개의 방정식 모두를 만족해야 한다.

하나의 연립방정식을 구성하는 미분방정식들의 계수가 각기 다를 수도 있다. 예를 들면, 하나의 연립방정식 안의 모든 방정식이 식 6-3에서처럼 모두 2계일 수도 있고, 일부는 1계인데 나머지 방정식들은 2계 이상일 수도 있다.

연립방정식을 풀 때는 두 가지 방법이 있다. 권장되는 방법은 개별 응용에 따라 또 구하고자 하는 해에 따라 해법을 달리 하는 것이다. 경우에 따라서는 연립방정식을 하나의 고계 방정식으로 만들고 앞의 장들에서 살펴본 해법들을 적용하여 해를 구하는 것이 쉬울 수도 있다. 이러한 방법을 소거법이라고 하며 6-3절에서 살펴볼 것이다. 이 방법의 단점은 일반화시킬 수 없다는 점이다.

또 다른 방법은 연립방정식을 1계 방정식들의 모음으로 확장하는 것이다. 이러한 접근방식의 이점은 방정식의 개수에 관계없이 적용 가능한 일반적인 방법을 얻을 수 있다는 것이다. 이러한 측면은 9장에서 다룰 수치해법의 기초로 이 방

3계 방정식:

$$x''' = x'' + 4x' - t^2x + e^{-2t}$$

y, z를 다음과 같이 정의:

$$y = x'$$
$$z = x'' = y'$$

동치인 1계 연립방정식:

$$x' = y$$
$$y' = z$$
$$z' = z + 4y - t^2x + e^{-2t}$$

그림 6-3
(가장 높은 계수를 제외한) 각 계의 도함수들을 새로운 변수로 정의함으로써 고계 미분방정식은 항상 1계 연립방정식으로 변환될 수 있다.

법을 사용할 수 있게 해준다. (고윳값 방법이라고 부를) 이 방법을 6-4절에서 소개하고, 7장에서 이 방법의 일반적 특성을 이용하기 위해 행렬을 이용하는 방식으로 더욱 확장시킬 것이다.

임의의 n계 미분방정식은 항상 1계 연립방정식으로 변환될 수 있다(그림 6-3). 이러한 변환을 어떻게 수행하는지 보여주기 위해 3계 미분방정식

$$x''' = 2x'' - 3x' + 5x + 7t^2 \tag{6-4}$$

을 3개의 1계 방정식으로 이루어지는 연립방정식으로 변환시켜보자. 이를 달성하기 위해 다음과 같이 3개의 새로운 변수를 정의한다.

$$\begin{aligned} x_1 &= x \\ x_2 &= x' = x_1' \\ x_3 &= x'' = x_2' \end{aligned} \tag{6-5}$$

즉, 미지의 함수와 그 도함수 각각을 (가장 계수가 높은 도함수는 제외하고) 새로운 변수로 정의한다. $x_3' = x'''$이므로 이렇게 정의된 변수들을 원래의 미분방정식(식 6-4)에 대입하면 $x_3' = 2x_3 - 3x_2 + 5x_1 + 7t^2$이 되는데, 이것은 3개의 미지 함수에 관한 1계 미분방정식이다. 이 방정식은 x_2, x_3에 대한 정의와 함께 다음과 같이 3개의 1계 방정식으로 구성된 연립방정식을 형성한다.

$$\begin{aligned} x_1' &= x_2 \\ x_2' &= x_3 \\ x_3' &= 2x_3 - 3x_2 + 5x_1 + 7t^2 \end{aligned} \tag{6-6}$$

3개의 미지 함수에 관한 3개의 1계 방정식으로 이루어지는 위의 연립방정식은 하나의 미지 함수에 관한 원래의 3계 방정식과 동치이다. 여기에서 기술한 절차는 상당히 일반적이며 임의 계수의 어떤 미분방정식에라도 적용될 수 있다. 이러한 방법으로 구한 방정식의 형태는 *코시 형식(Cauchy form)* 또는 *상태 변수 형식 (state variable form)*으로 알려져 있다.

식 6-5의 방식에 따라 새로운 변수를 정의하는 방법이 새로운 변수를 정의하는 유일한 방법은 아니지만 아마 가장 단순한 방법일 것이다.

예제 6-2 고계 연립방정식을 1계 연립방정식으로 변환

초기조건들과 함께 주어진 다음 연립방정식을 동치인 1계 연립방정식으로 변환하여라.

$$\begin{aligned} x'' &= 2x - 3y + x' + f(t), \quad x(0) = 0,\ x'(0) = 1 \\ y'' &= -x + y + 2x' + g(t), \quad y(0) = 0,\ y'(0) = 2 \end{aligned}$$

풀이 위의 방정식은 두 개의 미지 함수에 관한 두 개의 2계 방정식으로 구성된 연

립방정식이다. 이를 변환하면 4개의 미지 함수에 관한 4개의 1계 방정식으로 구성된 연립방정식이 만들어질 것을 예상할 수 있는데, 이는 각각의 2계 방정식이 두 개의 1계 방정식으로 구성된 연립방정식으로 변환될 수 있기 때문이다. 먼저 4개의 새로운 종속변수를 다음과 같이 정의한다.

$$\begin{aligned} x_1 &= x \\ x_2 &= x' = x_1' \\ x_3 &= y \\ x_4 &= y' = x_3' \end{aligned}$$

이러한 정의를 주어진 미분방정식에 대입한 결과는 다음과 같다.

$$\begin{aligned} x_1' &= x_2, & x_1(0) &= 0 \\ x_2' &= 2x_1 - 3x_3 + x_2 + f(t), & x_2(0) &= 1 \\ x_3' &= x_4, & x_3(0) &= 0 \\ x_4' &= -x_1 + x_3 + 2x_2 + g(t), & x_4(0) &= 2 \end{aligned}$$

이것은 4개의 미지 함수에 관한 4개의 1계 방정식으로 구성된 연립방정식이며, 원래의 연립방정식과 동치이다. 두 연립방정식 모두에서 방정식 계수들의 합은 4임을 유의하기 바란다. 또한 원래의 방정식과 변환된 방정식은 동일한 유형이다. 원래의 연립방정식 안의 방정식들이 상수계수를 갖는 선형이므로 변환된 연립방정식 안의 방정식들도 상수계수를 갖는 선형이 된다.

고계 연립방정식을 다른 방법으로 풀 수 있다면 굳이 개별 고계 방정식들을 1계 연립방정식으로 변환시킬 필요는 없을 것이다. 그러나 현실에서 나타나는 고계 미분방정식들은 비선형인 경우가 많으며, 이들 중에는 수치해법을 사용하여 근사적으로 풀 수밖에 없는 경우들이 있다. 9장에서 살펴보겠지만, 주어진 고계 방정식들을 1계 연립방정식으로 변환시키는 것은 표준적인 절차이다.

연립방정식의 분류

단일 미분방정식에 연계된 대부분의 정의는 연립미분방정식에로 확장될 수 있다. 또한 대수적인 연립방정식과 연립미분방정식 사이에는 긴밀한 평행성이 존재한다. 예를 들면, 대수적인 연립방정식 안의 모든 방정식이 선형일 때 연립방정식이 선형이다. 따라서 방정식

$$\begin{aligned} x + 2y &= 5 \\ 2x - 3y^2 &= -10 \end{aligned} \tag{6-7}$$

은 두 번째 방정식이 비선형이므로 비선형 연립대수방정식을 구성한다.

연립미분방정식의 경우도 그 안의 모든 개별 방정식이 **선형**일 때 선형이 된다. 연립방정식을 구성하는 어느 한 방정식이라도 비선형 항을 포함한다면 그 연립방정식은 **비선형**이다(그림 6-4). 즉, 선형 연립방정식은 어떤 종속변수에 대해서

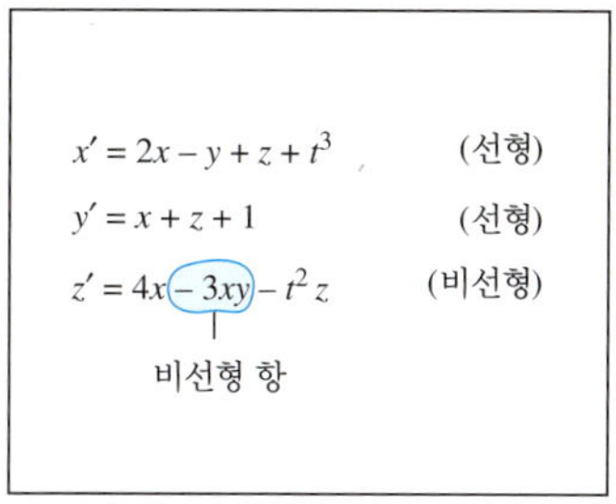

그림 6-4
어느 한 방정식이라도 비선형 항을 포함한다면 그 연립방정식은 비선형이다.

$x' = 2x - y + z$ (동차형)
$y' = x + t^2y + z$ (동차형)
$z' = -3x - y + 3t$ (비동차형)

비동차 항

그림 6-5
어느 한 방정식이라도 비동차 항을 포함한다면 그 연립방정식은 비동차형이다.

도 비선형 함수를 포함할 수 없다. 선형 연립미분방정식은 그 안의 모든 개별 방정식이 동차형일 때 **동차형**이 된다. 연립방정식을 구성하는 어느 한 방정식이라도 비동차 항을 포함한다면 그 연립방정식은 **비동차형**이다(그림 6-5).

두 개의 방정식으로 이루어진 *선형* 연립방정식의 일반형은

$$\begin{aligned} x' &= P_1(t)x + Q_1(t)y + R_1(t) \\ y' &= P_2(t)x + Q_2(t)y + R_2(t) \end{aligned} \tag{6-8}$$

와 같이 표현될 수 있는데, 여기에서 $R_1(t)$, $R_2(t)$는 비동차 항이다. 두 개의 방정식으로 이루어진 *선형 동차* 연립방정식의 일반형은 다음과 같이 표현될 수 있다.

$$\begin{aligned} x' &= P_1(t)x + Q_1(t)y \\ y' &= P_2(t)x + Q_2(t)y \end{aligned} \tag{6-9}$$

선형 연립방정식은 종속변수나 그 도함수들에 대해 (x^2, xy, xx', $\sin y$ 등과 같은 멱승, 곱, 초월함수 등의) 비선형 함수를 일체 포함하지 않는다는 것을 유의하기 바란다. 동차 연립방정식은 동차방정식들만을 포함한다.

$x' = 2x - y + z + t^3$ (상수계수)
$y' = -x + 2y - 1$ (상수계수)
$z' = 4x + 2ty - z$ (변수계수)

변수계수

그림 6-6
어느 한 방정식이라도 변수계수를 갖는 항을 포함한다면 변수계수 연립방정식이다.

끝으로, 연립미분방정식의 경우도 그 안의 모든 개별 방정식이 표준형 상태에서 상수계수를 가질 때 **상수계수** 연립방정식이 된다. 연립방정식을 구성하는 어느 한 방정식이라도 변수계수를 갖는다면 그 연립방정식은 (독립변수의 함수인) **변수계수** 연립방정식이다(그림 6-6).

두 개의 방정식으로 이루어진 상수계수 선형 연립방정식의 일반형은

$$\begin{aligned} x' &= a_1x + b_1y + R_1(t) \\ y' &= a_2x + b_2y + R_2(t) \end{aligned} \tag{6-10}$$

와 같이 표현될 수 있는데, 여기에서 a_1, a_2, b_1, b_2 등은 상수이다. 비동차 항들은 독립변수의 함수들일 수 있음을 유의하기 바란다.

식 6-10에서 x'을 위한 식의 일반형은 y'에 관한 항을 포함해야 하며, y'을 위한 식의 일반형은 x'에 관한 항을 포함해야 한다고 생각할 수 있을 것이다. 즉, 두 개의 방정식으로 이루어진 상수계수 선형 연립방정식의 일반형은 다음과 같아야 한다고 생각할 수 있을 것이다.

$$\begin{aligned} x' &= a_1x + b_1y + c_1y' + R_1(t) \\ y' &= a_2x + b_2y + c_2x' + R_2(t) \end{aligned} \tag{6-11}$$

그러나 위의 첫 번째 식에서 c_1y' 항은 두 번째 식의 y' 표현식을 이용하여 쉽게 제거할 수 있다. 마찬가지로 두 번째 식에서 c_2x' 항은 첫 번째 식의 x' 표현식을 이용하여 쉽게 제거할 수 있다. 그 후에 식을 정리하면 식 6-10 형태가 될 것이다. 따라서 1계 연립방정식에서 개별 방정식들의 우변에 종속변수들에 대한 도함수들을 포함시켜 식만 복잡하게 만들 필요는 없다.

대수학에서는 대개 비선형 연립방정식은 그냥 넘어가고 선형 연립방정식에 집중하는 경우가 많다. 이것은 비선형 연립방정식이 중요하지 않아서가 아니라 해석적으로 풀기가 불가능한 경우가 많기 때문이다. 물론 적당한 수치해법을 이용하여 컴퓨터로 수치적인 해를 구할 수는 있지만, 수치해법에 대한 상당한 수준의 능력이 필요할 것이다.

이는 연립미분방정식의 경우도 마찬가지이다. *선형* 연립미분방정식의 경우는 체계적 절차를 사용하여 풀 수 있지만, *비선형* 연립방정식의 경우 그와 같은 절차는 존재하지 않는다. 선형 연립방정식들도 변수계수를 포함할 경우 해에 무한급수가 포함되는 경우가 많아 풀이가 어려워진다. 따라서 이 장에서는 *상수계수 선형* 연립미분방정식에 집중할 것이다.

절 복습문제

C로 표시된 문제는 토론을 위한 개념적 문제이다.

6-1C 어떤 경우에 연립방정식이 선형이 되는가? 또 어떤 경우에 비선형이 되는가?

6-2C 어떤 경우에 선형 연립미분방정식이 동차형이 되는가? 또 어떤 경우에 비동차형이 되는가?

6-3 다음 단일 미분방정식을 1계 연립방정식으로 변환하여라(단, x는 종속변수이며 t는 독립변수임).

(a) $x''' + 3xx' = 6t^2$ (b) $x''' - 3x = e^{2t}$

(답: (a) $x_1 = x, x_2 = x' = x_1', x_3 = x'' = x_2'$로 정의하면 $x_1' = x_2, x_2' = x_3, x_3' = -3x_1x_2 + 6t^2$이 된다. (b) $x_1 = x, x_2 = x' = x_1', x_3 = x'' = x_2'$로 정의하면 $x_1' = x_2, x_2' = x_3, x_3' = 3x_1 + e^{2t}$을 얻는다.)

6-4 다음 연립미분방정식을 1계 연립방정식으로 변환하여라(단, t는 독립변수임).

$$x''' = 3y' + \cos t,\ x(\pi) = 0,\ x'(\pi) = 4,\ x''(\pi) = -2$$
$$y'' = 2ty' - x + e^t,\ y(0) = 2,\ y'(0) = 1$$

(답: $x_1 = x, x_2 = x' = x_1', x_3 = x'' = x_2', x_4 = y, x_5 = y' = x_4'$로 정의하면 $x_1' = x_2, x_2' = x_3, x_3' = 3x_5 + \cos t, x_4' = x_5, x_5' = 2tx_5 - x_1 + e^t$와 초기조건 $x_1(\pi) = 0, x_2(\pi) = 4, x_3(\pi) = -2, x_4(\pi) = 2, x_5(\pi) = 1$을 얻는다.)

6-5 다음 연립미분방정식이 (1) 선형인지 비선형인지, (2) 동차형인지 비동차형인지, (3) 상수계수를 갖는지 변수계수를 갖는지 결정하라.

$$x''' = 2xy - y' + \cos t$$
$$y'' = 2ty' - x + e^t$$

(답: 이 연립방정식은 항 $2xy$로 인해 비선형이며, 항 $\cos t$나 항 e^t로 인해 비동차형이며, 항 $2ty'$으로 인해 변수계수를 갖는다.)

6-2 ■ 연립미분방정식의 기원

연립미분방정식은 단순한 단일 시스템보다는 두 개 이상의 시스템이 물리적으로 결합된 상황을 다루는 여러 가지 현실적 문제에 대한 분석에서 자연스럽게 발생한다. 이러한 시스템들에서 종속변수들은 독립변수들에 종속될 뿐만 아니라 종속변수들끼리도 서로 종속되므로 한꺼번에 결정될 필요가 있다. 연립미분방정식에 관한 이론과 해법을 본격적으로 살펴보기에 앞서 이러한 방정식들이 어떻게 발생하는지를 몇 개의 예제를 통해 알아본다.

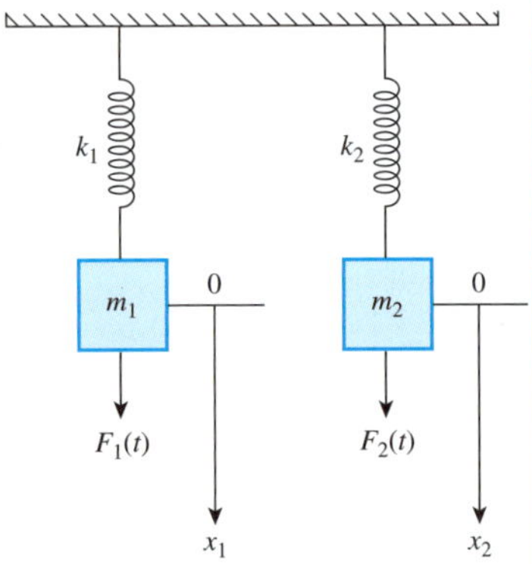

그림 6-7
분리되어 있는 두 개의 질량체

예제 6-3 결합되지 않은 기계적 진동

두 개의 질량체 m_1, m_2가 각기 스프링 상수가 k_1, k_2인 두 개의 선형 스프링에 매달려 있다. 이 질량체들에는 그림 6-7에서 보여주듯이 각기 외력 $F_1(t)$, $F_2(t)$가 작용한다. $x_1(t)$, $x_2(t)$는 임의의 시점에 이 두 질량체가 각자의 평형 위치(외력 없이 자체 무게로 인한 위치)를 기준했을 때 갖는 위치를 나타낸다. 감쇠나 마찰은 무시하고 이 두 질량체의 운동을 표현하는 미분방정식을 구하라.

풀이 | 다양한 조건에서 하나의 질량체가 갖는 기계적 진동에 대해서는 3장에서 자세히 살펴본 바 있다. 감쇠는 없다고 가정하고 x_1, x_2 모두에 대해 아래쪽 방향을 양의 방향이라고 하고, 각 질량체의 운동을 나타내는 미분방정식은 다음과 같이 표현될 수 있다(식 3-92).

$$m_1\frac{d^2x_1}{dt^2} + k_1x_1 = F_1(t) \qquad \textbf{(6–12a)}$$

그리고

$$m_2\frac{d^2x_2}{dt^2} + k_2x_2 = F_2(t) \qquad \textbf{(6–12b)}$$

여기에서 x_1, x_2는 두 개의 미지 함수(종속변수)이며 t는 시간(독립변수)이다.

식 6-12는 두 개의 미지 함수를 갖는 두 개의 방정식으로 구성된 연립방정식을 구성한다. 정확하게 말하자면 이들은 각기 한 개씩의 미지 함수를 갖는 두 개의 방정식이다. 따라서 이 두 개의 방정식은 서로 독립적이며 각기 독립적으로 풀 수 있다. 즉, 두 개의 서로 무관한 방정식인 것처럼 첫 번째 방정식은 x_1에 대해 풀고 두 번째 방정식은 x_2에 대해 풀면 된다. 이 두 개의 질량체는 완전히 독립적이며 한 질량체의 운동은 다른 질량체의 운동에 전혀 영향을 미치지 않으므로 당연한 일이라고 할 수 있다. 식 6-12에서는 각각의 미지 함수가 하나의 방정식에만 나타나므로 분리된 방정식들이라고 할 수 있다. 이 장에서는 이러한 연립방정식은 다루지 않는데, 분리된 방정식들로 구성된 연립방정식을 풀기 위해 새로운 정보가 필요하지는 않기 때문이다.

예제 6-4 결합 상태의 기계적 진동

앞의 예제에서 살펴본 두 개의 스프링-질량체 시스템이 이번에는 그림 6-8에서 보여주듯이 직렬로 연결되어 있다고 하자. 마찰은 무시하고 이 두 질량체의 운동을 표현하는 미분방정식을 구하라.

풀이 | 이번에도 x_1, x_2가 질량체 m_1, m_2의 평형 위치(외력 없이 자체 무게로 인한 위치)를 기준한 위치를 나타낸다고 하자. 또 x_1, x_2 모두에 대해 아래쪽 방향을 양의 방향으로 둔다. 선형 스프링에 작용하는 힘은 평형위치로부터 팽창된 (또는 압축된) 길이에 비례하므로 다음 식들을 얻는다.

$$F_{\text{spring 1}} = k_1 x_1 \tag{6-13a}$$

$$F_{\text{spring 2}} = k_2(x_2 - x_1) \tag{6-13b}$$

두 번째 질량체의 변위는 첫 번째 질량체를 기준으로 정해진다. 두 질량체 m_1, m_2 모두 같은 방향으로 같은 거리만큼 이동할 경우 $x_1 = x_2$이며, 이 때 두 번째 스프링은 전혀 팽창되거나 압축되지 않은 것이므로 $F_{\text{spring2}} = 0$이다. 첫 번째 질량체에 이동이 없으면($x_1 = 0$), 예상대로 $F_{\text{spring2}} = k_2 x_2$이다.

두 질량체가 평형 상태일 때 각 질량체의 무게 mg는 스프링에 존재하는 탄성력을 상쇄한다. 따라서 이러한 힘들과 무게는 운동방정식에 나타나지 않는다. 이는 변위 x_1, x_2를 평형 위치를 기준으로 측정했을 때만 성립된다.

$x_1 > 0, x_2 > 0, x_2 > x_1$ 등의 가정하에 자유물체도를 그림 6-8b에 보이고 있다. 각 질량체에 뉴턴의 운동 제2법칙을 적용하면 다음과 같은 운동방정식들이 만들어진다.

$$m_1\frac{d^2x_1}{dt^2} + k_1x_1 = k_2(x_2 - x_1) + F_1(t) \tag{6-14}$$

그리고

$$m_2\frac{d^2x_2}{dt^2} + k_2(x_2 - x_1) = F_2(t) \tag{6-15}$$

첫 번째 방정식만을 풀어 $x_1(t)$를 구하려는 시도는 실패할 텐데, 이는 그 방정식에 또 다른 미지의 함수 $x_2(t)$가 포함되어 있기 때문이다. 마찬가지로 두 번째 방정식만을 풀어 $x_2(t)$를 구하려는 시도 또한 실패할 텐데, 이는 그 방정식에 또 다른 미지의 함수 $x_1(t)$가 포함되어 있기 때문이다. 그렇지만 이 두 개의 방정식을 한꺼번에 풀어 두 개의 미지 함수 $x_1(t), x_2(t)$를 동시에 구할 수 있으며, 이러한 해법에 대해서는 이 장의 뒷부분에서 살펴볼 것이다. 식 6-14와 6-15는 결합되어 있다고 말하는데, 이는 각 방정식이 둘 이상의 미지 함수를 포함하기 때문이다. 이러한 종류의 방정식들에 대한 해법이 이 장에서 살펴볼 대상이다.

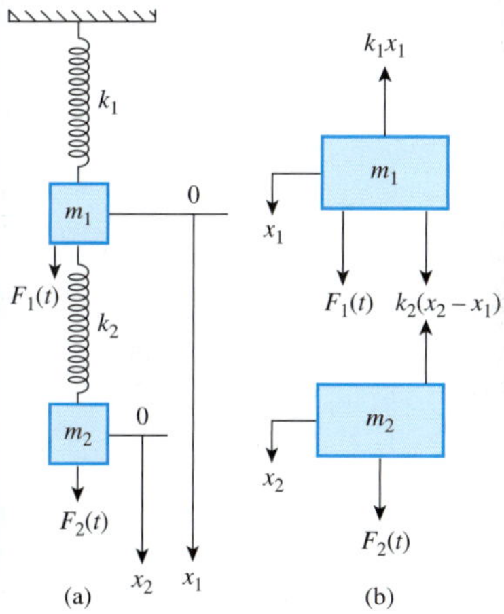

그림 6-8

그림 6-8 (a) 결합된 두 개의 질량체 (b) $x_1 > 0, x_2 > 0, x_2 > x_1$일 때의 자유물체도

예제 6-5 전기회로

두 개의 폐회로로 구성된 그림 6-9의 전기회로에서 각기 인덕터 L_1, L_2를 흐르는 전류 I_1, I_2를 표현하는 미분방정식들을 구하라.

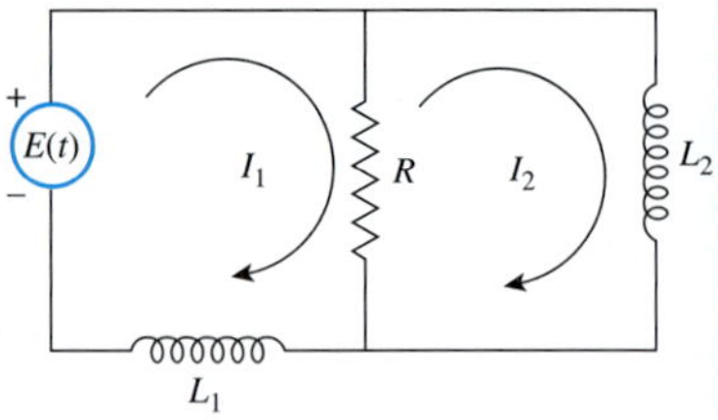

그림 6-9
결합된 두 개의 폐회로를 갖는 RL 회로

풀이 여러 개의 폐회로를 포함하는 전기회로를 분석할 때 여러 요소를 통과하는 전류의 실제 방향을 미리 알아내는 것은 어렵다. 따라서 종종 분석을 시작하기 전에 전류가 특정 방향으로 흐른다고 가정할 필요가 있다. 전류에 대해 구한 값이 음일 경우, 전류의 실제 방향은 가정된 방향의 반대임을 의미한다.

전류 I_1, I_2는 그림에 표시된 방향으로 흐른다고 가정한다. 이 경우 저항 R을 흐르는 전류는 폐회로에 대한 분석 결과에 따라 두 전류의 차인 $I_1 - I_2$ 또는 $I_2 - I_1$일 것이다. 3장에서 폐회로 안의 전압강하들의 총합은 폐회로의 인가전압과 같다는 법칙을 언급한 바 있다.

이러한 법칙을 첫 번째 폐회로와 두 번째 폐회로에 적용하면 두 개의 미지 함수 I_1, I_2를 위한 다음 방정식들을 얻는다.

$$L_1\frac{dI_1}{dt} + R(I_1 - I_2) = E(t) \tag{6-16a}$$

$$L_2\frac{dI_2}{dt} + R(I_2 - I_1) = 0 \tag{6-16b}$$

이를 정리하면 다음과 같다.

$$L_1\frac{dI_1}{dt} + RI_1 = RI_2 + E(t) \tag{6-17a}$$

$$L_2\frac{dI_2}{dt} + RI_2 = RI_1 \tag{6-17b}$$

이것은 두 개의 미지 함수에 관한 두 개의 방정식으로 구성된 1계 연립미분방정식이다. 각 방정식이 두 개의 미지 함수 모두를 포함하므로 이들은 결합되어 있으며, 따라서 한꺼번에 풀어야 한다.

다음에 선형 연립방정식의 해법들을 살펴볼 것이다. 먼저 소개할 소거법은 n개의 1계 미분방정식으로 구성된 연립방정식을 앞의 장들에서 살펴본 기법들을 사용하여 풀 수 있는 하나의 n계 방정식으로 변환하는 방법이다. 그 다음 소개할 고윳값 방법은 상수계수 선형 미분방정식을 풀기 위한 체계적 방법이며 상수계수를 갖는 개별 미분방정식의 해법과 비슷하다.

절 복습문제

6-6 그림 6-8b는 $x_1 > 0, x_2 > 0, x_2 > x_1$일 때의 자유물체도를 보이고 있다. $x_1 > 0, x_2 > 0, x_2 > x_1$일 때의 자유물체도를 그려라. 이 경우의 운동방정식이 식 6-14 및 6-15와 같음을 보여라.

6-7 그림 6-9의 회로에서 R을 지나는 전류를 I_a, L_1을 지나는 전류를 I_b, L_2를 지나는 전류를 I_c라고 하자. 키르히호프의 법칙을 적용하여 회로 방정식을 유도하고, 이들이 식 6-17로 축소될 수 있음을 보여라.

6-3 ■ 소거법

소거법은 연립미분방정식을 풀기 위한 가장 단순하고 기초적인 방법이다. 소거법은 연립미분방정식에서 종속변수들을 한 번에 하나씩 소거하여 하나의 종속변수에 관한 *단일* 고계 방정식으로 변환시키는 과정을 기초로 한다.

소거법은 연립대수방정식에서 하나의 방정식에 하나의 미지수만 남을 때까지 미지수들을 소거해나가는 해법과 비슷하다. 예를 들면, 연립대수방정식

$$\begin{aligned} 3x + 2y &= 7 \\ 5x - y &= 3 \end{aligned} \tag{6-18}$$

은 두 번째 방정식을 y에 대해 풀어 $y = 5x - 3$을 얻은 다음 이를 다시 첫 번째 방정식에 대입함으로써 y를 소거하여 다음과 같이 x에 관한 단일 방정식으로 축소시킬 수 있다(그림 6-10).

$$3x + 2(5x - 3) = 7 \tag{6-19}$$

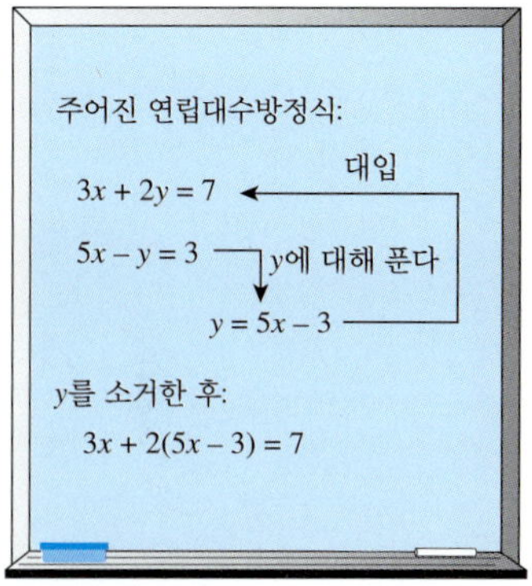

그림 6-10
연립대수방정식에 소거법 적용

위의 방정식은 x에 대해 쉽게 풀 수 있으며, 그 결과는 $x = 1$이다. 일단 x를 구한 후에는 또 다른 미지수 y는 x값을 아무 방정식에나 대입한 후 y에 대해 풀어서 결정할 수 있으며, 결과는 $y = 2$이다.

이제 종속변수 x, y에 관한 두 개의 상수계수 1계 선형 미분방정식으로 구성된 연립방정식을 생각해보자.

$$x' = a_1x + b_1y + R_1(t) \tag{6-20a}$$

$$y' = a_2x + b_2y + R_2(t) \tag{6-20b}$$

첫 번째 방정식을 y에 대해 풀고 이를 독립변수 t에 대해 미분하면 다음 식들을 얻는다.

$$y = \frac{1}{b_1}[x' - a_1x - R_1(t)], \tag{6-21}$$

그리고

$$y' = \frac{1}{b_1}[x'' - a_1x' - R_1'(t)] \tag{6-22}$$

이제 y, y'을 위한 관계식들을 두 번째 방정식(식 6-20b)에 대입하고 정리하면 상수계수 2계 선형방정식

$$x'' - (a_1 + b_2)x' + (a_1b_2 - a_2b_1)x = R_1'(t) - b_2R_1(t) + b_1R_2(t) \quad \text{(6–23)}$$

이 만들어진다. 이 방정식은 3장에서 기술된 절차들을 사용하여 풀 수 있다. 연계 동차방정식의 특성방정식은 다음과 같다.

$$\lambda^2 - (a_1 + b_2)\lambda + a_1b_2 - a_2b_1 = 0 \quad \text{(6–24)}$$

이 방정식의 두 근을 사용하여 동차해를 구성한다. 이러한 동차해와 비동차방정식을 만족하는 특수해를 결합하여 x를 위한 일반해가 결정된다.

일단 $x(t)$를 구한 후에는 또 다른 미지 함수 $y(t)$는 식 6-21의 y 관계식에 $x(t)$, $x'(t)$를 대입하여 결정할 수 있다. 이제 예제를 통해 이러한 풀이 절차를 보인다.

예제 6-6 소거법

소거법을 사용하여 지정된 초기조건들과 함께 다음과 같이 두 개의 1계 미분방정식으로 구성된 연립방정식을 풀어라.

$$\begin{aligned} x' &= 4x + 6y,\ x(0) = 1 \\ y' &= -3x - 5y,\ y(0) = 0 \end{aligned} \quad \text{(6–25)}$$

풀이 위의 방정식은 두 개의 상수계수 1계 선형 동차방정식으로 구성된 연립방정식이다. 이와 동치인 단일 미지 함수에 관한 상수계수 2계 선형 동차방정식을 구하기 위해 첫 번째 방정식을 y에 대해 풀고 이를 t에 대해 미분하면 다음 식들을 얻는다.

$$y = \frac{1}{6}x' - \frac{4}{6}x \quad \text{(6–26)}$$

그리고

$$y' = \frac{1}{6}x'' - \frac{4}{6}x' \quad \text{(6–27)}$$

이제 이러한 관계식들을 두 번째 미분방정식에 대입하여 y, y'을 소거하면

$$\frac{1}{6}x'' - \frac{4}{6}x' = -3x - 5\left(\frac{1}{6}x' - \frac{4}{6}x\right)$$

즉,

$$x'' + x' - 2x = 0 \quad \text{(6–28)}$$

와 같은 상수계수 2계 선형 동차방정식을 얻는다(그림 6-11). 특성방정식은 $\lambda^2 + \lambda - 2 = 0$이며, 그 근은 $\lambda_1 = 1$, $\lambda_2 = -2$인데, 이들은 서로 다른 실근이다. 따라서 방정식 6-28의 일반해는 $x = C_1e^t + C_2e^{-2t}$이다. 또 다른 미지 함수 y를 결정하기 위해 다음과 같이 x, x'을 위한 표현식들을 식 6-26에 대입한다.

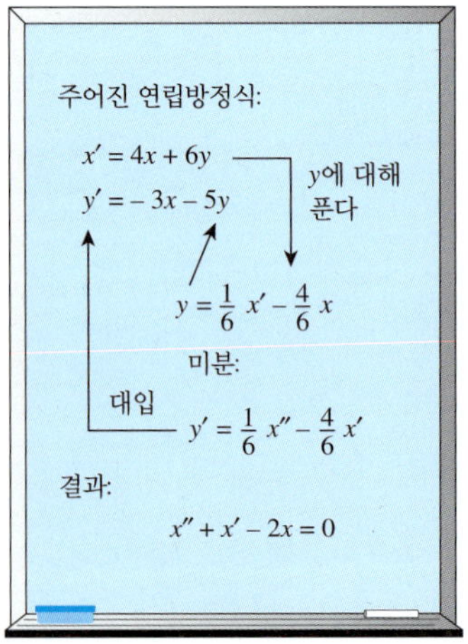

그림 6-11
소거법을 사용하여 두 개의 1계 방정식을 하나의 2계 방정식으로 변환시킨다.

$$\begin{aligned} y &= \frac{1}{6}x' - \frac{4}{6}x \\ &= \frac{1}{6}(C_1e^t - 2C_2e^{-2t}) - \frac{4}{6}(C_1e^t + C_2e^{-2t}) \\ &= -\frac{1}{2}C_1e^t - C_2e^{-2t} \end{aligned}$$

따라서 두 개의 1계 방정식으로 구성된 원래의 연립방정식에 대한 일반해는 다음과 같다.

$$x = C_1e^t + C_2e^{-2t}$$

$$y = -\frac{1}{2}C_1e^t - C_2e^{-2t}$$

임의상수 C_1, C_2는 초기조건을 적용하여 결정한다.

$$x(0) = 1 \rightarrow C_1 + C_2 = 1$$

$$y(0) = 0 \rightarrow -\frac{1}{2}C_1 - C_2 = 0$$

결과는 $C_1 = 2, C_2 = -1$이며, 따라서 주어진 초깃값 문제의 해는 다음과 같다.

$$\begin{aligned} x &= 2e^t - e^{-2t} \\ y &= -e^t + e^{-2t} \end{aligned}$$

이 해들이 주어진 미분방정식과 초기조건 모두를 만족한다는 것은 직접대입을 통해 확인할 수 있다. 또한 y 대신에 변수 x를 소거하여 풀 수도 있었음을 유의하기 바란다.

연립방정식 안의 모든 방정식이 상수계수를 가질 경우 소거법으로 구한 단일 고계 방정식도 상수계수를 갖는다는 점도 기억하도록 하자(그림 6-12).

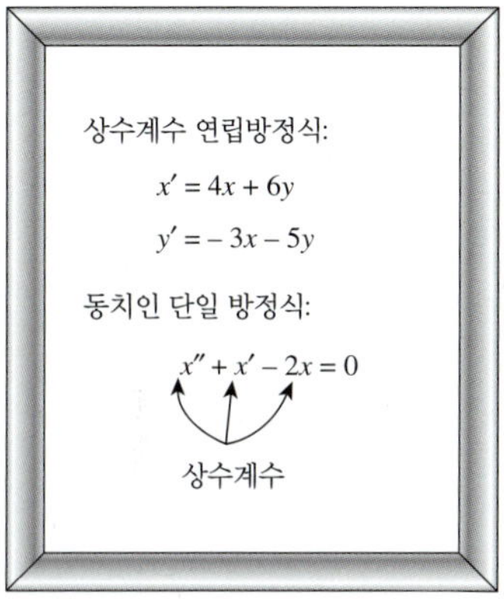

그림 6-12
연립방정식 안의 모든 방정식이 상수계수를 가질 경우 소거법으로 구한 단일 고계 방정식도 상수계수를 갖는다는 것을 보여주는 예

예제 6-7 연결된 두 개의 탱크

그림 6-13의 두 원통형 탱크는 밑면의 면적이 A_1, A_2이다. 유입원에서 흘러들어오는 질량 유입속도 $q_{mi}(t)$는 시간의 함수로 주어진다. 배출구는 대기압을 향해 방류한다. 파이프는 선형 저항으로 모델링된다. 이는 파이프를 통한 질량 흐름 속도는 파이프 양단에 가해지는 압력 차에 비례하며, 저항 R에 반비례함을 의미한다. 저항값 R은 부분적으로 유체의 특성, 파이프의 길이와 지름 등의 영향을 받는다. R을 계산하는 방법들은 유체역학에 관한 교재들에서 찾을 수 있다.

동일한 파이프가 사용되어 $R_1 = R_2 = R$이고 두 번째 탱크의 밑면적이 첫 번째 탱크 밑면적의 3배, 즉, $A_1 = A$이고 $A_2 = 3A$인 경우에 유체의 높이 h_1에 관한 2계 모델을 개발하라. 유입원을 차단할 경우 탱크들이 빌 때까지 얼마의 시간이 소요되겠는가? 두 탱크의 유체 높이들은 진동하겠는가?

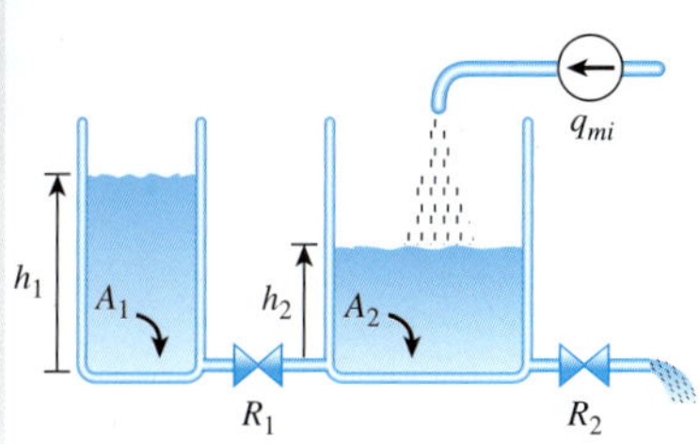

그림 6-13
연결된 두 개의 탱크

풀이 | 높이 h의 유체로 인한 압력은 ρgh인데, 이때 ρ는 유체 질량 밀도이며 여기에

서는 상수로 간주한다. 탱크 1에 질량 보존법칙을 적용한 결과는 다음과 같다.

$$\frac{d}{dt}(\rho A_1 h_1) = \rho A_1 \frac{dh_1}{dt} = -\frac{\rho g}{R_1}(h_1 - h_2)$$

탱크 2에 질량 보존법칙을 적용한 결과는 다음과 같다.

$$\frac{d}{dt}(\rho A_2 h_2) = \rho A_2 \frac{dh_2}{dt} = q_{mi} + \frac{\rho g}{R_1}(h_1 - h_2) - \frac{\rho g}{R_2}h_2$$

$R_1 = R_2 = R, A_1 = A, A_2 = 3A$를 두 개의 방정식에 대입하고 $B = g/RA$를 정의한 결과는 다음과 같다.

$$\frac{dh_1}{dt} = -B(h_1 - h_2) \tag{a}$$

$$3\frac{dh_2}{dt} = \frac{q_{mi}}{\rho A} + Bh_1 - 2Bh_2 \tag{b}$$

이들을 다음과 같이 h_1에 관한 단일 방정식으로 결합할 수 있다. 위의 방정식들과 식 6-20을 비교하고 식 6-23을 사용하여 다음 식을 얻을 수 있다.

$$3\frac{d^2h_1}{dt^2} + 5B\frac{h_1}{dt} + B^2h_1 = B\frac{q_{mi}}{\rho A}$$

식 6-24로부터 구한 특성방정식은 다음과 같다.

$$3\lambda^2 + 5B\lambda + B^2 = 0$$

근들은 $\lambda = -1.43B$와 $\lambda = -0.232B$이며, 이로부터 구한 동차해는 다음과 같다.

$$h_1(t) = C_1 e^{-1.43Bt} + C_2 e^{-0.232Bt}$$

두 개의 상수는 초기조건 $h_1(0)$, $h_2(0)$이 알려져 있을 경우 식 (a)로부터 구할 수 있는 $\dot{h}_1(0)$ 등으로부터 계산될 수 있다. 근들이 실수이므로 q_{mi}가 0이거나 상수일 경우 유체의 높이는 진동하지 않는다. 항 $C_1e^{-1.43Bt}$는 두 번째 항보다 빠른 속도로 감소할 것이다. $t \geq 4\tau$에 대해 $e^{-t/\tau} \leq 0.02$이므로 q_{mi}가 0일 경우, $t > 4(1/0.232B) = 17.241/B = 17.241RA/g$일 때 탱크들은 거의 빌 것이다. 따라서 탱크의 면적 A나 저항 B이 클수록 탱크가 빌 때까지 소요되는 시간이 길어진다.

앞의 예제들로부터 몇 가지 중요한 관찰을 할 수 있다.

1. 두 개의 종속변수에 관한 두 개의 상수계수 1계 선형 동차방정식으로 구성된 연립방정식은 둘 중 임의의 한 변수에 관한 하나의 상수계수 2계 선형 동차방정식으로 표현될 수 있다.

   일반적으로 n개의 종속변수에 관한 n개의 상수계수 1계 선형 동차방정식으로 구성된 연립방정식은 종속변수들 중 임의의 한 변수에 관한 하나의

상수계수 n계 선형 동차방정식으로 표현될 수 있다.

2. 하나의 종속변수에 관한 단일 1계 선형방정식의 일반해는 한 개의 임의상수와 한 개의 함수를 포함한다. 그렇지만 두 개의 종속변수에 관한 두 개의 1계 선형방정식으로 구성된 연립방정식은 두 개의 임의상수와 두 개의 1차 독립인 함수를 포함한다.

   일반적으로 n개의 종속변수에 관한 n개의 1계 선형방정식으로 구성된 연립방정식은 n개의 임의상수와 n개의 1차 독립인 함수를 포함한다.

3. *각각의 미지 함수에 대한 일반해는 동일한 임의상수 C_1, C_2를 포함하며 그 값들은 초기조건들로부터 결정된다.*
4. 두 개의 1계 방정식들에서 만들어진 2계 방정식은 비동차 항들 중의 하나에 대한 1계 도함수(식 6-23의 R_1')를 포함할 수도 있다. 이는 그와 같은 2계 방정식을 풀기 위해 R_1이 미분가능한 함수일 필요가 있음을 의미한다. x가 아니라 y에 관한 방정식을 만들었을 경우에는 방정식에 항 R_2'가 포함되었을 것이다.

   일반적으로 n개의 1계 방정식을 하나의 n계 방정식으로 축소시킬 경우 그 방정식에 비동차 항의 $(n-1)$계 도함수가 포함될 것이다.

n개의 1계 방정식으로 구성된 연립방정식은 항상 하나의 n계 선형 미분방정식으로 표현하여 풀 수 있다. 따라서 n개의 1계 방정식으로 구성된 연립방정식에 관한 이론은 4장에서 논의된 n계 선형방정식에 관한 이론과 긴밀한 평행성을 갖는다.

소거법은 단순하고 사용하기도 쉽지만, 두세 개를 넘는 방정식들로 구성된 연립방정식들에 적용하기에는 비실용적이다. 연립방정식을 구성하는 방정식들의 수가 증가할수록 소거법은 많은 노력을 요하는 복잡한 방법이 된다. 이 장의 뒷부분에서 논의할 고윳값 방법은 선형대수학에 관한 약간의 배경지식을 필요로 하지만, 연립방정식 안의 방정식 개수에 상관없이 동일한 특성방정식을 사용하며 소거나 기나긴 조작을 필요로 하지 않는다. 그렇지만 고윳값 방법의 적용 대상은 선형방정식들로 한정된다.

비동차 연립방정식을 위한 소거법

소거법은 비동차 연립방정식에도 적용될 수 있다. 이 경우 동치인 고계 방정식도 비동차형이 되며, 따라서 일반해를 구성하기 위해 특수해를 구할 필요가 있다.

예제 6-8 소거법: 비동차 연립방정식

소거법을 사용하여 지정된 초기조건들과 함께 다음과 같이 두 개의 1계 미분방정식으로 구성된 연립방정식을 풀어라.

$$x' = 4x + 6y + 1, \qquad x(0) = 1$$
$$y' = -3x - 5y + t, \qquad y(0) = 0$$

풀이 위의 방정식은 두 개의 상수계수 1계 선형 비동차방정식으로 구성된 연립방정식이다. 이와 동치인 단일 미지 함수에 관한 상수계수 2계 선형 동차방정식을 구하기 위해 첫 번째 방정식을 y에 대해 풀고 이를 t에 대해 미분하면 다음 식들을 얻는다.

$$y = \frac{1}{6}x' - \frac{4}{6}x - \frac{1}{6} \tag{6-29}$$

그리고

$$y' = \frac{1}{6}x'' - \frac{4}{6}x' \tag{6-30}$$

이제 이러한 관계식들을 두 번째 미분방정식에 대입하여 y, y'을 소거하면

$$\frac{1}{6}x'' - \frac{4}{6}x' = -3x - 5\left(\frac{1}{6}x' - \frac{4}{6}x - \frac{1}{6}\right) + t$$

즉,

$$x'' + x' - 2x = 6t + 5 \tag{6-31}$$

와 같은 상수계수 2계 선형 비동차방정식을 얻는다. 연계 동차방정식 $x'' + x' - 2x = 0$의 해는 예제 6-6에서 다음과 같이 구한 바 있다.

$$x = C_1e^t + C_2e^{-2t}$$

미정계수법을 사용하여 비동차 항에 대응되는 특수해의 일반형을 구하면 $x_p = At + B$이다. 이 해를 주어진 미분방정식(식 6-31)에 대입하고 양변에서 t의 각 멱의 계수들을 일치시키면 $A = 3$과 $B = -4$를 얻는다. 따라서 특수해는 $x_p = -3t - 4$이다. 이제 방정식 6-31의 일반해를 구하면 다음과 같다.

$$x = C_1e^t + C_2e^{-2t} - 3t - 4$$

또 다른 미지 함수 y를 결정하기 위해 다음과 같이 x, x'을 위한 표현식들을 식 6-29에 대입한다.

$$\begin{aligned} y &= \frac{1}{6}x' - \frac{4}{6}x - \frac{1}{6} \\ &= \frac{1}{6}(C_1e^t - 2C_2e^{-2t} - 3) - \frac{4}{6}(C_1e^t + C_2e^{-2t} - 3t - 4) - \frac{1}{6} \\ &= -\frac{1}{2}C_1e^t - C_2e^{-2t} + 2t + 2 \end{aligned}$$

따라서 두 개의 1계 방정식으로 구성된 원래의 연립방정식에 대한 일반해는 다음과 같다(그림 6-14).

$$x = C_1e^t + C_2e^{-2t} - 3t - 4$$

$$y = -\frac{1}{2}C_1e^t - C_2e^{-2t} + 2t + 2$$

임의상수 C_1, C_2는 초기조건을 적용하여 결정한다.

$$x(0) = 1 \rightarrow C_1 + C_2 - 4 = 1$$

$$y(0) = 0 \rightarrow -\frac{1}{2}C_1 - C_2 + 2 = 0$$

결과는 $C_1 = 6$ 그리고 $C_2 = -1$이며, 따라서 주어진 초깃값 문제의 해는 다음과 같다.

$$x = 6e^t - e^{-2t} - 3t - 4$$

$$y = -3e^t + e^{-2t} + 2t + 2$$

이 해들이 주어진 미분방정식과 초기조건 모두를 만족한다는 것은 직접대입을 통해 확인할 수 있다.

소거법은 (원리상으로는) 비선형 연립방정식에도 적용될 수 있다. 그러나 이 경우 닫힌 형식의 해를 얻을 수 있는 경우는 드물다.

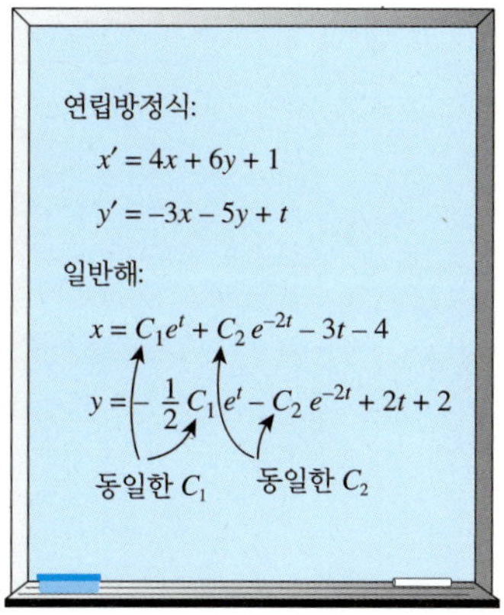

그림 6-14
n개의 1계 선형방정식으로 구성된 연립방정식의 각 미지 함수에 대한 일반해는 동일한 n개의 임의상수를 포함한다.

방정식의 수가 많을 경우 이러한 방식으로 단일 고계 방정식을 얻기 위해 방정식들을 결합하는 것은 번거로울 수 있다. 이러한 경우 (8장에서 다룰) 라플라스 변환에 기초한 해법이 사용하기에 더 쉽다.

절 복습문제

6-8C 소거법은 무엇에 기초하고 있는가? 소거법의 장점과 단점은 무엇인가?

6-9C 소거법의 주요 제한점은 무엇인가? 소거법을 비동차 연립방정식에 적용할 수 있는가? 소거법을 비선형 연립방정식에 적용할 수 있는가? 소거법을 변수계수 연립방정식에 적용할 수 있는가?

6-10 소거법을 사용하여 다음 1계 연립미분방정식의 일반해를 구하라.

$$x' = -3x + 2y$$
$$y' = 2x - 6y$$

(답: $x(t) = C_1e^{-2t} + C_2e^{-7t}, \quad y(t) = \frac{1}{2}C_1e^{-2t} - 2C_2e^{-7t}$)

6-11 소거법을 사용하여 다음 1계 연립미분방정식의 일반해를 구하라.

$$x' = -3x + 2y + 5$$
$$y' = 2x - 6y$$

(답: $x(t) = C_1e^{-2t} + C_2e^{-7t} + \frac{15}{7}$, $y(t) = \frac{1}{2}C_1e^{-2t} - 2C_2e^{-7t} + \frac{5}{7}$)

6-12 소거법을 사용하여 지정된 초기조건을 갖는 다음 1계 연립미분방정식의 해를 구하라.

$$x' = -3x + 2y + 5, \qquad x(0) = 3$$
$$y' = 2x - 6y, \qquad y(0) = 0$$

(답: $x(t) = \frac{2}{5}e^{-2t} + \frac{16}{35}e^{-7t} + \frac{15}{7}$, $y(t) = \frac{1}{5}e^{-2t} - \frac{32}{35}e^{-7t} + \frac{5}{7}$)

6-4 ■ 고윳값 방법

앞 절에서 기술한 소거법의 대안으로 사용되는 방법이 행렬식 방법(method of determinants)이라고도 불리는 **고윳값 방법(method of eigenvalues)**인데, 이 방법은 특성방정식을 쉽고 체계적으로 구할 수 있게 해준다. 이 방법은 또한 다음 장에서 살펴볼 강력한 행렬 해법에 연계된 기본 개념들을 소개하는 데도 대단히 유용하다. 고윳값 방법의 사용 대상도 상수계수를 갖는 두세 개의 1계 방정식으로 이루어진 연립방정식으로 한정된다. 더 많은 수의 방정식들로 구성된 선형 연립방정식은 행렬 해법(고유벡터 방법)을 사용하는 것이 보다 효율적이고 체계적이다.

두 개의 상수계수 1계 선형 동차방정식으로 구성된 연립방정식을 생각해보자.

$$x' = a_1x + b_1y \tag{6-32a}$$

$$y' = a_2x + b_2y \tag{6-32b}$$

연립방정식:

$x' = a_1x + b_1y$

$y' = a_2x + b_2y$

가정된 해:

$x = k_1e^{\lambda t}$

$y = k_2e^{\lambda t}$

여기에서 λ들은 고윳값이며, k_1, k_2는 상수이다.

그림 6-15
고윳값 방법은 미지의 함수가 지수함수 $(k_ne^{\lambda t})$ 형태를 갖는 것으로 가정하고 필요한 고윳값 λ들을 결정하는 과정에 기초한다.

여기에서 a_1, b_1, a_2, b_2 등은 실수 상수이다. 상수계수 선형 미분방정식의 해의 형태에 관한 3-5절의 논의에 따라 해 함수 x, y가 다음과 같은 형태를 가질 것으로 가정한다(그림 6-15).

$$x = k_1e^{\lambda t} \tag{6-33a}$$

$$y = k_2e^{\lambda t} \tag{6-33b}$$

여기에서 k_1, k_2, λ 등은 상수이며 그 값은 가정된 해가 주어진 연립미분방정식을 만족하도록 정해진다. 식 6-33을 식 6-32에 대입한 결과는 다음과 같다.

$$k_1\lambda e^{\lambda t} = a_1k_1e^{\lambda t} + b_1k_2e^{\lambda t} \tag{6-34a}$$

$$k_2\lambda e^{\lambda t} = a_2k_1e^{\lambda t} + b_2k_2e^{\lambda t} \tag{6-34b}$$

두 방정식을 $e^{\lambda t}$로 나누면

$$(a_1 - \lambda)k_1 + b_1k_2 = 0 \tag{6-35a}$$

$$a_2k_1 + (b_2 - \lambda)k_2 = 0 \quad \text{(6–35b)}$$

을 얻는데, 이는 미지의 계수 k_1, k_2에 대한 선형 동차 연립 *대수방정식*으로 볼 수 있다. 이 연립방정식의 해의 하나는 $k_1 = k_2 = 0$이지만, 이는 (전혀 유용하지 않은) $x = y = 0$이라는 해로 이어질 *자명해*이므로 폐기한다.

대수학의 선형 연립방정식 이론에서 배웠겠지만, 이러한 선형 동차 연립방정식이 자명하지 않은 해를 가지기 위한 필요충분조건은 그 행렬식이 0이 되는 것이다. 즉,

$$\begin{vmatrix} (a_1 - \lambda) & b_1 \\ a_2 & (b_2 - \lambda) \end{vmatrix} = (a_1 - \lambda)(b_2 - \lambda) - a_2b_1 = 0 \quad \text{(6–36)}$$

즉,

$$\lambda^2 - (a_1 + b_2)\lambda + a_1b_2 - a_2b_1 = 0 \quad \text{(6–37)}$$

미지수 λ에 관한 위의 2차방정식은 선형 연립방정식 6-32에 대한 **특성방정식(characteristic equation)**이라고 한다. 이 방정식에 대한 두 개의 근 λ_1, λ_2를 주어진 연립방정식의 **특성근(characteristic root)** 또는 **고윳값(eigenvalue)**이라고 한다.

이 특성방정식은 상당한 대수적 조작을 필요로 하는 소거법으로 구한 특성방정식(식 6-24)과 동일하다. 식 6-36의 행렬식을 자세히 조사해보면 특성방정식 결정을 위한 지름길을 찾을 수 있다. 이것은 계수 행렬식

$$A = \begin{vmatrix} a_1 & b_1 \\ a_2 & b_2 \end{vmatrix}$$

의 주대각선 원소들에서 λ를 뺀 다음 이를 0으로 두는 것이다(그림 6-16). 이것은 직접 y''를 λ^2, y'를 λ, y를 1로 치환하여 단일 2계 선형방정식의 특성방정식을 구하는 것과 비슷하다.

3장에서 상수계수 2계 선형 동차방정식의 일반해는 두 개의 특성근 λ_1, λ_2가 서로 다른 실수인지, 중복 실근인지, 복소수 근인지 등에 따라 달라진다는 것을 배운 바 있다. 이는 선형 연립방정식의 경우도 마찬가지인데, 이는 두 개의 1계 선형방정식으로 구성된 연립방정식은 종속변수 중 하나에 관한 단일 2계 선형방정식으로 표현될 수 있기 때문이다. 일단 특성근을 구한 후에는 x에 대한 일반해를

$\lambda_1 \neq \lambda_2$이고 둘 다 실수이면 $\quad x(t) = C_1e^{\lambda_1 t} + C_2e^{\lambda_2 t} \quad$ (6–38)

$\lambda_1 = \lambda_2$이면 $\quad x(t) = (C_1 + C_2t)e^{\lambda_1 t} \quad$ (6–39)

$\lambda_{1,2} = \alpha \pm i\beta$이면 $\quad x(t) = e^{\alpha t}(C_1 \sin\beta t + C_2 \cos\beta t) \quad$ (6–40)

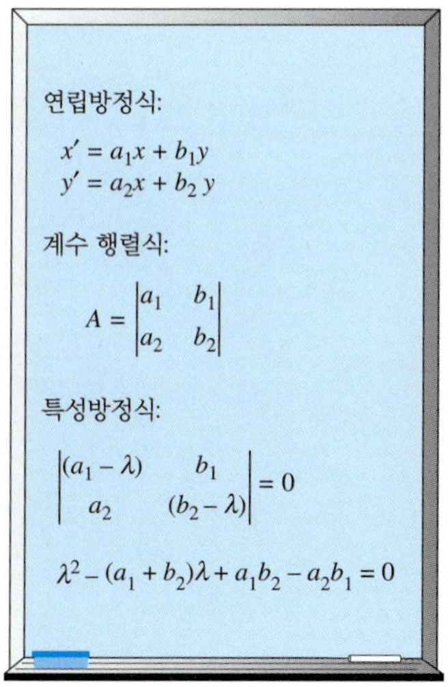

그림 6–16
연립방정식의 특성방정식은 계수 행렬식의 주대각선 원소들에서 λ를 뺀 다음 이를 0으로 두어 구할 수 있다.

에 따라 구할 수 있는데, 여기에서 C_1, C_2는 임의상수이다. 또 다른 미지의 함수 y는 y에 대해 첫 번째 방정식을 풀고, 그 결과에 식 6-38, 6-39, 6-40 중의 하나로 구한 x, x'을 위한 표현식들을 대입하여 구할 수 있다. y에 대한 일반해 역시 동일한 임의상수 C_1, C_2를 포함할 것임을 유의하기 바란다. 이제 예제를 통해 풀이 절차를 살펴보자.

예제 6-9 **고윳값 방법**

고윳값 방법을 사용하여 지정된 초기조건들과 함께 다음과 같이 두 개의 1계 미분방정식으로 구성된 연립방정식을 풀어라.

$$x' = 4x + 6y, \quad x(0) = 1$$
$$y' = -3x - 5y, \quad y(0) = 0$$

풀이 | 이 방정식은 예제 6-6에서 다룬 바 있는 연립방정식이며, 그 계수 행렬식은 다음과 같다.

$$A = \begin{vmatrix} 4 & 6 \\ -3 & -5 \end{vmatrix}$$

특성방정식은 이 행렬식의 주대각선 원소들에서 λ를 뺀 다음 이를 0으로 두어

$$\begin{vmatrix} (4-\lambda) & 6 \\ -3 & (-5-\lambda) \end{vmatrix} = (4-\lambda)(-5-\lambda) - 6(-3) = 0$$

즉, $\lambda^2 + \lambda - 2 = 0$으로 결정되는데, 이것은 예제 6-6에서 소거법으로 구한 특성방정식과 동치이다. 이 방정식의 근은 $\lambda = 1$과 $\lambda = -2$인데, 이는 서로 다른 실근이다. 따라서 x에 대한 일반해는 식 6-38로부터 다음과 같이 정해진다.

$$x = C_1 e^t + C_2 e^{-2t}$$

또 다른 미지의 함수인 y를 결정하기 위해 y에 대해 첫 번째 미분방정식을 풀고, 앞의 관계식에서 구한 x, x'을 위한 표현식들을 y 표현식에 대입한다.

$$\begin{aligned} y &= \frac{1}{6}x' - \frac{4}{6}x \\ &= \frac{1}{6}(C_1 e^t - 2C_2 e^{-2t}) - \frac{4}{6}(C_1 e^t + C_2 e^{-2t}) \\ &= -\frac{1}{2}C_1 e^t - C_2 e^{-2t} \end{aligned}$$

따라서 두 개의 1계 방정식으로 구성된 원래의 연립방정식에 대한 일반해

$$x = C_1 e^t + C_2 e^{-2t}$$

$$y = -\frac{1}{2}C_1 e^t - C_2 e^{-2t}$$

인데, 이는 예제 6-6에서 구한 결과와 동일하다.

임의상수 C_1, C_2는 예제 6-6에서 $C_1 = 2$, $C_2 = -1$로 구한 바 있으며, 따라서 주어진 초깃값 문제의 해는 다음과 같다.

$$x = 2e^t - e^{-2t}$$
$$y = -e^t + e^{-2t}$$

예제 6-10 영구자석 모터

절개 단면도가 그림 6-17에서 보이는 것과 같은 영구자석 모터를 위한 모델을 개발하라. 전기자 회로에 인가되는 전압은 V_a, 전기자 전류는 I_a, 모터 속도는 ω이다(그림 6-18). 그림의 전기자 회로에서 저항은 R, 인덕턴스는 L이다. 영구자석 모터에서 자기장은 자석에 의해 생성된다. 기계적 요소는 관성 I를 갖는데, 여기에는 전기자 관성과 함께 (팬이나 펌프 등과 같이) 모터에 의해 회전되는 장치의 관성도 포함된다.

외부 토크 T_L은 부하에 작용하는 추가 토크를 나타낸다. 예를 들어 모터가 차량의 휠을 구동할 경우 T_L은 차량이 언덕을 올라갈 때 중력에 의해 발생하는 토크에 해당될 것이다.

모터는 토크 T를 생성할 텐데, 자기장 이론에서 이 토크는 $T = K_T I_a$와 같이 전기자 전류(I_a)에 비례한다는 것을 보일 수 있다. 여기에서 K_T는 모터의 *토크 상수*이다. 자기장 안에서 전류가 흐르는 도체의 운동은 전류의 흐름에 저항하는 전압을 생성한다. 전기자에서 이러한 전압을 *역기전력*이라고 하는데, 그 크기는 모터 속도에 비례하며 $V_b = K_b\omega$로 정해진다. 여기에서 K_b는 모터의 *역기전력 상수*이다. 역기전력은 전기자 회로의 전압강하에 해당한다. (a) 미분방정식 모델을 유도하라. (b) 특성방정식을 구하라. (c) 인가전압 V_a를 상수라고 가정하고, 모터 속도가 진동하지 않을 매개변수 값들의 범위를 결정하라.

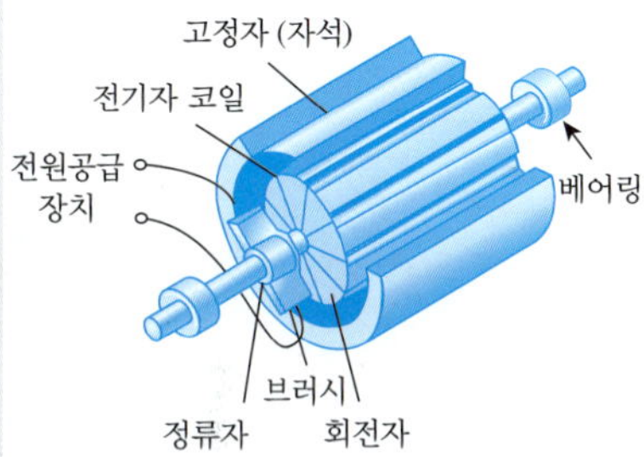

그림 6-17
영구자석 모터의 절개 단면도

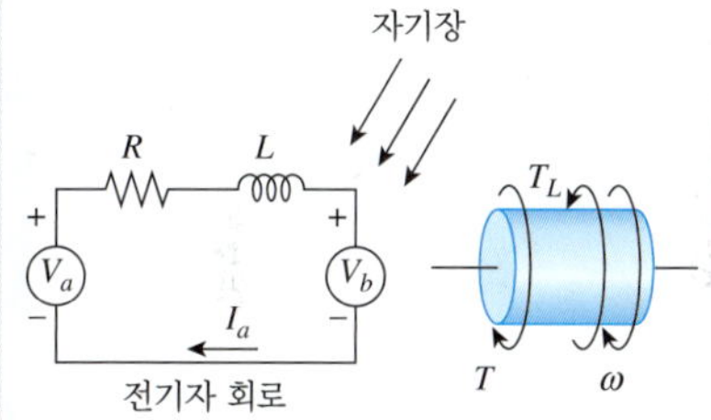

그림 6-18
영구자석 모터의 회로도

풀이 (a) 키르히호프의 전압에 관한 법칙에 따라

$$V_a - RI_a - L\frac{dI_a}{dt} - V_b = 0$$

즉,

$$V_a - RI_a - L\frac{dI_a}{dt} - K_b\omega = 0$$

을 얻는다. 충격량 및 운동량에 관한 법칙을 관성 I에 적용하면 다음의 관계식을 얻는다.

(고정 회전축에 대한 질량관성모멘트) × (각 가속도) = 고정 회전축에 대한 모멘트의 합

이는 다시 다음 식으로 정리된다.

$$I\frac{d\omega}{dt} = T - T_L = K_T I_a - T_L$$

이 방정식들이 시스템 모델을 구성한다. 이들을 각기 L과 I로 나누어 표준형을 만들면 다음과 같다.

$$\frac{dI_a}{dt} = \frac{V_a}{L} - \frac{R}{L}I_a - \frac{K_b}{L}\omega \tag{6-41}$$

$$\frac{d\omega}{dt} = -\frac{T_L}{I} + \frac{K_T}{I}I_a \tag{6-42}$$

(b) 계수 행렬식은 다음과 같다.

$$A = \begin{vmatrix} -R/L & -K_b/L \\ K_T/I & 0 \end{vmatrix}$$

특성방정식은

$$\begin{vmatrix} (-R/L - \lambda) & -K_b/L \\ K_T/I & -\lambda \end{vmatrix} = 0$$

즉,

$$-\lambda(-R/L - \lambda) + K_T K_b/LI = 0$$

즉,

$$\lambda^2 + \frac{R}{L}\lambda + K_T K_b/LI = 0$$

과 같이 주어지며, 여기에 LI를 곱하면 $LI\lambda^2 + RI\lambda + K_T K_b = 0$이 된다.

(c) 특성근은 2차방정식의 근의 공식을 적용하여 다음과 같이 구한다.

$$\lambda = \frac{-RI \pm \sqrt{(RI)^2 - 4LIK_T K_b}}{2LI} \tag{6-43}$$

인가전압 V_a가 상수일 경우 속도 ω를 위한 해는 상수에 특성근의 성격에 따라 정해지는 항들을 더한 것과 같다. 따라서 특성근들이 실수일 경우 이 두 항은 지수함수가 되고 따라서 속도는 진동하지 않을 것이다. 식 6-43에서 제곱근 아래의 항이 음이 아닐 경우, 즉,

$$(RI)^2 - 4LIK_T K_b \geq 0$$

일 경우 근들은 실수가 된다. $I > 0$이므로 위의 식은 다음과 같이 간소화된다.

$$IR^2 - 4LK_T K_b \geq 0$$

이 부등식이 만족될 경우 모터의 속도는 진동하지 않는다.

고윳값 방법은 상수계수 선형 비동차 연립방정식에도 적용될 수 있다. 비동차 연립방정식을 위한 풀이 절차는 단일 선형 비동차방정식의 풀이 절차와 긴밀한 평

행성을 갖는다. 이 경우에도 첫 번째 단계는 모든 비동차 항을 무시하고 앞에서 기술한 것처럼 동차해를 구하는 것이다. 그 다음 단계는 3장에서 2계 선형방정식에 대해 했던 것과 거의 같은 방법으로 특수해를 구하는 것이다. 마지막 단계는 중첩 원리에 따라 동차해와 특수해를 결합하여 일반해를 구성하는 것이다.

특수해를 구할 때 미정계수법을 사용할 수도 있고 매개변수 변화법을 사용할 수도 있다. 미정계수법은 단순하고 적용하기 쉽지만, 비동차 항에 다항식, 지수함수, 사인 및 코사인 함수 등의 곱을 포함하는 방정식들로 한정된다. 선형 연립방정식에서 특수해의 일반형을 선택하는 것은 단일 방정식의 경우와는 다른데, 이는 하나의 방정식에서 비동차 항을 고려하는 대신 연립방정식 안의 모든 방정식에서 비동차 항을 고려해야 하기 때문이다(그림 6-19).

연립방정식:

$$x' = 4x + 6y + 1$$
$$y' = -3x - 5x + t$$

비동차 항: t와 1

특수해의 형태:

$$x_p = A_1 t + B_1$$
$$y_p = A_2 t + B_2$$

그림 6-19
특수해를 결정하기 위해 연립방정식에 미정계수법을 적용할 때 모든 방정식 안의 모든 비동차 항들을 고려해야 한다.

예제 6-11 고윳값 방법: 비동차 연립방정식

고윳값 방법을 사용하여 지정된 초기조건들과 함께 다음과 같이 두 개의 1계 미분방정식으로 구성된 연립방정식을 풀어라.

$$x' = 4x + 6y + 1, \quad x(0) = 1$$
$$y' = -3x - 5y + t, \quad y(0) = 0$$

풀이 | 이 방정식은 두 개의 상수계수 1계 선형 비동차방정식으로 구성된 연립방정식이다. 이 방정식에 대한 연계 동차 연립방정식은

$$x' = 4x + 6y$$
$$y' = -3x - 5y$$

이며, 그 일반해는 앞의 예제에서 다음과 같이 결정된 바 있다.

$$x_h = C_1e^t + C_2e^{-2t}$$
$$y_h = -\frac{1}{2}C_1e^t - C_2e^{-2t}$$

연립방정식 안의 비동차 항은 t와 1이며, 이러한 비동차 항들에 대응되는 특수해의 일반형은 다음과 같다.

$$x_p = A_1t + B_1, \quad y_p = A_2t + B_2$$

이들을 주어진 미분방정식에 대입하면

$$A_1 = 4(A_1t + B_1) + 6(A_2t + B_2) + 1$$

그리고

$$A_2 = -3(A_1t + B_1) - 5(A_2t + B_2) + t$$

을 얻는다. 양변에서 t에 관한 각 멱의 계수들을 일치시켜 미정 계수들에 관한 4개의 방정식을 얻는다.

$$4A_1 + 6A_2 = 0$$
$$A_1 - 4B_1 - 6B_2 = 1$$
$$3A_1 + 5A_2 = 1$$
$$A_2 + 3B_1 + 5B_2 = 0$$

첫 번째와 세 번째의 방정식은 두 개의 미지수 A_1, A_2만을 포함하며 이들을 풀면 $A_1 = -3, A_2 = 2$를 얻는다. 그리고 나머지 두 방정식을 풀어 $B_1 = -4, B_2 = 2$를 얻는다. 따라서 특수해는 다음과 같이 정해진다.

$$x_p = -3t - 4$$
$$y_p = 2t + 2$$

이제 두 개의 1계 방정식으로 구성된 연립방정식의 일반해는

$$x = C_1e^t + C_2e^{-2t} - 3t - 4$$

그리고

$$y = -\frac{1}{2}C_1e^t - C_2e^{-2t} + 2t + 2$$

와 같이 정해진다. 임의상수들은 초기조건들을 적용하여 $C_1 = 6, C_2 = -1$로 정해진다. 이들을 대입하여 주어진 초깃값 문제의 해를 구하면

$$x = 6e^t - e^{-2t} - 3t - 4$$

그리고

$$y = -3e^t + e^{-2t} + 2t + 2$$

인데, 이는 예제 6-8에서 소거법으로 구한 결과와 동일하다.

이 예제를 통해 두 개의 미지 함수들에 대한 특수해의 일반형은 동일함에 주목하기 바란다. 이들은 상수인 계수들의 값만 다르다.

연계 동차방정식의 해와 비동차 항이 일치할 경우

비동차 항이 동차해 중의 하나와 일치할 때, 연립방정식의 특수해에 대해 가정된 형태는 단일 방정식의 경우와 달라진다. 단일 방정식의 경우 x_p가 특수해의 정규형(즉, 동차해에 포함되지 않았다면 비동차 항에 대응되는 특수해가 되었을 형태)이고 k는 동차해와 특수해 사이의 중복성을 제거할 수 있는 가장 작은 양의 정수일 때 특수해는 t^kx_p 형태를 가졌을 것이다.

연립방정식의 경우 특수해에 t^k를 곱하는 것만으로는 충분하지 않다. 대신 특수해에

$$P_k(t) = A_0t^k + A_1t^{k-1} + \cdots + A_0 \tag{6–44}$$

와 같은 다항식을 곱하는데, 여기에서 A들은 상수이다(그림 6-20). 유일한 예외는 종속변수 x의 특수해에 대한 것인데, 이 경우 일반 동차해를 임의상수 C_1, C_2를 갖는 기본해로 정한다. 이들은 특수해의 일부로 발생하는 추가적인 동차해들을 흡수할 수 있다. 그렇지만 다른 모든 종속변수들을 위한 동차해는 고정된 배수의 임의상수들을 포함한다. 따라서 이들은 각자의 특수해의 일부로 발생하는 동차해들을 흡수하도록 변형될 수 없다. 따라서 이들을 각기 별도로 반영할 필요가 있다. 물론 이들을 나중에 동차해와 결합할 수 있으며, 이에 대해 다음 예제를 통해 살펴보기로 하자.

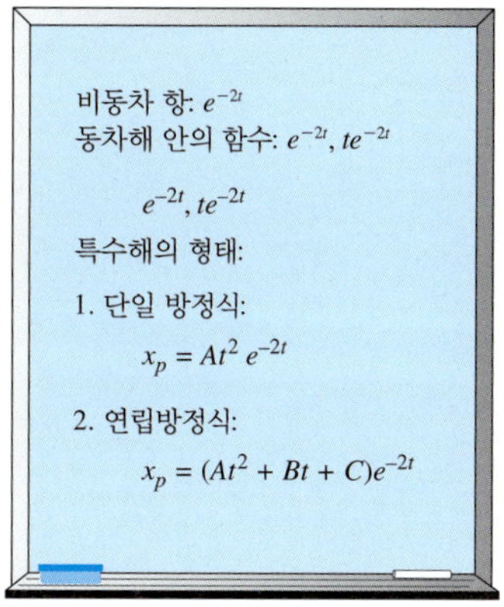

그림 6-20
비동차 항이 연립방정식의 동차해에 나타날 때, 이 항에 대응되는 특수해의 기본형에 k차 다항식을 곱하는데, 여기에서 k는 동차해와 특수해 사이의 중복성을 제거할 수 있는 가장 작은 양의 정수이다.

예제 6-12 고윳값 방법: 비동차 항을 갖는 연립방정식

고윳값 방법을 사용하여 다음과 같이 두 개의 1계 미분방정식으로 구성된 연립방정식을 풀어라.

$$x' = 4x + 6y + 1$$
$$y' = -3x - 5y - e^{-2t}$$

풀이 | 이 방정식은 두 개의 상수계수 1계 선형 비동차방정식으로 구성된 연립방정식이다. 연계 동차 연립방정식은

$$x' = 4x + 6y$$
$$y' = -3x - 5y$$

이며, 이에 대한 일반해는 앞의 예제에서 다음과 같이 정해진 바 있다.

$$x_h = C_1e^t + C_2e^{-2t}$$
$$y_h = -\frac{1}{2}C_1e^t - C_2e^{-2t}$$

이 연립방정식에서 비동차 항은 e^{-2t}와 1이다. 상수 1에 대응되는 특수해는 상수일 뿐이다. 그렇지만 e^{-2t}에 대응되는 특수해는 te^{-2t}의 상수 배일 텐데, 이는 e^{-2t}가 동차해이기 때문이다. 그렇지만 연립방정식의 경우 e^{-2t}의 상수 배도 특수해의 일부로 포함시켜야 한다. 따라서 이 경우 올바른 특수해의 형태는 다음과 같다.

$$x_p = A_1e^{-2t} + B_1te^{-2t} + D_1$$

그리고

$$y_p = A_2e^{-2t} + B_2te^{-2t} + D_2$$

그러나 x_p에서 일반성을 잃지 않고 $A_1 = 0$으로 둘 수 있는데, 이는 동차해 x_h가 (완전히 임의로 정해지는 계수들을 갖는 해인) 기본해로 정해지며 그 안의 임의상수들이 특수해의 일부로 생길 추가적인 e^{-2t} 항들을 흡수할 수 있기 때문이다.* 따라서

* 그렇지만 A_1, A_2 모두 0으로 취할 수는 없는데, 이는 e^{-2t} 항이 특수해 x_p와 y_p 중의 하나에는 남아 있어야 하기 때문이다. $A_1 = A_2 = 0$으로 설정하고 무슨 일이 발생하는지 확인해보기 바란다.

특수해를

$$x_p = B_1te^{-2t} + D_1$$

그리고

$$y_p = A_2e^{-2t} + B_2te^{-2t} + D_2$$

로 정한다. 이들을 주어진 미분방정식에 대입하면 다음 결과를 얻는다.

$$B_1e^{-2t} - 2B_1te^{-2t} = 4(B_1te^{-2t} + D_1) + 6(A_2e^{-2t} + B_2te^{-2t} + D_2) + 1$$

$$-2A_2e^{-2t} + B_2e^{-2t} - 2B_2te^{-2t} = -3(B_1te^{-2t} + D_1)$$
$$-5(A_2e^{-2t} + B_2te^{-2t} + D_2) - e^{-2t}$$

양변에서 대응되는 항들의 계수들을 일치시키면 5개의 미정 계수들을 결정하기 위해 사용할 수 있는 6개의 방정식이 만들어진다.

$$4D_1 + 6D_2 + 1 = 0$$
$$-3D_1 - 5D_2 = 0$$
$$B_1 = 6A_2$$
$$-2A_2 + B_2 = -5A_2 - 1$$
$$-2B_1 = 4B_1 + 6B_2$$
$$-2B_2 = -3B_1 - 5B_2$$

마지막 두 방정식은 사실상 같은 것임을 쉽게 확인할 수 있을 것이다. 처음 두 개의 방정식은 두 개의 미지수 D_1, D_2만을 포함하며 이들을 풀면 $D_1 = -2.5$, $D_2 = 1.5$를 얻는다. 그리고 나머지 방정식들을 풀어 $A_2 = 1/3$, $B_1 = 2$, $B_2 = -2$를 얻는다. 따라서 특수해는 다음과 같이 정해진다.

$$x_p = 2te^{-2t} - \frac{5}{2}$$

그리고

$$y_p = -\frac{1}{3}e^{-2t} - 2te^{-2t} + \frac{3}{2}$$

이제 두 개의 1계 방정식으로 구성된 연립방정식의 일반해는

$$x = C_1e^t + C_2e^{-2t} + 2te^{-2t} - \frac{5}{2}$$

그리고

$$y = -\frac{1}{2}C_1e^t - C_2e^{-2t} + \frac{1}{3}e^{-2t} - 2te^{-2t} + \frac{3}{2}$$
$$= -\frac{1}{2}C_1e^t - \left(C_2 + \frac{1}{3}\right)e^{-2t} - 2te^{-2t} + \frac{3}{2}.$$

와 같이 정해진다. 이러한 해들을 주어진 연립방정식에 직접 대입하여 확인할 수 있다.

모드

(탄성 요소나 감쇠 요소들로 연결된 여러 질량체의 경우와 같이) 다중 자유도를 갖는 시스템들은 복잡한 동작을 보일 수 있다. 이들의 자유반응은 **모드(mode)**라고 불리는 동작 패턴들의 총합에 해당한다. 이러한 모드들을 알면 다중 자유도 시스템들의 반응을 더 잘 이해할 수 있게 된다.

예제 6-13 비진동 시스템의 모드

다음 연립방정식의 모드를 구하라.

$$x' = 4x + 6y$$
$$y' = -3x - 5y$$

풀이 예제 6-6의 결과를 일반화하면 해를

$$x(t) = C_1e^t + C_2e^{-2t} = \frac{2}{3}[x(0) + y(0)]e^t + \left[\frac{1}{3}x(0) - \frac{2}{3}y(0)\right]e^{-2t}$$

그리고

$$y(t) = \frac{1}{2}C_1e^t - C_2e^{-2t} = \frac{1}{3}[x(0) + y(0)]e^t - \left[\frac{1}{3}x(0) - \frac{2}{3}y(0)\right]e^{-2t}$$

와 같이 표현할 수 있다. 따라서 $C_1 = 0$이 되도록 초기조건이 주어지면(즉, $x(0) = -y(0)$이면), e^t 항이 해에 나타나지 않을 것이며 $x(t) = -y(t) = C_2e^{-2t}$가 해가 될 것이다. 이러한 해를 주어진 연립방정식의 모드라고 한다. $t \to \infty$에 따라 이 해는 0에 접근할 것이다.

마찬가지로 $C_2 = 0$이 되도록 초기조건이 주어지면(즉, $x(0) = 2y(0)$이면), e^t 항이 해에 나타나지 않을 것이며 $x(t) = -y(t) = C_2e^{-2t}$가 해가 될 것이다. 이러한 해 역시 주어진 연립방정식의 모드라고 한다. $t \to \infty$에 따라 이 해는 무한대에 접근할 것이다.

이제 일반해는 두 개의 항, 즉, 모드들의 합으로 이루어진다. 초기조건들이 적절히 주어질 경우 한 개의 모드만이 해에 나타날 것이다. 예를 들면, e^t에 대응되는 모드는 t가 증가함에 따라 무한대가 될 것이므로 불안정한 모드이다. 따라서 해를 유한한 값으로 유지할 것을 보장할 초기조건들을 찾는다면, $x(0) = -y(0)$이 되도록 만드는 초기조건이 되어야 할 것이다. 그러한 초기조건이 아니라면 해는 무한대로 증가할 것이다.

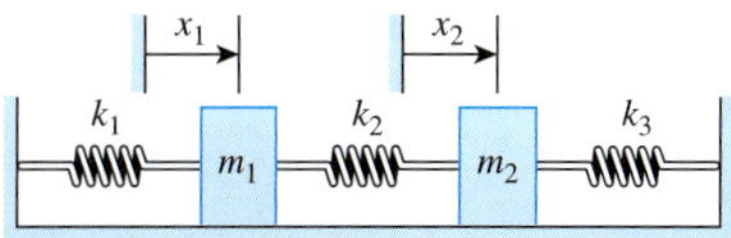

그림 6-21
두 개의 질량체로 이루어진 비감쇠 시스템

진동 시스템을 분석할 때 모드는 대단히 유용할 수 있다. 이러한 모드는 1계 방정식들의 연립방정식으로 변환한 후에 찾는 것보다 원래의 2계 방정식에서 찾는 것이 쉽다는 것을 보여줄 것이다.

그림 6-21에서 보이는 것과 같은 두 개의 질량체로 이루어진 비감쇠 시스템을

생각해보자. 여기에서 x_1, x_2는 질량체들의 변위를 나타낸다. 질량체들과 표면 사이의 마찰을 무시할 경우, 이러한 시스템을 위한 방정식들은

$$m_1\ddot{x}_1 = -k_1x_1 - k_2(x_1 - x_2)$$

그리고

$$m_1\ddot{x}_2 = -k_3x_2 + k_2(x_1 - x_2)$$

와 같다. 이러한 2계 방정식들로 구성된 연립방정식을 동치인 4개의 1계 방정식들로 구성된 연립방정식으로 변환시킬 수 있다. 이제 고윳값 방법을 사용하여 $x_1(t) = A_1e^{\lambda t}$, $x_2(t) = A_2e^{\lambda t}$를 4개의 방정식에 대입한다. 이 결과로 4×4 행렬식을 얻을 텐데, 이로부터 특성방정식을 구하는 것은 번거로울 수 있다.

대신에 $x_1(t) = A_1e^{\lambda t}$, $x_2(t) = A_2e^{\lambda t}$를 위의 미분방정식들에 대입하고 지수함수 항들을 소거하면

$$m_1\lambda^2A_1 = -k_1A_1 - k_2(A_1 - A_2)$$

그리고

$$m_2\lambda^2A_2 = -k_3A_2 + k_2(A_1 - A_2)$$

을 얻는다. A_1, A_2의 계수들을 모으면

$$(m_1\lambda^2 + k_1 + k_2)A_1 - k_2A_2 = 0 \tag{6–45}$$

그리고

$$-k_2A_1 + (m_2\lambda^2 + k_2 + k_3)A_2 = 0 \tag{6–46}$$

이 된다. A_1, A_2가 0이 아닌 해를 가지려면 이 방정식들에 대한 행렬식이 0이 되어야 한다. 따라서

$$\begin{vmatrix} (m_1\lambda^2 + k_1 + k_2) & -k_2 \\ -k_2 & (m_2\lambda^2 + k_2 + k_3) \end{vmatrix} = 0$$

이 행렬식을 전개하여 다음 식을 얻는다.

$$(m_1\lambda^2 + k_1 + k_2)(m_2\lambda^2 + k_2 + k_3) + k_2^2 = 0 \tag{6–47}$$

감쇠력을 포함하지 않는 진동 시스템에 대한 모델을 다룰 때, 특성근은 항상 실수 부분을 갖지 않는 순허수임을 보일 수 있다. 따라서 특성근의 형태는 $\lambda = \pm ib_1$과 $\lambda = \pm ib_2$이며, 여기에서 b_1, b_2는 각 진동수들이다. x_1을 위한 동차해는

$$x_1(t) = A_{11}e^{ib_1t} + A_{12}e^{-ib_1t} + A_{13}e^{ib_2t} + A_{14}e^{-ib_2t}$$

형태를 갖는데, 여기에서 A_{11}, A_{12}는 켤레 복소수 쌍이며 A_{13}, A_{14} 또한 켤레 복소수 쌍이다. 따라서 $x_1(t)$ 표현식에서 허수 부분들은 상쇄되어 $x_1(t)$는 실수가 된다. $x_1(t)$ 표현식은

$$x_1(t) = B_1 \sin(b_1 t + \varphi_1) + B_2 \sin(b_2 t + \varphi_2) \qquad \textbf{(6–48)}$$

형태로 만들 수 있다. 마찬가지로 $x_2(t)$ 표현식은

$$x_2(t) = r_1 B_1 \sin(b_1 t + \varphi_3) + r_2 B_2 \sin(b_2 t + \varphi_4) \qquad \textbf{(6–49)}$$

형태를 갖는데, 여기서 r_1, r_2를 각기 첫 번째 모드와 두 번째 모드를 위한 **모드 비(mode ratio)**라고 한다. 첫 번째 모드는 $x_2(t) = r_1 x_1(t)$인 운동이며, 두 번째 모드에서 $x_2(t) = r_2 x_1(t)$이다. 각 모드에서 변위는 고정된 진폭을 갖는 사인파 함수이다. 식 6-48과 6-49로부터 완전한 운동은 이 두 모드의 선형 결합임을 볼 수 있다.

각 모드에서 속도는 코사인파 함수이며 변위들로부터 쉽게 구할 수 있다. 예를 들면, 첫 번째 질량체의 속도 $v_1 = x_1'$은 식 6-48로부터 다음과 같이 구할 수 있다.

$$v_1 = b_1 B_1 \cos(b_1 t + \varphi_1) + b_2 B_2 \cos(b_2 t + \varphi_2)$$

이 시스템은 4계 연립방정식이지만, 우리가 관심을 가질 필요가 있는 것은 변위에 관한 두 개의 모드이다. 속도를 표현하는 다른 두 모드는 비감쇠 진동 시스템의 경우 앞에서 살펴보았듯이 쉽게 구할 수 있다.

모델에 감쇠력이 존재하지 않을 경우, 시스템 안의 각 질량체에 대한 2계 모델을 사용하여 모드 분석을 하는 것이 더 쉽다. 비감쇠 모델은 모드 비가 실수이고 변위 비율을 나타내도록 정리될 수 있으며 해석이 용이하다. 이것이 진동 시스템에 대한 모드 분석에서 종종 감쇠를 무시하는 이유이다. 감쇠력이 약간 존재할 때 특성근과 모드들은 비감쇠 모델의 경우와 거의 같다. 감쇠력이 작지 않을 경우에도 비감쇠 분석으로부터 얻은 통찰은 설계에서 상당히 유용한 경우들이 종종 있다. 감쇠력을 모드 분석에서 반영해야 할 경우, 상태 변수 형식을 사용하는 것이 손쉬운 방법이다.

예제 6–14 병진 운동 상태의 두 질량체의 모드

$m_1 = m_2 = m$, $k_1 = k_3 = k$, $k_2 = 2k$인 경우 그림 6-21의 시스템을 위한 모드 비들을 구하라.

풀이 $m_1 = m_2 = m$, $k_1 = k_3 = k$, $k_2 = 2k$를 사용하여 식 6-45, 6-46, 6-47로부터

$$(m\lambda^2 + 2k)A_1 - kA_2 = 0 \qquad \textbf{(6–50)}$$

$$-kA_1 + (m\lambda^2 + 2k)A_2 = 0 \qquad \textbf{(6–51)}$$

그리고 $(m\lambda^2 + 3k)^2 - 4k = 0$을 얻는다. 이 식은 $m\lambda^4 + 6km\lambda^2 + 5k^2 = 0$, 즉, $\lambda^4 + 6\alpha\lambda^2 + 5\alpha^2 = 0$(단, $\alpha = k/m$)으로 정리될 수 있다.

이 다항식은 4차식이어서 4개의 근을 갖는다. 이 방정식은 (λ 항이나 λ^3 항이 없으므로) λ^2에 관한 2차식이며, 따라서 2차방정식을 위한 근의 공식을 사용하여 λ^2

에 대한 근을 구할 수 있다. 즉, $u = \lambda^2$으로 두면 앞의 4차방정식은 $u^2 + 6\alpha u + 5\alpha^2 = 0$이 되며, 그 근은 $u = -\alpha$와 $u = -5\alpha$이다. 따라서 $\lambda = \pm i\sqrt{\alpha}$ 그리고 $\lambda = \pm i\sqrt{5\alpha}$이다. 두 개의 모드 진동수는 $\omega_1 = \sqrt{\alpha}$, $\omega_2 = \sqrt{5\alpha}$이다.

모드 비는 식 6-50이나 식 6-51로부터 구할 수 있다. 식 6-50을 선택하면 다음의 결과를 얻는다.

$$\frac{A_1}{A_2} = \frac{2\alpha}{\lambda^2 + 3\alpha} \tag{6-52}$$

모드 비 A_1/A_2는 해당 모드에서 x_1, x_2의 진폭의 비로 볼 수 있다.

첫 번째 모드의 경우, $\lambda^2 = -\alpha$를 대입하여 구한 모드 비는 $A_1/A_2 = 1$로 정해진다. 따라서 모드 1에서 질량체들은 동일한 방향으로 운동하며 동일한 진폭을 갖는다. 이러한 진동의 진동수는 $\omega_1 = \sqrt{\alpha} = \sqrt{k/m}$이다.

두 번째 모드의 경우, $\lambda^2 = -5\alpha$를 식 6-52에 대입하여 구한 모드 비는 $A_1/A_2 = -1$로 정해진다. 따라서 모드 2에서 질량체들은 반대 방향으로 운동하지만 동일한 진폭을 갖는다. 이러한 진동의 진동수는 $\omega_2 = \sqrt{5\alpha} = \sqrt{5k/m}$이다.

구체적 운동은 초기조건들에 따라 달라지며, 일반적으로 두 모드의 조합에 해당한다. 질량체들이 초기에 동일한 방향으로 동일한 거리만큼 이동되어 있는 상태에서 놓아주면, 첫 번째 모드만이 활성화될 것이다. 질량체들이 초기에 반대 방향으로 동일한 거리만큼 이동되어 있는 상태에서 놓아주면, 두 번째 모드만이 활성화될 것이다.

예제 6-14에서 다룬 시스템의 경우 질량도 동일하고 강성도도 동일하므로 그 중앙을 기준으로 *대칭적*이며, 따라서 두 개의 모드도 대칭적이다. 그러나 이러한 상황이 일반적인 것은 아니다.

예제 6-15 비대칭 모드

$m_1 = m, m_2 = 3m, k_1 = k, k_2 = k_3 = 2k$인 경우 그림 6-21의 시스템을 위한 모드 비들을 구하고 이를 해석하라.

풀이 | 이 경우 식 6-47은 $3u^2 + 13\alpha u + 8\alpha^2 = 0$이 되며, 여기에서 $u = \lambda^2$, $\alpha = k/m$이다. 근의 공식으로부터 $u = \lambda^2 = -0.743\alpha$와 $u = \lambda^2 = -3.591\alpha$를 얻는다. 따라서 두 개의 모드 진동수는 $\omega_1 = \sqrt{0.743\alpha} = 0.862\sqrt{k/m}$ 그리고 $\omega_2 = \sqrt{3.591\alpha} = 1.89\sqrt{k/m}$이다. 식 6-45에 $\lambda^2 = -0.743\alpha$를 대입하여 모드 1을 위한 모드 비를 계산한 결과는 다음과 같다.

$$\frac{A_1}{A_2} = \frac{2\alpha}{\lambda^2 + 3\alpha} = 0.866$$

따라서 모드 1에서 질량체들은 동일한 방향으로 운동하며 질량체 m_1의 진폭은 질량체 m_2의 진폭의 0.886배이다. 이러한 진동은 각 진동수 $\omega_1 = 0.862\sqrt{k/m}$를 갖는다. $\lambda^2 = -3.591\alpha$를 식 6-52에 대입하면 $A_1/A_2 = -3.39$를 얻는다. 따라서 모드 2에서 질량체들은 반대 방향으로 운동하며 질량체 m_1의 진폭은 질량체 m_2의 진폭의 3.39배이다. 이러한 진동은 더 높은 각 진동수 $\omega_2 = 1.89\sqrt{k/m}$를 갖는다.

첫 번째 모드를 활성화시키기 위해 질량체 m_1을 질량체 m_2의 초기 변위의 0.866배의 거리에 방향은 반대 위치로 이동시킨다. 두 번째 모드를 활성화시키기 위해 질량체 m_1을 질량체 m_2의 초기 변위의 3.39배의 거리에 방향은 반대 위치로 이동시킨다.

모드 비는 건물 설계 등에서 중요한데, 이것은 모드 비가 층들 사이의 상대적 운동량을 나타내며 이는 지지기둥에 미치는 스트레스와 연관되기 때문이다. 지진이 진행되는 동안 지반운동에 관한 데이터를 분석하여 지반운동이 건물의 모드 진동수를 포함하는지 결정할 수 있다. 그 경우 지진이 있을 때 이러한 건물에 큰 운동이 발생할 것이다. 따라서 건물을 설계할 때 모드 진동수들을 계산하는 것은 중요하다.

절 복습문제

6-13C 고윳값 방법과 소거법을 비교하라. 각 방법의 장점과 단점은 무엇인가?

6-14C 고윳값 방법의 주요 제한점은 무엇인가? 고윳값 방법을 비동차 연립방정식에 적용할 수 있는가? 고윳값 방법을 변수계수 연립방정식에 적용할 수 있는가?

6-15 고윳값 방법을 사용하여 다음 각 1계 연립방정식의 일반해를 구하라.

(a) $x' = 3x - y$, $y' = x + y$ (b) $x' = 3x - y + t$, $y' = x + y - 2$

(답: (a) $x(t) = C_1e^{2t} + C_2te^{2t}$ 그리고 $y(t) = C_1e^{2t} + C_2(t-1)e^{2t}$

(b) $x(t) = C_1e^{2t} + C_2te^{2t} - \frac{1}{4}t + \frac{1}{2}$ 그리고 $y(t) = C_1e^{2t} + C_2(t-1)e^{2t} + \frac{1}{4}t + \frac{7}{4}$)

6-16 고윳값 방법을 사용하여 지정된 초기조건들과 함께 주어진 1계 연립방정식의 해를 구하라.

$x' = 2x - 6y + 1,\ x(0) = 1$

$y' = 4x + 2y + t,\ y(0) = 0$

(답: $x(t) = \frac{33\sqrt{6}}{192}e^{2t}\sin 2\sqrt{6}t + \frac{54}{49}e^{2t}\cos 2\sqrt{6}t - \frac{3}{14}t - \frac{5}{49}$ 그리고

$y(t) = -\frac{33}{196}e^{2t}\cos 2\sqrt{6}t + \frac{18\sqrt{6}}{49}e^{2t}\sin 2\sqrt{6}t - \frac{1}{14}t + \frac{33}{196}$)

6-5 ■ 컴퓨터 해법

컴퓨터를 사용하여 이 장에서 소개한 방법들을 더 쉽게 적용할 수 있다.

고윳값 방법 고윳값 방법의 한 가지 장점은 해와 함께 특성방정식을 얻는다는 것이다. 앞의 장들에서 여러 예제들을 통해 살펴보았듯이 특성방정식은 실제로 해를 구하지 않고도 해에 관한 유용한 정보를 신속하게 제공할 수 있다. 고윳값 방법에서는 행렬식에 대한 기호 형태의 계산이 필요하다. 이러한 계산은 컴퓨터상에서 4-9절에 기술된 행렬식 방법을 사용하여 수행될 수 있다.

연립방정식에 대한 직접적인 풀이 많은 연립방정식들에 대해 해가 필요할 경우 컴퓨터상에서 닫힌 형식의 해를 구할 수 있다. 예를 들면, 예제 6-13에 주어진 연립방정식

$$x' = 4x + 6y + 1, y' = -3x - 5y - e^{-2t}$$

을 생각해보자. 여기에서 t는 독립변수이다. 임의의 초기조건에 대한 해는

$$x = C_1e^t + C_2e^{-2t} + 2te^{-2t} - 2.5$$

그리고

$$y = -\frac{1}{2}C_1e^t - C_2e^{-2t} + \frac{2}{3}e^{-2t} - 2te^{-2t} + 1.5$$

이다. 표 6-1은 여러 프로그램을 사용하여 이러한 해를 구하는 방법을 보여준다. 두 가지 이상의 프로그램을 사용하여 이러한 방정식을 풀어보면, 프로그램마다 두 개의 미정 계수를 다르게 취급하는 것을 발견할 수 있을 것이다.

표 6-2는 초기조건 $x(0) = 1, y(0) = 0$에 대한 해를 구하는 방법을 보여준다. 그 해는 다음과 같이 주어진다.

표 6-1

연립방정식 $x' = 4x + 6y + 1, y' = -3x - 5y - e^{-2t}$를 위한 컴퓨터 해법

MATLAB Symbolic Math Toolbox

```
[x,y]=dsolve('Dx=4*x+6*y+1','Dy=-3*x-5*y-exp(-2*t)')
```

MuPAD

```
eqns:={x'(t)=4*x(t)+6*y(t)+1,y'(t)=-3*x(t)-5*y(t)-exp(-2*t)}
ode::solve(eqns, {x(t),y(t)})
```

Maple

```
eqns:=x'(t)=4*x(t)+6*y(t)+1,y'(t)=-3*x(t)-5*y(t)-exp(-2*t)
dsolve([eqns])
```

Mathematica

```
DSolve[{z'[x] == 4*z[x]+6*y[x]+1,
y'[x] == -3*z[x]-5*y[x] - Exp[-2*x]},{z,y},x]
```

표 6-2

연립방정식 $x' = 4x + 6y + 1, y' = -3x - 5y - e^{-2t}, x(0) = 1, y(0) = 0$을 위한 컴퓨터 해법

MATLAB

```
[x,y]=dsolve('Dx=4*x+6*y+1','Dy=-3*x-5*y-exp(-2*t)',
 'x(0)=1','y(0)=0')
```

MuPAD

```
eqns:={x'(t)=4*x(t)+6*y(t)+1,y'(t)=-3*x(t)-5*y(t)
 -exp(-2*t),x(0)=1,y(0)=0}
ode::solve(eqns, {x(t),y(t)})
```

Maple

```
eqn:=x'(t)=4*x(t)+6*y(t)+1,y'(t)=-3*x(t)-5*y(t)-exp(-2*t)
ics:=x(0)=1, y(0)=0
dsolve([eqn,ics])
```

$$x(t) = \frac{10}{3}e^{t} + \frac{1}{6}e^{-2t} - \frac{5}{2} + 2te^{-2t}$$

그리고

$$y(t) = -\frac{5}{3}e^{t} + \frac{1}{6}e^{-2t} + \frac{3}{2} - 2te^{-2t}$$

6-6 ■ 요약

연립미분방정식은 두 개 이상의 시스템이 물리적으로 결합된 상황을 다루는 여러 가지 현실적 문제에 대한 분석에서 자연스럽게 발생한다. 이러한 시스템들에서 종속변수들은 독립변수들에 종속될 뿐만 아니라 종속변수들끼리도 서로 종속되므로 한꺼번에 결정될 필요가 있다. 연립미분방정식은 단일 독립변수에 관한 둘 이상의 종속변수의 도함수들로 구성되는데, 대개의 경우 독립변수는 시간 t이다.

표준형 하나의 연립방정식을 구성하는 미분방정식들의 계수가 각기 다를 수도 있다. 그렇지만 연립미분방정식을 구성하는 방정식들을 일률적으로 처리하기 위해서는 이러한 연립방정식을 동치인 1계 연립방정식으로 변환하는 방법이 흔히 사용된다. 임의의 n계 미분방정식은 항상 n개의 1계 미분방정식으로 변환될 수 있다.

연립방정식의 분류 연립미분방정식은 그 안의 모든 개별 방정식이 선형일 때 *선형*이 된다. 연립방정식을 구성하는 어느 한 방정식이라도 비선형 항을 포함한다면 그 연립방정식은 *비선형*이다. 선형 연립미분방정식은 그 안의 모든 개별 방정식이 *동차형*일 때 동차형이 된다. 연립방정식을 구성하는 어느 한 방정식이라도 비동차 항을 포함한다면 그 연립방정식은 *비동차형*이다.

연립미분방정식은 그 안의 모든 개별 방정식이 표준형 상태에서 상수계수를 가질 때 *상수계수* 연립방정식이 된다. 연립방정식을 구성하는 어느 한 방정식이라도 변수계수를 갖는다면 그 연립방정식은 (독립변수의 함수인) *변수계수* 연립방정식이다.

선형 연립방정식을 위한 풀이 절차 선형 연립미분방정식의 경우는 체계적 절차를 사용하여 풀 수 있지만, 선형 연립방정식들도 변수계수를 포함할 경우 해에 무한급수가 포함되는 경우가 많아 풀이가 어려워진다. 따라서 이 장에서는 상수계수 선형 연립미분방정식에 집중할 것이다.

소거법 선형 연립방정식을 풀기 위한 몇 가지 방법이 존재한다. *소거법*은 연립미분방정식을 풀기 위한 가장 단순하

고 기초적인 방법이다. 소거법은 n개의 1계 방정식으로 구성된 연립미분방정식에서 종속변수들을 한 번에 하나씩 소거하여 *단일* 종속변수에 관한 *단일* n계 방정식으로 변환시키는 과정을 기초로 한다. 이렇게 얻은 n계 방정식은 앞의 장들에서 논의된 기법들을 사용하여 푼다. 이러한 해법은 연립대수방정식에서 미지수들을 하나만 남기고 모두 소거하는 풀이 방법과 비슷하다.

고윳값 방법 소거법의 대안으로 사용되는 방법이 *행렬식 방법*이라고도 불리는 *고윳값 방법*인데, 이 방법은 상수계수 선형 연립방정식에 대한 특성방정식을 쉽고 체계적으로 구할 수 있게 해준다. 고윳값 방법에서 계수 행렬식의 주대각선 원소들에서 λ를 뺀 다음 이를 0으로 둠으로써 특성방정식을 구한다. 이러한 방정식의 근을 *특성근* 또는 *고윳값*이라고 한다. 고윳값 방법은 연립방정식 안의 방정식 개수에 상관없이 동일한 특성방정식을 사용하며 소거나 기나긴 조작을 필요로 하지 않는다. 고윳값 방법은 단일 상수계수 미분방정식의 풀이와 비슷하다.

시스템 모드 고윳값 방법은 모드 개념을 설명하기 위해 사용될 수 있는데, 시스템 모드란 미분방정식 모음을 위한 기본해 형태를 말한다. 두 개의 방정식이 있으면 두 개의 모드가 있을 것이며, 일반적으로 방정식 개수만큼의 모드가 존재한다. 특정 초기조건들이 주어지면 하나의 모드만이 해에 나타나게 될 것이다. 실수인 고윳값들을 갖는 방정식 모음의 경우, 모든 모드들이 지수함수의 동작을 따른다. 일부 고윳값들이 복소수인 방정식 모음의 경우, 적어도 일부 모드는 진동한다.

소거법과 고윳값 방법 모두 단순하며 사용하기 쉽지만, 두세 개를 넘는 방정식들로 구성된 연립방정식들에 적용하기에는 비실용적이다. 연립방정식을 구성하는 방정식들의 수가 증가할수록 이러한 방법들은 많은 노력을 요하는 복잡한 방법이 된다. 이러한 큰 연립방정식은 7장에서 소개할 *고유벡터 방법*으로 푸는 것이 훨씬 효율적이고 체계적이다.

연습문제

6-1 연립미분방정식 개요

6-17C 연립미분방정식은 연립대수방정식과 어떻게 다른가?

6-18C n계 미분방정식을 n개의 1계 방정식들로 구성된 연립방정식으로 변환할 수 있기 위한 조건은 무엇인가? n계 미분방정식을 n개의 1계 방정식들로 구성된 연립방정식으로 표현하기 위한 절차를 기술하라.

6-19C 상수계수 선형 연립미분방정식은 변수계수 선형 연립미분방정식과 어떻게 다른가?

다음 단일 미분방정식을 1계 연립방정식으로 변환하여라(단, x는 종속변수이며 t는 독립변수임).

6-20 (a) $t^3x''' + tx' + x = 0$
(b) $x''' + tx' - 3x = \sin 2t$

6-21 (a) $x''' + 2x^2x' + 2x = te^{-3t}$
(b) $x'' + 5x' - kx = 0$

6-22 (a) $x''' - 3x' + tx = 0$
(b) $x''' + x' = t^2\cos t$

6-23 (a) $x^{(iv)} - 5x' + \cos x = t + 1$
(b) $x^{(iv)} = 0$

6-24 (a) $x^{(iv)} + 2t^2x' + 5x = 0$
(b) $x^{(iv)} + e^tx = \dfrac{1}{t}$

6-25 (a) $x'' + e^xx' - 2x = 6$
(b) $x''' - 2x' + x = t^3\cos 2t$

6-26 (a) $x^{(v)} + \dfrac{1}{x} = 1$
(b) $x^{(iv)} - 8x' - e^{\ln x} = 0$

다음 연립미분방정식을 1계 연립방정식으로 변환하여라(단, t는 독립변수임).

6-27 $x''' = xy$
$(t-1)^3y'' = 2txy' - y + e^{-t}$

6-28 $x''' = ty' - 3y + x^2e^{3t}, x(-1) = 1, x'(-1) = 0,$
$x''(-1) = 4$

6-29 $x''' = x + y' + z'' - 3t, y'' = t^2y - xz,$
$z'' = xy - yz - 1$

6-30 $x'' = 4(y - z) + tz' - \cos 2t,$
$x(0) = 0, \quad x'(0) = -1$
$y'' = -3xy' - tz, y(0) = 0, \ y'(0) = 7$
$z'' = x^2 - 3xz, z(0) = 0, \ z'(0) = 2$

다음 연립미분방정식이 (1) 선형인지 비선형인지, (2) 동차형인지 비동차형인지, (3) 상수계수를 갖는지 변수계수를 갖는지 결정하라.

6-31 $x''' = x + y$
$y'' = 2txy' - y + e^{-t} - 1$

6-32 $x^{(iv)} = 2(x - y) + y' - 3x'$
$y'' = x + y$

6-33 $x''' = x + y' + z''$
$y'' = t^2y - xz$
$z'' = xy - yz - 1$

6-34 $x'' = 4(y - x) + z'$
$y'' = -3x + y' - z$
$z''x + y + z$

6-35 $x''' = 4(y - x) + z'$
$y' = 3x + y - z + 3$
$z'' = 2x - 3z$

6-36 $x' = 2(x + z) - 3xy + e^t$
$y' = -x + y - z$
$z' = x - 3z + 1$

6-37 $x' = 3x - z$
$y' = tx + y - 3z$
$z' = t^2(x - z) + 1$

6-2 연립미분방정식의 기원

6-38 두 개의 질량체 m_1, m_2와 스프링 상수가 k_1, k_2, k_3인 세 개의 선형 스프링이 그림 P6-38에서처럼 직렬로 연결되어 있다. 초기에 질량체들은 평형 위치에 정지되어 있다. 따라서 시점 $t = 0$에서 스프링들은 팽창되지도 압축되지도 않은 상태이다. 이제 주기적 외력 $F(t)$가 m_2에 작용하여 두 질량체 모두에 운동을 일으킨다. $x_1(t)$, $x_2(t)$가 두 질량체의 평형 위치를 기준한 변위를 나타낸다. 마찰은 무시하고 이 두 질량체의 운동을 표현하는 미분방정식을 구하라.

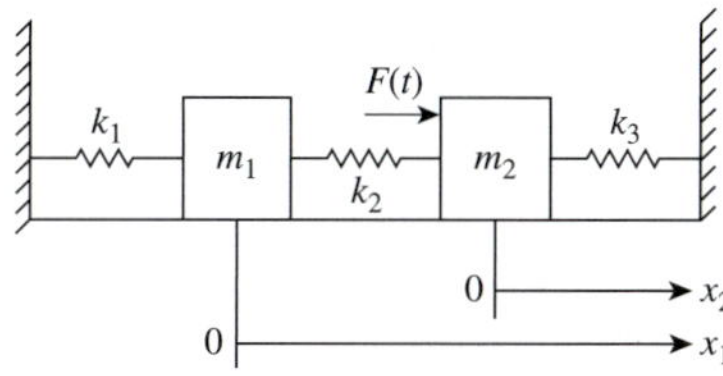

그림 P6-38

6-39 세 개의 질량체 m_1, m_2, m_3와 스프링 상수가 k_1, k_2, k_3인 세 개의 선형 스프링이 그림 P6-39에서처럼 직렬로 연결되어 있다. 초기에 질량체들은 평형 위치에 정지되어 있다. 따라서 시점 $t = 0$에서 스프링들은 팽창되지도 압축되지도 않은 상태이다. 이제 주기적 외력 $F(t)$가 m_3에 작용하여 세 질량체 모두에 운동을 일으킨다. $x_1(t)$, $x_2(t)$, $x_3(t)$가 세 질량체의 평형 위치를 기준한 변위를 나타낸다. 마찰은 무시하고 이 세 질량체의 운동을 표현하는 미분방정식을 구하라.

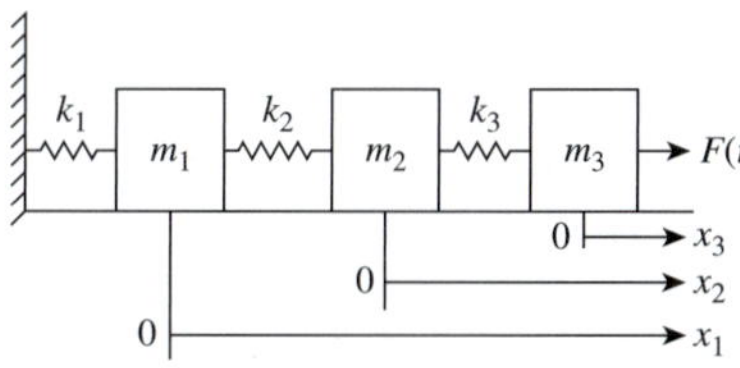

그림 P6-39

6-40 두 개의 질량체 m_1, m_2와 스프링 상수가 k_1, k_2인 두 개의 선형 스프링이 그림 P6-40에서처럼 직렬로 연결되어 있다. 두 번째 질량체는 감쇠상수가 c인 대시포트에도 연결되어 있다. 초기에 질량체들은 평형 위치에 정지되어 있다. 따라서 시점 $t = 0$에서 스프링들은 팽창되지도 압축되지도 않은 상태이다. 이제 주기적 외력 $F(t)$가 m_1에 작용하여 두 질량체 모두에 운동을 일으킨다. $x_1(t)$, $x_2(t)$가 두 질량체의 평형 위치를 기준한 변위를 나타낸다. 이 두 질량체의 운동을 표현하는 미분방정식을 구하라.

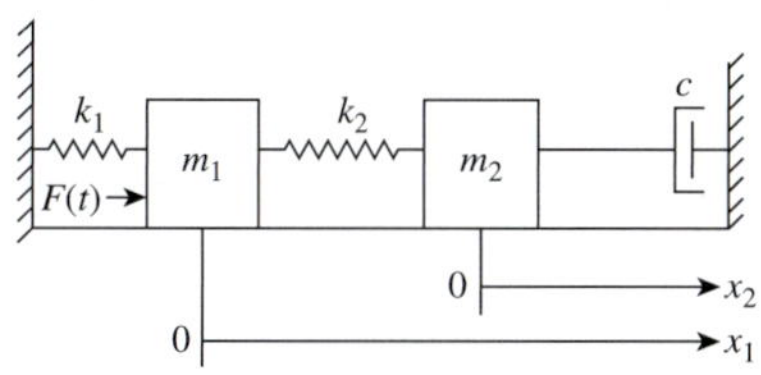

그림 P6-40

6-41 그림 P6-41의 전기회로를 생각해보자. 이 회로는 두

개의 폐회로로 구성된다. 표시된 전류의 방향을 양의 방향이라고 할 때, 각기 저항 R과 인덕터 L을 흐르는 전류 I_1, I_2를 표현하는 미분방정식들을 구하라.

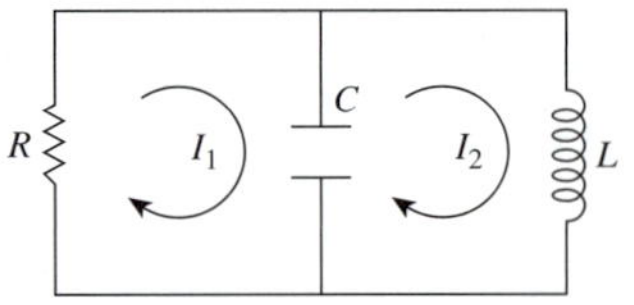

그림 P6-41

6-42 그림 P6-42의 전기회로는 두 개의 폐회로로 구성된다. 표시된 전류의 방향을 양의 방향이라고 할 때, 각기 축전기 C와 인덕터 L_2를 흐르는 전류 I_1, I_2를 표현하는 미분방정식들을 구하라.

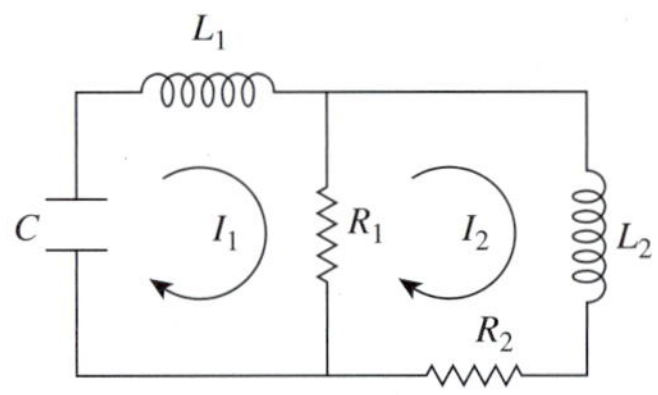

그림 P6-42

6-43 그림 P6-43의 전기회로는 세 개의 폐회로로 구성된다. 표시된 전류의 방향을 양의 방향이라고 할 때, 각기 저항 R_1, R_2, R_3를 흐르는 전류 I_1, I_2, I_3를 표현하는 미분방정식들을 구하라.

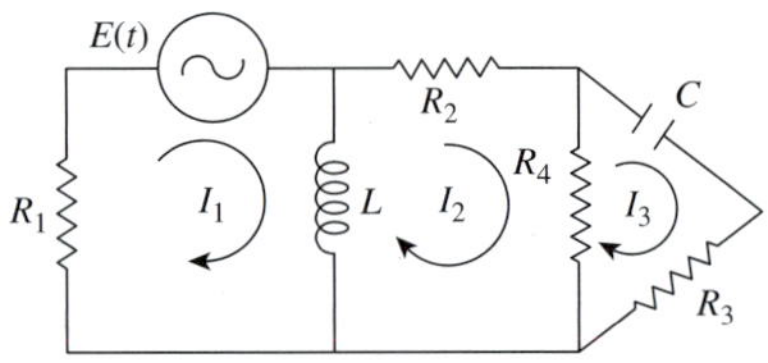

그림 P6-43

6-44 그림 P6-44에서 보여주듯이 각각 1000L(리터)의 소금물을 담고 있고 서로 연결되어 있는 두 개의 소금물 탱크가 있다고 하자. 임의의 시점 t에 첫 번째와 두 번째의 탱크는 각각 $x_1(t)$, $x_2(t)$ kg의 소금을 포함한다. 각 탱크에서 계속 저어주어 소금물 농도는 균일하게 유지된다. 첫 번째 탱크에는 순수한 물을 50L/min의 속도로 넣어주며, 두 번째 탱크로부터는 동일한 속도로 소금물이 빠져나간다. 펌프를 사용하여 첫 번째 탱크에서 두 번째 탱크로 100L/min의 속도로 소금물을 이동시키며, 두 번째 탱크에서 첫 번째 탱크로 50L/min의 속도로 소금물을 이동시킨다. 두 번째 탱크에서 소금물은 20L/min의 속도로 흘러나온다. 각 탱크 안의 소금 함량을 시간에 대한 함수로 표현하는 $x_1(t)$, $x_2(t)$에 관한 미분방정식을 구하라.

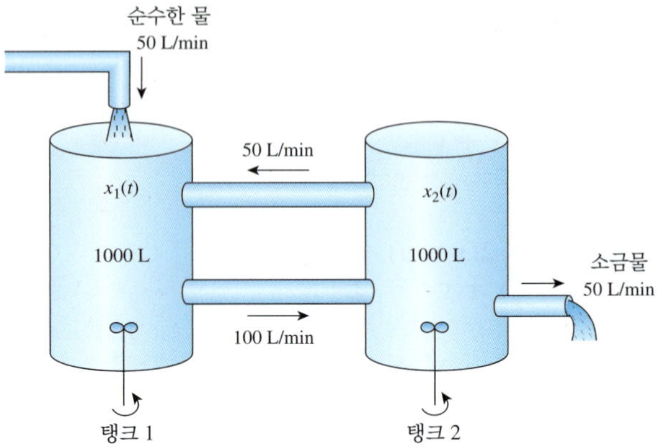

그림 P6-44

6-45 첫 번째 탱크에 순수한 물 대신 리터 당 0.05kg의 소금을 포함하는 소금물을 50L/min의 속도로 넣는다고 가정하고 문제 6-44를 다시 풀어라.

6-3 소거법

6-46C 3개의 상수계수 1계 선형 동차방정식으로 구성된 연립방정식이 주어져 있다고 하자. 소거법으로 위의 연립방정식과 동치인 단일 3계 미분방정식을 구했을 때 이 방정식은 반드시 상수계수를 갖는 선형 동차방정식이 되는가?

소거법을 사용하여 다음 1계 연립미분방정식의 일반해를 구하라.

6-47 (a) $x' = x - y$, $y' = -x + 4y$ (b) $x' = x - y - t + 1$, $y' = -x + 4y + te^t$

6-48 (a) $x' = x - y$, $y' = -3x - 2y$ (b) $x' = x - y - t^2 - 1$, $y' = -3x - 2y + 3t$

6-49 (a) $x' = 2x + 4y$, $y' = -x + 2y$ (b) $x' = 2x + 4y - 5t^2e^{3t}$, $y' = -x + 2y$

6-50 (a) $x' = 7x + y$, $y' = -x - 3y$ (b) $x' = 7x + y - 1$, $y' = -x - 3y + 1$

6-51 (a) $x' = 2x + y$, $y' = x - 2y$ (b) $x' = 2x + y + 1$, $y' = x - 2y + 3t^2$

6-52 (a) $x' = -x + 2y$, $y' = 3x + y$ (b) $x' = -x + 2y + 3\sin 2t$, $y' = 3x + y - 2$

6-53 (a) $x' = 4x - 2y$, $y' = 2x - 4y$ (b) $x' = 4x - 2y + t^2 - 3$, $y' = 2x - 4y - 5t$

6-54 (a) $x' = 5x - y$, $y' = x + 2y$ (b) $x' = 5x - y + te^{2t}$, $y' = x + 2y - 1$

6-55 (a) $x' = x - 5y$, $y' = x + y$ (b) $x' = x - 5y + 3$, $y' = x + y - 3$

6-56 (a) $x' = -5x + 6y$, $y' = 2x + 7y$ (b) $x' = -5x + 6y + 1$, $y' = 2x + 7y + t^2$

6-57 (a) $x' = 4y$, $y' = x$ (b) $x' = 4y + 1$, $y' = x - 3 + e^t$

6-58 (a) $x' = x - 3y$, $y' = -z + 2y$, $z' = x - y$ (b) $x' = x - 3y$, $y' = -z + 2y - 2e^t$, $z' = x - y - 1$

6-59 (a) $x' = -3x + y - 2z$, $y' = x - z + 2y$, $z' = y + 3z$
(b) $x' = -3x + y - 2z + t^2$, $y' = x - z + 2y - 3t$, $z' = y + 3z + 2$

소거법을 사용하여 다음 1계 연립미분방정식의 일반해를 구하라.

6-60 (a) $x' = -\frac{3}{t}x + \frac{8}{t^2}y - 5$, $y' = x + \ln t$ (b) $x' = \frac{2}{t^2}y + \frac{1}{t}$, $y' = x + t^2$

6-61 (a) $x' = \frac{6}{t^2}y$, $y' = -3x + 5$ (b) $x' = -\frac{2}{t^2}x + 4$, $y' = x + 1$

6-62 (a) $x' = \frac{4}{t}x + \frac{3}{t^3}y$, $y' = 2z$, $z' = 3x + \frac{\ln t}{t}$ (b) $x' = -\frac{2}{t}x - \frac{1}{t^3}y + \frac{4}{t^2}z$, $y' = 2z + 1$, $z' = 3x - t + 1$

소거법을 사용하여 지정된 초기조건들과 함께 주어진 다음 1계 연립미분방정식의 해를 구하라.

6-63 $x' = 2x - y + t,\ x(0) = 1$
$y' = -x + 4y,\ y(0) = 1$

6-64 $x' = 2x - y - t,\ x(0) = 1$
$y' = -x + 4y,\ y(0) = 1$

6-65 $x' = x - 4y + 1,\ x(0) = 2$
$y' = 5x - 2y,\ y(0) = -3$

6-66 $x' = 2x + 4y + t,\ x(1) = 0$
$y' = x - 3y - 1,\ y(0) = 2$

6-67 $x' = x + y,\ x(2) = 0$
$y' = -2x - 2y,\ y(2) = 0$

6-68 예제 6-7에서 다룬 두 개의 연결된 탱크를 표현하는 두 개의 1계 방정식으로 구성된 연립방정식을 생각해보자. 파이프의 저항들은 $R_1 = R, R_2 = 2R$로 동일하지 않으며, 밑면의 면적은 $A_1 = A_2 = A$로 동일하다고 가정한다. 유체의 높이 $h_1(t)$에 관한 단일 2계 방정식을 구하라. 유입원을 차단할 경우 탱크들이 빌 때까지 얼마의 시간이 소요되겠는가? 두 탱크의 유체 높이들은 진동하겠는가?

6-69 예제 6-7에서 다룬 두 개의 연결된 탱크를 표현하는 두 개의 1계 방정식으로 구성된 연립방정식을 생각해보자. 유체의 높이 $h_2(t)$에 관한 단일 2계 방정식을 구하라. 유입속도 q_{mi}가 불연속일 경우 이 방정식의 해에 대해 논하라. 유입원을 갑자기 차단할 경우가 이러한 상황에 해당할 것이다.

6-4 고윳값 방법

6-70C 고윳값 방법에서 주어진 연립방정식의 고윳값들을 어떻게 결정하는가? 고윳값 방법에서 비동차 항에 대응되는 특수해는 어떻게 결정되는가?

6-71C 고윳값 방법에서 연계 동차방정식의 해에 비동차 항이 나타날 경우 비동차 항에 대응되는 특수해는 어떻게 결정되는가?

고윳값 방법을 사용하여 다음 각 1계 연립방정식의 일반해를 구하라.

6-72 (a) $x' = 2x - y$, $y' = -x + 4y$ (b) $x' = 2x - y - t + 1$, $y' = -x + 4y + te^t$

6-73 (a) $x' = x - y$, $y' = -3x - y$ (b) $x' = x - y + t^2 - 1$, $y' = -3x - y + 3t$

6-74 (a) $x' = 2x + 4y$, $y' = -x + 2y$ (b) $x' = 2x + 4y - 5t^2e^{3t}$, $y' = -x + 2y$

6-75 (a) $x' = 7x + y$, $y' = -x - 3y$ (b) $x' = 7x + y - 1$, $y' = -x - 3y + 1$

6-76 (a) $x' = 2x + y$, $y' = x - 2y$ (b) $x' = 2x + y + 1$, $y' = x - 2y + 3t^2$

6-77 (a) $x' = -x + 2y$, $y' = 3x + y$ (b) $x' = -x + 2y + 3\sin 2t$, $y' = 3x + y - 2$

6-78 (a) $x' = 4x - 2y$, $y' = 2x - 4y$ (b) $x' = 4x - 2y + t^2 - 3$, $y' = 2x - 4y - 5t$

6-79 (a) $x' = 6x - y$, $y' = x + 2y$ (b) $x' = 6x - y + te^{2t}$, $y' = x + 2y - 1$

6-80 (a) $x' = x - 5y$, $y' = x + y$ (b) $x' = x - 5y + 3$, $y' = x + y - 3$

6-81 (a) $x' = -5x + 6y$, $y' = 2x + 7y$ (b) $x' = -5x + 6y + 1$, $y' = 2x + 7y + t^2$

6-82 (a) $x' = 4y$, $y' = x$ (b) $x' = 4y + 1$, $y' = x - 3 + e^t$

고윳값 방법을 사용하여 지정된 초기조건들과 함께 주어진 1계 연립방정식의 해를 구하라.

6-83 $x' = 2x - y + t,\ x(0) = 1$
$y' = -x + 4y,\ y(0) = 1$

6-84 $x' = 2x - 4y + 1,\ x(0) = 2$
$y' = 5x - 2y,\ y(0) = -3$

6-85 $x' = 2x + 4y + t,\ x(1) = 0$
$y' = x - y - 1,\ y(0) = 2$

6-86 $x' = 3x + y - 1,\ x(0) = 0$
$y' = -4x - y + 3e^{2t},\ y(0) = 1$

6-87 예제 6-10에서 개발된 DC 모터 모델에 대해 (a) 속도 ω 그리고 (b) 전류 I_a에 관한 단일 2계 미분방정식을 구하라.

6-88 예제 6-10에서 개발된 DC 모터 모델에 대해 아래의 매개변수 값들을 사용하여 속도 $\omega(t)$와 전류 $I_a(t)$에 관한 연립방정식을 동시에 풀어라. 초기속도는 0이라고 가정한다.

$K_T = K_b = 0.05\ \text{N·m/A}$ $R = 0.5\Omega$ $L = 2 \times 10^{-3}\text{H}$
$I = 9 \times 10^{-5}\ \text{kg·m}^2$ $V_a = 10V$ $T_L = 0$

6-89 그림 6-21의 2-질량체 시스템에 대해 질량체 1에는 외력 $F_1(t)$가 작용하고 질량체 2에는 외력 $F_2(t)$가 작용한다고 가정한다. 이러한 외력들은 모드 진동수와 모드 비에 어떤 영향을 미치는가?

6-90 그림 6-21의 2-질량체 시스템에 대해 $m_1 = m_2 = m$, $k_1 = k_3 = k$, $k_2 = 4k$일 때 모드 진동수와 모드 비를 구하라.

6-91 그림 6-21의 2-질량체 시스템에 대해 $m_1 = m$, $m_2 = 3m$, $k_1 = k_2 = k_3 = k$일 때 모드 진동수와 모드 비를 구하라.

6-92 그림 P6-92에서 보이는 2층 건물 모델의 운동방정식을 4장에서 다음과 같이 유도한 바 있다.

$$m_1\ddot{x}_1 = -k_2(x_1 - x_2) + k_1(y - x_1)$$
$$m_2\ddot{x}_2 = -k_2(x_1 - x_2)$$

지진이 진행되는 동안 지반운동에 관한 데이터를 분석하여 지반운동이 건물의 모드 진동수에 가까운 진동수들을 포함하는지 결정할 수 있다. 그 경우 지진이 있을 때 이러한 건물에 큰 운동이 발생할 것이다. 따라서 건물을 설계할 때 모드 진동수들을 계산하는 것은 중요하다. 모드 비는 또한 건물 설계 등에서 중요한데, 이것은 모드 비가 층들 사이의 상대적 운동량을 나타내며 이는 지지기둥에 미치는 스트레스와 연관되기 때문이다.

$m_1 = m_2 = m$, $k_1 = k_2 = k$일 때 모드 진동수와 모드 비를 구하라.

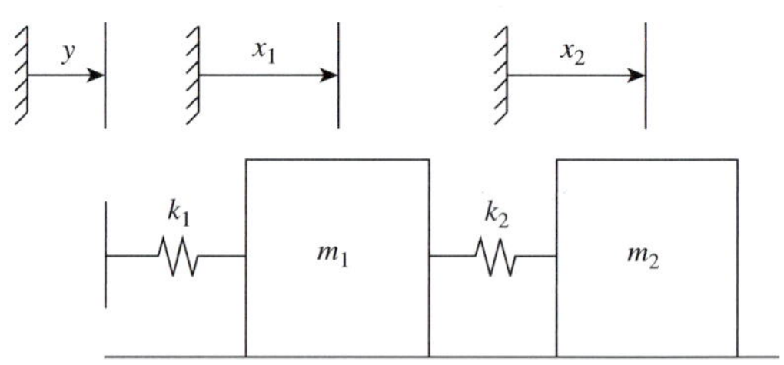

그림 P6-92

6-5 컴퓨터 해법

6-93 아래의 연립방정식은 예제 6-1에서 임의의 초기조건에 대해 소금물 혼합을 나타내는 방정식들이다. 컴퓨터를

사용하여 기호 형태의 해를 구하라.

$$\frac{dx_1}{dt} = 1.5 - 50\frac{x_1}{1000} + 35\frac{x_2}{1000} \qquad \textbf{(6–18a)}$$

$$\frac{dx_2}{dt} = -50\frac{x_1}{1000} - 55\frac{x_2}{1000} \qquad \textbf{(6–18b)}$$

컴퓨터를 사용하여 다음 문제에 대한 기호 형태의 해를 구하라.

6-94 (a) $x' = 3x - y$, $y' = x + y$ (b) $x' = 3x - y + t$, $y' = x + y - 2$

6-95 (a) $x' = x - y$, $y' = -x + 4y$ (b) $x' = x - y - t + 1$, $y' = -x + 4y + te^t$

6-96 (a) $x' = x - y$, $y' = -3x - 2y$ (b) $x' = x - y + t^2 - 1$, $y' = -3x - 2y + 3t$

컴퓨터를 사용하여 지정된 초기조건들과 함께 주어진 다음 문제에 대한 기호 형태의 해를 구하라.

6-97 $x' = x - 6y + 1, x(0) = 1$
$y' = 4x + 2y + t, y(0) = 0$

6-98 $x' = 2x - y + t, x(0) = 1$
$y' = -x + 4y, y(0) = 1$

6-99 $x' = x - 4y + 1, x(0) = 2$
$y' = 5x - 2y, y(0) = -3$

6-100 $x' = 3x + y - 1, x(0) = 0$
$y' = -4x - y + 3e^{2t}, y(0) = 1$

복습문제

다음 각 문제에서 자신이 선택한 해법을 적용하여 임의의 초기조건에 대한 해석적 해를 구하라.

6-101 $x' = 5x - 3y$
$y' = 2y - z$
$z' = x - y$

6-102 $x' = 5x - 3y$
$y' = 2y - z - 2e^t$
$z' = x - y - 1$

6-103 $x' = -3x + y - 2z$
$y' = x + 2y + 9z$
$z' = -3y + 3z$

6-104 $x' = -3x + y - 2z + t$
$y' = x + 2y + 9z - 3t$
$z' = -3y + 3z + 2$

CHAPTER 7

선형 연립미분방정식: 행렬 방식

먼저 선형대수학으로부터 행렬의 기본 성질들과 몇 가지 중요한 주제에 대해 요약한 다음, 선형 미분방정식들로 구성된 연립방정식을 풀기 위한 가장 일반적이고 체계적인 풀이 절차인 *고유벡터 방법*이라고도 불리는 *행렬 해법*을 소개한다. (*라플라스 변환법*과 *수치해법*이라는 두 가지 다른 해법은 이후의 장들에서 논의된다.)

그런 다음 물리적 시스템에 관한 모델을 어떻게 표준 행렬 형식으로 표현할 수 있는지 보여준다. 행렬 해법에 관한 기초 이론을 제시하고 선형 동차방정식과 선형 비동차방정식에 적용해 보인다. 그리고 표준형과 추이행렬이라는 특별한 행렬 형식을 살펴본다. 이들은 공정에 관한 동역학의 이해에 유용하다. 끝으로 이 장에서 논의된 해법들을 구현하기 위한 컴퓨터 해법들을 살펴본다.

학습목표

이 장을 마친 후에는 다음과 같은 능력을 갖출 수 있을 것이다.

1. 기초적인 행렬 연산을 수행한다.
2. 하나의 n계 미분방정식을 n개의 1계 미분방정식 모음으로 변환한다.
3. n개의 상수계수 1계 선형방정식 모음을 행렬 형식으로 표현한다.
4. 고유벡터 방법을 사용하여 행렬 형식으로 표현된 n개의 상수계수 1계 방정식 모음을 푼다.
5. 연립방정식의 고윳값들과 고유벡터들이 주어지면 n개의 상수계수 1계 선형방정식 모음을 조단 표준형으로 표현한다.
6. 컴퓨터 패키지를 사용하여 n개의 상수계수 1계 방정식 모음에 대해 고윳값, 고유벡터, 수치해 등을 구한다.

7-1 ■ 행렬에 대한 개요*

두세 개의 미분방정식으로 구성된 작은 규모의 선형 연립방정식을 풀 때는 6장에서 살펴본 소거법이나 고윳값 방법으로 충분하지만, 규모가 큰 연립방정식의 경우에는 이러한 해법들은 불편하거나 비실용적이다. 대규모 연립미분방정식에 대한 학습이나 설명에는 행렬 표현을 사용하는 것이 편리하다. 연립대수방정식의 경우도 마찬가지임을 대수학을 통해 경험한 바 있을 것이다(그림 7-1). 따라서 이 절에서는 선형 연립방정식을 체계적으로 학습하기 위해 필요한 범위 내에서 행렬과 이들의 성질에 대해 간략하게 살펴볼 것이다.

연립대수방정식:

$$2x_1 - 3x_2 + 3x_3 = 5$$
$$5x_1 + 4x_2 - 6x_3 = -5$$
$$x_1 + 7x_2 - x_3 = 12$$

행렬 형식의 연립방정식:

$$\begin{pmatrix} 2 & -3 & 3 \\ 5 & 4 & -6 \\ 1 & 7 & -1 \end{pmatrix}\begin{pmatrix} x_1 \\ x_2 \\ x_3 \end{pmatrix} = \begin{pmatrix} 5 \\ -5 \\ 12 \end{pmatrix}$$

또는 $\mathbf{Ax} = \mathbf{b}$

그림 7-1
큰 규모의 연립대수방정식에 대한 표현은 행렬 형식으로 표현하는 것이 가장 편리하다.

행렬 표현을 사용함으로써 방정식의 개수에 상관없이 유효한 일반적 정리들을 기술할 수 있을 뿐만 아니라 임의의 계수를 갖는 방정식들을 풀 수 있는 강력한 컴퓨터 프로그램을 사용할 때도 행렬 표현이 사용된다. 이러한 컴퓨터 해법들에 대해서도 이 장에서 소개할 것이다.

$m \times n$ **행렬**은 다음과 같이 m개의 행과 n개의 열로 배열된 숫자나 원소들로 이루어진 사각형 배열이다(그림 7-2).

$$\mathbf{A} = \begin{pmatrix} a_{11} & a_{12} & \cdots & a_{1n} \\ a_{21} & a_{22} & \cdots & a_{2n} \\ \vdots & \vdots & & \vdots \\ a_{m1} & a_{m2} & \cdots & a_{mn} \end{pmatrix} \tag{7-1}$$

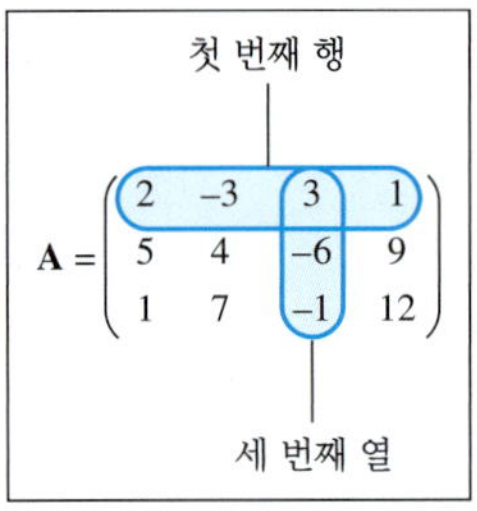

그림 7-2
3 × 4 행렬

행렬은 **A**와 같이 진한 글씨체의 영문대문자로 표시된다. 행렬의 원소들은 실수인 상수(스칼라)나 복소수일 수도 있고, 함수일 수도 있다. $m \times n$ 행렬 **A**에서 i번째 행 j번째 열의 원소는 a_{ij}로 표시된다(단, $i = 1, 2, ..., m$ 그리고 $j = 1, 2, ..., n$). 행렬 원소 표현에서 첫 번째 첨자는 행 번호를 나타내며 두 번째 첨자는 열 번호를 나타낸다. 예를 들면, a_{32}는 해당 행렬에서 3번째 행 2번째 열의 원소를 나타낸다. 때로 행렬의 원소들을 조작할 때 행렬 **A**를 $\mathbf{A} = (a_{ij})$와 같이 표현하는 것이 편리할 수 있다.

이 장에서는 다음과 같은 특별한 종류의 행렬들을 다루게 될 것이다.

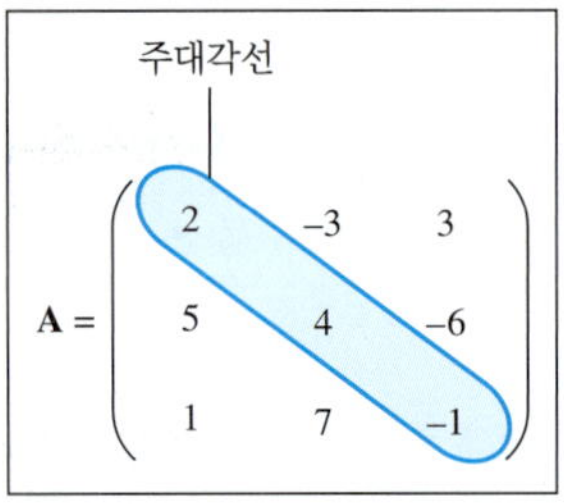

그림 7-3
3 × 3 행렬에서의 주대각선

1. **정방행렬** 행의 수와 열의 수가 동일한 행렬을 **정방행렬(square matrix)**이라고 한다. n개의 행과 n개의 열을 갖는 정방행렬을 *n차 정방행렬* 또는 $n \times n$ 행렬이라고 한다. 원소 $a_{11}, a_{22}, ..., a_{nn}$을 관통하는 가상적인 선을 정방행렬의 **주대각선(main diagonal)**이라고 한다(그림 7-3).
2. **벡터** 열이 하나뿐인 행렬은 **열벡터(column vector)** 또는 간단히 **벡터(vec-**

* 이 절은 학생들의 기억을 되살리기 위해 포함된 것으로, 불필요할 경우 건너뛰어도 좋다.

tor)라고 한다. 따라서 벡터에서 원소의 수는 행의 수와 같다. 대개 벡터들은 **b**와 같이 진한 글씨체의 영문소문자로 표시된다. n차원 벡터는 n개의 행과 1개의 열을 갖는 $n \times 1$ 행렬로 볼 수 있으며, 다음과 같이 표현될 수 있다.

$$\mathbf{b} = \begin{pmatrix} b_1 \\ b_2 \\ \vdots \\ b_n \end{pmatrix} \tag{7–2}$$

마찬가지로 한 개의 행만으로 구성되는 행렬은 **행벡터(row vector)**라고 한다. 행벡터는 $1 \times n$ 행렬로 볼 수 있다.

$m \times n$ 행렬은 나란히 배열된 m개의 n차원 열벡터 또는 n개의 m차원 행벡터로 볼 수 있다(그림 7-4). 벡터는 일종의 행렬이라는 점을 유의하기 바란다.

세 개의 3×1 행렬

$$\mathbf{v}_1 = \begin{pmatrix} 2 \\ 5 \\ 1 \end{pmatrix},\ \mathbf{v}_2 = \begin{pmatrix} -3 \\ 4 \\ 7 \end{pmatrix},\ \mathbf{v}_3 = \begin{pmatrix} 3 \\ -6 \\ -1 \end{pmatrix}$$

이들이 형성하는 3×3 행렬

$$\mathbf{A} = (\mathbf{v}_1\ \mathbf{v}_2\ \mathbf{v}_3) = \begin{pmatrix} 2 & -3 & 3 \\ 5 & 4 & -6 \\ 1 & 7 & -1 \end{pmatrix}$$

그림 7–4
3×3 행렬은 3차원 벡터 3개를 나란히 배열한 것으로 볼 수 있다.

3. **영행렬** 모든 원소가 0인 행렬을 **영행렬(zero matrix)**이라고 한다. 영행렬은 진한 글씨체의 0으로 표시하며 다음과 같이 표현될 수 있다.

$$\mathbf{0} = \begin{pmatrix} 0 & 0 & \dots & 0 \\ 0 & 0 & \dots & 0 \\ \vdots & \vdots & & \vdots \\ 0 & 0 & \dots & 0 \end{pmatrix} \tag{7–3}$$

4. **대칭행렬** 주대각선에 대해 대칭성을 갖는 정방행렬을 **대칭행렬(symmetric matrix)**이라고 한다. 따라서 대칭행렬에서는 $a_{ij} = a_{ji}$가 된다. 예를 들면, 다음 3×3 행렬은 대칭행렬이다.

$$\mathbf{A} = \begin{pmatrix} 1 & 5 & -9 \\ 5 & 3 & 4 \\ -9 & 4 & 2 \end{pmatrix} \tag{7–4}$$

5. **상/하 삼각행렬** 주대각선 아래의 모든 원소들이 0인 행렬을 **상삼각행렬(upper triangular matrix)**이라 한다. 마찬가지로 주대각선 위의 모든 원소들이 0인 행렬을 **하삼각행렬(lower triangular matrix)**이라 한다. 예를 들면, 아래의 행렬들은 각각 3×3 상삼각행렬과 3×3 하삼각행렬이다.

$$\mathbf{U} = \begin{pmatrix} 1 & 6 & 7 \\ 0 & -2 & 3 \\ 0 & 0 & 5 \end{pmatrix} \text{ 그리고 } \mathbf{L} = \begin{pmatrix} 3 & 0 & 0 \\ -1 & 6 & 0 \\ 5 & 0 & -4 \end{pmatrix} \tag{7–5}$$

6. **대각선행렬** 대각선을 제외한 모든 원소들이 0인 정방행렬을 **대각선행렬(diagonal matrix)**이라 한다. 따라서 대각선행렬에서는 $i \neq j$이면 항상 $a_{ij} = 0$이다. 예를 들면, 다음 행렬은 3×3 대각선행렬이다.

$$\mathbf{D} = \begin{pmatrix} 2 & 0 & 0 \\ 0 & -7 & 0 \\ 0 & 0 & -4 \end{pmatrix}$$

때로 대각선행렬은 $\mathbf{D} = \text{diag}(2, -7, -4)$와 같이 대각선 원소들만 표시하는 방식으로 표현하는 것이 편리할 수 있다. 대각선행렬은 일종의 대칭행렬임을 유의하기 바란다.

7. **단위행렬** 주대각선상의 원소들이 모두 1인 대각선행렬을 **단위행렬(identity matrix)**이라고 하며 **I**로 표시한다. 즉, n차 단위행렬은 주대각선상의 원소들은 모두 1이고 나머지 원소들은 모두 0인 $n \times n$ 정방행렬이다. 예를 들면, 다음 행렬은 3×3 단위행렬이다.

$$\mathbf{I} = \begin{pmatrix} 1 & 0 & 0 \\ 0 & 1 & 0 \\ 0 & 0 & 1 \end{pmatrix}$$

단위행렬은 숫자 1과 같은 역할을 하는 행렬인데, 어떤 행렬에 단위행렬을 곱한 결과는 원래의 행렬이 된다.

행렬의 성질

행렬 표현을 사용함으로써 다수의 항을 하나의 기호로 표현할 수 있으며, 대규모의 연립대수방정식이나 연립미분방정식을 아주 간결하게 표현할 때 편리하다. 또 행렬 형식으로 표현된 대규모 연계 동차방정식을 체계적 방식으로 쉽게 조작할 수 있다. 행렬 조작에 관련된 확고한 규칙들이 존재하는데, 이제 가장 기본적인 규칙 몇 가지를 여기에서 살펴보자.

2×3 행렬:

$$\mathbf{A} = \begin{pmatrix} 2 & -3 & 3 \\ 5 & 4 & -6 \end{pmatrix}$$

또 하나의 2×3 행렬:

$$\mathbf{B} = \begin{pmatrix} 2 & -3 & 3 \\ 5 & 7 & -6 \end{pmatrix}$$

그림 7-5
같은 크기의 서로 다른 두 개의 행렬

동일성 두 개의 행렬은 행의 개수와 열의 개수가 같을 때 동일한 크기를 갖는다고 한다. 예를 들면, 임의의 두 3×5 행렬은 동일한 크기를 갖는다. 동일한 크기를 갖는 두 개의 행렬 **A**, **B**는 모든 i, j에 대해 다음 식이 성립하면 동일한 행렬이라고 한다(그림 7-5).

$$a_{ij} = b_{ij} \tag{7-6}$$

이 경우 $\mathbf{A} = \mathbf{B}$와 같이 표현된다. 예를 들어

$$\mathbf{A} = \begin{pmatrix} a_{11} & a_{12} \\ a_{21} & a_{22} \end{pmatrix} \quad \text{그리고} \quad \mathbf{B} = \begin{pmatrix} 3 & 0 \\ -1 & 6 \end{pmatrix}$$

일 때 $a_{11} = 3, a_{12} = 0, a_{21} = -1, a_{22} = 6$이면 $\mathbf{A} = \mathbf{B}$가 된다. 따라서 두 개의 5×6 행렬이 동일하다는 것은 30개의 스칼라 등식에 해당한다. 두 행렬의 크기가 같지 않다면, 즉, 행의 개수나 열의 개수가 다르다면, 행렬의 동일성을 따질 수 없

다. 예를 들면,

$$\mathbf{A} = \begin{pmatrix} 1 & 2 \\ 3 & 4 \end{pmatrix} \quad \text{그리고} \quad \mathbf{B} = \begin{pmatrix} 1 & 2 & 0 \\ 3 & 4 & 0 \end{pmatrix}$$

에서 행의 개수는 같지만 열의 수는 다르므로 (비록 다른 부분의 원소들은 모두 0 이지만) 이 두 행렬은 동일하지 않다.

덧셈 두 개의 $m \times n$ 행렬은 다음과 같이 개별 원소들을 더함으로써 덧셈할 수 있다.

$$\mathbf{A} + \mathbf{B} = (a_{ij}) + (b_{ij}) = (a_{ij} + b_{ij}) \tag{7-7}$$

예를 들면,

$$\begin{pmatrix} 2 & 4 \\ -1 & 6 \end{pmatrix} + \begin{pmatrix} -3 & 8 \\ 2 & 0 \end{pmatrix} = \begin{pmatrix} 2+(-3) & 4+8 \\ -1+2 & 6+0 \end{pmatrix} = \begin{pmatrix} -1 & 12 \\ 1 & 6 \end{pmatrix}$$

두 행렬을 더할 수 있기 위해서는 동일한 크기를 가져야 한다. 또한 두 개의 $m \times n$ 행렬의 합도 $m \times n$ 행렬이다.

행렬 덧셈에 대해 교환법칙과 결합법칙이 성립한다는 것을 증명할 수 있다. 즉,

$$\mathbf{A} + \mathbf{B} = \mathbf{B} + \mathbf{A} \tag{7-8a}$$

그리고

$$\mathbf{A} + (\mathbf{B} + \mathbf{C}) = (\mathbf{A} + \mathbf{B}) + \mathbf{C} \tag{7-8b}$$

그리고 임의의 행렬 **A**에 같은 크기의 영행렬을 더한 결과는 원래의 행렬 그대로이다. 즉, $\mathbf{A} + \mathbf{0} = \mathbf{A}$이다.

스칼라에 의한 곱셈 행렬 **A**에 스칼라 k를 곱한 결과는 행렬의 각 원소에 스칼라 k를 곱한 것과 같다(그림 7-6).

$$k\mathbf{A} = k(a_{ij}) = (ka_{ij}) \tag{7-9}$$

예를 들면,

$$3\begin{pmatrix} 2 & -1 \\ 4 & 7 \end{pmatrix} = \begin{pmatrix} 3\times 2 & 3\times(-1) \\ 3\times 4 & 3\times 7 \end{pmatrix} = \begin{pmatrix} 6 & -3 \\ 12 & 21 \end{pmatrix}$$

스칼라에 의한 곱셈의 결과로 행렬의 크기는 변경되지 않음을 유의하기 바란다. 스칼라에 의한 곱셈에서 교환법칙과 분배법칙이 성립한다는 것을 증명할 수 있다. 즉,

$$k\mathbf{A} = \mathbf{A}k \tag{7-10a}$$

그리고

$$k(\mathbf{A} + \mathbf{B}) = k\mathbf{A} + k\mathbf{B} \tag{7-10b}$$

$$\mathbf{A} = \begin{pmatrix} 2 & 0 \\ 14 & -6 \end{pmatrix} = 2\begin{pmatrix} 1 & 0 \\ 7 & -3 \end{pmatrix}$$

그림 7-6
행렬의 모든 원소에 공통된 스칼라 인수는 행렬 밖으로 꺼내어 행렬에 대한 스칼라 인수로 사용할 수 있다.

$$(k_1 + k_2)\mathbf{A} = k_1\mathbf{A} + k_2\mathbf{B} \tag{7-10c}$$

또한 임의의 $m \times n$ 행렬 **A**에 0을 곱하면 $m \times n$ 영행렬이 된다. 즉, $0 \cdot \mathbf{A} = \mathbf{0}$이다.

뺄셈 두 개의 $m \times n$ 행렬 **A**, **B**의 차 $\mathbf{A} - \mathbf{B}$는 행렬 **B**에 -1을 곱한 결과와 행렬 **A**와의 덧셈으로 정의된다. 즉,

$$\mathbf{A} - \mathbf{B} = \mathbf{A} + (-\mathbf{B}) \tag{7-11}$$

또는 $(a_{ij}) - (b_{ij}) = (a_{ij} - b_{ij})$이다. 예를 들면,

$$\begin{pmatrix} 4 & 2 \\ -3 & 6 \end{pmatrix} - \begin{pmatrix} 3 & 6 \\ 0 & -2 \end{pmatrix} = \begin{pmatrix} 4-3 & 2-6 \\ -3-0 & 6-(-2) \end{pmatrix} = \begin{pmatrix} 1 & -4 \\ -3 & 8 \end{pmatrix}$$

행렬 곱셈 $m \times n$ 행렬 **A**와 $n \times r$ 행렬 **B**의 곱은 $m \times r$ 행렬 **C**이며, 그 원소들은 임의의 i, j에 대해 다음과 같이 결정된다.

$$c_{ij} = \sum_{k=1}^{n} a_{ik}b_{kj} = a_{i1}b_{1j} + a_{i2}b_{2j} + \cdots + a_{in}b_{nj} \tag{7-12}$$

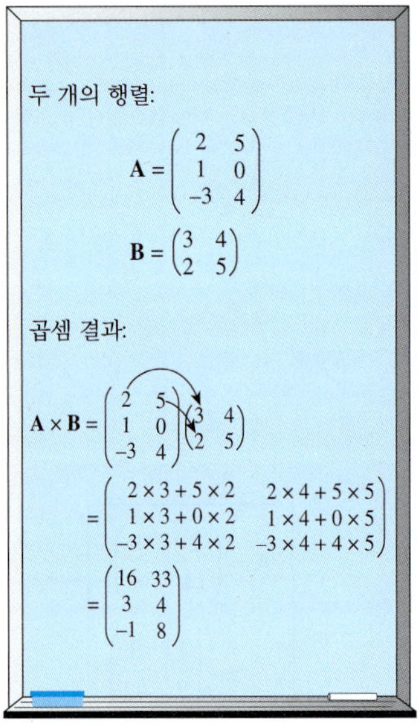

그림 7-7
3×2 행렬과 2×2 행렬의 곱

즉, 행렬 **C**의 i번째 행 j번째 열의 원소는 그림 7-7에서 보여주듯이 **A**의 i번째 행의 각 원소와 **B**의 j번째 열의 각 원소를 곱하고 그 곱셈의 결과들을 더하여 결정된다. 따라서 두 행렬 **A**, **B**에 대한 곱은 상당히 장황한 계산을 요하는데, 이는 곱셈의 결과인 행렬 **C**의 각 원소를 계산하기 위해 n번의 곱셈과 $n - 1$번의 덧셈을 필요로 하기 때문이다.

예를 들어 3×3 행렬 **A**와 열벡터 **x**가

$$\mathbf{A} = \begin{pmatrix} 3 & 5 & -2 \\ 4 & 9 & 7 \\ 3 & 6 & 8 \end{pmatrix} \quad \text{그리고} \quad \mathbf{x} = \begin{pmatrix} x_1 \\ x_2 \\ x_3 \end{pmatrix}$$

와 같이 주어질 경우 이들의 곱 **Ax**는 예상과 같이 3×1 행렬

$$\mathbf{Ax} = \begin{pmatrix} 3 & 5 & -2 \\ 4 & 9 & 7 \\ 3 & 6 & 8 \end{pmatrix}\begin{pmatrix} x_1 \\ x_2 \\ x_3 \end{pmatrix} = \begin{pmatrix} 3x_1 + 5x_2 - 2x_3 \\ 4x_1 + 9x_2 + 7x_3 \\ 3x_1 + 6x_2 + 8x_3 \end{pmatrix}$$

이 된다. 이 예는 행렬 곱셈을 정의하게 된 동기가 연립방정식의 좌변을 미지수의 계수들을 나타내는 행렬과 미지수들을 나타내는 벡터의 곱으로 나타내기 위한 것임을 보여준다. **A**, **x**가 앞에서와 같이 주어질 경우, 행렬 방정식 $\mathbf{Ax} = \mathbf{0}$은 연립방정식

$$\begin{aligned} 3x_1 + 5x_2 - 2x_3 &= 0 \\ 4x_1 + 9x_2 + 7x_3 &= 0 \\ 3x_1 + 6x_2 + 8x_3 &= 0 \end{aligned}$$

과 동치이다. 따라서 연립대수방정식은 행렬 표현, 행렬 곱셈 등을 사용하면 간편하게 표현하고 학습할 수 있다.

행렬 곱셈에서 결합법칙과 분배법칙이 성립한다는 것을 증명할 수 있지만, 교환법칙이 성립하지는 않는다. 즉,

$$(\mathbf{AB})\mathbf{C} = \mathbf{A}(\mathbf{BC}) \tag{7-13a}$$

$$\mathbf{A}(\mathbf{B} + \mathbf{C}) = \mathbf{AB} + \mathbf{AC} \tag{7-13b}$$

그러나

$$\mathbf{AB} \neq \mathbf{BA} \tag{7-13c}$$

행렬 곱셈의 유효성을 검사할 수 있는 간단한 방법을 제시한다. **A**가 $n \times m$이고 **B**가 $p \times q$라고 하자. 곱 **AB**가 $(n \times m)(p \times q) = n \times q$가 되기 위해서는 $m = p$라야 한다. 따라서 (여기에서 m과 p에 해당하는) 두 개의 안쪽 크기가 같아야 한다. 곱셈 결과의 크기는 (여기에서 $n \times q$에 해당하는) 두 개의 바깥쪽 크기의 곱으로 정해진다.

마찬가지로 곱 **BA**가 $(p \times q)(n \times m) = p \times m$가 되기 위해서는 $q = n$이라야 한다. 따라서 (여기에서 q와 n에 해당하는) 두 개의 안쪽 크기가 같아야 한다. 곱셈 결과의 크기는 (여기에서 $p \times m$에 해당하는) 두 개의 바깥쪽 크기의 곱으로 정해진다. 이러한 분석에 따르면 곱 **AB**, **BA** 모두 존재하기 위한 필요충분조건은 **A**가 $n \times m$이고 **B**가 $m \times n$이라야 한다는 것이다. 곱 **AB**는 $n \times n$ 정방행렬이며, 곱 **BA**는 이와는 크기가 다른 $m \times m$ 정방행렬이다.

예제 7-1 행렬 곱셈

다음과 같이 주어지는 두 개의 3×3 행렬에 대해 **AB**, **BA**를 구하라.

$$\mathbf{A} = \begin{pmatrix} 1 & 0 & -3 \\ 2 & -6 & 1 \\ 0 & 4 & 2 \end{pmatrix} \quad \text{그리고} \quad \mathbf{B} = \begin{pmatrix} 2 & -1 & 4 \\ 0 & -1 & 5 \\ 6 & 3 & 0 \end{pmatrix}$$

풀이 | **A**, **B** 모두 3×3 행렬이다. 따라서 이들의 곱인 **AB**, **BA**도 3×3 행렬이다. 행렬 곱셈의 정의로부터

$$\mathbf{AB} = \begin{pmatrix} 2+0-18 & -1+0-9 & 4+0+0 \\ 4+0+6 & -2+6+3 & 8-30+0 \\ 0+0+12 & 0-18+0 & -18+3+0 \end{pmatrix} = \begin{pmatrix} -16 & -10 & 4 \\ 10 & 7 & -22 \\ 12 & 2 & 20 \end{pmatrix}$$

그리고

$$\mathbf{BA} = \begin{pmatrix} 2-2+0 & 0+6+16 & -6-1+8 \\ 0-2+0 & 0+6+20 & 0-1+10 \\ 6+6+0 & 0-18+0 & -18+3+0 \end{pmatrix} = \begin{pmatrix} 0 & 22 & 2 \\ -2 & 26 & 9 \\ 12 & -18 & -15 \end{pmatrix}$$

이다. $\mathbf{AB} \neq \mathbf{BA}$임을 유의하기 바란다.

2 × 2 행렬:

$$\mathbf{A} = \begin{pmatrix} a & b \\ c & d \end{pmatrix}$$

단위행렬:

$$\mathbf{I} = \begin{pmatrix} 1 & 0 \\ 0 & 1 \end{pmatrix}$$

곱셈 결과:

$$\mathbf{A} \times \mathbf{I} = \begin{pmatrix} a & b \\ c & d \end{pmatrix}\begin{pmatrix} 1 & 0 \\ 0 & 1 \end{pmatrix} = \begin{pmatrix} a\times1+b\times0 & a\times0+b\times1 \\ c\times1+d\times0 & c\times0+d\times1 \end{pmatrix} = \begin{pmatrix} a & b \\ c & d \end{pmatrix} = \mathbf{A}$$

그림 7-8
정방행렬과 단위행렬의 곱은 원래의 정방행렬과 같다.

A가 n차 정방행렬이고 **I**가 단위행렬일 때

$$\mathbf{AI} = \mathbf{IA} = \mathbf{A} \tag{7-14}$$

임을 쉽게 증명할 수 있다(그림 7-8). 행렬 연산에서 단위행렬 **I**는 항상 행렬 **A**와 동일한 차수를 갖는 것으로 가정된다.

전치 $m \times n$ 행렬 **A**에 대한 전치는 $\mathbf{A}^T$로 표시되는 $n \times m$ 행렬인데, **A**에서 행과 열을 맞바꿈으로써 이러한 전치행렬을 구할 수 있다. 따라서 $\mathbf{A} = (a_{ij})$이면,

$$\mathbf{A}^T = (a_{ji}) \tag{7-15}$$

예를 들어

$$\mathbf{A} = \begin{pmatrix} 1 & 2 & 9 \\ 4 & 5 & 6 \\ 7 & 8 & 9 \end{pmatrix}$$

이면

$$\mathbf{A}^T = \begin{pmatrix} 1 & 4 & 7 \\ 2 & 5 & 8 \\ 9 & 6 & 9 \end{pmatrix}$$

행렬의 (위의 예에서 1, 5, 9에 해당하는) 주대각선상의 원소들은 전치 과정에서 변동이 없음을 유의하기 바란다. 정방행렬의 전치는 주대각선을 대칭 중심으로 삼아 대칭인 원소들을 맞바꾸어 이동시키면 된다.

전치 개념을 사용하면 열벡터를 행벡터로 표현하여 공간을 절약할 수 있다. 예를 들면, 벡터

$$\mathbf{a} = \begin{pmatrix} 1 \\ 2 \\ 3 \end{pmatrix}$$

는 $\mathbf{b} = (1\ 2\ 3)^T$와 동치이다. 즉, $n \times 1$ 열벡터는 $1 \times n$ 행벡터의 전치행렬로 표현될 수 있다.

벡터의 스칼라적 동일한 개수의 원소를 갖는 행벡터 **a**와 열벡터 **b**의 **스칼라적(scalar product)** $\mathbf{a} \cdot \mathbf{b}$는 다음과 같이 결정되는 값을 갖는 스칼라 숫자인데, 스칼라적은 점곱(dot product)이나 내적(inner product)이라 부르기도 한다.

$$\mathbf{a} \cdot \mathbf{b} = (a_1 \quad a_2 \ldots a_n)(b_1 \quad b_2 \ldots b_n)^T = a_1 b_1 + a_2 b_2 + \cdots + a_n b_n \tag{7-16}$$

예를 들어 $\mathbf{a} = (1\ -2\ 5)$이고 $\mathbf{b}^T = (2\ 0\ 6)$이면

$$\mathbf{a} \cdot \mathbf{b} = (1 \quad -2 \quad 5)(2 \quad 0 \quad 6)^T = 2 + 0 + 30 = 32$$

인데, 이는 스칼라 양이다. 스칼라적 $\mathbf{a} \cdot \mathbf{b}$는 n차원 공간에서 두 벡터 **a**와 **b**의 내

적과 같다는 점에 주목하기 바란다.

행렬식 $n \times n$ 정방행렬 $\mathbf{A}$에 대한 행렬식은 $|\mathbf{A}|$ 또는 det $\mathbf{A}$와 같이 표시되는 $n \times n$ 행렬식인데, 그 원소는 행렬 $\mathbf{A}$의 원소들과 같다. 행렬과는 달리 행렬식은 행이나 열을 따라 전개함으로써 행렬식의 차수를 줄일 수 있으며 이를 반복하여 하나의 값으로 표현할 수 있다. 2×2 행렬 $\mathbf{A}$에 대한 행렬식은 다음과 같다.

$$\det \mathbf{A} = \begin{vmatrix} a_{11} & a_{12} \\ a_{21} & a_{22} \end{vmatrix} = a_{11}a_{22} - a_{21}a_{12} \tag{7-17}$$

예를 들어

$$\mathbf{A} = \begin{pmatrix} 2 & 6 \\ -1 & 5 \end{pmatrix}$$

이면,

$$\det \mathbf{A} = \begin{vmatrix} 2 & 6 \\ -1 & 5 \end{vmatrix} = 2 \times 5 - 6 \times (-1) = 16$$

따라서 주어진 행렬 $\mathbf{A}$에 대한 행렬식의 값은 16이다.

3×3 행렬에 대한 행렬식은 첫 번째 행을 따라 행렬식을 전개하여 계산할 수 있다.

$$\begin{aligned} \det \mathbf{A} &= \begin{vmatrix} a_{11} & a_{12} & a_{13} \\ a_{21} & a_{22} & a_{23} \\ a_{31} & a_{32} & a_{33} \end{vmatrix} \\ &= a_{11}\begin{vmatrix} a_{22} & a_{23} \\ a_{32} & a_{33} \end{vmatrix} - a_{12}\begin{vmatrix} a_{21} & a_{23} \\ a_{31} & a_{33} \end{vmatrix} + a_{13}\begin{vmatrix} a_{21} & a_{22} \\ a_{31} & a_{32} \end{vmatrix} \\ &= a_{11}a_{22}a_{33} + a_{12}a_{23}a_{31} + a_{13}a_{21}a_{32} \\ &\quad - a_{31}a_{22}a_{13} - a_{32}a_{23}a_{11} - a_{33}a_{21}a_{12} \end{aligned} \tag{7-18}$$

더 높은 차수의 행렬식들도 이러한 절차를 반복함으로써 계산할 수 있다. n차 행렬식을 전개하면 n개의 $(n-1)$차 행렬식이 만들어진다. 전개 과정은 임의의 행이나 열을 선택하여 수행할 수 있다. 예를 들어 M_{ij}가 i번째 행과 j번째 열을 삭제하여 얻은 $(n-1)\times(n-1)$ 행렬식이라 하면, i번째 행을 따라 진행된 행렬식 전개는 다음과 같이 표현될 수 있다.

$$\det \mathbf{A} = \sum_{j=1}^{n} (-1)^{i+j} a_{ij} M_{ij} \tag{7-19}$$

이러한 과정은 모든 M_{ij}가 2차 행렬식이 될 때까지 계속할 수 있으며, 2차 행렬식의 값은 식 7-17을 이용하여 계산할 수 있다.

3×3 행렬식을 계산하는 간편한 방법은 그림 7-9에서 보여주듯이 행렬의 첫

3×3 행렬:

$$\mathbf{A} = \begin{pmatrix} a_{11} & a_{12} & a_{13} \\ a_{21} & a_{22} & a_{23} \\ a_{31} & a_{32} & a_{33} \end{pmatrix}$$

첫 두 열을 행렬의 오른쪽에 추가함:

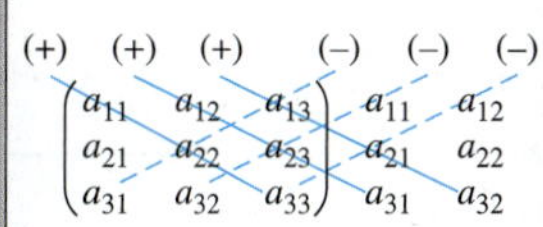

행렬식:

$$\det \mathbf{A} = a_{11}a_{22}a_{33} + a_{12}a_{23}a_{31} + a_{13}a_{21}a_{32} - a_{31}a_{22}a_{13} - a_{32}a_{23}a_{11} - a_{33}a_{21}a_{12}$$

그림 7-9
3×3 행렬의 행렬식을 계산하는 간편한 방법

두 열을 행렬의 오른쪽에 표시한 다음 대각선 방향으로 3개의 실선과 3개의 반실선을 그어 각각의 선이 3개씩의 원소를 지나가도록 만든다. 이제 det **A**는 실선상의 원소들의 곱들은 더하고 반실선상의 원소들의 곱들은 빼서 계산할 수 있으며, 이러한 결과는 식 7-19를 한 번에 계산한 것과 같다.

행렬식을 계산할 때 값이 0인 원소의 개수가 가장 많은 행이나 열을 선택하여 전개함으로써 노력을 최소화할 수 있다. 예를 들면, 행렬식

$$\det \mathbf{A} = \begin{vmatrix} 1 & 2 & 1 \\ 0 & 0 & 3 \\ 7 & 5 & 0 \end{vmatrix}$$

을 계산할 때 가장 쉬운 방법은 두 번째 행을 따라 전개하는 것이다.

$$\begin{aligned} \det \mathbf{A} &= -0\begin{vmatrix} 2 & 1 \\ 5 & 0 \end{vmatrix} + 0\begin{vmatrix} 1 & 1 \\ 7 & 0 \end{vmatrix} - 3\begin{vmatrix} 1 & 2 \\ 7 & 5 \end{vmatrix} \\ &= -0 + 0 - 3(1 \times 5 - 2 \times 7) = 27 \end{aligned}$$

행렬 **A**에 전체가 0인 행이나 열이 포함되어 있을 경우 det **A** $= 0$이 된다는 사실을 유의하기 바란다.

행렬의 역 주어진 $n \times n$ 정방행렬 **A**에 곱한 결과가 단위행렬 **I**가 되는 $n \times n$ 정방행렬을 **A**의 역(inverse)이라 하며 $\mathbf{A}^{-1}$로 표시한다. 이러한 곱셈에서는 교환법칙이 성립함을 증명할 수 있으며, 따라서 다음과 같이 표현될 수 있다.

$$\mathbf{A}\mathbf{A}^{-1} = \mathbf{A}^{-1}\mathbf{A} = \mathbf{I} \tag{7-20}$$

행렬의 역은 숫자에 대한 역수와 비슷하지만, 행렬 **A**의 역이 존재하지 않을 수도 있다. $\mathbf{A}^{-1}$가 존재할 경우 행렬 **A**는 **정칙행렬(nonsingular matrix)**이라고 한다. 그렇지 않을 경우 행렬 **A**는 **특이행렬(singular matrix)**이라고 한다. 역행렬 $\mathbf{A}^{-1}$가 존재하기 위한 필요충분조건은 **A**의 행렬식이 0이 아니어야 한다는 것이다. 따라서 행렬 A는 det **A** $= 0$일 때 정칙행렬이며, 아니면 특이행렬이다(그림 7-10). 행렬의 역을 구하기 위한 절차는 7-3절에 기술되어 있다.

(a) 특이행렬:
($\mathbf{A}^{-1}$가 존재하지 않음)

$$\mathbf{A} = \begin{pmatrix} 3 & 6 \\ 2 & 4 \end{pmatrix}$$

$$\det \mathbf{A} = \begin{vmatrix} 3 & 6 \\ 2 & 4 \end{vmatrix} = 12 - 12 = 0$$

(b) 정칙행렬:
($\mathbf{A}^{-1}$가 존재함)

$$\mathbf{A} = \begin{pmatrix} 5 & 7 \\ 2 & 6 \end{pmatrix}$$

$$\det \mathbf{A} = \begin{vmatrix} 5 & 7 \\ 2 & 6 \end{vmatrix} = 30 - 14 = 16 \neq 0$$

그림 7-10
행렬식이 0이면 특이행렬이며, 아니면 정칙행렬이다.

행렬함수 (t와 같은) 변수의 함수들을 원소로 갖는 행렬을 **행렬함수(matrix function)**라고 하는데, 이는 모든 원소가 상수인 상수행렬과 대조적이다. 특별한 경우로 하나의 열만 갖는 행렬함수를 **벡터함수(vector function)**라고 한다. 예를 들면, 행렬함수는 다음과 같이 표현될 수 있다.

$$\mathbf{A}(t) = \begin{pmatrix} a_{11}(t) & a_{12}(t) & a_{13}(t) \\ a_{21}(t) & a_{22}(t) & a_{23}(t) \\ a_{31}(t) & a_{32}(t) & a_{33}(t) \end{pmatrix} \tag{7-21}$$

행렬함수 $\mathbf{A}(t)$의 모든 원소가 점 $t = t_0$에서 연속일 경우 $\mathbf{A}(t)$는 그 점에서 연속이

라고 말한다. 마찬가지로 행렬함수 $\mathbf{A}(t)$의 모든 원소가 구간 $t_1 < t < t_2$에서 연속일 경우 $\mathbf{A}(t)$는 그 구간에서 연속이라고 말한다. 예를 들면, 행렬함수

$$\mathbf{A}(t) = \begin{pmatrix} t^2 & \sin t \\ e^{-3t} & 5 \end{pmatrix}$$

는 전체 t-축 상에서 연속인데, 이는 4개의 원소 각각이 모든 t에 대해 연속이기 때문이다.

행렬함수의 도함수 미분 가능한 행렬함수 $\mathbf{A}(t)$의 도함수 $\mathbf{A}'(t)$는 $\mathbf{A}(t)$의 대응 원소들의 도함수를 원소로 갖는 행렬로 정의되며, 다음과 같이 표현될 수 있다.

$$\mathbf{A}'(t) = \frac{d\mathbf{A}(t)}{dt} = \left(\frac{da_{ij}(t)}{dt}\right) = (a'_{ij}(t)) \tag{7-22}$$

따라서 식 7-21의 3 × 3 행렬함수에 대한 도함수는 다음과 같다.

$$\mathbf{A}'(t) = \begin{pmatrix} a'_{11}(t) & a'_{12}(t) & a'_{13}(t) \\ a'_{21}(t) & a'_{22}(t) & a'_{23}(t) \\ a'_{31}(t) & a'_{32}(t) & a'_{33}(t) \end{pmatrix} \tag{7-23}$$

예를 들면,

$$\mathbf{A}(t) = \begin{pmatrix} t^2 & \sin t \\ e^{-3t} & 5 \end{pmatrix}$$

이면

$$\mathbf{A}'(t) = \begin{pmatrix} 2t & \cos t \\ -3e^{-3t} & 0 \end{pmatrix}$$

실함수의 도함수에 관한 기초 미적분학 규칙들 중에는 행렬함수에도 적용되는 규칙들이 많다(그림 7-11). c가 실수인 상수이고 $\mathbf{C}$가 상수행렬일 경우, 다음의 규칙들이 성립한다.

$$\frac{d}{dt}(c\mathbf{A}) = c\frac{d\mathbf{A}}{dt} \tag{7-24a}$$

$$\frac{d}{dt}(\mathbf{CA}) = \mathbf{C}\frac{d\mathbf{A}}{dt} \tag{7-24b}$$

$$\frac{d}{dt}(\mathbf{AC}) = \frac{d\mathbf{A}}{dt}\mathbf{C} \tag{7-24c}$$

$$\frac{d}{dt}(\mathbf{A}+\mathbf{B}) = \frac{d\mathbf{A}}{dt} + \frac{d\mathbf{B}}{dt} \tag{7-24d}$$

$$\frac{d}{dt}(\mathbf{AB}) = \mathbf{A}\frac{d\mathbf{B}}{dt} + \frac{d\mathbf{A}}{dt}\mathbf{B} \tag{7-24e}$$

$(k\mathbf{f})' = k\mathbf{f}'$

$(\mathbf{fg})' = \mathbf{f}'\mathbf{g} + \mathbf{fg}'$

$(\mathbf{f} + \mathbf{g})' = \mathbf{f}' + \mathbf{g}'$

(단, k는 상수이고 $\mathbf{f}$와 $\mathbf{g}$는 모두 t에 관한 벡터 함수임)

그림 7-11
실함수의 도함수에 관한 규칙은 행렬함수에도 적용된다.

두 행렬의 곱에 대한 도함수를 취할 때, 행렬 곱셈에 교환법칙이 성립하지 않는다는 점을 유의하기 바란다. 예를 들면, $(\mathbf{AB})'$는 $\mathbf{AB}' + \mathbf{A}'\mathbf{B}$이지 $\mathbf{B}'\mathbf{A} + \mathbf{BA}'$는 아니다.

주어진 행렬:

$$\mathbf{A}(t) = \begin{pmatrix} 2t & \cos t \\ -3e^{-3t} & 0 \end{pmatrix}$$

적분 결과:

$$\int \mathbf{A}(t)dt = \begin{pmatrix} \int 2t\,dt & \int \cos t\,dt \\ \int -3e^{-3t}dt & \int 0\,dt \end{pmatrix} = \begin{pmatrix} t^2 + c_1 & \sin t + c_2 \\ e^{-3t} + c_3 & 0 + c_4 \end{pmatrix} = \begin{pmatrix} t^2 & \sin t \\ e^{-3t} & 0 \end{pmatrix} + \begin{pmatrix} c_1 & c_2 \\ c_3 & c_4 \end{pmatrix}$$

그림 7-12
행렬에 대한 적분은 개별 원소들을 적분하는 것이다.

행렬함수의 적분 행렬함수 $\mathbf{A}(t)$에 대한 적분 $\int \mathbf{A}(t)dt$는 $\mathbf{A}(t)$의 대응 원소들의 적분을 원소로 갖는 행렬로 정의되며, 다음과 같이 표현될 수 있다(그림 7-12).

$$\int \mathbf{A}(t)\,dt = \left(\int a_{ij}(t)\,dt \right) \tag{7-25}$$

따라서 식 7-21의 3 × 3 행렬함수에 대한 적분은 다음과 같다.

$$\int \mathbf{A}(t)\,dt = \begin{pmatrix} \int a_{11}(t)\,dt & \int a_{12}(t)\,dt & \int a_{13}(t)\,dt \\ \int a_{21}(t)\,dt & \int a_{22}(t)\,dt & \int a_{23}(t)\,dt \\ \int a_{31}(t)\,dt & \int a_{32}(t)\,dt & \int a_{33}(t)\,dt \end{pmatrix} \tag{7-26}$$

예를 들면,

$$\mathbf{A}(t) = \begin{pmatrix} t^2 & \sin t \\ e^{-3t} & 5 \end{pmatrix}$$

이면

$$\int_0^t \mathbf{A}(t)\,dt = \begin{pmatrix} \int_0^t t^2 dt & \int_0^t \sin t\,dt \\ \int_0^t e^{-3t}dt & \int_0^t 5dt \end{pmatrix} = \begin{pmatrix} \frac{1}{3}t^3 & 1 - \cos t \\ -\frac{1}{3}(e^{-3t} - 1) & 5t \end{pmatrix}$$

실함수의 적분에 관한 기초 미적분학 규칙들 중에는 행렬함수에도 적용되는 규칙들이 많다(그림 7-11). c가 실수인 상수이고 $\mathbf{C}$가 상수행렬일 경우, 다음의 규칙들이 성립한다.

$$\int c\mathbf{A}dt = c\int \mathbf{A}dt \tag{7-27a}$$

$$\int \mathbf{CA}dt = \mathbf{C}\int \mathbf{A}dt \tag{7-27b}$$

$$\int (\mathbf{A} + \mathbf{B})dt = \int \mathbf{A}dt + \int \mathbf{B}dt \tag{7-27c}$$

적분이나 미분은 행렬함수의 크기에 아무런 영향도 미치지 않음을 유의하기 바란다.

절 복습문제

C로 표시된 문제는 토론을 위한 개념적 문제이다.

7-1C 정방행렬이란 무엇인가? 어떤 경우에 정방행렬이 대칭이 되는가? 단위행렬은 대칭행렬인가? 어떤 종류의 행렬을 벡터라고 하는가?

7-2C 두 개의 행렬의 크기가 같다는 것의 의미는 무엇인가? 두 행렬이 동일하다는 것의 의미는 무엇인가?

7-3C $n \times n$ 행렬과 상수 k의 곱셈은 어떻게 수행되는가? $n \times n$ 행렬식에 상수 k를 곱하면 어떻게 되는가?

7-4 $(c\mathbf{A})' = c\mathbf{A}'$ 그리고 $\int(\mathbf{A} + \mathbf{B})dt = \int \mathbf{A}dt + \int \mathbf{B}dt$임을 보여라.

7-5 $$\mathbf{A} = \begin{pmatrix} 1 & -4 \\ -2 & 2 \end{pmatrix} \quad \text{그리고} \quad \mathbf{B} = \begin{pmatrix} 0 & -6 \\ 5 & 3 \end{pmatrix}$$

일 때, (a) $\mathbf{A} + \mathbf{B} = \mathbf{B} + \mathbf{A}$, (b) $4(\mathbf{A} + \mathbf{B}) = 4\mathbf{A} + 4\mathbf{B}$, 그리고 (c) $\mathbf{AB} \neq \mathbf{BA}$임을 보여라.

7-2 ■ 행렬 형식의 모델

앞 절에서는

$$\begin{aligned} 2x_1 - 3x_2 + 3x_3 &= 5 \\ 5x_1 + 4x_2 - 6x_3 &= -5 \\ x_1 + 7x_2 - x_3 &= 12 \end{aligned}$$

와 같은 선형 연립대수방정식을 고려하였는데, 이러한 연립방정식은

$$\begin{pmatrix} 2 & -3 & 3 \\ 5 & 4 & -6 \\ 1 & 7 & -1 \end{pmatrix} \begin{pmatrix} x_1 \\ x_2 \\ x_3 \end{pmatrix} = \begin{pmatrix} 5 \\ -5 \\ 12 \end{pmatrix}$$

와 같은 행렬 형식, 또는 더욱 간결한 $\mathbf{Ax} = \mathbf{b}$와 같은 형식으로 표현할 수 있다. 비슷한 방식의 표현이 선형 연립미분방정식에도 사용될 수 있다. 예를 들면, 연립방정식

$$\begin{aligned} x_1' &= -x_1 + x_2 + r_1(t) \\ x_2' &= x_1 - 2x_2 + x_3 + r_2(t) \\ x_3' &= x_2 - 2x_3 + r_3(t) \end{aligned}$$

을 행렬 형식으로 표현하면,

$$\begin{pmatrix} x_1' \\ x_2' \\ x_3' \end{pmatrix} = \begin{pmatrix} -1 & 1 & 0 \\ 1 & -2 & 1 \\ 0 & 1 & -2 \end{pmatrix} \begin{pmatrix} x_1 \\ x_2 \\ x_3 \end{pmatrix} + \begin{pmatrix} r_1(t) \\ r_2(t) \\ r_3(t) \end{pmatrix}$$

또는 $\mathbf{x}' = \mathbf{A}\mathbf{x} + \mathbf{r}(t)$와 같다. 이때 벡터 **x**를 **상태벡터(state vector)**라고 하는데, 그 요소들은 **상태변수(state variable)**들이다. 이러한 용어는 이 변수들이 임의의 시점에서 시스템의 조건 또는 상태를 완전하게 표현하고 있음을 의미한다. 따라서 이러한 행렬 **A**는 때로 **상태행렬(state matrix)**이라고 한다. 일반적으로 이러한 방정식은 **입력(input)**이라고도 불리는 강제함수를 포함하는데, 이는 벡터 형식의 $\mathbf{r}(t)$로 표시된다. 이 결과로 상태변수들은 때로 **출력(output)**이라고 한다. 때로 강제함수 $\mathbf{r}(t)$를 행렬 **B**와 또 따른 시간의 함수 $\mathbf{f}(t)$의 곱으로 표현하는 것이 편리할 수 있다. 이제 연립방정식은 다음과 같이 표현될 수 있다.

$$\mathbf{x}' = \mathbf{A}\mathbf{x} + \mathbf{B}\mathbf{f}(t)$$

여기에서 행렬 **B**를 **입력행렬(input matrix)**이라고 한다. 이 절의 예제들에서는 이러한 형식의 용법을 보여준다. 이러한 표준형에서는 모든 도함수 항의 계수들이 1이 되도록 요구한다는 점을 유의하기 바란다.

질량, 전하, 열에너지 등의 보존에 관한 기본 법칙들을 적용한 결과가 행렬 형식으로 쉽게 표현할 수 있는 결합 1계 연립방정식으로 표현되는 물리적 공정 및 장치에 관한 모델이 되는 경우가 종종 있다. 반면에 뉴턴의 운동법칙을 적용하면 대개 결합 2계 연립방정식이 생성되는 경우가 많다. 이러한 경우에 방정식들을 행렬 형식으로 표현하기에 적합하도록 1계 방정식들의 모음으로 표현하기 위해 각 질량체의 변위나 속도 등을 위한 여러 변수들을 정의해야 한다. 이제 이러한 개념들을 알아보기 위해 몇 개의 공학 예제들을 살펴보자.

예제 7-2 연결된 3개의 저장 탱크

그림 7-13은 액체의 저장을 위한 3개의 동일한 탱크를 보이고 있는데, 각 탱크마다 다양한 화학공정이 이루어진다. 액체는 부피 유입속도 q_i(m^3/s)로 시스템으로 유입되고 있다. 탱크들을 연결하는 파이프는 흐름에 저항하는데, 파이프를 통한 흐름은 파이프 양단의 액체 높이 차에 비례한다. 비례상수는 $1/R$인데, 여기에서 R은 유체 저항이라고 한다. 각 탱크의 밑면적은 A이다. 3개의 액체 높이에 관한 벡터-행렬 모델을 구하라.

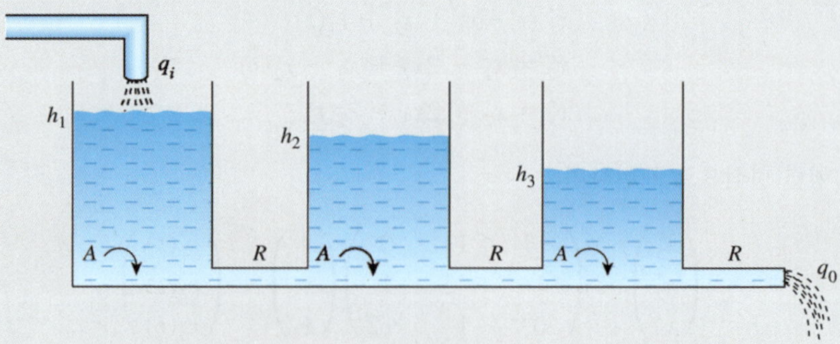

그림 7-13
3개의 저장 탱크

풀이 각 탱크에 액체 부피에 관한 보존법칙을 적용하면 다음과 같은 식들을 얻는다.

$$(Ah_1)' = Ah_1' = q_i - \frac{h_1 - h_2}{R} = q_i - \frac{1}{R}h_1 + \frac{1}{R}h_2$$

$$(Ah_2)' = Ah_2' = \frac{h_1 - h_2}{R} - \frac{h_2 - h_3}{R} = \frac{1}{R}h_1 - \frac{2}{R}h_2 + \frac{1}{R}h_3$$

$$(Ah_3)' = Ah_3' = \frac{h_2 - h_3}{R} - \frac{1}{R}h_3 = \frac{1}{R}h_2 - \frac{2}{R}h_3$$

이러한 방정식들로부터 다음과 같이 행렬 원소들을 추출할 수 있다.

$$\begin{pmatrix} h_1' \\ h_2' \\ h_3' \end{pmatrix} = \frac{1}{RA}\begin{pmatrix} -1 & 1 & 0 \\ 1 & -2 & 1 \\ 0 & 1 & -2 \end{pmatrix}\begin{pmatrix} h_1 \\ h_2 \\ h_3 \end{pmatrix} + \frac{1}{A}\begin{pmatrix} 1 \\ 0 \\ 0 \end{pmatrix}q_i$$

간결한 형태로 표현하면

$$\mathbf{h}' = \mathbf{A}\mathbf{h} + \mathbf{B}q_i$$

가 되는데, 여기에서

$$\mathbf{A} = \frac{1}{RA}\begin{pmatrix} -1 & 1 & 0 \\ 1 & -2 & 1 \\ 0 & 1 & -2 \end{pmatrix} \text{ 그리고 } \mathbf{B} = \frac{1}{A}\begin{pmatrix} 1 \\ 0 \\ 0 \end{pmatrix}$$

예제 7-3 3개의 RC 폐회로를 포함하는 회로

그림 7-14는 3개의 RC 폐회로와 전류 공급 i_s를 포함하는 회로를 보여준다. 이 회로에 관한 벡터-행렬 모델을 구하라.

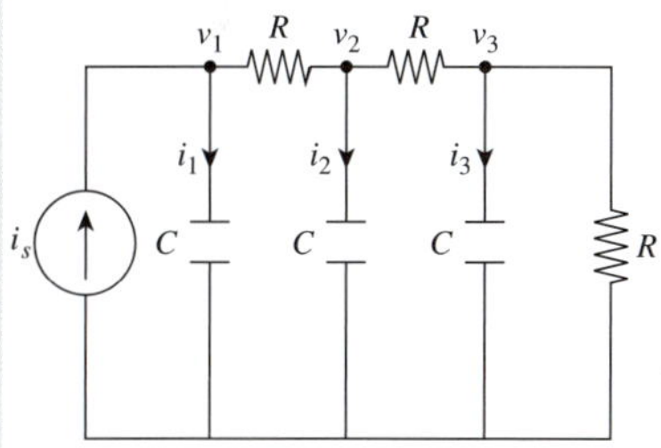

그림 7-14
3개의 RC 폐회로를 포함하는 회로

풀이 회로도에 표시된 전류 i_1, i_2, i_3 그리고 전압 v_1, v_2, v_3을 사용하여 다음과 같은 식들을 얻는다.

$$v_1 = \frac{1}{C}\int i_1 dt = \frac{1}{C}\int\left(i_s - \frac{v_1 - v_2}{R}\right)dt$$

$$v_2 = \frac{1}{C}\int i_2 dt = \frac{1}{C}\int\left(\frac{v_1 - v_2}{R} - \frac{v_2 - v_3}{R}\right)dt$$

$$v_3 = \frac{1}{C}\int i_3 dt = \frac{1}{C}\int\left(\frac{v_2 - v_3}{R} - \frac{v_3}{R}\right)dt$$

각 방정식을 미분하고 항들을 모으면 다음과 같다.

$$v_1' = \frac{1}{C}\left(i_s - \frac{v_1 - v_2}{R}\right) = \frac{1}{C}i_s - \frac{1}{RC}v_1 + \frac{1}{RC}v_2$$

$$v_2' = \frac{1}{C}\left(\frac{v_1 - v_2}{R} - \frac{v_2 - v_3}{R}\right) = \frac{1}{RC}v_1 - \frac{2}{RC}v_2 + \frac{1}{RC}v_3$$

$$v_3' = \frac{1}{C}\left(\frac{v_2 - v_3}{R} - \frac{v_3}{R}\right) = \frac{1}{RC}v_2 - \frac{2}{RC}v_3$$

이러한 방정식들로부터 다음과 같이 행렬 원소들을 추출할 수 있다.

$$\begin{pmatrix} v_1' \\ v_2' \\ v_3' \end{pmatrix} = \frac{1}{RC}\begin{pmatrix} -1 & 1 & 0 \\ 1 & -2 & 1 \\ 0 & 1 & -2 \end{pmatrix}\begin{pmatrix} v_1 \\ v_2 \\ v_3 \end{pmatrix} + \frac{1}{C}\begin{pmatrix} 1 \\ 0 \\ 0 \end{pmatrix} i_s$$

간결한 형태로 표현하면

$$\mathbf{v}' = \mathbf{A}\mathbf{v} + \mathbf{B}i_s$$

가 되는데, 여기에서

$$\mathbf{A} = \frac{1}{RC}\begin{pmatrix} -1 & 1 & 0 \\ 1 & -2 & 1 \\ 0 & 1 & -2 \end{pmatrix} \text{ 그리고 } \mathbf{B} = \frac{1}{C}\begin{pmatrix} 1 \\ 0 \\ 0 \end{pmatrix}$$

유사 시스템 예제 7-3의 방정식들은 예제 7-2에서 다룬 3개의 연결된 저장 탱크를 표현하는 방정식들에서 A를 C로, q_i를 i_s로, h_1, h_2, h_3을 v_1, v_2, v_3으로 바꾼 것과 같다. 파이프 저항은 전기 저항의 역할을 하며, 축전기가 전하를 저장하듯 탱크들은 유체를 저장한다. 유체의 흐름은 전하의 흐름인 전류와 비슷하다. 유체 흐름을 일으키는 압력을 생성하는 유체의 높이는 전류를 일으키는 전압과 비슷하다. 따라서 이 두 물리적 시스템은 *유사하다*고 말한다. 때로 이러한 유사성을 이용하는 것이 공학도들이 서로 다른 유형의 시스템들을 이해하는 데 도움이 된다. 예를 들면, 전기회로 분석에 익숙한 공학도가 이러한 유사성을 이용하여 유체 시스템을 분석할 때 도움을 받을 수 있다. 유용한 유사성의 또 다른 예는 전기회로와 열전달 사이의 유사성인데, 여기에서는 온도가 전압과 비슷하며 열 흐름이 전류와 비슷하다. 이러한 유사성을 이 장의 연습문제에서 탐색할 것이다.

예제 7-4 행렬 형식의 질량체-감쇠장치-스프링 모델

4장에서 질량체-감쇠장치-스프링을 위한 운동방정식이

$$mx'' + cx' + kx = f(t)$$

와 같이 주어진다는 것을 살펴본 바 있다(단, $f(t)$는 질량체에 작용하는 외력). 이 방정식에 대한 두 개의 벡터-행렬 표현을 구하라.

풀이 상태변수로 기본 변수(여기서는 x)와 기본 변수에 대한 연속적인 도함수들을 선택함으로써 미분방정식은 항상 $\mathbf{x}' = \mathbf{Ax} + \mathbf{Bu}$와 같은 표준 벡터-행렬 형식으로 변환시킬 수 있다. 이때 도함수들은 (미분방정식의 계수와 동일한) 필요한 개수를 채울 때까지 구한다. 위의 방정식은 2계 방정식이므로 두 개의 상태변수만을 필요로 한다. 따라서 이들을 $x_1 = x, x_2 = x'$와 같이 선택한다. 따라서

$$x_1' = x' = x_2$$

그리고

$$x_2' = x'' = \frac{1}{m}\left[-kx - c\frac{dx}{dt} + f(t)\right] = -\frac{k}{m}x_1 - \frac{c}{m}x_2 + \frac{1}{m}f(t)$$

이를 벡터-행렬 형식 $\mathbf{x}' = \mathbf{Ax} + \mathbf{B}f(t)$으로 표현하면

$$\begin{pmatrix} x_1' \\ x_2' \end{pmatrix} = \begin{pmatrix} 0 & 1 \\ -\dfrac{k}{m} & -\dfrac{c}{m} \end{pmatrix}\begin{pmatrix} x_1 \\ x_2 \end{pmatrix} + \begin{pmatrix} 0 \\ \dfrac{1}{m} \end{pmatrix} f(t)$$

이 되는데, 여기에서

$$\mathbf{A} = \begin{pmatrix} 0 & 1 \\ -\dfrac{k}{m} & -\dfrac{c}{m} \end{pmatrix}, \quad \mathbf{B} = \begin{pmatrix} 0 \\ \dfrac{1}{m} \end{pmatrix},$$

그리고

$$\mathbf{x} = \begin{pmatrix} x_1 \\ x_2 \end{pmatrix}$$

상태변수들의 선택이 유일하게 정해지는 것은 아니다. 예를 들면 $x_1 = x + x', x_2 = x - x'$와 같이 선택할 수도 있었다. $m = c = k = 1$일 때 이렇게 선택한 상태변수들을 이용하여 위의 시스템을 표현하면 다음과 같다.

$$\begin{pmatrix} x_1' \\ x_2' \end{pmatrix} = \begin{pmatrix} -\dfrac{1}{2} & -\dfrac{1}{2} \\ \dfrac{3}{2} & -\dfrac{1}{2} \end{pmatrix}\begin{pmatrix} x_1 \\ x_2 \end{pmatrix} + \begin{pmatrix} 1 \\ 1 \end{pmatrix} f(t)$$

위의 경우는 그에 해당되지 않지만, 때로 상태변수를 잘 선택하면 행렬 **A**가 보다 간편한 형태가 되기도 한다.

예제 7-5 2층 건물에 관한 모델

지반운동에 영향 받는 2층 건물에 관한 모델은 4장의 예제 4-7에서 개발한 바 있다. 그림 4-7을 여기에서 그림 7-15에 되풀이한다. 운동방정식은 다음과 같다.

$$m_1x_1'' = -k_2(x_1 - x_2) + k_1(y - x_1)$$
$$m_2x_2'' = k_2(x_1 - x_2)$$

이 방정식들에 대한 벡터-행렬 표현을 구하라.

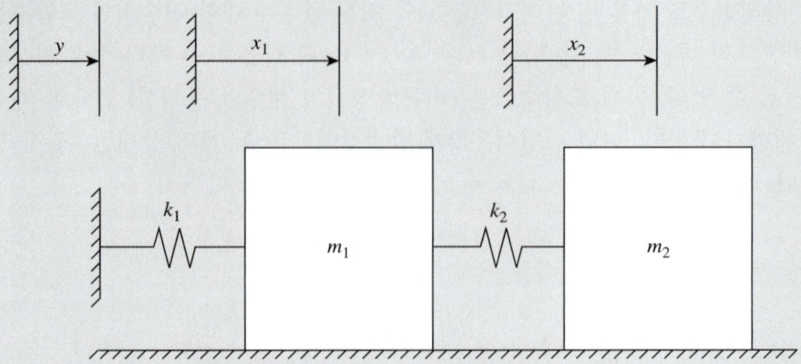

그림 7-15
2층 건물의 진동에 관한 모델

풀이 이 방정식 모음의 총 계수는 4이므로 4개의 1계 방정식의 모음으로 변환할 수 있으며, 이를 위해 두 개의 변수가 추가로 필요하다. 속도 x_1', x_2'를 선택하면 새로 추가되는 변수는 $x_3 = x_1'$, $x_4 = x_2'$이다. 이제 4개의 방정식은 다음과 같이 주어진다.

$$
\begin{aligned}
x_1' &= x_3 \\
x_2' &= x_4 \\
m_1 x_3' &= -k_2(x_1 - x_2) + k_1(y - x_1) \\
m_2 x_4' &= k_2(x_1 - x_2)
\end{aligned}
$$

이 방정식들로부터 행렬 원소들을 쉽게 결정할 수 있다.

$$
\begin{pmatrix} x_1' \\ x_2' \\ x_3' \\ x_4' \end{pmatrix} = \begin{pmatrix} 0 & 0 & 1 & 0 \\ 0 & 0 & 0 & 1 \\ -\dfrac{k_1 + k_2}{m_1} & \dfrac{k_2}{m_1} & 0 & 0 \\ \dfrac{k_2}{m_2} & -\dfrac{k_2}{m_2} & 0 & 0 \end{pmatrix} \begin{pmatrix} x_1 \\ x_2 \\ x_3 \\ x_4 \end{pmatrix} + \begin{pmatrix} 0 \\ 0 \\ \dfrac{k_1}{m_1} \\ 0 \end{pmatrix} y
$$

간결한 형식으로 표현하면

$$
\mathbf{x}' = \mathbf{A}\mathbf{x} + \mathbf{B}y
$$

을 얻는데, 여기에서

$$
\mathbf{A} = \begin{pmatrix} 0 & 0 & 1 & 0 \\ 0 & 0 & 0 & 1 \\ -\dfrac{k_1 + k_2}{m_1} & \dfrac{k_2}{m_1} & 0 & 0 \\ \dfrac{k_2}{m_2} & -\dfrac{k_2}{m_2} & 0 & 0 \end{pmatrix}
$$

그리고

$$\mathbf{B} = \begin{pmatrix} 0 \\ 0 \\ \dfrac{k_1}{m_1} \\ 0 \end{pmatrix}$$

7-3 ■ 고윳값과 고유벡터

대수방정식이나 미분방정식들로 구성된 대규모 연계 동차방정식을 풀 때 행렬 표현을 사용하면 아주 편리하다. 행렬 대수의 중요한 개념들은 연립대수방정식과 연결 지어 설명하기 좋은데, 이는 학생들이 그와 같은 연계 동차방정식에 친숙하기 때문이다. 이러한 개념들은 연립미분방정식으로 확장될 수 있으며, 이후의 절들에서 이러한 확장들을 보게 될 것이다.

3개의 미지수에 관한 3개의 선형 대수방정식들로 구성된 다음 연립방정식을 생각해보자.

$$\begin{aligned} x_1 - 2x_2 + x_3 &= 14 \\ -x_1 + 4x_2 + 2x_3 &= 1 \\ 3x_1 + x_2 - x_3 &= -7 \end{aligned} \tag{7-28}$$

위의 연립방정식은 다음과 같이 행렬 형식으로 표현될 수 있다.

$$\begin{pmatrix} 1 & -2 & 1 \\ -1 & 4 & 2 \\ 3 & 1 & -1 \end{pmatrix}\begin{pmatrix} x_1 \\ x_2 \\ x_3 \end{pmatrix} = \begin{pmatrix} 14 \\ 1 \\ -7 \end{pmatrix} \tag{7-29}$$

즉,

$$\mathbf{Ax} = \mathbf{r} \tag{7-30}$$

여기에서

$$\mathbf{A} = \begin{pmatrix} 1 & -2 & 1 \\ -1 & 4 & 2 \\ 3 & 1 & -1 \end{pmatrix}, \quad \mathbf{x} = \begin{pmatrix} x_1 \\ x_2 \\ x_3 \end{pmatrix}, \quad \mathbf{r} = \begin{pmatrix} 14 \\ 1 \\ -7 \end{pmatrix}$$

여기에서 행렬 **A**는 미지수에 대한 모든 계수들을 포함하며 **계수행렬(coefficient matrix)**이라고 한다. 벡터 **x**는 모든 미지수를 포함하며 **미지수 벡터(unknown vector)**라고 한다. 벡터 **r**은 우변의 모든 항들을 포함하며 **우변 벡터(right-hand side vector)**라고 한다(그림 7-16).

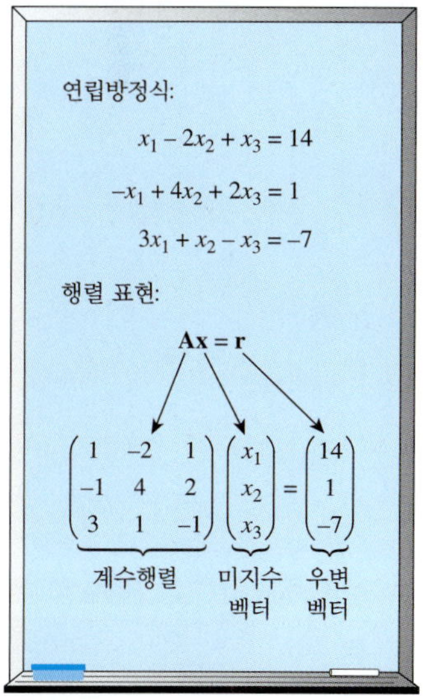

그림 7-16
연립대수방정식의 행렬 표현

벡터 **r**은 비동차 항들을 포함하고 있음에 주목하기 바란다. $\mathbf{r} = \mathbf{0}$일 경우 연립방정식은 **동차형**이며, 그렇지 않을 경우 **비동차형**이다. 예를 들면, 방정식 7-28은 비동차 연립방정식을 구성한다. 이 연립방정식의 계수행렬에 대한 행렬식은 다음과 같다.

$$\det \mathbf{A} = \begin{vmatrix} 1 & -2 & 1 \\ -1 & 4 & 2 \\ 3 & 1 & -1 \end{vmatrix} = -29 \neq 0$$

이 계수행렬은 $\det \mathbf{A} \neq 0$이므로 정칙행렬이다. 따라서 이 연립방정식은 유일한 해를 갖는다. 이제 연립대수방정식을 체계적으로 푸는 방법을 살펴볼 것이다.

행 연산

연립대수방정식에서 임의의 두 방정식을 교환할 수 있다. 또 방정식에 0이 아닌 상수를 곱할 수 있으며, 임의의 두 방정식을 더하여 이들 중 하나를 대체할 수 있는 새로운 방정식을 만들 수도 있다. 행 연산이라 불리는 이러한 조작 후에 연립방정식의 모습은 상당히 달라질 수 있지만 여전히 원래의 연립방정식과 동치이다. 즉, 변형된 연립방정식과 원래의 연립방정식은 동일한 해를 갖는다.

위와 같은 단순한 조작들을 사용하여 선형 연립대수방정식을 한꺼번에 풀 수 있다. 이러한 조작들의 영향을 받는 것은 계수들과 우변뿐이라는 점을 유의하기 바란다. 먼저 계수행렬 **A**와 우변 벡터 **r**을 **첨가행렬(augmented matrix)**이라고 불리는 하나의 행렬로 결합한다. 이때 **r**을 **A** 뒤에 열을 하나 추가하는 것처럼 덧붙이는데, 이들 사이는 수직으로 경계선을 그어 구분한다. 식 7-28의 연립방정식에 대한 첨가행렬은 다음과 같다(그림 7-17).

연립방정식:

$$x_1 - 2x_2 + x_3 = 14$$
$$-x_1 + 4x_2 + 2x_3 = 1$$
$$3x_1 + x_2 - x_3 = -7$$

첨가행렬:

$$(\mathbf{A}|\mathbf{r}) = \underbrace{\begin{pmatrix} 1 & -2 & 1 \\ -1 & 4 & 2 \\ 3 & 1 & -1 \end{pmatrix}}_{\text{계수행렬}} \underbrace{\left|\begin{matrix} 14 \\ 1 \\ -7 \end{matrix}\right.}_{\text{우변 벡터}}$$

그림 7-17
연립대수방정식과 첨가행렬

$$(\mathbf{A}|\mathbf{r}) = \left(\begin{array}{ccc|c} 1 & -2 & 1 & 14 \\ -1 & 4 & 2 & 1 \\ 3 & 1 & -1 & -7 \end{array}\right) \tag{7-31}$$

첨가행렬에서 경계선은 계수행렬과 우변 벡터 **r**의 경계를 표시하는 시각적 도구일 뿐이다. 이제 비교를 위해 식 7-28의 연립방정식과 식 7-31의 첨가행렬 모두에 대해 행 연산을 적용하여 해를 구해보자.

1. 첫 번째 열에서 대각선 밖의 원소들을 0으로 만들기 위해 첫 번째 행을 두 번째 행에 더하고 또 첫 번째 행의 (-3) 배를 세 번째 행에 더한다. 그 결과는 다음과 같다.

$$\begin{aligned} x_1 - 2x_2 + x_3 &= 14 \\ 2x_2 + 3x_3 &= 15 \\ 7x_2 - 4x_3 &= -49 \end{aligned} \qquad \left(\begin{array}{ccc|c} 1 & -2 & 1 & 14 \\ 0 & 2 & 3 & 15 \\ 0 & 7 & -4 & -49 \end{array}\right)$$

이것은 두 번째 방정식을 첫 번째 방정식과 두 번째 방정식을 더하여 만들어진 방정식으로 교체하고, 세 번째 방정식을 첫 번째 방정식의 (-3) 배와 세 번째 방정식을 더하여 만들어진 방정식으로 교체한 것과 같다. 이러한 과정을 통해 두 번째 방정식과 세 번째 방정식에서 x_1을 소거한다.

2. 두 번째 행을 2로 나누어 대각선 위치에 1이 오게 만든다.

$$\begin{aligned} x_1 - 2x_2 + x_3 &= 14 \\ x_2 + \frac{3}{2}x_3 &= \frac{15}{2} \\ 7x_2 - 4x_3 &= -49 \end{aligned} \qquad \left(\begin{array}{ccc|c} 1 & -2 & 1 & 14 \\ 0 & 1 & \frac{3}{2} & \frac{15}{2} \\ 0 & 7 & -4 & -49 \end{array}\right)$$

이것은 두 번째 행을 그 행을 2로 나누어 만들어진 행으로 교체하는 것과 같다. 모든 대각선 위치에 1이 오도록 하는 것을 규칙으로 삼는데, 이는 행 연산을 간편하게 하기 위한 것이다.

3. 두 번째 열에서 대각선 밖의 원소들을 0으로 만들기 위해 두 번째 행의 2배를 첫 번째 행에 더하고 또 두 번째 행의 (-7) 배를 세 번째 행에 더한다. 그 결과는 다음과 같다.

$$\begin{aligned} x_1 + 0x_2 + 4x_3 &= 29 \\ x_2 + \frac{3}{2}x_3 &= \frac{15}{2} \\ -\frac{29}{2}x_3 &= -\frac{203}{2} \end{aligned} \qquad \left(\begin{array}{ccc|c} 1 & 0 & 4 & 29 \\ 0 & 1 & \frac{3}{2} & \frac{15}{2} \\ 0 & 0 & -\frac{29}{2} & -\frac{203}{2} \end{array}\right)$$

이것은 첫 번째 방정식을 첫 번째 방정식과 두 번째 방정식의 2배를 더하여 만들어진 방정식으로 교체하고, 세 번째 방정식을 두 번째 방정식의 (-7) 배와 세 번째 방정식을 더하여 만들어진 방정식으로 교체한 것과 같다. 이러한 과정을 통해 첫 번째 방정식과 세 번째 방정식에서 x_2를 소거한다.

4. 마지막 행을 $(-29/2)$로 나누어 대각선 위치에 1이 오게 만든다.

$$\begin{aligned} x_1 + 0x_2 + 4x_3 &= 29 \\ x_2 + \frac{3}{2}x_3 &= \frac{15}{2} \\ x_3 &= 7 \end{aligned} \qquad \left(\begin{array}{ccc|c} 1 & 0 & 4 & 29 \\ 0 & 1 & \frac{3}{2} & \frac{15}{2} \\ 0 & 0 & 1 & 7 \end{array}\right)$$

이제 미지수 중의 한 개가 $x_3 = 7$로 결정된다. x_3의 값을 두 번째 방정식에 대입하면 $x_2 = -3$을 얻으며, 이를 첫 번째 방정식에 대입하면 $x_1 = 1$을 얻는다.

따라서 행 연산을 통해 계수행렬을 상삼각행렬 형태로 바꾸면 역치환을 통해 미지수들을 역순으로 하나씩 구할 수 있다. 이러한 연산은 다음과 같이 첨가행렬에 대해서도 체계적으로 수행될 수 있다. 세 번째 열에서 대각선 밖의 원소들을 0으로 만들기 위해 마지막 행의 $(-3/2)$ 배를 두 번째 항

에 더하고 또 마지막 행의 (-4) 배를 첫 번째 항에 더한다. 그 결과는

$$x_1 = 1 \qquad x_2 = -3 \qquad x_3 = 7 \qquad \left(\begin{array}{ccc|c} 1 & 0 & 0 & 1 \\ 0 & 1 & 0 & -3 \\ 0 & 0 & 1 & 7 \end{array}\right)$$

인데(그림 7-18), 이는 다음 식과 동치이다.

$$\begin{pmatrix} 1 & 0 & 0 \\ 0 & 1 & 0 \\ 0 & 0 & 1 \end{pmatrix}\begin{pmatrix} x_1 \\ x_2 \\ x_3 \end{pmatrix} = \begin{pmatrix} 1 \\ -3 \\ 7 \end{pmatrix}$$

좌변의 첫 번째 행렬은 단위행렬이며, 임의의 행렬과 단위행렬의 곱은 원래의 행렬 그대로이다. 따라서

$$\begin{pmatrix} x_1 \\ x_2 \\ x_3 \end{pmatrix} = \begin{pmatrix} 1 \\ -3 \\ 7 \end{pmatrix}$$

이며, 여기에서도 $x_1 = 1, x_2 = -3, x_3 = 7$을 얻는다. 따라서 행 연산을 통해 계수행렬을 단위행렬로 축소시키면 우변 벡터가 해 벡터가 된다.

첨가행렬의 기약형:

$$\left(\begin{array}{ccc|c} 1 & 0 & 0 & 1 \\ 0 & 1 & 0 & -3 \\ 0 & 0 & 1 & 7 \end{array}\right)$$

대응되는 연립방정식:

$$x_1 = 1$$
$$x_2 = -3$$
$$x_3 = 7$$

그림 7-18
첨가행렬의 계수행렬이 단위행렬로 축소될 때 우변 열은 연립방정식의 해가 된다.

행 축소는 선형 연립대수방정식을 풀기 위한 체계적 방법을 제공하며, 컴퓨터 응용에도 적합하다. 행 연산은 다음과 같이 요약될 수 있다.

1. 임의의 두 행을 맞바꿀 수 있다.
2. 임의의 행에 0이 아닌 상수를 곱할 수 있다.
3. 한 행의 임의의 배수를 다른 행에 더할 수 있다.

이러한 기본 연산들은 연립방정식 안의 방정식들에 대한 적절한 조작들에 대응된다. 행 축소의 궁극적인 목표는 계수행렬을 주대각선 상에는 1을 갖고 나머지 위치에는 모두 0을 갖는 단위행렬로 축소시키는 것이다. 만일 처음에 계수행렬의 좌측상단이 1이 아닐 경우($a_{11} \neq 1$), 처음 할 일은 첫 번째 행을 a_{11}로 나누어 그 위치에 1을 만들어주는 것이다. 만일 $a_{11} = 0$일 경우, 첫 번째 행을 첫 번째 원소가 0이 아닌 다른 행과 교환할 필요가 있다(그림 7-19).

주어진 연립방정식과 첨가행렬:

$$x_2 + 3x_3 = 5$$
$$x_1 - 4x_2 + 2x_3 = 7$$
$$2x_1 + x_2 - 5x_3 = -8$$

$$(\mathbf{A}|\mathbf{r}) = \left(\begin{array}{ccc|c} 0 & 1 & 3 & 5 \\ 1 & -4 & 2 & 7 \\ 2 & 1 & -5 & -8 \end{array}\right)$$

첫 번째 방정식과 두 번째 방정식을 교환하여 얻은 동치인 연립방정식:

$$x_1 - 4x_2 + 2x_3 = 7$$
$$x_2 + 3x_3 = 5$$
$$2x_1 + x_2 - 5x_3 = -8$$

$$(\mathbf{A}|\mathbf{r}) = \left(\begin{array}{ccc|c} 1 & -4 & 2 & 7 \\ 0 & 1 & 3 & 5 \\ 2 & 1 & -5 & -8 \end{array}\right)$$

그림 7-19
첨가행렬에서 두 행의 교환은 연립방정식에서 두 개의 방정식을 교환하는 것에 해당한다.

선형 연립대수방정식

$$\mathbf{Ax} = \mathbf{r}$$

을 푸는 다소 비효율적인 방법은 계수행렬 $\mathbf{A}$의 역을 계산하는 것이다. 이 방정식의 왼쪽에 $\mathbf{A}^{-1}$을 곱하면 $\mathbf{A}^{-1}\mathbf{Ax} = \mathbf{A}^{-1}\mathbf{r}$, 즉,

$$\mathbf{x} = \mathbf{A}^{-1}\mathbf{r} \tag{7-32}$$

이 되는데, 이는 $\mathbf{A}^{-1}\mathbf{A} = \mathbf{I}$ 그리고 $\mathbf{Ix} = \mathbf{x}$이기 때문이다. 따라서 일단 $\mathbf{A}^{-1}$을 구하면 주어진 연립방정식의 해는 $\mathbf{A}^{-1}$에 우변 벡터 $\mathbf{r}$을 곱하여 구할 수 있다(그림 7-20).

일반적인 2×2 정칙행렬이 다음과 같이 주어져 있다고 하자.

$$\mathbf{A} = \begin{pmatrix} a & b \\ c & d \end{pmatrix}$$

행 축소를 이용하여 이 행렬의 역이

$$\mathbf{A}^{-1} = \frac{1}{\det \mathbf{A}} \begin{pmatrix} d & -b \\ -c & a \end{pmatrix}$$

임을 보일 수 있다. 이때 $\det \mathbf{A} = ad - cb$이다.

행렬 $\mathbf{A}$의 역을 구하기 위해 방정식 $\mathbf{AA}^{-1} = \mathbf{I}$에서 $\mathbf{A}^{-1}$을 미지수 행렬로 두고 단위행렬 $\mathbf{I}$를 우변행렬로 둔다. 이제 첨가행렬 $(\mathbf{A}|\mathbf{I})$를 $(\mathbf{I}|\mathbf{B})$로 변환시킴으로써 $\mathbf{A}^{-1}$을 구할 수 있는데, 여기에서 행렬 $\mathbf{B}$는 $\mathbf{A}^{-1}$과 동치이다. 이제 예제를 통해 이러한 절차를 살펴보자.

연립방정식:

$$\mathbf{Ax} = \mathbf{r}$$

왼쪽으로 $\mathbf{A}^{-1}$을 곱함:

$$\underbrace{\mathbf{A}^{-1}\mathbf{A}}_{\mathbf{I}}\mathbf{x} = \mathbf{A}^{-1}\mathbf{r}$$

간소화:

$$\mathbf{x} = \mathbf{A}^{-1}\mathbf{r}$$

그림 7-20
계수행렬의 역을 사용하는 선형 연립대수방정식의 풀이

예제 7-6 행 축소를 통한 역행렬 계산

3개의 대수방정식으로 구성된 다음 연립방정식에 대해 계수행렬의 역을 구하여 해를 구하라.

$$\begin{aligned} x_1 - 2x_2 + x_3 &= 14 \\ -x_1 + 4x_2 + 2x_3 &= 1 \\ 3x_1 + x_2 - x_3 &= -7 \end{aligned}$$

풀이 | 위의 방정식은 앞에서 행 축소를 통해 풀어본 바 있다. 이번에도 가장 먼저 하는 일은 연립방정식을 행렬 형식 $\mathbf{Ax} = \mathbf{r}$로 표현하는 것이며, 여기에서

$$\mathbf{A} = \begin{pmatrix} 1 & -2 & 1 \\ -1 & 4 & 2 \\ 3 & 1 & -1 \end{pmatrix}, \mathbf{x} = \begin{pmatrix} x_1 \\ x_2 \\ x_3 \end{pmatrix}, \mathbf{r} = \begin{pmatrix} 14 \\ 1 \\ -7 \end{pmatrix}$$

(존재한다고 가정하며) $\mathbf{A}^{-1}$을 결정하기 위해 먼저 첨가행렬 $(\mathbf{A}|\mathbf{I})$를 만든다.

$$(\mathbf{A}|\mathbf{I}) = \left(\begin{array}{ccc|ccc} 1 & -2 & 1 & 1 & 0 & 0 \\ -1 & 4 & 2 & 0 & 1 & 0 \\ 3 & 1 & -1 & 0 & 0 & 1 \end{array}\right)$$

(이 첨가행렬에 대해 경계선 왼쪽 부분에 단위행렬이 나타날 때까지 행 연산을 반복하면 아래의 행렬에 도달한다는 것을 보이는 것은 학생들에게 연습문제로 남긴다.)

결과로 얻은 행렬은 다음과 같다.

$$\left(\begin{array}{ccc|ccc} 1 & 0 & 0 & \frac{6}{29} & \frac{1}{29} & \frac{8}{29} \\ 0 & 1 & 0 & \frac{-5}{29} & \frac{4}{29} & \frac{3}{29} \\ 0 & 0 & 1 & \frac{13}{29} & \frac{7}{29} & \frac{-2}{29} \end{array}\right)$$

따라서 계수행렬 **A**의 역은 다음과 같이 주어진다(그림 7-21).

$$\mathbf{A}^{-1} = \begin{pmatrix} \frac{6}{29} & \frac{1}{29} & \frac{8}{29} \\ \frac{-5}{29} & \frac{4}{29} & \frac{3}{29} \\ \frac{13}{29} & \frac{7}{29} & -2 \end{pmatrix} = \frac{1}{29}\begin{pmatrix} 6 & 1 & 8 \\ -5 & 4 & 3 \\ 13 & 7 & -2 \end{pmatrix}$$

이제 식 7-32를 사용하여 주어진 연립방정식의 해를 구하면 다음과 같다.

$$\mathbf{x} = \mathbf{A}^{-1}\mathbf{r} = \frac{1}{29}\begin{pmatrix} 6 & 1 & 8 \\ -5 & 4 & 3 \\ 13 & 7 & -2 \end{pmatrix}\begin{pmatrix} 14 \\ 1 \\ -7 \end{pmatrix} = \begin{pmatrix} 1 \\ -3 \\ 7 \end{pmatrix}$$

위의 해는 앞에서 행 축소를 통해 구한 결과와 같다.

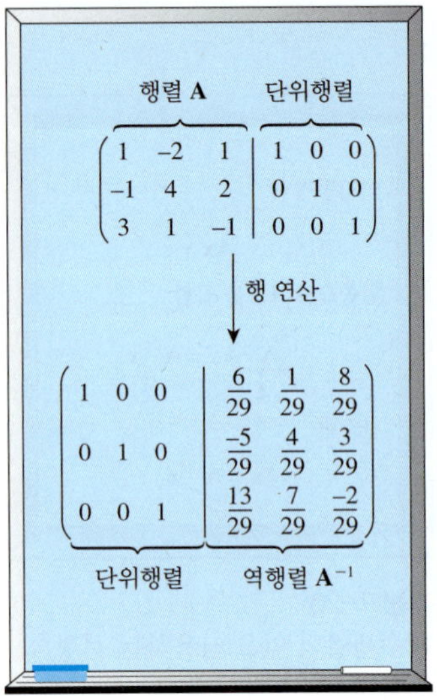

그림 7-21
첨가행렬 $(\mathbf{A}|\mathbf{I})$에서 계수행렬 **A**가 단위행렬로 축소될 때 단위행렬은 역행렬로 축소된다.

앞의 예제는 n개의 미지수에 관한 n개의 선형 대수방정식으로 구성된 비동차 연립방정식의 계수행렬 **A**가 정칙행렬일 때, $\det \mathbf{A} \neq 0$이며 유일한 해가 존재한다는 것을 보여준다. 그러나 계수행렬 **A**가 특이행렬일 때, $\det \mathbf{A} = 0$이며 연립방정식 $\mathbf{Ax} = \mathbf{r}$은 해를 갖지 않거나 또는 여러 개의 해를 갖는데, 이에 대해서는 아래의 예제들을 통해 확인할 것이다(그림 7-22).

연립방정식: $= \mathbf{Ax} = \mathbf{r}$
(1) $\det \mathbf{A} \neq 0$: 이 연립방정식은 유일한 해를 갖는다.
(2) $\det \mathbf{A} = 0$: 이 연립방정식은 해를 갖지 않거나 또는 여러 개의 해를 갖는다.

그림 7-22
선형 비동차 연립대수방정식은 계수행렬의 행렬식이 0이 아닐 때, 즉, $\det \mathbf{A} \neq 0$일 때만 유일한 해를 갖는다.

예제 7-7 해를 갖지 않는 연립방정식

3개의 대수방정식으로 구성된 다음 연립방정식을 풀어라.

$$\begin{aligned} x_1 + x_2 - 2x_3 &= 1 \\ 3x_1 - 2x_2 + x_3 &= -15 \\ 2x_1 - 3x_2 + 3x_3 &= 2 \end{aligned}$$

풀이 이 연립방정식을 행렬 형식으로 표현하면 $\mathbf{Ax} = \mathbf{r}$이 되는데, 여기에서

$$\mathbf{A} = \begin{pmatrix} 1 & 1 & -2 \\ 3 & -2 & 1 \\ 2 & -3 & 3 \end{pmatrix}, \mathbf{x} = \begin{pmatrix} x_1 \\ x_2 \\ x_3 \end{pmatrix}, \mathbf{r} = \begin{pmatrix} 1 \\ -15 \\ 2 \end{pmatrix}$$

이 계수행렬에 대한 행렬식은 다음과 같다.

$$\det \mathbf{A} = \begin{vmatrix} 1 & 1 & -2 \\ 3 & -2 & 1 \\ 2 & -3 & 3 \end{vmatrix} = -6 + 2 + 18 - 8 - (-3) - 9 = 0$$

따라서 이 계수행렬은 특이행렬이며, 주어진 연립방정식은 해를 갖지 않거나 여러 개의 해를 갖는다. 이 연립방정식에 대한 첨가행렬은 다음과 같다.

$$(\mathbf{A}|\mathbf{r}) = \left(\begin{array}{ccc|c} 1 & 1 & -2 & 1 \\ 3 & -2 & 1 & -15 \\ 2 & -3 & 3 & 2 \end{array}\right)$$

위의 첨가행렬에 행 연산들을 적용하면 다음과 같이 축소된다.

$$\left(\begin{array}{ccc|c} 1 & 0 & -\frac{3}{5} & -\frac{13}{5} \\ 0 & 1 & -\frac{7}{5} & \frac{18}{5} \\ 0 & 0 & 0 & 18 \end{array}\right)$$

위의 첨가행렬에서 마지막 행은 방정식

$$0 \cdot x_1 + 0 \cdot x_2 + 0 \cdot x_3 = 18$$

과 동치인데, 이는 어떤 x_1, x_2, x_3값들로도 만족될 수 없다. 따라서 주어진 연립방정식은 해를 갖지 않는다고 결론지을 수 있다.

예제 7-8 여러 개의 해를 갖는 연립방정식

3개의 대수방정식으로 구성된 다음 연립방정식을 풀어라.

$$\begin{aligned} x_1 + x_2 - 2x_3 &= 1 \\ 3x_1 - 2x_2 + x_3 &= -15 \\ 2x_1 - 3x_2 + 3x_3 &= -16 \end{aligned}$$

풀이 | 위의 방정식은 예제 7-7의 연립방정식과 같지만, 마지막 행의 우변에 2 대신에 -16이 나타난다. 이 연립방정식을 행렬 형식으로 표현하면 $\mathbf{Ax} = \mathbf{r}$이 되는데, 여기에서

$$\mathbf{A} = \begin{pmatrix} 1 & 1 & -2 \\ 3 & -2 & 1 \\ 2 & -3 & 3 \end{pmatrix}, \mathbf{x} = \begin{pmatrix} x_1 \\ x_2 \\ x_3 \end{pmatrix}, \mathbf{r} = \begin{pmatrix} 1 \\ -15 \\ -16 \end{pmatrix}$$

계수행렬 **A**는 변함이 없으며, 따라서 행렬식은 앞에 예제에서와 같이 여전히 0이다. 따라서 이 계수행렬은 특이행렬이며 주어진 연립방정식은 해를 갖지 않거나 여러 개의 해를 갖는다. 이 연립방정식에 대한 첨가행렬은 다음과 같다.

$$(\mathbf{A}|\mathbf{r}) = \left(\begin{array}{ccc|c} 1 & 1 & -2 & 1 \\ 3 & -2 & 1 & -15 \\ 2 & -3 & 3 & -16 \end{array}\right)$$

연산을 적용하면 다음과 같이 축소된다.

$$\left(\begin{array}{ccc|c} 1 & 0 & -\frac{3}{5} & -\frac{13}{5} \\ 0 & 1 & -\frac{7}{5} & \frac{18}{5} \\ 0 & 0 & 0 & 0 \end{array}\right)$$

이 행렬은 다음 연립방정식과 동치이다.

$$x_1 - \frac{3}{5}x_3 = -\frac{13}{5} \quad \text{그리고} \quad x_2 - \frac{7}{5}x_3 = \frac{18}{5}$$

이 연립방정식은 3개의 미지수에 관한 두 개의 방정식으로 구성된 연립방정식이다. 이러한 연립방정식은 무수히 많은 해를 갖는데, 이는 미지수 중의 하나에 임의의 값을 배정할 수 있기 때문이다. (임의의 α에 대해) $x_3 = \alpha$으로 두면, 주어진 연립방정식의 해는

$$x_1 = \frac{3}{5}\alpha - \frac{13}{5}, \ x_2 = \frac{7}{5}\alpha + \frac{18}{5}, \ x_3 = \alpha$$

또는 벡터 형식으로

$$\mathbf{x} = \begin{pmatrix} x_1 \\ x_2 \\ x_3 \end{pmatrix} = \alpha\begin{pmatrix} \frac{3}{5} \\ \frac{7}{5} \\ 1 \end{pmatrix} + \begin{pmatrix} -\frac{13}{5} \\ \frac{18}{5} \\ 0 \end{pmatrix} \tag{7–33}$$

와 같이 표현될 수 있다. 따라서 이 연립방정식은 α값이 달라질 때마다 다른 해를 가질 것이다. 주어진 연립방정식의 해는

$$x = x_h + x_p \tag{7–34}$$

와 같이 표현될 수도 있으며, 여기에서

$$\mathbf{x}_n = \alpha\begin{pmatrix} \frac{3}{5} \\ \frac{7}{5} \\ 1 \end{pmatrix} \quad \text{그리고} \quad \mathbf{x}_p = \begin{pmatrix} -\frac{13}{5} \\ \frac{18}{5} \\ 0 \end{pmatrix} \tag{7–35}$$

동차해 $\mathbf{x}_h$는 이 연립방정식의 동차 부분을 만족하며 특수해 $\mathbf{x}_p$는 전체 (비동차) 연립방정식을 만족한다는 것을 직접 대입을 통해 확인할 수 있다.

동차 연립방정식

n개의 미지수에 관한 n개의 선형 동차 대수방정식으로 구성된 연립방정식은

$$\begin{aligned} a_{11}x_1 + a_{12}x_2 + \cdots + a_{1n}x_n &= 0 \\ a_{21}x_1 + a_{22}x_2 + \cdots + a_{2n}x_n &= 0 \\ \vdots \qquad\qquad\qquad & \vdots \\ a_{n1}x_1 + a_{n2}x_2 + \cdots + a_{nn}x_n &= 0 \end{aligned}$$

또는 행렬 형식으로

$$\mathbf{Ax} = \mathbf{0} \tag{7-36}$$

와 같이 표현될 수 있는데, 여기에서 **A**는 계수행렬이고 **x**는 미지수 벡터이며 **0**은 영벡터이다.

앞에서 n개의 미지수에 관한 n개의 대수방정식으로 구성된 비동차 연립방정식은 계수행렬의 행렬식이 0이 아닐 때, 즉, $\det \mathbf{A} \neq 0$일 때만 유일한 해를 갖는다는 것을 언급한 바 있다. 이것은 동차 연립방정식의 경우도 마찬가지인데, 다만 이 경우의 유일한 해는 자명해 $\mathbf{x} = \mathbf{0}$이며, 보통은 우리가 관심을 갖지 않는 해이다. 따라서 동차 연립방정식은 계수행렬이 특이행렬이어서 $\det \mathbf{A} = 0$일 경우에만 의미 있는 (자명하지 않은) 해를 가질 것이다. 이 경우 동차 연립방정식 $\mathbf{Ax} = \mathbf{0}$은 무수히 많은 해를 가질 것이며 자명해는 그 중의 하나일 뿐이다. 따라서 자명해를 무시하면 동차 연립방정식은 무수히 많은 해를 갖거나 아예 해를 갖지 않는다(그림 7-23).

연립방정식: $= \mathbf{Ax} = \mathbf{0}$

(1) $\det \mathbf{A} \neq 0$: 이 연립방정식은 (자명하지 않은) 해를 갖지 않는다.

(2) $\det \mathbf{A} = 0$: 이 연립방정식은 무수히 많은 해를 갖는다.

그림 7-23
선형 동차 연립대수방정식은 계수행렬의 행렬식이 0일 때, 즉, $\det \mathbf{A} = 0$일 때만 자명하지 않은 해를 갖는다.

예제 7-9 동차 연립방정식

3개의 대수방정식으로 구성된 다음 연립방정식을 풀어라.

$$\begin{aligned} x_1 + x_2 - 2x_3 &= 0 \\ 3x_1 - 2x_2 + x_3 &= 0 \\ 2x_1 - 3x_2 + 3x_3 &= 0 \end{aligned}$$

풀이 | 위의 방정식에서 우변이 모두 0이므로 동차 연립방정식이며, 예제 7-8의 연립방정식의 동차 부분과 동치이다. 이 연립방정식을 행렬 형식으로 표현하면 $\mathbf{Ax} = \mathbf{0}$이 되는데, 여기에서

$$\mathbf{A} = \begin{pmatrix} 1 & 1 & -2 \\ 3 & -2 & 1 \\ 2 & -3 & 3 \end{pmatrix}, \mathbf{x} = \begin{pmatrix} x_1 \\ x_2 \\ x_3 \end{pmatrix}, \mathbf{0} = \begin{pmatrix} 0 \\ 0 \\ 0 \end{pmatrix}$$

계수행렬 **A**는 변함이 없으며, 따라서 행렬식은 앞에 예제에서와 같이 여전히 0이다. 따라서 이 계수행렬은 특이행렬이며 주어진 연립방정식은 무수히 많은 해를 갖는다.

이 연립방정식에 대한 첨가행렬은 다음과 같다.

$$(\mathbf{A}|\mathbf{0}) = \left(\begin{array}{ccc|c} 1 & 1 & -2 & 0 \\ 3 & -2 & 1 & 0 \\ 2 & -3 & 3 & 0 \end{array}\right)$$

위의 첨가행렬에 행 연산들을 적용하면 다음과 같이 축소된다.

$$\left(\begin{array}{ccc|c} 1 & 0 & -\frac{3}{5} & \frac{0}{1} \\ 0 & 1 & -\frac{7}{5} & \frac{0}{1} \\ 0 & 0 & 0 & 0 \end{array}\right)$$

이 행렬은 다음 연립방정식과 동치이다.

$$x_1 - \frac{3}{5}x_3 = 0 \quad \text{그리고} \quad x_2 - \frac{7}{5}x_3 = 0$$

이 연립방정식은 3개의 미지수에 관한 두 개의 방정식으로 구성된 연립방정식이다. 이러한 연립방정식은 무수히 많은 해를 갖는데, 이는 미지수 중의 하나에 임의의 값을 배정할 수 있기 때문이다. (임의의 α에 대해) $x_3 = 0$로 두면, 주어진 연립방정식의 해는

$$x_1 = \frac{3}{5}\alpha, \quad x_2 = \frac{7}{5}\alpha, \quad x_3 = \alpha$$

또는 벡터 형식으로

$$\mathbf{x} = \begin{pmatrix} x_1 \\ x_2 \\ x_3 \end{pmatrix} = \alpha \begin{pmatrix} \frac{3}{5} \\ \frac{7}{5} \\ 1 \end{pmatrix} \qquad \textbf{(7-37)}$$

인데, 이것은 예제 7-8의 연립방정식의 동차해 $\mathbf{x}_h$와 동일하다. 이는 당연한 일인데, 이 예제의 연립방정식은 예제 7-8의 연립방정식의 동차 부분과 동일하기 때문이다. 이 예제의 연립방정식도 α값이 달라질 때마다 다른 해를 가질 것이다.

두 개의 벡터

$$\mathbf{v}_1 = \begin{pmatrix} 2 \\ -4 \\ 1 \end{pmatrix} \text{ 그리고 } \mathbf{v}_2 = \begin{pmatrix} 6 \\ -12 \\ 3 \end{pmatrix}$$

는 다음과 같은 이유로 1차 종속이다.

$$\mathbf{v}_2 = \begin{pmatrix} 6 \\ -12 \\ 3 \end{pmatrix} = 3\begin{pmatrix} 2 \\ -4 \\ 1 \end{pmatrix} = 3\mathbf{v}_1$$

그림 7-24
한 벡터가 다른 벡터의 상수 배일 때 이 두 벡터는 1차 종속 관계에 있다.

벡터의 1차 독립성

벡터들에 대한 1차 독립성 개념은 함수들의 1차 독립성과 긴밀한 평행성을 갖는다. 한 벡터가 다른 벡터의 상수 배가 아닐 때 이 두 벡터는 **1차 독립**이라고 말한다. 기하학적으로는 이는 두 벡터가 서로 평행하지 않음을 의미한다(그림 7-24).

이를 일반화하면 상수 $C_1, C_2, ..., C_n$에 대해 $C_1 = C_2 = \cdots = C_n = 0$일 때만 등식

$$C_1\mathbf{v}_1 + C_2\mathbf{v}_2 + C_3\mathbf{v}_3 + \cdots + C_n\mathbf{v}_n = 0 \qquad \textbf{(7-38)}$$

이 만족될 경우 n개의 벡터 $\mathbf{v}_1, \mathbf{v}_2, \mathbf{v}_3, ..., \mathbf{v}_n$은 **1차 독립**이라고 말하며, 그렇지 않

을 경우 이들은 **1차 종속**이다.

n개의 미지 함수에 관한 n개의 1계 선형 미분방정식으로 구성된 연립방정식의 해는 (각기 n개의 원소를 갖는) n개의 벡터들을 포함하는데, 이러한 해 벡터들이 1차 종속인지 1차 독립인지 결정할 필요가 있는 경우가 종종 있다. 따라서 이후의 논의를 (각기 n개의 원소를 갖는) n개의 벡터들의 1차 독립성으로 한정한다. 3개의 미지수 C_1, C_2, C_3에 관한 3개의 동차방정식으로 구성된 다음 연립방정식을 생각해보자.

$$\begin{aligned} a_1C_1 + b_1C_2 + c_1C_3 &= 0 \\ a_2C_1 + b_2C_2 + c_2C_3 &= 0 \\ a_3C_1 + b_3C_2 + c_3C_3 &= 0 \end{aligned}$$

이 연립방정식을 행렬 형식으로 표현하면 $\mathbf{Ax} = \mathbf{0}$이 되는데, 여기에서

$$\mathbf{A} = \begin{pmatrix} a_1 & b_1 & c_1 \\ a_2 & b_2 & c_3 \\ a_3 & b_3 & c_3 \end{pmatrix}, \quad \mathbf{x} = \begin{pmatrix} C_1 \\ C_2 \\ C_3 \end{pmatrix}, \quad \text{그리고} \ \mathbf{0} = \begin{pmatrix} 0 \\ 0 \\ 0 \end{pmatrix}$$

이 연립방정식이 자명해 $\mathbf{x} = \mathbf{0}$, 즉, $C_1 = C_2 = C_3 = 0$을 가질 필요충분조건은 계수행렬의 행렬식이 0이 아니어야 한다는 것이다.

$$\det \mathbf{A} = \begin{vmatrix} a_1 & b_1 & c_1 \\ a_2 & b_2 & c_2 \\ a_3 & b_3 & c_3 \end{vmatrix} \neq 0$$

따라서 (각기 n개의 원소를 갖는) n개의 벡터가 1차 독립이기 위한 필요충분조건은 이러한 벡터들을 열로 갖는 $n \times n$ 행렬의 행렬식이 0이 아니어야 한다는 것이다.

예제 7-10 상수 벡터들의 1차 독립성

다음 세 벡터가 1차 독립인지 결정하라.

$$\mathbf{v}_1 = \begin{pmatrix} 2 \\ 0 \\ 1 \end{pmatrix}, \mathbf{v}_2 = \begin{pmatrix} 1 \\ 1 \\ -1 \end{pmatrix}, \quad \mathbf{v}_3 = \begin{pmatrix} 2 \\ 1 \\ -3 \end{pmatrix}$$

풀이 | 이 세 벡터는 각기 3개의 원소를 갖는다. 먼저 상수 C_1, C_2, C_3을 사용하여 이 벡터들의 선형 결합을 구성하고 이를 $\mathbf{0}$으로 둔다.

$$C_1\mathbf{v}_1 + C_2\mathbf{v}_2 + C_3\mathbf{v}_3 = \mathbf{0}$$

즉,

$$C_1\begin{pmatrix}2\\0\\1\end{pmatrix}+C_2\begin{pmatrix}1\\1\\-1\end{pmatrix}+C_3\begin{pmatrix}2\\1\\-3\end{pmatrix}=\begin{pmatrix}0\\0\\0\end{pmatrix}$$

이 행렬 방정식은 3개의 선형 동차 대수방정식으로 구성된 다음 연립방정식과 동치이다.

$$2C_1+C_2+2C_3=0$$
$$C_2+C_3=0$$
$$C_1-C_2-3C_3=0$$

즉,

$$\begin{pmatrix}2&1&2\\0&1&1\\1&-1&-3\end{pmatrix}\begin{pmatrix}C_1\\C_2\\C_3\end{pmatrix}=\begin{pmatrix}0\\0\\0\end{pmatrix}$$

이 계수행렬에 대한 행렬식은

$$\begin{vmatrix}2&1&2\\0&1&1\\1&-1&-3\end{vmatrix}=-5$$

인데, 이는 0이 아니다. 따라서 위의 동차 연립방정식의 유일한 해는 자명해 $C_1=C_2=C_3=0$이다. 따라서 주어진 벡터들은 1차 독립이라고 결론짓는다(그림 7-25).

주어진 벡터:

$$\mathbf{v}_1=\begin{pmatrix}2\\0\\1\end{pmatrix},\ \mathbf{v}_2=\begin{pmatrix}1\\1\\-1\end{pmatrix},\ \mathbf{v}_3=\begin{pmatrix}2\\1\\-3\end{pmatrix}$$

는 1차 독립인데, 이는 이들이 구성하는 행렬에 대한 행렬식이 0이 아니기 때문이다.

$$\begin{vmatrix}2&1&2\\0&1&1\\1&-1&-3\end{vmatrix}=-5\neq0$$

그림 7-25
3개의 3×1 벡터들은 이들을 열로 갖는 3×3 행렬에 대한 행렬식이 0이 아닐 경우 1차 독립이다.

벡터들에 대한 1차 독립성을 결정할 때 중간의 단계들은 생략하고 주어진 벡터들을 열로 갖는 행렬을 직접 조사하고 그 행렬식을 계산할 수 있다. 이 행렬식이 0이 아닐 경우 주어진 벡터들은 1차 독립이며, 그렇지 않을 경우 1차 종속이다.

1차 종속성 및 1차 독립성 개념은 벡터함수들에도 적용된다. 구간 $t_1<t<t_2$ 안의 모든 t에 대해 식

$$C_1\mathbf{v}_1(t)+C_2\mathbf{v}_2(t)+C_3\mathbf{v}_3(t)+\cdots+C_n\mathbf{v}_n(t)=\mathbf{0} \tag{7-39}$$

이 만족되는 n개의 상수 $C_1, C_2, \ldots, C_n$이 존재할 경우, n개의 벡터 $\mathbf{v}_1(t), \mathbf{v}_2(t), \ldots, \mathbf{v}_n(t)$는 해당 구간에서 1차 종속이라고 말한다(단, 상수 $C_1, C_2, \ldots, C_n$ 중에 적어도 하나는 0이 아니어야 함). 그렇지 않을 경우 그 벡터들은 1차 독립이다.

n개의 상수계수 1계 선형 미분방정식으로 구성된 연립방정식의 해 벡터 n개의 1차 독립성을 결정할 때 대단히 유용한 양은 단일 방정식들을 위해 3장에서 소개된 *론스키 행렬식* $W(t)$이다.

각기 n개의 원소를 갖는 n개의 벡터함수

$$\mathbf{v}_1(t) = \begin{pmatrix} v_{11}(t) \\ v_{21}(t) \\ \vdots \\ v_{n1}(t) \end{pmatrix}, \mathbf{v}_2(t) = \begin{pmatrix} v_{12}(t) \\ v_{22}(t) \\ \vdots \\ v_{n2}(t) \end{pmatrix}, \mathbf{v}_n(t) = \begin{pmatrix} v_{1n}(t) \\ v_{2n}(t) \\ \vdots \\ v_{nn}(t) \end{pmatrix}$$

에 대한 론스키 행렬식은 이 벡터들을 열로 갖는 $n \times n$ 행렬식으로 정의된다. 즉,

$$W(t) = \begin{vmatrix} v_{11}(t) & v_{12}(t) & . & . & v_{1n}(t) \\ v_{21}(t) & v_{22}(t) & . & . & v_{2n}(t) \\ \vdots & \vdots & \vdots & \vdots & \vdots \\ v_{n1}(t) & v_{n2}(t) & . & . & v_{nn}(t) \end{vmatrix} \tag{7-40}$$

이 벡터들은 어떤 구간 안의 모든 t에 대해 이들에 대한 론스키 행렬식이 항등적으로 0일 경우 해당 구간에서 1차 종속이며, 그렇지 않을 경우 1차 독립이다(그림 7-26).

3개의 벡터 함수

$$\mathbf{v}_1 = \begin{pmatrix} v_{11}(t) \\ v_{21}(t) \\ v_{31}(t) \end{pmatrix}, \mathbf{v}_2 = \begin{pmatrix} v_{12}(t) \\ v_{22}(t) \\ v_{32}(t) \end{pmatrix}, \mathbf{v}_3 = \begin{pmatrix} v_{13}(t) \\ v_{23}(t) \\ v_{33}(t) \end{pmatrix}$$

는 $t_1 < t < t_2$에서 모든 t에 대해 다음 조건이 성립할 경우 1차 종속이다.

$$W(t) = \begin{vmatrix} v_{11}(t) & v_{12}(t) & v_{13}(t) \\ v_{21}(t) & v_{22}(t) & v_{23}(t) \\ v_{31}(t) & v_{32}(t) & v_{33}(t) \end{vmatrix} = 0$$

그림 7-26
벡터함수들은 어떤 구간에서 이들에 대한 론스키 행렬식이 항등적으로 0일 때 해당 구간에서 1차 종속이다.

예제 7-11 벡터함수들의 1차 독립성

구간 $0 < t < \infty$에서 다음 세 벡터함수가 1차 독립인지 결정하라.

$$\mathbf{v}_1(t) = \begin{pmatrix} e^t \\ -e^{2t} \\ e^{-2t} \end{pmatrix}, \mathbf{v}_2(t) = \begin{pmatrix} 0 \\ 2e^{2t} \\ -e^{-2t} \end{pmatrix}, \mathbf{v}_3(t) = \begin{pmatrix} -2e^t \\ e^{2t} \\ 3e^{-2t} \end{pmatrix}$$

풀이 이 세 벡터함수는 각기 3개의 원소를 갖는다. 먼저 주어진 벡터들을 열로 갖는 행렬식을 구성하여 이 벡터들에 대한 론스키 행렬식을 계산한다.

$$W(t) = \begin{vmatrix} e^t & 0 & -2e^t \\ -e^{2t} & 2e^{2t} & e^{2t} \\ e^{-2t} & -e^{-2t} & 3e^{-2t} \end{vmatrix} = 9e^t$$

위의 식은 구간 $0 < t < \infty$에서 결코 0이 되지 않는다. 따라서 이 세 벡터는 해당 구간에서 1차 독립이다.

$$W(t) = \begin{vmatrix} e^t & 0 & -2e^t \\ -e^{2t} & 2e^{2t} & e^{2t} \\ e^{-2t} & -e^{-2t} & 3e^{-2t} \end{vmatrix}$$

$$= e^t \begin{vmatrix} 1 & 0 & -2 \\ -e^{2t} & 2e^{2t} & e^{2t} \\ e^{-2t} & -e^{-2t} & 3e^{-2t} \end{vmatrix}$$

$$= e^t e^{2t} \begin{vmatrix} 1 & 0 & -2 \\ -1 & 2 & 1 \\ e^{-2t} & -e^{-2t} & 3e^{-2t} \end{vmatrix}$$

$$= e^t e^{2t} e^{-2t} \begin{vmatrix} 1 & 0 & -2 \\ -1 & 2 & 1 \\ 1 & -1 & 3 \end{vmatrix}$$

$$= 9e^t$$

그림 7-27
행렬식의 행에서 (또는 열에서) 공통인 함수들을 꺼내면 행렬식 계산이 간단해진다.

벡터함수들에 대한 론스키 행렬식은 그림 7-27에서 보여주듯이 행렬식의 행이나 열에서 공통인 함수들을 꺼내면 계산이 간단해질 수 있다. 이때 행렬식에 어떤 인수를 곱한다는 것은 열이나 행 중 *임의의* 하나에 그 인수를 곱하는 것과 동치임을 유념해야 한다. 이는 행렬에 어떤 인수를 곱한다는 것이 행렬의 모든 원소에 그 인수를 곱하는 것과 동치인 것과는 대조적이다.

$$\mathbf{x}' = \mathbf{A}\mathbf{x} \tag{7-41}$$

형태의 선형 미분방정식들로 구성된 연립방정식의 체계적 풀이 과정에서는 계수

행렬 $\mathbf{A}$의 고윳값, 그리고 그에 대응되는 고유벡터들이 사용된다. 따라서 이 절의 남은 부분에서는 실수 상수들을 원소로 갖는 $n \times n$ 정방행렬 $\mathbf{A}$에 연계된 고윳값과 고유벡터들을 구하는 방법을 알아본다.

$\mathbf{x} = \mathbf{C}e^{\lambda t}$(단, $\mathbf{C}$는 상수 벡터) 형태의 식 7-41에 대한 풀이를 시도할 때, $\mathbf{x}' = \mathbf{C}\lambda e^{\lambda t}$이며 따라서 식 7-41에 의해 $\mathbf{x}' = \mathbf{C}\lambda e^{\lambda t} = \mathbf{AC}\lambda e^{\lambda t}$가 된다. 이 식을 $e^{\lambda t}$로 나눈 후 정리하면 다음 결과를 얻는다.

$$\mathbf{AC} - \lambda\mathbf{C} = \mathbf{AC} - \lambda\mathbf{IC} = (\mathbf{A} - \lambda\mathbf{I})\mathbf{C} = \mathbf{0}$$

우변이 0이므로 식 7-41에 대해 의미 있는 해가 존재하기 위해서는 벡터 $\mathbf{C}$가 $\mathbf{0}$이 아니어야 하며, 이것이 가능한 경우는 $\det(\mathbf{A} - \lambda\mathbf{I}) = 0$일 때뿐이다.

고윳값과 고유벡터

다음과 같이 표현되는 $n \times n$ 행렬 $\mathbf{A}$가 주어져 있다고 하자.

$$\mathbf{A} = \begin{pmatrix} a_{11} & a_{12} & . & . & a_{1n} \\ a_{21} & a_{22} & . & . & a_{2n} \\ \vdots & \vdots & \vdots & \vdots & \vdots \\ a_{n1} & a_{n2} & . & . & a_{nn} \end{pmatrix} \tag{7-42}$$

방정식

$$\det(\mathbf{A} - \lambda\mathbf{I}) = 0 \tag{7-43}$$

을 만족하는 λ의 실수 또는 복소수 값을 행렬 $\mathbf{A}$의 **고윳값(eigenvalue)** 또는 특성값(characteristic value)이라 한다. 또 방정식

$$(\mathbf{A} - \lambda\mathbf{I})\mathbf{v} = \mathbf{0} \tag{7-44}$$

을 만족하는 $\mathbf{0}$이 아닌 벡터 $\mathbf{v}$를 행렬 $\mathbf{A}$의 고윳값 λ에 연계된 **고유벡터(eigenvector)** 또는 특성벡터(characteristic vector)라고 한다(그림 7-28).

(1) 고윳값 방정식:

$\det(\mathbf{A} - \lambda\mathbf{I}) = 0$

(2) 고유벡터 방정식:

$(\mathbf{A} - \lambda\mathbf{I})\mathbf{v} = 0$

그림 7-28
행렬 $\mathbf{A}$에 대해 고윳값 λ와 고유벡터 $\mathbf{v}$를 얻기 위한 방정식들

행렬 $\mathbf{A} - \lambda\mathbf{I}$는

$$\mathbf{A} - \lambda\mathbf{I} = \begin{pmatrix} a_{11} & a_{12} & . & . & a_{1n} \\ a_{21} & a_{22} & . & . & a_{2n} \\ \vdots & \vdots & \vdots & \vdots & \vdots \\ a_{n1} & a_{n2} & . & . & a_{nn} \end{pmatrix} - \begin{pmatrix} \lambda & 0 & . & . & 0 \\ 0 & \lambda & . & . & 0 \\ \vdots & \vdots & \vdots & \vdots & \vdots \\ 0 & 0 & . & . & \lambda \end{pmatrix}$$

$$= \begin{pmatrix} a_{11}-\lambda & a_{12} & . & . & a_{1n} \\ a_{21} & a_{22}-\lambda & . & . & a_{2n} \\ \vdots & \vdots & \vdots & \vdots & \vdots \\ a_{n1} & a_{n2} & . & . & a_{nn}-\lambda \end{pmatrix}$$

와 같이 표현될 수 있으며, 이는 행렬 $\mathbf{A}$의 주대각선 원소들에서 λ를 빼서 얻은

행렬과 동치이다. 이제 식 7-43은 다음과 같이 표현될 수 있다.

$$\det(\mathbf{A}-\lambda\mathbf{I}) = \begin{vmatrix} a_{11}-\lambda & a_{12} & . & . & a_{1n} \\ a_{21} & a_{22}-\lambda & . & . & a_{2n} \\ \vdots & \vdots & \vdots & \vdots & \vdots \\ a_{n1} & a_{n2} & . & . & a_{nn}-\lambda \end{vmatrix} = 0 \tag{7-45}$$

이 행렬식을 전개한 결과는

$$\lambda^n + b_1\lambda^{n-1} + b_2\lambda^{n-2} + \cdots + b_n = 0 \tag{7-46}$$

인데, 이는 λ에 관한 n차 다항방정식으로 행렬 **A**의 **특성방정식(characteristic equation)**이라고 한다. 대수학의 기본 정리에 따라 이 방정식은 n개의 근을 갖는데, 이들 중에는 중근이나 복소수 근도 포함될 수 있다. 따라서 $n \times n$ 행렬은 n개의 고윳값을 갖는데, 이들이 반드시 서로 다른 실수인 것은 아니다(그림 7-29).

k번 반복되는 근을 ***k*중근** 또는 **중복도 *k***의 근이라 한다. 중복도가 1인 근을 **단일근**이라고 한다. 중복도가 2 이상인 근을 중근이라고 한다. 행렬 **A**의 모든 원소가 실수일 때 다항방정식(식 7-46)의 모든 계수가 실수가 되며, 이 경우 복소수 근들은 반드시 켤레 쌍으로 나타난다.

영벡터 $\mathbf{v} = \mathbf{0}$은 항상 고유벡터 방정식 $(\mathbf{A} - \lambda\mathbf{I})\mathbf{v} = \mathbf{0}$을 만족함을 유의하기 바란다. 그러나 영벡터는 자명해이므로 무시하며, 적어도 한 개의 0이 아닌 원소를 포함하는 고유벡터를 찾는다.

또한 $\mathbf{v}$가 고유벡터일 경우, 그 상수 배인 $k\mathbf{v}$ 또한 고유벡터임을 유의하기 바란다. 이는 $(\mathbf{A} - \lambda\mathbf{I})\mathbf{v} = \mathbf{0}$일 경우 $(\mathbf{A} - \lambda\mathbf{I})k\mathbf{v} = k(\mathbf{A} - \lambda\mathbf{I})\mathbf{v} = k \times \mathbf{0} = \mathbf{0}$이 되기 때문이다.

따라서 고유벡터는 임의의 상수 배까지만 결정될 수 있다. 이 상수 값은 중요하지 않으며, 따라서 0 외의 편리한 임의의 숫자를 선택할 수 있다. 대개 고유벡터의 원소 중 하나를 1로 설정하는 것이 편리하다. 따라서 고유벡터는 방향만 중요하고 길이는 상관없는 기하학적 벡터를 나타낸다.

행렬 **A**에 대한 특성방정식의 단일근에 해당하는 고윳값에 대응되는 1차 독립인 고유벡터는 하나뿐이다. 중복도 k의 고윳값에 대응되는 1차 독립인 고유벡터의 개수는 k일 것으로 생각하기 쉽지만, 꼭 그런 것은 아니다. 중복도 k의 고윳값에 대응되는 1차 독립인 고유벡터의 개수는 m이며, 이때 $1 \le m \le k$이다. $m < k$인 경우 뒤에서 살펴보겠지만 연립미분방정식의 풀이가 어려워진다. 행렬 **A**의 모든 원소가 실수인 경우에도 고윳값들이나 고유벡터들 중에는 복소수 값을 갖는 것들이 있을 수 있다는 것을 유념하기 바란다.

행렬 **A**의 각기 다른 고윳값에 대응되는 고유벡터들이 1차 독립이라는 것은 증명될 수 있다. 행렬 **A**가 n개의 서로 다른 고윳값을 갖는 $n \times n$ 행렬일 경우, 고윳

$n \times n$ 행렬 **A**의 고윳값은 다음 방정식의 근들이다.

$$\det(\mathbf{A} - \lambda\mathbf{I}) = 0$$

위의 방정식은 n차 다항방정식으로 축소된다.

$$\lambda^n + b_1\lambda^{n-1} + b_2\lambda^{n-2} + \ldots + b_n = 0$$

그림 7-29
n차 실수 정방행렬은 항상 n개의 고윳값을 갖는데, 이들이 반드시 서로 다른 실수인 것은 아니다.

값들에 대응되는 n개의 고유벡터는 1차 독립이 된다. 그러나 행렬이 한 개 이상의 중복 고윳값을 가질 경우 행렬 **A**에 대한 1차 독립인 고유벡터의 개수는 보다 작을 수 있다. 이러한 규칙에 대한 유일한 예외는 모든 원소가 실수이고 전치행렬이 자신과 동일한 실수 대칭 행렬이다.

A가 $n \times n$ 실수 대칭 행렬일 경우, **A**의 고윳값 중에서 한 개 이상이 중복되더라도 n개의 1차 독립인 고유벡터가 존재한다. 또한 이 경우 모든 고유벡터가 실수이며, 중복도 m의 고윳값에는 m개의 고유벡터가 대응된다. 각기 다른 경우들에 대한 고윳값과 고유벡터의 계산을 예제들과 함께 수행해 보인다.

예제 7-12 서로 다른 실수인 고윳값

다음 행렬의 고윳값들과 고유벡터들을 구하라.

$$\mathbf{A} = \begin{pmatrix} 5 & 4 \\ 3 & 1 \end{pmatrix}$$

풀이 위의 행렬은 2×2 행렬이며, 그 고윳값은 방정식 $\det(\mathbf{A} - \lambda\mathbf{I}) = 0$, 즉,

$$\det(\mathbf{A} - \lambda\mathbf{I}) = \begin{vmatrix} 5-\lambda & 4 \\ 3 & 1-\lambda \end{vmatrix} = (5-\lambda)(1-\lambda) - 12$$

$$= \lambda^2 - 6\lambda - 7 = 0$$

의 근 7과 -1이다. 따라서 주어진 행렬에 대한 고윳값은 $\lambda_1 = 7$, $\lambda_2 = -1$인데, 이들은 서로 다른 실수이다. 따라서 **A**는 두 개의 1차 독립인 고유벡터를 가질 것이다. 고유벡터들은 방정식 $(\mathbf{A} - \lambda\mathbf{I})\mathbf{v} = \mathbf{0}$을 이용하여 결정되는데, 이 경우에는 다음과 같이 주어진다.

$$\begin{pmatrix} 5-\lambda & 4 \\ 3 & 1-\lambda \end{pmatrix}\begin{pmatrix} x_1 \\ x_2 \end{pmatrix} = \begin{pmatrix} 0 \\ 0 \end{pmatrix} \tag{7-47}$$

첫 번째 고윳값 $\lambda = \lambda_1 = 7$에 대응되는 고유벡터는 이 λ값을 다음과 같이 식 7-47에 대입하여 구한다.

$$\begin{pmatrix} -2 & 4 \\ 3 & -6 \end{pmatrix}\begin{pmatrix} x_1 \\ x_2 \end{pmatrix} = \begin{pmatrix} 0 \\ 0 \end{pmatrix}$$

위의 식은 다음 연립방정식과 동치이다.

$$-2x_1 + 4x_2 = 0$$
$$3x_1 - 6x_2 = 0$$

위의 두 방정식은 동일한데, 이는 첫 번째 방정식에 $-3/2$를 곱하면 두 번째 방정식이 되기 때문이다. 따라서 두 미지수 사이의 관계를 구하기 위해 둘 중 아무 방정식이나 사용할 수 있다. 이는 미지수 중의 하나를 위한 값으로 (0을 제외한) 임의의 편리한 값을 선택할 수 있음을 의미한다. 편의를 위해 $x_2 = 1$을 선택하면 $x_1 = 2$가 된다. 이제 고윳값 $\lambda_1 = 7$에 대응되는 고유벡터는 다음과 같이 주어진다.

$$\mathbf{v}_1 = \begin{pmatrix} 2 \\ 1 \end{pmatrix}$$

만일 임의의 상수 c에 대해 $x_2 = c$로 선택하였다면, $x_1 = 2c$가 되었을 것이며, 이 경우 고윳값 $\lambda_1 = 7$에 대응되는 고유벡터는 다음과 같이 주어졌을 것이다.

$$\mathbf{v}_1 = \begin{pmatrix} 2c \\ c \end{pmatrix} = c\begin{pmatrix} 2 \\ 1 \end{pmatrix}$$

이것은 앞에서 구한 고유벡터의 상수 배에 해당한다. 고유벡터 계산에서 임의상수 c는 중요하지 않으며 따라서 항상 무시될 것이다. (임의상수는 벡터의 길이를 결정한다.) 그러나 고유벡터의 상수 배 또한 고유벡터임을 유의하기 바란다(그림 7-30).

두 번째 고유벡터는 식 7-47에 $\lambda = \lambda_2 = -1$을 대입하여 구한다. 대입 결과는

$$\begin{pmatrix} 6 & 4 \\ 3 & 2 \end{pmatrix}\begin{pmatrix} x_1 \\ x_2 \end{pmatrix} = \begin{pmatrix} 0 \\ 0 \end{pmatrix}$$

이며, 이는 다음 연립방정식과 동치이다.

$$6x_1 + 4x_2 = 0$$
$$3x_1 + 2x_2 = 0$$

위의 두 방정식은 동일한데, 이는 첫 번째 방정식에 2를 곱하면 두 번째 방정식이 되기 때문이며, 어느 방정식이든 다음과 같이 표현될 수 있다.

$$3x_1 + 2x_2 = 0$$

이번에도 한 개의 방정식만으로 두 개의 미지수를 결정해야 한다. 분수를 피하기 위해 $x_2 = 3$을 선택하면 $x_1 = -2$가 된다. 이제 고윳값 $\lambda_2 = -1$에 대응되는 고유벡터는 다음과 같이 주어진다.

$$\mathbf{v}_2 = \begin{pmatrix} -2 \\ 3 \end{pmatrix}$$

고유벡터 $\mathbf{v}_1$, $\mathbf{v}_2$가 예상대로 1차 독립임에 주목하기 바란다.

벡터

$$\mathbf{v}_1 = \begin{pmatrix} 2 \\ 1 \end{pmatrix}$$

가 행렬 **A**의 어떤 고윳값 λ_1에 대응되는 고유벡터일 경우 다음 벡터들도 행렬 **A**의 고유벡터들이다(단, c는 상수).

$$\mathbf{v}_2 = 2\mathbf{v}_1 = \begin{pmatrix} 4 \\ 2 \end{pmatrix}$$

$$\mathbf{v}_3 = -5\mathbf{v}_1 = \begin{pmatrix} -10 \\ -5 \end{pmatrix}$$

$$\mathbf{v}_4 = \frac{1}{3}\mathbf{v}_1 = \begin{pmatrix} 2/3 \\ 1/3 \end{pmatrix}$$

$$\mathbf{v}_n = c\mathbf{v}_1\begin{pmatrix} 2c \\ c \end{pmatrix}$$

그림 7-30
고유벡터의 임의의 상수 배 또한 고유벡터이다. (그러나 그러한 고유벡터들은 1차 독립이 될 수 없다.)

예제 7-13 중복 고윳값

다음 행렬의 고윳값들과 고유벡터들을 구하라.

$$\mathbf{A} = \begin{pmatrix} 4 & 1 \\ -1 & 2 \end{pmatrix}$$

풀이 위의 행렬은 2×2 행렬이며, 그 고윳값은 방정식 $\det(\mathbf{A} - \lambda\mathbf{I}) = 0$, 즉,

$$\begin{vmatrix} 4-\lambda & 1 \\ -1 & 2-\lambda \end{vmatrix} = (4-\lambda)(2-\lambda) + 1$$
$$= \lambda^2 - 6\lambda + 9 = 0$$

의 근들이다. 이 방정식의 근이자 주어진 행렬의 고윳값은 $\lambda_1 = \lambda_2 = 3$이다(그림 7-31). 따라서 $\lambda = 3$은 2중 고윳값이다.

주어진 행렬:

$$\mathbf{A}=\begin{pmatrix}4 & 1\\ -1 & 2\end{pmatrix}$$

$\det(\mathbf{A}-\lambda\mathbf{I})=0$을 대입:

$$\begin{vmatrix}4-\lambda & 1\\ -1 & 2-\lambda\end{vmatrix}=0$$

즉,

$$\lambda^2-6\lambda+9=0$$

근:

$$\lambda_1=\lambda_2=3$$

이 고윳값이다.

그림 7-30
연립방정식에 대응되는 행렬의 고윳값을 결정하기 위한 체계적 절차

행렬 **A**의 고유벡터들은 방정식 $(\mathbf{A}-\mathbf{I})\mathbf{v}=\mathbf{0}$을 이용하여 결정되는데, 이 경우에는 다음과 같이 주어진다.

$$\begin{pmatrix}4-\lambda & 1\\ -1 & 2-\lambda\end{pmatrix}\begin{pmatrix}x_1\\ x_2\end{pmatrix}=\begin{pmatrix}0\\ 0\end{pmatrix} \tag{7-48}$$

$\lambda=3$을 식 7-48에 대입하면

$$\begin{pmatrix}1 & 1\\ -1 & -1\end{pmatrix}\begin{pmatrix}x_1\\ x_2\end{pmatrix}=\begin{pmatrix}0\\ 0\end{pmatrix}$$

이 되는데, 이 식은 다음 연립방정식과 동치이다.

$$x_1+x_2=0$$
$$-x_1-x_2=0$$

위의 두 방정식은 동일한데, 이는 첫 번째 방정식에 -1을 곱하면 두 번째 방정식이 되기 때문이며, 어느 방정식이든 $x_1+x_2=0$과 같이 표현될 수 있다. 이번에도 한 개의 방정식만으로 두 개의 미지수를 결정해야 한다. $x_1=1$을 선택하면 $x_2=-1$이 된다. 따라서 주어진 행렬 **A**의 고윳값 $\lambda_1=3$에 대응되는 고유벡터는 다음과 같이 주어진다.

$$v_1=\begin{pmatrix}1\\ -1\end{pmatrix}$$

이 고유벡터는 **A**의 유일한 1차 독립인 고유벡터인데, 이는 **A**가 3 외의 다른 고윳값을 가질 수 없기 때문이다. 이는 2중 고윳값을 갖는 2×2 행렬에서는 일반적인 일이다. 따라서 2×2 행렬에 연계된 중복도 2의 고윳값에는 오직 한 개의 고유벡터만이 대응된다고 결론짓는다. 3×3 또는 그 이상의 크기를 갖는 행렬의 경우에는 다음 예제에서와 같이 중복도 2의 고윳값에 두 개의 1차 독립인 고유벡터가 대응될 수도 있다.

예제 7-14 실수 대칭 행렬

다음 행렬의 고윳값들과 고유벡터들을 구하라.

$$\mathbf{A}=\begin{pmatrix}0 & 3 & 3\\ 3 & 0 & 3\\ 3 & 3 & 0\end{pmatrix}$$

풀이 위의 행렬은 3×3 행렬이며, 그 고윳값은 방정식

$$\det(\mathbf{A}-\lambda\mathbf{I})=\begin{vmatrix}0-\lambda & 3 & 3\\ 3 & 0-\lambda & 3\\ 3 & 3 & 0-\lambda\end{vmatrix}=-\lambda(\lambda^2-9)-3(-3\lambda-9)+3(9+3\lambda)$$
$$=-(\lambda+3)(\lambda+3)(\lambda-6)=0$$

의 근들인 -3, -3, 6이다. 따라서 주어진 행렬의 고윳값은 $\lambda_1=6$, 그리고 $\lambda_2=\lambda_3=-3$이다. 따라서 이 행렬은 단독 고윳값 6과 2중 고윳값 -3을 갖는다. 행렬

A는 실수 대칭 행렬이며, 따라서 **A**에 대해 3개의 1차 독립인 고유벡터를 기대한다.

행렬 **A**의 고유벡터들은 방정식 $(\mathbf{A} - \lambda\mathbf{I})\mathbf{v} = \mathbf{0}$을 이용하여 결정되는데, 이 경우에는 다음과 같이 주어진다.

$$\begin{pmatrix} -\lambda & 3 & 3 \\ 3 & -\lambda & 3 \\ 3 & 3 & -\lambda \end{pmatrix}\begin{pmatrix} x_1 \\ x_2 \\ x_3 \end{pmatrix} = \begin{pmatrix} 0 \\ 0 \\ 0 \end{pmatrix} \tag{7–49}$$

첫 번째 고윳값 $\lambda = \lambda_1 = 6$에 대응되는 고유벡터는 이 λ값을 다음과 같이 식 7-49에 대입하여 구한다.

$$\begin{pmatrix} -6 & 3 & 3 \\ 3 & -6 & 3 \\ 3 & 3 & -6 \end{pmatrix}\begin{pmatrix} x_1 \\ x_2 \\ x_3 \end{pmatrix} = \begin{pmatrix} 0 \\ 0 \\ 0 \end{pmatrix}$$

이 행렬 방정식에 대한 첨가행렬은

$$\left(\begin{array}{ccc|c} -6 & 3 & 3 & 0 \\ 3 & -6 & 3 & 0 \\ 3 & 3 & -6 & 0 \end{array}\right)$$

이며, 행 연산을 통해

$$\left(\begin{array}{ccc|c} 1 & 0 & -1 & 0 \\ 0 & 1 & -1 & 0 \\ 0 & 0 & 0 & 0 \end{array}\right)$$

로 축소되는데, 이는 다음 연립방정식과 동치이다.

$$\begin{aligned} x_1 - x_3 &= 0 \\ x_2 - x_3 &= 0 \end{aligned}$$

이 연립방정식은 3개의 미지수에 관한 두 개의 방정식으로 구성된 연립방정식이며, 따라서 미지수 중의 하나에 임의의 값을 배정하고 이에 따라 나머지 두 미지수를 결정할 수 있다. 편의를 위해 $x_3 = 1$을 선택하면 $x_1 = 1, x_2 = 1$이 된다.

이제 고윳값 $\lambda_1 = 6$에 대응되는 고유벡터는 다음과 같이 주어진다.

$$\mathbf{v}_1 = \begin{pmatrix} 1 \\ 1 \\ 1 \end{pmatrix}$$

두 번째 고유벡터는 식 7-49에 $\lambda_2 = \lambda_3 = 3$을 대입하여 구한다. 대입 결과는

$$\begin{pmatrix} 3 & 3 & 3 \\ 3 & 3 & 3 \\ 3 & 3 & 3 \end{pmatrix}\begin{pmatrix} x_1 \\ x_2 \\ x_3 \end{pmatrix} = \begin{pmatrix} 0 \\ 0 \\ 0 \end{pmatrix}$$

이며, 이는 단일 방정식 $3x_1 + 3x_2 + 3x_3 = 0$, 즉, $x_1 + x_2 + x_3 = 0$과 동치이다. 이번에는 미지수는 3개인데 방정식은 한 개인 경우에 해당한다. 따라서 임의의 두 미지수에 임의의 값들을 배정하고 이에 따라 남은 한 개의 미지수를 결정할 수 있다. $x_1 = 1, x_2 = 0$을 선택하면 $x_3 = -1$이 된다. 이러한 선택에 대해 고윳값 $\lambda_2 =$

-3에 대응되는 고유벡터는 다음과 같이 주어진다.

$$\mathbf{v}_2 = \begin{pmatrix} 1 \\ 0 \\ -1 \end{pmatrix}$$

$\mathbf{v}_2$와 1차 독립인 고유벡터를 구하기 위해 x_1, x_2에 대해 다른 값을 선택한다. $x_1 = 0$, $x_2 = 1$을 선택하면 이번에도 $x_3 = -1$이 된다. 이러한 선택에 대해 고윳값 $\lambda_2 = -3$에 대응되는 고유벡터는 다음과 같이 주어진다.

$$\mathbf{v}_3 = \begin{pmatrix} 0 \\ 1 \\ -1 \end{pmatrix}$$

고유벡터 $\mathbf{v}_2$, $\mathbf{v}_3$은 동일한 고윳값에 대응되지만 이들은 서로의 상수 배가 아니므로 1차 독립이다.

2중 고윳값 $\lambda_2 = -3$에 대응되는 1차 독립인 다른 고유벡터는 존재하지 않는다는 것을 보이기 위해, $x_1 = c_1, x_2 = c_2$를 선택하면 $x_3 = -c_1 - c_2$가 된다. 이러한 선택에 대해 고윳값 -3에 대응되는 고유벡터는

$$\mathbf{v} = \begin{pmatrix} c_1 \\ c_2 \\ -c_1 - c_2 \end{pmatrix} = \begin{pmatrix} c_1 \\ 0 \\ -c_1 \end{pmatrix} + \begin{pmatrix} 0 \\ c_2 \\ -c_2 \end{pmatrix} = c_1\begin{pmatrix} 1 \\ 0 \\ -1 \end{pmatrix} + c_2\begin{pmatrix} 0 \\ 1 \\ -1 \end{pmatrix} = c_1\mathbf{v}_2 + c_2\mathbf{v}_3$$

와 같이 주어질 텐데, 이는 앞에서 구한 두 고유벡터의 선형 결합에 해당한다. 따라서 이 2중 고윳값에 대응되는 1차 독립인 고유벡터는 두 개뿐이다.

예제 7-15 복소수 고윳값

다음 행렬의 고윳값들과 고유벡터들을 구하라.

$$\mathbf{A} = \begin{pmatrix} 1 & 2 \\ -1 & 1 \end{pmatrix} \tag{7-50}$$

풀이 | 위의 행렬은 2×2 행렬이며, 그 고윳값은 방정식 $\det(\mathbf{A} - \lambda\mathbf{I}) = 0$, 즉,

$$\det(\mathbf{A} - \lambda\mathbf{I}) = \begin{vmatrix} 1-\lambda & 2 \\ -1 & 1-\lambda \end{vmatrix} = (1-\lambda)(1-\lambda) + 2 = \lambda^2 - 2\lambda + 3 = 0$$

의 근들이다. 이 방정식의 근이자 주어진 행렬의 고윳값은 켤레 복소수 쌍 $\lambda_{1,2} = 1 \pm \sqrt{2}\,i$이다. 따라서 이 경우 두 개의 고윳값 모두 복소수이다.

행렬 $\mathbf{A}$의 고유벡터들은 방정식 $(\mathbf{A} - \lambda\mathbf{I})\mathbf{v} = \mathbf{0}$을 이용하여 결정되는데, 이 경우에는 다음과 같이 주어진다.

$$\begin{pmatrix} 1-\lambda & 2 \\ -1 & 1-\lambda \end{pmatrix}\begin{pmatrix} x_1 \\ x_2 \end{pmatrix} = \begin{pmatrix} 0 \\ 0 \end{pmatrix}$$

이 방정식에 $\lambda = \lambda_1 = 1 \pm \sqrt{2}\,i$를 대입하면

$$\begin{pmatrix} -\sqrt{2}i & 2 \\ -1 & -\sqrt{2}i \end{pmatrix}\begin{pmatrix} x_1 \\ x_2 \end{pmatrix} = \begin{pmatrix} 0 \\ 0 \end{pmatrix}$$

이 되는데, 이 식은 다음 연립방정식과 동치이다.

$$-\sqrt{2}ix_1 + 2x_2 = 0$$
$$-x_1 + \sqrt{2}ix_2 = 0$$

위의 두 방정식은 동일한데, 이는 두 번째 방정식에 $\sqrt{2}\,i$를 곱하면 첫 번째 방정식이 되기 때문이며, 어느 방정식이든 $x_1 - \sqrt{2}\,ix_2 = 0$과 같이 표현될 수 있다.

이번에도 한 개의 방정식만으로 두 개의 미지수를 결정해야 한다. $x_1 = 1$을 선택하면 $x_2 = i/\sqrt{2}$ 가 된다. 따라서 주어진 행렬 **A**의 고윳값 $\lambda_1 = 1 + \sqrt{2}\,i$에 대응되는 고유벡터는 다음과 같이 주어진다.

$$\mathbf{v}_1 = \begin{pmatrix} 1 \\ \dfrac{i}{\sqrt{2}} \end{pmatrix}$$

λ_1의 켤레 복소수인 두 번째 고윳값 $\lambda_2 = 1 - \sqrt{2}\,i$에 대해 고유벡터 계산을 반복하면

$$\mathbf{v}_2 = \begin{pmatrix} 1 \\ \dfrac{-i}{\sqrt{2}} \end{pmatrix}$$

을 얻을 텐데, 이것은 $\mathbf{v}_1$의 켤레 복소수에 해당한다. 즉, $\mathbf{v}_2 = \overline{\mathbf{v}}_1$이다. 여기에서 윗줄 기호는 켤레 복소수를 표시한다. 따라서 λ_1에 대응되는 고유벡터가 $\mathbf{v}_1$일 경우, λ_1의 켤레 복소수에 대응되는 고유벡터는 $\mathbf{v}_1$의 켤레 복소수이다. 즉, $\lambda_2 = \overline{\lambda}_2$이면 $\mathbf{v}_2 = \overline{\mathbf{v}}_1$이다. 복소수나 벡터에 대한 켤레를 얻기 위해서는 i를 모두 $-i$로 바꾸어 주면 된다. 또한 복소수 고윳값에 대응되는 고유벡터를 구하는 방법은 실수 고윳값에 대응되는 고유벡터를 구하는 것과 같다는 점을 유의하기 바란다(그림 7-32).

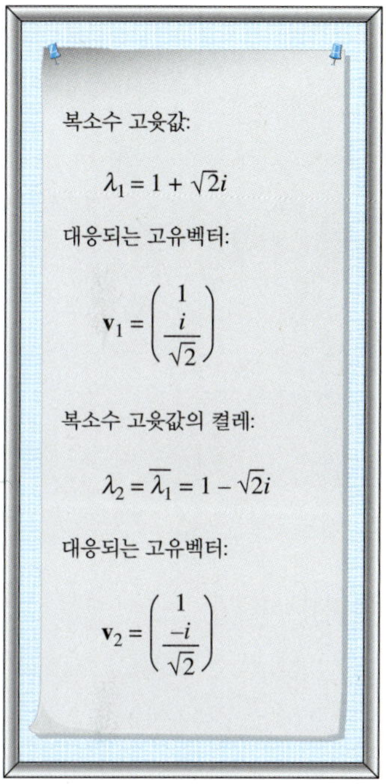

그림 7-32
복소수 고윳값의 켤레에 대응되는 고유벡터는 그 고윳값에 대응되는 고유벡터의 켤레와 같다.

특별한 경우: 공통인수를 갖는 행렬

때로 행렬 **A**의 모든 원소에 공통의 스칼라 변수가 곱해져 있는 경우가 있다. 이러한 경우 해당 변수를 행렬 밖으로 꺼내면 행렬 원소에는 수치적인 값들만 남게 된다. 예제 7-2와 7-3에는 그러한 행렬들이 나타난다. 예제 7-3에

$$\mathbf{A} = \frac{1}{RC}\begin{pmatrix} -1 & 1 & 0 \\ 1 & -2 & 1 \\ 0 & 1 & -2 \end{pmatrix} = \frac{1}{RC}\mathbf{A}_1$$

가 포함되어 있었는데, 이때 $\mathbf{A}_1$은 다음과 같이 정의되었다.

$$\mathbf{A}_1 = \begin{pmatrix} -1 & 1 & 0 \\ 1 & -2 & 1 \\ 0 & 1 & -2 \end{pmatrix}$$

여기에서 공통인수는 $1/RC$이다.

일반적으로 어떤 항 α를 행렬 **A** 밖으로 꺼내어 $\mathbf{A}_1$만을 남길 수 있을 경우, **A**의 고윳값은 $\mathbf{A}_1$의 고윳값의 α 배임을 보일 것이다. 또한 **A**의 고유벡터는 $\mathbf{A}_1$의 고유벡터와 동일하다. 기본 방정식들로부터 다음 식들을 얻는다.

$$(\mathbf{A} - \lambda\mathbf{I})\mathbf{v} = \mathbf{0}$$
$$\det(\mathbf{A} - \lambda\mathbf{I}) = 0$$

A를 $\alpha\mathbf{A}_1$으로 교체하면 다음과 같은 식들이 된다.

$$(\alpha\mathbf{A}_1 - \lambda\mathbf{I})\mathbf{v} = \mathbf{0}$$
$$\det(\alpha\mathbf{A}_1 - \lambda\mathbf{I}) = 0$$

위의 두 식을 스칼라 α로 나눈 결과는 다음과 같다.

$$\left(\mathbf{A}_1 - \frac{\lambda}{\alpha}\mathbf{I}\right)\mathbf{v} = \mathbf{0}$$
$$\det\left(\mathbf{A}_1 - \frac{\lambda}{\alpha}\mathbf{I}\right) = 0$$

위의 식들로부터 $\lambda_1 = \lambda/\alpha$가 $\mathbf{A}_1$의 고윳값임을 알 수 있다. 따라서 **A**의 고윳값은 $\lambda = \alpha\lambda_1$이 된다. 이러한 나눗셈은 **v**에 영향을 미치지 않으므로 고유벡터는 변경되지 않음을 알 수 있다.

이러한 결과가 갖는 의미는 (3개 이상의 방정식으로 구성된 연립방정식에서) 수치해법으로 고윳값들과 고유벡터들을 결정할 필요가 있을 경우 α 값을 모르더라도 $\mathbf{A}_1$에 수치해법을 적용할 수 있다는 것이다. 예를 들면, 예제 7-3에서 나타나는 행렬 $\mathbf{A}_1$은 다음과 같은 고윳값들과 고유벡터들을 갖는데, 이는 컴퓨터로 구한 것이다.

$$\lambda_1 = -3.2470,\ -1.5550,\ -0.1981$$

그리고

$$\mathbf{v} = \begin{pmatrix} 1 \\ -2.2469 \\ 1.8019 \end{pmatrix},\quad \begin{pmatrix} -1.8019 \\ 1 \\ 2.2469 \end{pmatrix},\quad \begin{pmatrix} 2.2469 \\ 1.8019 \\ 1 \end{pmatrix}$$

따라서 예제의 회로 모델을 위한 고윳값은 $\lambda = -3.2470/RC,\ -1.5550/RC,\ -0.1981/RC$이다. 따라서 회로의 시간상수는 다음과 같이 주어진다.

$$\tau = RC/3.2470, RC/1.5550, RC/0.1981$$
$$= 0.3080RC, 0.6431RC, 5.0480RC$$

우세한 시간상수는 $5.0480RC$이며, 이 값의 4배가 회로의 반응시간에 대한 추정치가 된다. 자유반응에서 이 전류들은 진동하지 않을 텐데, 이는 모든 고윳값이 실수이기 때문이다.

절 복습문제

7-6C 주어진 선형 연립대수방정식이 동차형인지 비동차형인지 어떻게 판정하는가?

7-7C 연립대수방정식에 대한 첨가행렬은 어떻게 만들어지는가?

7-8C 주어진 선형 연립대수방정식이 동차형인지 비동차형인지 어떻게 판정하는가?

7-9C 연립대수방정식에 대한 첨가행렬은 어떻게 만들어지는가?

7-10C 연립방정식의 계수행렬이 특이행렬일 경우 (a) 동차 (b) 비동차 선형 연립대수방정식의 해에 대해 무엇을 말할 수 있는가?

7-11C n개의 n차원 벡터함수들이 지정된 구간에서 1차 종속인지 1차 독립인지 어떻게 결정하겠는가?

7-12C n차 상수 정방행렬은 몇 개의 고윳값을 갖겠는가? 또 고윳값들은 어떻게 구하겠는가?

7-13 다음 각 행렬에 대해 역행렬이 존재하는지 결정하고, 존재할 경우 역행렬을 구하라.

(a) $\mathbf{A} = \begin{pmatrix} 2 & 0 \\ -7 & 5 \end{pmatrix}$ (b) $\mathbf{B} = \begin{pmatrix} 4 & -2 & 3 \\ -1 & 0 & 3 \\ -3 & 0 & 2 \end{pmatrix}$

(답: (a) $\det \mathbf{A} = \begin{vmatrix} 2 & 0 \\ -7 & 5 \end{vmatrix} = 10 \neq 0 \quad \mathbf{A}^{-1} = \begin{pmatrix} \frac{1}{2} & 0 \\ \frac{7}{10} & \frac{1}{5} \end{pmatrix}$

(b) $\det \mathbf{B} = 14 \neq 0,\ \mathbf{B}^{-1} = \frac{1}{14}\begin{bmatrix} 0 & 4 & -6 \\ -7 & 17 & -15 \\ 0 & 6 & -2 \end{bmatrix}$)

7-14 먼저 다음 각 연립대수방정식이 해를 갖는지 결정하고, 해를 갖는 경우 모든 해를 구하라.

(a) $x_1 + 2x_2 + x_3 = 5$
$-2x_1 + 4x_2 - x_3 = 0$
$2x_1 + x_2 - x_3 = 1$

(b) $x_1 + 2x_2 + x_3 = 0$
$-2x_1 + 4x_2 - x_3 = 0$
$2x_1 + x_2 - x_3 = 0$

(c) $x_1 + 2x_2 + x_3 = 5$
$-2x_1 + 4x_2 - x_3 = 0$
$-x_1 + 6x_2 = 5$

(d) $x_1 + 2x_2 + x_3 = 5$
$-2x_1 + 4x_2 - x_3 = -2$
$2x_1 + x_2 - x_3 = 1$

(답: (a) 유일한 해: $\mathbf{x} = \begin{pmatrix} x_1 \\ x_2 \\ x_3 \end{pmatrix} = \begin{pmatrix} 1 \\ 1 \\ 2 \end{pmatrix}$

(b) 자명해: $\mathbf{x} = \begin{pmatrix} x_1 \\ x_2 \\ x_3 \end{pmatrix} = \begin{pmatrix} 0 \\ 0 \\ 0 \end{pmatrix}$

(c) 유일한 해는 없다. 임의의 상수 α에 대해

$$\mathbf{x} = \begin{pmatrix} x_1 \\ x_2 \\ x_3 \end{pmatrix} = \alpha \begin{pmatrix} -\frac{3}{4} \\ -\frac{1}{8} \\ 1 \end{pmatrix} + \begin{pmatrix} \frac{5}{2} \\ \frac{5}{4} \\ 0 \end{pmatrix}$$

(d) $\mathbf{x} = \begin{pmatrix} x_1 \\ x_2 \\ x_3 \end{pmatrix} = \begin{pmatrix} \frac{9}{7} \\ \frac{5}{7} \\ \frac{16}{7} \end{pmatrix}$)

7-15 다음 벡터들이 1차 종속인지 또는 1차 독립인지 결정하라.

$$\mathbf{v}_1 = \begin{pmatrix} 1 \\ 0 \\ 1 \end{pmatrix}, \mathbf{v}_2 = \begin{pmatrix} 1 \\ 2 \\ -1 \end{pmatrix}, \mathbf{v}_3 = \begin{pmatrix} 0 \\ 1 \\ -4 \end{pmatrix}$$

(답: 1차 독립)

7-16 $-\infty < t < \infty$에서 다음 벡터들이 1차 종속인지 또는 1차 독립인지 결정하라.

$$\mathbf{v}_1(t) = \begin{pmatrix} 2e^{t} \\ -3e^{2t} \\ e^{-2t} \end{pmatrix}, \mathbf{v}_2(t) = \begin{pmatrix} e^{2t} \\ 0 \\ -2e^{-2t} \end{pmatrix}, \mathbf{v}_3(t) = \begin{pmatrix} t^2 \\ t \\ 1 \end{pmatrix}$$

(답: 1차 독립)

7-17 다음 각 행렬에 대해 고윳값들과 고유벡터들을 구하라.

(a) $\mathbf{A} = \begin{pmatrix} 2 & 0 \\ -7 & 5 \end{pmatrix}$ (b) $\mathbf{A} = \begin{pmatrix} 4 & -2 & 3 \\ -1 & 0 & 3 \\ -3 & 0 & 2 \end{pmatrix}$

(답: (a) $\mathbf{v}_1 = \begin{pmatrix} 0 \\ 1 \end{pmatrix}$ $\mathbf{v}_2 = \begin{pmatrix} \frac{3}{7} \\ 1 \end{pmatrix}$

$\lambda_1 = 5$ $\lambda_2 = 2$

(b) $\mathbf{v}_1 = \begin{pmatrix} 0 \\ \frac{3}{2} \\ 1 \end{pmatrix}$ $\mathbf{v}_2 = \begin{pmatrix} -\frac{1}{\sqrt{3}}i \\ 1 - \frac{1}{\sqrt{3}}i \\ 1 \end{pmatrix}$ $\mathbf{v}_3 = \begin{pmatrix} \frac{1}{\sqrt{3}}i \\ 1 + \frac{1}{\sqrt{3}}i \\ 1 \end{pmatrix}$

$\lambda_1 = 2$ $\lambda_2 = 2 + \sqrt{3}$ $\lambda_3 = 2 - \sqrt{3}$)

7-18 예제 7-2에서 $R = A = 1$로 둔다. 예제에서 주어진 행렬 $\mathbf{A}$에 대해 고윳값들과 고유벡터들을 구하라.

7-19 예제 7-4에서 $m = c = k = 1$로 둔다. 예제에서 주어진 행렬 $\mathbf{A}$에 대해 고윳값들과 고유벡터들을 구하라.

7-4 ■ 선형 연립미분방정식 이론

n개의 1계 선형 미분방정식들로 구성된 연립방정식은 항상 단일 n계 선형방정식으로 표현될 수 있음을 기억할 것이다. 따라서 단일 n계 선형방정식에 관한 이론과 n개의 1계 선형 미분방정식들로 구성된 연립방정식에 관한 이론 사이에 긴밀한 평행성이 있음을 예상할 수 있을 것이다. 이 절에서는 선형 연립방정식에 관한 핵심 정리들을 간략히 소개할 것이다. 이들에 대응되는 단일 고계 선형방정식들에 관한 정리들에 대해서는 3장과 4장의 내용을 참조하기 바란다.

다음과 같은 형태의 n개의 1계 선형방정식들로 구성된 연립방정식을 생각해 보자.

$$\begin{aligned} x_1' &= a_{11}(t)x_1 + a_{12}(t)x_2 + \cdots + a_{1n}(t)x_n + r_1(t) \\ x_2' &= a_{21}(t)x_1 + a_{22}(t)x_2 + \cdots + a_{2n}(t)x_n + r_2(t) \\ &\vdots \\ x_n' &= a_{n1}(t)x_1 + a_{n2}(t)x_2 + \cdots + a_{2n}(t)x_n + r_n(t) \end{aligned} \tag{7–51}$$

이 연립방정식은 다음과 같은 행렬 형식을 사용하여 간결하게 표현될 수 있다.

$$\mathbf{x}' = \mathbf{A}(t)\mathbf{x} + \mathbf{r}(t) \tag{7–52}$$

여기에서

$$\mathbf{A}(t) = \begin{pmatrix} a_{11}(t) & a_{12}(t) & \cdots & a_{1n}(t) \\ a_{21}(t) & a_{22}(t) & \cdots & a_{2n}(t) \\ \vdots & \vdots & \cdots & \vdots \\ a_{n1}(t) & a_{n2}(t) & \cdots & a_{nn}(t) \end{pmatrix}, \quad \mathbf{x} = \begin{pmatrix} x_1 \\ x_2 \\ \vdots \\ x_n \end{pmatrix}$$

$$\text{그리고 } \mathbf{r}(t) = \begin{pmatrix} r_1(t) \\ r_2(t) \\ \cdot \\ \cdot \\ r_n(t) \end{pmatrix} \tag{7-53}$$

또한 다음과 같은 n개의 초기조건들이 주어져 있다.

$$x_1(t_0) = x_{10}, \quad x_2(t_0) = x_{20}, \dots, x_n(t_0) = x_{n0} \tag{7-54}$$

연립방정식(식 7-51)과 초기조건(식 7-54)이 함께 n개의 초깃값 문제로 구성된 연립방정식을 구성하며, 이러한 연립방정식의 해에 관한 존재성 및 유일성 정리는 다음과 같다.

정리 7-1 선형 연립방정식 해의 존재성 및 유일성

계수 $a_{11}, a_{22}, ..., a_{nn}$과 비동차 함수 $r_1, r_2, ..., r_n$이 점 t_0을 포함하는 구간 $t_1 < t < t_2$에서 연속일 경우, n개의 1계 선형방정식들로 구성된 연립방정식은 다음 n개의 초기조건을 만족하는 유일한 해를 갖는다.

$$x_1(t_0) = x_{10}, \quad x_2(t_0) = x_{20}, \dots, x_n(t_0) = x_{n0}$$

이 해는 전체 구간 $t_1 < t < t_2$에서 유효하다.

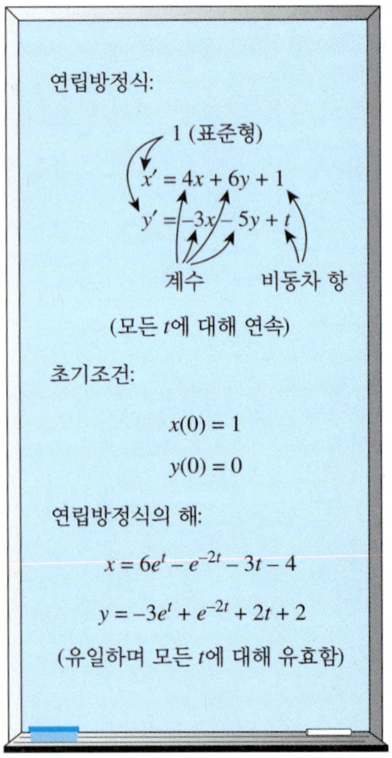

그림 7-33
(계수들과 비동차 항이 모두 구간 $-\infty < t < \infty$에서 연속인) 표준형 상태의 연립방정식은 주어진 초기조건들의 모음을 만족하는 유일한 해를 가지며, 이 해는 모든 t에 대해 유효하다.

이 정리와 정리 2-1, 3-1, 4-1 사이의 유사성은 아주 명백하다. 4개의 정리 모두 표준형 상태의 미분방정식에서 계수들과 비동차 항들이 어떤 구간에서 연속일 경우, 선형방정식은 주어진 초기조건들을 만족하는 단 하나의 해를 갖는다고 밝히고 있다(그림 7-33).

n개의 1계 선형 미분방정식들로 구성된 연립방정식이 단일 n계 선형방정식과 동치임을 고려하면, 그와 같은 연립방정식의 일반해는 n개의 임의상수를 가질 것으로 예상할 수 있다. 따라서 이러한 n개의 임의상수를 결정하여 유일한 해를 얻기 위해 초기조건들이 필요한 것은 당연한 일이다.

연립방정식의 해들은 벡터들을 사용하여 표현될 수 있다. 어떤 벡터의 원소들이 연립방정식 안의 모든 방정식을 만족할 때, 그러한 벡터를 해 벡터라고 한다. 해 벡터들은

$$\mathbf{x}_1 = \begin{pmatrix} x_{11} \\ x_{21} \\ \vdots \\ x_{n1} \end{pmatrix}, \mathbf{x}_2 = \begin{pmatrix} x_{12} \\ x_{22} \\ \vdots \\ x_{n2} \end{pmatrix}, \ldots, \mathbf{x}_n = \begin{pmatrix} x_{1n} \\ x_{2n} \\ \vdots \\ x_{nn} \end{pmatrix}$$

와 같이 표현되는데, 여기에서 개별 해인 x_{ij}는 i번째 미지 함수의 j번째 해를 나타낸다. 진한 글씨체의 $\mathbf{x}_k$는 k번째 해 벡터를 나타내는 반면, x_k는 k번째 미지 함수를 나타낸다.

이후의 논의에서 어떤 구간에서 해의 존재성을 보장하기 위해 계수행렬 **A**(따라서 그 원소 $a_{11}, a_{12}, \ldots, a_{nn}$) 그리고 비동차 벡터 **r**은 (따라서 함수들 $r_1, r_2, \ldots, r_n$은) 해당 구간에서 연속인 것으로 가정한다. 먼저 동차 선형 연립방정식을 살펴본 후에 비동차 선형 연립방정식을 살펴볼 것이다.

선형 동차 연립방정식 이론

다음과 같이 표현되어 있는 선형 동차 연립미분방정식은 식 7-52에서 비동차 벡터를 영벡터, 즉, $\mathbf{r}(t) = \mathbf{0}$으로 설정하여 구한 것이다.

$$\mathbf{x}' = \mathbf{A}(t)\mathbf{x} \tag{7-55}$$

벡터 $\mathbf{x}_1, \mathbf{x}_2, \ldots, \mathbf{x}_n$이 주어진 선형 동차 연립방정식을 만족할 경우, 아래의 정리에서 표현하고 있듯이 이 벡터들에 대한 임의의 선형 결합 또한 그 연립방정식을 만족할 것이다(그림 7-34).

> **(1) 해의 상수 배:**
>
> 벡터 함수 $\mathbf{x}_1$이 연립방정식 $\mathbf{x}' = \mathbf{A}\mathbf{x}$의 해일 경우, $c\mathbf{x}_1$ 또한 해이다 (단, c는 임의의 상수).
>
> **(2) 해들의 합:**
>
> 벡터 함수 $\mathbf{x}_1, \mathbf{x}_2$가 연립방정식 $\mathbf{x}' = \mathbf{A}\mathbf{x}$의 해일 경우, $\mathbf{x}_1 + \mathbf{x}_2$ 또한 해이다
>
> **(3) 일반해:**
>
> 벡터 함수 $\mathbf{x}_1, \mathbf{x}_2$가 연립방정식 $\mathbf{x}' = \mathbf{A}\mathbf{x}$의 해일 경우, $c_1\mathbf{x}_1 + c_2\mathbf{x}_2$ 또한 해이다(단, c_1, c_2는 임의의 상수).

그림 7-34
선형 동차 연립방정식을 위한 중첩 원리

정리 7-2 중첩 원리

벡터 함수 $\mathbf{x}_1, \mathbf{x}_2, \ldots, \mathbf{x}_n$이 선형 동차 연립방정식

$$\mathbf{x}' = \mathbf{A}(t)\mathbf{x} \tag{7-56}$$

의 해일 경우, 선형 결합

$$\mathbf{x} = c_1\mathbf{x}_1 + c_2\mathbf{x}_2 + c_3\mathbf{x}_3 + \cdots + c_n\mathbf{x}_n \tag{7-57}$$

또한 이 연립방정식의 해이다(단, $c_1, c_2, \ldots, c_n$은 임의상수).

증명 이 정리는 식 7-57을 미분하고 그 결과를 식 7-56에 대입하는 단순한 방식으로 증명될 수 있다.

$$\mathbf{x}' = c_1\mathbf{x}'_1 + c_2\mathbf{x}'_2 + c_3\mathbf{x}'_3 + \cdots + c_n\mathbf{x}'_n = c_1\mathbf{A}\mathbf{x}'_1 + c_2\mathbf{A}\mathbf{x}'_2 + c_3\mathbf{A}\mathbf{x}'_3$$
$$+ \cdots + c_n\mathbf{A}\mathbf{x}'_n = \mathbf{A}(c_1\mathbf{x}_1 + c_2\mathbf{x}_2 + c_3\mathbf{x}_3 + \cdots + c_n\mathbf{x}_n) = \mathbf{A}\mathbf{x}$$

따라서 식 7-57은 주어진 연립방정식(식 7-56)을 만족한다. 이로써 증명을 마친다.

예제 7-16 연립방정식을 위한 중첩 원리

벡터 함수 $\mathbf{x}_1$, $\mathbf{x}_2$가 연립방정식 $\mathbf{x}' = \mathbf{A}\mathbf{x}$의 해임을 증명하라. 여기에서

$$\mathbf{x}_1 = \begin{pmatrix} 2e^t \\ -e^t \end{pmatrix}, \mathbf{x}_2 = \begin{pmatrix} -e^{-2t} \\ e^{-2t} \end{pmatrix}, \mathbf{A} = \begin{pmatrix} 4 & 6 \\ -3 & -5 \end{pmatrix}$$

그리고 $2\mathbf{x}_1 - 8\mathbf{x}_2$ 또한 이 연립방정식의 해임을 보여라.

풀이 | 주어진 벡터들이 연립방정식 $\mathbf{x}' = \mathbf{A}\mathbf{x}$의 해가 되기 위해서는 이들을 연립방정식에 대입했을 때 좌변과 우변이 동일해야 한다. $\mathbf{x}_1$을 연립방정식에 대입한 결과는 다음과 같다.

$$\mathbf{x}_1' = \begin{pmatrix} 2e^t \\ -e^t \end{pmatrix}$$

그리고

$$\mathbf{A}\mathbf{x}_1 = \begin{pmatrix} 4 & 6 \\ -3 & -5 \end{pmatrix}\begin{pmatrix} 2e^t \\ -e^t \end{pmatrix} = \begin{pmatrix} 8e^t - 6e^t \\ -6e^t + 5e^t \end{pmatrix} = \begin{pmatrix} 2e^t \\ -e^t \end{pmatrix}$$

따라서 벡터 $\mathbf{x}_1$은 주어진 연립방정식을 만족하며, 따라서 해이다.

$\mathbf{x}_2$를 연립방정식에 대입한 결과는 다음과 같다.

$$\mathbf{x}_2' = \begin{pmatrix} 2e^{-2t} \\ -2e^{-2t} \end{pmatrix}$$

그리고

$$\mathbf{A}\mathbf{x}_2 = \begin{pmatrix} 4 & 6 \\ -3 & -5 \end{pmatrix}\begin{pmatrix} -e^{-2t} \\ e^{-2t} \end{pmatrix} = \begin{pmatrix} 2e^{-2t} \\ -2e^{-2t} \end{pmatrix}$$

따라서

$$\mathbf{A}\mathbf{x}_2 = \begin{pmatrix} 4 & 6 \\ -3 & -5 \end{pmatrix}\begin{pmatrix} -e^{2t} \\ e^{2t} \end{pmatrix} = \begin{pmatrix} -4e^{-2t} + 6e^{-2t} \\ 3e^{-2t} - 5e^{-2t} \end{pmatrix} = \begin{pmatrix} 2e^{-2t} \\ -2e^{-2t} \end{pmatrix}$$

따라서 벡터 $\mathbf{x}_2$도 주어진 연립방정식을 만족한다.

$\mathbf{x} = 2\mathbf{x}_1 - 8\mathbf{x}_2$를 연립방정식에 대입한 결과는 다음과 같다.

$$\mathbf{x}' = 2\mathbf{x}_1' - 8\mathbf{x}_2' = 2\mathbf{A}\mathbf{x}_1 - 8\mathbf{A}\mathbf{x}_2$$

그리고

$$\mathbf{A}\mathbf{x} = \mathbf{A}(2\mathbf{x}_1 - 8\mathbf{x}_2) = 2\mathbf{A}\mathbf{x}_1 - 8\mathbf{A}\mathbf{x}_2$$

따라서 벡터 $2\mathbf{x}_1 - 8\mathbf{x}_2$도 주어진 연립방정식을 만족한다.

중첩 원리는 선형 동차 연립방정식에만 적용될 수 있음을 다시 한 번 강조한다. 비동차 연립방정식의 경우 선형이라 하더라도 중첩 원리를 적용할 수 없다.

n계 선형 동차방정식은 계수들이 연속인 구간에서 n개의 1차 독립인 해를 갖

는다는 것을 기억할 것이다. 따라서 다음 정리에서 표현하고 있듯이 n개의 1계 선형 동차 미분방정식으로 구성된 연립방정식이 **기본해집합**이라 불리는 n개의 1차 독립인 해를 갖는 것은 당연한 일이다(그림 7-35).

연립방정식:

$$\mathbf{x}' = \mathbf{A}\mathbf{x} \quad \text{단, } \mathbf{A} = \begin{pmatrix} 4 & 6 \\ -3 & -5 \end{pmatrix}$$

이 연립방정식에 대한 두 개의 1차 독립인 해는

$$\mathbf{x}_1 = \begin{pmatrix} 2e^t \\ -e^t \end{pmatrix} \quad \text{그리고} \quad \mathbf{x}_2 = \begin{pmatrix} -e^{-2t} \\ e^{-2t} \end{pmatrix}$$

따라서 일반해는 다음과 같다.

$$\mathbf{x} = c_1\mathbf{x}_1 + c_2\mathbf{x}_2$$

그림 7-35
두 개의 상수계수 1계 선형 동차방정식으로 구성된 연립방정식은 두 개의 해를 가지며, 이들의 선형 결합은 모든 t에 대해 유효한 이 연립방정식의 일반해를 구성한다.

정리 7-3 동차 연립방정식의 일반해

n개의 1계 선형 동차 미분방정식으로 구성된 연립방정식

$$\mathbf{x}' = \mathbf{A}(t)\mathbf{x}$$

은 계수행렬 $\mathbf{A}$의 원소들이 연속인 구간 $t_1 < t < t_2$에서 항상 n개의 1차 독립인 해 $\mathbf{x}_1, \mathbf{x}_2, ..., \mathbf{x}_n$을 갖는다. 더욱이 이 연립방정식의 일반해는 이러한 n개의 해들의 선형 결합

$$\mathbf{x} = c_1\mathbf{x}_1 + c_2\mathbf{x}_2 + c_3\mathbf{x}_3 + \cdots + c_n\mathbf{x}_n$$

와 같이 표현될 수 있다. 여기에서 $c_1, c_2, ..., c_n$은 임의상수이다. 이 구간에서 이 연립방정식의 임의의 해는 일반해에서 임의상수들에 적당한 값들을 지정하여 구할 수 있다.

위의 정리는 3장에서 증명한 바 있는 정리 3-4와 비슷하다.

앞 절에서 n개의 해 벡터 $\mathbf{x}_1, \mathbf{x}_2, ..., \mathbf{x}_n$의 1차 독립성을 이들을 열로 갖는 행렬의 론스키 행렬식 $W(t)$를 이용하여 결정할 수 있음을 설명한 바 있다. n개의 해에 대한 론스키 행렬식은

$$W(t) = \begin{vmatrix} x_{11}(t) & x_{12}(t) & . & . & x_{1n}(t) \\ x_{21}(t) & x_{22}(t) & . & . & x_{2n}(t) \\ . & . & . & . & . \\ . & . & . & . & . \\ x_{n1}(t) & x_{n2}(t) & . & . & x_{nn}(t) \end{vmatrix} \tag{7-58}$$

와 같은 $n \times n$ 행렬식으로 표현될 수 있다. 이러한 n개의 해는 어떤 구간에서 이들에 대한 론스키 행렬식이 항등적으로 0일 경우 해당 구간에서 1차 종속이다. 그렇지 않을 경우 이들은 1차 독립이다(그림 7-36).

연립방정식:

$$\mathbf{x}' = \mathbf{A}\mathbf{x} \quad \text{단, } \mathbf{A} = \begin{pmatrix} 4 & 6 \\ -3 & -5 \end{pmatrix}$$

두 개의 해:

$$\mathbf{x}_1 = \begin{pmatrix} 2e^t \\ -e^t \end{pmatrix} \quad \text{그리고} \quad \mathbf{x}_2 = \begin{pmatrix} -6e^t \\ 3e^t \end{pmatrix}$$

위의 해들에 대한 론스키 행렬식:

$$W(t) = |\mathbf{x}_1\ \mathbf{x}_2| = \begin{vmatrix} 2e^t & -6e^t \\ -e^t & 3e^t \end{vmatrix} = 0$$

따라서 위의 해들은 1차 종속이다.

그림 7-36
n개의 1계 선형 동차방정식으로 구성된 연립방정식에 대한 임의의 n개의 해 벡터는 해당 구간에서 이들의 론스키 행렬식이 항등적으로 0일 경우 1차 종속이다.

주어진 연립방정식의 n개의 해에 대한 론스키 행렬식은 다음 정리에서 밝히고 있듯이 방정식 계수들이 연속인 구간에서 항상 0이거나 결코 0이 아니게 된다.

정리 7-4 연립방정식을 위한 아벨 항등성

n개의 1계 선형 동차 미분방정식으로 구성된 연립방정식 $\mathbf{x}' = \mathbf{A}\mathbf{x}$가 주어져 있다. 계수행렬 $\mathbf{A}$의 원소들이 연속인 구간 $t_1 < t < t_2$에서 $\mathbf{x}_1, \mathbf{x}_2, ..., \mathbf{x}_n$이 이 연립방정식의 해일 경우, 해당 구간에서 $\mathbf{x}_1, \mathbf{x}_2, ..., \mathbf{x}_n$의 론스키 행렬식은 항상 0이거나(이는 n

개의 해가 1차 종속임을 나타냄) 혹은 결코 0이 아니게 된다(이는 n개의 해가 1차 독립임을 나타냄).

이 정리에 대한 증명은 두 개의 미지수에 관한 두 개의 방정식으로 구성된 연립방정식의 경우에 대해 문제 7-104C에서 그 윤곽을 제시하고 있다. 이 정리는 n개의 해에 대한 론스키 행렬식이 주어진 연립방정식 안의 미분방정식들의 모든 계수들이 연속인 구간에서 어떤 t 값에 대해서는 0이고 또 다른 t 값에 대해서는 0이 아닐 수는 없음을 나타낸다. 따라서 지정된 구간에서 n개의 해의 1차 독립성을 결정할 때 해당 구간 안의 *편리한 임의의 점* t_0에서 이 해들에 대한 론스키 행렬식을 계산하는 것으로 충분한데, 이는 $t = t_0$에서 론스키 행렬식이 0이라는 것은 해당 구간 안의 모든 t에 대해 0이기 때문이다. 마찬가지로 $t = t_0$에서 론스키 행렬식이 0이 아니면 해당 구간 안의 모든 t에 대해 0이 아니며, 따라서 n개의 해 $\mathbf{x}_1, \mathbf{x}_2, \ldots, \mathbf{x}_n$은 1차 독립이다.

예제 7-17 해들의 1차 독립성

$\mathbf{A}, \mathbf{x}_1, \mathbf{x}_2$가 다음과 같이 주어질 때

$$\mathbf{A} = \begin{pmatrix} 4 & 6 \\ -3 & -5 \end{pmatrix}$$

$$\mathbf{x}_1 = \begin{pmatrix} 2e^t \\ -e^t \end{pmatrix}$$

$$\mathbf{x}_2 = \begin{pmatrix} -e^{-2t} \\ e^{-2t} \end{pmatrix}$$

직접대입을 통해 벡터 $\mathbf{x}_1, \mathbf{x}_2$가 연립방정식 $\mathbf{x}' = \mathbf{A}(t)\mathbf{x}$의 해임을 증명할 수 있다. 구간 $-\infty < t < \infty$에서 이 두 해가 1차 독립인지 결정하라.

풀이 | 이 두 해 벡터에 대한 론스키 행렬식은 다음과 같다.

$$W(t) = |\mathbf{x}_1\ \mathbf{x}_2| = \begin{vmatrix} 2e^t & -e^{2t} \\ -e^t & e^{-2t} \end{vmatrix}$$

이제 계산을 단순화시키고 지정된 구간 안의 편리한 점에서 행렬식을 계산하기 위해 정리 7-4를 이용한다. 편의를 위해 $t_0 = 0$을 선택하는데, 이는 $e^0 = 1$이기 때문이다. 행렬식에 $t = 0$을 대입한 결과는

$$W(0) = \begin{vmatrix} 2 & -1 \\ -1 & 1 \end{vmatrix} = 2 - 1 = 1$$

이며, 이것은 0이 아니다. 따라서 이 두 해 벡터는 1차 독립이며, 이들은 두 개의 미

지수에 관한 두 개의 방정식으로 구성된 주어진 연립방정식의 기본해집합을 구성한다. 정리 7-4에 비추어 t_0을 어떤 값으로 선택하는지에 상관없이 $W(t) \neq 0$이었을 것임을 유의하기 바란다. 이 점은 $W(t) = 2e^{-t} - e^{-t} = e^{-t} \neq 0$을 통해 확인할 수 있다.

예제 7-18 선형 연립방정식의 일반해

$\mathbf{A}, \mathbf{x}_1, \mathbf{x}_2$가 다음과 같이 주어질 때

$$\mathbf{A} = \begin{pmatrix} 4 & 6 \\ -3 & -5 \end{pmatrix}$$

$$\mathbf{x}_1 = \begin{pmatrix} 2e^t \\ -e^t \end{pmatrix}$$

$$\mathbf{x}_2 = \begin{pmatrix} -e^{-2t} \\ e^{-2t} \end{pmatrix}$$

직접대입을 통해 벡터 $\mathbf{x}_1, \mathbf{x}_2$가 연립방정식 $\mathbf{x}' = \mathbf{A}(t)\mathbf{x}$의 해임을 증명할 수 있다. 구간 $-\infty < t < \infty$에서 이 연립방정식의 일반해를 구하라.

풀이 위의 방정식은 두 개의 미지수에 관한 두 개의 1계 선형 동차방정식으로 구성된 연립방정식이며, 정리 7-3에 따라 두 개의 1차 독립인 해 벡터를 갖는다. 앞의 예제에서 주어진 해 벡터 $\mathbf{x}_1, \mathbf{x}_2$가 지정된 구간에서 1차 독립이라는 것을 보인 바 있다. 따라서 지정된 구간에서 주어진 연립방정식의 일반해는 다음과 같다.

$$\mathbf{x} = c_1\mathbf{x}_1 + c_2\mathbf{x}_2 = c_1\begin{pmatrix} 2e^t \\ -e^t \end{pmatrix} + c_2\begin{pmatrix} -e^{-2t} \\ e^{-2t} \end{pmatrix}$$

이 해를 스칼라 형식으로 표현하면 다음과 같다.

$$x_1 = 2c_1e^t - c_2e^{-2t}$$
$$x_2 = -c_1e^t + c_2e^{-2t}$$

선형 비동차 연립방정식 이론

이제 다음과 같이 표현되는 선형 비동차 연립미분방정식을 생각해보자.

$$\mathbf{x}' = \mathbf{A}(t)\mathbf{x} + \mathbf{r}(t) \tag{7-59}$$

여기에서 벡터 $\mathbf{r}(t)$는 비동차 항들을 포함한다. 비동차 연립방정식의 풀이에서 첫 번째 단계는 연계 동차 연립방정식 $\mathbf{x}' = \mathbf{A}(t)\mathbf{x}$를 풀어 동차해 $\mathbf{x}_h$를 구하는 것이다. 그 다음 단계는 미정계수법이나 매개변수 변화법을 적용하여 비동차 벡터 $\mathbf{r}(t)$에 대응되는 특수해 $\mathbf{x}_p$를 결정하는 것이다. 비동차 연립방정식의 일반해는 단일 방

정식을 위한 정리 4-8과 비슷한 다음 정리에 따라 동차해와 특수해를 결합하여 구한다.

연립방정식:

$\mathbf{x}' = \mathbf{A}\mathbf{x} + \mathbf{r}$

여기에서

$\mathbf{A} = \begin{pmatrix} 4 & 6 \\ -3 & -5 \end{pmatrix}$ 그리고 $\mathbf{r} = \begin{pmatrix} 1 \\ t \end{pmatrix}$

동차해:

$$\mathbf{x}_h = c_1\begin{pmatrix} 2e^t \\ -e^t \end{pmatrix} + c_2\begin{pmatrix} -e^{-2t} \\ e^{-2t} \end{pmatrix}$$

특수해:

$\mathbf{x}_p = \begin{pmatrix} -3t-4 \\ 2t+2 \end{pmatrix}$

일반해:

$$\mathbf{x} = c_1\begin{pmatrix} 2e^t \\ -e^t \end{pmatrix} + c_2\begin{pmatrix} -e^{-2t} \\ e^{-2t} \end{pmatrix} + \begin{pmatrix} -3t-4 \\ 2t+2 \end{pmatrix}$$

그림 7-37
비동차 연립방정식의 일반해는 연계 동차 연립방정식의 일반해에 특수해를 더하여 구한다.

정리 7-5 비동차 연립방정식의 일반해

선형 비동차 연립방정식 $\mathbf{x}' = \mathbf{A}\mathbf{x} + \mathbf{r}(t)$가 주어져 있다. 계수행렬 $\mathbf{A}$와 벡터 $\mathbf{r}$의 원소들이 연속인 구간 $t_1 < t < t_2$에서 $\mathbf{x}_p$가 이 연립방정식의 특수해이고 $\mathbf{x}_h$가 연계 동차 연립방정식 $\mathbf{x}' = \mathbf{A}\mathbf{x}$의 일반해일 때, 해당 구간에서 이 비동차 연립방정식의 일반해는

$$\begin{aligned}\mathbf{x} &= \mathbf{x}_h + \mathbf{x}_p \\ &= c_1\mathbf{x}_1 + c_2\mathbf{x}_2 + \cdots + c_n\mathbf{x}_n + \mathbf{x}_p \end{aligned} \tag{7-60}$$

인데, 여기에서 $c_1, c_2, \ldots, c_n$은 임의상수이고 $\mathbf{x}_1, \mathbf{x}_2, \ldots, \mathbf{x}_n$은 n개의 1차 독립인 해이다. 이 구간에서 이 비동차 연립방정식의 임의의 해는 일반해에서 임의상수들에 적당한 값들을 지정하여 구할 수 있다.

따라서 일단 연계 동차 연립방정식의 일반해를 구한 다음에 남은 일은 주어진 비동차 연립방정식을 만족하는 특수해 $\mathbf{x}_p$를 구하는 것뿐이다. 그러면 합 $\mathbf{x} = \mathbf{x}_h + \mathbf{x}_p$가 주어진 비동차 연립방정식의 일반해가 된다(그림 7-37). 비동차 항 $\mathbf{r}(t)$가 여러 개의 항을 포함할 경우 3-6절에서 보인 바와 같이 특수해에 중첩 원리를 적용할 수 있다.

절 복습문제

7-20C n차원 벡터함수 $\mathbf{x}$가 n개의 미지 함수에 관한 n개의 1계 방정식으로 구성된 연립방정식의 해일 경우, $\mathbf{x}$의 상수 배 또한 이 연립방정식의 해가 되기 위한 조건은 무엇인가?

7-21C 두 개의 n차원 벡터함수 $\mathbf{x}_1$, $\mathbf{x}_2$가 n개의 미지 함수에 관한 n개의 1계 방정식으로 구성된 연립방정식의 해일 경우, $3\mathbf{x}_1 - 5\mathbf{x}_2$ 또한 이 연립방정식의 해가 되기 위한 조건은 무엇인가?

7-22C n개의 상수계수 1계 선형 동차방정식으로 구성된 연립방정식을 생각해보자. 이 연립방정식은 몇 개의 해 벡터를 가질 수 있는가? 이러한 해들 중 몇 개나 1차 독립일 수 있는가?

7-23 아래에 주어진 벡터들이 주어진 연립방정식의 해임을 증명하고 이 해 벡터들이 1차 독립인지 결정하라. 이들이 1차 독립일 경우 $-\infty < t < \infty$상에서 주어진 연립방정식의 일반해를 구하라.

$$\mathbf{x}' = \begin{pmatrix} 18 & 10 \\ -30 & -17 \end{pmatrix}\mathbf{x}, \quad \mathbf{x}_1 = \begin{pmatrix} 2e^{3t} \\ -3e^{3t} \end{pmatrix}, \quad \mathbf{x}_2 = \begin{pmatrix} e^{-2t} \\ -2e^{-2t} \end{pmatrix}$$

(답: 벡터 $\mathbf{x}_1$, $\mathbf{x}_2$는 해이며 1차 독립이다. 일반해는 $x_1(t) = 2C_1e^{3t} + C_2e^{-2t}$, $x_2(t) = -3C_1e^{3t} - 2C_2e^{-2t}$)

7-24 주어진 특수해 벡터가 주어진 연립방정식의 해임을 증명하라.

$$\mathbf{x}' = \begin{pmatrix} 18 & 10 \\ -30 & -17 \end{pmatrix}\mathbf{x} + \begin{pmatrix} 1 \\ 0 \end{pmatrix}; \quad \mathbf{x}_p = \frac{1}{6}\begin{pmatrix} -17 \\ 30 \end{pmatrix}$$

(답: 벡터 $\mathbf{x}_p$는 주어진 연립방정식을 만족하므로 해이다.)

7-5 ▪ 상수계수 선형 동차 연립방정식

6장에서 선형 연립미분방정식을 풀기 위한 소거법과 고윳값 방법을 소개한 바 있다. 그때 이러한 방법들은 초보적이어서 3개가 넘는 방정식으로 구성된 연립방정식에 적용하는 것은 실용적이 아님을 지적하였다. 이 절에서는 선형 연립방정식의 풀이를 위한 강력한 **행렬 해법(matrix method)**, 즉, **고유벡터 방법(method of eigenvectors)**을 소개한다. 이 해법은 고윳값 방법을 확장한 것으로 이 장의 앞부분에서 소개한 행렬 연산과 선형대수를 토대로 한다.

다음과 같이 표현되는 n개의 미지수에 관한 n개의 상수계수 1계 선형 동차방정식으로 구성된 연립방정식을 생각해보자.

$$\begin{aligned} x_1' &= a_{11}x_1 + a_{12}x_2 + \cdots + a_{1n}x_n \\ x_2' &= a_{21}x_1 + a_{22}x_2 + \cdots + a_{2n}x_n \\ &\vdots \\ x_n' &= a_{n1}x_1 + a_{n2}x_2 + \cdots + a_{nn}x_n \end{aligned} \tag{7-61}$$

이 연립방정식은 다음과 같은 행렬 형식을 사용하여 간결하게 표현될 수 있다.

$$\mathbf{x}' = \mathbf{A}\mathbf{x} \tag{7-62}$$

여기에서

$$\mathbf{A}(t) = \begin{pmatrix} a_{11} & a_{12} & \cdot & \cdot & a_{1n} \\ a_{21} & a_{22} & \cdot & \cdot & a_{21} \\ \cdot & \cdot & \cdot & \cdot & \cdot \\ \cdot & \cdot & \cdot & \cdot & \cdot \\ a_{n1} & a_{n2} & \cdot & \cdot & a_{nn} \end{pmatrix} \text{ 그리고 } \mathbf{x} = \begin{pmatrix} x_1 \\ x_2 \\ \cdot \\ \cdot \\ x_n \end{pmatrix} \tag{7-63}$$

정리 7-3은 선형 동차 연립방정식(식 7-63)은 n개의 1차 독립인 해 벡터 $\mathbf{x}_1, \mathbf{x}_2, \ldots, \mathbf{x}_n$을 가지며, 이들의 선형 결합으로 다음과 같은 일반해를 얻을 수 있음을 밝히고 있다.

$$\mathbf{x} = c_1\mathbf{x}_1 + c_2\mathbf{x}_2 + \cdots + c_n\mathbf{x}_n \tag{7-64}$$

따라서 n개의 방정식으로 구성된 선형 동차 연립방정식의 일반해를 찾는 것은 n개의 1차 독립인 해 벡터를 찾는 것과 같다(그림 7-38).

단일 선형 동차방정식을 풀기 위한 7-3절의 논의와 두 개의 상수계수 선형 동

연립방정식:

$$\mathbf{x}' = \mathbf{A}\mathbf{x} \quad \text{단, } \mathbf{A} = \begin{pmatrix} 4 & 6 \\ -3 & -5 \end{pmatrix}$$

두 개의 1차 독립인 해:

$$\mathbf{x}_1 = \begin{pmatrix} 2e^t \\ -e^t \end{pmatrix} \text{ 그리고 } \mathbf{x}_2 = \begin{pmatrix} -e^{-2t} \\ e^{-2t} \end{pmatrix}$$

일반해:

$$\begin{aligned} \mathbf{x} &= c_1\mathbf{x}_1 + c_2\mathbf{x}_2 \\ &= c_1\begin{pmatrix} 2e^t \\ -e^t \end{pmatrix} + c_2\begin{pmatrix} -e^{-2t} \\ e^{-2t} \end{pmatrix} \end{aligned}$$

그림 7-38
n개의 방정식으로 구성된 선형 동차 연립방정식의 일반해를 찾는 것은 n개의 1차 독립인 해 벡터를 찾는 것과 같다.

차방정식으로 구성된 연립방정식을 풀기 위한 7-4절의 논의에 이어 이제 연립방정식 $\mathbf{x}' = \mathbf{A}\mathbf{x}$에 대한

$$\mathbf{x} = \begin{pmatrix} x_1 \\ x_2 \\ \vdots \\ x_n \end{pmatrix} = \begin{pmatrix} v_1 e^{\lambda t} \\ v_2 e^{\lambda t} \\ \vdots \\ v_n e^{\lambda t} \end{pmatrix} = \begin{pmatrix} v_1 \\ v_2 \\ \vdots \\ v_n \end{pmatrix} e^{\lambda t} = \mathbf{v} e^{\lambda t} \tag{7-65}$$

형태의 해를 탐색할 텐데, 여기에서 λ와 $v_1, v_2, ..., v_n$은 (실수 또는 복소수) 상수이다. λ의 값들과 상수 벡터 $\mathbf{v}$를 구하기 위해 가정된 형태의 해 $\mathbf{x} = \mathbf{v}e^{\lambda t}$와 그 도함수 $\mathbf{x}' = \lambda \mathbf{v} e^{\lambda t}$를 연립방정식 $\mathbf{x}' = \mathbf{A}\mathbf{x}$에 대입한다. 그 결과로

$$\lambda\, \mathbf{v} e^{\lambda t} = \mathbf{A}\mathbf{v} e^{\lambda t}$$

을 얻는다. 스칼라 인수 $e^{\lambda t}$는 결코 0이 되지 않으므로 이 인수를 덜어낼 수 있다.

$$\mathbf{A}\mathbf{v} = \lambda \mathbf{v} \tag{7-66}$$

따라서 λ의 값들과 상수 벡터 $\mathbf{v}$의 원소들이 식 7-66을 만족할 경우, $\mathbf{x} = \mathbf{v}e^{\lambda t}$가 주어진 연립방정식의 해가 된다. 계수행렬 $\mathbf{A}$는 벡터 $\mathbf{v}$를 상수 배로 변환시킨다는 점을 유의하기 바란다.

식 7-66을 만족하는 λ와 $\mathbf{v}$의 값을 결정하기 위해 위의 방정식을 동치인

$$(\mathbf{A} - \lambda \mathbf{I})\mathbf{v} = \mathbf{0} \tag{7-67}$$

형태로 고치는데, 여기에서 $\mathbf{I}$는 단위행렬이다. 그런데 이 방정식은 고윳값 λ_i에 대응되는 행렬 $\mathbf{A}$의 고유벡터를 생성하는 바로 그 방정식이다. 따라서 다음과 같이 결론지을 수 있다(그림 7-39).

> *벡터 $\mathbf{x} = \mathbf{v}e^{\lambda t}$는 상수계수 연립방정식 $\mathbf{x}' = \mathbf{A}\mathbf{x}$의 해이다(단, λ는 계수행렬 $\mathbf{A}$의 고윳값이며 $\mathbf{v}$는 λ에 연계된 고유벡터임).*

연립방정식:

$$\mathbf{x}' = \mathbf{A}\mathbf{x}$$

해의 형태:

$$\mathbf{x} = \mathbf{v}e^{\lambda t}$$

여기에서 λ와 $\mathbf{v}$는 다음 수식들에서 결정된다.

$$\det(\mathbf{A} - \lambda \mathbf{I}) = 0$$

그리고

$$(\mathbf{A} - \lambda \mathbf{I})\mathbf{v} = \mathbf{0}$$

그림 7-39
벡터 $\mathbf{x} = \mathbf{v}e^{\lambda t}$는 상수계수 연립방정식 $\mathbf{x}' = \mathbf{A}\mathbf{x}$의 해이다(단, λ는 계수행렬 $\mathbf{A}$의 고윳값이며 $\mathbf{v}$는 λ에 연계된 고유벡터임).

7-3절에서 $n \times n$ 행렬 $\mathbf{A}$는 방정식 $\det(\mathbf{A} - \lambda \mathbf{I}) = 0$의 근에 해당하는 n개의 고윳값 λ를 갖는다고 설명한 바 있다. 이러한 고윳값들 중에는 중복되는 것들도 있을 수 있고 복소수인 것들도 있을 수 있다. 계수행렬 $\mathbf{A}$에 대한 n개의 고윳값들은 쉽지는 않더라도 항상 찾을 수 있다. 따라서 n개의 방정식으로 이루어진 연립방정식의 일반해를 구성하기 위해 해야 할 일은 이러한 고윳값들에 연계된 n개의 1차 독립인 고유벡터들을 구하는 것뿐이다. n개의 고윳값이 실수이며 서로 다를 경우, 이들에 대응되는 고유벡터 또한 실수이며 1차 독립이다. 이는 고윳값들 중의 일부가 복소수일 때도 서로 다르기만 하면 여전히 성립한다. n개의 1차 독립인 고유벡터를 구하지 못하는 경우는 일부 고윳값이 중복될 때뿐이다. 이러한 경우에는 다른 방법을 사용하여 나머지 1차 독립인 해를 구해야 할 수도 있다.

그런데 동차 연립방정식의 풀이를 논하기에 앞서 **기본행렬(fundamental**

matrix) **F**의 개념을 먼저 소개할 텐데, 기본행렬은 주어진 초깃값 모음에 대응되는 임의상수 $c_1, c_2, ..., c_n$을 결정하거나 매개변수 변화법으로 비동차 연립방정식의 특수해를 구할 때 아주 유용하다.

어떤 구간에서 주어진 연립방정식에 대한 1차 독립인 해 벡터 $\mathbf{x}_1, \mathbf{x}_2, ..., \mathbf{x}_n$을 열로 갖는 $n \times n$ 행렬을 해당 구간에서 그 연립방정식의 기본행렬이라고 하며 다음과 같이 표현된다(그림 7-40).

$$\mathbf{F}(t) = \begin{pmatrix} x_{11}(t) & x_{12}(t) & . & . & x_{1n}(t) \\ x_{21}(t) & x_{22}(t) & . & . & x_{2n}(t) \\ . & . & . & . & . \\ . & . & . & . & . \\ x_{n1}(t) & x_{n2}(t) & . & . & x_{nn}(t) \end{pmatrix} \quad (7\text{–}68)$$

이제 n개의 방정식으로 구성된 연립방정식의 일반해는 다음과 같이 표현될 수 있다.

$$\mathbf{x}(t) = \mathbf{F}(t)\mathbf{c} \quad (7\text{–}69)$$

여기에서

$$\mathbf{c} = \begin{pmatrix} c_1 \\ c_2 \\ \vdots \\ c_n \end{pmatrix} \quad (7\text{–}70)$$

는 임의상수들로 이루어지는 벡터이다. 초기조건 $\mathbf{x}(t_0) = \mathbf{x}_0$들의 모음에 대응되는 임의상수들의 값은 이러한 조건들을 식 7-69에 적용하여 결정할 수 있다. 이 결과는

$$\mathbf{F}(t_0)\mathbf{c} = \mathbf{x}_0 \quad (7\text{–}71)$$

인데, 이는 $\mathbf{x}(t_0) = \mathbf{F}(t_0)\mathbf{c}$이기 때문이다. 식 7-71의 양변의 왼쪽에 $\mathbf{F}^{-1}(t_0)$을 곱하면

$$\mathbf{c} = \mathbf{F}^{-1}(t_0)\mathbf{x}_0 \quad (7\text{–}72)$$

을 얻는데, 이는 $\mathbf{F}^{-1}(t_0)\mathbf{F}(t_0) = \mathbf{I}$ 그리고 $\mathbf{Ic} = \mathbf{c}$이기 때문이다(그림 7-41). 즉, 지정된 점에서 기본행렬의 역을 구한 후에 초깃값들을 포함하는 벡터를 곱하여 임의상수들을 결정할 수 있다. 역행렬 $\mathbf{F}^{-1}(t_0)$은 항상 존재하는데, 이는 $\mathbf{F}(t)$의 열들이 1차 독립인 벡터들이기 때문이다. 또한 일단 $\mathbf{F}^{-1}(t_0)$을 구해 두면 점 t_0에서 다른 초기조건 모음에 대해 주어진 연립방정식을 풀기 위해 여러 번 사용될 수도 있다.

이러한 절차보다 편리한 방법은 행 축소를 통해 $\mathbf{c}$에 대해 식 7-71을 푸는 것이

연립방정식:

$$\mathbf{x}' = \mathbf{Ax} \quad 단, \ \mathbf{A} = \begin{pmatrix} 4 & 6 \\ -3 & -5 \end{pmatrix}$$

이 연립방정식에 대한 두 개의 1차 독립인 해는

$$\mathbf{x}_1 = \begin{pmatrix} 2e^t \\ -e^t \end{pmatrix} \quad 그리고 \quad \mathbf{x}_2 = \begin{pmatrix} -e^{-2t} \\ e^{-2t} \end{pmatrix}$$

따라서 일반해는 다음과 같다.

$$\mathbf{F}(t) = \begin{pmatrix} 2e^t & -e^{-2t} \\ -e^t & e^{-2t} \end{pmatrix}$$

그림 7-40
n개의 1계 선형 동차방정식으로 구성된 연립방정식의 기본행렬은 이 연립방정식에 대한 n개의 1차 독립인 해 벡터를 열로 갖는 행렬이다.

연립방정식:

$$\mathbf{x}' = \mathbf{Ax}$$

기본행렬을 이용한 일반해:

$$\mathbf{x}(t) = \mathbf{F}(t)\mathbf{c}$$

$t = t_0$에서의 초기조건: $= \mathbf{x}(t_0) = \mathbf{x}_0$
왼쪽에 $\mathbf{F}^{-1}(t_0)$을 곱함:

$$\mathbf{F}^{-1}(t_0)\mathbf{x}_0 = \underbrace{\mathbf{F}^{-1}(t_0)\mathbf{F}(t_0)}_{\mathbf{I}}\mathbf{c}$$

즉,

$$\mathbf{c} = \mathbf{F}^{-1}(t_0)\mathbf{x}_0$$

그림 7-41
선형 동차방정식의 일반해에서 임의상수들은 $t = t_0$에서 계산된 기본행렬의 역과 초깃값들을 포함하는 벡터를 이용하여 표현될 수 있다.

다. 상수계수 선형 동차 연립방정식의 해는 전체 실수 구간 $-\infty < t < \infty$에서 유효하므로 해의 구간에 대해 언급하는 것은 불필요하다.

이제 서로 다른 실수 고윳값, 복소수 고윳값, 중복 고윳값 등의 경우에 대해 상수계수 동차 연립방정식의 풀이에 대해 살펴보기로 한다.

경우 1 실수이고 서로 다른 고윳값

$n \times n$ 행렬 **A**에 대한 n개의 고윳값 $\lambda_1, \lambda_2, ..., \lambda_n$이 실수이고 서로 다를 때, 이 고윳값들에 연계된 n개의 고유벡터 $\mathbf{v}_1, \mathbf{v}_2, ..., \mathbf{v}_n$은 항상 실수이며 1차 독립이다. 따라서 해 벡터 $\mathbf{v}_1 e^{\lambda_1 t}, \mathbf{v}_2 e^{\lambda_2 t}, ..., \mathbf{v}_n e^{\lambda_n t}$ 또한 1차 독립이며, 이 경우 n개의 방정식으로 구성된 연립방정식의 일반해는 다음과 같이 표현될 수 있다(그림 7-42).

$$\mathbf{x} = c_1\mathbf{v}_1 e^{\lambda_1 t} + c_2\mathbf{v}_2 e^{\lambda_2 t} + \cdots + c_n\mathbf{v}_n e^{\lambda_n t} \tag{7-73}$$

해 벡터 $\mathbf{v}_1 e^{\lambda_1 t}, \mathbf{v}_2 e^{\lambda_2 t}, ..., \mathbf{v}_n e^{\lambda_n t}$의 1차 독립성은 이들에 대한 론스키 행렬식이 관심 대상 구간에서 결코 0이 되지 않음을 보이는 것으로 증명될 수 있다.

연립방정식:

$$\mathbf{x}' = \mathbf{A}\mathbf{x} \quad \text{단, } \mathbf{A} = \begin{pmatrix} 4 & 6 \\ -3 & -5 \end{pmatrix}$$

A의 고윳값은 실수이고 서로 다른 $\lambda_1 = 1, \lambda_2 = -2$이다. λ_1, λ_2에 연계된 고유벡터는

$$\mathbf{v}_1 = \begin{pmatrix} 2 \\ -1 \end{pmatrix} \text{ 그리고 } \mathbf{v}_2 = \begin{pmatrix} -1 \\ 1 \end{pmatrix}$$

주어진 연립방정식의 일반해:

$$\mathbf{x} = C_1\mathbf{v}_1 e^{\lambda_1 t} + C_2\mathbf{v}_2 e^{\lambda_2 t} = C_1\begin{pmatrix} 2 \\ -1 \end{pmatrix} e^{t} + C_2\begin{pmatrix} -1 \\ 1 \end{pmatrix} e^{-2t}$$

그림 7-42
n개의 1계 선형 동차방정식으로 구성된 연립방정식의 계수행렬 **A**에 대한 고윳값들이 실수이고 서로 다를 경우, 이 연립방정식의 일반해는 해 벡터 $\mathbf{v}e^{\lambda t}$들의 선형 결합이다.

예제 7-19 실수이고 서로 다른 고윳값을 갖는 동차 연립방정식과 임의의 초기조건

다음 연립방정식의 일반해를 구하라.

$$x_1' = 4x_1 + 6x_2$$
$$x_2' = -3x_1 - 5x_2$$

풀이 위의 방정식은 두 개의 미지수에 관한 두 개의 상수계수 1계 선형 동차방정식으로 구성된 연립방정식이며, 이를 행렬 형식으로 표현하면 $\mathbf{x}' = \mathbf{A}\mathbf{x}$가 되는데, 여기에서

$$\mathbf{A} = \begin{pmatrix} 4 & 6 \\ -3 & -5 \end{pmatrix} \text{ 그리고 } \mathbf{x} = \begin{pmatrix} x_1 \\ x_2 \end{pmatrix}$$

먼저 **A**의 고윳값, 즉, 방정식 $\det(\mathbf{A} - \lambda\mathbf{I}) = 0$의 근을 구한다.

$$\det(\mathrm{A} - \lambda\mathbf{I}) = \begin{vmatrix} 4-\lambda & 6 \\ -3 & -5-\lambda \end{vmatrix} = (4-\lambda)(-5-\lambda) + 18 = \lambda^2 + \lambda - 2 = 0$$

이 방정식의 근은 1과 -2이다. 따라서 주어진 행렬의 고윳값은 $\lambda_1 = 1, \lambda_2 = -2$이며 이들은 서로 다른 실수이다.

행렬 **A**의 고유벡터들은 방정식 $\lambda_1 = 1$을 이용하여 결정되는데, 이 경우에는 다음과 같이 주어진다.

$$\begin{pmatrix} 4-\lambda & 6 \\ -3 & -5-\lambda \end{pmatrix}\begin{pmatrix} v_1 \\ v_2 \end{pmatrix} = \begin{pmatrix} 0 \\ 0 \end{pmatrix} \tag{7-74}$$

이 방정식에 $\lambda = \lambda_1 = 1$을 대입하면

$$\begin{pmatrix} 3 & 6 \\ -3 & -6 \end{pmatrix}\begin{pmatrix} v_1 \\ v_2 \end{pmatrix} = \begin{pmatrix} 0 \\ 0 \end{pmatrix}$$

이 되는데, 이 식은 단일 방정식 $3v_1 + 6v_2 = 0$과 동치이다. $v_2 = -1$을 선택하면 $v_2 = 2$가 된다. 따라서 주어진 행렬 **A**의 고윳값 $\lambda_1 = 1$에 대응되는 고유벡터는 다음과 같이 주어진다.

$$\mathbf{v}_1 = \begin{pmatrix} 2 \\ -1 \end{pmatrix}$$

$\lambda = \lambda_2 = -2$에 대해 식 7-74는

$$\begin{pmatrix} 6 & 6 \\ -3 & -3 \end{pmatrix}\begin{pmatrix} v_1 \\ v_2 \end{pmatrix} = \begin{pmatrix} 0 \\ 0 \end{pmatrix}$$

이 되는데, 이 식은 단일 방정식 $6v_1 + 6v_2 = 0$과 동치이다. $v_1 = -1$을 선택하면 $v_2 = 1$이 된다. 따라서 주어진 행렬 **A**의 고윳값 $\lambda_2 = -2$에 대응되는 고유벡터는 다음과 같이 주어진다.

$$\mathbf{v}_2 = \begin{pmatrix} -1 \\ 1 \end{pmatrix}$$

따라서 주어진 연립방정식에 대한 두 개의 1차 독립인 해 벡터는 다음과 같다.

$$\mathbf{x}_1 = \mathbf{v}_1 e^{\lambda_1 t} = \begin{pmatrix} 2 \\ -1 \end{pmatrix} e^t = \begin{pmatrix} 2e^t \\ -e^t \end{pmatrix}$$

$$\mathbf{x}_2 = \mathbf{v}_2 e^{\lambda_2 t} = \begin{pmatrix} -1 \\ 1 \end{pmatrix} e^{-2t} = \begin{pmatrix} -e^{-2t} \\ e^{-2t} \end{pmatrix}$$

이 두 개의 해는 1차 독립인데, 이는 이들에 대한 론스키 행렬식

$$\mathbf{W}(t) = |\mathbf{x}_1 \quad \mathbf{x}_2| = \begin{vmatrix} 2e^t & -e^{-2t} \\ -e^t & e^{-2t} \end{vmatrix} = -e^{-t}$$

이 결코 0이 되지 않기 때문이다. 따라서 해 벡터 $\mathbf{x}_1$, $\mathbf{x}_2$는 기본해집합을 구성하며, 주어진 연립방정식의 일반해는 다음과 같이 주어진다.

$$\mathbf{x} = c_1\mathbf{x}_1 + c_2\mathbf{x}_2 = c_1\begin{pmatrix} 2 \\ -1 \end{pmatrix} e^t + c_2\begin{pmatrix} -1 \\ 1 \end{pmatrix} e^{-2t} = \begin{pmatrix} 2c_1e^t - c_2e^{-2t} \\ -c_1e^t + c_2e^{-2t} \end{pmatrix}$$

이 해는 다음과 같이 (벡터가 아닌) 스칼라 형식으로 표현될 수 있다.

$$x_1 = 2c_1e^t - c_2e^{-2t}$$
$$x_2 = -c_1e^t + c_2e^{-2t}$$

이 해들을 주어진 연립방정식에 대입하여 그 안의 모든 방정식을 만족한다는 것을 보임으로써 해가 맞다는 것을 쉽게 증명할 수 있다.

예제 7-20 실수이고 서로 다른 고윳값을 갖는 동차 연립방정식과 지정된 초기조건

주어진 초기조건들에 대해 다음 연립방정식의 일반해를 구하라.

$$x_1' = 4x_1 + 6x_2,\ x_1(0) = 1$$
$$x_2' = -3x_1 - 5x_2,\ x_2(0) = 0$$

풀이 이 연립미분방정식의 일반해는 앞의 예제에서 다음과 같이 결정된 바 있다.

$$\mathbf{x} = c_1\begin{pmatrix} 2e^t \\ -e^t \end{pmatrix} + c_2\begin{pmatrix} -e^{-2t} \\ e^{-2t} \end{pmatrix}$$

따라서 주어진 연립방정식의 기본행렬은 다음과 같다.

$$\mathbf{F}(t) = \begin{pmatrix} 2e^t & -e^{-2t} \\ -e^t & e^{-2t} \end{pmatrix}$$

임의상수들은 식 7-72 $\mathbf{c} = \mathbf{F}^{-1}(t_0)\mathbf{x}_0$을 이용하여 결정될 수 있는데, 여기에서

$$\mathbf{F}(t_0) = \mathbf{F}(0) = \begin{pmatrix} 2 & -1 \\ -1 & 1 \end{pmatrix}$$

위의 2×2 행렬의 역은 다음과 같다.

$$\mathbf{F}^{-1}(0) = \begin{pmatrix} 1 & 1 \\ 1 & 2 \end{pmatrix}$$

이 역행렬을 식 7-72에 대입하면 다음과 같다.

$$\mathbf{c} = \begin{pmatrix} c_1 \\ c_2 \end{pmatrix} = \mathbf{F}^{-1}(0)\mathbf{x}_0 = \begin{pmatrix} 1 & 1 \\ 1 & 2 \end{pmatrix}\begin{pmatrix} 1 \\ 0 \end{pmatrix} = \begin{pmatrix} 1 \\ 1 \end{pmatrix}$$

따라서 $c_1 = 1, c_2 = 1$이며, 초기조건과 함께 주어진 이 연립방정식의 해는 다음과 같다.

$$\mathbf{x} = \begin{pmatrix} x_1 \\ x_2 \end{pmatrix} = \begin{pmatrix} 2 \\ -1 \end{pmatrix}e^t + \begin{pmatrix} -1 \\ 1 \end{pmatrix}e^{-2t}$$

이 해는 다음과 같이 (벡터가 아닌) 스칼라 형식으로 표현될 수 있다.

$$x_1 = 2e^t - e^{-2t}$$
$$x_2 = -e^t + e^{-2t}$$

이번과 같은 작은 연립방정식의 경우 미지의 상수 c_1, c_2는 일반해에 초기조건들을 직접 적용하여 쉽게 결정될 수 있다. 이 예제의 목적은 기본행렬 방식을 사용하여 주어진 초기조건들에 대응되는 임의상수들을 결정하기 위한 일반적 절차를 보이는 것이다.

경우 2 복소수 고윳값

고윳값들이 서로 다른 실수일 때 행렬 해법은 n개의 1차 독립인 해들을 직접 만들어내는 것을 살펴보았다. 이것은 고윳값 중의 일부가 서로 다른 복소수일 때도 마찬가지다. 복소수 고윳값에 대응되는 고유벡터와 해 벡터는 대개 복소수 값을 갖는다. 그러나 계수행렬 **A**가 실수일 경우, 특성방정식의 모든 계수들도 실수일 것이며, 복소수 고윳값들과 이들에 대응되는 고유벡터들은 반드시 켤레 복소수 쌍으로 나타난다. 이러한 경우에는 항상 한 쌍의 켤레 복소수 고윳값에 대응되는 두 개의 1차 독립인 해 벡터를 얻게 된다.

$\mathbf{v} = \mathbf{a} + i\mathbf{b}$가 고윳값 $\lambda = \alpha + i\beta$에 대응되는 고유벡터이고 $\mathbf{a}, \mathbf{b}, \alpha, \beta$가 실수일 경우, 이 고윳값에 대응되는 해는 다음과 같이 표현될 수 있다.

$$\begin{aligned} \mathbf{x} &= \mathbf{v}e^{\lambda t} \\ &= (\mathbf{a} + i\mathbf{b})e^{(\alpha+i\beta)t} \\ &= (\mathbf{a} + i\mathbf{b})e^{\alpha t}(\cos\beta t + i\sin\beta t) \\ &= e^{\alpha t}(\mathbf{a}\cos\beta t - \mathbf{b}\sin\beta t) + ie^{\alpha t}(\mathbf{a}\sin\beta t + \mathbf{b}\cos\beta t) \\ &= \mathbf{x}_1(t) + i\mathbf{x}_2(t) \end{aligned} \tag{7-75}$$

여기에서

$$\mathbf{x}_1(t) = e^{\alpha t}(\mathbf{a}\cos\beta t - \mathbf{b}\sin\beta t) \tag{7-76a}$$

그리고

$$\mathbf{x}_2(t) = e^{\alpha t}(\mathbf{a}\sin\beta t + \mathbf{b}\cos\beta t) \tag{7-76b}$$

인데, 이들은 두 개의 실수 값 해 벡터들이다(그림 7-43). 이 두 개의 해는 1차 독립임을 보일 수 있으며, 또한 켤레 복소수 고윳값 $\lambda = \alpha - i\beta$에 대응되는 해를 구해도 동일한 두 개의 해를 얻을 것임을 보일 수 있다. 따라서 복소수 고윳값 중의 하나와 그에 대응되는 고유벡터만 있으면 다른 켤레 복소수는 무시하여도 이 켤레 복소수 쌍에 대응되는 두 개의 1차 독립인 실수 값 해들을 결정할 수 있다. 일단 복소수 고윳값 λ와 이에 대응되는 고유벡터 $\mathbf{v}$를 알면, 식 7-76을 외우는 대신에 앞에서 보였듯이 해 $\mathbf{x} = \mathbf{v}e^{\lambda t}$를 조작하여 이 해의 실수 부분과 허수 부분을 두 개의 1차 독립인 실수 값 해로 취하는 것이 더 실용적이다.

연립방정식:

$$\mathbf{x}' = \mathbf{A}\mathbf{x}$$

A의 고윳값인 켤레 복소수 쌍:

$$\lambda_1 = \alpha + i\beta$$
$$\lambda_2 = \alpha - i\beta$$

대응되는 고유벡터:

$$\mathbf{v}_1 = \mathbf{a} + i\mathbf{b}$$
$$\mathbf{v}_2 = \mathbf{a} - i\mathbf{b}$$

이들에 대응되는 두 개의 1차 독립인 해:

$$\mathbf{x}_1(t) = e^{\alpha t}(\mathbf{a}\cos\beta t - \mathbf{b}\sin\beta t)$$
$$\mathbf{x}_2(t) = e^{\alpha t}(\mathbf{a}\sin\beta t + \mathbf{b}\cos\beta t)$$

그림 7-43
연립방정식에 대해 계수행렬의 고윳값인 켤레 복소수 쌍에 대응되는 1차 독립인 두 개의 해 벡터의 결정

예제 7-21 복소수 고윳값을 갖는 동차 연립방정식

다음 연립방정식의 일반해를 구하라.

$$\begin{aligned} x_1' &= x_1 + 2x_2 \\ x_2' &= -x_1 + x_2 \end{aligned}$$

연립방정식:

$$\mathbf{x}' = \mathbf{A}\mathbf{x} \quad 단,\ \mathbf{A} = \begin{pmatrix} 1 & 2 \\ -1 & 1 \end{pmatrix}$$

A의 고윳값:

$$\lambda_1 = 1 + \sqrt{2}i$$
$$\lambda_2 = 1 - \sqrt{2}i$$

대응되는 고유벡터:

$$\mathbf{v}_1 = \begin{pmatrix} 1 \\ \frac{i}{\sqrt{2}} \end{pmatrix}$$

$$\mathbf{v}_2 = \begin{pmatrix} 1 \\ \frac{-i}{\sqrt{2}} \end{pmatrix}$$

해 벡터:

$$\mathbf{x} = \mathbf{v}_1 e^{\lambda_1 t} = \begin{pmatrix} e^t \cos\sqrt{2}t \\ -\frac{1}{\sqrt{2}} e^t \sin\sqrt{2}t \end{pmatrix} + i \begin{pmatrix} e^t \sin\sqrt{2}t \\ \frac{1}{\sqrt{2}} e^t \cos\sqrt{2}t \end{pmatrix}$$

두 개의 1차 독립인 해:

$$\mathbf{x}_1(t) = Re(\mathbf{x}) = \begin{pmatrix} e^t \cos\sqrt{2}t \\ -\frac{1}{\sqrt{2}} e^t \sin\sqrt{2}t \end{pmatrix}$$

$$\mathbf{x}_2(t) = Im(\mathbf{x}) = \begin{pmatrix} e^t \sin\sqrt{2}t \\ \frac{1}{\sqrt{2}} e^t \cos\sqrt{2}t \end{pmatrix}$$

그림 7-44
복소수 고윳값 중의 하나와 그에 대응되는 고유벡터만 있으면 다른 켤레 복소수는 무시하여도 이 켤레 복소수 쌍에 대응되는 두 개의 1차 독립인 실수 값 해들을 결정할 수 있다.

풀이 | 위의 방정식은 두 개의 미지수에 관한 두 개의 상수계수 1계 선형 동차방정식으로 구성된 연립방정식이며, 이를 행렬 형식으로 표현하면 $\mathbf{x}' = \mathbf{A}\mathbf{x}$가 되는데, 여기에서

$$\mathbf{A} = \begin{pmatrix} 1 & 2 \\ -1 & 1 \end{pmatrix} \quad 그리고 \quad \mathbf{x} = \begin{pmatrix} x_1 \\ x_2 \end{pmatrix}$$

A의 고윳값은 예제 7-15에서 $\lambda_{1,2} = 1 + \sqrt{2}\,i$로 결정된 바 있으며, 이들은 켤레 복소수 쌍이다. $\lambda_1 = 1 + \sqrt{2}\,i$에 대응되는 고유벡터 또한 예제 7-15에서 다음과 같이 결정된 바 있다.

$$\mathbf{v}_1 = \begin{pmatrix} 1 \\ \frac{i}{\sqrt{2}} \end{pmatrix}$$

따라서 λ_1에 대응되는 해는 다음과 같이 표현될 수 있다(그림 7-44).

$$\begin{aligned}
\mathbf{x} &= \mathbf{v}_1 e^{\lambda_1 t} \\
&= \begin{pmatrix} 1 \\ \frac{i}{\sqrt{2}} \end{pmatrix} e^{(1+i\sqrt{2})t} \\
&= \begin{pmatrix} 1 \\ \frac{i}{\sqrt{2}} \end{pmatrix} e^t(\cos\sqrt{2}t + i\sin\sqrt{2}t) \\
&= \begin{pmatrix} e^t \cos\sqrt{2}t + ie^t \sin\sqrt{2}t \\ \frac{i}{\sqrt{2}} e^t \cos\sqrt{2}t - \frac{1}{\sqrt{2}} e^t \sin\sqrt{2}t \end{pmatrix} \\
&= \begin{pmatrix} e^t \cos\sqrt{2}t \\ -\frac{1}{\sqrt{2}} e^t \sin\sqrt{2}t \end{pmatrix} + i \begin{pmatrix} e^t \sin\sqrt{2}t \\ \frac{1}{\sqrt{2}} e^t \cos\sqrt{2}t \end{pmatrix}
\end{aligned}$$

따라서 두 개의 1차 독립인 해들은 다음과 같다.

$$\mathbf{x}_1(t) = Re(\mathbf{x}) = \begin{pmatrix} e^t \cos\sqrt{2}t \\ -\frac{1}{\sqrt{2}} e^t \sin\sqrt{2}t \end{pmatrix}$$

그리고

$$\mathbf{x}_2(t) = Im(\mathbf{x}) = \begin{pmatrix} e^t \sin\sqrt{2}t \\ \frac{1}{\sqrt{2}} e^t \cos\sqrt{2}t \end{pmatrix}$$

이제 일반해는 다음과 같이 표현될 수 있다.

$$\mathbf{x}(t) = c_1\mathbf{x}_1(t) + c_2\mathbf{x}_2(t) = c_1 \begin{pmatrix} e^t \cos\sqrt{2}t \\ -\frac{1}{\sqrt{2}} e^t \sin\sqrt{2}t \end{pmatrix} + c_2 \begin{pmatrix} e^t \sin\sqrt{2}t \\ \frac{1}{\sqrt{2}} e^t \cos\sqrt{2}t \end{pmatrix}$$

이 해는 다음과 같이 (벡터가 아닌) 스칼라 형식으로 표현될 수 있다.

$$x_1(t) = e^t(c_1 \cos\sqrt{2}t + c_2 \sin\sqrt{2}t)$$
$$x_2(t) = e^t\left(-\frac{1}{\sqrt{2}}c_1 \sin\sqrt{2}t + \frac{1}{\sqrt{2}}c_2 \cos\sqrt{2}t\right)$$

이 해들을 주어진 연립방정식에 대입하여 그 안의 모든 방정식을 만족한다는 것을 보임으로써 해가 맞다는 것을 쉽게 증명할 수 있다.

예제 7-22 결합 기계 시스템: 자유진동

두 개의 질량체 $m_1 = 1, m_2 = 1$과 스프링 상수가 $k_1 = 3, k_2 = 2$인 두 개의 선형 스프링이 그림 7-45에서처럼 연결되어 있다. 시점 $t = 0$에서 첫 번째 질량체는 평형 위치를 기준으로 $x_1(0) = 1$의 위치로 당기고 두 번째 질량체는 $x_2(0) = 5$의 위치로 당긴다. 두 질량체 모두를 0의 속도로 놓아준다.

$x_1(t), x_2(t)$가 두 질량체의 (외력이 적용되지 않을 때의) 평형 위치를 기준한 위치를 나타낸다. 마찰은 무시하고 평형 위치를 기준한 시간의 함수로 나타낸 각 질량체의 위치를 구하라.

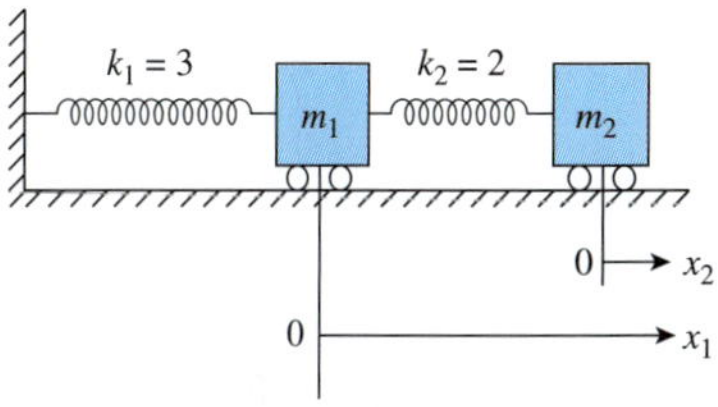

그림 7-45
예제 7-22에서 논의된 결합 질량체-스프링 시스템

풀이 외력의 영향 하에서 이 결합 기계 시스템을 표현하는 방정식은 예제 6-4에서 유도된 바 있다. 따라서 이 경우 각 질량체의 운동을 표현하는 미분방정식은 식 6-14로부터 다음과 같이 구할 수 있다.

$$x_1'' = -\left(\frac{k_1}{m_1} + \frac{k_2}{m_2}\right)x_1 + \frac{k_2}{m_1}x_2, \quad x_1(0) = x_{01}, \quad x_1'(0) = v_{01}$$

$$x_2'' = \frac{k_2}{m_2}x_1 - \frac{k_2}{m_2}x_2, \quad x_2(0) = x_{02}, \quad x_2'(0) = v_{02}$$

위의 방정식은 두 개의 미지수에 관한 두 개의 1계 선형 동차방정식으로 구성된 연립방정식으로 초기조건들이 지정되어 있다. 이제 첫 번째 할 일은 두 개의 새로운 변수 $x_3 = x_1', x_4 = x_2'$를 정의함으로써 이 연립방정식을 1계 방정식들로 구성된 연립방정식으로 축소시키는 것이다. 이러한 정의들을 이용하여 이 연립방정식을 다음과 같이 표현할 수 있다.

$$\begin{aligned}
x_1' &= x_3, & x_1(0) &= x_{01}\\
x_2' &= x_4, & x_2(0) &= x_{02}\\
x_3' &= -\left(\frac{k_1}{m_1} + \frac{k_2}{m_1}\right)x_1 + \frac{k_2}{m_1}x_2, & x_3(0) &= x_1'(0) = v_{01}\\
x_4' &= \frac{k_2}{m_2}x_1 - \frac{k_2}{m_2}x_2, & x_4(0) &= x_2'(0) = v_{02}
\end{aligned}$$

물리적으로 x_3, x_4는 각기 질량체 m_1, m_2의 속도를 나타낸다.

이제 $m_1 = m_2 = 1, k_1 = 3, k_2 = 2, x_1(0) = 1, x_2(0) = 5, v_{01} = v_{02} = 0$을 대입

하여 이 연립방정식을 단순화하면

$$\begin{aligned} x_1' &= x_3, & x_1(0) &= 1 \\ x_2' &= x_4, & x_2(0) &= 5 \\ x_3' &= -5x_1 + 2x_2, & x_3(0) &= x_1'(0) = 0 \\ x_4' &= 2x_1 - 2x_2, & x_4(0) &= x_2'(0) = 0 \end{aligned}$$

이 된다. 이 연립방정식을 행렬 형식 $\mathbf{x}' = \mathbf{A}\mathbf{x}$로 표현할 수 있다. 여기에서

$$\mathbf{A} = \begin{pmatrix} 0 & 0 & 1 & 0 \\ 0 & 0 & 0 & 1 \\ -5 & 2 & 0 & 0 \\ 2 & -2 & 0 & 0 \end{pmatrix} \quad \text{그리고} \quad \mathbf{x} = \begin{pmatrix} x_1 \\ x_2 \\ x_3 \\ x_4 \end{pmatrix}$$

계수행렬 $\mathbf{A}$의 고윳값은 $\det(\mathbf{A} - \lambda\mathbf{I}) = 0$, 즉,

$$\det(\mathbf{A} - \lambda\,\mathbf{I}) = \begin{vmatrix} -\lambda & 0 & 1 & 0 \\ 0 & -\lambda & 0 & 1 \\ -5 & 2 & -\lambda & 0 \\ 2 & -2 & 0 & -\lambda \end{vmatrix} = -\lambda \begin{vmatrix} -\lambda & 0 & 1 \\ 2 & -\lambda & 0 \\ -2 & 0 & -\lambda \end{vmatrix}$$

$$+ \begin{vmatrix} 0 & -\lambda & 1 \\ -5 & 2 & 0 \\ 2 & -2 & -\lambda \end{vmatrix}$$

$$= -\lambda(-\lambda^3 - 2\lambda) + (10 - 4 + 5\lambda^2)$$

$$= \lambda^4 + 7\lambda^2 + 6 = (\lambda^2 + 1)(\lambda^2 + 6) = 0$$

의 근 $\pm i$, $\pm\sqrt{6}\,i$로 결정된다. 따라서 이 계수행렬의 고윳값은 두 쌍의 켤레 복소수 $\lambda_{1,2} = \pm i$, $\lambda_{3,4} = \pm\sqrt{6}\,i$이다. 이 경우 $\lambda_1 = i$, $\lambda_3 = \sqrt{6}\,i$에 대응되는 두 개의 고유벡터만 결정하면 되는데, 켤레 복소수 고윳값에 대응되는 고유벡터는 원래 복소수 고윳값에 대응되는 고유벡터의 켤레 복소수일 뿐이기 때문이다. 더욱이 주어진 연립방정식에 대해 4개의 1차 독립인 해 벡터를 결정하기 위해 두 개의 고유벡터이면 충분하다.

첫 번째 고윳값 $\lambda_1 = i$에 대응되는 고유벡터들은 방정식 $(\mathbf{A} - \lambda\mathbf{I})\mathbf{v}_1 = \mathbf{0}$을 이용하여 결정되는데, 이 경우에는 다음과 같이 주어진다.

$$\begin{pmatrix} -i & 0 & 1 & 0 \\ 0 & -i & 0 & 1 \\ -5 & 2 & -i & 0 \\ 2 & -2 & 0 & -i \end{pmatrix} \begin{pmatrix} v_1 \\ v_2 \\ v_3 \\ v_4 \end{pmatrix} = \begin{pmatrix} 0 \\ 0 \\ 0 \\ 0 \end{pmatrix}$$

행 연산들을 통해 이 연립방정식은

$$\begin{pmatrix} 1 & 0 & 0 & 0.5i \\ 0 & 1 & 0 & \\ 0 & 0 & 1 & -0.5 \\ 0 & 0 & 0 & 0 \end{pmatrix} \begin{pmatrix} v_1 \\ v_2 \\ v_3 \\ v_4 \end{pmatrix} = \begin{pmatrix} 0 \\ 0 \\ 0 \\ 0 \end{pmatrix}$$

으로 축소되는데, 이는 다음 연립방정식과 동치이다.

$$\begin{aligned} v_1 + 0.5iv_4 &= 0 \\ v_2 + iv_4 &= 0 \\ v_3 - 0.5v_4 &= 0 \end{aligned}$$

$v_4 = 2$를 선택하면 $v_3 = 1, v_2 = -2i, v_1 = -i$가 된다. 따라서 고윳값 $\lambda_1 = i$에 대응되는 고유벡터는 다음과 같다.

$$\mathbf{v}_1 = \begin{pmatrix} -i \\ -2i \\ 1 \\ 2 \end{pmatrix}$$

같은 방식으로 고윳값 $\lambda_3 = \sqrt{6}\,i$에 대응되는 고유벡터는 다음과 같다.

$$\mathbf{v}_3 = \begin{pmatrix} \frac{\sqrt{6}}{3}i \\ -\frac{\sqrt{6}}{6}i \\ -2 \\ 1 \end{pmatrix}$$

$\lambda_1 = i$에 대응되는 해는 다음과 같이 표현될 수 있다.

$$\mathbf{x} = \mathbf{v}_1 e^{\lambda_1 t} = \begin{pmatrix} -i \\ -2i \\ 1 \\ 2 \end{pmatrix} e^{it} = \begin{pmatrix} -i \\ -2i \\ 1 \\ 2 \end{pmatrix} (\cos t + i\sin t)$$

$$= \begin{pmatrix} -i\cos t + \sin t \\ -2i\cos t + 2\sin t \\ \cos t + i\sin t \\ 2\cos t + 2i\sin t \end{pmatrix} = \begin{pmatrix} \sin t \\ 2\sin t \\ \cos t \\ 2\cos t \end{pmatrix} + i \begin{pmatrix} -\cos t \\ -2\cos t \\ \sin t \\ 2\sin t \end{pmatrix}$$

따라서 두 개의 1차 독립인 해 벡터는 다음과 같다.

$$\mathbf{x}_1(t) = Re(\mathbf{x}) = \begin{pmatrix} \sin t \\ 2\sin t \\ \cos t \\ 2\cos t \end{pmatrix} \quad \text{그리고} \quad \mathbf{x}_2(t) = Im(\mathbf{x}) = \begin{pmatrix} -\cos t \\ -2\cos t \\ \sin t \\ 2\sin t \end{pmatrix}$$

또 다른 두 개의 1차 독립인 해 벡터는 $\lambda_3 = \sqrt{6}\,i$와 고유벡터 $\mathbf{v}_2$를 사용하여 같은 방식으로 다음과 같이 결정된다.

$$\mathbf{x}_3(t) = \begin{pmatrix} \frac{-\sqrt{6}}{3}\sin\sqrt{6}t \\ \frac{\sqrt{6}}{6}\sin\sqrt{6}t \\ -2\cos\sqrt{6}t \\ \cos\sqrt{6}t \end{pmatrix} \quad \text{그리고} \quad \mathbf{x}_4(t) = \begin{pmatrix} \frac{\sqrt{6}}{3}\cos\sqrt{6}t \\ \frac{-\sqrt{6}}{6}\cos\sqrt{6}t \\ -2\sin\sqrt{6}t \\ \sin\sqrt{6}t \end{pmatrix}$$

이제 주어진 연립방정식에 대한 일반해는 다음과 같이 표현될 수 있다.

$$\mathbf{x}(t) = c_1\mathbf{x}_1(t) + c_2\mathbf{x}_2(t) + c_3\mathbf{x}_3(t) + c_4\mathbf{x}_4(t)$$

$$= c_1\begin{pmatrix} \sin t \\ 2\sin t \\ \cos t \\ 2\cos t \end{pmatrix} + c_2\begin{pmatrix} -\cos t \\ -2\cos t \\ \sin t \\ 2\sin t \end{pmatrix} + c_3\begin{pmatrix} \frac{-\sqrt{6}}{3}\sin\sqrt{6}t \\ \frac{\sqrt{6}}{6}\sin\sqrt{6}t \\ -2\cos\sqrt{6}t \\ \cos\sqrt{6}t \end{pmatrix} + c_4\begin{pmatrix} \frac{\sqrt{6}}{3}\cos\sqrt{6}t \\ \frac{-\sqrt{6}}{6}\cos\sqrt{6}t \\ -2\sin\sqrt{6}t \\ \sin\sqrt{6}t \end{pmatrix}$$

이 해는 다음과 같이 (벡터가 아닌) 스칼라 형식으로 표현될 수 있다.

$$x_1(t) = c_1\sin t - c_2\cos t - \frac{\sqrt{6}}{3}c_3\sin\sqrt{6}t + \frac{\sqrt{6}}{3}c_4\cos\sqrt{6}t$$

$$x_2(t) = 2c_1\sin t - 2c_2\cos t + \frac{\sqrt{6}}{6}c_3\sin\sqrt{6}t - \frac{\sqrt{6}}{6}c_4\cos\sqrt{6}t$$

$$x_3(t) = c_1\cos t + c_2\sin t - 2c_3\cos\sqrt{6}t + c_4\sin\sqrt{6}t$$

$$x_4(t) = 2c_1\cos t + 2c_2\sin t + c_3\cos\sqrt{6}t + c_4\sin\sqrt{6}t$$

$x_3(0) = x_4(0) = 0$이므로 4개의 초기조건을 적용하면 임의상수들을 결정하기 위한 다음과 같은 4개의 방정식을 얻게 된다.

$$-c_2 + \frac{\sqrt{6}}{3}c_4 = 1$$

$$-2c_2 - \frac{\sqrt{6}}{6}c_4 = 5$$

$$c_1 - 2c_3 = 0$$

$$2c_1 + c_3 = 0$$

처음 두 개의 방정식으로부터 $c_2 = -11/5$와 $c_4 = -3\sqrt{6}/5$을 얻을 수 있으며, 마지막 두 개의 방정식으로부터 $c_1 = c_3 = 0$을 얻을 수 있다. 이들을 x_1, x_2의 일반해 관계식에 대입하면 다음과 같은 두 질량체의 운동방정식을 얻는다.

$$x_1(t) = \frac{11}{5}\cos t - \frac{6}{5}\cos\sqrt{6}t$$

$$x_2(t) = \frac{22}{5}\cos t + \frac{3}{5}\cos\sqrt{6}t$$

두 질량체의 운동 모두 고유 진동수 $\omega_1 = 1$과 $\omega_2 = \sqrt{6}$인 두 개의 진동 모드의 중첩에 해당함에 주목하기 바란다. 첫 번째 모드($\omega_1 = 1$)에서 두 질량체는 동일한 방향과 동일한 진동수를 가지며 동기화되어 있지만 진폭은 다르다. 첫 번째 모드에서 m_1의 운동 진폭은 m_2의 운동 진폭의 절반이다. 두 번째 모드($\omega_2 = \sqrt{6}$)에서 질량체들은 반대 방향으로 운동한다. m_1의 운동 진폭은 m_2의 운동 진폭의 두 배이다.

경우 3 중복 고윳값

이제 연립방정식에 대한 특성방정식의 k중근인 중복도 k의 고윳값 λ에 대해 생각해보자. 이러한 고윳값은 여전히 그에 연계된 k개의 1차 독립인 고유벡터를 가질 수 있으며, 이 경우 k개의 1차 독립인 해 벡터가 존재하게 된다. 계수행렬 **A**가 *대칭인* 연립방정식의 경우 이는 항상 성립하며, 이 경우 중복 고윳값이 아무런 문제도 되지 않는다. 중복도 k의 고윳값에 연계된 1차 독립인 고유벡터의 개수가 k보다 *적을* 경우, 이 고윳값에 연계된 $\mathbf{v}e^{\lambda t}$ 형태의 1차 독립인 해 벡터의 개수도 k보다 *적게* 된다. 이는 이 고윳값에 연계된 해들의 일부는 $\mathbf{v}e^{\lambda t}$ 형태를 갖지 *않을* 것임을 의미하며, λ에 연계된 1차 독립인 해의 개수의 부족분을 채우기 위해 다른 형태의 해들을 찾아야 한다.

중복 특성근 λ에 연계된 단일 미분방정식의 1차 독립인 해들은 해 $e^{\lambda t}$에 독립변수의 멱승들을 곱하여 구한다는 것을 3장과 4장에서 다룬 바 있다. 예를 들면, 3중 특성근 λ에 연계된 3개의 1차 독립인 해는 $e^{\lambda t}$, $te^{\lambda t}$, $t^2e^{\lambda t}$이다. 단일 n계 선형방정식과 n개의 1계 선형방정식으로 구성된 연립방정식 사이의 긴밀한 유사성을 고려하면, 같은 방식으로 해 $\mathbf{v}e^{\lambda t}$ 에 독립변수의 멱승들을 곱하여 추가적인 해 벡터들을 구하고자 할 것이다. 그러나 연립방정식의 경우 이는 충분하지 않으며 중복 고윳값 λ에 연계된 다른 1차 독립인 해들을 구하기 위해 t의 *멱승*이 아니라 t의 *다항식*을 기본해에 곱해야 한다(그림 7-46).

중복도 $k = 2$의 고윳값 λ에 연계된 1차 독립인 고유벡터가 **v** 하나만 주어져 있다고 하자. λ에 대응되는 두 개의 1차 독립인 해 벡터를 구할 필요가 있다. 이 해들 중의 하나는 다음과 같이 주어진다.

$$\mathbf{x}_1(t) = \mathbf{v}e^{\lambda t} \tag{7–77}$$

위의 논의에 비추어 두 번째 해의 형태는 다음과 같이 선택된다.

$$\mathbf{x}_2(t) = \mathbf{v}te^{\lambda t} + \mathbf{u}e^{\lambda t} \tag{7–78}$$

여기에서 **u**는 $\mathbf{x}_2$가 미분방정식 $\mathbf{x}' = \mathbf{Ax}$를 만족한다는 요구사항으로부터 결정되는 상수 벡터이다. 식 7-78을 $\mathbf{x}' = \mathbf{Ax}$에 대입하면 다음 식을 얻는다.

$$\mathbf{v}e^{\lambda t} + \lambda\mathbf{v}te^{\lambda t} + \lambda\mathbf{u}e^{\lambda t} = \mathbf{Av}te^{\lambda t} + \mathbf{Au}e^{\lambda t} \tag{7–79}$$

$e^{\lambda t}$와 $te^{\lambda t}$의 계수들을 일치시키면 다음 식들을 얻는다.

$$(\mathbf{A} - \lambda\mathbf{I})\mathbf{v} = \mathbf{0} \tag{7–80a}$$

그리고

$$(\mathbf{A} - \lambda\mathbf{I})\mathbf{u} = \mathbf{v} \tag{7–80b}$$

첫 번째 방정식은 단순히 **v**가 λ에 연계된 고유벡터임을 재확인시켜준다. 두 번째 방정식은 항상 미지의 상수 벡터 **u**에 대해 풀기 위해 사용될 수 있다.

2중 특성근, 즉, 고윳값 λ와 그에 연계된 단 한 개의 1차 독립인 고유벡터에 대응되는 두 개의 1차 독립인 해:

(1) 단일 방정식:

$$x_1 = e^{\lambda t}$$
$$x_2 = te^{\lambda t}$$

t의 멱승

(2) 연립빙정식:

$$\mathbf{x}_1 = \mathbf{v}e^{\lambda t}$$
$$\mathbf{x}_2 = (\mathbf{v}t + \mathbf{u})te^{\lambda t}$$

t의 다항식

그림 7-46
중복도 k의 고윳값 λ에 연계된 1차 독립인 고유벡터가 단 한 개만 주어져 있을 때, λ에 연계된 $k-1$개의 나머지 1차 독립인 해들은 기본해 $\mathbf{v}e^{\lambda t}$에 상수 벡터 계수들을 갖는 t의 다항식을 곱하여 구한다.

단일 2계 선형방정식과 두 개의 1계 방정식으로 구성된 연립방정식에서 중복 특성근 λ에 연계된 두 번째 해를 구할 때의 차이는 다음과 같이 설명될 수 있다.

단일 방정식의 경우, 첫 번째 해 $e^{\lambda t}$의 상수 배는 기본적으로 $e^{\lambda t}$와 아무런 차이가 없으며, 따라서 이를 두 번째 해에 포함시킬 필요가 없다. 즉, 해 $x = c_1e^{\lambda t} + c_2te^{\lambda t}$와

$$x = c_1e^{\lambda t} + (c_2te^{\lambda t} + c_3e^{\lambda t}) = (c_1 + c_3)e^{\lambda t} + c_2te^{\lambda t}$$

는 동치인데, 이는 두 개의 임의상수의 합은 여전히 임의상수이기 때문이다.

그러나 두 개의 1계 방정식으로 구성된 연립방정식의 경우, 해 $\mathbf{u}e^{\lambda t}$가 반드시 첫 번째 해 $\mathbf{v}e^{\lambda t}$의 상수 배인 것은 아닌데, 이는 $\mathbf{u}$, $\mathbf{v}$가 벡터들이기 때문이다. 예를 들면, 해

$$\mathbf{x}_2(t) = \begin{pmatrix} 2 \\ 1 \end{pmatrix} e^{\lambda t} \tag{7-81}$$

는 해

$$\mathbf{x}_1(t) = \begin{pmatrix} 1 \\ 1 \end{pmatrix} e^{\lambda t} \tag{7-82}$$

에 상수를 곱하는 것으로 얻을 수는 없다. 사실 $\mathbf{x}_1(t)$가 해일 때 $\mathbf{x}_2(t)$는 해가 아닐 수도 있다. 이것은 $e^{\lambda t}$가 해일 경우 $3e^{\lambda t}$나 $-5e^{\lambda t}$ 또한 해가 되는 단일 선형 동차방정식과 대조적이다. 따라서 차이는 두 개의 상수 스칼라는 항상 서로의 상수 배가 되지만, 상수 벡터의 경우에는 그렇지 않다는 사실에 기인한다(그림 7-47). 이제 예제를 통해 이러한 사실을 확인해보자.

(1) 두 개의 스칼라:

$$a = 2$$
$$b = 8$$
$$(b = ka,\ \text{단},\ k = 4)$$

(2) 두 개의 벡터:

$$\mathbf{a} = \begin{pmatrix} 2 \\ 1 \end{pmatrix}$$
$$\mathbf{b} = \begin{pmatrix} 8 \\ 1 \end{pmatrix}$$
$$(\mathbf{b} \neq k\mathbf{a})$$

그림 7-47
두 개의 상수 스칼라는 항상 서로의 상수 배가 되지만, 상수 벡터의 경우에는 그렇지 않다.

예제 7-23 중복 (2중) 고윳값을 갖는 동차 연립방정식

다음 연립방정식의 일반해를 구하라.

$$x_1' = 4x_1 + x_2$$
$$x_2' = -x_1 + 2x_2$$

풀이 위의 방정식은 두 개의 미지수에 관한 두 개의 상수계수 1계 선형 동차방정식으로 구성된 연립방정식이며, 이를 행렬 형식으로 표현하면 $\mathbf{x}' = \mathbf{A}\mathbf{x}$가 되는데, 여기에서

$$\mathbf{A} = \begin{pmatrix} 4 & 1 \\ -1 & 2 \end{pmatrix} \quad \text{그리고} \quad \mathbf{x} = \begin{pmatrix} x_1 \\ x_2 \end{pmatrix}$$

계수행렬 $\mathbf{A}$의 고윳값은 예제 7-13에서 $\lambda_1 = \lambda_2 = 3$으로 결정된 바 있다. 즉, 이 연립방정식은 중복도 2의 단일 고윳값을 갖는다. 이 고윳값에 연계된 1차 독립인 고유벡터는 하나만 존재한다고 결정된 바 있으며, 그 고유벡터는 다음과 같다.

$$\mathbf{v} = \begin{pmatrix} -1 \\ 1 \end{pmatrix}$$

따라서 주어진 연립방정식의 해 하나는 다음과 같이 주어진다.

$$\mathbf{x}_1(t) = \mathbf{v}e^{\lambda t} = \begin{pmatrix} -1 \\ 1 \end{pmatrix} e^{3t}$$

두 번째 1차 독립인 해는 식 7-78에 따라

$$\mathbf{x}_2(t) = (\mathbf{u} + \mathbf{v}t)e^{\lambda t}$$

로 주어지는데, 여기에서 상수 벡터 $\mathbf{u}$는 식 7-80

$$(\mathbf{A} - \lambda\,\mathbf{I})\mathbf{u} = \mathbf{v}$$

을 이용하여 결정된다. 대입을 통해

$$\begin{pmatrix} 1 & 1 \\ -1 & -1 \end{pmatrix}\begin{pmatrix} u_1 \\ u_2 \end{pmatrix} = \begin{pmatrix} -1 \\ 1 \end{pmatrix}$$

을 얻으며, 이는 다음 단일 방정식과 동치이다.

$$u_1 + u_2 = -1$$

이것은 비동차방정식이다. 따라서 미지수 중의 하나를 0으로 선택하더라도 자명하지 않은 해를 얻을 수 있다. $u_1 = 0$을 선택하면 $u_1 = -1$을 얻으며, 따라서

$$\mathbf{u} = \begin{pmatrix} 0 \\ -1 \end{pmatrix}$$

가 된다. 이제 두 번째의 1차 독립인 해가 다음과 같이 주어진다.

$$\mathbf{x}_2(t) = (\mathbf{u} + \mathbf{v}t)e^{\lambda t} = \left[\begin{pmatrix} 0 \\ -1 \end{pmatrix} + \begin{pmatrix} -1 \\ 1 \end{pmatrix} t\right] e^{3t} = \begin{pmatrix} -t \\ -1 + t \end{pmatrix} e^{3t}$$

$\mathbf{x}_1(t)$, $\mathbf{x}_2(t)$에 대한 론스키 행렬식이 0이 아님을 보일 수 있으며, 따라서 이 두 개의 해는 1차 독립이다. 따라서 해 $\mathbf{x}_1$, $\mathbf{x}_2$는 기본해집합을 구성하며, 주어진 연립방정식의 일반해는 다음과 같이 주어진다.

$$\mathbf{x} = c_1\mathbf{x}_1 + c_2\mathbf{x}_2 = c_1\begin{pmatrix} -1 \\ 1 \end{pmatrix} e^{3t} + c_2\begin{pmatrix} -t \\ t - 1 \end{pmatrix} e^{3t}$$

$$= \begin{pmatrix} -c_1 - c_2 t \\ c_1 + c_2(t-1) \end{pmatrix} e^{3t}$$

이 해는 다음과 같이 (벡터가 아닌) 스칼라 형식으로 표현될 수 있다.

$$x_1(t) = -(c_1 + c_2 t)e^{3t}$$
$$x_2(t) = [c_1 + c_2(t-1)]e^{3t}$$

이 해들을 주어진 연립방정식에 대입하여 그 안의 모든 방정식을 만족한다는 것을 보임으로써 해가 맞다는 것을 쉽게 증명할 수 있다.

토론

두 번째 1차 독립인 해의 형태로

$$\mathbf{x}_2(t) = \mathbf{u}\, te^{\lambda t}$$

를 선택하면 어떤 일이 생길지 알아보자. 여기에서 $\mathbf{u}$는 결정되어야 할 상수 벡터이다. 이 해를 방정식 $\mathbf{x}' = \mathbf{A}\mathbf{x}$에 대입하면 다음과 같은 결과를 얻는다.

$$\mathbf{u}e^{\lambda t} + \lambda\, \mathbf{u}te^{\lambda t} = \mathbf{A}\mathbf{u}te^{\lambda t}$$

양변에서 $e^{\lambda t}$와 $te^{\lambda t}$의 계수들을 일치시키면 $\mathbf{u} = \mathbf{0}$ 그리고 $(\mathbf{A} - \lambda\mathbf{I}) = \mathbf{0}$을 얻는데, 이에 따라 $\mathbf{u} = \mathbf{0}$이어야 한다. 따라서 $\mathbf{x}_2(t) = \mathbf{u}te^{\lambda t}$ 형태의 자명하지 않은 해를 얻을 수 없으며, 두 번째 1차 독립인 해의 형태는 $\mathbf{x}_2(t) = (\mathbf{u} + \mathbf{v}t)e^{\lambda t}$인 것으로 결론짓는다.

이러한 상황은 중복도가 증가할수록 더욱 복잡해진다. 예를 들면, 중복도가 3인 λ에 연계된 세 가지 가능성이 존재한다. (1) λ에 연계된 세 개의 1차 독립인 고유벡터가 존재하며, 따라서 세 개의 1차 독립인 해가 존재한다. (2) λ에 연계된 두 개의 1차 독립인 고유벡터가 존재하며, 이 경우 한 개의 추가적인 1차 독립인 해를 찾아야 한다. (3) λ에 연계된 1차 독립인 고유벡터가 하나뿐이며, 이 경우 두 개의 추가적인 1차 독립인 해를 찾아야 한다. 각 경우는 다르게 처리되어야 하며, 중복도 3의 고윳값을 처리하는 일반적인 절차는 존재하지 않는다.

주어진 연립방정식: $\mathbf{x}' = \mathbf{A}\mathbf{x}$

λ가 $\mathbf{A}$의 3중 고윳값일 경우 이 고윳값에 대응되는 세 개의 1차 독립인 해는 다음과 같다.

경우 1: λ에 연계된 세 개의 1차 독립인 고유벡터가 존재한다.

$\mathbf{x}_1 = \mathbf{v}_1e^{\lambda t}$
$\mathbf{x}_2 = \mathbf{v}_2e^{\lambda t}$
$\mathbf{x}_3 = \mathbf{v}_3e^{\lambda t}$

경우 2: λ에 연계된 두 개의 1차 독립인 고유벡터가 존재한다.

$\mathbf{x}_1 = \mathbf{v}_1e^{\lambda t}$
$\mathbf{x}_2 = \mathbf{v}_2e^{\lambda t}$
$\mathbf{x}_3 = \mathbf{v}te^{\lambda t} + \mathbf{u}e^{\lambda t}$
($\mathbf{v}$, $\mathbf{u}$를 결정해야 함)

경우 3: λ에 연계된 1차 독립인 고유벡터가 하나뿐이다.

$\mathbf{x}_1 = \mathbf{v}_1e^{\lambda t}$
$\mathbf{x}_2 = \mathbf{v}te^{\lambda t} + \mathbf{u}e^{\lambda t}$
$\mathbf{x}_3 = \frac{1}{2}\mathbf{v}t^2e^{\lambda t} + \mathbf{u}te^{\lambda t} + \mathbf{w}e^{\lambda t}$
($\mathbf{v}$, $\mathbf{u}$, $\mathbf{w}$를 결정해야 함)

그림 7-48
연립방정식에서 세 가지 경우에 대한 계수행렬의 3중 고윳값 λ에 연계된 1차 독립인 해들의 결정

경우 3a *3중 고윳값 λ에 세 개의 1차 독립인 고유벡터 $\mathbf{v}_1$, $\mathbf{v}_2$, $\mathbf{v}_3$이 연계되어 있다.* 이 경우 세 개의 1차 독립인 해는 다음과 같이 주어진다(그림 7-48).

$$\mathbf{x}_1 = \mathbf{v}_1e^{\lambda t} \tag{7-83a}$$

$$\mathbf{x}_2 = \mathbf{v}_2e^{\lambda t} \tag{7-83b}$$

$$\mathbf{x}_3 = \mathbf{v}_3e^{\lambda t} \tag{7-83c}$$

경우 3b *3중 고윳값 λ에 두 개의 1차 독립인 고유벡터 $\mathbf{v}_1$, $\mathbf{v}_2$가 연계되어 있다.* 이 경우 처음 두 개의 1차 독립인 해는 다음과 같이 주어진다.

$$\mathbf{x}_1 = \mathbf{v}_1e^{\lambda t} \tag{7-84a}$$

$$\mathbf{x}_2 = \mathbf{v}_2e^{\lambda t} \tag{7-84b}$$

그리고 세 번째의 1차 독립인 해는 다음 식을 이용하여 결정된다.

$$\mathbf{x}_3 = \mathbf{v}te^{\lambda t} + \mathbf{u}e^{\lambda t} \tag{7-85}$$

이때 상수 벡터 $\mathbf{u}$는 식 7-80b

$$(\mathbf{A} - \lambda\,\mathbf{I})\mathbf{u} = \mathbf{v}$$

를 이용하여 결정된다. $\mathbf{u}$를 위한 자명하지 않은 해를 얻기 위해 이 관계식의 $\mathbf{v}$에 $\mathbf{v}_1$을 사용해야 할지 $\mathbf{v}_2$를 사용해야 할지가 문제가 된다. 일반적으로 어느 선택도 적합하지 않으며 이들의 선형 결합인 $k_1\mathbf{v}_1 + k_2\mathbf{v}_2$를 $\mathbf{v}$에 대입한다. 이 경우 $\mathbf{u}$를 결정하기 위한 방정식은

$$(\mathbf{A} - \lambda\mathbf{I})\mathbf{u} = k_1\mathbf{v}_1 + k_2\mathbf{v}_2 \tag{7-86}$$

와 같이 표현될 수 있으며, 상수 k_1, k_2는 이 방정식이 $\mathbf{u}$를 위한 자명하지 않은 해를 갖도록 선택되어야 한다. 일단 상수 벡터 $\mathbf{v}$, $\mathbf{u}$를 구하면 세 번째의 1차 독립인 해는 식 7-85를 이용하여 구할 수 있다.

경우 3c *3중 고윳값 λ에 단 한 개의 1차 독립인 고유벡터 $\mathbf{v}$가 연계되어 있다.* 이 경우 첫 번째 1차 독립인 해는 다음과 같이 주어진다.

$$\mathbf{x}_1 = \mathbf{v}e^{\lambda t} \tag{7-87}$$

그리고 나머지 두 개의 1차 독립인 해는 다음 식들을 이용하여 결정된다.

$$\mathbf{x}_2 = \mathbf{v}te^{\lambda t} + \mathbf{u}e^{\lambda t} \tag{7-88a}$$

$$\mathbf{x}_3 = \frac{1}{2}\mathbf{v}t^2e^{\lambda t} + \mathbf{u}e^{\lambda t} + \mathbf{w}e^{\lambda t} \tag{7-88b}$$

이때 상수 벡터 $\mathbf{u}$, $\mathbf{w}$는 다음 식들을 이용하여 결정된다.

$$(\mathbf{A} - \lambda\mathbf{I})\mathbf{u} = \mathbf{v} \quad \text{그리고} \quad (\mathbf{A} - \lambda\mathbf{I})\mathbf{w} = \mathbf{u} \tag{7-89}$$

두 번째 해는 2중 고윳값의 경우와 같은 방법으로 결정되고 있음을 유의하기 바란다.

3중 고윳값 λ에 대응되는 위와 같은 해들은 세 가지 경우 모두에서 1차 독립이다. 이 점에 대해서는 해들에 대한 론스키 행렬식을 계산하여 쉽게 확인할 수 있다.

위에 기술한 3중 고윳값을 위한 절차는 중복도가 4 이상인 고윳값으로도 확장될 수 있지만, 계산 과정이 아주 길어진다. 여러 개의 중복 고윳값들을 갖는 선형 연립방정식을 체계적 방식으로 푸는 것이 가능하지만, 그와 같은 방법을 사용하기 위해서는 선형대수학에 대한 상당한 수준의 숙련을 필요로 한다. 따라서 여기에서의 논의는 중복도가 3을 초과하는 고윳값을 포함하지 않는 선형 연립방정식으로 한정한다.

예제 7-24 중복 (3중) 고윳값을 갖는 동차 연립방정식

다음 연립방정식의 일반해를 구하라.

$$x_1' = 3x_1 + x_2$$
$$x_2' = 2x_1 + 3x_2 - x_3$$
$$x_3' = 2x_2 + 3x_3$$

풀이 | 위의 방정식은 두 개의 미지수에 관한 두 개의 상수계수 1계 선형 동차방정식으로 구성된 연립방정식이며, 이를 행렬 형식으로 표현하면 $\mathbf{x}' = \mathbf{A}\mathbf{x}$가 되는데, 여기에서

$$\mathbf{A} = \begin{pmatrix} 3 & 1 & 0 \\ 2 & 3 & -1 \\ 0 & 2 & 3 \end{pmatrix} \quad \text{그리고} \quad \mathbf{x} = \begin{pmatrix} x_1 \\ x_2 \\ x_3 \end{pmatrix}$$

계수행렬 $\mathbf{A}$의 고윳값은 $\det(\mathbf{A} - \lambda\mathbf{I}) = 0$, 즉,

$$\det(\mathbf{A} - \lambda\mathbf{I}) = \begin{vmatrix} 3-\lambda & 1 & 0 \\ 2 & 3-\lambda & -1 \\ 0 & 2 & 3-\lambda \end{vmatrix}$$

$$= (3-\lambda)^3 + 2(3-\lambda) - 2(3-\lambda)$$
$$= (3-\lambda)^3 = 0$$

의 근 3, 3, 3으로 결정된다. 따라서 이 계수행렬의 고윳값은 중복도 3의 $\lambda = 3$이다.

이 고윳값에 대응되는 고유벡터는 방정식 $(\mathbf{A} - \lambda\mathbf{I})\mathbf{v} = \mathbf{0}$을 이용하여 결정되는데, 이 경우에는 다음과 같이 주어진다.

$$\begin{pmatrix} 0 & 1 & 0 \\ 2 & 0 & -1 \\ 0 & 2 & 0 \end{pmatrix}\begin{pmatrix} v_1 \\ v_2 \\ v_3 \end{pmatrix} = \begin{pmatrix} 0 \\ 0 \\ 0 \end{pmatrix}$$

행렬 곱셈을 통해 이 방정식이 연립방정식

$$v_2 = 0$$
$$2v_1 - v_3 = 0$$
$$2v_2 = 0$$

즉,

$$v_2 = 0$$
$$v_3 = 2v_1$$

과 동치임을 보일 수 있다. 편의를 위해 $v_1 = 1$을 선택하면 마지막 방정식으로부터 $v_3 = 2$를 얻을 수 있다. 따라서 3중 고윳값 $\lambda = 3$에 대응되는 고유벡터는 다음과 같다.

$$\mathbf{v} = \begin{pmatrix} 1 \\ 0 \\ 2 \end{pmatrix}$$

이 벡터는 고윳값 $\lambda = 3$에 대응되는 유일한 1차 독립인 고유벡터인데, 이는 v_1에

다른 값을 선택해도 **v**의 상수 배인 벡터를 얻을 뿐이기 때문이다. 따라서 이것은 경우 3의 한 가지 특별한 경우에 해당하며, 주어진 연립방정식에 대한 세 개의 1차 독립인 해는 식 7-87과 7-88을 이용하여 결정된다. 그렇지만 먼저 식 7-89를 이용하여 상수 벡터 **u**, **w**를 결정할 필요가 있다.

고유벡터 **v**를 방정식 $(\mathbf{A} - \lambda\mathbf{I})\mathbf{u} = \mathbf{v}$에 대입한 결과는 다음과 같다.

$$\begin{pmatrix} 0 & 1 & 0 \\ 2 & 0 & -1 \\ 0 & 2 & 0 \end{pmatrix}\begin{pmatrix} u_1 \\ u_2 \\ u_3 \end{pmatrix} = \begin{pmatrix} 1 \\ 0 \\ 2 \end{pmatrix}$$

행렬 곱셈을 통해 이 방정식이 연립방정식

$$\begin{aligned} u_2 &= 1 \\ 2u_1 - u_3 &= 0 \\ 2u_2 &= 2 \end{aligned}$$

즉,

$$\begin{aligned} u_2 &= 1 \\ u_3 &= 2u_1 \end{aligned}$$

과 동치임을 보일 수 있다. 편의를 위해 $u_1 = 1$을 선택하면 마지막 방정식으로부터 $u_3 = 2$를 얻을 수 있다. 따라서 벡터 **u**는 다음과 같다.

$$\mathbf{u} = \begin{pmatrix} 1 \\ 1 \\ 2 \end{pmatrix}$$

이제 벡터 **u**를 $(\mathbf{A} - \lambda\mathbf{I})\mathbf{w} = \mathbf{v}$에 대입한 결과는 다음과 같다.

$$\begin{pmatrix} 0 & 1 & 0 \\ 2 & 0 & -1 \\ 0 & 2 & 0 \end{pmatrix}\begin{pmatrix} w_1 \\ w_2 \\ w_3 \end{pmatrix} = \begin{pmatrix} 1 \\ 1 \\ 2 \end{pmatrix}$$

이번에도 좌변에 행렬 곱셈을 수행하면

$$\begin{aligned} w_2 &= 1 \\ 2w_1 - w_3 &= 1 \\ 2w_2 &= 2 \end{aligned}$$

즉,

$$\begin{aligned} w_2 &= 1 \\ 2w_1 - w_3 &= 1 \end{aligned}$$

을 얻는다. 편의를 위해 $w_1 = 1$을 선택하면 마지막 방정식으로부터 $w_3 = 1$을 얻을 수 있다. 따라서 벡터 **w**는 다음과 같다.

$$\mathbf{w} = \begin{pmatrix} 1 \\ 1 \\ 1 \end{pmatrix}$$

이제 주어진 연립방정식에 대한 세 개의 1차 독립인 해는 식 7-87과 7-88을 이용하여 다음과 같이 결정된다.

$$\mathbf{x}_1 = \mathbf{v}e^{\lambda t} = \begin{pmatrix} 1 \\ 0 \\ 2 \end{pmatrix} e^{3t}$$

$$\mathbf{x}_2 = \mathbf{v}te^{\lambda t} + \mathbf{u}e^{\lambda t} = \begin{pmatrix} 1 \\ 0 \\ 2 \end{pmatrix} te^{3t} + \begin{pmatrix} 1 \\ 1 \\ 2 \end{pmatrix} e^{3t} = \begin{pmatrix} t+1 \\ 1 \\ 2t+2 \end{pmatrix} e^{3t}$$

$$\mathbf{x}_3 = \frac{1}{2}\mathbf{v}t^2e^{\lambda t} + \mathbf{u}te^{\lambda t} + \mathbf{w}e^{\lambda t} = \frac{1}{2}\begin{pmatrix} 1 \\ 0 \\ 2 \end{pmatrix} t^2e^{3t} + \begin{pmatrix} 1 \\ 1 \\ 2 \end{pmatrix} te^{3t} + \begin{pmatrix} 1 \\ 1 \\ 1 \end{pmatrix} e^{3t}$$

$$= \begin{pmatrix} 0.5t^2 + t + 1 \\ t + 1 \\ t^2 + 2t + 1 \end{pmatrix} e^{3t}$$

$\mathbf{x}_1, \mathbf{x}_2, \mathbf{x}_3$에 대한 론스키 행렬식이 0이 아님을 보일 수 있으며, 따라서 이 세 개의 해는 1차 독립이다. 따라서 해 $\mathbf{x}_1, \mathbf{x}_2, \mathbf{x}_3$은 기본해집합을 구성하며, 주어진 연립방정식의 일반해는 다음과 같다.

$$\mathbf{x} = c_1\mathbf{x}_1 + c_2\mathbf{x}_2 + c_3\mathbf{x}_3$$

$$= c_1\begin{pmatrix} 1 \\ 0 \\ 2 \end{pmatrix} e^{3t} + c_2\begin{pmatrix} t+1 \\ 1 \\ 2t+2 \end{pmatrix} e^{3t} + c_3\begin{pmatrix} 0.5t^2 + t + 1 \\ t + 1 \\ t^2 + 2t + 1 \end{pmatrix} e^{3t}$$

이 해는 다음과 같이 (벡터가 아닌) 스칼라 형식으로 표현될 수 있다.

$$x_1 = [c_1 + c_2(t+1) + c_3(0.5t^2 + t + 1)]e^{3t}$$

$$x_2 = [c_2 + c_3(t+1)]e^{3t}$$

$$x_3 = [2c_1 + 2c_2(t+1) + c_3(t^2 + 2t + 1)]e^{3t}$$

이 해들을 주어진 연립방정식에 대입하여 그 안의 모든 방정식을 만족한다는 것을 보임으로써 해가 맞다는 것을 쉽게 증명할 수 있다.

절 복습문제

7-25C 벡터 $\mathbf{u}e^{kt}$가 상수계수 선형 동차 연립방정식 $\mathbf{x}'(t) = \mathbf{A}\mathbf{x}(t)$의 해가 되기 위한 조건은 무엇인가?

7-26C n개의 상수계수 선형 동차방정식으로 구성된 연립방정식 $\mathbf{x}'(t) = \mathbf{A}\mathbf{x}(t)$의 일반해는 몇 개의 1차 독립인 해 벡터를 포함하겠는가? 어떤 독립변수 t값에 대해 이 해가 유효한가?

7-27C n개의 상수계수 선형 동차방정식으로 구성된 연립방정식 $\mathbf{x}'(t) = \mathbf{A}\mathbf{x}(t)$에서 계수행렬 $\mathbf{A}$가 n개의 서로 다른 실수인 고윳값들을 가질 경우 일반해를 어떻게 표현하겠는가?

7-28 행렬 해법을 사용하여 다음 1계 미분방정식들로 구성된 연립방정식의 일반해를 구하라.

$$\mathbf{x}' = \begin{pmatrix} 3 & -1 \\ -1 & 1 \end{pmatrix}\mathbf{x}$$

$$\left(\text{답: } \mathbf{x} = C_1\mathbf{x}_1 + C_2\mathbf{x}_2 = C_1\begin{pmatrix} \dfrac{1}{1-\sqrt{2}} \\ 1 \end{pmatrix}e^{(2+\sqrt{2})t} + C_2\begin{pmatrix} \dfrac{1}{1+\sqrt{2}} \\ 1 \end{pmatrix}e^{(2-\sqrt{2})t}\right)$$

7-29 행렬 해법을 사용하여 지정된 초기조건들과 함께 주어진 다음 1계 미분방정식들로 구성된 연립방정식의 해를 구하라.

$$\mathbf{x}' = \begin{pmatrix} 1 & -6 \\ 4 & 1 \end{pmatrix}\mathbf{x}, \qquad \mathbf{x}(0) = \begin{pmatrix} 1 \\ 0 \end{pmatrix}$$

$$\left(\text{답: } \mathbf{x} = \begin{pmatrix} x_1 \\ x_2 \end{pmatrix} = \begin{pmatrix} e^t \cos 2\sqrt{6}t \\ \dfrac{\sqrt{6}}{3}e^t \sin 2\sqrt{6}t \end{pmatrix}\right)$$

7-6 ■ 선형 비동차 연립방정식

이제 비동차 연립방정식

$$\mathbf{x}' = \mathbf{A}(t)\mathbf{x} + \mathbf{r}(t) \tag{7-90}$$

을 살펴볼 텐데, 이때 계수행렬 $\mathbf{A}(t)$와 비동차 벡터 $\mathbf{r}(t)$의 모든 원소는 구간 $t_1 < t < t_2$에서 연속이다. 단일 비동차방정식과의 유사성에 따라 이 비동차 연립방정식의 일반해는

$$\mathbf{x} = \mathbf{x}_h + \mathbf{x}_p \tag{7-91}$$

와 같이 표현되는데(참고: 정리 7-5), 여기에서 $\mathbf{x}_h$는 연계 동차 연립방정식 $\mathbf{x}' = \mathbf{A}(t)\mathbf{x}$의 일반해이며, $\mathbf{x}_p$는 주어진 비동차 연립방정식의 특수해이다.

앞 절에서 동차해 $\mathbf{x}_h$를 구하는 방법을 학습한 바 있다. 이 절에서는 특수해 $\mathbf{x}_p$를 구하는 방법을 학습할 것이다. 3장에서 소개되었던 단일 방정식을 위한 *미정계수법*과 *매개변수 변화법*은 약간의 변형을 거쳐 연립방정식에도 적용될 수 있다. 이제 두 가지 방법에 대해 살펴본다.

미정계수법

기본적으로 단일 방정식과 연립방정식에 대한 미정계수법은 동일하다. 미정계수법은 특수해 $\mathbf{x}_p$의 일반형을 추측하고 $\mathbf{x}_p$가 비동차 연립방정식을 만족해야 한다는 요구사항으로부터 미지의 계수들을 결정하는 과정에 기초한다.

표 3-2는 여전히 비동차 항에 대응되는 특수해의 적절한 형태를 결정하는 데 사용될 수 있다. 그러나 연립방정식의 경우, 계수들은 상수 *스칼라*가 아니라 상수

비동차 연립방정식:

$$x'_1 = 4x_1 + 6x_2 + 3\sin 2t$$
$$x'_2 = -3x_1 - 5x_2 - 4$$

비동차 항

특수해의 적절한 형태 (동차해와 비동차 항 사이의 중복은 없는 것으로 가정함):

$$\mathbf{x}_p = \mathbf{a} + \mathbf{b}\cos 2t + \mathbf{c}\sin 2t$$
$$= \begin{pmatrix} a_1 \\ a_2 \end{pmatrix} + \begin{pmatrix} b_1 \\ b_2 \end{pmatrix}\cos 2t + \begin{pmatrix} c_1 \\ c_2 \end{pmatrix}\sin 2t$$

그림 7-49
미정계수법으로 특수해의 적절한 형태를 결정할 때, 모든 방정식의 모든 비동차 항을 고려해야 한다.

*벡터*이다. 그 결과로 특수해의 일반형은 개별 방정식의 비동차 항에 관계없이 연립방정식 안의 각 미지 함수에 대해 동일하다(그림 7-49). 비동차 연립방정식의 일반형을 결정할 때, 비동차 항을 상수 벡터 계수들을 갖는 함수들의 합으로 일정하게 표현하는 것이 도움이 된다. 예를 들면, 연립방정식

$$\begin{aligned} x'_1 &= 2x_1 - 3x_3 + 5t - 5 \\ x'_2 &= x_1 + x_2 - x_3 + 3te^{-2t} + 1 \\ x'_3 &= -x_1 + 5x_3 \end{aligned}$$

의 비동차 항들은

$$\mathbf{r}(t) = \begin{pmatrix} 0 \\ 3 \\ 0 \end{pmatrix} te^{-2t} + \begin{pmatrix} 5 \\ 0 \\ 0 \end{pmatrix} t + \begin{pmatrix} -5 \\ 1 \\ 0 \end{pmatrix}$$

와 같이 표현될 수 있다. 이 경우 동차해와 비동차 항 사이의 중복은 없는 것으로 가정할 때 특수해의 적절한 형태는 12개의 미정 계수들을 포함하는

$$x_p = (\mathbf{a}t + \mathbf{b})e^{-2t} + \mathbf{c}t + \mathbf{d} = \begin{pmatrix} a_1 \\ a_2 \\ a_3 \end{pmatrix} te^{-2t} + \begin{pmatrix} b_1 \\ b_2 \\ b_3 \end{pmatrix} e^{-2t} + \begin{pmatrix} c_1 \\ c_2 \\ c_3 \end{pmatrix} t + \begin{pmatrix} d_1 \\ d_2 \\ d_3 \end{pmatrix}$$

으로 주어진다. 특수해에 대한 이 일반형이 주어진 연립방정식 안의 모든 비동차 항을 포함하고 있음을 유의하기 바란다.

연계 동차방정식의 해들이기도 한 비동차 항들은 연립방정식에서 다르게 처리된다. 단일 방정식의 경우 특수해의 기본형에 t^k를 곱한다. 여기에서 t는 독립변수이며 k는 동차해와 특수해 사이의 중복성을 제거할 수 있는 가장 작은 양의 정수이다. 그러나 연립방정식의 경우 특수해의 기본형에 t^k만 곱하는 것이 아니라 t^0을 비롯하여 이보다 낮은 차수의 t에 대한 모든 멱승들을 곱한다. 즉, 연립방정식의 경우 특수해의 기본형에 t^k 대신 t에 관한 k차 다항식을 곱한다. 예를 들어 e^{-2t}가 동차해일 경우, e^{-2t} 형태의 비동차 항에 대응되는 특수해의 올바른 형태는 $\mathbf{x}_p = \mathbf{a}te^{-2t}$가 아니라 $\mathbf{x}_p = \mathbf{a}te^{-2t} + \mathbf{b}e^{-2t}$이다.

학생들은 미정계수법이 실용적인 경우는 연립방정식 안의 모든 방정식이 상수 계수를 갖고 비동차 항들이 다항식, 지수함수, 사인 또는 코사인 함수를 인수로 가질 때뿐임을 기억하기 바란다.

예제 7-25 미정계수법

다음 연립방정식에 대해 미정계수법을 사용하여 특수해를 찾아 일반해를 구하라.

$$\begin{aligned} x'_1 &= 4x_1 + 6x_2 + 1 \\ x'_2 &= -3x_1 - 5x_2 + e^t \end{aligned}$$

풀이 위의 방정식은 두 개의 미지수에 관한 두 개의 상수계수 1계 선형 동차방정식으로 구성된 연립방정식이며, 이를 행렬 형식으로 표현하면 $\mathbf{x}' = \mathbf{A}\mathbf{x} + \mathbf{r}$이 되는데, 여기에서

$$\mathbf{A} = \begin{pmatrix} 4 & 6 \\ -3 & -5 \end{pmatrix}, \quad \mathbf{x} = \begin{pmatrix} x_1 \\ x_2 \end{pmatrix}, \quad \text{그리고} \quad \mathbf{r} = \begin{pmatrix} 1 \\ e^t \end{pmatrix} = \begin{pmatrix} 0 \\ 1 \end{pmatrix} e^t + \begin{pmatrix} 1 \\ 0 \end{pmatrix}$$

연계 동차 연립방정식 $\mathbf{x}' = \mathbf{A}\mathbf{x}$의 일반해는 예제 7-18에서 다음과 같이 결정된 바 있다.

$$\mathbf{x}_h = c_1 \begin{pmatrix} 2 \\ -1 \end{pmatrix} e^t + c_2 \begin{pmatrix} -1 \\ 1 \end{pmatrix} e^{-2t}$$

비동차 항 e^t와 1을 동차해와 비교하면 함수 e^t는 동차해에도 나타남을 볼 수 있다. 따라서 이 항에 대응되는 특수해로 (단일 방정식의 경우처럼 $\mathbf{a}te^{-2t}$가 아니라) $\mathbf{a}te^{-2t} + \mathbf{b}e^{-2t}$를 선택한다. 또한 상수 1에 대응되는 특수해로는 상수 벡터 $\mathbf{c}$를 선택한다. 따라서 특수해의 적절한 형태는

$$\mathbf{x}_p = \mathbf{a}te^t + \mathbf{b}e^t + \mathbf{c}$$

이며, 그 도함수는 다음과 같이 주어진다.

$$\mathbf{x}'_p = \mathbf{a}e^t + \mathbf{a}te^t + \mathbf{b}e^t$$

여기에서 $\mathbf{a}, \mathbf{b}, \mathbf{c}$는 2×1 상수 벡터들이다.

$$\mathbf{a} = \begin{pmatrix} a_1 \\ a_2 \end{pmatrix}, \quad \mathbf{b} = \begin{pmatrix} b_1 \\ b_2 \end{pmatrix}, \quad \mathbf{c} = \begin{pmatrix} c_1 \\ c_2 \end{pmatrix}$$

특수해와 그 도함수들을 위한 관계식을 연립방정식에 대입하면 다음 식을 얻는다.

$$\mathbf{a}e^t + \mathbf{a}te^t + \mathbf{b}e^t = \mathbf{A}(\mathbf{a}te^t + \mathbf{b}e^t + \mathbf{c}) + \begin{pmatrix} 0 \\ 1 \end{pmatrix} e^t + \begin{pmatrix} 1 \\ 0 \end{pmatrix}$$

이 방정식의 양변에서 상수항들, 그리고 e^t와 te^t의 계수들을 일치시키면 다음과 같은 세 개의 행렬 방정식을 얻는다.

$$\mathbf{A}\mathbf{c} + \begin{pmatrix} 1 \\ 0 \end{pmatrix} = 0$$

$$\mathbf{a} = \mathbf{A}\mathbf{a}$$

$$\mathbf{a} + \mathbf{b} = \mathbf{A}\mathbf{b} + \begin{pmatrix} 0 \\ 1 \end{pmatrix}$$

첫 번째 방정식은 왼쪽에 $\mathbf{A}^{-1}$을 곱함으로써 쉽게 $\mathbf{c}$에 대해 풀 수 있다.

$$\mathbf{c} = -\mathbf{A}^{-1} \begin{pmatrix} 1 \\ 0 \end{pmatrix} = -\begin{pmatrix} 4 & 6 \\ -3 & -5 \end{pmatrix}^{-1} \begin{pmatrix} 1 \\ 0 \end{pmatrix} = -\frac{1}{-2} \begin{pmatrix} -5 & -6 \\ 3 & 4 \end{pmatrix} \begin{pmatrix} 1 \\ 0 \end{pmatrix} = \frac{1}{2} \begin{pmatrix} -5 \\ 3 \end{pmatrix}$$

두 번째 방정식은 $(\mathbf{A} - \mathbf{I})\mathbf{a} = \mathbf{0}$과 같이 표현할 수 있는데, 이것은 고윳값 $\lambda = 1$에 대응되는 $\mathbf{A}$의 고유벡터를 구하기 위한 방정식이다. 이 벡터는 예제 7-16에서 다음과 같이 결정된 바 있다.

$$\mathbf{a} = \mathbf{v}_1 = \begin{pmatrix} 2 \\ -1 \end{pmatrix}$$

세 번째 행렬 방정식이 다음 스칼라 방정식으로 축소된다는 것을 보이는 것은 학생들에게 연습문제로 남긴다.

$$3b_1 + 6b_2 = 2$$

편의를 위해 $b_1 = 0$을 선택하면 이 방정식에 의해 $b_2 = 1/3$이 된다. 이러한 선택의 경우 특수해는 다음과 같이 표현될 수 있다.

$$\mathbf{x}_p = \begin{pmatrix} 2 \\ -1 \end{pmatrix} te^t + \frac{1}{3}\begin{pmatrix} 0 \\ 1 \end{pmatrix} e^t + \frac{1}{2}\begin{pmatrix} -5 \\ 3 \end{pmatrix}$$

이제 주어진 연립방정식의 일반해는 동차해에 특수해를 더하여 다음과 같이 결정된다.

$$\mathbf{x} = c_1\begin{pmatrix} 2 \\ -1 \end{pmatrix} e^t + c_2\begin{pmatrix} -1 \\ 1 \end{pmatrix} e^{-2t} + \begin{pmatrix} 2 \\ -1 \end{pmatrix} te^t + \frac{1}{3}\begin{pmatrix} 0 \\ 1 \end{pmatrix} e^t + \frac{1}{2}\begin{pmatrix} -5 \\ 3 \end{pmatrix}$$

이 해는 다음과 같이 (벡터가 아닌) 스칼라 형식으로 표현될 수 있다.

$$x_1 = 2(c_1 + t)e^t - c_2e^{-2t} - \frac{5}{2}$$

$$x_2 = \left(-c_1 + \frac{1}{3} - t\right)e^t + c_2e^{-2t} + \frac{3}{2}$$

이 해들을 주어진 연립방정식에 대입하여 그 안의 모든 방정식을 만족한다는 것을 보임으로써 해가 맞다는 것을 쉽게 증명할 수 있다.

매개변수 변화법

선형 비동차 연립방정식

$$\mathbf{x}' = \mathbf{A}(t)\mathbf{x} + \mathbf{r}(t)$$

의 계수행렬 $\mathbf{A}(t)$가 상수가 아니거나 비동차 벡터 $\mathbf{r}(t)$가 다항식, 지수함수, 사인파 함수 등이 아닐 경우, 앞에서 기술한 미정계수법은 실용적이 아니다. 이러한 경우 특수해를 결정하는 일반적인 방법인 매개변수 변화법을 사용해야 한다. 매개변수 변화법이 일반적인 방법이어서 아주 긴 유도 과정과 복잡한 식들을 예상하겠지만, 이 방법은 연립방정식에 적합하며 아래에 보이듯이 비교적 단순한 식들이 구성된다.

풀이 과정에서 첫 번째 단계는 연계 동차 연립방정식 $\mathbf{x}' = \mathbf{A}(t)\mathbf{x}$에 대해 n개의 1차 독립인 해 벡터와 개의 임의상수를 포함하는 일반해 $\mathbf{x}_h$를 결정하는 것이다.

$$\mathbf{x}_h = c_1\mathbf{x}_1 + c_2\mathbf{x}_2 + \cdots + c_n\mathbf{x}_n \tag{7-92}$$

이 동차해는 (n개의 1차 독립인 해 벡터 $\mathbf{x}_1, \mathbf{x}_2, ..., \mathbf{x}_n$을 열로 갖는 $n \times n$ 행렬인) 기본행렬 **F**를 이용하여 표현될 수 있다.

$$\mathbf{x}_h = \mathbf{F}(t)\mathbf{c} \tag{7-93}$$

매개변수 변화법은 특수해가 상수 벡터 **c**가 추후 결정되어야 할 벡터함수 $\mathbf{u}(t)$로 대체된다는 점을 제외하면 동차해와 동일한 형태를 갖는다는 가정에 기초한다. 즉,

$$\mathbf{x}_p = \mathbf{F}(t)\mathbf{u} \tag{7-94}$$

여기에서 벡터 $\mathbf{u}(t)$는 아래에서 보여주듯이 $\mathbf{x}_p$가 주어진 비동차 연립방정식을 만족해야 한다는 요구사항으로부터 결정된다.

$\mathbf{x}_p$ 표현식(식 7-94)을 미분하여 $\mathbf{x}' = \mathbf{A}(t)\mathbf{x} + \mathbf{r}(t)$에 대입하면 다음 식을 얻는다.

$$\mathbf{F}'(t)\mathbf{u}(t) + \mathbf{F}(t)\mathbf{u}'(t) = \mathbf{A}(t)\mathbf{F}(t)\mathbf{u}(t) + \mathbf{r}(t) \tag{7-95}$$

그러나 $\mathbf{F}(t)$가 연계 동차 연립방정식을 만족하므로 $\mathbf{F}'(t) = \mathbf{A}(t)\mathbf{F}(t)$가 되며, 따라서 위의 방정식은 다음과 같이 축소된다.

$$\mathbf{F}(t)\mathbf{u}'(t) = \mathbf{r}(t) \tag{7-96}$$

$\mathbf{F}(t)$는 $\mathbf{A}(t)$가 연속인 임의의 구간에서 정칙행렬이다. 따라서 역행렬 $\mathbf{F}^{-1}(t)$가 존재한다. 위의 방정식 양변에서 왼쪽에 $\mathbf{F}^{-1}(t)$를 곱하면 다음 식을 얻는다.

$$\mathbf{u}'(t) = \mathbf{F}^{-1}(t)\mathbf{r}(t) \tag{7-97}$$

이제 벡터 $\mathbf{u}(t)$는 적분을 이용하여 임의상수 벡터 **k**와 함께 다음과 같이 결정된다.

$$\mathbf{u}(t) = \int \mathbf{F}^{-1}(t)\mathbf{r}(t)dt + \mathbf{k} \tag{7-98}$$

이를 식 7-94에 대입하면 특수해를 다음과 같이 결정할 수 있다(그림 7-50).

$$\mathbf{x}_p = \mathbf{F}(t)\int \mathbf{F}^{-1}(t)\mathbf{r}(t)dt + \mathbf{F}(t)\mathbf{k} \tag{7-99}$$

주어진 비동차 연립방정식의 일반해는 식 7-93의 동차해에 특수해를 더하여

$$\mathbf{x} = \mathbf{F}(t)\mathbf{c} + \mathbf{F}(t)\int \mathbf{F}^{-1}(t)\mathbf{r}(t)dt + \mathbf{F}(t)\mathbf{k} \tag{7-100}$$

즉,

$$\mathbf{x} = \mathbf{F}(t)\mathbf{c} + \mathbf{F}(t)\int \mathbf{F}^{-1}(t)\mathbf{r}(t)dt \tag{7-101}$$

과 같이 구할 수 있는데, 여기에서 두 개의 임의상수 벡터 **c**와 **k**는 일반성을 잃지 않고 하나의 임의상수 벡터 **c**로 결합된다. 즉, 일반성을 잃지 않고 **k**를 영벡터로

연립방정식:
$\mathbf{x}' = \mathbf{A}(t)\mathbf{x} + \mathbf{r}(t)$
동차해:
$\mathbf{x}_h = c_1\mathbf{x}_1 + c_2\mathbf{x}_2 + \ldots + c_n\mathbf{x}_n$
기본행렬:
$\mathbf{F}(t) = (\mathbf{x}_1\ \mathbf{x}_2\ \ldots\ \mathbf{x}_n)$
특수해:
$\mathbf{x}_p = \mathbf{F}(t)\int \mathbf{F}^{-1}(t)\mathbf{r}(t)dt$
여기에서 $\mathbf{F}^{-1}(t)$는 기본행렬의 역이다.

그림 7-50
일단 동차해 $\mathbf{x}_h$를 (그리고 기본행렬 $\mathbf{F}(t)$를) 구한 후에는 매개변수 변화법을 사용하여 비동차 연립방정식의 특수해를 간단히 구할 수 있다.

선택할 수도 있고 다른 편리한 상수 벡터로 선택할 수도 있다. 이제 예제들을 통해 선형 비동차 연립방정식의 해에서 식 7-101을 어떻게 사용할지 보인다.

예제 7-26 매개변수 변화법

다음 연립방정식에 대해 매개변수 변화법을 사용하여 특수해를 찾아 일반해를 구하라.

$$x_1' = 4x_1 + 6x_2 + 1$$
$$x_2' = -3x_1 - 5x_2 + e^t$$

풀이 위의 방정식은 예제 7-25에서 살펴본 연립방정식이다. 이번에도 행렬 형식으로 $\mathbf{x}' = \mathbf{Ax} + \mathbf{r}$과 같이 표현하는데, 여기에서

$$\mathbf{A} = \begin{pmatrix} 4 & 6 \\ -3 & -5 \end{pmatrix}, \mathbf{x} = \begin{pmatrix} x_1 \\ x_2 \end{pmatrix}, \text{ 그리고 } \mathbf{r} = \begin{pmatrix} 1 \\ e^t \end{pmatrix}$$

연계 동차 연립방정식 $\mathbf{x}' = \mathbf{Ax}$에 대한 두 개의 1차 독립인 해 벡터는 예제 7-16에서 다음과 같이 결정된 바 있다.

$$\mathbf{x}_1 = \begin{pmatrix} 2e^t \\ -e^t \end{pmatrix} \text{ 그리고 } \mathbf{x}_2 = \begin{pmatrix} -e^{-2t} \\ e^{-2t} \end{pmatrix}$$

따라서 연계 동차 연립방정식의 기본행렬

$$\mathbf{F}(t) = \begin{pmatrix} 2e^t & -e^{-2t} \\ -e^t & e^{-2t} \end{pmatrix}$$

와 같으며, 이에 대한 행렬식은 다음과 같다.

$$\det \mathbf{F} = \begin{vmatrix} 2e^t & -e^{-2t} \\ -e^t & e^{-2t} \end{vmatrix} = 2e^{-t} - e^{-t} = e^{-t}$$

이 기본행렬의 역은 다음과 같이 계산된다.

$$\mathbf{F}^{-1}(t) = \frac{1}{e^{-t}} \begin{pmatrix} e^{-2t} & e^{-2t} \\ e^t & 2e^t \end{pmatrix} = \begin{pmatrix} e^{-t} & e^{-t} \\ e^{2t} & 2e^{2t} \end{pmatrix}$$

이제 식 7-99를 이용하여 매개변수 변화법에 따른 특수해를 구할 수 있다. 적분상수를 무시하면 다음과 같이 주어진다.

$$\mathbf{x}_p = \mathbf{F}(t) \int \mathbf{F}^{-1}(t)\mathbf{r}(t)dt$$

여기에서

$$\int \mathbf{F}^{-1}(t)\mathbf{r}(t)dt = \int \begin{pmatrix} e^{-t} & e^{-t} \\ e^{2t} & 2e^{2t} \end{pmatrix} \begin{pmatrix} 1 \\ e^t \end{pmatrix} dt$$

$$= \int \begin{pmatrix} e^{-t} + 1 \\ e^{2t} + 2e^{3t} \end{pmatrix} dt = \begin{pmatrix} -e^{-t} + t \\ \frac{1}{2}e^{2t} + \frac{2}{3}e^{3t} \end{pmatrix}$$

이를 대입하면 특수해는 다음과 같이 계산된다.

$$\mathbf{x}_p = \mathbf{F}(t)\int \mathbf{F}^{-1}(t)\mathbf{r}(t)dt = \begin{pmatrix} 2e^t & -e^{-2t} \\ -e^t & e^{-2t} \end{pmatrix}\begin{pmatrix} -e^{-t}+t \\ \frac{1}{2}e^{2t}+\frac{2}{3}e^{3t} \end{pmatrix}$$

$$= \begin{pmatrix} -2+2te^t-\frac{1}{2}-\frac{2}{3}e^t \\ 1-te^t+\frac{1}{2}+\frac{2}{3}e^t \end{pmatrix} = \begin{pmatrix} 2te^t-\frac{2}{3}e^t-\frac{5}{2} \\ -te^t+\frac{2}{3}e^t+\frac{3}{2} \end{pmatrix}$$

$$= \begin{pmatrix} 2 \\ -1 \end{pmatrix}te^t + \frac{2}{3}\begin{pmatrix} -1 \\ 1 \end{pmatrix}e^t + \frac{1}{2}\begin{pmatrix} -5 \\ 3 \end{pmatrix}$$

이제 주어진 연립방정식의 일반해는 예제 7-13에서 결정된 동차해에 특수해를 더하여 다음과 같이 결정된다.

$$\mathbf{x} = d_1\mathbf{x}_1 + d_2\mathbf{x}_2 + \mathbf{x}_p$$

$$= d_1\begin{pmatrix} 2 \\ -1 \end{pmatrix}e^t + d_2\begin{pmatrix} -1 \\ 1 \end{pmatrix}e^{-2t} + \begin{pmatrix} 2 \\ -1 \end{pmatrix}te^t + \frac{2}{3}\begin{pmatrix} -1 \\ 1 \end{pmatrix}e^t + \frac{1}{2}\begin{pmatrix} -5 \\ 3 \end{pmatrix}$$

이 해는 다음과 같이 (벡터가 아닌) 스칼라 형식으로 표현될 수 있다.

$$x_1 = 2\left(d_1 - \frac{1}{3} + t\right)e^t - d_2e^{-2t} - \frac{5}{2}$$

$$x_2 = \left(-d_1 + \frac{2}{3} - t\right)e^t + d_2e^{-2t} + \frac{3}{2}$$

이 해들을 주어진 연립방정식에 대입하여 그 안의 모든 방정식을 만족한다는 것을 보임으로써 해가 맞다는 것을 쉽게 증명할 수 있다.

매개변수 변화법은 보다 체계적이고 단순한 방식으로 특수해를 구하고 있음에 주목하기 바란다. 이렇게 구한 일반해는 두 해의 임의상수 c_1, d_1이 다른 것을 제외하고는 미정계수법으로 구한 일반해와 동일하다. c_1과 d_1은 1/3만큼 차이 난다. 즉, $c_1 = d_1 - 1/3$인데, 이는 전혀 중요하지 않다.

비동차 연립방정식 초깃값 문제

매개변수 변화법은 선형 비동차 연립방정식 초깃값 문제를 풀기에 대단히 적합한데, 이는 초기조건들을 직접 반영할 수 있기 때문이다.

앞에서 *동차* 연립방정식의 일반해는 기본행렬 $\mathbf{F}(t)$를 사용하여 다음과 같이 표현할 수 있다는 것을 살펴본 바 있다.

$$\mathbf{x}_h(t) = \mathbf{F}(t)\mathbf{c} \tag{7-102}$$

여기에서 $\mathbf{c}$는 임의상수들을 포함하는 벡터이다. 이 식의 왼쪽에 $\mathbf{F}^{-1}(t)$를 곱하고 $t = t_0$에서 계산하면, 벡터 $\mathbf{c}$는

$$\mathbf{c} = \mathbf{F}^{-1}(t_0)\mathbf{x}_0 \tag{7-103}$$

와 같이 결정되는데, 여기에서 $\mathbf{x}_0 = \mathbf{x}(t_0)$은 지정된 초기조건 모음이다. 이를 식 7-102에 대입하면 *동차* 연립방정식 초깃값 문제의 일반해가 다음과 같이 표현된다.

$$\mathbf{x}_h(t) = \mathbf{F}(t)\mathbf{F}^{-1}(t_0)\mathbf{x}_0 \tag{7–104}$$

관계식 $\mathbf{c} = \mathbf{F}^{-1}(t)\mathbf{x}_0$이 아주 그럴듯해 보이지만 비동차 연립방정식에는 적용할 수 없다. 이는 초기조건들을 동차해가 아니라 (동차해와 특수해를 합한) *전체* 해에 적용하여 임의상수들을 결정해야 하기 때문이다. 물론 이는 점 $t = t_0$에서 특수해가 0이 아닐 때에 한한 이야기이다. 이는 어떻게든 $t = t_0$에서 항상 0이 되도록 동차 연립방정식을 표현할 수 있다면, 비동차 연립방정식의 경우에도 임의상수들을 결정하기 위해 이 관계식을 이용할 수 있음을 의미한다.

매개변수 변화법을 이용한 특수해 관계식(식 7-99)은 부정적분과 임의상수 벡터 $\mathbf{k}$를 포함하고 있음을 기억하기 바란다. 또 일반성을 잃지 않고 $\mathbf{k}$를 영벡터로 선택할 수도 있고 다른 편리한 상수 벡터로 선택할 수도 있다. 연립*미분방정식*을 풀 때 편의를 위해 $\mathbf{k}$를 영벡터로 선택하거나 그냥 무시한다. 그러나 연립방정식 초깃값 문제를 풀 때는 $t = t_0$에서 특수해를 $\mathbf{0}$으로 만드는 $\mathbf{k}$를 선택하는 것이 더 편리하다. 이러한 목표를 쉽게 달성하는 방법은 식 7-99의 부정적분을 다음과 같이 t_0에서 t 사이를 적분범위로 하는 정적분으로 표현하는 것이다.

$$\mathbf{x}_p = \mathbf{F}(t)\int_{t_0}^{t}\mathbf{F}^{-1}(t)\mathbf{r}(t)dt \tag{7–105}$$

이러한 표현을 통해 $t = t_0$에서 $\mathbf{x}_p = \mathbf{0}$을 보장할 수 있는데, 이는 적분범위의 하한과 상한이 동일한 정적분은 항상 0이기 때문이다. 끝으로, 식 7-104와 7-105의 동차해와 특수해를 결합하여 주어진 비동차 연립방정식 초깃값 문제의 해를 다음과 같이 표현할 수 있다(그림 7-51).

$$\mathbf{x}(t) = \mathbf{F}(t)\left[\mathbf{F}^{-1}(t)\mathbf{x}_0 + \int_{t_0}^{t}\mathbf{F}^{-1}(t)\mathbf{r}(t)dt\right] \tag{7–106}$$

따라서 일단 연계 동차 연립방정식의 기본행렬 $\mathbf{F}(t)$를 구한 다음에는 초기조건 $\mathbf{x}_0 = \mathbf{x}(t_0)$에 따른 비동차 연립방정식의 해를 결정하기 위해 식 7-106을 사용할 수 있다.

연립방정식:

$$\mathbf{x}' = \mathbf{A}(t)\mathbf{x} + \mathbf{r}(t)$$

동차해:

$$\mathbf{x}_h = c_1\mathbf{x}_1 + c_2\mathbf{x}_2 + \dots + c_n\mathbf{x}_n$$

기본행렬:

$$\mathbf{F}(t) = (\mathbf{x}_1\ \mathbf{x}_2\ \dots\ \mathbf{x}_n)$$

주어진 연립방정식 초깃값 문제의 해:

$$\mathbf{x}(t) = \mathbf{F}(t)\left[\mathbf{F}^{-1}(t)\mathbf{x}_0 + \int_{t_0}^{t}\mathbf{F}^{-1}(t)\mathbf{r}(t)dt\right]$$

여기에서 $\mathbf{F}^{-1}(t)$는 기본행렬의 역이다.

그림 7–51
일단 동차해 $\mathbf{x}_p$를 (그리고 기본행렬 $\mathbf{F}(t)$를) 구한 후에는 매개변수 변화법을 사용하여 비동차 연립방정식 초깃값 문제의 해를 직접 구할 수 있다.

예제 7–27 비동차 연립방정식 초깃값 문제

지정된 초기조건들과 함께 주어진 다음 비동차 연립방정식의 해를 구하라.

$$x_1' = 4x_1 + 6x_2 + 1, \qquad x_1(0) = 1$$
$$x_2' = -3x_1 - 5x_2 + e^t, \qquad x_2(0) = 0$$

풀이 | 위의 방정식은 예제 7-25에서 풀어본 바 있는 비동차 연립방정식이다. 지정된 초기조건들을 만족하는 해를 결정하기 위해 앞에서 구한 일반해에 초기조건들을 적용하고 이를 풀어 임의상수 c_1, c_2를 구한다. 그 결과는 $c_1 = 5/3, c_2 = -1/6$이다. 이제 주어진 연립방정식 초깃값 문제의 해는 다음과 같다.

$$x_1 = \left(2t + \frac{10}{3}\right)e^t + \frac{1}{6}e^{-2t} - \frac{5}{2}$$

$$x_2 = -\left(t + \frac{4}{3}\right)e^t - \frac{1}{6}e^{-2t} + \frac{3}{2}$$

이제 일단 연계 동차 연립방정식의 기본행렬 $\mathbf{F}(t)$를 구하면 특수해를 구할 필요 없이 식 7-106을 이용하여 동일한 결과를 직접 구할 수 있음을 보일 것이다. 예제 7-26에서 다음의 결과를 구한 바 있다.

$$\mathbf{F}(t) = \begin{pmatrix} 2e^t & -e^{-2t} \\ -e^t & e^{-2t} \end{pmatrix}, \mathbf{F}^{-1}(t) = \begin{pmatrix} e^{-t} & e^{-t} \\ e^{2t} & 2e^{2t} \end{pmatrix}, \text{ 그리고 } \mathbf{F}^{-1}(0) = \begin{pmatrix} 1 & 1 \\ 1 & 2 \end{pmatrix}$$

또한 초기조건들과 비동차 항들을 행렬형식으로 표현하면 다음과 같다.

$$\mathbf{x}_0 = \begin{pmatrix} 1 \\ 0 \end{pmatrix} \text{ 그리고 } \mathbf{r} = \begin{pmatrix} 1 \\ e^t \end{pmatrix}$$

이들을 식 7-101에 대입하고 $t_0 = 0$으로 두면 주어진 연립방정식의 해는 다음과 같이 결정된다.

$$\mathbf{x}(t) = \mathbf{F}(t)\left[\mathbf{F}^{-1}(t)\mathbf{x}_0 + \int_{t_0}^{t} \mathbf{F}^{-1}(t)\mathbf{r}(t)dt\right]$$

$$= \mathbf{F}(t)\left[\begin{pmatrix} 1 & 1 \\ 1 & 2 \end{pmatrix}\begin{pmatrix} 1 \\ 0 \end{pmatrix} + \int_{t_0}^{t} \begin{pmatrix} e^{-t} & e^{-t} \\ e^{2t} & 2e^{2t} \end{pmatrix}\begin{pmatrix} 1 \\ e^t \end{pmatrix}dt\right]$$

$$= \mathbf{F}(t)\left[\begin{pmatrix} 1 \\ 1 \end{pmatrix} + \int_{t_0}^{t} \begin{pmatrix} e^{-t} + 1 \\ e^{2t} + 2e^{3t} \end{pmatrix}dt\right]$$

$$= \mathbf{F}(t)\left[\begin{pmatrix} 1 \\ 1 \end{pmatrix} + \begin{pmatrix} -e^{-t} + t + 1 \\ \frac{1}{2}e^{2t} + \frac{2}{3}e^{3t} - \frac{7}{6} \end{pmatrix}\right]$$

$\mathbf{F}(t)$를 대입하면

$$\mathbf{x}(t) = \begin{pmatrix} 2e^t & -e^{-2t} \\ -e^t & e^{-2t} \end{pmatrix}\begin{pmatrix} -e^{-t} + t + 2 \\ \frac{1}{2}e^{2t} + \frac{2}{3}e^{3t} - \frac{1}{6} \end{pmatrix}$$

$$= \begin{pmatrix} \left(2t + \frac{10}{3}\right)e^t + \frac{1}{6}e^{-2t} - \frac{5}{2} \\ -\left(t + \frac{4}{3}\right)e^t - \frac{1}{6}e^{-2t} + \frac{3}{2} \end{pmatrix}$$

이 되는데, 이를 스칼라 형식으로 표현하면 다음과 같다.

$$x_1 = \left(2t + \frac{10}{3}\right)e^t + \frac{1}{6}e^{-2t} - \frac{5}{2}$$

$$x_2 = -\left(t + \frac{4}{3}\right)e^t - \frac{1}{6}e^{-2t} + \frac{3}{2}$$

이 방법에서 특수해는 자동적으로 반영되며, 초기조건들도 자동적으로 해에 반영되고 있음에 주목하기 바란다.

매개변수 변화법은 비동차 연립미분방정식의 풀이에 적합하며, 초기조건들이 주어지는 비동차 연립방정식의 해를 체계적으로 결정할 수 있게 해준다는 점에 주목하기 바란다.

절 복습문제

7-30C 미정계수법을 연립방정식에 적용할 때는 단일 방정식에 적용할 때와 어떻게 다른가?

7-31C 선형 비동차 연립방정식의 특수해를 구할 때 적용하기 쉬운 것은 미정계수법과 매개변수 변화법 중 어느 것인가?

7-32 (a) 미정계수법, 그리고 (b) 매개변수 변화법을 사용하여 다음 1계 미분방정식들로 구성된 연립방정식의 일반해를 구하라. (동차해를 구할 때는 행렬 해법을 사용하라.)

$$\mathbf{x}' = \begin{pmatrix} 3 & -1 \\ 1 & 1 \end{pmatrix}\mathbf{x} + \begin{pmatrix} -5e^{2t} \\ 0 \end{pmatrix}$$

(답: $\mathbf{x} = C_1\begin{pmatrix} 1 \\ 1 \end{pmatrix}e^{2t} + C_2\begin{pmatrix} 1+t \\ t \end{pmatrix}e^{2t} + \begin{pmatrix} -\frac{5}{2} \\ -\frac{5}{2} \end{pmatrix}t^2e^{2t} + \begin{pmatrix} -5 \\ 0 \end{pmatrix}te^{2t}$)

7-33 다음 방정식에 대해 문제 7-32를 반복하라.

$$\mathbf{x}' = \begin{pmatrix} 1 & -6 \\ 4 & 1 \end{pmatrix}\mathbf{x} + \begin{pmatrix} 0 \\ -2\cos 2t \end{pmatrix}, \quad x(0) = \begin{pmatrix} 1 \\ 0 \end{pmatrix}$$

(답: $\mathbf{x}_1(t) = \frac{29\sqrt{6}}{457}e^t \sin 2\sqrt{6}t + \frac{205}{457}e^t \cos 2\sqrt{6}t - \frac{48}{457}\sin 2t + \frac{252}{457}\cos 2t$

$\mathbf{x}_2(t) = \frac{205\sqrt{6}}{1371}e^t \sin 2\sqrt{6}t - \frac{58}{457}e^t \cos 2\sqrt{6}t + \frac{76}{457}\sin 2t + \frac{58}{457}\cos 2t$)

7-7 ■ 표준형과 추이행렬

예제 7-18의 결과를 살펴보면 연립방정식

$$\mathbf{x}' = \begin{pmatrix} 4 & 6 \\ -3 & -5 \end{pmatrix}\mathbf{x}$$

에 대응되는 고유벡터와 고유모드는 다음과 같다.

$$\mathbf{v}_1 = \begin{pmatrix} 2 \\ -1 \end{pmatrix} \qquad \mathbf{v}_2 = \begin{pmatrix} 1 \\ -1 \end{pmatrix}$$

$$\mathbf{x}_1(t) = \begin{pmatrix} 2 \\ -1 \end{pmatrix} e^{t} \quad \mathbf{x}_2(t) = \begin{pmatrix} 1 \\ -1 \end{pmatrix} e^{-2t}$$

하나의 고유벡터에 상수를 곱함으로써 다른 고유벡터를 얻을 수 있음을 살펴본 바 있다. 이러한 과정을 통해 벡터의 길이만 달라질 뿐 방향은 변하지 않는다. 예를 들면, 각 벡터의 첫 번째 원소를 1로 만들기로 선택할 수 있다. 위의 고유벡터에서 첫 번째 벡터를 2로 나누어 고유벡터 모음을 다음과 같이 정할 수 있다.

$$\mathbf{w}_1 = \begin{pmatrix} 1 \\ -1/2 \end{pmatrix} \qquad \mathbf{w}_2 = \begin{pmatrix} 1 \\ -1 \end{pmatrix}$$

각 벡터를 그 길이로 나눔으로써 (길이가 1인) *단위벡터*인 고유벡터들을 얻을 수도 있다. 이때 벡터의 길이는 각 원소의 제곱을 합한 결과에 제곱근을 취해 계산할 수 있다. 위의 고유벡터들의 길이는 $\sqrt{1^2 + (-1/2)^2} = \sqrt{5}/2$ 그리고 $\sqrt{1^2 + (-1)^2} = \sqrt{2}$ 이다. 따라서 단위벡터인 고유벡터는 다음과 같이 주어진다.

$$\hat{\mathbf{e}}_1 = \frac{2}{\sqrt{5}}\mathbf{w}_1 = \frac{2}{\sqrt{5}}\begin{pmatrix} 1 \\ -1/2 \end{pmatrix} \qquad \hat{\mathbf{e}}_2 = \frac{2}{\sqrt{5}}\mathbf{w}_2 = \frac{1}{\sqrt{5}}\begin{pmatrix} 1 \\ -1 \end{pmatrix}$$

이제 단위벡터인 고유벡터들이 연립방정식의 풀이에 유용하다는 것을 보일 것이다.

대각화

상태변수 x_1, x_2를 두 개의 축을 갖는 좌표계에서 두 개의 좌표를 나타내는 것으로 생각할 수 있다. 좌표들을 상태변수로 갖는 좌표계를 *상태공간(state space)*이라고 한다. 이러한 개념은 임의의 개수의 상태변수들로 확장될 수 있다. 물론 상태변수의 개수가 3을 넘을 경우 기하학적 의미는 잃게 된다.

첫 번째 원소가 1로 정규화된 2차원 고유벡터 $\mathbf{v}_1$, $\mathbf{v}_2$가 다음과 같이 주어져 있다고 하자.

$$\mathbf{v}_1 = \begin{pmatrix} 1 \\ m_1 \end{pmatrix} \text{ 그리고 } \mathbf{v}_2 = \begin{pmatrix} 1 \\ m_2 \end{pmatrix}$$

이러한 고유벡터들은 상태공간에서 화살표로 표시될 수 있다. 이러한 시스템의 동작은 각 고유모드의 해당 고유벡터 상의 운동에 대한 벡터 결합을 따른다. 이러한 운동들은 각기 다른 속도로 발생하며, 각 운동속도는 고유모드의 시간상수에 의해 결정된다. 초기조건 벡터 $\mathbf{x}(0)$을 각 고유벡터 상에 투영하여 각 고유모드에 연계된 초기 크기를 결정한다. 벡터 $\mathbf{x}(0)$이 정확히 한 개의 고유벡터 상에 놓인다면, 해당 고유모드만이 이 운동에 나타날 것이다.

고유벡터들이 1차 독립일 경우, 이들은 새로운 좌표축 모음을 구성하는 데 사용될 수 있다. 새로운 좌표들을 z_1, z_2라고 하고, 이 좌표계의 단위길이 기저벡터를 $\hat{\mathbf{e}}_1$, $\hat{\mathbf{e}}_2$로 표시한다. 이 기저벡터들이 고유벡터 $\mathbf{v}_1$, $\mathbf{v}_2$ 상에 놓일 경우, 이들은 또한 고유벡터이기도 하다. 이때 기저벡터들은 벡터 $\mathbf{v}_1$, $\mathbf{v}_2$를 각자의 길이로 나누는 정규화를 통해 구할 수 있다. 즉,

$$\hat{\mathbf{e}}_1 = \frac{1}{\sqrt{1 + m_1^2}}\begin{pmatrix} 1 \\ m_1 \end{pmatrix} \quad \text{그리고} \quad \hat{\mathbf{e}}_2 = \frac{1}{\sqrt{1 + m_2^2}}\begin{pmatrix} 1 \\ m_2 \end{pmatrix}$$

이러한 좌표들을 이용하여 표현된 해 벡터 $\mathbf{x}$는 다음과 같다.

$$\mathbf{x} = z_1\hat{\mathbf{e}}_1 + z_2\hat{\mathbf{e}}_2$$

그리고 그 도함수는 다음과 같다.

$$\mathbf{x}' = z_1'\hat{\mathbf{e}}_1 + z_2'\hat{\mathbf{e}}_2$$

자유반응은 $\mathbf{x}' = \mathbf{A}\mathbf{x}$를 만족한다. 따라서

$$z_1'\hat{\mathbf{e}}_1 + z_2'\hat{\mathbf{e}}_2 = \mathbf{A}(z_1\hat{\mathbf{e}}_1 + z_2\hat{\mathbf{e}}_2) = z_1\mathbf{A}\hat{\mathbf{e}}_1 + z_2\mathbf{A}\hat{\mathbf{e}}_2$$

가 되는데, 이는 z_1, z_2가 스칼라이기 때문이다. 고유벡터의 정의에 따라 $\hat{\mathbf{e}}_1$, $\hat{\mathbf{e}}_2$는

$$\mathbf{A}\hat{\mathbf{e}}_1 = \lambda_1\hat{\mathbf{e}}_1$$
$$\mathbf{A}\hat{\mathbf{e}}_2 = \lambda_2\hat{\mathbf{e}}_2$$

를 만족해야 한다. 따라서

$$z_1'\hat{\mathbf{e}}_1 + z_2'\hat{\mathbf{e}}_2 = \lambda_1 z_1\hat{\mathbf{e}}_1 + \lambda_2 z_2\hat{\mathbf{e}}_2$$

벡터의 원소들을 비교하여 다음 식들을 얻는다.

$$z_1' = \lambda_1 z_1 \tag{7–107}$$
$$z_2' = \lambda_2 z_2 \tag{7–108}$$

이는 동차 미분방정식을 고유벡터 방향을 따르는 좌표계로 표현하면 분리된다는 것을 보여준다. 2차원의 경우 해석기하를 이용하거나 일반적으로는 선형대수를 이용하여 $\mathbf{x}$ 좌표계와 $\mathbf{z}$ 좌표계 사이의 변환행렬은 고유벡터들을 열로 갖는 **모드 행렬(modal matrix) M**이라는 것을 보일 수 있다.

2차원의 경우

$$\mathbf{M} = (\mathbf{v}_1, \mathbf{v}_2)$$

이며, 이때 $\mathbf{x} = \mathbf{M}\mathbf{z}$이다. 이는 $\mathbf{x}' = \mathbf{M}\mathbf{z}'$를 의미한다. 연립미분방정식 $\mathbf{x}' = \mathbf{A}\mathbf{x} + \mathbf{r}(t)$로부터 다음 식을 얻는다.

$$\mathbf{Mz}' = \mathbf{AMz} + \mathbf{r}(t)$$

고윳값들이 서로 다를 경우 $\mathbf{M}^{-1}$이 존재한다는 것을 보일 수 있다. 따라서

$$\mathbf{z}' = \mathbf{M}^{-1}\mathbf{AMz} + \mathbf{M}^{-1}\mathbf{r}(t) \quad \text{(7-109)}$$

$\mathbf{r}(t) = \mathbf{0}$인 경우에 대해 이 식을 식 7-107 및 식 7-108과 비교하면 다음의 결과를 얻는다.

$$\mathbf{M}^{-1}\mathbf{AM} = \begin{pmatrix} \lambda_1 & 0 \\ 0 & \lambda_2 \end{pmatrix} \quad \text{(7-110)}$$

이러한 성질은 $\mathbf{A}$의 고윳값들이 서로 다를 경우 일반적 벡터에 대해 성립한다. 즉,

$$\mathbf{M}^{-1}\mathbf{AM} = \Lambda \quad \text{(7-111)}$$

여기에서 Λ는 연립방정식의 고윳값들을 원소로 갖는 대각선행렬이다. 이제 벡터 $\mathbf{z}$를 이용하여 연립방정식을 표현하면 다음과 같다.

$$\mathbf{z}' = \Lambda\mathbf{z} + \mathbf{M}^{-1}\mathbf{r}(t) \quad \text{(7-112)}$$

n계 방정식의 경우 모드행렬은 다음과 같은 형태를 갖는다.

$$\mathbf{M} = (\mathbf{v}_1, \mathbf{v}_2, \ldots, \mathbf{v}_n) \quad \text{(7-113)}$$

행렬 Λ는 *분리행렬(decoupling matrix)*이라 불리는데, 이는 고윳값들이 서로 다를 경우 벡터 $\mathbf{z}$ 안의 변수들을 이용하여 표현되는 미분방정식들이 분리된 방정식, 즉, 독립적인 방정식들이기 때문이다. 분리된 방정식들은 풀기가 더 쉬우므로, 먼저 $\mathbf{z}$ 변수들에 대해 풀고 원래의 변수들을 위한 해를 구하기 위해 변환 $\mathbf{x} = \mathbf{Mz}$를 사용한다(그림 7-52).

상수계수 선형 연립방정식:

$\mathbf{x}' = \mathbf{Ax} + \mathbf{r}(t)$

$\mathbf{M}$ = 고유벡터들을 열로 갖는 모드행렬

Λ = 분리행렬 = $\mathbf{M}^{-1}\mathbf{AM}$

변수 변환:

$\mathbf{x} = \mathbf{Mz}$

분리된 방정식:

$\mathbf{z}' = \Lambda\mathbf{z} + \mathbf{M}^{-1}\mathbf{r}(t)$

그림 7-52
연립미분방정식을 분리하기 위한 모드행렬의 사용

예제 7-28 서로 다른 실수 고윳값을 갖는 경우의 방정식 분리

새로운 변수 z_1, z_2를 사용한 방정식 분리를 통해 다음 연립방정식의 해를 구하라.

$$\begin{aligned} x_1' &= 4x_1 + 6x_2 + 1 \\ x_2' &= -3x_1 - 5x_2 + e^t \end{aligned}$$

풀이 예제 7-19에서 이 연립방정식의 고윳값과 고유벡터를 $\lambda_1 = 1, \lambda_2 = -2$, 그리고

$$\mathbf{v}_1 = \begin{pmatrix} 2 \\ -1 \end{pmatrix} \qquad \mathbf{v}_2 = \begin{pmatrix} -1 \\ 1 \end{pmatrix}$$

와 같이 구한 바 있다. 이제 모드행렬과 그 역을 구하면 다음과 같다.

$$\mathbf{M} = \begin{pmatrix} 2 & -1 \\ -1 & 1 \end{pmatrix} \qquad \mathbf{M}^{-1} = \begin{pmatrix} 1 & 1 \\ 1 & 2 \end{pmatrix}$$

분리행렬은 다음과 같이 주어진다.

$$\mathbf{\Lambda} = \begin{pmatrix} 1 & 0 \\ 0 & -2 \end{pmatrix}$$

변수변환 $\mathbf{x} = \mathbf{Mz}$를 사용하여

$$\mathbf{z}' = \mathbf{\Lambda z} + \mathbf{M}^{-1}\mathbf{r}(t) = \begin{pmatrix} 1 & 0 \\ 0 & -2 \end{pmatrix}\begin{pmatrix} z_1 \\ z_2 \end{pmatrix} + \begin{pmatrix} 1 & 1 \\ 1 & 2 \end{pmatrix}\begin{pmatrix} 1 \\ e^t \end{pmatrix}$$

와 같이 분리된 방정식들을 얻는다. 이를 다시 표현하면 다음과 같다.

$$z_1' = z_1 + 1 + e^t$$
$$z_2' = -2z_2 + 1 + 2e^t$$

이들은 두 개의 독립된 1계 방정식이다. 따라서 2장의 해법을 사용하여 개별적으로 풀면 다음의 해들을 얻는다.

$$z_1 = C_1e^t + te^t - 1$$
$$z_2 = \frac{2}{3}e^t + C_2e^{-2t} + \frac{1}{2}$$

원래의 변수들에 관한 해를 얻기 위해 변환 $\mathbf{x} = \mathbf{Mz}$를 사용하여 다음의 결과를 얻는다.

$$\begin{pmatrix} x_1 \\ x_2 \end{pmatrix} = \begin{pmatrix} 2 & -1 \\ -1 & 1 \end{pmatrix}\begin{pmatrix} z_1 \\ z_2 \end{pmatrix} = \begin{pmatrix} 2z_1 - z_2 \\ -z_1 + z_2 \end{pmatrix}$$

즉,

$$x_1 = \left(2c_1 - \frac{2}{3} + 2t\right)e^t - c_2e^{-2t} - \frac{5}{2}$$
$$x_2 = \left(-c_1 + \frac{2}{3} - t\right)e^t + c_2e^{-2t} + \frac{3}{2}$$

중복 고윳값에 대한 고유모드 고윳값이 중복될 경우 1차 독립인 고유벡터들이 존재하지 않을 수도 있으며, 이 경우 행렬 $\mathbf{\Lambda}$는 대각선행렬이 아닐 것이다. 2중 고윳값 λ_1을 갖는 2계 방정식의 경우, 이 행렬이 다음과 같은 형태를 갖는다는 것을 보일 수 있다.

$$\mathbf{\Lambda}_R = \begin{pmatrix} \lambda_1 & 1 \\ 0 & \lambda_1 \end{pmatrix} \tag{7-114}$$

여기에서 첨자 R은 $\mathbf{\Lambda}_R$을 서로 다른 고윳값 경우에 사용되었던 $\mathbf{\Lambda}$ 행렬과 구분하기 위해 사용된다. 이 행렬을 3중 고윳값 λ_1을 갖는 3계 방정식으로 확장하면 다음과 같다.

$$\mathbf{\Lambda}_R = \begin{pmatrix} \lambda_1 & 1 & 0 \\ 0 & \lambda_1 & 1 \\ 0 & 0 & \lambda_1 \end{pmatrix} \tag{7-115}$$

2중 고윳값 λ_1과 세 번째 고윳값 λ_2를 갖는 3계 방정식의 경우에는 다음과 같은 행렬을 갖는다.

$$\mathbf{\Lambda} = \begin{pmatrix} \mathbf{\Lambda}_R & \mathbf{0} \\ \mathbf{0} & \lambda_2 \end{pmatrix} = \begin{pmatrix} \lambda_1 & 1 & 0 \\ 0 & \lambda_1 & 0 \\ 0 & 0 & \lambda_2 \end{pmatrix} \tag{7-116}$$

예제 7-29 중복 고윳값을 갖는 경우의 방정식 분리

새로운 변수 z_1, z_2를 사용한 방정식 분리를 통해 다음 연립방정식의 해를 구하라.

$$\begin{aligned} x_1' &= 4x_1 + x_2 \\ x_2' &= -x_1 + 2x_2 \end{aligned}$$

풀이 | 예제 7-19에서 이 연립방정식의 고윳값과 고유벡터를 $\lambda_1 = 3, \lambda_2 = 3$, 그리고

$$\mathbf{v} = \begin{pmatrix} -1 \\ 1 \end{pmatrix} \qquad \mathbf{u} = \begin{pmatrix} 0 \\ -1 \end{pmatrix}$$

와 같이 구한 바 있다. 이제 모드행렬과 그 역을 구하면 다음과 같다.

$$\mathbf{M} = \begin{pmatrix} -1 & 0 \\ 1 & -1 \end{pmatrix} \qquad \mathbf{M}^{-1} = \begin{pmatrix} 1 & 1 \\ 1 & 2 \end{pmatrix}$$

분리행렬은 다음과 같이 주어진다.

$$\mathbf{\Lambda} = \begin{pmatrix} 3 & 1 \\ 0 & 3 \end{pmatrix}$$

변수변환 $\mathbf{x} = \mathbf{Mz}$를 사용하여

$$\mathbf{z}' = \mathbf{\Lambda z} = \begin{pmatrix} 3 & 1 \\ 0 & 3 \end{pmatrix}\begin{pmatrix} z_1 \\ z_2 \end{pmatrix}$$

와 같이 분리된 방정식들을 얻는다. 이를 다시 표현하면 다음과 같다.

$$\begin{aligned} z_1' &= 3z_1 + z_2 \\ z_2' &= 3z_2 \end{aligned}$$

위의 방정식들 중 두 번째 방정식은 독립적인 1계 방정식이다. 따라서 2장의 해법을 사용하여 풀면 다음의 해를 얻는다.

$$z_2 = C_2 e^{3t}$$

첫 번째 방정식은 두 번째 방정식에 종속되어 있지만, 이 방정식도 1계 방정식이다. 따라서 2장의 해법을 이용하여 풀 수 있으며, 다음과 같은 해를 얻을 수 있다.

$$z_1 = C_1 e^{3t} + C_2 t e^{3t}$$

원래의 변수들에 관한 해를 얻기 위해 변환 $\mathbf{x} = \mathbf{Mz}$를 사용하여 다음의 결과를 얻는다.

$$\begin{pmatrix} x_1 \\ x_2 \end{pmatrix} = \begin{pmatrix} -1 & 0 \\ 1 & -1 \end{pmatrix}\begin{pmatrix} z_1 \\ z_2 \end{pmatrix} = \begin{pmatrix} -z_1 \\ z_1 - z_2 \end{pmatrix}$$

즉,

$$x_1 = -C_1e^{3t} - C_2te^{3t}$$
$$x_2 = C_1e^{3t} + C_2te^{3t} - C_2e^{3t}$$

복소수 고윳값에 대한 고유모드 복소수 고윳값은 서로 다른 고윳값 경우에 포함되는데, 이때 행렬 $\mathbf{\Lambda}$의 고유벡터와 대각선 원소들이 복소수가 된다. 이 경우 고유모드에 대한 물리적 해석이 어렵다. 예를 들면, 고유벡터는 더 이상 상태변수들을 포함하는 실수 평면상의 좌표축들이 아니다. 또한 계산의 편의를 위해 복소수 양을 피하는 것이 바람직하다. 따라서 조금 다른 관점에서 복소수 근의 경우를 논의한다.

행렬 $\mathbf{\Lambda}$가 고윳값 $\lambda = -a \pm ib$(단, $b > 0$)를 갖는 2계 방정식의 경우를 생각해보자. 고유벡터 $\mathbf{v}_1$, $\mathbf{v}_2$가

$$\mathbf{v}_1 = \mathbf{q} + i\mathbf{r}$$
$$\mathbf{v}_2 = \mathbf{q} - i\mathbf{r}$$

를 만족하는 켤레 복소수 쌍임을 쉽게 보일 수 있다. 식 7-113에 의해 정의되는 모드행렬 $\mathbf{M}$ 대신 다음 행렬을 사용한다.

$$\mathbf{M}_C = [\mathbf{q}, \mathbf{r}]$$

$\mathbf{M}_C$는 실수 원소들을 갖는다는 점을 유의하기 바란다. $\mathbf{M}_C$의 성질들을 도출하기 위해 고유벡터 $\mathbf{v}_1$에 대한 정의를 이용한다. 고유벡터는

$$\mathbf{A}\mathbf{v}_1 = (-a + ib)\mathbf{v}_1$$

을 만족해야 한다. 즉,

$$\mathbf{A}(\mathbf{q} + i\mathbf{r}) = (-a + ib)(\mathbf{q} + i\mathbf{r}) = (-a\mathbf{q} - b\mathbf{r}) + i(b\mathbf{q} - a\mathbf{r})$$

따라서

$$\mathbf{A}\mathbf{q} = -a\mathbf{q} - b\mathbf{r}$$
$$\mathbf{A}\mathbf{r} = b\mathbf{q} - a\mathbf{r}$$

이를 행렬 형식으로 정리하면 다음과 같다.

$$\mathbf{A}[\mathbf{q}, \mathbf{r}] = [\mathbf{q}, \mathbf{r}]\begin{bmatrix} -a & b \\ -b & -a \end{bmatrix}$$

즉,

$$\mathbf{AM}_C = \mathbf{M}_C\mathbf{\Lambda}_C$$

여기에서

$$\mathbf{\Lambda}_C = \begin{bmatrix} -a & b \\ -b & -a \end{bmatrix} \tag{7–117}$$

변환 $\mathbf{x} = \mathbf{M}_C\mathbf{z}$를 적용하면 상태방정식 $\mathbf{x}' = \mathbf{Ax} + \mathbf{Bf}$는 (2계 방정식의 경우)

$$\mathbf{z}' = \mathbf{\Lambda}_C\mathbf{z} + \mathbf{M}_C^{-1}\mathbf{Bf}$$

이 된다. 서로 다른 고윳값, 중복 고윳값, 복소수 고윳값 등을 위한 분리행렬의 형태를 그림 7-53에서 요약하고 있다.

상수계수 선형 연립방정식 ($\mathbf{A}$는 2×2)

$$\mathbf{x}' = \mathbf{Ax} + \mathbf{r}(t)$$

$\mathbf{M}$ = 고유벡터들을 열로 갖는 모드행렬

$$\mathbf{\Lambda} = \text{분리행렬} = \mathbf{M}^{-1}\mathbf{AM}$$

두 개의 서로 다른 실수 고윳값:

$$\mathbf{\Lambda} = \begin{pmatrix} \lambda_1 & 0 \\ 0 & \lambda_2 \end{pmatrix}$$

2중 고윳값:

$$\mathbf{\Lambda} = \mathbf{\Lambda}_R = \begin{pmatrix} \lambda_1 & 1 \\ 0 & \lambda_1 \end{pmatrix}$$

켤레 복소수 쌍 고윳값: $-a \pm ib$

$$\mathbf{\Lambda} = \mathbf{\Lambda}_C = \begin{bmatrix} -a & b \\ -b & -a \end{bmatrix}$$

그림 7-53
두 개의 방정식으로 구성된 연립방정식을 위한 분리행렬

조단 표준형 서로 다른 고윳값의 경우 항상 상태 모델을 식 7-110 형태의 대각선 행렬로 변환할 수 있음을 살펴본 바 있다. 고윳값 중에 중복되는 것이 있을 경우, 대개 이러한 대각화는 가능하지 않으며, 이 경우 식 7-114 형태가 만들어진다. 이러한 형태들은 상태방정식의 *표준형(canonical form)*들이다. 이들의 유용성에 대해서는 곧 확인할 수 있을 것이다. 고계 연립방정식의 경우 다음과 같은 **조단 표준형(Jordan canonical form)**을 구하기 위한 변환행렬 $\mathbf{M}$을 찾는 것은 항상 가능한 일임을 밝혀둔다.

$$\mathbf{\Lambda} = \mathbf{M}^{-1}\mathbf{AM} = \begin{bmatrix} \lambda_1 & \alpha_1 & 0 & 0 & 0 & \dots & 0 \\ 0 & \lambda_2 & \alpha_2 & 0 & 0 & \dots & 0 \\ \cdot & \cdot & \cdot & \cdot & \cdot & \dots & \cdot \\ 0 & \cdot & \cdot & \cdot & 0 & \lambda_{n-1} & \alpha_{n-1} \\ 0 & \cdot & \cdot & \cdot & 0 & 0 & \lambda_n \end{bmatrix}$$

여기에서 α_i는 0 아니면 1이다(단, $i = 1, ..., n - 1$). 예를 들면, 2중근 λ_1과 단일근 λ_2를 갖는 3계 연립방정식에서는 다음과 같은 형태의 행렬이 만들어진다.

$$\mathbf{\Lambda} = \left[\begin{array}{cc|c} \multicolumn{2}{c|}{\mathbf{\Lambda}_R} & \begin{matrix} 0 \\ 0 \end{matrix} \\ \hline 0 & 0 & \mathbf{\Lambda}_D \end{array}\right]$$

여기에서 $\mathbf{\Lambda}_D = \lambda_2$ 그리고

$$\mathbf{\Lambda}_R = \begin{bmatrix} \lambda_1 & 1 \\ 0 & \lambda_2 \end{bmatrix}$$

일반적으로 $\mathbf{\Lambda}$는 각 연립방정식 모드 모음에 대해 표준형 행렬 $\mathbf{\Lambda}_i$에 대응되는 부분행렬 블록들로 이루어진다. 2중근은 대개 결합되어 있는 두 개의 모드 모음에

대응되며, $\mathbf{\Lambda}_R$은 2×2 행렬이다. 3중근의 경우 $\mathbf{\Lambda}_i$는 3×3 행렬이며, 이와 같이 계속 진행할 수 있다.

복소수 근이 나타날 경우, 조단 표준형은 복소수 원소를 가질 것이며, 따라서 때로 식 7-117에 의해 주어지는 $\mathbf{\Lambda}_C$ 형태를 사용하여 재작성된다. 예를 들어 2중근 λ_1, 두 개의 복소수 근 $-a \pm ib$, 두 개의 단일근 λ_5, λ_6을 갖는 6계 연립방정식 모델을 생각해보자. λ_1에 대응되는 고유벡터들이 서로 독립일 경우, 변형 조단 표준형은 다음과 같이 주어진다.

$$\mathbf{\Lambda} = \begin{bmatrix} \lambda_1 & 1 & 0 & 0 & 0 & 0 \\ 0 & \lambda_1 & 0 & 0 & 0 & 0 \\ 0 & 0 & -a & b & 0 & 0 \\ 0 & 0 & -b & -a & 0 & 0 \\ 0 & 0 & 0 & 0 & \lambda_5 & 0 \\ 0 & 0 & 0 & 0 & 0 & \lambda_6 \end{bmatrix}$$

표준형의 응용 많은 공학 응용에서 출력이 시간의 함수로 주어지는 장치를 구동하기 위해 힘, 토크, 전압, 압력 등을 제공하는 제어기를 설계해야 한다. 전기모터로 구동되는 로봇 팔의 어깨관절이 하나의 예이다. 이 경우 입력은 모터 전압이며, 출력은 어깨의 각도이다. 출력을 희망하는 값으로 구동할 수 있는지 예측할 수 있다면 바람직할 것이다. 이를 위해 장치의 *제어 가능성*을 이해할 필요가 있다. 입력 벡터가 임의의 이전 시점 t_0에서 임의의 $\mathbf{x}_0 = \mathbf{x}(t_0)$ 상태를 유한한 시간 이내에 상태 $\mathbf{x}_1$로 전이시킬 수 있을 경우 장치의 상태 $\mathbf{x}_1 = \mathbf{x}(t_1)$을 제어 가능하다고 말한다. 장치의 모든 상태 $\mathbf{x}_1$이 제어 가능할 경우 이 장치는 제어 가능하다고 말한다. 표준형 행렬은 제어 가능성을 평가할 때 아주 유용하다.

1계 모델 $x' = ax + bf(t)$는 $b \neq 0$이면 제어 가능하다. 이를 보이기 위해 다음의 일반해를 사용한다.

$$x(t) = e^{at}x(t_0) + e^{at}\int_{t_0}^{t} e^{-a\tau}bf(\tau)\,d\tau.$$

제어 가능하기 위해서는 임의의 $x(t_0)$ 및 t_0 값에 대해 임의의 희망 시점 t에 임의의 희망 값 $x(t)$를 달성할 수 있어야 한다. 상수 입력 f는 그 크기에 아무 제한이 없을 경우 이를 달성할 수 있다. 이를 확인하기 위해 임의상수 f에 대해 적분을 수행한 후 f에 대해 푼다.

고계 연립방정식의 경우 제어 가능성 성질은 항상 그렇게 명백하지는 않다. 다음 2계 연립방정식에 대해 생각해보자.

$$x_1' = -2x_1 + f(t)$$
$$x_2' = x_1 - x_2 - f(t)$$

이전의 결과들로부터 상태 x_1에 관한 방정식이 x_2에 종속되지 않으므로 상태 x_1은 제어 가능하다는 것을 알 수 있다. 그렇지만 x_2의 상황은 그처럼 분명하지 않다. 어떤 모델의 모드들이 그 동적 동작 구조를 형성한다는 것을 기억하면 이에 대한 답을 찾을 수 있다. 시스템의 동작을 제어하기 위해서는 각각의 모드를 개별적으로 통제할 수 있어야 한다. 따라서 모델의 모드 구성을 조사해보자. 고윳값은 $\lambda = -1, -2$이며 고유벡터는 다음과 같다.

$$\mathbf{v}_1 = \begin{bmatrix} 0 \\ 1 \end{bmatrix} \qquad \mathbf{v}_2 = \begin{bmatrix} 1 \\ -1 \end{bmatrix}$$

모드 변환 행렬 $\mathbf{M}$과 그 역은 다음과 같다.

$$\mathbf{M} = \begin{bmatrix} 0 & 1 \\ 1 & -1 \end{bmatrix} \qquad \mathbf{M}^{-1} = \begin{bmatrix} 1 & 1 \\ 1 & 0 \end{bmatrix}$$

모드들은 $\mathbf{z} = \mathbf{M}^{-1}\mathbf{x}$, 즉,

$$z_1 = x_1 + x_2$$

$$z_2 = x_1$$

와 같이 주어진다. 모드 방정식은

$$\dot{\mathbf{z}} = \Lambda\mathbf{z} + \mathbf{M}^{-1}\mathbf{B}f(t) = \begin{bmatrix} -1 & 0 \\ 0 & -2 \end{bmatrix}\mathbf{z} + \begin{bmatrix} 0 \\ 1 \end{bmatrix}f(t)$$

즉,

$$\dot{z}_1 = -z_1$$
$$\dot{z}_2 = -2z_2 + f(t)$$

과 같다. $f(t)$도 z_2도 첫 번째 모드 방정식에 나타나지 않으므로 모드 z_1은 제어 불가능이다. 따라서 이 시스템은 제어 불가능이다. x_1은 제어 가능하지만, 합 $x_1 + x_2$는 제어 가능하지 않으므로 x_2는 제어 불가능이다.

추이행렬

기본행렬 $\mathbf{F}(t)$의 열들은 주어진 연립방정식의 1차 독립인 해 벡터 $\mathbf{x}_1, \mathbf{x}_2, \ldots, \mathbf{x}_n$이다. 자유반응은 다음과 같이 표현될 수 있다.

$$\mathbf{x}(t) = \mathbf{F}(t)\mathbf{F}^{-1}(t)\mathbf{x}(0)$$

추이행렬(transition matrix)이라고 불리는 새로운 행렬을 다음과 같이 정의한다.

$$\boldsymbol{\varphi}(t) = \mathbf{F}(t)\mathbf{F}^{-1}(t) \tag{7–118}$$

따라서

$$\mathbf{x}(t) = \boldsymbol{\varphi}(t)\mathbf{x}(0) \tag{7-119}$$

$\boldsymbol{\varphi}(t)$를 계산하기 위해 식 7-118을 사용하는 대신 다른 방법을 개발해보자.

고유모드를 이용한 풀이 서로 다른 고윳값들을 위한 식 7-112의 대각선 형태를 생각해보자. $\mathbf{r}(t) = \mathbf{0}$일 때 각 모드 좌표 $\mathbf{z}_i$를 위한 방정식은 다음과 같다.

$$z_i' = \lambda_i z_i$$

자유반응은 다음과 같이 주어진다는 것은 쉽게 보일 수 있다.

$$z_i(t) = z_i(0)e^{\lambda_i t}$$

이를 행렬 형식으로 표현하면 다음과 같다.

$$\mathbf{z}(t) = \begin{bmatrix} e^{\lambda_1 t} & 0 & 0 & \cdots & . & 0 \\ 0 & e^{\lambda_2 t} & 0 & \cdots & . & 0 \\ . & . & . & \cdots & . & . \\ 0 & . & . & \cdots & 0 & e^{\lambda_n t} \end{bmatrix} \mathbf{z}(0) \tag{7-120}$$

식 7-120의 지수함수들로 이루어진 행렬을 $\boldsymbol{\varphi}_M(t)$으로 표시하면, 다음 식을 얻는다.

$$\mathbf{z}(t) = \boldsymbol{\varphi}_M(t)\mathbf{z}(0) \tag{7-121}$$

행렬 $\boldsymbol{\varphi}_M(t)$를 **모드 추이행렬(modal transition matrix)**이라고 한다. 이 행렬은 한 시점에서 다른 시점으로 각 모드 좌표의 추이를 표현한다. 대각선 형태는 변환 $\mathbf{x}(t) = \mathbf{M}\mathbf{z}(t)$를 이용하여 구할 수 있다. 따라서 $\mathbf{z}(0) = \mathbf{M}^{-1}\mathbf{x}(0)$이며, 식 7-121을 이용하여

$$\mathbf{M}\mathbf{z}(t) = \mathbf{M}\boldsymbol{\varphi}_M(t)\mathbf{z}(0)$$

즉,

$$\mathbf{x}(t) = \mathbf{M}\boldsymbol{\varphi}_M(t)\mathbf{M}^{-1}\mathbf{x}(0) \tag{7-122}$$

을 얻는데, 이는 방정식 $\mathbf{x}' = \mathbf{A}\mathbf{x} + \mathbf{r}(t)$의 자유반응을 원래의 상태변수들을 이용하여 표현한 것이다. 1계 방정식과의 유사성에 따라 식 7-122는 $\mathbf{x}(t) = \boldsymbol{\varphi}(t)\mathbf{x}(0)$과 같이 표현할 수 있는데, 이때 **상태 추이행렬(state transition matrix)**은 다음과 같이 주어진다.

$$\boldsymbol{\varphi}(t) = \mathbf{M}\boldsymbol{\varphi}_M(t)\mathbf{M}^{-1} \tag{7-123}$$

이 식은 상태 추이행렬을 구하는 또 다른 방법을 표현하는데, 1계 방정식 $x' = ax$에서 함수 e^{at}와 비슷한 역할을 한다. $\mathbf{A}$가 $n \times n$ 행렬일 경우 $\boldsymbol{\varphi}(t)$ 또한 $n \times n$ 행렬이 된다.

상태 추이행렬의 성질 상태 추이행렬의 몇 가지 유용한 성질을 식 7-119와 7-123에

서 도출할 수 있다. 식 7-119에서 $t = 0$으로 두면

$$\boldsymbol{\varphi}(0) = \mathbf{I} \tag{7–124}$$

를 보일 수 있다. $\mathbf{r}(t) = \mathbf{0}$이면, $\mathbf{x}' = \mathbf{A}\mathbf{x}$가 된다. 이 결과를 식 7-119의 도함수와 함께 사용하면

$$\mathbf{x}' = \boldsymbol{\varphi}'(t)\mathbf{x}(0) = \mathbf{A}\mathbf{x}(t) = \mathbf{A}\boldsymbol{\varphi}(t)\mathbf{x}(0)$$

즉,

$$\boldsymbol{\varphi}'(t) = \mathbf{A}\boldsymbol{\varphi}(t) \tag{7–125}$$

을 얻을 수 있다. 따라서 $\boldsymbol{\varphi}(t)$는 식 7-125의 미분방정식과 식 7-124의 초기조건에 대한 해이다. 식 7-123을 $\boldsymbol{\varphi}_M(t)$에 대해 풀면 다음과 같다.

$$\boldsymbol{\varphi}_M(t) = \mathbf{M}^{-1}\boldsymbol{\varphi}(t)\mathbf{M} \tag{7–126}$$

대각선 원소들의 역수를 취하면 대각선행렬의 역을 구할 수 있다. 따라서 고윳값들이 서로 다를 경우 $\boldsymbol{\varphi}_M(t)$는 대각선행렬이므로 $\boldsymbol{\varphi}_M^{-1}(t) = \boldsymbol{\varphi}_M(-t)$가 된다. 따라서

$$\boldsymbol{\varphi}^{-1}(t) = \boldsymbol{\varphi}(-t) \tag{7–127}$$

이러한 성질로 인해 역행렬을 구하기 위해 따분한 계산을 수행할 필요가 없어진다.

식 7-119는 $\mathbf{x}(t)$를 $t = 0$에서의 초기 상태와 연관시킨다. 그러나 여기에서는 상수계수 방정식의 자유반응을 다루고 있기 때문에 다음과 같이 임의의 시점 t_1로 해를 표현할 수도 있다.

$$\mathbf{x}(t + t_1) = \boldsymbol{\varphi}(t)\mathbf{x}(t_1) \tag{7–128}$$

그렇지만 $\mathbf{x}(t_1) = \boldsymbol{\varphi}_M(t_1)\mathbf{x}(0)$이며, 따라서

$$\mathbf{x}(t + t_1) = \boldsymbol{\varphi}(t)\boldsymbol{\varphi}(t_1)\mathbf{x}(0)$$

곧바로 식 7-128을 사용했다면 다음의 결과를 얻었을 것이다.

$$\mathbf{x}(t + t_1) = \boldsymbol{\varphi}(t + t_1)\mathbf{x}(0)$$

마지막 두 방정식을 비교하면 임의의 t, t_1에 대해 다음 식이 성립함을 알 수 있다.

$$\boldsymbol{\varphi}(t + t_1) = \boldsymbol{\varphi}(t)\boldsymbol{\varphi}(t_1) \tag{7–129}$$

또한 $\boldsymbol{\varphi}(t + t_1) = \boldsymbol{\varphi}(t_1 + t)$이므로 교환법칙이 성립한다. 따라서

$$\boldsymbol{\varphi}(t)\boldsymbol{\varphi}(t_1) = \boldsymbol{\varphi}(t_1)\boldsymbol{\varphi}(t) \tag{7–130}$$

끝으로, 식 7-129에서 $t = t_1 = \Delta$로 두면,

$$\boldsymbol{\varphi}(2\Delta) = \boldsymbol{\varphi}(\Delta)\boldsymbol{\varphi}(\Delta) = \boldsymbol{\varphi}^2(\Delta)$$

또는 일반적으로

$$\boldsymbol{\varphi}(n\Delta) = \boldsymbol{\varphi}^n(\Delta) \tag{7–131}$$

가 성립한다는 것을 알 수 있다. 이러한 성질은 수치해법에서 특히 유용한데, 이는 컴퓨터에서는 행렬을 쉽게 곱할 수 있기 때문이다.

예제 7-30 질량체-스프링-감쇠장치 시스템을 위한 추이행렬

(a) $m = 1, c = 7, k = 10$일 때 질량체-스프링-감쇠장치 시스템을 위한 추이행렬을 구하라. 미분방정식은 다음과 같이 주어진다.

$$m\ddot{x} + c\dot{x} + kx = 0$$

(b) 초기 변위 $x_1(0) = 3$과 초기 속도 $x_2(0) = 0$이 주어질 경우, $t = 0.1$과 $t = 0.2$에서 변위 $x_1 = x$와 속도 $x_2 = \dot{x}$를 구하라.

(c) $t = 0.1$에서 변위와 속도가 $x_1(0.1) = 0.5013$ 그리고 $x_2(0.1) = -0.2141$로 측정되었다면, 초기조건은 어떻게 주어졌겠는가?

풀이 | (a) 특성방정식은 $m\lambda^2 + c\lambda + k = \lambda^2 + 7\lambda + 10 = 0$이다. 고윳값 λ는 -2와 -5이다. 고유벡터는

$$\mathbf{v}_1 = \begin{pmatrix} 1 \\ -2 \end{pmatrix} \qquad \mathbf{v}_2 = \begin{pmatrix} 1 \\ -5 \end{pmatrix}$$

와 같이 정규화될 수 있으며, 모드 변환행렬과 그 역은 다음과 같다.

$$\mathbf{M} = \begin{pmatrix} 1 & 1 \\ -2 & -5 \end{pmatrix} \qquad \mathbf{M}^{-1} = \frac{1}{3}\begin{pmatrix} 5 & 1 \\ -2 & -1 \end{pmatrix}$$

모드 추이행렬은 다음과 같다.

$$\boldsymbol{\varphi}_M(t) = \begin{pmatrix} e^{-2t} & 0 \\ 0 & e^{-5t} \end{pmatrix}$$

상태 추이행렬은 식 7-123을 이용하여 구할 수 있다.

$$\boldsymbol{\varphi}(t) = \mathbf{M}\boldsymbol{\varphi}_M(t)\mathbf{M}^{-1} = \frac{1}{3}\begin{pmatrix} (5e^{-2t} - 2e^{-5t}) & (e^{-2t} - e^{-5t}) \\ (10e^{-2t} + 10e^{-5t}) & (-2e^{-2t} + 5e^{-5t}) \end{pmatrix}$$

(b) 이때 평가 시점 $t = 0.1, 0.2$는 동일한 간격으로 분리되어 있다. 따라서 $t = 0.1$에서 한 번만 $\boldsymbol{\varphi}(t)$를 계산하고 식 7-128을 이용한다.

$$\boldsymbol{\varphi}(0.1) = \frac{1}{3}\begin{pmatrix} 2.8806 & 0.21220 \\ -2.1220 & 1.3952 \end{pmatrix}$$

따라서

$$\mathbf{x}(0.1) = \boldsymbol{\varphi}(0.1)\mathbf{x}(0) = \boldsymbol{\varphi}(0.1)\begin{pmatrix} 3 \\ 0 \end{pmatrix} = \begin{pmatrix} 2.8806 \\ -2.1220 \end{pmatrix}$$

또한

$$\mathbf{x}(0.2) = \boldsymbol{\varphi}(0.1)\mathbf{x}(0.1) = \begin{pmatrix} 2.6159 \\ -3.0244 \end{pmatrix}$$

(c) $\mathbf{x}(0.1)$이 주어지면 식 7-127에 의해 주어지는 성질을 이용하여 $\mathbf{x}(0)$을 구할 수 있다.

$$\mathbf{x}(0) = \boldsymbol{\varphi}^{-1}(0.1)\mathbf{x}(0.1) = \boldsymbol{\varphi}(-0.1)\mathbf{x}(0.1)$$

이를 계산하면 다음과 같다.

$$\mathbf{x}(0) = \frac{1}{3}\begin{pmatrix} 2.8806 & -0.4273 \\ 4.273 & 5.8008 \end{pmatrix}\begin{pmatrix} 0.5013 \\ -0.2141 \end{pmatrix} = \begin{pmatrix} 0.5 \\ 0.3 \end{pmatrix}$$

추이행렬을 위한 급수해 벡터 방정식 $\mathbf{x}' = \mathbf{A}\mathbf{x}$의 스칼라 형태는 $x' = ax$이며 그 해는 $x(t) = e^{at}x(0)$이다. 그런데 e^{at}를 다음과 같이 급수로 표현할 수 있다.

$$e^{at} = 1 + at + \frac{(at)^2}{2!} + \cdots + \frac{(at)^k}{k!} + \cdots$$

따라서 $\mathbf{x}' = \mathbf{A}\mathbf{x}$의 해 $\boldsymbol{\varphi}(t)$에 대해 다음과 같은 급수해 표현을 시도할 수 있다.

$$\boldsymbol{\varphi}(t) = \mathbf{I} + \mathbf{A}t + \frac{(\mathbf{A}t)^2}{2!} + \cdots + \frac{(\mathbf{A}t)^k}{k!} + \cdots \quad \text{(7–132)}$$

이 급수를 항 별로 미분함으로써 $\mathbf{x}' = \mathbf{A}\mathbf{x}$의 해임을 증명할 수 있다(문제 7-168 참고). 스칼라 지수함수 e^{at}를 위한 급수 표현식과의 유사성으로 인해 추이행렬 $\boldsymbol{\varphi}(t)$를 때로 **행렬 지수함수(matrix exponential)**라고 하며 $e^{\mathbf{A}t}$로 표시한다. 급수 표현은 컴퓨터에서 특정 t값에 대한 추이행렬의 계산에 특히 적합한데, 이는 행렬 $\mathbf{A}$에 대한 반복적인 곱셈만 수행하면 되기 때문이다.

절 복습문제

아래의 각 문제에서 주어진 행렬 $\mathbf{A}$에 대한 방정식 $\mathbf{x}' = \mathbf{A}\mathbf{x}$의 고유벡터, 모드 행렬, 조단 표준형 등을 구하라. 또 고유벡터들이 1차 독립인지 결정하라. 방정식 분리를 이용하여 해를 구하라.

7-34 $$\mathbf{A} = \begin{pmatrix} -4 & 4 \\ 1 & -4 \end{pmatrix}$$

(답: $\lambda = -2, -6$; $\mathbf{M} = \begin{pmatrix} 1 & 1 \\ \frac{1}{2} & -\frac{1}{2} \end{pmatrix}$; $\Lambda = \begin{pmatrix} -2 & 0 \\ 0 & -6 \end{pmatrix}$
1차 독립. $x_1 = 2c_1e^{-2t} - 2c_2e^{-6t}$, $x_2 = c_1e^{-2t} + c_2e^{-6t}$)

7-35 $$\mathbf{A} = \begin{pmatrix} 1 & -1 \\ 1 & 3 \end{pmatrix}$$

(답: $\lambda = 2, 2\ \mathbf{v}_1 = \mathbf{v}_2 = \begin{pmatrix} 1 \\ -1 \end{pmatrix};\ \Lambda = \begin{pmatrix} 2 & 1 \\ 0 & 2 \end{pmatrix};$

1차 종속. $x_1 = c_1e^{2t} - c_2e^{2t} - c_1te^{2t}, \quad x_2 = c_2e^{2t} + c_1te^{2t}$)

7-8 ■ 컴퓨터 해법

널리 사용되는 컴퓨터 패키지들은 고윳값, 고유벡터, 추이행렬(행렬 지수함수) 등을 기호 형태와 수치 형태로 구할 수 있다. 단, MATLAB에서는 애드-온 모듈인 MuPAD와 Symbolic Math Toolbox가 없을 경우 수치적 기능만 갖는다. 그러나 대규모 행렬의 경우 기호 형태의 해를 얻지 못할 수도 있으며, 얻을 수 있다 하더라도 사용하기에 너무 복잡할 수 있다. 차수가 4를 넘는 다항방정식에 대해서는 근을 구할 수 있는 공식이 존재하지 않으므로 이 정도가 기호 형태의 결과에 대한 한계로 볼 수 있다. 행렬 해법의 이점은 많은 수의 방정식으로 구성된 연립방정식을 처리할 수 있다는 것이며, 이를 위해서는 고윳값과 고유벡터를 위한 수치해가 필요하다.

컴퓨터 패키지들은 또한 복잡한 프로그래밍 작업 없이도 대규모 연립방정식을 수치적으로 풀 수 있다. 컴퓨터 패키지가 사용하기 쉬운 이유의 하나는 이들이 표준적인 상태변수 행렬 형식을 사용하고 있기 때문이다. 이러한 방법들에 대해서는 이 절의 뒷부분에서 다룰 것이다.

고윳값과 고유벡터 다음 행렬을 테스트 데이터로 사용할 것이다.

$$\mathbf{A} = \begin{pmatrix} -1 & 1 \\ 1 & -2 \end{pmatrix}$$

소수점 아래 4자리까지 표시한 고윳값은 -2.6180과 -0.3820이며, 고유벡터들은 다음과 같다.

$$\begin{pmatrix} -0.5257 \\ 0.8507 \end{pmatrix} \quad \text{그리고} \quad \begin{pmatrix} 0.8507 \\ 0.5257 \end{pmatrix}$$

프로그램마다 고유벡터를 정규화하는 방식에 차이가 있다. 보편적인 한 가지 방법은 기하학적 길이에 해당하는 벡터 크기가 1이 되도록 원소들을 조정하는 것이다. 이 경우에도 $\sqrt{(-0.5257)^2 + (0.8507)^2} = 1$이므로 그와 같은 방식이 사용되고 있음을 알 수 있다. 고유벡터 원소 중 하나가 1이 되도록 고유벡터 결과를 정규화하는 방법도 있다. 표 7-1의 명령들은 먼저 고윳값들을 출력한 다음 고유벡터들을 표시한다. MATLAB만은 예외인데, 고유벡터들은 변수 `v`로 표시하고 고윳값들은 행렬 `Lambda`의 대각선 원소로 표시한다. 또한 MATLAB에서는 `[v,J]`

표 7-1

다음 행렬에 대한 고윳값과 고유벡터

$$\mathbf{A} = \begin{pmatrix} -1 & 1 \\ 1 & -2 \end{pmatrix}$$

MATLAB

```
A = [-1,1;1,-2];
[v, Lambda] = eig(A)
```

Symbolic Math Toolbox

```
A = [-1,1;1,-2];
[v, Lambda] = eig(A)
```

MuPAD

기호 형태의 결과

```
A := matrix([[-1,1],[1,-2]])
linalg::eigenvectors(A)
```

수치적 결과

```
A := matrix([[-1,1],[1,-2]])
numeric::eigenvectors(A)
```

Maple

```
with(LinearAlgebra)
A := matrix([[-1,1;1,-2]]);
Eigenvectors(A)
```

Mathematica

```
A = {{-1,1},{1,-2}}
Eigensystem[A]
```

= jordan(A)를 입력하면 조단 표준형을 계산한다. 행렬 v는 고유벡터들을 포함하며, 행렬 **J**는 조단 행렬이다. 앞에 주어진 행렬 **A**에 대해 다음의 결과를 얻는다.

$$\mathbf{J} = \begin{pmatrix} -2.6180 & 0 \\ 0 & -0.3820 \end{pmatrix}$$

추이행렬 (행렬 지수함수) 다음 행렬을 테스트 데이터로 사용할 것이다.

$$\mathbf{A} = \begin{pmatrix} 0 & 1 \\ -1 & 0 \end{pmatrix}$$

추이행렬은 다음과 같다.

$$\boldsymbol{\varphi}(t) = \begin{pmatrix} \cos t & \sin t \\ -\sin t & \cos t \end{pmatrix}$$

표 7-2는 이러한 행렬을 얻는 방법을 보여준다. MATLAB 함수 expm(A)는 $e^{\mathbf{A}}$를 수치적으로 계산할 뿐이며 행렬 지수함수 $e^{\mathbf{A}t}$를 계산하지는 않는다.

표 7-2

다음 행렬에 대한 추이행렬

$$\mathbf{A} = \begin{pmatrix} 1 & 1 \\ -1 & 0 \end{pmatrix}$$

Symbolic Math Toolbox

```
syms t
A = [0 1; -1 0];
expm(A*t);
simplify(ans)
```

Maple

```
with(LinearAlgebra)
A := Matrix([[0,1],[-1,0]])
MatrixExponential(A)
```

Mathematica

```
A = {{0,1},{-1,0}}
MatrixExp[A t]
```

표준 상태변수 형식 고계 연립미분방정식은 단순한 (사용하기 쉬운) 해를 갖지 않으며, 따라서 수치적으로 풀어야 한다. 9장에서 다루는 수치해법들은 어떤 미분방정식이나 연립미분방정식이라도 풀 수 있지만, MATLAB이나 다른 상용 프로그램들은 *선형*방정식의 경우 특히 상수계수를 갖는 경우 항상 해의 *형태*를 최소한 부분적으로라도 결정할 수 있다는 사실을 이용한다. 이는 특성근을 수치적으로 구하는 것이 항상 가능하며 특성근들이 해의 형태의 일부를 결정하기 때문이다. 이 때문에 MATLAB이나 다른 프로그램들은 선형방정식을 풀기 위해 특화된 함수들을 포함한다. 그 이유는 이러한 함수들이 9장에서 다루는 보다 일반적인 방법들에 비해 더 효율적이고 사용하기도 쉽기 때문이다.

상태변수 행렬 형식

$$\mathbf{x}' = \mathbf{Ax} + \mathbf{Bu} \tag{7-133}$$

은 *임의의* 선형 연립방정식을 표현할 수 있으므로 컴퓨터 해법을 위해 그와 같은 방정식을 지정하기 위한 기초를 형성한다. 상태변수, 입력함수(강제함수) 등의 표현에 어떤 기호라도 사용할 수 있지만, 일반적으로 상태변수로는 x_i를 사용하며 입력함수로는 u_i를 사용한다. 상태변수의 개수는 n, 입력함수의 개수는 m이라 하자. 이 경우 벡터와 행렬의 크기는 다음과 같이 정해진다.

- *상태 벡터* $\mathbf{x}$는 n개의 행을 갖는다.
- *시스템 행렬* $\mathbf{A}$는 n개의 행과 n개의 열을 갖는 정방행렬이다.
- *입력 벡터* $\mathbf{u}$는 m개의 행을 갖는 열벡터이다.
- *제어(입력) 행렬* $\mathbf{B}$는 n개의 행과 m개의 열을 갖는다.

그렇지만 때로 모든 해 안의 모든 변수 값을 표시하기를 원하지 않는 경우도 있으며, 따라서 어떤 변수들을 표시할지 지정하는 방법이 필요하다. 소프트웨어 패키지나 설계 방법에 따라서는 대개 **y**로 표시되는 *출력 벡터*를 정의하도록 요구한다. 출력 벡터는 해당 문제에서 관심의 대상이 되는 변수들을 포함한다. 이러한 변수들은 상태변수가 아닐 수도 있으며, 상태변수와 입력의 결합일 수도 있다. 예를 들면 질량체-스프링-감쇠장치 모델에서는 질량체에 작용하는 합력 $f - kx - cx'$와 운동량 mx'에 관심을 가질 수 있다. 이 경우 출력 벡터는 두 개의 원소를 가질 것이다. 상태변수가 $x_1 = x$, $x_2 = x'$이고 입력 벡터 **u**가 스칼라 힘 f일 경우, 출력 벡터는 다음과 같이 주어진다.

$$\mathbf{y} = \begin{pmatrix} y_1 \\ y_2 \end{pmatrix} = \begin{pmatrix} f - kx - cx' \\ mx' \end{pmatrix} = \begin{pmatrix} f - kx_1 - cx_2 \\ mx_2 \end{pmatrix}$$
$$= \begin{pmatrix} -k & -c \\ 0 & m \end{pmatrix}\begin{pmatrix} x_1 \\ x_2 \end{pmatrix} + \begin{pmatrix} 1 \\ 0 \end{pmatrix} f = \mathbf{Cx} + \mathbf{Du}$$

여기에서

$$\mathbf{C} = \begin{pmatrix} -k & -c \\ 0 & m \end{pmatrix} \quad \text{그리고} \quad \mathbf{D} = \begin{pmatrix} 1 \\ 0 \end{pmatrix}$$

이것은 다음 일반형의 한 예이다.

$$\mathbf{y} = \mathbf{Cx} + \mathbf{Du} \tag{7-134}$$

이것은 출력 관계식에 대한 표준 벡터-행렬 형식이다. 여기에서 출력의 개수는 p, 상태변수의 개수는 n, 입력의 개수는 m이다. 벡터와 행렬의 크기는 다음과 같이 정해진다.

- *출력 벡터* **y**는 p개의 행을 갖는 열벡터이다.
- *상태 출력 행렬* **C**는 p개의 행과 n개의 열을 갖는다.
- *제어 출력 행렬* **D**는 p개의 행과 m개의 열을 갖는다.

선택된 출력 벡터 **y**가 상태변수와 입력의 선형 결합일 경우 행렬 **C**, **D**는 항상 구할 수 있다. 그러나 출력이 비선형 함수일 경우, 식 7-134의 표준 형식은 적용되지 않는다. 예를 들어 출력이 시스템의 운동에너지 $m(x')^2/2$로 선택될 경우 이에 해당한다.

이제 MATLAB을 사용하여 이러한 방법을 살펴볼 텐데, 상태변수 형식은 선형 연립방정식을 다루는 프로그램에서 보편적으로 사용되는 표기법을 사용한다. 계수행렬 **A**, **B**가 상수일 때, 연립방정식은 *LTI(linear time-invariant; 선형 시불변)* 객체라고 한다. 상태 모델로부터 LTI 객체를 생성하기 위해 `ss(A,B,C,D)` 함수를 사용하는데, `ss`는 *상태공간(state space)*을 나타내며, 이 함수의 행렬 변수들은 식 7-133과 7-134에 의해 주어지는 상태 모델의 표준형에 나타나는 행렬들이다.

예를 들면, 연립방정식

$$x_1' = x_2$$
$$x_2' = -4x_1 - 7x_2 + 5f(t)$$

이 표현하는 시스템을 위한 상태-모델 형식에서 x_1이 희망하는 출력을 나타낸다고 할 때, LTI 객체를 생성하기 위한 MATLAB 코드는 다음과 같다.

```
A = [0, 1; -4, -7];
B = [0; 5];
C = [1, 0];
D = 0;
sys1 = ss(A,B,C,D);
```

여기에서 `sys1`은 `ss` 함수에 의해 생성되는 LTI 객체를 위해 임의로 선택된 이름이다.

MATLAB Control System Toolbox는 상태변수 형식으로 표현된 선형 모델을 위한 몇 가지 풀이 함수를 갖고 있다. 이러한 풀이 함수는 입력 없음, 충격 입력, 계단 입력, 일반 입력 함수 등 수용하는 입력함수의 유형에 따라 분류된다. `initial` 함수는 상태 모델의 자유반응을 계산하여 출력한다. 자유반응은 MATLAB 문서에서 때로 *초기조건 반응* 또는 *비구동 반응*이라 부른다. 기본 구문은 `initial(sys,x0)`인데, 여기에서 `sys`는 상태변수 형식의 LTI 객체이며, `x0`은 초기조건 벡터이다. 시간 범위와 해를 표시할 점의 개수는 자동적으로 선택되는데, 이는 아주 유용한 기능이다.

예제 7-31 2-질량체 모델에서의 자유반응

그림 7-52에서 보이고 있는 2-질량체 시스템을 위한 운동방정식들은 다음과 같이 주어지며, 이때 계수 값들은 $m_1 = 5, m_2 = 3, c_1 = 4, c_2 = 8, k_1 = 1, k_2 = 4$로 주어진다.

$$5x_1'' + 12x_1' + 5x_1 - 8x_2' - 4x_2 = 0$$
$$3x_2'' + 8x_2' + 4x_2 - 8x_1' - 4x_1 = f(t)$$

초기조건 $x_1(0) = 5, x_1'(0) = -3, x_2(0) = 4, x_2'(0) = 2$에 대한 자유반응 $x_1(t), x_1'(t)$에 대한 그래프를 보여라.

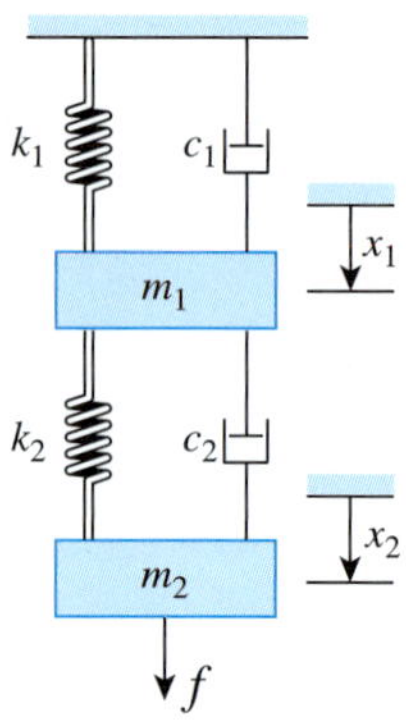

그림 7-52
2-질량체 시스템에 힘 $f(t)$가 작용하는 모델

풀이 상태변수를 $x_1, x_2, x_3 = x_1', x_4 = x_2'$로 선택하면 상태방정식은 다음과 같이 표현된다.

$$x_1' = x_3 \quad x_2' = x_4$$
$$x_3' = \frac{1}{5}(-5x_1 + 4x_2 - 12x_3 + 8x_4)$$
$$x_4' = \frac{1}{3}(4x_1 - 4x_2 + 8x_3 - 8x_4) + \frac{1}{3}f(t)$$

시스템 행렬과 입력 벡터는 다음과 같다.

$$\mathbf{A} = \begin{pmatrix} 0 & 0 & 1 & 0 \\ 0 & 0 & 0 & 1 \\ -1 & \dfrac{4}{5} & -\dfrac{12}{5} & \dfrac{8}{5} \\ \dfrac{4}{3} & -\dfrac{4}{3} & \dfrac{8}{3} & -\dfrac{8}{3} \end{pmatrix} \quad \mathbf{B} = \begin{pmatrix} 0 \\ 0 \\ 0 \\ \dfrac{1}{3} \end{pmatrix}$$

이제 원래의 변수들에 대해 주어진 초기조건들을 상태변수들에 연계시켜야 한다. $x_3(0) = x_1'(0) = -3$과 $x_4(0) = x_2'(0) = 2$임을 쉽게 알 수 있다. 다음으로 출력 행렬을 적절히 선택해야 한다. 그래프 표시 대상이 $x_1(t)$, $x_3(t)$이므로 출력 벡터 $\mathbf{y}$는 $(x_1, x_3)^T$로 정한다. 입력은 스칼라이므로 $u = f(t)$가 되며, 출력 방정식은 다음과 같다.

$$\mathbf{y} = \mathbf{Cx} + \mathbf{Du} = \begin{pmatrix} x_1 \\ x_2 \end{pmatrix} = \begin{pmatrix} 1 & 0 & 0 & 0 \\ 0 & 0 & 1 & 0 \end{pmatrix} \begin{pmatrix} x_1 \\ x_2 \\ x_3 \\ x_4 \end{pmatrix} + \begin{pmatrix} 0 \\ 0 \end{pmatrix} f(t)$$

따라서

$$\mathbf{C} = \begin{pmatrix} 1 & 0 & 0 & 0 \\ 0 & 0 & 1 & 0 \end{pmatrix} \quad \mathbf{D} = \begin{pmatrix} 0 \\ 0 \end{pmatrix}$$

MATLAB 프로그램은 다음과 같다.

```
A = [0, 0, 1, 0; 0,0,0,1;-1,4/5,-12/5,8/5;...
     4/3,-4/3,8/3,-8/3];
B = [0; 0; 0; 1/3];
C = [1, 0, 0, 0;0,0,1,0]; D = [0;0];
sys2 = ss(A, B, C, D);
initial(sys2, [5, 4, -3, 2])
```

$x_1(t)$, $x_3(t)$에 대한 그래프는 그림 7-53에 보여주듯이 표준적인 축 라벨을 사용하여 화면상에 표시된다. 첫 번째 출력(x_1)은 상단의 그래프에 표시되며, 두 번째 출력(x_3)은 하단의 그래프에 표시된다. 시간 범위는 반응시간을 결정하는 특성근에 기초하여 알고리즘이 자동적으로 선택한다는 점을 유의하기 바란다. 안정 상태의 반응들은 반실선으로 표시되어 있다.

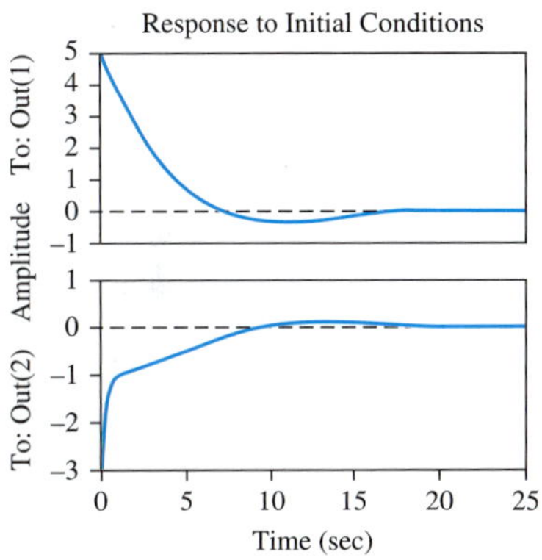

그림 7-53
예제 7-31의 자유반응

tfinal과 같은 이름으로 최종시간을 지정하기 위해 initial(sys,x0,tfinal)과 같은 구문을 사용한다. 해를 구할 시간을 위한 t = [0: dt: tfinal] 형태의 시간 벡터를 지정하기 위해 initial(sys,x0,t)와 같은 구문을 사용한다. [y,t] = initial(sys,x0)에서와 같이 호출 시 왼쪽에 변수가 있을 경우, 함수는 시뮬레이션에 사용되는 출력 반응 y와 시간 벡터 t를 반환한다. 이들에 대한 그래프는 표시하지 않는다. 배열 **y**의 크기는 $q \times p \times m$인데, 여기에서 q는 length(t) 이며 p는 출력의 개수, m은 입력의 개수이다.

MATLAB은 상태변수 모델에서 사용할 impulse, step, lsim 등의 함수를 제공한다. 충격 입력은 급속하게 작용하고 급속하게 사라지는 입력을 나타내며 8장에서 소개될 것이다. 곡선 아래의 면적이 1일 경우 *단위* 충격이라고 한다. $t = 0$에서 시작하는 단위 충격 입력에 대한 반응은 step(sys)와 같이 입력하여 구한다. 입력의 면적이 A일 경우, impulse(A*sys)와 같이 입력한다. $t = 0$에서 시작하는 단위 계단 입력에 대한 반응은 impulse(sys)와 같이 입력하여 구한다. 입력의 면적이 M일 경우, step(M*sys)와 같이 입력한다.

프로그램할 수 있는 임의의 입력함수 u를 갖는 LTI 모델의 해에 대한 그래프를 표시하기 위해 lsim 함수가 사용될 수 있으며, 그 구문은 lsim(sys,u,t,x0)과 같다. 초기조건들이 0이 아닐 경우에만 초기조건 벡터 x0이 필요하다. 예를 들면, 예제 7-29에서 주어진 sys2 모델의 $x_1(t)$, $x_3(t)$에 대한 그래프를 표시하고자 할 경우, 입력이 $f(t) = 4 \sin 7t$, $0 \le t \le 30$, 표시 간격이 0.01일 때, MATLAB 코드는 다음과 같다.

```
A = [0, 0, 1, 0; 0,0,0,1;-1,4/5,-12/5,8/5;...
       4/3,-4/3,8/3,-8/3];
B = [0; 0; 0; 1/3];
C = [1, 0, 0, 0;0,0,1,0]; D = [0;0];
sys2 = ss(A, B, C, D);
t = 0:0.01:30;
u = 4*sin(7*t);
x0 = [5, 4, -3, 2];
lsim(sys2,u,t,x0)
```

impulse, step, lsim 함수에서 [y,t]와 같은 왼쪽의 변수를 지정하는 확장 구문은 initial 함수의 경우와 동일하다.

Maple과 Mathematica 모두 표준 상태변수 형식의 식 7-133과 7-134에서 표현되는 상수계수 선형 연립미분방정식을 시뮬레이션하기 위한 함수들을 제공한다.

Maple에서의 선형 연립방정식 시뮬레이션 Maple 안의 DynamicSystems 패키지는 상태공간 행렬을 이용하여 정의되는 선형 연립방정식 모델의 생성, 조작, 시뮬레이션, 그래프 표현 등을 위한 프로시저들의 모음이다. 사인, 경사, 계단 등의 입력함수는 Step(height,t0) 등과 같은 신호 생성 명령을 사용하여 생성될 수 있다. ResponsePlot(sys,input,opts) 등과 같은 표준 그래프 도구가 LTI 객체의 그래프 출력에 사용될 수 있다.

Mathematica에서의 선형 연립방정식 시뮬레이션 Mathematica Control System Professional 애드-온은 상태공간 행렬을 이용하여 정의되는 선형 연립방정식 모델의 생성, 조작, 시뮬레이션, 그래프 표현 등을 위한 함수들을 제공한다. LTI 객체의 생성에는 `StateSpace(A,B,C,D)`가 사용된다. 입력함수 u에 대한 상태변수 반응의 그래프를 출력할 때는 `SimulationPlot[sys,u,{t,t,max}]`가 사용된다.

7-9 ■ 요약

연립미분방정식은 두 개 이상의 시스템이 물리적으로 결합된 상황을 다루는 여러 가지 현실적 문제에 대한 분석에서 자연스럽게 발생한다. 이러한 시스템들에서 종속변수들은 서로 종속되므로 한꺼번에 결정될 필요가 있다. 연립미분방정식은 단일 독립변수에 관한 둘 이상의 종속변수의 도함수들로 구성되는데, 대개의 경우 독립변수는 시간 t이다. 하나의 연립방정식을 구성하는 미분방정식들의 계수가 각기 다를 수도 있다. 그렇지만 연립미분방정식을 구성하는 방정식들을 일률적으로 처리하기 위해서는 이러한 연립방정식을 동치인 1계 연립방정식으로 변환하는 방법이 흔히 사용된다. 임의의 n계 미분방정식은 항상 n개의 1계 미분방정식으로 변환될 수 있다.

분류 연립미분방정식은 그 안의 모든 개별 방정식이 선형일 때 *선형*이 된다. 연립방정식을 구성하는 어느 한 방정식이라도 비선형 항을 포함한다면 그 연립방정식은 *비선형*이다. 선형 연립미분방정식은 그 안의 모든 개별 방정식이 동차형일 때 *동차형*이 된다. 연립방정식을 구성하는 어느 한 방정식이라도 비동차 항을 포함한다면 그 연립방정식은 *비동차형*이다. 연립미분방정식은 그 안의 모든 개별 방정식이 표준형 상태에서 상수계수를 가질 때 *상수계수* 연립방정식이 된다. 연립방정식을 구성하는 어느 한 방정식이라도 변수계수를 갖는다면 그 연립방정식은 (독립변수의 함수인) *변수계수* 연립방정식이다.

풀이 절차 선형 연립미분방정식의 경우는 체계적 절차를 사용하여 풀 수 있지만, 선형 연립방정식들도 변수계수를 포함할 경우 해에 무한급수가 포함되는 경우가 많아 풀이가 어려워질 수 있다. 따라서 이 장에서는 상수계수 선형 연립미분방정식에 집중할 것이다.

6장에서 다룬 소거법과 고윳값 방법 모두 단순하며 사용하기 쉽지만, 두세 개를 넘는 방정식들로 구성된 연립방정식들에 적용하기에는 비실용적이다. 연립방정식을 구성하는 방정식들의 수가 증가할수록 이러한 방법들은 많은 노력을 요하는 복잡한 방법이 된다. 이러한 큰 연립방정식은 *고유벡터 방법*으로도 불리는 *행렬 해법*으로 푸는 것이 훨씬 효율적이고 체계적이다.

표준 행렬 형식 행렬 표현은 대규모의 연립대수방정식이나 연립미분방정식을 풀 때 대단히 편리하다. 선형 연립방정식의 일반형은 $\mathbf{x}' = \mathbf{A}\mathbf{x} + \mathbf{r}(t)$이다. 미지수에 대한 모든 계수들을 포함하는 행렬 $\mathbf{A}$를 *계수행렬*이라고 한다. 모든 미지수를 포함하는 벡터 $\mathbf{x}$를 *미지수 벡터*라고 한다. 미지수를 인수로 포함하지 않는 모든 항들을 포함하는 벡터 $\mathbf{r}$은 연립대수방정식에서는 우변 벡터라고 하며, 연립미분방정식에서는 *비동차 벡터*라고 한다. $\mathbf{r} = \mathbf{0}$일 경우 연립방정식은 *동차형*이며, 그렇지 않을 경우 *비동차형*이다.

유일성과 선형성 계수들과 비동차 항들이 점 t_0을 포함하는 구간 $t < t < t_2$에서 연속일 경우, n개의 1계 선형방정식들로 구성된 연립방정식은 해당 구간에 대해 t_0에서 지정된 초기조건들을 만족하는 유일한 해를 갖는다. 둘 이상의 벡터 함수가 어떤 선형 동차 연립방정식의 해일 경우, 이들의 선형 결합 또한 해이다.

1차 독립성 n개의 1계 선형 동차 미분방정식으로 구성된 연립방정식은 계수행렬 $\mathbf{A}$의 원소들이 연속인 구간 $t_1 < t < t_2$에서 항상 n개의 1차 독립인 해 $\mathbf{x}_1, \mathbf{x}_2, ..., \mathbf{x}_n$을 갖는다. 더욱이 이 연립방정식의 *일반해*는 이러한 n개의 해들의 선형 결합

$$\mathbf{x} = c_1\mathbf{x}_1 + c_2\mathbf{x}_2 + \cdots + c_n\mathbf{x}_n$$

와 같이 표현될 수 있다. 여기에서 $c_1, c_2, ..., c_n$은 임의상수이다. 또한 계수행렬 $\mathbf{A}$의 원소들이 연속인 구간 $t_1 < t < t_2$에서 $\mathbf{x}_1, \mathbf{x}_2, ..., \mathbf{x}_n$이 n개의 1계 선형 동차 미분방정식으로 구성된 연립방정식의 해일 경우, 해당 구간에서 $\mathbf{x}_1, \mathbf{x}_2, ..., \mathbf{x}_n$의 론스키 행렬식은 항상 0이거나(이는 n개의 해가 1차

종속임을 나타냄) 혹은 결코 0이 아니게 된다(이는 n개의 해가 1차 독립임을 나타냄). 이는 *아벨 항등성*으로 알려져 있다. 비동차 연립방정식의 일반해는 연계 동차 연립방정식의 일반해에 특수해를 합하여 구한다.

서로 다른 실수인 고윳값 n개의 상수계수 1계 선형 동차방정식으로 구성된 연립방정식의 계수행렬 $\mathbf{A}$에 대한 n개의 고윳값 $\lambda_1, \lambda_2, \ldots, \lambda_n$이 실수이고 서로 다를 경우, 이 고윳값들에 연계된 개의 고유벡터 $\mathbf{v}_1, \mathbf{v}_2, \ldots, \mathbf{v}_n$은 항상 실수이며 1차 독립이다.

따라서 해 벡터 $\mathbf{v}_1e^{\lambda_1 t}, \mathbf{v}_1e^{\lambda_2 t}, \ldots, \mathbf{v}_ne^{\lambda_n t}$ 또한 1차 독립이며, 이 경우 n개의 방정식으로 구성된 연립방정식의 일반해는 다음과 같이 표현될 수 있다.

$$\mathbf{x} = c_1\mathbf{v}_1e^{\lambda_1 t} + c_2\mathbf{v}_2e^{\lambda_2 t} + \cdots + c_n\mathbf{v}_ne^{\lambda_n t} \qquad (7\text{–}73)$$

복소수 고윳값 계수행렬 $\mathbf{A}$가 실수일 경우, 특성방정식의 모든 계수들도 실수일 것이며, 복소수 고윳값들과 이들에 대응되는 고유벡터들은 반드시 켤레 복소수 쌍으로 나타난다. $\mathbf{v} = \mathbf{a} + i\mathbf{b}$가 고윳값 $\lambda = \alpha \pm i\beta$에 대응되는 고유벡터일 경우, 이들에 대응되는 두 개의 1차 독립인 실수 값 해 벡터는 다음과 같이 표현될 수 있다.

$$\mathbf{x}_1(t) = e^{\alpha t}(\mathbf{a}\cos\beta t - \mathbf{b}\sin\beta t) \qquad (7\text{–}76a)$$

그리고

$$\mathbf{x}_2(t) = e^{\alpha t}(\mathbf{a}\sin\beta t + \mathbf{b}\cos\beta t) \qquad (7\text{–}76b)$$

중복 고윳값 중복도 k의 고윳값에 연계된 1차 독립인 고유벡터의 개수가 k보다 적을 경우, 이 고윳값에 연계된 $\mathbf{v}e^{\lambda t}$ 형태의 1차 독립인 해 벡터의 개수도 k보다 적게 된다. 이 경우 이 고윳값에 연계된 1차 독립인 해의 개수의 부족분을 채우기 위해 다른 형태의 해들을 찾아야 한다. 중복도 2의 고윳값 λ에 연계된 1차 독립인 고유벡터가 $\mathbf{v}$ 하나만 주어져 있을 때, λ에 대응되는 두 개의 1차 독립인 해 벡터는 다음과 같이 표현된다.

$$\mathbf{x}_1(t) = \mathbf{v}e^{\lambda t} \qquad (7\text{–}77)$$

그리고

$$\mathbf{x}_2(t) = \mathbf{v}te^{\lambda t} + \mathbf{u}e^{\lambda t} \qquad (7\text{–}78)$$

여기에서 상수 벡터 $\mathbf{u}$는 다음 식을 이용하여 결정된다.

$$(\mathbf{A} - \lambda\mathbf{I})\mathbf{u} = \mathbf{v} \qquad (7\text{–}80b)$$

중복도가 3인 λ에 연계된 세 가지 가능성이 존재한다. 3중 고윳값 λ에 세 개의 1차 독립인 고유벡터 $\mathbf{v}_1, \mathbf{v}_2, \mathbf{v}_3$이 연계되어 있을 경우, λ에 대응되는 세 개의 1차 독립인 해는 다음과 같이 주어진다.

$$\mathbf{x}_1 = \mathbf{v}_1e^{\lambda t},\ \mathbf{x}_2 = \mathbf{v}_2e^{\lambda t},\ \text{그리고}\ \mathbf{x}_3 = \mathbf{v}_3e^{\lambda t} \qquad (7\text{–}83)$$

3중 고윳값 λ에 두 개의 1차 독립인 고유벡터 $\mathbf{v}_1, \mathbf{v}_2$가 연계되어 있을 경우, λ에 대응되는 세 개의 1차 독립인 해는 다음과 같이 주어진다.

$$\mathbf{x}_1 = \mathbf{v}_1e^{\lambda t},\ x_2 = \mathbf{v}_2e^{\lambda t},\ \text{그리고}\ \mathbf{x}_3 = \mathbf{v}_3te^{\lambda t} + \mathbf{u}e^{\lambda t}$$

이때 상수 벡터 $\mathbf{u}$는 $\mathbf{v}$에 선형 결합 $k_1\mathbf{v}_1 + k_2\mathbf{v}_2$를 사용하여 식 7-80b로부터 결정된다.

3중 고윳값 λ에 단 한 개의 1차 독립인 고유벡터 $\mathbf{v}$가 연계되어 있을 경우, λ에 대응되는 세 개의 1차 독립인 해는 다음과 같이 주어진다.

$$\mathbf{x}_1 = \mathbf{v}e^{\lambda t},\ \mathbf{x}_2 = \mathbf{v}te^{\lambda t} + \mathbf{u}e^{\lambda t},\ \text{그리고}\ \mathbf{x}_3 = \frac{1}{2}\mathbf{v}t^2e^{\lambda t} + \mathbf{u}te^{\lambda t} + \mathbf{w}e^{\lambda t}$$

이때 상수 벡터 $\mathbf{u}, \mathbf{w}$는 다음 식들을 이용하여 결정된다.

$$(\mathbf{A} - \lambda\mathbf{I})\mathbf{u} = \mathbf{v}\quad \text{그리고}\quad (\mathbf{A} - \lambda\mathbf{I})\mathbf{w} = \mathbf{u} \qquad (7\text{–}89)$$

특수해 특수해를 구하기 위한 미정계수법은 단일 방정식에서나 연립방정식에서나 기본적으로 동일하다. 그러나 연립방정식의 경우, 계수들은 상수 스칼라가 아니라 상수 벡터이다. 또한 단일 방정식의 경우 특수해의 기본형에 t^k를 곱한다. 여기에서 t는 독립변수이며 k는 동차해와 특수해 사이의 중복성을 제거할 수 있는 가장 작은 양의 정수이다. 그러나 연립방정식의 경우 특수해의 기본형에 t^k만 곱하는 것이 아니라 t에 관한 k차 다항식을 곱한다. 미정계수법이 실용적인 경우는 연립방정식 안의 모든 방정식이 상수계수를 갖고 비동차 항들이 다항식, 지수함수, 사인 또는 코사인 함수를 인수로 가질 때뿐이다.

동차해 $\mathbf{x}_h$와 기본행렬 $\mathbf{F}$가 알려져 있을 경우, 비동차 연립방정식의 특수해는 매개변수 변화법을 사용하여 다음과 같이 직접 구할 수 있다.

$$\mathbf{x}_p = \mathbf{F}(t)\int \mathbf{F}^{-1}(t)\mathbf{r}(t)dt + \mathbf{F}(t)\mathbf{k} \qquad (7\text{–}99)$$

여기에서 임의상수 벡터 $\mathbf{k}$는 영벡터로 선택할 수도 있고 다른 편리한 상수 벡터로 선택할 수도 있다. 초기조건들이 지정될 경우, 이러한 초기조건들을 만족하는 비동차 연립방정식의 해는 다음 식으로부터 직접 결정될 수 있다.

$$\mathbf{x}(t) = \mathbf{F}(t)\left[\mathbf{F}^{-1}(t)\mathbf{x}_0 + \int_{t_0}^{t} \mathbf{F}^{-1}(t)\mathbf{r}(t)dt\right] \quad (7\text{–}106)$$

여기에서 $\mathbf{x}_0 = \mathbf{x}(t_0)$은 $t = t_0$에서 지정된 초기조건들이다. 따라서 매개변수 변화법은 초기조건들이 주어지는 비동차 연립방정식의 해를 체계적으로 결정할 수 있게 해준다.

모드와 모드 변수 고유벡터는 모드 변수 또는 모드라고 불리는 새로운 변수들을 정의하기 위해 사용될 수 있는데, 새로운 변수들에 대해서는 고윳값들이 서로 다를 경우 계수행렬이 대각선행렬이 되며 일부 고윳값들이 중복될 경우 대각선행렬에 가까운 형태가 된다. 이 결과로 얻게 되는 계수행렬을 조단 표준형이라고 한다. 이러한 표현을 통해 시스템의 반응에 대한 이해를 높일 수 있다. 이 방식은 또한 시스템의 자유반응과 강제반응을 체계적 방식으로 구하기 위해 사용될 수 있는 추이행렬을 얻기 위한 또 다른 방법을 제공한다.

컴퓨터 해법의 역할 행렬 해법의 이점은 많은 수의 방정식으로 구성된 연립방정식을 처리할 수 있다는 것이며, 이를 위해서는 고윳값과 고유벡터를 위한 수치해가 필요하다. 널리 사용되는 컴퓨터 패키지들은 고윳값, 고유벡터, 추이행렬(행렬 지수함수) 등을 기호 형태와 수치 형태로 구할 수 있다. 그러나 대규모 행렬의 경우 기호 형태의 해를 얻지 못할 수도 있으며, 얻을 수 있다 하더라도 사용하기에 너무 복잡할 수 있다. 차수가 4를 넘는 다항방정식에 대해서는 근을 구할 수 있는 공식이 존재하지 않으므로 이 정도가 기호 형태의 결과에 대한 한계로 볼 수 있다.

연습문제

7–1 행렬에 대한 개요

7-36C 두 개의 행렬을 더하기 위해서 이들은 동일한 크기를 가져야 하는가? 두 개의 행렬을 곱하기 위해서 이들은 동일한 크기를 가져야 하는가?

7-37C 행렬의 역은 어떻게 정의되는가? 어떤 경우에 특이행렬이 되는가? 어떤 경우에 정칙행렬이 되는가?

7-38C 행렬 함수의 도함수는 어떻게 정의되는가? 행렬 함수의 적분은 어떻게 정의되는가?

7-39 $\mathbf{A} = \begin{pmatrix} 2 & 0 \\ -7 & 5 \end{pmatrix}$ 그리고 $\mathbf{B} = \begin{pmatrix} 1 & -3 \\ 8 & 3 \end{pmatrix}$

일 때, (a) $\mathbf{A} + \mathbf{B}$, (b) $2\mathbf{A}$, (c) $3\mathbf{A} - \mathbf{B}$, (d) $-3\mathbf{AB}$ 등을 구하라.

7-40 $\mathbf{A} = \begin{pmatrix} 1 & -4 \\ -2 & 2 \end{pmatrix}$ 그리고 $\mathbf{B} = \begin{pmatrix} 0 & -6 \\ 5 & 3 \end{pmatrix}$

일 때, (a) $\mathbf{A} - \mathbf{B}$, (b) $-4\mathbf{A}$, (c) $\mathbf{A} - 2\mathbf{B}$, (d) $2\mathbf{BA}$ 등을 구하라.

7-41 $\mathbf{A} = \begin{pmatrix} 7 & -3 \\ 6 & 12 \end{pmatrix}$ 그리고 $\mathbf{B} = \begin{pmatrix} 11 & -9 \\ 4 & 1 \end{pmatrix}$

일 때, (a) $5\mathbf{A}$, (b) $2\mathbf{A} + 3\mathbf{B}$, (c) $2\mathbf{AB}$, (d) $\det \mathbf{A}$ 등을 구하라.

7-42 $\mathbf{A} = \begin{pmatrix} 3 & -1 & 0 \\ -2 & 4 & 3 \\ -1 & 1 & 0 \end{pmatrix}$ 그리고 $\mathbf{B} = \begin{pmatrix} -3 & 1 & -6 \\ 0 & 3 & -2 \\ -1 & 4 & 8 \end{pmatrix}$

일 때, (a) $-4\mathbf{A}$, (b) $2\mathbf{A} + 3\mathbf{B}$, (c) $2\mathbf{AB}$, (d) $\det \mathbf{A}$ 등을 구하라.

7-43 $\mathbf{A} = \begin{pmatrix} 4 & -2 & 3 \\ -1 & 0 & 3 \\ -3 & 0 & 2 \end{pmatrix}$ 그리고 $\mathbf{B} = \begin{pmatrix} -3 & 4 & -5 \\ 1 & 3 & 0 \\ -3 & 9 & 1 \end{pmatrix}$

일 때, (a) $\mathbf{A} - 4\mathbf{B}$, (b) $\mathbf{AB}$, (c) $\mathbf{BA}$, (d) $\det \mathbf{A}$ 등을 구하라.

7-44 $\mathbf{A} = \begin{pmatrix} 4 & -2 \\ -1 & 3 \\ -3 & 0 \end{pmatrix}$ 그리고 $\mathbf{B} = \begin{pmatrix} 1 & 3 & 0 \\ -3 & 9 & 1 \end{pmatrix}$

일 때, (a) $4\mathbf{A}$, (b) $\mathbf{AB}$, (c) $\mathbf{A}^T + 2\mathbf{B}$ 등을 구하라.

7-45 $\mathbf{A} = \begin{pmatrix} 7 & -3 \\ 6 & 12 \end{pmatrix}$ 그리고 $\mathbf{B} = \begin{pmatrix} 11 & -9 \\ 4 & 1 \end{pmatrix}$

일 때, (a) $\mathbf{A} + \mathbf{B} = \mathbf{B} + \mathbf{A}$, (b) $2(\mathbf{A} + \mathbf{B}) = 2\mathbf{A} + 2\mathbf{B}$, (c) $\mathbf{AB} \neq \mathbf{BA}$ 등을 증명하라.

7-46 $\begin{pmatrix} 1 & 0 \\ -2 & 5 \end{pmatrix}$, $\mathbf{B} = \begin{pmatrix} 0 & -6 \\ 5 & 1 \end{pmatrix}$, 그리고 $\mathbf{C} = \begin{pmatrix} 3 & -3 \\ 8 & 3 \end{pmatrix}$

일 때, (a) $(\mathbf{A} + \mathbf{B}) + \mathbf{C} = \mathbf{A} + (\mathbf{B} + \mathbf{C})$, (b) $\mathbf{A}(\mathbf{BC}) = (\mathbf{AB})\mathbf{C}$, (c) $\mathbf{A}(\mathbf{B} + \mathbf{C}) = \mathbf{AB} + \mathbf{AC}$ 등을 증명하라.

7-47 $\mathbf{A} = \begin{pmatrix} 2 & 5 \\ -1 & 3 \end{pmatrix}$, $\mathbf{B} = \begin{pmatrix} -2 & 7 \\ 5 & 2 \end{pmatrix}$, 그리고 $\mathbf{C} = \begin{pmatrix} 0 & -4 \\ 7 & 3 \end{pmatrix}$

일 때, (a) $(\mathbf{A} + \mathbf{B}) + \mathbf{C} = \mathbf{A} + (\mathbf{B} + \mathbf{C})$, (b) $\mathbf{A}(\mathbf{BC}) = (\mathbf{AB})\mathbf{C}$, (c) $\mathbf{A}(\mathbf{B} + \mathbf{C}) = \mathbf{AB} + \mathbf{AC}$ 등을 증명하라.

7-48
$$\mathbf{A}(t) = \begin{pmatrix} 2t^2 - 1 & 2\cos 2t \\ e^{-t} & 0 \end{pmatrix}$$

일 때, (a) $\int_0^t \mathbf{A}(t)dt$, (b) $d\mathbf{A}(t)/dt$ 등을 구하라.

7-49
$$\mathbf{A}(t) = \begin{pmatrix} \dfrac{1}{1-t} & 3\sin 3t \\ e^{-2t} & t+1 \end{pmatrix}$$

일 때, (a) $\int_0^t \mathbf{A}(t)dt$, (b) $d\mathbf{A}(t)/dt$ 등을 구하라.

7-50 $\mathbf{A}(t) = \begin{pmatrix} t^2 + 2 & e^t \\ e^{-t} & \cos 2t \end{pmatrix}$ 그리고 $\mathbf{B} = \begin{pmatrix} 1 & -2 \\ 0 & 3 \end{pmatrix}$

일 때, (a) $\mathbf{B}\int_0^1 \mathbf{A}(t)dt$, (b) $\int_0^1 \mathbf{BA}(t)dt$, (c) $\mathbf{B}d\mathbf{A}(t)/dt$, (d) $d[\mathbf{BA}(t)]/dt$ 등을 구하라.

7-51 $\mathbf{A}(t) = \begin{pmatrix} \sqrt{t} & e^{-t} \\ e^t & \sin 2t \end{pmatrix}$ 그리고 $\mathbf{B} = \begin{pmatrix} 4 & -1 \\ 2 & 7 \end{pmatrix}$

일 때, (a) $\mathbf{B}\int_0^1 \mathbf{A}(t)dt$, (b) $\int_0^1 \mathbf{BA}(t)dt$, (c) $\mathbf{B}d\mathbf{A}(t)/dt$, (d) $d[\mathbf{BA}(t)]/dt$ 등을 구하라.

7-52 $\mathbf{A}(t) = \begin{pmatrix} t+1 & e^{-t} \\ e^t & 2 \end{pmatrix}$ 그리고 $\mathbf{B} = \begin{pmatrix} 0 & e^t \\ t & 1 \end{pmatrix}$

일 때, (a) $\mathbf{B}\int_0^1 \mathbf{A}(t)dt$, (b) $\int_0^1 \mathbf{B}(t)\mathbf{A}(t)dt$, (c) $\mathbf{B}(t)d\mathbf{A}/dt$, (d) $d[\mathbf{B}(t)\mathbf{A}(t)]/dt$ 등을 구하라.

7-2 행렬 형식의 모델

7-53 그림 P7-53의 (a) 부분에 표시된 시스템을 생각해보자. 자유물체도는 그림의 (b) 부분에 보이고 있다. 운동방정식을 유도하고 적당한 상태변수들의 모음 $\mathbf{x}$를 선택하여 운동방정식을 $\mathbf{x}' = \mathbf{Ax} + \mathbf{B}f(t)$ 형식으로 표현하기 위해 필요한 행렬 **A**, **B**를 구하라.

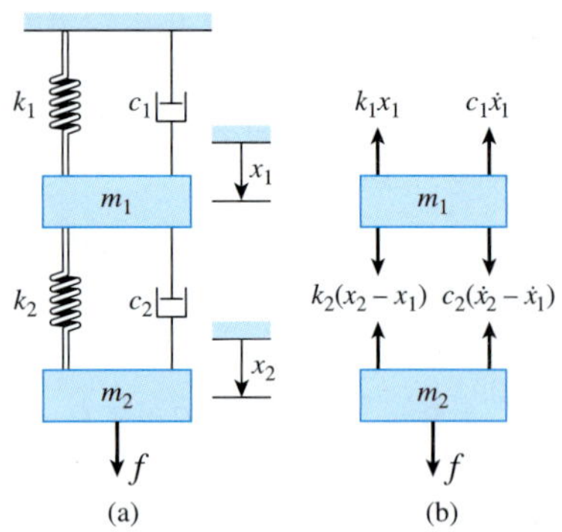

그림 P7-53

7-54 그림 P7-54는 스프링에 의해 결합되는 두 개의 진자를 보여준다. 작은 각에 대한 운동방정식은 다음과 같다.

$$m_1L_1^2\theta_1'' = -m_1g_1L_2\theta_1 - kL_1(L_1\theta_1 - L_1\theta_2)$$
$$m_2L_2^2\theta_2'' = -m_2gL_2\theta_2 + kL_1(L_1\theta_1 - L_1\theta_2)$$

적당한 상태변수들의 모음 $\mathbf{x}$를 선택하여 운동방정식을 $\mathbf{x}' = \mathbf{Ax}$ 형식으로 표현하기 위해 필요한 행렬 **A**, **B**를 구하라.

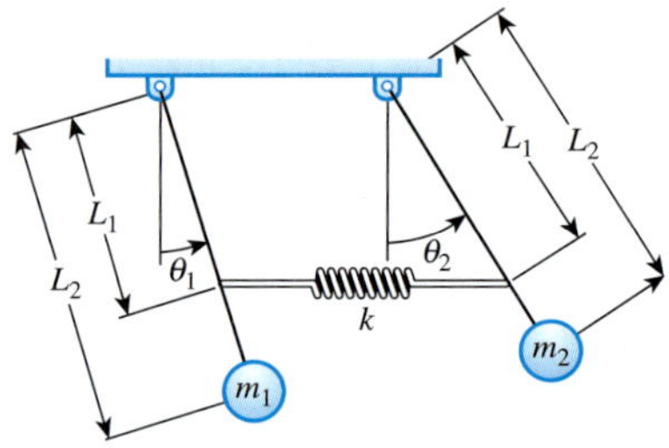

그림 P7-54

7-3 고윳값과 고유벡터

7-55C 첨가행렬에 대한 어떤 연산들을 행 연산이라 하는가? 행 연산은 선형 연립대수방정식에서 어떤 조작들에 해당하는가? 첨가행렬에 대한 행 연산의 목적은 무엇인가? 행 연산과 유사한 열 연산이 존재하겠는가?

7-56C 행 축소를 이용하여 행렬의 역을 어떻게 구할 수 있는가?

7-57C 연립방정식의 계수행렬이 정칙일 경우 (a) 선형 동차 연립대수방정식 그리고 (b) 선형 비동차 연립대수방정식의 해에 대해 무엇을 말할 수 있는가?

7-58C 선형 동차 연립대수방정식이 자명하지 않은 유일한 해를 가질 수 있는가?

7-59C 동일한 크기의 두 벡터가 주어져 있다고 하자. 이 두 벡터가 1차 종속인지 1차 독립인지 어떻게 결정하겠는가? 지정된 구간에서 벡터 함수들에 대해 같은 질문에 답하라.

7-60C n차 상수 정방행렬 **A**와 단일 고윳값 λ에 대해 생각해보자. λ에 대응되는 이 행렬의 고유벡터 **v**는 어떻게

결정되는가? 이 행렬은 λ에 대응되는 고유벡터를 몇 개나 가질 수 있는가? 이러한 고유벡터들 중 몇 개나 1차 독립일 수 있는가?

7-61C 중복도 k의 고윳값 λ에 연계되는 행렬 **A**의 1차 독립인 고유벡터의 개수는 몇 개인가? **A**가 대칭행렬인 특별한 경우 같은 질문에 답하라.

7-62C 켤레 복소수 관계에 있는 두 개의 고윳값 λ_1, λ_2가 주어져 있다. λ_1에 대응되는 고유벡터가 $\mathbf{v}_1$일 때, λ_2에 대응되는 고유벡터는 어떤 벡터이겠는가?

7-63C $m < n$일 때 m개의 요소를 갖는 n개의 벡터는 1차 종속임을 보여라.

다음 각 행렬에 대해 역행렬이 존재하는지 결정하고, 존재할 경우 역행렬을 구하라.

7-64 (a) $\mathbf{A} = \begin{pmatrix} 1 & -4 \\ -2 & 2 \end{pmatrix}$

(b) $\mathbf{A} = \begin{pmatrix} -3 & 4 & -5 \\ 1 & 3 & 0 \\ -3 & 9 & 1 \end{pmatrix}$

7-65 (a) $\mathbf{A} = \begin{pmatrix} 7 & -3 \\ 6 & 12 \end{pmatrix}$

(b) $\mathbf{A} = \begin{pmatrix} 3 & -1 & 0 \\ -2 & 4 & 3 \\ -1 & 1 & 0 \end{pmatrix}$

7-66 (a) $\mathbf{A} = \begin{pmatrix} 4 & -2 & 3 \\ -1 & 0 & 3 \\ -3 & 0 & 2 \end{pmatrix}$

(b) $\mathbf{A} = \begin{pmatrix} -3 & 1 & -6 \\ 0 & 3 & -2 \\ -1 & 4 & 8 \end{pmatrix}$

7-67 (a) $\mathbf{A} = \begin{pmatrix} 1 & 0 \\ -2 & 5 \end{pmatrix}$

(b) $\mathbf{A} = \begin{pmatrix} 0 & 1 & 5 & -6 \\ -5 & 3 & -7 & 0 \\ -8 & 0 & 5 & 4 \\ 1 & 2 & 4 & 8 \end{pmatrix}$

7-68 (a) $\mathbf{A} = \begin{pmatrix} 4 & -3 \\ 6 & 12 \end{pmatrix}$

(b) $\mathbf{A} = \begin{pmatrix} -1 & 1 & 4 \\ 0 & -2 & 5 \\ 2 & 5 & 0 \end{pmatrix}$

7-69 (a) $\mathbf{A} = \begin{pmatrix} 11 & -9 \\ 4 & 1 \end{pmatrix}$

(b) $\mathbf{A} = \begin{pmatrix} 2 & 0 & -6 \\ 1 & 1 & -3 \\ 5 & 0 & 2 \end{pmatrix}$

7-70 (a) $\mathbf{A} = \begin{pmatrix} 0 & -6 \\ 5 & 1 \end{pmatrix}$

(b) $\mathbf{A} = \begin{pmatrix} 4 & 1 & 0 \\ 1 & -2 & 3 \\ 0 & 3 & 1 \end{pmatrix}$

7-71 (a) $\mathbf{A} = \begin{pmatrix} 3 & -3 \\ 8 & 3 \end{pmatrix}$

(b) $\mathbf{A} = \begin{pmatrix} 0 & 1 & -4 \\ 1 & 0 & 2 \\ -4 & 2 & 0 \end{pmatrix}$

7-72 (a) $\mathbf{A} = \begin{pmatrix} 2 & 5 \\ -1 & 3 \end{pmatrix}$

(b) $\mathbf{A} = \begin{pmatrix} 1 & 1 & 1 \\ 0 & 2 & -2 \\ -1 & 5 & 1 \end{pmatrix}$

7-73 (a) $\mathbf{A} = \begin{pmatrix} -2 & 7 \\ 5 & 2 \end{pmatrix}$

(b) $\mathbf{A} = \begin{pmatrix} 1 & 1 & 1 \\ 2 & 2 & 2 \\ 1 & 2 & 0 \end{pmatrix}$

7-74 (a) $\mathbf{A} = \begin{pmatrix} -2 & 7 \\ 5 & 2 \end{pmatrix}$

(b) $\mathbf{A} = \begin{pmatrix} 1 & 1 & 1 \\ 2 & 2 & 2 \\ 1 & 2 & 0 \end{pmatrix}$

먼저 다음 각 연립대수방정식이 해를 갖는지 결정하고, 해를 갖는 경우 모든 해를 구하라.

7-75 (a) $x_1+2x_2+x_3=5$, $-2x_1+4x_2-x_3=0$, $2x_1+x_2-x_3=1$
(b) $x_1+2x_2+x_3=0$, $-2x_1+4x_2-x_3=0$, $2x_1+x_2-x_3=0$
(c) $x_1+2x_2+x_3=5$, $-2x_1+4x_2-x_3=0$, $-x_1+6x_2=5$
(d) $x_1+2x_2+x_3=5$, $-2x_1+4x_2-x_3=-2$, $2x_1+x_2-x_3=1$

7-76 (a) $3x_1-x_2-x_3=6$, $2x_1-6x_2+2x_3=-4$, $-x_1+x_2-4x_3=11$
(b) $3x_1-x_2-x_3=0$, $2x_1-6x_2+2x_3=0$, $-x_1+x_2-4x_3=0$
(c) $3x_1-x_2-x_3=2$, $2x_1-6x_2+2x_3=-4$, $-x_1+x_2-4x_3=1$
(d) $3x_1-x_2-x_3=6$, $2x_1-6x_2+2x_3=-4$

7-77 (a) $x_1+x_2+x_3=2$, $-3x_1+2x_2+4x_3=-4$, $-x_1+4x_2+6x_3=0$
(b) $x_1+x_2+x_3=0$, $-3x_1+2x_2+4x_3=0$, $-x_1+4x_2+6x_3=0$
(c) $x_1+x_2+x_3=2$, $-3x_1+2x_2+4x_3=-4$, $-x_1+4x_2+6x_3=8$
(d) $x_1+x_2+x_3=2$, $-3x_1+2x_2+4x_3=-4$, $x_1+4x_2+6x_3=4$

7-78 (a) $4x_1-3x_2+x_3=-4$, $-x_1+4x_2+2x_3=12$, $2x_1+5x_2+5x_3=10$
(b) $4x_1-3x_2+x_3=0$, $-x_1+4x_2+2x_3=0$, $2x_1+5x_2+5x_3=0$
(c) $4x_1-3x_2+x_3=-4$, $-x_1+4x_2+2x_3=12$, $2x_1-5x_3=10$
(d) $4x_1-3x_2+x_3=-4$, $-x_1+4x_2+2x_3=12$, $x_1+x_3=5$

7-79 (a) $x_1+2x_2-x_3=7$, $3x_1-x_2+2x_3=-10$, $2x_1-3x_2+3x_3=-17$
(b) $x_1+2x_2-x_3=0$, $3x_1-x_2+2x_3=0$, $2x_1-3x_2+3x_3=0$
(c) $x_1+2x_2-x_3=7$, $3x_1-x_2+2x_3=-14$, $2x_1+x_2+2x_3=-17$
(d) $x_1+2x_2-x_3=7$, $3x_1-x_2+2x_3=-14$, $2x_1+x_2+2x_3=2$

7-80 (a) $4x_1-x_2-2x_3=-7$, $-x_1-x_2+x_3=0$, $3x_2-2x_3=5$
(b) $4x_1-x_2-2x_3=0$, $-x_1-x_2+x_3=0$, $3x_2-2x_3=0$
(c) $x_1+2x_2-x_3=7$, $3x_1+6x_2-3x_3=21$, $-2x_1-4x_2+2x_3=-14$
(d) $4x_1-x_2-2x_3=-7$, $-x_1-x_2+x_3=2$, $3x_2-2x_3=5$

다음 벡터들이 1차 종속인지 또는 1차 독립인지 결정하라.

7-81 $\mathbf{v}_1=\begin{pmatrix}2\\-3\\1\end{pmatrix},\ \mathbf{v}_2=\begin{pmatrix}3\\2\\1\end{pmatrix},\ \mathbf{v}_3=\begin{pmatrix}7\\0\\-6\end{pmatrix}$

7-82 $\mathbf{v}_1=\begin{pmatrix}2\\-1\end{pmatrix},\ \mathbf{v}_2=\begin{pmatrix}-4\\3\end{pmatrix},\ \mathbf{v}_3=\begin{pmatrix}5\\0\end{pmatrix}$

7-83 $\mathbf{v}_1=\begin{pmatrix}0\\1\\0\end{pmatrix},\ \mathbf{v}_2=\begin{pmatrix}2\\0\\2\end{pmatrix},\ \mathbf{v}_3=\begin{pmatrix}4\\0\\0\end{pmatrix}$

7-84 $\mathbf{v}_1=\begin{pmatrix}6\\0\\2\end{pmatrix},\ \mathbf{v}_2=\begin{pmatrix}1\\0\\-3\end{pmatrix},\ \mathbf{v}_3=\begin{pmatrix}0\\-2\\-2\end{pmatrix}$

7-85 $\mathbf{v}_1=\begin{pmatrix}-4\\5\\1\end{pmatrix},\ \mathbf{v}_2=\begin{pmatrix}3\\-4\\2\end{pmatrix},\ \mathbf{v}_3=\begin{pmatrix}-5\\1\\0\end{pmatrix}$

$-\infty<t<\infty$에서 다음 벡터들이 1차 종속인지 또는 1차 독립인지 결정하라.

7-86 $\mathbf{v}_1(t)=\begin{pmatrix}e^t\\-2e^t\\0\end{pmatrix},\ \mathbf{v}_2(t)=\begin{pmatrix}2e^t\\0\\-4e^t\end{pmatrix},\ \mathbf{v}_3(t)=\begin{pmatrix}-e^t\\4e^t\\e^t\end{pmatrix}$

7-87 $\mathbf{v}_1(t)=\begin{pmatrix}-3e^{-t}\\2e^{-t}\\e^{-t}\end{pmatrix},\ \mathbf{v}_2(t)=\begin{pmatrix}0\\t\\1\end{pmatrix},\ \mathbf{v}_3(t)=\begin{pmatrix}4e^{-t}\\e^{-t}\\5e^{-t}\end{pmatrix}$

7-88 $\mathbf{v}_1(t)=\begin{pmatrix}t^3\\4t^3\\-2t^3\end{pmatrix},\ \mathbf{v}_2(t)=\begin{pmatrix}t^2\\4t^2\\-2t^2\end{pmatrix},\ \mathbf{v}_3(t)=\begin{pmatrix}t\\4t\\-2t\end{pmatrix}$

7-89 $\mathbf{v}_1(t)=\begin{pmatrix}0\\t\\e^t\end{pmatrix},\ \mathbf{v}_2(t)=\begin{pmatrix}e^t\\3t\\-2e^t\end{pmatrix},\ \mathbf{v}_3(t)=\begin{pmatrix}e^t\\2t\\-e^t\end{pmatrix}$

다음 각 행렬에 대해 고윳값들과 고유벡터들을 구하라.

7-90 (a) $\mathbf{A} = \begin{pmatrix} 7 & -4 \\ -2 & 5 \end{pmatrix}$

(b) $\mathbf{A} = \begin{pmatrix} -3 & 4 & 0 \\ 1 & 3 & 1 \\ -3 & 9 & 0 \end{pmatrix}$

7-91 (a) $\mathbf{A} = \begin{pmatrix} 7 & -3 \\ 6 & 1 \end{pmatrix}$

(b) $\mathbf{A} = \begin{pmatrix} 3 & -1 & 0 \\ -2 & 4 & 3 \\ 2 & 1 & 0 \end{pmatrix}$

7-92 (a) $\mathbf{A} = \begin{pmatrix} 4 & -2 & 3 \\ -1 & 0 & 3 \\ -3 & 0 & 2 \end{pmatrix}$

(b) $\mathbf{A} = \begin{pmatrix} -3 & 1 & -6 \\ 0 & 3 & -2 \\ 6 & 4 & 8 \end{pmatrix}$

7-93 (a) $\mathbf{A} = \begin{pmatrix} 1 & 0 \\ -2 & 5 \end{pmatrix}$

(b) $\mathbf{A} = \begin{pmatrix} 2 & 2 & 2 & 2 \\ 2 & 2 & 2 & 2 \\ 2 & 2 & 2 & 2 \\ 2 & 2 & 2 & 2 \end{pmatrix}$

7-94 (a) $\mathbf{A} = \begin{pmatrix} 1 & -3 \\ 6 & -7 \end{pmatrix}$

(b) $\mathbf{A} = \begin{pmatrix} -1 & -1 & 4 \\ 0 & -2 & 5 \\ 2 & 4 & 0 \end{pmatrix}$

7-95 (a) $\mathbf{A} = \begin{pmatrix} 1 & -9 \\ 4 & 1 \end{pmatrix}$

(b) $\mathbf{A} = \begin{pmatrix} 2 & 0 & -6 \\ 1 & 1 & -3 \\ -6 & 0 & 2 \end{pmatrix}$

7-96 (a) $\mathbf{A} = \begin{pmatrix} 0 & -6 \\ 5 & 1 \end{pmatrix}$

(b) $\mathbf{A} = \begin{pmatrix} 1 & 1 & 0 \\ 1 & -2 & 3 \\ 0 & 3 & 1 \end{pmatrix}$

7-97 (a) $\mathbf{A} = \begin{pmatrix} 3 & -3 \\ 8 & 3 \end{pmatrix}$

(b) $\mathbf{A} = \begin{pmatrix} 0 & 1 & 4 \\ 1 & 0 & 2 \\ -4 & 2 & 0 \end{pmatrix}$

7-98 (a) $\mathbf{A} = \begin{pmatrix} 2 & 5 \\ 4 & 3 \end{pmatrix}$

(b) $\mathbf{A} = \begin{pmatrix} 1 & 1 & 1 \\ 0 & 2 & -2 \\ -1 & -3 & 1 \end{pmatrix}$

7-99 (a) $\mathbf{A} = \begin{pmatrix} -2 & 7 \\ 3 & 2 \end{pmatrix}$

(b) $\mathbf{A} = \begin{pmatrix} 1 & 1 & -1 \\ -2 & 2 & -3 \\ 1 & 2 & 0 \end{pmatrix}$

7-100 (a) $\mathbf{A} = \begin{pmatrix} 0 & -4 \\ 7 & 3 \end{pmatrix}$

(b) $\mathbf{A} = \begin{pmatrix} -1 & 0 & 0 & -2 \\ 3 & 1 & -5 & 0 \\ -1 & 0 & 1 & 1 \\ -2 & 0 & -1 & -1 \end{pmatrix}$

7-4 선형 연립미분방정식 이론

7-101C n개의 미지 함수에 관한 n개의 1계 선형 동차방정식으로 구성된 연립방정식과 n개의 초기조건이 주어져 있을 경우, 이 연립방정식이 구간 $t_1 < t < t_2$에서 유일한 해를 갖기 위한 조건은 무엇인가?

7-102C 계수행렬이 연속인 구간에서 n개의 1계 선형 동차방정식으로 구성된 연립방정식의 일반해를 어떻게 구하겠는가? 방정식 중의 일부가 비동차형일 경우의 대답은?

7-103C n개의 1계 선형 동차방정식으로 구성된 연립방정

식에 대한 n개의 n차원 해 벡터가 주어져 있을 경우, 이 n개의 해가 1차 종속인지 1차 독립인지 어떻게 결정하겠는가?

7-104C 두 개의 미지수에 관한 두 개의 상수계수 선형 동차방정식으로 구성된 연립방정식에 대해 정리 7-4(아벨의 정리)를 증명하라. 힌트: 연립방정식을 $\mathbf{x}' = \mathbf{A}\mathbf{x}$로 표현한다. 여기에서

$$\mathbf{A} = \begin{pmatrix} a_{11} & a_{12} \\ a_{21} & a_{22} \end{pmatrix}$$

이다. 그리고 이 연립방정식의 두 개의 해를 $\mathbf{x}_1 = [x_{11} \ x_{21}]^T$, $\mathbf{x}_2 = [x_{12} \ x_{22}]^T$로 둔다. 그리고

$$\mathbf{W}' = (x_{11}x_{22} - x_{21}x_{12})' = \begin{vmatrix} \dfrac{dx_{11}}{dt} & \dfrac{dx_{12}}{dt} \\ x_{21} & x_{22} \end{vmatrix} + \begin{vmatrix} x_{11} & x_{12} \\ \dfrac{dx_{21}}{dt} & \dfrac{dx_{22}}{dt} \end{vmatrix}$$

을 보인다. 이제 $\mathbf{W}' = (a_{11} + a_{22})\mathbf{W}$이며 따라서 $\mathbf{W} = Ke^{(a_{11}+a_{22})t}$임을 보이기 위해 $\mathbf{x}_1, \mathbf{x}_2$를 $\mathbf{x}' = \mathbf{A}\mathbf{x}$에 대입한다.

다음 각 문제에서 주어진 벡터들이 주어진 연립방정식의 해임을 증명하고 이 해 벡터들이 1차 독립인지 결정하라. 이들이 1차 독립일 경우 $-\infty < t < \infty$상에서 주어진 연립방정식의 일반해를 구하라.

7-105 $\mathbf{x}' = \begin{pmatrix} 1 & 0 \\ -3 & 2 \end{pmatrix}\mathbf{x}$; $\mathbf{x}_1 = \begin{pmatrix} e^t \\ -3e^t \end{pmatrix}$, $\mathbf{x}_2 = \begin{pmatrix} 0 \\ 2e^{-t} \end{pmatrix}$

7-106 $\mathbf{x}' = \begin{pmatrix} 2 & 1 \\ 1 & 2 \end{pmatrix}\mathbf{x}$; $\mathbf{x}_1 = \begin{pmatrix} e^t \\ -e^t \end{pmatrix}$, $\mathbf{x}_2 = \begin{pmatrix} 2e^{3t} \\ 2e^{3t} \end{pmatrix}$

7-107 $\mathbf{x}' = \begin{pmatrix} 4 & 6 \\ -3 & -5 \end{pmatrix}\mathbf{x}$; $\mathbf{x}_1 = \begin{pmatrix} 4e^t \\ -2e^t \end{pmatrix}$, $\mathbf{x}_2 = \begin{pmatrix} 6e^t \\ -3e^t \end{pmatrix}$

7-108 $\mathbf{x}' = \begin{pmatrix} 2 & 4 \\ 1 & -1 \end{pmatrix}\mathbf{x}$; $\mathbf{x}_1 = \begin{pmatrix} 4e^{3t} \\ e^{3t} \end{pmatrix}$, $\mathbf{x}_2 = \begin{pmatrix} e^{-2t} \\ -e^{-2t} \end{pmatrix}$

7-109 $\mathbf{x}' = \begin{pmatrix} -1 & 2 \\ 2 & -4 \end{pmatrix}\mathbf{x}$; $\mathbf{x}_1 = \begin{pmatrix} 2 \\ 1 \end{pmatrix}$, $\mathbf{x}_2 = \begin{pmatrix} e^{-5t} \\ -2e^{-5t} \end{pmatrix}$

7-110 $\mathbf{x}' = \begin{pmatrix} 3 & -1 \\ 1 & 1 \end{pmatrix}\mathbf{x}$; $\mathbf{x}_1 = \begin{pmatrix} e^{2t} \\ e^{2t} \end{pmatrix}$, $\mathbf{x}_2 = \begin{pmatrix} 2e^{2t} \\ 2e^{2t} \end{pmatrix}$

7-111 $\mathbf{x}' = \begin{pmatrix} -1 & -1 & 0 \\ 1 & 0 & -1 \\ 3 & 1 & 1 \end{pmatrix}\mathbf{x}$; $\mathbf{x}_1 = \begin{pmatrix} e^t \\ -2e^t \\ 3e^t \end{pmatrix}$,

$\mathbf{x}_2 = \begin{pmatrix} -2e^t \\ 4e^t \\ -6e^t \end{pmatrix}$, $\mathbf{x}_3 = \begin{pmatrix} -e^t \\ 2e^t \\ -3e^t \end{pmatrix}$

7-112 $\mathbf{x}' = \begin{pmatrix} 0 & 3 & 3 \\ 3 & 0 & 3 \\ 3 & 3 & 0 \end{pmatrix}\mathbf{x}$; $\mathbf{x}_1 = \begin{pmatrix} e^{6t} \\ e^{6t} \\ e^{6t} \end{pmatrix}$, $\mathbf{x}_2 = \begin{pmatrix} -2e^{-3t} \\ 0 \\ -e^{-3t} \end{pmatrix}$,

$\mathbf{x}_3 = \begin{pmatrix} 0 \\ e^{-3t} \\ -e^{-3t} \end{pmatrix}$

7-113 $\mathbf{x}' = \begin{pmatrix} 0 & 3 & 3 \\ 3 & 0 & 3 \\ 3 & 3 & 0 \end{pmatrix}\mathbf{x}$; $\mathbf{x}_1 = \begin{pmatrix} 2e^{-3t} \\ 0 \\ -2e^{-3t} \end{pmatrix}$, $\mathbf{x}_2 = \begin{pmatrix} 0 \\ -3e^{-3t} \\ 3e^{-3t} \end{pmatrix}$,

$\mathbf{x}_3 = \begin{pmatrix} e^{-3t} \\ e^{-3t} \\ -2e^{-3t} \end{pmatrix}$

7-114 $\mathbf{x}' = \begin{pmatrix} 1 & 0 & 2 \\ 1 & -1 & 0 \\ 1 & -2 & 0 \end{pmatrix}\mathbf{x}$; $\mathbf{x}_1 = \begin{pmatrix} 2e^t \\ e^t \\ 0 \end{pmatrix}$, $\mathbf{x}_2 = \begin{pmatrix} -6e^t \\ -3e^t \\ 0 \end{pmatrix}$,

$\mathbf{x}_3 = \begin{pmatrix} -2e^{-2t} \\ 2e^{-2t} \\ -3e^{-2t} \end{pmatrix}$

주어진 특수해 벡터가 주어진 연립방정식의 해임을 증명하라.

7-115 $\mathbf{x}' = \begin{pmatrix} 2 & 1 \\ 1 & 2 \end{pmatrix}\mathbf{x} + \begin{pmatrix} 4e^{-t} \\ 3 \end{pmatrix}$; $\mathbf{x}_p = \dfrac{1}{2}\begin{pmatrix} -3e^{-t} + 2 \\ e^{-t} - 4 \end{pmatrix}$

7-116 $\mathbf{x}' = \begin{pmatrix} 2 & 4 \\ 1 & -1 \end{pmatrix}\mathbf{x} + \begin{pmatrix} 6t^2 - 1 \\ t \end{pmatrix}$;

$\mathbf{x}_p = \dfrac{1}{9}\begin{pmatrix} -9t^2 + 21t - 1 \\ -9t^2 - 6t - 7 \end{pmatrix}$

7-117 $\mathbf{x}' = \begin{pmatrix} -1 & 2 \\ 2 & -4 \end{pmatrix}\mathbf{x} + \begin{pmatrix} -3e^{2t} \\ 0 \end{pmatrix}$; $\mathbf{x}_p = -\dfrac{3}{7}\begin{pmatrix} 3e^{2t} \\ e^{2t} \end{pmatrix}$

7-118 $\mathbf{x}' = \begin{pmatrix} 3 & -1 \\ 1 & 1 \end{pmatrix}\mathbf{x} + \begin{pmatrix} 2t \\ -1 \end{pmatrix}$; $\mathbf{x}_p = \dfrac{1}{4}\begin{pmatrix} -2t + 1 \\ 2t + 5 \end{pmatrix}$

7-119 $\mathbf{x}' = \begin{pmatrix} 0 & 3 & 3 \\ 3 & 0 & 3 \\ 3 & 3 & 0 \end{pmatrix}\mathbf{x} + \begin{pmatrix} 1 \\ e^{-t} \\ 0 \end{pmatrix}$; $\mathbf{x}_p = \begin{pmatrix} -e^{-t} \\ -e^{-t} \\ e^{-t} \end{pmatrix}$

7-120 $\mathbf{x}' = \begin{pmatrix} 1 & 0 & 2 \\ 1 & -1 & 0 \\ 1 & -2 & 0 \end{pmatrix}\mathbf{x} + \begin{pmatrix} 1 \\ e^{-t} \\ 0 \end{pmatrix}; \mathbf{x}_p = \begin{pmatrix} -e^{-t} \\ -e^{-t} \\ e^{-t} - 1/2 \end{pmatrix}$

7–5 상수계수 선형 동차 연립방정식

7-121C 선형 동차 연립방정식 $\mathbf{x}'(t) = \mathbf{A}\mathbf{x}(t)$의 기본행렬은 어떻게 정의되는가? 기본행렬의 행렬식은 음이 될 수 있는가? 기본행렬의 행렬식은 0이 될 수 있는가? 이 연립방정식의 일반해 안의 임의상수들을 기본행렬과 초기조건들을 이용하여 어떻게 표현할 수 있는가?

7-122C $\mathbf{x}'(t) = \mathbf{A}\mathbf{x}(t)$로 표현되는 n개의 상수계수 선형 동차방정식으로 구성된 연립방정식이 주어져 있다. $\mathbf{A}$의 2중 고윳값 λ에 연계된 1차 독립인 고유벡터가 한 개뿐일 경우, λ에 대응되는 두 개의 1차 독립인 해 벡터를 어떻게 구하겠는가?

7-123C $\mathbf{x}'(t) = \mathbf{A}\mathbf{x}(t)$로 표현되는 n개의 상수계수 선형 동차방정식으로 구성된 연립방정식이 주어져 있다. $\mathbf{A}$의 3중 고윳값 λ에 연계된 1차 독립인 고유벡터가 한 개뿐일 경우, λ에 대응되는 세 개의 1차 독립인 해 벡터를 어떻게 구하겠는가?

행렬 해법을 사용하여 다음 1계 미분방정식들로 구성된 연립방정식의 일반해를 구하라.

7-124 $\mathbf{x}' = \begin{pmatrix} 1 & -4 \\ -1 & 4 \end{pmatrix}\mathbf{x}$

7-125 $\mathbf{x}' = \begin{pmatrix} 1 & -1 \\ -4 & -2 \end{pmatrix}\mathbf{x}$

7-126 $\mathbf{x}' = \begin{pmatrix} 2 & 4 \\ -1 & 2 \end{pmatrix}\mathbf{x}$

7-127 $\mathbf{x}' = \begin{pmatrix} 7 & 1 \\ -1 & -3 \end{pmatrix}\mathbf{x}$

7-128 $\mathbf{x}' = \begin{pmatrix} 2 & 1 \\ 1 & -2 \end{pmatrix}\mathbf{x}$

7-129 $\mathbf{x}' = \begin{pmatrix} -1 & 2 \\ 4 & 1 \end{pmatrix}\mathbf{x}$

7-130 $\mathbf{x}' = \begin{pmatrix} 4 & -2 \\ -2 & -4 \end{pmatrix}\mathbf{x}$

7-131 $\mathbf{x}' = \begin{pmatrix} 4 & -1 \\ 1 & 2 \end{pmatrix}\mathbf{x}$

7-132 $\mathbf{x}' = \begin{pmatrix} 1 & -5 \\ 1 & 1 \end{pmatrix}\mathbf{x}$

7-133 $\mathbf{x}' = \begin{pmatrix} 3 & 6 \\ 2 & 7 \end{pmatrix}\mathbf{x}$

7-134 $\mathbf{x}' = \begin{pmatrix} 0 & 4 \\ 1 & 0 \end{pmatrix}\mathbf{x}$

7-135 $\mathbf{x}' = \begin{pmatrix} 1 & -4 & 0 \\ 0 & 2 & -1 \\ 1 & -1 & 0 \end{pmatrix}\mathbf{x}$

7-136 $\mathbf{x}' = \begin{pmatrix} -3 & 1 & -2 \\ 1 & 1 & 3 \\ 0 & 0 & 3 \end{pmatrix}\mathbf{x}$

행렬 해법을 사용하여 지정된 초기조건들과 함께 주어진 다음 1계 미분방정식들로 구성된 연립방정식의 해를 구하라.

7-137 $\mathbf{x}' = \begin{pmatrix} 2 & -1 \\ -3 & 4 \end{pmatrix}\mathbf{x}, \quad \mathbf{x}_0(0) = \begin{pmatrix} 1 \\ 1 \end{pmatrix}$

7-138 $\mathbf{x}' = \begin{pmatrix} 1 & -4 \\ 5 & -3 \end{pmatrix}\mathbf{x}, \quad \mathbf{x}_0(0) = \begin{pmatrix} 2 \\ -3 \end{pmatrix}$

7-139 $\mathbf{x}' = \begin{pmatrix} 2 & 6 \\ 1 & -3 \end{pmatrix}\mathbf{x}, \quad \mathbf{x}_0(1) = \begin{pmatrix} 0 \\ 2 \end{pmatrix}$

7-140 $\mathbf{x}' = \begin{pmatrix} 3 & 1 \\ -4 & -1 \end{pmatrix}\mathbf{x}, \quad \mathbf{x}_0(0) = \begin{pmatrix} 0 \\ 1 \end{pmatrix}$

7-141 $\mathbf{x}' = \begin{pmatrix} 1 & 1 \\ -2 & -2 \end{pmatrix}\mathbf{x}, \quad \mathbf{x}_0(0) = \begin{pmatrix} 0 \\ 0 \end{pmatrix}$

7-142 예제 7-22에서 $m_1 = m_2 = k_1 = k_2 = 1$로 둔다. 예제에 주어진 행렬 $\mathbf{A}$의 고윳값과 고유벡터를 구하라.

7–6 선형 비동차 연립방정식

7-143C 연립방정식에서 비동차 항이 동차해에 나타날 경우, 특수해를 미정계수법으로 결정한다고 할 때 비동차 항에 대응되는 특수해의 적절한 형태는 어떻게 결정되는가?

7-144C 일단 기본행렬을 알면 매개변수 변화법으로 선형 비동차 연립방정식의 특수해를 어떻게 결정하는가?

7-145C 일단 기본행렬을 알면 매개변수 변화법으로 주어진 초기조건들을 만족하는 선형 비동차 연립방정식의 해를 어떻게 결정하는가?

(a) 미정계수법, 그리고 (b) 매개변수 변화법을 사용하여 다음 1계 미분방정식들로 구성된 연립방정식의 일반해를 구하라. (동차해를 구할 때는 행렬 해법을 사용하라.)

7-146 $\mathbf{x}' = \begin{pmatrix} 4 & -1 \\ -1 & 4 \end{pmatrix}\mathbf{x} + \begin{pmatrix} t^2 - 1 \\ 3t + 2 \end{pmatrix}$

7-147 $\mathbf{x}' = \begin{pmatrix} 1 & -1 \\ -4 & 2 \end{pmatrix}\mathbf{x} + \begin{pmatrix} -2\sin 3t \\ \cos 3t \end{pmatrix}$

7-148 $\mathbf{x}' = \begin{pmatrix} 2 & 4 \\ -1 & 2 \end{pmatrix}\mathbf{x} + \begin{pmatrix} -7 \\ 0 \end{pmatrix}$

7-149 $\mathbf{x}' = \begin{pmatrix} 3 & 1 \\ -1 & -3 \end{pmatrix}\mathbf{x} + \begin{pmatrix} 2te^t \\ -e^t \end{pmatrix}$

7-150 $\mathbf{x}' = \begin{pmatrix} 2 & 1 \\ 1 & -2 \end{pmatrix}\mathbf{x} + \begin{pmatrix} -e^{-2t} \\ 0 \end{pmatrix}$

7-151 $\mathbf{x}' = \begin{pmatrix} -1 & 2 \\ 3 & 4 \end{pmatrix}\mathbf{x} + \begin{pmatrix} t + 2 \\ 3t - 1 \end{pmatrix}$

7-152 $\mathbf{x}' = \begin{pmatrix} 4 & -2 \\ 2 & -1 \end{pmatrix}\mathbf{x} + \begin{pmatrix} -37 \\ 5 \end{pmatrix}$

7-153 $\mathbf{x}' = \begin{pmatrix} 5 & -1 \\ 2 & 2 \end{pmatrix}\mathbf{x} + \begin{pmatrix} 0 \\ -2\cos 3t \end{pmatrix}$

7-154 $\mathbf{x}' = \begin{pmatrix} 1 & -5 \\ 16/5 & 1 \end{pmatrix}\mathbf{x} + \begin{pmatrix} 3e^{-3t} \\ 2e^{2t} \end{pmatrix}$

7-155 $\mathbf{x}' = \begin{pmatrix} -4 & 6 \\ 2 & 7 \end{pmatrix}\mathbf{x} + \begin{pmatrix} 6 \\ -2 \end{pmatrix}$

7-156 $\mathbf{x}' = \begin{pmatrix} 0 & 4 \\ 1 & 0 \end{pmatrix}\mathbf{x} + \begin{pmatrix} 4t^3 - 14t - 5 \\ 0 \end{pmatrix}$

7-157 $\mathbf{x}' = \begin{pmatrix} 1 & -3 & 0 \\ 1 & 2 & -1 \\ 1 & -1 & 0 \end{pmatrix}\mathbf{x} + \begin{pmatrix} t + 3 \\ 3t - 5 \\ -2 \end{pmatrix}$

7-158 $\mathbf{x}' = \begin{pmatrix} 5 & 1 & -2 \\ 1 & -1 & -1 \\ 0 & 1 & 3 \end{pmatrix}\mathbf{x} + \begin{pmatrix} e^t \\ -5e^t \\ 0 \end{pmatrix}$

(a) 미정계수법, 그리고 (b) 매개변수 변화법을 사용하여 지정된 초기조건들과 함께 주어진 다음 1계 미분방정식들로 구성된 연립방정식의 일반해를 구하라. (동차해를 구할 때는 행렬 해법을 사용하라.)

7-159 $\mathbf{x}' = \begin{pmatrix} 2 & -1 \\ -3 & 4 \end{pmatrix}\mathbf{x} + \begin{pmatrix} -3 \\ 4e^t \end{pmatrix}; \mathbf{x}_0(0) = \begin{pmatrix} 1 \\ 1 \end{pmatrix}$

7-160 $\mathbf{x}' = \begin{pmatrix} 1 & -4 \\ 5 & -3 \end{pmatrix}\mathbf{x} + \begin{pmatrix} t^2 - 1 \\ -4 \end{pmatrix}; \mathbf{x}_0(0) = \begin{pmatrix} 2 \\ -3 \end{pmatrix}$

7-161 $\mathbf{x}' = \begin{pmatrix} 2 & 6 \\ 1 & -3 \end{pmatrix}\mathbf{x} + \begin{pmatrix} t + 1 \\ 2t - 3 \end{pmatrix}; \mathbf{x}_0(1) = \begin{pmatrix} 0 \\ 2 \end{pmatrix}$

7-162 $\mathbf{x}' = \begin{pmatrix} 3 & 1 \\ -4 & -1 \end{pmatrix}\mathbf{x} + \begin{pmatrix} 3e^{-2t} \\ 0 \end{pmatrix}; \mathbf{x}_0(0) = \begin{pmatrix} 0 \\ 1 \end{pmatrix}$

7-163 $\mathbf{x}' = \begin{pmatrix} 1 & 1 \\ -2 & -2 \end{pmatrix}\mathbf{x} + \begin{pmatrix} -2\sin t \\ 2\cos t \end{pmatrix}; \mathbf{x}_0(0) = \begin{pmatrix} 0 \\ 0 \end{pmatrix}$

7–7 표준형과 추이행렬

7-164 아래의 각 문제에서 주어진 행렬 **A**에 대한 방정식 $\mathbf{x}'(t) = \mathbf{A}\mathbf{x}$의 고유벡터, 모드 행렬, 조단 표준형 등을 구하라. 복소수 고윳값이 나타날 경우 변형 표준형을 구하라. 또 고유벡터들이 1차 독립인지 결정하라. 방정식 분리를 이용하여 해를 구하라.

(a) $\frac{1}{3}\begin{pmatrix} -9 & 9 \\ 1 & -9 \end{pmatrix}$　　(b) $\begin{pmatrix} 1 & 1 \\ 0 & 1 \end{pmatrix}$

(c) $\begin{pmatrix} 3 & 0 \\ 0 & 3 \end{pmatrix}$　　(d) $\begin{pmatrix} 0 & 1 \\ -10 & -2 \end{pmatrix}$

(e) $\begin{pmatrix} 2 & -2 & 3 \\ 1 & 1 & 1 \\ 1 & 3 & -1 \end{pmatrix}$ (f) $\begin{pmatrix} 0 & 6 & -5 \\ 1 & 0 & 2 \\ 3 & 2 & 4 \end{pmatrix}$

(g) $\frac{1}{5}\begin{pmatrix} -9 & 2 & -2 \\ 0 & -5 & 0 \\ -2 & 1 & -6 \end{pmatrix}$ (h) $\begin{pmatrix} 0 & 1 & 0 \\ -1 & -2 & 1 \\ -2 & 0 & 0 \end{pmatrix}$

(i) $\begin{pmatrix} 0 & 1 & 0 \\ 0 & 0 & 1 \\ -6 & -11 & -6 \end{pmatrix}$

7-165 케일리-해밀턴 정리에 따르면 모든 행렬 **A**는 자신의 특성방정식 $|\lambda\mathbf{I} - \mathbf{A}| = 0$을 만족한다.

$$\mathbf{A} = \begin{pmatrix} 3 & 2 \\ 2 & 3 \end{pmatrix}$$

라고 하면, $|\lambda\mathbf{I} - \mathbf{A}| = \lambda^2 - 6\lambda + 5 = 0$이며, 따라서 $\mathbf{A}^2 - 6\mathbf{A} + 5\mathbf{I} = \mathbf{0}$이다.

(a) 이 정리는 **A**에 대한 임의의 멱승을 그보다 차수가 낮은 **A**의 멱승들의 선형 결합으로 표현하는 방법을 제공한다. 이러한 사실을 이용하여 $\mathbf{A}^3$을 구하라.

(b) 이 정리를 이용하여 $\mathbf{A}^{-1}$을 **A**에 관한 표현으로 표시하여라.

7-166 점성 감쇠는 공진 진동수에 가까운 진동의 진폭을 제한하지만 공진 진동수를 비감쇠 상황의 값에서 약간 변경하는 경우가 종종 있다. 그림 P7-166의 (a) 부분에서 보이고 있는 시스템을 생각해보자. 자유물체도는 그림의 (b) 부분에 주어져 있다. 이 경우에 대한 운동방정식은 문제 7-53의 풀이에서 유도된 바 있다. $k_1 = k_2 = 1$ 그리고 $m_1 = m_2 = 1$로 둔다.

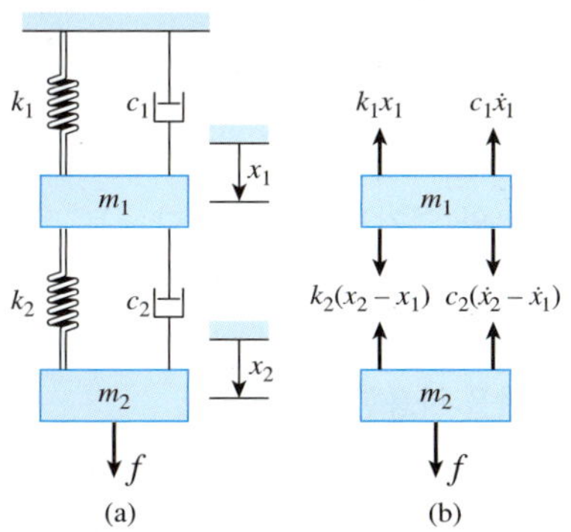

그림 P7-166

(a) $c_1 = c_2 = 0$일 때 이 시스템의 고유벡터와 고윳값을 구하라.

(b) $c_1 = c_2 = 0.1$일 때 이 시스템의 고유벡터와 고윳값을 구하고 문항 (a)의 결과와 비교하라. 이 경우 감쇠는 공진 진동수에 어떤 영향을 주는가?

7-167 계수행렬들이 다음과 같이 주어질 경우 연립방정식 $\mathbf{x}' = \mathbf{A}\mathbf{x} + \mathbf{B}\mathbf{f}(t)$의 각 모드에 대해 제어 가능성을 결정하라.

$$\mathbf{A} = \frac{1}{3}\begin{pmatrix} -9 & 9 \\ 1 & -9 \end{pmatrix} \quad \mathbf{B} = \begin{pmatrix} -3 & 3 \\ 1 & -1 \end{pmatrix}$$

7-168 식 7-132의 추이행렬을 위한 급수 표현을 미분하여 방정식 $\mathbf{x}' = \mathbf{A}\mathbf{x}$의 해임을 증명하라.

7-169 예제 7-30을 참조하라. 식 7-132의 추이행렬을 위한 급수 표현을 사용하여 추이행렬의 t^2 항까지 계산하라. 이 결과와 예제에서 구한 정확한 해를 비교하라.

7-8 컴퓨터 해법

7-170 컴퓨터를 사용하여 문제 7-164에 주어진 행렬들에 대한 고윳값과 고유벡터를 구하라.

7-171 컴퓨터를 사용하여 문제 7-164의 (a), (b), (c), (d) 등에서 주어진 행렬들에 대한 추이행렬을 구하라.

7-172 상태변수 모델

$$x_1' = -5x_1 + 3x_2 + 2u_1$$
$$x_2' = -4x_2 + 6u_2$$

에 대해 컴퓨터 패키지를 사용하여 특성다항식과 특성근을 구하라.

7-173 컴퓨터 패키지를 사용하여 다음 방정식들에 대한 상태변수 모델을 생성하라. 주어진 입출력에 대한 행렬 **A**, **B**, **C**, **D**를 위한 표현식을 구하라.

(a) 출력은 x_1, x_2이며 입력은 u이다.

$$x_1' = -5x_1 + 3x_2$$
$$x_2' = x_1 - 4x_2 + 5u$$

(b) 출력은 x_1이며 입력은 u_1, u_2이다.

$$x_1' = -5x_1 + 3x_2 + 4u_1$$
$$x_2' = x_1 - 4x_2 + 5u_2$$

7-174 컴퓨터 패키지를 사용하여 다음 방정식들에 대한 상태 모델을 구하라. 행렬 **A**, **B**, **C**, **D**를 위한 표현식을 구하라. 두 경우 모두에서 입력은 $f(t)$이고 출력은 y이다.

(a) $2y''' + 5y'' + 4y' + 7y = f(t)$

(b) $3y'' + 6y' + 10y = 6f(t)$

7-175 다음 모델에서 입력은 $f(t)$이고 출력은 y이다.

$$x_1' = -5x_1 + 3x_2$$
$$x_2' = x_1 - 4x_2 + 5f(t)$$

(a) $x_1(0) = 3$, $x_2(0) = 5$일 때 컴퓨터 패키지를 사용하여 자유반응을 계산하고 그래프를 보여라.

(b) 초기조건들이 0일 때 컴퓨터 패키지를 사용하여 단위 계단 반응을 계산하고 그래프를 보여라.

(c) 구간 $0 \le t \le 2$에서 초기조건들은 0이고 입력이 $f(t) = 3\sin 10\pi t$일 때 컴퓨터 패키지를 사용하여 반응을 계산하고 그래프를 보여라.

7-176 상태변수 모델

$$x_1' = -5x_1 + 3x_2 + 2u_1$$
$$x_2' = -4x_2 + 6u_2$$

에 대해 컴퓨터 패키지를 사용하여 특성다항식과 특성근을 구하라.

7-177 그림 P7-177에서 보이고 있는 차량 현가장치에 관한 2-질량체 1/4차량 모델을 위한 운동방정식은 다음과 같다.

$$m_1x_1'' = c_1(x_2' - x_1) + k_1(x_2 - x_1)$$
$$m_2x_2'' = -c_1(x_2' - x_1) - k_1(x_2 - x_1) + k_2(y - x_2)$$

계수 값들은 $m_1 = 240\text{kg}$, $m_2 = 36\text{kg}$, $k_1 = 1.6 \times 10^4\text{N/m}$, $k_2 = 1.6 \times 10^5\text{N/m}$, $c_1 = 98\text{N} \cdot \text{s/m}$이라 가정한다.

(a) 방정식들을 상태변수 행렬 형식으로 표현하라. 컴퓨터 패키지를 사용하여 상태 모델을 생성하라. 입력은 $y(t)$이며, 출력은 x_1, x_2이다.

(b) 컴퓨터 패키지를 사용하여 특성다항식과 특성근을 구하라.

(c) 초기조건들은 0이고 입력 $y(t)$가 아래에 설명되는 과속방지턱을 표현할 때 컴퓨터 패키지를 사용하여 x_1, x_2 반응을 계산하고 그래프를 보여라. 이 차량은 (대략 40mph에 해당하는) 18m/s의 속도로 운행하다가 높이가 0.5m이고 길이가 1m인 과속방지턱을 만난다고 하자. 과속방지턱의 측면은 다음과 같은 식으로 표현된다.

$$y(z) = 5.437e^{-4z}$$

여기에서 z는 차량이 과속방지턱 상에서 운행한 수평거리를 나타낸다. 현가장치가 감지하는 변위 $y(t)$는 차량 속도를 이용한 관계식 $z = vt$를 이용하여 $y(t)$로부터 구할 수 있는데, 이때 $v = 18\text{m/s}$이다. z를 $y(z)$에 대한 표현식에 대입하면 다음 식을 얻는다.

$$y(t) = 97.858te^{-72t}$$

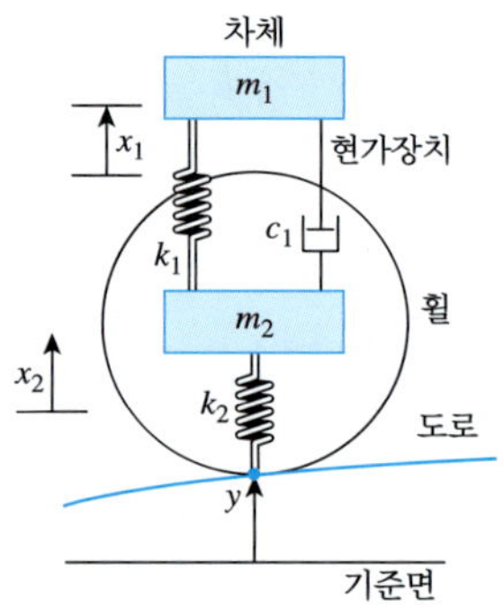

그림 P7-177
차량 현가장치에 관한 2-질량체 모델

7-178 2계 선형 연립방정식에서 강제함수가 복잡할 경우 풀이가 어려울 수 있다. 전기자 제어식 DC 모터를 위한 방정식이 다음과 같이 주어져 있는데, 모터의 전류는 i이고 회전속도는 ω이다.

$$L\frac{di}{dt} = -Ri - K_b\omega + v(t)$$

$$I\frac{d\omega}{dt} = K_Ti - c\omega$$

여기에서 L, R, I는 모터의 인덕턴스, 저항, 관성이다. K_T와 K_b는 토크 상수와 역기전력 상수이다. c는 점성감쇠 상수이며, $v(t)$는 인가전압이다. $R = 0.8\Omega$, $L = 0.003\text{H}$, $K_T = 0.05\text{N} \cdot \text{m/A}$, $K_b = 0.05\text{V} \cdot \text{s/rad}$, $c = 0$, $I = 8 \times 10^{-5}\ \text{kg} \cdot \text{m}^2$ 등의 값을 사용한다.

(a) 인가전압이 20V라고 가정하자. 시간에 대하여 모터의 속도와 전류의 그래프를 보여라. 시간 범위는 모터의 속

도가 거의 일정해지는 것을 보여줄 수 있도록 크게 잡는다.

(b) 인가전압이 다음 식과 같이 표현되는 사다리꼴이라고 하자.

$$v(t) = \begin{cases} 400t & 0 \le t < 0.05 \\ 20 & 0.05 \le t \le 2 \\ -400(t-0.2)+20 & 0.2 < t \le 0.25 \\ 0 & t > 0.25 \end{cases}$$

구간 $0 \le t \le 0.3$에서 시간에 대한 모터 속도의 그래프를 보여라. 또한 시간에 대한 인가전압의 그래프를 보여라. 모터 속도는 사다리꼴 측면도를 얼마나 잘 따르는가?

7-179 그림 P7-179는 2층 건물을 표현하고 있다. 개별 층의 질량은 각기 m_1, m_2이며, 개별 층마다 6개씩의 기둥들이 받치고 있다. 지진으로 인해 지반이 수평으로 움직이면 개별 층들도 수평으로 움직이며, 기둥들은 스프링처럼 작용하여 이러한 움직임에 저항한다. 6개씩의 기둥들이 형성하는 총 수평 강성은 각기 k_1, k_2이고, 수평 지반운동은 y로 나타낸다. 운동방정식은 다음과 같이 주어진다.

$$m_1\frac{d^2x_1}{dt^2} = -k_2(x_1 - x_2) + k_1(y - x_1)$$

$$m_2\frac{d^2x_2}{dt^2} = k_2(x_1 - x_2)$$

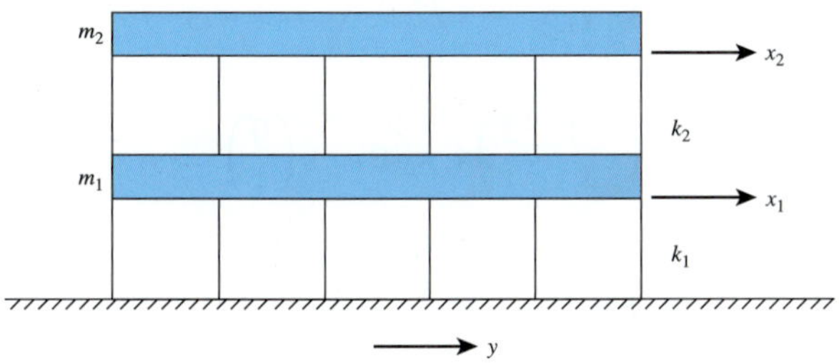

그림 P7-179
2층 건물. 개별 층의 질량은 각기 m_1, m_2이다. 수평 지반운동은 y로 나타낸다. 6개씩의 기둥들이 형성하는 총 수평 강성은 각기 k_1, k_2이다.

층 별 질량과 강성 값들이 동일하며($m_1 = m_2 = m$ 그리고 $k_1 = k_2 = k$), $k/m = 4$이고 지반운동은 $y(t) = \sin 3t$로 주어진다. 초기조건들이 0이라고 가정하고 x_1, x_2의 반응에 대한 그래프를 보여라.

복습문제

7-180 온도가 80℃인 작은 구리 공을 온도가 20℃인 수은으로 채워진 작은 탱크 안에 빠뜨린다. 이러한 결합 시스템을 그림 P7-180에서 보여주듯이 0℃의 얼음물로 채워진 큰 탱크 안에 넣는다. 열은 구리 공에서 수은으로 전달되며 이 경우의 열전달계수는 h_1이다. 또 열은 수은에서 얼음물로 전달되며 이 경우의 열전달계수는 h_2이다. 이 결과로 공의 온도 $T_1(t)$는 내려가기 시작한다. 이 과정에서 수은의 온도 $T_1(t)$도 시간에 따라 변하겠지만 수은의 높은 열전도율로 인해 공간적으로는 거의 일정한 온도를 유지할 것이다. 이러한 냉각 과정에서 수은과 구리 공의 온도 변화가 다음 식에 의해 표현될 수 있음을 보여라.

$$\frac{dT_1}{dt} = -\frac{A_1h_1}{\rho_1c_1V_1}T_1 - \frac{A_2h_2}{\rho_1c_1V_1}(T_1 - T_2)$$

$$\frac{dT_2}{dt} = \frac{A_2h_2}{\rho_2c_2V_2}(T_1 - T_2)$$

여기에서 ρ, c, V, A는 각기 밀도, 비열, 부피, 표면적을 나타낸다. 첨자 1과 2는 각기 수은과 구리 공을 나타낸다. $(A_1h_1)/(\rho_1c_1V_1) = 0.1$, $(A_2h_2)/(\rho_1c_1V_1) = 0.001$, $(A_2h_2)/(\rho_2c_2V_2) = 1/900$을 가정하고 시간에 따른 수은과 구리 공의 온도 변화를 구하라. (힌트: 예제 1-3 참고)

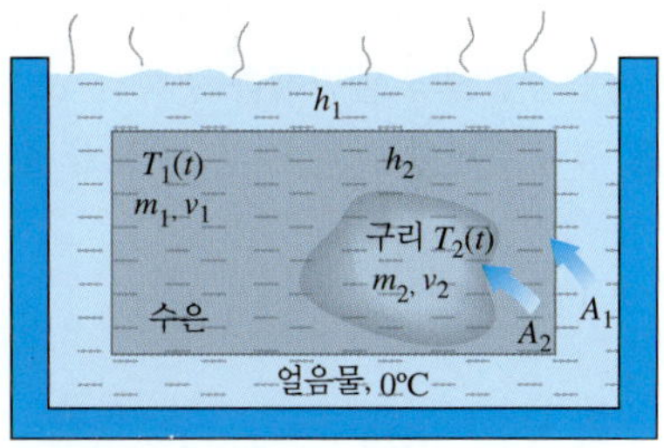

그림 P7-180

7-181 두 개의 질량체 m_1, m_2와 스프링 상수가 k_1, k_2인 두 개의 선형 스프링이 그림 P7-181에서 보여주듯이 직렬로 연결되어 있다. 초기에 두 질량체는 평형 위치에 정지되어 있다. 따라서 시점 $t = 0$에서 스프링들은 팽창되지도 압축되지도 않은 상태이다. 이제 주기적 외력 $f(t) = 5\sin 2t$가 m_2에 작용하여 두 질량체 모두에 운동을 일으킨다. $x_1(t)$, $x_2(t)$가 두 질량체의 평형 위치를 기준한 변위를 나타낼 경우, m_1, m_2의 운동은 다음의 연립방정식과 초기조건으로 표현된다.

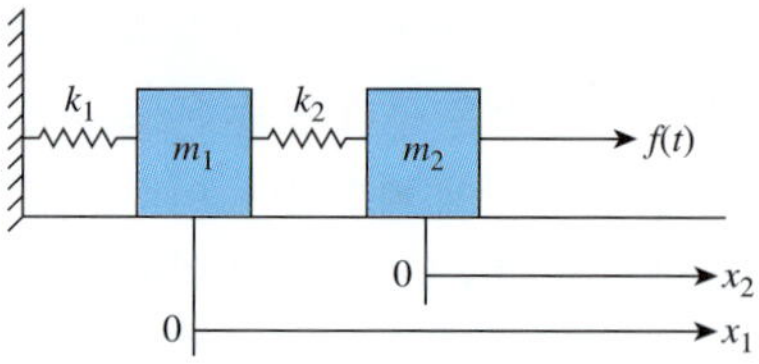

그림 P7-181

$$m_1x_1'' + k_1x_1 - k_2(x_2 - x_1) = 0$$
$$m_2x_2'' + k_2(x_2 - x_1) = f(t)$$

그리고

$$x_1(0) = x_1'(0) = x_2(0) = x_2'(0)0$$

$m_1 = 2, m_2 = 1, k_1 = 2, k_2 = 1$이 적당한 단위와 함께 주어질 때 위의 연립방정식은

$$2x_1'' + 2x_1 - (x_2 - x_1) = 0$$
$$x_2'' + (x_2 - x_1) = f(t)$$

즉,

$$2x_1'' + 3x_1 - x_2 = 0$$
$$x_2'' + x_2 - x_1 = f(t)$$

로 축소된다. 이 연립방정식 초깃값 문제를 풀어 운동 $x_1(t)$, $x_2(t)$를 결정하라.

다음 각 문제에서 행렬 해법을 사용하여 1계 미분방정식들로 구성된 연립방정식의 일반해를 구하라. 또한 초기조건들이 지정된 경우 일반해 안의 임의상수들을 결정하라.

7-182 $\mathbf{x}' = \begin{pmatrix} -2 & 1 \\ 4 & 1 \end{pmatrix}\mathbf{x} + \begin{pmatrix} 4e^{2t} \\ 3 \end{pmatrix}$

7-183 $\mathbf{x}' = \begin{pmatrix} 2 & -10 \\ 1 & 4 \end{pmatrix}\mathbf{x} + \begin{pmatrix} t^3 \\ t^2 + 5 \end{pmatrix}$

7-184 $\mathbf{x}' = \begin{pmatrix} 6 & -2 \\ -3 & 7 \end{pmatrix}\mathbf{x}\,;\, x_0(0) = \begin{pmatrix} 1 \\ 0 \end{pmatrix}$

7-185 $\mathbf{x}' = \begin{pmatrix} 2 & -1 \\ 5 & 0 \end{pmatrix}\mathbf{x} + \begin{pmatrix} -4\sin t \\ \cos t - 3\sin t \end{pmatrix}$

7-186 $\mathbf{x}' = \begin{pmatrix} 4 & -3 \\ -3 & 4 \end{pmatrix}\mathbf{x}$

7-187 $\mathbf{x}' = \begin{pmatrix} -7 & 2 \\ 1 & -6 \end{pmatrix}\mathbf{x} + \begin{pmatrix} 1 \\ 4e^{-3t} \end{pmatrix};\, \mathbf{x}_0(0) = \begin{pmatrix} 1 \\ 1 \end{pmatrix}$

7-188 $\mathbf{x}' = \begin{pmatrix} 4 & 2 \\ -1 & 6 \end{pmatrix}\mathbf{x} + \begin{pmatrix} 4te^t + 3e^t \\ -4e^t \end{pmatrix}$

7-189 $\mathbf{x}' = \begin{pmatrix} 4 & -3 \\ 3 & 4 \end{pmatrix}\mathbf{x}$

7-190 $\mathbf{x}' = \begin{pmatrix} 2 & -4 \\ 1 & -3 \end{pmatrix}\mathbf{x} + \begin{pmatrix} t^3 - 1 \\ 1 \end{pmatrix};\, \mathbf{x}_0(0) = \begin{pmatrix} 2 \\ -3 \end{pmatrix}$

7-191 $\mathbf{x}' = \begin{pmatrix} 2 & -3 \\ 3 & 2 \end{pmatrix}\mathbf{x} + \begin{pmatrix} t^2 + 2 \\ 0 \end{pmatrix}$

7-192 $\mathbf{x}' = \begin{pmatrix} -3 & -2 \\ -1 & -4 \end{pmatrix}\mathbf{x} + \begin{pmatrix} e^{-2t} \\ -2 \end{pmatrix}$

7-193 $\mathbf{x}' = \begin{pmatrix} 7 & -1 \\ 2 & 9 \end{pmatrix}\mathbf{x} + \begin{pmatrix} 2e^{8t}\sin t \\ 0 \end{pmatrix}$

7-194 $\mathbf{x}' = \begin{pmatrix} 5 & -3 \\ -4 & 1 \end{pmatrix}\mathbf{x}$

7-195 $\mathbf{x}' = \begin{pmatrix} -3 & -8 \\ 2 & 5 \end{pmatrix}\mathbf{x};\, \mathbf{x}_0(2) = \begin{pmatrix} 0 \\ 0 \end{pmatrix}$

7-196 $\mathbf{x}' = \begin{pmatrix} -2 & 5 \\ 6 & 0 \end{pmatrix}\mathbf{x} + \begin{pmatrix} -3 \\ 2 \end{pmatrix}$

7-197 $\mathbf{x}' = \begin{pmatrix} -3 & 4 \\ 1 & -3 \end{pmatrix}\mathbf{x} + \begin{pmatrix} -2te^t - 1 \\ -t - 3 \end{pmatrix}$

7-198 $\mathbf{x}' = \begin{pmatrix} -1 & 2 \\ 4 & 1 \end{pmatrix}\mathbf{x};\, \mathbf{x}_0(0) = \begin{pmatrix} 0 \\ 1 \end{pmatrix}$

7-199 $\mathbf{x}' = \begin{pmatrix} -1 & 4 & 0 \\ 1 & 2 & -3 \\ 3 & -2 & 5 \end{pmatrix}\mathbf{x} + \begin{pmatrix} t \\ 3t - 5 \\ 0 \end{pmatrix}$

7-200 $\mathbf{x}' = \begin{pmatrix} 1 & 3 & -2 \\ 1 & 0 & -5 \\ 0 & 1 & -5 \end{pmatrix}\mathbf{x} + \begin{pmatrix} e^t \\ 2t \\ 0 \end{pmatrix}$

7-201 $\mathbf{x}' = \begin{pmatrix} 1 & -3 \\ 0 & -4 \end{pmatrix}\mathbf{x} + \begin{pmatrix} t \\ -t + 1 \end{pmatrix};\, \mathbf{x}_0(0) = \begin{pmatrix} 2 \\ 5 \end{pmatrix}$

7-202 $\mathbf{x}' = \begin{pmatrix} -7 & 1 & 0 & 2 \\ 0 & 1 & -2 & 0 \\ -2 & 2 & 0 & 4 \\ 0 & 0 & 1 & 1 \end{pmatrix}\mathbf{x}$

7-203 다음 방정식은 그림 P7-203에서 보이고 있는 미사일의 롤(roll) 동역학에 대한 모델이다.

$$\delta' = u$$
$$\omega' = -\frac{1}{\tau}\omega + \frac{b}{\tau}\delta$$
$$\varphi' = \omega$$

여기에서 δ = 보조날개 편향, b = 보조날개 효과상수, u = 보조날개 원동기 명령신호, φ = 롤 각, ω = 롤 율이다. 값 $b = 10\text{s}^{-1}$, $\tau = 1\text{s}$가 주어질 때, (a) 특성방정식과 특성근을 구하라. (b) $u = 1$일 때 위의 세 개의 상태변수에 대해 방정식을 풀어 이들을 시간의 함수로 표현하라.

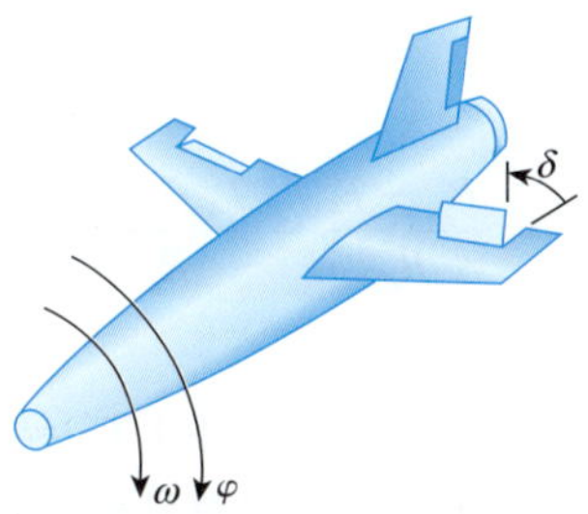

그림 P7-203

7-204 그림 P7-204에서 보이고 있는 결합 진자 장치에 대한 고유 진동수와 모드 비를 구하고 모드 비가 나타내는 의미를 해석하라. $m_1 = 1, m_2 = 4, L_1 = 2, L_2 = 5, k = 2$ 등의 값을 사용하라. 작은 각에 대한 운동방정식은 다음과 같다.

$$m_1L_2^2\theta_1'' = -m_1g_1L_2\theta_1 - kL_1(L_1\theta_1 - L_1\theta_2)$$
$$m_2L_2^2\theta_2'' = -m_2gL_2\theta_2 + kL_1(L_1\theta_1 - L_1\theta_2)$$

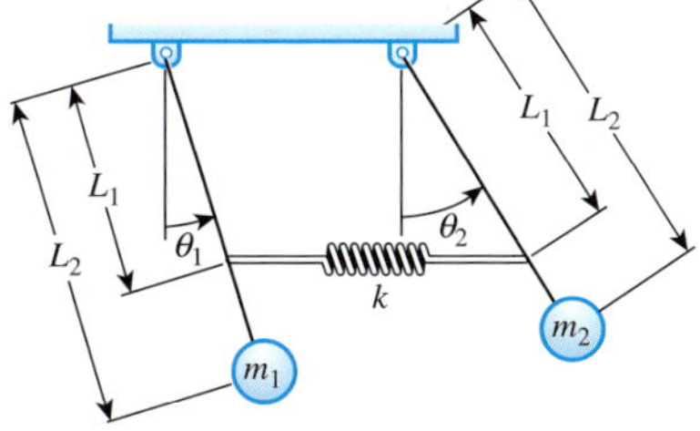

그림 P7-204

7-205 임의의 직교 물체 좌표계에 대해 강체의 각 모멘트 벡터 **M**과 각속도 ω 사이의 관계는 $\mathbf{M} = \mathbf{I}\omega$이며, 여기에서 **I**는 다음과 같은 관성모멘트 행렬이다.

$$I = \begin{pmatrix} I_{xx} & I_{xy} & I_{xz} \\ I_{yx} & I_{yy} & I_{yz} \\ I_{zx} & I_{zy} & I_{zz} \end{pmatrix}$$

원소 I_{ii}는 i-축에 관한 관성모멘트이며, I_{ij}는 ij-축에 관한 관성의 곱이다. 행렬 **I**는 대칭이어서 $I_{ij} = I_{ji}$라는 사실을 이용하라. 강체의 *주축*들은 **M**이 ω에 평행하게 되는 축들의 모음이다. 따라서 스칼라 I_p에 대해 $\mathbf{M} = I_p\omega$는 *주 관성모멘트*라고 한다. 주축들과 주 모멘트들은 행렬 **I**의 고유벡터와 고윳값이며, 다음의 고윳값 문제로부터 구할 수 있다.

$$\mathbf{I}\omega = \mathbf{I}_p\omega$$

변의 길이가 b인 균일 재질의 얇은 정사각형 판의 주 모멘트들과 주축들을 구하라. 그림 P7-205에 보이고 있는 축들에 대한 행렬 **I**는

$$\mathbf{I} = mb^2\begin{pmatrix} 1/3 & -1/4 & 0 \\ -1/4 & 1/3 & 0 \\ 0 & 0 & 2/3 \end{pmatrix}$$

이며, 여기에서 m은 판의 질량이다.

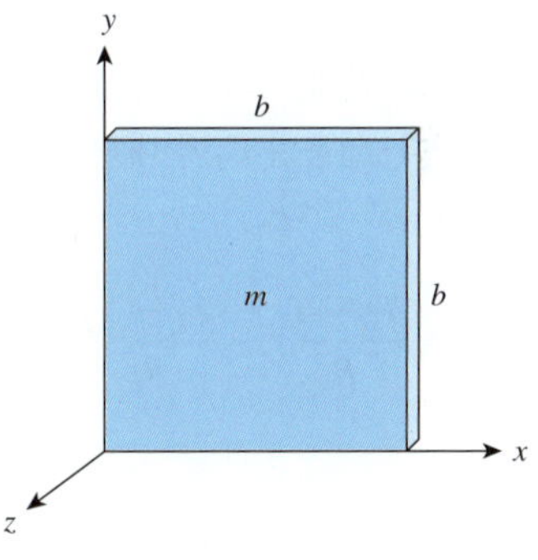

그림 P7-205

7-206 엔지니어들은 난방장치의 용량을 산정하기 위해 건물외벽을 통한 열 손실률을 예측할 수 있어야 한다. 그림 P7-206a의 벽 단면은 4개의 층으로 이루어져 있는데, 가장 안쪽의 플라스터 층의 두께는 10mm, 섬유유리 단열층의 두께는 125mm, 목재 층의 두께는 60mm, 가장 바깥쪽의 벽돌 층의 두께는 50mm이다.

각 층의 모든 질량은 개별 층의 중앙선에 집중되어 있

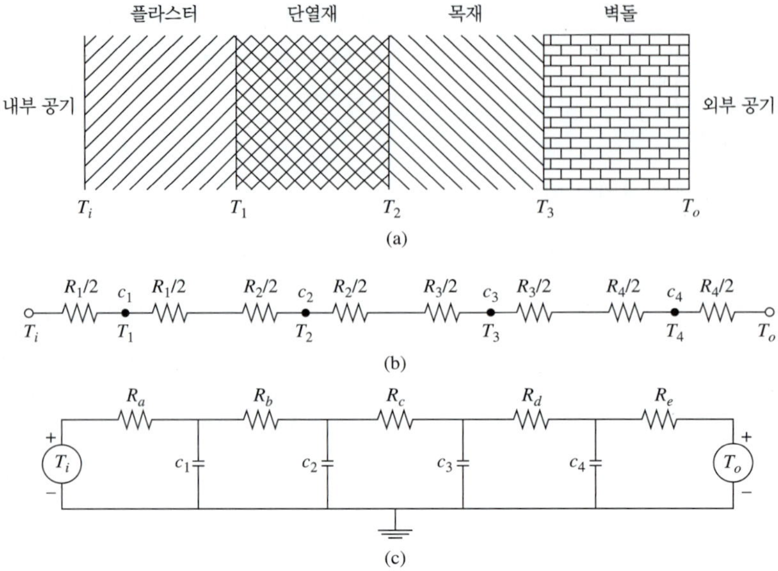

그림 P7-206

다고 가정하며, 개별 층의 열 흐름에 대한 열 저항의 절반은 질량 집중선의 왼쪽에 배정하고 절반은 오른쪽에 배정한다. 이러한 모습을 그림 P7-206b에 보이고 있다. 따라서

$$R_a = \frac{R_1}{2}\, R_b = \frac{R_1}{2} + \frac{R_2}{2}$$
$$R_c = \frac{R_2}{2} + \frac{R_3}{2}\, R_d = \frac{R_3}{2} + \frac{R_4}{2}\, R_e = \frac{R_4}{2}$$

전기에 익숙한 학생들을 위해 이와 동치인 전기회로를 그림 7-206c에 보이고 있다. 열용량 C_1에 대해 에너지 보존법칙을 적용한 결과는 다음과 같다.

$$C_1T'_1 = \frac{T_i - T_1}{R_a} - \frac{T_1 - T_2}{R_b}$$

C_2의 경우,

$$C_2T'_2 = \frac{T_1 - T_2}{R_b} - \frac{T_2 - T_3}{R_c}$$

C_3의 경우,

$$C_3T'_3 = \frac{T_2 - T_3}{R_c} - \frac{T_3 - T_4}{R_d}$$

끝으로 C_4의 경우,

$$C_4T'_4 = \frac{T_3 - T_4}{R_d} - \frac{T_4 - T_O}{R_e}$$

(a) 이 4개의 방정식을 상태변수 형식 $\mathbf{T}' = \mathbf{AT} + \mathbf{Bu}$로 나타내고, 행렬 **A**, **B**를 위한 표현식을 구하라. 여기에서 **T**와 **u**는 다음과 같이 주어진다.

$$\mathbf{T} = \begin{pmatrix} T_1 \\ T_2 \\ T_3 \\ T_4 \end{pmatrix} \qquad \mathbf{u} = \begin{pmatrix} T_i \\ T_o \end{pmatrix}$$

(b) 주어진 재질들에 대한 1m^2의 벽 면적 당 저항은 $R_1 = 0.036$, $R_2 = 4.01$, $R_3 = 0.408$, $R_4 = 0.038$℃/W이다. 그리고 용량 값들은 $C_1 = 8720$, $C_2 = 6210$, $C_3 = 6637$, $C_4 = 20800$J/℃이다. 실내 온도가 $T_i = 20$℃에서 일정하게 유지되고 외부 온도 T_0은 1시간 만에 5℃에서 −10℃로 일정한 비율로 감소할 경우, 온도 대 시간의 그래프를 보여라. 초기에 벽의 온도는 10℃이다.

CHAPTER 8

라플라스 변환

일반적으로 미분방정식은 대수방정식보다 풀이가 훨씬 어렵다. 따라서 미분방정식을 대수방정식으로 변환하는 방법을 탐색하게 되는 것은 자연스러운 일이다. 실제로 미분방정식을 대수방정식으로 변환하는 몇 가지 방법이 존재한다. 일반적으로 이러한 변환은 미분방정식의 각 항에 핵이라 불리는 적당한 함수를 곱한 후 각 항을 독립변수에 관하여 미분방정식의 정의역에 대해 적분하는 것을 내용으로 한다. 이러한 작업의 결과는 독립변수의 어떤 도함수도 포함하지 않는 방정식이 된다. 이러한 방정식을 대수적으로 풀어 변환된 함수를 구한 후 다시 역변환을 적용하여 미지의 함수를 결정한다. 이러한 변환들은 모두 적분을 포함하고 있어 *적분변환*이라고 한다. 각 적분변환은 나름의 한계를 갖고 있으며, 각기 특정 유형의 문제들에만 적용될 수 있다.

이 장에서는 가장 많이 알려져 있는 적분변환의 하나인 *라플라스 변환*에 대해 살펴볼 것이다. 라플라스 변환은 독립변수가 0에서 무한대까지 변하는 문제들에 특히 적합한데, 이러한 문제들은 시간에 관한 초깃값 문제나 반무한 기하학에서의 경곗값 문제들을 포함한다. 여기에서 상수계수 선형 미분방정식 또는 그러한 방정식들로 구성된 연립방정식을 풀기 위해 라플라스 변환을 사용할 것이다. 때로 라플라스 변환이 미분방정식의 풀이를 크게 단순화시키는 것을 관찰할 수 있을 텐데, 특히 도약 불연속점을 갖는 비동차 항을 포함할 경우 그러하다. 이러한 문제들은 회로분석, 기계적 진동, 기타 응용 등에서 종종 발생한다. 이들은 각기 다른 구간에서 유효한 여러 해를 조각조각 연결해야하므로 이전의 방법들로 처리하기에는 상당히 불편한 측면이 있다.

학습목표

이 장을 마친 후에는 다음과 같은 능력을 갖출 수 있을 것이다.

1. 표준 라플라스 변환 표에서 주어진 함수에 대한 라플라스 변환을 찾거나 표에 있지 않은 함수의 경우 라플라스 변환의 성질을 이용하여 구한다.
2. 표준 라플라스 변환 표에서 주어진 함수에 대한 라플라스 역변환을 찾거나 표에 있지 않은 함수의 경우 부분분수 전개나 합성곱 정리를 이용하여 구한다.
3. 라플라스 변환을 이용하여 상수계수 n계 선형 미분방정식을 푼다.
4. 주어진 상수계수 선형 연립미분방정식의 전달함수를 구한다.
5. 컴퓨터 패키지를 사용하여 라플라스 변환 및 역변환을 구하고, 상수계수 n계 선형 미분방정식을 푼다.

8-1 ■ 함수에 대한 라플라스 변환

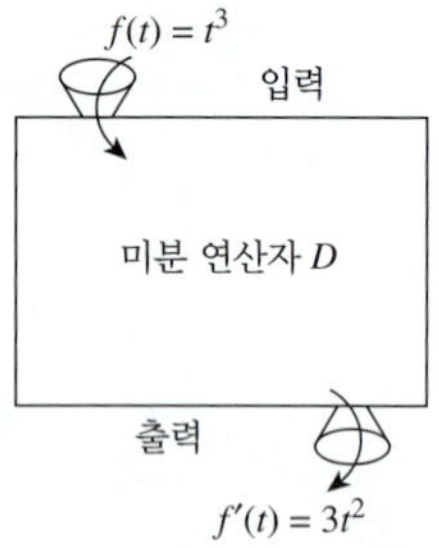

그림 8-1
상미분은 함수 $f(t)$를 도함수 $f'(t)$로 변환시키는 연산자이다.

라플라스 변환은 이를 최초로 연구한 프랑스의 수학자이자 물리학자인 라플라스(P. S. Laplace; 1749-1827)의 이름을 딴 것이다. 그렇지만 이 방법의 개발과 응용에 관한 주된 공적은 이를 광범위하게 활용하였던 영국의 엔지니어인 헤비사이드(Oliver Heaviside; 1850-1925)에게 돌아가야 할 것이다.

학생들은 함수를 보다 적합한 형태로 변환시키는 일부 연산자들에 대해서는 이미 익숙할 것이다. 예를 들면, *상미분*도 함수 $f(t)$를 $f'(t)$로 변환시키는 연산자로 볼 수 있다. 미분 연산자를 D로 표시할 경우 이 변환은 다음과 같이 표현될 수 있다(그림 8-1).

$$D\{f(t)\} = f'(t) \tag{8-1}$$

친숙한 또 다른 연산자는 적분이며, 이를 I로 표시하면 적분변환은 다음과 같이 표현될 수 있다.

$$I\{f(t)\} = \int_0^a f(t)\,dt \tag{8-2}$$

적분은 미분을 상쇄하며, 따라서 미분의 역변환으로 볼 수 있다. 식 8-2에서 적분변환은 t에 종속되는 함수 $f(t)$를 변수 a에 종속되지만 t에는 독립인 함수 $f(a)$로 변환시키고 있음에 주목하기 바란다.

라플라스 변환(Laplace transform)은 적분 한계가 0과 ∞이고 핵이 e^{-st}인 적분변환이다. 라플라스 변환은 L로 표시하며, 함수 $f(t)$에 대한 라플라스 변환은 다음과 같이 정의된다.

$$L\{f(t)\} = \int_0^\infty e^{-st} f(t)\,dt \tag{8-3}$$

라플라스 변환에 관한 정의는 *무한 구간*상의 적분을 포함하므로 *이상적분*임에 주목하기 바란다. 따라서 라플라스 변환은 다음과 같이 해석되어야 한다.

$$L\{f(t)\} = \int_0^\infty e^{-st} f(t)\,dt = \lim_{R\to\infty}\int_0^R e^{-st} f(t)\,dt \tag{8-4}$$

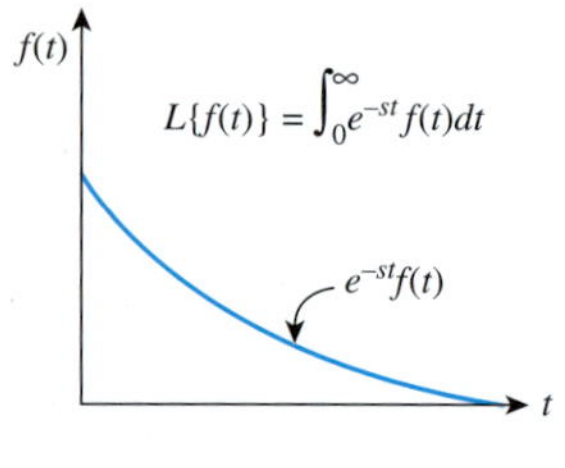

그림 8-2
어떤 함수에 대한 라플라스 변환

어떤 함수에 대한 라플라스 변환이 존재하기 위한 필요충분조건은 해당 이상적분이 수렴하는 s 값이 존재해야 한다는 것이다. 이상적분이 *수렴하기* 위한 조건은 $R \to \infty$에 따른 극한이 존재해야 한다는 것이다(그림 8-2). 그렇지 않을 경우 해당 이상적분은 *발산하거나* 무한대가 될 것이다. 적분변수 t는 의미 없는 변수이며 다른 기호로 변경해도 무방하다.

라플라스 변환에 관한 정의에 대해 두 가지 사항을 관찰할 수 있다. 첫째, 라플라스 변환은 독립변수 t의 값이 0에서 ∞에 이르는 전체 양의 값을 적분구간으로 한다. 이러한 적분을 수행할 수 있기 위해서는 함수 $f(t)$가 전체 양의 t 값에 대해 정의되어야 한다. 예를 들어 $0 \leq t \leq 5$에서는 정의되어 있지만 $5 < t < \infty$에서는 정의되어 있지 않다면, 이러한 적분을 수행할 수 없음은 명백하며 따라서 이 함수에 대한 라플라스 변환을 논할 수 없다. 이러한 관찰을 통해 라플라스 변환으로 풀 수 있는 미분방정식은 독립변수의 정의역이 전체 양의 값을 포함하는 경우로 한정된다는 것을 재확인시켜준다.

두 번째 관찰사항은 어떤 함수 $f(t)$에 관한 라플라스 변환은 더 이상 독립변수 t의 함수가 아니라는 것인데, 이는 적분 한계 둘 다 t의 함수가 아니기 때문이다. 그렇지만 피적분함수 $e^{-st}f(t)$가 변수 s를 포함하고 있으므로 항상 s의 함수일 것이다.

가능할 경우 관행에 따라 주어진 함수를 나타낼 때는 영문소문자를 사용하고 그에 대응되는 라플라스 변환을 나타낼 때는 영문대문자를 사용할 것이다. t의 함수를 둘러쌀 때는 중괄호를 사용한다. 예를 들면, 함수 $f(t)$에 대한 라플라스 변환은 다음과 같이 표현된다(그림 8-3).

$$L\{f(t)\} = F(s) \tag{8-5}$$

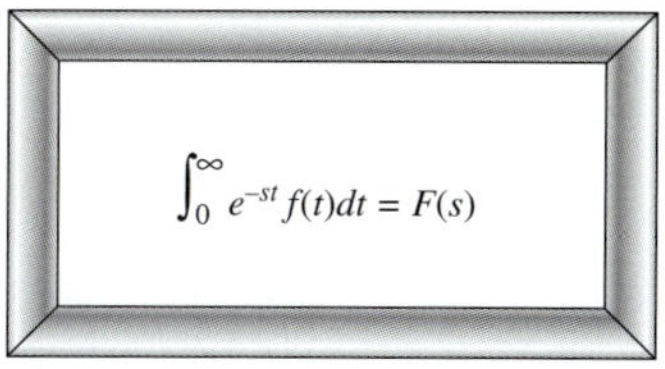

그림 8-3
그림 8-3 라플라스 변환

이제 몇 개의 예제를 통해 라플라스 변환을 어떻게 구하는지 살펴보기로 하자.

예제 8-1 보통 함수들에 대한 라플라스 변환

모든 $t \geq 0$에 대해 정의되는 다음 함수들에 대한 라플라스 변환을 구하라.

(a) $f(t) = 1$ (b) $f(t) = t$ (c) $f(t) = e^{at}$ (d) $f(t) = \cos at$

풀이 | 위의 모든 함수들은 전체 양의 t 값에 대해 정의되며, 따라서 적분이 수렴하기만 하면 식 8-4를 이용하여 라플라스 변환을 구할 수 있다. 필요할 경우 적분 표를 사용할 것이며 적분이 수렴하는 s의 범위를 표시할 것이다.

(a)
$$\begin{aligned} L\{1\} &= \int_0^\infty e^{-st}1dt = \lim_{R\to\infty}\int_0^R e^{-st}1dt \\ &= \lim_{R\to\infty}\left[-\frac{e^{-st}}{s}\right]_0^R = \lim_{R\to\infty}\left[-\frac{e^{-sR}}{s}\right] + \frac{1}{s} \\ &= 0 + \frac{1}{s} = \frac{1}{s},\ \text{단, } s > 0 \end{aligned} \tag{8-6}$$

(b)
$$\begin{aligned} L\{t\} &= \int_0^\infty e^{-st}t\,dt = \lim_{R\to\infty}\int_0^R e^{-st}t\,dt \\ &= \lim_{R\to\infty}\left[-\frac{e^{-st}}{s^2}(st+1)\right]_0^R \\ &= \lim_{R\to\infty}\left[-\frac{e^{-sR}}{s^2}(Rs+1)\right] + \frac{1}{s^2} = 0 + \frac{1}{s^2} = \frac{1}{s^2},\ \text{단, } s > 0 \end{aligned} \tag{8-7}$$

(c) $$L\{e^{at}\} = \int_0^{\infty} e^{-st}e^{at}dt = \lim_{R\to\infty}\int_0^R e^{-(s-a)t}dt$$
$$= \lim_{R\to\infty}\left[-\frac{e^{-(s-a)t}}{s-a}\right]_0^R = \lim_{R\to\infty}\left[-\frac{s^{-(s-a)R}}{s-a}\right] + \frac{1}{s-a}$$
$$= 0 + \frac{1}{s-a} = \frac{1}{s-a}, \text{ 단, } s > a \tag{8-8}$$

(d) $$L\{\cos at\} = \int_0^{\infty} e^{-st}\cos at\,dt = \lim_{R\to 0}\int_0^R e^{-st}\cos at\,dt$$
$$= \lim_{R\to\infty}\left[-\frac{e^{-st}}{s^2+a^2}(s\cos at + a\sin at)\right]_0^R$$
$$= \lim_{R\to\infty}\left[-\frac{e^{-sR}}{s^2+a^2}(s\cos aR + a\sin aR)\right] + \frac{s}{s^2+a^2}$$
$$= 0 + \frac{s}{s^2+a^2} = \frac{s}{s^2+a^2}, \text{ 단, } s > 0 \tag{8-9}$$

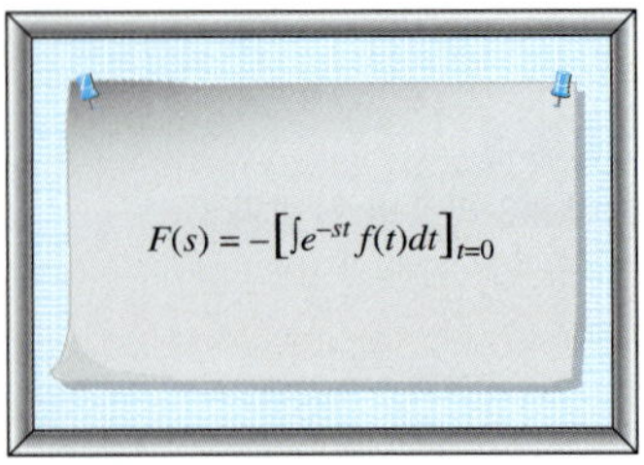

그림 8-4
$t \to \infty$에 따라 수렴하는 연속함수에 대한 라플라스 변환은 $t = 0$에서 변환을 정의하는 적분 값의 부호를 바꾼 것과 같다.

예제 8-1에서 살펴본 모든 함수는 $0 \le t < \infty$에서 연속이며, 이들에 대한 라플라스 변환 적분은 적분 상한에서 0이 된다는 점에 주목하기 바란다. 이러한 함수들의 경우 라플라스 변환은 적분 하한인 $t = 0$에서의 적분 값의 부호를 바꾼 것과 같다(그림 8-4).

어떤 함수에 대한 라플라스 변환을 구하고자 할 때마다 라플라스 변환에 대한 정의에 의존하는 것은 필요한 일도 아니며 실용적이지도 않다. 보다 실용적인 방법은 자주 사용되는 함수들에 대해서 라플라스 변환을 구해 표 8-1과 같은 라플라스 변환 표에 수록하는 것이다. 그러면 마치 적분 표에서 필요한 적분을 조회하듯이 라플라스 변환 표를 조회하여 주어진 함수에 대한 라플라스 변환을 구할 수 있다. 생각할 수 있는 모든 함수들에 대한 라플라스 변환을 포함할 정도로 큰 표를 만들 수는 없을 것이며, 때로 주어진 함수를 표에 수록되어 있는 함수 형태로 표현하는 것이 필요할 수도 있다. 나중에 살펴볼 라플라스 변환의 성질들은 이러한 측면에서 아주 유용할 수 있다. 표 8-1의 변환들 중 일부에 대해서는 이 장의 뒷부분에서 자세하게 다룰 것이다.

표 8-1
라플라스 변환

$f(t)$	$F(s) = L\{f(t)\}$
$C_1f(t) + C_2g(t)$	$C_1F(s) + C_2G(s)$
$e^{kt}f(t)$	$F(s-k)$
$f(kt)$	$\frac{1}{k}F\left(\frac{s}{k}\right)$
$tf(t)$	$-\frac{dF(s)}{ds}$

표 8-1

라플라스 변환 (계속)

$f(t)$	$F(s) = L\{f(t)\}$
$t^n f(t)$	$(-1)^n \dfrac{d^n F(s)}{ds^n}$
$\dfrac{1}{t} f(t)$	$\int_s^\infty F(s)ds$
$\int_0^t f(t)dt$	$\dfrac{1}{s}F(s)$
1	$\dfrac{1}{s}$
$t^a, a > -1$	$\dfrac{\Gamma(a+1)}{s^{a+1}}$
$t^{-1/2}$	$\sqrt{\dfrac{\pi}{s}}$
t	$\dfrac{1}{s^2}$
t^2	$\dfrac{2}{s^3}$
$t^n, n = 1, 2, 3, \ldots$	$\dfrac{n!}{s^{n+1}}$
e^{at}	$\dfrac{1}{s-a}$
$t^n e^{at}, n = 1, 2, 3, \ldots$	$\dfrac{n!}{(s-a)^{n+1}}$
$\sin at$	$\dfrac{a}{s^2+a^2}$
$e^{kt}\sin at$	$\dfrac{a}{(s-k)^2+a^2}$
$t\sin at$	$\dfrac{2as}{(s^2+a^2)^2}$
$\cos at$	$\dfrac{s}{s^2+a^2}$
$e^{kt}\cos at$	$\dfrac{s-k}{(s-k)^2+a^2}$
$t\cos at$	$\dfrac{s^2-a^2}{(s^2+a^2)^2}$
$\sinh at$	$\dfrac{a}{s^2-a^2}$
$\cosh at$	$\dfrac{s}{s^2-a^2}$
$u(t-t_0)$	$\dfrac{e^{-t_0 s}}{s}$
$u(t-t_0)f(t-t_0)$	$e^{-t_0 s}F(s)$
$\delta(t-t_0)$	$e^{-t_0 s}$
$f(t)$, 주기 p의 주기함수	$\dfrac{1}{1-e^{-ps}}\int_0^p e^{-st}f(t)dt$
$f'(t)$	$sF(s) - f(0)$
$f''(t)$	$s^2F(s) - sf(0) - f'(0)$
$f^{(n)}(t)$	$s^nF(s) - s^{n-1}f(0) - \cdots - f^{(n-1)}(0)$
$\int_0^t f(\tau)g(t-\tau)d\tau$	$F(s)G(s)$

절 복습문제

8-1 모든 $t \geq 0$에 대해 정의되는 다음 함수들에 대한 라플라스 변환을 구하라.
(a) $f(t) = 5$, (b) $f(t) = e^{3t}$ (c) $f(t) = \sinh at$

$\left(\text{답: (a) } \frac{5}{s}\ s > 0, \quad \text{(b) } \frac{1}{s-3}\ s > 3, \quad \text{(c) } \frac{a}{s^2 - a^2},\ s > a\right)$

8-2 ■ 라플라스 변환의 존재성

식 8-3의 라플라스 변환을 정의하는 적분이 모든 함수 $f(t)$에 대해 수행 가능한 것은 아니며, 따라서 모든 함수가 라플라스 변환을 갖는 것은 아니다. 그렇다면 어떤 함수들이 라플라스 변환을 갖겠는가? 간단히 말하자면, 식 8-3의 적분이 가능한 함수들이 라플라스 변환을 갖는다. 이 적분이 존재하기 위해서는, (1) 함수 $f(t)$가 모든 $t \geq 0$에 대해 정의되어야 하며, (2) 함수 $f(t)$가 적분 가능해야 하고, (3) 이 이상적분이 수렴해야 한다.

첫 번째 조건은 당연하다. 함수가 전체 적분 영역에 걸쳐 정의되어 있지 않다면 적분을 시도하는 것조차 불가능할 것이다. 모든 연속함수들은 적분 가능하므로 두 번째 조건을 만족한다. 사실 적분 가능하기 위한 충분조건은 함수가 다음과 같이 정의되는 **조각적 연속성**(또는 구간별 연속성)만 갖추면 된다.

유한 구간 $a \leq t \leq b$가 유한한 개수의 부분구간으로 분할될 수 있고 각 부분구간에서 함수 $f(t)$가 연속이고 양 끝점에서 유한한 극한을 가질 때 함수 $f(t)$는 구간 $a \leq t \leq b$에서 조각적 연속이라고 한다. 무한 구간은 임의의 유한한 부분구간이 조각적 연속일 때 조각적 연속이 된다.

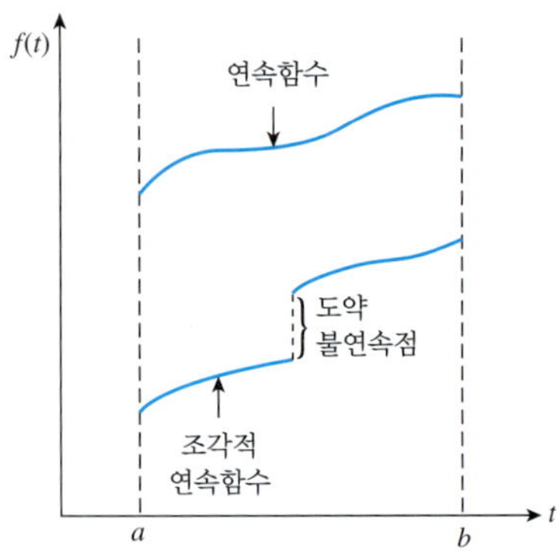

그림 8-5
지정된 구간에서 연속함수와 조각적 연속함수

즉, $f(t)$는 부분구간 안에서 t가 부분구간의 양 끝점으로 접근하면서 발산해서는 안 된다.

조각적 연속함수는 그림 8-5에서 보여주듯이 유한한 개수의 **도약 불연속점**들을 포함할 수 있지만, 모든 불연속점에서 함수는 정의되어 있어야 한다는 점에 주목하기 바란다. 또한 임의의 끝점에서 좌극한과 우극한은 유한하지만 일반적으로 이들은 같지 않다는 점에도 주목하기 바란다. 오직 연속함수만이 $a \leq t \leq b$ 구간 상의 임의의 점에서 동일한 좌극한과 우극한을 가지며, 이 값들은 또한 해당 점에서의 함수 값과 같다. 따라서 연속함수는 조각적 연속함수의 특별한 경우이며, 주어진 구간에서 연속인 함수는 반드시 해당 구간에서 조각적 연속함수가 된다. 주어진 구간에서 조각적 연속함수는 해당 구간에서 적분 가능하다.

적분의 상한이 무한대이며, 따라서 t가 무한대에 접근함에 따라 적분이 발산할 수도 있다. 따라서 라플라스 변환이 존재하기 위해서는 피적분함수 $e^{-st}f(t)$가 수렴해야 한다. 이는 함수 $f(t)$를 제약할 뿐만 아니라 변수 s 또한 제약한다.

유한 구간 $0 \leq t \leq a$에서 수렴하는 적분이 $a \to \infty$일 때 발산할 수도 있다. 이러한 경우는 t가 증가할 때 피적분함수 값이 증가하고 t가 무한대에 접근하면서 피적분함수가 발산할 때 발생할 수 있다. 따라서 $t \to \infty$에 따른 피적분함수의 증가율에 어떤 조건을 부과할 필요가 있다. 이러한 종류의 이상적분이 존재하기 위해 피적분함수는 반드시 수렴성을 갖추어야 한다. 즉, $t \to \infty$일 때 피적분함수의 극한은 반드시 유한한 수라야 한다. t, t^2, t^n, e^{kt} 등과 같이 현실적 관심의 대상이 되는 많은 함수들이 $t \to \infty$에 따라 발산하므로 이러한 조건이 너무 제약적인 것처럼 들릴 수 있겠지만, 이러한 수렴 요구사항이 $f(t)$가 아니라 피적분함수 $e^{-st}f(t)$를 대상으로 하는 것이므로 그렇게 제약적인 것은 아니다. s가 양의 값을 가질 때 $t \to \infty$에 따라 인수 e^{-st}는 0으로 접근하며 전체 피적분함수를 수렴하게 만들 것이다. 그러나 이를 위해서는 $f(t)$가 e^{-st}가 수렴하는 것보다 더 빠르게 발산하지 말아야 한다. 따라서 함수 e^{-st}는 감쇠인수로 작용한다.

예를 들면, 함수 $f(t) = t$는 $t \to \infty$에 따라 무한대가 되며 발산한다. 그러나 te^{-st}는 $t \to \infty$일 때 수렴하는데, 이는 로피탈의 정리를 적용하여 다음의 결과를 얻을 수 있기 때문이다.

$$\lim_{t\to\infty} te^{-st} = \lim_{t\to\infty}\frac{t}{e^{st}} = \lim_{t\to\infty}\frac{1}{se^{st}} = 0, \qquad s > 0$$

유한한 극한을 갖는 것은 s가 양의 값을 가질 때임을 유의하기 바란다. (s가 음의 값을 가질 때 이 극한은 발산한다.) 또 임의의 n 값에 대해 피적분함수 $f(t) = t^n$은 $t \to \infty$일 때 0이 됨을 보일 수 있다.

$f(t)$가 e^{at}와 같은 지수함수일 때, 피적분함수는 $e^{-st}f(t) = e^{-st}e^{at} = e^{-(s-a)}$가 되며, $s > a$이면 $t \to \infty$일 때 0이 될 것이다. 따라서 임의의 양의 값 a에 대해 $|f(t)| < e^{at}$이면 함수 $f(t)$는 라플라스 변환을 가질 것이라고 결론지을 수 있다. 이러한 함수는 **지수적 차수**(exponential order) a를 갖는다고 하며 다음과 같이 정의된다.

> *양의 상수 또는 0인 M에 대해 $\lim_{t\to\infty} e^{-at}|f(t)| = M$인 상수 a가 존재할 경우, 함수 $f(t)$는 지수적 차수 a를 갖는다고 한다.*

$f(t)$가 지수적 차수를 갖지 않으면 위의 극한은 발산할 것이다(그림 8-6).

함수 $f(t)$가 $t \to \infty$일 때 무한대가 된다 하더라도 함수 Me^{at}보다 빨리 증가하지 않는다면 지수적 차수를 가질 수 있음을 유의하기 바란다. 즉, 어떤 함수가 지수함수 e^{at}보다 빨리 증가하지 않는다면 지수적 차수 a를 갖는데, 이때 a는 필요에 따라 임의의 큰 값으로 선택할 수 있다.

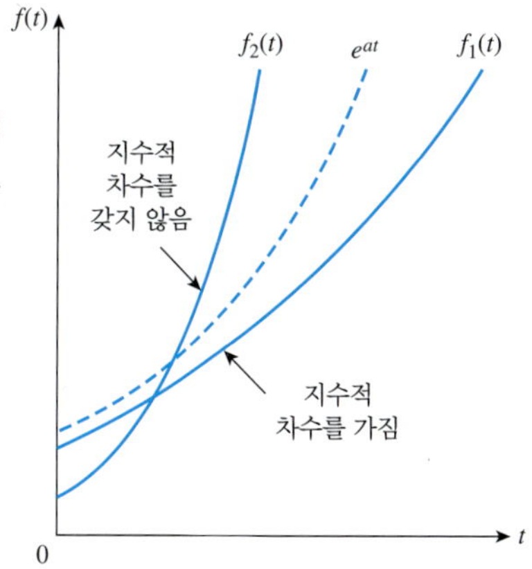

그림 8-6
함수 $f_2(t)$는 지수함수 e^{at}보다 빨리 증가하므로 지수적 차수를 갖지 않는다.

$\sin \omega t$나 $\cos \omega t$와 같이 유한한 함수는 지수적 차수 $a = 0$을 갖는다. 임의의 다항식 $P(t)$는 지수적 차수 $a = 1$을 갖는다. e^{-kt}와 같이 선형 지수를 갖는 임의의 지수함수는 지수적 차수 $a = k$를 갖는다. 그러나 e^{t^2}와 같이 2차 함수 이상의 지수를 갖는 지수함수는 지수적 차수를 갖지 않는데, 이는 지수적 차수에 관한 정의에 나타나는 극한이 a의 값에 상관없이 발산하기 때문이다.

이상의 논의를 다음과 같은 정리로 요약할 수 있다.

정리 8-1 라플라스 변환을 위한 존재성 정리

함수 $f(t)$가 $t \geq 0$에서 조각적 연속이고 지수적 차수를 가질 경우, 이 함수에 대한 라플라스 변환이 존재한다(그림 8-7).

조각적 연속성과 지수적 차수를 갖는 것은 함수 $f(t)$가 라플라스 변환을 가질 충분조건이지만 필요조건은 *아니라*는 점을 유의하기 바란다. 이러한 조건들을 만족하지 않으면서 라플라스 변환을 갖는 함수들이 있다. 예를 들면, 함수 $f(t) = t^{-1/2}$는 $t \to 0$일 때 무한대가 되므로 조각적 연속이 아니지만 $s > 0$에 대해 $\sqrt{\pi/m}$라는 라플라스 변환을 갖는다.

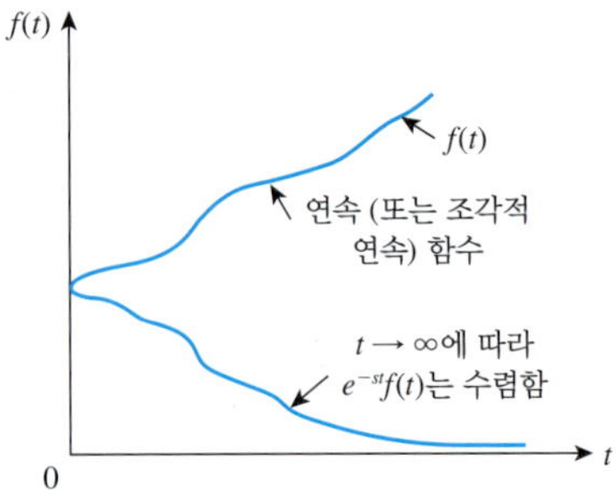

그림 8-7
라플라스 변환이 존재하는 함수 $f(t)$

절 복습문제

C로 표시된 문제는 토론을 위한 개념적 문제이다.

8-2C 연속함수와 조각적 연속함수 사이의 차이는 무엇인가?

8-3 다음 함수들이 라플라스 변환을 갖는지 결정하라.

(a) $f(t) = \dfrac{1}{t}$ (b) $f(t) = e^{-2t^3}$

(c) $\sinh 5t$ (d) $f(t) = \begin{Bmatrix} 1, & t \leq 3 \\ t^2, & t > 3 \end{Bmatrix}$

(답: (a) 예 (b) 예 (c) 예 (d) 아니오)

8-3 ■ 라플라스 변환의 기본 성질

많은 함수들에 대해 라플라스 변환을 구하기 위해 그 정의인 식 8-3을 적용할 수 있지만, 이는 번거롭고 시간이 많이 걸릴 것이다. 이보다 실용적인 방법은 몇 가지 기본적인 함수들에 대한 라플라스 변환을 구해두고 다른 함수들에 대해서는 라플라스 변환의 성질들을 이용하여 라플라스 변환을 구하는 것이다. 이러한 성질들을 표 8-2에서 요약하고 있으며, 이제 하나씩 살펴볼 것이다.

표 8-2

라플라스 변환의 기본 성질

1	$L\{C_1f_1(t) + C_2f_2(t)\} = C_1L\{f_1(t)\} + C_2L\{f_2(t)\}$
2	$L\{e^{kt}f(t)\} = F(s-k)$
3	$L\{t^nf(t)\} = (-1)^n\dfrac{d^nF(s)}{ds^n}$
4	$L\left\{\dfrac{1}{t}f(t)\right\} = \displaystyle\int_s^\infty F(s)ds$
5	$L\left\{\displaystyle\int_o^t f(t)dt\right\} = \dfrac{1}{s}F(s)$
6	$L\{f(kt)\} = \dfrac{1}{k}F\left(\dfrac{s}{k}\right)$

성질 1: 라플라스 변환의 선형성

라플라스 변환은 정적분으로 정의되며, 따라서 정적분의 성질들을 갖는다. 예를 들면, 두 함수의 합에 대한 적분은 두 함수 각각에 대한 적분의 합과 같다. 즉,

$$\int_a^b [f(t) + g(t)]dt = \int_a^b f(t)dt + \int_a^b g(t)dt$$

또한 어떤 함수의 상수 배에 대한 적분은 함수의 적분에 대한 상수 배와 같다. 즉,

$$\int_a^b Cf(t)dt = C\int_a^b f(t)dt$$

여기에서 C는 임의상수이다.

따라서 적분은 선형 연산자이며, 이는 라플라스 변환에도 해당된다. 라플라스 변환의 선형성은 다음과 같이 표현될 수 있다.

$$L\{C_1f_1(t) + C_2f_2(t)\} = C_1L\{f_1(t)\} + C_2L\{f_2(t)\} \quad (8\text{-}10)$$

여기에서 C_1, C_2는 임의의 두 상수이다. 선형성은 라플라스 변환에서 가장 중요한 성질이다.

예제 8-2 **sinh kt에 대한 라플라스 변환**

k가 상수일 때 sinh kt에 대한 라플라스 변환을 구하라.

풀이 | 예제 8-1에서 $L\{e^{at}\} = 1/(s-a)$를 결정한 바 있다. 또한 $\sinh at = (e^{at} - e^{-at})/2$이다. 따라서 라플라스 변환의 선형성을 이용하여 다음의 결과를 얻는다.

$$L\{\sinh kt\} = L\left\{\frac{e^{kt} - e^{-kt}}{2}\right\} = \frac{1}{2}L\{e^{kt}\} - \frac{1}{2}L\{e^{-kt}\}$$
$$= \frac{1}{2}\left(\frac{1}{s-k}\right) - \frac{1}{2}\left(\frac{1}{s-(-k)}\right) = \frac{1}{2}\left[\frac{(s+k)-(s-k)}{(s-k)(s+k)}\right]$$
$$= \frac{k}{s^2 - k^2}, \quad s > k \qquad \textbf{(8–11)}$$

성질 2: 이동 성질

어떤 함수 $f(t)$에 대한 라플라스 변환이 알려져 있을 경우, 상수 k에 대해 함수 $e^{kt}f(t)$의 라플라스 변환은 다음과 같이 표현될 수 있는 이동 성질을 이용하여 쉽게 결정할 수 있다.

$$L\{e^{kt}f(t)\} = F(s-k) \qquad \textbf{(8–12)}$$

여기에서 $F(s)$는 $f(t)$에 대한 라플라스 변환이며, $F(s-k)$는 $F(s)$에 나타나는 모든 s를 $s-k$로 치환하여 구한다. 이에 대한 증명은 다음과 같이 단순하다.

$$L\{e^{kt}f(t)\} = \int_0^\infty e^{-st}e^{kt}f(t)\,dt = \int_0^\infty e^{-(s-k)t}f(t)\,dt = F(s-k)$$

예제 8–3 $\boldsymbol{e^{3t}\sinh \omega t}$**에 대한 라플라스 변환**

$e^{3t}\sinh \omega t$에 대한 라플라스 변환을 구하라.

풀이 예제 8-2에서 $L\{\sinh \omega t\} = \omega/(s^2 - \omega^2)$을 결정한 바 있다. 이제 $k = 3$으로 두고 이동 성질을 적용하면 다음의 결과를 얻는다.

$$L\{e^{3t}\sinh \omega t\} = \frac{\omega}{(s-3)^2 - \omega^2}, \quad s > \omega + 3 \qquad \textbf{(8–13)}$$

성질 3: $t^n f(t)$에 대한 라플라스 변환

식 8-3의 라플라스 변환을 정의하는 적분을 다시 살펴보자.

$$F(s) = \int_0^\infty f(t)e^{-st}\,dt$$

이 식의 양변을 s에 관하여 연속적으로 미분하면 다음의 결과를 얻는다.

$$\frac{dF(s)}{ds} = (-1)^1 \int_0^\infty e^{-st}\, tf(t)\,dt = (-1)^2 L\{tf(t)\},$$

$$\frac{d^2F}{ds^2} = (-1)^2 \int_0^\infty e^{-st} t^2 f(t)\,dt,$$

그리고

$$\frac{d^nF(s)}{ds^n} = (-1)^n \int_0^\infty e^{-st} t^n f(t)\,dt \tag{8-14}$$

우변의 마지막 적분이 함수 $t^n f(t)$에 대한 라플라스 변환이다. 따라서 식 8-14는

$$L\{t^n f(t)\} = (-1)^n \frac{d^nF(s)}{ds^n} \tag{8-15}$$

와 같이 표현될 수 있으며, 여기에서 $F(s)$는 $f(t)$에 대한 라플라스 변환이다.

식 8-15는 독립변수의 멱승을 포함하는 함수들에 대한 라플라스 변환을 구할 때 대단히 중요하다.

예제 8-4 **t^2에 대한 라플라스 변환**

t^2에 대한 라플라스 변환을 구하라.

풀이 주어진 함수는 $t^2 f(t)$로 표현할 수 있으며, 이때 $f(t) = 1$이다. 예제 8-1에서 $F(s) = L\{1\} = 1/s$를 결정한 바 있다. 이제 식 8-15를 이용하여 t^2에 대한 라플라스 변환을 $F(s)$에 대한 2계 도함수를 취하여 다음과 같이 구할 수 있다.

$$L\{t^2\} = (-1)^2 \frac{d^2F(s)}{ds^2} = \frac{d^2}{ds^2}\left(\frac{1}{s}\right) = \frac{2}{s^3},\quad s > 0 \tag{8-16}$$

성질 4: $f(t)/t$에 대한 라플라스 변환

식 8-3의 라플라스 변환을 정의하는 적분을 다시 살펴보자.

$$F(s) = \int_0^\infty e^{-st} f(t)\,dt$$

이 식의 양변을 s에 관하여 s에서 ∞까지 적분한 결과는

$$\int_s^\infty F(s)\,ds = \int_s^\infty \int_0^\infty e^{-st} f(t)\,dt\,ds$$

$$= \int_0^\infty \left[\int_s^\infty e^{-st} ds\right] f(t)\,dt$$

$$= \int_0^\infty e^{-st} \frac{1}{t} f(t)\,dt = L\left\{\frac{1}{t} f(t)\right\}$$

이 되는데, 이는 이중 적분의 순서는 맞바꿀 수 있기 때문이다. 또한 아래의 사실도 사용되었다.

$$\int_s^\infty e^{-st} ds = \left.\frac{e^{-st}}{-t}\right|_{s=s}^{\infty} = 0 - \frac{e^{-st}}{-t} = \frac{e^{-st}}{t}$$

이제 다음과 같이 결론짓는다.

$$L\left\{\frac{1}{t} f(t)\right\} = \int_s^\infty F(s)\,ds \tag{8-17}$$

여기에서 $F(s)$는 $f(t)$에 대한 라플라스 변환이다.

예제 8-5 **$1/t$에 대한 라플라스 변환**

$1/t$에 대한 라플라스 변환을 구하라.

풀이 | 주어진 함수는 $f(t)/t$로 표현할 수 있으며, 이때 $f(t) = 1$이다. 예제 8-1에서 $F(s) = L\{1\} = 1/s$를 결정한 바 있다. 이제 식 8-17을 이용하여 $1/t$에 대한 라플라스 변환을 다음과 같이 $F(s)$를 s에서 ∞까지 적분하여 구할 수 있다.

$$L\left\{\frac{1}{t}\right\} = \int_s^\infty F(s)\,ds = \lim_{R\to\infty} \int_s^R \frac{1}{s} ds = \lim_{R\to\infty} [\ln s]_s^R = \lim_{R\to\infty} \ln R - \ln s = \infty$$

그런데 이 적분은 발산하므로 $1/t$에 대한 라플라스 변환은 존재하지 않는다.

성질 5: $\int_0^t f(t)dt$에 대한 라플라스 변환

식 8-3의 라플라스 변환에 대한 정의로부터 다음의 결과를 얻는다.

$$L\left\{\int_0^t f(\tau)\,d\tau\right\} = \int_0^\infty \left[\int_0^t f(\tau)\,d\tau\right] e^{-st}dt$$

$u = \int_0^t f(\tau)d\tau$ 그리고 $dv = e^{-st}dt$로 두고 부분적분을 수행하면

$$L\left\{\int_0^t f(\tau)\,d\tau\right\} = \left[\frac{e^{-st}}{-s}\int_0^t f(\tau)\,d\tau\right]_0^\infty - \int_0^\infty f(t)\frac{e^{-st}}{-s}dt$$

$$= 0 + \frac{1}{s}\int_0^\infty e^{-st}f(t)\,dt = \frac{1}{s}F(s)$$

을 얻는데, 이는 ($f(t)$가 지수적 차수를 갖는 조각적 연속함수이므로) $t = 0$일 때와 $t \to \infty$일 때 모두 중괄호 안의 항이 0이 되기 때문이다. 따라서

$$L\left\{\int_0^t f(t)\,dt\right\} = \frac{1}{s}F(s) \tag{8–18}$$

와 같이 결론짓는데, 여기에서 $F(s)$는 $f(t)$에 대한 라플라스 변환이다. 이 결과는 적분을 포함하는 미분방정식을 풀 때 대단히 유용하다.

성질 6: 크기변환 성질

함수 $f(t)$에 대한 라플라스 변환을 알면, 함수 $f(kt)$에 대한 라플라스 변환은 다음과 같이 표현될 수 있는 크기변환 성질을 이용하여 쉽게 결정할 수 있다(단, k는 상수).

$$L\{f(kt)\} = \frac{1}{k}F\left(\frac{s}{k}\right) \tag{8–19}$$

여기에서 $F(s)$는 $f(t)$에 대한 라플라스 변환이며, $F(s/k)$는 $F(s)$에 나타나는 모든 s를 s/k로 치환하여 구한다. 이에 대한 증명은 다음과 같이 단순하다.

$$L\{f(kt)\} = \int_0^\infty e^{-st}f(kt)\,dt = \frac{1}{k}\int_0^\infty e^{-sx/k}f(x)\,dx = \frac{1}{k}F\left(\frac{s}{k}\right)$$

여기에서 적분변수는 $x = kt$로 치환되었다.

절 복습문제

8-4 라플라스 변환의 기본 성질과 표 8-1을 이용하여 다음 각 함수에 대한 라플라스 변환을 구하라.

(a) $f(t) = t^2\sin 2t$ (b) $f(t) = 3t^2 - \sin 3t$

(답: (a) $\dfrac{4(3s^2-4)}{(s^2+4)^3}$ (b) $\dfrac{6}{s^3} - \dfrac{3}{s^2+9}$)

8-4 ■ 계단함수, 주기함수, 충격함수 등에 대한 라플라스 변환

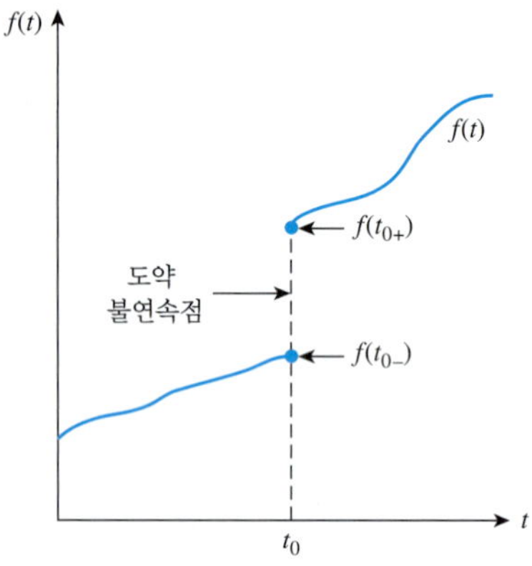

그림 8-8
현실적 관심의 대상이 되는 많은 함수들은 (특정 점에서 함수 값에 급격한 변화가 있는) 도약 불연속점들을 포함한다.

비록 함수가 라플라스 변환을 갖기 위해 연속일 필요는 없지만, 지금까지는 연속인 함수들이 널리 사용되고 있고 단순하므로 이들에 초점을 맞추었다. 그러나 현실적 관심의 대상이 되는 문제들 중에는 *도약 불연속점*을 갖는 함수들을 포함하는 경우들이 있다. 그러한 함수들은 전기회로, 기계장치, 열 관련 장치 등에 대한 분석에서 종종 발생한다(그림 8-8). 다행히 도약 불연속점을 갖는 (즉, 조각적 연속인) 함수들에 대한 라플라스 변환이 존재하며, 라플라스 변환 기법은 이러한 함수들을 포함하는 미분방정식의 풀이에 대단히 중요한 도구가 되고 있다. 그렇지만 도약 불연속점을 갖는 함수들을 정확하게 표현하기 위해 필요한 수학적 도구들을 개발할 필요가 있다. 이를 위해 *단위 계단함수* $u(t - t_0)$와 단위 충격함수 $\delta(t - t_0)$를 정의한다. 라플라스 변환은 구간 $0 \le t \le \infty$에서 정의되므로 이들에 대한 논의는 음이 아닌 t값으로 한정한다.

단위 계단함수

아마 도약 불연속점을 갖는 함수들 중에 가장 단순한 함수가 **단위 계단함수(unit step function)**일 텐데, 이 함수는 *헤비사이드 함수(Heaviside function)*라고도 알려져 있으며, 다음과 같이 정의된다.

$$u(t - t_0) = \begin{cases} 0, & t < t_0 \\ 1, & t \ge t_0 \end{cases} \tag{8-20}$$

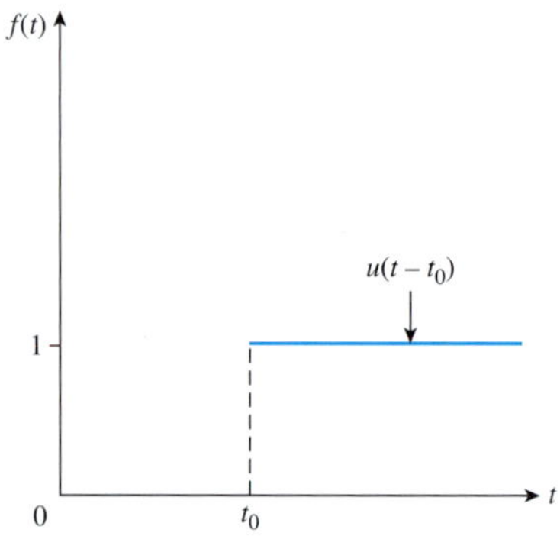

그림 8-9
단위 계단함수 $u(t-t_0)$

여기에서 그림 8-9에서 보여주듯이 $t = t_0$은 도약 지점을 나타낸다. $t = 0$인 특별한 경우 단위 계단함수는 $t \ge 0$에 대해 $u(t-t_0) = 1$이 되며, 이 함수에 대한 라플라스 변환은 다음과 같다.

$$L\{u(t)\} = L(1) = \frac{1}{s} \tag{8-21}$$

단위 계단함수 $u(t - t_0)$는 단지 $u(t)$를 t_0만큼 이동한 것이다. 이 함수에 대한 라플라스 변환은 변수 $x = t - t_0$을 도입하여 다음과 같이 간단히 결정할 수 있다.

$$L\{u(t - t_0)\} = \int_{t_0}^{\infty} e^{-st}u(t - t_0)\,dt = \int_0^{\infty} e^{-s(x+t_0)}u(x)\,dx$$

$$= e^{-t_0 s}\int_0^{\infty} e^{-sx}u(x)\,dx = e^{-t_0 s}L\{1\} = \frac{e^{-t_0 s}}{s}$$

따라서

$$L\{u(t - t_0)\} = \frac{e^{-t_0 s}}{s} \tag{8-22}$$

이제 주어진 함수 $f(t)$에 단위 계단함수를 곱하면 무슨 일이 발생하는지 알아보자(그림 8-10). $t_0 = 0$일 때,

$$u(t - t_0)f(t) \equiv f(t) \quad \textbf{(8–23)}$$

이 되는데, 이는 $t \geq 0$에 대해 $u(t - 0) = 1$이기 때문이다. 따라서 단위 계단함수는 $t_0 = 0$일 때 함수 $f(t)$에 아무 영향도 주지 않는다. 그러나 $t_0 \neq 0$일 때

$$u(t - t_0)f(t) = \begin{cases} 0, & t < t_0 \\ f(t), & t \geq t_0 \end{cases} \quad \textbf{(8–24)}$$

가 된다. 즉, 함수 $f(t)$에 단위 계단함수 $u(t - t_0)$를 곱하면 $0 \leq t \leq t_0$인 $f(t)$ 부분은 없어지지만 나머지 $f(t)$ 부분에는 영향을 주지 않는다.

이제 $0 \leq t \leq t_0$인 $f(t)$ 부분을 지우는 대신 $f(t)$의 시작 부분을 $t = t_0$으로 늦춘다. 이는 그림 8-10에서 보여주듯이 $f(t)$를 t_0만큼 이동한 다음 $t < t_0$인 부분을 없애기 위해 $u(t - t_0)$를 곱함으로써 달성된다. 그 결과는 다음과 같다.

$$u(t - t_0)f(t - t_0) = \begin{cases} 0, & t < t_0 \\ f(t - t_0), & t \geq t_0 \end{cases} \quad \textbf{(8–25)}$$

단위 계단함수 $u(t - t_0)$는 동반 함수를 $t = t_0$까지는 껐다가 그 이후부터 켜는 스위치로 볼 수 있다.

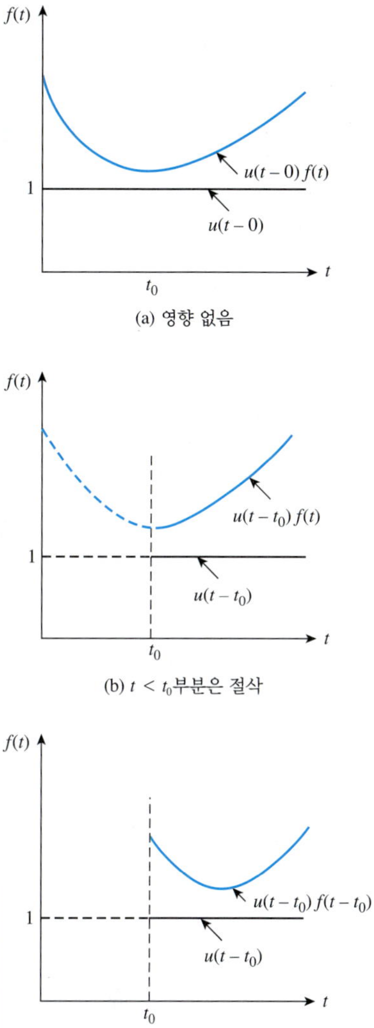

(a) 영향 없음

(b) $t < t_0$부분은 절삭

(c) 함수의 시작을 t_0으로 이동

그림 8-10

단위 계단함수 $u(t-t_0)$가 함수 $f(t)$에 주는 영향

예제 8-6 이동된 함수에 대한 라플라스 변환

다음 각 함수에 대한 라플라스 변환을 구하라.

(a) $f(t) = t^2$ (b) $f(t) = \begin{cases} 0, & t < 3 \\ t^2, & t \geq 3 \end{cases}$ (c) $f(t) = \begin{cases} 0, & t < 3 \\ (t-3)^2, & t \geq 3 \end{cases}$

풀이 그림 8-11에 이 세 함수들에 대한 그래프를 보이고 있다. 이 예제는 서로 다르기는 하지만 동일한 동작 특성을 갖는 함수들에 대한 라플라스 변환을 보여준다.

(a) 표 8-1에서 $L\{f(t)\} = L\{t^2\} = 2/s^3$를 구한다.

(b) 단위 계단함수를 이용하여 이 함수를 $f(t) = u(t-3)t^2$로 표현할 수 있다. 라플라스 변환의 정의로부터

$$F(s) = L\{u(t-3)t^2\} = \int_0^\infty e^{-st}u(t-3)t^2 dt = \int_0^\infty e^{-st}t^2 dt$$

을 얻을 수 있는데, 이는 $t \leq 3$에 대해 이 함수는 0이기 때문이다. 적분 하한을 다시 0으로 만들기 위해 새로운 변수 $x = t - 3$을 정의하여 대입한다.

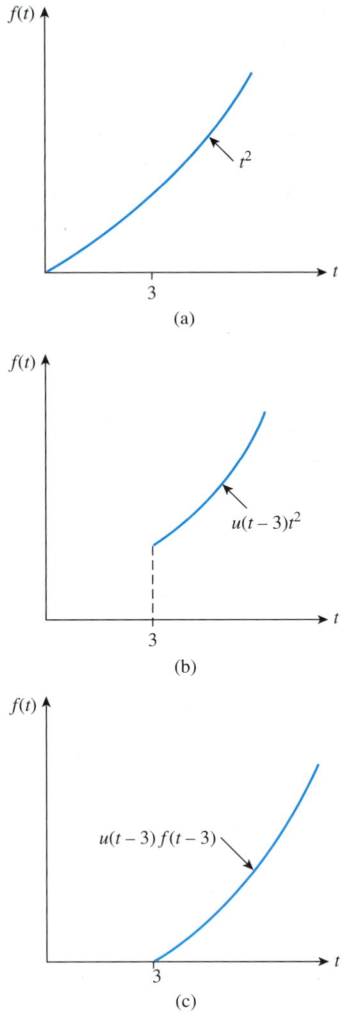

그림 8-11
예제 8-6의 함수들

$$F(s) = \int_0^\infty e^{-s(x+3)}(x+3)^2 dx = e^{-3s}\int_0^\infty e^{-3x}(x+3)^2 dx$$

$$= e^{-3s}L\{x^2 + 6x + 9\} = e^{-3s}\left(\frac{2}{s^3} + \frac{6}{s^2} + \frac{9}{s}\right)$$

(c) 단위 계단함수를 이용하여 이 함수를 $f(t) = u(t-3)(t-3)^2$로 표현할 수 있다. 라플라스 변환의 정의로부터

$$F(s) = L\{u(t-3)(t-3)^2\} = \int_0^\infty e^{-st}u(t-3)(t-3)^2 dt = \int_3^\infty e^{-st}(t-3)^2 dt$$

을 얻을 수 있는데, 이는 $t \le 3$에 대해 이 함수는 0이기 때문이다. 적분 하한을 다시 0으로 만들기 위해 새로운 변수 $x = t - 3$을 정의하여 대입한다.

$$F(s) = \int_0^\infty e^{-s(x+3)}x^2 dx = e^{-3s}\int_0^\infty e^{-sx}x^2 dx = e^{-3s}L\{x^2\} = \frac{2e^{-3s}}{s^3}$$

앞서의 논의와 예제 8-6으로부터 계단함수의 라플라스 변환에 대해 다음과 같이 정리한다.

1. $L\{u(t-0)\} = \dfrac{1}{s}$ **(8-21 반복)**

2. $L\{u(t-t_0)\} = \dfrac{e^{-t_0 s}}{s}$ **(8-22 반복)**

3. $L\{u(t-t_0)f(t)\} = e^{-t_0 s}L\{f(t-t_0)\}$ **(8-26)**

4. $L\{u(t-t_0)f(t-t_0)\} = e^{-t_0 s}L\{f(t)\}$ **(8-27)**

이러한 관계식들을 표 8-3에 요약한다.

표 8-3
라플라스 변환에서 t−정의역의 이동

$L\{u(t-0)\} = \dfrac{1}{s}$
$L\{u(t-t_0)\} = \dfrac{e^{-t_0 s}}{s}$
$L\{u(t-t_0)f(t)\} = e^{-t_0 s}L\{f(t+t_0)\}$
$L\{u(t-t_0)f(t-t_0)\} = e^{-t_0 s}L\{f(t)\}$

예제 8-7 사각형 펄스에 대한 라플라스 변환

다음 함수를 하나의 수식으로 표현하고 이 함수에 대한 라플라스 변환을 구하라.

$$f(t) = \begin{cases} 0, & t < 3 \\ 1, & 3 \le t \le 5 \\ 0, & t > 5 \end{cases}$$

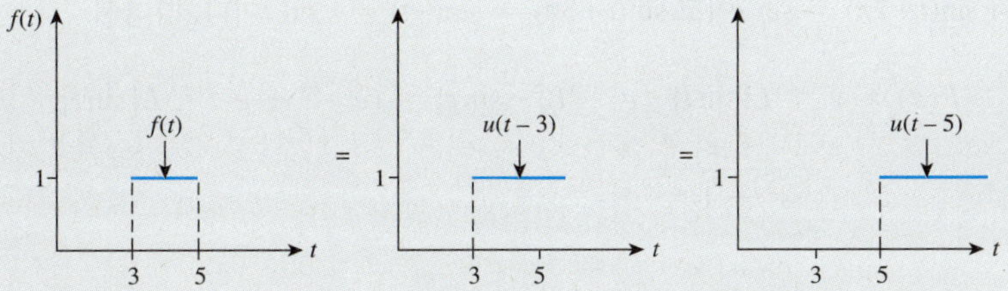

그림 8-12
단위 계단함수를 이용한 예제 8-7의 함수의 구성

풀이 | 이 함수는 그림 8-12에서 보여주듯이 두 개의 단위 계단함수의 차로 볼 수 있으며, 다음과 같이 표현될 수 있다.

$$f(t) = u(t-3) - u(t-5)$$

이 함수에 대한 라플라스 변환은 식 8-22를 이용하여 다음과 같이 구할 수 있다.

$$F(s) = L\{u(t-3) - u(t-5)\} = L\{u(t-3)\} - L\{(t-5)\} = \frac{e^{-3s}}{s} - \frac{e^{-5s}}{s}$$

예제 8-8 **1/2-사인파 펄스에 대한 라플라스 변환**

다음 함수를 하나의 수식으로 표현하고 이 함수에 대한 라플라스 변환을 구하라.

$$f(t) = \begin{cases} 0, & t < 2\pi \\ \sin t, & 2\pi \le t \le 3\pi \\ 0, & t > 3\pi \end{cases}$$

풀이 | 이 함수는 그림 8-13에서 보여주듯이 두 개의 단위 계단함수의 차와 sin t의 곱으로 볼 수 있으며, 다음과 같이 표현될 수 있다.

$$f(t) = \sin t\left[u(t-2\pi) - u(t-3\pi)\right]$$

이 함수에 대한 라플라스 변환은 식 8-26을 이용하여 다음과 같이 구할 수 있다.

$$\begin{aligned} F(s) &= L\{\sin t\left[u(t-2\pi) - u(t-3\pi)\right]\} \\ &= L\{u(t-2\pi)\sin t\} - L\{u(t-3\pi)\sin t\} \\ &= e^{-2\pi s}L\{\sin(t+2\pi)\} - e^{-3\pi s}L\{\sin(t+3\pi)\end{aligned}$$

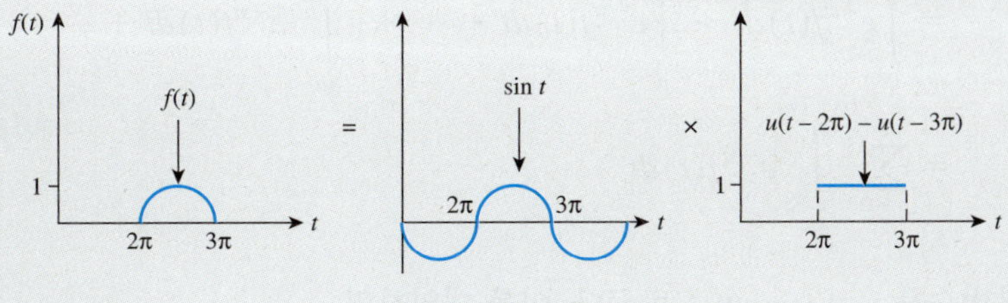

그림 8-13
단위 계단함수를 이용한 예제 8-8의 함수의 구성

그러나 $\sin(t+2\pi) = \sin t$이고 $\sin(t+3\pi) = \sin(-t) = -\sin t$이다. 따라서

$$F(s) = e^{-2\pi s}L\{\sin t\} - e^{-3\pi s}L\{-\sin t\} = (e^{-2\pi s} + e^{-3\pi s})L\{\sin t\}$$
$$= \frac{e^{-2\pi s} + e^{-3\pi s}}{s^2 + 1}$$

주기함수

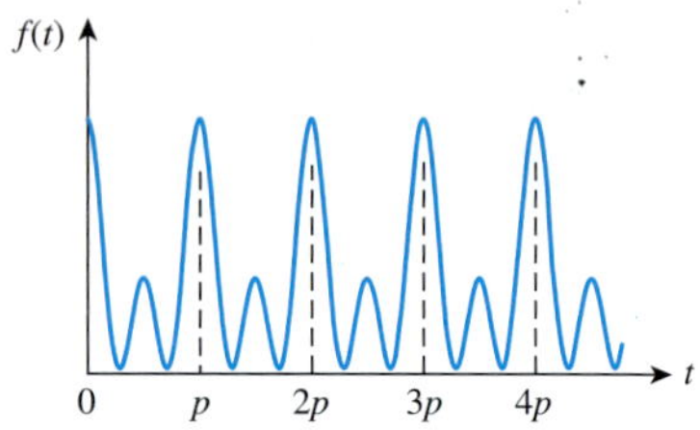

그림 8-14
주기 p의 주기함수

주기함수는 현실에서 자주 발생하며 따라서 관심을 가질 필요가 있다. 함수 $f(t)$가 모든 양의 값 t에 대해 $f(t+p) = f(t)$를 만족하는 최소의 양의 값 p가 있을 때, 함수 $f(t)$는 주기 p의 **주기함수(periodic function)**라고 한다(그림 8-14). $2p$, $3p$, $4p$ 등과 같은 p에 대한 임의의 정수 배 또한 이러한 주기 관계식을 만족한다. 예를 들면, 삼각함수 $\sin t$, $\cos t$는 주기 2π의 주기함수들이다.

주기함수의 라플라스 변환에 대해 다음의 정리를 갖는다.

정리 8-2 주기함수에 대한 라플라스 변환의 존재성

$t \geq 0$에 대해 $f(t)$가 조각적 연속이고 주기 p의 주기함수일 때, 이 함수에 대한 라플라스 변환이 존재하며 다음과 같이 결정된다.

$$F(s) = \frac{1}{1 - e^{-ps}} \int_0^p e^{-st} f(t)\,dt, \quad s > 0 \tag{8-28}$$

증명 이 정리를 이용하여 한 번의 주기 상에서 주기함수를 적분함으로써 주기함수에 대한 라플라스 변환을 결정할 수 있으므로 이 정리는 중요하다. 증명을 위해 먼저 다음과 같이 라플라스 변환을 위한 적분 구간을 길이 p의 구간들로 분할한다.

$$\begin{aligned} F(s) &= \int_0^\infty e^{-st} f(t)\,dt \\ &= \int_0^p e^{-st} f(t)\,dt + \int_p^{2p} e^{-st} f(t)\,dt + \cdots + \int_{np}^{(n+1)p} e^{-st} f(t)\,dt + \cdots \\ &= \sum_{n=0}^{\infty} \int_{np}^{(n+1)p} e^{-st} f(t)\,dt \end{aligned}$$

이제 적분변수를 $x = t - np$로 바꾼다. 이를 대입하면

$$F(s) = \sum_{n=0}^{\infty}\int_0^p e^{-s(x+np)}f(x+np)\,dx = \sum_{n=0}^{\infty}e^{-nps}\int_0^p e^{-sx}f(x)\,dx$$
$$= (1 + e^{-ps} + e^{-2ps} + e^{-3ps} + \cdots + e^{-nps} + \cdots)\int_0^p e^{-sx}f(x)\,dx$$
$$= \frac{1}{1-e^{-ps}}\int_0^p e^{-sx}f(x)\,dx$$

이 되는데, 주기함수의 경우 $f(x + np) = f(x)$이고 $x = e^{-ps} < 1$인 기하급수에 대해

$$1 + x + x^2 + x^3 + \cdots + x^n + \cdots = \frac{1}{1-x}$$

이기 때문이다. p와 s 둘 다 양이므로 $e^{-ps} < 1$임을 유의하기 바란다.

예제 8-9 $\sin \omega t$에 대한 라플라스 변환

$\sin \omega t$에 대한 라플라스 변환을 구하라.

풀이 함수 $\sin \omega t$는 주기 $p = 2\pi/\omega$의 주기함수이다. 따라서 이 함수에 대한 라플라스 변환은 적분 표를 이용하여 식 8-28로부터 결정될 수 있다.

$$F(s) = \frac{1}{1-e^{-ps}}\int_0^p e^{-st}\sin \omega t\,dt$$
$$= \frac{1}{1-e^{-ps}}\left[\frac{e^{-st}(-s\sin \omega t - \omega \cos \omega t)}{s^2+\omega^2}\right]_0^{2\pi/\omega}$$
$$= \frac{1}{1-e^{-ps}}\frac{\omega(1-e^{-2\pi/\omega})}{s^2+\omega^2} = \frac{\omega}{s^2+\omega^2}$$

이 결과는 표 8-1의 결과와 같다.

예제 8-10 일련의 사각형 펄스에 대한 라플라스 변환

주기 $p = 6$의 다음 주기함수에 대한 라플라스 변환을 구하라.

$$f(t) = \begin{cases} 2, & 0 \le t < 3 \\ -2, & 3 \le t < 6 \end{cases}$$

풀이 이 함수는 그림 8-15에서 보여주듯이 진폭이 2이고 주기는 $p = 6$인 사각파 함수이다. 식 8-28로부터 다음의 결과를 얻는다.

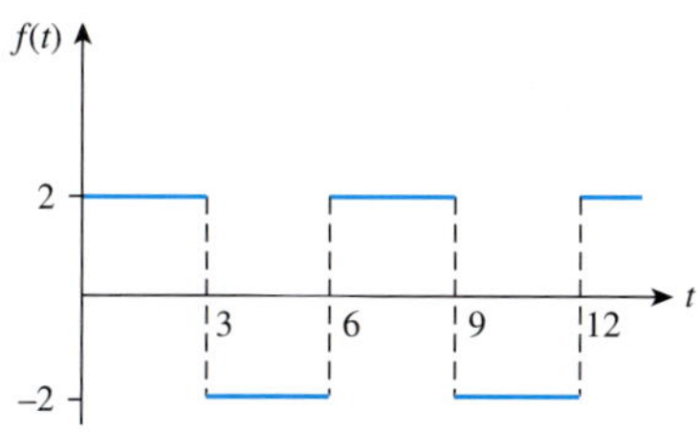

그림 8-15
예제 8-10의 주기함수

$$
\begin{aligned}
F(s) &= \frac{1}{1-e^{-ps}}\int_0^p e^{-st}f(t)\,dt \\
&= \frac{1}{1-e^{-6s}}\left[\int_0^3 e^{-st}(2)\,dt + \int_3^6 e^{-st}(-2)\,dt\right] \\
&= \frac{1}{1-e^{-6s}}\left[2\left|-\frac{e^{-st}}{s}\right|_0^3 - 2\left|-\frac{e^{-st}}{s}\right|_3^6\right] \\
&= \frac{2(1-2e^{-3s}+e^{-6s})}{s(1-e^{-6s})} = \frac{2(1-e^{-3s})^2}{s(1-e^{-3s})(1+e^{-3s})} \\
&= \frac{2(1-e^{-3s})}{s(1+e^{-3s})} = \frac{2}{s}\tanh 3s
\end{aligned} \tag{8–29}
$$

또 다른 풀이 | 진폭이 2이고 주기는 $p = 6$인 위의 사각파 함수는 단위 계단함수를 사용하여 다음과 같이 표현할 수 있다.

$$
f(t) = 2\left[1 + 2\sum_{n=1}^{\infty}(-1)^n u(t-3n)\right]
$$

이 함수에 대한 라플라스 변환은

$$
\begin{aligned}
F(s) &= 2\left[L\{1\} + L\left\{2\sum_{n=1}^{\infty}(-1)^n u(t-3n)\right\}\right] \\
&= 2\left[L\{1\} + 2\sum_{n=1}^{\infty}(-1)^n L\{u(t-3n)\}\right] \\
&= 2\left[\frac{1}{s} + 2\sum_{n=1}^{\infty}(-1)^n \frac{e^{-3ns}}{s}\right] \\
&= \frac{2}{s}\left[1 + 2\sum_{n=1}^{\infty}(-1)^n e^{-3ns}\right]
\end{aligned} \tag{8–30}
$$

로부터 쉽게 결정될 수 있다. 식 8-29와 8-30이 동일하다는 것을 보이는 것은 학생들에게 연습문제로 남긴다.

일반적으로 진폭이 a이고 주기는 p인 사각파 함수에 대한 라플라스 변환은 다음과 같이 표현될 수 있다(그림 8-16).

$$
f(t) = \begin{cases} a & 0 \le t < p/2 \\ -a & p/2 \le t < p \end{cases} \tag{8–31}
$$

그리고

$$
F(s) = \frac{a(1-e^{-ps/2})}{s(1+e^{-ps/2})} = \frac{a}{s}\tanh\frac{ps}{2} = \frac{a}{s}\left[1 + 2\sum_{n=1}^{\infty}(-1)^n e^{-pns/2}\right] \tag{8–32}
$$

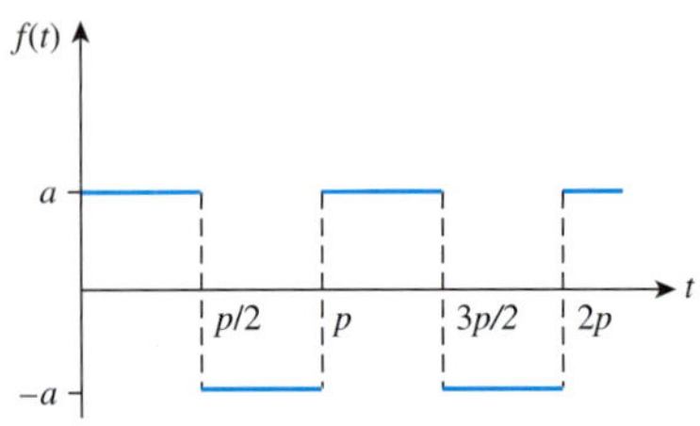

그림 8–16
진폭이 a이고 주기는 p인 사각파 함수

충격함수

순간 과전압이나 물체에 대한 타격 등과 같은 어떤 물리적 문제들은 아주 짧은 시간 동안 작용하는 큰 크기의 입력함수를 포함한다. 이러한 함수들에 대한 그래프는 어떤 시점에는 급격한 봉우리 형태로 나타나고 다른 모든 부분에서는 0이 된다. 이러한 함수들의 특별한 특성으로 인해 일반 함수들과는 다르게 취급될 필요가 있다.

예를 들어 축구선수가 공을 차는 상황을 생각해보자. 시점 t_0에 선수의 발이 공에 닿아 (ε이라는) 아주 짧은 시간 동안 순간적으로 강한 힘 $f(t)$를 가한 후 공과의 접촉을 잃을 것이다. 시간 ε에 걸친 힘에 대한 적분을 이 힘의 **충격량(impulse)** I라고 한다. 이는 동역학에서 다루는 충격량-운동량 원리(impulse-momentum principle)에 나타나는 충격량과 동일한 개념이다. 이 원리는 운동량의 변화는 충격량과 동일하다는 것을 밝히고 있는데, 충격량은 힘-시간 곡선 아래의 면적에 해당한다.

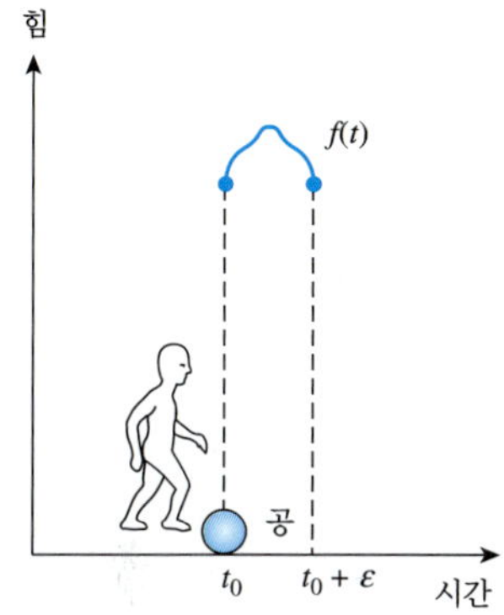

그림 8-17
축구선수가 공을 찰 때 공에 가해지는 힘의 시간적 변화

이러한 충격적 성격을 갖는 힘 $i(t)$는 다음과 같이 표현될 수 있다(그림 8-17).

$$i(t) = \begin{cases} 0, & t < t_0 \\ f(t), & t_0 \le t \le t_0 + \varepsilon \\ 0, & t > t_0 + \varepsilon \end{cases} \tag{8–33}$$

충격에 관한 이상의 설명은 상당히 정확하며 합리적이지만 그리 실용적이지는 못하다. 우선 시간 ε이나 ε 동안 힘 $f(t)$의 함수적 형태를 측정하는 것이 쉽지 않다. 그렇지만 ε의 값이나 $f(t)$의 정확한 형태를 알 필요는 없다. 대부분의 경우 중요한 것은 이 힘의 충격량, 즉, 힘-시간 곡선 아래의 면적 I이다.

$$I = \int_{-\infty}^{\infty} i(t)\,dt = \int_{-\infty}^{t_0} 0\,dt + \int_{t_0}^{t_0+\varepsilon} f(t)\,dt + \int_{t_0+\varepsilon}^{\infty} 0\,dt = \int_{t_0}^{t_0+\varepsilon} f(t)\,dt \tag{8–34}$$

따라서 충격량 I에 해당하는 힘 전체가 시점 t_0의 짧은 순간 동안 작용하는 것으로 가정하는 것이 합리적일 것이다. 이렇게 이상적인 모습을 가정하고 이제 단위 계단함수 $u(t - t_0)$를 정의하듯이 **단위 충격함수(unit impulse function)**, 즉, **디락델타함수(Dirac delta function)** $\delta(t - t_0)$를 정의한다. 이 함수는 다음과 같이 다소 특이한 방식으로 정의된다.

$$\delta(t - t_0) = 0, \quad t \ne t_0 \tag{8–35a}$$

$$\int_0^{\infty} \delta(t - t_0)\,dt = 1 \tag{8–35b}$$

델타함수는 어떤 함수와 결합될 때 이해하기 쉬우며 보다 분명한 의미를 갖는다.

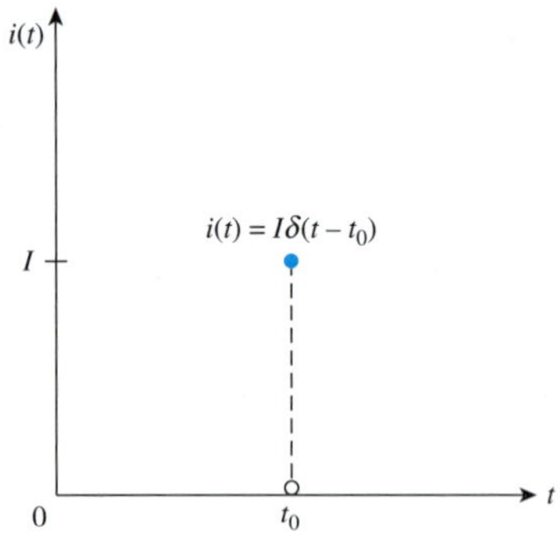

그림 8-18
충격적 성격을 갖는 함수의
이상적인 모습에 대해
디락델타함수를 이용한 표현

예를 들면, 앞에서 기술한 충격 $i(t)$는 디락델타함수를 이용하여

$$i(t) = I\delta(t - t_0) \tag{8-36}$$

와 같이 표현될 수 있다(그림 8-18). 이 식은 $i(t)$의 값이 t_0이 아닌 모든 t에 대해서는 0이며 t_0에서는 I와 같다는 의미로 해석될 수 있다.

디락델타함수의 진정한 가치는 적분기호 안에 나타날 때 발현된다. 예를 들면 다음과 같은 결과를 얻을 수 있다.

$$\int_0^\infty i(t)\delta(t - t_0)dt = i(t_0) = I$$

또는 일반 함수 $f(t)$에 대해 다음과 같은 결과를 얻을 수 있다.

$$\int_0^\infty f(t)\delta(t - t_0)dt = f(t_0) \tag{8-37}$$

디락델타함수는 이러한 맥락에서 사용될 것이며, 위의 식을 디락델타함수의 *정의*로 간주할 수 있다. 적분구간이 점 t_0을 포함하고 있는 한 적분 한계는 중요하지 않다. 디락델타함수는 일반적 의미에서의 함수는 아니며, 오히려 식 8-37의 적분에 따라 t_0에서 함수 값을 선택하는 *연산자*에 가깝다.

$$L\{I\delta(t - t_0)\} = Ie^{-st_0}$$
$$L\{I\delta(t - 0)\} = I$$

그림 8-19
충격량이 I인 충격함수에 대한
라플라스 변환

식 8-37과 라플라스 변환에 대한 정의의 유사성을 감안하면, 식 8-37에서 $f(t)$를 e^{-st}로 변경함으로써 디락델타함수에 대한 라플라스 변환을 구할 수 있다. 그 결과는 다음과 같다(그림 8-19).

$$L\{\delta(t - t_0)\} = \int_0^\infty e^{-st}\delta(t - t_0)dt = e^{-st_0} \tag{8-38}$$

$t_0 = 0$인 특별한 경우에 대해서는 다음의 결과를 얻는다.

$$L\{\delta(t - 0)\} = e^0 = 1 \tag{8-39}$$

종속변수가 꼭 힘에 관한 것일 필요는 없으며, 독립변수 t도 꼭 시간에 관한 것일 필요는 없음을 강조해둔다. 독립변수가 공간에 관한 것일 수도 있다. 예를 들면, 두꺼운 실린더 중앙의 가는 저항 코일로부터의 연속적인 열 방출을 $P\delta(r - 0)$로 표현할 수도 있는데, 여기에서 r은 반지름 방향의 공간변수이며 P는 방출되는 열의 양을 나타낸다.

예제 8-11 회로의 충격 반응

어떤 전기회로에 시점 $t = 5$s에서 순간 과전압 20V가 발생하고 또 시점 $t = 30$s에서 순간 과전압 50V가 발생한다. 전압 $v(t)$를 위한 수식을 구하고 그 라플라스 변환을 결정하라.

풀이 전압 함수 $v(t)$는 다음과 같이 표현될 수 있다(그림 8-20).

$$v(t) = \begin{cases} 0, & t < 5 \\ 20, & t = 5 \\ 0, & 5 < t < 30 \\ 50, & t = 30 \\ 0, & t > 30 \end{cases}$$

델타함수를 사용하여 $v(t)$를 다음과 같이 간결한 형식으로 표현할 수 있다.

$$v(t) = 20\delta(t-5) + 50\delta(t-30)$$

식 8-38을 이용하여 이 함수에 대한 라플라스 변환을 구하면 다음과 같다.

$$V(s) = L\{[20\delta(t-5) + 50\delta(t-30)]\} = 20e^{-5s} + 50e^{-30s}$$

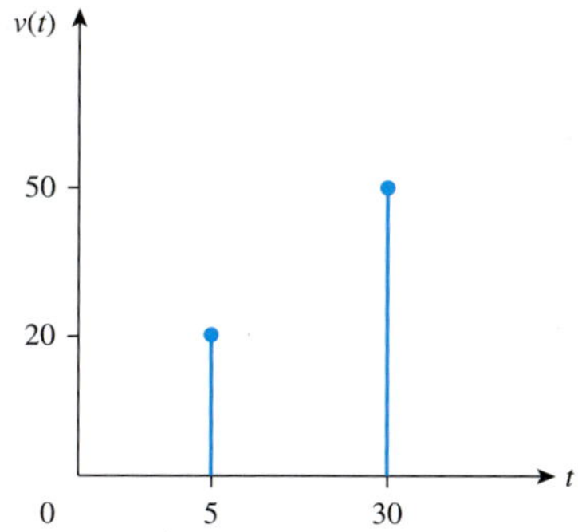

그림 8-20
예제 8-11의 전압 함수

절 복습문제

8-5C 함수 $v(t-t_0)f(t)$와 $v(t-t_0)f(t-t_0)$가 $f(t)$와 어떻게 다른지 설명하라.

8-5 ■ 도함수와 미분방정식에 대한 라플라스 변환

이 장의 주요 목표는 라플라스 변환을 이용하여 미분방정식을 푸는 것이다. 그런데 미분방정식에 대한 라플라스 변환을 얻기 위해서는 먼저 도함수들에 대한 라플라스 변환을 알아야 한다.

도함수에 대한 라플라스 변환을 얻기 위해 도함수를 일반 함수처럼 취급하여 라플라스 변환의 정의를 적용한다. 예를 들면, 함수 $y(t)$의 n계 도함수에 대한 라플라스 변환은

$$L\{f^{(n)}(t)\} = \int_0^\infty e^{-st} f^{(n)}(t)\,dt \tag{8-40}$$

으로부터 구할 수 있는데, 이때 위의 적분이 어떤 s값에 대해 수렴해야 한다. 따라서 도함수 $f^{(n)}(t)$에 대한 라플라스 변환이 존재하기 위해서는 이 도함수가 특정 조건을 만족해야 한다.

정리 8-3 **도함수에 대한 라플라스 변환**

$f(t)$가 $t \geq 0$에서 지수적 차수를 갖는 연속함수이고 그 도함수 $f'(t)$가 최소한 조각적 연속일 경우,

$$L\{f'(t)\} = sF(s) - f(0) \tag{8–41}$$

여기에서 $F(s)$는 $f(t)$에 대한 라플라스 변환이며 $f(0)$은 $t = 0$에서 $f(t)$의 값이다. ($f(t)$가 $t = 0$에서 연속이 아닐 경우, $f(0) = f(0+)$인데, 여기에서 $f(0+)$는 t가 오른쪽에서 0에 접근할 때 $f(t)$의 극한이다.)

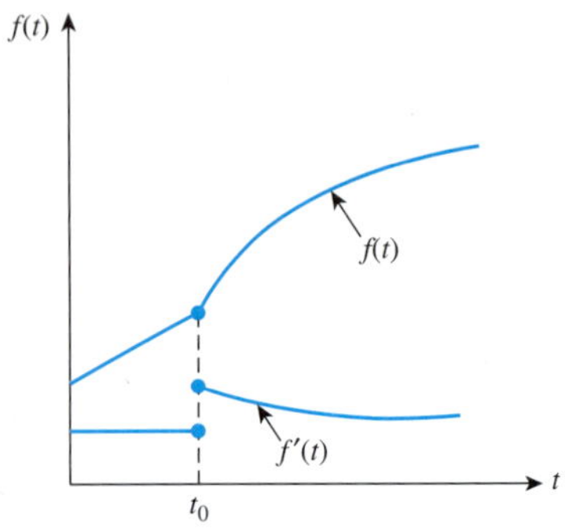

그림 8–21
조각적 연속인 도함수를 갖는 연속함수

증명 그림 8-21에서 보여주듯이 $t \geq 0$에서 연속인 함수 $f(t)$를 선택하는데, 그림에서 그 도함수의 그래프도 보이고 있다. $f(t)$는 연속이지만 그 도함수인 $f'(t)$는 연속이 아닌데, 이는 지정된 점에서 함수의 도함수는 그 점에서 함수의 기울기를 나타내며 $t = t_0$에서 $f(t)$의 기울기가 급격히 변하기 때문이다. 따라서 $f'(t)$는 $t = t_0$에서 유한한 도약을 가지며, 따라서 조각적 연속이 된다. (t^3이나 $\sin \omega t$와 같이) 서서히 변화하는 기울기를 갖는 연속인 함수들은 연속인 도함수를 갖는다는 사실을 유의하기 바란다. 라플라스 변환의 정의로부터 다음의 결과를 얻는다.

$$L\{f'(t)\} = \int_0^\infty e^{-st} f'(t)\,dt$$

$$= \int_0^{t_0} e^{-st} f'(t)\,dt + \int_{t_0}^\infty e^{-st} f'(t)\,dt$$

우변의 두 개의 적분에서 피적분함수는 연속이며, 따라서 부분적분을 적용할 수 있다. $u = e^{-st}$ 그리고 $dv = f'(t)dt$로 두면, $du = -se^{-st}$ 그리고 $v = f(t)$를 얻는다. 이제 부분적분을 통해

$$L\{f'(t)\} = \left[e^{-st} f(t)\Big|_0^{t_0} - \int_0^{t_0} (-se^{-st}) f(t)\,dt \right]$$

$$+ \left[e^{-st} f(t)\Big|_{t_0}^{\infty} - \int_{t_0}^\infty (-se^{-st}) f(t)\,dt \right]$$

$$= e^{-st_0} f(t_{0-}) - f(0) + \lim_{t \to \infty} e^{-st} f(t) - e^{-st_0} f(t_{0+}) + s\int_0^\infty e^{-st} f(t)\,dt$$

$$= e^{-st_0}[f(t_{0-}) - f(t_{0+})] - f(0) + sF(s) \tag{8–42}$$

$$= sF(s) - f(0)$$

을 얻는데, 이는 $f(t_0-) = f(t_0+)$ 그리고 $\lim_{t\to\infty} e^{-st} f(t) = 0$이기 때문이다. 첫 번째 조건은 연속함수들에 대해서만 성립하며 따라서 함수 $f(t)$가 연속이 되도록 요구하는 이유가 여기에 있다. 두 번째 조건은 $f(t)$가 지수적 차수를 갖는 데 따른 직접

적 결과에 해당한다. $f(t)$가 지수적 차수 a를 가질 경우 s를 a보다 크게 선택함으로써 이 조건을 만족시킬 수 있다.

이 증명에서 관찰할 수 있는 또 다른 사항이 있다. 바로 함수 $f(t)$가 라플라스 변환을 갖기 위해 꼭 연속일 필요가 없다는 것이며, 조각적 연속인 것만으로 충분하다는 사실이다. 그렇지만 이 경우 라플라스 변환은 식 8-42에서 주어지듯이 불연속점들에서 도약을 포함하게 될 것이다(그림 8-22).

증명의 간소화를 위해 여기에서는 $f'(t)$가 하나의 도약 불연속점을 갖는 것으로 가정하였다. $f'(t)$가 여러 개의 도약 불연속점을 갖는 경우, 위의 증명 과정을 반복함으로써 동일한 결과를 얻게 될 것이다.

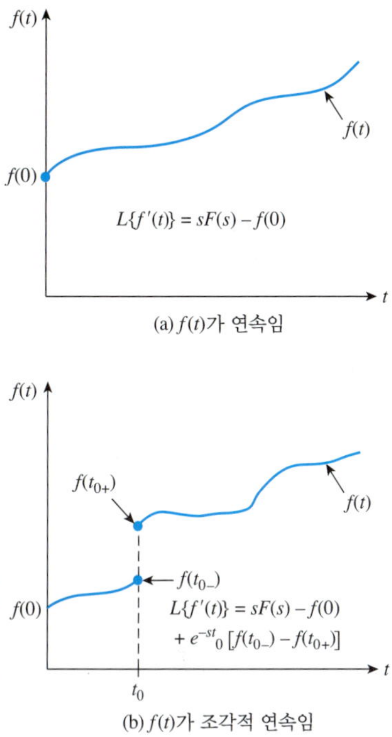

그림 8-22
(a) 연속함수 그리고 (b) 조각적 연속함수의 1계 도함수에 대한 라플라스 변환

정리 8-3의 따름정리 1

$f(t)$와 $f'(t)$가 $t \geq 0$에서 지수적 차수를 갖는 연속함수이고 $f''(t)$가 조각적 연속일 경우,

$$L\{f''(t)\} = s^2F(s) - sf(0) - f'(0) \qquad \textbf{(8–43)}$$

인데, 여기에서 $F(s)$는 $f(t)$에 대한 라플라스 변환이고 $f(0)$, $f'(0)$은 각기 $t = 0$에서 $f(t)$, $f'(t)$의 값이다.

증명 이 따름정리는 정리 8-3의 직접적 확장이며, $g(t) = f'(t)$를 정의하고 다음과 같이 정리 8-2를 두 번 적용하는 것으로 쉽게 증명될 수 있다.

$$\begin{aligned} L\{f''(t)\} &= L\{g'(t)\} \\ &= sL\{g(t)\} - g(0) \\ &= sL\{f'(t)\} - f'(0) \\ &= s[sF(s) - f(0)] - f'(0) \\ &= s^2F(s) - sf(0) - f'(0) \end{aligned}$$

정리 8-3의 따름정리 2

$f(t), f'(t), f''(t), \ldots, f^{(n-1)}(t)$는 $t \geq 0$에서 지수적 차수를 갖는 연속함수이고 $f^{(n)}(t)$는 적어도 조각적 연속일 경우, $f^{(n)}(t)$에 대한 라플라스 변환이 존재하며

$$L\{f^{(n)}(t)\} = s^nF(s) - s^{(n-1)}f(0) - s^{(n-2)}f'(0) - \cdots - f^{(n-1)}(0) \qquad \textbf{(8–44)}$$

와 같이 주어지는데, 여기에서 $F(s)$는 $f(t)$에 대한 라플라스 변환이고 $f(0), f'(0), \ldots, f^{(n-1)}(0)$은 $f(t)$와 그 도함수들의 초깃값이다.

증명 이 따름정리는 수학적 귀납법을 사용하거나 따름정리 1에서처럼 정리 8-3을 연속하여 n번 적용하는 것으로 쉽게 증명할 수 있다.

라플라스 변환과 미분방정식

미분방정식에 대한 라플라스 변환은 방정식의 양변에서 각 항에 대한 라플라스 변환을 취하고 라플라스 변환의 선형성을 적용하여 구한다. 즉, 합에 대한 라플라스 변환은 라플라스 변환들의 합이라는 성질을 이용한다. 이제 예제를 통해 이를 살펴보기로 하자.

예제 8-12에서 미분방정식은 미지의 함수 $y(t)$의 라플라스 변환인 $Y(s)$에 관한 대수방정식으로 변환된다.

예제 8-12 두 개의 미분방정식에 대한 라플라스 변환

미분방정식 (a) $y''-2y'+3y = 0$ 그리고 (b) $y'=te^{3t}+2$에 대한 라플라스 변환을 구하고, 각 경우에 해당 방정식을 풀어 $Y(s)$를 구하라.

풀이 도함수들이 정리 8-2의 조건을 만족하며 따라서 이들에 대한 라플라스 변환이 존재한다고 가정한다. 0에 대한 라플라스 변환은 0이며, 도함수에 대한 라플라스 변환 관계식을 이용하여 다음의 결과를 얻는다.

(a) $$L\{y''-2y'+3y\} = L\{y''\} - 2L\{y'\} + 3L\{y\}$$
$$= [s^2Y(s) - sy(0) - y'(0)] - 2[sY(s) - y(0)] + 3Y(s)$$
$$= (s^2 - 2s + 3)Y(s) - y'(0) - (s - 2)y(0) = 0$$

$Y(s)$에 대해 풀면 다음의 결과를 얻는다.

$$Y(s) = \frac{y'(0) + (s-2)y(0)}{s^2 - 2s + 3}$$

(b) $$L\{y' - te^{3t} - 2\} = L\{y'\} - L\{te^{3t}\} - 2L\{1\}$$
$$= [sY(s) - y(0)] - \frac{1}{(s-3)^2} - \frac{2}{s} = 0$$

$Y(s)$에 대해 풀면 다음의 결과를 얻는다.

$$Y(s) = \frac{1}{s(s-3)^2} + \frac{2}{s^2} + \frac{y(0)}{s}$$

두 경우 모두에서 $y(0)$, $y'(0)$이 초기조건으로 지정된다.

두 경우 모두에서 $Y(s)$에 대한 양함수해를 얻는다. 이제 문제는 라플라스 변환이 알려져 있는 함수를 찾는 일이다. 즉, 함수 $Y(s)$의 *라플라스 역변환*을 찾는 일이며,

이에 대해서는 다음 절에서 살펴볼 것이다.

함수 $Y(s)$는 이미 초기조건들을 포함하고 있음을 유의하기 바란다. 따라서 이 역변환은 문제에 대한 해를 직접 제공한다(그림 8-23). 이는 미분방정식의 일반해를 구한 다음 해당 문제를 위한 해를 구하기 위해 초기조건이나 경계조건을 적용하는 일반적 풀이 방법과 대조적이다.

미분방정식:

$$ay'' + by' + c = 0$$

라플라스 변환:

$$Y(s) = \frac{(as+b)y(0) + ay'(0)}{as^2 + bs + c}$$

그림 8-23
미분방정식에 대한 라플라스 변환은 초기조건들도 반영한다.

절 복습문제

8-6 다음 각 미분방정식에 대한 라플라스 변환을 결정하고, 미지의 함수에 대한 라플라스 변환 $Y(s)$를 구하라.

(a) $y''' - 2y' + 5y = 0$ (b) $y'' = 3te^{2t}$

(답: (a) $Y(s) = \dfrac{(s^2-2)y(0) + sy'(0) + y''(0)}{s^3 - 2s + 5}$

(b) $Y(s) = \dfrac{(s-2)^2y'(0) + s(s-2)^2y(0) + 3}{s^2(s-2)^2}$)

8-6 ▪ 라플라스 역변환

라플라스 변환을 사용하는 미분방정식의 풀이에서 먼저 해에 대한 라플라스 변환 $Y(s)$를 구한 다음 $Y(s)$를 라플라스 변환으로 갖는 함수 $y(t)$를 구한다. 이때 $Y(s)$를 구하는 것은 쉽고 단순한 반면, $y(t)$를 구하는 일이 훨씬 어렵다. 라플라스 변환에서 원래의 함수를 결정하는 일은 *변환된 함수의 역*을 구하는 일이라고 한다. **라플라스 역변환(inverse Laplace transform)**은 기호 L^{-1}로 표시한다.

$$L^{-1}\{F(s)\} = f(t) \tag{8-45}$$

역변환을 찾는 가장 빠르고 쉬운 방법은 라플라스 변환 표를 조회하여 주어진 변환에 대응되는 함수를 찾는 것이다. 상당히 자세한 변환 표들을 참고문헌들에서 제공하지만, 아주 단순하고 일반적인 함수가 아니라면 변환 표에서 찾기 어려울 것이다. 역변환 함수를 직접 구하는 것이 가능하지만, 복소수 변수에 대한 충분한 배경지식 없이는 수행하기 쉽지 않은 복소수 정의역에서의 적분을 포함한다. 이제 남은 유일한 선택은 합성곱 정리를 이용하거나 주어진 변환을 라플라스 변환 표에서 찾을 수 있는 간단한 부분분수들의 합으로 표현하는 것이다. 두 가지 방법 모두 이후의 절들에서 논의될 것이다. 그러나 먼저 표 8-4에 요약되어 있는 라플라스 역변환의 성질들을 살펴볼 텐데, 이들은 8-3절에서 논의되고 증명된 라플라스 변환의 성질들의 직접적 결과이다.

표 8-4
라플라스 역변환의 기본 성질

1	$L^{-1}\{C_1F_1(s) + C_2F_2(s)\} = C_1L^{-1}\{F_1(s)\} + C_2L^{-1}\{F_2(s)\}$
2	$L^{-1}\{F(s-k)\} = e^{kt}L^{-1}\{F(s)\}$
3	$L^{-1}\{sF(s)\} = \dfrac{d}{dt}L^{-1}\{F(s)\}$
4	$L^{-1}\left\{\dfrac{F(s)}{s}\right\} = \displaystyle\int_0^t L^{-1}\{F(s)\}dt$
5	$L^{-1}\left\{\dfrac{d^nF(s)}{ds^n}\right\} = (-t)^nL^{-1}\{F(s)\}$
6	$L^{-1}\{e^{t_0s}F(s)\} = u(t-t_0)f(t-t_0)$

1. $$L^{-1}\{C_1F_1(s) + C_2F_2(s)\} = C_1L^{-1}\{F_1(s)\} + C_2L^{-1}\{F_2(s)\}$$

(선형성) **(8-46)**

즉, 라플라스 역변환은 라플라스 변환과 마찬가지로 선형 연산자이다. 예를 들면,

$$L^{-1}\left\{\frac{2}{s} - \frac{3}{s+5}\right\} = 2L^{-1}\left\{\frac{1}{s}\right\} - 3L^{-1}\left\{\frac{1}{s+5}\right\} = 2 - 3e^{-5t}$$

2. $$L^{-1}\{F(s-k)\} = e^{kt}L^{-1}\{F(s)\}$$ (이동 성질) **(8-47)**

즉, $s-k$에 관한 라플라스 변환의 역은 모든 $s-k$를 s로 치환하고, 역변환을 구한 다음 e^{kt}를 곱함으로써 구할 수 있다(단, k는 상수). 예를 들면,

$$L^{-1}\left\{\frac{s+3}{(s+3)^2 - w^2}\right\} = e^{-3t}L^{-1}\left\{\frac{s}{s^2 - w^2}\right\} = e^{-3t}\cosh wt$$

3. $$L^{-1}\{sF(s)\} = \frac{d}{dt}L^{-1}\{F(s)\}$$ **(8-48)**

즉, 인수 s를 포함하는 라플라스 변환의 역은 인수 s를 제외한 나머지 부분에 대한 역변환을 구한 후에 역변환을 t에 관하여 미분함으로써 구할 수 있다. 예를 들면,

$$L^{-1}\left\{\frac{s}{s^2+9}\right\} = \frac{d}{dt}L^{-1}\left\{\frac{1}{s^2+9}\right\} = \frac{d}{dt}\left(\frac{\sin 3t}{3}\right) = \cos 3t$$

4. $$L^{-1}\left\{\frac{F(s)}{s}\right\} = \int_0^t L^{-1}\{F(s)\}dt$$ **(8-49)**

즉, 인수 $1/s$를 포함하는 라플라스 변환의 역은 인수 $1/s$를 제외한 나머지 부분에 대한 역변환을 구한 후에 역변환을 t에 관하여 0에서 t까지 적분함으로써 구할 수 있다. 예를 들면,

$$L^{-1}\left\{\frac{6}{s(s-2)}\right\} = \int_0^t L^{-1}\left\{\frac{6}{s-2}\right\}dt = 6\int_0^t e^{2t}dt = 6\frac{e^{2t}}{2}\bigg|_0^t = 3e^{2t} - 3$$

5. $$L^{-1}\left\{\frac{d^nF(s)}{ds^n}\right\} = (-t)^nL^{-1}\{F(s)\}$$ **(8-50)**

즉, 라플라스 변환의 n계 도함수의 역은 역변환을 구한 후에 역변환에 $-t$의 n제곱을 곱함으로써 구할 수 있다. 예를 들면,

$$L^{-1}\left\{\frac{2}{s^3}\right\} = L^{-1}\left\{\frac{d^2\left(\frac{1}{s}\right)}{ds^2}\right\} = (-t)^2 L^{-1}\left\{\frac{1}{s}\right\} = t^2 \times 1 = t^2$$

인데, 이는 $2/s^3$이 $1/s$의 2계 도함수이기 때문이다.

6. $$L^{-1}\{e^{-t_0 s}F(s)\} = u(t - t_0)f(t - t_0) \quad \textbf{(8–51)}$$

즉, 인수 $e^{-t_0 s}$를 포함하는 라플라스 변환의 역은 인수 $e^{-t_0 s}$를 제외한 나머지 부분에 대한 역변환을 구한 후에 변수 t를 $t-t_0$으로 치환한 후 그 결과에 단위 계단함수 $u(t-t_0)$를 곱함으로써 구할 수 있다. 예를 들면,

$$\begin{aligned} L^{-1}\left\{\frac{2e^{-3s}}{s^3}\right\} &= u(t-3)L^{-1}\left\{\frac{2}{s^3}\right\}\Big|_{t\to t-3} = u(t-3)(t^2)\big|_{t\to t-3} \\ &= u(t-3)(t-3)^2 \end{aligned}$$

7. $$L^{-1}\{F(ks)\} = \frac{1}{k}f\left(\frac{t}{k}\right) \quad \text{(크기 변환 성질)} \quad \textbf{(8–52)}$$

즉, s 대신 ks의 함수인 라플라스 변환의 역은 모든 ks를 s로 치환하고, 역변환을 구한 다음 역변환에서 t를 모두 kt로 치환한 후 그 결과를 k로 나눔으로써 구할 수 있다. 예를 들면,

$$L^{-1}\left\{\frac{5s}{25s^2+9}\right\} = \frac{1}{5}\cos\frac{3t}{5}$$

이는

$$L^{-1}\left\{\frac{s}{s^2+9}\right\} = \cos 3t$$

이기 때문이다.

추가적인 기본 성질로 역변환의 *유일성*을 들 수 있다. 주어진 함수의 역은 유일한 연속함수이다. 따라서 두 개의 연속함수가 동일한 라플라스 변환을 갖는다면, 이 두 함수는 동일한 함수이다. 즉, 연속함수와 라플라스 변환 사이에는 일대일 대응 관계가 존재한다. 조각적 연속함수들의 경우 함수가 연속인 구간들에서는 유일성이 여전히 성립한다. 따라서 동일한 라플라스 변환을 갖는 두 개의 조각적 연속함수들은 불연속점들에서만 달라질 수 있다(그림 8-24).

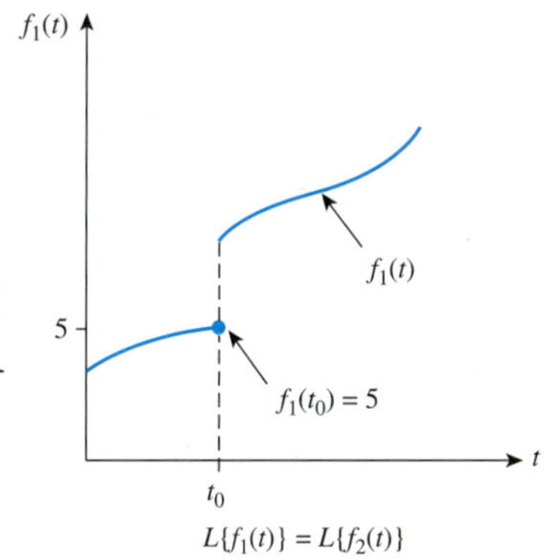

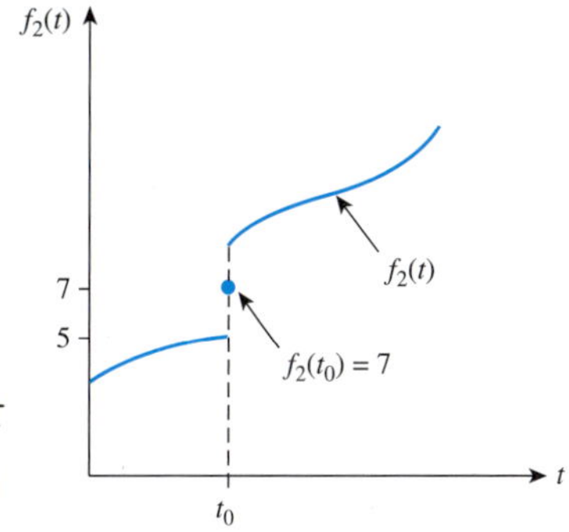

그림 8-24

그림 8-24 두 개의 조각적 연속함수가 불연속점들에서만 다르다면 동일한 라플라스 변환을 가질 것이다.

완전제곱식의 이용

라플라스 변환으로 미분방정식을 풀 때 *분모*에 2차 다항식이 나타나는 경우가 종종 있다. 예를 들면,

$$\frac{1}{s^2 + bs + c}$$

이러한 형태는 라플라스 변환 표 8-1에는 나타나지 않는다. 따라서 역변환이 알려져 있는

$$\frac{1}{(s + k)^2 + d}$$

으로 표현할 필요가 있다. 이를 위해 다음과 같이 $(b/2)^2$을 더했다가 빼준다.

$$s^2 + bs + c = s^2 + bs + \left(\frac{b}{2}\right)^2 - \left(\frac{b}{2}\right)^2 + c = \left(s + \frac{b}{2}\right)^2 + c - \left(\frac{b}{2}\right)^2$$

이렇게 해서 다음과 같은 완전제곱식을 얻는다.

$$s^2 + bs + c = \left(s + \frac{b}{2}\right)^2 + c - \left(\frac{b}{2}\right)^2 \qquad \textbf{(8–53)}$$

예를 들면,

$$F(s) = \frac{5}{s^2 + 8s + 10}$$

에 대한 라플라스 역변환을 구하기 위해 먼저 분모를 완전제곱식으로 만든다.

$$F(s) = \frac{5}{s^2 + 8s + 10} = \frac{5}{(s + 4)^2 + 10 - 16} = \frac{5}{(s + 4)^2 - 6}$$

이제 라플라스 역변환은 표 8-1을 이용하여 다음과 같이 구한다.

$$f(t) = L^{-1}\left\{\frac{5}{(s + 4)^2 - 6}\right\} = 5e^{-4t}L^{-1}\left\{\frac{1}{s^2 - 6}\right\} = \frac{5e^{-4t}\sinh\sqrt{6}t}{\sqrt{6}}$$

절 복습문제

8-7 라플라스 역변환의 기본 성질과 표 8-1을 이용하여 다음 각 함수에 대한 라플라스 역변환을 구하라.

(a) $F(s) = 5 + \frac{1}{s - 2}$ (b) $F(s) = \frac{s}{s^2 - 4}$ (c) $F(s) = \frac{3}{s(s^2 + 1)}$

(답: (a) $f(t) = 5\delta(t) + e^{2t}$ (b) $f(t) = \cosh 2t$, (c) $f(t) = 3(1 - \cos t)$)

8-7 ■ 부분분수

라플라스 변환으로 미분방정식을 풀 때 라플라스 변환 표에서 역변환을 찾을 수 없는 복잡한 유리분수가 나타나는 경우가 종종 있다. 이 경우 복잡한 유리분수를 변환 표에 있는 단순한 분수들로 분해할 필요가 있다. 이를 위해 부분분수를 사용한다.

부분분수는 미적분학에서 복잡한 유리함수에 대한 적분을 구할 때도 이용된다. 예를 들면,

$$\frac{1}{x} - \frac{2}{x+1}$$

를 적분하는 것이 이와 동치인 다음 함수를 적분하는 것보다 훨씬 쉽다.

$$\frac{1-x}{x(x+1)}$$

부분분수법은 복잡한 분수를 여러 개의 단순한 분수들의 합으로 표현하는 체계적인 방법이다.

먼저 몇 가지 정의를 소개한다. 두 다항식의 비로 표현되는 함수를 **유리분수(rational fraction)**라고 한다. 분자의 차수가 분모의 차수보다 낮은 유리분수를 **진분수(proper fraction)**라고 하며, 그렇지 않은 유리분수를 **가분수(improper fraction)**라고 한다. 미분방정식의 풀이에서는 대개 진분수가 만들어지므로 여기에서의 논의는 진분수로 한정한다. 게다가 가분수는 분자를 분모로 나눔으로써 다항식과 진분수의 합으로 표현될 수 있다.

이제 세 개의 간단한 분수들을 합하여 보자.

$$\frac{1}{x} - \frac{2}{x+2} + \frac{4}{x-3} = \frac{3x^2+13x-6}{x(x+2)(x-3)}$$

여기에서 $x(x+2)(x-3)$이 분모들에 대한 *최소공배수*이다. 간단한 분수들에서 복잡한 분수 형태를 구하는 것은 간단하고 쉬운 일이지만, 그 반대 과정은 어떨까? 위의 식에서 우변의 복잡한 분수에서 시작하여 좌변의 단순한 분수들을 구할 수 있을까? 이것은 가능하기는 하지만 반대의 과정만큼 쉽지는 않다. 이를 위해 몇 가지 중요한 규칙을 살펴볼 필요가 있다.

규칙 1 *주어진 분수가 진분수임을 확인한다.* 즉, 분자의 차수가 분모의 차수보다 낮다는 것을 눈으로 확인한다. 예를 들면, 분수

$$\frac{3x^2+13x-6}{x(x+2)(x-3)}$$

에서 분자는 2차 다항식인데 분모는 3차 다항식이므로 진분수이다.

규칙 2 *분자에 대해서는 크게 신경 쓸 필요가 없다.* 분자는 부분분수의 선택에 아무런 영향을 주지 않는다.

규칙 3 *분모를 최대한 단순한 인수들로 분해한다.* 이 결과로 보다 단순한 부분분수를 얻을 수 있을 것이다. 예를 들면, 두 개의 동치인 아래의 두 분수 중에서 두 번째 분수로부터 더 단순한 부분분수들을 얻을 수 있다.

$$\frac{x^2 - 3x + 1}{x(x^2 + x - 6)} = \frac{x^2 - 3x + 1}{x(x - 2)(x + 3)}$$

규칙 4 *진분수에 대한 부분분수 또한 진분수임을 유념하라.* 즉, 각 부분분수에서 분자의 차수는 분모의 차수보다 낮다. 따라서 다음 식에서 좌변의 복잡한 분수는 우변과 같이 표현될 수 있다.

$$\frac{3x^2 + 13x - 6}{x(x + 2)(x - 3)} = \frac{A}{x} + \frac{B}{x + 2} + \frac{C}{x - 3} \tag{8–54}$$

여기에서 분모의 모든 인수가 1차 다항식이므로 A, B, C는 미지의 상수, 즉, 0차 다항식들이다. 분모의 1차 인수 $ax + b$에 대응되는 부분분수는 $A/(ax + b)$가 되는데, 여기에서 A는 상수이다. 분모의 2차 인수 $ax^2 + bx + c$에 대응되는 부분분수는

$$(Ax + B)/(ax^2 + bx + c)$$

가 되며, 이렇게 계속 진행할 수 있다(표 8-5).

표 8-5

특정 유형의 분모 인수들을 위한 부분분수의 선택

분모 인수	대응되는 부분분수
x	$\frac{A}{x}$
$x - 3$	$\frac{A}{x - 3}$
$5x + 7$	$\frac{A}{5x + 7}$
$x^2 + 6$	$\frac{Ax + B}{x^2 + 6}$
$x^2 - 3x + 5$	$\frac{Ax + B}{x^2 - 3x + 5}$
$3x^2 - 7$	$\frac{Ax + B}{3x^2 - 7}$
$x^3 - 5$	$\frac{Ax^2 + Bx + C}{x^3 - 5}$
$x^3 - 3x^2 + 1$	$\frac{Ax^2 + Bx + C}{x^3 - 3x^2 + 1}$
$2x^3 + 5x - 4$	$\frac{Ax^2 + Bx + C}{2x^3 + 5x - 4}$
x^3	$\frac{A}{x} + \frac{B}{x^2} + \frac{C}{x^3}$
$(x - 7)^2$	$\frac{A}{x - 7} + \frac{B}{(x - 7)^2}$
$(x^2 + 3)^2$	$\frac{Ax + B}{x^2 + 3} + \frac{Cx + D}{(x^2 + 3)^2}$

규칙 5 *분모에서 중복되는 인수가 있을 경우 일반 인수처럼 취급하되 중복되는 인수의 각 멱승을 하나의 항으로 포함시킨다.* 예를 들면,

$$\frac{x^3 + 5x^2 - 7}{x^3(x - 5)^2(x^2 + 1)^2} = \left(\frac{A}{x} + \frac{B}{x^2} + \frac{C}{x^3}\right) + \left[\frac{D}{x - 5} + \frac{E}{(x - 5)^2}\right] + \left[\frac{Fx + G}{x^2 + 1} + \frac{Hx + I}{(x^2 + 1)^2}\right]$$

물론 2차 인수 $(x - 5)^2$에 대응되는 항으로 $(Ax + B)/(x - 5)^2$를 선택할 수도 있었겠지만, 각 멱승마다 별도의 항을 둠으로써 더 간단한 부분분수를 얻을 수 있다. 이 두 방법은 달라 보이겠지만 실제 결과는 같다.

$$\frac{Ax + B}{(x - 5)^2} = \frac{A(x - 5) + (5A + B)}{(x - 5)^2} = \frac{A}{(x - 5)} + \frac{5A + B}{(x - 5)^2} = \frac{A}{x - 5} + \frac{C}{(x - 5)^2}$$

이상의 규칙들은 복잡한 분수를 분해할 때 몇 개의 상수를 사용해야 하는지 명확

히 알려주고 있지만, 결과를 검사하기 위한 규칙을 갖는 것이 좋다.

검사 규칙 1 *분모의 어떤 인수에 대응하도록 도입되는 미지 상수의 개수는 해당 인수의 차수와 같다(그림 8-25).*

검사 규칙 2 *부분분수에서 미지 상수의 총 개수는 전체 분모의 차수와 같다.*

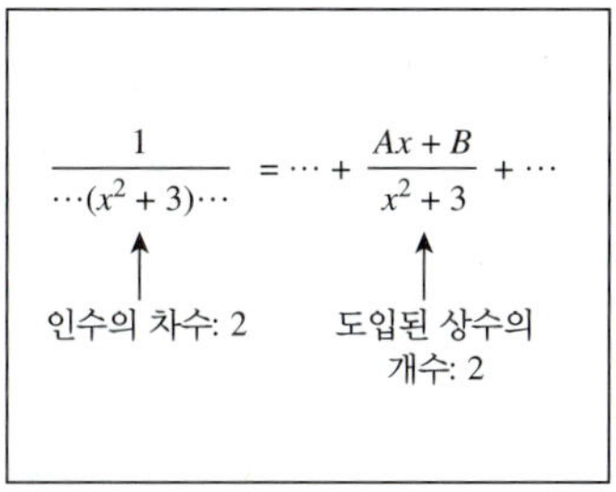

그림 8-25
분모 안의 인수에 대응시키기 위해 도입되는 미지 상수의 개수는 인수의 차수와 같다(검사 규칙 1).

예를 들어 다음의 분해 과정을 살펴보자.

$$\frac{3x^2 - 6x + 5}{x(x^2+3)(x-5)^2} = \left(\frac{A}{x}\right) + \left(\frac{Bx + C}{x^2 + 3}\right) + \left[\frac{D}{x-5} + \frac{E}{(x-5)^2}\right] \quad \textbf{(8–55)}$$

분모의 첫 번째 인수는 1차 다항식이며 나머지 두 개의 인수는 2차 다항식이므로, 이 분해 과정은 검사 규칙 둘 모두를 만족한다는 것을 쉽게 확인할 수 있다. 또한 전체 다항식은 5차 다항식을 곱셈 형식으로 표현한 것이다.

미지 상수의 결정

분모가 n차 다항식에 해당되는 복잡한 분수를 분해하면 n개의 미지 상수가 발생한다. 이러한 상수들을 결정하기 위한 여러 가지 방법들이 있는데, 그 중 두 가지의 방법을 여기에서 살펴본다.

방법 1 양변에서 각 항에 원래 분수의 분모를 곱하고 정리한 후 x의 각 멱승들의 계수를 일치시킴으로써 얻은 방정식을 풀어 미지 상수들을 구한다.

이제 식 8-54에 이 방법을 적용시켜보자.

$$\frac{3x^2 + 13x - 6}{x(x+2)(x-3)} = \frac{A}{x} + \frac{B}{x+2} + \frac{C}{x-3}$$

각 항에 $x(x + 2)(x - 3)$을 곱하고 정리하면 다음 식을 얻는다.

$$\begin{aligned} 3x^2 + 13x - 6 &= A(x+2)(x-3) + Bx(x-3) + Cx(x+2) \\ &= A(x^2 - x - 6) + B(x^2 - 3x) + C(x^2 + 2x) \\ &= (A + B + C)x^2 + (-A - 3B + 2C)x - 6A \end{aligned}$$

x의 각 멱승들의 계수를 일치시키면 다음 식들을 얻는다.

$$\begin{aligned} 3 &= A + B + C \\ 13 &= -A - 3B + 2C \\ -6 &= -6A \end{aligned}$$

세 개의 미지수 A, B, C에 대해 이 방정식들을 풀면 $A = 1, B = -2, C = 4$가 된다. 이들을 대입한 결과는 다음과 같다.

$$\frac{3x^2 + 13x - 6}{x(x+2)(x-3)} = \frac{1}{x} - \frac{2}{x+2} + \frac{4}{x-3} \quad \textbf{(8–56)}$$

$$f(x) = \frac{3x^2 + 13x - 6}{x(x+2)(x-3)}$$

이면

$$A = \lim_{x \to 0} xf(x) = 1$$

$$B = \lim_{x \to -2} (x+2)f(x) = -2$$

$$C = \lim_{x \to 3} (x-3)f(x) = 4$$

그림 8-26
부분분수에서 미지의 상수들을 결정하는 또 다른 방법

이 방법은 미지의 상수들을 결정하기 위한 표준적인 방법이며 항상 성공한다. 그러나 이 방법은 복잡한 조작과 선형 대수방정식의 풀이를 포함하므로 번거로운 경우가 종종 있다.

방법 2 식의 양변에 각 부분분수의 분모를 곱한 후 간소화한 다음 모든 x에 해당 분모의 근을 대입한다(그림 8-26). 이러한 과정을 통해 미지의 상수들 중 하나만 남게 되어 쉽게 계산될 수 있다. 이 과정을 다른 부분분수들에 대해서도 반복한다.

이 방법에 대한 예를 보이기 위해 다시 식 8-54를 살펴보자.

$$\frac{3x^2 + 13x - 6}{x(x+2)(x-3)} = \frac{A}{x} + \frac{B}{x+2} + \frac{C}{x-3}$$

양변에 첫 번째 부분분수의 분모인 x를 곱하면 다음 식을 얻는다.

$$\frac{3x^2 + 13x - 6}{(x+2)(x-3)} = A + \frac{Bx}{x+2} + \frac{Cx}{x-3}$$

$x = 0$을 대입하면 우변에서 A만 남기고 뒤의 두 항은 없어진다.

$$A = \left.\frac{3x^2 + 13x - 6}{(x+2)(x-3)}\right|_{x=0} = \frac{-6}{-6} = 1$$

이러한 과정을 다른 두 항의 분모인 $x+2$와 $x-3$에 대해서도 반복하여

$$B = \left.\frac{3x^2 + 13x - 6}{x(x-3)}\right|_{x=-2} = \frac{-20}{10} = -2$$

그리고

$$C = \left.\frac{3x^2 + 13x - 6}{x(x+2)}\right|_{x=3} = \frac{60}{15} = 4$$

을 얻는다.

이 방법을 통해 미지수를 한 개씩 갖는 방정식을 얻게 되므로 상당히 유리하다. 이 방법은 1차 다항식을 분모로 갖는 부분분수들에서는 유용하지만, 2차 이상의 다항식을 분모로 가지면서 특히 중근을 가질 경우에는 그렇게 유용하지 않다. 그렇지만 이 방법으로 미지의 상수들 중 일부라도 구할 수도 있다. 나머지 상수들을 구하기 위한 방정식들을 얻기 위해 방법 1을 사용할 수도 있고, 몇 개의 x 값을 식의 양변에 대입할 수도 있는데 이 식은 임의의 x 값에 대해 성립하기 때문이다. x 값을 하나씩 대입할 때마다 하나의 방정식을 얻게 될 것이다. x 값을 잘 선택함으로써 보다 풀기 쉬운 방정식들을 얻을 수 있다.

예제 8-13 부분분수법

부분분수법을 이용하여 다음 함수에 대한 라플라스 역변환을 구하라.

$$Y(s) = \frac{s}{(s+1)(s^2+1)}$$

풀이 | 주어진 함수는 다음과 같이 부분분수로 표현될 수 있다.

$$\frac{s}{(s+1)(s^2+1)} = \frac{A}{s+1} + \frac{Bs+C}{s^2+1}$$

방법 1을 적용하여 미지의 상수계수들을 구하기 위한 다음의 식을 얻는다.

$$\begin{aligned} s &= A(s^2+1) + (Bs+C)(s+1) = As^2 + A + Bs^2 + Bs + Cs + C \\ &= (A+B)s^2 + (B+C)s + (A+C) \end{aligned}$$

양변에서 x의 각 멱승들의 계수를 일치시킴으로써 다음의 방정식들을 얻는다.

$$\begin{aligned} &0 = A + B \ \rightarrow \ A = -B \\ &1 = B + C \\ &0 = A + C \ \rightarrow \ A = -C \end{aligned}$$

위의 연립방정식을 풀면 $A = -B = -C = -1/2$를 얻는다. 이들을 대입한 결과는 다음과 같다.

$$\frac{s}{(s+1)(s^2+1)} = -\frac{1}{2}\frac{1}{s+1} + \frac{1}{2}\frac{s}{s^2+1} + \frac{1}{2}\frac{1}{s^2+1}$$

표 8-1에서 역변환을 찾으면 $y(t)$는 다음과 같이 결정된다.

$$y(t) = \frac{1}{2}(\sin t + \cos t - e^{-t})$$

절 복습문제

8-8 필요할 경우 부분분수법을 사용하여 다음 각 함수에 대한 라플라스 역변환을 구하라.

(a) $F(s) = \dfrac{3s-1}{s(s+1)(s-3)}$ (b) $F(s) = \dfrac{s+1}{s^3-1}$

(답: (a) $f(t) = \frac{1}{3} - e^{-t} + \frac{2}{3}e^{3t}$ (b) $f(t) = \frac{2}{3}\left(e^{t} - e^{-t/2}\cos\frac{\sqrt{3}}{2}t\right)$)

8-8 ▪ 합성곱 정리

미분방정식을 풀 때 알려진 함수의 라플라스 변환은 아니지만 역변환이 알려져 있는 두 함수의 곱으로 표현될 수 있는 $Y(s)$표현식을 만나게 되는 경우가 종종 있다. 즉, $Y(s)$가 $Y(s) = F(s)G(s)$와 같이 표현될 수 있는데, 이때 $F(s)$와 $G(s)$는 알려진 함수 $f(t)$와 $g(t)$의 라플라스 변환이다. 이러한 경우 $Y(s)$에 대한 라플라스 역변환은 다음과 같이 표현될 수 있는 합성곱 정리를 이용하여 결정될 수 있다.

정리 8-4 합성곱 정리

두 함수 $F(s)$, $G(s)$의 곱에 대한 라플라스 역변환은 다음의 적분으로 결정될 수 있다.

$$L^{-1}\{F(s)G(s)\} = \int_0^t f(t-\tau)g(\tau)d\tau = \int_0^t f(\tau)g(t-\tau)d\tau \qquad \textbf{(8–57)}$$

여기에서 τ는 의미 없는 적분변수이다.

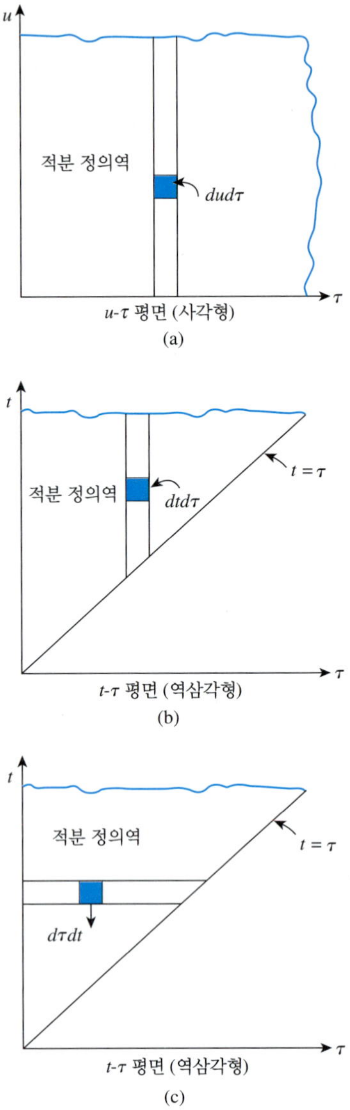

그림 8-27
합성곱 정리의 증명에서 적분 정의역과 적분 순서의 변경

이 적분은 $f(t)$, $g(t)$의 *합성곱(convolution)*이라고 하며, $f(t)*g(t)$로 표시된다. 변수 t는 피적분함수에서도 나타나지만 정적분 상한에서도 나타난다. 따라서 이 적분의 결과는 t의 함수이다.

증명 적분변수를 u와 τ로 두고 라플라스 변환의 정의를 이용하면,

$$F(s)G(s) = \int_{u=0}^{\infty} e^{-su}f(u)du \int_{\tau=0}^{\infty} e^{-s\tau}g(\tau)d\tau$$

$$= \int_{\tau=0}^{\infty}\int_{u=0}^{\infty} e^{-s(u+\tau)}f(u)g(\tau)dud\tau$$

을 얻는다. 이는 $u \to \infty$그리고 $\tau \to \infty$에 따라 피적분함수 $e^{-su}f(u)$와 $e^{-s\tau}g(\tau)$는 0으로 접근하며, 각 피적분함수는 자신의 변수에만 종속되기 때문이다.

이제 안쪽 적분의 변수를 u에서 고정 값 τ에 대해 $t = u + \tau$로 바꾼다. 이러한 변수 치환은 적분 정의역을 u-τ 평면상에서 두 방향으로 무한대까지 확장되는 사각형에서 그림 8-27b에서 보여주듯이 t-τ 평면에서 무한대로 확장되는 역삼각형으로 변경한다. $du = dt$이므로 다음의 식을 얻는다.

$$F(s)G(s) = \int_{\tau=0}^{\infty}\int_{t=\tau}^{\infty} e^{-st}f(t-\tau)g(\tau)dtd\tau$$

마지막으로 이 이중적분의 적분순서를 변경할 필요가 있다. 그런데 안쪽 적분의

하한이 바깥쪽 적분의 변수를 포함하므로 이러한 순서 변경은 그렇게 쉽지는 않다. 따라서 기본으로 돌아갈 필요가 있다. 위의 이중적분의 피적분함수는 공간상의 어떤 표면을 나타내며, 이 이중적분은 이 표면 아래의 부피를 나타내는데 적분 한계들은 밑면의 경계, 즉, 적분 정의역을 지정한다. 따라서 동일한 밑면을 대상으로 하는 한 적분의 순서와 한계를 변경할 수 있다. 이 경우 그림 8-27c에서 보여주듯이 먼저 $\tau = 0$에서 $\tau = t$까지 τ 방향으로 진행한 다음 매번 $t = 0$에서 무한대까지 진행하면서 매번 t 방향으로 dt만큼 진행함으로써 동일한 밑면에 대해 적분할 수 있다. 따라서

$$
\begin{aligned}
F(s)G(s) &= \int_{t=0}^{\infty}\int_{\tau=0}^{t} e^{-st}f(t-\tau)g(\tau)d\tau dt \\
&= \int_{t=0}^{\infty} e^{-st}\left[\int_{\tau=0}^{t} f(t-\tau)g(\tau)d\tau\right]dt \\
&= L\left\{\int_0^t f(t-\tau)g(\tau)d\tau\right\}
\end{aligned}
$$

즉,

$$
L^{-1}\{F(s)G(s)\} = \int_0^t f(t-\tau)g(\tau)d\tau
$$

이로써 증명을 마친다.

예제 8-14 합성곱 정리의 응용

합성곱 정리를 사용하여 다음 함수에 대한 라플라스 역변환을 구하라.

$$
Y(s) = \frac{s}{(s+1)(s^2+1)}
$$

풀이 주어진 함수는 다음과 같이 주어지는 $F(s)$, $G(s)$의 곱으로 취급될 수 있다.

$$
F(s) = \frac{1}{s+1} \quad \text{그리고} \quad G(s) = \frac{s}{s^2+1}
$$

표 8-1에서 이 두 함수에 대한 라플라스 역변환을 구하면 다음과 같다.

$$
f(t) = e^{-t} \quad \text{그리고} \quad g(t) = \cos t
$$

합성곱 정리로부터 다음의 결과를 얻는다.

$$
\begin{aligned}
y(t) = L^{-1}\{Y(s)\} = L^{-1}\{F(s)G(s)\} &= \int_0^t f(t-\tau)g(\tau)d\tau \\
&= \int_0^t e^{-(t-\tau)}\cos\tau d\tau = e^{-t}\int_o^t e^{\tau}\cos\tau d\tau
\end{aligned}
$$

적분 표를 이용하여 $y(t)$는 다음과 같이 결정된다.

$$y(t) = \frac{1}{2}(\cos t + \sin t - e^{-t})$$

이 결과는 예제 8-13에서 부분적분법을 사용하여 얻은 결과와 같다.

절 복습문제

8-9 합성곱 정리를 이용하여 다음 함수들에 대한 라플라스 역변환을 구하라.

(a) $F(s) = \dfrac{2}{(s+1)(s+2)}$ (b) $Y(s) = \dfrac{5}{s^2(s-1)^2}$

(답: (a) $f(t) = -2(e^{-2t} - e^{-t})$ (b) $f(t) = 5te^t - 10e^t + 5t + 10$)

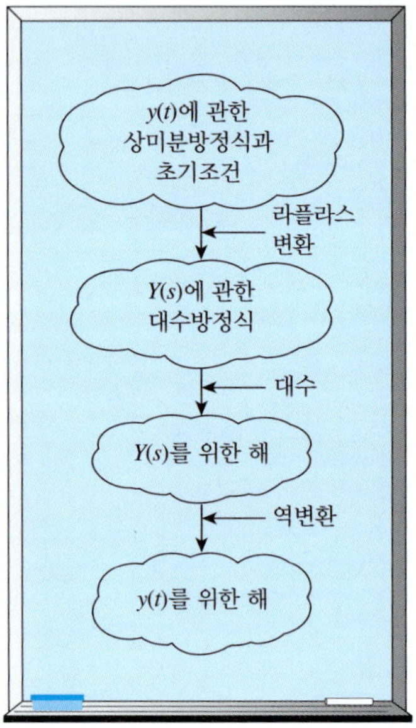

그림 8-28
라플라스 변환을 이용한 미분방정식의 풀이 과정의 기본 단계

8-9 ■ 라플라스 변환에 의한 미분방정식 풀이

라플라스 변환을 이용한 상수계수 미분방정식 풀이 과정은 세 개의 기본 단계를 포함한다(그림 8-28).

단계 1. 미분방정식에 라플라스 변환을 적용한다. 즉, 미분방정식 안의 각 항에 라플라스 변환을 취한다. 이 결과로 미지의 함수 $y(t)$의 라플라스 변환인 $Y(s)$에 관한 대수방정식이 만들어진다.

단계 2. $Y(s)$에 대해 푼다. 이 결과는 대개 s에 관한 분수이다.

단계 3. $Y(s)$에 대한 역변환을 취하여 미지의 함수 $y(t)$를 결정한다. 이 단계에서는 대개 $Y(s)$를 간단한 분수들로 표현한 다음 변환 표를 이용한다.

몇 개의 예제를 통해 위의 절차를 선보일 텐데, 먼저 유의할 사항들이 있다. 변환된 방정식은 $t = 0$에서 지정된 모든 조건들을 반영하고 있음에 주목하기 바란다. 따라서 더 이상 미지의 계수들을 결정하기 위해 경계조건을 적용한다든가 등의 과정은 필요하지 않다.

또한 변환된 방정식은 $t = 0$과 같은 어떤 *고정된 점*에서 미지의 함수나 그 도함수들에 지정된 값들을 포함한다. 그러나 이 방법은 $t = 0$이 아닌 다른 시점에서 지정되는 경계조건들을 처리하기 위해 변형될 수 있다.

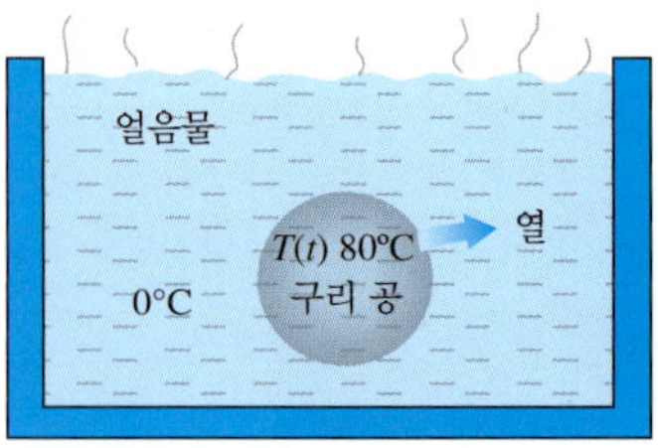

그림 8-29
예제 8-15를 위한 개념도

예제 8-15 냉각 상태의 구리 공의 온도

그림 8-29에서 보여주듯이 80℃의 작은 구리 공을 0℃의 얼음물로 채워진 큰 탱크 안에 넣는다. 열은 구리 공에서 얼음물로 전달되며 이 결과로 공의 온도는 내려가

기 시작한다. 공과 물 사이의 열전달계수는 시간 t에 따른 공의 온도 변화가 다음 식으로 표현되도록 정해진다.

$$T' + 0.01T = 0$$

이때 $T(0) = 80$으로 주어진다. 라플라스 변환을 이용하여 이 초깃값 문제를 풀어 온도분포 $T(t)$를 구하라.

풀이 위의 미분방정식에 라플라스 변환을 취하면 다음의 식을 얻는다.

$$L\{T'\} + L\{0.01T\} = L\{0\}$$

$$[sT(s) - T(0)] + [0.01T(s)] = 0$$

$$sT(s) - 80 + 0.01T(s) = 0$$

$T(s)$에 대해 풀면 다음의 결과를 얻는다.

$$T(s) = \frac{80}{s + 0.01}$$

이 결과에 라플라스 역변환을 취하면

$$T(t) = 80e^{-0.01t}$$

을 얻는데, 이는 바로 구하고자 하는 해이다. 임의의 시점 t에서의 공의 온도는 (초 단위의) t 값을 이 식에 대입하여 구할 수 있다.

앞의 장들에서 살펴본 표준적인 해법들을 사용하면 이 문제를 훨씬 더 쉽게 풀 수 있겠다는 생각이 들 것이다. 그렇다면 똑같은 미분방정식을 더 복잡한 방법으로 푸는 이유는 무엇인가? 이 단계에서는 이 방법이 실제로 작동하며 간단한 문제들에 적용해보임으로써 기존의 방법들에 대한 대안이 될 수 있음을 보여주는 것이 목표이다.

새로운 방법이 기존의 잘 확립된 방법들에 비해 어떤 이점이 없다면 학습할 가치가 없을 것이다. 이 장의 뒷부분에서 살펴보겠지만 라플라스 변환 해법은 불연속 강제함수를 갖는 초깃값 문제 또는 연립방정식을 포함하는 그와 같은 문제들을 풀 때 상당한 단순화를 제공한다. 또한 라플라스 변환은 특정 편미분방정식들을 상미분방정식으로 축소시키기 위해 사용될 수도 있다.

예제 8-16 질량체-스프링의 충격 반응

그림 8-30에서 보여주듯이 (스프링 상수가 k인) 선형 스프링 위에 놓인 정지 상태의 질량체 m을 시점 $t = 0$에 충격량 I의 힘을 가해 망치로 친다. 이 충격의 결과로

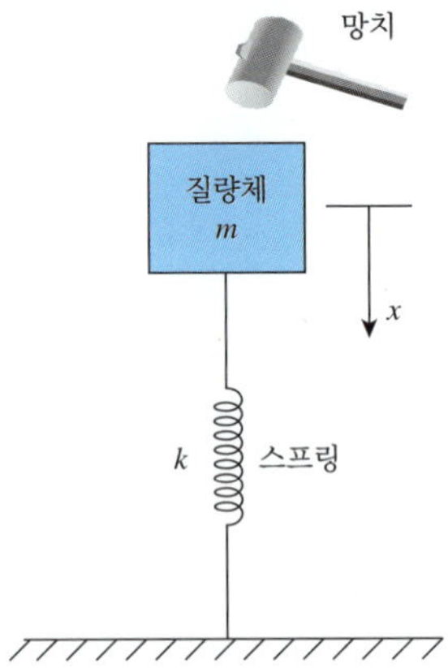

그림 8-30
예제 8-16을 위한 질량체-스프링 시스템

질량체는 아래위로 진동하기 시작한다. x-축을 아래쪽 방향으로 선택하고 원점은 질량체가 정적 평형 상태에서 질량체의 무게 중심에 위치한다고 할 때, 이 문제를 위한 수식은

$$mx'' + kx = I\delta(t-0)$$

와 같이 표현될 수 있으며, 초기조건은 $x(0) = x'(0) = 0$으로 주어진다.
라플라스 변환으로 이 초깃값 문제를 풀어 질량체의 운동 $x(t)$를 결정하라.

풀이 | 위의 미분방정식을 m으로 나눈 다음 라플라스 변환을 취한 결과는 다음과 같다.

$$L\{x''\} + L\left\{\frac{k}{m}x\right\} = L\left\{\frac{I}{m}\delta(t-0)\right\}$$

$$\left[s^2X(s) - sx(0) - x'(0)\right] + \left[\frac{k}{m}X(s)\right] = \frac{I}{m}\times 1$$

$$s^2X(s) - 0 - 0 + \frac{k}{m}X(s) = \frac{I}{m}$$

이 방정식을 $X(s)$에 대해 풀면 다음의 결과를 얻는다.

$$X(s) = \frac{I}{m}\frac{1}{s^2 + k/m} = \frac{I}{m}\sqrt{\frac{m}{k}}\frac{\sqrt{k/m}}{s^2 + k/m} = \frac{I}{\sqrt{mk}}\frac{\sqrt{k/m}}{s^2 + k/m}$$

이에 대한 역변환은

$$x(t) = \frac{I}{\sqrt{mk}}\sin\sqrt{\frac{k}{m}}t$$

이며, 이것은 바로 구하고자 하는 해이다. 따라서 이 질량체는 주기적 사인파 운동을 따른다. 최대 변위는 $I/\sqrt{mk}$이다.
앞의 장들에서 해를 구한 후 초기조건들이 만족되는지 확인하기 위해 해를 검사하도록 권고한 바 있다. 여기에서 해를 검사해보면 $x(0) = 0$은 요구대로 만족되지만,

$$x'(t) = \frac{I}{\sqrt{mk}}\sqrt{\frac{k}{m}}\cos\sqrt{\frac{k}{m}}t = \frac{I}{m}\cos\sqrt{\frac{k}{m}}t$$

이다. 따라서 $x'(0) = I/m$이며, 이는 요구와는 달리 0이 아니다. 이러한 명백한 모순을 해결하기 위해 다음과 같이 표현되는 동역학의 충격량-운동량 원리를 이용한다.

$$mx'(0+) - mx'(0) = I$$

여기에서 $x'(0+)$는 충격량이 사라진 직후의 속도이다. 따라서 $x'(0) = 0$일 경우 $x'(0+) = I/m$이 된다. 충격량이 너무 빨리 사라지므로 질량체의 위치를 변화시키지는 못하지만 그 속도는 변화시킨다.

충격 강제함수를 고려할 때, 이 해는 시점 $t = 0+$에서 종속변수들에 대해 올바른 값들을 제공한다. $t \to 0$에 따른 극한을 취함으로써 이러한 값들을 구할 수 있다. 이 값들은 지정된 초깃값들과 다를 수 있지만 올바른 값들이다.

예제 8-17 RLC 회로의 반응

그림 8-31에서 보여주듯이 (적절한 단위의) 인덕턴스 $L = 1$, 커패시턴스 $C = 0.002$, 저항 $R = 60$을 갖는 RLC 회로가 주어져 있다. 초기에 축전기에 전하는 없으며 회로를 흐르는 전류도 없다. 스위치가 닫혀 있을 때, 배터리는 회로에 연결되어 있으며 0.2초 동안 전압 $V_b = 10\text{V}$를 공급하는데, 이 시간이 지난 후 스위치가 다시 열린다. 축전기 전압 $v(t)$를 위한 표현식을 구하라.

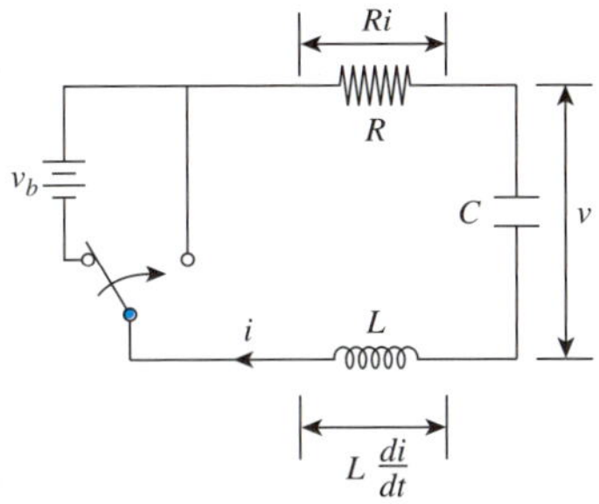

그림 8-31
예제 8-17을 위한 RLC 회로

풀이 | 키르히호프의 법칙에 따르면 회로상의 구성요소들의 전압강하의 총합은 인가전압 $V_b(t)$와 같다. 시점 t에서의 전류를 $i(t)$로 표시하면 이 회로 안의 세 개의 구성요소에서 전압강하는 $L\,di/dt$, Ri, v로 주어지는데, 여기에서

$$v = \frac{1}{C}\int_0^t i(t)\,dt + Q_0$$

이고 Q_0은 시점 $t = 0$에서의 축전기 안의 초기 전하를 나타낸다. 이제 이 문제를 위한 수식은

$$Ri + v + L\frac{di}{dt} = v_b$$

와 같이 표현될 수 있으며 이때 $i(0) = 0$으로 주어진다.

위의 축전기 관계식을 한 번 미분하면

$$\frac{dv}{dt} = \frac{i}{C}$$

이 되는데, 이로부터 $i = C\,dv/dt$를 얻는다. 이를 다시 한 번 미분하면 다음의 식을 얻는다.

$$\frac{di}{dt} = C\frac{d^2v}{dt^2}$$

이 두 관계식을 회로 전압 방정식에 대입하면

$$RC\frac{dv}{dt} + v + LC\frac{d^2v}{dt^2} = v_b$$

이 되는데, 이를 정리하면 다음의 식을 얻는다.

$$LC\frac{d^2v}{dt^2} + RC\frac{dv}{dt} + v = v_b$$

이를 C로 나눈 후 주어진 매개변수 값들을 대입하면 다음의 결과를 얻는다.

$$\frac{d^2v}{dt^2} + 60\frac{dv}{dt} + 500v = 500v_b = 500(10)[u(t) - u(t - 0.2)]$$

초기조건들은 $v(0) = 0$ 그리고 $v'(0) = 0$을 의미하므로, 라플라스 변환을 적용하면 다음의 식을 얻는다.

$$s^2V(s) + 60sV(s) + 500V(s) = 5000\left(\frac{1}{s} - \frac{e^{-0.2s}}{s}\right)$$

이를 $V(s)$에 대해 풀고 공통 인수 $1/s$를 빼내면 다음의 결과를 얻는다.

$$V(s) = \frac{5000}{s(s^2 + 60s + 500)}(1 - e^{-0.2s})$$

$s^2 + 60s + 500 = 0$의 근은 -50과 -10이다. 따라서 $s^2 + 60s + 500 = (s + 50)(s + 10)$이며, 부분분수를 이용하면

$$\frac{5000}{s(s^2 + 60s + 500)} = \frac{1}{s(s + 50)(s + 10)} = \frac{A}{s} + \frac{B}{s + 10} + \frac{C}{s + 50}$$
$$= \frac{10}{s} - \frac{12.5}{s + 10} + \frac{2.5}{s + 50}$$

이를 대입한 결과는 다음과 같다.

$$V(s) = \left(\frac{10}{s} - \frac{12.5}{s + 10} + \frac{2.5}{s + 50}\right) - e^{-0.2s}\left(\frac{10}{s} - \frac{12.5}{s + 10} + \frac{2.5}{s + 50}\right)$$

역변환을 취하면

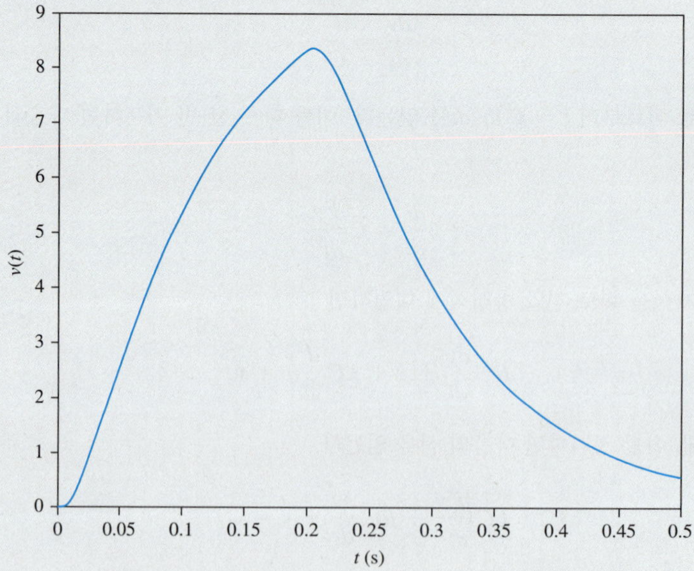

그림 8-32
전압 대 시간의 그래프

$$v(t) = 10 - 12.5e^{-10t} + 2.5^{-50t} - u(t-0.2)[10 - 12.5e^{-10t} + 2.5e^{-50t}]_{t \to t-0.2}$$

즉,

$$v(t) = \begin{cases} 10 - 12.5e^{-10t} + 2.5^{-50t}, & t < 0.2 \\ -12.5e^{-10t} + 2.5^{-50t} + 12.5^{-10(t-0.2)} - 2.5^{-50(t-0.2)}, & t \geq 0.2 \end{cases}$$

이 되는데, 이것이 구하고자 하는 해이다. 해에 대한 그래프를 그림 8-32에 보인다.

일반적인 경계조건들에 대한 풀이

비록 정리 8-3에서 라플라스 변환의 도함수 성질은 $t = 0$에서의 조건들로 표현되었지만, 예를 들어 t_1이라는 다른 t 값에서 경계조건들이 주어질 경우에도 미분방정식의 풀이에 라플라스 변환을 사용할 수 있다. 라플라스 변환은 *상수계수* 선형 미분방정식의 풀이에 사용되므로, t_1에서 시작하는 새로운 시간대를 도입할 수 있다. 즉, t를 $t + t_1$로 치환한다.

예를 들어 다음 문제를 생각해보자.

$$x' + 3x = t \quad x(2) = 10$$

시간 축을 t에서 $t + 2$로 이동할 때 x나 x'에는 변화가 없으며, 따라서 방정식은 다음과 같이 변경된다.

$$x' + 3x = t + 2 \quad x(0) = 10$$

이 방정식은 라플라스 변환을 이용하여 쉽게 풀 수 있다.

$$sX(s) - x(0) + 3X(s) = \frac{1}{s^2} + \frac{2}{s}$$

즉,

$$X(s) = \frac{10}{s+3} + \frac{1}{s^2(s+3)} + \frac{2}{s(s+3)}$$

역변환을 통해 다음의 결과를 얻는다.

$$x(t) = \frac{85}{9}e^{-3t} + \frac{1}{3}t + \frac{5}{9}$$

이제 해를 얻기 위해 t를 $t - 2$로 치환한다.

$$x(t) = \frac{85}{9}e^{-3(t-2)} + \frac{1}{3}(t-2) + \frac{5}{9}$$

$x(2) = 10$임을 유의하기 바란다.

전달함수

선형 상미분방정식의 완전한 반응은 자유반응과 강제반응의 합으로 주어진다. 초기조건들이 0일 경우, 자유반응은 0이며 따라서 완전한 반응은 강제반응과 같다. 따라서 임시로 초기조건들을 0으로 정함으로써 분석을 입력의 효과에 한정시킬 수 있다. 입력의 효과에 대한 분석을 마친 후 그 결과에 0이 아닌 초기조건들로 인한 자유반응을 합할 수 있다. 전달함수라는 개념이 입력 효과의 분석에 유용할 수 있다.

방정식 $x' + ax = bf(t)$가 주어져 있으며 $x(0) = 0$이라고 가정한다. 방정식의 양변에 라플라스 변환을 취하면 $sX(s) + aX(s) = bF(s)$를 얻는다. 이제 $T(s)$로 표시되는 비 $X(s)/F(s)$에 대해 푼다.

$$T(s) = \frac{X(s)}{F(s)} = \frac{b}{s + a}$$

이러한 함수 $T(s)$를 미분방정식의 **전달함수(transfer function)**라고 한다. 전달함수는 강제반응에 대한 라플라스 변환을 입력에 대한 라플라스 변환으로 나눈 것이다. 즉, 초기조건들이 모두 0일 경우 전달함수는 완전한 반응에 대한 라플라스 변환을 입력에 대한 라플라스 변환으로 나눈 것이다. 때로 전달함수는 변환된 출력과 변환된 입력의 비라고 표현되기도 한다.

전달함수는 입력에 대한 변환으로부터 강제반응에 대한 변환을 얻기 위한 승수로 사용될 수 있다. 즉, $X(s) = T(s)F(s)$이다. 전달함수는 시스템 모델만의 성질이다. 전달함수는 입력함수나 초기조건들과는 무관하다. 전달함수 개념은 몇 가지 이유로 대단히 유용하다.

1. *전달함수와 소프트웨어.* MATLAB과 같은 소프트웨어 패키지에서 어떤 유용한 기능들은 단일 고계 방정식으로 표현된 시스템 표현은 수용하지 않지만 전달함수에 기초한 표현은 수용한다. 8-11절에서 관련 예제를 보인다.
2. *미분방정식과의 동치성.* 전달함수는 미분방정식과 동치이다. 전달함수와 미분방정식은 동일한 정보를 담고 있으며, 한쪽에서 다른 쪽을 구할 수 있다. 전달함수가 주어져 있을 경우 이에 대응되는 미분방정식을 구성할 수 있다. 예를 들면, 전달함수

$$\frac{X(s)}{F(s)} = \frac{6s + 7}{3s^2 + 5s + 8}$$

는 방정식 $3x'' + 5x' + 8x = 6f'(t) + 7f(t)$ 에 대응된다. 전달함수를 구하는 것은 쉬운데, 이는 전달함수를 구할 때 초기조건들은 0으로 가정되기

때문이다. 이것은 정리 8-3의 도함수 성질에 비추어 전달함수를 이용하여 보다 단순한 관계식인 $L(x') = sX(s)$, $L(x'') = s^2X(s)$ 등등을 사용할 수 있음을 의미한다.

3. *전달함수와 특성근.* 전달함수의 분모는 특성 다항식임을 유의하기 바란다. 따라서 전달함수는 입력이나 특정 초기조건 값들과는 독립적인 모델 자체의 내적 동작에 대한 정보를 알려준다.

때로 둘 이상의 입력을 갖는 장치나 공정에 관한 모델을 접하게 된다. 이 경우 전달함수 개념은 다양한 입력의 효과들을 구분하는 데 유용하다. 예를 들면, 방정식 $5x'' + 30x' + 40x = 6f(t) - 20g(t)$는 두 개의 입력을 갖는다. 초기조건들이 0인 경우의 도함수 성질을 이용하여 이 방정식에 대한 변환을 다음과 같이 표현할 수 있다.

$$5s^2X(s) + 30sX(s) + 40X(s) = 6F(s) - 20G(s)$$

$X(s)$에 대해 풀면 다음의 결과를 얻는다.

$$X(s) = \frac{6}{5s^2 + 30s + 40}F(s) - \frac{20}{5s^2 + 30s + 40}G(s)$$

둘 이상의 입력이 있을 때, 특정 입력에 대한 전달함수는 임시로 다른 입력을 0으로 두어 구할 수 있다. (이것은 선형방정식에 대한 중첩 원리의 또 다른 측면이다.) 따라서 다음의 결과를 얻는다.

$$\frac{X(s)}{F(s)} = \frac{6}{5s^2 + 30s + 40} \quad \text{그리고} \quad \frac{X(s)}{G(s)} = \frac{-20}{5s^2 + 30s + 40}$$

두 전달함수의 분모들이 동일한 근인 $s = -2$와 $s = -4$를 갖는다는 사실을 주목하기 바란다. 이는 의외의 일은 아닌데, 분모는 특성근을 결정하는 미분방정식의 좌변에 의해 결정되기 때문이다.

절 복습문제

8-10 라플라스 변환을 이용하여 다음 초깃값 문제를 풀어라.

$$y' - 4y = e^{3t},\ y(0) = 0$$

(답: $y(t) = e^{4t} - e^{3t}$)

8-10 ■ 라플라스 변환에 의한 선형 연립미분방정식의 풀이

현실에서 만나는 물리 문제들 중에는 둘 이상의 종속변수들을 포함하는 경우가 있으며, 이러한 종속변수들은 각기 단일 독립변수의 함수이다. 또한 이러한 문제들의 종속변수들은 서로에도 종속되며, 이러한 문제에 대한 표현은 연립미분방정식을 포함한다. 예를 들면, 다음의 방정식은 두 개의 1계 선형 미분방정식으로 구성된 연립방정식이다.

$$a_1x'(t) + b_1y'(t) + c_1x(t) + d_1y(t) = f_1(t)$$
$$a_2x'(t) + b_2y'(t) + c_2x(t) + d_2y(t) = f_2(t)$$

여기에서 a_i, b_i, c_i, d_i는 지정된 상수들이다.

라플라스 변환 기법은 이러한 연립방정식의 풀이를 상당히 단순화시켜준다. 라플라스 변환을 이용한 선형 연립미분방정식의 풀이 절차는 단일 미분방정식을 위한 절차와 비슷하다(그림 8-33).

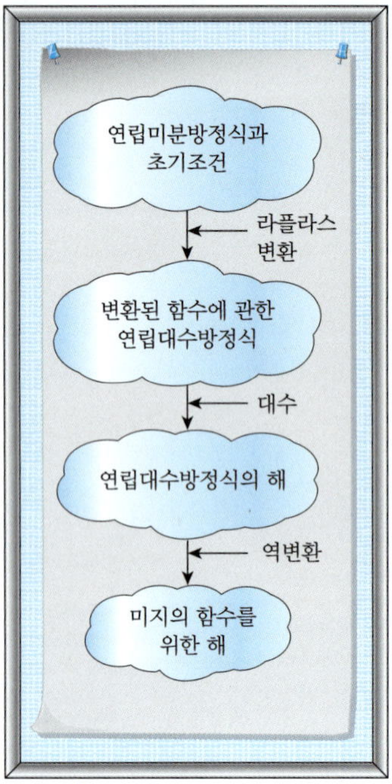

그림 8-33
라플라스 변환을 이용한 선형 연립미분방정식의 풀이 과정의 기본 단계

단계 1. 미분방정식 각각에 라플라스 변환을 적용한다. 이 결과로 미지의 함수들의 변환에 관한 선형 연립 *대수방정식*이 만들어진다.

단계 2. 선형 연립대수방정식을 풀어 각 변환을 위한 양함수 표현식을 얻는다.

단계 3. 변환 표를 이용하여 변환들에 대한 역을 취하여 미지의 함수들을 결정한다.

이제 예제를 통해 위의 절차를 살펴보자.

예제 8-18 두 개의 결합 질량체의 반응

두 개의 질량체 m_1, m_2와 스프링 상수가 k_1, k_2인 두 개의 선형 스프링이 그림 8-34에서 보여주듯이 직렬로 연결되어 있다. 초기에 두 질량체는 평형 위치에 정지되어 있다. 따라서 시점 $t = 0$에서 스프링들은 팽창되지도 압축되지도 않은 상태이다. $m_1 = 1, m_2 = 1, k_1 = 2, k_2 = 1$이 적절한 단위와 함께 주어진다고 하자. (그림 8-16에서 보인) 진폭이 a이고 주기가 p인 사각파 외력 $f(t)$가 m_2에 작용하여 두 질량체 모두에 운동을 일으킨다. $x_1(t)$, $x_2(t)$가 두 질량체의 평형 위치를 기준한 변위를 나타낼 경우, m_1, m_2의 운동은 다음의 연립방정식과 초기조건으로 표현된다.

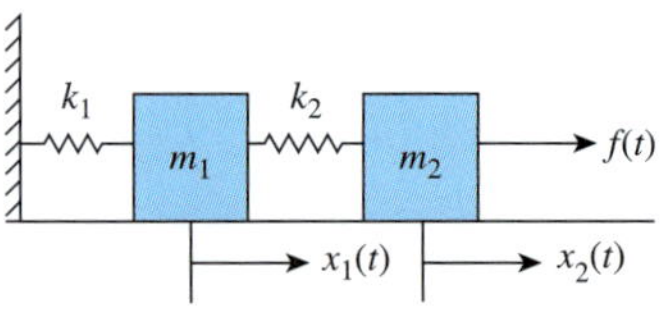

그림 8-34
예제 8-18의 질량체-스프링 시스템

$$m_1x_1'' + k_1x_1 - k_2(x_2 - x_1) = 0$$
$$m_2x_2'' + k_2(x_2 - x_1) = f(t)$$

그리고

$$x_1(0) = x_1'(0) = x_2(0) = x_2'(0) = 0$$

그리고

$$f(t) = \begin{cases} a, & 0 \le t < p/2 \\ -a, & p/2 \le t < p \end{cases}$$

두 개의 미분방정식으로 구성된 이 연립방정식은 다음과 같이 축소된다.

$$x_1'' + 3x_1 - x_2 = 0$$
$$x_2'' + x_2 - x_1 = f(t)$$

라플라스 변환을 이용하여 두 개의 초깃값과 함께 주어진 위의 연립방정식을 풀어 운동 $x_1(t)$, $x_2(t)$를 구하라.

풀이 | 강제함수 $f(t)$에 대한 라플라스 변환은 다음과 같다(식 8-32).

$$F(s) = \frac{a}{s}\left[1 + 2\sum_{n=1}^{\infty}(-1)^n e^{-pns/2}\right]$$

이제 두 개의 미분방정식에 대한 라플라스 변환을 취하고 초기조건들을 적용한다.

$$L\{x_1''\} + L\{3x_1\} - L\{x_2\} = 0$$
$$L\{x_2''\} + L\{x_2\} - L\{x_1\} = L\{f(t)\}$$

초기조건들이 0이므로 다음의 결과를 얻는다.

$$s^2X_1(s) + 3X_1(s) - X_2(s) = 0$$
$$s^2X_2(s) + X_2(s) - X_1(s) = F(s)$$

$x_1(s)$, $x_2(s)$에 대해 푼 결과는 다음과 같다.

$$X_1(s) = \frac{F(s)}{s^4 + 4s^2 + 2} = \frac{a}{s(s^4 + 4s^2 + 2)} + 2a\sum_{n=1}^{\infty}(-1)^n \frac{e^{-ps/2}}{s(s^4 + 4s^2 + 2)}$$

$$X_2(s) = \frac{(s^2 + 3)F(s)}{s^4 + 4s^2 + 2} = \frac{a(s^2 + 3)}{s(s^4 + 4s^2 + 2)} + 2a\sum_{n=1}^{\infty}(-1)^n \frac{(s^2 + 3)e^{-ps/2}}{s(s^4 + 4s^2 + 2)}$$

이를 보다 간결한 형태로 표현하면 다음과 같다.

$$X_1(s) = aG(s) + 2a\sum_{n=1}^{\infty}(-1)^n e^{-ps/2}G(s)$$

$$X_2(s) = aH(s) + 2a\sum_{n=1}^{\infty}(-1)^n e^{-ps/2}H(s)$$

여기에서

$$G(s) = \frac{1}{s(s^4 + 4s^2 + 2)} \quad \text{그리고} \quad H(s) = \frac{s^2 + 3}{s(s^4 + 4s^2 + 2)}$$

이제 분모 안의 고차 항들을 보다 간편한 형태로 표현하면

$$s^4 + 4s^2 + 2 = (s^2 + 2)^2 - 2 = (s^2 + 2 + \sqrt{2})(s^2 + 2 - \sqrt{2})$$

$$\cong (s^2 + 3.414)(s^2 - 0.586)$$

이 되는데, 여기에서 $\sqrt{2}$에 대한 근삿값으로 1.414를 사용한다. 부분분수법을 적용하여 다음의 식을 얻는다.

$$G(s) = \frac{1}{s(s^2+3.414)(s^2+0.586)} = \frac{A}{s} + \frac{Bs+C}{s^2+3.414} + \frac{Ds+E}{s^2+0.586}$$

$$= \frac{0.5}{s} + \frac{0.104s}{s^2+3.414} - \frac{0.604s}{s^2+0.586}$$

$$H(s) = \frac{s^2+3}{s(s^2+3.414)(s^2+0.586)} = \frac{A}{s} + \frac{Bs+C}{s^2+3.414} + \frac{Ds+E}{s^2+0.586}$$

$$= \frac{1.5}{s} - \frac{0.0429s}{s^2+3.414} - \frac{1.457s}{s^2+0.586}$$

두 경우 모두에서 $C = E = 0$임에 주목하기 바란다. $X_1(s)$, $X_2(s)$표현식에 대한 역변환을 취하여 해 $x_1(t)$, $x_2(t)$를 구한다.

$$x_1(t) = ag(t) + 2a\sum_{n=1}^{\infty}(-1)^n u(t-np/2)g(t-np/2)$$

$$x_2(t) = ah(t) + 2a\sum_{n=1}^{\infty}(-1)^n u(t-np/2)h(t-np/2)$$

여기에서 $g(t)$, $h(t)$는 각기 $G(s)$, $H(s)$에 대한 역변환이다.

$$g(t) = 0.5 + 0.104\cos 1.848t - 0.604\cos 0.765t$$

$$h(t) = 1.5 - 0.0429\cos 1.848t - 1.457\cos 0.765t$$

따라서 이 문제의 해는 다음과 같다.

$$x_1(t) = a(0.5 + 0.104\cos 1.848t - 0.604\cos 0.765t)$$
$$+ 2a\sum_{n=1}^{\infty}(-1)^n u(t-np/2)\{0.5 + 0.104\cos[1.848(t-np/2)]$$
$$- 0.604\cos[0.765(t-np/2)]\}$$

$$x_2(t) = a(1.5 - 0.0429\cos 1.848t - 1.457\cos 0.765t)$$
$$+ 2a\sum_{n=1}^{\infty}(-1)^n u(t-np/2)\{1.5 - 0.0429\cos[1.848(t-np/2)]$$
$$-1.457\cos[0.765(t-np/2)]\}$$

연립방정식에 대한 전달함수

연립방정식에 대한 전달함수를 얻기 위해 초기조건들을 0으로 두고 라플라스 변환을 취한 다음 지정된 입력과 출력을 제외한 모든 변수들을 대수적으로 제거한다. 이러한 기법은 연립방정식 안의 종속변수들 중 일부에 관한 반응만을 구하고자 할 때 특히 유용하다.

예제 8-19 두 개의 방정식에 대한 전달함수

한 개의 입력 $f(t)$와 두 개의 출력 $x(t)$, $y(t)$를 갖는 다음 연립방정식이 주어져 있다.

$$x' = -3x + 2y$$

$$y' = -9y - 4x + 3f(t)$$

전달함수 $X(s)/F(s)$와 $Y(s)/F(s)$를 구하라.

풀이 | 전달함수 $X(s)/F(s)$와 $Y(s)/F(s)$를 구하기 위해 각 방정식의 양변에 라플라스 변환을 취한다. 이때 초기조건들은 0으로 가정한다.

$$sX(s) = -3X(s) + 2Y(s) \quad \text{(a)}$$

$$sY(s) = -9Y(s) - 4X(s) + 3F(s) \quad \text{(b)}$$

이들은 두 개의 미지수 $X(s)$와 $Y(s)$에 관한 두 개의 대수방정식이다. 방정식 (a)를 풀어 $Y(s)$를 구한다.

$$Y(s) = \frac{s+3}{2}X(s)$$

이 결과를 방정식 (b)에 대입한 후 $X(s)/F(s)$에 대해 푼다.

$$\frac{X(s)}{F(s)} = \frac{6}{s^2 + 12s + 35} \quad \text{(c)}$$

이 결과를 방정식 (a)에 대입하여 다음의 결과를 얻는다.

$$\frac{Y(s)}{F(s)} = \frac{s+3}{2}\frac{X(s)}{F(s)} = \frac{s+3}{2}\frac{6}{s^2 + 12s + 35}$$

$$= \frac{3(s+3)}{s^2 + 12s + 35} \quad \text{(d)}$$

구하려는 전달함수는 식 (c)와 (d)에 주어진다. 두 전달함수 모두 특성방정식과 동일한 인수 $s^2 + 12s + 35$를 갖는데, 이들에 대한 근은 $s = -5$와 $s = -7$이다.

전달함수는 모든 변수들에 대해 한꺼번에 방정식을 풀어야 하는 대신 한 개 이상의 변수들을 분리시켜 준다. 이러한 방식으로 라플라스 변환을 사용함으로써 미분방정식들을 한꺼번에 풀지 않아도 되며 연립미분방정식 문제를 연립대수방정식 문제로 변환시켜준다.

추이행렬

선형 연립방정식이 다음과 같은 벡터-행렬 형식으로 표현되어 있을 때 추이행렬 $\boldsymbol{\phi}(t)$와 전달함수 행렬을 구하기 위해 라플라스 변환이 사용될 수 있다.

$$\mathbf{x}' = \mathbf{Ax} + \mathbf{Br}(t) \tag{8–58}$$

식 8-58에 대한 라플라스 변환은 다음과 같다.

$$s\mathbf{X}(s) - \mathbf{x}(0) = \mathbf{AX}(s) + \mathbf{BR}(s)$$

$\mathbf{IX}(s) = \mathbf{X}(s)$이므로

$$s\mathbf{IX}(s) - \mathbf{x}(0) = \mathbf{AX}(s) + \mathbf{BR}(s)$$

즉,

$$s\mathbf{IX}(s) - \mathbf{AX}(s) = \mathbf{x}(0) + \mathbf{BR}(s)$$

이 된다. 좌변에서 공통인수 $\mathbf{X}(s)$를 빼내면 다음 식을 얻는다.

$$(s\mathbf{I} - \mathbf{A})\mathbf{X}(s) = \mathbf{x}(0) + \mathbf{BR}(s)$$

$\mathbf{X}(s)$에 대해 푼다.

$$\mathbf{X}(s) = (s\mathbf{I} - \mathbf{A})^{-1}\mathbf{x}(0) + (s\mathbf{I} - \mathbf{A})^{-1}\mathbf{BR}(s) \tag{8–59}$$

우변의 첫 번째 항은 입력이 없을 때의 해에 해당하는 자유반응에 대한 라플라스 변환이며, 따라서 $\boldsymbol{r}(t) = \mathbf{0}$이다. 이 경우 해는 다음과 같이 표현될 수 있다.

$$\mathbf{x}(t) = \boldsymbol{\phi}(t)\mathbf{x}(0) \tag{8–60}$$

여기에서 $\boldsymbol{\phi}(t)$는 7장에서 소개된 추이행렬이다. 따라서 $(s\mathbf{I} - \mathbf{A})^{-1}$은 추이행렬에 대한 변환이다.

$$\boldsymbol{\Phi}(s) = (s\mathbf{I} - \mathbf{A})^{-1}$$

그리고

$$\boldsymbol{\phi}(t) = L^{-1}[(s\mathbf{I} - \mathbf{A})^{-1}] \tag{8–61}$$

이것은 추이행렬을 구하기 위한 세 번째 방법을 제공한다. 다른 두 가지 방법은 7장에서 소개된 바 있는 모드 행렬 해법과 급수 전개 해법이다. 모드 행렬 해법과 라플라스 변환 해법 모두에서 특성방정식 $|s\mathbf{I} - \mathbf{A}| = 0$에 대한 풀이를 요한다. 둘 모두 $\mathbf{M}^{-1}$과 $(s\mathbf{I} - \mathbf{A})^{-1}$을 구하기 위해 역행렬 계산을 요한다. 그런데 모드 행렬은 숫자로만 이루어져 있으며 계산기나 컴퓨터로 쉽게 역행렬을 계산할 수 있다. 반면에 행렬 $(s\mathbf{I} - \mathbf{A})$는 변수 s에 관한 함수이므로 그 역은 수치적으로 계산될 수 없다. 4계 연립방정식은 16개의 원소를 갖는 4×4 행렬에 대한 역행렬 계산을 요한다. 역행렬을 구한 다음에는 $\boldsymbol{\phi}(t)$를 구하기 위해 16개의 부분분수 전개가 필요하다. 따라서 4계 이상의 연립방정식을 위한 추이행렬을 구할 때 라플라스 변환 해법을 사용하기는 어렵다.

전달함수 행렬

항상 모든 종속변수가 관심의 대상이 되는 것은 아니며, 따라서 소위 출력 방정식 $\mathbf{y} = \mathbf{Cx}$에서 정의되는 행렬 $\mathbf{C}$가 벡터 $\mathbf{x}$안의 어떤 변수들이 관심의 대상인지 표시하기 위해 사용될 수 있다. 벡터 $\mathbf{y}$가 $\mathbf{x}$에서 관심의 대상이 되는 변수들로 구성되는 부분집합을 나타낸다. 예를 들어 세 개의 종속변수 x_1, x_2, x_3을 갖는 연립 방정식에서 관심의 대상은 x_1, x_3이라고 가정하자. 출력 방정식은 다음과 같을 것이다.

$$\begin{pmatrix} y_1 \\ y_2 \end{pmatrix} = \begin{pmatrix} x_1 \\ x_3 \end{pmatrix} = \begin{pmatrix} 1 & 0 & 0 \\ 0 & 0 & 1 \end{pmatrix}\begin{pmatrix} x_1 \\ x_2 \\ x_3 \end{pmatrix} = \mathbf{Cx}$$

따라서 행렬 $\mathbf{C}$는 다음과 같이 주어진다.

$$\mathbf{C} = \begin{pmatrix} 1 & 0 & 0 \\ 0 & 0 & 1 \end{pmatrix}$$

식 8-59에서 다음과 같이 초기조건 벡터 $\mathbf{x}(0)$을 $\mathbf{0}$으로 두어 전달함수 행렬을 구할 수 있다. $\mathbf{y} = \mathbf{Cx}$이므로

$$\mathbf{Y}(s) = \mathbf{CX}(s) = \mathbf{C}(s\mathbf{I} - \mathbf{A})^{-1}\mathbf{BR}(s) \tag{8–62}$$

이 된다. 따라서 출력 변수 $\mathbf{Y}(s)$를 입력 변수 $\mathbf{R}(s)$에 연계시키는 전달함수 행렬은 다음과 같이 주어진다.

$$\mathbf{T}(s) = \mathbf{C}(s\mathbf{I} - \mathbf{A})^{-1}\mathbf{B} \tag{8–63}$$

n개의 종속변수와 m개의 입력 함수가 있을 경우, $\mathbf{A}$는 $n \times n$이고 $\mathbf{B}$는 $n \times m$이다. 그리고 p개의 출력 변수가 있다면, $\mathbf{Y}(s)$는 $p \times 1$, $\mathbf{C}$는 $p \times n$, $\mathbf{T}(s)$는 $p \times m$이다. 따라서 예를 들어 세 개의 종속변수, 두 개의 입력, 세 개의 출력이 있다면, 전달함수 행렬 $\mathbf{T}(s)$는 2×3이 되고, 각 입력-출력 쌍에 대해 한 개씩 모두 6개의 전달함수가 있을 것이다.

예제 8-20 전달함수 행렬 구하기

두 개의 입력 $f_1(t), f_2(t)$를 갖는 다음 연립방정식을 생각해보자.

$$\begin{aligned} x_1' &= -3x_1 + 2x_2 + f_1(t) \\ x_2' &= -4x_1 - 9x_2 + f_1(t) + 3f_2(t) \end{aligned}$$

출력 x_1을 위한 전달함수 행렬을 구하라.

풀이 | 이 연립방정식을 위한 행렬과 벡터는 다음과 같다.

$$\mathbf{A} = \begin{pmatrix} -3 & 2 \\ -4 & -9 \end{pmatrix}, \quad \mathbf{B} = \begin{pmatrix} 1 & 0 \\ 1 & 3 \end{pmatrix}, \quad \mathbf{r}(t) = \begin{pmatrix} f_1(t) \\ f_2(t) \end{pmatrix}$$

구하려는 해가 x_1일 때

$$\mathbf{C} = (1 \quad 0)$$

을 갖는다. 이제

$$s\mathbf{I} - \mathbf{A} = \begin{pmatrix} s+3 & -2 \\ 4 & s+9 \end{pmatrix}$$

그리고

$$(s\mathbf{I} - \mathbf{A})^{-1} = \frac{1}{(s+3)(s+9)+8}\begin{pmatrix} s+9 & 2 \\ 4 & s+3 \end{pmatrix}$$

식 8-63으로부터

$$\mathbf{T}(s) = \frac{1}{s^2+12s+35}(1 \quad 0)\begin{pmatrix} s+9 & 2 \\ 4 & s+3 \end{pmatrix}\begin{pmatrix} 1 & 0 \\ 1 & 3 \end{pmatrix}$$

을 얻는데, 이를 정리한 결과는 다음과 같다.

$$\mathbf{T}(s) = \frac{1}{s^2+12s+35}(s+11 \quad s+9)$$

이 행렬이 두 입력 모두에 영향 받는 출력 x_1을 위한 전달함수 행렬이다. 두 개의 전달함수는 다음과 같다.

$$\frac{X_1(s)}{F_1(s)} = \frac{s+11}{s^2+12s+35} \quad \text{그리고} \quad \frac{X_1(s)}{F_2(s)} = \frac{s+9}{s^2+12s+35}$$

비록 입력 $f_2(t)$는 x'_1방정식에 나타나지 않았지만, 전달함수 $X_1(s)/F_2(s)$가 나타내고 있듯이 x_1에 영향을 준다.

행렬 형식의 합성곱 정리

합성곱 정리는 행렬 형식의 방정식 $\mathbf{x}' = \mathbf{A}\mathbf{x} + \mathbf{B}\mathbf{r}(t)$에도 적용된다. 이 경우 추이 행렬이 합성곱 적분에 나타난다. 행렬 형식의 경우 합성곱 정리는 다음과 같이 표현될 수 있다.

$$L^{-1}[\mathbf{\Phi}(s)\mathbf{V}(s)] = \int_0^t \boldsymbol{\phi}(t-\tau)\mathbf{v}(\tau)\,d\tau \tag{8–64}$$

$\mathbf{v}(t) = \mathbf{B}\mathbf{r}(t)$로 두면 다음과 같은 식을 얻는다.

$$L^{-1}[\mathbf{\Phi}(s)\mathbf{B}\mathbf{R}(s)] = \int_0^t \boldsymbol{\phi}(t-\tau)\mathbf{B}\mathbf{r}(\tau)\,d\tau \tag{8–65}$$

$\boldsymbol{\phi}(t) = L^{-1}[(s\mathbf{I} - \mathbf{A})^{-1}]$이므로 식 8-65는 강제반응을 나타낸다. 따라서 식 8-59의 완전반응은 다음과 같다.

$$\mathbf{x}(t) = \boldsymbol{\phi}(t)\mathbf{x}(0) + \int_0^t \boldsymbol{\phi}(t-\tau)\mathbf{B}\mathbf{r}(\tau)d\tau \tag{8–66}$$

이 방정식에서 사용되는 추이행렬 $\boldsymbol{\phi}(t)$를 구하기 위해 앞에서 살펴본 바 있는 모드 행렬 해법, 라플라스 변환 해법, 급수전개 해법 중 어느 방법을 사용해도 좋다. 문제 8-135와 8-136은 계단입력과 경사로 입력을 위한 일반적인 공식을 구하기 위해 식 8-66을 어떻게 사용해야 할지 보여준다.

절 복습문제

8-11 라플라스 변환을 사용하여 다음 연립방정식 초깃값 문제의 해를 구하라.

$$x' + 2y = e^{-3t}$$

$$y' + 3x = t,\ x(0) = 1,\quad y(0) = 2$$

$\left(\text{답: } x(t) = \frac{1}{3}t - e^{-3t} + 2\cosh\sqrt{6}t - \frac{19}{3\sqrt{6}}\sinh\sqrt{6}t \text{ 그리고}\right.$
$\left. y(t) = -\frac{1}{6} - e^{-3t} + \frac{19}{6}\cosh\sqrt{6}t - \sqrt{6}\sinh\sqrt{6}t\right)$

8-12 다음 방정식들에 대해 전달함수 $X(s)/F(s)$와 $Y(s)/F(s)$를 구하라.

$$x' + 2y = f(t)$$
$$y' + 3x = 0$$

$\left(\text{답: } \frac{X(s)}{F(s)} = \frac{s}{s^2 - 6},\ \frac{Y(s)}{F(s)} = \frac{-3}{s^2 - 6}\right)$

8-11 ■ 컴퓨터를 이용한 라플라스 변환

MATLAB Symbolic Math toolbox, MuPad, Maple, Mathematica 모두 기호 형태의 라플라스 변환 및 라플라스 역변환을 구할 수 있다. Symbolic Math toolbox 없이 MATLAB만 있을 경우에도 MATLAB은 다항식 연산을 수치적으로 또는 기호 형태로 처리할 수 있으므로 부분분수 전개에 의한 라플라스 역변환을 구할 수 있다.

이러한 프로그램들에서 전달함수에 기초한 해법들을 사용할 수 있으려면 제어 시스템을 다루기 위한 적절한 애드-온 소프트웨어를 갖추어야 한다. MATLAB에서 이러한 애드-온 소프트웨어는 Control Systems toolbox이며, Mathematica에서

표 8-6

$t\sin 2t$에 대한 라플라스 변환

MATLAB Symbolic Math Toolbox

```
syms t
laplace(t*sin(2*t),t,s)
```

MuPAD

```
transform::laplace(t*sin(2*t), t, s)
```

Maple

```
with(inttrans)
laplace(t*sin(2*t),t,s)
```

Mathematica

```
LaplaceTransform[t*Sin[2*t],t,s]
```

는 Control Systems Professional이다. Maple에서는 DynamicSystems 라이브러리가 이러한 해법을 구현하고 있다.

각 패키지에 대해 가장 기본적인 형태의 명령들을 선보인다. 확장 기능들에 대한 추가 정보에 대해서는 해당 패키지의 도움말 기능을 이용하기 바란다.

라플라스 변환 먼저 다음 예제를 사용하여 라플라스 변환과 라플라스 역변환을 구해보자.

$$L\{t\sin 2t\} = \frac{4s}{(4+s^2)^2}$$

표 8-6은 다양한 프로그램들에서 이러한 변환을 어떻게 구하는지 보여준다. 이때 t, s의 순서에 유의하기 바란다.

표 8-7은 역변환을 구하는 방법을 보여준다. 변환을 구할 때에 비해 t, s의 순서

표 8-7

$4s/(4+s^2)^2$에 대한 라플라스 역변환

MATLAB Symbolic Math Toolbox

```
syms s
ilaplace(4*s/(s^2+4)^2,s,t)
```

MuPAD

```
transform::invlaplace(4*s/(s^2+4)^2,s,t)
```

Maple

```
with(inttrans)
invlaplace(4*s/(4+s^2)^2,s,t)
```

Mathematica

```
InverseLaplaceTransform[4*s/(4+s^2)^2,s,t]
```

표 8-8

$\delta(t-3)$에 대한 라플라스 변환

MATLAB Symbolic Math Toolbox

```
syms s
laplace(dirac(t - 3),t,s)
```

MuPAD

```
transform::laplace(dirac(t - 3),t,s)
```

Maple

```
with(inttrans)
laplace(Dirac(t - 3),t,s)
```

Mathematica

```
LaplaceTransform[DiracDelta[t-3],t,s]
```

가 바뀌었음을 유의하기 바란다.

이러한 프로그램들을 이동된 형태를 포함하여 디락델타함수를 처리할 수 있다. 다음 함수를 생각해보자.

$$f(t) = \delta(t-3)$$

이에 대한 변환은

$$F(s) = e^{-3s}$$

이며, 표 8-8의 코드로 구할 수 있다.

헤비사이드 함수 $u(t)$는 이동에 의한 조각적 함수의 생성에 사용될 수도 있다. 예제 8-8의 함수를 생각해보자.

$$f(t) = \begin{cases} 0 & t < 2\pi \\ \sin t & 2\pi \le t \le 3\pi \\ 0 & t > 3\pi \end{cases}$$

즉,

$$f(t) = \sin t[u(t-2\pi) - u(t-3\pi)]$$

이에 대한 변환은

$$F(s) = \frac{1}{s^2+1}(e^{-2\pi s} + e^{-3\pi s})$$

이며, 표 8-9의 코드로 구할 수 있다. Mathematica는 두 개의 단위 계단함수를 갖고 있는데, `HeavisideTheta[x]` 함수는 $x = 0$에서 정의되지 않으며 `UnitStep[x]` 함수는 $x = 0$에서 1로 정의된다.

표 8-9

헤비사이드 함수를 이용한 이동

MATLAB Symbolic Math Toolbox
`syms t s` `laplace(sin(t)*(heaviside(t-2*pi)-heaviside(t-3*pi)), t,s)`
MuPAD
`transform::laplace(sin(t)*(heaviside(t-2*PI)` ` -heaviside(t-3*PI)),t,s)`
Maple
`with(inttrans)` `laplace(sin(t)*(Heaviside(t-2*Pi)-Heaviside(t-3*Pi)), t,s)`
Mathematica
`LaplaceTransform[Sin[t]*UnitStep[t-2*Pi]-` ` Sin[t]*UnitStep[t-3*Pi],t,s]`

부분분수 전개 Symbolic Math toolbox와 MuPad 없이 MATLAB을 사용할 경우 residue 함수를 사용하여 부분분수 전개의 계수들을 계산할 수 있다. $X(s)$는 변환을 나타낸다. 전개식의 계수들은 *유수(residue)*라고 부르며, $X(s)$의 분모의 인수들을 *극(pole)*이라고 한다. 극에는 모델의 특성근들과 입력 함수로 인해 도입된 분모의 근들을 포함한다. $X(s)$의 분자의 차수 m이 분모의 차수 n보다 클 경우, 변환은 몫이라 불리는 다항식 $K(s)$와 두 다항식의 비의 합으로 표현될 수 있는데, 다항식의 비에서는 분모의 차수가 분자의 차수보다 크게 된다. residue 함수의 구문은 다음과 같다.

```
[r,p,K] = residue(num,den)
```

여기에서 num과 den은 각기 $X(s)$의 분자와 분모의 계수들을 담고 있는 배열이다. 이 함수의 출력은 유수들을 담고 있는 배열 r, 극들을 담고 있는 배열 p, 다항식 형태의 몫 $K(s)$의 계수들을 담고 있는 배열 K 등이다.

방정식 $x'' + 9x' + 14x = 3f' + 2f$ 에 대해 생각해보자. 여기에서 $f(t) = 4e^{-7t}$이다. 초기조건들이 0일 경우, 강제반응에 대한 변환은 다음과 같다.

$$X(s) = \frac{3s+2}{s^2+9s+14}F(s) = \frac{3s+2}{s^2+9s+14}\left(\frac{4}{s+7}\right) = \frac{12s+8}{(s+2)(s+7)^2}$$
$$= \frac{12s+8}{s^3+16s^2+77s+98}$$

반복되는 극이 $s = -7, -7$인데, 이들 중 하나는 특성근이며 다른 하나는 입력 $f(t)$로 인한 것이다. 부분분수 전개식을 얻기 위해 다음과 같이 입력한다.

```
[r,p,K] = residue([12, 8],[1, 16, 77, 98])
```

MATLAB에서의 결과는 `r = [0.64, 15.2, −0.64]`, `p = [−7, −7, −2]`, 그리고 몫을 갖지 않음을 나타내는 빈 배열 `K = [ ]`이다. 이 결과는 다음 전개식에 해당한다.

$$X(s) = 0.64\frac{1}{s+7} + 15.2\frac{1}{(s+7)^2} - 0.64\frac{1}{s+2}$$

반복되는 극들로 인한 유수들의 경우, 가장 높은 멱승에 대응되는 유수가 가장 나중에 표시된다는 점을 유의하기 바란다. 여기에서 반응은 다음과 같다.

$$x(t) = 0.64e^{-7t} + 15.2te^{-7t} - 0.64e^{-2t}$$

복소수 극들은 다음과 같이 처리된다. 방정식

$$x'' + 6x' + 34x = 4g' + g$$

이 주어져 있다고 하자. 여기에서 $g(t)$는 단위 계단함수이며 초기조건들은 0이다. 이 반응에 대한 변환은 다음과 같다.

$$X(s) = \frac{4s+1}{s^2+6s+34}G(s) = \frac{4s+1}{s^2+6s+34}\frac{1}{s} = \frac{4s+1}{s^3+6s^2+34s}$$

부분분수 전개를 얻기 위해 다음과 같이 입력한다.

```
[r,p,K] = residue([4, 1],[1, 6, 34, 0])
```

분모에서 마지막 계수는 0이다. MATLAB에서의 결과는 `r = [−0.0147−0.3912i, −0.0147+0.3912i, 0.0294]`, `p = [−3+5i, −3−5i, 0]`, 그리고 `K = [ ]`이다. 이 결과는 다음 식에 해당한다.

$$X(s) = \frac{-0.0147 - 0.3912i}{s+3-5i} + \frac{-0.0147 + 0.3912i}{s+3+5i} + \frac{0.0294}{s}$$

따라서 반응은 다음과 같다.

$$\begin{aligned} x(t) &= (-0.0147 - 0.3912i)e^{(-3+5i)t} \\ &\quad + (-0.0147 + 0.3912i)e^{(-3-5i)t} + 0.0294 \end{aligned}$$

이러한 형식의 표현은 복소수 계수들로 인해 별로 유용하지 않지만, 전개식의 첫 두 항이

$$\frac{C+iD}{s+a-ib} + \frac{C-iD}{s+a+ib}$$

와 같은 형태를 갖고 있으며, 이는 시간함수

$$(C+iD)e^{(-a+ib)t} + (C-iD)e^{(-a-ib)t}$$

에 해당한다. 이러한 사실을 이용하여 위의 전개식을 보다 유용한 형태로 전환할 수 있다. 오일러의 항등식 $e^{\pm ibt} = \cosh t \pm i\sinh t$를 이용하여 위의 전개식을

$$2e^{-at}(C\cos bt - D\sin bt)$$

와 같이 표현할 수 있다. $C = -0.0147$과 $D = -0.3912$를 대입하여 반응은 다음과 같이 표현될 수 있다.

$$x(t) = 2e^{-3t}(-0.0147\cos 5t + 0.3912\sin 5t) + 0.0294$$

만일 해에 대한 그래프만을 필요로 할 경우에는 전달함수 해법이 그래프를 구하는 쉬운 방법이다.

MATLAB에서의 전달함수 해법 MATLAB Control Systems toolbox는 전달함수의 생성, 상태변수 모델을 전달함수 형식으로 전환, 계단함수, 충격함수, 사용자정의함수 등의 입력에 따른 상수계수 선형방정식의 반응에 대한 그래프 표현 등을 위한 명령들을 제공한다.

*LTI 객체*는 선형 시불변 모델, 즉, 상수계수를 갖는 모델을 표현한다. 다음 전달함수를 생각해보자.

$$\frac{X(s)}{F(s)} = \frac{4s + 7}{5s^2 + 4s + 7} \tag{8–67}$$

MATLAB에서 이를 표현하기 위해 `tf(num,den)` 함수를 사용하는데, 여기에서 num과 den은 각기 전달함수의 분자와 분모의 계수들을 담고 있는 배열인데, 나열 순서는 s에 대한 멱승의 차수가 내려가는 순을 따른다. 이 전달함수에 변수 이름 sys1을 지정하기 위해 `sys1 = tf([4, 7],[5,4,7])`과 같이 입력한다. 이 LTI 객체가 이미 존재할 경우 `tfdata` 함수를 사용하여 전달함수 모델의 분자와 분모의 계수들을 추출할 수 있으며, 그 구문은 다음과 같다.

```
[num,den] = tfdata(sys).
```

MATLAB은 선형방정식을 위한 몇 가지 풀이 함수를 제공한다. 이러한 풀이 함수는 계단 입력, 충격 입력, 사용자정의 입력 함수 등 수용하는 입력함수의 유형에 따라 분류된다. 가장 기본적인 형태에서 각 함수는 그래프에 자동적으로 제목과 축 라벨을 단다. `sys1` 모델에 단위 계단 반응이나 단위 충격 반응에 대한 그래프를 구하기 위해 `step(sys1)` 또는 `impulse(sys1)`이라고 입력한다.

`lsim` 함수는 사용자정의 입력에 대한 시스템의 반응을 그래프로 표시한다. 초기조건들이 0일 경우를 위한 기본 구문은 `lsim(sys,u,t)`인데, 여기에서 `sys`는 LTI 객체이며, `t`는 (`t = [t0:dt:t1]`에서처럼) 일정한 간격을 갖는 (시간과 같은) 독립변수 값들의 배열이고, `u`는 입력과 같은 개수의 열을 갖는 행렬인데 i번째 행은 시점 $t(i)$에서의 입력 값을 나타낸다.

예를 들면, 시간 구간 $0 \le t \le 2$에서 경사로 입력 $f(t) = 1.5t$에 대한 `sys1` 모델의 강제반응에 대해 300개의 점을 갖는 그래프를 표시하고자 할 때 다음과 같이 입력한다.

```
t = linspace(0,2,300);
f = 1.5*t;
[y, t] = lsim(sys1,f,t);
plot(t,y,t,f),xlabel('t'),ylabel('x(t) and f(t)')
```

또 다른 예로 사인파 강제함수 $f(t) = 15\sin(3t)$에 대한 반응을 구하기 위해 위의 프로그램에서 두 번째 행을 `f = 15*sin(3*t)`로 대체한다.

`lsim`에서 사용할 임의의 복잡한 입력함수를 생성하고자 할 경우, `for` 루프나 조건문 등을 사용하여 지정된 시점들에서의 입력함수 값을 포함하는 벡터를 정의할 수 있다. MATLAB은 주기적 입력함수를 쉽게 구성할 수 있도록 `gensig` 함수를 제공한다. `[u,t] = gensig(type,period)`와 같은 구문을 이용하여 `type`라는 타입과 `period`라는 주기를 갖는 주기적 입력을 생성할 수 있다. 사용할 수 있는 타입에는 사인파(type = 'sin'), 사각파(type = 'square'), 좁은 폭의 주기적 펄스(type = 'pulse') 등이 포함된다. 벡터 `t`는 시점들을 포함하며, 벡터 `u`는 그 시점들에서의 입력 값들을 포함한다. 생성되는 모든 입력은 단위 진폭을 갖는다. 구문

```
[u, t] = gensig(type, period, dur, dt)
```

은 입력의 지속시간이 `dur`이며 시점 사이의 간격을 `dt`로 지정한다.

예를 들어 주기가 5인 사각파를 다음 모델에 적용한다고 하자.

$$x'' + 2x' + 4x = 4f(t)$$

전달함수는 다음과 같이 주어진다.

$$\frac{X(s)}{F(s)} = \frac{4}{s^2 + 2s + 4}$$

구간 $0 \le t \le 10$에서 0.01의 간격으로 초기조건들이 0일 경우에 대한 반응을 구하기 위해 다음과 같이 입력한다.

```
sys2 = tf(4,[1,2,4]);
[u, t] = gensig('square',5,10,0.01);
[y, t] = lsim (sys2,u,t);plot(t,y,u), . . .
     axis([0 10 -0.5 1.5]), . . .
     xlabel('Time'),ylabel('Response')
```

전달함수 형식과 상태변수 사이의 전환 MATLAB은 `tf` 함수를 이용하여 표준 상태변수 형식 $\mathbf{x}' = \mathbf{Ax}+\mathbf{Br}(t)$, $\mathbf{y} = \mathbf{Cx}+\mathbf{Dr}$로부터 전달함수 표현을 구할 수 있다. `sys1`이 7-8절에서 논의한 대로 `sys1 = ss(A,B,C,D)`를 입력하여 생성된 상태변수 형식으로 구성되어 있다고 하자. `sys2 = tf(sys1)`을 입력함으로써 전달함수 행렬을 구할 수 있다.

반면에 이미 전달함수 형식으로 생성된 LTI 객체 sys2를 가지고 있을 경우, [A,B,C,D] = ssdata(sys2)를 입력하면 상태변수 형식을 위한 표준행렬을 구할 수 있다. 이는 분자 동역학을 갖는 전달함수로부터 상태변수 표현을 얻기 위한 쉬운 방법의 하나이다.

ssdata 함수가 생성하는 상태변수 모음이 항상 일반적인 방법으로 구한 상태변수 모음과 동일하지는 않다. 예를 들면, 전달함수

$$\frac{X(s)}{R(s)} = \frac{1}{5s^2 + 7s + 4}$$

는 방정식 $5x'' + 7x' + 4x = r(t)$에 대응되는데, 보통은 $x_1 = x, x_2 = x'$를 상태변수로 선택할 것이다. 그러나 MATLAB에서 명령

```
sys = tf(1,[5,7,4]);
[A,B,C,D] = ssdata(sys)
```

은 다음의 결과를 출력할 것이다.

$$\mathbf{A} = \begin{pmatrix} -1.4 & -0.8 \\ 1 & 0 \end{pmatrix} \quad \mathbf{B} = \begin{pmatrix} 0.5 \\ 0 \end{pmatrix}$$
$$\mathbf{C} = (0 \quad 0.4) \quad \mathbf{D} = 0$$

이는 상태 방정식

$$\begin{aligned} x_1' &= -1.4x_1 - 0.8x_2 + 0.5r(t) \\ x_2' &= x_1 \end{aligned}$$

과 출력 방정식 $y = 0.4x_2$에 대응된다. 출력 y는 x와 동일하므로, $x_2 = y/0.4 = x/0.4 = 2.5x$ 임을 알 수 있다. 또 다른 상태변수 x_1은 두 번째 방정식 $x_1 = x_2'$에 의해 x_2와 연관된다. 따라서 $x_1 = 2.5x'$가 된다.

MATLAB LTI 함수들은 표 8-10에 요약되어 있다.

Maple에서의 전달함수 해법 Maple에서는 TransferFunction 명령을 사용하여 전달함수를 생성할 수 있다. 이 명령을 사용하기 전에 먼저 with(DynamicSystems) 명령을 배치한다. 식 8-67을 예로 사용하여 다음과 같이 입력한다.

```
sys3 := TransferFunction((4*s+7)/(5*s^2+4*s+7));
```

단위 계단 반응은 전달함수를 s로 나눈 다음 라플라스 역변환을 적용하여 구할 수 있다. 단위 계단 반응에 대한 그래프를 구하기 위한 명령은 다음과 같다.

```
ResponsePlot(sys3,Heaviside(t))
```

단위 충격 반응은 다음과 같이 구할 수 있으며,

```
ImpulseResponse(sys3)
```

그래프는 다음과 같이 구할 수 있다.

표 8-10

MATLAB의 LTI 객체 함수

명령	설명
`sys = ss(A, B, C, D)`	상태변수 형식의 LTI 객체를 생성한다. 여기에서 행렬 A, B, C, D는 모델 $\dot{\mathbf{x}} = \mathbf{Ax}+\mathbf{Bu}, \mathbf{y} = \mathbf{Cx}+\mathbf{Du}$ 안의 행렬들에 대응된다.
`[A, B, C, D] = ssdata(sys)`	모델 $\dot{\mathbf{x}} = \mathbf{Ax}+\mathbf{Bu}, \mathbf{y} = \mathbf{Cx}+\mathbf{Du}$ 안의 행렬들에 대응되는 LTI 객체의 행렬 A, B, C, D를 추출한다.
`sys = tf(num,den)`	전달함수 형식의 LTI 객체를 생성한다. 여기에서 벡터 num은 전달함수 분자의 계수 벡터이며 차수가 내려가는 순서에 따라 나열된다. den은 전달함수 분모의 계수 벡터이며 역시 차수가 내려가는 순서에 따라 나열된다.
`sys2=tf(sys1)`	상태 모델 sys2에서 전달함수 모델 sys1을 생성한다.
`sys1=ss(sys2)`	전달함수 모델 sys2에서 상태 모델 sys1을 생성한다.
`[num, den] = tfdata(sys, 'v')`	선택사항인 매개변수 'v'가 사용될 때 전달함수 모델 sys에서 분자와 분모의 계수들을 추출한다. 한 개의 전달함수만 있을 경우 계수들은 셀(cell) 배열 대신 벡터 형태로 반환된다.

```
ImpulseResponsePlot(sys3)
```

$t = 0$에서 시작하며 기울기가 10인 경사로 함수에 대한 반응의 그래프는 다음과 같이 구할 수 있다.

```
ResponsePlot(sys3,Ramp(10))
```

진폭이 10이고 각 진동수가 5인 사인파 입력에 대한 반응의 그래프를 구하기 위해 다음과 같이 입력한다.

```
ResponsePlot(sys3, Sine(10,5))
```

Mathematica에서의 전달함수 해법 Mathematica에서 전달함수 및 관련 해법들은 애드-온 패키지 Control Systems Professional에서 제공된다. Mathematica에서는 `TransferFunction` 명령을 사용하여 전달함수를 생성할 수 있다. 식 8-67을 예로 사용하여 다음과 같이 입력한다.

```
sys4 = TransferFunction[s, (4*s + 7)/(5*s^2 + 4*s + 7)]
```

단위 충격 반응에 대한 그래프는 `SimulationPlot` 함수를 사용하여 다음과 같이 구할 수 있다.

```
SimulationPlot[sys4,DiracDelta[t]]
```

단위 계단 반응에 대한 그래프는 다음과 같이 구한다.

```
SimulationPlot[sys4,UnitStep[t]]
```

각 패키지에 대해 가장 기본적인 명령들만 선보였으며, 추가적인 정보는 각 패키지의 도움말 기능을 이용하기 바란다.

8-12 ■ 요약

*라플라스 변환*은 적분 한계가 0과 ∞이고 핵이 e^{-st}인 적분 변환이다. 라플라스 변환은 L로 표시하며, 함수 $f(t)$에 대한 라플라스 변환은 다음과 같이 정의된다.

$$L\{f(t)\} = \int_0^\infty e^{-st}f(t)\,dt = \lim_{R\to\infty}\int_0^R e^{-st}f(t)\,dt \quad \textbf{(8-4)}$$

어떤 함수에 대한 라플라스 변환이 존재하기 위한 필요충분조건은 해당 이상적분이 수렴하는 s 값이 존재해야 한다는 것이다. 관행에 따라 주어진 함수를 나타낼 때는 영문소문자를 사용하고 그에 대응되는 라플라스 변환을 나타낼 때는 영문대문자를 사용한다. 자주 사용되는 함수들에 대한 라플라스 변환은 표 8-1에 주어져 있다.

라플라스 변환의 존재성 모든 함수가 라플라스 변환을 갖는 것은 아니다. 함수 $f(t)$가 라플라스 변환을 가질 (필요조건은 아니지만) 충분조건은 조각적 연속성과 지수적 차수를 갖는 것이다. 유한 구간 $a \le t \le b$가 유한한 개수의 부분구간으로 분할될 수 있고 각 부분구간에서 함수 $f(t)$가 연속이고 양 끝점에서 유한한 극한을 가질 때 함수 $f(t)$는 구간 $a \le t \le b$에서 조각적 연속이라고 한다. 무한 구간은 임의의 유한한 부분구간이 조각적 연속일 때 조각적 연속이 된다. 양의 상수 또는 0인 M에 대해

$$\lim_{t\to\infty} e^{-at}|f(t)| = M$$

인 상수 a가 존재할 경우, 함수 $f(t)$는 지수적 차수 a를 갖는다고 한다.

라플라스 변환의 성질 라플라스 변환의 기본 성질들은 다음과 같이 요약될 수 있다.

1. $L\{C_1f_1(t) + C_2f_2(t)\} = C_1L\{f_1(t)\} + C_2L\{f_2(t)\}$ **(8-10)**
2. $L\{e^{kt}f(t)\} = F(s-k)$ **(8-12)**
3. $L\{t^nf(t)\} = (-1)^n\dfrac{d^nF(s)}{ds^n}$ **(8-15)**
4. $L\left\{\dfrac{1}{t}f(t)\right\} = \displaystyle\int_s^\infty F(s)\,ds$ **(8-17)**
5. $L\left\{\displaystyle\int_0^t f(t)\,dt\right\} = \dfrac{1}{s}F(s)$ **(8-18)**
6. $L\{f(kt)\} = \dfrac{1}{k}F\left(\dfrac{s}{k}\right)$ **(8-19)**

단위 계단함수 단위 계단함수는 다음과 같이 정의된다.

$$u(t-t_0) = \begin{cases} 0, & t < t_0 \\ 1, & t \ge t_0 \end{cases} \quad \textbf{(8-20)}$$

단위 계단함수 및 관련 함수들에 대한 라플라스 변환은 다음과 같다.

1. $L\{u(t)\} = \dfrac{1}{s}$ **(8-21)**
2. $L\{u(t-t_0)\} = \dfrac{e^{-t_0s}}{s}$ **(8-22)**
3. $L\{u(t-t_0)f(t)\} = e^{-t_0s}L\{f(t+t_0)\}$ **(8-26)**
4. $L\{u(t-t_0)f(t)\} = e^{-t_0s}L\{f(t+t_0)\}$ **(8-26)**

주기함수에 대한 라플라스 변환 함수 $f(t)$가 모든 양의 값 t에 대해 $f(t+p) = f(t)$를 만족하는 최소의 양의 값 p가 있을 때, 함수 $f(t)$는 주기 p의 *주기함수*라고 한다. $f(t)$가 조각적 연속이고 주기 p의 주기함수일 때, 이 함수에 대한 라플라스 변환이 존재하며 다음과 같이 결정된다.

$$F(s) = \frac{1}{1-e^{-ps}}\int_0^p e^{-st}f(t)\,dt, \quad s > 0 \quad \textbf{(8-28)}$$

충격 강제함수 충격성 강제함수는 *단위 충격함수*, 즉, *디락 델타함수* $\delta(t-t_0)$를 이용하여 표현하는 것이 이해하기 쉽다. 디락델타함수는 다음과 같은 성질을 갖는 연산자로 볼 수 있다.

$$\int_0^\infty f(t)\delta(t-t_0)\,dt = f(t_0) \quad \textbf{(8-37)}$$

델타함수에 대한 라플라스 변환은 다음과 같다.

$$L\{\delta(t-t_0)\} = e^{-st_0} \quad \textbf{(8-38)}$$

도함수와 미분방정식에 대한 라플라스 변환 어떤 함수 $f(t)$와 그 도함수들이 연속이고 지수적 차수를 갖는 경우, $f(t)$의 도함수들에 대한 라플라스 변환이 존재하며, 다음과 같이 표현될 수 있다.

$$L\{f'(t)\} = sF(s) - f(0) \quad \textbf{(8–41)}$$

$$L\{f''(t)\} = s^2F(s) - sf(0) - f'(0) \quad \textbf{(8–43)}$$

$$L\{f^{(n)}(t)\} = s^nF(s) - s^{(n-1)}f(0) - s^{(n-2)}f'(0) - \cdots f^{(n-1)}(0) \quad \textbf{(8–44)}$$

여기에서 $F(s)$는 $f(t)$에 대한 라플라스 변환이고 $f(0)$, $f'(0)$, ..., $f^{(n-1)}(0)$은 $f(t)$와 그 도함수들의 초깃값이다.

미분방정식에 대한 라플라스 변환은 방정식의 양변에서 각 항에 대한 라플라스 변환을 취하고 라플라스 변환의 선형성을 적용하여 구한다. 방정식에 대한 라플라스 변환은 이미 초기조건들을 포함하고 있으며, 따라서 역변환은 문제에 대한 해를 직접 제공한다.

라플라스 역변환 라플라스 변환에서 원래의 함수를 결정하는 일은 *변환된 함수의 역을 구하는 일*이라고 한다. *라플라스 역변환*은 기호 L^{-1}로 표시한다. 라플라스 역변환의 기본 성질들은 다음과 같이 요약될 수 있다.

1. $L^{-1}\{C_1F_1(s) + C_2F_2(s)\} = C_1L^{-1}\{F_1(s)\} + C_2L^{-1}\{F_2(s)\}$ (선형성) **(8–46)**

2. $L^{-1}\{F(s-k)\} = e^{kt}L^{-1}\{F(s)\}$ (이동 성질) **(8–47)**

3. $L^{-1}\{sF(s)\} = \dfrac{d}{dt}L^{-1}\{F(s)\}$ **(8–48)**

4. $L^{-1}\left\{\dfrac{F(s)}{s}\right\} = \displaystyle\int_0^t L^{-1}\{F(s)\}dt$ **(8–49)**

5. $L^{-1}\left\{\dfrac{d^nF(s)}{ds^n}\right\} = (-t)^nL^{-1}\{F(s)\}$ **(8–50)**

6. $L^{-1}\{e^{-t_0s}F(s)\} = u(t-t_0)f(t-t_0)$ **(8–51)**

7. $L^{-1}\{F(ks)\} = \dfrac{1}{k}f\left(\dfrac{t}{k}\right)$ (크기 변환 성질) **(8–52)**

주어진 함수의 역은 유일한 연속함수이다. 따라서 두 개의 연속함수가 동일한 라플라스 변환을 갖는다면, 이 두 함수는 동일한 함수이다.

부분분수 전개 라플라스 변환으로 미분방정식을 풀 때 라플라스 변환 표에서 역변환을 찾을 수 없는 복잡한 유리분수가 나타나는 경우가 종종 있다. 이 경우 *부분분수법*을 사용하여 복잡한 유리분수를 단순한 분수들로 분해할 필요가 있다. 부분분수법은 복잡한 진분수를 단순한 진분수 부분분수들의 합으로 표현한다. 즉, 부분분수에서 분자의 차수는 분모의 차수보다 낮다.

분모에서 중복되는 인수가 있을 경우 중복되는 인수의 각 멱승을 별도의 항으로 포함시킨다. 검사 규칙에 따르면 분모의 어떤 인수에 대응하도록 도입되는 미지 상수의 개수는 해당 인수의 차수와 같다. 또한 부분분수에서 미지 상수의 총 개수는 전체 분모의 차수와 같다.

합성곱 정리 미분방정식을 풀 때 역변환이 알려져 있는 두 함수의 곱으로 표현될 수 있는 $Y(s)$ 표현식을 만나게 되는 경우가 종종 있다. 즉, $Y(s)$가 $Y(s) = F(s)G(s)$와 같이 표현될 수 있는데, 이때 $F(s)$, $G(s)$는 알려진 함수 $f(t)$, $g(t)$의 라플라스 변환이다. 이러한 경우 $Y(s)$에 대한 라플라스 역변환은 다음과 같이 표현될 수 있는 *합성곱 정리*를 이용하여 결정될 수 있다.

$$L^{-1}\{F(s)G(s)\} = \int_0^t f(t-\tau)g(\tau)d\tau = \int_0^t f(t)g(t-\tau)d\tau \quad \textbf{(8–57)}$$

여기에서 τ는 의미 없는 적분변수이다.

미분방정식 풀이 라플라스 변환을 이용한 상수계수 미분방정식 풀이 과정은 미분방정식에 라플라스 변환을 적용, 종속변수의 라플라스 변환인 $Y(s)$에 대해 풀기, $Y(s)$에 대한 역변환을 취하여 미지의 함수 $y(t)$를 결정하기 등의 세 개의 기본 단계를 포함한다. 라플라스 변환을 이용한 선형 연립미분방정식의 풀이 절차는 단일 미분방정식을 위한 절차와 비슷하지만, 연립미분방정식에 대한 라플라스 변환의 결과는 연립대수방정식이며, 이들을 한꺼번에 풀어 미지의 함수들에 대한 변환을 구하고 역변환을 적용한다.

전달함수 선형 상미분방정식의 완전한 반응은 자유반응과 강제반응의 합으로 주어진다. 초기조건들이 0일 경우, 자유반응은 0이며 따라서 완전한 반응은 강제반응과 같다. 따라서 임시로 초기조건들을 0으로 정함으로써 분석을 입력의 효과에 한정시킬 수 있다. 입력의 효과에 대한 분석을 마친 후 그 결과에 0이 아닌 초기조건들로 인한 자유반응을 합할 수 있다. 전달함수라는 개념이 입력 효과의 분석에 유용할 수 있다.

전달함수는 강제반응에 대한 라플라스 변환을 입력에 대한 라플라스 변환으로 나눈 것이다. 즉, 초기조건들이 모두 0일 경우 전달함수는 완전한 반응에 대한 라플라스 변환을 입력에 대한 라플라스 변환으로 나눈 것이다. 전달함수 $T(s)$는 입력에 대한 변환 $F(s)$로부터 강제반응에 대한 변환 $X(s)$를 얻기 위한 승수로 사용될 수 있다. 즉, $X(s) = T(s)F(s)$이다. 전달함수는 시스템 모델만의 성질이다. 전달함수 개념은 몇 가지 이유로 대단히 유용하다.

1. *전달함수와 소프트웨어.* 소프트웨어 패키지들에서 어떤 유용한 기능들은 전달함수에 기초한 시스템 표현을 요구한다.
2. *미분방정식과의 동치성.* 전달함수는 미분방정식과 동치이다. 전달함수와 미분방정식은 동일한 정보를 담고 있으며, 한쪽에서 다른 쪽을 구할 수 있다.
3. *전달함수와 특성근.* 전달함수의 분모는 특성 다항식임을 유의하기 바란다. 따라서 전달함수는 입력이나 특정 초기조건 값들과는 독립적인 모델 자체의 내적 동작에 대한 정보를 알려준다.

라플라스 변환과 컴퓨터 소프트웨어 MATLAB Symbolic Math toolbox, MuPad, Maple, Mathematica 모두 기호 형태의 라플라스 변환 및 라플라스 역변환을 구할 수 있다. 이러한 프로그램들에서 전달함수에 기초한 해법들을 사용할 수 있으려면 제어 시스템을 다루기 위한 적절한 애드-온 소프트웨어를 갖추어야 한다. MATLAB에서 이러한 애드-온 소프트웨어는 Control Systems toolbox이며, Mathematica에서는 Control Systems Professional이다. Maple에서는 DynamicSystems 내장 라이브러리가 이러한 해법을 구현하고 있다.

역사적 인물들

라플라스(Pierre-Simon Lapace, 1749-1827) 프랑스의 수학자이자 천문학자. 라플라스는 역학에 관한 고전적 연구의 문제해결 기능을 기하학에 기초한 방법에서 미적분학에 기초한 방법으로 발전시켰다. 라플라스 변환 외에도 물리학에서 많이 응용되는 편미분방정식인 라플라스 방정식을 개발하였다. 라플라스 미분 연산자도 그의 이름을 딴 것이다. 라플라스는 블랙홀의 존재와 중력붕괴 개념을 최초로 생각한 천문학자 중 한 사람이다.

헤비사이드(Oliver Heaviside, 1850-1925) 독학으로 공부한 영국의 전기 엔지니어, 수학자, 그리고 물리학자. 헤비사이드는 복소수를 전기회로 분석에 응용하였으며, 라플라스 변환과 동일한 원리를 사용하는 방법으로 미분방정식을 풀었다. 헤비사이드는 또한 전자기력과 에너지 플럭스를 이용하여 전자기장에 관한 맥스웰의 방정식을 재구성하였다. 단위 계단함수는 그를 기념하여 헤비사이드 함수라고도 한다.

연습문제

8-1 함수에 대한 라플라스 변환

8-13C 라플라스 변환을 정의하고, 미분방정식의 풀이 기법으로서 어떤 장점이 있는지 설명하라.

8-14C 라플라스 변환법이 초깃값 문제에 특히 적합한 이유는 무엇인가?

8-15C 함수 $f(t)$에 대한 라플라스 변환은 여전히 t의 함수인가?

모든 $t \geq 0$에 대해 정의되는 다음 함수들에 대한 라플라스 변환을 구하라.

8-16 (a) $f(t) = t^3$ (b) $f(t) = \cosh 2t$

(c) $f(t) = \begin{cases} t, & t \leq 3 \\ 0, & t > 3 \end{cases}$

8-17 (a) $f(t) = \sin \alpha t$ (b) $f(t) = 5t - 3$ (c) $f(t) = te^{-2t}$

(a) $f(t) = e^{3t}$ (b) $f(t) = t^2$

8-18 (a) $f(t) = e^{3t}$ (b) $f(t) = t^2$

(c) $f(t) = \begin{cases} 1, & t \leq 5 \\ 0, & t > 5 \end{cases}$

8-19 (a) $f(t) = e^{2t-1}$ (b) $f(t) = \cos^2 t$

(c) $f(t) = \begin{cases} t, & t \leq 1 \\ 2 - t, & 1 < t \leq 1.5 \\ 0.5, & t > 1.5 \end{cases}$

8-2 라플라스 변환의 존재성

8-20C 어떤 함수에 대한 라플라스 변환이 존재하기 위한 조건은 무엇인가?

8-21C 도약 불연속점이란 무엇인가?

8-22C 지정된 구간 안의 임의의 점에서 어떤 함수의 좌극한과 우극한이 항상 동일하기 위한 조건은 무엇인가?

8-23C 함수가 지수적 차수를 갖는 경우는 언제인가?

8-24C 함수 $f(t)$가 $t \to \infty$에 따라 무한대가 될 경우에도 지수적 차수를 가질 수 있는가?

8-25C 함수가 라플라스 변환을 갖기 위해 조각적 연속이고 지수적 차수를 가져야 하는가?

8-26 다음 함수들이 지수적 차수를 갖는지 결정하라.

(a) $f(t) = 5$ (b) $f(t) = 3t$

(c) e^{-3t^2} (d) $f(t) = e^{2t}$

8-27 다음 함수들이 지수적 차수를 갖는지 결정하라.

(a) $f(t) = 2t^6$ (b) $f(t) = 12\, e^{30t}$

(c) $e^{0.001t^2}$ (d) $f(t) = \begin{Bmatrix} t, & t \le 5 \\ e^{2t^2}, & t > 5 \end{Bmatrix}$

8-28 다음 함수들이 라플라스 변환을 갖는지 결정하라.

(a) $f(t) = 8t^8$ (b) $f(t) = e^{0.3t^2}$

(c) $\sin t^2$ (d) $f(t) = \begin{Bmatrix} e^{2t^2}, & t \le 8 \\ t^2, & t > 8 \end{Bmatrix}$

8-3 라플라스 변환의 기본 성질

8-29C $L\{5t^2 \sin 3t\} = 5t^2 L\{\sin 3t\}$는 참인가? $L\{5t^2 \sin 3t\} = 5L\{t^2 \sin 3t\}$의 경우는?

8-30C $L\{t^2 + e^{5t}\} = L\{t^2\} + L\{e^{5t}\}$는 참인가? $L\{t^2 e^{5t}\} = L\{t^2\} \times L\{e^{5t}\}$의 경우는?

8-31C 라플라스 변환의 이동 성질이란 무엇인가? 이 성질은 크기변환 성질과는 어떻게 다른가?

8-32 두 개의 함수 $f(t)$와 $g(t)$, 그리고 이들에 대한 라플라스 변환 $F(s)$와 $G(s)$가 주어져 있다. $G(s) = sF(s)$일 경우, $f(t)$와 $g(t)$ 사이의 관계는?

8-33 두 개의 함수 $f(t)$와 $g(t)$, 그리고 이들에 대한 라플라스 변환 $F(s)$와 $G(s)$가 주어져 있다. $G(s) = \int_s^\infty F(s)ds$일 경우, $f(t)$와 $g(t)$ 사이의 관계는?

8-34 두 개의 함수 $f(t)$와 $g(t)$, 그리고 이들에 대한 라플라스 변환 $F(s)$와 $G(s)$가 주어져 있다. $G(s) = -d^3F(s)/ds^3$일 경우, $f(t)$와 $g(t)$ 사이의 관계는?

8-35 $L\{f(2t)\} = 2L\{f(t)\}$는 참인가? 이 등식이 성립하는 것은 어떤 종류의 함수들에 대해서인가?

8-36

$$L\{t^n f(t)\} = (-1)^n \frac{d^n F(s)}{ds^n} \qquad \textbf{(8–15 중복)}$$

은 다음과 같이 표현될 수 있음을 보여라.

$$L\{(-t)^n f(t)\} = \frac{d^n F(s)}{ds^n}$$

라플라스 변환의 기본 성질과 표 8-1을 이용하여 다음 각 함수에 대한 라플라스 변환을 구하라.

8-37 (a) $f(t) = t^3 \cos t$ (b) $f(t) = 2t^5 - 3e^{2t+1}$

(c) $f(t) = \int_0^t e^{3t} dt$

8-38 (a) $f(t) = 3t\, e^{-2t} \cos \alpha t$ (b) $f(t) = 2t^2 e^{-3t}$

(c) $f(t) = \dfrac{\cos^2 kt}{t}$

8-39 (a) $f(t) = 6t\, e^{3t} \sin 2t$ (b) $f(t) = 3t \cosh kt$

(c) $f(t) = \sqrt{t} + t^{3/2}$

8-40 (a) $f(t) = t^2 e^{3t+1} \sin \omega t$ (b) $f(t) = te^t$

(c) $f(t) = \int_0^t e^{3t} \sin 2t\, dt$

8-41 (a) $f(t) = 5t^2 \sinh 2t$ (b) $f(t) = 2e^{-3t} t^3$

(c) $f(t) = t^2 e^{5t-2} \cos kt$

8-42 (a) $f(t) = t^{5/2} e^{5t}$ (b) $f(t) = t^3 \sin 3t \cos 3t$

(c) $f(t) = \int_0^t t \cosh 3t$

8-4 계단함수, 주기함수, 충격함수 등에 대한 라플라스 변환

8-43C 단위 계단함수를 정의하고 자연과학 및 공학에서 어떤 가치를 갖는지 설명하라.

8-44C 함수 $u(t - t_0)f(t)$와 $u(t - t_0)f(t - t_0)$가 $f(t)$와 어떻게 다른지 설명하라.

8-45C 주기함수의 특성은 무엇인가? 주기함수는 반드시 연속이어야 하는가?

8-46C 단위 충격함수의 현실적 가치는 무엇인가? 단위 충격함수를 이용하여 표현할 수 있는 물리적으로 의미 있는 함수의 예를 들어라.

8-47C 라플라스 변환이 각기 1과 $1/s$인 두 개의 함수 $f(t)$와 $g(t)$의 차이가 무엇인지 기술하라.

그림 P8-48에서 P8-51까지의 함수를 계단함수와 디락델타 함수를 이용하여 표현하고 이들에 대한 라플라스 변환을 구하라.

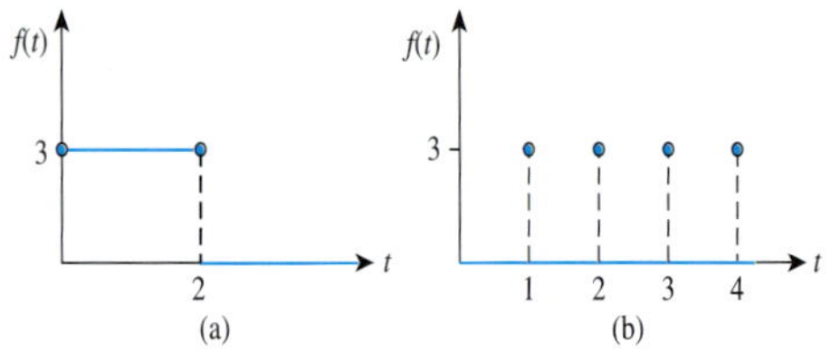

그림 P8-48

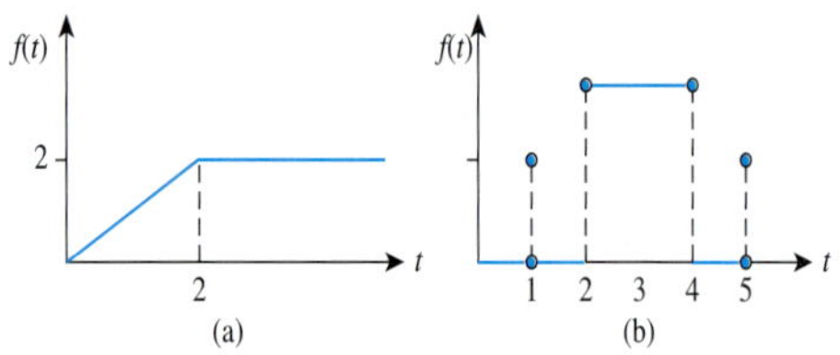

그림 P8-49

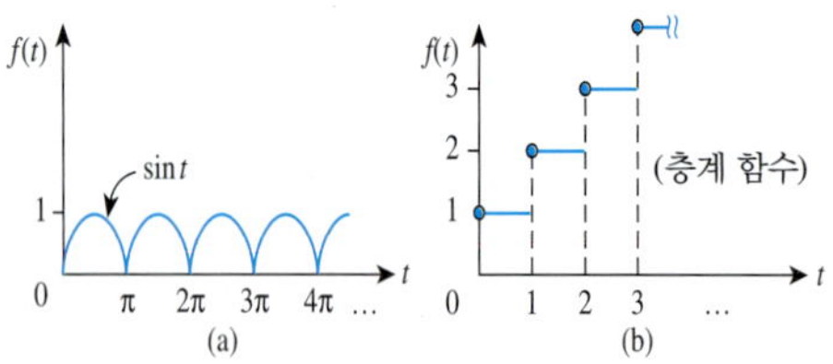

그림 P8-50

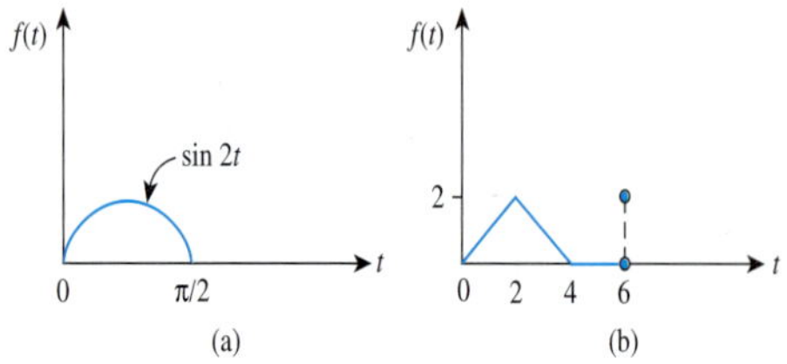

그림 P8-51

다음 함수들에 대해 그래프를 보이고 라플라스 변환을 구하라.

8-52 (a) $f(t) = \begin{cases} 0, & t < 3\pi \\ \sin t, & t \geq 3\pi \end{cases}$

(b) $f(t) = \begin{cases} t, & t \leq 1 \\ 2 - t, & 1 < t \leq 2 \\ 0, & t > 2 \end{cases}$

8-53 (a) $f(t) = \begin{cases} \cos 2t, & t \leq \pi \\ 0, & t > \pi \end{cases}$

(b) $f(t) = \begin{cases} -1, & t < 1 \\ 0, & 1 \leq t \leq 2 \\ 1, & t > 2 \end{cases}$

8-54 (a) $f(t) = \begin{cases} 0, & t < 2 \\ (t-2)^2, & t \geq 2 \end{cases}$

(b) $f(t) = \begin{cases} 0, & t < 3\pi/2 \\ 3\cos t, & 3\pi/2 \leq t \leq 5\pi/2 \\ 0, & t > 5\pi/2 \end{cases}$

8-55 (a) $f(t) = \begin{cases} 0, & t < 3 \\ t^2, & t \geq 3 \end{cases}$ (b) $\begin{cases} 0, & t < 1 \\ 5, & t = 1 \\ 0, & 1 < t < 2 \\ 5, & t = 2 \\ 2, & t > 2 \end{cases}$

다음 주기 p의 주기함수들에 대해 그래프를 보이고 라플라스 변환을 구하라.

8-56 $f(t) = \begin{cases} t, & 0 \leq t < 1 \\ 2 - t, & 1 \leq t < 2 \end{cases}$ $(p = 2)$

8-57 $f(t) = \begin{cases} \sin t, & 0 \leq t < \pi \\ -\sin t, & \pi \leq t < 2\pi \end{cases}$ $(p = 2\pi)$

8-58 $f(t) = \begin{cases} 5, & 0 \leq t < 1 \\ -5, & 1 \leq t < 2 \end{cases}$ $(p = 2)$

8-59 $f(t) = \begin{cases} 2, & 0 \leq t < 5 \\ 0, & 5 \leq t < 10 \end{cases}$ $(p = 10)$

그림 P8-60에서 P8-62의 주기함수들에 대한 라플라스 변환을 구하라.

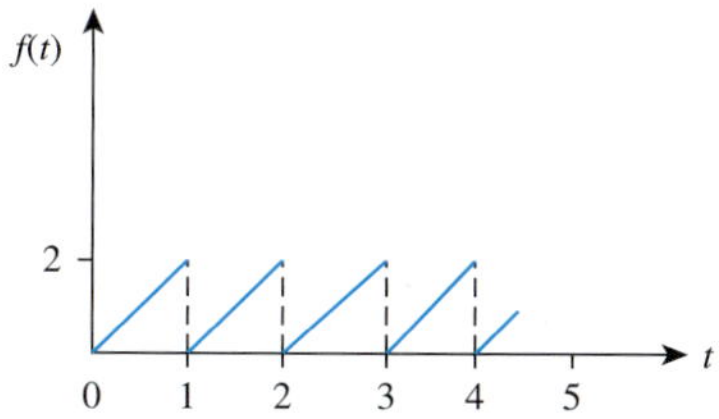

그림 P8-60

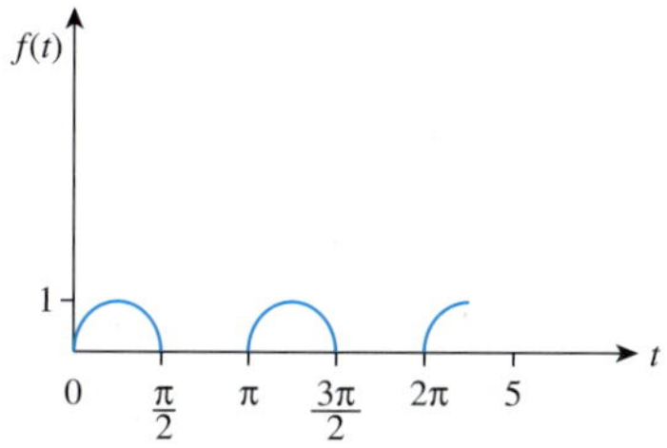

그림 P8-61

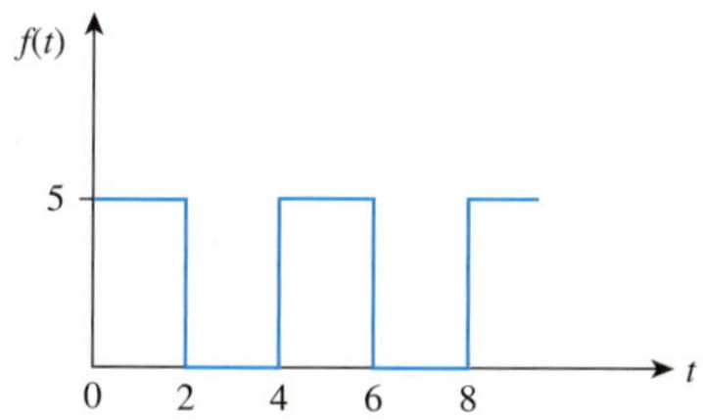

그림 P8-62

8-5 도함수와 미분방정식에 대한 라플라스 변환

8-63C 미분방정식에 대한 라플라스 변환은 어떻게 구하는가?

8-64C $f(t)$가 $t = 5$에서 단위 도약을 갖는 조각적 연속함수일 때, $f'(t)$에 대한 라플라스 변환을 어떻게 표현하겠는가?

다음 각 미분방정식에 대한 라플라스 변환을 결정하고, 미지의 함수에 대한 라플라스 변환 $Y(s)$를 구하라.

8-65 (a) $y''' - 2y' + 5y = 0$ (b) $y'' = 3te^{2t}$

8-66 (a) $y'' - 2y = \sinh 3t$
(b) $y''' + 3y' + 5y = 3\delta(t-5) + e^{2t+1}$

8-67 (a) $y'' + 5y = te^{3t}\sin 2t$
$y' + 3y = e^{2t+1} + 3u(t-0)$

8-6 라플라스 역변환

8-68C 인수 s를 포함하는 라플라스 변환에 대한 역을 구하는 실용적인 방법은 무엇인가?

8-69C 인수 $1/s$를 포함하는 라플라스 변환에 대한 역을 구하는 실용적인 방법은 무엇인가?

8-70C 인수 e^{-ks}를 포함하는 라플라스 변환에 대한 역을 구하는 실용적인 방법은 무엇인가?

라플라스 역변환의 기본 성질과 표 8-1을 이용하여 다음 각 함수에 대한 라플라스 역변환을 구하라. (부분분수법이나 합성곱 정리를 사용해서는 안 된다.)

8-71 (a) $F(s) = \dfrac{e^{-3s}}{s^2+1}$ (b) $F(s) = \dfrac{1}{s+3} - \dfrac{s}{(s-3)^4}$
(c) $F(s) = \dfrac{3}{9s^2+s}$

8-72 (a) $F(s) = \dfrac{s-3}{s+3}$ (b) $F(s) = \dfrac{e^{-4s}}{s^2+2s+2}$
(c) $F(s) = \dfrac{s}{(s-3)^3}$

8-73 (a) $F(s) = \dfrac{s+3}{s^2-1}$ (b) $F(s) = \dfrac{8s}{4s^2+3}$
(c) $F(s) = \dfrac{e^{-2}}{s^6}$

8-74 (a) $F(s) = \dfrac{3s}{4s^2+4s+4}$ (b) $F(s) = \dfrac{2s+1}{(s-1)^3}$
(c) $F(s) = \dfrac{s+1}{s-1}$

8-75 (a) $F(s) = \dfrac{2e^{-2s}}{s^2-9}$ (b) $F(s) = \dfrac{2s+3}{s^2+2s+2}$
(c) $F(s) = \dfrac{s-2}{s^2+1}$

8-76 (a) $F(s) = \dfrac{s}{(s-k)^2+a^2}$ (b) $F(s) = 3e^{-2s}$
(c) $F(s) = \dfrac{3s+1}{s-2}$

8-7 부분분수

8-77C 부분분수법은 무엇인가? 어디에 사용되는가?

8-78C 유리분수가 진분수가 되기 위한 조건은 무엇인가?

8-79C 부분분수법에서 반복되는 인수들은 어떻게 처리되는가?

8-80C 부분분수법에서 부분분수를 적절히 선택하였는지 확인할 방법이 있는가?

필요할 경우 부분분수법을 사용하여 다음 각 함수에 대한 라플라스 역변환을 구하라.

8-81 (a) $F(s) = \dfrac{2s^2+1}{s^2(s-2)}$ (b) $F(s) = \dfrac{s^2+1}{s^2(s^2+4s+8)}$

8-82 (a) $F(s) = \dfrac{1}{(s+4)(s^2+1)}$

(b) $F(s) = \dfrac{s^3+5s-1}{(s+1)^2(s^2+4s+2)}$

8-83 (a) $F(s) = \dfrac{5s+1}{s^3(s^2-1)}$

(b) $F(s) = \dfrac{s+1}{s^2(2s^2+s+1)}$

8-84 (a) $F(s) = \dfrac{s^2+2s-1}{s(s-1)^3(s+3)}$

(b) $F(s) = \dfrac{2s^2+1}{s^3(s+5)}$

8-85 (a) $F(s) = \dfrac{s^2+s+2}{s(s^2+6s+5)}$

(b) $F(s) = \dfrac{s^2+4}{s^2(s-1)(s+4)}$

8-86 (a) $F(s) = \dfrac{4s^2+1}{s(s+4)(s-5)}$ (b) $F(s) = \dfrac{s^2-1}{s(s^2+1)}$

8-8 합성곱 정리

8-87C 합성곱 정리의 중요성은 무엇인가? 합성곱 정리는 어떻게 표현되는가?

8-88C $L^{-1}\{F(s)G(s)\} = f(t)g(t)$는 참인가? 이유를 설명하라.

8-89C 식 8-57의 마지막 두 표현식이 동일함을 보여라.

합성곱 정리를 이용하여 다음 함수들에 대한 라플라스 역변환을 구하라.

8-90 (a) $Y(s) = \dfrac{e^{-3s}}{s(s^2+4s+3)}$

(b) $Y(s) = \dfrac{s}{(s+1)(s^2+4)}$

8-91 (a) $Y(s) = \dfrac{8}{s^3(s^2-1)}$ (b) $Y(s) = \dfrac{1}{s(s+4)}$

8-92 (a) $Y(s) = \dfrac{s+1}{s^2(s^2-1)}$

(b) $Y(s) = \dfrac{1}{(s+1)^2(s^2+4)}$

8-93 (a) $Y(s) = \dfrac{3e^{-2s}}{(s+3)(s-1)^2}$

(b) $Y(s) = \dfrac{4}{s(s^2+2s-3)(s-3)}$

부분분수법과 합성곱 정리 모두를 이용하여 다음 함수들에 대한 라플라스 역변환을 구하라.

8-94 (a) $Y(s) = \dfrac{5}{s^2(s+1)}$

(b) $Y(s) = \dfrac{s+1}{[(s+1)^2+4](s-2)}$

8-95 (a) $Y(s) = \dfrac{4}{s(s^4-16)}$

(b) $Y(s) = \dfrac{2}{s(s^2+2s+5)}$

8-96 (a) $Y(s) = \dfrac{2e^{-3s}}{s^2(s^2+1)}$

(b) $Y(s) = \dfrac{s}{(s-2)^2(s+3)}$

8-97 (a) $Y(s) = \dfrac{2}{s^3(s-1)(s+2)}$

(b) $Y(s) = \dfrac{3}{s(2s^2+8)}$

8-98 (a) $Y(s) = \dfrac{6s}{(s+3)(s^2-5)}$ (b) $Y(s) = \dfrac{4s^2}{s^4-1}$

8–9 라플라스 변환에 의한 미분방정식 풀이

8-99C 라플라스 변환법으로 초깃값 문제를 풀 때의 기본 단계들은 무엇인가?

8-100C 라플라스 변환법을 사용할 때 초깃값 문제의 초기조건들은 해에 어떻게 반영되는가?

라플라스 변환을 이용하여 다음 초깃값 문제를 풀어라.

8-101 $y' + 3y = \cos t,\ y(0) = -1$

8-102 $y' + 10y = 2\cos t,\ y(0) = 0$

8-103 $y' + 0.001y = e^{-0.02t},\ y(0) = 0$

8-104 $y' + 0.02y = 30,\ y(0) = 80$

8-105 $x'' + 3x' + x = 0,\ x(0) = 0,\ x'(0) = 5$

8-106 $x'' + 4x = [1 - u(t-\pi)]\sin 2t,\ x(0) = 1,\ x'(0) = 2$

8-107 $x'' + x' = e^{-t}\sin t,\ x(0) = 0,\ x'(0) = 1$

8-108 $y'' + 80y = 4[u(t-1) - u(t-2)],$
$y(0) = 0,\ y'(0) = 2$

8-109 $y'' + 10y' + 140y = 6\delta(t-0) + u(t-1),$
$y(0) = y'(0) = 0$

8-110 $y'' + 2y' + 3y = 3\delta(t) + u(t-2),\ y(0) = 2,$
$y'(0) = 0$

8-111 $y'' + 3y' - 2y = 0,\ y(2) = 1,\ y'(0) = 0$

8-112 $y'' - 4y = 2\sinh 3t,\ y(0) = y'(0) = 0$

8-113 $y'' - y = 5\delta(t-0),\ y(0) = y'(0) = 0$

8-114 $y''' - 8y = e^{-2t},\ y(0) = y'(0) = y''(0) = 0$

8-115 $y''' + 3y' + 4y = 2t^2 + 5,\ y(0) = 2,\ y'(0) = 1,$
$y''(0) = 0$

8-116 $y' + y = te^{-t},\ y(1) = 2$

8-117 $y^{iv} = 8,\ y(0) = y'(0) = 0,\ y(1) = 0,\ y'(1) = 2$

8-118 $y'' + y = \sin 2t,\ y(3) = 2,\ y'(3) = 1$

8-119 $y'' + 8y' = e^t\sin t,\ y(\pi) = 1,\ y'(\pi) = 2$

다음 방정식들에 대해 전달함수 $Y(s)/F(s)$를 구하라.

8-120 $y' + 3y = f(t)$

8-121 $y'' + 3y' + x = f(t)$

8–10 라플라스 변환에 의한 선형 연립미분방정식의 풀이

8-122C 라플라스 변환법으로 연립방정식 초깃값 문제를 풀 때의 기본 단계들은 무엇인가?

라플라스 변환을 사용하여 다음 연립방정식 초깃값 문제의 해를 구하라.

8-123 $x'' + x - 2y = 3\delta(t),\ y' + 5x = 0,$
$x(0) = x'(0) = 0,\ y(0) = 1$

8-124 $x'' + y' = 5e^{-t},\ y'' - x = \sin t,\ x(0) = 1,$
$x'(0) = 0,\ y(0) = -2,\ y'(0) = 0$

8-125 $x'' + x + y' = \cos t,\ y'' + 2x = e^{-t},\ x(0) = -1,$
$x'(0) = 1,\ y(0) = 0,\ y'(0) = 0$

8-126 $x_1' - 3x_2' + 4x_1 - 5x_2 = 0,\ x_2' - x_1' + 3x_2 = 5,$
$x_1(0) = 0,\ x_2(0) = 0$

8-127 $x' + y + z = e^{-4t},\ y' + x' - x = 0,$
$z' - z + y = \sin t,\ x(0) = y(0) = 0,\ z(0) = 3$

8-128 다음 방정식들에 대해 전달함수 $X(s)/F(s)$와 $Y(s)/F(s)$를 구하라.

$$x'' + x + y = 3f(t),\ y' + x = f(t)$$

8-129 다음 방정식들에 대해 전달함수 $X_1(s)/F(s)$와 $X_2(s)/G(s)$를 구하라.

$$x_1' - 3x_2' + 4x_1 - 5x_2 = f(t) - 4g(t),$$
$$x_2' - x_1' + 3x_2 = 6f(t)$$

8-130 다음 방정식들에 대해 전달함수 $X(s)/F(s)$와 $X(s)/G(s)$를 구하라.

$$x' + y + z = 3f(t) + g(t),\ y' + x' - x = f(t),$$
$$z' - z + y = 10f(t)$$

라플라스 변환을 사용하여 다음 각 연립방정식 $\mathbf{x}' = \mathbf{A}\mathbf{x}$에 대한 추이행렬 $\boldsymbol{\phi}(t)$를 구하라. $\mathbf{A}$는 해당 문제에서 주어진다.

8-131 $\mathbf{A} = \frac{1}{3}\begin{pmatrix} -9 & 9 \\ 1 & -9 \end{pmatrix}$

8-132 $\mathbf{A} = \begin{pmatrix} 1 & 1 \\ 0 & 1 \end{pmatrix}$

8-133 $\mathbf{A} = \begin{pmatrix} 0 & 1 \\ -10 & -2 \end{pmatrix}$

8-134 두 개의 입력 $f_1(t), f_2(t)$를 갖는 연립방정식

$$x_1' = 5x_1 - 3x_2 + 4f_1(t) - 5f_2(t)$$
$$x_2' = -7x_1 - 3x_2 + f_1(t) - 9f_2(t)$$

에 대해 출력 x_1을 위한 전달함수 행렬을 구하라.

8-135 $\mathbf{r}(t)$가 모두 $t = 0$에서 시작하며 각기 다른 크기를 갖는 계단함수들의 벡터 $\mathbf{p}$인 경우에 대해 연립방정식 $\mathbf{x}' = \mathbf{A}\mathbf{x} + \mathbf{B}\mathbf{r}(t)$의 강제반응을 구하라. (힌트: $\boldsymbol{\phi}(t)$를 위한 급수 전개를 사용하라. 그러나 답으로 급수표현을 사용해서는 안 된다.)

$$\boldsymbol{\phi}(t) = \mathbf{I} + \mathbf{A}t + \frac{1}{2!}\mathbf{A}^2t^2 + \frac{1}{3!}\mathbf{A}^3t^3 + \cdots$$

8-136 $\mathbf{r}(t)$가 모두 $t = 0$에서 시작하는 경사로 함수들의 벡터인 경우에 대해 연립방정식 $\mathbf{x}' = \mathbf{A}\mathbf{x} + \mathbf{B}\mathbf{r}(t)$의 강제반응을 구하라. $\mathbf{r}(t)$는 경사로의 기울기들을 포함하는 벡터 $\mathbf{q}$에 대해 $\mathbf{r}(t) = \mathbf{q}(t)$로 주어진다. (힌트: $\boldsymbol{\phi}(t)$를 위한 급수 전개를 사용하라. 그러나 답으로 급수표현을 사용해서는 안 된다.)

8-11 컴퓨터를 이용한 라플라스 변환

8-137 컴퓨터로 라플라스 변환법을 수행하여 초기조건들이 0인 다음 각 모델에 대해 단위 계단 반응을 구하라.

(a) $3x'' + 21x' + 30x = u(t)$

(b) $5x'' + 20x' + 65x = u(t)$

(c) $4x'' + 32x' + 60x = 3u'(t) + 2u(t)$

(d) $x''' + 10x'' + 31x' + 30x = 3u'(t) + 2u(t)$

8-138 컴퓨터로 라플라스 변환법을 수행하여 초기조건들이 0인 다음 각 모델에 대해 단위 충격 반응을 구하라.

(a) $3x'' + 21x' + 30x = \delta(t)$

(b) $5x'' + 20x' + 65x = \delta(t)$

8-139 컴퓨터로 라플라스 변환법을 수행하여 초기조건들이 0이고 입력이 $f(t) = 5t$로 주어지는 다음 각 모델의 반응을 구간 $0 \le t \le 1.5$에 대해 구하라.

(a) $3x'' + 21x' + 30x = f(t)$

(b) $5x'' + 20x' + 65x = f(t)$

(c) $4x'' + 32x' + 60x = 3f'(t) + 2f(t)$

(d) $x''' + 10x'' + 31x' + 30x = 3f'(t) + 2f(t)$

8-140 컴퓨터로 라플라스 변환법을 수행하여 초기조건들이 0이고 입력 $f(t)$가 높이는 3이고 지속시간은 5인 사각형 펄스로 주어지는 다음 각 모델의 반응을 구하라.

$$4x' + x = f(t)$$

8-141 컴퓨터를 사용하여 초기조건들이 0인 다음 각 모델에 대해 단위 계단 반응에 대한 그래프를 보여라.

(a) $3x'' + 21x' + 30x = u(t)$

(b) $5x'' + 20x' + 65x = u(t)$

(c) $4x'' + 32x' + 60x = 3u'(t) + 2u(t)$

(d) $x''' + 10x'' + 31x' + 30x = 3u'(t) + 2u(t)$

8-142 컴퓨터를 사용하여 초기조건들이 0인 다음 각 모델에 대해 단위 충격 반응에 대한 그래프를 보여라.

(a) $3x'' + 21x' + 30x = \delta(t)$

(b) $5x'' + 20x' + 65x = \delta(t)$

8-143 컴퓨터로 라플라스 변환법을 수행하여 초기조건들이 0이고 입력이 $f(t) = 5t$로 주어지는 다음 각 모델의 반응에 대한 구간 $0 \le t \le 1.5$ 상의 그래프를 보여라.

(a) $3x'' + 21x' + 30x = f(t)$

(b) $5x'' + 20x' + 65x = f(t)$

(c) $4x'' + 32x' + 60x = 3f'(t) + 2f(t)$

(d) $x''' + 10x'' + 31x' + 30x = 3f'(t) + 2f(t)$

8-144 컴퓨터로 라플라스 변환법을 수행하여 초기조건들이 0이고 입력이 $f(t) = 6\cos 3t$로 주어지는 다음 각 모델의 반응에 대한 구간 $0 \le t \le 6$ 상의 그래프를 보여라.

(a) $3x'' + 21x' + 30x = f(t)$

(b) $5x'' + 20x' + 65x = f(t)$

(c) $4x'' + 32x' + 60x = 3f'(t) + 2f(t)$

(d) $x''' + 10x'' + 31x' + 30x = 3f'(t) + 2f(t)$

8-145 전기자 제어식 DC 모터를 위한 방정식들이 다음과 같이 주어진다. 모터의 전류는 i이고 회전속도는 ω이다.

$$L\frac{di}{dt} = -Ri - K_b\omega + v(t)$$

$$I\frac{d\omega}{dt} = K_T i - c\omega$$

여기에서 L, R, I는 모터의 인덕턴스, 저항, 관성력을 나타내며, K_T와 K_b는 토크 상수와 역기전력 상수, c는 점성 감쇠 상수, $v(t)$는 인가전압이다. $R = 0.8\Omega$, $L = 4 \times 10^{-3}$H, $K_T = 0.2$N · m/A, $K_b = 0.2$V · s/rad, $c = 5 \times 10^{-4}$, $I = 5 \times 10^{-4}$kg · m^2 등의 값을 사용하라.

(a) 컴퓨터를 사용하여 전달함수 $I(s)/V(s)$와 $\Omega(s)/V(s)$를 구하라.

(b) 인가전압이 크기 10V의 계단함수로 주어진다고 하자. 모터의 속도 및 전류 대 시간에 대한 그래프를 보여라. 그래프에서 전류의 최댓값을 찾아라.

(c) 인가전압은 순간적으로 증가되는 것이 아니라 $v(t) = 10(1 - e^{-100t})$V와 같이 주어진다고 하자. 모터의 속도 및 전류 대 시간에 대한 그래프를 보여라. 그래프에서 전류의 최댓값을 찾아라. (b)에서 구한 최댓값과 비교해 보라.

복습문제

8-146 그림 P8-146의 그래프가 나타내는 함수에 대한 라플라스 변환을 구하라.

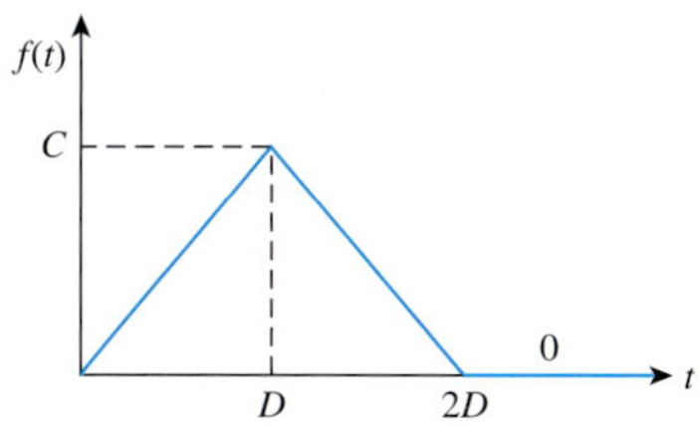

그림 P8-146

8-147 그림 P8-147의 그래프가 나타내는 함수에 대한 라플라스 변환을 구하라.

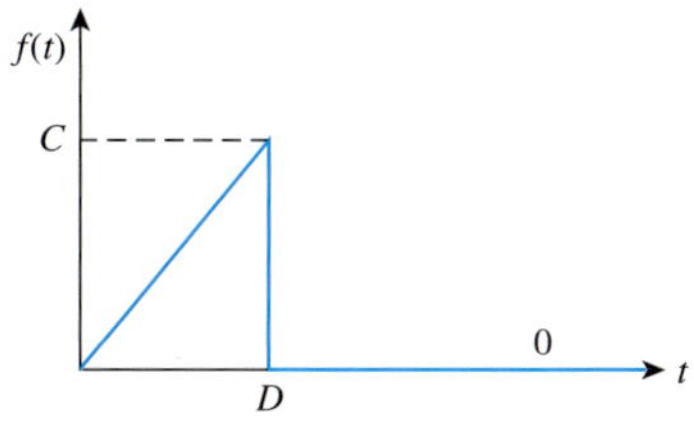

그림 P8-147

8-148 그림 P8-148의 그래프가 나타내는 함수에 대한 라플라스 변환을 구하라.

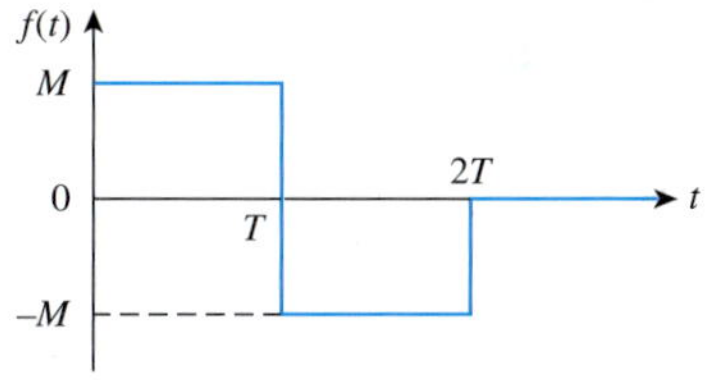

그림 P8-148

8-149 다음과 같은 방정식이 주어져 있다.

$$x' + x = \tan t$$

이 방정식은 라플라스 변환법으로 풀 수 없는데, 이는 tan t에 대한 라플라스 변환이 존재하지 않기 때문이다. 이 방정식에 대한 근사 해는 tan t를 급수 근사식으로 대체함으로써 구할 수 있다. 급수에서 사용되는 항의 개수는 $x(t)$에 대해 얻는 해의 정확도에 영향을 미친다. tan t를 위한 테일러 급수 전개식은 다음과 같다.

$$\tan t = t + \frac{t^3}{3} + \frac{2t^5}{15} + \frac{17t^7}{315} + \cdots \quad |t| < \frac{\pi}{2}$$

항의 개수를 많이 남길수록 급수의 정확도가 높아진다. 또한 t의 절댓값이 증가함에 따라 급수의 정확도는 낮아진다.

구간 $0 \le t \le 0.5$에서 $x(t)$를 위한 닫힌 형식의 근사 해를 얻기 위해 급수의 첫 세 항에 라플라스 변환을 적용하라.

8-150 방정식 $x'' = d(t)$에 대한 단위 충격 반응을 구하라. 초기조건은 $x(0) = 5$ 그리고 $x'(0) = 10$이다.

8-151 다음 방정식에 대한 단위 충격 반응을 구하라. 초기조건은 $x(0) = 0$ 그리고 $x'(0) = 0$이다.

$$2x'' + 14x' + 20x = \delta(t)$$

8-152 그림 P8-152는 전신 회선에 대한 회로도를 나타낸다. 저항 R은 회선 저항이며 L은 수신기를 작동시키는 코일의 인덕턴스이다. 스위치는 전신기 키를 나타낸다. 점 부호를 송신할 때 키는 0.1s 동안 닫힌다고 가정한다. $R = 20\Omega$, $L = 4\text{H}$ 등의 값을 사용하여 코일을 지나는 전류 $i(t)$를 위한 표현식을 구하라.

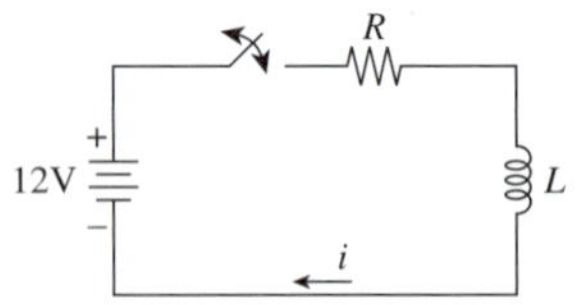

그림 P8-152

8-153 그림 P8-153에서와 같이 두 개의 질량체가 충돌한다. 그림의 (a) 부분은 충돌 전의 상황을 나타내며, (b) 부분은 충돌 후의 상황을 나타낸다.

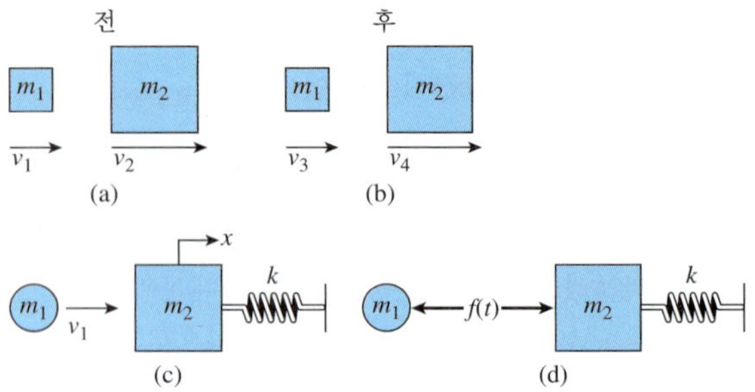

그림 P8-153

두 개의 질량체를 단일 시스템으로 취급할 때, 이 시스템에 어떤 외력도 작용하지 않으며 운동량은 보존된다. 따라서

$$m_1v_1 + m_2v_2 = m_1v_3 + m_2v_4$$

이 충돌이 *완전탄성* 충돌일 경우 운동에너지가 보존된다. 따라서

$$\frac{1}{2}m_1v_1^2 + \frac{1}{2}m_2v_2^2 = \frac{1}{2}m_1v_3^2 + \frac{1}{2}m_2v_4^2$$

가장 일반적인 응용에서는 v_1이 알려져 있고 질량체 m_2가 초기에 정지되어 있는 상황이다. 따라서 $v_2 = 0$이 된다. 이 경우 이 방정식은

$$v_1 = v_3 + rv_4 \qquad v_1^2 = v_3^2 + rv_4^2$$

로 축소되는데, 이때 $r = m_2/m_1$이다. 이 방정식들에 대한 해는 다음과 같다.

$$v_3 = \frac{1-r}{1+r}v_1 \qquad v_4 = \frac{2}{1+r}v_1$$

이제 그림 P8-153(c)와 (d)가 나타내는 시스템을 생각해보자. v_1의 속도로 움직이고 있던 질량체 $m_1 = m$이 질량체 $m_2 = 10m$에 부딪친 후 되튀어 나온다고 가정한다. 또 이 충돌은 완전탄성 충돌이라고 가정한다. 충돌이 일어날 때 각 질량체에 작용하는 충격력은 $f(t)$이며 이는 미지의 함수이다. 이 충돌 후의 변위 $x(t)$를 위한 표현식을 구하라.

8-154 다음 입력함수에 대해 모델 $v' = f(t) - 5v$의 강제 반응을 구하라. 초기조건은 $v(0) = 0$이다.

$$f(t) = \begin{cases} 4t, & 0 \le t \le 2 \\ -4t + 16, & 2 < t < 4 \\ 0, & t > 4 \end{cases}$$

(*힌트*: 경사로 반응과 이동에 관한 정리를 이용하라.)

8-155 그림 P8-155를 참조하라. 질량이 10kg이고 면적이 $2.4 \times 10^{-2}\text{m}^2$인 피스톤이 실린더 안에서 미끄러지고 있으며 마찰은 무시할 수 있을 정도이다. 시점 $t = 0$에서 공기 밸브가 열리고 압력 $p(t)$는 다음과 같이 감쇠한다.

$$p(t) = p_a + p_0e^{-t/\tau}$$

초기 압력 $p(0)$은 대기압 p_a보다 30kPa만큼 높으며, 시점 $= 0.2\text{s}$에서는 대기압보다 15kPa만큼 높다. 강성도는 $k = 1000\text{N/m}$이다. (a) p_0의 값과 시간상수 τ를 구하라. (b) 피스톤 변위 $x(t)$를 위한 표현식을 구하라.

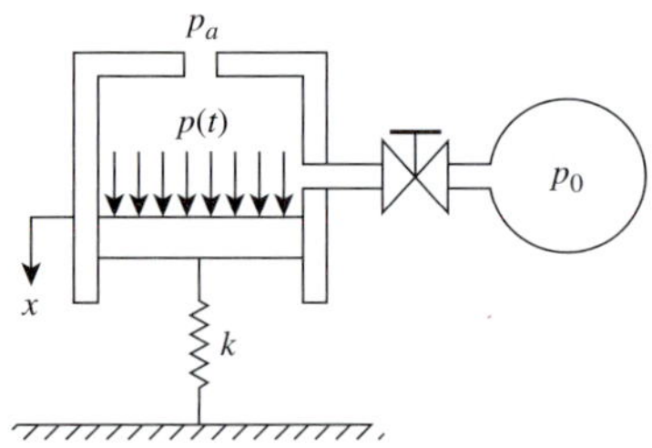

그림 P8-155

8-156 그림 P8-156은 우주 캡슐 안에서 강성도 k의 현가장치에 의해 지지되는 질량 m의 장치를 표현하고 있다. 로켓이 발사될 때 가속도 y''는 $y'' = bt$에 따라 증가하는데, 여기에서 b는 상수이다. $z = x - y$로 두고 $z(0) = z'(0) = 0$이라고 가정한다. 상대적 변위 $z(t)$와 장치가 감지하는 가속도 $x''(t)$를 위한 표현식을 구하라.

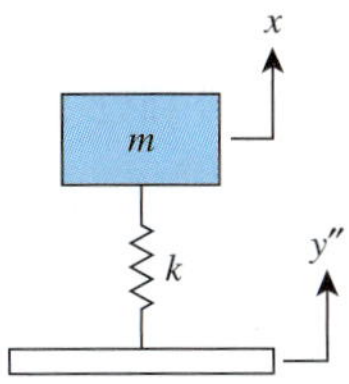

그림 P8-156

8-157 그림 P8-156은 우주 캡슐 안의 비행사와 의자를 표현하고 있다. 의자는 강성도 k의 현가장치에 의해 지지된다. 로켓의 최종 발사 단계에서 가속도 y''는 $y'' = ae^{bt}$에 따라 증가하는데, 여기에서 a, b는 상수이다. $z = x - y$로 두고 $z(0) = z'(0) = 0$이라고 가정한다. 비행사가 감지하는 가속도 $x''(t)$를 위한 표현식을 구하라.

8-158 그림 P8-158을 참조하라. 시점 $t = 0$에서 v_0의 속도로 움직이는 화물승강기가 일정한 감속을 통해 시점 T에서 속도가 0이 된다. 따라서

$$v(t) = v_0\left(1 - \frac{t}{T}\right) \qquad 0 \le t \le T$$

$$v(t) = 0 \qquad t > T$$

이 승강기는 강성도 k의 완충 포장재로 포장된 질량 m의 화물을 싣고 있다. $x(0) = x'(0) = 0$을 가정하고 구간 $0 \le t \le T$에서 변위 $x(t)$를 위한 표현식을 구하라.

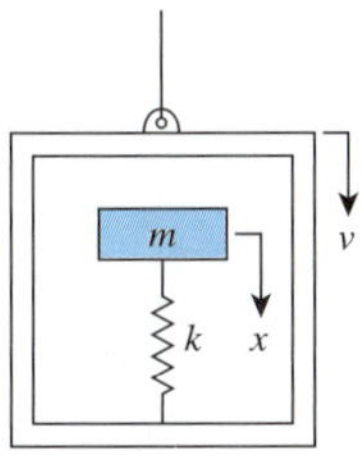

그림 P8-158

8-159 그림 P8-159a는 분사력이 $f(t)$인 물탱크를 보이고 있다. 이 탱크와 지지기둥을 그림의 (b) 부분에서 보이고 있는 질량체-스프링 시스템으로 모델링할 것이다. 시간의 함수로 표현되는 분사력은 그림의 (c) 부분에서 보이고 있다. 초기조건들은 모두 0이라고 가정하고 구간 $0 \le t \le T$에서 질량체의 변위 $x(t)$를 위한 표현식을 구하라.

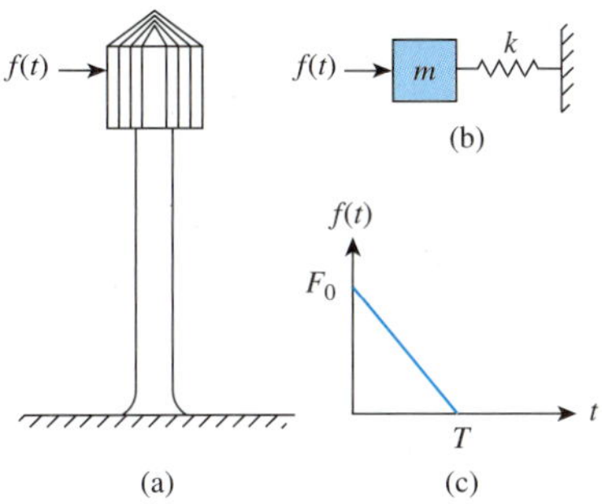

그림 P8-159

8-160 그림 P8-160은 과속방지턱에 부딪친 차량을 단순화하여 표현하고 있다. 타이어가 처음 과속방지턱에 닿을 때의 수직변위 x를 0으로 둔다. 차량의 수평속도 v는 일정하며 이 시스템에는 임계감쇠가 적용된다고 가정하고 $x(t)$를 위한 표현식을 구하라.

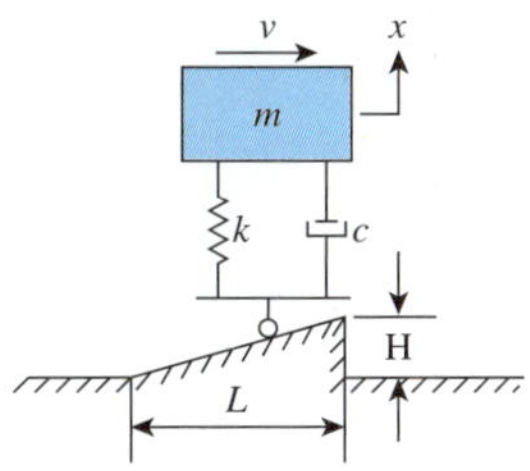

그림 P8-160

8-161 길이 L의 균일 재질 외팔보의 중앙 지점 $x = L/2$에 힘 f_0이 집중되어 있다(그림 P8-161). 이 결과로 보에 대한 수직편향 $y(x)$는

$$EI\frac{d^4y}{dx^4} = f_0\delta\left(x - \frac{L}{2}\right)$$

와 같이 주어지며, 여기에서 E는 보의 재질에 종속되는 길이탄성률이고 I는 보의 기하학적 형태에 종속되는 관성모멘트이다. 라플라스 변환을 사용하여 주어진 경계조건 $y(0) = y'(0) = y''(L) = y'''(L) = 0$에 대한 편향 $y(x)$를 구하라.

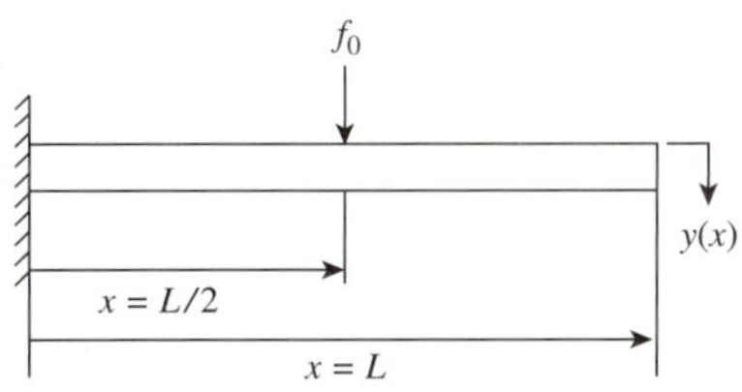

그림 P8-161

8-162 길이 L의 균일 재질 외팔보의 단위 길이 당

$$f(x) = \frac{2f_0}{L}\left[\frac{L}{2} - x + \left(x - \frac{L}{2}\right)u\left(x - \frac{L}{2}\right)\right]$$

로 주어지는 힘 $f(t)$가 분산적으로 작용한다(그림 P8-162). 이 결과로 보에 대한 수직편향 $y(x)$는

$$EI\frac{d^4y}{dx^4} = f(x)$$

와 같이 주어지며, 여기에서 E는 보의 재질에 종속되는 길이탄성률이고 I는 보의 기하학적 형태에 종속되는 관성모멘트이다. 라플라스 변환을 사용하여 주어진 경계조건 $y(0) = y'(0) = y''(L) = y'''(L) = 0$에 대한 편향 $y(x)$를 구하라.

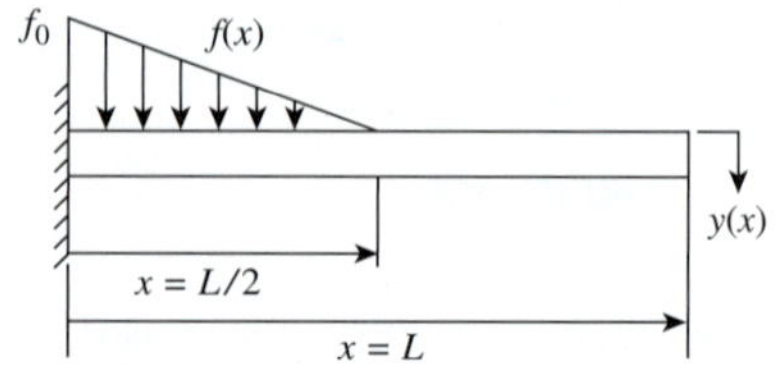

그림 P8-162

CHAPTER 9

미분방정식에 대한 수치해법

지금까지는 확립된 해법들을 이용하여 해석적으로 풀 수 있는 미분방정식들만 고려하였으며, 이러한 해 함수를 *해석적 해* 또는 *닫힌 형식의 해*라고 한다. 이러한 해의 형태는 양함수해일 수도 있는데, 이는 $y = x^2$와 같이 종속변수가 독립변수들의 양함수임을 의미한다. 이러한 해는 매우 유용한데, 이는 풀이 과정에서 근사를 이용하지 않는 정확한 해이며 또 임의의 점에서 해의 값을 구하고자 할 때 해당 점에서의 독립변수 값을 양함수에 대입하기만 하면 되기 때문이다. 이는 양함수 형태의 해석적 해에서 특히 명백하다. 해석적 해에 따라서는 $y + 3xe^{-y} = 5$와 같이 *음함수 형태*로 주어질 수도 있다. 이러한 해에 대해 y값 대 x값의 표나 그래프를 구하기 위해 수치적으로 근을 구하는 방법이 필요하다.

유감스럽게도 미분방정식 중에는 정확한 해석적 해를 구할 수 있는 경우가 많지 않다. 현실에서 접하는 비선형 미분방정식이나 변수계수 미분방정식들의 대부분은 해석적 해를 구할 수 없다. 정확한 해를 얻을 수 없을 경우에는 방정식 안의 비선형 항들에 대한 선형 근사를 이용하는 등의 방법으로 구한 근사 해로 만족하거나 그래프나 수치 표 형태로 주어지는 수치해로 만족할 수밖에 없다. 이 장에서는 수치해를 구하는 방법들을 살펴볼 것이다.

이 장에서는 미분방정식에 대한 수치해법과 긴밀한 연관성을 갖는 *수치적 적분*을 먼저 살펴볼 것이다. 결국 미분방정식을 푸는 것은 (크게 보면) 적분을 수행하는 것과 같다. 상미분방정식의 풀이에 사용할 수 있는 다양한 수치해법들 중에서 오일러 해법을 가장 먼저 살펴볼 텐데, 이 해법은 때로 정확도는 충분하지 않지만 가장 단순한 해법이다. 그 다음에 *개량 오일러 해법*을 살펴볼 텐데, 이 해법은 오일러 해법보다는 좀 더 복잡하지만 훨씬 정확하다. 다음으로 4계 *룬게-쿠타법*을 소개할 텐데, 이 방법은 대단히 정확하며 실제로 상미분방정식의 풀이에 가장 널리 사용되는 수치해법 중의 하나이다. 또한 몇 가지 *예측자 수정자법*을 살펴보고 다양한 방법들의 정확도와 복잡도를 평가할 것이다.

이 장의 논의 전반에 걸쳐 간소화를 위해 예제로는 1계 초깃값 문제 또는 1계 연립방정식 초깃값 문제를 고려할 것이다. 그러나 이 장에서 소개되는 절차들은 고계 미분방정식들의 풀이에도 사용될 수 있는데, 이는 임의의 n계 미분방정식은

학습목표

이 장을 마친 후에는 다음과 같은 능력을 갖출 수 있을 것이다.

1. 도함수가 독립변수만의 함수일 때 사각형 적분법, 사다리꼴 법칙, 심슨 법칙 등으로 1계 미분방정식을 푼다.
2. 오일러 해법과 개량 오일러 해법을 이용하여 독립변수와 종속변수의 함수로 이루어지는 도함수를 갖는 1계 미분방정식이나 1계 연립미분방정식을 푼다.
3. 반올림 오차, 국부 이산 오차, 누적 이산 오차 등의 근원을 논의한다.
4. 사각형 적분법, 사다리꼴 법칙, 심슨 법칙, 테일러급수 해법, 고전적인 4계 룬게-쿠타법, 4계 애덤스-몰턴 예측자 수정자법 등을 구현하는 프로그램을 작성한다.
5. 컴퓨터 패키지를 사용하여 풀이가 가능한 임의의 상미분방정식 모음에 대한 수치해를 구한다.

n개의 1계 방정식으로 구성된 연립방정식으로 표현될 수 있기 때문이다. 또한 고려되는 문제들이 관심 대상 구간에서 유일한 해를 갖도록 존재성 및 유일성 조건을 만족한다고 가정한다. 수치해법들은 임의상수들을 갖는 해를 만들어내지는 못하므로 n계 미분방정식이 유일한 해를 갖도록 충분한 초기조건들을 지정해야 한다는 점을 유의하기 바란다.

최근의 상용 컴퓨터 패키지들은 이 장에서 소개되는 해법들에 대한 훌륭한 구현과 확장들을 포함한다. 이들은 사용하기 쉬우며, 이 교재에서 다루는 유형의 방정식들을 처리할 수 있도록 강력한 기능들을 갖추고 있다. 9-10절에서 이러한 도구들의 사용 예들을 살펴볼 것이다.

이러한 도구들은 강력하고 사용하기 쉬우며 널리 제공되어 있지만, 이 장 곳곳에서 논의 대상 수치해법을 설명하기 위한 여러 프로그램들을 보여주고 있다. 이러한 결정은 "어떤 해법을 프로그램할 수 있을 정도라면 그 해법을 충분히 이해한 것이다"라는 철학에 기초한 것이다. 프로그램들은 MATLAB으로 작성되어 있지만, MATLAB의 특별한 기능들을 이용하고 있지는 않다. 프로그램들은 ("for" 루프와 같은) 일반적인 구조를 이용하고 있으므로 Maple이나 Mathematica와 같은 다른 언어들로 쉽게 번역할 수 있을 것이다.

간략한 소개만을 원하는 학생들은 수치해법들에 대한 기본 개념들을 다루는 9-1에서 9-4절까지를 읽고 상용 풀이 함수의 용법을 소개하는 9-10절로 넘어갈 수 있을 것이다.

9-1 ▪ 수치적 적분

1계 초깃값 문제

$$\frac{dy}{dx} = f(x), \quad y(0) = 0 \tag{9-1}$$

을 푸는 것은 다음 정적분을 계산하는 것과 동치이다.

$$y(x) = \int_0^x f(x)\,dx \tag{9-2}$$

그러나 적분에 따라서는 해석적으로 수행할 수 없는 경우도 있으며, 따라서 닫힌 형식의 해를 구하지 못하게 된다. 예를 들면, 적분 $\int e^{-x^2}dx$는 매우 단순해 보이지만, 어떤 적분 표에서도 이러한 적분을 발견하지는 못할 것이다. 이러한 경우 수치해법을 사용하여 근사적으로 적분을 수행할 수밖에 없다. 따라서 수치적 적분을 잘 이해하는 것이 이러한 적분의 수행에 필수적이다.

이제 몇 가지 널리 사용되는 단순한 수치적 적분법을 소개할 텐데, 논의 전체에 걸쳐 함수 $f(x) = 7x - 6x^2$을 예로 든다. 적분한계 0과 1 사이에서 이 함수에 대한 적분은 다음과 같다.

$$I = \int_0^1 f(x)\,dx = \int_0^1 (7x - 6x^2)\,dx = \left| 3.5x^2 - 2x^3 \right|_0^1 = 1.5 \qquad \textbf{(9–3)}$$

해석적 적분을 통해 정확한 값을 얻는다는 사실과 함수에 대한 정적분은 함수가 나타내는 곡선 아래의 면적을 나타낸다는 사실에 유의한 결론은 그림 9-1에서 보여주듯이 0과 1 사이의 구간에서 함수 $f(x) = 7x - 6x^2$이 나타내는 곡선 아래의 면적은 정확히 1.5라는 것이다. 이 값은 여러 수치적 적분법에서 구한 값과 비교하여 각 방법의 정확도를 평가할 기준으로 사용된다. 곡선 아래의 면적을 정확히 예측하는 방법을 정확도가 높은 방법으로 간주할 것이다. 여러 수치적 적분법 중에서 먼저 사각형 적분법, 사다리꼴 법칙, 심슨 법칙 등을 소개한다. 이러한 방법들이나 다른 방법들에 대한 심층적 논의에 대해서는 수치해석에 관한 책들을 참조하기 바란다.

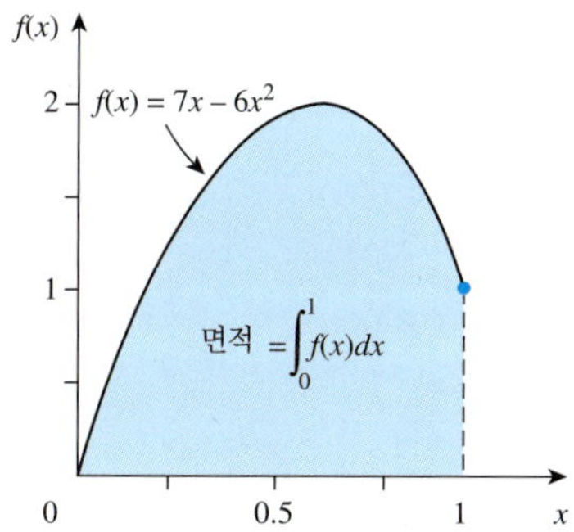

그림 9–1
함수가 나타내는 곡선 아래의 면적이 그 함수에 대한 정적분에 해당한다.

사각형 적분법

컴퓨터가 활용되기 이전에 사람들은 해석적 방법이 적용되지 않을 경우 적분 값을 구하기 위해 그림을 이용하는 도해법을 많이 사용하였다. 예를 들면, 계산이 어려운 함수에 대한 적분을 구하기 위해 그림 9-2에서 보여주듯이 격자용지 상에 그래프를 그린 다음 곡선 아래에 위치한 정사각형의 개수를 세는 방법을 이용하기도 하였다. 이러한 사각형의 개수와 사각형 면적의 곱은 적분 값에 해당하는 곡선 아래 면적에 대한 근삿값이다. 이때 격자용지 눈금이 정밀할수록 정확도는 향상될 것이다. 이 방법을 이용하는 데는 계산기를 사용할 필요도 없다.

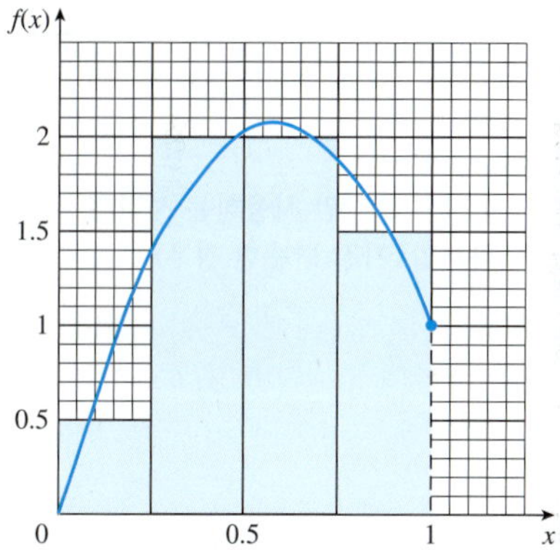

그림 9–2
격자용지 상에 함수의 그래프를 그린 다음 곡선 아래에 위치한 정사각형의 개수를 세어 정적분을 구하는 도해법

사각형 적분법(rectangular integration)은 이러한 도해법의 수치적 버전에 해당한다. 이 방법에서 곡선 아래의 영역은 여러 개의 좁은 사각형 모양의 수직 띠들로 분할되며, 각 띠의 높이는 해당 띠의 중점에서의 함수 값과 같다. 적분 값에 해당하는 곡선 아래의 총 면적은 각 띠의 면적을 구한 다음 이들의 합을 계산하여 정해진다. 물론 이 결과는 근삿값인데, 이는 각 띠의 중점에서의 함수 값이 그 띠의 평균 높이를 나타낸다고 가정하고 있기 때문이다.

한계 a와 b 사이에서 함수 $f(x)$를 사각형 적분법으로 적분한다고 하자. 이제 이 구간을 일정한 폭 h를 갖는 N개의 띠로 분할하는데, 이때 $h = (b - a)/N$이다. 임의의 점 n에서의 x값은 그림 9-3에서와 같이 x_n으로 표시한다. 점 n과 $n + 1$ 사이에서 띠의 평균 높이는

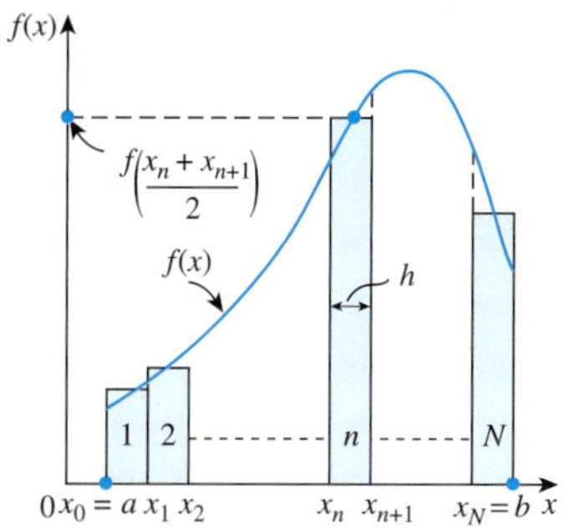

그림 9–3
사각형 적분법에서 적분구간은 일정한 폭 h를 갖는 N개의 띠로 분할된다.

$$\text{평균 높이} \cong f(x_{\text{average}}) = f\left(\frac{x_n + x_{n+1}}{2}\right)$$

와 같이 표현될 수 있으며, 이는 띠의 중점에서의 함수 값에 해당한다. 사각형 적분법에서 곡선 아래의 총 면적은 각 띠의 평균 높이와 폭을 곱한 다음 그 결과들을 합하여 결정된다. 점 x_n과 x_{n+1} 사이의 조각의 면적은

$$I_n \cong (x_{n+1} - x_n)f\left(\frac{x_{n+1} + x_n}{2}\right),\ n = 0,1,2,\ldots, N-1 \qquad \text{(9–4)}$$

와 같이 결정될 수 있는데, 여기에서 $x_0 = a$이고 $x_N = b$이다. 이제 한계 a와 b 사이의 적분 I의 값은 다음과 같이 결정될 수 있다.

$$I = I_0 + I_1 + I_2 + \cdots + I_{N-1} = \sum_{n=0}^{N-1} I_n \qquad \text{(9–5)}$$

$N = 1$인 경우, 사각형 적분법은 하나의 사각형 조각만 사용하며, 이 경우의 관계식은 다음과 같이 단순해진다(그림 9-4).

$$I \cong (b - a)f\left(\frac{b + a}{2}\right) \qquad \text{(9–6)}$$

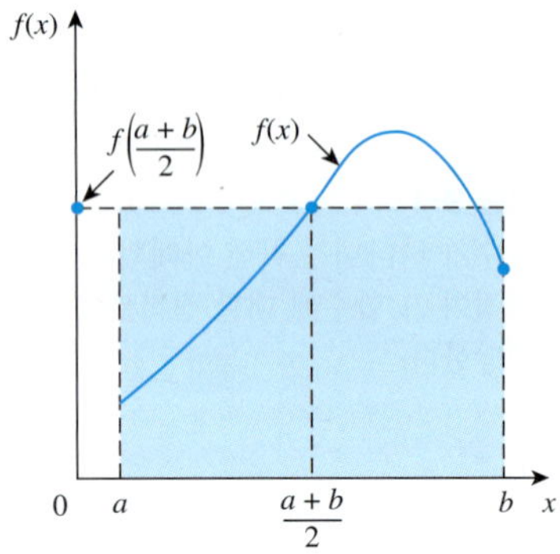

그림 9–4
하나의 조각만 사용하는 사각형 적분법 (가장 단순한 경우)

예상대로 띠의 폭이 좁을수록 정확도는 향상된다. 즉, 띠의 개수가 증가할수록 계산 결과가 정확한 결과에 근접할 것이다.

일반적으로 수치해법으로 구한 값은 정확한 값과 차이가 있을 것이며, 이러한 차이를 *오차(error)*라고 한다. 이때 "오차"라는 용어는 잘못을 의미하는 것은 아니며, 정확한 값과 근삿값 사이의 차이를 의미한다. 오차 자체의 크기가 결과의 정확도에 대한 진정한 척도는 아니다. 이는 큰 양의 경우 작은 오차는 중요하지 않을 수 있기 때문이다. 따라서 보다 현실적인 척도는 다음과 같이 정의되는 **상대 오차** 또는 **백분율 오차**일 것이다.

$$\text{상대 오차} = \left|\frac{\text{정확한 값} - \text{근삿값}}{\text{정확한 값}}\right| \times 100\% \qquad \text{(9–7)}$$

예를 들면, 10m 길이의 교량에서 1cm라는 측정 오차는 무시할 수 있을 정도인 0.1%라는 백분율 오차에 해당한다. 그러나 5cm 길이의 봉에서 1cm라는 측정 오차는 20%라는 백분율 오차에 해당되며, 이는 상당히 큰 오차이다.

예제 9–1 사각형 적분법

사각형 적분법을 사용하여 다음 적분을 계산하라.

$$I = \int_0^1 (7x - 6x^2)\,dx$$

그리고 이 결과를 정확한 값인 $I = 1.5$와 비교하라. 이 계산을 동일한 폭을 갖는 띠

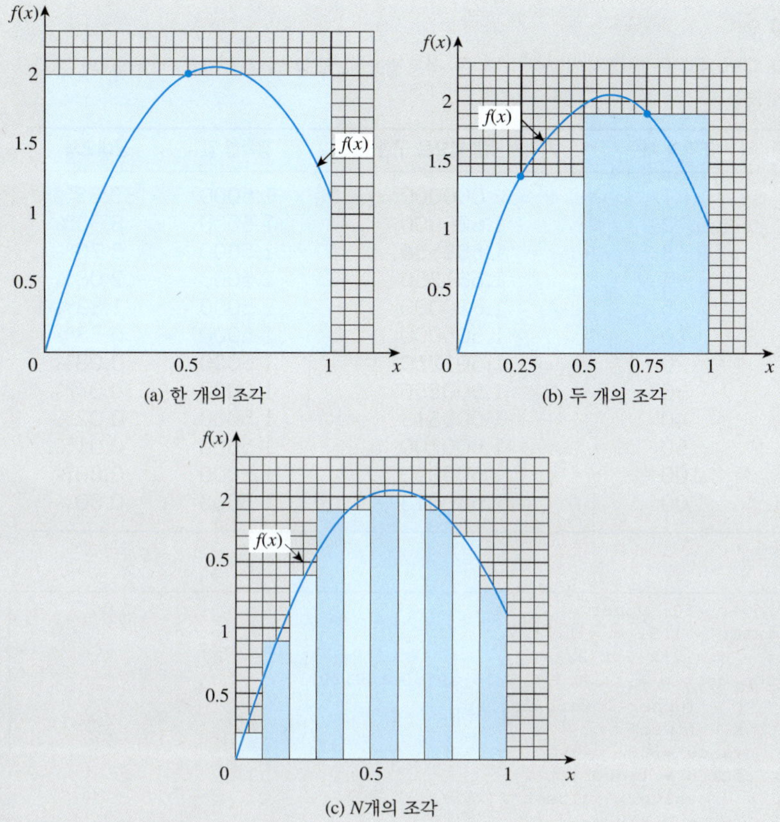

그림 9-5
예제 9-1의 함수에 대한 수치적 적분의 도해. 적분 구간을 1개, 2개, N개의 조각으로 나누어 사각형 적분법을 적용한다.

의 개수를 변화시켜가며 반복하라.

풀이 이 경우 $f(x) = 7x - 6x^2$, $a = x_0$, $b = x_N = 1$이다. $N = 1$의 경우, 그림 9-5a에서 보여주듯이 곡선 아래의 전체 영역을 한 개의 사각형으로 근사한다. 이 경우 식 9-6으로부터 얻은 결과는

$$I \cong (b - a)f\left(\frac{b + a}{2}\right) = (1 - 0)f\left(\frac{1 + 0}{2}\right) = f(0.5) = 2$$

이며, 상대오차는 $(2 - 1.5)/1.5 = 33.3\%$이다.

$N = 2$의 경우, 그림 9-5b에서 보여주듯이 곡선 아래의 전체 영역을 두 개의 사각형으로 근사한다. 이 경우 $b = (1 - 0)/2 = 0.5$이며, 식 9-4와 9-5로부터 얻은 결과는

$$I = I_0 + I_1 = hf\left(\frac{x_0 + x_1}{2}\right) + hf\left(\frac{x_1 + x_2}{2}\right)$$

$$= 0.5\left[f\left(\frac{0 + 0.5}{2}\right) + f\left(\frac{0.5 + 1}{2}\right)\right] = 0.5\,(1.375 + 1.875) = 1.625$$

이며, 상대오차는 $(1.625 - 1.5)/1.5 = 8.3\%$이다. 따라서 구간을 두 개의 조각으로 나눔으로써 오차를 33.3%에서 8.3%로 줄였다.

표 9-1

조각의 개수를 변화시켜가며 사각형 적분법으로 구한 적분 $\int_0^1 (7x - 6x^2)dx$의 값과 오차

조각의 개수	사각형 적분법으로 구한 값	정확한 값	상대오차
1	2.000000	1.5000	33.33%
2	1.625000	1.5000	8.33%
3	1.555556	1.5000	3.70%
4	1.531250	1.5000	2.08%
5	1.520000	1.5000	1.33%
10	1.505000	1.5000	0.33%
20	1.501250	1.5000	0.08%
30	1.500556	1.5000	0.04%
40	1.500313	1.5000	0.02%
50	1.500200	1.5000	0.01%
100	1.500050	1.5000	0.00%
200	1.500013	1.5000	0.00%

```
lower = 0; upper = 1;
exact = 1.5; m = 1;
f = @(x)7*x-6*x^2;
for nstrip = [1,2,3,4,5,10:10:50,100,200]
   h = (upper-lower)/nstrip;
   x = lower;
   value = 0;
   for n = 1:nstrip
       value = value+h*f(x+h/2);
       x = x+h;
       error(m,:) = [nstrip,value,100*abs(value-exact)/exact];
   end
   m = m+1;
end
error
```

그림 9-6
사각형 접근법을 위한 MATLAB 프로그램

다른 N 값들에 대한 결과를 표 9-1에 보이고 있다. 적분 구간을 더 많은 조각들로 분할함에 따라 백분율 오차도 예상한 대로 점차적으로 감소하고 있음에 주목하기 바란다.

이러한 결과를 구하기 위해 사용된 MATLAB 프로그램은 그림 9-6에 주어져 있다. 이 프로그램은 또한 첫 번째 행에서 적분한계, 두 번째 행에서 정확한 적분 값, 세 번째 행에서 함수의 정의 등을 변경해주면 다른 문제들에 적용될 수 있다.

사다리꼴 법칙

앞에서 살펴본 사각형 적분법의 자연스러운 확장은 사각형 조각을 사다리꼴 조각으로 대체하는 것이며, 이에 기초한 적분법을 **사다리꼴 법칙(trapezoidal rule)**이라고 한다. 사각형 적분법과의 차이는 각 조각에 대해 양 끝점에서의 함수 값들의 산술평균을 평균 높이로 삼는다는 점이다. 따라서 사다리꼴 법칙에서는 함수

를 층계 함수를 사용하여 근사하는 대신 각 조각의 끝을 연결하는 일련의 선분들로 근사한다.

사다리꼴 법칙에 연계된 공식을 도출하기 위해 함수 $f(x)$를 한계 a와 b 사이에서 적분한다고 하자. 이제 이 구간을 일정한 폭 h를 갖는 N개의 조각으로 분할하는데, 이때 $h = (b - a)/N$이다. 임의의 점 n에서의 x 값은 그림 9-7에서와 같이 x_n으로 표시한다. 점 n과 $n + 1$ 사이에서 조각의 평균 높이는

$$\text{평균 높이} \cong \frac{f(x_n) + f(x_{n+1})}{2} \tag{9-8}$$

와 같이 표현될 수 있으며, 이는 해당 조각의 양 끝점에서의 함수 값들의 평균에 해당한다. 사다리꼴 법칙에서 곡선 아래의 총 면적은 각 조각의 평균 높이와 폭을 곱한 다음 그 결과들을 합하여 결정된다. 점 x_n과 x_{n+1} 사이의 조각의 면적은

$$I_n \cong (x_{n+1} - x_n)\frac{f(x_{n+1}) + f(x_n)}{2}, n = 0, 1, 2, \ldots, N - 1 \tag{9-9}$$

와 같이 결정될 수 있는데, 여기에서 $x_0 = a$이고 $x_N = b$이다. 이제 한계 a와 b 사이의 적분 I의 값은 식 9-5를 이용하여 조각의 면적들을 합하여 계산할 수 있다. $N = 1$인 경우, 사다리꼴 법칙은 하나의 사다리꼴만 사용하며, 이 경우 식 9-9는 다음과 같이 단순해진다(그림 9-8).

$$I \cong (b - a)\frac{f(b) + f(a)}{2} \tag{9-10}$$

예상대로 사용되는 사다리꼴의 개수가 증가할수록 정확도는 향상된다.

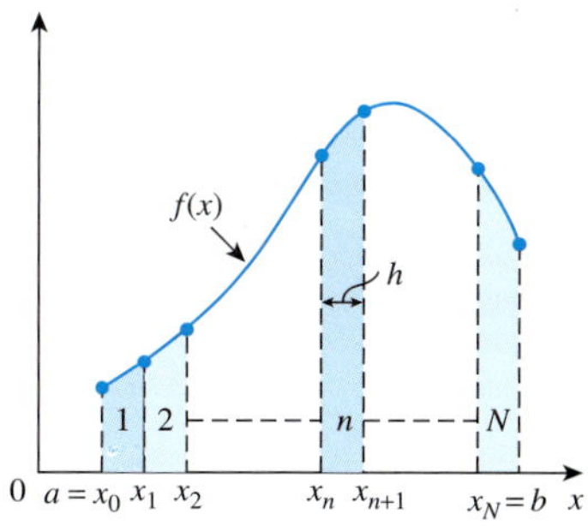

그림 9-7
사다리꼴 법칙에서는 적분구간을 동일한 폭의 N개의 사다리꼴로 분할한다.

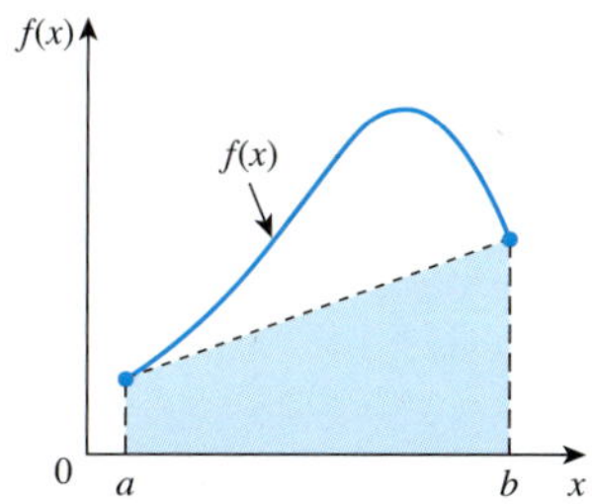

그림 9-8
하나의 조각만 사용하는 사다리꼴 법칙 (가장 단순한 경우)

예제 9-2 사다리꼴 법칙

사다리꼴 법칙을 사용하여 다음 적분을 계산하라.

$$I = \int_0^1 (7x - 6x^2)\,dx$$

그리고 이 결과를 정확한 값인 $I = 1.5$와 비교하라. 이 계산을 동일한 폭을 갖는 조각의 개수를 변화시켜가며 반복하라.

풀이 | 이 경우 $f(x) = 7x - 6x^2$, $a = x_0 = 0$, $b = x_N = 1$이다. $N = 1$의 경우, 그림 9-9a에서 보여주듯이 곡선 아래의 전체 영역을 한 개의 사다리꼴로 근사한다. 이 경우 식 9-10으로부터 얻은 결과는

$$I \cong (b - a)\frac{f(b) + f(a)}{2} = (1 - 0) \times \frac{f(1) + f(0)}{2} = 1 \times \frac{1 + 0}{2} = 0.5$$

이며, 상대오차는 $(1.5 - 0.5)/1.5 = 66.7\%$이다.

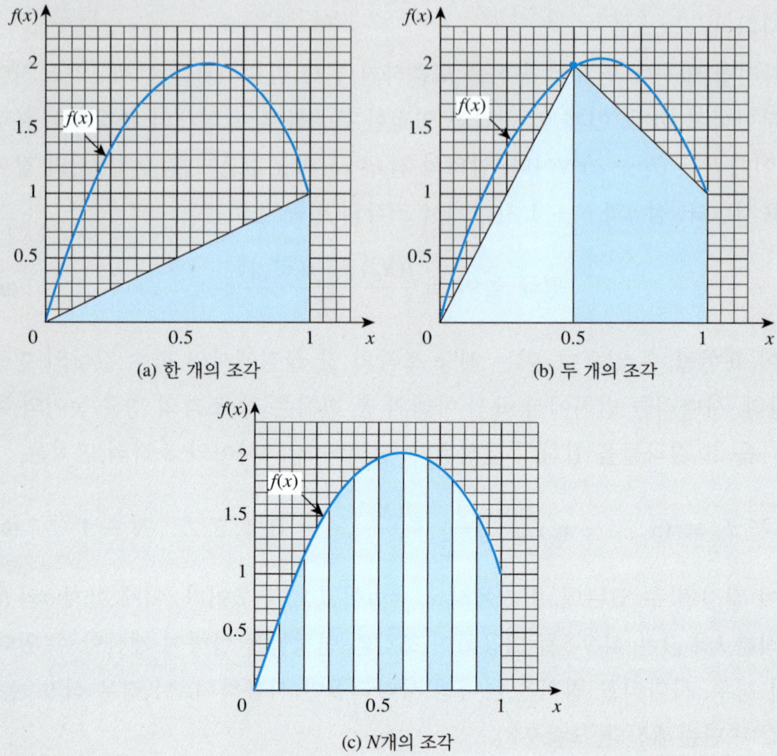

그림 9-9
예제 9-2의 함수에 대한 수치적 적분의 도해. 적분 구간을 1개, 2개, N개의 조각으로 나누어 사다리꼴 법칙을 적용한다.

$N = 2$의 경우, 그림 9-9b에서 보여주듯이 곡선 아래의 전체 영역을 두 개의 사다리꼴로 근사한다. 이 경우 $h = (1 - 0)/2 = 0.5$이며, 식 9-5와 9-9로부터 얻은 결과는

$$I \cong I_0 + I_1 = h\frac{f(x_0) + f(x_1)}{2} + h\frac{f(x_1) + f(x_2)}{2}$$

$$= 0.5 \times \left[\frac{f(0) + f(0.5)}{2} + \frac{f(0.5) + f(1)}{2}\right]$$

$$= 0.5 \times \left[\frac{0 + 2}{2} + \frac{2 + 1}{2}\right] = 1.25$$

이며, 상대오차는 $(1.5 - 1.25)/1.5 = 16.7\%$이다. 따라서 구간을 두 개의 조각으로 나눔으로써 오차를 66.7%에서 16.7%로 줄였다.

다른 N 값들에 대한 결과를 표 9-2에 보이고 있다. 주어진 N 값에 대해 사각형 적분법과 사다리꼴 법칙에서의 상대오차들은 비교할 만한 정도의 크기를 갖는다. 이는 두 적분법에 포함된 근사 방법이 비슷한 수준이기 때문이다. 사각형 적분법에서 조각의 중점이 아닌 왼쪽 끝점에서의 함수 값을 평균 높이로 삼았다면 계산 결과의 정확도는 상당히 낮아졌을 것이다. 1차 함수들의 경우 두 방법 모두 1 이상의 N에 대해 정확한 결과를 얻는다.

이러한 결과를 구하기 위해 사용된 MATLAB 프로그램은 그림 9-10에 주어져

표 9-2

조각의 개수를 변화시켜가며 사다리꼴 법칙으로 구한 적분 $\int_0^1 (7x - 6x^2)dx$의 값과 오차

조각의 개수	사다리꼴 법칙으로 구한 값	정확한 값	상대오차
1	0.500000	1.5000	66.67%
2	1.250000	1.5000	16.67%
3	1.388889	1.5000	7.41%
4	1.437500	1.5000	4.16%
5	1.460000	1.5000	2.67%
10	1.490000	1.5000	0.67%
20	1.497500	1.5000	0.17%
30	1.498889	1.5000	0.07%
40	1.499375	1.5000	0.04%
50	1.499600	1.5000	0.03%
100	1.499900	1.5000	0.01%
200	1.499976	1.5000	0.00%

```
lower = 0; upper = 1;
exact = 1.5;  m = 1;
f = @(x)7*x-6*x^2;
for nstrip = [1,2,3,4,5,10:10:50,100,200]
    h = (upper-lower)/nstrip;
    x = lower; value = 0;
    for n = 1: nstrip
        value = value+h*(f(x)+f(x+h))/2;
        x = x+h;
        error(m,:) = [nstrip,value,100*abs(value-exact)/exact];
    end
    m = m+1;
end
error
```

그림 9-10
사다리꼴 법칙을 위한 MATLAB 프로그램

있다. 이 프로그램은 또한 첫 번째 행에서 적분한계, 두 번째 행에서 정확한 적분값, 세 번째 행에서 함수의 정의 등을 변경해주면 다른 문제들에 적용될 수 있다.

심슨 법칙

앞서의 논의에 비추어 수치적 적분의 정확도를 향상시키는 한 가지 명백한 방법은 조각의 개수를 늘리는 것이다. 또 다른 방법은 각 조각에서 근사 자체를 향상시키는 것이다. 예를 들면, 사각형 적분법에서처럼 각 조각 내에서 함수 값이 일정하다고 가정하여 왼쪽 끝점에서의 함수 값을 사용하는 것보다 사다리꼴 법칙에서처럼 각 조각 내에서 함수가 선형으로 변화한다고 가정하는 것이 함수를 보다 정확히 근사할 것이다.

여기에서 한 걸음 더 나아가 각 조각을 0차 다항식(상수)이나 1차 다항식(직선)을 사용하는 대신 2차 다항식을 사용하여 각 조각을 근사한다. 이러한 원리에 기초한 수치적 적분법을 **심슨의 1/3 법칙(Simpson's 1/3 rule)** 또는 간단히 **심슨 법**

칙이라고 한다.

심슨 법칙에 연계된 공식의 도출은 약간 복잡하여 여기에서는 결과만을 보인다. 이번에도 함수 $f(x)$를 한계 a와 b 사이에서 적분한다고 하자. 이제 이 구간을 일정한 폭 h를 갖는 N개의 조각으로 분할하는데, 이때 $h = (b - a)/N$이다. 임의의 점 n에서의 x 값은 그림 9-7에서와 같이 x_n으로 표시한다.

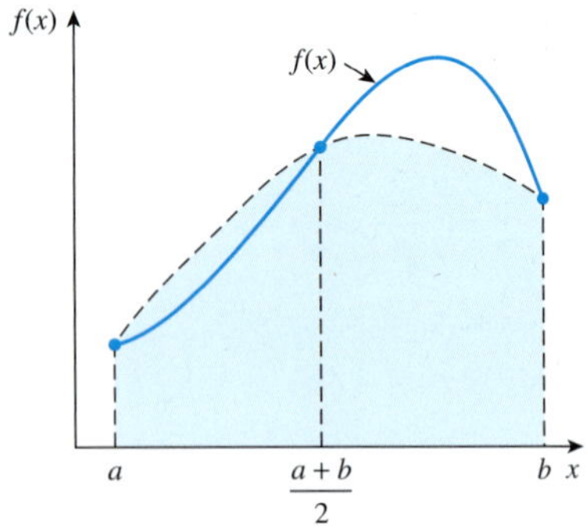

그림 9-11
하나의 조각만 사용하는 심슨 법칙 (가장 단순한 경우)

하나의 조각만 사용하는 $N = 1$인 경우, 심슨 법칙은 다음과 같이 표현될 수 있다(그림 9-11).

$$I \cong \frac{b-a}{3}\left[\frac{f(x_0)}{2} + 2f\left(\frac{x_0 + x_1}{2}\right) + \frac{f(x_1)}{2}\right] \quad \textbf{(9–11)}$$

여기에서 조각의 평균 높이는 양 끝점에서의 함수 값들의 1/2배들과 중점에서의 함수 값의 2배를 더한 결과를 3으로 나누어 계산된다. 심슨의 1/3 법칙이라는 이름은 이 표현식 안의 인수 1/3을 반영한 것이다.

점 x_n과 x_{n+1} 사이의 조각의 면적은

$$I_n \cong \frac{x_{n+1} - x_n}{6}\left[f(x_n) + 4f\left(\frac{x_{n+1} + x_n}{2}\right) + f(x_{n+1})\right], n = 0, 1, \ldots, N-1 \quad \textbf{(9–12)}$$

와 같이 결정될 수 있는데, 여기에서 $x_0 = a$이고 $x_N = b$이다. 이제 한계 a와 b 사이의 적분 I의 값은 식 9-5를 이용하여 조각의 면적들을 합하여 계산할 수 있다.

한 걸음 더 나아가 3차 다항식을 사용하여 각 조각에서 함수를 근사할 경우, 비슷한 모양의 더욱 복잡한 표현식을 얻을 텐데 여기에는 인수 3/8이 포함된다. 이러한 원리에 기초한 수치적 적분법을 **심슨의 3/8 법칙**이라고 한다.

대개의 경우 심슨의 3/8 법칙보다 심슨의 1/3 법칙을 선호하는데, 이는 3/8 법칙이 추가된 복잡성에 비해 1/3 법칙과 비교한 정확도 향상이 충분하지 않기 때문이다.

예제 9–3 심슨 법칙

심슨 법칙을 사용하여 다음 적분을 계산하라.

$$I = \int_0^1 (7x - 6x^2)\,dx$$

그리고 이 결과를 정확한 값인 $I = 1.5$와 비교하라. 이 계산을 동일한 폭을 갖는 조각의 개수를 변화시켜가며 반복하라.

풀이 이 경우 $f(x) = 7x - 6x^2$, $a = x_0 = 0$, $b = x_N = 1$이다. $N = 1$의 경우, 심슨 법칙에서 가장 낮은 차수의 근사식인 식 9-11을 사용하여 얻은 결과는

```
lower = 0; upper = 1;
exact = 1.5;m = 1;
f = @(x)7*x-6*x^2;
for nstrip = [1,2,3,4,5,10:10:50,100,200]
    h = (upper-lower)\nstrip;
    x = lower; value = 0;
    for n = 1; nstrip
        value = value+h*(f(x)/2+2*f(x+h/2)+f(x+h)/2)/3;
        x = x+h;
        error(m, :) = [nstrip,value,100*abs(value-exact)/exact];
    end
    m = m+1;
  end
  error
```

그림 9-12
심슨 법칙을 위한 MATLAB 프로그램

$$I \cong \frac{b-a}{3}\left[\frac{f(x_0)}{2} + 2f\left(\frac{x_0+x_1}{2}\right) + \frac{f(x_1)}{2}\right] = \frac{1-0}{3}\left[\frac{f(0)}{2} + 2f(0.5) + \frac{f(1)}{2}\right]$$

$$= \frac{1}{3}\left[\frac{0}{2} + 2(2) + \frac{1}{2}\right] = 1.5$$

이며, 이는 정확한 결과와 동일한 값이다. 이는 대단한 결과처럼 보이지만 사실은 당연한데, 이 경우의 $f(x)$가 2차 다항식이기 때문이다. 심슨 법칙은 2차 다항식을 정확하게 근사한다.

주어진 구간을 둘 이상의 조각으로 분할하여 계산을 반복할 경우 계속 동일한 결과를 얻을 것이다. 이 결과를 따로 보이지는 않을 텐데, 이는 N의 값에 상관없이 결과는 늘 정확할 것이기 때문이다.

이러한 결과를 구하기 위해 사용된 MATLAB 프로그램은 그림 9-12에 주어져 있다. 이 프로그램은 또한 첫 번째 행에서 적분한계, 두 번째 행에서 정확한 적분값, 세 번째 행에서 함수의 정의 등을 변경해주면 다른 문제들에 적용될 수 있다.

심슨 법칙은 사다리꼴 법칙보다 좀 더 복잡하지만 훨씬 더 정확하다. 따라서 비교적 적은 계산으로 정확한 결과를 구하고자 할 경우 많이 사용된다.

현실적으로는 대부분의 경우 정확한 결과를 알지 못하며, 따라서 수치적 적분에서 오차를 정확히 산정할 수는 없다. 따라서 자동적으로 구간을 점차 세분화하는 일을 반복하되 이러한 세분화로 인한 최종 결과의 변화가 정해진 값보다 작을 경우 멈추는 일반적인 프로그램을 사용할 것을 권장한다. 일단 오차 기준이 충족되면 컴퓨터가 답을 출력할 것이며, 이를 정확한 결과에 충분히 가까운 것으로 받아들인다.

(*적응형* 적분법이라 불리는 *롬버그 적분법*이나 *가우스 구적법*과 같이) 복잡하지만 지능적으로 선택된 가변 크기의 조각들을 이용하는 더욱 복잡한 수치적 적분법들도 있다. 이러한 적분법들을 쓰면 계산 양을 크게 증가시키지 않으면서도 매우 정확한 결과를 얻을 수 있다. 그러나 많은 응용의 경우 여기에서 살펴본 단순한 적분법들로 충분할 것이다.

절 복습문제

C로 표시된 문제는 토론을 위한 개념적 문제이다.

9-1C 수치적 적분에서 사다리꼴 법칙은 심슨 법칙과 어떻게 다른가? 어느 방법의 정확도가 높은가?

9-2C 수치적 적분의 결과에 대한 정확도를 향상시킬 수 있는 방법은 무엇인가?

9-3 아래의 적분을 지시된 방법을 사용하여 적분구간을 (a) 한 개의 조각 그리고 (b) 두 개의 조각으로 분할하여 계산하라. 계산에는 계산기를 이용하라. 또한 해석적으로 적분을 수행하고, 수치적 적분으로 구한 결과의 상대오차를 결정하라.

$\int_0^2 (x-1)dx$, 사각형 적분법, 사다리꼴 법칙

(답: 정확한 적분 값은 0이다. 두 방법 모두 한 개의 조각을 사용할 때나 두 개의 조각을 사용할 때나 상대오차는 0%이다.)

9-2 ■ 미분방정식의 수치해

현실에서 접하는 대부분의 비선형 미분방정식이나 변수계수 미분방정식은 닫힌 형식의 해를 갖지 않으며, 이 경우 여러 수치해법 중의 하나를 사용하여 근사 해를 구해야 한다. 임의의 n계 미분방정식은 n개의 1계 미분방정식으로 구성된 연립방정식으로 표현될 수 있으므로, 이 장에서는 다음과 같은 형식의 1계 미분방정식의 풀이에 집중한다.

$$\frac{dy}{dx} = f(x, y) \tag{9–13}$$

그리고

$$y(x_0) = y_0 \tag{9–14}$$

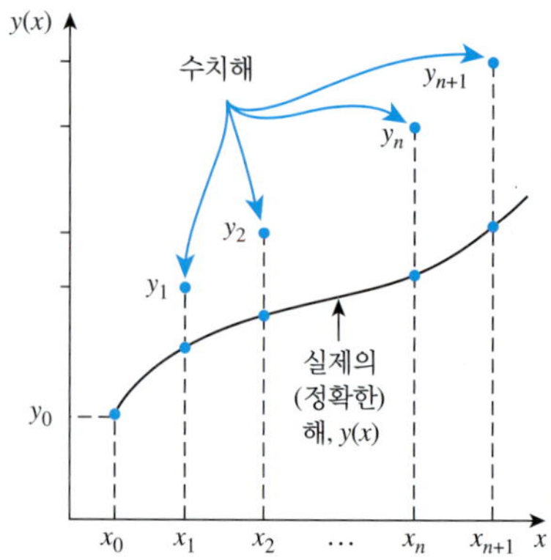

그림 9–13
수치해법은 초기조건 $y(x_0) = y_0$을 시작점으로 사용하여 여러 점에서 초깃값 문제의 해를 구한다.

이러한 논의에서 함수 f와 그 편미분 $\partial f/\partial y$는 점 (x_0, y_0)을 포함하는 영역에서 연속이라고 가정하며, 따라서 주어진 초깃값 문제는 관심 대상 영역에서 유일한 해를 갖는다.

y_0은 주어진 미분방정식에 대한 점 x_0에서의 해이며, 우리의 목표는 점 (x_0, y_0)을 시작점으로 사용하여 다른 x 값들에서 미지의 함수 y의 값들을 구하는 것이다(그림 9-13).

이제 식 9-13의 양변에 dx를 곱하고 양변을 (x_0, y_0)에서 (x_1, y_1)까지 적분한다. 그 결과는

$$\int_{y_0}^{y_1} dy = \int_{x_0}^{x_1} f(x, y)\,dx$$

즉,

$$y_1 = y_0 + \int_{x_0}^{x_1} f(x, y)\,dx \tag{9–15}$$

인데, y_1은 주어진 미분방정식에 대한 x_1에서의 해이다. 새로운 점 x_1으로 한 단계 이동하는 거리 $h = x_1 - x_0$을 **분할 간격(step size)**이라 한다. 따라서 관련된 적분을 어떻게든 수행할 수 있다고 가정하고 식 9-15를 사용하여 y_1을 결정할 수 있다. $f(x, y) = k =$ 상수인 특별한 경우에는 이 적분은 쉽게 수행되어

$$y_1 = y_0 + k(x_1 - x_0) \tag{9–16}$$

와 같은 해를 얻을 텐데, 이때 점 x_1은 구간 안의 임의의 점일 수 있다(그림 9-14).

이와 같은 특별한 경우를 제외하고는 식 9-15의 적분을 해석적으로 수행할 수 있을 가능성은 높지 않다. 따라서 수치해법을 사용하여 근사적 결과를 얻기 위한 시도를 할 것이다. 일반적으로 함수 f는 x, y 모두에 종속된다. 그러나 때로 x에만 종속되는 경우도 있으며, 이 경우가 처리하기 쉽다. 이제 두 경우 각각에 대해 논의한다.

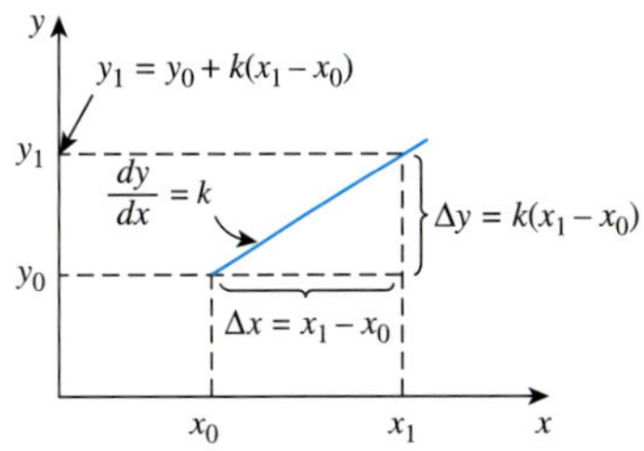

그림 9-14
미분방정식 $y' = f(x, y) = k$의 해에 대한 그래프 표현 (단, k는 상수)

경우 1: $f = f(x)$

이 경우 식 9-15는

$$y_1 = y_0 + \int_{x_0}^{x_1} f(x)\,dx \tag{9–17}$$

와 같이 단순화되며 임의의 점 x_1에서 해 y_1을 결정하는 것은 9-1절에서 살펴본 적분법 중의 하나를 사용하여 수치적 적분을 수행하는 것으로 축소된다. 식 9-17은 임의의 두 점 n과 $n + 1$에 대해 다음과 같이 일반화될 수 있다.

$$y_{n+1} = y_n + \int_{x_n}^{x_{n+1}} f(x)\,dx \tag{9–18}$$

이제 이 관계식의 용법을 예제를 통해 살펴본다.

예제 9–4 미분방정식의 수치해

수치적 적분을 위해 사다리꼴 법칙을 사용하고 0에서 2 사이의 구간을 같은 크기의 10개의 조각으로 분할하여 초깃값 문제

$$\frac{dy}{dx} = f(x) = 7x - 6x^2, \quad y(0) = 1$$

의 해를 구하라. 함수 $f(x)$의 그래프를 그림 9-15에 보인다.

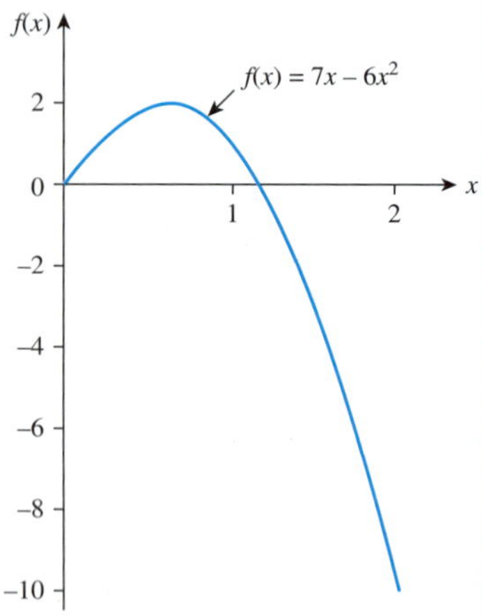

그림 9-15
예제 9-4에서 사용되는 함수 $f(x, y)$

풀이 어떤 구간에서 수치적으로 미분방정식을 푼다는 것은 해당 구간 안의 충분한 개수의 점에서 해의 값을 구하는 것과 동치이다. 지정된 구간을 크기가 같은 10개의 부분으로 분할할 경우, 분할 간격은 $(b-a)/N = (2-0)/10 = 0.2$가 된다. 따라서 $x_0 = 0, x_1 = 0.2, ..., x_{10} = 2$가 된다. 함수의 그래프는 그림 9-15에 보인다. $x > 1.2$일 때 기울기는 급격히 감소한다.

식 9-17을 사용하고 적분에는 사다리꼴 법칙을 적용하여 $f(x) = 7x - 6x^2$에 대한 $x_1 = 0.2$에서의 해는

$$
\begin{aligned}
y_1 &= y_0 + \int_{x_0}^{x_1} f(x)\,dx \\
&\cong y_0 + (x_1 - x_0)\frac{f(x_1) + f(x_0)}{2} \\
&= 1 + (0.2 - 0) \times \frac{(7 \times 0.2 - 6 \times 0.2^2) + (7 \times 0 - 6 \times 0^2)}{2} = 1.116
\end{aligned}
$$

와 같이 결정된다. 이 결과는 정확한 값인 1.124와 0.71%의 차이를 갖는다.

$x = 0.4$에서의 해도 같은 방법으로

$$
\begin{aligned}
y_2 &= y_1 + \int_{x_1}^{x_2} f(x)\,dx \\
&\cong y_1 + (x_2 - x_1)\frac{f(x_1) + f(x_2)}{2} \\
&= 1.116 + (0.4 - 0.2) \times \frac{(7 \times 0.4 - 6 \times 0.4^2) + (7 \times 0.2 - 6 \times 0.2^2)}{2} \\
&= 1.416
\end{aligned}
$$

와 같이 결정된다. 이 결과는 정확한 값인 1.432와 1.12%의 차이를 갖는다.

이렇게 계속하여 나머지 8개의 점들에서의 해도 결정되며 표 9-3에 그 결과를 정리하였다. 해석적 해인

표 9-3

$y' = 7x - 6x^2, y(0) = 1$에 대해 사다리꼴 법칙으로 구한 수치해와 정확한 해의 비교

조각의 개수	사다리꼴 법칙으로 구한 값	정확한 값	상대오차
0.0	1.000	1.000	0.00%
0.2	1.116	1.124	0.71%
0.4	1.416	1.432	1.12%
0.6	1.804	1.828	1.31%
0.8	2.184	2.216	1.44%
1.0	2.460	2.500	1.60%
1.2	2.536	2.584	1.86%
1.4	2.316	2.372	2.36%
1.6	1.704	1.768	3.62%
1.8	0.606	1.676	10.65%
2.0	−1.080	−1.000	8.00%

$$y(x) = 1 + 3.5x^2 - 2x^3$$

을 이용하여 구한 정확한 값들도 비교를 위해 함께 수록하였다. 이 구간을 더 작은 조각들로 분할하거나 심슨 법칙과 같은 정확도가 더 높은 수치적 적분법을 사용하여 정확도를 향상시킬 수 있다.

경우 2: $f = f(x, y)$

함수 f가 x, y 모두에 종속될 경우, 경우 1에서 제시된 수치적 적분은 통하지 않을 것이며 다른 방법을 사용할 필요가 있다. 미분방정식

$$\frac{dy}{dx} = f(x, y) = \text{기울기} \tag{9–19}$$

에서 함수 $f(x, y)$는 임의의 점 (x, y)에서 해 함수의 기울기를 나타낸다. 지금 논의하려는 수치해법들은 각 단계에서 이 기울기가 상수라는 가정에 기초한다(그림 9-16). 이 경우 임의의 점 x_{n+1}에서의 해는 이전의 점 x_n에서의 해를 이용하여

$$\text{새로운 값} = \text{이전 값} + \text{기울기} \times \text{분할 간격}$$

즉,

$$y_{n+1} = y_n + s_n h \tag{9–20}$$

와 같이 표현될 수 있다(식 9-16 참고). 이때 분할 간격은 $h = x_{n+1} - x_n$이다. 수치해법들의 주된 차이는 기울기 s_n을 추정하는 방법에 있다. 오일러(L. Euler, 1707-1783)의 이름을 딴 **오일러 해법**은 미분방정식에 대한 가장 단순한 수치해법인데, 여기에서는 각 단계의 시작점에서 함수 $f(x, y)$의 값을 해당 단계에서의 기울기로 취한다. **개량 오일러 해법**에서는 각 단계의 양 끝점에서의 함수 $f(x, y)$의 값들에 대한 산술평균을 해당 단계에서의 기울기로 취한다. 고계 *룬게-쿠타법*에서는 보다 복잡한 절차를 사용하여 훨씬 높은 정확도로 이 기울기를 결정한다. 이후의 절들에서 이러한 해법들을 논의하고 이들의 용법을 예제와 함께 소개한다.

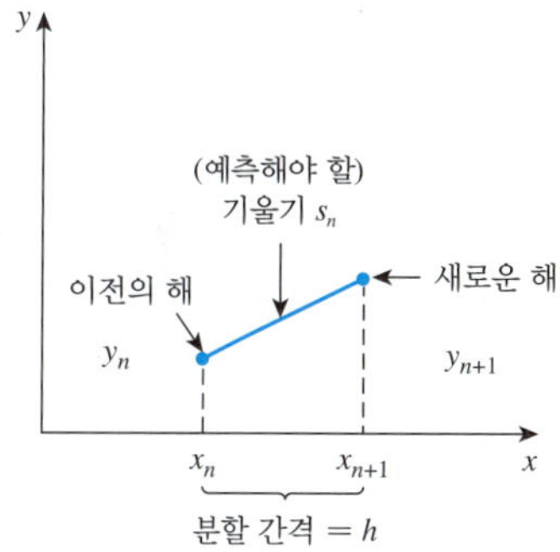

그림 9–16
미분방정식의 해를 구하기 위한 수치해법들은 각 단계에서 해 함수의 기울기를 예측하고 이를 해당 단계의 끝점에서 새로운 해를 구하기 위해 사용하는 과정에 기초한다.

위에서 언급된 모든 방법은 한 점에서의 해를 사용하여 다음 점에서의 해를 결정하는 방식을 이용하며 **단일단계 방법(single-step method)**이라고 한다. 이와는 달리 다음 점에서의 해를 결정하기 위해 두 개 이상의 이전 점들을 사용하는 방법들을 **다단계 방법(multistep method)**이라고 한다. 실제로 다단계 방법들은 혼합형 방법이라고 할 수 있는데, 다단계 방법들의 시작 단계에서 필요한 최소한의 해를 구하기 위해 단일단계 방법들을 이용하기 때문이다.

수치해법으로 얻은 결과는 진정한 해에 대한 근삿값이라는 점을 유념할 필요가 있으며, 이들의 해석에는 주의가 필요하다. 수치해법에서 오차의 원인은 두 가지이다. 첫 번째 원인은 **절삭 오차(truncation error)** 또는 **이산 오차(discretiza-**

tion error)라는 것인데, 이는 문제에 관한 수식 구성 과정에서의 근사에 기인한다. 또 다른 원인은 **반올림 오차**(**round-off error**)인데, 이는 계산 과정에서 유효 숫자의 자릿수를 제한하는 것에 기인한다. 이러한 오차들에 대해 9-4절에서 자세히 논의한다.

이 장의 논의 전체에 걸쳐 초깃값 문제

$$\frac{dy}{dx} = 5y - 25x^2 + 2, \quad y(0) = 2 \tag{9–21}$$

을 사용하여 여러 수치해법에 대한 용법을 소개하고 이들의 정확도를 비교한다. 이것은 1계 선형 초깃값 문제이며, 정확한 해석적 해는 다음과 같다.

$$y(x) = 2e^{5x} + 5x^2 + 2x \tag{9–22}$$

임의의 점 x에서 해 y의 정확한 값은 해석적 해에 x 값을 대입하여 구할 수 있다. 이렇게 구한 해의 값은 정확한 값이며, 비교를 위한 기준으로 사용될 것이다. 수치적 결과에서 상대오차는

$$\text{상대오차} = \left| \frac{y_{\text{exact}} - y_{\text{numeric}}}{y_{\text{exact}}} \right| \times 100(\%) \tag{9–23}$$

로부터 결정될 수 있는데, 여기에서 Y_{numeric}는 수치해로부터 계산된 근삿값이며 Y_{exact}는 해석적 해로부터 계산된 정확한 값이다.

절 복습문제

9-4C 미분방정식의 수치해를 논의할 때 1계 방정식에 초점을 맞추는 이유는 무엇인가?

9-5C 초기조건이 지정되어 있지 않을 경우 미분방정식의 수치해를 구할 수 있는가?

9-6 아래의 초깃값 문제에 대해 분할 간격으로 $h = 0.2$를 사용하여 (a) 한 단계 그리고 (b) 두 단계 후의 수치적 해를 구하라. 계산에는 계산기를 이용하라. 수치적 적분에는 지시된 방법을 사용하라. 또한 해석적으로 초깃값 문제를 풀고, 수치적 결과의 상대오차를 결정하라.

$y' = x - 1$, $y(0) = 1$, 사각형 적분법, 사다리꼴 법칙

(답: 정확한 해는 $y(x) = 0.5x^2 - x + 1$이다. 두 방법 모두에서 한 단계 후나 두 단계 후의 상대오차는 모두 0%이다.)

9-3 ■ 오일러 해법

$x = a$에서 $x = b$까지의 구간 상에서 일정한 분할 간격을 사용하여 수치적으로 해를 구할 1계 초깃값 문제

$$y' = f(x, y), \quad y(x_0) = y_0 \tag{9–24}$$

가 주어져 있다. 사용할 단계의 개수가 N일 경우, 이 문제를 위한 분할 간격 h는 $(b - a)/N$가 된다. 임의의 연속된 두 x 값은 다음의 관계를 갖는다.

$$x_{n+1} = x_n + h, \quad n = 0, 1, 2, \ldots, N - 1 \tag{9–25}$$

언제나처럼 우리의 목표는 x_0에서의 해 y_0을 시작점으로 사용하여 점 $x_1, x_2, ..., x_N$에서의 근사 해 $y_1, y_2, ..., y_N$을 구하는 것이다. 이번에도 핵심 질문은 점 x_n에서의 해 y_n을 안다고 할 때 x_{n+1}에서의 해 y_{n+1}을 어떻게 구하는가이다.

오일러 해법은 함수 $f(x, y)$가 점 (x, y)에서 y의 기울기, 즉, x에 관한 y의 변화율을 나타낸다는 사실에 기초하며, x에서의 작은 변화에 대해 이 기울기는 각 단계의 초깃값 상태의 상수로 유지된다고 가정한다. 예를 들면, 초기 점 (x_0, y_0)에서 이 기울기 값은 $f(x_0, y_0)$이다. 이제 x가 x_0에서 $x_1 = x_0 + h$로 증가하면서 y가 일정한 비율로 변화한다고 가정한다. 이제 y의 변화는 다음과 같다(그림 9-17).

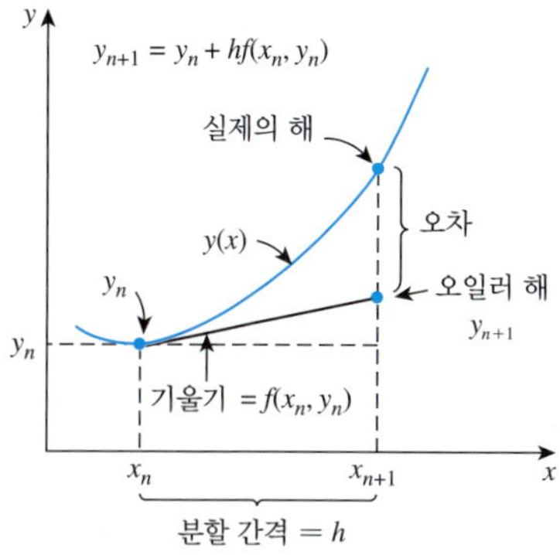

그림 9–17
$y - x$ 축 상에 표시한 오일러 해법

$$\begin{aligned}\Delta y &= \text{기울기} \times \Delta x \\ &= f(x_0, y_0)(x_1 - x_0) \\ &= f(x_0, y_0)h\end{aligned}$$

따라서 이러한 가정 하에 $x_1 = x_0 + h$에서의 함수 값은

$$y_1 = y_0 + hf(x_0, y_0) \tag{9–26}$$

와 같이 정해지며, 이는 x_1에서의 근사 해이다. 이 점에서 해 함수의 기울기는 $f(x_1, y_1)$이며, 이 기울기는 x_1에서 $x_2 = x_1 + h$로 증가하면서 일정하게 유지된다고 가정한다. x_2에서의 근사 해도 비슷한 방법으로 다음과 같이 결정된다.

$$y_2 = y_1 + hf(x_1, y_1) \tag{9–27}$$

이를 일반화하면 임의의 점 x_{n+1}에서의 근사 해는

$$y_{n+1} = y_n + hf(x_n, y_n), n = 0,1,2,3, \ldots \tag{9–28}$$

이며, 이는 오일러 해법의 일반 공식이다(그림 9-17).

오일러 해법에 대한 도해는 그림 9-18에 주어져 있다. 항 $hf(x_n, y_n)$는 $y' - x$ 축 상의 그래프에서 음영 처리된 사각형의 면적에 해당하며, x_n과 x_{n+1} 사이의 곡선 아래의 총 면적을 근사 대상 목표로 삼는다. 두 면적 사이의 차가 이 단계 동안 오일러 해법에 따른 오차이며, 분할 간격이 작을수록 오차도 작아진다.

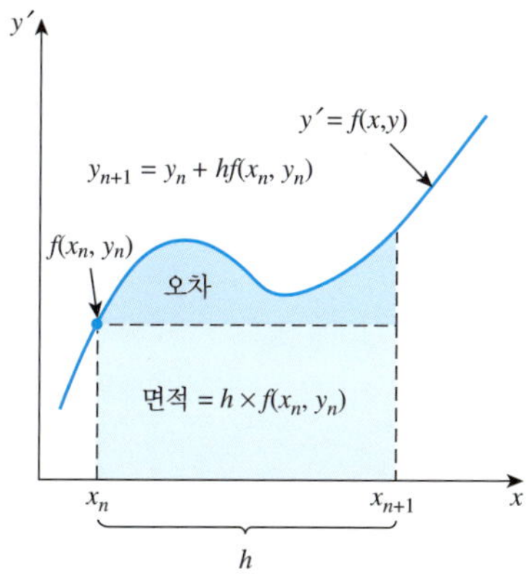

그림 9–18
$y' - x$ 축 상에 표시한 오일러 해법

$f = f(x)$인 경우 오일러 해법은 수치적 적분을 위한 사각형 적분법과 비슷해진다. 유일한 차이점은 이 단계에서의 평균 함수 값으로 중점에서의 함수 값이 아니라 시작점에서의 함수 값을 사용한다는 것이다. 물론 각 단계에서 시작점이 아니라 중점에서의 함수 f의 값을 사용한다면 정확도를 상당히 향상시킬 수 있을 것이

며, 이것이 뒤에서 논의할 개량 오일러 해법의 기본 개념이다.

오일러 해법은 단순하고 사용하기 쉽지만 정확도가 아주 높은 방법은 아니다. 때로 필요한 수준의 정확도를 얻기 위해 아주 작은 분할 간격을 사용하는 것이 필요할 수도 있다. 그러나 계산이 복잡한 문제의 경우 아주 작은 분할 간격을 사용하는 것은 실용적이지 못한데, 이는 각 단계에서 발생한 반올림 오차의 누적이 문제가 될 수 있기 때문이다. 반올림 오차에 대해서는 뒤에 논의될 것이다. 단계의 수가 증가할수록 계산 시간도 증가하겠지만, 대개의 경우 컴퓨터의 속도가 워낙 빨라 이것이 문제가 되지는 않는다. 그러나 임베디드 마이크로컨트롤러의 경우와 같이 느린 마이크로프로세서에서 프로그램을 수행해야 할 경우 계산시간이 문제가 될 수도 있다.

그렇지만 오일러 해법은 프로그램하기도 쉬워 최소한의 노력으로 대략적인 예비 결과를 얻고자 할 경우에 사용될 수 있다. 그런 다음 필요하다면 결과의 정확도를 높이기 위해 보다 정확한 방법을 사용할 수 있을 것이다. 이제 예제를 통해 오일러 해법의 용법을 살펴본다.

예제 9-5 오일러 해법

구간 $0 \leq x \leq 1$에서 분할 간격은 $h = 0.1$로 두고 오일러 해법을 사용하여 초깃값 문제

$$y' = 5y - 25x^2 + 2, \quad y(0) = 2$$

의 해를 구하라. 이 결과를 정확한 해의 값들과 비교하라.

풀이 이 문제에서 $f(x, y) = 5y - 25x^2 + 2$, $x_0 = 0$, $y_0 = 2$, $h = 0.1$이다. 이제 아래의 오일러 공식(식 9-28)을 반복적으로 적용하여 점 $x_1 = 0.1$, $x_2 = 0.2$, ..., $x_{10} = 1$에서의 해를 구한다.

$$y_{n+1} = y_n + hf(x_n, y_n)$$

$n = 0$의 경우

$$\begin{aligned} y_1 &= y_0 + hf(x_0, y_0) \\ &= 2 + 0.1f(0, 2) \\ &= 2 + 0.1 \times (5 \times 2 - 25 \times 0^2 + 2) \\ &= 3.2 \end{aligned}$$

따라서 오일러 해법은 $x_1 = 0.1$에서의 해를 $y_1 = 3.2$로 예측한다. 이 점에서의 정확한 해는 식 9-22로부터 3.54744로 결정된다. 따라서 오일러 해법으로 구한 값의 오차는 $100 \times (3.54744 - 3.2)/3.54744 = 9.79\%$이다. 정확한 값이 아니라 오차를 포함하는 이 값을 다음 단계를 위한 시작점으로 사용하며, 단계의 개수가 증가함에 따라 이러한 오차가 계속 전파된다는 것을 인식할 필요가 있다. 따라서 일반적으로

```
h = 0.1; nstep = 10;
f = @(x,y) (5*y-25*x^2+2);
x = 0; y = 2;
for n = 1:nstep
          y = y + h*f(x,y);
          x = n*h
          y
          exact = 2*exp(5*x)+5*x^2+2*x
          error = 100*abs(y-exact)/exact
end
```

그림 9-19
오일러 해법을 위한 MATLAB 프로그램

백분율 오차는 뒤의 단계로 갈수록 점차 커진다.

$n = 1$에 대해 이 계산을 반복하면

$$\begin{aligned} y_2 &= y_1 + hf(x_1, y_1) \\ &= 3.2 + 0.1f(0.1, 3.2) \\ &= 3.2 + 0.1 \times (5 \times 3.2 - 25 \times 0.1^2 + 2) \\ &= 4.975 \end{aligned}$$

을 얻는데, 이 결과와 정확한 값 6.03656과의 차이는 17.59%이다.

그림 9-19의 간단한 MATLAB 프로그램을 사용하여 $n = 2, 3, ..., 9$에 대해 이러한 계산을 같은 방식으로 수행한 결과를 비교를 위해 정확한 결과와 함께 표 9-4에 정리하였다. 오차는 $x = 1$에서 61.60%에까지 이른다.

표 9-4는 또한 다른 분할 간격을 사용한 결과들도 보여준다. 분할 간격이 감소함에 따라 오일러 해는 정확한 해에 접근하지만, 이에 따라 계산 양도 증가한다. 예를 들면, $h = 0.01$을 사용할 경우 결과를 얻는 데 소요되는 시간은 $h = 0.1$을 사용하는 경우의 컴퓨터 시간에 비해 10배가 된다. 따라서 분할 간격을 감소시킴에 따른 정확도의 향상과 반올림 오차 및 계산 시간 증가의 경중을 비교해야 할 것이다.

표 9-4

$y' = 5y - 25x^2 + 2, y(0) = 2$에 대해 오일러 해법에서 5개의 각기 다른 분할 간격을 이용하여 구한 결과와 정확한 결과의 비교

x	$h = 0.1$	$h = 0.05$	$h = 0.01$	$h = 0.001$	$h = 0.0001$	정확한 결과
0.0	2.00000	2.00000	2.00000	2.00000	2.00000	2.00000
0.1	3.20000	3.34688	3.50150	3.54269	3.54696	3.54744
0.2	4.97500	5.41074	5.89006	6.02132	6.03503	6.03656
0.3	7.56250	8.53866	9.66066	9.97647	10.00966	10.01138
0.4	11.31875	13.27291	15.61958	16.29829	16.37008	16.37810
0.5	16.77813	20.46079	25.08012	26.45257	26.59862	26.61499
0.6	24.74219	31.42623	40.18158	42.85298	43.13902	43.17107
0.7	36.41328	48.23786	64.40859	69.47398	70.01976	70.08091
0.8	53.59492	74.12791	103.4373	112.8603	113.8818	113.9963
0.9	78.99239	114.1467	166.5134	183.7888	185.6730	185.8842
1.0	116.6636	176.1855	268.6975	300.0054	303.4409	303.8263

절 복습문제

9-7C 오일러 해법이 그 단순성에도 불구하고 널리 사용되지 않는 이유는 무엇인가?

9-8 아래의 초깃값 문제에 대해 분할 간격으로 $h = 0.2$를 사용하여 (a) 한 단계 그리고 (b) 두 단계 후의 수치적 해를 오일러 해법으로 구하라. 계산에는 계산기를 이용하라. 또한 해석적으로 초깃값 문제를 풀고, 수치적 결과의 상대오차를 결정하라.

$y' = x + y, y(0) = 0$

(답: 정확한 해는 $y(x) = e^x - x - 1$이다. 한 단계 후의 상대오차는 100%이며, 두 단계 후의 상대오차는 56.4%이다.)

9-4 ■ 수치해법에서의 오차

표 9-4에서 수치적 결과들과 마지막 열의 정확한 결과에 대한 비교는 그동안 내내 강조하였던 사실, 즉, 수치해법으로 구한 결과는 근삿값이며 정확한 해의 값에 충분히 가까울 수도 있고 그렇지 않을 수도 있다는 사실을 재확인시켜준다. 수치해와 정확한 해의 차를 수치해의 오차라고 하며, 이는 주로 두 가지 원인에 기인한다.

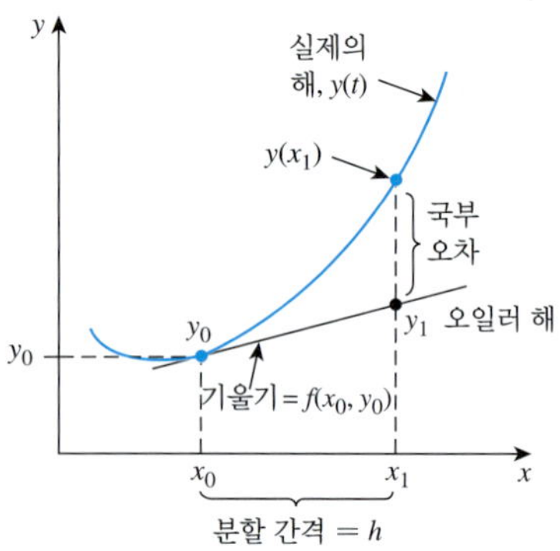

그림 9-20
오일러 해법 단계 1에서의 국부 이산 오차

1. *절삭 오차* 또는 *수식화 오차*라고도 불리는 **이산 오차(discretization error)**는 수치해법의 수식 구성 과정에서의 근사에 기인한다.
2. **반올림 오차(round-off error)**는 컴퓨터에서 유효숫자의 자릿수를 제한하며 유효숫자 밖의 숫자들을 반올림 또는 절삭하는 것에 기인한다.

이산 오차

오일러 해법에 관련된 이산 오차는 각 단계에서 실제 해 함수를 선분으로 근사하는 데 따른 오차이다. 각 단계에서 이 선분의 기울기는 그림 9-20에서 보여주듯이 각 단계의 시작점에서의 기울기로 가정된다.

두 개의 해 모두 해당 단계의 시작점에서는 일치하지만, x가 증가함에 따라 수치해는 정확한 해에서 벗어난다. 이 두 해의 차는 이 단계에서의 근사로 인한 것이며 **국부 이산 오차(local discretization error)**라고 한다. 각 단계가 진행됨에 따라 상황은 점차 악화될 것으로 예상할 수 있는데, 이는 그림 9-21에서 보여주듯이 두 번째 단계는 첫 번째 단계의 잘못된 결과를 시작점으로 사용하며 또 그 위에 두 번째 단계의 국부 이산 오차를 보탤 것이기 때문이다. 단계 번호가 증가함에 따라 국부 이산 오차의 누적이 계속되며, 임의의 단계에서 전체 이산 오차를 **누적 이산 오차(global discretization error)**라고 한다. 첫 번째 단계에서는 국부 이산

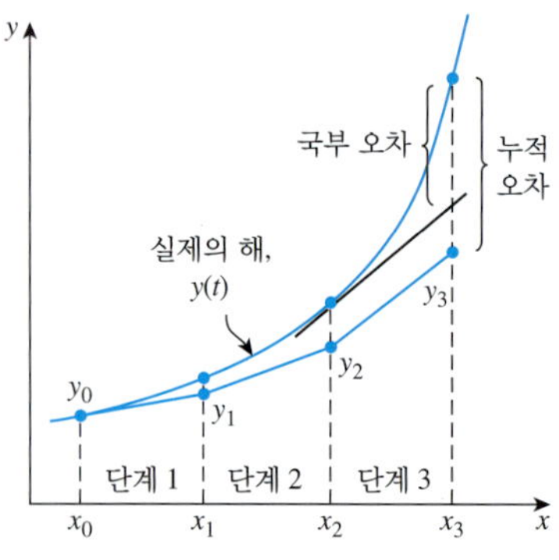

그림 9-21
오일러 해법 단계 2에서의 국부 이산 오차와 총 이산 오차

오차와 누적 이산 오차가 동일하다. 대개의 경우 단계 수가 증가함에 따라 예제 9-5에서처럼 누적 이산 오차는 증가한다. 그러나 함수 $f(x, y)$가 방향을 자주 바꿀 경우 반대 부호의 국부 이산 오차들이 서로 상쇄되어 누적 이산 오차가 차츰 감소하는 경우도 발생할 수 있다.

국부 이산 오차의 크기에 대한 개념을 파악하기 위해 점 x_n에 관한 해 함수의 테일러급수 전개식을 생각해보자.

$$y(x_{n+1}) = y(x_n) + hy'(x_n) + \frac{h^2}{2!}y''(x_n) + \frac{h^3}{3!}y'''(x_n) + \cdots + \frac{h^n}{n!}y^{(n)}(x_n) + \cdots \tag{9–29}$$

여기에서 $y(x_n)$은 x_n에서의 실제 (정확한) 해이다. 점 x_{n+1}에서의 오일러 해는 다음과 같이 표현된다(식 9-28).

$$y_{n+1} = y_n + hf(x_n, y_n)$$

이 관계식은 첫 두 항으로 끝나며 정확한 값 $y(x_{n+1})$, $y(x_n)$ 대신 y_{n+1}, y_n을 사용하는 테일러급수 전개식과 비슷하다. 일반적으로 수치해 y_n과 정확한 해 $y(x_n)$은 같지 않을 것이다. 그러나 한 단계에서 발생하는 이산 오차를 추정할 수 있도록 이 두 해를 동일한 것으로 취급한다. $f(x_n, y_n) = y'_n$이므로 (식 9-29의) 테일러급수 전개식에서 오일러 공식을 빼면 국부 이산 오차를 위한 다음의 중요한 관계식을 얻는다.

$$\begin{aligned} \text{오차} &= y(x_{n+1}) - y_{n+1} \\ &= \frac{h^2}{2!}y''(x_n) + \frac{h^3}{3!}y'''(x_n) + \cdots + \frac{h^n}{n!}y^{(n)}(x_n) + \cdots \end{aligned} \tag{9–30}$$

충분히 작은 분할 간격 h에 대해 n이 증가함에 따라 항들은 빠른 속도로 감소하며 이들의 비중은 점차 작아질 것이다. 따라서 식 9-30에서 첫 번째 항의 비중이 가장 크며 오차의 대부분에 해당한다. 따라서

$$\text{국부 오차} \cong h^2\frac{y''(x_n)}{2} \le h^2K \tag{9–31}$$

여기에서 K는 관심 대상 구간에서 해 함수에 대한 2계 도함수의 최대 절댓값의 절반에 해당하는 상수이다.

식 9-31을 사용하여 각 단계에서의 오차를 결정할 수 있는 것처럼 보이겠지만, 이는 실용적인 방법이 아니다. 그 이유는 상수 K의 값을 결정하는 것이 쉽지 않기 때문이다. 그러나 K는 분할 간격 h와는 무관하며, 따라서 *오일러 해법에서 국부 이산 오차는 분할 간격의 제곱에 비례한다*고 결론지을 수 있다. 따라서 분할 간격을 h에서 $h/2$로 줄이면 국부 이산 오차는 그 전에 비해 1/4로 줄어들 것이다.

국부 이산 오차는 각 단계에 연계된 수식 구성에 따른 오차이며 사용되는 방법의 정확도에 대한 개념을 제시한다. 그러나 첫 번째 단계를 제외하고는 각 단계에서 구한 결과는 그때까지의 *누적 오차*를 포함하며, 국부 오차만으로는 큰 의미가 없다. 실제로 파악해야 할 오차는 누적 이산 오차이다.

누적 오차를 추정하기 위해 구간 $a \le x \le b$를 분할 간격이 $h = (b - a)/N$인 N개의 단계로 분할하여 풀어야 할 초깃값 문제를 생각해보자. 최악의 경우 국부 이산 오차는 모두 양이고 (또는 음이고) 최댓값은 Kh^2에 이를 것이다. 이 경우 두 번째 단계 후 최대 누적 오차는 $2Kh^2$이 될 것이며, 세 번째 단계 후 $3Kh^2$, 그리고 N번째 단계 후 NKh^2이 될 것이다. $h = (b - a)/N$이고 $N = (b - a)/h$이므로 누적 이산 오차는

$$\text{누적 오차} \le NKh^2 = \frac{b-a}{h}Kh^2 = (b-a)Kh \tag{9-32}$$

와 같이 표현될 수 있으며, 이때 $b - a$는 (따라서 $(b - a)/K$도) 분할 간격 h와는 무관한 상수이다. 따라서 *오일러 해법의 누적 이산 오차는 분할 간격에 비례*하는 것으로 결론지을 수 있다. 즉, 누적 이산 오차는 h의 1차 멱승에 비례하며, 따라서 오일러 해법은 *1계 근사법*이라고 말한다. 따라서 분할 간격을 1/2로 줄임으로써 최대 누적 오차를 1/2로 줄일 수 있다. 즉, 분할 간격을 1/2로 줄임으로써 오일러 해법으로 구한 결과의 정확도를 2배로 향상시킬 수 있다. 마찬가지로 분할 간격을 1/10로 줄이면 최대 오차 또한 1/10로 줄일 수 있다(그림 9-22).

오일러 해법		
분할 간격	국부 오차	누적 오차
h	k_1h^2	k_2h
$\frac{1}{2}h$	$\frac{1}{4}k_1h^2$	$\frac{1}{2}k_2h$
$\frac{1}{10}h$	$\frac{1}{100}k_1h^2$	$\frac{1}{10}k_2h$

그림 9-22
오일러 해법의 국부 이산 오차와 총 이산 오차는 여러 분할 간격에 대해 각기 h^2과 h에 비례한다.

누적 오차와 국부 오차의 관계를 정하기 위해 사용된 이러한 논리는 어떤 수치해법에나 적용될 수 있으며, 다음과 같이 표현될 수 있다.

수치해법에서 국부 이산 오차가 h^k에 비례할 경우, 누적 이산 오차는 h^{k-1}에 비례한다.

이상의 논의로부터 정확도가 더 높은 알고리즘을 사용하거나 분할 간격을 감소시킴으로써 이산 오차를 감소시킬 수 있음을 알 수 있다. 분할 간격을 감소시켜 오차를 감소시키는 것은 표 9-5에서 예제 9-4의 문제에 대한 $x = 1$에서의 오일러 해와 정확한 해의 비교를 통해 보여주고 있다. 0에서 1까지라는 작은 구간에 대해서도 상당히 정확한 결과를 얻기 위해 많은 수의 단계가 필요함에 주목하기 바란다.

반올림 오차

모든 숫자에 대해 무수히 많은 자릿수를 사용할 수 있는 컴퓨터가 있다면, 정확한 해와 근사 해(수치해)의 차이는 전적으로 이산 오차에 기인할 것이다. 그러나 계산기를 비롯하여 모든 컴퓨터는 유한한 자릿수의 유효숫자를 사용하여 숫자들을

표 9-5

$y' = 5y - 25x^2 + 2$, $y(0) = 2$에 대해 각기 다른 분할 간격을 이용하여 구한 $x = 1$에서의 오일러 해와 정확한 해의 비교

단계 수 N	분할 간격 $h = 1/N$	$x = 1$에서의 오일러 해	상대오차
1	1.0	14.000	95.39%
2	0.5	25.8750	91.48%
5	0.2	64.8000	78.67%
10	0.1	116.6636	61.60%
20	0.05	176.1855	42.01%
50	0.02	239.4539	21.19%
100	0.01	268.6975	11.56%
200	0.005	285.4348	6.05%
1000	0.001	300.0054	1.26%
10,000	0.0001	303.4409	0.13%
100,000	0.00001	303.7873	0.01%

정확한 결과 : 303.8263

나타내는 것을 알고 있을 것이다. 유효숫자의 자릿수 개수는 사용되는 컴퓨터나 프로그램에 따라 달라진다. 7개의 자릿수를 사용하는 것을 *단일정도(single precision)*라고 하며, 15개의 자릿수를 사용하는 것을 *2배정도(double precision)*라고 한다. 물론 2배정도로 계산을 수행할 경우 더 많은 컴퓨터 메모리와 더 긴 실행시간을 요할 것이다.

7개의 유효숫자 자릿수를 갖는 단일정도에서 컴퓨터는 숫자 44444.666666을 반올림 처리 방식에 따라 44444.67 또는 44444.66으로 저장할 것이다. 첫 번째의 경우 초과 자릿수는 가장 가까운 정수로 반올림된다고 하고, 두 번째의 경우는 절삭된다고 한다. 따라서 숫자 $a = 44444.12345$와 $b = 44444.12032$는 7개의 유효숫자 자릿수를 사용하여 계산을 수행하는 컴퓨터에서는 동치이다. 이러한 컴퓨터에서 $a - b$를 계산한 결과는 0.00313이 아니라 0이 될 것이다.

계산 과정에서 제한된 개수의 자릿수를 사용하는 데 따른 오차를 **반올림 오차(round-off error)**라고 한다. 이러한 오차는 무작위적 성격을 가지며, 이를 간단하면서도 체계적으로 예측할 수 있는 방법은 없다. 이러한 오차는 계산에 나타나는 숫자, 반올림 방법, 컴퓨터 종류, 계산 순서 등에 따라 달라진다.

대수학에서 $a + b + c = a + c + b$임을 배운 바 있을 텐데, 이는 상당히 합리적이다. 그렇지만 그림 9-23에서 보여주듯이 컴퓨터에서 수행되는 계산에서는 이것이 항상 성립하지는 않는다. 두 개의 연산에서 계산 순서만 바꾸었을 뿐인데 30.8%의 오차가 발생하였다는 점을 주목하기 바란다. 중요한 문제들에서는 흔히 수천 개 이상의 연산이 수행되며 심지어는 수백만 개의 연산이 수행되는 경우도 있다는 점을 고려하면, 아무런 징후도 없이 누적 반올림 오차가 심각한 오차를 발

주어진 값
계산식:
$a = 7777777$
$b = 7777776$
$c = 0.4444432$
계산 결과:
$D = a - b + c$
$E = a + c - b$

$D = 7777777 - 7777776 + 0.4444432$
$= 1 + 0.4444432$
$= 1.444443$ (정확한 결과)

$E = 7777777 + 0.4444432 - 7777776$
$= 7777777 - 7777776$
$= 1.000000$ (30.8%의 오차)

그림 9-23
컴퓨터에서 (7개의 유효숫자 자릿수를 갖는) 단일정도로 수행된 계산. 연산 순서에 따라 30.8%의 오차가 발생할 수 있다.

생시킬 수도 있다. 경험 많은 프로그래머라면 이러한 위험에 대해 잘 인식하고 있을 것이며, 반올림 오차가 누적되지 않도록 프로그램의 구조를 적절히 결정할 것이다. 예를 들면, 숫자들을 10번 더하는 것보다는 그 숫자에 10을 곱하는 것이 훨씬 안전하다. 또 작은 숫자들을 먼저 더한 후에 큰 숫자를 더하는 것이 안전하다. 이러한 규칙은 특히 다수의 항이 있고 항들의 부호가 교대로 변하는 급수의 계산에서 중요하다.

반올림 오차는 풀이 과정에서 수행되는 계산의 횟수에 비례한다. 오일러 해법에서 분할 간격 h가 감소함에 따라 계산 횟수는 증가한다. 예를 들어 분할 간격을 1/2로 줄이면 계산 횟수는 2배가 되며 누적 반올림 오차는 2배로 증가한다.

오차의 통제

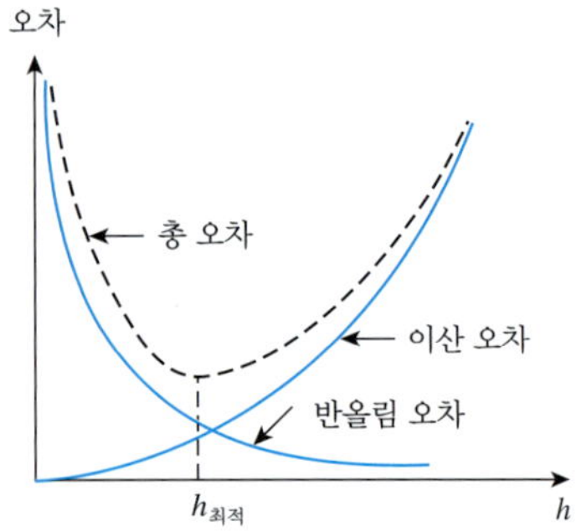

그림 9-24
분할 간격이 감소함에 따라 이산 오차는 감소하지만 반올림 오차는 증가한다.

수치해법으로 구한 결과에서 총 오차는 그림 9-24에서 보여주듯이 분할 간격 h의 감소와 함께 감소하는 이산 오차와 분할 간격의 감소에 따라 증가하는 반올림 오차의 합이다. 따라서 보다 정확한 결과를 얻기 위해 분할 간격을 너무 줄이다 보면 반올림 오차의 급격한 증가로 인해 오히려 정확도가 떨어지는 결과가 될 수 있다. 아주 작은 숫자들에 대한 계산 횟수의 빠른 증가가 발생하는 것을 피함으로써 반올림 오차가 통제범위를 벗어나지 않도록 주의할 필요가 있다.

실제에 있어 주어진 문제의 정확한 해를 알지 못할 것이므로 수치해법에 따른 오차의 크기를 결정할 수 없을 것이다. 누적 이산 오차가 분할 간격의 상수 배라는 것도 큰 도움은 되지 않는데, 이는 그 상수 값을 쉽게 결정할 수 있는 방법이 없기 때문이다. 더욱이 반올림 오차에 대한 정확한 추정 없이 누적 이산 오차만으로는 별 의미도 없다. 따라서 수치해법으로 구한 결과의 정확도를 평가하기 위한 다음과 같은 절차의 사용을 추천한다.

단계 1. 경험을 토대로 합리적인 분할 간격 h를 정하여 계산을 시작한다. 그런 다음 분할 간격을 $h/2$로 변경하여 같은 계산을 반복한다. 분할 간격을 1/2로 줄여 구한 결과가 이전의 결과와 별 차이가 없다면, 이산 오차가 수용할 수 있는 수준에 도달한 것으로 결론짓는다. 그러나 이 차이가 수용할 수 있는 범위를 초과할 경우, 분할 간격을 $h/4$또는 더 작은 값으로 정하여 계산을 반복한다. 분할 간격을 1/2로 줄이는 과정을 결과에서 큰 변화가 없어질 때까지 반복하며, 큰 변화가 없다는 것을 이산 오차가 수용할 수 있는 수준으로 감소되었음을 나타내는 것으로 판단한다.

단계 2. 분할 간격 h를 동일하게 유지하면서 2배정도를 사용하여 계산을 반복한다. 이때의 변화가 크지 않을 경우, 반올림 오차가 수용할 수 있는 수준이라고 결론짓는다. 그러나 이 변화가 수용할 수 있는 범위를 벗어날 경우, 분할 간격을 증가시켜 총 계산 횟수를 줄이려고 시도할 수 있다. 만일 이러한 변경으로 인해 이산 오차가 수용할 수 없는 수준으로 증가할 경우, 적은 계산 횟수로도 더 정확한 결과를 제공하는 정확도가 높은 해법으로 변경한다.

수치해와 연계된 오차에 관한 이상의 논의는 오일러 해법을 예로 들어 제시되었지만 다른 수치해법에도 동일하게 적용될 수 있다.

마지막으로 유념할 것은 어떤 수치해법을 사용하더라도 그 결과가 특정 초깃값 문제들에 내재된 문제점을 밝혀내지는 못한다는 점이다. 상당히 그럴 듯한 결과가 실제로는 엄청난 오차를 포함할 수도 있다. 예를 들어 다음의 초깃값 문제를 생각해보자.

$$(x - 0.79)y' + y = 1, \quad y(0) = 2, \tag{9–33}$$

$h = 0.1$을 분할 간격으로 사용하여 오일러 해법으로 구한 이 초깃값 문제의 해는 상당히 합리적으로 보이며(표 9-6), 여기에 어떤 함정이 있으리라는 아무런 실마리도 보이지 않는다. $h = 0.05$를 사용하여 이 계산을 반복할 경우, $x = 0.8$ 근처에서 여느 때와 다른 변화를 볼 수 있으며, 이는 의심을 불러일으킬 만하다. 분할 간격을 더 작게 잡을 경우 그 부근에서 해는 엄청나게 커진다. 이 문제에 대한 정확한 해가 다음과 같이 주어지며 이 해는 $x = 0.79$에서 특이점을 갖는다는 사실을 고려하면 이는 당연한 일이다.

$$y = \frac{0.79}{|x - 0.79|} + 1 \tag{9–34}$$

표 9–6

$(x - 0.79)y' + y = 1, y(0) = 2$에 대해 각기 다른 분할 간격을 이용하여 구한 오일러 해와 정확한 해의 비교 (수치해법은 해 함수에서의 불연속점을 경고 없이 건너뛸 수 있음)

x	$h = 0.1$	$h = 0.05$	$h = 0.01$	정확한 결과
0.0	2.000	2.000	2.000	2.000
0.1	2.127	2.135	2.143	2.145
0.2	2.290	2.313	2.333	2.339
0.3	2.508	2.556	2.600	2.612
0.4	2.816	2.909	3.000	3.026
0.5	3.282	3.471	3.667	3.724
0.6	4.069	4.500	5.000	5.158
0.7	5.684	7.000	9.000	9.778
0.8	10.889	22.000	1.3×10^7	80.000
0.9	−88.000	−13.000	−8.200	8.182
1.0	−7.091	−4.250	−3.600	4.762

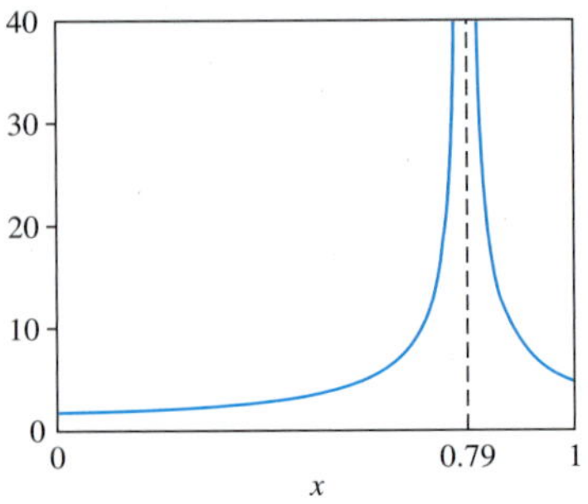

그림 9-25
$(x - 0.79)y' + y = 1, y(0) = 2$의 실제 해에 대한 그래프

즉, 그림 9-25에서 보여주듯이 이 해는 그 점에서 무한대가 된다. 이 경우 함수 $y' = f(x, y) = (1 - y)/(x - 0.79)$가 그 점에서 불연속점을 가지므로 미분방정식을 잘 살펴보았으면 $x = 0.79$에서 문제가 발생할 것을 예상할 수 있었을 것이다. 그러나 미분방정식에 따라서는 외형적인 특징이 감추어져 있어 미리 문제가 있음을 알아보기 어려울 수도 있다. 이러한 이유로도 주어진 문제의 해를 수용하기 전에 분할 간격을 변경하여 계산을 반복해보는 것이 좋다.

식 9-34에 의해 주어지는 해는 구간 $0 \le x \le 0.79$에서는 유일한 해이지만, $x > 0.79$에서는 그렇지 않을 수도 있음을 유의하기 바란다. $x > 0.79$에 대해 표 9-6에 주어진 값들은 $y(0) > 0.79$인 초기조건에 따른 것이다.

절 복습문제

9-9C 수치해법으로 구한 결과가 해석적으로 구한 정확한 결과와 다른 이유는 무엇인가? 이러한 차이의 원인은 무엇인가?

9-10 아래의 초깃값 문제에 대해 분할 간격으로 $h = 0.2$를 사용하여 오일러 해법으로 구한 (a) 한 단계 그리고 (b) 두 단계 후의 수치적 해에서 국부 이산 오차와 누적 이산 오차를 구하라. 계산에는 계산기를 이용하라.

$$y' = 1 - 2x - 3y, \quad y(0) = 0$$

(답: 정확한 해는 $y(x) = -(5/9)e^{-3x} - (2/3)x + 5/9$이다. 한 단계 후의 국부 이산 오차와 누적 이산 오차는 동일하며 -70.46%이다. 두 단계 후의 국부 오차는 -37%이며 누적 오차는 -64%이다.)

9-5 ■ 개량 오일러 해법

앞에서 분할 간격 h를 사용하여 오일러 해법으로 푼 바 있는 1계 초깃값 문제

$$y' = f(x, y), \quad y(x_0) = y_0 \tag{9-35}$$

을 다시 생각해보자. 오일러 해법은 이해하기도 쉽고 프로그램하기도 간단하지만 정확한 결과를 얻기 위해서는 아주 작은 분할 간격을 사용해야 한다. 따라서 현실에서는 자주 사용되지 않으며, 특히 큰 구간에 대해 풀어야 할 문제들에서는 거의 사용되지 않는다.

분할 간격을 줄이는 것은 수치해법의 정확도를 향상시키는 방법이기는 하지만, 더 좋은 방법은 우수한 근사법을 사용하는 것이다. 정확도가 높은 수식을 이용하는 수치해법은 각 단계에서 더 많은 계산을 요하지만 분할 간격이 클 경우에도 매우 정확한 결과를 산출하며 따라서 전체 계산 양을 줄여준다.

모든 단일단계 방법들은 동일한 일반 공식에 기초한다.

$$y_{n+1} = y_n + h \times \text{기울기} \tag{9–36}$$

이러한 방법들에서 차이는 기울기를 어떻게 계산하는가에 있다. 오일러 해법은 각 구간에서 왼쪽 끝점에서의 기울기 값이 해당 구간 전체에 적용된다고 가정한다. 만일 해당 구간의 양 끝점에서 기울기 값들을 계산하고 이들의 산술평균을 해당 구간의 평균 기울기로 사용한다면 결과의 정확도를 상당히 향상시킬 수 있음을 쉽게 파악할 수 있을 것이다. 이러한 원리에 기초한 해법을 개량 오일러 **해법(Improved Euler method)** 또는 **호인 해법(Heun method)**이라고 하며, 다음과 같이 표현된다(그림 9-26).

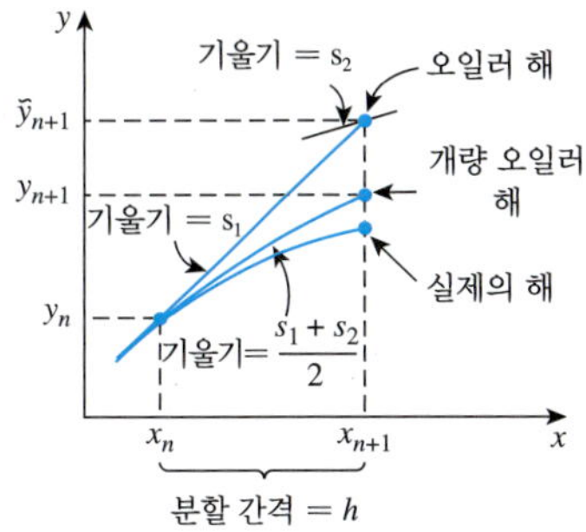

그림 9–26
개량 오일러 해법에 대한 그래프 표현

$$y_{n+1} = y_n + h\frac{f(x_n, y_n) + f(x_{n+1}, \tilde{y}_{n+1})}{2} \tag{9–37 a}$$

여기에서

$$\tilde{y}_{n+1} = y_n + hf(x_n, y_n) \tag{9–37 b}$$

그런데 x_{n+1}에서의 해 y_{n+1}을 모르기 때문에 그 점에서의 함수 $f(x, y)$의 정확한 값은 결정할 수 없다. 따라서 먼저 오일러 해법을 사용하여 y_{n+1}에 대한 근삿값을 예측한다. 이 값은 y_{n+1}을 더 정확하게 예측하기 위한 개량 오일러 공식에서 $\tilde{y}_{n+1}$로 표시된다. 따라서 개량 오일러 해법의 각 단계에서 함수 $f(x, y)$는 두 번씩 계산된다.

개량 오일러 해법에서는 각 구간의 평균 기울기로 왼쪽 끝점에서의 기울기 값을 사용하는 대신 해당 구간의 양 끝점에서 기울기 값들의 평균을 사용하므로 오일러 해법에 비해 우수할 것임은 분명하다. 사실 개량 오일러 해법의 국부 및 누적 이산 오차는 각기 h^3과 h^2에 비례한다. 따라서 분할 간격을 1/2로 줄이면 누적 오차는 1/4, 국부 오차는 1/8로 줄어든다.

개량 오일러 해법은 *예측자-수정자법(predictor-corrector method)*이라는 수치해법 유형에 속한다. 식 9-37b는 먼저 y_{n+1}을 예측한 다음 식 9-37a에 의해 수정된다(그림 9-27). 이 경우 예측자 공식은 오일러 공식과 같으며, 따라서 y_{n+1}은 오일러 해법에서 얻었을 해에 해당한다. 개량 오일러 해법에서 이 결과는 중간 단계의 값으로 취급되며 수정자 공식을 사용하여 정제된다.

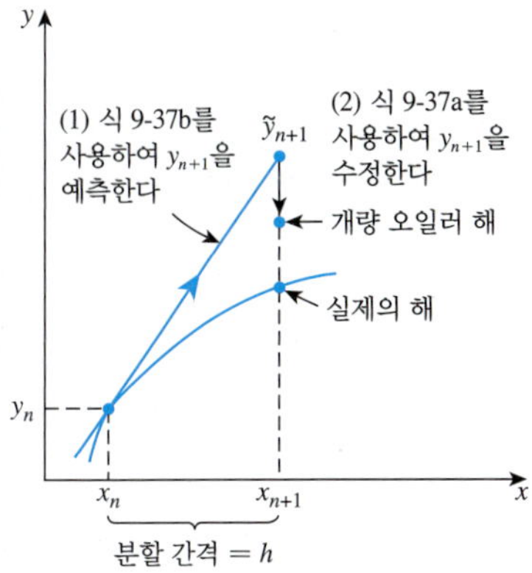

그림 9–27
개량 오일러 해법에 대한 개념도

수정자 공식으로 구한 $\tilde{y}_{n+1}$ 값을 같은 식에서 y_{n+1} 대신 사용하여 더욱 정확한 y_{n+1} 값을 구할 수 있다. 즉, 첫 번째 반복 후에는 수정자 공식을 예측자 공식으로 사용할 수 있다. 이러한 과정은 y_{n+1} 값을 더욱 향상시키기 위해 반복될 수도 있다. 이러한 방식으로 구한 y_{n+1}의 수렴 값은 대개 훨씬 작은 오차를 갖겠지만 꼭 정확한 해의 값이 되는 것은 아니다. 이보다는 분할 간격을 줄이는 것이 보다 직접적이고 간단하게 결과의 정확도를 향상시킬 수 있는 방법이며, 따라서 수정자 공식을 반복하는 기법에 대해서는 더 이상 논하지 않는다.

예제 9-6 **개량 오일러 해법**

구간 $0 \leq x \leq 1$에서 분할 간격은 $h = 0.1$로 두고 개량 오일러 해법을 사용하여 초깃값 문제

$$y' = 5y - 25x^2 + 2, \quad y(0) = 2$$

의 해를 구하라. 이 결과를 정확한 해의 값들과 비교하라.

풀이 이 문제에서 $f(x, y) = 5y - 25x^2 + 2$, $x_0 = 0$, $y_0 = 2$, $h = 0.1$이다. 이제 아래의 개량 오일러 공식(식 9-37)을 반복적으로 적용하여 점 $x_1 = 0.1$, $x_2 = 0.2$, ..., $x_{10} = 1$에서의 해를 구한다.

$$y_{n+1} = y_n + h\frac{f(x_n, y_n) + f(x_{n+1}, \widetilde{y}_{n+1})}{2}$$

여기에서

$$\widetilde{y}_{n+1} = y_n + hf(x_n, y_n)$$

$n = 0$의 경우

$$\begin{aligned}\widetilde{y}_1 &= y_0 + hf(x_0, y_0)\\ &= 2 + 0.1f(0.2)\\ &= 2 + 0.1 \times (5 \times 2 - 25 \times 0^2 + 2)\\ &= 3.2\end{aligned}$$

그리고

$$\begin{aligned}y_1 &= y_0 + h\frac{f(x_0, y_0) + f(x_1, \widetilde{y}_1)}{2}\\ &= 2 + 0.1\frac{f(0, 2) + f(0.1, 3.2)}{2}\\ &= 2 + 0.1 \times \frac{12 + 17.75}{2}\\ &= 3.4875\end{aligned}$$

따라서 개량 오일러 해법은 $x_1 = 0.1$에서의 해를 $y_1 = 3.4875$로 예측한다. 이 점에서의 정확한 해는 식 9-22로부터 3.54744로 결정된다. 따라서 개량 오일러 해법으로 구한 값의 오차는 $100 \times (3.54744 - 3.4875)/3.54744 = 1.69\%$이다. $n = 1$에 대해 이 계산을 반복하면

$$\begin{aligned}\widetilde{y}_2 &= y_1 + hf(x_1, y_1)\\ &= 3.4875 + 0.1f(0.1, 3.4875)\\ &= 3.4875 + 0.1 \times (5 \times 3.4875 - 25 \times 0.1^2 + 2)\\ &= 5.40625\end{aligned}$$

그리고

표 9-7

$y' = 5y - 25x^2 + 2$, $y(0) = 2$에 대해 오일러 해법의 결과, 개량 오일러 해법의 결과, 정확한 결과 등의 비교

	오일러 해법		개량 오일러 해법			
x	$h = 0.1$	$h = 0.01$	$h = 0.1$	$h = 0.01$	$h = 0.001$	정확한 결과
0.0	2.00000	2.00000	2.00000	2.00000	2.00000	2.00000
0.1	3.20000	3.50150	3.48750	3.54662	3.54743	3.54744
0.2	4.97500	5.89006	5.84844	6.03396	6.03654	6.03656
0.3	7.56250	9.66066	9.56621	10.00713	10.01331	10.01338
0.4	11.31875	15.61958	15.42634	16.36470	16.37797	16.37810
0.5	16.77813	25.08012	24.70531	26.58783	26.61472	26.61499
0.6	24.74219	40.18158	39.47738	43.11809	43.17054	43.17107
0.7	36.41328	64.40859	63.11324	69.98012	70.07990	70.08091
0.8	53.59492	103.4373	101.0903	113.8081	113.9944	113.9963
0.9	18.99239	166.5134	162.3092	185.5377	185.8809	185.8842
1.0	116.6636	268.6975	261.2337	303.1954	303.8200	303.8263

$$
\begin{aligned}
y_2 &= y_1 + h\frac{f(x_1, y_1) + f(x_2, \tilde{y}_2)}{2} \\
&= 3.4875 + 0.1\frac{f(0.1, 3.4875) + f(0.2, 5.40625)}{2} \\
&= 3.4875 + 0.1\frac{19.1875 + 28.03125}{2} \\
&= 5.8484375
\end{aligned}
$$

을 얻는데, 이 결과와 정확한 값 6.03656과의 차이는 3.12%이다.

그림 9-28의 간단한 MATLAB 프로그램을 사용하여 $n = 2, 3, ..., 9$에 대해 이러한 계산을 같은 방식으로 수행한 결과를 비교를 위해 정확한 결과와 함께 표 9-7에 정리하였다. 오차는 $x = 1$에서 14.02%에까지 이른다.

표 9-7은 또한 비교를 위해 분할 간격 $h = 0.01$과 $h = 0.001$을 사용한 결과, 그리고 오일러 해법으로 구한 결과 등을 보여준다. $h = 0.001$의 경우 개량 오일러 해법의 결과는 정확한 해와 거의 차이가 없다.

$h = 0.1$일 경우의 개량 오일러 해가 $h = 0.01$일 경우의 오일러 해와 거의 비슷하다는 점을 주목할 필요가 있다. 이는 오일러 해법을 사용한 경우가 대략 5배의 시간을 소요한다는 점을 생각하면 상당히 의미 있는 관찰이다. 이는 개량 오일러 해법에서 함수 $f(x, y)$가 단계 당 2번씩 모두 20번 계산되는데, 오일러 해법에서는 100번 계산되기 때문이다. 따라서 개량 오일러 해법이 적은 계산 양으로도 더욱 정확한 결과를 제공하며, 이는 복잡도에 있어 약간의 증가를 감수하고도 남을 정도이다.

```
x = 0; y = 2;
h = 0.1;
nstep = 10;
f = @(x,y)(5*y-25*x^2+2);
for n = 1:nstep
  y1 = y + h*f(x,y);
  y = y + h*(f(x,y)+f(x+h,y1))/2
  x = n*h
  exact = 2*exp(5*x)+5*x.^2+2*x
  error = 100*abs(y-exact)/exact
end
```

그림 9-28

개량 오일러 해법을 위한 MATLAB 프로그램

개량 오일러 해법의 한 변형에서는 구간의 중점에서의 기울기를 계산하여 해당 구간의 평균 기울기로 이용한다. 이러한 원리에 기초한 방법을 *변형 오일러 해법(modified Euler method)* 또는 *다각형법(polygon method)*이라고 한다. 이 방법의

정확도는 개량 오일러 해법의 정확도에 비교할 만하다.

특별한 경우: $f = f(x)$

함수 $f(x, y)$가 x에만 종속될 때 개량 오일러 해법은 사다리꼴 법칙으로 축소되며 (그림 9-29), 변형 오일러 해법은 사각형 적분법으로 축소된다. 9-1절에서 이 두 가지 수치적 적분법은 비교할 만한 정확도를 갖는다는 것을 보인 바 있다.

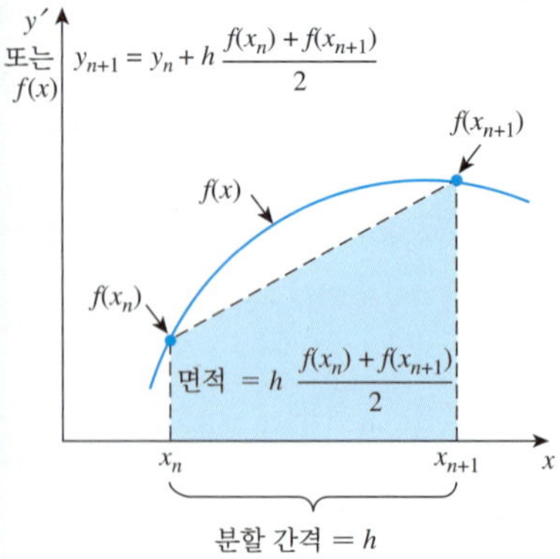

그림 9-29
함수 $f(x, y)$가 x에만 종속될 때 개량 오일러 해법은 사다리꼴 법칙으로 축소된다.

절 복습문제

9-11C 개량 오일러 해법은 무엇에 기초하고 있는가? 오일러 해법과는 어떻게 다른가?

9-12 아래의 초깃값 문제에 대해 분할 간격으로 $h = 0.2$를 사용하여 (a) 한 단계 그리고 (b) 두 단계 후의 수치적 해를 개량 오일러 해법으로 구하라. 계산에는 계산기를 이용하라. 또한 해석적으로 초깃값 문제를 풀고, 수치적 결과의 상대오차를 결정하라.

$$y' = x + y,\ y(0) = 0$$

(답: 정확한 해는 $y(x) = e^x - x - 1$이다. 한 단계 후의 상대오차는 6.5%이며, 두 단계 후의 상대오차는 3.7%이다.)

9-6 ■ 테일러급수 해법

순수하게 수치적인 해법들에 대한 대안으로서 1계 초깃값 문제

$$y' = f(x, y), \quad y(x_0) = y_0 \tag{9-38}$$

의 해 함수 $y(x)$를 무한 멱급수로 표현함으로써 해를 위한 근사 해석적 표현식을 구할 수 있다.

9-4절에서 오일러 공식 $y_{n+1} = y_n + hf(x_n, y_n)$은 $y(x)$의 점 x_n에 관한 아래의 테일러급수 전개식에서 첫 두 항만 남기고 정확한 해의 값 $y(x_{n+1})$, $y(x)$ 대신 근삿값 y_{n+1}, y_n을 사용하여 얻을 수 있었음을 기억할 것이다(그림 9-30).

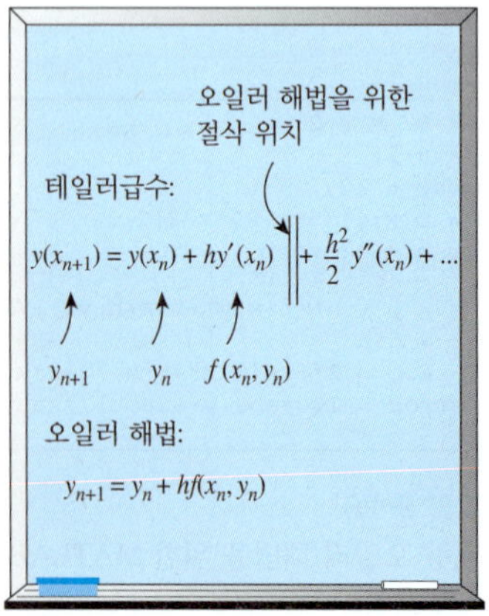

그림 9-30
$y(x)$에 대한 테일러급수 전개로부터 오일러 해법 (즉, 2-항 테일러급수 해법) 도출

$$y(x_{n+1}) = y(x_n) + hy'(x_n) + \frac{h^2}{2}y''(x_n) + \frac{h^3}{3!}y'''(x_n) + \cdots + \frac{h^n}{n!}y^{(n)}(x_n) + \cdots \tag{9-39}$$

이러한 사실로부터 근사식에서 더 많은 항을 남긴다면 정확도가 향상될 것으로 예상할 수 있다. 예를 들어 3개의 항을 남길 경우,

$$y(x_{n+1}) \approx y(x_n) + hy'(x_n) + \frac{h^2}{2}y''(x_n) \tag{9-40}$$

을 얻을 텐데, 이를 3-항 (또는 2계) 테일러급수 해법이라고 한다. (오일러 해법은 2-항 (또는 1계) 테일러급수 해법에 해당한다.) 1계 도함수는 미분방정식 $y' = f(x, y)$에서 직접 주어진다. 2계 도함수는 주어진 미분방정식을 미분하고 연쇄법을 적용하여 구한다.

$$y''(x) = \frac{df}{dx} = \frac{\partial f}{\partial x} + \frac{\partial f}{\partial y}\frac{dy}{dx} = f_x(x, y) + f_y(x, y)f(x, y) \qquad \textbf{(9–41)}$$

여기에서 f_x, f_y는 각기 x, y에 관한 $f(x, y)$의 편도함수이다. 근사식 $y(x_{n+1}) \cong y_{n+1}$을 사용하고 점 $y''(x)$에서의 $y'(x)$를 위한 관계식을 식 9-40에 대입하면,

$$y_{n+1} = y_n + f(x_n, y_n) + \frac{h^2}{2}[f_x(x_n, y_n) + f_y(x_n, y_n)f(x_n, y_n)] \qquad \textbf{(9–42)}$$

을 얻을 텐데, 이는 3-항 (또는 2계) 테일러급수 공식으로 알려져 있다. 테일러급수 해법은 함수 $f(x, y)$의 편도함수들에 대한 계산을 요하는데, 이는 쉬울 수도 있고 쉽지 않을 수도 있다.

2계 테일러급수 해법의 국부 이산 오차와 누적 이산 오차는 각기 h^3과 h^2에 비례한다. 테일러급수에서 절삭되는 첫 번째 항이 h^3을 포함한다는 것을 감안하면 이는 예상할만한 일이다. 2계 테일러급수 해법의 정확도는 개략 오일러 해법의 정확도와 비교할만하다. 함수 $f(x, y)$가 상당히 단순하고 쉽게 미분할 수 있도록 고계 연속 도함수들을 갖는 경우, 근사식에 더 많은 항들을 남겨두는 것이 유리할 수 있다. $k + 1$개의 항을 남기는 근사식을 사용할 경우 k계 (또는 $(k + 1)$-항) 테일러급수 해법이라고 한다. k계 테일러급수 해법에서 절삭되는 첫 번째 항이 h^{k+1}이며, 따라서 국부 이산 오차와 누적 이산 오차는 각기 h^{k+1}와 h^k에 비례한다는 점을 유의하기 바란다.

고계 테일러급수 해법들은 아주 정확한 결과를 제공하지만, 그림 9-31에서 보여주듯이 함수 $f(x, y)$에 대한 고계 도함수의 계산을 요하므로 사용하기가 불편하다. 테일러급수 해법의 실제 가치는 다른 고계 수치해법과의 비교 기준으로 이용할 수 있다는 점이다.

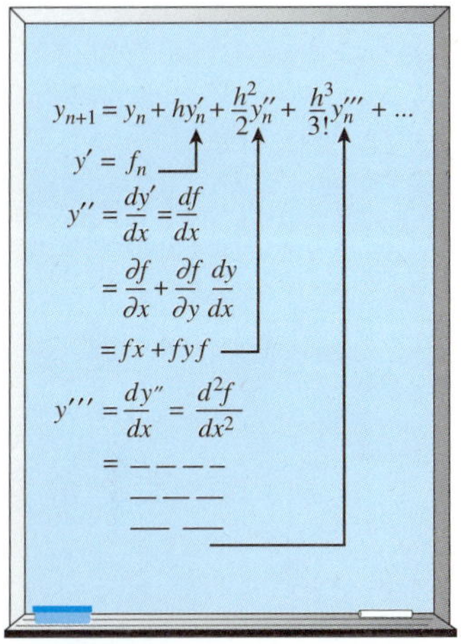

그림 9-31
고계 테일러급수 해법들은 함수 $f(x, y)$에 대한 고계 도함수의 계산을 요하므로 사용하기가 불편하다.

예제 9-7 테일러급수 해법

구간 $0 \le x \le 1$에서 분할 간격은 $h = 0.1$로 두고 3-항 테일러급수 해법을 사용하여 초깃값 문제

$$y' = 5y - 25x^2 + 2, \quad y(0) = 2$$

의 해를 구하라. 이 결과를 정확한 해의 값들과 비교하라.

풀이 | 이 문제에서 $f(x, y) = 5y - 25x^2 + 2$, $x_0 = 0$, $y_0 = 2$, $h = 0.1$이다. 함수 $f(x, y)$의 편도함수들은 다음과 같다.

$$f_x(x, y) = -50x$$
$$f_y(x, y) = 5$$

이들을 식 9-42에 대입하면 3-항 테일러급수 공식은 다음과 같이 주어진다.

$$\begin{aligned} y_{n+1} &= y_n + hf(x_n, y_n) + \frac{h^2}{2}[f_x(x_n, y_n) + f_y(x_n, y_n)f(x_n, y_n)] \\ &= y_n + hf(x_n, y_n) + \frac{h^2}{2}[-50x_n + 5f(x_n, y_n)] \end{aligned}$$

이제 이 공식을 반복적으로 적용하여 점 $x_1 = 0.1$, $x_2 = 0.2$, ..., $x_{10} = 1$에서의 해를 구한다. $n = 0$의 경우

$$\begin{aligned} y_1 &= y_0 + hf(x_0, y_0) + \frac{h^2}{2}[-50x_0 + 5f(x_0, y_0)] \\ &= 2 + 0.1 \times f(0, 2) + \frac{0.1^2}{2}[-50 \times 0 + 5f(0, 2)] \\ &= 3.5 \end{aligned}$$

따라서 3-항 테일러급수 해법은 $x_1 = 0.1$에서의 해를 $y_1 = 3.5$로 예측한다. 이 점에서의 정확한 해는 식 9-22로부터 3.54744로 결정된다. 따라서 개량 오일러 해법으로 구한 값의 오차는 $100 \times (3.54744 - 3.5)/3.54744 = 1.34\%$이다. $n = 1$에 대해 이 계산을 반복하면

$$\begin{aligned} y_2 &= y_1 + hf(x_1, y_1) + \frac{h^2}{2}[-50x_1 + 5f(x_1, y_1)] \\ &= 3.5 + 0.1 \times f(0.1, 3.5) + \frac{0.1^2}{2}[-50 \times 0.1 + 5f(0.1, 3.5)] \\ &= 5.88125 \end{aligned}$$

을 얻는데, 이 결과와 정확한 값 6.03656과의 차이는 2.57%이다.

그림 9-32의 간단한 MATLAB 프로그램을 사용하여 $n = 2, 3, ..., 9$에 대해 이러한 계산을 같은 방식으로 수행한 결과를 비교를 위해 정확한 결과, 개량 오일러 해법으로 구한 결과 등과 함께 표 9-8에 정리하였다. 개량 오일러 해법의 결과와 3-항 테일러급수 해법의 결과가 아주 비슷함에 주목하기 바란다. 두 방법 모두 2계 근사식을 사용하고 있으며 이들의 누적 오차는 h^2에 비례하므로 이러한 결과는 당연하다고 볼 수 있다.

절 복습문제

9-13C 테일러급수 해법이 미분방정식 풀이에 많이 사용되지 않는 이유는 무엇인가?

```
x = 0;
y = 2;
h = 0.1;
nstep = 10;
% Enter f and its derivatives here.
f = @(x,y)(5*y-25*x^2+2);
fx = @(x,y)-50*x;
fy = @(x,y)5;
for n = 1:nstep
    y = y + h*f(x,y)  + h^2*(fx(x,y)+fy(x,y)*f(x,y))/2
    x = n*h
    exact = 2*exp(5*x)+5*x.^2+2*x
    error = 100*abs(y-exact)/exact
end
```

그림 9-32
3-항 테일러급수 해법을 위한 MATLAB 프로그램

표 9-8

$y' = 5y - 25x^2 + 2$, $y(0) = 2$에 대해 3-항 테일러급수 해법의 결과, 개량 오일러 해법의 결과, 정확한 결과 등의 비교

x	3-항 테일러급수 해법 $h = 0.1$	개량 오일러 해법 $h = 0.1$	정확한 결과
0.0	2.00000	2.00000	2.00000
0.1	3.50000	3.48750	3.54744
0.2	5.88125	5.84844	6.03656
0.3	9.63203	9.56621	10.01338
0.4	15.54580	15.42634	16.37810
0.5	24.91193	24.70531	26.61499
0.6	39.82563	39.47738	43.17107
0.7	63.69165	63.11324	70.08091
0.8	102.0427	101.0903	113.9963
0.9	163.8693	162.3092	185.8842
1.0	263.7814	261.2337	303.8263

9-14 아래의 초깃값 문제에 대해 분할 간격으로 $h = 0.2$를 사용하여 (a) 한 단계 그리고 (b) 두 단계 후의 수치적 해를 3-항 테일러급수 해법으로 구하라. 계산에는 계산기를 이용하라. 또한 해석적으로 초깃값 문제를 풀고, 수치적 결과의 상대오차를 결정하라.

$$y' = x + y, \quad y(0) = 0$$

(답: 정확한 해는 $y(x) = e^x - x - 1$이다. 이 오일러 해법에서 한 단계 후의 상대오차는 6.5%이며, 두 단계 후의 상대오차는 3.7%이다.)

9-7 ■ 룬게-쿠타법

앞에서 분할 간격 h를 사용하여 오일러 해법 및 개량 오일러 해법으로 풀어본 바 있는 1계 초깃값 문제

$$y' = f(x, y), \quad y(x_0) = y_0 \tag{9-43}$$

으로 돌아가 보자. 이 두 방법은 독일 수학자 룬게(C. D. Runge, 1856-1927)와 쿠타(M. W. Kutta, 1867-1944)의 이름을 딴 **룬게-쿠타법(Runge-Kutta method)**이라는 일반적인 단일단계 방법의 특별한 경우로 볼 수 있다.

9-6절에서 고계 테일러급수 해법을 사용하여 매우 정확한 결과를 얻을 수 있다는 것을 살펴본 바 있다. 그렇지만 이 방법에서는 함수 $f(x, y)$에 대한 고계 도함수들을 계산해야 하는데, 이는 많은 시간을 요하며 또 복잡한 표현식 형태의 결과를 산출하는 경우가 많다. 따라서 고계 테일러급수 해법은 높은 정확도를 제공할 수 있는 잠재성에도 불구하고 실용적인 해법은 아니다.

룬게-쿠타법	동급의 해법
1계	오일러 1계 테일러급수
2계	개량 오일러 변형 오일러 2계 테일러급수
3계	3계 테일러급수
4계	4계 테일러급수

그림 9-33
지금까지 미분방정식을 풀기 위해 고려했던 수치해법들은 모두 일종의 룬게-쿠타법으로 볼 수 있다.

룬게-쿠타법의 훌륭한 점은 도함수의 계산 없이도 테일러급수 해법과 동일한 정확도를 제공한다는 것이다. 룬게-쿠타 공식의 엄밀한 유도 과정은 다소 복잡하여 여기에 소개하지는 않으며, 수치해석 전문 서적들을 찾아보기 바란다.

테일러급수 해법과 마찬가지로 룬게-쿠타법도 계수 별로 각기 다른 버전을 가지며, 계수가 높을수록 정확도도 높다. 특정 계수의 룬게-쿠타법이 다른 계수의 룬게-쿠타법보다 더 많이 사용되기는 하지만 표준 룬게-쿠타법이 있는 것은 아니다. 1계 룬게-쿠타법은 오일러 해법, 그리고 2-항 (1계) 테일러급수 해법 등과 동급이다. 2계 룬게-쿠타법은 기본적으로 개량 오일러 해법과 3-항 (2계) 테일러급수 해법 등과 동급이다(그림 9-33).

가장 많이 사용되는 룬게-쿠타법은 4계 룬게-쿠타법인데, 여기에는 여러 버전이 있다. 이들 중에서 가장 많이 알려져 있고 가장 널리 사용되는 버전이 고전 4계 **룬게-쿠타법(classical fourth-order Runge-Kutta method)**으로

$$y_{n+1} = y_n + \frac{h}{6}(k_1 + 2k_2 + 2k_3 + k_4) \qquad \textbf{(9–44a)}$$

여기에서

$$k_1 = f(x_n, y_n) \qquad \textbf{(9–44b)}$$

$$k_2 = f\left(x_n + \frac{1}{2}h, y_n + \frac{1}{2}hk_1\right) \qquad \textbf{(9–44c)}$$

$$k_3 = f\left(x_n + \frac{1}{2}h, y_n + \frac{1}{2}hk_2\right) \qquad \textbf{(9–44d)}$$

$$k_4 = f(x_n + h, y_n + hk_3) \qquad \textbf{(9–44e)}$$

와 같이 표현된다. 이 방법에서 함수 $f(x, y)$에 대한 x_n과 x_{n+1} 사이의 평균 기울기는 $(k_1 + 2k_2 + 3k_3 + k_4)/6$로 표현된다. 또한 k_1은 k_2를 위한 식에 나타나고, k_2는 다시 k_3을 위한 식에 나타나고, k_3은 다시 k_4를 위한 식에 나타난다는 점을 유의하

기 바란다. 이러한 중첩은 룬게-쿠타법에서는 일반적이며 컴퓨터 응용에 적합한 특징이기도 하다.

4계 룬게-쿠타법의 국부 이산 오차와 누적 이산 오차는 각기 h^5와 h^4에 비례한다. 이는 예상대로인데, 어떤 해법의 계수는 분할 간격의 차수를 나타내며, 또 누적 오차는 이 차수에 비례하기 때문이다. 분할 간격 h를 1/2로 줄이면 국부 오차는 1/32로 줄어들고 누적 오차는 1/16로 줄어든다. 따라서 4계 룬게-쿠타법에서 분할 간격을 1/2로 줄이는 것은 오일러 해법에서 분할 간격을 1/2로 줄이는 일을 네 번 연속적으로 수행하는 것에 해당하는 효과를 갖는다.

고전 4계 룬게-쿠타법의 놀라운 정확도와 단순성으로 인해 상미분방정식의 수치해를 구하기 위한 단일단계 방법으로는 가장 널리 사용된다. 룬게-쿠타 공식은 오일러 공식이나 개량 오일러 공식에 비해 복잡해보이지만, 높은 정확도와 사용의 편리함으로 인해 가장 많이 선택된다. 예제 9-8의 문제를 풀기 위한 고전 4계 룬게-쿠타법 MATLAB 프로그램이 그림 9-34에 주어져 있다. 이 프로그램은 충분히 일반적이어서 두 번째 행에서 y에 대한 초기조건, 세 번째 행과 네 번째 행에서 분할 간격 h와 단계의 수 nstep, 여섯 번째 행에서 함수의 정의 등을 변경해주면 다른 문제들에 적용될 수 있다.

```
x = 0;
y = 2;
h = 0.1;
nstep = 10;
% Enter f here.
f = @(x,y)(5*y-25*x^2+2);
for n = 1:nstep
    k1 = f(x,y);
    k2 = f(x+h/2,y+h*k1/2);
    k3 = f(x+h/2,y+h*k2/2);
    k4 = f(x+h,y+h*k3);
    y = y + h*(k1+2*k2+2*k3+k4)/6
    x = n*h
    exact = 2*exp(5*x)+5*x.^2+2*x
    error = 100*abs(y-exact)/exact
end
```

그림 9-34
고전 4계 룬게-쿠타법을 위한 MATLAB 프로그램

예제 9-8 룬게-쿠타법

구간 $0 \le x \le 1$에서 분할 간격은 $h = 0.5$로 두고 룬게-쿠타법을 사용하여 초깃값 문제

$$y' = 5y - 25x^2 + 2, \quad y(0) = 2$$

의 해를 구하라. 이 결과를 정확한 해의 값들과 비교하라.

풀이 이 문제에서 $f(x, y) = 5y - 25x^2 + 2$, $x_0 = 0$, $y_0 = 2$, $h = 0.5$이다. 룬게-쿠타법 공식을 두 번 적용하여 점 $x_1 = 0.5$와 $x_2 = 1$에서의 해를 구한다. $n = 0$의 경우

$$k_1 = f(x_0, y_0) = f(0, 2) = 12$$

$$k_2 = f\left(x_0 + \frac{1}{2}h, y_0 + \frac{1}{2}hk_1\right) = f\left(0 + \frac{1}{2} \times 0.50, 2 + \frac{1}{2} \times 0.5 \times 12\right)$$

$$= f(0.25, 5) = 25.4375$$

$$k_3 = f\left(x_0 + \frac{1}{2}h, y_0 + \frac{1}{2}hk_1\right) = f\left(0 + \frac{1}{2} \times 0.50, 2 + \frac{1}{2} \times 0.5 \times 25.4375\right)$$

$$= f(0.25, 8.359375) = 42.234375$$

$$k_4 = f(x_0 + h, y_0 + hk_3) = f(0 + 0.50, 2 + 0.5 \times 42.234375)$$

$$= f(0.50, 23.1171875) = 111.3359375$$

따라서

$$y_1 = y_0 + \frac{h}{6}(k_1 + 2k_2 + 2k_3 + k_4)$$
$$= 2 + \frac{0.5}{6}(12 + 2 \times 25.4375 + 2 \times 42.234375 + 111.3359375)$$
$$= 23.55664$$

따라서 룬게-쿠타법은 $x_1 = 0.5$에서의 해를 $y_1 = 23.55664$로 예측한다. 이 점에서의 정확한 해는 식 9-22로부터 26.61499로 결정된다. 따라서 룬게-쿠타법으로 구한 값의 오차는 $100 \times (26.61499 - 23.55664)/26.61499 = 11.49\%$이다. $n = 1$에 대해 이 계산을 반복하면

$$k_1 = f(x_1, y_1) = f(0.5, 23.55664) = 113.5332$$
$$k_2 = f\left(x_1 + \frac{1}{2}h, y_1 + \frac{1}{2}hk_1\right) = f\left(0.5 + \frac{1}{2} \times 0.50, 23.55664 + \frac{1}{2} \times 0.5 \times 113.5332\right)$$
$$= f(0.75, 51.93994) = 247.6372$$
$$k_3 = f\left(x_1 + \frac{1}{2}h, y_1 + \frac{1}{2}hk_2\right) = f\left(0.5 + \frac{1}{2} \times 0.50, 23.55664 + \frac{1}{2} \times 0.5 \times 247.6372\right)$$
$$= f(0.75, 85.46594) = 415.2672$$
$$k_4 = f(x_1 + h, y_1 + hk_3) = f(0.5 + 0.50, 23.55664 + 0.5 \times 415.2672)$$
$$= f(1, 231.19024) = 1132.9512$$

따라서

$$y_2 = y_1 + \frac{h}{6}(k_1 + 2k_2 + 2k_3 + k_4)$$
$$= 23.55664 + \frac{0.5}{6}(113.5332 + 2 \times 247.6372 + 2 \times 415.2672 + 1132.9512)$$
$$= 237.9144$$

을 얻는데, 이 결과와 정확한 값 303.8263과의 차이는 21.69%이다.

더 작은 분할 간격을 사용할 경우 결과는 개선될 것이다. 그림 9-34의 MATLAB 프로그램을 사용하여 $h = 0.1$과 $h = 0.01$에 대한 계산을 수행하였다. 그 결과를 비교를 위해 정확한 결과와 함께 $h = 0.01$에 대한 오일러 해법과 $h = 0.1$에 대한 개량 오일러 해법으로 구한 결과들과 함께 표 9-9에 정리하였다. $h = 0.1$을 사용하는 룬게-쿠타법의 결과만 해도 정확한 결과와 거의 같다는 점에 유의하기 바란다. ($h = 0.5$인) 두 개의 단계를 사용한 룬게-쿠타법의 결과가 ($h = 0.1$인) 10개의 단계를 사용한 개량 오일러 해법의 결과나 ($h = 0.01$인) 100개의 단계를 사용한 오일

표 9-9

$y' = 5y - 25x^2 + 2$, $y(0) = 2$에 대해 4계 룬게-쿠타법의 결과, 오일러 해법의 결과, 개량 오일러 해법의 결과, 정확한 결과 등의 비교

x	오일러	개량 오일러 해법	룬게-쿠타법			정확한 결과
	$h = 0.01$	$h = 0.1$	$h = 0.5$	$h = 0.1$	$h = 0.01$	
0.0	2.00000	2.00000	2.00000	2.00000	2.00000	2.00000
0.1	3.50150	3.48750		3.54675	3.54744	3.54744
0.2	5.89006	5.84844		6.03435	6.03656	6.03656
0.3	9.66066	9.56621		10.00805	10.01338	10.01338
0.4	15.61958	15.42634		16.36666	16.37811	16.37810
0.5	25.08012	24.70531	23.55664	26.59178	26.61498	26.61499
0.6	40.18158	39.47738		43.12578	43.17106	43.17107
0.7	64.40859	63.11324		69.99471	70.08087	70.08091
0.8	103.4373	101.0903		113.8353	113.9962	113.9963
0.9	166.5134	162.3092		185.5877	185.8841	185.8842
1.0	268.6975	261.2337	237.9144	303.2863	303.8461	303.8263

러 해법의 결과와 같다는 점을 주목할 필요가 있다. 개량 오일러 해법과 오일러 해법이 각기 대략 2.5배와 12.5배 많은 계산을 요한다는 점을 고려하면 이는 대단히 중요한 문제이다. 따라서 일반적으로 계산 양이 같다면 룬게-쿠타법이 가장 정확한 결과를 산출할 것이다.

특별한 경우: $f = f(x)$

함수 $f(x, y)$가 x에만 종속될 때 $k_2 = k_3$이며, 4계 룬게-쿠타법은 수치적 적분을 위한 심슨 법칙으로 축소된다(식 9-12). 따라서 심슨 법칙에서도 국부 이산 오차와 누적 이산 오차는 각기 h^5와 h^4에 비례하게 되며, 이 때문에 심슨 법칙은 가장 정확하면서도 간단한 수치적 적분법이 된다.

$$y_{n+1} = y_n + \frac{h}{6}\left[f(x_n) + 4f\left(x_n + \frac{1}{2}h\right) + f(x_n + h)\right] \tag{9-45}$$

룬게-쿠타 펠버그 방법

오차에 대한 추정치를 얻기 위해 분할 간격을 1/2로 줄여보는 방법에 대한 대안은 서로 다른 계수의 룬게-쿠타법 두 가지를 사용하여 계산을 반복한 후 이들의 차를 비교하는 것이다. 이 방법이 갖는 명백한 단점은 계산 양을 크게 증가시킬 수 있다는 것이다. 예를 들어 5계 룬게-쿠타법을 사용하여 계산을 반복할 경우 함수 $f(x, y)$에 대한 계산을 6번이나 더 수행해야 하며, 고전 4계 룬게-쿠타법의 경우 총 함수 계산 횟수가 10번이나 되어야 할 것이다. **룬게-쿠타 펠버그 방법**이라는 교묘한 기법을 사용할 경우 함수 $f(x, y)$에 대한 계산을 6번으로 줄일 수 있다. 이 기법에 대한 세부사항에 대해서는 수치해석 전문 서적들을 찾아보기 바란다.

끝으로, 고전 4계 룬게-쿠타법을 비롯하여 모든 단일단계 방법들은 계산 도중에 분할 간격의 변경을 허용한다. 이러한 유연성을 이용하여 프로그래머는 계산 횟수를 최적화하여 더 짧은 시간으로 충분히 정확한 결과를 얻을 수 있다. 이는 함수 $f(x, y)$가 천천히 변할 경우 분할 간격을 자동적으로 증가시키고 기울기가 빠르게 변할 경우 분할 간격을 감소시키는 방법으로 달성된다.

절 복습문제

9-15C 고전 4계 룬게-쿠타법이 널리 사용되는 이유는 무엇인가?

9-16 아래의 초깃값 문제에 대해 분할 간격으로 $h = 0.2$를 사용하여 (a) 한 단계 그리고 (b) 두 단계 후의 수치적 해를 4계 룬게-쿠타법으로 구하라. 계산에는 계산기를 이용하라. 또한 해석적으로 초깃값 문제를 풀고, 수치적 결과의 상대오차를 결정하라.

$$y' = x + y, \quad y(0) = 0$$

(답: 정확한 해는 $y(x) = e^x - x - 1$이다. 한 단계 후의 상대오차는 0.00%이며, 두 단계 후의 상대오차도 0.00%이다.)

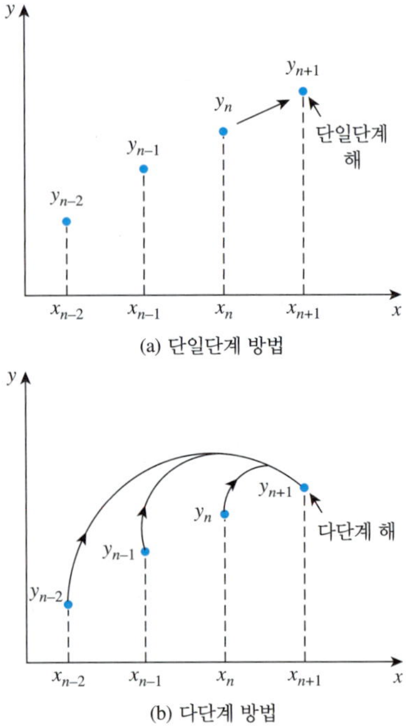

그림 9-35
단일단계 방법 그리고 (b) 다단계 방법의 기하학적 표현

9-8 ▪ 다단계 방법과 예측자-수정자법

지금까지 살펴본 모든 수치해법들은 초깃값 문제

$$y' = f(x, y), \quad y(x_0) = y_0 \tag{9-46}$$

을 푸는 과정에서 다음 점인 x_{n+1}에서의 해 y_{n+1}을 예측하기 위해 하나의 점 x_n에서의 해를 사용하며 따라서 **단일단계 방법(single-step method)**이라고 한다. 이 방법을 여러 번 적용한 후에는 여러 점에서의 해를 갖게 된다. 다음 점인 x_{n+1}에서의 해 y_{n+1}을 예측하기 위해 하나의 점 x_n에서의 정보만을 사용하는 대신 여러 개의 이전 점들에서의 정보를 사용한다면 어떨까? 다음 점에서의 해를 예측하기 위해 둘 이상의 이전 점들에서의 해를 사용하는 것에 기초한 방법을 **다단계 방법(multistep method)**이라고 한다(그림 9-35).

다음 점에서의 해를 예측할 때 4개의 이전 점들에서의 정보를 사용하는 다단계 방법을 생각해보자. 초기조건은 첫 번째의 점 x_0에서의 정보를 제공하지만, 다단계 방법을 적용하기 위해서는 3개의 추가적인 점 x_1, x_2, x_3에서의 해를 알아야 한다. 이 해들은 단일단계 방법으로 구할 수밖에 없다. 따라서 다단계 방법은 스스로 전체 문제를 풀 수 없으며, 처음 몇 개의 점에서의 해를 구하기 위해 단일단계 방법에 의존한다. 이러한 이유로 단일단계 방법은 *시작방법*이라고도 하며, 다단계 방법은 *계속방법*이라고도 한다.

처음 몇 개의 점에서의 해를 구하기 위해 어느 시작방법이나 사용할 수 있다. 그러나 어떤 풀이 절차의 정확도는 가장 부실한 연결고리의 정확도에 따라 정해지며, 따라서 시작방법의 정확도는 최소한 다단계 방법의 정확도 이상이어야 한다. 예를 들어 다단계 방법의 국부 이산 오차가 h^5에 비례할 경우, 이와 동일한 차수의 국부 오차를 갖는 4계 룬게-쿠타법을 시작방법으로 사용하는 것이 좋다.

$f(x, y)$에 대한 적당한 근사함수를 사용하여 주어진 미분방정식을 수치적으로 적분하여 다단계 공식을 구한다. $y' = f(x, y)$를 x_n에서 x_{n+1}까지 적분한 결과는 다음과 같다.

$$y_{n+1} = y_n + \int_{x_n}^{x_{n+1}} f[x, y(x)]dx \tag{9–47}$$

보통의 경우 피적분함수에 나타나는 해 함수 $y(x)$를 알 수 없으므로 이 적분을 수행할 수 없다. 따라서 근사식이 필요하다.

이제 함수 $f(x, y(x))$를 지정된 몇 개의 점을 지나는 **보간 다항식(interpolating polynomial)**이라 불리는 다항식으로 근사한다. 보간 함수로 다항식을 선택하는 이유는 이들이 연속이고 쉽게 적분할 수 있기 때문이다. 다단계 방법이 이전의 $m + 1$개의 점에서의 해를 반영할 수 있도록 하기 위해 차 다항식을 보간 다항식으로 사용한다. $m + 1$개의 점을 지나는 m차 다항식은 유일하게 정해진다는 점을 유의하기 바란다. 예를 들면, 지정된 두 개의 점을 지나는 직선, 즉, 1차 다항식은 오직 하나뿐이다. 마찬가지로 4개의 점은 이들을 지나는 3차 다항식을 유일하게 결정한다. 보간 다항식의 결정에 관한 세부사항은 수치해석 전문서적들에서 찾을 수 있다. 일단 보간 다항식이 결정되면 x_n(또는 다른 점)에서 x_{n+1}까지 적분하여 식 9-47에 대입할 수 있다. 이 결과가 다단계 공식이다. 다단계 방법에서 사용하는 점의 개수가 많을수록 보간 다항식의 차수도 높아진다는 점을 유의하기 바란다.

가장 널리 알려져 있는 다단계 방법 중의 하나는 애덤스(J. C. Adams, 1819-1892)와 배시포스(F. Bashforth, 1819-1912)의 이름을 딴 4계 **애덤스-배시포스 방법(Adams-Bashforth method)**이다. 이 방법은 4개의 이전 점 $x_n, x_{n-1}, x_{n-2}, x_{n-3}$에서의 해를 사용한다. 이 방법은 점 $(x_n, f_n), (x_{n-1}, f_{n-1}), (x_{n-2}, f_{n-2}), (x_{n-3}, f_{n-3})$을 지나는 3차 다항식을 보간 다항식으로 사용하며, 여기에서 임의의 정수 k에 대해 다음과 같은 표기법이 사용된다.

$$f_k = f[x_k, y(x_k)] = y'(x_k) \tag{9–48}$$

이렇게 구한 보간 다항식을 식 9-47에 대입하여 적분을 계산하면(그림 9-36), 다단계 공식

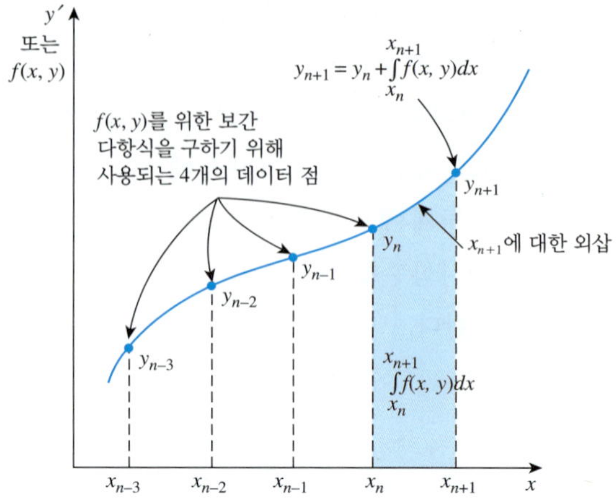

그림 9–36
4계 애덤스-배시포스 공식의 도출

$$y_{n+1} = y_n + \frac{h}{24}(55f_n - 59f_{n-1} + 37f_{n-2} - 9f_{n-3}) \tag{9–49}$$

을 얻는데, 이것이 바로 4계 **애덤스-배시포스 공식**이다. 4계 애덤스-배시포스 방법의 국부 이산 오차는 h^5에 비례한다. 즉, 그 이름이 의미하듯이 4계 공식인 것이다. 이 공식은 각 단계에서 함수 $f(x, y)$를 한 번씩만 계산하고 있음을 유의하기 바란다. 다른 세 점에서의 이 함수에 대한 값은 이전의 단계들에서 구한 값이 사용된다.

동일한 보간 다항식을 사용하면서 미분방정식을 적분할 때 적분구간을 달리 함으로써 다른 다단계 방법을 만들 수 있다. 예를 들어 적분 하한을 x_n에서 x_{n-3}으로 바꿀 경우 위의 3차 보간 다항식에 대한 적분은

$$y_{n+1} = y_{n-3} + \frac{4h}{3}(2f_n - f_{n-1} + 2f_{n-2}) \tag{9–50}$$

이 될 텐데, 이는 **밀네의 예측자 공식**으로 알려진 식이다. 이 공식의 국부 이산 오차는 h^5에 비례하며, 따라서 일종의 4계 방법이다. 그러나 그 비례상수는 애덤스-배시포스 공식의 비례상수에 비해 훨씬 작으며, 따라서 대개의 경우 밀네 공식이 훨씬 정확한 결과를 제공한다. 더욱이 밀네 공식은 이렇게 높은 정확도를 달성하면서도 계산 양은 더 적다.

애덤스-배시포스 공식과 밀네 공식은 우변에 미지의 y_{n+1}을 포함하지 않는 양함수 형태의 다단계 공식 중에서 가장 널리 사용된다. 그러나 이들은 대개 단독으로 사용되기보다는 다음에 살펴볼 두 가지 유명한 예측자-수정자법에서 예측자 공식으로 사용된다. 단독으로 사용되어도 4계 룬게-쿠타법 정도의 정확도를 갖지만, 처음 세 개의 점에서의 해 값을 구하기 위해 (룬게-쿠타법과 같은) 4계 시작방법에 의존해야 하므로 그렇게 높은 경쟁력을 갖는 것은 아니다. 한 개의 프로그램

으로 처리할 수 있을 때 두 개의 프로그램을 작성하는 것은 대개 실용적이지 않다. 특히 계산시간이 그리 문제가 되지 않는 작은 문제들의 경우 더더욱 그럴 것이다.

예측자–수정자법

애덤스-배시포스 공식과 밀네 공식은 4개의 점 (x_n, f_n), (x_{n-1}, f_{n-1}), (x_{n-2}, f_{n-2}), (x_{n-3}, f_{n-3})을 지나는 3차 보간 다항식을 이용한다. 이 4개의 점들에서의 해는 알려져 있으며, 따라서 보간 다항식은 미지의 함수를 포함하지 않는다. 이 결과로 식 9-47 안의 적분을 수행할 때 y_{n+1}을 위한 양함수 표현식을 이용할 수 있다.

이제 한 단계 더 진행하여 다음 점인 (x_{n+1}, f_{n+1})에서 보간 다항식을 결정해보자. 즉, 4개의 점 (x_{n+1}, f_{n+1}), (x_n, f_n), (x_{n-1}, f_{n-1}), (x_{n-2}, f_{n-2})을 지나는 3차 다항식을 구해야 한다. 이 보간 다항식은 아직 알려져 있지 않은 f_{n+1}을 포함한다. 이 새로운 보간 다항식을 식 9-47에 대입하여 적분을 계산하면(그림 9-37), **애덤즈-몰턴 수정자 공식(Adams-Moulton corrector formula)**

$$y_{n+1} = y_n + \frac{h}{24}(9f_{n+1} + 19f_n - 5f_{n-1} + f_{n-2}) \tag{9–51}$$

을 얻게 되는데, 이 공식의 국부 이산 오차 역시 h^5에 비례한다. 이 알고리즘은 애덤스와 몰턴(F. R. Moulton, 1872-1952)의 이름을 딴 것이다. 그러나 이 공식의 국부 이산 오차의 비례상수는 애덤스-배시포스 공식의 경우에 비해 대략 1/13 정도이며, 따라서 애덤스-배시포스 공식에서 구한 결과를 개선시키기 위해 사용될 수 있다.

애덤스-배시포스 공식과 애덤스-몰턴 공식은 자연스러운 조합이 될 수 있는데, 이는 애덤스-몰턴 공식이 더 정확한 결과를 제공하기 때문이다. 그러나 이 공식은

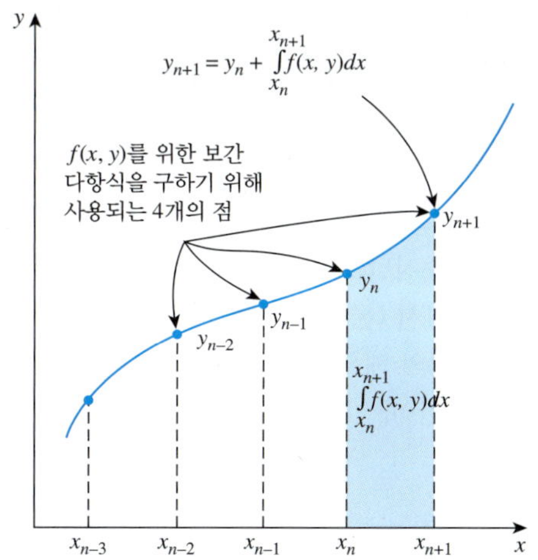

그림 9–37
애덤스-몰턴 예측자 공식의 도출

f_{n+1}에 대한 (따라서 해 y_{n+1}에 대한) 높은 정확도의 초기 추정을 필요로 하는데, 이는 이 공식이 음함수 공식이기 때문이다. 이러한 추정은 애덤스-배시포스 공식에 의해 제공된다. 즉, 애덤스-배시포스 공식으로 예측된 해의 값 y_{n+1}을 다시 애덤스-몰턴 공식으로 수정하게 된다. 이러한 원리에 기초한 방법들을 **예측자-수정자법(predictor-corrector method)**이라고 한다. 이 경우 애덤스-배시포스 공식은 예측자이고 애덤스-몰턴 공식은 수정자이다. 따라서 애덤스-몰턴 예측자-수정자법을 다음과 같이 표현할 수 있다.

$$\text{예측자: } y_{n+1} = y_n + \frac{h}{24}(55f_n - 59f_{n-1} + 37f_{n-2} - 9f_{n-3}) \quad \textbf{(9-49)}$$

$$\text{수정자: } y_{n+1} = y_n + \frac{h}{24}(9f_{n+1} + 19f_n - 5f_{n-1} + f_{n-2}) \quad \textbf{(9-51)}$$

일단 점 $x_{n-3}, x_{n-2}, x_{n-1}, x_n$에서의 해 $y_{n-3}, y_{n-2}, y_{n-1}, y_n$을 알면, 주어진 미분방정식의 함수 $f(x, y)$를 사용하여 $f_{n-3}, f_{n-2}, f_{n-1}, f_n$을 계산할 수 있다. 그런 다음 해 y_{n+1}에 대한 정확한 첫 예측 값을 구하기 위해 예측자 공식을 사용하고 이렇게 구한 값을 수정자 공식에서 사용할 f_{n+1} 값을 구하기 위해 $f(x, y)$ 관계식에 대입한다. 수정자 공식을 이용하여 구한 개선된 y_{n+1} 값은 대개 아주 정확하지만, 이를 예측 값으로 취급하여 다시 한 번 수정자 공식을 적용함으로써 더욱 개선시킬 수 있다. 이러한 과정을 *내부 반복(internal iteration)*이라 한다. 일반적인 규칙으로 지정된 오차 요건을 충족하기 위해 세 번 이상의 내부 반복이 필요하다면 분할 간격을 줄이는 것이 낫다. 지금 기술한 풀이 절차는 모든 예측자-수정자법에 적용된다.

예제 9-9 애덤스-몰턴 예측자-수정자법

구간 $0 \leq x \leq 1$에서 분할 간격은 $h = 0.1$로 두고 애덤스-몰턴 예측자-수정자법을 사용하여 초깃값 문제

$$y' = 5y - 25x^2 + 2, \quad y(0) = 2$$

의 해를 구하라. 이 결과를 정확한 해의 값들과 비교하라.

풀이 | 이 문제에서 $f(x, y) = 5y - 25x^2 + 2, x_0 = 0, y_0 = 2, h = 0.1$이다. 초기조건은 한 점에서의 해를 알려주지만, 애덤스-몰턴 방법을 적용하기 위해서는 4개의 점에서의 해가 필요하다. 따라서 (룬게-쿠타법과 같은) 시작방법을 사용하여 $x_1 =$ $= 0.1, x_2 = 0.2, x_3 = 0.3$에서의 해를 구할 필요가 있다. 이 경우 그와 같은 해들은 다음과 같이 예제 9-8에서 구한 바 있다.

$$y_1 = 3.54675$$
$$y_2 = 6.03435$$

$$y_3 = 10.00805$$

다른 점들에서의 해는 먼저 예측자 공식을 적용한 다음 수정자 공식을 적용하여 구할 수 있다(식 9-49와 9-51). $n = 3$인 경우, 결과는 다음과 같다.

$$y_4 = y_3 + \frac{h}{24}(55f_3 - 59f_2 + 37f_1 - 9f_0)$$

$$= y_3 + \frac{h}{24}[55f(x_3, y_3) - 59f(x_2, y_2) + 37f(x_1, y_1) - 9f(x_0, y_0)]$$

$$= 10.00805 + \frac{0.1}{24}[55f(0.3, 10.00805) - 59f(0.2, 6.03435)$$
$$+37f(0.1, 3.54675) - 9f(0, 2)]$$

$$= 10.00805 + \frac{0.1}{24}[55 \times 49.79025 - 59 \times 31.17175$$
$$+ 37 \times 19.48375 - 9 \times 12]$$
$$= 16.309010$$

그리고

$$y_4 = y_3 + \frac{h}{24}(9f_4 + 19f_3 - 5f_2 + f_1)$$

$$= y_3 + \frac{h}{24}[9f(x_4, y_4) + 19f(x_3, y_3) - 5f(x_2, y_2) + f(x_1, y_1)]$$

$$= 10.00805 + \frac{0.1}{24}[9f(0.4, 16.309005) + 19f(0.3, 10.00805)$$
$$-5f(0.2, 6.03435) + f(0.1, 3.54675)]$$

$$= 10.00805 + \frac{0.1}{24}[9 \times 79.545050 + 19 \times 49.79025$$
$$- 5 \times 31.17175 + 19.48375]$$
$$= 16.364490$$

따라서 애덤스-몰턴 방법은 $x_4 = 0.4$에서의 해를 $y_4 = 16.364490$으로 예측한다. 이 점에서의 정확한 해는 식 9-22로부터 16.37810으로 결정된다. 따라서 애덤스-몰턴 방법으로 구한 값의 오차는 $100 \times (16.37810 - 16.364490)/16.37810 = 0.08\%$이다. $n = 1$에 대해 이 계산을 반복하면

$$y_5 = y_4 + \frac{h}{24}(55f_4 - 59f_3 + 37f_2 - 9f_1)$$

$$= y_4 + \frac{h}{24}[55f(x_4, y_4) - 59f(x_3, y_3) + 37f(x_2, y_2) - 9f(x_1, y_1)]$$

$$= 16.364490 + \frac{0.1}{24}[55f(0.4, 16.364490) - 59f(0.3, 10.00805)$$

$$+ 37f(0.2, 6.03435) - 9f(0.1, 3.54675)]$$

$$= 16.364490 + \frac{0.1}{24}[55 \times 79.822450 - 59 \times 49.79025$$
$$+ 37 \times 31.17175 - 9 \times 19.48375] = 26.492029$$

그리고

$$y_5 = y_4 + \frac{h}{24}(9f_5 + 19f_4 - 5f_3 + f_2)$$

$$= y_4 + \frac{h}{24}[9f(x_5, y_5) + 19f(x_4, y_4) - 5f(x_3, y_3) + f(x_2, y_2)]$$

$$= 16.364490 + \frac{0.1}{24}[9f(0.5, 26.492029) + 19f(0.4, 16.364490)$$

$$- 5f(0.3, 10.00805) + f(0.2, 6.03435)]$$

$$= 16.364490 + \frac{0.1}{24}[9 \times 128.2102 + 19 \times 79.822450 - 5 \times 49.79025$$
$$+ 31.17175] = 26.584240$$

을 얻는데, 이 결과와 정확한 값 26.614980과의 차이는 0.11%이다.

그림 9-38의 간단한 MATLAB 프로그램을 사용하여 $n = 5, 6, ..., 9$에 대해 이러한 계산을 같은 방식으로 수행한 결과를 비교를 위해 정확한 결과, 룬게-쿠타법으로 구한 결과 등과 함께 표 9-10에 정리하였다. 두 방법 모두 정확한 결과를 제공하지만, 이 경우 룬게-쿠타법의 결과가 애덤스-몰턴 방법의 결과보다 조금 더 낫다. 그러나 애덤스-몰턴 방법의 계산 양이 더 적다. 또한 한 번 더 수정자 공식을 사용하면 결과를 상당히 개선시킬 수 있으며, 이 경우 룬게-쿠타법의 결과보다 정확도

```
h = 0.1;
nstep = 10;
x = 0;
y = 2;
fnc = @(x,y)(5*y-25*x^2+2);
f(1) = fnc(x,y);
for n = 1:3
      k1 = fnc(x,y);
      k2 = fnc(x+h/2,y+h*k1/2);
      k3 = fnc(x+h/2,y+h*k2/2);
      k4 = fnc(x+h,y+h*k3);
      y = y + h*(k1+2*k2+2*k3+k4)/6;
      x = n*h;
      f(n+1) = fnc(x,y);
end
for n = 3:nstep-1
      x = (n+1)*h;
      y1 = y+h*(55*f(n+1)-59*f(n)+37*f(n-1)-9*f(n-2))/24;
      f(n+2) = fnc(x,y1);
      y = y + h*(9*f(n+2)+19*f(n+1)-5*f(n)+f(n-1))/24
      exact = 2*exp(5*x)+5*x.^2+2*x
      error = 100*abs(y-exact)/exact;
end
```

그림 9-38
애덤스-몰턴 예측자-수정자법을 위한 MATLAB 프로그램

표 9-9

$y' = 5y - 25x^2 + 2$, $y(0) = 2$에 대해 애덤스-몰턴 예측자-수정자 공식의 결과, 4계 룬게-쿠타 공식의 결과, 정확한 결과 등의 비교

		애덤스-몰턴		
	룬게-쿠타	반복 없음	1회 반복	
x	$h = 0.1$	$h = 0.1$	$h = 0.1$	정확한 결과
0.0	2.00000	2.00000	2.00000	2.00000
0.1	3.54675	3.54675	3.54675	3.54675
0.2	6.03435	6.03435	6.03435	6.03435
0.3	10.00805	10.00805	10.00805	10.00805
0.4	16.36666	16.36449	16.37489	16.37810
0.5	26.59178	26.55036	26.61424	26.61499
0.6	43.12578	42.99005	43.17822	43.17107
0.7	69.99471	69.67645	70.10674	70.08091
0.8	113.8353	113.1554	114.0617	113.9963
0.9	185.5877	184.1990	186.0297	185.8842
0.10	303.2863	300.5559	304.1282	303.8263

가 높아진다. 이 프로그램에서 처음 5개의 행을 변경하고 마지막에서 세 번째 및 두 번째 행을 삭제함으로써 다른 방정식도 풀 수 있다.

애덤스-몰턴 방법에서 사용되는 3차 보간 다항식을 x_{n-1}에서 x_{n+1}까지 적분할 경우 **밀네 수정자 공식**을 얻게 되는데, 이는 심슨 법칙과 동일하다. 따라서 밀네 예측자-수정자법은 다음과 같이 표현될 수 있다.

$$\text{예측자: } y_{n+1} = y_{n-3} + \frac{4h}{3}(2f_n - f_{n-1} + 2f_{n-2}) \tag{9-50}$$

$$\text{수정자: } y_{n+1} = y_{n-1} + \frac{h}{3}(f_{n+1} + 4f_n + f_{n-1}) \tag{9-52}$$

이 예측자 공식은 4계이며, 따라서 그 국부 이산 오차는 h^5에 비례한다. 수정자 공식은 2계이지만, 그 비례상수는 예측자 공식 비례상수의 1/8에 불과하다. 따라서 예측자 공식으로 구한 결과의 개선에 매우 효과적이다.

제시된 두 가지 예측자-수정자법 중에서 밀네 방법이 더 정확한 결과를 제공하며 계산 양도 더 적다. 이 때문에 밀네 방법이 애덤스-몰턴 방법보다 우수한 것으로 결론짓기 쉽다. 그러나 밀네 방법은 때로 불안정한 동작 특성을 보인다는 본질적인 취약점이 있다. 즉, 그림 9-39에서 보여주듯이 밀네 해가 지수함수에 따른 큰 오차를 보이며 진정한 해 주변을 진동하는 경우가 있다. 이러한 가능성으로 인해 대개 애덤스-몰턴 방법을 선호한다.

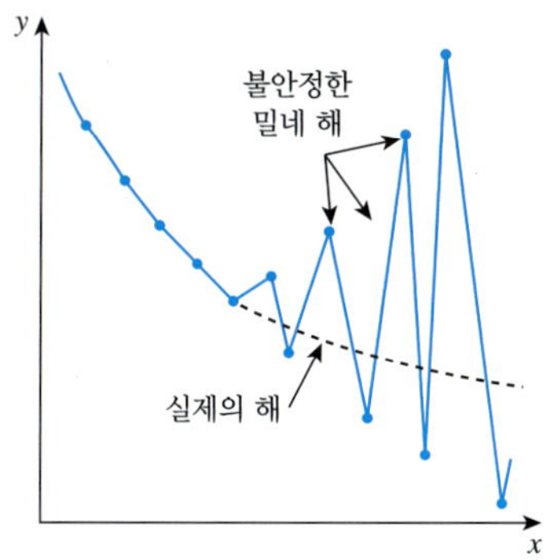

그림 9-39
밀네 방법의 불안정성.
이러한 현상은 특정 미분방정식의 풀이에서 특정 분할 간격이 사용될 때 발생할 수 있다.

밀네 방법의 불안정성은 수정자에 기인한 것으로 수정자 공식을 변형함으로써 불안정성을 제거할 수 있다. 흔히 사용되는 변형은 해밍이 제안한 것으로 해밍(R. W. Hamming, 1915-1998)의 이름을 따서 **해밍 방법(Hamming's method)**이라고 한다. 해밍 방법은 밀네 예측자와 다음의 변형 수정자를 사용한다.

$$y_{n+1} = \frac{1}{8}(9y_n - y_{n-2}) + \frac{3h}{8}(f_{n+1} + 2f_n - f_{n-1}) \qquad \textbf{(9–53)}$$

이 수정자는 안정적이고 3계이며, h^4에 비례하는 국부 이산 오차를 갖는다.

문헌에는 다른 예측자-수정자법들도 기술되어 있다. 앞서 논의된 개량 오일러 해법은 2계 예측자-수정자법이며, 이 경우 수정자 공식의 보간 다항식은 1차 다항식이며, 점 (x_n, f_n), (x_{n+1}, f_{n+1})을 지나는 직선이다. 이 보간 다항식의 적분은 사다리꼴 법칙과 동치이다. 다단계 방법의 주요 단점은 이들이 자체-시작 기능을 갖고 있지 않다는 점이다. 예를 들면, 앞에서 논의된 두 가지 다단계 방법에서 첫 4개의 동일 간격 점들에서 함수 $f(x, y)$의 값이 필요한데, 이들은 별도의 방법으로 구해야 한다. 단일단계 룬게-쿠타법으로 똑같이 정확한 결과를 얻을 수 있고 확실히 더 간단한데, 왜 번거로운 다단계 공식을 필요로 하는지 궁금할 것이다. 그 이유는 계산의 효율성 때문이다. 고전 4계 룬게-쿠타법에서는 각 단계마다 4개의 점에서 함수 $f(x, y)$에 대한 계산을 요하는 반면, 애덤스-배시포스 방법은 각 단계마다 이 함수를 한 개의 점에서만 계산하면 된다. 따라서 애덤스-몰턴 예측자-수정자법은 각 단계마다 $f(x, y)$를 두 번씩만 계산하면 된다. 함수 $f(x, y)$가 간단한 작은 문제들의 경우, 이 차이는 눈에 띄지도 않을 수 있다. 그러나 함수 $f(x, y)$가 복잡할 경우, 계산 시간에서 이러한 차이는 매우 중요할 수 있다.

절 복습문제

9-17C 다단계 방법은 단일단계 방법과 어떻게 다른가?

9-18 아래의 초깃값 문제에 대해 분할 간격으로 $h = 0.2$를 사용하여 (a) 한 단계 그리고 (b) 두 단계 후의 수치적 해를 애덤스-몰턴 예측자-수정자법으로 구하라. 계산에는 계산기를 이용하라. 또한 해석적으로 초깃값 문제를 풀고, 수치적 결과의 상대오차를 결정하라.

$$y' = x + y, \quad y(0) = 0$$

(답: 정확한 해는 $y(x) = e^x - x - 1$이다. 한 단계 후의 상대오차는 0.00%이며, 두 단계 후의 상대오차도 0.00%이다.)

9-9 ■ 1계 연립방정식

지금까지는 단일 1계 초깃값 문제들에 대한 수치해를 살펴보았다. 그러나 자연과학 및 공학에서 접하는 대부분의 문제들은 2계 이상의 고계 미분방정식이나 1계 연립미분방정식을 포함하며, 이러한 방정식들을 수치적으로 풀어야 할 경우도 종종 있다.

n계 미분방정식은 항상 1계 연립방정식으로 표현될 수 있기 때문에 이 절에서는 1계 연립방정식만을 고려한다. 예를 들면, 2계 초깃값 문제

$$y'' = f(x, y, y'), \tag{9–54}$$

$$y(x_0) = y_0, \quad y'(x_0) = y'_0$$

는 새로운 변수 $z = y'$를 정의함으로써 두 개의 1계 초깃값 문제로 구성된 연립방정식으로 표현될 수 있다. 이 경우 $y'' = z'$이고 $y'(x_0) = z(x_0) = z_0$이므로, 위의 초깃값 문제는 다음과 같이 표현된다.

$$y' = z, \quad y(x_0) = y_0 \tag{9–55a}$$

$$z' = f(x, y, z), \quad z(x_0) = z_0 \tag{9–55b}$$

여기에서 x는 독립변수이며, y와 z는 두 개의 종속변수이다. 프라임 기호(′)는 x에 관한 미분을 표시하기 위해 사용된다. 이러한 변환 과정은 고계 방정식들로 확장될 수 있다. 그림 9-40에서는 3계 방정식에 관한 예를 보인다.

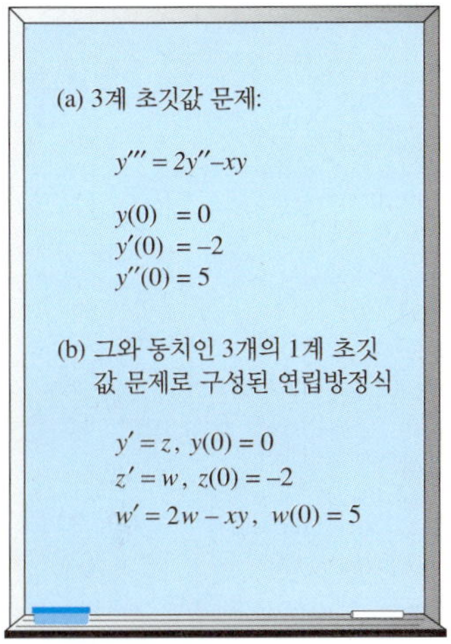

그림 9–40
n계 초깃값 문제는 n개의 1계 초깃값 문제로 구성된 연립방정식으로 표현될 수 있다.

대부분의 상용 미분방정식 풀이 함수들도 고계 미분방정식을 풀 때 이러한 방식을 이용한다. n계 미분방정식의 경우 n개의 초기조건이 지정되어야 한다는 점을 유의하기 바란다.

단일 1계 방정식을 위해 지금까지 살펴본 모든 해법들은 1계 연립방정식에도 적용될 수 있다. 그러나 이 경우 각 단계에서 다음 단계로 진행하기 전에 그 해법을 모든 방정식에 적용해야 한다(그림 9-41). 즉, 각 단계에서 방정식들을 한 번에 하나씩 모두 처리해야 한다.

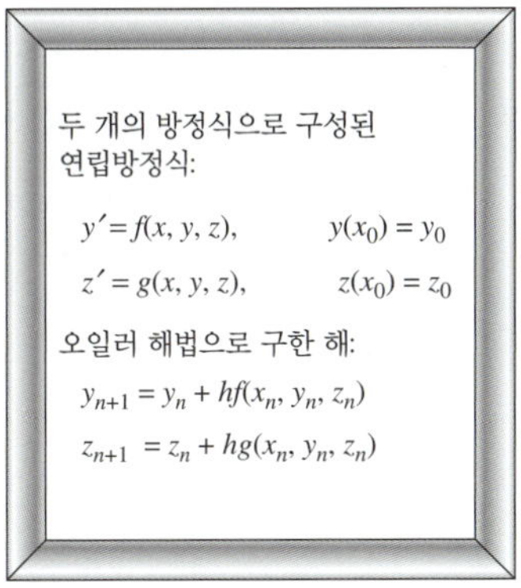

그림 9–41
1계 연립미분방정식은 각 단계에서 임의의 수치해법을 모든 방정식에 적용하여 풀 수 있다.

중요한 공학 문제들 중에는 수백 개의 1계 방정식들로 구성된 연립방정식을 포함하는 경우가 있다. 그러나 간소화를 위해 여기에서는 지정된 초기조건들과 함께 주어지는 두 개의 1계 방정식으로 구성된 연립방정식을 고려한다.

$$y' = f(x, y, z), \quad y(x_0) = y_0 \tag{9–56a}$$

$$z' = g(x, y, z), \quad z(x_0) = z_0 \tag{9–56b}$$

함수 f와 g, 그리고 이들의 도함수들은 점 x_0을 포함하는 관심 대상 구간에서 연속이며 따라서 해당 구간에서 유일한 해를 갖는다고 가정한다. 두 개의 방정식으로 구성된 연립방정식을 위해 설명할 절차는 쉽게 3개 이상의 방정식으로 구성

된 연립방정식으로 확장될 수 있다.

오일러 해법

분할 간격 h를 사용하는 오일러 해법을 식 9-56에 적용하여 $x_1 = x_0 + h$에서의 해를 구하면 다음과 같다.

$$y_1 = y_0 + hf(x_0, y_0, z_0) \tag{9-57a}$$

$$z_1 = z_0 + hg(x_0, y_0, z_0) \tag{9-57b}$$

이 해는 다시 그 다음 점인 $x_2 = x_1 + h$에서의 해를 구하기 위해 사용될 수 있다. 이를 일반화하면 다음의 식들을 얻는다(그림 9-41).

$$y_{n+1} = y_n + hf(x_n, y_n, z_n) \tag{9-58a}$$

$$z_{n+1} = z_n + hg(x_n, y_n, z_n) \tag{9-58b}$$

고전 4계 룬게–쿠타법

두 개의 1계 방정식으로 구성된 연립방정식(식 9-56)의 해를 룬게-쿠타법을 사용하여 구하면 다음과 같다.

$$y_{n+1} = y_n + \frac{h}{6}(k_1 + 2k_2 + 2k_3 + k_4) \tag{9-59a}$$

$$z_{n+1} = z_n + \frac{h}{6}(l_1 + 2l_2 + 2l_3 + l_4) \tag{9-59b}$$

여기에서

$$\begin{aligned}
k_1 &= f(x_n, y_n, z_n) \\
l_1 &= g(x_n, y_n, z_n) \\
k_2 &= f\left(x_n + \frac{1}{2}h, y_n + \frac{1}{2}hk_1, z_n + \frac{1}{2}hl_1\right) \\
l_2 &= g\left(x_n + \frac{1}{2}h, y_n + \frac{1}{2}hk_1, z_n + \frac{1}{2}hl_1\right) \\
k_3 &= f\left(x_n + \frac{1}{2}h, y_n + \frac{1}{2}hk_2, z_n + \frac{1}{2}hl_2\right) \\
l_3 &= g\left(x_n + \frac{1}{2}h, y_n + \frac{1}{2}hk_2, z_n + \frac{1}{2}hl_2\right) \\
k_4 &= f(x_n + h, y_n + hk_3, z_n + hl_3) \\
l_4 &= g(x_n + h, y_n + hk_3, z_n + hl_3)
\end{aligned}$$

각 단계에서의 계산은 위의 순서대로 수행되어야 함을 유의하기 바란다. 예를 들면, k_1과 l_1은 k_2보다 먼저 결정되어야 한다.

애덤스-몰턴 예측자-수정자법

두 개의 1계 방정식으로 구성된 연립방정식(식 9-56)의 해를 애덤스-몰턴 예측자-수정자법을 사용하여 구하면 다음과 같다.

예측자:

$$y_{n+1} = y_n + \frac{h}{24}(55f_n - 59f_{n-1} + 37f_{n-2} - 9f_{n-3}) \quad \text{(9-60a)}$$

$$z_{n+1} = z_n + \frac{h}{24}(55g_n - 59g_{n-1} + 37g_{n-2} - 9g_{n-3}) \quad \text{(9-60b)}$$

수정자:

$$y_{n+1} = y_n + \frac{h}{24}(9f_{n+1} + 19f_n - 5f_{n-1} + f_{n-2}) \quad \text{(9-61a)}$$

$$z_{n+1} = z_n + \frac{h}{24}(9g_{n+1} + 19g_n - 5g_{n-1} + g_{n-2}) \quad \text{(9-61b)}$$

이러한 식들은 같은 방식으로 3개 이상의 방정식으로 구성된 연립방정식으로 확장될 수 있다.

예제 9-10 두 개의 방정식으로 구성된 연립방정식

구간 $0 \le x \le 1$에서 분할 간격은 $h = 0.1$로 두고 (a) 오일러 해법 그리고 (b) 룬게-쿠타법을 사용하여 초깃값 문제

$$y' = -y + 9z - 9, \quad y(0) = 6$$
$$z' = y - z + 1, \quad z(0) = 1$$

의 해를 구하라. 이 결과들을

$$y = 3(e^{2x} + e^{-4x}) \quad \text{그리고} \quad z = e^{2x} - e^{-4x} + 1$$

으로부터 구한 정확한 해의 값들과 비교하라.

풀이 (a) 이 문제에서 $x_0 = 0$, $y_0 = 6$, $z_0 = 1$, $h = 0.1$이다. 또한

$$f(x, y, z) = -y + 9z - 9$$
$$g(x, y, z) = y - z + 1$$

이제 오일러 공식(식 9-58)을 반복적으로 적용하여 점 $x_1 = 0.1$, $x_2 = 0.2$, ..., $x_{10} =$

```
x = 0;
y = 6;
z = 1;
h = 0.1;
nstep = 10;
fnf = @(x,y,z)(-y+9*z-9);
fng = @(x,y,z)(y-z+1);
for n = 1:nstep
    y_previous = y;
    y = y + h*fnf(x,y,z)
    z = z + h*fng(x,y_previous,z)
    x = n*h
    y_exact = 3*exp(2*x)+3*exp(-4*x)
    z_exact = exp(2*x)-exp(-4*x)+1
end
```

그림 9-42
두 개의 1계 미분방정식으로 구성된 연립방정식을 오일러 해법으로 풀기 위한 MATLAB 프로그램

1에서의 해를 구한다. $n = 0$의 경우

$$\begin{aligned} y_1 &= y_0 + hf(x_0, y_0, z_0) \\ &= 6 + 0.1f(0, 6, 1) = 6 + 0.1 \times (-6) \\ &= 5.4 \\ z_1 &= z_0 + hg(x_0, y_0, z_0) \\ &= 1 + 0.1g(0, 6, 1) = 1 + 0.1 \times 6 \\ &= 1.6 \end{aligned}$$

따라서 오일러 해법은 $x_1 = 0.1$에서의 해를 $y_1 = 5.4$, $z_1 = 1.6$으로 예측한다. 이 점에서의 정확한 해는 각기 5.675와 1.551로 결정된다. 그림 9-42의 MATLAB 프로그램을 사용하여 다른 점들에 대해 구한 해를 표 9-11에 정리하였다.

(b) 이 두 개의 1계 방정식으로 구성된 연립방정식에 대한 룬게-쿠타 해는 룬게-쿠타 공식(식 9-59)을 반복적으로 적용하여 구한다. $n = 0$의 경우

$$y_1 = y_0 + \frac{h}{6}(k_1 + 2k_2 + 2k_3 + k_4)$$

$$z_1 = z_0 + \frac{h}{6}(l_1 + 2l_2 + 2l_3 + l_4)$$

여기에서

$$\begin{aligned} k_1 &= f(x_0, y_0, z_0) = f(0, 6, 1) = -6 \\ l_1 &= g(x_0, y_0, z_0) = g(0, 6, 1) = 6 \\ k_2 &= f\left(x_0 + \frac{1}{2}h, y_0 + \frac{1}{2}hk_1, z_0 + \frac{1}{2}hl_1\right) \\ &= f\left(0 + \frac{1}{2} \times 0.1, 6 + \frac{1}{2} \times 0.1 \times (-6), 1 + \frac{1}{2} \times 0.1 \times 6\right) \\ &= f(0.05, 5.7, 1.3) = -3 \end{aligned}$$

표 9-11

1계 초깃값 문제 연립방정식 $y' = -y + 9z - 9$, $y(0) = 6$ 그리고 $z' = y - z + 1$, $z(0) = 1$에 대해 오일러 해법의 결과, 4계 룬게-쿠타법의 결과, 정확한 결과 등의 비교

x	오일러 해법 $h = 0.1$		4계 룬게-쿠타법 $h = 0.1$		정확한 결과	
	y	z	y	z	y	z
0.0	6.00000	1.00000	6.00000	1.00000	6.00000	1.00000
0.1	5.40000	1.60000	5.67540	1.55100	5.67517	1.55108
0.2	5.40000	2.08000	5.82376	2.04238	5.82346	2.04250
0.3	5.83200	2.51200	6.37023	2.52081	6.36994	2.52098
0.4	6.60960	2.94400	7.28254	3.02353	7.28231	3.02365
0.5	7.69824	3.41056	8.56100	3.58284	8.56085	3.58295
0.6	9.09792	3.93933	10.23256	4.22929	10.23251	4.22940
0.7	10.83352	4.55519	12.34799	4.99428	12.34803	4.99439
0.8	12.94984	5.28302	14.98123	5.91214	14.98138	5.91227
0.9	15.50958	6.14970	18.23063	7.02217	18.23091	7.02232
1.0	18.59335	7.18569	22.22168	8.37055	22.22212	8.37074

$$l_2 = g\left(x_0 + \frac{1}{2}h, y_0 + \frac{1}{2}hk_1, z_0 + \frac{1}{2}hl_1\right)$$
$$= g\left(0 + \frac{1}{2} \times 0.1, 6 + \frac{1}{2} \times 0.1 \times (-6), 1 + \frac{1}{2} \times 0.1 \times 6\right)$$
$$= g(0.05, 5.7, 1.3) = 5.4$$
$$k_3 = f\left(x_0 + \frac{1}{2}h, y_0 + \frac{1}{2}hk_2, z_0 + \frac{1}{2}hl_2\right)$$
$$= f\left(0 + \frac{1}{2} \times 0.1, 6 + \frac{1}{2} \times 0.1 \times (-3), 1 + \frac{1}{2} \times 0.1 \times 5.4\right)$$
$$= f(0.05, 5.85, 1.27) = -3.42$$
$$l_3 = g\left(x_0 + \frac{1}{2}h, y_0 + \frac{1}{2}hk_2, z_0 + \frac{1}{2}hl_2\right)$$
$$= g\left(0 + \frac{1}{2} \times 0.1, 6 + \frac{1}{2} \times 0.1 \times (-3), 1 + \frac{1}{2} \times 0.1 \times 5.4\right)$$
$$= g(0.05, 5.85, 1.27) = 5.58$$
$$k_4 = f(x_0 + h, y_0 + hk_3, z_0 + hl_3)$$
$$= f(0 + 0.1, 6 + 0.1 \times (-3.42), 1 + 0.1 \times 5.58)$$
$$= f(0.1, 5.658, 1.558) = -0.636$$
$$l_4 = g(x_n + h, y_n + hk_3, z_n + hl_3)$$
$$= g(0 + 0.1, 6 + 0.1 \times (-3.42), 1 + 0.1 \times 5.58)$$
$$= g(0.1, 5.658, 1.558) = 5.1$$

이들을 대입하여 다음의 결과를 얻는다.

$$y_1 = 6 + \frac{0.1}{6}(-6 + 2(-3) + 2(-3.42) - 0\cdot 636) = 5.6754$$

$$z_1 = 1 + \frac{0.1}{6}(5.4 + 2 \times 5.4 + 2 \times 5.58 + 5.1) = 1.551$$

그림 9-43의 MATLAB 프로그램을 사용하여 $n = 1, 2, 3, ..., 9$에 대해 이러한 계산

```
x = 0;
y = 6;
z = 1;
h = 0.1;
nstep = 10;
fnf = @(x, y, z)(-y+9*z-9);
fng = @(x, y, z)(y-z+1);
for n = 1:nstep
        K1 = fnf(x, y, z);
        L1 = fng(x, y, z);
        K2 = fnf(x+h/2, y+h*K1/2, z+h*L1/2);
        L2 = fng(x+h/2, y+h*K1/2, z+h*L1/2);
        K3 = fnf(x+h/2, y+h*K2/2, z+h*L2/2);
        L3 = fng(x+h/2, y+h*K2/2, z+h*L2/2);
        K4 = fnf(x+h, y+h*K3, z+h*L3);
        L4 = fng(x+h, y+h*K3, z+h*L3);
        y = y + h*(K1+2*K2+2*K3+K4)/6
        z = z + h*(L1+2*L2+2*L3+L4)/6
        x = n*h
        y_exact = 3*exp(2*x) + 3*exp(-4*x)
        z_exact = exp(2*x)-exp(-4*x)+1
end
```

그림 9-43
두 개의 1계 미분방정식으로 구성된 연립방정식을 고전 4계 룬게-쿠타법으로 풀기 위한 MATLAB 프로그램

을 같은 방식으로 수행한 결과를 비교를 위해 정확한 결과와 함께 표 9-11에 정리하였다. 예상한 대로 룬게-쿠타법으로 구한 결과가 정확한 결과에 훨씬 더 가깝다.

절 복습문제

9-19C n계 초깃값 문제를 n개의 1계 초깃값 문제 연립방정식으로 축소시키기 위한 절차를 기술하라.

9-20 아래의 초깃값 문제에 대해 분할 간격으로 $h = 0.2$를 사용하여 (a) 한 단계 그리고 (b) 두 단계 후의 수치적 해를 오일러 해법으로 구하라. 계산에는 계산기를 이용하라.

$$y' = 2y - 3z, \quad y(0) = 2$$
$$z' = 4y - 5z, \quad z(0) = 3$$

(답: 한 단계 후, $y(0.2) = 1$ 그리고 $z(0.2) = 1.6$이다. 두 단계 후, $y(0.4) = 0.44$ 그리고 $z(0.4) = 0.8$이다.)

9-10 ■ 상용 패키지를 사용한 수치해법

해석적 해를 갖지 않는 방정식을 풀기 위해 수치해법을 사용할 때 수치해의 정확성을 검사하기 위한 몇 가지 방법이 있다. 분할 간격을 줄여 해가 변하는지 알아보는 방법 등 일부 검사 방법에 대해서는 이미 살펴본 바 있다. 먼저 조사 대상 방정식과 비슷하면서 해석적으로 풀 수 있는 방정식에 수치해법을 시도해보는 것이 좋다. 비슷한 방정식을 찾기 위한 한 가지 방법은 비선형방정식의 경우 선형화를 해보는 것이다. 또 다른 검사 방법은 물리적 현상에 대한 직관적 예상에서 크게 벗어나는 결과를 파악하는 것이다. 또 수치해법의 절차에 영향을 줄 수 있는 방정식 상의 특이점들을 찾아볼 수도 있다.

이러한 방법들은 어떤 프로그램에서도 사용할 수 있지만, 여기에서는 MATLAB의 수치적 풀이 함수들을 사용하여 예를 보인다. 이 절의 끝에서 Maple, Mathematica, MuPad에 있는 적절한 함수들의 요약을 보인다.

MATLAB ODE 풀이 함수

예측자-수정자 알고리즘 및 룬게-쿠타 알고리즘의 수많은 변형 외에도 가변 분할 간격을 사용하는 고급형 알고리즘들도 많다. 이러한 "적응형" 알고리즘들은 해가 느리게 변할 경우에는 큰 분할 간격을 사용한다. MATLAB은 가변 분할 간격을 사용하여 룬게-쿠타법 및 다른 해법들을 구현하는 여러 풀이 함수들을 제공한다. 이들 중에 `ode45` 함수와 `ode15s` 함수가 있다. `ode45` 함수는 4계 및 5계 룬게-

쿠타법의 조합을 사용한다. 이 함수는 범용 *풀이 함수*인 반면, ode15s는 사용하는 수치해법에 따라 불안정해지기 쉬운 *경직성 방정식(stiff equation)*을 처리할 수 있는 함수이다. 이러한 풀이 함수들만으로도 이 교재 안의 문제들을 풀기에는 충분하다. 이때 ode45를 먼저 시도할 것을 권장한다. (풀이 시간이 너무 오래 걸리거나 경고/오류 메시지가 나타나는 것으로 판단하여) 문제가 너무 어려울 경우 ode15s를 사용한다. 이 절의 예제들에서는 ode45를 사용할 것이지만, ode15s나 다른 MATLAB 풀이 함수들의 구문도 동일하다.

방정식 $y = f(x, y)$를 풀기 위해 ode45를 사용할 때의 기본 구문은 다음과 같다.

```
[x,y] = ode45(@ydot, xspan, y0)
```

여기에서 @ydot는 x, y를 입력으로 갖고 dy/dx, 즉, $f(x, y)$를 나타내는 열벡터를 출력으로 갖는 함수 파일의 핸들을 나타낸다. 이 열벡터에서 *행*의 수는 방정식의 *계수*와 같다. 벡터 xspan은 독립변수 x의 시작 값과 종료 값을 포함하며, 또 해를 구하고자 하는 임의의 중간점들을 선택사항으로 포함한다.

예를 들어 중간점이 하나도 지정되지 않을 경우 xspan은 [x0, xfinal]이 되는데, 이때 x0과 xfinal은 독립변수 x의 시작 값과 종료 값이다. 또 다른 예로 xspan = [0, 5, 10]을 사용한다는 것은 MATLAB으로 하여금 $x = 5$와 $x = 10$에서의 해를 찾도록 지시하는 것이다.

매개변수 y0은 초깃값 $y(0)$을 나타낸다. 함수 파일의 첫 두 입력 인수는 차례대로 x와 y에 해당되는데, 이는 $f(x, y)$가 x의 함수가 아닐 경우에도 마찬가지이다. 함수 파일에서 배열 연산을 사용할 필요는 없는데, 이는 ODE 풀이 함수들은 스칼라 값을 인수로 사용하여 파일을 호출하기 때문이다.

예제 9-11 RC 회로의 반응

그림 9-44에서 보이고 있는 RC 회로 모델은 키르히호프의 전압 법칙이나 전하 보존법칙에서 찾아볼 수 있으며, $RCy' + y = v(x)$로 기술될 수 있다. 여기에서 x는 시간을 나타낸다. RC의 값이 0.1s라고 하자. 수치해법을 사용하여 인가전압이 0이고 초기 축전기 전압이 $y(0) = 2$V인 경우의 자유반응을 구하라. 이 결과를 해석적 해인 $y(x) = 2e^{-10x}$와 비교하라.

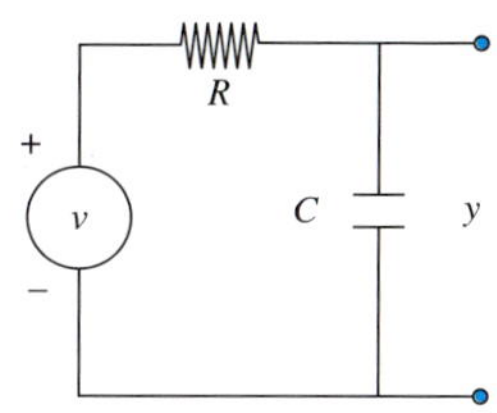

그림 9-44
RC 회로

풀이 자유반응만을 고려할 경우 이 회로를 위한 방정식은 $0.1y' + y = 0$이 된다. 먼저 이 방정식을 $y' = -10y$로 고쳐 쓴다. 다음에 우변을 함수로 정의한다. 이를 위해 익명 함수를 정의하거나 함수 파일에서 정의하는 방법을 사용할 수 있는데, 함수 파일을 사용하는 방법이 더욱 다양한 함수들을 정의할 수 있다. 익명 함수를 정의하는 방법은 단순한 함수에만 사용할 수 있으므로 여기에서는 파일 방법을 선

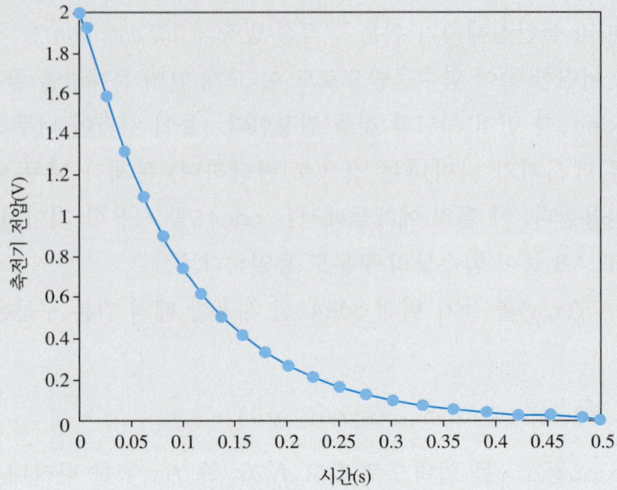

그림 9-45
RC 회로의 자유반응

보인다.

아래의 함수 파일을 생성하여 저장한다. 입력 인수의 순서는 반드시 x, y의 순이어야 하는데, 이는 x가 방정식의 우변에 나타나지 않을 경우에도 마찬가지이다.

```
function yprime = RC_circuit(x,y)
yprime = -10*y;
```

초기시간은 $x = 0$이므로 x0은 0으로 설정되어야 한다. 이때 $x \geq 0.5$s에 대해 $y(x)$는 0에 가깝다는 것을 해석적 해로부터 알 수 있으므로 xfinal은 0.5로 선택한다. 다른 문제들의 경우라면 일반적으로 xfinal을 쉽게 추정할 수 없으며, 따라서 그래프 상에서 충분한 반응을 관찰할 수 있을 때까지 여러 번 xfinal 값을 증가시켜 나간다.

함수 ode45는 다음과 같이 호출되며, 이 해에 대한 그래프가 해석적 해인 y_true와 함께 표시된다.

```
[x,y] = ode45(@RC_circuit,[0,0.5],2);
y_true = 2*exp(-10*x);
plot(x,y,'o',x,y_true),xlabel('Time(s)'),...
    ylabel('Capacitor Voltage')
```

y_true를 계산하기 위해 배열 x를 생성할 필요는 없는데, 이는 x가 ode45 함수에 의해 생성되기 때문이다. 그래프는 그림 9-45에서 보여준다. 수치해는 작은 원들로 표시되며 해석적 해는 실선으로 표시된다. 여기에서 수치해는 정확한 답을 제공한다. 분할 간격을 지정할 필요는 없는데, 이는 ode45 함수에서 자동으로 선택되기 때문이다.

예제 9-12 반올림 오차와 불안정한 방정식

다음 방정식을 생각해보자.

$$y' = y - 2e^{-x} \tag{9-62}$$

이에 대한 해석적 해는 다음과 같다.

$$y = e^{-x} + [1 - y(0)]e^{x} \tag{9-63}$$

$y(0) = 1$이라고 가정하고 수치해를 구하라.

풀이 | $y(0) = 1$일 때 해석적 해는 $y = 2^{-x}$가 된다. 정확한 해를 알고 있다는 사실을 무시하고 $0 \le x \le 12$에 대해 이 방정식을 수치적으로 풀어보자. 아래의 MATLAB 프로그램을 사용하여 그림 9-46과 같이 정확한 해와 수치해의 그래프를 구한다. 이 프로그램에서는 미분방정식의 우변을 정의하기 위해 익명 함수를 사용한다.

```
% Exact solution
x = [0:0.01:12]; yexact = exp(-x);
% Runge-Kutta solution
f = @(x,y)(y - 2*exp(-x));
[x1,y1] = ode45(f,[0,12],1);
plot(x,yexact,x1,y1),xlabel('x'),ylabel('y')
```

그래프를 통해 수치해의 오차는 특정 지점 이후 크게 증가함을 볼 수 있다. 무엇이 잘못 되었으며, 해석적 해를 모를 경우 이러한 오차를 어떻게 탐지할 수 있을까?

식 9-62를 조사해보면 대략 $x > 4$일 때 항 e^{-x}가 0에 가까워지며 미분방정식은 대략 $y' = y$나 마찬가지가 되는데, 이 방정식은 $y = Ce^{x}$ 형태의 해를 갖는다. 따라서 원래 방정식의 해는 C가 0이 아닐 경우에는 $+\infty$나 $-\infty$에 접근할 것이며, $C = 0$일 경우에는 $\infty \rightarrow t$에 따라 이 해는 0에 접근할 것이다. 실제로 $y(0) = 1$일 때만 $C = 0$이 된다.

식 9-63에 의해 주어지는 일반해로부터 $y(0) = 1$일 경우 e^{x} 항은 해에 나타나지 않음을 알 수 있다. 그러나 초기조건이 1이 아닌 모든 경우에 e^{x} 항은 해에 나타난다. e^{x} 항은 불안정 특성근인 $\lambda = 1$에 대응된다. 이는 초기조건에 따른 미분방정식의 민감도를 보여준다.

이것은 여기서의 수치해와 어떤 관련이 있을까? 조건 $y(x_1) = y_1$과 함께 $x \ge x_1$에 대해 방정식 9-62를 푼다고 하자. 그 해는 다음과 같다.

$$y = e^{-x} + [e^{-x_1}y(x_1) - e^{-2x_1}]e^{x} \tag{9-64}$$

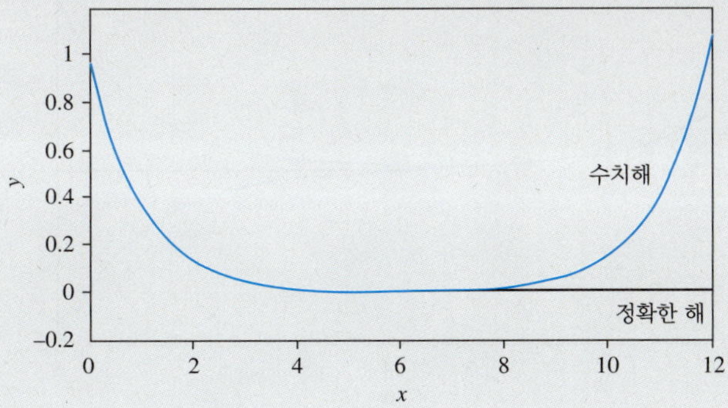

그림 9-46
$y(0) = 1$인 경우 방정식 $y' = y - 2e^{-x}$에 대한 수치해와 정확한 해

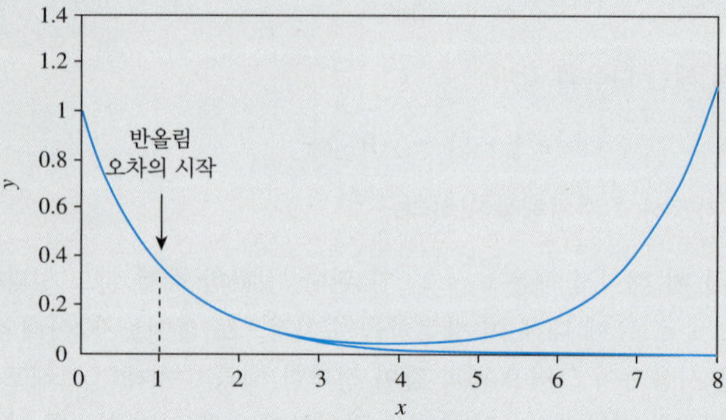

그림 9-47
반올림 오차에 대한 민감도. 방정식 $y' = y - 2e^{-x}$에 대한 $y(0) = 1$인 경우(아래쪽 곡선, e^{-x})와 $y(1) = e^{-1} + 0.001$인 경우(위쪽 곡선)의 정확한 해의 그래프.

이러한 해가 x_1에서의 값 $y(x_1)$로 시작한 수치해법에서 생성되었다고 하자. 이 해와 $y(0) = 1$인 경우의 진정한 해와의 차는 다음과 같다.

$$\Delta(x) = e^{-x} + [e^{-x_1}y(x_1) - e^{-2x_1}]e^{x} - e^{-x} = [e^{-x_1}y(x_1) - e^{-2x_1}]e^{x} = De^{x}$$

이제 수치해 $y(x_1)$이 $y(0) = 1$인 경우의 진정한 해와 같지 않다면, $y(x_1) \neq e^{-x_1}$이고 $D \neq 0$이다. 따라서 x가 증가할 때 오차 $\Delta(x)$는 지수함수에 따라 증가한다.

수치해 $y(x_1)$가 진정한 해와 같지 않은 원인은 반올림 오차로 인한 것이다. 반올림 오차 효과는 그림 9-47에서 보이고 있다. 반올림 오차로 인해 $x = 1$에서의 해가 정확한 해 e^{-1}에서 약간, 예를 들어 0.001만큼 벗어나 있다고 하자. 시작 조건이 $y(1) = e^{-1} + 0.001$일 때 방정식 9-62에 대한 정확한 해는 $y = 0.001e^{-1}e^{-x} + e^{x}$이며, 그림 9-47의 위쪽 곡선에 해당한다. 시작할 때의 차이는 0.001에 불과한데 이 해가 $y(0) = 1$일 때의 해에서 얼마나 빠른 속도로 벗어나는지 주목하기 바란다.

반올림 오차가 계속 증가하는 이유는 무엇일까? 그 이유는 식 9-62가 불안정한 방정식이라는 점에 있다. 불안정한 방정식들의 한 가지 특성은 이들에 대한 해가 초기조건에 대단히 민감하다는 점이다. 예를 들면, 방정식 9-62에 대한 해는 초기조건이 $y(0) = 1$일 때를 제외하고는 모두 지수함수에 따라 증가한다. 이는 세 개의 조금씩 다른 초기조건들에 대한 정확한 해를 보여주는 그림 9-48에서 확인할 수 있다.

이 예제에서는 주어진 미분방정식이 어디에 이용되는지에 관한 정보, 즉, 물리적 또는 공학적 맥락에 관한 정보 없이 풀었음을 유의하기 바란다. 이러한 정보가 있

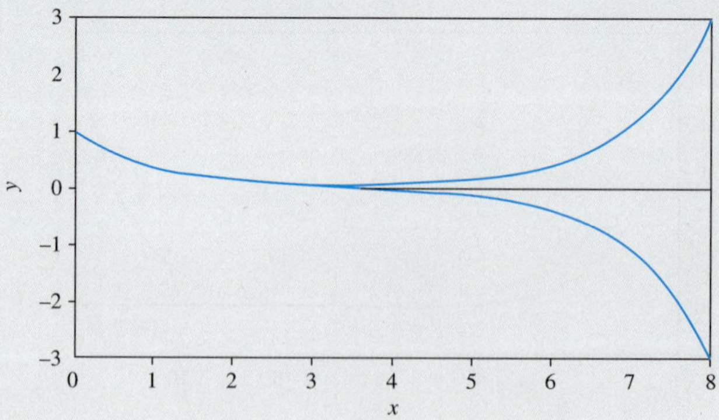

그림 9-48
불안정한 방정식에서 초기조건의 미세한 변화에 대한 민감도. 방정식 $y' = y - 2e^{-x}$에 대한 $y(0) = 1$인 경우(중간 곡선), $y(0) = 1.001$인 경우(위쪽 곡선), $y(0) = 0.999$인 경우(아래쪽 곡선)의 정확한 해의 그래프.

었다면 해를 필요로 하는 구간이 어쩌면 더 짧은 구간, 예를 들어 $0 \le x \le 2$라는 구간이라는 것을 알 수도 있었을 것이다. 이 경우 반올림 오차는 그렇게 크지 않으며 수치적 풀이 함수의 정확도가 그리 높을 필요도 없었을 것이다.

앞에서 수치해를 검사하기 위한 한 가지 방법이 분할 간격을 줄여 해가 변하는지 알아보는 것임을 언급한 바 있다. 그러나 적응형 방법에서는 분할 간격이 변하기 때문에 이러한 검사가 불가능하다. 또 내부 코드에 접근할 수 없는 상용 프로그램에서도 이러한 검사 방법의 적용은 불가능하다. 다음 예제는 MATLAB을 사용할 때 수치해의 정확도를 검사하는 방법을 선보인다. 다른 컴퓨터 패키지들에서도 비슷한 방법들이 제공된다.

예제 9-13 반올림 오차 효과의 축소

분할 간격을 변경시킬 수 없을 때 MATLAB에서 수치해의 정확도를 검사하는 방법을 살펴보자. 다음의 방정식과 초기조건을 사용한다.

$$y' = y - 2e^{-x}, \quad y(0) = 1 \tag{9-65}$$

풀이 앞서 예제 9-12와 그림 9-46에서 대략 $x > 7$일 때 기본 형태의 ode45 풀이 함수가 큰 오차를 내는 것을 살펴본 바 있다. ode45 함수에서 상대오차 허용한도를 통제하는 선택사항인 인수의 사용을 통해 이 오차를 줄일 수 있다. 이 인수는 해의 정확도를 시험하기 위해 사용되는 스칼라 값이다. 이 인수가 지정되어 있지 않을 경우 모든 풀이 함수에서의 기본 값은 0.1% 정확도에 해당하는 10^{-3}이다.

상대오차 허용한도를 지정하기 위한 또 다른 방법은 odeset 명령을 사용하는 것이며, 이 명령은 ode45 명령보다 먼저 나타나야 한다. 다음 코드는 허용한도를 10^{-5}로 낮추기 위한 방법을 보인다.

```
% Exact solution
x = [0:0.01:12]; yexact = exp(-x);
f = @(x,y)(y - 2*exp(-x));
% Runge-Kutta solution using default value of the
% relative error tolerance(0.001)
[x1,y1] = ode45(@f,[0,12],1);
% Runge-Kutta solution using a smaller
% relative error tolerance of 0.00001
options = odeset('RelTol',1e-5);
[x2,y2] = ode45(@f,[0,12],1,options);
plot(x,yexact,x1,y1,x2,y2),xlabel('x'),ylabel('y')
```

이 결과는 그림 9-49에서 보인다. 아래쪽 곡선이 작은 오차 허용한도를 사용하여 생성된 것으로 $x < 9$일 때 육안으로는 정확한 값과 동일하다. 기본 허용한도 값을 사용하여 구한 해를 나타내는 위쪽 곡선은 $x > 8$일 때 정확한 해에서 크게 벗어난다.

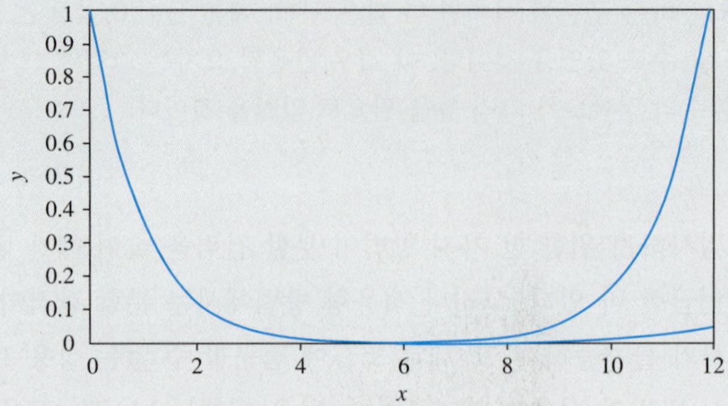

그림 9-49
오차 허용한도의 효과. $y(0) = 1$인 경우 $y' = y - 2e^{-x}$에 대한 해의 그래프: 상대오차 허용한도로 10^{-3}을 사용한 해(위쪽 곡선), 그리고 상대오차 허용한도로 10^{-5}를 사용한 해(아래쪽 곡선)

분할 간격을 변경할 수 없는 상용 프로그램을 사용할 때 정확도를 검사하기 위한 한 가지 방법은 프로그램에서 오차 허용한도를 지정하기 위해 사용되는 매개변수들을 변화시켜보는 것이다. 일반적인 상용 프로그램들에서는 이러한 방법을 사용할 수 있다. 수치해의 정확도를 의심하지 않을 다른 확실한 이유가 없다면 기본값이 적절하다고 가정해서는 안 된다.

미분방정식이 비선형일 경우 대개 수치적 결과를 검사하기 위해 사용할 해석적 해를 갖고 있지 못할 것이다. 이러한 경우 물리적 현상에 대한 직관적 예상에서 크게 벗어나는 결과를 파악하는 것이다. 또 수치해법의 절차에 영향을 줄 수 있는 방정식 상의 특이점들을 찾아볼 수도 있다. 또 다른 방법은 주어진 비선형방정식을 해석적으로 풀 수 있는 선형방정식으로 근사하는 방법이다. 비록 선형 근사가 정확한 답을 알려주지는 못하지만 수치해법으로 구한 답에 어느 정도 타당성이 있는지 정도는 알아볼 수 있다. 다음 예제는 이러한 접근 방법을 선보인다.

예제 9-14 구형 탱크의 액체 높이

그림 9-50은 물을 저장하는 구형 탱크를 보여준다. 이 탱크는 상단의 구멍을 통해 물을 채우며 바닥의 구멍을 통해 물을 뺀다. 이 탱크의 반지름이 r이라고 할 때, 탱크 안의 물의 높이 h의 함수로 표현한 그 부피는 다음과 같이 주어진다는 것을 적분을 사용하여 보일 수 있다.

$$V(h) = \pi r h^2 - \pi \frac{h^3}{3} \tag{9-66}$$

*토리첼리의 법칙*에 따르면 구멍을 통해 배출되는 액체의 속도는 높이 h의 제곱근에 비례한다. 유체역학에서의 심층적 연구를 통해 이 관계는 더욱 정확하게 밝혀져 있으며, 그 결과는 구멍을 통해 배출되는 액체의 속도가 다음 식으로 주어진다는 것이다.

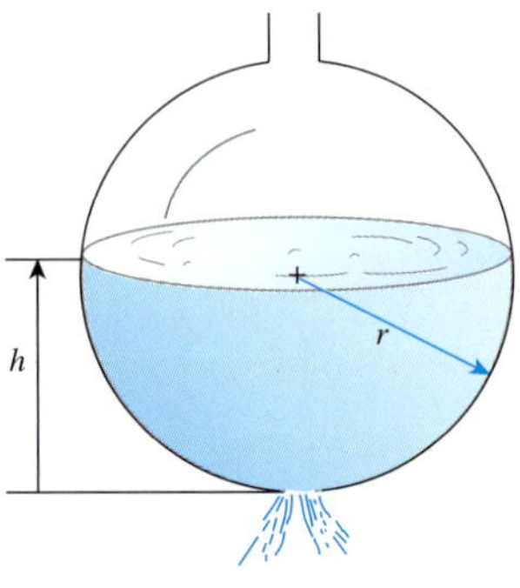

그림 9-50
구형 탱크의 배수

$$q = C_d A\sqrt{2gh} \tag{9-67}$$

여기에서 A는 구멍의 면적, g는 중력가속도, C_d는 실험적으로 결정되는 값으로 액체 종류에 따라 달라진다. 물의 경우 $C_d = 0.6$이 흔히 사용되는 값이다.

높이 h에 관한 미분방정식을 얻기 위해 질량 보존법칙을 적용할 수 있다. 이 탱크에 질량 보존법칙을 적용하면 탱크 안의 액체 부피의 변화율은 탱크에서 액체가 배출되는 속도와 같다는 것을 알 수 있다. 즉,

$$\frac{dV}{dt} = -q \tag{9-68}$$

식 9-66으로부터 다음의 결과를 얻는다.

$$\frac{dV}{dt} = 2\pi rh - \pi h^2\frac{dh}{dt} = \pi h(2r - h)\frac{dh}{dt}$$

이 결과와 식 9-67을 식 9-68에 대입하면 다음과 같이 h에 관한 미분방정식을 얻는다.

$$\pi h(2r - h)\frac{dh}{dt} = -C_d A\sqrt{2gh} \tag{9-69}$$

처음 높이가 9ft라고 할 때, 이 탱크가 빌 때까지 소요되는 시간을 결정하기 위해 위의 방정식을 MATLAB으로 푼다. 이 탱크의 반지름은 $r = 5$ft이고 바닥의 구멍의 지름은 1in이다. 또 $C_d = 0.6$ 그리고 $g = 32.2\text{ft/s}^2$로 주어진다. 이렇게 구한 해를 검사하기 위한 방법에 대해 논하라.

풀이 | $r = 5$, $g = 32.2$, $A = \pi(1/24)^2$일 때 식 9-69는 다음과 같다.

$$\frac{dh}{dt} = -\frac{0.0334\sqrt{h}}{10h - h^2} \tag{9-70}$$

먼저 dh/dt를 위한 위의 표현식에서 특이점들이 있는지 찾아본다. $h = 0$과 $h = 10$은 각기 탱크가 완전히 빌 경우와 가득 찰 경우를 나타내며, 이 경우를 제외하면 위 식의 분모가 0이 되지 않는다. 따라서 $0 \le h \le 10$에서 특이점은 존재하지 않는다.

탱크가 비는 시간을 추정하기 위해 다음과 같은 근사를 사용할 수 있다. 식 9-70의 우변에서 h를 평균값인 $(9 - 0)/2 = 4.5$ft로 바꾼다. 이 경우 $dh/dt = -0.00286$이 되며, 이 방정식의 해는 $h(t) = h(0) = 0.00286t = 9 - 0.00286t$이다. 이 식에서는 탱크가 비는 시간이 $t = 9/0.00286 = 3147$초, 즉, 52분이 된다. 이 값을 여기에서 구하는 답에 대한 "현실성 검사"에 사용할 것이다.

식 9-70에 기초한 함수 파일은 다음과 같다.

```
function hdot = height(t,h)
hdot = -(0.0334*sqrt(h))/(10*h-h^2);
```

이 파일은 ode45 풀이 함수를 사용하여 다음과 같이 호출된다.

```
[t, h] = ode45(@height,[0, 2475],9);
plot(t,h),xlabel('Time(sec)'),ylabel('Height(ft)')
```

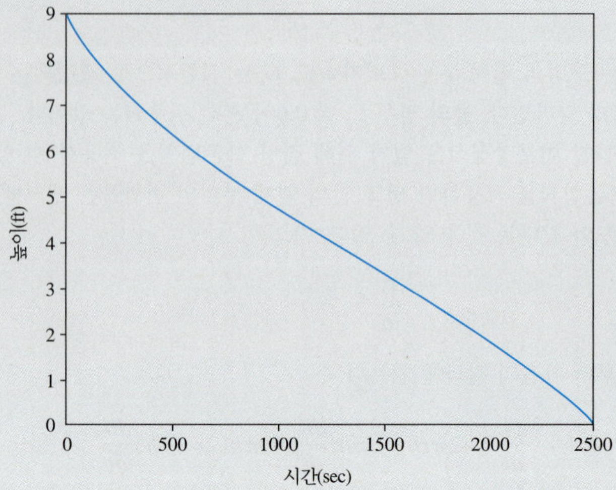

그림 9-51
구형 탱크에서 물의 높이에 대한 그래프

결과로 얻게 된 그래프를 그림 9-51에 보인다. 탱크가 거의 차거나 거의 빌 때 높이가 더욱 빠르게 변화함을 주목하기 바란다. 이는 탱크의 곡률을 생각하면 예상할 수 있는 일이다. 탱크는 2475초, 즉, 41분 만에 비게 된다. 이 값은 대략적 추정치인 52분에서 크게 차이 나지 않으며, 따라서 수치적 결과를 편하게 인정할 수 있다. 또한 상대오차 허용한도를 줄여 프로그램을 다시 실행시킬 수 있다. 최종시간 값인 2475초는 그래프에서 높이가 0이 될 때까지 최종시간 값을 증가시키며 프로그램을 실행시켜가다가 찾은 것이다.

고계 미분방정식

1계보다 높은 방정식의 풀이에서 ODE 풀이 함수를 사용하기 위해서는 먼저 방정식을 1계 방정식들의 모음으로 표현해야 한다.

예제 9-15 2계 방정식의 풀이

2계 방정식

$$5y'' + 7y' + 4y = f(x) \tag{9-71}$$

에서 초기조건이 $y(0) = 3$, $y'(0) = 9$, 그리고 $f(x) = \sin x$일 경우 $0 \le x \le 6$에 대해 수치해를 구하라.

풀이 먼저 가장 높은 계수의 도함수에 대해 식 9-71을 정리한다.

$$y'' = \frac{1}{5}f(x) - \frac{4}{5}y - \frac{7}{5}y' \tag{9-72}$$

새로운 변수 z_1, z_2를 $z_1 = y, z_2 = y'$와 같이 정의하면, 주어진 미분방정식은 다음과 같이 변환될 수 있다.

$$z_1' = z_2$$

그리고

$$z_2' = \frac{1}{5}f - \frac{4}{5}z_1 - \frac{7}{5}z_2$$

이제 이 두 방정식의 우변을 계산하여 열벡터에 저장하는 함수 파일을 작성한다. 이를 위해 먼저 $f(x)$를 위한 함수가 지정되어야 한다. $f(x) = \sin x$이므로 필요한 파일은 다음과 같다.

```
function zprime = example_1(x,z)
% Computes the derivatives of two equations
zprime(1) = z(2);
zprime(2) = (1/5)*(sin(x)-4*z(1)-7*z(2));
zprime = [zprime(1); zprime(2)];
```

zprime(1)은 z_1', zprime(2)는 z_2', z(1)은 z_1, z(2)는 z_2를 나타내며, 반환되는 출력 zprime은 열벡터이다.

일단 상태변수 형식의 표기법에 익숙해지면, 위의 코드를 다음의 더 간단한 표현으로 고쳐 쓸 수 있을 것이다.

```
function zprime = example_1(x,z)
zprime = [z(2); (1/5)*(sin(x)-4*z(1)-7*z(2))];
```

초기조건 $y(0) = z_1(0) = 3$, $y'(0) = z_2(0) = 9$를 사용하여 $0 \le x \le 6$에 대해 방정식 9-72를 푼다고 하면, 벡터 z에 초기조건 [3,9]가 설정된다. ode45를 사용하기 위해 다음과 같이 입력한다.

```
[x,z] = ode45(@example_1,[0, 6],[3; 9]);
plot(x,z),xlabel('x'),gtext('z_1'),gtext('z_2')
```

이 결과로 얻은 그래프를 그림 9-52에 보인다. 벡터 z의 각 행은 열벡터 x로 반환되는 시간에 대응된다. plot(x, z)를 입력하면 z_1 및 z_2 대 x에 대한 그래프를 얻을 수 있다. z는 두 개의 열을 갖는 행렬이며, 첫 번째 열은 풀이 함수에 의해 생성되는 여러 시점에서의 z_1 값들을 포함하고 두 번째 열은 z_2 값들을 포함한다. 따라서 z_1

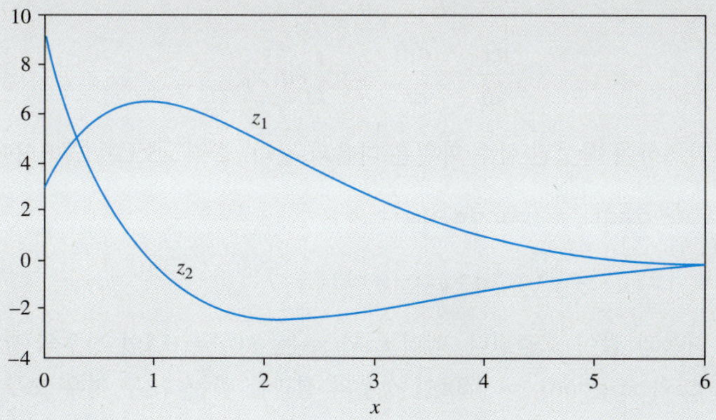

그림 9–52
$z_1 = y$ 그리고 $z_1 = y'$일 경우 식 9-71에 대한 해의 그래프

에 대한 그래프만 얻으려면 plot(x,z(:,1))을 입력하며, z_2에 대한 그래프만 얻으려면 plot(x,z(:,2))를 입력한다.

때로 비선형방정식을 풀 때 선형방정식으로 근사하여 수치적 결과를 검사할 수 있다. 다음의 예는 2계 방정식에서 이러한 방법을 선보인다.

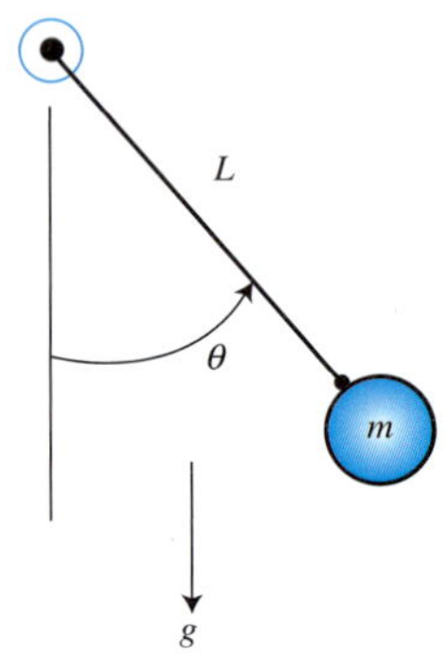

그림 9-53
진자

예제 9-16 비선형 진자 모델

그림 9-53에서 보이고 있는 진자는 막대에 부착되어 있는 질점 m으로 이루어지는데, 막대의 질량은 m에 비하면 무시할 수 있을 정도이다. 막대의 길이는 L이다. 이 진자를 위한 운동방정식은 다음과 같이 주어진다.

$$\frac{d^2\theta}{dt^2} + \frac{g}{L}\sin\theta = 0 \tag{9-73}$$

$L = 1\text{m}$, $g = 9.81\text{m/s}^2$라고 하자. MATLAB을 사용하여 $\theta(0) = 0.5\text{rad}$와 $\theta(0) = 0.8\pi$ rad인 경우 $\theta(t)$에 대해 이 방정식을 풀어라. 두 경우 모두에서 초기속도는 0이다. 이 결과의 정확도를 검사하기 위한 방법을 논하라.

풀이 | 이 문제에서 독립변수는 t이다. 작은 각도에 대한 근사식 $\sin\theta \approx \theta$를 사용하면, 위의 방정식은 선형방정식

$$\frac{d^2\theta}{dt^2} + \frac{g}{L}\theta = 0 \tag{9-74}$$

이 되며, 초기속도가 0일 경우 그 해는 $\theta(t) = \theta(0)\cos\sqrt{g/Lt}$ 이다. 진동의 진폭은 $\theta(0)$이며 주기는 $P = 2\pi\sqrt{L/g}$ 이다. 이 정보를 사용하여 최종시간을 선택하고 수치적 결과를 검사할 수 있다.

먼저 진자 방정식(9-74)을 두 개의 1계 방정식으로 고쳐 쓴다. 이를 위해 $x_1 = \theta$ 그리고 $x_2 = d\theta/dt$로 두면, 다음 식들을 얻는다.

$$\frac{dx_1}{dt} = \frac{d\theta}{dt} = x_2$$

$$\frac{dx_2}{dt} = \frac{d^2\theta}{dt^2} = -\frac{g}{L}\sin x_1$$

이 식들에 기초하여 작성된 함수 파일은 다음과 같다. 출력 xdot는 열벡터이다.

```
function dxdt = pendulum(t,x)
g = 9.81; L = 1;
dxdt = [x(2); -(g/L)*sin(x(1))];
```

이 파일은 다음과 같이 호출된다. 벡터 ta와 xa는 $\theta(0) = 0.5$인 경우의 결과를 가지며, 벡터 tb와 xb는 $\theta(0) = 0.8\pi$인 경우의 결과를 갖는다. 두 경우 모두에서 초

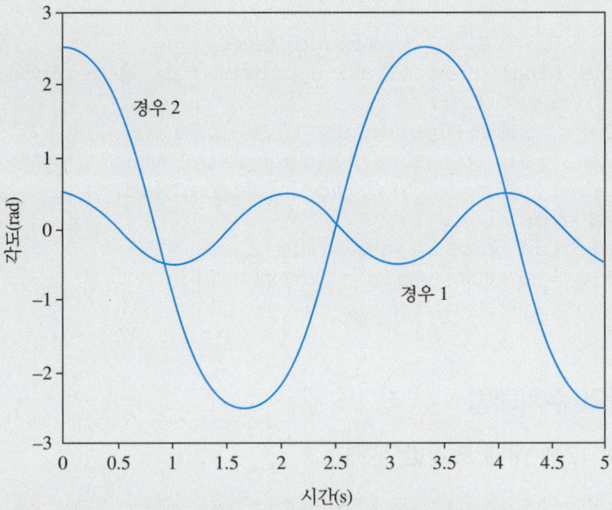

그림 9-54
두 개의 시작 위치에 대해 시간의 함수로 표현된 진자 각

기속도는 0이다.

```
[ta, xa] = ode45(@pendulum,[0,5],[0.5;0]);
[tb, xb] = ode45(@pendulum,[0,5],[0.8*pi;0]);
plot(ta,xa(:,1),tb,xb(:,1)),xlabel('Time (s)'), . . .
      ylabel('Angle(rad)'),gtext('Case 1'),gtext('Case 2')
```

결과로 얻게 된 그래프를 그림 9-54에 보인다. $\theta(0) = 0.5$인 경우 진폭은 작은 각도에 대한 분석에서 예측한 대로 일정하게 유지된다. 주기는 작은 각도에 대한 분석에서 예측한 값인 2초를 조금 넘는다. 따라서 이 수치적 절차를 어느 정도 신뢰할 수 있다.

$\theta(0) = 0.8\pi$ 인 경우, 수치해에 따른 주기는 대략 3.3초 정도이다. 이는 비선형방정식의 중요한 성질 하나를 보여준다. 선형방정식의 자유반응은 초기조건에 상관없이 동일한 주기를 갖는데 비해, 비선형방정식의 자유반응의 형태는 (그리고 이에 따라 주기도) 초기조건의 값에 따라 달라지는 경우가 종종 있다.

이 예에서 g와 L의 값이 함수 pendulum(t,x) 안에 코드로 표현되어 있다. 이제 길이 L 값과 중력가속도 g의 값을 변경하여 진자 반응을 구하고자 한다고 하자. 이를 위해 g와 L을 전역 변수로 선언하기 위해 global 명령을 사용할 수도 있고, ode45 함수의 인수들을 통한 매개변수 값으로 전달할 수도 있다. 그러나 MATLAB 7부터는 선호되는 방법이 *중첩함수(nested function)*이다. 아래의 프로그램에서는 서로 다른 두 개의 g, L 값들에 대해 어떻게 처리하는지 보여준다. 작은 각도에 대한 분석을 통해 얻은 주기 공식을 사용하여 대략 주기의 3배에 해당하는 시간 동안의 진동을 보여주도록 최종시간이 설정되어 있다.

```
function pendula
g = 9.81; L = 0.75; % First case.
% Set the final time tF to approximately 3 periods.
tF = 6*pi*sqrt(L/g);
[t1, x1] = ode45(@pendulum,[0,tF],[0.4; 0];
```

```
%
g = 1.63; L = 2.5; % Second case.
% Set the final time tF to approximately 3 periods.
tF = 6*pi*sqrt(L/g);
[t2, x2] = ode45(@pendulum,[0,tF],[0.2; 0];
plot(t1,x1(:,1),t2,x2(:,1)), . . . .
     xlabel('Time(s)'),ylabel('Angle(rad)')
% Nested function.
     function xdot = pendulum(t,x)
     xdot = [x(2);-(g/L)*sin(x(1))];
```

Maple에서의 수치해법

구간 $0 \leq t \leq 12$에 대해 초깃값 문제

$$y' = y - 2e^{-x}, \qquad y(0) = 1$$

를 풀기 위해 다음과 같이 입력한다.

```
with(plots):
s:=dsolve({D(y)(x)=y(x)-2*exp(-x),y(0)=1}, type=numeric,range=0..12):
odeplot(s)
```

$g = 9.81, L = 1, x_1(0) = 0.5, x_2(0) = 0$과 함께 주어지는 진자 방정식의 경우, 다음의 식들을 얻는다.

$$\frac{dx_1}{dt} = \frac{d\theta}{dt} = x_2$$

그리고

$$\frac{dx_2}{dt} = \frac{d^2\theta}{dt^2} = -\frac{g}{L}\sin x_1$$

구간 $0 \leq t \leq 5$ 상에서 $x_1(t)$의 해를 위한 그래프를 얻기 위해 다음과 같이 입력한다.

```
sys:={diff(x1(t),t)=x2(t),diff(x2(t),t)= -(9.81/1)*sin(x1(t)),x1(0)=0.5,x2(0)=0}:
s:=dsolve(sys,type=numeric,range=0..5):
odeplot(s)
```

초깃값 문제를 위한 Maple의 수치적 풀이 함수들은 옵션항목 `abserr`, `relerr`, `minstep`, `maxstep`, `initstep` 등을 이용하여 이산 오차를 통제한다. 매개변수 `abserr`는 절대오차 허용한도, `relerr`는 상대오차 허용한도를 나타낸다. 이러한 허용한도들이 갖는 정확한 의미는 개별 풀이 함수에 따라 달라진다.

Mathematica에서의 수치해법

구간 $0 \le t \le 12$에 대해 초깃값 문제

$$y' = y - 2e^{-x}, \qquad y(0) = 1$$

를 풀기 위해 다음과 같이 입력한다.

```
s=NDSolve[{y'[x]==y[x]-2*Exp[-x],y[0]==1},y,{x,0,12}]
Plot[Evaluate[y[x]/.s],{x,0,12},PlotRange->All]
```

$g = 9.81, L = 1, x_1(0) = 0.5, x_2(0) = 0$과 함께 주어지는 진자 방정식의 경우, 다음의 식들을 얻는다.

$$\frac{dx_1}{dt} = \frac{d\theta}{dt} = x_2$$

그리고

$$\frac{dx_2}{dt} = \frac{d^2\theta}{dt^2} = -\frac{g}{L}\sin x_1$$

구간 $0 \le t \le 5$ 상에서 $x_1(t)$에 대한 해의 그래프를 얻기 위해 다음과 같이 입력한다.

```
s=NDSolve[{x1'[t]==x2[t],x2'[t]==(9.81/1)*Sin[x1[t]],x1[0]==0.5,x2[0]==0},{x1,x2},{t,0,5}];
Plot[Evaluate[x1[t]/.s],{t,0,5},PlotStyle->Automatic]
```

풀이 함수는 경직성 방정식을 자동으로 탐지하고 처리한다. 사용자가 원할 경우 `NDSolve` 함수의 인수에 예를 들어 `Method -> "ExplicitRungeKutta"`를 포함시킴으로써 룬게-쿠타법과 같은 해법을 지정할 수 있다. 여러 수치적 연산에서 매개변수 `AccuracyGoal`은 최종 결과에서의 유효숫자의 자릿수 개수를 지정하는 옵션이다. 상대오차를 줄이려면 `NDSolve` 함수의 인수에 `AccuracyGoal->` ∞를 포함시킨다.

MuPA D에서의 수치해법

MuPAD는 초깃값 문제에 대한 수치해를 구하기 위한 두 개의 함수를 제공한다. 함수 `numeric::odesolve`는 특정 점에서의 해에 대한 수치적 근삿값을 반환한다. `numeric::odesolve2`를 입력하면 이 해에 대한 수치적 근사를 나타내는 함수를 반환한다. 이는 해의 그래프를 표시하고자 할 때 유용하다. `numeric::odesolve2`를 적용하려면 다음의 단계들을 사용한다.

1. 초깃값 문제를 목록이나 집합 형태로 정의한다.
2. 해를 구하고자 하는 대상 집합을 정의한다.
3. 초깃값 문제와 대상 집합을 `numeric::odesolve2`에서 이용할 수 있는

프로시저로 변환한다. 함수 numeric::ode2vectorfield는 필요한 프로시저들을 생성한다.

4. 해를 근사하기 위해 numeric::odesolve2를 호출한다.
5. 해의 그래프를 얻기 위해 함수 plotfunc2d를 사용한다.

예를 들면, 구간 $0 \le t \le 12$에 대해 초깃값 문제

$$y' = y - 2e^{-x}, \qquad y(0) = 1$$

를 풀기 위해 다음과 같이 입력한다.

```
IVP := {y'(x) = y(x)-2*exp(-2*x),y(0) = 1}:
fields := [y(x)]:
ODE := numeric::ode2vectorfield(IVP, fields):
numApprox := numeric::odesolve2(ODE):
plotfunc2d(numApprox(x)[1], x = 0..12)
```

$g = 9.81, L = 1, x_1(0) = 0.5, x_2(0) = 0$과 함께 주어지는 진자 방정식의 경우, 다음의 식들을 얻는다.

$$\frac{dx_1}{dt} = \frac{d\theta}{dt} = x_2$$

그리고

$$\frac{dx_2}{dt} = \frac{d^2\theta}{dt^2} = -\frac{g}{L}\sin x_1$$

구간 $0 \le t \le 5$ 상에서 $x_1(t)$의 해를 위한 그래프를 얻기 위해 다음과 같이 입력한다.

```
IVP:={x1'(t)=x2(t),x2'(t)=-(9.81/1)*sin(x1(t)),x1(0)=0.5,x2(0)=0}:
fields:=[x1(t),x2(t)]:
ODE:=numeric::ode2vectorfield(IVP, fields):
numApprox:=numeric::odesolve2(ODE):
plotfunc2d(numApprox(t)[1],t=0..5)
```

수치의 정확도는 변수 DIGITS로 통제된다. 오차 한도에 대해 옵션 RelativeError = rtol에 의한 별도의 지정이 없는 한, 분할 간격에 대한 적응적 통제는 국부 상대 이산 오차를 rtol $= 10^{-\text{DIGITS}}$를 넘지 않도록 유지한다. 해 벡터 값들이 작을 경우, 옵션 AbsoluteError = atol을 통해 지정되는 임계값 atol로 절대 이산 오차의 한계를 정할 수 있다. AbsoluteError가 지정되지 않을 경우, 상대 이산 오차만 rtol 아래로 유지되도록 통제된다. Stepsize = h로 분할 간격을 고정시킴으로써 오류 통제를 해제할 수 있다. 적응형 메커니즘으로 통제할 수 있는 것은 국부 오차뿐이며 누적 오차에 대한 통제 방법은 없다는 점을 유의하기 바란다.

9-11 ■ 요약

미분방정식에 대한 근사 해를 얻기 위해 현실에서는 수치해법들이 자주 사용된다. 수치해법에서는 해가 어떤 구간에서 연속함수로 주어지는 것이 아니라 지정된 점들에서의 해의 값들로 주어진다. 임의의 고계 미분방정식은 1계 연립미분방정식으로 표현될 수 있으므로, 이 장에서는 다음과 같은 형식의 1계 초깃값 문제에 집중한다.

$$\frac{dy}{dx} = f(x, y), y(x_0) = y_0$$

$f(x, y) = f(x)$인 경우의 미분방정식 풀이 미분방정식에서 함수 f가 x에만 종속되는 경우, 주어진 1계 초깃값 문제의 해를 임의의 수치적 적분 공식을 사용하여 $n = 0, 1, 2, \ldots$ 등에 대해 다음 식으로 구할 수 있다.

$$y_{n+1} = y_n + \int_{x_n}^{x_{n+1}} f(x)dx = y_n + I_n \quad \textbf{(9–18)}$$

이 경우 수치적 적분법으로 해를 구할 수 있으며, 이때 일반적인 수치적 적분법 중의 어느 방법이나 사용할 수 있다.

지정된 구간을 일정한 폭 h를 갖는 N개의 조각으로 나누면, 적분 값은 이 조각들의 면적을 구하고 이들의 합을 계산하는 방법으로 구할 수 있다. *사각형 적분법*에서는 중점에서의 함수 $f(x)$ 값을 해당 조각의 평균 높이로 삼는다. *사다리꼴 법칙*에서는 양 끝점에서의 함수 값들의 산술평균을 평균 높이로 삼는다. *심슨 법칙*에서는 보다 정확하지만 복잡한 방식으로 정해진다. 이러한 방법들을 사용하여 점 x_n과 x_{n+1} 사이의 조각의 면적을 구할 수 있다.

사각형 적분법:

$$I_n \cong (x_{n+1} - x_n)f\left(\frac{x_{n+1} + x_n}{2}\right) \quad \textbf{(9–4)}$$

사다리꼴 법칙:

$$I_n \cong (x_{n+1} - x_n)\frac{f(x_{n+1}) + f(x_n)}{2} \quad \textbf{(9–9)}$$

심슨 법칙:

$$I_n \cong \frac{x_{n+1} - x_n}{6}\left[f(x_n) + 4f\left(\frac{x_{n+1} + x_n}{2}\right) + f(x_{n+1})\right] \quad \textbf{(9–12)}$$

심슨 법칙이 다른 두 방법보다 나은 근사법이며 훨씬 더 정확한 결과를 제공한다. 여기에서 $h = x_{n+1} - x_n$을 분할 간격이라고 한다.

상대오차 일반적으로 수치해법으로 구한 값은 정확한 값과 차이가 있을 것이며, 이러한 차이를 오차라고 한다. 오차는 대개 다음과 같이 정의되는 *상대오차* 또는 *백분율 오차*로 표현된다.

$$\text{상대 오차} = \left|\frac{\text{정확한 값} - \text{근삿값}}{\text{정확한 값}}\right| \times 100\,(\%) \quad \textbf{(9–7)}$$

$f(x, y) = f(x, y)$인 경우의 미분방정식 풀이 함수 f가 x, y 모두에 종속될 경우, 수치적 풀이 절차는 함수 $f(x, y)$가 임의의 점 (x, y)에서 해 함수 y의 기울기를 나타내며 각 단계에서 이 기울기가 상수라는 가정에 기초한다. 이 경우 해는 다음과 같이 표현된다.

$$\text{새로운 값} = \text{이전 값} + \text{기울기} \times \text{분할 간격}$$

즉,

$$y_{n+1} = y_n + s_n h \quad \textbf{(9–20)}$$

수치해법들의 주된 차이는 기울기 s_n을 추정하는 방법에 있다.

오일러 해법 미분방정식 풀이에 가장 단순한 수치해법인 오일러 해법에서 이 기울기는 각 단계의 시작 지점에서 함수 $f(x, y)$의 값으로 정해진다. 따라서 오일러 해법은 다음과 같이 표현된다.

$$y_{n+1} = y_n + hf(x_n, y_n), n = 0, 1, 2, 3, \ldots \quad \textbf{(9–28)}$$

점 x_n에서의 해를 알면 그 점에서의 함수 $f(x, y)$의 값과 다음 점 x_{n+1}에서의 해는 식 9-28을 이용하여 구할 수 있다.

개량 오일러 해법 개량 오일러 해법에서 기울기는 해당 단계의 양 끝점에서 $f(x, y)$ 값들의 산술평균으로 정해지며, 이 해법은 다음과 같이 표현된다.

$$y_{n+1} = y_n + h\frac{f(x_n, y_n) + f(x_{n+1}, \tilde{y}_{n+1})}{2} \quad \textbf{(9–37a)}$$

여기에서

$$\tilde{y}_{n+1} = y_n + hf(x_n, y_n) \quad \textbf{(9–37b)}$$

개량 오일러 해법은 예측자-수정자법이라는 수치해법 유형에 속한다. 식 9-37b는 먼저 y_{n+1}을 예측한 다음 식 9-37a에 의해 수정된다. 이 경우 예측자 공식은 오일러 공식과 같으며, 따라서 $\tilde{y}_{n+1}$은 오일러 해법에서 얻었을 해에 해당한다. 개량 오일러 해법에서 이 결과는 중간 단계의 값으로 취급되며 수정자 공식을 사용하여 정제된다. 함수 $f(x, y)$가 x에만 종속될 때 개량 오일러 해법은 사다리꼴 법칙으로 축소된다.

테일러급수 해법 3-항 (또는 2계) 테일러급수 해법은 해 함수 $y(x)$를 무한 멱급수인 테일러급수로 표현하고 해 함수를 근사하기 위해 급수의 첫 세 항만 남기는 방식에 기초한다. 약간의 조작 후에 이 식은

$$y_{n+1} = y_n + hf(x_n, y_n) + \frac{h^2}{2}[f_x(x_n, y_n) + f_y(x_n, y_n)f(x_n, y_n)] \tag{9–42}$$

이 되는데, 여기에서 f_x, f_y는 각기 x, y에 관한 $f(x, y)$의 편도함수이다. 테일러급수 해법은 함수 $f(x, y)$의 편도함수들에 대한 계산을 요하는데, 이는 일반적으로 쉽지 않다. 고계 테일러급수 해법들은 아주 정확한 결과를 제공하지만, 함수 $f(x, y)$에 대한 고계 도함수의 계산을 요하므로 사용하기가 불편하다.

룬게-쿠타법 룬게-쿠타법은 도함수의 계산 없이도 테일러급수 해법과 동일한 정확도를 제공한다. 테일러급수 해법과 마찬가지로 룬게-쿠타법도 계수 별로 각기 다른 버전을 가지며, 계수가 높을수록 정확도도 높다. 1계 룬게-쿠타법은 오일러 해법, 그리고 2-항 (1계) 테일러급수 해법 등과 동급이다. 2계 룬게-쿠타법은 기본적으로 개량 오일러 해법과 3-항 (2계) 테일러급수 해법 등과 동급이다.

가장 많이 사용되는 룬게-쿠타법은 4계 룬게-쿠타법인데, 여기에는 여러 버전이 있다. 이들 중에서 가장 많이 알려져 있고 가장 널리 사용되는 버전이 고전 4계 룬게-쿠타법으로

$$y_{n+1} = y_n + \frac{h}{6}(k_1 + 2k_2 + 2k_3 + k_4) \tag{9–44a}$$

여기에서

$$k_1 = f(x_n, y_n) \tag{9–44b}$$

$$k_2 = f\left(x_n + \frac{1}{2}h, y_n + \frac{1}{2}hk_1\right) \tag{9–44c}$$

$$k_3 = f\left(x_n + \frac{1}{2}h, y_n + \frac{1}{2}hk_2\right) \tag{9–44d}$$

$$k_4 = f(x_n + h, y_n + hk_3) \tag{9–44e}$$

와 같이 표현된다.

함수 $f(x, y)$가 x에만 종속될 때 $k_2 = k_3$이며, 4계 룬게-쿠타법은 수치적 적분을 위한 심슨 법칙으로 축소된다. 고전 4계 룬게-쿠타법의 놀라운 정확도와 단순성으로 인해 상미분방정식의 수치해를 구하기 위한 단일단계 방법으로는 가장 널리 사용된다.

다단계 방법 지금까지 살펴본 모든 수치해법들은 다음 점인 x_{n+1}에서의 해 y_{n+1}을 예측하기 위해 하나의 점 x_n에서의 해를 사용하며 따라서 단일단계 방법이라고 한다. 다음 점에서의 해를 예측하기 위해 둘 이상의 이전 점들에서의 해를 사용하는 것에 기초한 방법을 다단계 방법이라고 한다. 여러 점들에서 해를 지나는 다항식을 찾고 두 개의 적당한 점 사이에서 이 다항식을 적분함으로써 다단계 공식을 구한다. 가장 널리 알려져 있는 다단계 방법은 두 개의 공식을 포함하는 예측자-수정자법인데, 첫 번째 공식에서는 다음 점에서의 해의 값을 예측하며 두 번째 공식에서는 이 값을 정제하고 수정한다. 가장 널리 알려져 있는 예측자-수정자법 중의 하나가 다음과 같이 표현되는 애덤스-몰턴 방법이다.

$$\text{예측자: } y_{n+1} = y_n + \frac{h}{24}(55f_n - 59f_{n-1} + 37f_{n-2} - 9f_{n-3}) \tag{9–49}$$

$$\text{수정자: } y_{n+1} = y_n + \frac{h}{24}(9f_{n+1} + 19f_n - 5f_{n-1} + f_{n-2}) \tag{9–51}$$

또 다른 유명한 예측자-수정자법이 다음과 같이 표현되는 밀네 방법이다.

$$\text{예측자: } y_{n+1} = y_{n-3} + \frac{4h}{3}(2f_n - f_{n-1} + 2f_{n-2}) \tag{9–50}$$

$$\text{수정자: } y_{n+1} = y_{n-1} + \frac{h}{3}(f_{n+1} + 4f_n + f_{n-1}) \tag{9–52}$$

일반적으로 밀네 방법이 애덤스-몰턴 방법보다 정확한 결과를 제공하지만, 밀네 방법은 때로 불안정한 동작 특성을 보인다. 따라서 대개 애덤스-몰턴 방법이 선호된다.

연립방정식의 풀이 단일 1계 방정식을 위해 지금까지 살펴본 모든 해법들은 1계 연립방정식에도 적용될 수 있다. 그러나 이 경우 각 단계에서 다음 단계로 진행하기 전에 그 해법을 모든 방정식에 적용해야 한다. 예를 들면, 지정된

초기조건들과 함께 주어지는 두 개의 1계 방정식으로 구성된 연립방정식

$$y' = f(x, y, z), \qquad y(x_0) = y_0 \tag{9–56a}$$

$$z' = g(x, y, z), \qquad z(x_0) = z_0 \tag{9–56b}$$

의 해를 오일러 해법으로 구하면 다음과 같다.

$$y_{n+1} = y_n + hf(x_n, y_n, z_n) \tag{9–58a}$$

$$z_{n+1} = z_n + hg(x_n, y_n, z_n) \tag{9–58b}$$

다른 방법들도 같은 방식으로 두 개 이상의 방정식으로 구성된 연립방정식에 적용될 수 있다.

이산 오차와 반올림 오차 수치해법으로 구한 결과는 진정한 해의 값에 대한 근삿값이며, 이를 해석할 때 주의를 요한다. 수치해법에서 오차는 두 가지 원인에 기인한다. 하나는 수치해법의 수식 구성 과정에서의 근사에 기인하며, 이는 *절삭 오차* 또는 *이산 오차*라고 한다. 다른 하나는 계산 과정에서 숫자를 표현할 때 제한된 개수의 자릿수를 사용하는 데 기인하는 *반올림 오차*이다.

하나의 단계 동안 발생하는 이산 오차를 *국부 이산 오차*라고 한다. 단계의 수가 증가함에 따라 국부 이산 오차가 누적되며, 임의의 단계에서 전체 이산 오차를 *누적 이산 오차*라고 한다.

분할 간격 h가 증가함에 따라 이산 오차도 증가한다. 수치해법에서 국부 이산 오차가 h^k에 비례할 경우, 누적 이산 오차는 h^{k-1}에 비례한다. 오일러 해법에서 국부 이산 오차는 h^2, 개량 오일러 해법과 3-항 테일러급수 해법에서 h^3, 4계 룬게-쿠타법, 애덤스-몰턴 방법, 밀네 방법 등에서는 h^5에 비례한다. 따라서 분할 간격을 1/2로 줄이면 국부 오차는 오일러 해법에서 1/4, 개량 오일러 해법과 3-항 테일러급수 해법에서 1/8, 4계 룬게-쿠타법, 애덤스-몰턴 방법, 밀네 방법 등에서는 1/32로 줄어든다.

최근의 상용 컴퓨터 패키지들은 이 장에서 소개되는 해법들에 대한 훌륭한 구현과 확장들을 포함한다. 이들은 사용하기 쉬우며, 이 교재에서 다루는 유형의 방정식들을 처리할 수 있도록 강력한 기능들을 갖추고 있다. 이러한 도구들의 사용 예들을 살펴보았으며 또 이러한 도구들을 사용하여 구한 결과들의 정확성을 검사하는 방법을 알아보았다.

역사적 인물들

애덤스(John Couch Adams, 1819–1892) 영국의 수학자이자 천문학자. 애덤스는 수학만을 사용하여 다른 행성들의 운동으로부터 해왕성의 존재와 위치를 예측하였다. 애덤스-배시포스 방법은 배시포스가 제안한 모세관 동작에 관한 미분방정식 모델을 풀기 위해 개발되었다.

배시포스(Francis Bashforth, 1819–1912) 영국의 수학자. 일련의 체계적인 탄도실험을 수행하였으며, 발사속도를 측정하기 위해 크로노그래프를 발명하였다. 배시포스는 또한 교량 건설, 액체 방울의 형태에서 표면장력의 효과 등에 대한 연구를 수행하였다.

오일러(Leonhard Euler, 1707–1783) 스위스의 수학자이자 물리학자. 오일러는 미적분학과 그래프 이론 분야에서 중요한 이론들을 개발하였으며, 역학, 유체동역학, 광학, 천문학 등에도 업적을 남겼다.

해밍(Richard Wesley Hamming, 1915–1998) 미국의 수학자. 해밍의 연구는 해밍 오류 정정 코드의 발명으로 이어졌으며, 컴퓨터과학, 신호처리, 원격통신 등의 발전에 기여하였다.

쿠타(Martin Wilhelm Kutta, 1867–1944) 독일의 수학자이자 항공역학자. 룬게-쿠타법의 공동개발 외에도 항공역학에서 주코프스키-쿠타 에로포일, 쿠타-주코프스키 정리, 쿠타 조건 등을 개발하였다.

몰턴(Forest Ray Moulton, 1872–1952) 미국의 천문학자. 챔벌린(Thomas Chamberlin)과 함께 무수히 많은 미행성들이 모여 태양계의 행성들을 형성했다는 미행성설을 주장하였다.

룬게(Carl David Runge, 1867–1927) 독일의 수학자, 물리학자, 분광학자. 수치해석 분야의 연구 외에도 다양한 원소들에 대한 분광학 실험을 수행하였으며 그 결과는 천문분광학에 응용되고 있다.

연습문제

9-1 수치적 적분

9-21C 미분방정식 풀이에서 수치적 적분이 갖는 가치는 무엇인가?

9-22C 수치적 적분은 무엇에 기초하고 있는가? 어떤 경우에 수치적 적분이 해석적 적분과 동치인가?

9-23C 수치적 적분법들의 차이는 무엇인가?

9-24C 격자용지를 사용하는 적분법의 기초는 무엇인가?

9-25C 사다리꼴 법칙은 사각형 적분법과는 어떻게 다른가? 둘 중 정확도가 높은 방법은 어느 것인가?

9-26C 지정된 구간에서 두 개의 동일한 크기의 조각으로 분할하여 사각형 적분법과 사다리꼴 법칙으로 수치적으로 적분해야 할 1차 함수 $f(x)$가 있다. 구간을 동일한 크기의 4개의 조각으로 분할할 경우 결과는 어떻게 되겠는가?

9-27C 지정된 구간에서 10개의 동일한 크기의 조각으로 분할하여 사다리꼴 법칙으로 수치적으로 적분해야 할 2차 함수 $f(x)$가 있다. 이제 구간을 동일한 크기의 20개의 조각으로 분할하여 적분을 반복한다. 이 두 번의 결과는 어떻게 다를까? 두 경우 모두에서 심슨의 법칙이 사용될 경우 답은 어떻게 달라지는가?

손 계산

아래의 적분을 지시된 방법을 사용하여 적분구간을 (a) 한 개의 조각 그리고 (b) 두 개의 조각으로 분할하여 계산하라. 계산에는 계산기를 이용하라. 또한 해석적으로 적분을 수행하고, 수치적 적분으로 구한 결과의 상대오차를 결정하라.

9-28 $\int_{-5}^{5}(x+8)dx$, 사각형 적분법, 사다리꼴 법칙

9-29 $\int_0^1 xe^{2x}dx$, 사각형 적분법, 사다리꼴 법칙

9-30 $\int_0^\pi xe^{2x}dx$, 사다리꼴 법칙, 심슨 법칙

9-31 $\int_0^\pi e^x(\sin x-1)dx$, 사다리꼴 법칙, 심슨 법칙

9-32 $\displaystyle\int_2^6 \frac{x}{x^2-1}dx$, 사각형 적분법, 심슨 법칙

9-33 $\int_0^2(2x^2+1)dx$, 사각형 적분법, 심슨 법칙

9-34 $\int_1^3(x^3-1)e^{2x}dx$, 사각형 적분법, 사다리꼴 법칙, 심슨 법칙

9-35 $\int_0^4 xe^{-x^2}dx$, 사각형 적분법, 사다리꼴 법칙, 심슨 법칙

9-36 $\displaystyle\int_0^1 \frac{1}{1+e^x}dx$, 사각형 적분법, 사다리꼴 법칙, 심슨법칙

컴퓨터 활용

컴퓨터 프로그램을 작성하여 아래의 적분을 지시된 방법으로 적분구간을 (a) 10개의 조각 그리고 (b) 100개의 조각으로 분할하여 계산하라. 또한 해석적으로 적분을 수행하고, 수치적 적분으로 구한 결과의 상대오차를 결정하라.

9-37 $\int_0^2(x-1)dx$, 사각형 적분법, 사다리꼴 법칙

9-38 $\int_{-5}^{5}(x+8)dx$, 사각형 적분법, 사다리꼴 법칙

9-39 $\int_0^1 xe^{2x}dx$, 사각형 적분법, 사다리꼴 법칙

9-40 $\int_0^\pi x\cos x\,dx$, 사다리꼴 법칙, 심슨 법칙

9-41 $\int_0^\pi e^{2x}\sin x\,dx$, 사다리꼴 법칙, 사각형 적분법, 심슨 법칙

9-42 $\displaystyle\int_2^6 \frac{x}{x^2-1}dx$, 사각형 적분법, 심슨 법칙

9-43 $\int_0^2(2x^2+1)dx$, 사각형 적분법, 심슨 법칙

9-44 $\int_1^3(x^3-1)e^{2x}dx$, 사각형 적분법, 사다리꼴 법칙, 심슨 법칙

9-45 $\int_0^4 xe^{-x^2}dx$, 사각형 적분법, 사다리꼴 법칙, 심슨 법칙

9-46 $\displaystyle\int_0^1 \frac{1}{1+e^x}dx$, 사각형 적분법, 사다리꼴 법칙, 심슨 법칙

9-2 미분방정식의 수치해

9-47C 1계 초깃값 문제들을 풀기 위해 사용되는 수치해법의 기초는 무엇인가?

9-48C 함수 f가 x에만 종속될 때 미분방정식 $y'=f(x, y)$를 풀기가 더 쉬운 이유는 무엇인가?

9-49C 1계 초깃값 문제를 수치적으로 풀 때 수치적 적분법을 사용할 수 있는 것은 어떤 경우인가?

9-50C 다단계 방법은 단일단계 방법과 어떻게 다른가?

9-51C 미분방정식의 수치해에 연계된 상대오차는 어떻게 정의되는가?

손 계산

아래의 초깃값 문제에 대해 분할 간격으로 $h = 0.2$를 사용하여 (a) 한 단계 그리고 (b) 두 단계 후의 수치적 해를 구하라. 계산에는 계산기를 이용하라. 수치적 적분에는 지시된 방법을 사용하라. 또한 해석적으로 초깃값 문제를 풀고, 수치적 결과의 상대오차를 결정하라.

9-52 $y' = x^2 + 1$, $y(0) = 2$, 사각형 적분법, 사다리꼴 법칙

9-53 $y' = (x - 1)e^x$, $y(1) = 3$, 사다리꼴 법칙, 심슨 법칙

9-54 $y' = x\cos 2x$, $y(0) = 1$, 사다리꼴 법칙, 심슨 법칙

9-55 $y' = \dfrac{x}{x^2 + 1}$, $y(2) = -1$, 사각형 적분법, 심슨 법칙

9-56 $y' = \dfrac{1}{x^{0.2}}$, $y(1) = 4$, 사각형 적분법, 심슨 법칙

9-57 $y' = \dfrac{1}{\sqrt{x + 1}}$, $y(0) = 1$, 사각형 적분법, 사다리꼴 법칙, 심슨 법칙

9-58 $y' = 2xe^{-x^2}$, $y(0) = 2$, 사각형 적분법, 사다리꼴 법칙, 심슨 법칙

컴퓨터 활용

컴퓨터 프로그램을 작성하여 아래의 초깃값 문제에 대해 (a) 분할 간격으로 $h = 0.2$를 사용하여 10 단계 후 그리고 (b) 분할 간격으로 $h = 0.1$을 사용하여 20 단계 후의 수치적 해를 구하라. 수치적 적분에는 지시된 방법을 사용하라. 또한 해석적으로 초깃값 문제를 풀고, 수치적 결과의 상대오차를 결정하라.

9-59 $y' = x - 1$, $y(0) = 1$, 사각형 적분법, 사다리꼴 법칙

9-60 $y' = x^2 + 1$, $y(0) = 2$, 사각형 적분법, 사다리꼴 법칙

9-61 $y' = (x - 1)e^x$, $y(1) = 3$, 사다리꼴 법칙, 심슨 법칙

9-62 $y' = x\cos 2x$, $y(0) = 1$, 사다리꼴 법칙, 심슨 법칙

9-63 $y' = \dfrac{x}{x^2 + 1}$, $y(2) = -1$, 사각형 적분법, 심슨 법칙

9-64 $y' = \dfrac{1}{x^{0.2}}$, $y(1) = 4$, 사각형 적분법, 심슨 법칙

9-65 $y' = \dfrac{1}{\sqrt{x + 1}}$, $y(0) = 1$, 사각형 적분법, 사다리꼴 법칙, 심슨 법칙

9-66 $y' = 2xe^{-x^2}$, $y(0) = 2$, 사각형 적분법, 사다리꼴 법칙, 심슨 법칙

9-3 오일러 해법

9-67C 오일러 해법은 무엇에 기초하고 있는가? 초깃값 문제 $y' = f(x, y)$, $y(x_0) = y_0$의 풀이에서 오일러 해법은 어떻게 사용되는가?

9-68C x_0에서의 초기조건을 사용하여 오일러 해법으로 1계 초깃값 문제에 대한 x_1에서의 해를 어떻게 구하는지 y-x 축 상의 그래프를 이용하여 설명하라.

9-69C 미분방정식 $y' = f(x, y)$를 풀 때 오일러 해법에서 구간의 중점 대신 왼쪽 끝점에서의 함수 $f(x, y)$ 값을 사용하는 이유는 무엇인가?

손 계산

아래의 초깃값 문제에 대해 분할 간격으로 $h = 0.2$를 사용하여 (a) 한 단계 그리고 (b) 두 단계 후의 수치적 해를 오일러 해법으로 구하라. 계산에는 계산기를 이용하라. 또한 해석적으로 초깃값 문제를 풀고, 수치적 결과의 상대오차를 결정하라.

9-70 $y' = x^2y - x + 2$, $y(0) = 5$

9-71 $y' = 5y$, $y(0) = 1$

9-72 $y' = y^2 + 1$, $y(0) = 2$

9-73 $y' = x^2y^3$, $y(0) = 3$

9-74 $y' = 4xy$, $y(1) = 0$,

9-75 $y' = x(y^2 - 1)$, $y(1) = 1$

9-76 $y' = \dfrac{x^2}{y^2}$, $y(1) = -2$

9-77 $y' = \dfrac{x^2}{y^2+1}$, $y(1) = 4$

9-78 $y' = \sqrt{x} - 1$, $y(1) = 2$

컴퓨터 활용

컴퓨터 프로그램을 작성하여 아래의 초깃값 문제에 대해 (a) 분할 간격으로 $h = 0.2$를 사용하여 10 단계 후 그리고 (b) 분할 간격으로 $h = 0.1$을 사용하여 20 단계 후의 수치적 해를 오일러 해법으로 구하라. 또한 해석적으로 초깃값 문제를 풀고, 수치적 결과의 상대오차를 결정하라.

9-79 $y' = x^2 + 2y$, $y(0) = 0$

9-80 $y' = yx^2$, $y(1) = 1$

9-81 $y' = e^{xy} - 3e^x$, $y(0) = -2$

9-82 $y' = 2y - 3x + 4$, $y(2) = 4$

9-83 $y' = y$, $y(1) = 1$

9-84 $y' = y - x$, $y(0) = 3$

9-85 $y' = 2xy$, $y(0) = 0$

9-86 $y' = x^3y - e^x + 1$, $y(0) = 1$

9-87 $y' = xe^y$, $y(0) = 1$

9-88 $y' = x^2 - y$, $y(0) = 1$

9-89 $y' = e^{-y}$, $y(0) = 0$

9-90 $y' = x + y + 3$, $y(1) = 4$

9-91 $y' = \dfrac{4xy}{y^2+1}$, $y(1) = 2$

9-92 $y' = y^2$, $y(0) = 1$

9-93 $y' = x\sqrt{y-1}$, $y(1) = 5$

9-4 수치해법에서의 오차

9-94C 이산 오차의 원인은 무엇인가? 누적 이산 오차와 국부 이산 오차의 차이는 무엇인가?

9-95C 누적 이산 오차가 한 단계 동안의 국부 오차보다 작을 수 있는가? 이유를 설명하라.

9-96C 오일러 공식은 해 함수에 대한 테일러급수 전개식과 어떤 관계에 있는가?

9-97C 오일러 해법의 국부 이산 오차가 h^2에 비례하게 되는 이유는 무엇인가?

9-98C 오일러 해법의 누적 이산 오차가 분할 간격 h에 비례하게 되는 이유는 무엇인가?

9-99C 반올림 오차의 원인은 무엇인가? 어떤 종류의 계산에서 반올림 오차가 가장 심각하겠는가?

9-100C 분할 간격이 감소할 때 이산 오차와 반올림 오차에는 어떤 일이 발생하겠는가?

9-101C 반올림 오차를 줄일 실용적인 방법들을 제시하라.

9-102C 계산에서 반올림 오차가 심각한지 검사하기 위한 실용적인 방법을 제시하라.

9-103C 계산에서 이산 오차가 심각한지 검사하기 위한 실용적인 방법을 제시하라.

손 계산

아래의 초깃값 문제에 대해 분할 간격으로 $h = 0.2$를 사용하여 오일러 해법으로 구한 (a) 한 단계 그리고 (b) 두 단계 후의 수치적 해에서 국부 이산 오차와 누적 이산 오차를 구하라. 계산에는 계산기를 이용하라.

9-104 $y' = x\sqrt{y}$, $y(0) = 5$

9-105 $y' = x^2 \ln y$, $y(2) = 5$

9-106 $y' = 2x(y-1)$, $y(2) = 2$

9-107 $y' = x^3 - y$, $y(0) = 0$

9-108 $y' = e^x + 2y$, $y(1) = 0$

컴퓨터 활용

컴퓨터 프로그램을 작성하여 아래의 초깃값 문제에 대해 (a) 분할 간격으로 $h = 0.2$를 사용하여 10 단계 후 그리고 (b) 분할 간격으로 $h = 0.1$을 사용하여 20 단계 후의 오일러 해법에 의한 수치적 해에서 국부 이산 오차와 누적 이산 오차를 구하라. 각 단계 후의 결과를 보여라.

9-109 $y' = 1 - 2x - 3y$, $y(0) = 0$

9-110 $y' = x\sqrt{y}$, $y(0) = 5$

9-111 $y' = x^2 \ln y$, $y(2) = 5$

9-112 $y' = 2x(y - 1), y(2) = 2$

9-113 $y' = x^3 - y, y(0) = 0$

9-114 $y' = e^x + 2y, y(1) = 0$

컴퓨터 프로그램을 작성하여 오일러 해법으로 구한 $x = 1$에서의 수치적 결과를 세 자리 유효숫자로 반올림 했을 때 정확한 해와 같도록 보장하기 위한 가장 큰 분할 간격을 결정하라. (힌트: 분할 간격 $h = 0.1$에서 시작하여 결과의 첫 세 자리에서 변화가 없어질 때까지 계속 1/2로 줄여간다.)

9-115 $y' = x + 2y, y(0) = 2$

9-116 $y' = 3x^2y, y(0) = 1$

9-117 $y' = 2y, y(0) = 5$

9-118 $y' = 2e^{xy}, y(0) = 2$

9-119 $y' = x^3(y + 2), y(0) = 3$

9-120 $y' = e^x - y, y(0) = 0$

9–5 개량 오일러 해법

9-121C 개량 오일러 해법을 예측자-수정자법으로 분류하는 이유는 무엇인가? 개량 오일러 공식이 예측자 공식을 필요로 하는 이유는 무엇인가?

9-122C 변형 오일러 해법은 개량 오일러 해법과 어떻게 다른가?

9-123C 초깃값 문제 $y' = f(x, y), y(x_0) = y_0$을 개량 오일러 해법으로 푸는 것이 사다리꼴 법칙으로 푸는 것과 동일하기 위한 조건은 무엇인가?

9-124C 변형 오일러 해법에 대한 수식을 구성하고, y-x 축 상의 그래프를 이용하여 기하학적 의미를 설명하라.

손 계산

아래의 초깃값 문제에 대해 분할 간격으로 $h = 0.2$를 사용하여 (a) 한 단계 그리고 (b) 두 단계 후의 수치적 해를 개량 오일러 해법으로 구하라. 계산에는 계산기를 이용하라. 또한 해석적으로 초깃값 문제를 풀고, 수치적 결과의 상대오차를 결정하라.

9-125 $y' = \dfrac{y - 4}{x^2 - 1}, y(0) = 5$

9-126 $y' = 5y, y(0) = 1$

9-127 $y' = y^2 + 1, y(0) = 1$

9-128 $y' = x^2y^3, y(0) = 3$

9-129 $y' = 4xy, y(1) = 10$

9-130 $y' = x(y^2 - 1), y(1) = 1$

9-131 $y' = \dfrac{x^2}{y^2}, y(1) = -2$

9-132 $y' = \dfrac{x^2}{y^2 + 1}, y(1) = 4$

9-133 $y' = \sqrt{x} - 1, y(1) = 2$

컴퓨터 활용

컴퓨터 프로그램을 작성하여 아래의 초깃값 문제에 대해 (a) 분할 간격으로 $h = 0.2$를 사용하여 10 단계 후 그리고 (b) 분할 간격으로 $h = 0.1$을 사용하여 20 단계 후의 수치적 해를 개량 오일러 해법으로 구하라. 또한 해석적으로 초깃값 문제를 풀고, 수치적 결과의 상대오차를 결정하라.

9-134 $y' = x^2 + 2y, y(0) = 0$

9-135 $y' = yx^2, y(1) = 1$

9-136 $y' = 3ye^x, y(0) = -2$

9-137 $y' = 2y - 3x + 4, y(2) = 4$

9-138 $y' = y, y(1) = 1$

9-139 $y' = y - x, y(0) = 3$

9-140 $y' = 2xy, y(0) = 0$

9-141 $y' = x^2\sqrt{y}, y(0) = 1$

9-142 $y' = -xe^y, y(0) = 1$

9-143 $y' = x^2 - y, y(0) = 1$

9-144 $y' = e^{-y}, y(0) = 0$

9-145 $y' = x + y + 3, y(1) = 4$

9-146 $y' = \dfrac{4xy}{x^2 + y^2}, y(1) = 2$

9-147 $y' = -y^2, y(0) = 1$

9-148 $y' = x\sqrt{y-1}$, $y(1) = 5$

9-6 테일러급수 해법

9-149C 3-항 테일러급수 해법이 2계 방법인 이유는 무엇인가?

9-150C 3-항 테일러급수 해법으로 $y' = f(x, y)$, $y(x_0) = y_0$의 해를 정확히 구할 수 있을 경우, 함수 $f(x, y)$의 일반 형태를 결정하라.

9-151C 6-항 테일러급수 해법에 연계된 국부 이산 오차의 크기에 대해 말할 수 있는 것은 무엇인가?

9-152C 초깃값 문제 $y' = f(x, y)$, $y(x_0) = y_0$의 풀이를 위한 4-항 테일러급수 해법의 수식들을 구성하라.

손 계산

아래의 초깃값 문제에 대해 분할 간격으로 $h = 0.2$를 사용하여 (a) 한 단계 그리고 (b) 두 단계 후의 수치적 해를 3-항 테일러급수 해법으로 구하라. 계산에는 계산기를 이용하라. 또한 해석적으로 초깃값 문제를 풀고, 수치적 결과의 상대오차를 결정하라.

9-153 $y' = \dfrac{y-4}{x^2-1}$, $y(0) = 5$

9-154 $y' = 5y$, $y(0) = 1$

9-155 $y' = y^2 + 1$, $y(0) = 1$

9-156 $y' = x^2y^3$, $y(0) = 3$

9-157 $y' = 4xy$, $y(1) = 10$

컴퓨터 활용

컴퓨터 프로그램을 작성하여 아래의 초깃값 문제에 대해 (a) 분할 간격으로 $h = 0.2$를 사용하여 10 단계 후 그리고 (b) 분할 간격으로 $h = 0.1$을 사용하여 20 단계 후의 수치적 해를 3-항 테일러급수 해법으로 구하라. 또한 해석적으로 초깃값 문제를 풀고, 수치적 결과의 상대오차를 결정하라.

9-158 $y' = x^2 + 2y$, $y(0) = 1$

9-159 $y' = yx^2$, $y(1) = 1$

9-160 $y' = 3ye^x$, $y(0) = -2$

9-161 $y' = 2y - 3x + 4$, $y(2) = 4$

9-162 $y' = y$, $y(1) = 1$

9-163 $y' = y - x$, $y(0) = 3$

9-164 $y' = 2xy$, $y(0) = 0$

9-165 $y' = x^2\sqrt{y}$, $y(0) = 1$

9-7 룬게-쿠타법

9-166C 고전 4계 룬게-쿠타법으로 초깃값 문제 $y' = f(x, y)$, $y(x_0) = y_0$을 풀 때, x_n과 x_{n+1} 사이의 단계를 수행하는 과정에서 $f(x, y)$를 어떤 x 값들에서 계산하게 되는가?

9-167C 초깃값 문제 $y' = x^2 + y^2$, $y(x_0) = 2$를 $x = 0$에서 1까지 분할 간격 $h = 0.1$을 사용하여 풀기 위해 그림 9-34 MATLAB 프로그램을 어떻게 수정할 수 있는가? (힌트: 한 개의 행만 고치면 된다.)

9-168C 오일러 해법, 개량 오일러 해법, 고전 4계 룬게-쿠타법 중에서 가장 적은 계산으로 지정된 오차기준을 만족할 방법은 어느 것인가?

9-169C 고전 4계 룬게-쿠타법과 심슨 법칙 사이의 관계는 무엇인가?

9-170C 고전 4계 룬게-쿠타법의 계산 과정에서 분할 간격 h를 변경할 수 있는가?

손 계산

아래의 초깃값 문제에 대해 분할 간격으로 $h = 0.2$를 사용하여 (a) 한 단계 그리고 (b) 두 단계 후의 수치적 해를 고전 4계 룬게-쿠타법으로 구하라. 계산에는 계산기를 이용하라. 또한 해석적으로 초깃값 문제를 풀고, 수치적 결과의 상대오차를 결정하라.

9-171 $y' = \dfrac{y-4}{x^2-1}$, $y(0) = 5$

9-172 $y' = 5y$, $y(0) = 1$

9-173 $y' = y^2 + 1$, $y(0) = 1$

9-174 $y' = x^2y^3$, $y(0) = 3$

9-175 $y' = 4xy$, $y(1) = 10$

9-176 $y' = x(y^2 - 1)$, $y(1) = 1$

9-177 $y' = \dfrac{x^2}{y^2}, y(1) = -2$

9-178 $y' = \dfrac{x^2}{y^2+1}, y(1) = 4$

9-179 $y' = \sqrt{x} - 1, y(1) = 2$

컴퓨터 활용

컴퓨터 프로그램을 작성하여 아래의 초깃값 문제에 대해 (a) 분할 간격으로 $h = 0.2$를 사용하여 10 단계 후 그리고 (b) 분할 간격으로 $h = 0.1$을 사용하여 20 단계 후의 수치적 해를 고전 4계 룬게-쿠타법으로 구하라. 또한 해석적으로 초깃값 문제를 풀고, 수치적 결과의 상대오차를 결정하라.

9-180 $y' = x^2 + 2y, y(0) = 0$

9-181 $y' = yx^2, y(1) = 1$

9-182 $y' = 3ye^{x}, y(0) = -2$

9-183 $y' = 2y - 3x + 4, y(2) = 4$

9-184 $y' = y, y(1) = 1$

9-185 $y' = y - x, y(0) = 3$

9-186 $y' = 2xy, y(0) = 0$

9-187 $y' = x^2\sqrt{y}, y(0) = 1$

9-188 $y' = -xe^{y}, y(0) = 1$

9-189 $y' = x^2 - y, y(0) = 1$

9-190 $y' = e^{-y}, y(0) = 0$

9-191 $y' = x + y + 3, y(1) = 4$

9-192 $y' = \dfrac{4xy}{x^2+y^2}, y(1) = 2$

9-193 $y' = -y^2, y(0) = 1$

9-194 $y' = x\sqrt{y-1}, y(1) = 5$

9-8 다단계 방법과 예측자-수정자법

9-195C 다단계 방법의 계산 과정에서 분할 간격 h를 변경할 수 있는가?

9-196C 다단계 방법의 장단점은 무엇인가?

9-197C 개량 오일러 해법은 다단계 방법인가? 개량 오일러 해법은 예측자-수정자법인가?

9-198C 보간 다항식이란 무엇인가?

9-199C 단일단계 방법을 시작방법이라고 하는 이유는 무엇인가?

9-200C 3계 다단계 예측자 공식을 어떻게 구하는지 설명하라. 또한 3계 수정자 공식을 어떻게 구하는지 설명하라.

9-201C 일반적으로 밀네 예측자-수정자법은 애덤스-몰턴 방법보다 더 정확한 결과를 제공한다. 그런데도 일반적으로 애덤스-몰턴 공식을 밀네 공식보다 선호하는 이유는 무엇인가?

9-202C 수치해에서 불안정성을 인식하는 방법은 무엇인가?

9-203C 예측자-수정자법의 두 공식이 주어져 있을 때, 어느 공식이 예측자 공식이고 어느 공식이 수정자 공식인지 어떻게 판단할 수 있는가?

9-204C 내부 반복이 어떻게 예측자-수정자법의 정확도를 향상시키는가?

손 계산

아래의 초깃값 문제에 대해 분할 간격으로 $h = 0.2$를 사용하여 (a) 한 단계 그리고 (b) 두 단계 후의 수치적 해를 애덤스-몰턴 예측자-수정자법으로 구하라. 계산에는 계산기를 이용하라. 또한 해석적으로 초깃값 문제를 풀고, 수치적 결과의 상대오차를 결정하라.

9-205 $y' = \dfrac{10x+1}{y+4}, y(0) = 5$

9-206 $y' = 5y, y(0) = -1$

9-207 $y' = y^2 + 1, y(0) = -2$

9-208 $y' = x^2y^3, y(0) = -1$

9-209 $y' = 4xy - x, y(1) = 0$

아래의 초깃값 문제에 대해 분할 간격으로 $h = 0.2$를 사용하여 (a) 한 단계 그리고 (b) 두 단계 후의 수치적 해를 밀네 예측자-수정자법으로 구하라. 계산에는 계산기를 이용하라. 또한 해석적으로 초깃값 문제를 풀고, 수치적 결과의 상대오차를 결정하라.

9-210 $y' = x(y^2 - 1),\ y(1) = 0$

9-211 $y' = \dfrac{x^2}{y^2},\ y(1) = -2$

9-212 $y' = \dfrac{x^2}{y^2 + 1},\ y(1) = 4$

9-213 $y' = \sqrt{x} - 1,\ y(1) = 2$

컴퓨터 활용

컴퓨터 프로그램을 작성하여 아래의 초깃값 문제에 대해 (a) 분할 간격으로 $h = 0.2$를 사용하여 10 단계 후 그리고 (b) 분할 간격으로 $h = 0.1$을 사용하여 20 단계 후의 수치적 해를 애덤스-몰턴 예측자-수정자법으로 구하라. 또한 해석적으로 초깃값 문제를 풀고, 수치적 결과의 상대오차를 결정하라.

9-214 $y' = x^2 + 2y,\ y(0) = 0$

9-215 $y' = yx^2,\ y(1) = 1$

9-216 $y' = 3ye^x,\ y(0) = -2$

9-217 $y' = 2y - 3x + 4,\ y(2) = 4$

9-218 $y' = y,\ y(1) = 1$

9-219 $y' = y - x,\ y(0) = 3$

9-220 $y' = 2xy,\ y(0) = 0$

9-221 $y' = x^2\sqrt{y},\ y(0) = 1$

컴퓨터 프로그램을 작성하여 아래의 초깃값 문제에 대해 (a) 분할 간격으로 $h = 0.2$를 사용하여 10 단계 후 그리고 (b) 분할 간격으로 $h = 0.1$을 사용하여 20 단계 후의 수치적 해를 밀네 예측자-수정자법으로 구하라. 또한 해석적으로 초깃값 문제를 풀고, 수치적 결과의 상대오차를 결정하라.

9-222 $y' = -xe^y,\ y(0) = 1$

9-223 $y' = x^2 - y,\ y(0) = 1$

9-224 $y' = e^{-y},\ y(0) = 0$

9-225 $y' = x + y + 3,\ y(1) = 4$

9-226 $y' = \dfrac{4xy}{x^2 + y^2},\ y(1) = 2$

9-227 $y' = -y^2,\ y(0) = 1$

9-9 1계 연립방정식

9-228C 일부 변수는 x_0에서 지정되고 나머지 변수는 x_1에서 지정되어 있는 n계 경곗값 문제를 풀기 위해 수치해법을 어떻게 사용할지 설명하라.

9-229C 3개의 1계 초깃값 문제로 구성된 연립방정식에 개량 오일러 해법을 적용하는 방법을 설명하고 수식을 구성하라.

손 계산

아래의 초깃값 문제에 대해 분할 간격으로 $h = 0.2$를 사용하여 (a) 한 단계 그리고 (b) 두 단계 후의 수치적 해를 오일러 해법으로 구하라. 계산에는 계산기를 이용하라.

9-230 $y' = z,\quad y(0) = 0$
$z' = x + y + z,\quad z(0) = 1$

9-231 $y' = z - y - e^{-x},\quad y(0) = 1$
$z' = z + y + 2e^{-x},\quad z(0) = 0$

9-232 $y'' - 4y = 0,\quad y(0) = 1,\quad y'(0) = 0$

9-233 $y'' + 2y' + y = 5,\quad y(0) = 0,\quad y'(0) = 1$

아래의 초깃값 문제에 대해 분할 간격으로 $h = 0.2$를 사용하여 (a) 한 단계 그리고 (b) 두 단계 후의 수치적 해를 고전 4계 룬게-쿠타법으로 구하라. 계산에는 계산기를 이용하라.

9-234 $y' = y - 4z,\quad y(0) = 2$
$z' = y + z - 2,\quad z(0) = 1$

9-235 $y' = y + z,\quad y(0) = 0$
$z' = y - z - 1,\quad z(0) = 2$

9-236 $y' = 2z + 3y,\quad y(0) = 2$
$z' = 3z - 2y,\quad z(0) = 0$

9-237 $y'' + y' + y = 5,\quad y(0) = 0,\quad y'(0)$

9-238 $y''' + 3y'' + 3y' + y = 1 + e^{2x},\ y(0) = 0,$
$y'(0) = 0,\ y''(0) = 0$

컴퓨터 활용

컴퓨터 프로그램을 작성하여 아래의 초깃값 문제에 대해 (a) 분할 간격으로 $h = 0.2$를 사용하여 10 단계 후 그리고

(b) 분할 간격으로 $h = 0.1$을 사용하여 20 단계 후의 수치적 해를 오일러 해법으로 구하라.

9-239 $y' = 2y - 3z, \quad y(0) = 2$
$z' = 4y - 5z, \quad z(0) = 3$

9-240 $y' = z, \quad y(0) = 0$
$z' = x + y + z, \quad z(0) = 1$

9-241 $y' = z - y - e^{-x}, \quad y(0) = 1$
$z' = z + y + 2e^{-x}, \quad z(0) = 0$

9-242 $y'' - 4y = 0, \quad y(0) = 1, \quad y'(0) = 0$

9-243 $y'' + 2y' + y = 5, \quad y(0) = 0, \quad y'(0) = 1$

컴퓨터 프로그램을 작성하여 아래의 초깃값 문제에 대해 (a) 분할 간격으로 $h = 0.2$를 사용하여 10 단계 후 그리고 (b) 분할 간격으로 $h = 0.1$을 사용하여 20 단계 후의 수치적 해를 고전 4계 룬게-쿠타법으로 구하라.

9-244 $y' = y - 4z, \quad y(0) = 2$
$z' = y + z - 2, \quad z(0) = 1$

9-245 $y' = y + z, \quad y(0) = 0$
$z' = y - z - 1, \quad z(0) = 2$

9-246 $y' = 2z + 3y, \quad y(0) = 2$
$z' = 3z - 2y, \quad z(0) = 0$

9-247 $y'' + y' + y = 5, \quad y(0) = 0, \quad y'(0) = 1$

9-248 $y''' + 3y'' + 3y' + y = 1 + e^{2x}, y(0) = 0,$
$y'(0) = 0, y''(0) = 0$

9-10 상용 패키지를 사용한 수치해법

상용 프로그램을 사용하여 아래의 초깃값 문제에 대한 해의 그래프를 보여라. x의 상한 값을 어떻게 선택해야 할지 그리고 해의 정확도를 어떻게 검사해야 할지 논하라.

9-249 $y' = x^2 + 1, y(0) = 2,$

9-250 $y' = (x - 1)e^x, y(1) = 3,$

9-251 $y' = x\cos 2x, y(0) = 1,$

9-252 $y' = \dfrac{x}{x^2 + 1}, y(2) = -1,$

9-253 $y' = \dfrac{1}{\sqrt{x + 1}}, y(0) = 1,$

9-254 $y' = 2xe^{-x^2}, y(0) = 2,$

9-255 $y' = x^2 + 2y, y(0) = 0$

9-256 $y' = yx^2, y(1) = 1$

9-257 $y' = e^{xy} - 3e^x, y(0) = -2$

9-258 $y' = 2y - 3x + 4, y(2) = 4$

9-259 $y' = y - x, y(0) = 3$

9-260 $y' = x^3y - e^x + 1, y(0) = 1$

9-261 $y' = xe^y, y(0) = 1$

9-262 $y' = x^2 - y, y(0) = 1$

9-263 $y' = e^{-y}, y(0) = 0$

9-264 $y' = x + y + 3, y(1) = 4$

9-265 $y' = \dfrac{4xy}{y^2 + 1}, y(1) = 2$

9-266 $y' = y^2, y(0) = 1$

9-267 $y' = x\sqrt{y - 1}, y(1) = 5$

9-268 $y' = 1 - 2x - 3y, y(0) = 0$

9-269 $y' = x\sqrt{y}, y(0) = 5$

9-270 $y' = x^2 \ln y, y(2) = 5$

9-271 $y' = 2x(y - 1), y(2) = 2$

9-272 $y' = x^3 - y, y(0) = 0$

9-273 $y' = e^x + 2y, y(1) = 0$

9-274 $y' = x + 2y, y(0) = 2$

9-275 $y' = 2e^{xy}, y(0) = 2$

9-276 $y' = x^3(y + 2), y(0) = 3$

9-277 $y' = e^x - y, y(0) = 0$

9-278 $y' = yx^{2x}, y(1) = 1$

9-279 $y' = 2y - 3z, \quad y(0) = 2$
$z' = 4y - 5z, \quad z(0) = 3$

9-280 $y' = z, \quad y(0) = 0$
$z' = x + y + z, \quad z(0) = 1$

9-281 $y' = z - y - e^{-x}, \quad y(0) = 1$
$z' = z + y + 2e^{-x}, \quad z(0) = 0$

9-282 $y' = y - 4z, \quad y(0) = 2$
$z' = y + z - 2, \quad z(0) = 1$

9-283 $y' = y + z, \quad y(0) = 0$
$z' = y - z - 1, \quad z(0) = 2$

9-284 $y' = 2z + 3y, \quad y(0) = 2$
$z' = 3z - 2y, \quad z(0) = 0$

9-285 $y''' + 3y'' + 3y' + y = 1 + e^{2x}, y(0) = 0,$
$y'(0) = 0, y'''(0) = 0$

9-286 선형방정식의 경우에도 강제함수가 복잡한 함수일 경우 풀기 어려울 수 있다. RC 회로에서 축전기 전압 y를 위한 방정식은 다음과 같다.

$$RC\frac{dy}{dt} + y = v(t)$$

여기에서 $v(t)$는 인가전압이다. $RC = 0.2$s이고 축전기의 초기 전압은 2V이다. 인가전압이 $v(t) = 10[2 - e^{-t}\sin(5\pi t)]$V일 때, $0 \le t \le 5s$ 상에서 전압 $y(t)$의 그래프를 보여라.

9-287 바닥에 배수구가 있는 구형 탱크에서 물의 높이를 기술하는 방정식이 다음과 같이 주어져 있다.

$$\pi h(2r - h)\frac{dh}{dt} = -C_d A\sqrt{2gh}$$

탱크의 반지름이 $r = 3$m이고 원형 배수구의 반지름은 2cm이다. $C_d = 0.5$이고 물의 초기 높이는 $h(0) = 5$m라고 가정한다. 그리고 $g = 9.81\text{m/s}^2$를 사용한다.

(a) 근사법을 사용하여 탱크가 빌 때까지 소요되는 시간을 추정하라.

(b) $h(t) \approx 0$이 될 때까지 시간의 함수로 표현되는 물의 높이에 대한 그래프를 보여라.

9-288 비선형 저항력이 작용하는 어떤 제트 추진 차량을 위한 운동방정식이

$$50\frac{dv}{dt} = f - (20v + 0.05\,v^2)$$

와 같이 주어져 있으며, 사용되는 단위는 영국식 단위이다. 제트 추진력이 8000lb에서 일정하게 유지되며 차량은 정지 상태에서 출발한다고 할 때, 시간의 함수로 표현되는 차량 속도에 대한 그래프를 보여라.

9-289 다음 모델은 비선형 스프링으로 지지되는 질량체를 기술하는데, 단위는 SI 단위계로 표시된다. $g = 9.81\text{m/s}^2$를 사용한다.

$$y'' = 5g - (900y + 1700y^3)$$

9-290 $y'(0) = 0$이라고 가정한다. 다음 두 개의 초기조건에 대해 수치해법으로 구한 해의 그래프를 보여라.

(a) $y(0) = 0.06$ (b) $y(0) = 0.1$

9-290 여러 가지 진동 프로세스를 표현하기 위해 다음과 같은 반데르폴 방정식이 사용된다.

$$y'' + \mu(1 - y^2)y' + y = 0$$

여기에서 $y' = dy/dt$이다. 초기조건 $y(0) = 5, y'(0) = 0$을 사용하여 $\mu = 1$일 때 $0 \le t \le 20$에 대해 $y(t)$의 그래프를 보여라.

9-291 받침대에 작용하는 수평가속도가 $a(t)$일 때 진자의 운동방정식은 다음과 같다.

$$L\frac{d^2\theta}{dt^2} + g\theta = a(t)\cos\theta$$

$g = 9.81\text{m/s}^2, L = 1\text{m}, \theta'(0) = 0$이라고 가정한다. 다음 각 경우에 대해 $0 \le t \le 10$s에서 $\theta(t)$의 그래프를 보여라.

(a) 가속도는 상수 $a = 5\text{m/s}^2$이고 $\theta(0) = 0.5$rad이다.

(b) 가속도는 상수 $a = 5\text{m/s}^2$이고 $\theta(0) = 3$rad이다.

(c) 가속도는 시간에 대한 1차 함수 $a = 0.5t\text{m/s}^2$이고 $\theta(0) = 3$rad이다.

9-292 반데르폴 방정식

$$y'' + \mu(1 - y^2)y' + y = 0$$

에서 $y'(0) = dy/dt$이다. 이 방정식은 매개변수 μ의 값이 클 때 경직성 방정식이 된다. 선택된 상용 프로그램에서 기본 수치해법 풀이 함수의 성능과 경직성 방정식 풀이 함수의 성능을 비교하라(MATLAB에서는 각기 `ode45` 함수와 `ode15s` 함수에 해당된다.) $\mu = 1000$ 그리고 $0 \le t \le 3000$과 함께 초기조건 $y(0) = 2, y'(0) = 0$을 사용한다. $y(t)$ 대 t에 대한 그래프를 보여라.

9-293 주어진 방정식들이 선형일 경우에도 강제함수가 복잡한 함수일 경우 풀기 어려울 수 있다. 전기자 제어식 DC 모터를 위한 방정식들이 아래와 같이 주어진다. 모터의 전류는 i이고 회전속도는 ω이다.

$$L\frac{di}{dt} = -Ri - K_b\omega + v(t)$$
$$I\frac{d\omega}{dt} = K_T i - c\omega$$

여기에서 L, R, I는 모터의 인덕턴스, 저항, 관성력을 나타내며, K_T와 K_b는 토크 상수와 역기전력 상수, c는 점성 감쇠 상수, $v(t)$는 인가전압이다. $R = 0.8\Omega$, $L = 0.003\text{H}$, $K_T = 0.05\text{N} \cdot \text{m/A}$, $K_b = 0.05\text{V} \cdot \text{s/rad}$, $c = 0$, $I = 8 \times 10^{-5}$ $\text{kg} \cdot \text{m}^2$ 등의 값을 사용하라.

(a) 인가전압이 20V라고 하자. 모터의 속도 및 전류 대 시간에 대한 그래프를 보여라. 모터의 속도가 점차 일정해지는 것을 보여주기에 충분한 최종시간을 선택하라.

(b) 인가전압이 다음과 같은 사다리꼴이라고 하자.

$$v(t) = \begin{cases} 400t & 0 \le t < 0.05 \\ 20 & 0.05 \le t \le 2 \\ -400(t - 0.2) + 20 & 0.2 < t \le 0.25 \\ 0 & t > 0.25 \end{cases}$$

$0 \le t \le 0.3\text{s}$에서 모터의 속도 대 시간에 대한 그래프를 보여라. 또 인가전압 대 시간에 대한 그래프를 보여라. 모터 속도는 사다리꼴 모양을 얼마나 잘 따르는가?

9-294 혼돈 *행동(chaotic behavior)*이라는 용어는 초기조건들에 대단히 민감한 방정식 모음의 동작 특성을 가리킨다. 일부 비선형방정식이 혼돈 행동을 보이는데, 세 개의 물체 사이의 상호 중력으로 인한 운동을 표현하는 방정식들의 모음인 *3-물체 문제*가 이러한 예에 해당한다. 혼돈 행동을 보이는 더욱 간단한 방정식 모음은 *로렌즈 연립방정식*이다. 특정 계수들을 사용한 로렌즈 연립방정식은 다음과 같다.

$$\frac{dx}{dt} = 10(y - x)$$
$$\frac{dy}{dt} = 28x - y - xz$$
$$\frac{dz}{dt} = -\frac{8}{3}z + xy$$

(a) 초기조건 $x(0) = 3$, $y(0) = 4$, $z(0) = 5$를 사용하여 구한 $x(t)$에 관한 해의 그래프를 보여라. 이제 초기조건 $z(0)$의 값을 작은 값인 ε만큼 증가시키는데, $x(t)$에 관한 해가 크게 달라지기 시작하는 ε의 값을 찾아라. 또 해의 값이 달라지기 시작하는 시간 값을 결정하라.

(b) 풀이 함수를 위한 오차 허용한도를 더 작게 해서 문항 (a)를 반복하고, 해의 값이 달라지기 시작하는 시간 값을 결정하라. 이 시간을 문항 (a)의 시간 값과 비교하라. 이 결과는 예상한 대로인가?

찾아보기

ㅎ

기타

적분

$$\int u\,dv = uv - \int v\,du$$

$$\int x^n dx = \frac{1}{n+1}x^{n+1},\ n \neq -1$$

$$\int \frac{1}{x}\,dx = \ln x$$

$$\int \frac{1}{ax+b}dx = \frac{1}{a}\ln|ax+b|$$

$$\int (x+a)^n\,dx = \frac{(x+a)^{n+1}}{n+1},\quad n \neq -1$$

$$\int \frac{1}{a^2+x^2}\,dx = \frac{1}{a}\tan^{-1}\frac{x}{a}$$

$$\int \sqrt{x-a}\,dx = \frac{2}{3}(x-a)^{3/2}$$

$$\int \frac{dx}{\sqrt{x \pm a}} = 2\sqrt{x \pm a}$$

$$\int \frac{dx}{\sqrt{a^2-x^2}} = \sin^{-1}\frac{x}{a}$$

$$\int \frac{dx}{\sqrt{x^2+a^2}} = \sinh^{-1}\frac{x}{a}$$

$$\int \frac{dx}{\sqrt{x^2-a^2}} = \ln(x+\sqrt{x^2-a^2})$$

$$\int \ln ax\,dx = x\ln ax - x$$

$$\int \frac{\ln ax}{x}dx = \frac{1}{2}(\ln ax)^2$$

$$\int \ln(ax+b)dx = \left(x+\frac{b}{a}\right)\ln(ax+b) - x,\ a \neq 0$$

$$\int e^{ax}dx = \frac{1}{a}e^{ax}$$

$$\int xe^{ax}dx = \left(\frac{x}{a}-\frac{1}{a^2}\right)e^{ax}$$

$$\int \sin ax\,dx = -\frac{1}{a}\cos ax$$

$$\int \sin^2 ax\,dx = \frac{x}{2} - \frac{\sin 2ax}{4a}$$

$$\int \cos ax\,dx = \frac{1}{a}\sin ax$$

$$\int \cos^2 ax\,dx = \frac{x}{2} + \frac{\sin 2ax}{4a}$$

$$\int \tan ax\,dx = -\frac{1}{a}\ln\cos ax$$

$$\int \tan^2 ax\,dx = \frac{1}{a}\tan ax - x$$

$$\int \cot ax\,dx = \frac{1}{a}\ln\sin ax$$

적분

$$\int \cot^2 ax\, dx = -\frac{\cot ax}{a} - x$$

$$\int \sec ax\, dx = \frac{1}{a}\ln(\sec ax + \tan ax)$$

$$\int \csc ax\, dx = \frac{1}{a}\ln(\csc ax - \cot ax)$$

$$\int x\cos ax\, dx = \frac{1}{a^2}\cos ax + \frac{x}{a}\sin ax$$

$$\int x\sin ax\, dx = \frac{\sin ax}{a^2} - \frac{x\cos ax}{a}$$

$$\int e^{bx}\sin ax\, dx = \frac{1}{a^2 + b^2}e^{bx}(b\sin ax - a\cos ax)$$

$$\int e^{bx}\cos ax\, dx = \frac{1}{a^2 + b^2}e^{bx}(a\sin ax + b\cos ax)$$

$$\int \cosh ax\, dx = \frac{1}{a}\sinh ax$$

$$\int \sinh ax\, dx = \frac{1}{a}\cosh ax$$

$$\int \tanh ax\, dx = \frac{1}{a}\ln\ \cosh ax$$

도함수

$$(uv)' = u'v + v'u$$

$$\left(\frac{u}{v}\right)' = \frac{u'v - v'u}{v^2}$$

$$\frac{dy}{dx} = \frac{dy}{du}\frac{du}{dx}$$

$$\frac{dy}{dx} = \frac{1}{dx/dy}$$

$$(x^n)' = nx^{n-1}$$

$$(e^{ax})' = ae^{ax}$$

$$(a^u)' = (a^u\ \ln\ a)\frac{du}{dx}$$

$$(\ln\ x)' = \frac{1}{x}$$

$$(\log_a u)' = \frac{\log_a e}{u}\frac{du}{dx}$$

$$(\sin\ x)' = \cos x$$

$$(\cos\ x)' = -\sin x$$

$$(\tan\ x)' = \sec^2 x$$

$$(\cot\ x)' = -\csc^2 x$$

$$(\sinh x)' = \cosh x$$

$$(\cosh x)' = \sinh x$$

$$(\sin^{-1}x)' = \frac{1}{\sqrt{1 - x^2}}$$

$$(\cos^{-1}x)' = -\frac{1}{\sqrt{1 - x^2}}$$

$$(\tan^{-1}x)' = \frac{1}{1 + x^2}$$

$$(\cot^{-1}x)' = \frac{1}{1 + x^2}$$

라플라스 변환의 기본 성질

1. $L\{C_1f_1(t) + C_2f_2(t)\} =$
   $C_1L\{f_1(t)\} + C_2L\{f_2(t)\}$
2. $L\{e^{kt}f(t)\} = F(s - k)$
3. $L\{t^kf(t)\} = (-1)^n\dfrac{d^nF(s)}{ds^n}$
4. $L\left\{\dfrac{1}{t}f(t)\right\} = \displaystyle\int_s^\infty F(s)ds$
5. $L\left\{\displaystyle\int_0^t f(t)dt\right\} = \dfrac{1}{s}F(s)$
6. $L\{f(kt)\} = \dfrac{1}{k}F\left(\dfrac{s}{k}\right)$

일반 함수들에 대한 라플라스 변환

$f(t)$	$F(s) = L\{f(t)\}$
$C_1f(t) + C_2g(t)$	$C_1F(s) + C_2G(s)$
$e^{kt}f(t)$	$F(s - k)$
$f(kt)$	$\dfrac{1}{k}F\left(\dfrac{s}{k}\right)$
$tf(t)$	$-\dfrac{dF(s)}{ds}$
$t^nf(t)$	$(-1)^n\dfrac{d^nF(s)}{ds^n}$
$\dfrac{1}{t}f(t)$	$\displaystyle\int_s^\infty F(s)ds$
$\displaystyle\int_0^t f(t)dt$	$\dfrac{1}{s}F(s)$
1	$\dfrac{1}{s}$
$t^a, a > -1$	$\dfrac{\Gamma(a + 1)}{s^{a+1}}$
$t^{-1/2}$	$\sqrt{\dfrac{\pi}{s}}$
t	$\dfrac{1}{s^2}$
t^2	$\dfrac{2}{s^3}$
$t^n, n = 1,2,3, \ldots.$	$\dfrac{n!}{s^{n+1}}$
e^{at}	$\dfrac{1}{s - a}$
$t^ne^{at}, n = 1,2,3, \ldots.$	$\dfrac{n!}{(s - k)^{n+1}}$

일반 함수들에 대한 라플라스 변환

$f(t)$	$F(s) = L\{f(t)\}$
$\sin at$	$\dfrac{a}{s^2 + a^2}$
$e^{kt}\sin at$	$\dfrac{a}{(s-k)^2 + a^2}$
$t\sin at$	$\dfrac{2as}{(s^2 + a^2)^2}$
$\cos at$	$\dfrac{s}{s^2 + a^2}$
$e^{kt}\cos at$	$\dfrac{s-k}{(s-k)^2 + a^2}$
$t\cos at$	$\dfrac{s^2 - a^2}{(s^2 + a^2)^2}$
$\sinh at$	$\dfrac{a}{s^2 - a^2}$
$\cosh at$	$\dfrac{s}{s^2 - a^2}$
$u(t - t_0)$	$\dfrac{e^{-t_0 s}}{s}$
$u(t - t_0)f(t - t_0)$	$e^{-t_0 s}F(s)$
$\delta(t - t_0)$	$e^{-t_0 s}$
$f(t)$, 주기 p의 주기함수	$\dfrac{1}{1 - e^{-ps}}\displaystyle\int_0^p e^{-st}f(t)\,dt$
$f'(t)$	$sF(s) - f(0)$
$f''(t)$	$s^2F(s) - sf(0) - f'(0)$
$f^{(n)}(t)$	$s^nF(s) - s^{n-1}f(0) - \cdots - f^{(n-1)}(0)$
$\displaystyle\int_0^t f(\tau)g(t-\tau)\,d\tau$	$F(s)G(s)$

등식

$$\sec x = \frac{1}{\cos x} \qquad \csc x = \frac{1}{\sin x}$$

$$\tan x = \frac{\sin x}{\cos x} \qquad \cot x = \frac{1}{\tan x}$$

$$\sin(-x) = -\sin x \qquad \cos(-x) = \cos x$$

$$e^{ix} = \cos x + i\sin x$$

$$\sin(x+y) = \sin x\cos y + \cos x\sin y$$

$$\cos(x+y) = \cos x\cos y - \sin x\sin y$$

$$\sin^2 x + \cos^2 x = 1$$

$$\sin 2x = 2\sin x\cos x \qquad \cos 2x = \cos^2 x - \sin^2 x$$

$$\sin^2 x = \frac{1 - \cos 2x}{2} \qquad \cos^2 x = \frac{1 + \cos 2x}{2}$$

$$\sinh x = \frac{e^x - e^{-x}}{2} \qquad \cosh x = \frac{e^x + e^{-x}}{2}$$

$$\sinh ix = i\sin x \qquad \cosh ix = \cos x \qquad \cosh^2 x - \sinh^2 x = 1$$